现代分子光化学

（2）反应篇

[美] N. J. 图罗（Nicholas J. Turro）
[美] V. 拉马穆尔蒂（V. Ramamurthy） 著
[加] J. C. 斯卡约诺（J. C. Scaiano）

吴骊珠 佟振合 等译

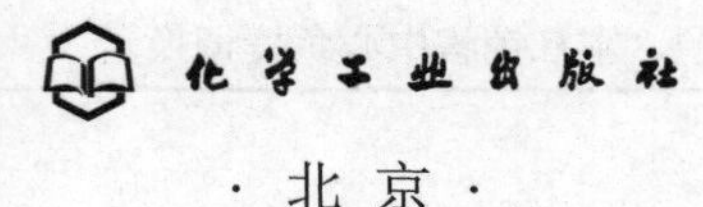

·北京·

《现代分子光化学》是有关分子光化学的经典之作。全书中文版根据内容设置划分为原理篇和反应篇两个分册。“原理篇”系统总结了光化学与光物理的理论基础，如辐射跃迁、非辐射跃迁、电子组态、电子转移和能量转移等。本分册为“反应篇”，基于有机光反应基本原理，对有机光化学反应及其机制进行了深入探讨，涵盖了各类典型的有机分子如分子氧、烯烃、酮、烯酮、芳香族化合物、超分子的光化学。对光化学、光电材料等领域的研究生、科研工作者都会有不同程度的裨益。

图书在版编目（CIP）数据

现代分子光化学　反应篇/［美］图罗（Turro，N. J.），［美］拉马穆尔蒂（Ramamurthy, V.），［加］斯卡约诺（Scaiano，J. C.）著；吴骊珠等译. —北京：化学工业出版社，2014.11 (2023. 6重印)

书名原文：Modern molecular photochemistry of organic molecules

ISBN 978-7-122-21784-4

Ⅰ. ①现…　Ⅱ. ①图…　②拉…　③斯…　④吴…　Ⅲ. ①分子-光化学-化学反应　Ⅳ. ①O644.1

中国版本图书馆 CIP 数据核字（2014）第 207506 号

责任编辑：李晓红　　文字编辑：王　琳

责任校对：王　静　　装帧设计：王晓宇

出版发行：化学工业出版社（北京市东城区青年湖南街 13 号　邮政编码 100011）

印　　装：北京虎彩文化传播有限公司

710mm×1000mm　1/16　印张 31　字数 618 千字　　2023年 6 月北京第 1 版第 5 次印刷

购书咨询：010-64518888　　售后服务：010-64518899

网　　址：http://www.cip.com.cn

凡购买本书，如有缺损质量问题，本社销售中心负责调换。

定　　价：**148.00 元**

译者的话

呈献于读者面前的这本《现代分子光化学》包括原理篇和反应篇两册。本书英文版由国际著名光化学家 N. J. Turro、V. Ramamurthy 和 J. C. Scaiano 撰写并于 2009 年出版。该书完整地介绍了有机光化学的基础知识，包括光物理和有机光化学反应，内容丰富，论述条理清晰。它不仅为初学者介绍了现代分子光化学的基础，也为专家学者提供了详尽的参考资料，是从事光化学领域教学与研究工作者的必备参考书籍。

Turro 教授生前任职于美国哥伦比亚大学，是美国科学院院士。他是超分子化学、有机光化学、分子光谱学、主-客体化学、化学反应的磁场效应等领域的领导者和开拓者。Ramamurthy 教授现任职于美国佛罗里达州迈阿密大学。他在固体化学、超分子化学以及有机光化学等领域做出了杰出贡献。Scaiano 教授现任职于加拿大渥太华大学。他在光化学及物理有机化学等领域的杰出工作受到了同行的广泛认可。

早在 1987 年，中国科学出版社曾组织翻译出版过 Turro 教授所著的《现代分子光化学》一书（英文版 1978 年出版）。虽然 30 年前出版的这本译著积极推动了我国光化学研究的发展，但由于当时有关电子转移理论以及超分子化学理论处于成长与发展阶段，相关理论都未成为书中的重要组成部分。因此，Turro、Ramamurthy 和 Scaiano 教授撰写了该图书，增加了 30 多年来光化学理论的发展与应用，弥补了之前的缺憾。同时，该书在结构编排上也做了较大的变动，许多理论用图形给出了清晰的描述，有助于读者理解相关内容。

“原理篇”详细介绍了分子的基态和激发态的电子构型、电子自旋和振动能级，讨论了光和物质的相互作用，深入论述了激发态失活过程，包括辐射跃迁（荧光和磷光）、非辐射跃迁（内转换和系间窜越）以及能量传递和电子转移过程，内容深入浅出，层次分明，使读者，特别是对现代量子力学不够熟悉的化学工作者能够清晰了解现代分子光化学的基础理论。

“反应篇”详细论述了各类激发态能够发生的化学反应，包括反应中间体和反应动力学以及检测相关中间体的技术，从前线轨道理论出发，按照发色团分类对反应机理进行了详尽的描述，具有显著的创新性和前瞻性。

参与本书翻译工作的人员分别是中国科学院理化技术研究所吴骊珠、佟振合、吴世康、陈彬、冯科、李治军、孟庆元、陈玉哲，华东理工大学赵春常，汕头大学佟庆笑，北京师范大学杨清正，北京大学汤新景，中国科学院大连化学物理研究所赵耀鹏，南昌大学周力，以及超分子光化学研究中心的多位研究生王登慧、丁洁、罗林、徐红霞、王文光、刘贤玉、李欣玮、汪晶晶、王晓军、俞茂林、王红艳、程素芳、彭荣鹏、王格侠、王锋、邢令宝等。

“原理篇”由冯科（第1章和第2章）、孟庆元（第3章和第6章）、陈彬（第4章）、李治军（第5章和第7章）进行了修订和润色；“反应篇”由赵春常（第8章）、佟庆笑（第9章）、赵耀鹏（第10章）、汤新景（第11章）、杨清正（第12章）、陈玉哲（第13章）、冯科（第14章）、陈彬（第15章）进行了修订和润色；全书由吴骊珠、佟振合和吴世康进行了最后的汇总、修改和定稿。

由于本书涉及不同学科领域，限于我们水平、肯定存在许多不妥之处，恳请读者批评指正，我们将竭诚欢迎，并衷心感谢。

吴骊珠　佟振合　吴世康

2015年7月于北京

前言

《现代分子光化学》是一本内容全面、特色鲜明的教材。它可以使教师和学生理解有机光化学反应的机制及其在合成上的应用。这本书在详细介绍有机分子光物理和光化学知识的基础上，通过众多生动的实例描述了如何利用先进的光谱技术阐明有机光化学机制，如何利用激发态电子的自旋控制光化学反应的途径，如何利用官能团或发色团研究、分类和理解羰基、烯烃、烯酮、芳香化合物等光化学反应。这本书首次根据主客体非共价键相互作用介绍了超分子光化学，论述了单重态氧参与的有机光化学反应，有助于理解有机官能团光化学反应的本质。

水平和方法

本书意在让研究者和学生能够熟悉有机光化学研究的基本概念和方法。每一章开始都配有详细的案例说明。具备大学普通化学、有机化学和物理基础知识的学生能够容易地理解这些材料。本书的特点在于避免了复杂的数学运算，而将这些理论概念转化为可视化的表达形式，给读者一个完整、统一的理论基础理解光化学反应的光吸收、辐射过程或非辐射过程。例如，结合分子势能面和简化分子轨道理论形象化地描述了光化学发生过程。这使得通过电子激发态将成千上万的有机光化学反应归类成为数不多的基本光化学反应。

这本书的任何更新、补充或勘误表都可以在 www.uscibooks.com 的书页上找到。

发展史

1978 年出版的《现代分子光化学》（Modern Molecular Photochemistry，MMP）距今已有 30 多年，其中的概念和理论已成为当今光化学合成和机制研究的重要组成部分，同时也为物理有机化学、化学生物学、高分子化学、材料科学和纳米科学等领域的发展提供了有用的智能工具。大部分基本理论仍然是当前光化学反应机理研究和应用的基石，但该书中对于电子自旋和电子转移过程尚未详细阐述。一本包含电子自旋和电子转移理论并融合 MMP 成功教学理念的教材显然有益于光化学家和他们的学生，对生物科学、高分子科学、材料科学和纳米科学等众多领域的专家大有裨益，并将光化学和光物理的概念融汇于相关研究和教学之中。

《现代分子光化学》作为一本入门书籍，包括原理篇和反应篇两部分。“原理篇”共 7 章，它从化学和其他学科学生熟悉的原理入手，介绍了光化学和光物理的概念。书中先介绍初步概念，通过电子激发态的结构、光化学反应中间体和产物，论述了光物理和光化学过程中光子和反应物分子结构的关系。通过图像化的描述，使得电子激发态、分子振动和电子自旋的相互作用易于理解，并应用于有意义的研究体系之中。对于光化学相关内容，书中首次采用图像化和矢量模型直观地描述了电子自旋及其对光化学和光物理过程的影响。运用这种模型更易于处理光化学和光物理过程中的自旋耦合、系间窜越、磁场效应等过程。此外，书中的光化学相关内容还首次将能量传递和电子转移的概念与其他基本概念集成起来，涵盖了电子转移在理论和实验中近年取得的巨大进展，特别有助于理解分子光化学中所阐述的内容。“反应篇”参照原理篇的这些概念，按官能团分类描述有机分子光化学的机制和反应。

致谢

本书源自有机光化学的课程和讲座。在此感谢我们三个课题组参与其中的学生。他们通过自身探索和不断提问，在求知和理解有机光化学过程中协助了本书的成形；感谢众多同事允许我们“借用大脑”，使得我们能够将一些深奥的数学概念转化为具体的模型表达帮助学生的理解。本书的完成比我们预计的时间要长，在此要感谢光化学委员会对我们的不断敦促，使我们最终能完成这个计划。特别感谢纽约大学 D. I. Schuster 教授和夏威夷大学 R. S. H. Liu 教授对本书初稿的批评和指正。同时感谢光化学家 J. R. Scheffer、F. D. Lewis、L. Johnson、C. Bohne 和 A. Griesbeck，他们仔细阅读了本书，并提出了建设性意见。感谢 J. Michl，通过讨论和阅读他的出版物，我们在光物理方面受益匪浅。

大学科学书籍的 Bruce Armbruster 和 Jane Ellis 一直耐心鼓励和支持我们冒险撰写这本书。感谢 J. Stiefel 对书稿的编辑，J. Choi、T. Webster 和 L. Muller 的版面设计，J. Snowden 和 P. Anagnostopoulos 的排版制作。对我们所有人而言，这是一个美妙而特殊的经历。

特别感谢我们的妻子和家人。在我们近二十年的构思和撰写过程中，正是他们的耐心和包容才成就了这本书。

Nicholas J. Turro

V. Ramamurthy

J. C. Scainano

《现代分子光化学》总目录

（1）原理篇

（2）反应篇

Ⅰ本册目录Ⅰ　　Ⅰ CONTENTS Ⅰ

第8章

有机光化学

8.1 光化学反应机制[1]

本章详细地阐述了有机光化学反应机制。光化学反应机制包含两个重要的特征：①分子结构与反应及化学功能的相互关系；②在整个光化学反应过程*R（处于激发态的反应物）→P（反应产物）（图示 8.1）中，实验与理论计算同时用于研究基元反应的具体过程。本章讨论如何利用实验手段确定初级反应过程（PP）与次级反应过程（SP）中涉及的高活性反应中间体[*R,I(D,Z)]的结构、反应动力学（速率常数 k）、反应效率（量子产率Φ）等，尤为重要的是利用时间分辨光谱学与竞争动力学机制作为研究工具来确定*R 和 I(D,Z)的结构与活性。有机光化学反应的量化计算不在本章讨论范围内。

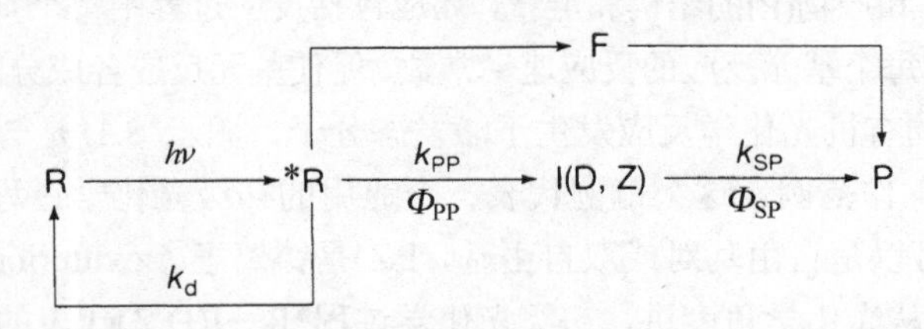

图示 8.1 整体光化学反应*R→P 范例图，包括*R→I(D,Z)、*R→F 等初级光化学过程

术语“机制”来源于“机器”含义。“机器”定义为各连接组件构成的一个集合体，其中各构件之间以一种预定的、可控的方式传送动力和能量。术语“机器”给人一种感觉：多个组件连接在一起且具有特定的功能。这些组件协同运转，以一种可定义、可跟踪的方式传送动力和能量。宏观的机器由组件和连接部分构成一个三维结构。如果我们有机器的“设计蓝图”和“组件列表”（处于静态的机器图表和组件列表），就可以推断这个机器是如何连接在一起和如何工作的。换句话说，如果有静态的构成形式和对各构件的构成关系的认知，就可以了解力是如何在各部件间传递，从而引起运

动和功能的发生，我们就可以尝试使产生机器运动的力形象化，也就是使相连组件间的相互作用产生顺序运动的情况形象化。我们会问引起机器运转的能量来源。接着，我们可能会验证机器的不同部件如何通过相互作用在机器启动后保证正常运转和功能。接下来，我们可以设计一个实验去确定机器运转所需的力与能量的大小及关系。到这个阶段，如果一切自然而然地发生（各部件按照我们的想象工作，预期的能量足够用，机器按要求运转并发挥功能，适合我们的范例），那么我们可以说已建立和理解了机器的工作方式。我们因此可以预测如何可以使机器在不同的条件下运转，发挥不同的功能，并可以用于以前没有开发过的应用中。

类似的策略可应用于研究光化学反应机制，即把有机光化学范例集合适用于有机光化学反应机制研究。反应机制的组成部件是基元反应过程中的重要化学结构，这些基元反应构成整个光反应过程。这些化学结构（图示 8.1）位于基态、激发态势能面的波底或波谷。建立反应机制的第一步是假定各个结构之间的联系，并需要提供一个由*R→P的工作蓝图。分子式可以准确地表示组成分子的各元素间的连接规律。相应地，不同基元反应的连接方式可以用机理构成式。光化学反应机理构成是指反应物（*R）、中间体（I）及各过渡态等的顺次连接关系，即这些结构如何通过基元过程如辐射跃迁、非辐射跃迁或化学转换等相互连接。已知反应机制的转换过程用箭头表示。箭头表示反应机制的不同组件间的成键作用，该作用类似于横线所代表的分子中不同元素的成键作用。

分子的构型是指中心原子与其连接原子的三维空间关系。机制的构型则与详细的三维势能面走向相关联，可以用来阐述图示 8.1 中*R→P 的整个反应过程。对于一个特定的反应构型或反应途径来讲，化学动力学描述的是作用于过渡结构的力如何确定反应动力学（速率常数 k）和反应的相对概率（效率Φ）。因此，一个完整的光化学机制应至少包括反应物（*R）和产物(P)的结构和能量，还应包括反应过程中每个重要基元反应的活性中间体的能量、每个基元反应的反应速率常数、促使基元反应各成分间相互转化的力。

大多数常见的有机光化学反应发生于激发态分子。图示 8.1 是一个简单有效地表达该过程的典型工作范例，这个范例代表一个通用的初级光化学过程，以*R→I(D,Z)表示，其中 I(D)可以是自由基对或双自由基，I(Z)是鎓离子（zwitterion，电子配对，电荷分离的结构）。从光化学角度讲，初级光化学过程*R→I(D,Z)代表的是整个光化学反应体系中最重要的一个基元反应。中间体 I(D,Z)转化为产物可以涉及一系列基元反应。图示 8.1 中的重要化学结构包括 R、*R、I(D,Z)、P。该图示也包含*R→F→P 过程，其中 F 代表漏斗状物，例如圆锥交叉点。圆锥交叉点的结构可以通过计算进行合理模拟，但不能通过实验的方法进行证实。

机制有机光化学的主要目标是对图示 8.1 中按*R 和 I 反应途径的结构、动力学、效率进行表征。每个基元反应的动力学可以用实验数据 k_i 表示，效率可以用实验数据Φ_i表征。本章的主要目的是阐述：①确定 k_i、Φ_i 的实验方法；②确定整个光化学反应*R→P 的概念策略，以图示 8.1 作为样本。

我们寻求回答以下对任何光化学反应来讲都是关键的几个机制问题：

（1）*R 和 I 的结构问题，以及如何通过实验手段进行表征？

（2）激发态分子*R 的基本光物理过程的速率常数 k_d、初级光化学过程的速率常数 k_{pp}，以及如何通过实验手段确定？

（3）激发态分子*R 的基本光物理过程和初级光化学过程的效率 Φ_d 和 Φ_{pp}，以及如何通过实验手段确定？

（4）次级热反应 I→P 的速率常数 k_{sp}，以及如何通过实验手段确定？

（5）次级热反应 I→P 的效率 Φ_i，以及如何通过实验手段确定？

（6）*R 和 I 的化学结构与反应活性（k_{pp} 和 k_{sp}）及产物结构的相关性？

（7）*R 和 I 的电子及自旋构型，它们如何决定主过程的速率？

（8）*R 和 I 的电子及自旋构型如何决定产物的结构？

（9）与*R→I 相竞争的光物理过程有哪些？

我们发展光化学机制的策略是利用一小部分具有代表性和重要性的光化学反应来回答上述机制问题。同时提供一些 k_i 和 Φ_i 实验数据，并讨论如何用这些重要的光化学参数解释机制的规则，使化学结构与反应活性相关联。

在有机光化学反应范例的背景下，建立和理解光化学机制相当于最大程度上建立分子结构与转化动力学的关系，如图示 8.1 的箭头（代表化学基元步骤和物理基元步骤）所示。“diradical”和“biradical”（见第 6 章 6.14 节）在文献中有时会交替地用来描述活性中间体 I。本书中统一使用术语“diradical”（符号 D）表示具有两个独立自由基中心的活性中间体（两个半充满分子轨道）。有机光化学中常见的例子是自由基对，自由基的中心在两个分子碎片上。术语“biradical”则表示两个自由基分布在一个单分子碎片上。

现在来考虑两个具体的*R→I(D)例子，该主光反应过程是酮的光解反应。图示 8.2（a）中，苯基叔丁基酮 **1** 发生α-裂解（Norrish Ⅰ型光化学过程），苯丁酮 **2** 发生分子内的γ-抽氢反应（Norrish Ⅱ型光化学过程）[2]。Norrish Ⅰ型光化学过程是一个单分子反应过程*R→I(RP)，反应中间体 I(D)是自由基对 I(RP)。Norrish Ⅱ型光化学过程是一个单分子反应过程*R→I(BR)，反应中间体是双自由基 I(BR)。我们可以看到这两个例子几乎拥有所有从 n,π*单重态或三重态出发的初级光化学反应的决定性的机制特征，它们甚至有从π,π*三重态出发的初级光化学反应的典型特征。图示 8.1 中的次级反应 I(D)→P 符合自由基对、双自由基、单自由基的反应，包括一系列基元反应。图示 8.2（a）中，自由基-自由基歧化反应是自由基对 I(RP)发生反应的代表，自由基-自由基重排反应是双自由基 I(BR)反应的代表。I(D)→P 的其他可能反应过程将在 8.5 节讨论。

初级光化学过程*R→I(D)是以所有三重态激发态（n,π*和π,π*）和 n,π*单重态光化学过程为典型代表。而π,π*单重态主要进行*R→I(Z)光化学过程［图示 8.2（b）］。1,3-丁二烯的光化学过程可以作为π,π*单重态光化学过程的代表性例子［图示 8.2（b）］。在π,π*单重态时（见第 6 章 6.17 节），初级光化学过程由鎓离子的性质决定，而鎓盐随沿反应坐标扭曲碳碳双键增加，因此图示 8.2（b）中的例子的初级光化学过程是*R→I(Z)，也就是说，我们考虑*R=S_1(π,π*)的可能反应过程是形成鎓离子中间体，接着生成产物。

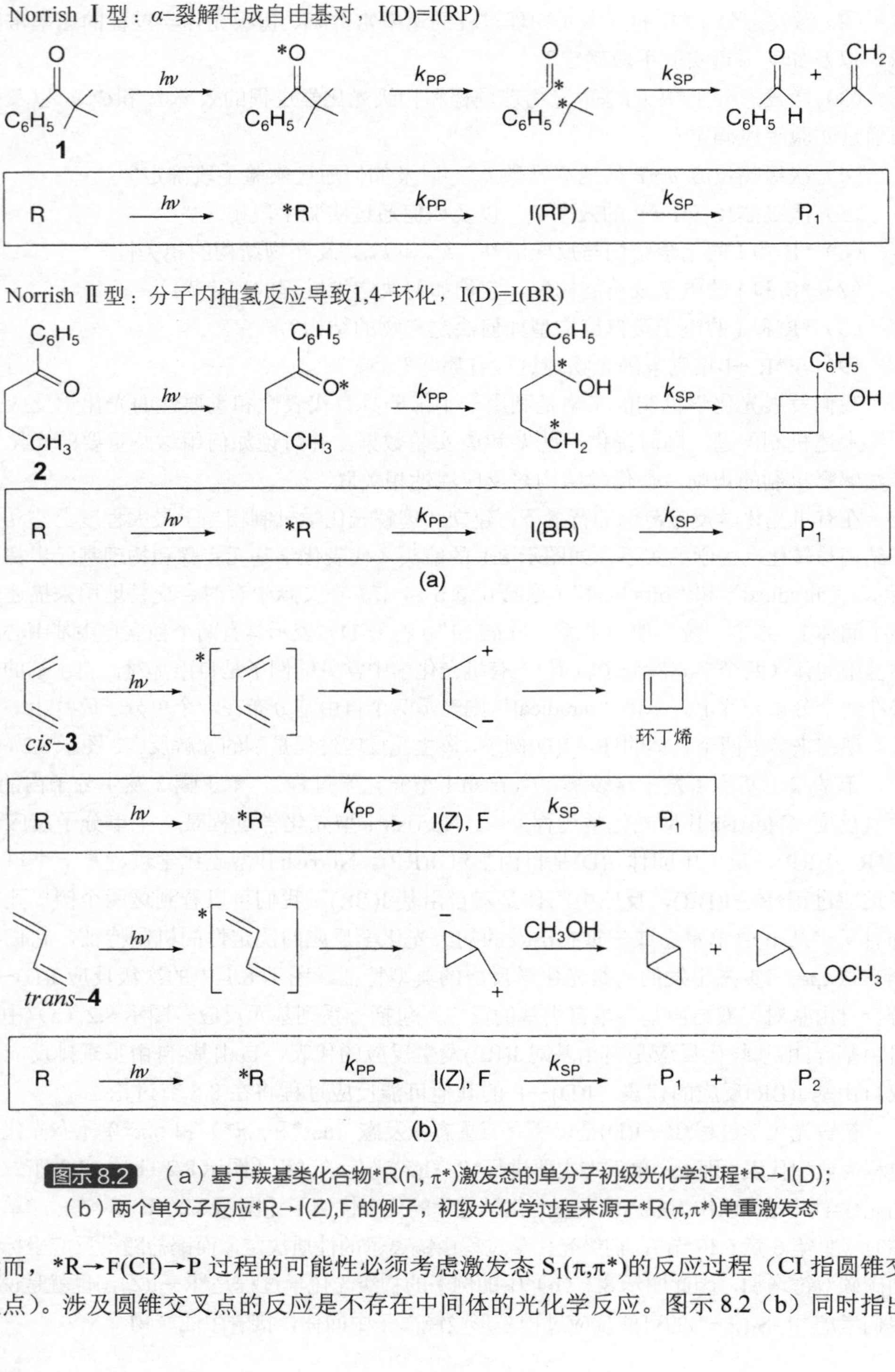

Norrish Ⅰ型：α−裂解生成自由基对，I(D)=I(RP)

$$R \xrightarrow{h\nu} {}^*R \xrightarrow{k_{PP}} I(RP) \xrightarrow{k_{SP}} P_1$$

1

Norrish Ⅱ型：分子内抽氢反应导致1,4−环化，I(D)=I(BR)

2

$$R \xrightarrow{h\nu} {}^*R \xrightarrow{k_{PP}} I(BR) \xrightarrow{k_{SP}} P_1$$

(a)

cis−3

环丁烯

$$R \xrightarrow{h\nu} {}^*R \xrightarrow{k_{PP}} I(Z), F \xrightarrow{k_{SP}} P_1$$

trans−4

CH_3OH

OCH_3

$$R \xrightarrow{h\nu} {}^*R \xrightarrow{k_{PP}} I(Z), F \xrightarrow{k_{SP}} P_1 + P_2$$

(b)

图示 8.2 （a）基于羰基类化合物*R(n, π*)激发态的单分子初级光化学过程*R→I(D)；（b）两个单分子反应*R→I(Z),F 的例子，初级光化学过程来源于*R(π,π*)单重激发态

然而，*R→F(CI)→P 过程的可能性必须考虑激发态 $S_1(\pi,\pi^*)$的反应过程（CI 指圆锥交叉点）。涉及圆锥交叉点的反应是不存在中间体的光化学反应。图示 8.2（b）同时指出

了基态构型对光反应活性的影响：(*S*)-顺-1,3-丁二烯 1,4-电环化反应生成环丁烯［图示 8.2（b）］；(*S*)-反-1,3-丁二烯在单重态激发态发生 1,3-成键作用［图示 8.2（b）］。这两个反应可以很方便地用价键结构表述，分别通过 1,4-电荷分离和 1,3-电荷分离的鎓离子中间体进行反应，因为鎓离子中间体 Z（真实的反应中间体）和漏斗形态 F（漏斗不对应真实的反应中间体，但在势能面表现出一个缺陷）的相似性，可以归纳单重态 $S_1(\pi,\pi^*)$ 的反应过程为*R→I(Z),F。这个过程提醒我们有两种可能性 I(Z)或 F 存在，实验上很难区分，但可以通过计算加以确证。

8.2 有关反应机制根本性质的一些哲学评论

已知的反应机制像知名的范例一样，是暂时性、不完整的，要不断地改进，甚至有时被放弃和取代，因为科学家不可能利用逻辑推理的方式准确无误地证明一个实验现象的真实性。缺乏定论可能是由于以下原因造成的：①可能存在一个替代机制（或许还没有考虑到）与现有的数据一致；②新获得的实验数据和现象可能与现有的反应机制不一致。实验数据在不完整性及不同阶段的演变、细化和扩展也是反应机制不完整的原因。另外，现实问题也决定了反应机制的不完整性：确定一个反应机制，使其包含所有的物理和化学过程，以便用来描述一个整体的化学或光化学反应，在原则上是不可能的，而实际上也是没有必要的。尽管有诸多限制条件，机制化学仍是一个有用工具，可以系统化和分类观测现象，可以从分子层次了解反应进程，可以为预测新反应进程提供知识基础。下面，我们开始讨论确立一个反应机制的过程，同时讨论为什么一个暂时性的机制可以应用到实际例子中。

整理光化学反应机制时，我们利用已明确的范例作为选择规则，限制整个*R→P 反应过程中可能的基元反应数目。6.39 节列出了可行的初级光化学过程*R→I(D)和*R→I(Z)的选择规则。在机理分析时，我们利用前人积累的丰富经验（通过利用具有学术价值的光化学文献），从大量最初的可能机制中快速地追踪到部分合理的机制。很少有合理的机制仅包括单一的独特机制。然而，使用有效范例中的具体例子可以引导我们选择一套最有效的实验和计算数据，从而确定最可能合理的机制。从一个可能的机制状态升级到行之有效的机制，从严格意义上讲是不可能的。当科学工作者说一个反应机制行之有效时，这意味着目前阶段这个机制可以解释一个反应的所有现象。从这个意义上讲，即使一个行之有效的机制也需要随着新实验数据或新概念而改进。

8.3 创建一个标准的机制群[1c]

势能是化学体系的一个普遍物理性质，一个反应沿着势能面走向进行，因此反应物转化为产物的变化可以用势能的变化来描述。6.2 节描述了基态反应 R→P 的机制分析，提供了反应条件（基元反应的最低能量途径），包括基态势能面上表述的具有最小能量的反应物、中间体和产物的结构，另外还包括具有最大能量的过渡态。用于详细地描述激发态反应的机制应包括激发态势能面上具有最小能量的反应物、中间体、产物（比如反应物、产物的单重态和三重态）和含最大能量的过渡态，还应包括组成激发态势能面的所有漏斗结构。所有这些最小和最大能量的电子结构、核、自旋结构，同时包括在每个基元反应中引起结构相互转化的作用力，尽可能表征清楚。图示 8.2 给出的典型例子经过了实验和计算的深入研究。

就像图示 8.2 给出的例子，用经典的例子来确定哪些实验或计算数据可用以建立反应机制。范例中不可或缺的数据和理论接着用于精简众多标准的可能反应机制，产生 3 种可能性（图示 8.3）：

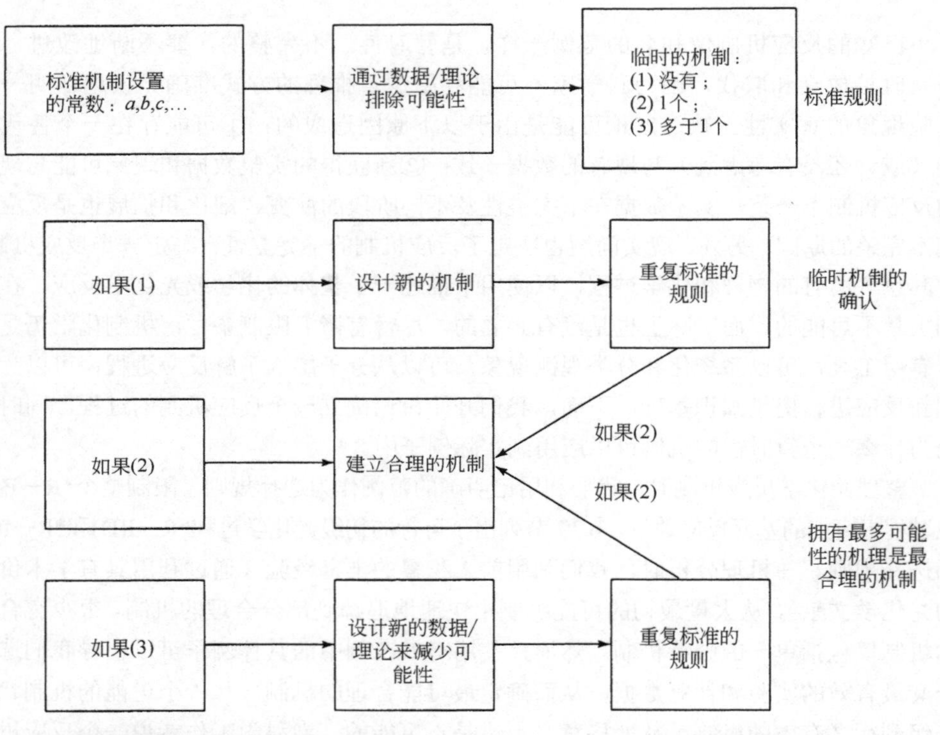

图示 8.3 建立临时机制步骤的连通图（成员 *a*、*b*、*c* 等代表完整且明确的机制）

① 如果标准机制中只有一个机制保留，则该机制是暂时合理的工作机制。

② 如果有一个以上的机制保留，则必须适当考虑用多个合理的工作机制解释反应，当发现多个可能的机制时，最具可能性的是反应速率最快的。因此应该尤其关注基元反应的反应速率，因为在*R→P 的光化学反应过程中可能存在着多个竞争过程。

③ 如果标准机制中没有合适的，那么可能存在一种新的或没被发现的反应过程，这时应该调整范例去适应新知识。然而真正的没有被发现的机制是罕见的，所以在表

明发现了一个新反应时，我们必须确信该新反应是采用正确的方法发现的。

经过步骤（1）～（3）的多次逐一排查后，仅存单一机制并能与所有的实验数据和计算结果相吻合，那么就可以进行测试性的预测。预测如果是正确的，暂时性的机制就应升级为确定机制。在实验数据和计算结果全面且详尽的条件下，原始的合理机制不仅可以上升为确定机制，而且可以成为一个典范机制，就如图示 8.2 所示的例子。就基态反应而言，起始反应物和产物的结构可以用波谱学（核磁共振、红外、紫外、X 射线衍射、质谱）、化学和计算的方法确定。反应物的激发态结构及反应中间体的结构同样可以利用光谱学和/或化学的实验手段确定，该部分在已第 4、5 章讨论过。其他的方法将在本章讨论。在机制分析时，比较方便的做法是以*R 代表激发态势能面上多种激发态的集合体，包括来源于从基态直接吸收光子到激发态或者通过内转换从高级激发态到低级激发态。通常处于激发态的反应物与处于基态的反应物的键连接方式是一样的。然而，在激发态时，反应物拥有半充满的最高占有轨道（弱的成键轨道）和半充满的最低占有轨道（反键轨道），因此某些特定原子间的键能比基态时小，键距和键角也有所不同。虽然有时激发态反应物通过漏斗形式可以直接生成产物，但大多数情况下光反应机制包含一个或者多个反应中间体，遵循 $^*R \rightarrow I(D,Z) \rightarrow P$ 途径。反应中间体具有高的反应活性，是热平衡的基态物种，其寿命由随后的分子间或分子内的热力学反应确定，可由传统的基态中间体化学推断而来。8.25 节和下面会讲到的时间分辨光谱技术是一个强有力的工具，可以直接用来表征处于激发态的反应物和产物的结构及其反应动力学。

从初级光化学反应的可能反应机制过渡到合理反应机制，我们需要考查关于合理性的标准，机制分析的选择规则如下。

（1）处于激发态的反应物到产物的反应能量　处于激发态的反应物的反应在热力学上讲是允许的。当然，吸热反应需要克服一个大的能垒（等于反应吸收的热量加上到过渡态需要的活化能），因此一般不能自发进行。吸热光化学过程还要同快速的光物理失活过程竞争，因此高吸热的光化学过程是不可能的（低的反应速率）。就此准则讲，单重态的要求比三重态高，因为单重态的寿命较短，不能保证获得足够的能量去克服反应需要的能垒。这个能量标准的有效性和适用范围将在 8.4 节详细讨论。此时需要注意，吸能和放能适用于自由能变化（ΔG），吸热和放热适用于焓变。为了简化起见，我们采用吸热和放热的正负焓变。

（2）光化学过程和光物理过程的动力学　可以利用这些速率常数的常识去估计在存在竞争光物理失活过程时光反应的可能性和合理性。相应地，估计中间体到产物的反应速率常数对整个光化学反应机制来讲是很关键的，可以很好地理解光化学反应过程。

（3）处于激发态的反应物（*R）的结构　了解*R 的电子构型、立体构型和自旋构型有利于从 6.39～6.41 节的前线轨道理论来推导合理的光化学过程。同样，中间体的电子构型、立体构型和自旋构型对于分析中间体到产物的过程也是至关重要的。

（4）激发态到产物及激发态到基态的计算 利用现代计算方法可以了解与光化学过程相关的势能面。目前，关于激发态势能面上存在圆锥交叉面的证据仅来源于势能面的计算模拟，通过定义这些交叉不是反应中间体（见 6.12 节）。从实验角度讲，超快的非辐射过程（飞秒级）被认为是一个间接的证据，证明圆锥交叉面的存在。

当建立了光化学过程合理的反应机制体系后，我们可以考虑用实验方法作为标准去选择最合理的机制（通常是具有最快速率的机制）。通常来讲，这些标准主要包括：

（1）激发态反应物和产物的直接或间接的光谱表征；

（2）动力学定律和速率常数的确定，包括激发态反应物到中间体、中间体到产物等过程；

（3）标记实验（同位素或取代），用于排除其他合理的机制；

（4）结构-反应活性的关系，可以使观测到的速率常数与激发态反应物、中间体、产物的结构特征相关联；

（5）反应物-产物的相互关系，可以确定反应过程中的选择性问题（化学选择性、区域选择性、立体选择性、磁选择性等）；

（6）激发态反应物、中间体与具有特定结构的化学捕获剂的反应，利用不同的前体制备激发态反应物、中间体；

（7）单重态或三重态猝灭剂对激发态反应物的猝灭作用；

（8）磁场和磁同位素对激发态反应物到中间体、中间体到产物过程的影响；

（9）用于描述激发态反应物到中间体、中间体到产物的计算方法。

8.4 合理的动力学在定量分析中的应用

从上面的讨论可以清楚地看出，在整个*R→P 的反应中，*R→I 的反应速率必须与可使*R 失活的其他光物理过程、光化学过程的速率相匹配。因此，相对这些竞争过程，*R→I 反应的动力学合理性对该过程能否有效地进行具有非常重要的作用，即决定了该过程能否具有高的量子效率(Φ)。动力学的可行性问题可以按如下规则制定：*R 在寿命范围内能否获得足够的能量，以便在与其他猝灭过程，尤其是*R 的光物理猝灭或者竞争性光反应猝灭的竞争中，*R→I 的反应具有足够的反应速率。激发态*R 的寿命 τ_d 与总的衰减速率 k_d 具有如下相关性：$k_d=1/\tau$。*R 的寿命和失活速率由*R 衰减的所有光物理过程和光化学过程共同决定。

基元反应（包括基态和激发态）的速率常数 k 可以用经典的阿仑尼乌斯公式［式（8.1a)］表示，或者用过渡态理论公式［式（8.1b)］表示：

$$k = A\exp[-(E_a / RT)] \tag{8.1a}$$

$$k = \upsilon_N \kappa \exp-(\Delta G^{\neq} / RT) = \upsilon_N \kappa \exp\{-[(\Delta H^{\neq} - T\Delta S^{\neq}) / RT]\} \tag{8.1b}$$

式（8.1a）表明一定温度下速率常数 k 与有效碰撞频率 A（称为指前因子，单位为 s^{-1}）、反应活化能(E_a)相关。对比式（8.1a）与式（8.1b），活化能与焓变相关，焓变用于重组激发态反应物的电子、核结构，从而产生过渡态，进一步达到中间体；有效碰撞频率与熵变相关，熵变决定了反应物结构的重组，从而影响过渡态到产物的过程。7.14 节已表明，涉及强极性或带电的物质时，比如电子转移反应，焓变和熵变也要把溶剂的重组考虑进去。

反应速率常数 k 的数量级可以根据有效碰撞频率 A 的经典数值来估计：对于不涉及大的熵重整的一级反应，A 的数值在 10^{12}～$10^{15}s^{-1}$ 范围；二级反应（假定 1mol/L 的反应物与*R 反应）A 的数值在 10^{6}～$10^{8}s^{-1}$ 范围，二级反应速率常数的单位是 L/（mol·s），为了方便对比，这里转化该单位为 s^{-1}。反应速率常数≤$10^{6}s^{-1}$ 的反应为典型的一级反应，一般需要较大的自旋重整（如系间窜越）。表 8.1 给出了 3 个温度（77K，300K，400K）条件下 $A=10^{15}s^{-1}$ 和 $A=10^{8}s^{-1}$ 时 k 与 E_a 的关系。表 8.1 的数值代表了反应速率最快的一级（$A=10^{15}s^{-1}$）和二级（$A=10^{8}s^{-1}$）反应。举例说明如何使用表 8.1。如一个反应为室温反应，同时具有 $A=10^{15}s^{-1}$ 和反应活化能 E_a=8kcal/mol，那么反应速率则为 $10^{9}s^{-1}$。这样的速率足够快，可以与来自 S_1 态的荧光竞争。另一方面，当 $A=10^{15}s^{-1}$ 和反应活化能 E_a=3kcal/mol 时，反应速率则为 $10^{6}s^{-1}$。该反应速率太慢，从而不能与来自 S_1 态的荧光竞争，但同磷光相比速率足够快，可以与其竞争。

图 8.1 表示的是室温条件下 lg$k$ 与活化能的关系图，不同 A 对应不同的关系。我们如何利用这些信息确定反应*R→I 的动力学可能性呢？

下面以苯基叔丁基酮［**1**，图示 8.2（a）和式（8.2）］的反应为样本[3]。该样本包含 Norrish I 型反应（*R→I）和激发态的物理失活（*R→R）过程，可以充分阐述动力学数据是如何解释反应速率（*R→I）与总的失活速率（*R→I 和*R→R）的关系。*R(**1**)的α-裂解是发生的初级光反应，来源于 n, π*三重态，生成三重态双生自由基对，即*R(T_1, n, π*)→^{3}I(RP)。室温条件下，实验测得*R(**1**)的三重态寿命(τ_T)约为 100ns[4]，则 $k_T \approx 1/\tau_T \approx 1/(100ns)=10^{7}s^{-1}$。在*R(**1**)高反应活性的实验条件下，苯乙酮（$CH_3COC_6H_5$）一般不会发生光化学反应，因此苯乙酮可以作为模型化合物，用以推测当不存在光化学反应时 **1** 的光物理过程。苯乙酮三重态的失活常数约为 $10^{4}s^{-1}$。苯乙酮在一定的反应条件下是光稳定的，因此它的失活过程可以认为是仅由光物理失活引起的。根据苯乙酮的失活速率和*R(**1**)的失活速率对比，可以认定*R(**1**)的失活主要是发生了α-裂解光化学反应，即 $k_T \approx k_\alpha = 10^{7}s^{-1}$，$k_\alpha$表示$\alpha$-裂解的反应速率。

$$C_6H_5COC(CH_3)_3 \xrightarrow{h\nu} {}^*[C_6H_5COC(CH_3)_3] \xrightarrow[10^7\ s^{-1}]{k_{PP}} C_6H_5\dot{C}{=}O + (CH_3)_3C\cdot \xrightarrow[10^9\ L/(mol\cdot s)^{-1}]{k_{SP}} C_6H_5CHO + CH_2{=}C(CH_3)_2 \qquad (8.2)$$

1

R → *R → I → P

表 8.1 速率常数、活化能、频率因子及温度的关系

k/s^{-1}	E_a/(kcal/mol)					
	T=77K		T=300K		T=400K	
	$A=10^{15}s^{-1}$	$A=10^{8}s^{-1}$	$A=10^{15}s^{-1}$	$A=10^{8}s^{-1}$	$A=10^{15}s^{-1}$	$A=10^{8}s^{-1}$
10^{15}			0		0	
10^{12}	1		4		5	
10^{9}	2	0	8	0	11	0
10^{6}	3	1	12	3	16	3.5
10^{3}	4	2	16	7	22	9
1	5	3	21	11	27	15
10^{-3}	6	4	25	15	33	20
10^{-6}	7.5	5	29	19	38	25
10^{-9}	8.5	6	33	23	44	31

注：1kcal=4.1868kJ。

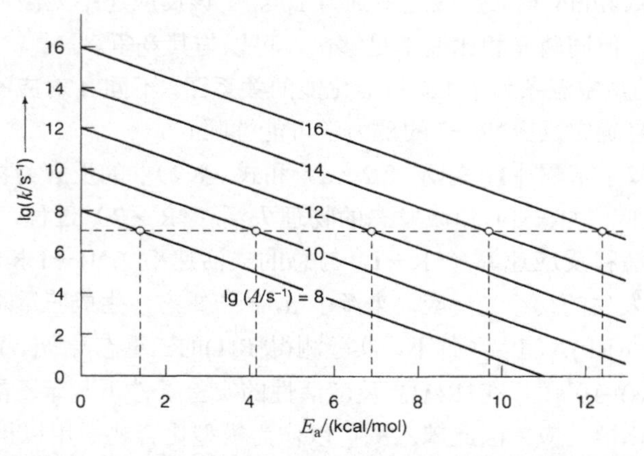

图 8.1 温度为 300K 时根据不同指前因子和活化能计算速率常数对照图
水平虚线指速率常数为 10^7s^{-1}；垂直虚线指速率常数为 10^7s^{-1} 时
不同 A 因子对应的活化能；1kcal=4.1868kJ

现在利用图 8.1 来看如何根据不同的 A 确定反应速率与活化能的关系。如果从 y 轴 lg$k$=7 出发作一水平线（图中的水平虚线），会与代表不同 A 值的斜线相交（图中的圆圈）。从交点向 x 轴作图（图中的竖虚线），可以得到不同 A 值对应的活化能，若 A（s^{-1}）值分别为 10^8、10^{10}、10^{12}、10^{14}、$10^{16}s^{-1}$，则 E_a(kcal/mol)值分别约为 1.7、4.1、6.9、9.8、12.4，从而可以看出 A 与 E_a 的相关性。在同样的反应速率下（10^7s^{-1}），如果 A 增大，E_a 同样在 1.7～12.4kcal/mol 范围内增大。既然单分子反应的 A 一般为 10^{12}～$10^{14}s^{-1}$，那么通过图 8.1 可以确定化合物 **1** 的α-裂解反应活化能在 7～10kcal/mol 范围内。实验结果表明 $A\approx2\times10^{12}s^{-1}$，$E_a\approx$7.3kcal/mol，与图 8.1 的推算结果一致[4]。

对于双分子反应，*R 与稳定分子 M 的相互作用需要考虑 M 的浓度[M]。式（8.3）

描述了一个假想的激发态分子*R 被一个 Q（此处认为 Q=M）分子“猝灭”，结果*R 被从反应体系中以化学反应过程或光物理过程“移除”，速率常数为 k_q。“猝灭”一词意味着*R 的双分子失活过程是由于与 Q 的碰撞引起的（双分子反应产生一个高活性的中间体*R→I，或“猝灭剂催化”的光物理失活过程*R→R）。

$$^*R + Q \xrightarrow{k_q} {}^*R\text{被猝灭} \tag{8.3}$$

如果 Q 的浓度[Q]≫[*R]，那么*R 的失活将遵循假一级反应动力学（[Q]的浓度变化很小，可以认为反应过程中[Q]保持恒定）。在假一级反应条件下，如果*R 的失活主要是由于与 Q 的作用，而且速率常数为 k_q，那么*R 的寿命可由$(\tau_{*R})^{-1}=k_q[Q]$表示。在这种情况下，图 8.1 仍可以用来估计双分子反应的活化能，只要用 $\lg A[Q]$替代 $\lg A$ 即可。

室温条件下，具有温和反应速率（1h 或者更小）热反应的活化能一般在 25～35kcal/mol 内。比如，放热反应（$\Delta H\approx-10$kcal/mol）环丁烯开环生成丁二烯需要的活化能为 35kcal/mol，A 为 $10^{13}s^{-1}$。则从式（8.1a）可计算得出，在温度为 300K 时，环丁烯开环反应的速率为 $10^{-10}s^{-1}$，相当于半个世纪长。另一方面，1,3-丁二烯光关环反应［图示 8.2（b）］生成环丁烯（基态 1,3-丁二烯关环反应生成环丁烯是吸热过程，约为 10kcal/mol）基本不需要活化能，反应可在 10^{-10}s 内完成，相当于反应速率为 $10^{10}s^{-1}$ 或更大。丁二烯的电环化反应时间可直接由时间分辨的飞秒荧光光谱测定，其值大约为 10^{-14}s（10fs）。这样快的过程意味着必须在靠近圆锥交叉点附近吸收光子产生*R，并能通过一个或几个振动到达基态（R 或 P）。所以，该光开环反应是一个典型的*R→F→P 的例子（图示 8.1）。

根据式（8.1a）与式（8.1b），一个基元反应的速率常数取决于焓变因子（E_a 或 $\Delta H^{\neq}$）和熵变因子（A 或 $\Delta S^{\neq}$）。例如，如果构象限制有利于目标反应过渡态的产生，那么可以通过限制反应物的构象自由度来提高反应速率；如果构象限制不利于目标反应过渡态的产生，那么限制反应物的构象自由度则会降低反应速率。有利反应的限制构象相当于增加了反应速率中的熵变量，即从反应物到过渡态的熵变是增大的（通过增大反应物结构的无序度获得过渡态）；不利于反应的构象限制相当于降低了反应速率中的焓变量，即这种类型反应的熵变是降低的（通过增加有序度获得过渡态），需要利用焓变到达过渡态。

表 8.2 给出的是关于 Norrish Ⅱ型抽氢反应的信息，包括活化能 $E_a(\Delta H)$、$A(\Delta S)$ 和反应速率常数 k。同 Norrish Ⅰ型反应一样，Norrish Ⅱ型反应同样只能从三重态激发态[*R(T_1)]开始。表中列出的速率常数是*R→I(BR)单分子光化学反应速率常数［见式（8.4a）］。然而从式（8.4b）可以看出，*R 产生 I(BR)后，可能通过 3 种反应途径生成不同的产物。这 3 种反应描述的是 I(BR)的二级热反应，只能间接地表达*R(T_1)的初级光化学过程。途径（ⅰ）体现的是 Norrish Ⅱ原型反应，通过 1,4-双自由基的 2,3-碳键断裂碎片反应形成产物。除了碎片反应，I(BR)还可以关环形成环丁醇［途径（ⅱ）］，或者发生歧化反应［途径（ⅲ）］。I(BR)关环形成环丁醇的反应称为杨氏反应（the Yang reaction）[5]。式（8.4b）中的每个反应都有一定的速率常数，取决于反应条件（溶剂、温度、双自由基捕获剂的存在）。正是因为 I(BR)对反应条件敏感，所以形成中间体 I

的反应速率随反应条件即使变化不大，生成产物的速率也可能变化很大。比如，相比较于关环和碎片反应，歧化反应与溶剂密切相关，因为溶剂可以和 I(BR)的羟基形成氢键，从而选择性地阻止歧化反应的发生。因此，对一个整体反应来讲，它可能与溶剂密切相关，即使是只存在一个初级光化学反应。

表 8.2 室温条件下几个酮类化合物抽氢反应的速率常数和活化能

	酮①	k_r②	E_a③ /(kcal/mol)	A③ /s⁻¹
4	$C_6H_5COCH_2CH_2C\underline{H}_3$	8×10^6	约 7	约 10^{12}
5	$C_6H_5COCH_2CH_2C\underline{H}_2CH_3$	1×10^8	约 5	约 10^{12}
6	$C_6H_5COCH_2CH_2C\underline{H}(CH_3)_2$	5×10^8	约 4.5	约 10^{12}
7	$CH_3COCH_2CH(C\underline{H}_3)_2$	1×10^7	约 7	约 10^{12}
8	$CH_3COCH_2CH_2C\underline{H}_2CH_3$	6×10^8	约 4.5	约 10^{12}
9	$CH_3COCH_2CH_2C\underline{H}(CH_3)_2$	2×10^9	约 3.5	约 10^{12}
10	$(C_6H_5)_2CO+RC\underline{H}_3$	3×10^4	约 4.5	约 10^8
11	$(C_6H_5)_2CO+RC\underline{H}_2R$	7×10^5	约 2.8	约 10^8
12	$(C_6H_5)_2CO+R_3C\underline{H}$	9×10^5	约 2.2	约 10^8
13	$(C_6H_5)_2CO+C_6H_5C\underline{H}_3$	4×10^3	约 2.5	约 10^8
14	$(C_6H_5)_2CO+C\underline{H}_3OH$	3×10^3	约 3.5	约 10^9
15	$(C_6H_5)_2CO+CH_3C\underline{H}_2OH$	8×10^3	约 2.8	约 10^9
16	$(C_6H_5)_2CO+(CH_3)_2C\underline{H}OH$	1×10^4	约 2.6	约 10^9
17	$\underline{H}$　O　C_6H_5	3×10^9	约 4	约 10^{13}
18	C_6H_5 $C\underline{H}_2$　O　C_6H_5	7×10^3	约 4.7	约 10^4

① 下划线表明的氢参与抽氢反应。

② 抽氢反应速率常数。给出的数值只具有代表性，准确的数值与溶剂、温度及其他实验条件有关。化合物 **4**～**9**、**16**、**17**（分子内抽氢反应）的速率常数单位是 s^{-1}，化合物 **10**～**16**（分子间抽氢反应）的速率常数单位是 L/(mol·s)。

③ E_a 为抽氢反应的活化能，A 为指前引子。

$h\nu$

从三重态激发态开始的
NorrishⅡ型抽氢反应

NorrishⅡ型1,4-双自由基
典型寿命是30～100ns

(8.4a)

需要注意，反应途径（iii）描述的是一个化学过程，与光化学反应式（8.4a）相加，总的结果与*R 的光物理失活结果一致，产生起始物 R。这个反应途径对整个反应来讲是无效的，因为吸收光子产生激发态后，经光反应*R→I(BR)产生中间体，然后通过途径（iii）I(BR)→R 重新生成 R。因此，当途径（iii）的反应开始占一定的比重时，形成产物的量子产率会随之降低。途径（iii）一般在非极性溶剂中相对比较重要，因为没有氢键的作用。这会导致整个反应拥有很低的量子产率，即使初级光化学过程的量子产率为 1。第 9 章将详细讲述式（8.4）所涉反应的产物变化与结构关系、产物变化与*R 和反应条件的关系。

现在，我们考虑 II 型反应中*R 结构与反应速率 k_r 的关系，即结构—反应活性的相关性。Norrish II 型反应抽取反应物的γ-氢原子，因此我们首先考虑拥有γ-氢的碳原子的取代基效应（表 8.2 中 **4**～**6** 和 **7**～**9**）。例如，由 **4** 到 **5** 到 **6**，随取代基变化，反应速率常数增大 60 倍。在这个系列中，化合物 **4** 的抽氢反应发生在伯碳上的氢，**5** 在仲碳，而 **6** 在叔碳。从表 8.2 可以看出，从 **4** 到 **5** 到 **6**，反应的活化能逐渐降低，分别是约 7kcal/mol、约 5kcal/mol、约 4.5kcal/mol，而 A 因子基本不变（$10^{12}s^{-1}$）。需要注意，A 因子的大小在单分子反应的范围内，该反应的过渡态结构受到限制（形成六元环结构）。

对这些类似结构的化合物，从 **4** 到 **5** 到 **6**，反应速率常数的增大主要是由于活化能 E_a 降低引起。换句话说，是由于焓变因子，而非熵变因子。在这个体系中，涉及被抽氢原子的氢碳键能单调递减，键能顺序依次为：伯碳氢>仲碳氢>叔碳氢。因此，反应速率常数 k_r 反映了被抽氢原子的氢碳键能强弱（焓变因子）。这个例子可以说是稳定自由基（双自由基）规则应用于光化学过程：在一系列涉及结构类似的自由基反应中，生成物自由基比反应物自由基更稳定，则反应速率更快（产生的自由基越稳定，该基元反应越容易进行，释放的热量更多）。这个规则是建立在键能决定反应速率的假设基础上，*R→P(RP)和*R→I(BR)。当几个等同的主反应存在可能性时，结果必然是产生最稳定的 P(R)或 I(BR)的反应在动力学上是有利的（具有最大的 k 值）。在 8.5 节将会详细讨论这个重要的规律。

表 8.2 给出了几个反应参数，适用于酮类化合物的Ⅱ型反应，如具有不同结构的酮化合物 **4**～**18**。双环酮化合物 **17** 是熵变［式（8.1a）的 A，式（8.1b）的 $\Delta S^{\neq}$］控制反应速率的一个例子，由激发态反应物到中间体（BR）的反应速率比酮化合物 **5** 几乎快了 100 倍，即使每种情况下Ⅱ型抽氢反应都发生在仲氢原子上（因此焓变因子应该是相同的）。既然两个例子都发生了仲氢原子被抽取的反应，那么键能不可能是反应速率不同的主因。实际上，反应速率常数的增大主要是 A 因子增大的结果（**5** 的 A 因子为 $10^{12}s^{-1}$，**17** 的 A 因子为 $10^{13}s^{-1}$）。A 因子增大，熵变为正值，反应需要较少的分子重组能。

表 8.2 中，酮 **4**、**5** 和 **6** 有相同的结构，应该有相同的重组能使激发态分子活化到过渡态；熵变是一样的。因此可以推断这几个分子反应速率的区别是由活化能（抽氢反应速率按伯、仲、叔的顺序递增）的不同造成的，它们的 A 因子一样，大约为 $10^{12}s^{-1}$。另一方面，酮 **5** 和 **17** 发生了同种类型的氢原子被抽取的反应，它们的活化能应该是一样的。然而，酮 **17** 的构型非常有利于抽氢反应的发生，需要较小的熵变就可以到达过渡态。反应过程中，**17** 熵变减小的程度比 **5** 熵变减小的程度小，而二者的活化能一样，所以 **17** 具有大的反应速率常数。

最后，酮 **18** 分子内的抽氢反应速率很小，尽管其活化能较小，从图 8.1 可以看出，如果一个单分子反应的活化能是 4.7kcal/mol，A 因子是 $10^{12}s^{-1}$，那么反应速率约为 $10^{9}s^{-1}$。A 因子反映的是反应物结构重整到达过渡态所需的能量，该重整能来源于两部分：一是产生七元环过渡态，构型上是不利的；二是电子构型的重整，需从π,π态产生类 n,π态。

从表 8.2 可以看到，分子间抽氢反应的 A 因子一般在 10^{8}～10^{9} L/(mol・s)范围内。该数量级的 A 因子一般为典型的双分子反应，需要中等程度的结构重整到过渡态。而典型的分子内单分子抽氢反应的 A 因子的数量级为 $10^{12}s^{-1}$（需要注意两者的单位不一样）。

8.5 自由基和双自由基反应简介

图示 8.2（a）中两个具有代表性的反应说明了自由基在光化学反应中扮演的重要角色，例如自由基对和双自由基。实际上，对于大多数涉及 n,π*态的有机光化学反应和所有三重态π,π*态的有机光化学反应，初级光化学过程是基元反应*R→I(D)，在这个过程中产生自由基对 I(RP)或者双自由基 I(BR)。在无黏性的有机溶剂中，^{3}RP 迅速而高效地（10～100ps）分裂成自由基（FR）。

为了能够理解*R→P 的整个反应过程，同样需要通过下面的知识了解 I(D)→P 的次级热力学过程。

① RP 和 FR 的化学性质。自由基对通过*R→I(RP)过程在溶剂笼中形成，然后自由基对快速扩散分离形成成双自由基对（RP）或自由基（FR），即 I(RP)→FR_1+FR_2 过程。

② 通过*R→I(BR)过程产生的双自由基 I(BR)的化学性质。在很大程度上是独立的单自由基中心化学，通过柔性或刚性分子空间连接两个自由基中心，不稳定的自由基

通过不可逆的扩散分离而分开。

自由基化学成为有机光化学重要的和基本的组成部分，本节将对自由基化学的基础知识进行简单的介绍[6,7]。这些范例将会帮助我们了解大多数光化学转换初级过程*R→I(D)和次级过程 I(D)→P 中涉及的自由基方面的知识。需要注意的是这些步骤都包含半充满分子轨道。

有机光化学中最重要的自由基是以碳原子为中心的自由基（$\cdot CR_3$）和以氧原子为中心的自由基（例如 RO·）[6,7]。最简单的以碳原子为中心的自由基是甲基自由基（$\cdot CH_3$），拥有一个接近平面的几何构型，碳原子为 sp^2 杂化。很多以碳原子为中心的自由基趋于 sp^2 杂化，但多数并不是绝对的平面构型，而是比较趋于 sp^3 杂化，从而导致呈三角锥形而非平面构型，例如含碳原子的乙基自由基（$\cdot CH_2CH_3$）稍微偏向三角锥形。另一方面，$\cdot CF_3$ 自由基强烈趋向三角锥形，这就意味着碳原子趋于 sp^3 杂化。以碳原子为中心的自由基的碳原子杂化非常重要，因为自由基反应速率会随半充满轨道中 s 轨道特征的增加而增大；s 轨道的特征越强，自由基的活性越高。因此，对以碳原子为中心的自由基来讲，sp^2 杂化的自由基比 sp^3 杂化的自由基更活泼。这个重要的活性特征与一系列结构相关的C—X 化合物中碳原子的C—X 键均裂所需能量相关联，也是化学中通过均裂产生以碳原子为中心的自由基的 3 个最重要规则的基础，即 $R_3C-CR_3 \rightarrow R_3C\cdot + \cdot CR_3$。

规则一 要均裂的碳化学键越稳定，以碳原子为中心的自由基越不稳定；通过键断裂产生的自由基越稳定，键的均裂需要的能量越少。

规则二 以键的均裂产生的自由基越稳定，在一系列相关的自由基反应中自由基的活性越小（速率常数 k 越小）。

规则三 如果两个初级步骤都产生自由基，而且与*R 或 I 的其他反应竞争，那么产生更多稳定自由基的步骤进行得越快。

原子轨道中 s 轨道成分越多，化学键越稳定（同量子数时，s 轨道较 p 轨道更加接近阳性原子核）。例如，对于相同的原子对来说，sp（更多 s 轨道性质）杂化轨道形成的化学键强于 sp^2（较少的 s 轨道）杂化轨道形成的化学键[1a]。依此类推，sp^2 杂化轨道形成的化学键比 sp^3 形成的化学键稳定。因此，我们直观地得到以下基本结论：自由基的稳定性与反应活性是相互联系的，碳自由基的稳定性越差，其发生系列相关反应的活性越强，这是因为活泼的自由基更容易形成强的化学键。这个理论与正常区的电子转移的抛物线图一致。

以氧原子为中心的自由基也遵循与碳自由基一样的电子轨道结构—反应活性的规则。然而，事实上 RO—H 键强于 R_3C—H 键，我们会发现相比于 C 为中心，O 为中心时自由基的活性更高，因为在形成 O—H 键时会释放更多的能量。这个推测也得到了实验的验证[6,7]。

光化学反应*R→I(D)通常形成一对自由基活性中心，I(D)是 I(RP)或 I(BR)。这些特征与均裂反应一样，都是成对电子形成两个奇数电子的活性中心。热解反应通常是均裂反应，而且常常是键能低的化学键，例如过氧键（键能为 35kcal/mol）、偶氮中的 C—N 键（键能为 45kcal/mol），如图示 8.4 所示。

图示 8.4 中所列反应涉及的化学键均较弱，光或者热都能引发均裂反应的发生。对于键能较高的化学键（C—C，90kcal/mol），热过程也能引发，使之均裂，但是这样的过程需要提高热解的温度。然而，光化学过程却可以在温和的条件下（如室温）裂解相对强的化学键，因为吸收的光子能量足够高。事实上，即使在温度接近 0K 时光过程也能引发键的裂解。图 8.2 列出了一些有机分子及其化学键键能。为了方便比较，不同波长的 1mol 光子的能量列在表的右边一栏。选择的这些波长与光化学研究中使用的灯源及激光光源一致。一个*R→I(D)反应是否能够进行必须遵循能量守恒的原则，但反应的动力学可能性也应该考虑其他因素（即所有可能的动力学过程与其他的*R 失活过程相竞争），苯基叔丁基酮发生的 I 型反应就是一个通过光激发裂解强化学键 CO—O（键能为 78kcal/mol，$\Phi_{cl}\approx 1$）的很好的例子。

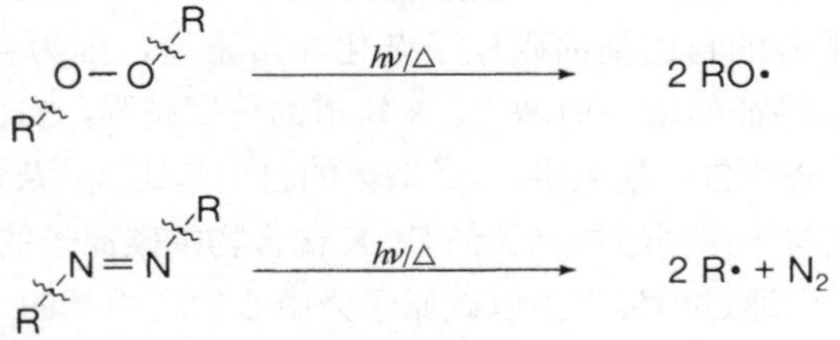

$$\text{R–O–O–R} \xrightarrow{h\nu/\triangle} 2\ \text{RO}\cdot$$

$$\text{R–N=N–R} \xrightarrow{h\nu/\triangle} 2\ \text{R}\cdot + \text{N}_2$$

图示 8.4 两个加热和光照产生自由基的例子

*R→I(RP)过程产生自由基对，自由基对的两个自由基同时生成，以术语“双生”自由基对表示，用符号$(RP)_{gem}$代表，所以以上过程表示为 R→I$(RP)_{gem}$。这一对同时生成的自由基不可逆地扩散，摆脱溶剂的笼效应，成为真正游离的自由基 FR，这个过程表示为 I$(RP)_{gem}$→FR+FR。以 FR 表示该自由基，说明这样的自由基与其他自由基没有电子自旋关联性，换句话说，以自旋的语言来讲，该自由基是一个单纯的二重态（^{2}FR）（2.36 节）。自由基随机扩散而碰撞结合生成自由基对表示式如下：FR+FR→$(RP)_{ram}$。若双生自由基对产生时处于单重态，表示为 ^{1}I$(RP)_{gem}$，则在溶剂笼里面发生高效的自由基-自由基反应（对于自由基-自由基反应，有一种高的笼效应，可发生歧化或偶合反应）；此外，若产生的双生自由基对为三重态时[^{3}I$(RP)_{gem}$]，可以高效地摆脱溶剂笼而成为游离自由基（它们的笼效应很低）。^{1}I$(RP)_{gem}$ 笼效应高而 ^{3}I$(RP)_{gem}$ 笼效应低，其主要原因是 ^{3}I$(RP)_{gem}$→^{1}I$(RP)_{gem}$ 系间窜越速率（$k_{ISC}<10^8 s^{-1}$）低于自由基离子从溶剂笼中不可逆扩散的速率($k_{dif}>10^9 s^{-1}$)。

^{3}I$(RP)_{gem}$→FR+FR 过程完成后，FR 可以和其他自由基发生反应生成目标产物［随机的自由基-自由基反应：FR+FR→$(RP)_{ram}$→P］，或者和其他分子发生反应生成产物（自由基-分子反应，形成新的自由基：FR_1+M→FR_2）。需要特别注意的是，以碳原子为中心的自由基反应包括偶合和歧化两类反应［如式（8.5）产生的两个乙基自由基］，偶合反应在两个自由基间形成稳定的共价键结构，歧化反应经过 β-氢转移形成两种稳定的分子。在两种类型的反应中，两个自由基消失，形成一个或者两个（歧化）稳定的分子。显然，两种反应都会放出大量的热，因为不稳定的自由基形成了稳定的分子。

当不存在稳定自由基的特殊空间效应和电子效应时，自由基-自由基反应被期待发生双分子反应，其反应速率常数和扩散控制的反应速率常数在同一个数量级。

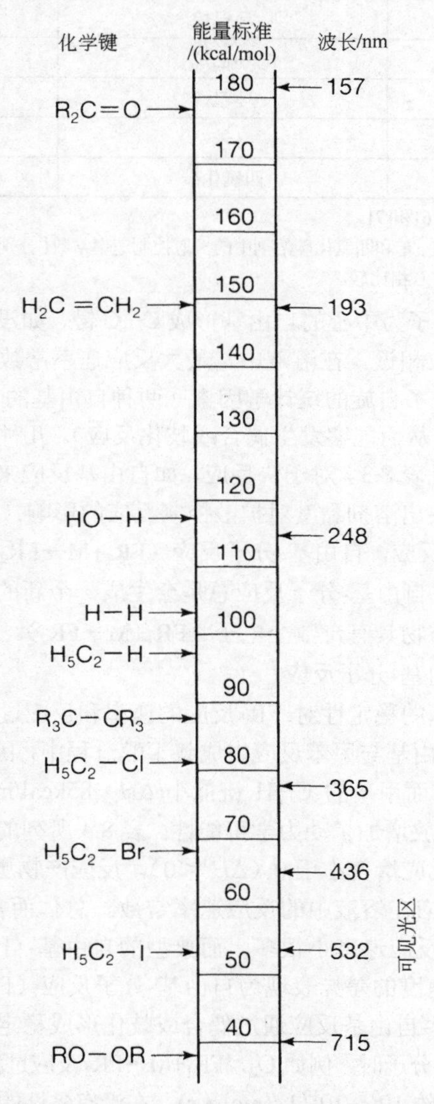

图8.2 在光化学中典型的键能和常用波长与能量尺度的相关图[1a]

$$2\cdot C_2H_5 \longrightarrow \underset{85\%}{CH_3CH_2CH_2CH_3} \quad \text{自由基-自由基偶合} \tag{8.5a}$$

$$2\cdot C_2H_5 \longrightarrow \underset{15\%}{H_2C{=}CH_2 + CH_3CH_3} \quad \text{自由基-自由基歧化} \tag{8.5b}$$

表 8.3 代表性的自由基-自由基自反应速率常数

自 由 基	溶 剂	速率常数/[L/(mol・s)]
$\cdot CH_3$	环己烷	4.5×10^9
c-$C_6H_{11}\cdot$	环己烷	1.4×10^9
$C_6H_5CH_2\cdot$	环己烷	1.0×10^9
$C_6H_5CH_2\cdot$	苯	0.9×10^9
$\cdot CCl_3$	四氯化碳	2.5×10^9

注：1．见参考文献[1b]、[6]和[7]。

2．这些数值应该与在环己烷、苯和四氯化碳溶剂中的扩散控制速率常数［分别约为 7×10^9 L/(mol・s)、10×10^9 L/(mol・s)、7×10^9 L/(mol・s)］相比较。

表 8.3 所述的以碳原子为中心的自由基形成 C—C 键，如没有空间作用限制，其反应速度与扩散控制的反应相近。在溶液中，最大反应速率常数可达扩散控制反应速率常数（k_{dif}）的 1/4，体现了自旋的统计学因素（两种自由基的 4 次随机碰撞，仅有 1 次碰撞可以产生单重态，从而能够发生偶合或歧化反应）。几种具有代表性的在溶液中的自由基偶合速率常数见表 8.3。对于快反应，如自由基反应来说，其反应速率常数对溶液黏度很敏感，这反映出溶剂黏度对扩散控制反应的影响（见 7.28 节）。

除了自由基-自由基反应，自由基-分子反应（$FR_1+M\rightarrow FR_2$）可能也会在整个 I→P 过程中占据重要的地位。自由基-分子反应总是会生成一个新的自由基，由于有奇数个电子参与该反应，因而产物具有奇数个电子（$FR_1+M\rightarrow FR_2$）。表 8.4 归纳了常见的以碳或氧为反应中心的自由基-分子反应。

产物的键能与自由基的稳定性对 FR 反应的速率和反应过程起着决定性作用。例如表 8.5 中，叔丁氧基自由基与甲苯反应生成叔丁醇过程中，因为叔丁基的 O—H 键能大（$\Delta H\approx$105kcal/mol），而甲苯的 C—H 键能小($\Delta H\approx$85kcal/mol)[7]，所以该反应放热约 20kcal/mol，能量的释放增加了动力学可能性。表 8.4 所列的都是可逆反应，按照自发反应方向列出，由于反应焓变小于 0（$\Delta H^0<0$），反应产物更加稳定。表 8.5 也给出了室温下自由基-分子反应在溶液中的反应速率常数。总体而言，自由基-分子反应速率常数较自由基-自由基反应速率小很多，而典型的自由基-自由基反应速率常数与扩散控制速率相当。这种速度的差异表现为自由基-分子反应（$FR_1+M\rightarrow FR_2$）的产物是高能量自由基，而自由基-自由基反应通过偶合或歧化形成稳定的分子为产物。需要注意的是，当 M 本身是 FR 分子时，例如 O_2，$FR_1+M\rightarrow FR_2$ 反应过程的速率常数会非常大，接近扩散控制速率常数［约 $10^9\sim10^{10}$ L/(mol・s)，在没有黏性的有机溶剂中］[9]。

表 8.4 两类最典型的自由基-分子反应：$FR_1+M\rightarrow FR_2$

反 应 类 型	特征和示例
反应示意	FR_1（自由基）＋M（分子）→FR_2（新自由基）
（1）原子转移或提取	常见氢提取和氯原子提取。也叫做原子转换反应： t-BuO・＋$CH_3C_6H_5$→t-BuOH＋・$CH_2C_6H_5$ ・CH_3＋$CH_3C_6H_5$→CH_4＋・$CH_2C_6H_5$

续表

反应类型	特征和示例
（2）加成到π体系	一般加成到多重C—C键或芳环。构成乙烯基聚合的基础（见下面的第一个反应），与氧分子反应也可视为加成（见14章）： $CH_3CH_2\cdot + CH_2{=}CHC_6H_5 \rightarrow CH_3CH_2{-}CH_2C_6HCH_5$ $t\text{-}BuO\cdot + CH_2{=}CHC_6H_5 \rightarrow t\text{-}BuO{-}CH_2CHC_6H_5$

除了上述两类双分子型自由基-自由基反应以及自由基-分子反应，自由基也可能发生两种重要的单分子反应：①经过重排形成其他种类的自由基；②分裂形成稳定的分子与自由基。只有当反应是放热时，这样的单分子自由基过程在动力学才可能发生。这类反应可表示如下：$FR_1 \rightarrow FR_2$（重排），或者 $FR_1 \rightarrow FR_2 + M$（碎片化）。需要注意两种过程都形成了新的自由基。

自由基稳定性规则能够初步判断自由基的重排或者歧化，图示8.5中式（8.6）～式（8.8）的反应是代表性的重排反应实例，$FR_1 \rightarrow FR_2$ 这个过程可以按照自由基-分子反应的原理来理解，通过重排作用形成一个更加稳定的分子（见表8.5）。这个分子结构是分子内的类似物。

图示8.5中式（8.9）所示的自由基反应就是一个违反“稳定自由基”理论的很好的例子，因为它们都是伯碳自由基。这种反应是热力学有利的，并能够补偿和排除形成稳定的常规自由基的阻力，式（8.9）的反应在室温下的反应速率常数为 $2.4\times10^5 s^{-1}$，类似式（8.9）的反应已发现在有机合成中有大量应用。应用该反应，可通过竞争反应的方法，测定自由基-分子反应速率常数。

自由基的裂解反应是朝热力学有利的方向进行的，通过在产物中形成其他更加稳定的化学键或者形成热力学有利的稳定小分子（如 CO_2，CO，N_2）。

表8.5 常温下溶剂中放热的自由基-分子反应的典型速率常数[8~13]

反应	溶剂	速率常数 /[mol/(L·s)]
$t\text{-}BUO\cdot + C_6H_5CH_3 \longrightarrow t\text{-}BuOH + C_6H_5\dot{C}H_2$	苯/过氧化叔丁基	2.3×10^5
$t\text{-}BuO\cdot + C_6H_5CH_2CH_3 \longrightarrow t\text{-}BuOH + C_6H_5\dot{C}HCH_3$	苯/过氧化叔丁基	1.05×10^6
$t\text{-}BuO\cdot + C_6H_5CH(OH)CH_3 \longrightarrow t\text{-}BuOH + C_6H_5\dot{C}(OH)CH_3$	苯/过氧化叔丁基	1.8×10^6
$t\text{-}BuO\cdot +$ (1,4-环己二烯) $\longrightarrow t\text{-}BuOH +$ (环己二烯基自由基)	苯/过氧化叔丁基	5.4×10^7
$t\text{-}BuO\cdot + t\text{-}BuOOH \longrightarrow t\text{-}BuOH + t\text{-}BuOO\cdot$	苯/过氧化叔丁基	2.5×10^8
$\cdot CH_3 + Bu_3SnH \longrightarrow CH_4 + Bu_3Sn\cdot$	异辛烷/过氧化叔丁基	1.1×10^7
$t\text{-}Bu\cdot + Bu_3SnH \longrightarrow t\text{-}BuH + Bu_3Sn\cdot$	异辛烷/过氧化叔丁基	1.9×10^6
$\cdot C_6H_5 + C_6H_5CH{=}CH_2 \longrightarrow C_6H_5CH_2\dot{C}HC_6H_5$	氟里昂-113	1.1×10^8

续表

反应	溶剂	速率常数/[L/(mol·s)]
$\cdot C_6H_5 + CH_3CH(OH)CH_3 \longrightarrow C_6H_6 + CH_3\dot{C}(OH)CH_3$	氟里昂-113	1.4×10^6
$\cdot C_6H_5 + CCl_4 \longrightarrow C_6H_5Cl + \cdot CCl_3$	氟里昂-113	7.8×10^6
$C_6H_5CH_2\cdot + O_2 \longrightarrow C_6H_5CH_2OO$	乙腈	3.4×10^9
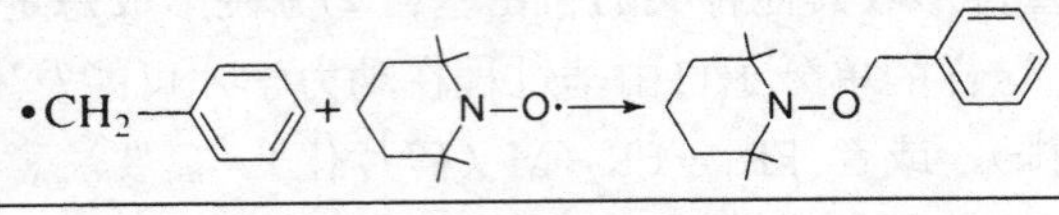 $\cdot CH_2-C_6H_5$ + TEMPO（N—O·）⟶ 苄氧基 TEMPO（N—O—CH₂C₆H₅）	乙腈	9.5×10^7
$t\text{-Bu}\cdot + O_2 \longrightarrow t\text{-BuOO}\cdot$	环己烷	4.9×10^9

(a)

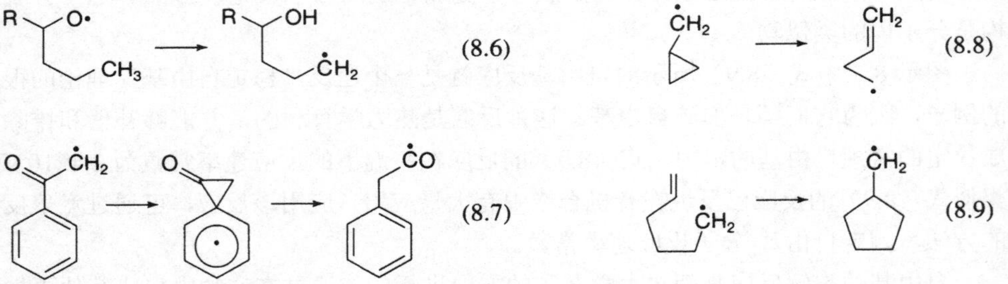

R O· CH₃ ⟶ R OH ĊH₂ (8.6)

ĊH₂ ⟶ CH₂ (8.8)

O ĊH₂ ⟶ O ⟶ ĊO (8.7)

ĊH₂ ⟶ ĊH₂ (8.9)

(b)

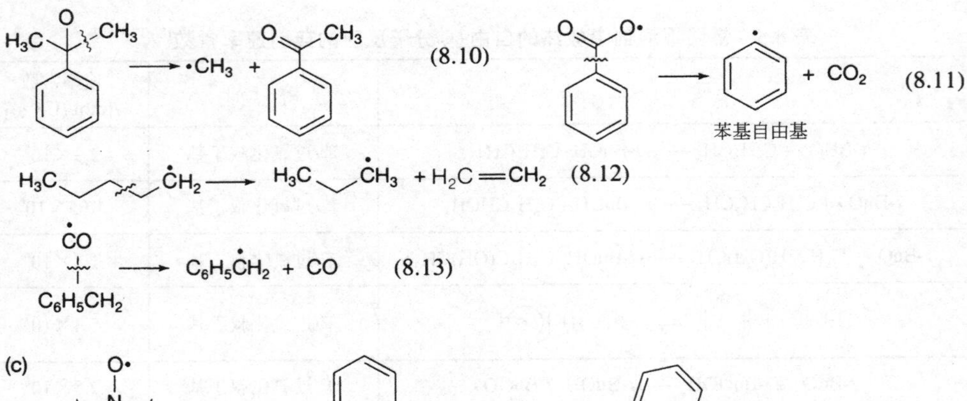

H₃C O CH₃ ⟶ ·CH₃ + O CH₃ (8.10)

O O· ⟶ + CO₂ (8.11)

苯基自由基

H₃C ĊH₂ ⟶ H₃C ĊH₃ + H₂C═CH₂ (8.12)

ĊO C₆H₅CH₂ ⟶ C₆H₅ĊH₂ + CO (8.13)

(c)

O· N

TEMPO

O

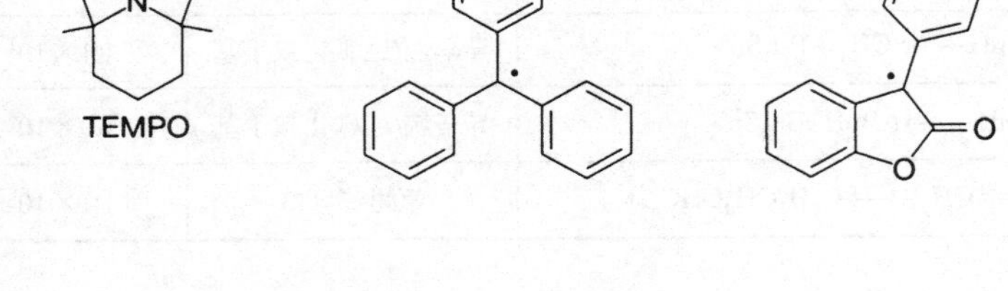

(d)

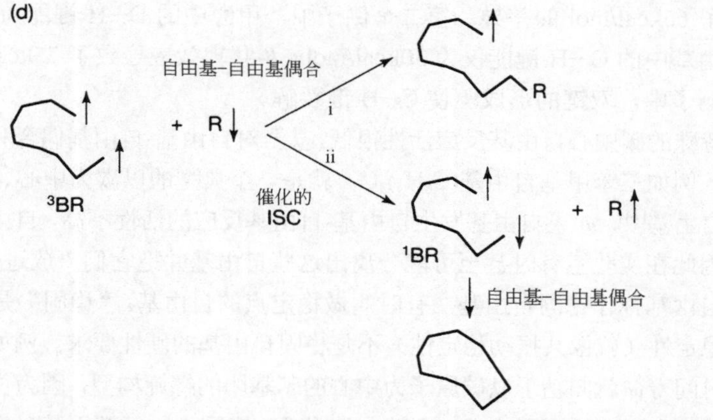

自由基–自由基偶合

i

ii

^{3}BR + R↓

催化的 ISC

R

^{1}BR + R↑

自由基–自由基偶合

图示 8.5 （a）一些常见类型的分子内重排；（b）一些具有代表性的自由基碎裂反应，注意每个反应中自由基和稳定的分子的形成；（c）稳定的自由基衰减的反应性倾向于氧化和二聚[14~16]；（d）三重态双自由基通过顺磁性猝灭相互作用示意（例如一个自由基）：i 为传统的自由基化学，ii 为自旋催化系间窜越相竞争（包括自旋催化的自旋交换 R↓）

表 8.6 一些分子和自由基的键能

分 子	键能/(kcal/mol)
$CH_3O—H$	105
$\cdot CH_2O—H$	**30**
$H—CH_2OH$	96
$H—CH_2O\cdot$	**22**
$CH_3CH_2—H$	101
$\cdot CH_2CH_2—H$	**35**
$R_3C—OOH$	74
$R_3C—OO$	**38**
$C_6H_5CH_2—O(=O)CH_3$	75
$C_6H_5CH_2—C=O$	**5**

注：① 1kcal=4.1868kJ。

② 见参考文献[18]。

② 分子的键能以普通文字给出，自由基的键能以黑体字给出。

图示 8.5（b）中的反应式（8.6）～式（8.8）阐释了自由基碎片的共同特性，这就是一般在自由基中心的 β-键发生断裂。这个特性是由于 β 位的 C—C 键能够与自由基的自由电子共轭，这个反应的驱动力是熵变或焓变或两者同时的变化，例如图示 8.5（b）中的反应式（8.11），CO_2 的形成为高度不稳定的苯基自由基的形成提供了强大的驱动力，这个反应在溶液中的速率常数达到 $10^{-6}s^{-1}$[17]。例如式（8.13）中，乙酰基自由基的共振式通过把自由电子移到氧原子上，由于 β-共轭效应弱化了 C—CO 键。

表 8.6 给出了 β-自由基共轭效应对普通分子以及自由基稳定性的影响。例如，乙烷中的 C—H 键能为 101kcal/mol，而乙基自由基中的 C—H 键能为 35kcal/mol，β-共轭

效应导致了 66kcal/mol 的差异。第二个例子中，甲醇中的 O—H 键能为 105kcal/mol，而甲醇自由基中的 O—H 键能仅为 30kcal/mol，β-共轭效应导致了 75kcal/mol 的差异。在这两个例子中，双键的形成驱使 C—H 键裂解。

一些特殊的碳中心自由基反应活性很低，甚至对自由基-自由基偶合和歧化反应的活性都很低。例如三苯甲基自由基$(C_6H_5)_3C\cdot$就是一个典型的以碳为中心、动力学反应活性极低的自由基[14]。如果自由基发生自由基-自由基反应的活性不高，自由基也不倾向与氧反应，因此在实验室有时甚至可能分离出这些自由基并把它们“放进瓶子里”。这些不活泼的自由基称作稳固自由基，有时叫做稳定点的自由基。“稳固”是优先选用的名称，因为稳定性（就像共振动稳定性）不是稳固自由基的硬性要求。例如，三苯甲基自由基的长时间寿命就归功于以碳原子为中心的苯基团的螺旋构型，因为位阻效应使得两个以碳原子为中心的原子形成 C—C 键非常困难。实际上，三苯甲基自由基二聚体是一个三苯甲基自由基中心原子与第二个三苯甲基自由基苯基团的 4 位的加成产物[14a]。

硝酰自由基（一般形成 $R_2NO\cdot$）是典型的稳定性高的以氧原子为中心的自由基。这些分子如此稳定，以至于很多都可以买到纯品！因为这一点，两个自由基的连接会产生一个不稳定的 R_2N—O—O—NR_2 结构，该结构比两个单自由基稳定性差[19]。一些稳定的氮氧自由基，例如 TEMPO［图示 8.5（c）］，通过可逆的重组形成二聚体，自由基可以在加热的条件下再生。图示 8.5（c）给出了一些自由基，室温下既不能形成二聚体，二聚体也不能形成自由基。相同地，它们不和氧发生可逆反应。

稳定的自由基虽然在自由基-自由基反应中对于彼此都不活泼，但它们可以对于其他自由基活泼。例如，稳定的氮氧自由基［图示 8.5（c）］可以和以碳原子为中心的自由基反应[12,13]（表 8.5）。

当两个自由基成对产生且一个自由基比另一个更稳定时，会发生有趣的动力学现象。在极端条件下，自由基-自由基反应对于偶合产物具有特殊选择性。这个现象的基础称作动力学稳固自由基效应，是由起初的稳固自由基的积累形成的，而它的高浓度引导反应体系以单一的途径进行[16]。稳固自由基效应的一个通用的例子是：当不止一个交叉偶合产物可能形成时，只有一种自由基-自由基交叉偶合产物选择性地形成。这个思想被用于开发设计一个活性的聚合体系，该体系很稳定，直到有一个单体出现，然后在这个单体加成形成聚合物。

化合物 **19** 是被发现的稳固自由基效应的一个例子［式（8.14a）］。加热反应可以使化合物 **19** 分解成硝酰自由基和 1-苯基乙基自由基。氮氧自由基非常稳定，不会发生自身自由基-自由基偶合，但是 1-苯基乙基自由基会发生快速的自身自由基-自由基反应。一般情况下，会看到两个 1-苯基乙基自由基［式（8.14b）］、1-苯基乙基自由基和硝酰自由基发生自由基-自由基反应。然而，当少量［式（8.14b）］的 1-苯基乙基自由基发生自由基-自由基偶合后，剩下相对高浓度的硝酰自由基——碳中心自由基（表 8.5）的有效清除者。因为存在高浓度硝酰自由基的结果，氮氧自由基与 1-苯基乙基自由基的反应速度比 1-苯基乙基自由基发生自身自由基-自由基偶合的速度快很多。这引起式

(8.14a) 以比式 (8.14b) 形成过程更快的速度发生可逆反应。稳固自由基效应引导反应选择性趋于偶合产物[式(8.14a)]。净结果就是，虽然化合物 **19** 经过加热可以均裂并产生自由基，但是最终产生的化合物会很稳定。

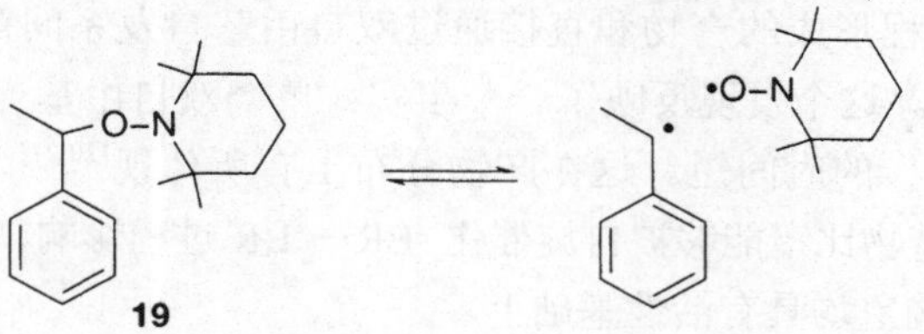

19

(8.14a)

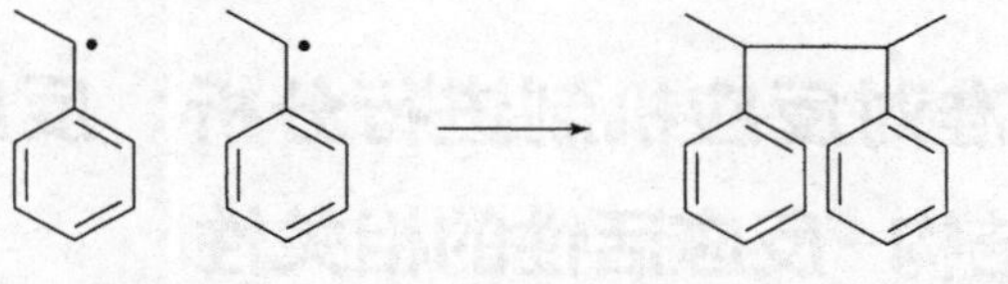

(8.14b)

双自由基的自由基中心保持自由基的大多数化学和物理性质，例如自由基-自由基偶合和歧化作用以及自由基-分子反应。在自由基-分子反应中，这个单自由基中心反应的路线和速率与对应的单自由基的决定因素相吻合。

通过Ⅱ型反应产生的双自由基见式(8.4b)途径ⅰ，双自由基断裂反应类似图示8.5中的单自由基。然而，与单自由基碎片反应相比，1,4-双自由基断裂存在一个重要的特殊性质。在1,4-双自由基中存在一个结构特殊的断裂途径——2,3-键的断裂，该位置均处在两个自由基中心的 β 位。通过双自由基2,3-键断裂导致两个含双键分子的形成是一个放热的过程。因为1,4-双自由基的断裂放热剧烈，其反应速率比单自由基的断裂速率更大[图示8.5(b)]。单自由基断裂形成一个自由基产物并破坏每一个键，只有一个键形成，这个反应更加接近能量平衡或者稍微放热。反应式(8.4b)，途径ⅱ双自由基的成环与自由基-自由基偶合(表8.3)等价，但是通过分子内过程发生，因为分子框架阻止两个自由基中心不可逆地分离成自由基。因此这个成环反应与双自由基对在溶剂笼中的偶合反应相似，而且结果都是形成环。最后，反应式(8.4b)，途径ⅲ产生起始原料，与双自由基的自由基-自由基歧化反应等价。

当一个双自由基和拥有不成对轨道自旋底物发生作用时(例如分子氧化，一个氮氧基，或一个顺磁性的过渡金属)，一个有趣而又特别的情形出现了，这种情况下一般的自由基化学过程与自旋相互作用竞争，这可以增加双自由基系间窜越物理过程的反应速率。这种在双自由基上的顺磁效应称作自旋催化或者系间窜越自旋协助。自由基反应的范例需要适应双自由基发生自旋作用的可能性。这些在双自由基中的特殊自旋效应将在8.38节和后面的一节中讨论。这里，我们以图示8.5(d)中双自由基中的两个自旋电子通过与第三个自旋(R↓，作为一个稳定的顺磁性种类的例子，例如氮氧基)的相互作用为基础来解释基本概念。除了经典的自由基化学外，例如自由基-自由基与R↓(路径ⅰ)偶合，与第三个自旋发生电子交换可以催化系间窜越产生三重态双自由基(^{3}BR)(路径ⅱ)。三重态双自由基对单重态的偶合和歧化产物呈惰性，因此三重态双自由基（^3BR）会经过很多内部构象转化，寻找相互作用可以使三重态双自由基（^3BR）系间窜越到单重态双自由基（^1BR）。如果 R↓能催化 $^3BR\rightarrow{}^1BR$ 的系间窜越过程，单重态双自由基 ^1BR 会迅速反应，形成偶合或歧化产物。有很多例子证明通过自旋催化系间窜越过程形成的产物和直接通过双自由基自发系间窜越过程形成的产物的比例是不一样的。这个发现反映了一个事实：单个双自由基 ^1BR 的寿命相比键旋转导致“构象记忆”的时间短。这在产物分布上有所体现[20,21]。这个净结果是 $^1BR\rightarrow P$ 这一步反应的产物比率能够被自旋催化 $^3BR\rightarrow{}^1BR$ 过程影响，它建立在自旋催化可以引起的 BR 多种构象均具有活性基础上。

8.6 运用结构标准对反应机制进行分析：反应中间体（$^*R$，I）的结构-反应活性的相关性

分子结构的知识是了解整个光化学（$R+h\upsilon\rightarrow P$）机制过程的基础。事实上，分子结构式是所有有机反应机制的心脏。光化学反应机制的重要的定性参数和结论可以在单独考虑结构的基础上获得。利用下面两种分类可以很方便地分析图示 8.1 中 R、*R、I、P 的大致结构。

（1）稳定孤立的结构　这些结构通常是最初的反应物（R）或者孤立产物（P）。

（2）不稳定的结构和亚稳定的反应中间体（有时候叫做活性中间体）这些中间体都是电子激发状态（*R）或热平衡条件下的反应中间体（I）。

可以简单地通过相似的示例反应从基态反应物（R）和产物（P）结构推断出大量的关于光化学反应机制的定性信息。如果*R 的 S_1 态和 T_1 态的电子本性（例如电子组态 n,π^* 和 π,π^*）可以通过实验获知或者通过实例推断出来，那么就能得到更多的信息。如果能够确定实验是发生在 S_1 态或者 T_1 态（或者两者），且活性中间体的结构也知道，那么可以获得关于这个反应的更多信息。例如（6.39 节）范例羰基化合物［例如反应式（8.4)］，$^*R(n,\pi^*)$态拥有高活性的氢转移反应（分子间或者分子内），但$^*R(\pi,\pi^*)$态则活性很小。

8.7 反应类型和结构关系在机制分析中的应用

下面都是通过范例对有机光化学的应用提出来的典型机制问题。通过考虑和回答这些问题，我们能够利用在分子有机光化学领域已积累的大量的实验和知识去解释和了解有机光化学反应：

（1）n,π^*和 π,π^*态的初级光化学过程和整个反应过程（$R+h\nu\rightarrow P$）相一致到什么程度？

（2）产物（P）的原子组成和连接关系（构造）与反应物（R）的原子组成和连接关系（构造）的相互关系是怎样的？

（3）什么是反应的化学选择性？这种化学选择性怎样使初级光化学过程（*R→I）和紧接着的 I→P 的次级过程合理化？

（4）什么是反应的区域选择性？这种区域选择性怎样合理地依据一个标准的光化学过程（*R→I）和紧接着的一个标准的 I→P 的次级过程？

（5）P 的立体化学怎样与 R 的立体化学相关？这种立体化学怎样用初级光化学过程（*R→I）和紧接着的 I→P 的次级过程解释？

如果这些问题的答案可以通过文献中的实验或者计算范例得到，就可以得到创建整个光反应可能性机制的基础。这组合理的机制使得很多先天的可能的机制从考虑中删除。有机光化学反应建造机制的过程（图示 8.3），建立在对基元反应或者光化学过程*R→I 中只有非常有限量的不同反应机制类型的假设基础上。实际上，我们认为大量的已知的光化学反应很多都已经成为已经存在的范例的一部分，或多或少与发生在有机分子的反应部位的化学基础同样；这些反应仅仅在具体的定量上不同，而不是它们本质上的不同。这些假设与经典的有机反应类型中官能团的应用是等价的，可以用来作为在第 9～12 章中讨论有机光化学反应示例的基础。我们经常试着通过检测分子的结构、运用官能团的策略证明分子“起作用的一端”（在复杂的分子结构中一部分决定性原子）。在分析机制时，我们假设结构的官能团部分足够用以了解机制，从而可以忽略剩余的结构。这个假设同样是应用范例的基础，例如图示 8.2，这些例子代表很大范围的反应类型，这些与光反应*R→I→P 过程中的基元步骤结构相关联。

在基态化学中，许多基本的反应类型（S_{N2}，E_1，协同周环反应）都可以看作在 R→P 过程中电子对从 C 原子的转移（例如在单一的基元反应中，推动电子对从一个前驱体结构转移到随后的结构，并经过了时间验证的有用范例）。

如 6.34 节所示，从分子前线轨道理论的角度来看，n,π*激发态和所有三重态的光化学反应*R→I 可以描述为从 HOMO 到 LUMO 的单电荷转移。电子激发可以解释这个结果，电子激发可认为是电子对所占轨道去偶产生半充满的 HOMO 和 LUMO 轨道。光化学反应的单电子（自由基类型）行为是低能半充满 HOMO 的高电子亲和力和高能半充满 LUMO 的低电离电势的自然结果（7.31 节）。但*R（S_1, π,π*）的反应可能通过鎓盐离子中间体 I(Z) 或者漏斗形态 F。这些例子中，涉及 C 正离子和 C 负离子中心的两电子转移会在 I(Z)→P 中出现。这种反应的例子详见第 10 章和第 12 章，这里不做详述。

涉及单电子作用的反应是 I(RP)→P、I(BP)→P 和 I(FR)→P 过程中典型的 I(D)中间体。当*R 是 n,π*态或者三重态 π,π*态时，由于这些状态在反应坐标中保持单电子或双自由基特点（6.39 节和 6.34 节），R→I(D)和 I(D)→P 反应的分类应该是类似的。

*R 和 I 反应的分类研究至关重要，因为每种反应类型应通过相对少的精确的一组机制来确定；另外，实验报告可以确定这些机制中哪些是最近研究的机制或者属于有意义的反应。如果反应属于某个确定的类型，有机反应机理的范例主动提供较小范围的机制群供研究整个反应过程参考。如果反应不符合上述机制，我们可以假设反应是复杂的（例如包

括两个或多个基元步骤）或者遇到一个真正的新的机制，然而后一种情况极端罕见。

8.8 利用结构关系分析机制的示范

烷基链上带 γ-氢的芳基烷基酮的光解通常会生成如 8.4 节所述类型的产物，即芳甲基酮、乙烯和环丁醇。以这些产品的结构作为典型示例，通过后继物的结构（P_1，P_2，P_3，…）来推导其前体结构。当一个反应生成的产物超过 1 个时，前期机理试验之一就是确定仅单一中间物（如 I，形成对比的是 I_1、I_2、I_3、…）能否得到所有的反应产物（P_1，P_2，P_3，…）。当观察到一个激发态（*R）的光反应生成的产物数超过 1 个时，一个标准的机理流程就是：确定是否能够合理和可能地从单一中间物（I）反应的竞争反应中获得上述产物。如情况确实如此，则可以得到一个更加强有力的推导性的论据：所有产物的形成仅仅包括一个单体中间物，而不是一组不同的中间物。因此，如果一个单体 I 可以自然解释（遵循范例）P_1、P_2、P_3 的形成的话，我们可以一定程度上说它们的形成即暗示着一个单体 I 。8.4 节中的前体 1,4-双自由基 I (BR)符合这个情况。如果这个单体双自由基 I 是从*R 生成 I 前期处理的一系列标准机制中预估到的产物，那么可以试探性地给出这样的结论：I 的生成意味着*R 即为前体物。从 I（后续结构）的结构可以推测*R 的电子构型（前体结构）。

现在让我们对式（8.4b）所示反应的结构分析进行更加详细的讨论。从所示的 1,4-BR 反应示例中，可以得到 3 个“自然”合理的 BR 反应（基于已知的单自由基化学）：①自由基中心开始的 β 位键裂解，对于 1,4-双自由基来说则是 23-位上键的裂解，这个键对于两个自由基中心来说同时是 β-键；②自由基-自由基偶合，对于 BR 来说则是环化；③歧化作用，对于式（8.4b）里特定的 BR 来说则相当于原材料在基态的再生。注意裂解反应（①）并不直接生成分离得到的产品芳基烷基酮，而是还生成一个短寿命的烯醇［式（8.4b）途径 i］，它能异构化生成观察到的产品（如 I→烯醇→P）。因此，按照 I 的合理自由基反应来讲的话，所有的产品都可以很好地理解。就像式（8.4b）和表 8.3～表 8.5 所示的例子，支持在*R→I→P_1+P_2+P_3 这个反应途径里 I 是单一的反应中间体。然而，这仍然缺乏足够的直接证据。

总体来讲，一个分离得到的产物（P）或一系列产物（P_1）结构可能标志着一个双自由基 I(BR)为前体。紧接着这个双自由基 I(BR)又可能标志着一个处于电子激发态的前体结构（*R），该激发态能够从侧链上夺取一个氢原子。示例说明芳甲基酮的*R(n,π*)态是一个抽氢反应的前体，该反应可以生成 I(BR)。在有机合成里，试探性的机理分析和逆合成分析类似，即 I 的结构是从 P 的结构推导出的，*R 的结构是从 I 的结构分析出的。注意，即使我们可以得到一个 n,π*态作为式（8.4）中*R 的轨道构型，但是由于 S_1(n,π*)和 T_1(n,π*)都经历了同样的初级光化学过程，我们并不能得到*R 的自旋多重态。确定 S_1(n,π*)和/或 T_1(n,π*)是否参与式（8.4b）的总反应时需要更进一步的信息，比如需要了解 I(BR)的立体化学反应。比方说，若基本反应是 S_1(n,π*)→^{1}I(BR)，那么

随后 ^{1}I(BR)的环化和碎片反应具有立体选择性，这是由于次级反应不存在自旋禁止以及反应 ^{1}I(BR)→P 能很好地与通过键旋转丢失立体选择性的反应竞争。另一方面，由于与通过键旋转的立体化学选择性损失相比 ISC 的速率通常较慢，所以如基本反应为 $T_1(n,\pi^*)\rightarrow{}^3$I(BR)，则 ^{1}I(BR)的环化和碎片反应没有立体选择性。因此，一个假定的 ^{3}BR 中间体的非立体选择性反应意味着 ^{3}BR 的 $T_1(n,\pi^*)$是前体，^{1}BR 中间体的立体选择性反应意味着 $S_1(n,\pi^*)$为前体。分离产物指示着反应中间体（P），反应中间体则指示着电子激发态，这个基于已知的示例逻辑圈可以作为一个强有力的工具，用来开始建立一系列可能的步骤去阐明一个光化学机制。

基于产物分析和先例推导出来作为反应中间体存在的 I(BR)后，可以利用实验证明 I(BR)沿着*R→I→P 的反应坐标存在着，以及可以确定*R 是否为 $S_1(n,\pi^*)$和 $T_1(n,\pi^*)$。有很多种化学、动力学以及光谱学的工具可以用来证明反应中间体的存在，这些工具将在 8.9 节以及 8.25 节进行详细描述。在这些工具中，时间分辨光谱方法、紫外-可见吸收光谱、电子顺磁共振（EPR）和红外光谱提供最直接的证据，用来证明 I 或者*R 的结构及存在，还可以用来确定 I 或者*R 的形成及反应速率常数。另外，竞争动力学 Stern-Volmer 分析法也可以提供强有力的非直接工具，用来证明 I 沿反应坐标分布。

例如，在式（8.4b）中烯醇和双自由基是通过时间分辨光谱学方法（8.25 节）直接检测出来；通过产物-反应物之间的关系，利用反应机制推断出烯醇和双自由基的存在，激励实验工作者寻求直接的光谱证据证明这些反应中间体的存在。直接光谱检测出式（8.4a）中有双自由基 I(BR)形成，这也提供了直接研究其动力学行为和反应的工具。II 型反应产生的双自由基会发生羰基自由基的电子转移和烷基自由基的抽氢反应。因此，一般而言，可以从已知的单自由基反应预测双自由基的行为。然而，当自旋起关键作用时，这可能会违反规则（8.38 节）。

8.9 从速率定律推及光化学反应机制的一些规则

在一个完整的光化学反应过程中，*R 和 I 的中间体可以通过本章所讲到的光谱学、化学或者动力学等的多种方法来确定。动力学方法是基于建立一个速率定律，该定律取决于测定的反应速率随反应物（或者其他参与反应全过程的物质）浓度的变化关系。速率常数（k）来源于速率定律中反应速率和反应物浓度的经验关系。经验速率定律是在理论速率定律的基础上产生的，它是一种通过测定浓度来计算反应速率的代数学方法。例如，单分子的基元反应 R→P_1，双分子反应 R+M→P_2。单分子反应的速率定律：速率=k_1[R]；双分子反应的速率定律：速率=k_2[R][M]。k_1 和 k_2 分别表示单分子反应和双分子反应的速率常数。

一个基态反应包含多步反应，其中反应最慢的一步就是这个反应的决速步骤。在光化学反应中，决速步骤意味着这步反应决定着从激发态*R 到产物的反应速率。典型的有*R→I，这一步涉及*R 的光化学反应是光化学反应机制分析的关键。若一个总的速率表达式反映了一个基元反应的动力学，这个速率表达式会包含反应物浓度，表达式中出现的反应物的浓度直接反映了这个分子过渡态的构成。

丙酮和异丙醇反应生成频哪醇［式（8.15）］[22]的反应，是一个使用动力学方法得出光化学机制信息的经典例子。

$$(CH_3)_2CO + (CH_3)_2CHOH \xrightarrow{h\nu} (CH_3)_2C(OH){-}C(OH)(CH_3)_2 \quad (8.15)$$

假设一个关于酮的初级光化学反应会按照已有的范例，包含基元步骤*R+M→I。

式（8.15）的理论速率定律还可以式（8.16）这种形式表示。

$$反应速率=k_H[{}^*R][M] \quad (8.16)$$

式中 k_H 是双分子反应*R+M→I 的速率常数，[M]是异丙醇的浓度，[*R]是处于激发态的丙酮浓度。

机理分析的目的是尽可能多地回答 8.7 节中许多关于光化学反应的问题。在丙酮与异丙醇反应生成频哪醇的光学反应中，式（8.16）所示理论速率定律中的*R 是 S_1 态还是 T_1 态？电子激发态的构型是*R(n,π*)还是*R(π,π*)？在初级反应*R→I 中 I 的结构是什么？什么样的光谱数据可以用来直接证明反应*R→I 和反应 I→P 中的结构和动力学？由*R 与异丙醇反应生成 I 的速率常数的实验数据是多少？每个基元反应和总反应的量子效率如何？

从电子吸收和发射数据（第 4 章）可以看出，丙酮的 S_1 态和 T_1 态都是 n, π* 轨道。从貌似有理的关于 n,π*轨道电子排布的争论（6.41 节）和自由基活性规则（8.5 节），可以推导出式（8.15）反应中最重要的光化学步骤涉及丙酮的 n,π*轨道选择性地抽取异丙醇叔碳原子的一个氢原子［式（8.17a)］(S_1 态和 T_1 态都是可能的反应物)。初级光化学过程*R→I(RP)产生一对羰基自由基。产物的结构检测说明它是在次级反应 I(RP)→P 中由两个羰基自由基偶合生成的［式（8.17b)］。

$$\underset{{}^*R}{(CH_3)_2CO^*\ (S_1 或 T_1)} + \underset{M}{(CH_3)_2CHOH} \longrightarrow \underset{I}{2\,(CH_3)_2\dot{C}OH} \quad (8.17a)$$

$$\underset{I}{2\,(CH_3)_2\dot{C}OH} \longrightarrow \underset{P}{(CH_3)_2C(OH){-}C(OH)(CH_3)_2} \quad (8.17b)$$

$$\underset{I}{2\,(CH_3)_2\dot{C}OH} \longrightarrow \underset{P_1}{(CH_3)_2CHOH} + \underset{P_2}{(CH_3)_2{=}O} \quad (8.17c)$$

由此可知，式（8.17）包括初级光化学反应*R→I(RP)和一个次级自由基-自由基偶合反应 I(RP)→P。羰基自由基亦可发生式（8.17c）中的歧化反应。后者会生成烯醇和异丙醇，其中的烯醇互变导致了整个反应中初始原料的再生，从而也导致了各组分不成比例，烯醇互变的过程已通过同位素标记法和红外光谱法验证[23]，将在第 9 章中讲到。两个反应都与式（8.4b）的反应 I(BR)→P 有相似之处，式（8.17b）中频哪醇的合成与式（8.4）中环丁醇的自由基环合相似，式（8.17c）中的烯醇互变和式（8.5b）中因组分不成比例而重新生成原料的酮相似。

那么如何判定我们所设想的在经验速率定律基础上的机制的合理性呢？如何断定*R 是对应于 S_1 或 T_1 或两者同时呢？实验证明：丙酮的荧光和磷光都是可以测定的。发射光的强度和寿命可以直接反应激发态$[S_1]$和$[T_1]$的浓度。通过测定三重态的衰变动力学与异丙醇浓度变化的关系[22]发现，在一定的异丙醇浓度范围内，产物生成的速率可由式（8.18）的实验速率定律表示，其中 $k=1\times10^6$ L/(mol • s)。

$$\text{产物转化速率}=d[P]/dt=k[(CH_3)_2CHOH][T_1] \tag{8.18}$$

依据规则，速率定律中的浓度对应于初级光化学过程*R→I（RP）中过渡态的组成，由此得出结论：①丙酮和异丙醇的 T_1 参与光化学反应的决速步骤，$T_1+(CH_3)_2CHOH\rightarrow {}^3I$（RP）；②丙酮的 S_1 不参与此反应的决速步骤，即 S_1 的浓度在经验速率定律中未出现，它不能直接参与产物生成的决定步骤。因此，可以将测定的速率常数和理论速率常数联系起来，如式（8.19）：

$$\begin{array}{ccccc} (CH_3)_2CO\,(T_1) & + & (CH_3)_2CHOH & \xrightarrow{h\nu} & 2\,(CH_3)_2\dot{C}OH \\ {}^*R(T_1) & + & M & \longrightarrow & {}^3I(RP) \end{array} \tag{8.19}$$

这个简单的分析与通过检测在一定异丙醇浓度下三重态丙酮的磷光衰减，或者通过瞬态吸收光谱和 ESR 技术对羰基自由基的测定是相符的[2,22,24~26]。然而，反应式（8.19）是所有光化学反应中最有特点的反应之一，因为*R 和 I 的结构已通过一种或多种光谱方式确定了。因此，丙酮和异丙醇的光化学反应是*R→I(RP)类反应的一个很好的例子（涉及酮类的光化学反应将在第 9 章详细讨论）。通过磷光猝灭实验，反应式（8.19）以异丙醇为溶剂，室温下反应的速率常数 $k=1.0\times10^6$ L/(mol • s)。

证明三重态参与了光化学反应式（8.17a）的另一个方法是加入一种猝灭剂，选择性地猝灭丙酮的三重态，而不是单重态。例如，在第 7 章中，共轭二烯（它的三重态能量远比酮类化合物的 T_1 态低，但单重态能量却比酮的 S_1 态高）可以选择性地猝灭许多羰基化合物的三重态，速率可达扩散控制极限，但是很难猝灭羰基的单重态。1,3-二烯是三重态丙酮的选择性猝灭剂。实践证明，二烯的加入，例如顺-1,3-戊二烯的加入，会导致丙酮和异丙醇的反应转化率下降，同时发生二烯的顺反异构。T_1 态丙酮作为一种三重态敏化剂，将其三重态的能量传递给顺-1,3-戊二烯，产生 ^{3}［顺-1,3-戊二烯］中间体，最终转化为反-1,3-戊二烯。还有，当二烯的浓度达到猝灭反应的浓度时，丙酮的荧光不受影响，从而证明了式（8.18）中的速率定律结论，即在一定异丙醇浓度范围内丙酮的 S_1 态不是*R。至此，还需进一步进行这类实验，弄清定量关系，掌握猝灭剂加入对反应的影响，将在本章的后面讲到。

在和异丙醇的反应中，丙酮的三重态比能量较高的单重态反应活性更高，这看起来可能有点矛盾。通常 S_1 轨道和 T_1 轨道都是 n,π*态，理论上都可以参加光化学抽氢反应。S_1轨道比T_1轨道能量高，所以在*R→I(RP)抽氢反应中S_1轨道比T_1轨道放出更多的热量（产物的能量一样），于是S_1态的反应速度较快。S_1态反应效率低是因为它的寿命很短（10^{-8}s），而T_1态的寿命为10^{-5}s。所以，确定一个光化学反应是否存在媒介物质，例如S_1，不仅要考虑单重态抽氢反应的速率常数，还要考虑副反应的速率常数。

在异丙醇浓度较高时，事实上S_1态的反应活性可以通过实验观测到，脱氢反应的速率$k[S_1][M]$与从S_1到T_1的ISC速率$k_{ST}[S_1]$有竞争。单重态脱氢反应的速率常数可以直接测得，在脱氢反应速率与S_1的ISC速率竞争的条件下，通过加入一个质子给体测定丙酮的荧光猝灭效应，此种情况不受三重态干扰，例如通过一个比异丙醇还要活泼的质子给体来观测S_1态荧光的猝灭。确实，通过对荧光猝灭的分析，单重态丙酮脱氢反应的速率常数^1k_H比与其对应的三重态^3k_H更大[27]，$^1k_H/^3k_H$差不多为9。由此可以得出结论：脱氢反应生成的*R主要来自T_1，并不是因为T_1比S_1更活泼，而是因为它的存在寿命更长一些。丙酮S_1态和异丙醇反应的速率常数为9.1×10^6 L/(mol · s)，在其短暂的存在时间内没有很多机会去参与反应生成*R，因此存在时间更长的三重态参加了反应。

过渡态具有很短的存在时间，不能直接测到其特征。然而，我们可以从中间体的性质推测出过渡态的性质，在反应坐标上该中间体既可以处于过渡态前也可以在其后。Hammond假设学说[28]可以有效地用于推演过渡态结构，该学说建立的前提条件是：在一条反应坐标中，能量相近和结构相近的化合物会具有相似的结构和化学性质。

Hammond假设具体如下：如果某一过渡态和某一中间体具有可以相比的能量并沿着一条反应坐标顺序地发生，则此过渡态的化学组成、化学结构和化学性质与中间体相类似。

换句话说，根据Hammond假设，如果在反应过程中连续地出现过渡态和不稳定的中间体两个状态，二者能量相差不大，它们的互变过程只有微小的分子结构变化。

Hammond假设在如下两个极限情况时具有很大的利用价值：

（1）当反应物的能量比产物高很多时（整体反应R→TS→P放热剧烈，ΔG^0具有很大的负值），Hammond假设认为这个反应是放热反应，达到过渡态所需的能量非常小，在反应进程中过渡态出现得比较早。在这种情况下，高能量的反应物同过渡态的能量相近，所以反应物转化为过渡态时结构改变很小，两者结构相似。

（2）当反应物能量比产物低很多时，整体反应R→TS→P吸热剧烈，反应物达到过渡态所需的能量将会很大，过渡态出现得也比较迟。在这种情况下，高能量的过渡态与产物的能量和结构相似。

由此可知，高放热反应的过渡态拥有与反应物相近的结构，高吸热反应的过渡态拥有同产物相近的结构。

Hammond假设对于吸热反应的解释不难理解，下面以一个强吸热反应如C—C单键的均裂反应为例，当C—C单键拉伸时，它的能量升高直到键快要断裂，从而达到过渡态，而后就生成了两个自由基，过渡态看起来就比较像这对自由基。另一方面，这个反应反过来就是放热反应，过渡态的结构就与反应物（自由基对）比较接近。据此可以推得：自由基反应放出的热量越多，过渡态就越像参与反应的自由基，成为过渡态所需的能量就越少。

Hammond 假设对于放热反应的解释同样也容易理解，可以通过 Marcus 理论的能量曲线（图 7.14）来解释，前提是我们接受 Hammond 假设只指在常规范围的 PE 曲线，而不指反向范围。我们来看图 7.14（b）和图 7.14（c）中的两条能量曲线。首先分析结构相似的反应，P 和 R 的距离一样。需要注意在 Marcus 理论中两条曲线的交叉点对应的是活化能，ΔG^0 放热越多，交叉点的位置在最低点上方，或者 R 减小，这就意味着$\Delta G^{\neq}$减少，反应放热更多。现在，我们考虑这种情况：$\Delta G^0=-\lambda$，$\Delta G^{\neq}=0$。这种情况下，R 的最低限度就是反应的过渡态。由此可知，当反应需要的活化能很低时，反应物的结构就与过渡态非常接近，同 Hammond 假设预测的一样。

现在，将 Hammond 假设运用到初级光化学过程*R→I 当中去。因为激发态*R 发生反应的$\Delta G^{\neq}$一般很小，所以*R 会有快速的光物理失活过程与初级光化学过程竞争。假定初级光化学反应*R→I 的过渡态在本质上与初始激发态*R 比较相近。另外，I(D)沿反应坐标发生在过渡态后具有较高的能量，所以它应与过渡态相近。*R 和 I(D)都与过渡态相近，因此两者也相似。由此可以得出一个重要的推论：激发态的电子排布影响激发态的反应活性；如果过渡态与初始的激发态相似，电子轨道的相互作用必定与激发态的电子排布有关，而且 I(D)的结构也必定与*R 相似。

注意：式（8.4a）和式（8.19）两个反应除了分别发生的是分子内和分子间作用外，这两个反应本质上都是同样的氢转移过程。在羰基化合物 n,π*激发态和烷氧自由基上也发现了相似的反应性，因为氧原子上一个半充满的 n 轨道是被比较的自由基反应的分子轨道［例如，$(CH_3)_3CO\cdot$；见表 8.4 和表 8.5］，而两种情况下氧原子上的半充满的 n 轨道，其电子构型具有相似性。

8.10 从量子产率和效率定律推及光化学反应动力学信息的一些规则

依据能级图（图示 1.4），*R 总是有不只一条可能的光物理和光化学失活途径，意味着总是存在竞争关系的光物理和光化学过程。某一特定失活途径的速率与所有失活途径的速率之和的比值决定了该途径的效率，因此某一过程的效率会间接包含其他竞争过程的一些动力学信息和机制。

光化学反应的效率可以用两种方式来表达：

（1）物质（R, *R, I, P）的量子产率（quantum yield）Φ 或其形成（或破坏）的量子效率可以通过 R+$h\nu$→*R 过程中吸收的光子爱因斯坦数来测定；

（2）物质（R, *R, I, P）的态效率ϕ（state efficiency）可以由特定的起始态（*R, I）产生的分子数量决定。

区分这两条关于效率的定义很重要。我们称 Φ 为（绝对）量子产率，称ϕ为态效率。用大写字母 Φ 表示前者，用小写字母ϕ表示后者。

量子产率用式（8.20）表示：

$$\Phi=\text{特定物种产生或消失的摩尔数/体系所吸收的光子的摩尔数} \tag{8.20}$$

态效率用式（8.21）表示：

$$\phi=\text{产生或消失的特定物种的摩尔数/特定态的摩尔数} \tag{8.21}$$

从实际意义上来看，绝对量子产率 Φ 是比态效率ϕ更为正式的一个基本量，这是因为 Φ 与过程 $R+h\nu\rightarrow{}^*R$ 中吸收的光子数有关。Φ 的大小一般在 0～1.0 之间，$\Phi>1.0$ 的例子也存在，当链式反应发生时会导致 $\Phi>10^4$，例如聚合反应中的链式反应。有些情况下，$\Phi>1.0$ 是化学计量学的原因。例如，式（8.19）中 Φ 的极限值是 2.0，这是因为吸收光子产生三重态 T_1 效率是 1.0，每一个三重态 T_1 与一个分子反应产生两个羰基自由基，即每吸收一个光子产生两个羰基自由基。从理论上来讲，要想知道 Φ 的决定因素，必须知道影响ϕ的因素、从激发态到产物或中间体到产物等每一步的定量关系。根据定义，ϕ值不会超出 1，每一个起始态产生的效率为 1。

由*R 生成 P 的绝对量子产率 Φ_P 由相关的态效率得出：

$$\Phi_P=\phi_{*R}\phi_I\phi_P \tag{8.22}$$

式中ϕ_{*R}为吸收一个光子后产生活性激发态*R 的可能性过程的效率，ϕ_I为*R 通过特定反应生成 I 的可能性过程的效率，ϕ_P为*R 和 P 反应的中间体（I）生成 P 的可能性过程的效率。

$$R \underset{\phi_{*R}}{\longrightarrow} {}^*R \underset{\phi_I}{\longrightarrow} I \underset{\phi_P}{\longrightarrow} P$$

原料　　　　　　　　　　　产物

图示 8.6　光化学转化中各步反应的效率

所有的量子产率 Φ 都可由式（8.22）中的 3 种可能性过程的效率或态效率决定。因此，我们可以将图示 8.6 当作图示 1.1 的一个修正。

溶液中，单光子吸收产生激发态 S_1（$R+h\nu\rightarrow{}^*R$）的态效率为 1。由于 Kasha 规则适用于溶液中的光化学反应，每吸收一个光子会产生一个 S_1 态。当$^*R=T_1$时，ϕ_{*R}与 Φ_{ST}（系间窜越量子产率，第 5 章）相等，由式（8.23）确定；ϕ_P的值由反应中 I 转化为 P 的效率决定。在这种情况下，Φ_{*R} 等于ϕ_{*R}。

$$\Phi_{ST}=k_{ST}/(k_{ST}+k_d+k_q[Q])=k_{ST}\tau_s \tag{8.23}$$

式中，k_{ST}是单重态-三重态系间窜越的速率常数，k_d是单重激发态参与的所有光物理和光化学反应的速率常数之和，k_q是单重激发态在猝灭剂 Q 存在下的猝灭速率常数。分母中的最后一项包括所有的分子间猝灭过程。

在确定光化学反应活性时，态效率ϕ_{*R}是非常重要的，*R 生成 I 的反应的速率常数ϕ_I可由式（8.24）表示：

$$\phi_I=k_r/(k_r+k_d)=k_r\tau_{*R} \tag{8.24}$$

式中，k_r是*R转化为I的速率常数，k_d是*R失活的速率常数。

量子产率和态效率之间的规则可以总结如下。

规则一：由特定态（S_1或T_1）出发的反应，其量子产率等于反应的态效率乘以形成态的量子产率［式（8.25）］。

$$\Phi_{特定态}=\phi_I\Phi_{形成态} \tag{8.25}$$

从式（8.25）可知，当态效率ϕ_I很大时，形成态的量子产率将较低，如果态反应活性不够大，就不能与其他的*R失活过程相竞争，这种情况符合上述结论。例如：当［异丙醇］=13.1mol/L时，单重态丙酮和异丙醇（作为溶剂）反应呈现较低的活性。即使$S_1(\Phi_s)$的量子产率为1，反应的效率也只有20%。ISC的反应速率是抽氢反应的5倍，所以只有1/5的S_1态通过抽氢反应从异丙醇分子上获得氢原子。

$$\Phi_s^P=\Phi_s k_s[异丙醇]/\tau_s^{-1}{}_+k_s[异丙醇]$$

$$=\frac{9.1\times10^6\times13.1}{(2\times10^{-9})^{-1}+9.1\times10^6\times13.1}=0.193 \tag{8.26}$$

式中Φ_s是单重态的量子产率，Φ_s^P是由单重态生成产物的量子产率。Φ_s的值可以等于1，因为S_1是直接由反应物生成的。

下面的规则把量子产率与反应机制相关联。

规则二：如果Φ>1（化学计量学除外），肯定会存在链式反应机制。这一规则的依据是吸收一个光子只会激发一个分子。

规则三：如果Φ<1，反应的低效率是由于存在特殊的光物理或光化学反应机制，通过该机制可以释放吸收的光子的能量，最终系统会回归到最初的状态。这个循环过程可以是光物理过程或光化学过程。

8.11 测定光化学反应速率常数的实验方法

本节讨论测定初级光化学反应（*R→I）速率常数k的一些普遍的实验方法。

瞬时反应的意思是一个反应在1s内完成，或者说比反应试剂混合的时间短。测定这类反应的速率常数可以通过脉冲干扰平衡体系的实验方法获得。我们用一个快速的脉冲干扰一个处于平衡态的体系，然后测定这个体系回到原始状态的速率或者形成新的平衡体系的速率。换句话说，为了测定瞬态物种（例如*R和I）的动力学数据，我们需要找到一个脉冲源，它可以在一定时间内产生反应中间体（*R或I），且其产生速度要快于这些物种发生反应或失活的速度。

在光化学中，这种扰动实验利用脉冲激光短时间内产生大量光子的特性很容易实现。R吸收脉冲激光产生的光子瞬间达到激发态*R，速度很快。多种快速检测的方法（紫外-可见吸收光谱、紫外-可见发射光谱、红外光谱、ESR等）可用于检测*R和I的浓度随时间变化的情况，通过光谱性质表征它们的结构，进而确定光物理、光化学过程的速率定律。过去的30年来，高效可靠的激光光源和快速检测方法的出现极大地促进了这项工作的开展[30]。实际上，现在已有激光光源具有飞秒脉冲，飞秒在有机分子最快振动所需要的时间尺度内。C—H振动［键能强、质轻，见式（2.25）］是有机分子中最快的振动之一。比如甲烷中的C—H键的振动范围大约是3.3μm，对应的振动频率是约$10^{14}s^{-1}$，因此甲烷中C—H振动的时间大约是10fs。在包含原子核移动的最快的光化学过程中，可以把10fs作为一个基准。

第二种研究瞬时反应的方法是以两条竞争的反应途径的动力学为基础，其中一条反应途径的反应速度已经知道或者可以通过计算获得，用其与另一条途径对照[31]。通过已知路径的反应速率、不同反应途径所占的比率，可以对未知路线的反应速率进行评估。这种通过动力学竞争确定反应速率的方法称为Stern-Volmer分析方法，将在8.18节讨论。

8.12 脉冲激发将R转化为*R

设想一种情况：一个分子受到非常短暂的激光脉冲的激发而达到激发态*R，又全部转化为R。在这种情况下，图示8.1简化为图示8.7。

$$\mathrm{R} \xrightarrow{h\nu} {}^*\mathrm{R} \xrightarrow{\tau_\mathrm{R}} \mathrm{R}$$

反应物　　产物=反应物

图示8.7 简单的光反应过程，激发态*R全部转化为R

*R全部转化为R可能涉及一个光物理或光化学过程，产生一个短寿命的中间体，这个中间体最后又全部单一地转化为R。有趣的是，这个简单的原理广泛运用于防晒霜和耐光性聚合物中，通过一个“循环式”的光化学过程（R+$h\nu$→*R→I→R+△）有效地将光转化为热，从而减少光对皮肤的损伤。

图8.3给出了R和*R在激光激发后其浓度随时间的变化关系。在图8.3中，*R的衰减是通过一级反应，这也意味着*R按速率定律［式（8.27）］的指数形式衰减：

$$[{}^*\mathrm{R}]_t=[{}^*\mathrm{R}]_0\,\mathrm{e}^{-t/\tau_\mathrm{R}}=[{}^*\mathrm{R}]_0\,\mathrm{e}^{-k_\mathrm{R}t} \tag{8.27}$$

式中，τ_R是*R实验观测到的寿命，$[{}^*\mathrm{R}]_0$和$[{}^*\mathrm{R}]_0\,\mathrm{e}^{-k_\mathrm{R}t}$分别是当时间为0和$t$时*R的浓度。

20世纪50年代，脉冲电子激发成为引发光化学反应的一种方法。第一代脉冲是闪光灯，它能产生范围较宽的波长，脉冲为10^{-3}s[32, 33]。60年代早期，激光脉冲出现，脉冲为10^{-6}s。60年代后期至70年代早期，出现了脉冲为10^{-8}s的激光[32]。到七八十年代，激光脉冲的时间已经降低到皮秒（10^{-12}s）[34]乃至飞秒（10^{-15}s）[35]级。在40年的时间里，脉冲时间从10^{-3}s降低到了10^{-15}s！1967年，Porter[34]因为在超快化学反应领域的研究获得了诺贝尔奖；1999年，Zewail[35]因为利用飞秒光谱对化学反应中过渡态的研究获得了诺贝尔奖。

在图8.3中，y轴表示在激光脉冲作用后R和*R随时间变化的浓度。实际上，很多光谱性质可以由此测得，它们与浓度项[R]、[*R]还有[I]密切相关。

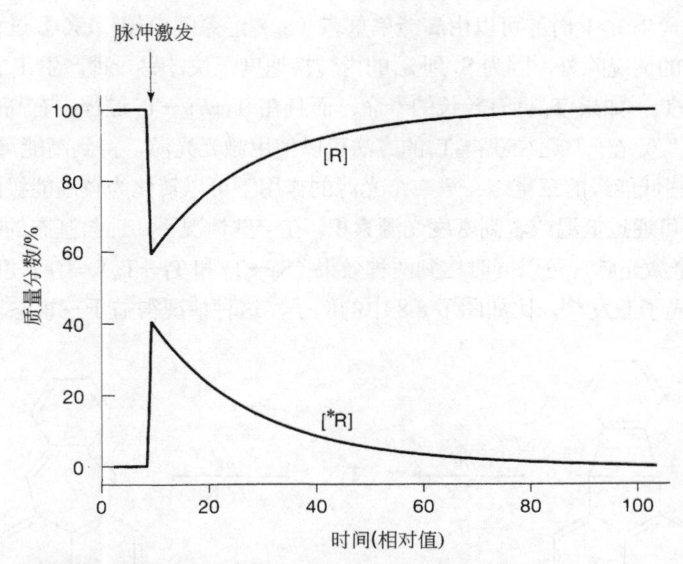

图8.3 在 t=10 时脉冲激发，大约 40%的 R 分子到达激发态*R，*R 衰减寿命 $\tau_R \approx 20$，激发衰减伴随着 R 的并发再生

8.13 检测高能电子态（**R）的技术

假设 R 吸收一个高能量的光子生成了**R（一个高能电子激发态 S_n 或 T_n，$n>1$）。依据 Kasha 规则，**R 会很快释放能量转化为*R(S_1)或*R(T_1)。存在不存在违反 Kasha 规则的例子呢？因为这规则是基于所有范例的一个近似，所以有例外也应正常的，可以理解的，只要这些例外能够通过更深层的范例得到合理解释。Kasha 规则是建立在以下近似基础上：**R 通过内转换或振动失活转化为*R(S_1)，或通过系间窜越转化为*R(T_1)，该过程比其他从高能态发生的任意光化学、光物理过程的速度快。当两种情况共存时，就会发生违反 Kasha 规则的现象：存在特别快的光物理和光化学过程与普通的振动弛豫(10^{13}～$10^{14}s^{-1}$)竞争时，或者当电子或振动弛豫受结构因素影响变得特别慢时。例如，光致电离一般不用长波激发（能量低），但是可以用短波激发（能量高）；或者在极性溶剂中，**R 失去电子的过程可以与*R 失活的过程相竞争。光致电离过程在一些情况下很难与 R+$h\nu$→*R 过程区分。换言之，R+$h\nu$→*R 的过程可以变成 R+$h\nu$→I，其中 I=R^++e^-。发现违反 Kasha 规则也不值得惊奇，如果光致电离的发生比内转换快，就会有这类现象。当由于结构因素使**R 内转换速度减慢时，也会存在违反 Kasha 规则的现象。例如，如果**R 和 T_1、S_1 之间能差很大，非辐射跃迁能差规则确定 S_n→S_1 或者 T_n→T_1 的过程将会慢很多，因此可观测到通过**S_n 或**T_n 的光物理、光化学过程。经典例子来自甘菊环烃（azulene）S_2 态的发光可作为这种情况的经典例子，甘菊环烃的 S_2 和 S_1 之间的能量相差很大，从而降低了内转换过程。

高能态 T_n（当 n>1 时）可以由高能单重态（S_n）经系间窜越（ISC）过程产生。T_n 能量低于 S_1 能量的情况除外，因为 S_1 到 S_n 的内转换速度很快。另一种产生 T_n 的方法为直接激发，$T_1+h\nu \rightarrow T_n$。如果 T_1 拥有较长的寿命，而且在 $T_1+h\nu \rightarrow T_n$ 过程中有高的摩尔吸收系数，这种通过“双光子”途径获得 T_n 的方法可以使用激光光源，得到高能量的**R。通过这种方法，一些低能级的三重态在第二个光源的作用下可以转化为较高能级的三重态。足够浓度的 T_1 态可通过低温或者高密度光源累积。在一些情况下，T_1 与基态的吸收光谱有很好的重叠，一个激光脉冲可以同时达到两种效果（$S_0 \rightarrow T_1$ 和 $T_1 \rightarrow T_n$）。有时使用经典的光源也可以实现双光子激发[36]，比如图示 8.8 中的例子，这种情况得益于三重态较长的寿命。

$$\mathbf{20} \xrightarrow[77\text{ K}]{h\nu} T_1 \xrightarrow[77\text{ K}]{h\nu} \mathbf{21}$$

图示 8.8 双光子光化学过程的代表性例子：不活泼的 T_1 态通过吸收光子使得反应性提高

8.14 低温基质分离技术

低温基质分离技术[37]涉及在 77K 或 4K 时在惰性环境与刚性基质中光解 R。低温和刚性基质提供了良好的反应环境，可以稳定反应*R→I 过程中生成的反应中间体（I）。低温抑制了 I 的单分子反应，因为可用的热能非常低；基质的惰性以及刚性阻止了 I 的扩散，从而抑制了 I 的双分子反应。前体七曜烯（pleiadene）的光解反应就是一个利用低温基质技术的例子，如图示 8.8 所示[38, 39]。在 77K 温度下的刚性玻璃态环境中，处于 T_n 态的化合物 **20** 通过一个电环化光重排反应生成化合物 **21**，该反应中的 T_n 态由直接激发 T_1 态获得。无论是在室温还是低温，溶液中进行光照都没有反应发生；使用三重态敏化剂的反应效率很低，这是因为溶液中无法有效地双光子激发 T_1 到达 T_n 态。然而，在 77K 的基质中，通过同时使用紫外光和可见光光源进行双光子激发实验，或者通过单一紫外光光源的单光子激发实验（此时激发波长比获得 S_1 态所需的光波短很多），可以成功地完成反应。在这个双光子激发实验中，通过调整可见光光源得激发波长在萘 $T_1 \rightarrow T_n$ 的最大吸收波长（400～515nm）范围内，就可以提高反应的产率。以上利用两个光源进行实验的机制包括化合物吸收紫外光后通过系间窜越过程生成长寿命的 T_1 态，T_1 态吸收可见光达到一个能量更高的三重态 T_n 态，然后在 T_n 态发生反应。这几个过程简单表示如下：

$$\mathbf{20}+h\nu \rightarrow S_1;\ \ S_1 \rightarrow T_1;\ \ T_1+h\nu \rightarrow T_n;\ \ T_n \rightarrow \mathbf{21}$$

8.15 双激光闪光光解

低温基质分离光谱学实验可以直接研究单分子过程。但是，双分子过程在低温刚性基质中进行得非常缓慢，因为在这些条件下扩散速度受到了严重的限制。为了观察从高级激发态(**R)发生的双分子反应，化学反应要在室温下的溶液中进行，因为此时扩散相对较快，双分子反应才能与*R 的快速单分子失活过程相竞争。高强度的光源能产生高浓度的*R，由此通过双激光光源的连续激发可获得高级激发态**R。

在双激光（双色）技术中（图 8.4），将波长不同的两束激光顺序激发，就可以产生分子的高级激发态（**R）。第一束激光产生分子的最低能级激发态（R+$h\nu$→*R），第二束激光选择性激发这些激发态分子到*R 的高能级激发态（过程是*R+$h\nu$→**R）[40]。两个脉冲之间可以引入一个可变化的延迟时间，使得低能级激发态浓度[*R]在第二束脉冲激发之前可以聚集。通过使用可调谐激光器，第二个光子的波长可调节，以适应较低激发态的最大吸收。相对于常见的传统纳秒级激光脉冲，激发单重态（S_1）的寿命太短，从而不能有效地产生高级单重态（S_n）；两个激光器的设置最适合通过 ISC 过程从 S_1 获得的高级三重激发态（T_n）的布居（图 8.4）。

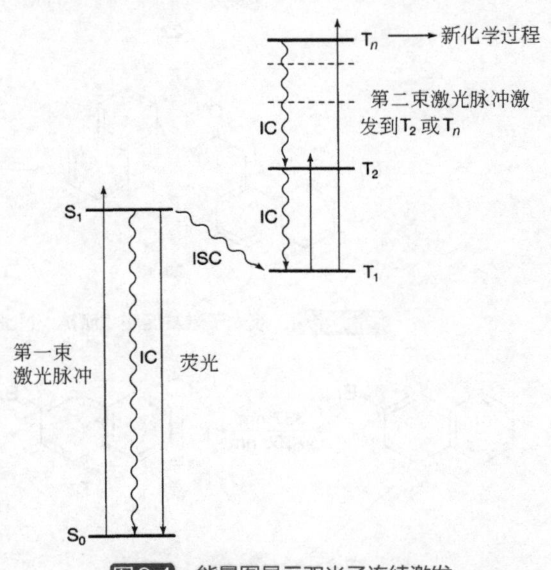

图8.4 能量图显示双光子连续激发产生高级三重态的普遍机制

应用上述技术的例子主要集中在羰基和 C—X 卤代芳香族体系的 α-裂解反应中，在传统光源的照射下它们不会发生裂解反应[41,42]。例如，苯偶酰（benzil，**22**）[图示 8.9（a）] 的 T_1 能态具有相对较低的三重态能量（E_T≈55kcal/mol），在它的寿命期间不能吸收足够的热能来克服能垒进行 α-裂解反应。所以，无论是通过直接激发还是使用三重态敏化剂，苯偶酰在 $T_1(n,\pi^*)$态都不会发生 α-裂解。但是，通过激发 T_1 态产生的较高级三重态会导致 α-裂解，即 T_1+$h\nu$→T_n→α-裂解过程。

在第二个例子中，α,α-联二萘基酮［**23**，图示 8.9（b）］的 $T_1(\pi,\pi^*)$态呈化学惰性，在溶液中直接光照不会发生 α-裂解。但是，如果使用两个激光器脉冲，α-裂解就可能发生。反应机制也是通过双光子机制产生 T_n，类似于苯偶酰的反应机制。

溴代芳烃类（图示 8.10）溶液在紫外光照射下一般是相对稳定的。在 S_1→T_1 的过程中，由于溴代芳烃类的重原子作用，ISC 非常有效。因此，溴代芳烃类的光稳定性

意味着在 T_1 态不会发生 C—Br 键断裂的反应。但是，当溴萘、溴蒽、溴菲受到双激光的双光子照射时，它们就会失去溴原子（在苯溶剂中可以检测到）。图示 8.10 举例说明了 2-溴萘失去溴原子的机制[43]。在图示 8.4 中，我们提出了产生高级三重态的双光子激发普遍机制。在此类研究中反应起始态（T_2,T_3,T_4 等）的能量位置是未知的。这并不奇怪，由于要与快速的内部转换（$T_n \rightarrow T_1$）相竞争，裂解反应的量子产率较低（约 0.05），正像 Kasha 规则预期的一样。

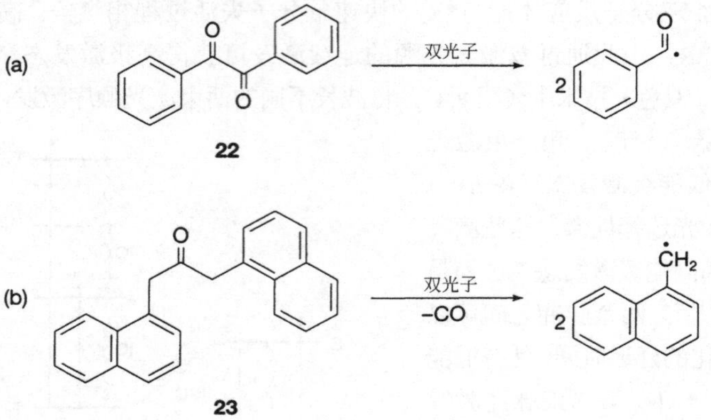

(a) 22 —双光子→ 2 (苯甲酰自由基)

(b) 23 —双光子, −CO→ 2 (1-萘甲基自由基, $\dot{C}H_2$)

图示 8.9 双光子激发促使“顽抗”Norrish Ⅰ型反应进行裂解的例子

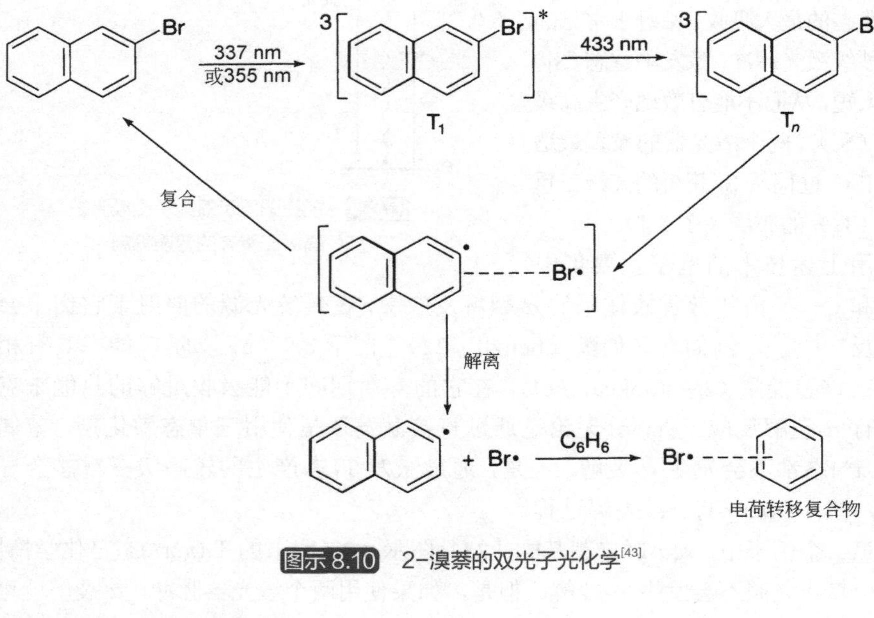

2-溴萘 —337 nm 或355 nm→ $^3[\ ]^*$ T_1 —433 nm→ $^3[\ ]^{**}$ T_n → [萘基·----Br·] —复合→ 2-溴萘

[萘基·----Br·] —解离→ 萘基· + Br· —C_6H_6→ Br·----苯

电荷转移复合物

图示 8.10 2-溴萘的双光子光化学[43]

8.16 激光喷墨技术

上面介绍的双激光（双色、双光子）技术说明了从高级激发态（**R）形成产物过程中的一些瞬时物的光谱学信息。但是，因为产物的量很小，通过这种方法从一个光反应中分离得到产物的过程是很繁杂的。激光喷墨技术可以应用于产物分离。典型的激光喷墨技术[44]是把一束含化合物溶液的微型喷气高速流地注入到激光的焦点区域。这个微型喷气流的流速是可以控制的，并且样品也可以多次循环使用，所以分离获得大量的产品是可能的。通常用氩离子激光器的一种高强度连续波长（334～364nm）来激发分子。用这种方法，高浓度的 S_1 或 T_1 能态进入溶液的一种"微气泡"中，从而导致这些激发态可以吸收第二个光子。采用激光喷墨技术的反应发生在高级激发态，但是产生反应的激发态的能级和电子结构的细节尚不清楚。

图示 8.11 举例说明了用激光喷墨技术生产并分离一种重要产物的例子。酮类化合物 **24** 在低强度的光（在紫外区域的荧光灯管）照射下是稳定的。但是，在激光喷墨条件下当用氩离子激光灯照射时，**24** 产生 **25** 和 **26**，反应过程认为是从 T_n 能态发生[45]。**25** 和 **26** 形成的机制如图示 8.11 所示。

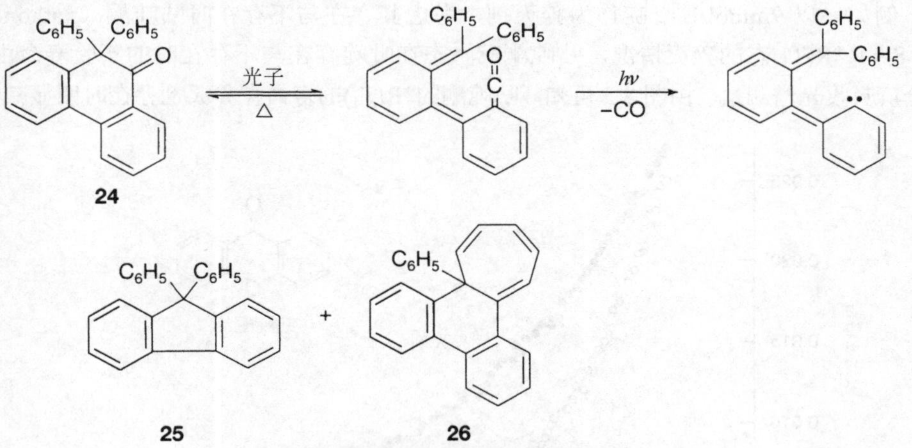

C_6H_5 C_6H_5 O 光子 △ hv −CO

24 **25** **26**

图示 8.11 酮的多光子光化学过程

激光喷墨实验采用了现代 CW 激光器高功率的优点。适合脉冲激光器的一种相似的技术也已经发展应用了。激光喷墨滴法技术是使来自针尖的液滴和激光脉冲同步，这样可以使能量聚集于该小体积液滴（仅仅几微升），从而达到与使用激光喷墨方法相同的结果[46]。

8.17 Stern-Volmer 分析光化学动力学：*R 单分子和双分子失活过程的竞争

光化学动力学的 Stern-Volmer 分析包含一种反应机制，即*R 固有的单分子衰变[式(8.28)] 和*R 被 Q 猝灭的双分子过程［式（8.29）］之间的竞争。我们把仅仅只有这两种过程发生的反应认为是最简单的情形。术语猝灭是指*R 和 Q 的作用导致*R 通过化学或物理途径失活。公式（8.30）和公式（8.31）分别给出了 Q 不存在与 Q 存在时*R 的寿命。公式（8.31）（及相关各种公式）就是常被提及的 Stern-Volmer 公式。

*R 的单分子衰变：$^*R \xrightarrow{K_1}$ 产物 （8.28）

*R 被 Q 猝灭：$^*R+Q \xrightarrow{K_q}$ *R 猝灭 （8.29）

不存在猝灭剂时，*R 的寿命：$\frac{1}{\tau_1}=k_1$ （8.30）

存在猝灭剂时，*R 的寿命：$\frac{1}{\tau_2}=k_1+k_q[Q]=\frac{1}{\tau_1}+k_q[Q]$ （8.31）

在公式（8.30）和公式（8.31）中，$k_{exp}=\frac{1}{\tau}$ 是*R 衰变的实验速率常数，可以通过一级动力学分析测得［即瞬态衰变被当作单一指数函数公式（8.27）］。τ_1 和 τ_2 分别指猝灭剂不存在与存在时*R 的寿命。

例如，以 9mmol/L 吡啶作为猝灭剂，考虑其存在与不存在时呫吨酮（xathone）（图 8.5）*R(T_1)态的猝灭情况。呫吨酮三重态在吡啶存在与不存在时的实验寿命由时间分辨吸收光谱测量。由图 8.5 可知，呫吨酮的*R(T_1)的寿命在猝灭剂存在时明显减小。

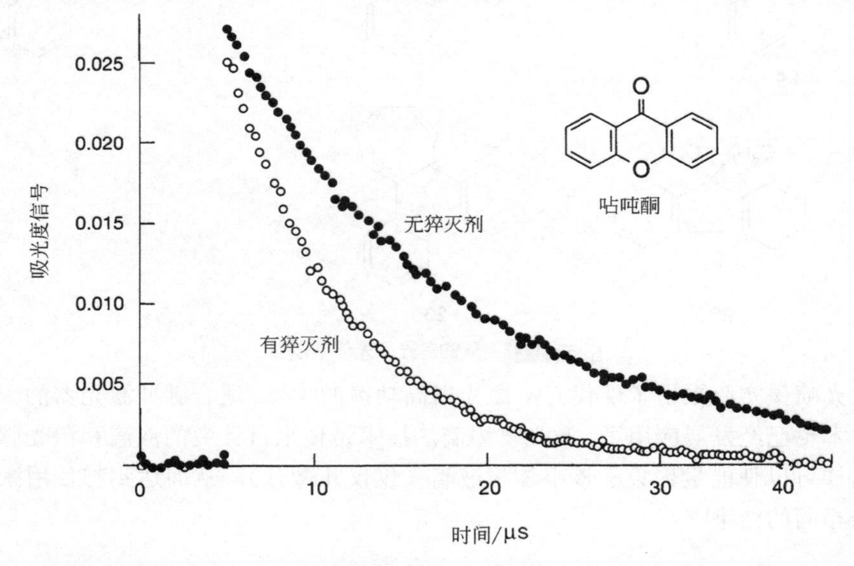

图8.5 在乙腈中用 355nm 的激光器激发，在监测 600nm 处呫吨酮的三重态衰变[48]

呫吨酮已广泛应用于激光闪光光解的研究中，因为其在 T_1 激发态具有良好的光谱学性质（$T_1 \rightarrow T_n$ 吸收易于检测，T_1 能态有较长的三重态寿命），以及 $T_1 \rightarrow T_n$ 的吸收光谱对环境极性的变化比较敏感。例如，图 8.5 中的变化可以在很多波长的激发下获得，这个结果可以用于构建呫吨酮从三重态到三重态的吸收光谱，如图 8.6 所示。

在式（8.29）中的 k_q 值通过 k_{exp} 对浓度[Q]作图得到。斜率即为 k_q，单位是 L/(mol・s)，也是二级速率常数的单位。图 8.7 是呫吨酮和氮杂呫吨酮在乙腈中被吡啶猝灭的经典数据图，由这个图得出呫吨酮和氮杂呫吨酮的速率常数[48]分别是 7.2×10^6 L/(mol·s)和 7.7×10^7 L/(mol·s)。

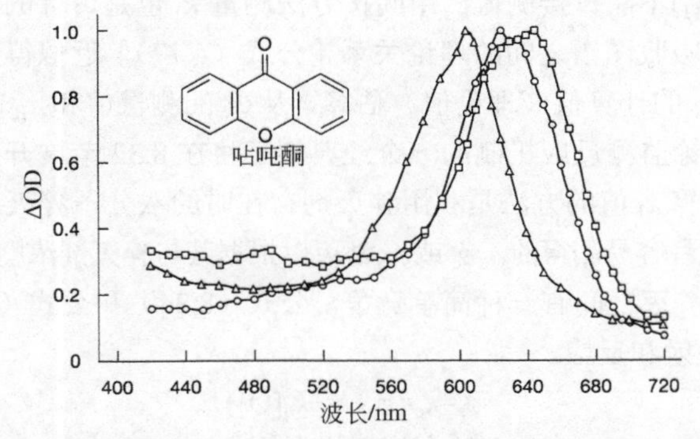

图8.6 在乙二醇（△）、乙酸乙酯（○）、三氟甲苯（□）溶剂中的归一化三重态吸收光谱[47]

光谱是在用 308nm 激光激发后的 600ns、100ns 和 100ns 时分别记录的

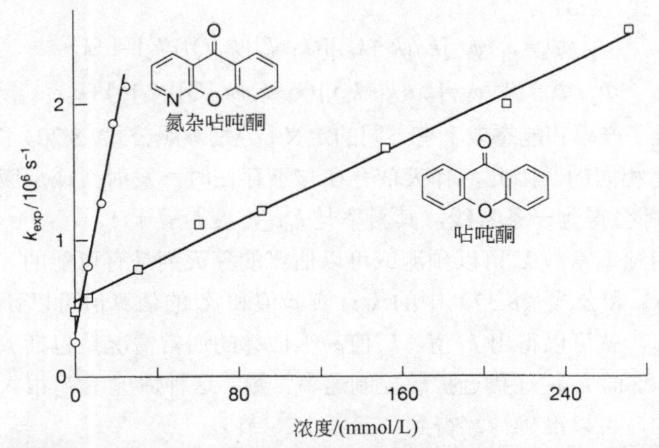

图8.7 呫吨酮和氮杂呫吨酮的三重态在乙腈中被吡啶猝灭过程中三重态衰变的实验速率常数与猝灭剂浓度的关系（采用 337nm 激光作为光源）

8.18 Stern-Volmer 猝灭：由效率与浓度的关系推断速率常数

如果一个激发态（*R）的单分子反应（速率常数为 k_1）与激发态的其他单分子过程（例如发射）竞争，那么发射效率 ϕ_e 和反应效率 ϕ_R 都可以通过实验测得，这些数据可以应用在 Stern-Volmer 分析中。通常，激发态的寿命可以通过监测*R 的发射和吸收的衰变（或其他光谱学性质）测得。根据稳态激发态下的反应效率的公式，式（8.32）和式（8.33），ϕ_e、ϕ_R 和 k_e 项中的 τ_R 等数值［式（4.30）］，可以推算出 k_1。

$$*R \xrightarrow{K_e} R+光 \qquad \phi_e=k_e/(k_e+k_1)=k_e\tau_R \tag{8.32}$$

$$*R \xrightarrow{K_1} 产物 \qquad \phi_R=k_1/(k_e+k_1)=k_1\tau_R \tag{8.33}$$

如果$\tau_R=1/(k_e+k_1)$不能直接测得，用间接方法测量 k_1 也是可行的。例如，k_e 值可以从辐射速率常数和吸收图谱之间的理论关系［公式（4.17）］近似得到。因此，τ_R 可以由Φ_e 的测量值和 k_e 的计算值（理论值）估算。从Φ_e 的测量值和 τ_R 的估算值可以计算 k_1 值。应用这个理论监测反应机制的一个经典例子将在 8.32 节展开讨论。

第二个间接计算 k_1 值的方法是利用猝灭剂存在时的双分子猝灭反应实验，其速率常数 k_q 是已知的或者容易测得的。ϕ_e 或ϕ_R 都可以根据其与猝灭剂浓度的函数关系测得。如果发射、反应和猝灭之间有一种简单竞争，公式（8.34）和公式（8.35）都适用于猝灭剂 Q 存在时的发射和反应。

$$\phi_e=k_e/(k_1+k_e+k_q[Q]) \tag{8.34}$$

$$\phi_R=k_1/(k_1+k_e+k_q[Q]) \tag{8.35}$$

如果我们定义 Q 存在时的发射或反应的量子产率分别为 Φ_e^0 和 Φ_R^0，就有以下的公式（8.36）和公式（8.37）：

$$\Phi_e^0/\Phi_e=\phi_e^0/\phi_e=[k_e/(k_1+k_e)][(k_1+k_e+k_q[Q])/k_e]=1+k_q\tau_R \tag{8.36}$$

$$\Phi_R^0/\Phi_R=\phi_R^0/\phi_R=[k_1/(k_1+k_e)][(k_1+k_e+k_q[Q])/k_1]=1+k_q\tau_R \tag{8.37}$$

我们知道量子产率和能态效率有不同的定义［分别参照公式（8.20）和公式（8.21）］，但它们的比率是相同的。因此，猝灭剂存在与不存在时，发射（或反应）的相对效率对浓度[Q]作图都会得到一条直线，其斜率是 $k_q\tau_R$，截距等于 1。

有时，使用速率常数 k_q 可以预测或可以估算的猝灭剂是有可能的。这种情况下，根据公式（8.36）和公式（8.37）中的 $k_q\tau_R$ 实验值和 k_q 的估算值可以计算出 τ_R。再根据独立测得的ϕ_R，就可以得出 k_1 值。k_q 值易于估算的通常情况是包括放热能量转移在内的猝灭情形，这时 k_q 往往接近扩散控制速率常数。这种情况下 k_q 很大程度上是由溶剂的黏度决定的，可以准确计算得到（参考 7.28 节）。

如果*R 的光化学反应是双分子的，Stern-Volmer 方法同样可以应用，但是公式（8.36）和公式（8.37）中的 k_1 要全部由 k_2[M]代替，k_2 是指*R 反应的双分子速率常数，[M]指与*R 反应的底物 M 的浓度。对于产物的低转换率分析，可以假设在测量过程中[M]变化不大。这种条件下的反应称作假一级反应，这时[M]可以看作是一个常数。以上实验状态可以通过使用大大过量的[M]和控制反应的低转换率来实现，从而就只能使少量的[M]发生反应。

8.19 Stern-Volmer 分析：基于应用门控检测的时间分辨测量数据方法

当监测系统获得信号的时间是在脉冲源激发后的一个固定时间时，会出现一种特殊情形。目前，这种现象很普遍，因为很多商用光谱仪采用脉冲光作为激发光源。这种测量的方法增强了仪器的信噪比。例如，这种测量方法在有强荧光时可以通过延迟检测来选择性检测磷光，时间可延迟到短寿命的荧光发射熄灭。图 8.8 演示了这种“门控”检测。实际上，具有明显不同的衰变行为的两个信号，如荧光和磷光，可以通过门控检测的方法进行区别。

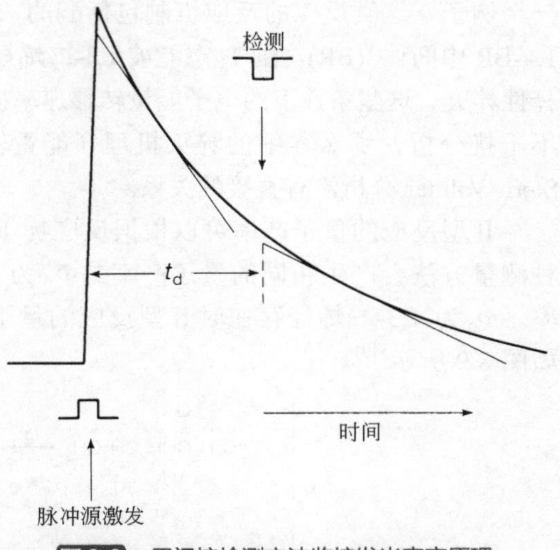

图8.8 用门控检测方法监控发光衰变原理

仪器在激发后的一段时间 t_d“读”到发射信号。

----代表快速衰变，——代表缓慢衰变

为了达到分析的目的，我们假设激发脉冲的持续时间和检测的门控时间与激发态*R 的寿命相比都很短。同时，猝灭剂 Q 存在时也会缩短激发态*R 的寿命，如公式（8.30）和公式（8.31）所示。公式（8.27）给出了*R 浓度随时间的变化。

如果在激发脉冲后立即检测，那么猝灭剂存在与否的发射强度是一样的，因为在那一刻没有*R 扩散，因此也不会产生猝灭。同样的道理，猝灭剂存在与否，图 8.8 中信号的振幅是相同的。

猝灭剂有或无时，在某一时间 t 的发射强度由以下公式给出：

$$I_t^0 = I_0^0 \exp(-k_d t_d) \tag{8.38}$$

$$I_t^Q = I_0^Q \exp(-k_d + k_q[Q] t_d) \tag{8.39}$$

上标“0”和“Q”分别指 Q 不存在与存在，下标“0”和“t”分别指时间 0 和 t_d（激发脉冲后）。

发射强度的比率由公式（8.40）给出，也可以转化为公式（8.41）。

$$I_t^0 / I_t^Q = \exp(k_d t_d[Q]) \tag{8.40}$$

或者

$$\ln(I_t^0 / I_t^Q) = k_d t_d[Q] \tag{8.41}$$

有趣的是，这种“门控”式 Stern-Volmer 公式采取了指数的形式，并没有包含激发态的寿命。因此，应用一种包含这种能力的仪器，即使没有激发态寿命的知识，速率常数 k_q 也可以检测。

8.20 测量光化学速率常数的一些实验例子

作为 Stern-Volmer 分析法测量速率常数的经典例子，下面讨论两种情况：（a）发射不可测的激发态的单分子光化学反应；（b）发射可测的激发态的双分子光化学反应。

8.2 节提到的苯基烷基酮的II型分子内抽氢反应［式（8.4)］是体现（a）情况的一个例子。这类反应的反应机制包括酮的 $T_1(n,\pi^*)$态分子内 γ-抽氢反应，形成一个1,4-BR 中间体 I(BR)。酮 T_1 态能被1,3-二烯烃（其 S_1 能态比酮高、T_1 能态比酮低）选择性猝灭。这些条件下的电子能量转移速率接近扩散控制反应的速率。如果猝灭产物不干扰分析，那么详细的猝灭机理（能量转移、化学反应、诱导辐射跃迁）就与Stern-Volmer 分析没有直接的关系。

II型反应的量子产率可以根据反应物 R 的减少或者产物 P 的增加来测量。两种测量方法会产生相同的量子产率。Φ^0 为 1,3-二烯烃不存在时II型反应的量子产率，Φ_q 为 1,3-二烯烃存在时II型反应的量子产率。Φ^0/Φ_q 与 1,3-二烯烃浓度的关系如图 8.9 所示[49]。

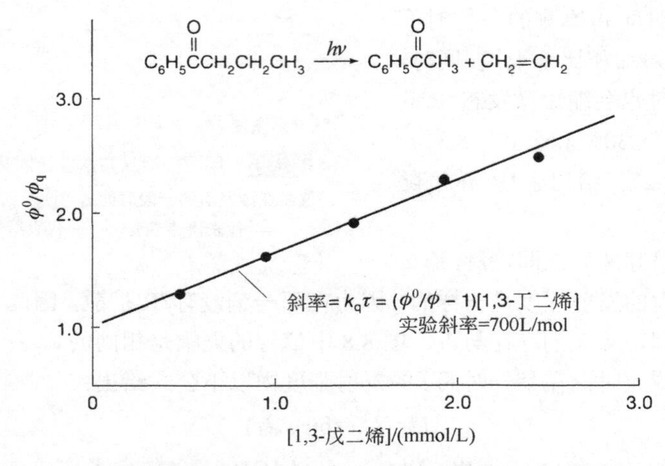

图8.9 Φ^0/Φ_q 与1,3-二烯烃浓度的关系，其中 Φ^0/Φ_q 根据苯乙酮获得，II型反应生成三重态的苯丁酮

如果只有一个激发态被二烯烃猝灭，那么根据公式（8.37)，直线的截距等于 1.0，图形为线形且斜率等于 $k_q\tau_R$。根据实验，Φ^0/Φ_q 对 1,3-二烯烃浓度的关系图为线形，截距是 1.0（图 8.9)，从而支持了一个能态级的假设，并且验证了机理。符合这个例子的苯丁酮［式（8.4)，$R_1=R_2=H$］在乙腈中的 $k_q\tau_R$ 值是 700 L/mol。在乙腈中猝灭 $T_1(n,\pi^*)$态的最大 k_q 值是扩散的速率常数，约为 10^{10} L/(mol・s)。因此，如果 $k_q=10^{10}$ L/(mol・s)（最大的 k_q 值)，那么 $\tau_R=700/k_q=7\times10^{-8}$s（最小的 τ_R 值)。由公式（8.42）得出最小的速率常数 $k_1^{min}=1.4\times10^7s^{-1}$。

$$k_1^{min}=1/\tau_R=1.4\times10^7s^{-1} \tag{8.42}$$

k_1 值的可信度依赖于对选择某一 k_q 值所能给予的可信度。上述情况的可信度是高的，因为苯乙酮、丙酮和二苯甲酮的 $T_1(n,\pi^*)$态用 1,3-二烯作为猝灭剂的 k_q 值可以通过磷光的直接猝灭或三重态的瞬态吸收来测量。这种情况已确认支持我们的假设。现已汇编了多种条件下的三重态的 k_q 值，并且提供了大量数据，可用于 Stern-Volmer 研究。

需注意的是，尽管公式（8.36)、公式（8.37）和图 8.9 都是以量子产率（Φ）表示的，实际上准确测量量子产率是没有必要的。Stern-Volmer 公式的简便性就在于任何与量子产率成比例的参数都可以应用该公式，包括任意单位的发射强度、色谱峰面积、NMR 信号积分或瞬态吸收信号的振幅。

既然激发态可以直接观察到（图 8.5），同时图 8.6 也举例说明了呫吨酮的三重态情况，那么我们可能想知道为什么像 Stern-Volmer 分析这样传统间接的技术对确定速率常数仍然是非常有必要的。然而，有时候因为实验或技术的原因直接检测 S_1 或 T_1 的衰变是很困难的，例如像前面讨论的苯丁酮，直接检测 T_1 的衰变就很难解释，因为苯丁酮的 T_1 能态和 I(BR)［见反应式（8.4）］在相同的光谱区有吸收（因此会互相影响检测），并且对合理的动力学分析来说 T_1 能态的寿命短，磷光很弱。

作为另一个例子，我们考虑二苯甲酮的三重态被萘的衍生物萘丁美酮［Nab，式（8.43）］猝灭[50]。萘丁美酮是一种典型的萘猝灭剂，对 T_1 能态适当选择性的猝灭剂，它们的 T_1 能态的猝灭速率常数是已知的或者是可以估计出的。反应式（8.43）给出了从二苯甲酮三重态到萘丁美酮的能量转移的机制，这个三重态能量转移过程大约放热 19kcal/mol。猝灭速率可假设为接近扩散控制的速率。

三重态二苯甲酮 + 基态萘丁美酮（H_3CO，$CH_2CH_2COCH_3$）

$\xrightarrow{k_q}$ 基态二苯甲酮 + 三重态萘丁美酮 （8.43）

在这个体系中，乙腈中的二苯甲酮 T_1 态是在 337nm 激光脉冲激发 S_0 态形成 S_1 态后产生的，经历了快速的 ISC（约 10^{-11}s）过程。二苯甲酮的三重态在 520nm 有一个最大吸收峰，很容易以光谱的方式检测到。萘丁美酮存在时，发生式（8.43）所示的能量转移，形成萘衍生物的 T_1 态，后者在 440nm 处有很强的吸收。图 8.10 展示了受体三重态的形成和二苯甲酮的三重态衰变是如何同时发生的。图 8.11 展示了二苯甲酮三重态衰变的速率常数与猝灭剂浓度的关系，直线的斜率是 8.5×10^9L/(mol・s)，对应于能量转移的速率常数 k_q。正如预期的一样，这个值非常接近乙腈中的扩散速率常数 [10^{10}L/(mol・s)]。

现在，我们返回到苯丁酮的例子，因为在 T_1 态和 I(BR)的吸收光谱有很大的重叠，同时磷光的信号也很弱，因此直接检测 T_1 态是不切实际的。从苯丁酮的 T_1 态到萘的能量转移是放热的［式（8.44）]，因此能量转移速率将会接近扩散速率。I(BR)是一种基态，没有过剩的电子激发能量，因此它不能被萘猝灭，也不会和萘发生反应。

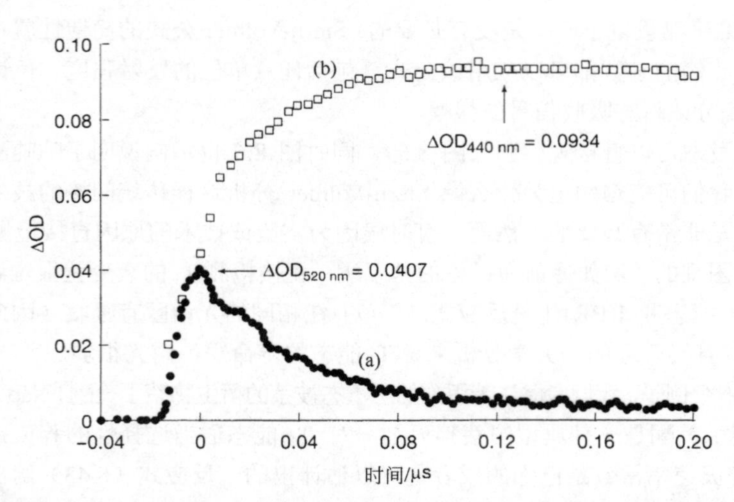

图 8.10 动力学曲线图：（a）3mmol/L 萘丁美酮存在时二苯甲酮的三重态衰变曲线，检测波长为 520nm；（b）萘丁美酮三重态的增长曲线，检测波长为 440nm

苯丁酮三重态 + 1-甲基萘基态 $\xrightarrow{\text{能量转移}}$ 苯丁酮基态 + 1-甲基萘三重态（420nm吸收） (8.44)

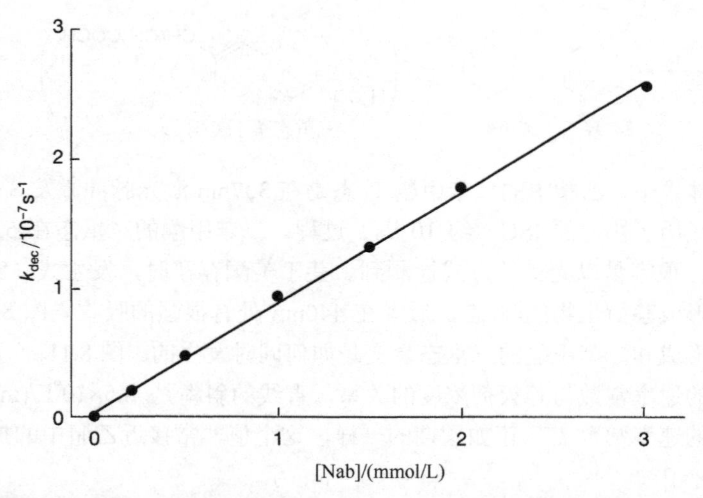

图 8.11 乙腈中不同浓度萘丁美酮（Nab）存在下二苯甲酮三重态的衰变速率常数

需注意的是，当衰变速率常数为 0 时，对应的 Nab 浓度不是 0，只是太小不能显示出来

注意，反应式（8.43）和反应式（8.44）使用的是不同的萘衍生物，并不是萘母体本身。因为这些萘的三重态能量很相似，所以放热的能量转移速率对结构并不敏感。之所以选择特定结构的萘衍生物，只是考虑实验的简便性问题。这个发现可

以用于强调猝灭-敏化的普遍性概念。比如选择室温下是液体的 1-甲基萘而不是选择固体的萘就属于这种情况，这个选择性只是反映了液体的简便性，因为猝灭剂的浓度是变化的。在这两种情况中，这些猝灭剂的光化学相关特征就是“只是一种萘猝灭剂”。

苯丁酮的 T_1 能态，而不是 I(BR)，可以被萘或其取代衍生物猝灭。猝灭过程导致三重态能量转移（详细讨论在第 7 章），如反应式（8.44）所示。萘类在 420nm 有一个很强的三重态-三重态吸收，很容易被激光闪光光解技术检测到。而且因为萘类的三重态能量比大多数酮类低，酮类三重态的能量转移就如预料的一样发生在扩散控制极限附近，如反应式（8.43）的例子所示。这样，在足够高浓度的萘存在时，从苯丁酮的 T_1 能态到萘的能量转移就会与反应式（8.44）中的 Norrish Ⅱ型反应竞争，生成寿命较长的萘的三重态（$\tau\approx10^{-4}$s）。这种具有实用目的的三重态是“稳定的”，在实验时间范围内不会有明显的衰变，在 420nm 也很容易检测到它的吸收。

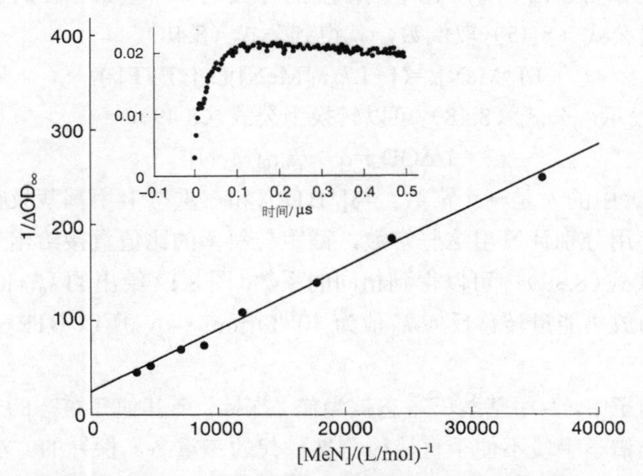

图 8.12 根据公式（8.49）,1-甲基萘在乙腈中猝灭三重态苯丁酮的 Stern-Volmer 图

插图是指猝灭剂浓度为 0.085mol/L 时其三重态的增长情况

1-甲基萘（MeN）三重态 $T_1\rightarrow T_n$ 的吸收信号很容易被检测到，如图 8.12 所示。内插图显示在 0.085mol/L 猝灭剂存在时，用 355nm 的激光激发反应体系后萘的三重态增长情况，检测波长为 420nm。吸收刚开始增长很快，基本上呈现一个跳跃性吸收，这是因为苯丁酮三重态在此处有吸收。考虑到芳香族酮类快速的系间窜越过程，该类化合物的三重态可以在瞬间形成。

*MeN 的形成遵循假一级反应动力学，在能量转移完成后，*MeN 的浓度由公式（8.45）给出。

$$[\text{*MeN}]_\infty=\{k_q[\text{MeN}]/(\tau_0^{-1}+k_q[\text{MeN}])\}[\text{*BTP}] \quad (8.45)$$

式中 τ_0 指 MeN 不存在时苯丁酮三重态 T_1（BTR）的寿命；公式右侧第一项代表

能量转移的效率。

*MeN 浓度的增长符合公式（8.46a）。

$$[{}^*\mathrm{MeN}]_t=[{}^*\mathrm{MeN}]_\infty(1-\mathrm{e}^{-t/\tau_0}) \tag{8.46a}$$

式中 τ_0 指时间，τ 是任意浓度猝灭剂存在时三重态 BTP 的寿命。

当激发态浓度可以用激光闪光光解分析检测时，从实验中直接推断出的参数是 ΔOD，ΔOD 代表的是瞬态物质的吸光度的差别，如*MeN 和前体 MeN 吸光度的差别。因为ΔOD 与*MeN 浓度成比例关系，所以公式（8.46a）可以转换为公式（8.46b），这是采用动力学痕量拟合的方法，如图 8.12 中的内插图。

$$\Delta\mathrm{OD}_t=\Delta\mathrm{OD}_\infty(1-\mathrm{e}^{-t/\tau_0}) \tag{8.46b}$$

τ^{-1} 与猝灭剂的浓度[MeN]的线性关系如公式（8.47）所示。

$$\tau^{-1}=\tau_0^{-1}+k_q[\mathrm{Q}] \tag{8.47}$$

同样的实验如图 8.12 所示，在不同浓度的猝灭剂 1-甲基萘存在时会产生三重态的吸收值。如果对公式（8.45）取倒数，就得到公式（8.48）。

$$1/[{}^*\mathrm{MeN}]_\infty=(1+1/k_q\tau_0[\mathrm{MeN}])(1/[{}^*\mathrm{BTP}]_0) \tag{8.48}$$

以ΔOD 来表示，公式（8.48）可以转换为公式（8.49）。

$$1/\Delta\mathrm{OD}_\infty=\alpha+\alpha/k_q\tau_0[\mathrm{MeN}] \tag{8.49}$$

公式（8.49）中的 α 是一个常数，与$[{}^*\mathrm{BTP}]_0$和三重态 1-甲基萘吸收系数相关。幸运的是，我们不用分别计算出这些常数，截距与斜率的比值直接给出 $k_q\tau_0$，在 Stern-Volmer 分析公式式（8.39）中可以得到相同的系数。图 8.12 给出的 $k_q\tau_0$ 值是 3300L/mol。已知在乙腈中的放热能量转移反应 k_q 值为 10^{10}L/(mol・s)，所以 BTP 三重态的寿命估计为 330ns。

在前面的例子中，1-甲基萘三重态被当作“探针”或其他三重态的一个“替代品”，这是因为利用光谱学手段不便于直接检测被替代的三重态。探针的方法已经应用于研究许多各种不同的反应中间体，包括激发态[51]。

丙酮的 $S_1(n,\pi^*)$态与二氰基乙烯（*t*-DCE）的反应比较适合作为用 Stern-Volmer 分析 S_1 能态反应的例子。这个例子中，易检测的丙酮荧光用于监测 $S_1(n,\pi^*)$能态。t-DCE 能猝灭丙酮的荧光，并形成产物氧杂环丁烷（**27**）[式（8.50）]。

$S_1(n,\pi^*)$ + DCE $\xrightarrow{k_q}$ **27** (8.50)

Φ_F^0/Φ_F 对[*t*-DCE]作图可以得到一条直线（图 8.13），截距等于 1.0，斜率等于 7L/mol。因此，$k_q\tau_F$ 的值是 7L/mol。丙酮单重态荧光的寿命等于 2×10^{-9}s。于是 $k_q=[7/(2\times10^{-9})]\mathrm{L/(mol\cdot s)}=3.5\times10^{-9}\mathrm{L/(mol\cdot s)}$。值得注意的是，反应式（8.50）中的 k_q

是能态 S_1 被 *t*-DCE 完全猝灭时的速率常数，即能和 *t*-DCE 反应的任何双分子过程都可以使 S_1 态失活，并且反应生成化合物 **27**。

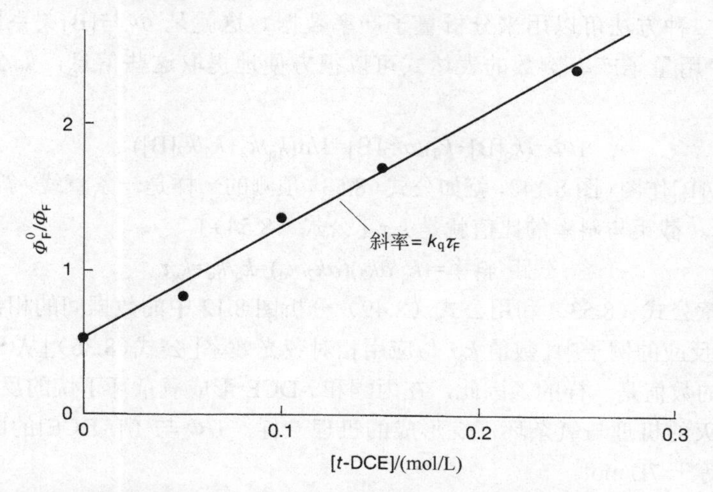

图 8.13 单重态丙酮与烯烃的环加成反应过程中 Φ_F^0/Φ_F 与[*t*–DCE]的实验相关性［公式（8.42）］数据在实验误差允许范围内遵循公式（8.37）

8.21 动力学参数中的绝对效率的测定

在 Stern-Volmer 分析中测量的是相对效率，没有关于绝对效率的信息。虽然单分子反应的最大猝灭速率常数是根据这种分析确立的，但是该过程的绝对速率常数是不能确定的，除非绝对量子产率（Φ）是已知的。例如[52]，丙酮与 *t*-DCE 加成反应的绝对量子产率极限值大约是 0.10，这种结果意味着即使所有的 $S_1(n,\pi^*)$态都能被 *t*-DCE 猝灭，也只有 10%的被猝灭单重态生成产物。反过来，这个结论又要求 *t*-DCE 猝灭单重态的过程是双分子猝灭过程，反应过程产生氧杂环丁烷。

举一个普通的例子，实验数据 Φ 与猝灭剂浓度[B]的关系图中产生了一个 Φ 极限值，如公式（8.51）所示。

$$\text{量子产率}\rightarrow\Phi=\alpha k_2[\text{B}]/(k_d+k_q[\text{B}])\leftarrow\text{动力学参数} \qquad (8.51)$$

在公式（8.51）中，α 是形成*R 的效率，k_2 是产生氧杂环丁烷的双分子反应［反应式（8.50）］的速率常数，k_q 是所有分子间猝灭过程（*R 的反应和其他双分子失活过程，k_d 是*R 单分子失活过程的固有速率常数）的速率常数，[B]是 *t*-DCE 的浓度。Φ 对[B]作图是一条曲线，当 $k_q[\text{B}]>>k_d$[公式（8.52）]时曲线会达到一个平台，即 α 得到一个极限值。这极限值与 α、k_2 和 k_q 相关，如下所示。

$$\Phi=\alpha k_2[\text{B}]/(k_q[\text{B}]>>k_d)\approx\alpha k_2/k_q \qquad (8.52)$$

如果每一个猝灭反应都能得到产物，那么 $k_q=k_2$。因此，计算 k_2 需要先求出 Φ、α 和 k_q 的值。在丙酮和 *t*-DCE 反应的例子中，因为反应态是 $S_1(n,\pi^*)$能态，可以假设 α=1.0

（根据 Kasha 规则）。从 Stern-Volmer 猝灭分析可以发现 k_q=3.5×10^{9}L/(mol・s)。既然在高浓度 *t*-DCE 时 Φ 的极限值等于 0.1，那么可以计算出 k_2=3.5×10^{8}L/(mol・s)。

还有第二种方法可以用来分析量子产率数据。这就是 Φ 与[B]关系图中的“动力学信息”。用量子产率倒数的表达式可以很方便地提取这些信息，如公式（8.53）所示。

$$1/\Phi=(k_q[B]+k_d)/\alpha k_2[B]=1/\alpha(k_q/k_2+k_d/k_2[B]) \tag{8.53}$$

$1/\Phi$ 对 i/[B]作图（图 8.14），就如公式（8.53）预测的一样是一条直线，斜率 $s=k_d/\alpha k_2$，截距 $i=k_q/\alpha k_2$。截距与斜率的比值就是 $k_q\tau$［公式（8.54)］。

$$截距/斜率=(k_q/\alpha k_2)(\alpha k_2/k_d)=k_q/k_d=k_q\tau \tag{8.54}$$

需要注意公式（8.53）和用公式（8.49）分析图 8.12 中的数据间的相似性。

在 S_1 态反应的例子中，数值 $k_q\tau$ 与应用相对荧光效率［公式（8.36)］从 Stern-Volmer 分析中推出的数值是一样的。因此，在丙酮和 *t*-DCE 形成氧杂环丁烷的反应中，可以预测荧光猝灭的机理与氧杂环丁烷形成的机理一样。$1/\Phi$ 与 1/[*t*-DCE]的图中，截距/斜率的值约等于 7L/mol。

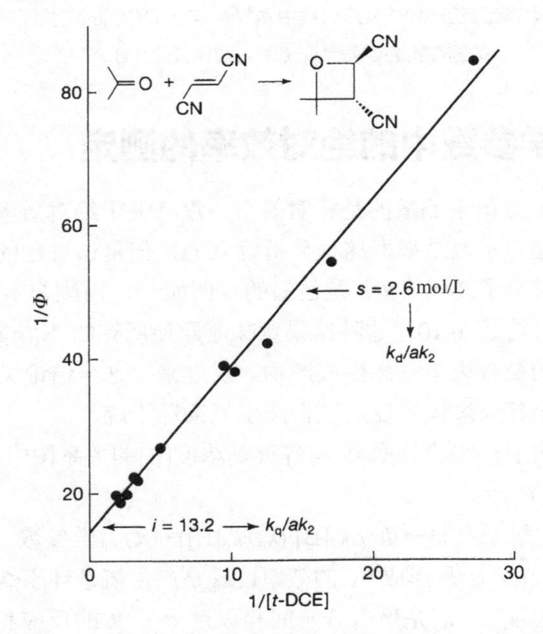

图 8.14 公式（8.53）的实验曲线图，以单重态丙酮与 *t*-DCE 的光加成反应为例

8.22 多种激发态参与反应的动力学研究

在某些光致反应中，S_1 和 T_1 在一定程度上会发生相同的化学转化。在这种情况下，如果需要得到动力学相关信息，就必须对这两种状态的不同猝灭过程进行细致研究[49]。

例如，烷基酮［例如2-己酮，式（8.55）］的 S_1 态和 T_1 态都会发生Ⅱ型反应，与此相反，芳香酮类通常只有三重态具有反应活性，这是因为烷基酮的系间窜越转化速率（$k_{st}\approx 10^8 s^{-1}$）远远小于芳香酮的系间窜越转化速率（$k_{st}\approx 10^{11} s^{-1}$，参考第4章）。

$$H_3CCO(CH_2)_3CH_3 \xrightarrow{光} S_1 + T_1;\quad S_1 \rightarrow {}^1I(BR) \rightarrow,\quad T_1 \rightarrow {}^3I(BR) \rightarrow \quad \underbrace{CH_3COCH_3 + CH_2{=}CHCH_3}_{\text{Norrish Ⅱ型产物}} \tag{8.55}$$

正如之前所述，1,3-二烯和萘猝灭烷基酮 $T_1(n,\pi^*)$态的速率常数接近扩散速率常数[$k_q\approx 10^9\sim 10^{10}$L/(mol·s)]。值得注意的是，萘猝灭烷基酮 $S_1(n,\pi^*)$态的速率常数非常小[$k_q\approx 10^7$L/(mol·s)]，这是由于萘的单重态能量高于烷基酮的单重态能量，而萘的三重态能量又低于烷基酮的三重态能量。1,3-二烯对烷基酮 S_1 态的猝灭作用可能并不是由能量转移引起的（因为单重态能量过高），更像经可逆的电子转移过程猝灭烷基酮 S_1 态，继而形成 S_0 态；或者经初级光化学反应过程猝灭烷基酮 S_1 态，比如电子转移或者BR的形成。对于给定浓度的二烯，其猝灭 S_1 态和 T_1 态的相对速率如公式(8.56)所示。

$$猝灭S_1态速率/猝灭T_1态速率=k_q^S[二烯]/k_q^T[二烯]=k_q^S/k_q^T \tag{8.56}$$

猝灭 S_1 态和 T_1 态的相对效率如公式（8.57）所示。

$$\Phi_q^S/\Phi_q^T=k_q^S\tau_s/k_q^T\tau_T \tag{8.57}$$

根据8.9节可以知道，通常 $\tau_T>\tau_s$、$\Phi_q^T \gg \Phi_q^S$，即猝灭 S_1 态的效率小于猝灭 T_1 态的效率。这与我们之前遇到的丙酮和异丙醇的反应类似［式（8.19）］[27]，三重态相对于单重态更易被猝灭，这并不是因为单重态反应活性较低，而是因为三重态具有相对较长的寿命。

有多个激发态参与反应的体系，其动力学表述非常复杂，在这里我们不予推导，文献中已有关于这一部分的准确表述[53]。然而，由两种激发态转变得到同一种产物的体系可以很直观地由Stern-Volmer曲线表述［图8.15（a）］。假定用1,3-二烯作猝灭剂，烷基酮经过Ⅱ型反应可获得差异性三重态猝灭。给定一种特定的情形，在高浓度二烯存在的情况下，我们假设寿命相对较长的三重态会被选择性地猝灭，而单重态却不会被猝灭。在这种情况下，随着单重态参与反应比率的变化，Φ_0/Φ_q 的值将会到达一个极限，当[Q]足够大时 Φ_0/Φ_q 的值将不再发生变化。然而，当[Q]较小时，S_1 态和 T_1 态都会参与反应，但是只有 T_1 态会被猝灭。因此，我们推测，当[Q]较小时将会得到 Φ_0/Φ_q 相对于[Q]的一条实验曲线，当[Q]较大时曲线将达到平衡态。图8.15给出了实验曲线。这种类型的反应过程还有很多，式（8.58）给出了其中一个例子[54]。

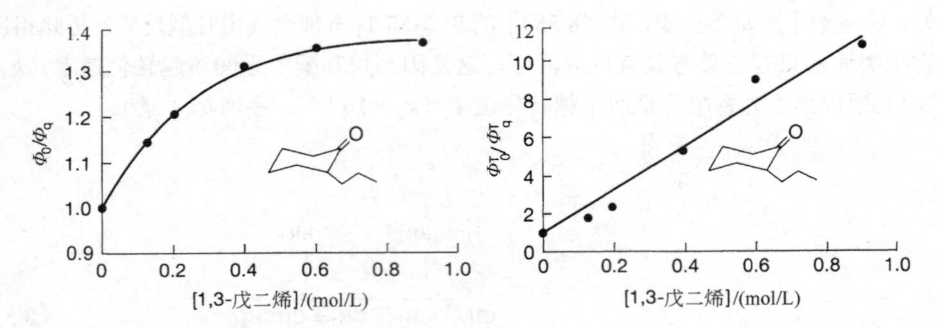

（a）公式（8.34）对应的 Stern-Volmer 曲线　　（b）经过公式（8.59）校正的 Stern-Volmer 曲线[54]

图 8.15 S_1 和 T_1 可以发生相同的反应时选择性猝灭其中一种激发态的猝灭实验曲线，1, 3-戊二烯猝灭 2-正丙基环己酮的 Norrish Ⅱ型反应［参考式（8.58）］

光　　O*　　$^*R = S_1$和T_1

OH　　OH　　+

$^1I(BR)$ 和 $^3I(BR)$ ⟶ P　　（8.58）

当图 8.15 中的极限值确定时，可以推算单重态对 Φ_0/Φ_q 的贡献比率，测得值约为 1.40（这个值也可以通过双倒数曲线得到）。既然知道了单重态对 Φ_0/Φ_q 的贡献比率，就可以用公式（8.59）校正 Φ_0^T/Φ_q^T，以消除单重态组分的影响。

$$\Phi_q/\Phi_0=1/极限值=\Phi_q^T/\Phi_0^T \tag{8.59}$$

之后可以计算三重态的比率 Φ_0^T/Φ_q^T。根据经典的 Stern-Volmer 方程，用这些数据的倒数作图[图 8.15(b)]，可得出 $k_q\tau\approx 11L/mol$，如 $k_q^T\approx 10^{10}L/(mol\cdot s)$，则 $\tau_T=1.1\times10^{-9}s$，即 1.1ns。

已有很多规则用于定量解释 Stern-Volmer 曲线的曲率[53]。在多个激发态参与反应的情况下会有一个复杂的等式，可以用表 8.7 定量解释。表 8.7 的准则是建立有机光化学机制动力学的基准。

表 8.7 Stern-Volmer 猝灭曲线的一些形态[53]

曲线类型	具体表现
直线性	1．只有一种激发态参与反应 2．两种激发态可以快速达成平衡，一种或两种激发态被猝灭 3．两种不能相互转化的激发态碰巧以同一 $k_q\tau$ 猝灭 4．两种相继产生的激发态中的第一种被猝灭，而两种激发态的任何一个可参与反应
向下弯曲	1．[Q]较高时，曲线斜率为 0，两种活泼激发态中只有一种被猝灭 2．渐近线斜率为正 a．两种激发态不会相互转化，各自以不同的 k_q 被猝灭

续表

曲线类型	具体表现
向下弯曲	b. 两种激发态相互转化，寿命较短的或者两种都参与反应；猝灭剂干扰两种激发态之间的转化平衡，斜率对应寿命较短的激发态
向上弯曲	1. 两种相继生成的激发态被猝灭，但是只有第二种是有反应活性的 2. 两种激发态不会发生相互转化，而且都是有反应活性的，各自以不同的 $k_q\tau$ 被猝灭 3. 两种激发态发生相互转化，只有速率较慢的激发态有反应性，猝灭剂干扰了两种激发态之间的转化平衡 4. 与向下弯曲曲线中第二种情形相同 5. 敏化反应中，敏化剂和底物都被猝灭，此时敏化剂吸收光子，并且把能量传递给 R 使之生成*R

8.23 用探针的方法来检测光谱上“不可见”的瞬态

现在来考虑一个体系中初级光化学反应步骤*R→I 中的*R 和 I 都是光谱不可见的情况，也就是说它们的光谱性质不能直接检测到。在一定条件下，激光技术可以用于检测*R 和 I“不可见”体系的反应速率常数。这种方法需要用到探针技术来跟踪不可见的瞬态，并已广泛应用到激发态和反应中间体的研究中[51]。正如在 8.20 节中提到的，这种方法的基本理念是把不可见的*R 或者 I 转化成光谱可见的探针，该探针起替代*R 或者 I 的作用。

可用光解产生叔丁氧基自由基的实验来说明探针技术[8]。例如，反应式（8.60）和式（8.61）中提到的叔丁氧基自由基和 1,7-辛二烯的反应动力学研究显示，所有的自由基反应中间体在波长大于 350nm 的区域是光透明的（在这个区域可以利用常见激光在 337nm 激发产生叔丁氧基自由基并检测其吸收光谱）。由于一定浓度过氧化物的存在，溶液在短波部分有一定的吸收。探针技术要求底物一经反应可以形成一个明显可以检测的信号，并且在可用光谱区域信号强度与叔丁氧基自由基的浓度呈比率关系。二苯甲醇就是探针用于检测的一个很方便的前体，因为它是一个很好的氢供体，并且产生的羰基自由基具有良好的光谱性质。二苯甲醇和叔丁氧基自由基反应产生羰基自由基［式（8.62）］，其在 535nm 处具有明显可测的高强度吸收峰。正如图 8.16 所示，可以直接检测羰基自由基的形成。在探针（PH）和底物（SH）同时存在的情况下，羰基自由基在 535nm 处的吸收峰与 k_{growth} 成指数关系［式（8.63）］，进而可以转化为公式（8.64）所示的速率常数关系。

$$t\text{-BuO}Ot\text{-Bu} \longrightarrow 2t\text{-BuO}\bullet \tag{8.60}$$

$$t\text{-BuO}\bullet + \text{(1,7-辛二烯)} \xrightarrow{k_{SH}} t\text{-BuOH} + \text{(烯丙基自由基)} \tag{8.61}$$

$$t\text{-BuO}\bullet + \text{Ph}_2\text{C(H)OH} \xrightarrow{k_{PH}} t\text{-BuOH} + \text{Ph}_2\dot{\text{C}}\text{OH} \tag{8.62}$$

$$\frac{A_\infty}{A_\infty - A_t} = \exp(k_{growth}\ t) \tag{8.63}$$

$$k_{growth} = k_0 + k_{PH}[PH] + k_{SH}[SH] \tag{8.64}$$

式中，A_∞和A_t分别表示在平稳区探针自由基在时间无限长和给定时间t时的吸光度，SH 表示底物 1,7-辛二烯，PH 表示探针二苯甲醇，反应速率常数k_0表示在没有 1,7-辛二烯和二苯甲醇的情况下任何可能引起叔丁氧基自由基衰减的速率常数（比如烷氧基自由基的β-裂解、烷氧基自由基和溶剂的反应）。因此，保持 PH 浓度不变，通过改变 SH 浓度，便可以从$k_{expt}(k_{expt}=k_{growth})$与 SH 浓度的曲线关系图中（图 8.16）中计算得出k_{SH}。

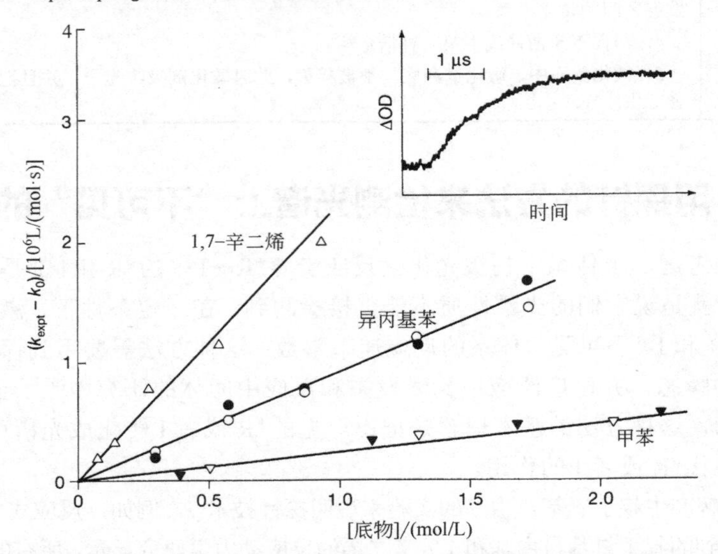

图 8.16 叔丁氧基自由基同不同底物发生抽氢反应的k_{PH}与底物的浓度关系［式（8.64）］

实验条件：在溶剂苯中，室温下，用 337nm 激光激发叔丁基过氧化物，底物分别为 1,7-辛二烯、异丙基苯、甲苯[7]。所得数据点已通过扣除k_0+k_{PH}[PH]进行了校正，内插图是在没有底物存在的情况下 0.069mol/L 二苯甲醇中羰基自由基的形成情况

需要注意，图形的纵坐标采用k_{expt}-（k_0+k_{PH}[PH]）表示，可以很直观地观测到斜率与探针的浓度无关。k_0+k_{PH}[PH]很容易得到，即是[SH]值为 0 时的k_{expt}。表 8.4 中的大部分速率常数都是通过探针技术得到的。

用间接的探针技术检测速率常数是不是有所欠缺呢？尽管动力学的相关信息比较精确，这种技术并不能给出明确的反应机制。比如，式（8.61）表示了抽取烯丙基氢的一类反应，实验数据只是揭示了 1,7-辛二烯和叔丁氧基自由基反应的速率常数是2.3×10^6 L/cmol·s，反应形式和反应位点却只能通过别的方法推测，可以通过研究产物的方法，或者进行有根据的推测，例如自由基活性范例告诉我们烯丙基位自由基的活性高于其他位点。

8.24 实验测量非辐射过程的效率：光声方法

很多非辐射过程，比如内转换、系间窜越或可逆的光反应等，由于其本质的原因，并不伴随着光发射或者永久的化学变化。这种过程的效率通常是通过计算其他可测过程荧光量子产率相对于总的量子产率的差值获得。无论是怎样的非辐射过程通常都有一个共同点，那就是最终通过热的形式把能量转移给周围的溶剂。这种热能的释放通常产生两种现象，术语上分别称为光声效应和光热效应[55, 56]。

假设一束光（比如激光）会引发能量在溶液中的快速原位沉积。一部分吸收的光能转化为热的形式（其余部分用来诱发化学反应或者以发射光的形式释放出去）。样品释放的热能在溶液中会产生压力或者声波，其以声速进行传递，可以通过一个压力敏感的检测器检测得到（简单的麦克风就可以做到），这个光声信号的振幅与在检测器响应时间内释放的热量成比例。

激光诱导的光声热量测定法是基于如下所示的一个简单的热量平衡关系。

吸收的光能=发射光的能量+用于引发化学变化的能量+以热能形式释放的能量

$$E=h\nu+\Delta H_{\text{chem}}+\Delta H_{\text{热}}$$

许多体系已经通过光声光谱的方法测量光化学和光物理过程中的热化学(ΔH)和体积变化（ΔV）,还可以得到反应动力学的相关信息，以及荧光量子产率、ISC 量子产率、内转换的量子产率、三重态能量、三重态寿命等[55]。后者通常很难通过其他技术测得，不过有时可以通过激光闪光光解技术很方便地获得。电子受体-电子给体体系的光化学过程可以通过光声技术进行研究[57]，如图示 8.12 所示的例子。图示 8.12 给出了基态和激发态的可能结构构象。光声波振幅和相变的减弱蕴含了热化学的变化(ΔH)和体积的变化（ΔV）的相关信息（图 8.17），这种情况与分子内形成激基缔合物有关。从图 8.17 给出的光声测量结果可以看到光激发引起大约−40mL/mol（负值对应体积的收缩）的体积变化，这是分子收缩和溶剂重组的共同结果。

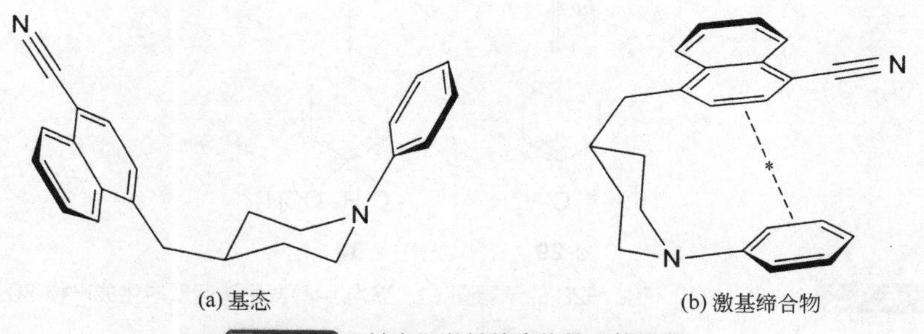

图示 8.12 基态和激基缔合物的可能构象

光声测量可以用来测量由顺-1-苯基环己烷三重态产生的反-1-苯基环己烷的张力能[58]（图示 8.13），其大小大约为 45kcal/mol。同时可以测得顺-1-苯基环己烷三重态能量约为 56kcal/mol。这种测量方法具有极其重要的作用，因为不饱和碳氢化合物即使在很低的温度条件下一般也不会发射出可测的磷光。

除了光声现象之外，吸收光子之后的原位热量沉积通常会引起温度的变化，从而引起溶液密度和折射率的变化。这个区域的溶液就好比一个发射透镜，任何穿过这个溶液的光线都会被分散，从而形成一个暗场，这种效应通常称为热晕或者热透镜效应。用这种方法得到的信号可以通过标准化的方法获得反应释放的热量的信息[57b]。

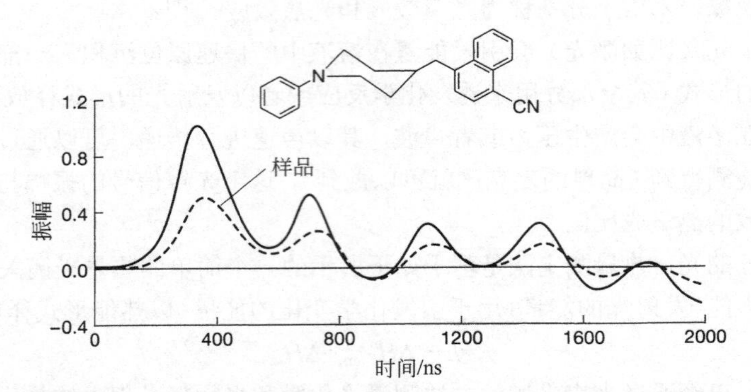

图 8.17 正戊烷体系中用 308nm 激光激发受体-给体体系产生的声波

光声波实验中的参比物是间羟基苯基苯甲酮，其可以定量并且迅速地将光能转化为热能。参比物声波的振幅大于样品分子的振幅，这说明样品释放的热量较参比物少，这部分能量已被光诱导的化学转化过程“存储”

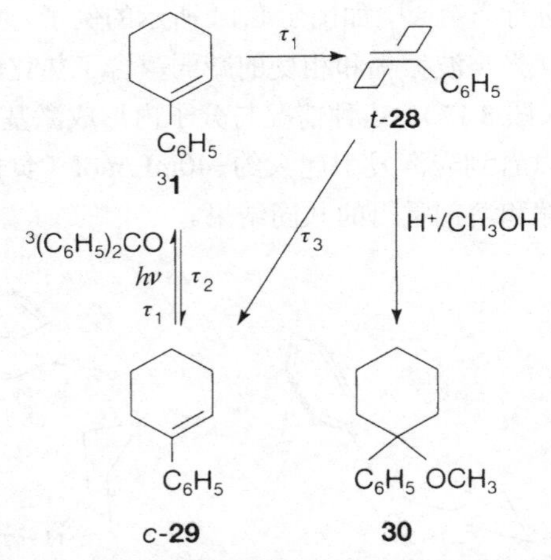

图示 8.13 光解 c-29 产生 t-28 的示意图（t-28 与甲醇发生快速反应生成产物 30）

8.25 活性中间体*R 和 I 的实验检测和表征

利用实验方法表征瞬态*R 和 I（在本节讨论中我们称为活性中间体）对于构建光化学反应机制极为重要。有几种实验方法可以用来识别和表征那些无法用传统技术（在均相、室温的条件下）分离的瞬态中间体：

（1）光谱学的方法 也就是通过*R 或 I 的吸收或者发射来检测这两种中间体。

（2）化学方法　利用某些已知机制的具有选择性和特征性的化学反应来检测（比如*R→I、I→P，或者整个的*R→P过程的化学选择性、区域选择性、立体选择性）。

（3）动力学方法　在选择性地与*R或I发生反应的添加剂存在和不存在的条件下*R或I浓度相对于时间的特征函数关系。

（4）磁测法　利用磁场或者磁性的同位素来影响活性中间体的反应产物或者寿命，尤其是在I→P过程中。

用来检测有机反应中间体的最重要的几种光谱学方法如下：

（1）电子光谱　电子激发或者激发态电子弛豫，通常是采用紫外-可见光谱区的吸收或者发射来检测电子跃迁，这种类型的光谱通常称为紫外-可见电子光谱，由于检测设备的发展现在也可以用近红外光谱。

（2）振动光谱　吸收红外光而引起分子振动能级的跃迁，根据测量振动跃迁技术的不同，又分为红外吸收光谱和拉曼散射光谱。

（3）核磁共振光谱　吸收光引起电子或者核自旋能级的跃迁，测量电子自旋能及跃迁的通常称为电子顺磁共振或者电子自旋共振，测量核自旋能级跃迁的一般称为核磁共振。

表8.8列出了一些经常用来研究反应中间体*R和I的方法概要。

表8.8　研究反应中间体*R和I的方法

方　法	基本原理	特征及应用
时间分辨吸收光谱	中间体的光（电子）吸收	可以用于任何在实验可用波长下有可测吸光度的*R和I，典型的可测的吸收波长为250～1000nm，时间分辨率可以达到10fs。纳秒和皮秒激光闪光光解是最常用的技术
时间分辨发射光谱	（电子）辐射过程	激发态具有可测的辐射量子产率，通常是荧光或者磷光，量子产率大于10^{-5}时可以得到有效的光谱数据，时间分辨可以达到飞秒或者更长的时间区域
电子顺磁共振（EPR，也称ESR）	电子顺磁和电子自旋	只对顺磁性的中间体有用（即*R和I含有未成对电子），在溶液和基质中的自由基。低温条件下基质上的三重态（激发三重态、卡宾、双自由基）。时间分辨率通常是100ns或者更长
化学诱导动态电子极化（CIDEP）	电子自旋极化	类似于EPR，但是观测到的光谱是处于极化状态时，不是电子自旋平衡态。可以通过检测顺磁性中间体得到反应机制的相关信息，时间分辨率约为100ns～100μs（参考8.29节）
化学诱导动态核极化（CIDNP）	核自旋极化	光化学过程产生的物质NMR谱处于极化状态，不是核自旋平衡态。可以提供顺磁性前体诱导产生产物过程中的信息（参考8.40节）
基质分离	延长活性中间体的寿命	通常在低温77K或者更低的温度下进行，尽管也可以在室温下利用超分子体系实现（第13章）。没有内转换过程或者非辐射过程时更为常用，也就是说自由基I和双自由基I(BR)相对于激发态*R更为适用，因为*R具有其固有的辐射寿命，不能被排除。该方法对于诊断和表征有用，而对于反应过程不太适用（参考8.14节）
热方法	热量平衡	包括光声热量测量和热晕，提供活性中间体热力学和动力学研究的手段（时间分辨率通常为10ns或者更长），通常需要量子产率相关数据，对于简单已知的化学过程最适用

续表

方　法	基 本 原 理	特征及应用
电导率	离子浓度变化	采用通常的电导率测定方法，适用于光诱导离子化、电子转移、杂环裂解，时间分辨率为亚微秒
光散射	光的散射	适用于大分子或者分子聚集体，尤其是聚合物，时间分辨率可以达到飞秒或者更长
化学捕获	形成标记化合物	广泛应用，但是大部分情况下丢失了时间分辨率。化学捕获或者产生一个稳定可分离的产物，或者生成可以用时间分辨方法比如 EPR(自旋捕获)或者激光闪光光解（探针方法，8.23 节）进行检测的亚稳态中间体
产物分析	分析技术	贯穿于整个有机化学过程，产物的化学选择性、立体选择性、区域选择性可以很好地揭示中间体*R 和 I 的结构(第 9～12 章)

一般情况下，活性中间体直接的光谱表征方法需要检测技术时间分辨率短于或者接近活性中间体的寿命，这可以通过两种方式来实现：

（1）技术的响应时间足够快，能在活性中间体的寿命时间段内完成检测；

（2）创造某种技术，能够延长活性中间体的寿命，从而方便检测（比如表 8.8 中提到的基质分离）。

这两种方法均有其优势和劣势。基质分离通常可以提供一个相对较好的诊断和光谱检测的途径，但是很难得到其活性相关信息。方法（1）是在活性条件下观察中间体，但是一些具体的光谱数据可能会丢失，解决时间的问题总是让光谱质量付出代价。中间体反应活性被猝灭的条件下，方法（2）可以给出活性中间体的详细光谱学数据。

8.26 应用时间分辨红外光谱和顺磁共振光谱对*R 和 I 的结构特征和动力学特征进行分析：以酮类的 α-裂解为例

在第 4 和第 5 章中，我们提到可以利用稳态和时间分辨电子吸收和发射光谱对*R 的结构和动态特征进行表征。这一章中我们研究在光化学过程中如何利用时间分辨电子吸收光谱确定 I 和*R 在反应过程中的作用以及 I 和*R 的结构和动态特征。这一节讲时间分辨红外光谱（TR-IR）和时间分辨电子顺磁共振光谱（TR EPR），两个强大的工具可用于对*R 和 I 的结构和动力学进行表征。时间分辨红外光谱和时间分辨共振拉曼散射光谱（有时候叫做 TR-RR 或者 TR^3）相互补充，都属于振动光谱。我们用 TR-IR 泛指红外和拉曼振动光谱，但当用到拉曼光谱时我们会明确指出。

在讨论 TR-IR 和 TR EPR 的用途之前，先来看看芳基烷基酮的 I 型 α-裂解反应，这可以很好地体现出这两种方法在研究光化学反应机制时的强大作用。芳基烷基酮的 I 型 α-裂解反应［图示 8.2（a)］产生自由基对，这个反应可以很好地证明 TR-IR 和 TR EPR 是如何揭示初级光化学过程 $R(n,\pi^*)\rightarrow I(RP)$ 和次级热力学过程 $I(RP)\rightarrow P$ 涉及的反应中间体的结构和动力学的相关信息。图示 8.14 给出了酮类化合物的整个光化学 α-裂解过程。对于非环状酮，初级光化学过程是 $T_1(n,\pi^*) \rightarrow {}^3I(RP)$；对于环状酮，初级光化学过程是 $T_1(n,\pi^*) \rightarrow {}^3I(BR)$。涉及 BR 的例子，我们只考虑自由基中心通过柔性共价键相连的双自由基。值得强调的是，初级产物 ${}^3I(RP)$和 ${}^3I(BR)$不会通过自由基偶合或歧化作用形成 ${}^1P$。这两种中间体必须经过 ${}^3I(D) \rightarrow {}^1I(D)$系间窜越过程之后才会形成产物 ${}^1P$。一旦有 ${}^1I(RP)$或者 ${}^1I(BR)$生成，并且在自由基中心相互靠近的情况下，自由基之间的偶合或歧化反应将会迅速发生。在系间窜越的过程中，${}^3I(RP)$和 ${}^3I(BR)$有可能通过碎裂或者重排反应产生次级的 ${}^3I(RP')$和 ${}^3I(BR')$，或者和自由基清洁剂发生双分子反应。

图示 8.14 酮类化合物 α-裂解反应范例

在非黏性溶剂中，最初形成的双自由基对 ${}^3I(RP)_{gem}$（10～100ps）经过快速扩散形成两个独立的自由基 ${}^2I(FR)+{}^2I(FR)$，后者最终通过 8.5 节中所述的一条反应路线形成自由基产物 P_{FR}。由于 ${}^3I(RP)_{gem} \rightarrow {}^2I(FR)+{}^2I(FR)$过程通常远远快于 ${}^3I(RP) \rightarrow {}^1I(RP)$，在非黏性溶剂中 ${}^3I(RP)_{gem}$ 通过自由基偶合和去歧化反应形成双自由基产物（P_{gem}）通常只有百分之几的产率[59]。在黏性溶剂或者在超分子体系中（如胶束，在 8.42 节中将会讨论），双自由基产物的产率会大大增加，这是因为超分子体系可以针对 ${}^3I(RP)_{gem}$ 形成超大的笼，从而减慢 ${}^3I(RP)_{gem} \rightarrow {}^2I(FR)+{}^2I(FR)$过程，因此相对于在非黏性溶剂中的反应过程，${}^3I(RP) \rightarrow {}^1I(RP)$过程在超分子体系中变得相对重要（图示 8.14）。关于 RP 扩散分离和 ISC 过程之间的竞争反应如何引起光化学过程中的磁效应的问题将会在 8.38 节中进行讨论。

8.27 通过时间分辨红外光谱（TP IR）研究*R 的结构

红外光谱是一种研究有机分子基态振动结构的相当成熟的手段，反应中间体（*R 和 I）的振动结构也可以通过 TP-IR 进行表征。表 8.9 列出了部分通过 TP-IR 表征的*R 结构信息。振动跃迁的吸收系数通常远小于电子跃迁的吸收系数。然而，羰基化合物的基态羰基双键的伸缩振动的吸收系数足够大，可以用 TP-IR 进行分析。基态的羰基振动的高吸收系数同样可以在含有羰基的活性中间体*R 和 I 中观测到。因此，在酮类化合物的光化学中用 TP-IR 进行中间体*R 和 I 中的羰基振动表征是极其重要的。要注意的是图示 8.14 给出的例子，在 R→*R→I(RP)反应过程中均含有羰基官能团。由于化学结构不同，每个化合物的羰基振动频率有所不同，故可以通过 TP-IR 进行区分。我们且来看看用 TP-IR 研究某些酮类化合物激发态*R 的电子构型。

通常，羰基的伸缩振动频率越大，伸缩振动的键级就越大。作为基准，基态的二苯甲酮（完全的双键）的伸缩振动频率约为 $1665cm^{-1}$，典型的 C—O 单键的振动频率约为 $1200cm^{-1}$。在二苯甲酮[60]的 TP-IR 中，$*R(T_1)$的 ν_{CO} 为 $1222cm^{-1}$（表 8.9）。S_0 和 T_1 之间约 $443cm^{-1}$ 的能差揭示了二苯甲酮 T_1 态的羰基键级的减小。相对于 $R(S_0)$，$R(T_1)$的 ν_{CO} 相对较小的原因是$*R(T_1)$的反键轨道 π^*_{CO} 中存在一个定域的电子,该三重态是二苯甲酮的 n，π*态。π^*_{CO} 电子减小了羰基的键级，使键变弱，因此$*R(T_1)$比 $R(S_0)$更易发生伸缩振动。实际上，相对于 $R(S_0)$，$*R(T_1)$的羰基具有更多单键的特性。的确，正如之前所述，C—O 单键的振动频率约为 $1200cm^{-1}$，接近二苯甲酮$*R(T_1)$态的羰基双键的振动频率，这也说明了 π^*_{CO} 电子的存在导致二苯甲酮 T_1 态中的羰基具有明显的单键特性。

现在，我们考虑含有 $T_1(\pi,\pi^*)$态酮类化合物的激发态*R 的红外光谱，比如 4-苯基二苯甲酮[61]。该化合物的$*R(T_1)$的羰基伸缩振动频率（表 8.9）为 $1522cm^{-1}$，$R(S_0)$的羰基伸缩振动频率为 $1654cm^{-1}$。4-苯基二苯甲酮的$*R(T_1)$和 $R(S_0)$的羰基伸缩振动频率之间相差约 $130cm^{-1}$。通过上面的分析我们知道，二苯甲酮$*R(T_1)$的伸缩振动为 $1222cm^{-1}$，$R(S_0)$的伸缩振动为 $1665cm^{-1}$。与 4-苯基二苯甲酮 T_1 态的伸缩振动（$1552cm^{-1}$）相比，二苯甲酮 T_1 态的伸缩振动相对较小（$1222cm^{-1}$），这是因为二苯甲酮的羰基伸缩振动是 $T_1(n,\pi^*)$，而 4-苯基二苯甲酮是 $T_1(\pi,\pi^*)$态。二苯甲酮的激发态电子定域在 C—O 单键上，大大降低了键能，相比较 4-苯基二苯甲酮的 π*电子则可以很好地在二苯基团上发生离域。实际上，二苯甲酮的 S_0 羰基双键在 T_1 态时形成一个 C—O 单键；反键轨道 π*电子抵消了双键的一个成键电子，从而有效地断开双键中的一个键，使键级从 2（C═O）变化为 1（C—O）。二苯甲酮 $R(S_0)$和$*R(T_1)$之间 ν_{CO} 存在高达 $443cm^{-1}$ 的能差，比 4-苯基二苯甲酮大很多，这也与它们的激发态构型不同相一致。二苯甲酮 T_1 态是 $T_1(n,\pi^*)$构型，羰基具有相对大的单键特性，而 4-苯基二苯甲酮具有 $T_1(\pi,\pi^*)$构型。

表 8.9 一些芳香化合物的羰基在基态、激发态时伸缩振动频率信息

酮	$R(S_0)$的 $\Delta\nu_{CO}/cm^{-1}$	$*R(T_1)$的 $\Delta\nu_{CO}/cm^{-1}$	$R(S_0)$—$*R(T_1)$的 $\Delta\nu_{CO}/cm^{-1}$	$*R(T_1)$的轨道构型	文献
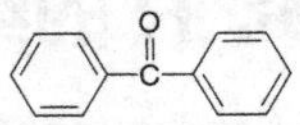 O C	1665	1222	443	n,π*	[60]
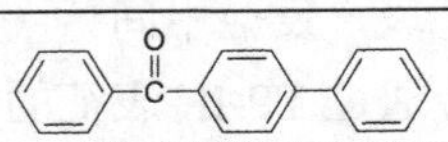 O C	1654	1524	130	π,π*	[61]
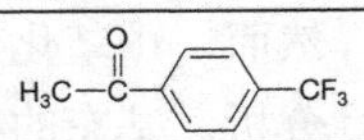 O H_3C—C CF_3	1696	1326	370	n,π*	[62]
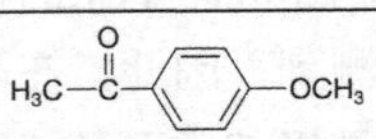 O H_3C—C OCH_3	1676	1462	214	π,π*	[62]

通过改变溶剂和改变苯环上的取代基，可以使苯乙酮激发态的电子构型在 n,π*和 π,π*之间的转换[62,63]。4-三氟甲基苯乙酮的光物理和光化学性质来源于 T_1(n,π*)态，4-甲氧基苯乙酮的光物理和光化学性质则来源于 T_1(π,π*)态。从表 8.9 可以看出这两种酮类化合物的 R(S_0)和*R(T_1)振动频率的差异与它们的轨道分配有关。4-三氟甲基苯乙酮的 T_1(n,π*)态的 ν_{CO} 为 $1326cm^{-1}$，4-甲氧基苯乙酮 T_1(π,π*)态的 ν_{CO} 为 $1462cm^{-1}$[62]。

8.28 利用 TP IR 来研究*R→I(RP)过程中的 α-裂解

随着*R 到 I(RP)的转化，ν_{CO} 会发生相应变化，因此我们可以直接利用 TP-IR 来研究芳基烷基酮的*R→I(RP)过程中的 α-裂解。例如，一旦用脉冲激光激发，酮 **31**［图 8.18（a）］的 TP-IR 将会产生一个新的最大值约为 $1826cm^{-1}$ 的信号峰，这是苯甲酰基自由基的特征峰［图 8.18（b）］。信号的产生与 T_1(n,π*)态的 α-裂解速率相关。因此，通过 TP-IR 可以直接观测 $1826cm^{-1}$ 处特征峰的出现速率来研究 α-裂解速率。另外，$1826cm^{-1}$ 处信号峰的消失速率还可以直接用来计算苯甲酰基自由基的反应速率[64]。

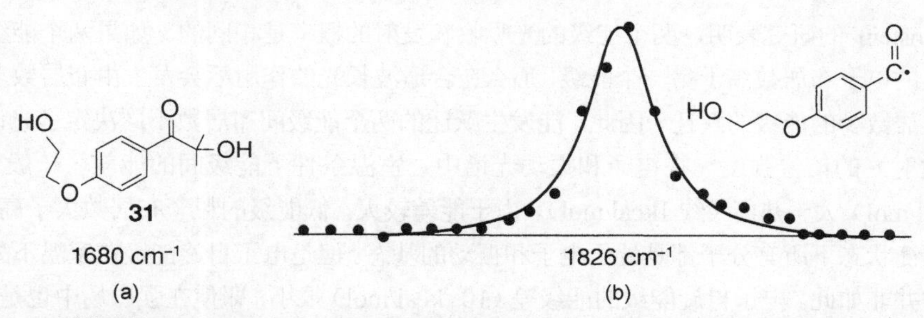

图 8.18 化合物 31（羰基伸缩振动频率为 $1668cm^{-1}$）通过光解产生的苯甲酰基产物羰基区域的 TP IR 谱（伸缩振动频率为 $1826cm^{-1}$）

8.29 时间分辨电子顺磁共振和 CIDEP

有一个电子或者具有未成对电子轨道（未成对电子自旋）的体系是顺磁性的（即指向磁场方向）。电子顺磁共振（EPR）通常也称电子自旋共振（ESR），是在磁场中检测未成对电子（电子自旋）信号的一种技术。比如酮类的 α-裂解（图示 8.14），其中有好几种含有未成对电子的物质，原则上都可以通过 EPR 来检测和表征：①通过系间窜越（ISC）*R(S_1)→*R(T_1)过程产生的三重态激发态*R(T_1)；②过程*R(T_1)→$^3I(RP)_{gem}$ 产生的双自由基对；③双自由基对不可逆分离产生的自由基，$^3I(RP)_{gem}$→$^2FR_1$+$^2FR_2$ 过程。

稳态 EPR（计量 EPR 光谱信号时，样品需要在磁场的凹穴中持续光照激发）可以作为一种通用的检测顺磁性物种的技术，要求被检测的磁性物种的浓度在 10^{-9}～10^{-6}mol/L 范围。这个条件在用现代的 EPR 光谱计检测由 $^3I(RP)_{gem}$→$^2FR_1$+$^2FR_2$ 过程产生的 FR 时很容易做到。通过流水作业的方式利用稳态激发已经获得和表征了大量的自由基[65]。自由基的结构信息可由EPR信号在磁场中的位置确定。EPR与NMR相似，“化学位移”和“自旋-自旋”耦合等信号可以给出结构信息，在EPR中电子自旋-电子自旋（“较好”的耦合）以及电子自旋-核自旋（超精细耦合）都会对信号的位置产生影响。

根据度量TR EPR谱图中的信号强度，TR EPR谱图可以提供$S_1 \rightarrow T_1$的ISC过程的相关机制信息。与稳态EPR信号强度相比，TR EPR实验中观测到的信号强度是不规则的。这种不规则的信号的产生是由于电子自旋的极化（8.30节详述）引起，而一个光反应的许多阶段会发生电子自旋的极化（图示8.14）。这些不规则的极化信号表现出较好的信噪比，在适宜的条件下（非宽峰信号），除了可以直接检测FR信号外，还可直接检测$*R(T_1)$或者$^3I(PR)_{gem}$信号。CIDEP（化学诱导动态电子极化）是根据TR EPR实验中不规则的信号强度创造出来的。

8.30 电子自旋极化：自旋的Boltzmann分布偏差和对磁共振信号强度的影响

Einstein的研究表明，两个能级的光吸收和发射的概率是相同的。如果两个能级中一个能级的电子布居数高于另一个能级，那么在合适波长光的作用下会发生由布居数多的能级到布居数少的能级的跃迁。因此，能发生跃迁的两个能级间布居数不同决定了光谱（吸收或发射）的信号强度。在电子和振动光谱中，室温条件下能级间的能差（一般为5～100kcal/mol）大于热能（约1kcal/mol）。由于能差较大，低能级的粒子布居数大于高能级，故在平衡状态下所有分子都是处于电子和振动的基态。但是电子自旋能级在室温下处于平衡态时并非如此。电子自旋能级的能级差（10^{-3}kcal/mol）很小，即使在强磁场中也是如此，因此周围环境的热能量（约1kcal/mol）足以克服这个能差，从而使两个态之间处于平衡。电子自旋的两态的布居数相差很小（例如在上千高斯的磁场中，有10001个自旋处于低能自旋态，有10000个自旋处于高能自旋态），所以会导致Δn很小，EPR信号很弱。

在给定温度下电子自旋平衡布居数也叫Boltzmann布居数。在平衡条件下高低能级之间微小的布居数差异值Δn_{eq}符合公式$\Delta n_{eq}=N_u/N_g=\exp[-(E_u-E_g)/RT]$，其中$N_u$是高自旋能级的自旋数，$N_g$是低自旋能级或者基态的自旋数。由此公式可见，在0K的条件下布居数集中于能量低的轨道（$\Delta n_{eq}=0$），而在温度无限高的情况下高低能级的布居数相等（$\Delta n_{eq}=1$）。在一切布居数不相等的情况下，Δn_{pol}，称之为“极化”（即$\Delta n_{eq} \neq \Delta n_{pol}$）。当然，相对于Boltzmann平衡布居数的差异值Δn_{eq}，任何极化布居数的差异值Δn_{pol}是不停变化的。我们会看到图示8.14所示的光化学诱导过程可以产生很大的自旋极化布居数的不同。更重要的是，与处于热稳定状态下的自旋信号相比，处于极化态时观测到的信号强度更强，而且具有较好的信噪比，能更容易地被检测到，造成这个区别的原因在于布居数差异值Δn_{pol}大于Δn_{eq}。极化态的电子自旋分布数将会弛豫到平衡态的Boltzmann分布，这个过程所需的时间定义为电子弛豫时间T_{1e}。一般弛豫时间在1～100μs的范围内。

图 8.19 中的例子直观地给出了自旋极化对光谱信号强度的影响：两个旋转能级，高能量的双重态 $\alpha(^2D_+=^2FR_+)$和低能量的双重态 $\beta(^2D_-=^2FR_-)$处于一个磁共振跃迁过程，两个能级间的能量差为 $\Delta E=h\nu_0$。共振频率为 ν_0 的振荡电磁场可促使电子自旋从低能态到高能态［例如 $\beta(^2FR_-)+h\nu\rightarrow\alpha(^2FR_+)$，图 8.19 中情形（b）与情形（c）］或者从高能态到低能态［$\alpha(^2FR_+)\rightarrow\beta(^2FR_-)$，图 8.19 情形（a）］的跃迁，其中 $\beta(^2FR_-)\rightarrow\alpha(^2FR_+)$的跃迁是受到激发吸收一个光子的过程，而 $\alpha\rightarrow\beta$ 的跃迁是受到激发发射一个光子的过程。因此，受到激发而产生净吸收的过程只有在 $\beta(^2FR_-)$的布居数大于 $\alpha(^2FR_+)$时才可观测到，如图 8.19 的情形（b）和情形（c）所示。有趣的是当两个能级的布居数相等时观测不到净吸收，这是因为受到激发而产生吸收的速度与受到激发而产生发射的速度恰好相等。更有意思的是在高能级的 α 能级布居数多于低能级的 β 能级的布居数时对受激产生发射过程的预测［图 8.19 情形（a）］。

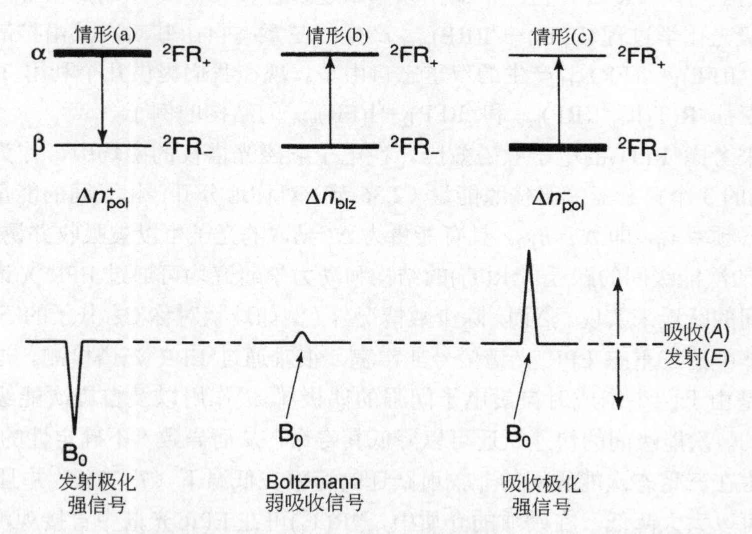

图 8.19 示意图：（a）产生发射信号的电子自旋极化 α 能级布居数；（b）布居数依据 Boltzmann 分布的定义为未极化分布，这种分布产生弱的吸收信号；（c）产生吸收信号增强的电子自旋极化 β 能级布居数

图 8.19 系统地展示了 3 种可能的电子自旋跃迁情况：假设 α 高能级布居数多于 β 低能级［情形（a）］，相当于高能级的布居数过多（Δn_+），从而产生发射 EPR 信号。α 能级和 β 能级的布居数［情形（b）］是依据 Boltzmann 分布（Δn_{blz}），相当于室温下 β 低能级的布居数稍多，从而产生弱的吸收 EPR 信号。β 低能级［如情形（c）］相对于 α 高能级布居数过多（Δn_+），结果相比平衡状态［情形（b）］，吸收 EPR 信号增强。相对于平衡状态下［Boltzmann 分布，情形（b）］的 EPR 信号，两个极化自旋情况［情形（a）和情形（c）］都可以产生大大增强的 EPR 信号。因此，通过产生电子自旋极化可以提高 EPR 光谱信号的灵敏度。这样一来，TR EPR 可以检测亚能级的自旋极化布居数。我们用上标“≠”表示一个物质的自旋极化。举例子来讲，自旋选择性的系间

窜越由 S_1 到 T_{-1} 或者 T_{+1} 次能级会产生极化三重态，此过程可以分别描述为*R(S_1)→*R(T_{-1})$^{\neq}$或者*R(S_1)→*R(T_{+1})$^{\neq}$。利用 TR EPR 分析可以观测到 T_{+1} 能级的发射 EPR 信号和 T_{-1} 增强型的吸收 EPR 信号［图 8.19 情形（a）］。如果 $T_{+1}^{\neq}$ 能级发生 α-裂解生成自旋极化的自由基，则这个产生极化自由基过程可以描述为 $T_{+1}^{\neq} \rightarrow FR_1^{\neq} + FR_2^{\neq}$，并且 FR 表现为发射 EPR 信号。

8.31 利用 TR EPR 的方法研究*R(T_1)的结构和 S_1→*R(T_1)系间窜越（ISC）过程的机制

从图示 8.14 中我们了解到 α-裂解反应一般会产生 3 种不同的瞬态顺磁性物质，这些物质原则上可用 TR EPR 检测：①由系间窜越过程*R(S_1)→*R(T_1)产生的*R(T_1)三重态；②初级光化学过程*R(T_1)→^{3}I$(RP)_{gem}$ 产生的三重态自由基对；③由扩散分离过程 ^{3}I$(RP)_{gem}$→^{2}I$(FP)_1$+^{2}I$(FR)_{gem}$ 产生的双重态自由基。现在我们提供几个利用 TR EPR 技术检测和表征*R(T_1)、^{3}I$(RP)_{gem}$ 和 ^{2}I$(FP)_1$+^{2}I$(FR)_{gem}$ 的结构的例子。

首先来考虑*R(T_1)的电子顺磁效应。在电子顺磁光谱仪的磁场中，作为第一个近似，*R(T_1)的 3 个自旋亚能级按照能量（2.36 节）对称地分开，相互间的能量差为 ΔE，相当于共振频率 v_0，即 $\Delta E=hv_0$。具有能量为 $\Delta E=hv_0$ 的光子可以被吸收并诱导 T_{-1}→T_0 和 T_0→T_1 的次能级间的跃迁。*R(T_1)的结构和动力学研究均可通过 EPR 光谱观测三重态次能级间的跃迁来实现。然而，除少数情况外（例如球状对称 C_{60} 分子的三重态）[67]，在室温液体中的三重态 EPR 光谱信号非常宽，很难通过 EPR 光谱检测。这种宽峰信号的出现是由于两个未成对自旋电子间强的偶极-偶极作用以及自旋次能级间的快速跃迁引起的。次能级间的快速跃迁可以降低其寿命，从而导致“不确定性的展宽”。然而这些发生在三重态次能级间的非辐射跃迁的速率在低温下（T<77K）并且/或者硬质的介质中可以大大降低。在硬质的介质中，*R(T_1)可在 EPR 光谱中直接观测到。

举例子来讲，我们考虑酮 **32** 在 77K 时的 EPR 光谱随磁场变化的关系［图 8.20（a）］[66]。任何分子三重态的 EPR 光谱*R(T_1)都很复杂，因为在磁场作用下两个耦合自旋电子间的强偶极-偶极相互作用，这种作用使它们紧紧地与整个分子骨架连接在一起。另外三重态亚能级间的能差决定于分子相对于磁场方向的取向。在磁场中次能级的这种变化会引发 3 个次能级的变化方式很复杂，但是在理论上是可以预测的，可以用计算机进行模拟。计算模拟得到的化合物 **32** 的 EPR 谱图与实验数据吻合得很好。

*R(S_1)→*R(T_1)系间窜越过程符合选择规则，该规则可以使布居数优先选择 3 个亚能级（T_{-1}，T_0 和 T_{+1}）中的一个，并且系间窜越态间的电子结构决定了这种优先分布方式。对于芳香酮来说，例如二苯甲酮，选择规则更有利于*R(S_1)→*R(T_{+1})$^{\neq}$的跃迁。这意味着（图 8.21）在 ISC 过程后立刻优先分布在*R(T_{+1})能级，而不是 T_0 能级和 T_{-1} 能级。室温条件下，这 3 种三重亚能级达到平衡的时间为 10^{-9}s。但是在 77K 条件下达

到平衡的过程相当慢（约 10^{-5}s 或者更长），因此在这种温度条件下可以利用 TR EPR 直接观测到优先分布情况。图 8.20（a）展示了化合物 **32** 的 $R(T_1)$态在 77K 时的 TR EPR 光谱[66]，这些光谱在 1000～3000G 的范围内以发射方式出现。出现发射的原因是 $^*R(S_1)\rightarrow{}^*R(T_{+1})^{\neq}$的 ISC 过程导致$^*R(T_{+1})$的布居数过多，进而导致在 EPR 光谱仪的微波照射下 T_{+1} 的发射光子速率快于$^*R(T_{-1})$吸收光子的速率，这样就在$^*R(S_1)\rightarrow{}^*R(T_{+1})^{\neq}$ ISC 过程后立刻出现了净发射，也可以说三重态次能级发生了自旋极化，即次能级不符合 Boltzmann 分布。如果通过 ISC 过程$^*R(T_{-1})$的能级选择性地被占据，那么 EPR 光谱也将会被极化，但是此时的光谱信号是增强了的吸收信号。信号增强是因为$^*R(T_{-1})$能级的自旋相对于 Boltzmann 分布增多，这也为正常吸收信号提供了一个标准。某些酮类，例如苯偶酰（图示 8.9）经历的是选择性的 $S_1\rightarrow T_1$ 系间窜越过程，从而在 EPR 光谱的 1000～3000G 范围内产生吸收 EPR 信号。

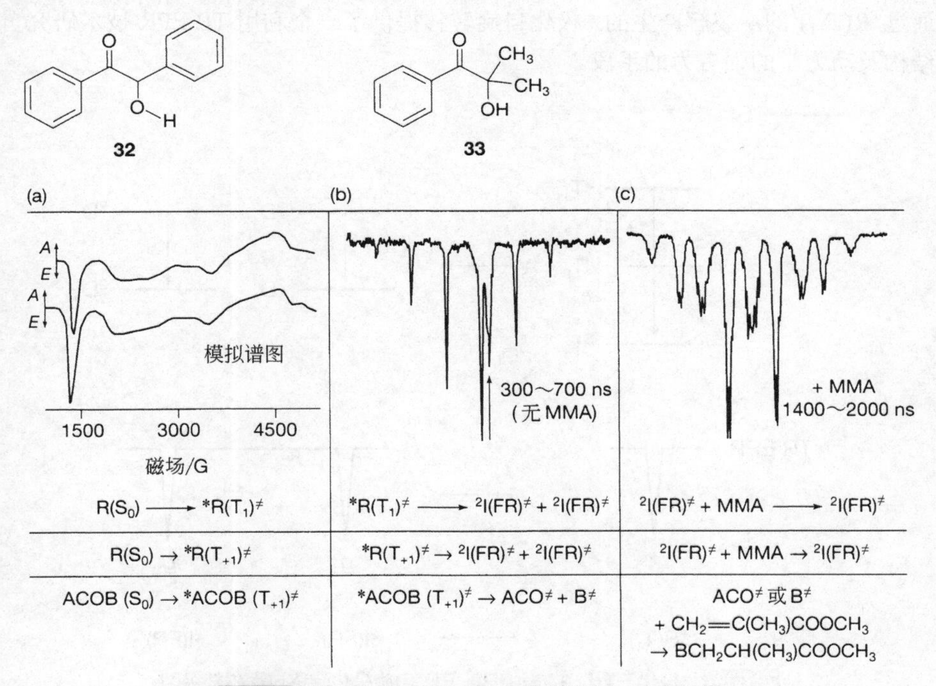

图 8.20 酮类化合物 32 和 33 的典型 TR EPR 光谱

（a）在 77K 下 **32** 的$^*R(S_0)\rightarrow{}^*R(T_{+1})^{\neq}$系间窜越过程产生的典型的发射极化 TR EPR 光谱；（b）室温下 **33** 的$^*R(T_{+1})^{\neq}\rightarrow{}^2(FR)^{\neq}+{}^2I(FR)^{\neq}$过程产生的典型的发射极化 TR EPR 光谱；（c）**33** 的典型的发射极化 TR EPR 光谱，这个光谱是与甲基丙烯酸甲酯（MMA）反应 $2I(FR)^{\neq}+MMA\rightarrow 2I(FR)^{\neq}$生成新的发射极化自由基的 TR EPR 光谱

其中 ACOB 代表一般的酮类化合物，≠代表电子极化

图 8.20（a）中的左侧，位于低场（约 1000G）的相对尖锐的发射信号是三重态的特征，这个信号是由于非常规的“双光子”跃迁 $T_{+1}+2h\nu\rightarrow T_{-1}$ 过程导致的。在高场位置的宽信号峰是由于单光子跃迁过程$^*R(T_{+1})\rightarrow{}^*R(T_0)$导致的，并且该过程受磁场影响。通过模拟谱图［图 8.20（a）下面左侧曲线］可以推断发射信号来源于

$*R(T_1,n,\pi^*)$态。从这个例子可以得出重要的结论：①次能级选择性的 $S_0 \rightarrow T_n$ ISC 过程的机制可以用 TR EPR 解释；②在 $S_0 \rightarrow T_n$ 的 ISC 过程后，就会立刻发生三重态次能级的强极化过程。

8.32 通过 TR EPR 手段研究初级光化学过程*R→I

通过系间窜越过程选择性产生极化三重态 T_{+1} 的意义在于：如果$*R(T_{+1})^{\neq}$的初级光化学过程产生自由基的速度比次能级达到 Boltzmann 分布平衡态的速度快，那么α-裂解产生的 FR 是处于极化态的双重态自由基，即：$*R(T_{+1})^{\neq} \rightarrow {}^3I(FR_1)^{\neq} \rightarrow {}^2I(FR_1)^{\neq} + {}^2I(FR_2)^{\neq}$（图 8.21 和图示 8.15）。这个过程是自旋极化转移的例子，从 $R(T_{+1})^{\neq}$到 ${}^3I(RP)^{\neq}$再到 ${}^2I(FR_1)^{\neq}$和 ${}^2I(FR_2)^{\neq}$。例如，${}^2I(FR_1)^{\neq}$和 ${}^2I(FR_2)^{\neq}$代表两个处于极化态的双重态 $D_+^{\neq}$ 自由基，并且是通过$*R(T_{+1})^{\neq}$的α-裂解产生的。极化自旋转移提供了一个利用 TR EPR 技术研究自由基结构及动力学的强有力的手段。

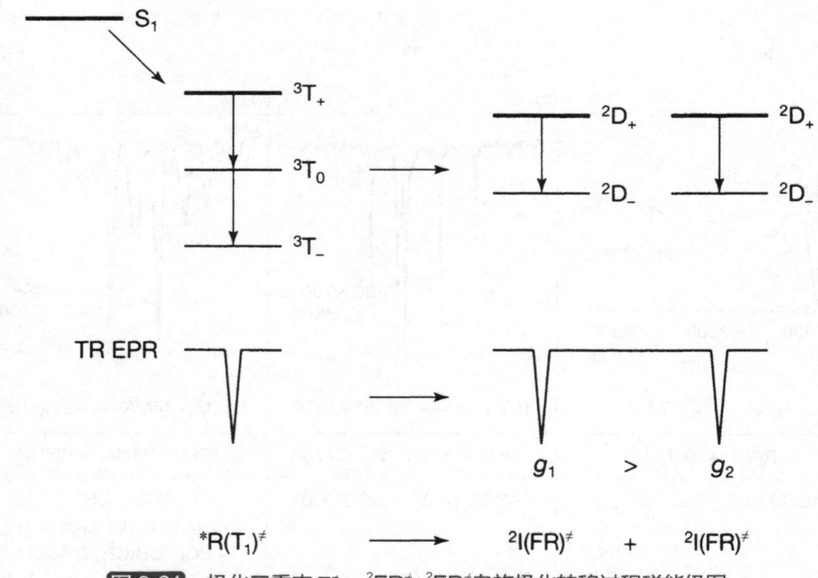

图 8.21 极化三重态 $T_1^{\neq} \rightarrow {}^2FR^{\neq} + {}^2FR^{\neq}$自旋极化转移过程磁能级图

如果 T_+是原始极化能级，那么自由基在发射中可观测到；如果 T_-是原始极化能级，那么自由基在增强型的吸收图中可观测到，例如化合物 **32**（图 8.20）

hv

33 $\quad *R(T_+)^{\neq} \quad {}^2(FR_1)^{\neq} \quad {}^2(FR_2)^{\neq}$

图示 8.15 α-裂解过程产生的从三重态到自由基的极化自旋转移

现在我们考虑图示 8.15 中酮类化合物 **33** 的反应。光解作用导致的酮类化合物 **33** 的 TR EPR 谱图如图 8.20（b）所示。TR EPR 谱图显示有很强的发射，这是$^*R(T)^{\neq} \rightarrow I(FR)^{\neq}$过程中$\alpha$-裂解产生的自旋极化态自由基的发射峰。图 8.20（b）中箭头对应的信号是$C_6H_5\dot{C}O$ 自由基信号，这个单线信号是由于奇数电子与苯环氢的弱耦合作用导致的（自由基处于碳的 sp^2 轨道上，该杂化态导致电子自旋-质子的弱耦合作用）。谱图中还有 7 条对应$(CH_3)_2\dot{C}OH$ 自由基的谱线（6 个 CH 质子与电子有相同的耦合作用，产生了一个七重峰，这个耦合作用如同 NMR 中的自旋-自旋耦合）。因此，TR EPR 实验直接证实了 α-裂解产生的两个自由基。

TR EPR 技术可以跟踪化合物 **33** 光解作用中的$^*R(T_1)^{\neq} \rightarrow I(FR)^{\neq}$过程，同样适用于观测次级热力学过程中产生的极化次级自由基，在这里次级热力学过程涉及初级自由基与分子反应生成极化次级自由基的过程（图示 8.16）。例如，只要次级自由基 $I(FR_2)^{\neq}$ 处于极化态，就可以通过 TR EPR 直接观测到。图 8.20（c）给出的是化合物 **33** 在甲基丙烯酸甲酯（MMA）存在时的光解作用产生的 TR EPR 谱图[66]。初级自由基与 MMA 的双键发生快速加成，生成新的极化自由基加成产物 $I(FR_2)_1$ 和 $I(FR_2)_2$（图示 8.16）。α-裂解产生的自由基的谱图转化为一种新的且更为复杂的谱图，计算机模拟证实该谱图为 I(FR)与 MMA 加成反应后产生的自由基的谱图。自旋极化最终会弛豫到平衡分布。溶液中这个过程大约持续 1～100μs。

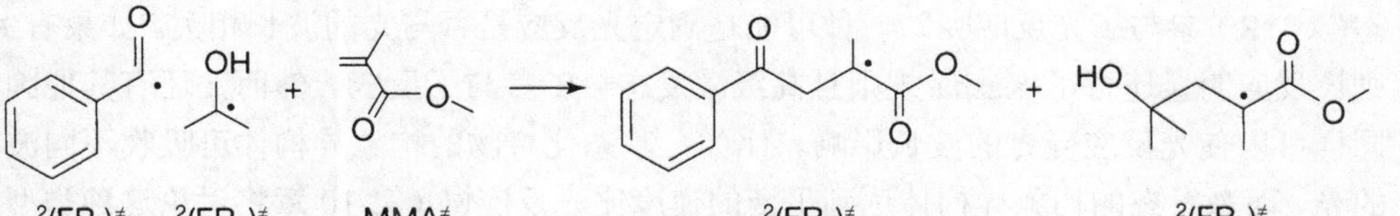

OH + O O ⟶ O O + HO O O

$^2(FR_1)^{\neq}$ $^2(FR_2)^{\neq}$ $MMA^{\neq}$ $^2(FR_3)^{\neq}$ $^2(FR_4)^{\neq}$

图示 8.16 加入 MMA 情况下从极化态自由基到产品自由基的自旋极化转移

8.33 通过 TR EPR 直接观察 $I(PR)_{gem}$ 和 I(BR)

我们知道在均相非黏性溶液中 $I(RP) \rightarrow {}^2I(FR) + {}^2I(FR)$过程需要的时间是 10^{-11}～10^{-10}s。在这个时间内不能完成 ${}^3I(PR)_{gem} \rightarrow {}^1I(PR)_{gem}$ 的系间窜越过程，因为 ISC 过程需要的时间较长，一般为 10^{-8}s。因此，$T_1 \rightarrow {}^3I(PR)_{gem} \rightarrow {}^2I(FR) + {}^2I(FR)$过程在非黏性溶液中几乎全部转化。受技术所限，TR EPR 的检测限为 10^{-8}s，因此在非黏性溶液中不能用 TR EPR 直接观察 ${}^3I(PR)_{gem}$。然而，如果保持 ${}^3I(PR)_{gem}$ 的时间能达到几微秒或更长，就可以直接用 TR EPR 观测。实际上，在超分子体系如胶束中已实现了 ${}^3I(PR)_{gem}$ 的直接观测。胶束可以看作是悬浮在水溶液中的一滴油，大小为 3～5nm（见 13.6 节）。胶束可以提供一个疏水的“超级笼子”，能够稳定双自由基对的时间在微秒级内，因此在合适的环境中可直接观测自旋相关联的自由基对 ${}^3I(PR)_{gem}$。${}^3I(PR)_{gem}$ 的特征 TR EPR 图与 FR 的图不同，因为 ${}^3I(PR)_{gem}$ 的两个未配对电子能发生电子交换作用，而自由基 FR 中不存在这种作用。

在柔性链连接的 I(BR)中，自由基中心相互靠近，并且由于分子骨架的共价键作用，自由基的两个中心不能扩散分离为独立的自由基，因此利用 TR EPR 观测双自由基是可能的。尽管 I(BR)可直接由 TR EPR 观测，但其谱峰非常宽，一般缺乏与结构相关的信息[68]。峰宽是由于两个 FR 中心的偶极-偶极作用和自旋-自旋作用（与溶液中导致分子三重态变宽的作用相似）。如果 ^{3}I(BR)能与分子反应生成双重态自由基，则 TR EPR 谱图显示典型的自由基峰[68]，因此 TR EPR 可以直接追踪双自由基与分子的反应。

8.34 涉及电子激发态*R 的实验测试：*R(S_1)和*R(T_1)的定性实验

尽管确定电子激发态*R 存在的最具有说服力的实验手段是直接测定其发射光谱，但很多活性激发态寿命很短、发射光很弱，故不能检测到其存在。很少有例外（如 4.40 节薁的 S_2 激发态荧光），只有来自有机分子的 S_1 和 T_1 态的发射才能被测量。此外，室温下均相溶液中三重激发态磷光很少见，这是因为杂质会猝灭长寿命的 T_1 态。这说明 S_2、S_3、T_2 和 T_3 等很难通过常规的发射光谱直接检测。那么怎样才能确定“高级激发态”（**R）参与了光反应呢？一种可能是确定光反应是否与光的波长相关。如果有关，则该反应明显违背了 Kasha 规则且高级激发态**R 参与了反应。然而，还有其他因素同样可以使光反应受光的波长影响。比如，基态化合物的构象异构体可吸收不同波长的光，而激发态的构象异构体达到平衡的速度比光反应慢（第 10 章将讨论这种类型的例子）。该部分我们只关注受光的波长影响的体系，在这个体系中从高级激发态**R 发生的光反应可与**R 失活到*R 的过程相竞争。

如果光反应与波长无关（无论发生反应的激发态是 S_1、S_2 还是 S_3 等，反应的效率、速度、产物等都一样），那么我们可得出结论：反应结果主要来源于常见的激发态*R（Kasha 规则）。由这些结果我们能得出反应是来源于激发态 S_1 的结论么？当然不行，因为不受光的波长影响的反应只能表明高级单重态激发态不参与反应。S_1 或/和 T_1 都可能是活性中间体，它们参与的反应均与光的波长无关。

设想一个整体光反应 $R+h\nu \rightarrow P$ 被证实与光的波长无关。为了简单化，假设只有三重态 T_1 比 S_1 能量低，而且 S_1 和 T_1 有不同的光反应活性，就是说它们生产不同的产物。那么如何通过实验证明反应是从 S_1 还是 T_1 发生（或两者都有）呢？T_1 来源于 S_1，因此猝灭 S_1 不能排除 T_1 不参与反应，因为猝灭 S_1 会导致发生在 S_1 和 T_1 态的反应都停止。已发展了两种常用的方法用于确定 S_1 还是 T_1 是光反应的活性中间体（或两者都是）：①三重态-三重态间的能量转移选择性猝灭 T_1；②三重态-三重态能量转移的光敏感反应选择性生成 T_1。

三重态-三重态之间的能量转移和三重态的选择性猝灭机制已在 7.10 节中讨论过。选择性猝灭 T_1 态是一个常用技术，连同反应式（8.58）和图 8.15 都已被讨论过。对酮类化合物来讲，1,3-二烯类和萘类化合物常常用作羰基化合物的选择性猝灭剂。

敏化三重态的策略是验证一个给定的三重态反应能否被引发，并且可以完全排除单重态激发态（8.22 节）。为了能有效地通过能量传递发生选择性敏化作用，敏化剂应该具有以下特性：

（1）敏化剂的三重态能量必须高于被敏化物质的三重态能量；

（2）在敏化剂的吸收光谱范围内，能量受体应该没有吸收，这样选择性激发敏化剂才是可行的；

（3）要么敏化剂的单重态寿命很短，要么敏化剂的 S-T 能隙很小，这样可以使敏化剂的 S_1 能量大大低于能量受体的 S_1 能量，从而避免从敏化剂的单重态 S_1 到受体单重态 S_1 的能量转移。

虽然敏化剂的这些特性在机制研究中是常见的，但是关于敏化的结论都是定性的。如果能做到量化，结论才会更令人信服。举例来说，“三重态光敏化条件”不能观测到的反应有可能是通过三重态能量转移产生 T_1 的效率不高所导致的。这种失败可能是由于不合适的实验条件所致，也就是说能量受体-敏化剂浓度的选择必须有利于能量转移。同样地，“选择性的三重态猝灭”实验的失败可能是由于猝灭物质浓度过低或者 T_1 的寿命太短所导致的。对能量转移速率常数和三重态寿命的了解可以排除这些模糊问题。用实验来判断 S_1 和 T_1 时，最好的方式是在可能的情况下既要直接观测被敏化的三重态反应物的磷光，同时也要观测被猝灭的反应物的磷光。

已建立一个有趣的敏化和猝灭实验手段，可用于选择性研究羰基化合物的单重态反应[69]。在这种方法中，甲基萘（常温下为液体，光物理性质与萘相同）既是溶剂同时也是单重态敏化剂（8.20 节）。如图 8.22 所示，光激发甲基萘到达 S_1 态。甲基萘的单重态寿命是 100ns 左右（很大程度上反映了 S-T 的大能隙和长荧光寿命，见第 4 章），这可以使单重态能量转移至中等浓度的脂肪酮类物质（图 8.22，步骤 a）;从酮类物质的单重态可以发生反应（图 8.22，步骤 e），并且与 ISC（步骤 b）过程竞争。T_1 形成后，经步骤 c 在 0.1ns 内被猝灭（注意甲基萘是溶剂，所以它是三重态的“猝灭物质”，其浓度为 10mol/L）。最终甲基萘的三重态按步骤 d 失活至基态 S_0。这种方法有效主要是由于芳香类碳氢化合物的 π,π^* 能级的 S-T 能隙比 n,π^* 能级的 S-T 能隙大很多，并且甲基萘的单重态寿命较长。有趣的是，这种能量转移过程的相互作用使萘丁美酮［nabumetone，一种消炎药物，包含萘和羰基组成部分，见式（8.43）］的光稳定性很好。

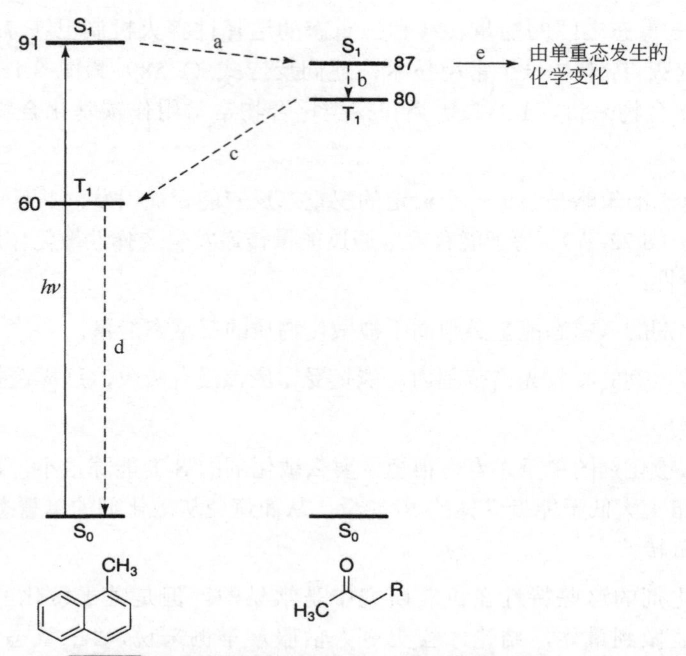

图 8.22 1-甲基萘对酮类物质的单重态敏化和三重态猝灭

能级条的位置并未明确刻度，但是位置关系是正确的。能级条旁边的数字是粗略估计的激发态能量，单位是 kcal/mol

8.35 涉及电子激发态*R 的实验测试：定量实验

有关敏化和猝灭的定量应用的基本思想是指：如果所有合适的反应速率是定量知道的，则确定不同反应路径的可能性的精度会提高。举例来讲，“选择性的”三重态猝灭剂的概念可以通过测试 S_1 和 T_1 的 k_q 常数进行量化。1,3-二烯类化合物猝灭酮类化合物的 S_1 态和 T_1 态的速率常数 k_q^S 和 k_q^T 差别很大，因此 1,3-二烯类化合物常用作特定的羰基化合物三重态猝灭剂。比如，在丙酮处于激发态*R 而 1,3-二烯类化合物作为猝灭剂（Q）的实验中，k_q^S 的值约为 10^8L/(mol・s)，而 k_q^T 的值是 5×10^9 L/(mol・s)。猝灭因子的 50 倍差距意味着在相同浓度的 1,3-戊二烯和激发态，丙酮三重态被猝灭的速率比单重态快 50 倍。然而，S_1 和 T_1 的猝灭速率实际取决于稳态的 S_1 和 T_1 的浓度，如公式（8.65）和公式（8.66）所示：

$$S_1\text{的猝灭速率}=k_q^S[S_1][Q] \tag{8.65}$$

$$T_1\text{的猝灭速率}=k_q^T[T_1][Q] \tag{8.66}$$

单重态和三重态被 Q 猝灭的效率如公式（8.67）和公式（8.68）所示：

$$\phi_q^S=\frac{k_q^S[Q]}{\tau_S^{-1}+k_q^S[Q]}=\frac{k_q^S\tau_S[Q]}{1+k_q^S\tau_S[Q]} \tag{8.67}$$

$$\phi_q^T = \frac{k_q^T[Q]}{\tau_S^{-1} + k_q^T[Q]} = \frac{k_q^T \tau_T[Q]}{1 + k_q^T \tau_T[Q]} \tag{8.68}$$

注意这些效率仅仅反映了给定的电子态被电子占据时发生反应的效率。这个发现对确定从三重态发生的过程的效率尤为重要，这是因为只有未被Q猝灭的单重态才能转化为三重态。单重态存留率（ϕ_{SRV}^S）由公式（8.69）给出：

$$\phi_{SRV}^S = \frac{\tau_S^{-1}}{\tau_S^{-1} + k_q^S[Q]} = \frac{1}{1 + k_q^S \tau_S[Q]} \tag{8.69}$$

如果假设单重态没有其他失活途径，只有系间窜越过程或者被Q猝灭的过程（举例来讲，我们忽略荧光和内部转换），那么就可以计算单重态和三重态的效率，如公式（8.70）：

$$\frac{\text{单重态猝灭}}{\text{三重态猝灭}} = \frac{\dfrac{k_q^S \tau_S[Q]}{1 + k_q^S \tau_S[Q]}}{\dfrac{1}{1 + k_q^S \tau_S[Q]} + \dfrac{k_q^T \tau_T[Q]}{1 + k_q^T \tau_T[Q]}} = \frac{k_q^S \tau_S}{k_q^T \tau_T} \cdot (1 + k_q^T \tau_T[Q]) \tag{8.70}$$

对于丙酮来讲，在室温条件下（用乙腈作为n,π*能级反应的“惰性”溶剂），$\tau_S=2\times10^{-9}$s，$\tau_T=50\times10^{-6}$s。当1,3-二烯类化合物的浓度为0.1mol/L时，由公式（8.71）可得到单重态/三重态的猝灭比率。可以看出，在此浓度下单重态猝灭所占的比例很小。

$$\frac{\text{单重态猝灭}}{\text{三重态猝灭}} = \frac{10^8 \times (2\times10^{-9})}{(5\times10^9)\times(50\times10^{-6})} \times [1 + (5\times10^9)\times(50\times10^{-6})\times0.1] \approx \frac{1}{50} \tag{8.71}$$

注意单重态-三重态猝灭比率［公式（8.70）和公式（8.71）］随着[Q]的增加而增加。这个发现在某些程度上会产生误导，貌似猝灭剂越少越好。然而，需要记住公式（8.68）的态效率（ϕ_q^T）也必须高，或没有三重态产生。在0.1mol/L的1,3-二烯类化合物存在下，99.99%以上的三重态由于猝灭而消失。然而当二烯类化合物的浓度增大到单重态也会被猝灭时，会产生较少的三重态，在极限情况下会停止猝灭三重态，这是由于没有新的三重态产生。

由以上分析可知，选择性三重态猝灭过程中三重态具有长的寿命是很重要的。即使$k_q^S \approx k_q^T$，S_1相对于T_1的有效猝灭效率可按τ_S/τ_T［公式（8.70）］计算，S_1寿命短和T_1寿命长的情况下选择性三重态猝灭也依然可以成立。

如果没有定量的猝灭常数的相关信息，许多关于S_1和T_1的测试都将变得模糊不清。我们知道，如果S_1被猝灭，那么就得不到是S_1还是T_1沿反应路径参与反应的信息，这是由于T_1是由直接激发R产生的S_1转化而成的。因此，如果一个三重态猝灭剂可以有效地猝灭T_1态，那么S_1态则不会被猝灭。实验上可以根据k_q^S、τ_S和[Q]的知识去调整反应物浓度，从而使S_1不被猝灭［公式（8.70）］。然而最好的判断S_1是否被猝灭的方法是直接测量其荧光的猝灭。

猝灭剂能否抑制整个光化学反应过程R→P，而且抑制作用不会使S_1或者T_1丧失活性？事实上这种可能性是存在的。如来源于S_1或者T_1的反应活性中间体（I）与猝灭剂相碰撞并发生反应，从而阻止目标产物的生成，即I+Q→P过程是不可能的。例如在一个初级反应过程中，羰基化合物发生抽氢反应形成羰基自由基，随后羰基自由基和猝灭剂反应形成原来的羰基化合物［式（8.72）］。在这种情况下，初级过程 T_1+M→I 的效率很高。猝灭剂没有猝灭 T_1 态，但是却通过在中间体（I）形成产物（P）前捕获 I，阻止了由 T_1 态形成产物的过程。需要注意氢原子的转移形成了稳定的烯丙基自由基。

因为反应中间体 I 的寿命与*R（S_1 和 T_1）的寿命不同，所以存在 Q 与 I 反应而不与*R 反应的现象，这种现象可以用 Stern-Volmer 分析法进行分析。这种方法提供了一个 $k_q\tau$值，并且这个值与通过其他方法（如荧光、磷光或者瞬态吸收猝灭实验）测得的值不一致。

举例来说，在氢原子转移到羰基化合物的过程中会形成羰基自由基，形成的羰基自由基可以发生氢原子转移和/或与共轭二烯的加成反应。这种反应会掩盖激发态反应的真正产物。式（8.72）显示了这种可能的过程。

$$(CH_3)_2\dot{C}OH + CH_2{=}CH{-}CH{=}CH{-}CH_3 \longrightarrow (CH_3)_2C{=}O + \cdot\text{(烯丙基自由基)} \quad (8.72)$$

分子氧在光化学反应中常常用作猝灭剂，并且经常用于阻止三重态的光化学反应。实际上，氧可以与 S_1 和 T_1 发生作用，也可以与很多反应中间体如自由基和双自由基等发生作用（第 14 章）。对于氧与 1,3-戊二烯的反应而言，在没有独立的机制信息和定量分析的情况下，氧的猝灭实验不能用来推断三重态确实参与了猝灭过程，尽管猝灭结果与三重态参与的结果一致。

三重态常与 O_2 作用，并通过能量传递而猝灭，而且生成“单重态氧”（$^1O_2$）。单重态氧是 O_2 的高能量激发态［式（8.73）］，在近红外区 1270nm 处有发光（14.2 节）。

$$T_1 + {}^3O_2 \longrightarrow S_0 + {}^1O_2 \quad (8.73)$$

通过 O_2 猝灭光反应产生的在近红外区 1270nm 的发光是证明三重态参与了反应的强有力的证据。单重态 O_2 是光化学和生物学中的重要中间体，它的光谱性质及化学性质将在第 14 章详述。

双分子猝灭反应的速率常数 k_q 的上限由激发态分子的扩散速率 k_{diff} 和猝灭剂扩散进入溶剂笼的速率决定（第 17 章详述）。这对于检验双分子猝灭速率和激发态失活速率 k_d 或寿命 τ_d 间的关系是很有意义的。设定激发态*R 与猝灭剂 Q 反应的双分子猝灭速率常数为 k_q。图 8.23 显示了猝灭效率与猝灭剂浓度[Q],k_q,τ_d 的关系。

例如，当 $k_q=10^{10}$L/(mol·s)（非黏性溶液中扩散控制的猝灭反应的上限基准）时，如果[Q]<10^{-3}mol/L,那么当 $\tau_d<10^{-8}s^{-1}(k_d>10^8s^{-1})$时发生很小程度的猝灭。然而，当 $\tau_d>10^{-3}s^{-1}(k_d<10^3s^{-1})$、[Q]=$10^{-5}$mol/L 时，99%以上的*R 分子被猝灭。大多数纯溶液浓度不会超过 10mol/L。我们注意到：τ_d 为 1ns 或者更少时不可能发生有效猝灭现象，除非猝灭过程速率接近扩散控制。注意：上述反应条件中，短的寿命、快速的猝灭、高浓度的猝灭剂都是为了达到瞬间猝灭的结果。

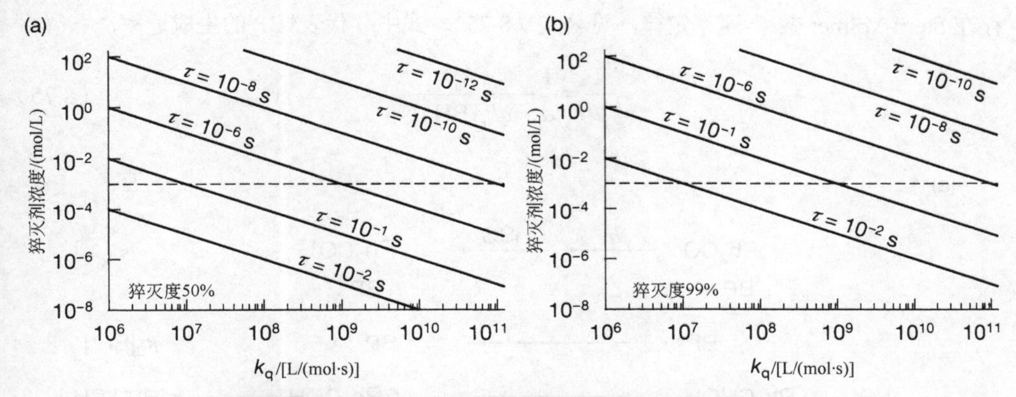

图 8.23 不同寿命的激发态浓度与猝灭速率常数之间的关系

（a）猝灭度为 50%时；（b）猝灭度为 99%时

需要注意（b）中不包含寿命为 $\tau=10^{-12}$s 的激发态，因为此时猝灭剂的浓度超过了 100mol/L

因为 k_f（第 4 章）的最小值通常大于 10^6s^{-1}，而 k_q 的最大值约为 10^{10}L/(mol · s)，所以大多数荧光分子在猝灭剂浓度<10^{-3}mol/L 时很难被有效猝灭。然而 k_p 一般小于 10^2s^{-1}，猝灭剂可扩散且[Q]>10^{-4}mol/L 时，磷光分子会被非常有效地猝灭。最后，如果[Q]>0.1mol/L、$k_q\approx10^{10}$L/(mol · s)，磷光和荧光一般都可被猝灭。因此以前的数值是关联[Q]、k_q 和 τ_d 的有用的基准。

8.36 利用动力学方法来检测和确定反应中间体*R 和 I

实验观测到的光化学反应中的 Stern-Volmer 猝灭现象证明反应中间体*R 或 I 参与了反应。另外 Stern-Volmer 常数 $k_q\tau$（Stern-Volmer 猝灭图中的斜率）是被猝灭的中间体的特征。k_q 受扩散速率限制，如果假设 $k_q=k_{diff}$，那么就可以通过 $k_q\tau$ 计算出被猝灭物质的最短寿命 τ。

上述原理的应用可以在论证二苯甲酮的 $T_1(n,\pi^*)$态参与反应的过程中体现。在二苯甲酮被二苯甲醇还原的初级光化学反应中，反应中间体是二苯甲酮的 $T_1(n,\pi^*)$态，而不是 $S_1(n,\pi^*)$态，如式（8.74）所示[70]。

$$\underset{\text{BP}}{(C_6H_5)_2CO} + (C_6H_5)_2CHOH \xrightarrow{h\nu} (C_6H_5)_2C(OH)-C(OH)(C_6H_5)_2 \quad (8.74)$$

$T_1(n,\pi^*)$态参与反应的论据是充分的、缜密的和令人信服的，并且也通过一系列光谱实验得到了证实。这个论证是在广泛使用发射光谱和闪光光解进行直接检测激发态前提出的。对这个反应假定的“化学反应机制”的基元步骤见图示 8.17（a）。

关键问题是怎样确定电子激发态*BP 参与了图示 8.17（a）中初级光化学反应的基元步骤：*BP 是二苯甲酮的 $S_1(n,\pi^*)$态，还是 $T_1(n,\pi^*)$态（或者两种激发态都可能）？我们已经知道，如果一个光反应中包含双分子反应和*BP 的单分子衰变反应之间的竞争，那么就存在 Stern-Volmer 效率-速率定律，见公式（8.75），式中 a 代表*BP 的生成速率：

$$\frac{1}{\Phi}=\frac{1}{a}+\frac{k_d}{ak_r[BH_2]} \tag{8.75}$$

(a)

反应		速率
Ph_2CO (BP) $\xrightarrow{h\nu}\xrightarrow{ISC}$	Ph_2CO^* (BP*)	$\propto I$
BP* ⟶	BP	$k_d[BP^*]$
BP* + Ph_2CHOH (BH_2) ⟶	$2Ph_2\dot{C}OH$ (BH•)	$k_r[BP^*][BH_2]$
2BH• ⟶	频哪醇	$k_P[BH\bullet]^2$
BP* + Q ⟶	Q* + BP	$k_q[BP^*][Q]$

(b)

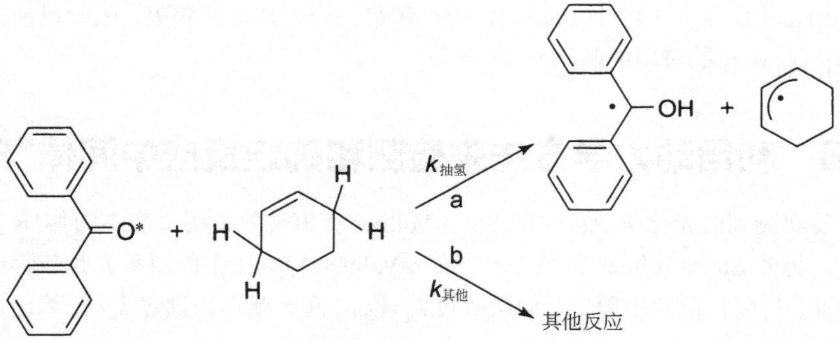

O* + H H H H ⟶ $k_{抽氢}$ a ⟶ •—OH + (环己烯基自由基)；b $k_{其他}$ ⟶ 其他反应

图示 8.17 （a）二苯甲酮和二苯甲醇的光致还原反应的假设机制和相应的动力学解释；（b）二苯甲酮三重态和环己烯的反应，包括夺氢反应（最上面路径）和其他反应

$1/\Phi$（Φ=二苯甲酮消失或苯频哪醇生成的量子产率）对 $1/[BH_2]$（$[BH_2]$=二苯甲醇的浓度）作图，可以得出一条以 k_d/ak_r 为斜率、以 $1/a$ 为截距的直线，如图 8.24 所示，在该图中是用$(C_6H_5)_2CHOH$［和$(C_6H_5)_2CDOH$］作为氢（氘）供体。

图 8.24 的直线性证明了我们先前在图示 8.12 中提出的机制假设，激发态*BP 只涉及 S_1 态或 T_1 态，不会同时包括两者。可以证明直线的斜率是 k_d/ak_r，截距是 $1/a$。$(C_6H_5)_2CHOH$ 和$(C_6H_5)_2CDOH$ 的截距 $1/a$ 都是 1，因此斜率等于 k_d/k_r。测得斜率值为 0.05，说明 $k_d=0.05k_r$。当然，我们现在无法得知准确的 k_d 值和 k_r 值，但可以精确地知道它们之间的比率。另一方面，因为以$(C_6H_5)_2CHOH$ 和$(C_6H_5)_2CDOH$ 作为氢供体作图得到的斜率是不同的，所以苄型氢（氘）在初级光化学反应中是参与到抽氢反应中的。

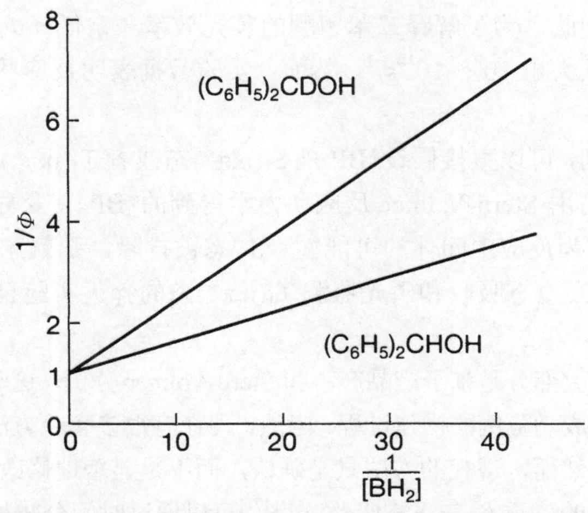

图 8.24 公式（8.75）的示意图。用$(C_6H_5)_2CHOH$和$(C_6H_5)_2CDOH$把二苯甲酮还原为苯频哪醇，如图示 8.17（a）所示[70]

如果将已知浓度的双分子猝灭剂 Q 加到二苯甲醇和二苯甲酮反应的苯溶液中，那么速率定律为公式（8.76）：

$$\frac{1}{\Phi}=\frac{1}{a}+\frac{k_d}{ak_r[BH_2]}+\frac{k_q[Q]}{ak_r[BH_2]} \quad (8.76)$$

当[Q]=0 时，可以计算出 k_d/k_r 和 a 的值。因为 a=1，则在$[BH_2]$浓度固定不变下用 $1/\Phi$ 对[Q]作图，可以计算出直线的斜率值等于 $k_d/k_r[BH_2]$。图 8.25 中的直线是以 1,3-戊二烯作为猝灭剂 Q，k_d/k_r= 500 L/mol。[Q]不变，根据$[BH_2]$的变化可以用公式（8.76）得到相同的比率。

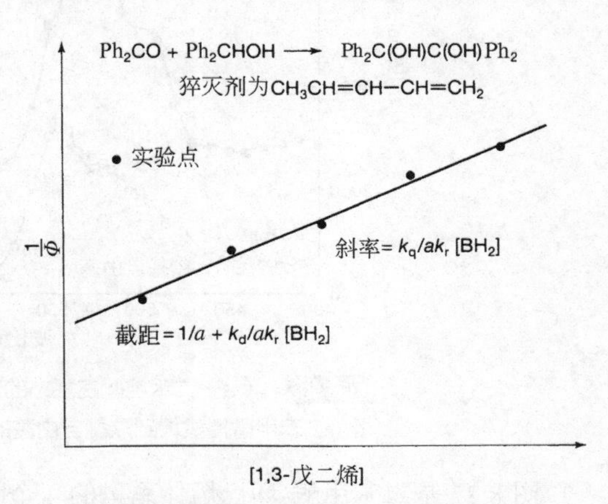

图 8.25 猝灭双分子反应的例子
固定反应物$(C_6H_5)_2CHOH$ $[BH_2]$的浓度不变，改变猝灭剂 1,3-戊二烯的浓度。注意，只有在$[BH_2]$的浓度变化不大且[Q]保持不变的情况下，公式（8.76）才有效

通过实验数据 k_d/k_r 和 k_q/k_r，可以计算出*BP 的固有衰变速率 k_d 值的上限。k_q 的最大值等于 k_{diff}=5×10^{9}L/(mol·s)，即在苯中的扩散速率常数（表 7.3）。k_r（最大）= 5×10^9/500L/(mol·s)=1×10^{7}L/(mol·s)，最后可以计算出 k_d 的最大值：k_d（最大）= 0.05k_r（最大）=5×10^{5}s^{-1}。

在室温下，溶液中的二苯甲酮有微弱的荧光（Φ_F<10^{-4}）。在 20 世纪 50 年代后期的研究中，没有直接检测短寿命单重态的方法，可以用替代的方法间接地估计出 S_1 的寿命数量级。根据二苯甲酮的吸收光谱，其 $S_1(n,\pi^*)$态荧光固有辐射速率常数 k_F 可以通过公式（4.18）估算得出，预计

约为 10^5～$10^6 s^{-1}$。因此，为了解释二苯甲酮的荧光效率非常低（$\Phi_F<10^{-4}$），$S_1(n,\pi^*)$态的失活速率常数必须大于 10^9～$10^{10} s^{-1}$。然而，实验数据表明反应状态*BP 以最大速率 $5\times10^5 s^{-1}$ 失活。

根据 Kasha 规则，可以直接假设*BP 是 $S_1(n,\pi^*)$态或者 $T_1(n,\pi^*)$态。通过上述论证，S_1 态的寿命太小，与由 Stern-Volmer 反应动力学得到的*BP 衰变寿命不一致，所以可以排除 $S_1(n,\pi^*)$态作为反应中间体的可能性。S_1 态被排除，那就意味着*BP 只可能是 $T_1(n,\pi^*)$态。三重态-三重态吸收和磷光监测 $T_1(n,\pi^*)$态的猝灭实验直接证明了在抽氢反应中*BP 是 T_1 态[71]。

上述简单的实验大部分是基于产品产率和 Stern-Volmer 分析，这些实验从历史的角度帮我们理解了光化学成功范例的搭建过程。当然，现在有很多实验方法可以直接确定一个光化学的反应机制。然而，现代的方法只是确认，而不是显著地修改已有的基本机制。

例如，二苯甲酮的三重态-三重态吸收光谱[71]可以通过时间分辨技术如激光闪光光解直接得到［图 8.26（a）］。相似地，从二苯甲醇抽氢得到的羰基自由基［图示 8.17（a）中的 BH·］具有特征光谱［图 8.26（b）］，除了波长>600nm 的光谱区域外，该光谱与三重态有较大部分重叠。

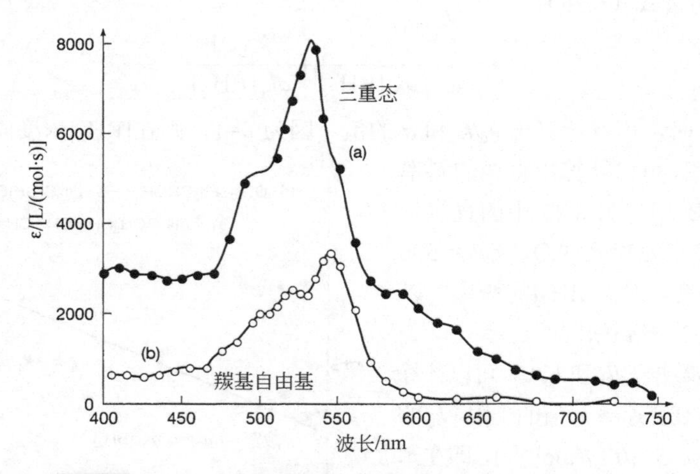

图 8.26 （a）二苯甲酮三重态的瞬态吸收光谱（实心圆圈）；（b）二苯甲醇抽氢得到羰基自由基的瞬态吸收光谱（空心圆圈）

图 8.27 是二苯甲酮-环己烯体系里的 4 个瞬态吸收痕迹。我们感兴趣的是二苯甲酮三重态的抽氢过程，如在图示 8.17（b）中的反应途径 a 所示，反应位点是环己烯的不稳定的烯丙基氢。烯烃还可以通过其他途径反应［图示 8.17（b）中反应途径 b］，如电荷转移和生成氧杂环丁烷过程，这些将在第 9 章中进行讨论。

通过图 8.27，我们可以得出以下结论。

（1）不存在环己烯时［图 8.27（a）］，二苯甲酮三重态的衰变非常缓慢。动力学分析显示，它的衰变遵循二级动力学，主要受三重态-三重态湮灭控制（见 7.12 节）。尽管在该溶液中不存在可以干扰这个过程的羰基自由基，但为了排除其他中间体的干扰，选择在600nm下监测二苯甲酮三重态的衰变过程。

（2）在图8.27（b）中，在环己烯存在下，在600nm下监测时，二苯甲酮三重态信号回归到基线（图8.23），也就是说在600nm处没有新的瞬态吸收峰。需要注意时间尺度比图8.27（a）中的短很多，这就证明了环己烯可以通过图示8.17（b）中的方式缩短三重态的寿命（猝灭），实验测得的寿命约为170ns。

（3）当在540nm下监测三重态猝灭实验时［图8.27（c）］，该波长下三重态和羰基自由基都有吸收，因此可以观察到残余的或长寿命的吸收。

（4）验证实验发现上面提到的残余吸收光谱与羰基自由基的吸收光谱相同（图8.26），而且在更长的时间尺度内通过双分子反应衰变（符合二级动力学），可以推断它是自由基-自由基反应。

（5）用二苯甲酮三重态寿命的倒数对环己烯浓度作图，图线是线性的（没有图示），而且斜率是 7.3×10^7L/(mol·s)。该值对应的是猝灭速率常数，而不是二苯甲酮三重态与环己烯的化学反应速率。

（6）从图8.26可以看出，在540nm下，羰基自由基吸收强度约为初始三重态吸收强度的40%。图8.27（c）显示了一个更小的吸收，这是因为在这个体系里只有23%的三重态经历了抽氢过程，其他的都发生了“别的”反应，如图示8.17（b）所示。

（7）通过对残余吸收的吸光度的分析，并在了解猝灭速率常数的基础上，可以把图示8.17（b）中的两个组分加以区分，即：

$$k_{\text{抽氢}}=1.7\times10^7\text{L/(mol·s)},\ k_{\text{其他}}=5.6\times10^7\text{L/(mol·s)}$$

（8）在图8.27（d）中，加入环己烯-d_{12}后，它的残余吸收的吸光度比图8.27（c）中的小，动力学分析显示衰变时间也有轻微的减慢。原因在于抽氢反应容易受到H/D同位素效应影响，这也证明在这些猝灭里只有11%是由于发生了抽氘反应（在环己烯里有23%发生抽氢反应）。

（9）1,3-戊二烯的加入可以减小三重态的寿命（没有图示），但是没有观测到残余吸收。这是由于发生了如图8.21所示的能量转移，即 $k_q=k_{\text{其他}}$。

上面的结论与我们从猝灭和产物研究中得到的结论相同：在惰性溶剂（如苯）中，三重态二苯甲酮的衰变（不存在烯烃的情况下）不包含化学变化；一级动力学的偏差（结论1）常见于利用激光光源的实验中，并表明在激光照射下产生的瞬间高浓度会使一些过程容易发生，例如三重态-三重态湮灭（7.12节）。上面的结论证明了图示8.17（b）中的化学反应机制。结论（4）与自由基参与反应相一致，即自由基通过偶合和歧化反应以二级动力学衰变。结论（7）表明猝灭数据可以用来分析得到不同反应过程的速率常数。最后，1,3-二烯的加入［结论（9）］，简单地证实图8.27涉及了三重态。

尽管上述的组合实验提供了足够数据去适当地表征一个体系，但还需要很好的预测能力，以帮助我们设计未来的实验。

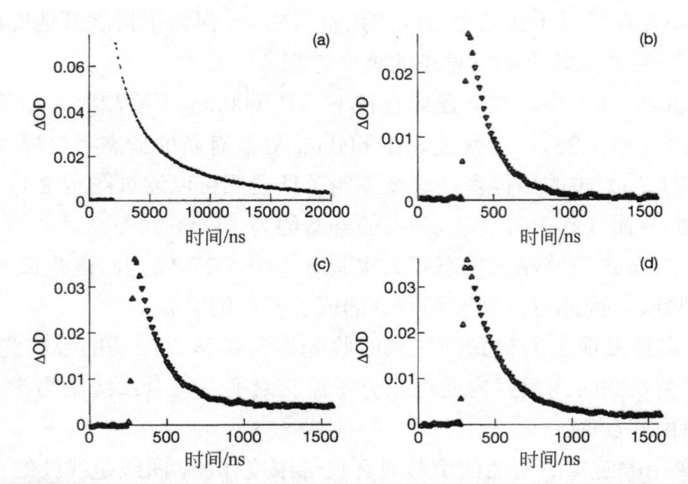

图8.27 经337nm激光激发后二苯甲酮三重态在溶剂苯中的衰变曲线[71]

（a）不存在环己烯时在600nm处监测；（b）存在0.08mol/L环己烯时在600nm处监测；（c）存在0.08mol/L环己烯时在540nm处监测；（d）存在0.08mol/L环己烯-d_{12}时在540nm处监测

（1）用氧进行猝灭，可以得到单重态氧的特征发射（见14.2节）。

（2）氧猝灭过程中可能会发生氧与BH·的反应，最终生成过氧化氢和二苯甲酮。

（3）1,3-戊二烯的猝灭过程涉及三重态能量转移，会引起1,3-二烯的顺反异构化（见10.7节）。如果用纯异构体作为猝灭剂，则异构化过程是可以观察到的。

（4）在这些实验里，溶液里的二苯甲酮的磷光很微弱，可以用环己烯进行猝灭。

（5）羰基自由基BH·拥有很强的荧光，在合适的实验条件下可以观察到它的荧光发射。

（6）如在8.26节中所讨论的，稳态和时间分辨EPR确认了反应过程中自由基的参与。

8.37 涉及双自由基中间体的反应

图示8.18给出的关于二苯甲酮的光致还原反应是涉及自由基的光化学反应的一个例子。双自由基（BR）和自由基对（RP）在许多光化学反应中扮演着非常重要的角色。那么双自由基与自由基对的性质与单独自由基有本质区别吗？什么时候BR和RP的自由基中心不仅仅是每个自由基中心的加和？

$$\text{单重态产物} \longleftarrow {}^1\text{BR} \rightleftharpoons {}^3\text{BR} \longrightarrow \text{三重态产物}$$

图示8.18 单重态-三重态双自由基互变反应展示了产物的产生遵循自旋守恒定律

根据自旋角动量守恒范例，在基元反应中，单重态双自由基（^{1}BR）只能生成单重态产物，三重态双自由基（^{3}BR）只能生成三重态产物（图示8.18）。例如^{1}BR可以发生自由基-自由基偶合、歧化反应，而^{3}BR则不能发生这些反应。在一定范围内^{1}BR和^{3}BR可以通过ISC互变；自旋平衡是否建立将在很大程度上取决于特定的化学体系和条件。对于柔性^{3}BR（本节研究的重点），构型变化（链动态）和ISC会同时发生，但不一定是彼此独立的。事实上，如同在3.27节中所讨论的，ISC的速率很大程度上取决于双自由基的构型。

双自由基（BR）和自由基对（RP）的本质区别是什么呢？在一对自由基对（RP）中，在不用产生或断裂键的情况下，自由基位点可以扩散分离变成自由基（理论上自由基对可以被无限地分离）。另一方面，与自由基中心相连接的共价键的数量和类型的影响决定了双自由基（BR）中心被分开的程度。

以1,4-双自由基为例，它通常发生分子内抽氢（Norrish II型）反应［式（8.4）］以及和酮类化合物的n,π*三重态环加成生成乙烯衍生物的反应。

Norrish II型过程可以用 $S_1(n,\pi^*)\rightarrow{}^1I(1,4\text{-}BR)$或者 $T_1(n,\pi^*)\rightarrow{}^3I(1,4\text{-}BR)$表示，具体取决于初级光化学反应中是 S_1 还是 T_1 参与反应。如果生成 $^1I(1,4\text{-}BR)$，那么它可以发生一系列常见反应过程，这些过程同样可见于自由基和自由基-自由基反应:

（1）自由基-自由基偶合作用；

（2）自由基-自由基歧化作用；

（3）2,3-键的断裂；

（4）分子内重组或与自由基中心相连的*β*-键的断裂；

（5）构型变化；

（6）系间窜越，$^1I(1,4\text{-}BR)\rightarrow{}^3I(1,4\text{-}BR)$。

另一方面，$^3I(1,4\text{-}BR)$可以通过ISC转变为$^1I(1,4\text{-}BR)$，还可以经历除了自由基-自由基偶合和歧化反应［途径（a）和途径（b）］外的其他过程。另外，^1BR和^3BR都可以通过与其他分子发生双分子反应，这些分子起“捕获”双自由基（BR）中的一个中心的作用，从而将双自由基（BR）转变为自由基（FR）。这些捕获过程包括所有双自由基反应活性位点应有的特征自由基反应（例如抽氢或与不饱和体系的加成）。这些过程的反应速率常数与相应的单自由基反应速率常数相似。

BR有可能与顺磁性物种如分子氧和硝基氧发生双分子相互作用，从而影响ISC[$^1I(1,4\text{-}BR)\rightarrow{}^3I(1,4\text{-}BR)$或者$^3I(1,4\text{-}BR)\rightarrow{}^1I(1,4\text{-}BR)$过程，或者二者都有]。双分子作用必须有非常高的双分子反应速率常数，因为双自由基的寿命一般很短（一般小于1μs）。

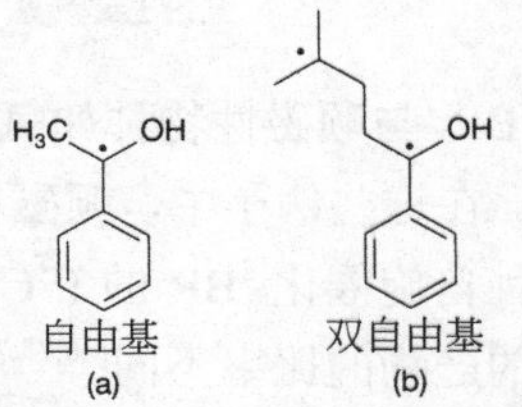

γ-甲基苯戊酮产生的1,4-双自由基（图示8.19）与苯乙酮的三重态、苯乙酮的羰基自由基有相似的吸收光谱（图8.28）[72,73]，这证明了羰基官能团是这两类化合物的主要发色团。

H_3C OH 自由基 (a)　　OH 双自由基 (b)

图示8.19 通过光诱导苯乙酮失氢得到的自由基（a）和通过*γ*-甲基苯戊酮光解得到的双自由基（b）

如图示8.20所示，*γ*-甲基苯戊酮衍生的1,4-双自由基（图示8.19）经历一系列典型的单自由基反应。总之，这些结果证明我们可以假定双自由基的自由基中心可以发生与单自由基相同的反应，而且动力学研究表明它们的速率常数也具有可比性。例如，pK_a、Norrish II型双自由基的光吸收等与典型的羰基单自由基（如苯乙酮衍生的羰基单自由基）相一致[74]。

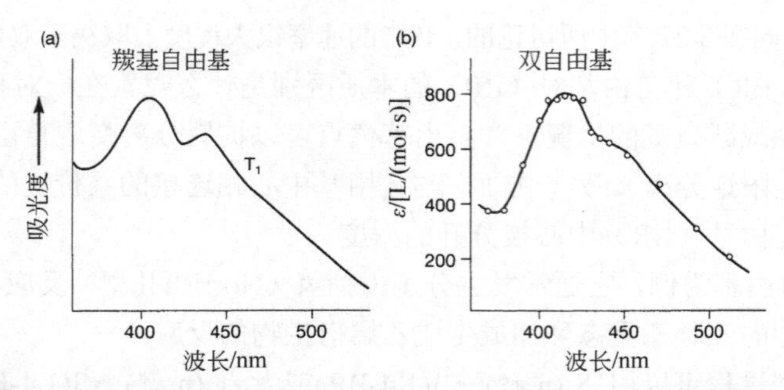

图 8.28 苯乙酮的羰基自由基（a）和与之有关联的双自由基（b）的瞬态吸收光谱

抽氢反应：C_6H_5–Ċ(OH)–CH_2CH_2–Ċ(CH_3)CH_3 + RS–H ⟶ C_6H_5–Ċ(OH)–CH_2CH_2–CH(CH_3)CH_3 + RS•

聚合反应：C_6H_5–Ċ(OH)–CH_2CH_2–Ċ(CH_3)CH_3 + H_3C–C(=CH_2)–CO_2CH_3 ⟶ 聚合产物

双键加成：C_6H_5–Ċ(OH)–CH_2CH_2–Ċ(CH_3)CH_3 + (t-Bu)$_2$C=Se ⟶ C_6H_5–Ċ(OH)–CH_2CH_2–C(CH_3)$_2$–Se–Ċ(t-Bu)$_2$

图示 8.20 Norrish Ⅱ 型双自由基的典型“单自由基反应”

^{3}BR 与顺磁性物种如氧、氮氧自由基或顺磁性金属离子之间会发生有趣的磁相互作用。在这些例子中，顺磁性物种起自旋-催化 ISC 过程的作用。我们注意到，用顺磁性物种自旋催化 ^{3}BR 的 ISC 过程进行反应与通过 ^{3}BR“自发的”ISC 过程进行反应，所得的产物的比率不同[26,75,76]。

上面提到的通过加入顺磁性物种而产生的独特特征，反映出通过 $T_1 \rightarrow {}^3I(BR)$这个初级光化学反应过程生成的双自由基的一般特点。如果一个双自由基初始是自旋三重态，那么在它的整个寿命过程中可以一直保持自旋构型不变。但是，一旦 $^3I(BR) \rightarrow {}^1I(BR)$ 系间窜越发生，$^1I(BR)$会立即“崩溃”，发生偶合或歧化作用生成产物，而产物可以“捕获”在系间窜越瞬间双自由基所拥有的结构构型。在这个限制情况下，图示 8.18 中的 Norrish Ⅱ型双自由基的 ISC 过程是不可逆的。然而，图示 8.20 中的双分子反应没有体现双自由基的自旋构型，这是因为只有一个自由基中心参与了反应。初始的双自由基自旋构型在单一自由基中心的俘获反应中被保留。单重态双自由基的自由基-自由基反应速率很快，而且有可能会比键的旋转还要快。因此，单重态双自由基瓦解的产物可以“记住”和“捕获”发生在三重态-单重态系间窜越时的自旋构型。理论上，我们可以很轻松地通过图示8.21来理解这些结论，其中只有顺式构型的1,4-双自由基可以发生环合反应，而1,4-双自由基的顺式和反式构型都可以发生碎片反应。因此，如果自旋催化系间窜越的物种（如氮氧自由基、分子氧）使一个构型发生ISC，但同时该构型可以自发发生ISC，那么这些过程可以在最后的产物里表现出来。

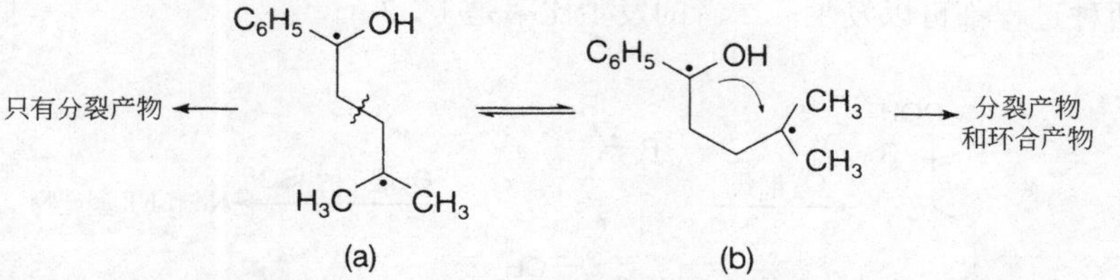

图示8.21 由γ-甲基苯戊酮得到的Norrish Ⅱ型双自由基只能通过一种旋转构象得到环合产物。两种极限构象，即如图中反式构象（a）和顺式构象（b）

如图示8.22中的例子所示，氮氧自由基TEMPO以速率常数约为 6×10^9 L/(mol·s)的速度“猝灭”（反应）Norrish Ⅱ型双自由基。氮氧自由基与碳中心的单自由基反应生成C—O键，然而类似的反应不会发生在氮氧自由基与Norrish Ⅱ型双自由基之间（图示8.22）。因为氮氧自由基与单自由基反应比较缓慢［$k_r\approx10^8$ L/(mol·s)］，所以双自由基的寿命将由速度较快的硝基氧自旋催化的ISC过程决定，这种现象可以从图示8.22中两种过程的动力学竞争看出。氮氧自由基是顺磁性的，可以催化ISC过程的自旋翻转[20,21]。如果一个潜在的双自由基清除剂可以迅速催化 ^{3}I(BR)→^{1}I(BR)过程，那么自旋催化的ISC将会产生“反清除”的结果[76]。如果自旋催化比新键的生成具有更好的长程有效性，那么随着清除剂——自旋催化剂靠近 ^{3}I(BR), ^{3}I(BR)将迅速转化为 ^{1}I(BR)，在清除剂与 ^{1}I(BR)反应生成新键前 ^{1}I(BR)优先崩溃，生成自由基-自由基产物，从而“猝灭”双自由基反应，阻止了清除过程[76b]。在自由基对中也发现相同的现象，即氮氧自由基的加入增加了自由基对的笼效应，使 ^{3}I(BR)→^{1}I(BR)过程快于 ^{3}I(BR)的清除过程[76a]。

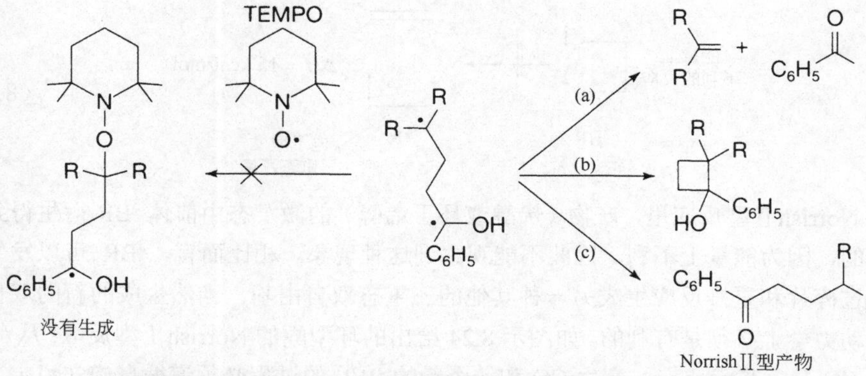

图示8.22 形成Norrish Ⅱ型产物和氮氧自由基化学捕获之间的竞争反应

尽管化学捕获在以碳为中心的单自由基反应中是一种常见（快速）的反应，但这种反应在此例中并没有贡献分子氧与双自由基的反应是另外一种反应类型，同样不同于分子氧与单自由基的反应。氧以速率常数约为 6×10^9 L/(mol·s)的速度猝灭 Norrish Ⅱ型双自由基[77]；这些数值与氧-单自由基反应生成过氧自由基的实验中得到的数据具有可比性。然而，当分子氧与双自由基反应时，自旋催化的 ISC 和化学捕获（图示 8.23）都是动力学可行的，而且同时发生。在第 14 章里将会学习到，因为分子氧是基态三重态，化学捕获和催化 ISC 这两种过程都可以发生，二者的发生比率是 1∶3。

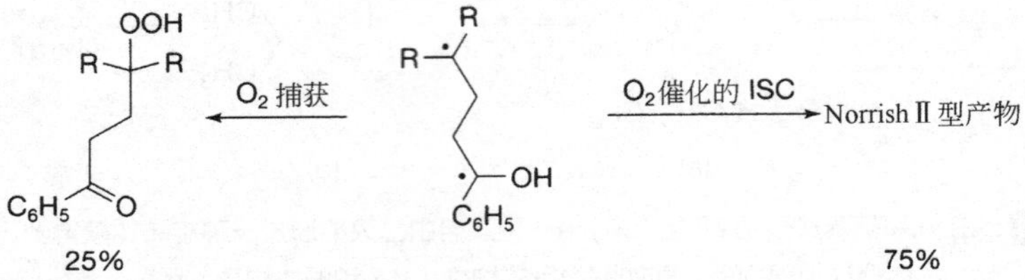

图示 8.23 氧猝灭 Norrish Ⅱ型双自由基时化学捕获和协助 ISC 过程之间的竞争[78]

图示 8.22 和图示 8.23 中的体系展示了一种新的作用模式，这种模式是双自由基特有的，单自由基不具有这种作用方式。因此，顺磁性分子可以通过自旋催化三重态-单重态系间窜越过程影响 1,4-键断裂环合反应，而单自由基则不能进行 ISC 自旋改变。这个结果并不是说单自由基和顺磁性物种间不存在相互作用。事实上，单自由基和顺磁性物种间的相互作用通过催化单自由基两个状态（D_+和 D_-）的互变来影响单自由基的弛豫时间（EPR 里常见的现象），氧分子可以加宽 EPR 的光谱正是由于顺磁性的“催化作用”加强了电子自旋弛豫。

需要注意图示 8.18 中的 ^{3}I(BR)，理论上可以直接反应生成三重态产物。然而，对于含闭壳层的基态分子（多数都是），这种反应需要违背自旋守恒规则（不太可能），或者生成激发态产物的反应在能量上是不利的［式（8.77）］，所以也不太可能。

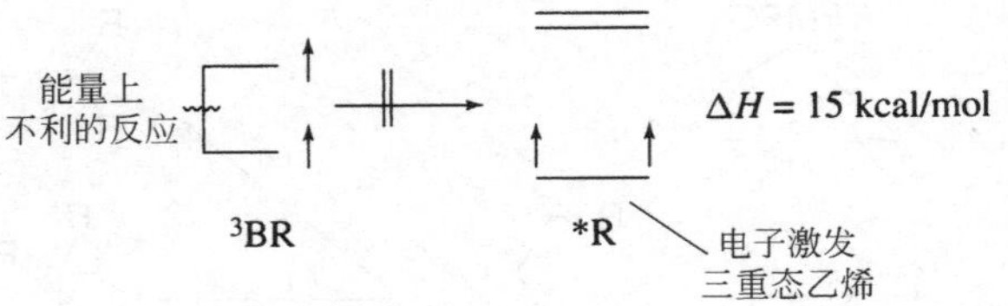

(8.77)

在 Norrish Ⅱ型反应里，产物（烯醇或环丁烯醇）的激发态由前体 ^{3}BR 衍生得到是不可能的，因为能量上不利，因此不能观察到这种现象。相比而言，^{3}BR 可以发生分解，经过碎片和重排反应生成另一种其他的三重态双自由基，当然生成的新的双自由基在热动力学上必须是有利的。如图示 8.24 给出的环型酮的 Norrish Ⅰ型反应：从 $^3BR_1$ 中失去 CO 是一基元反应，产生 CO 和一个新的 $^3BR_2$ 的过程必须遵循自旋守恒定律，最后 $^3BR_2$ 分解成脱羧产物[79,80]。

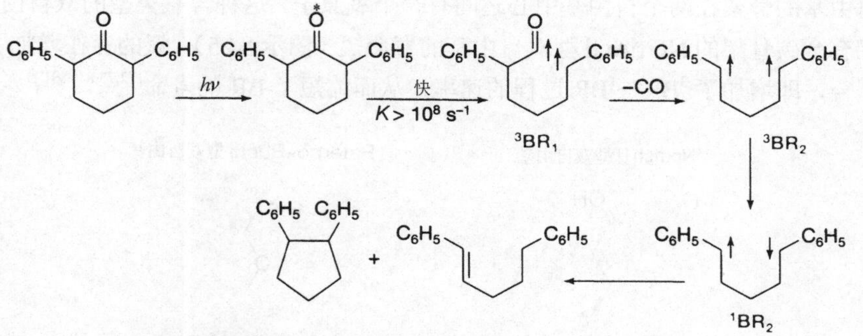

图示8.24 2,6-二苯基环己酮的Norrish Ⅰ型反应

与典型的激发态能量（约为20～100 kcal/mol）相比，双自由基的共通点是S-T的平均分裂能很小（每摩尔几卡的数量）。可以将上述观点推广应用到一个实例中：三重态双自由基可经分裂和单分子重排过程形成产物，此时产物不需要激发态的形成，因为这种激发态一般形成其他的闭壳分子。从实际应用上来讲，这种说法是对能量守恒定律的方便的重述，而且是自由基化学里的一条有用的指导准则。

据此可以制定一系列有用的规则（表8.10），作为双自由基调节的光化学反应的范例。

表8.10 双自由基调节的光化学反应范例中的基本观点

规则序号	双自由基范例中的观点
1	^{1}BR只能产生单重态产物
2	^{3}BR只能产生三重态产物。从能量角度考虑，这种反应比较罕见。除非有另一种^{3}BR生成（如图示8.24中的例子）
3	双自由基可以发生单自由基类型的反应，而且其反应速率与类似的单自由基反应一样。至于这些过程是否占主导地位，将很大程度上取决于双自由基特定反应的动力学（见规则4）
4	当与顺磁性物种如氧、氮氧自由基和某些金属离子作用时，^{3}BR可以发生双自由基特定反应
5	系间窜越（^{3}BR↔^{1}BR）在柔性双自由基反应里扮演着重要的角色。一般很难达到自旋态或构型间的平衡。对于三重态双自由基来讲，ISC是不可逆的，并直接决定其寿命
6	^{1}BR衰变成分子产物的过程足够快，并可与键旋转相竞争。因此，不同的双自由基产物的分配取决于可发生ISC过程的异构体。如果^{1}BR是$S_1 \rightarrow {}^1$I(BR)过程的主产物，那么^{1}I(BR)→^{1}P形成的产物具有立体选择性
7	^{3}BR的寿命受控制自旋相互作用的因素影响，例如两个自由基中心间的距离、S-T的能量差和自旋-轨道耦合作用
8	对于三重态双自由基，两个奇数电子相距越远的双自由基结构越稳定，越近越不稳定
9	^{3}BR→^{1}BR过程可以被顺磁性物种自旋催化，从而改变产品的分布
10	磁场和磁同位素效应可以控制^{3}BR→^{1}BR过程的速率，因此还可以控制生成产品的类型（这些磁的影响将在8.39节介绍）

规则7的例证是Paterno-Büchi型1,4-双自由基，它通过酮的n,π*态氧原子与乙烯加成得到（图示8.25）。与从Norrish Ⅱ型反应中得到的1,4-双自由基相比，Paterno-Büchi

型双自由基的骨架在两个自由基中心之间有一个氧原子。这种含氧类型的双自由基的寿命比拥有全碳骨架的Norrish II型双自由基的寿命短（图示 8.25）。氧的存在增加了自旋-轨道耦合，即增加了 $^3BR \rightarrow {}^1BR$ 过程的速率，从而缩短了 BR 的寿命[72,75,81~83]。

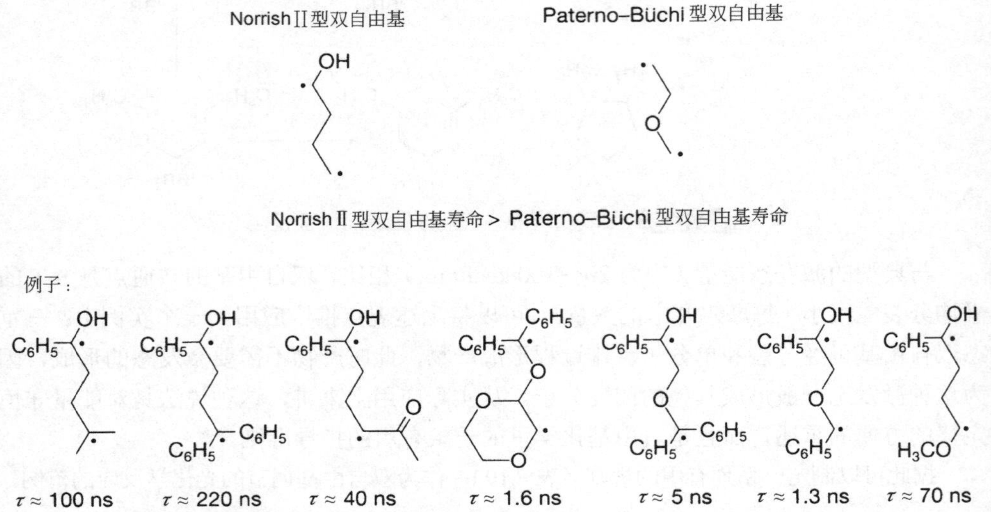

Norrish II 型双自由基　　Paterno–Büchi 型双自由基

OH　　O

Norrish II 型双自由基寿命 > Paterno–Büchi 型双自由基寿命

例子：

C_6H_5, OH　　C_6H_5, OH, C_6H_5, C_6H_5　　C_6H_5, OH, O　　C_6H_5, C_6H_5, O, O, O　　C_6H_5, OH, O, C_6H_5, C_6H_5　　C_6H_5, OH, O, C_6H_5　　C_6H_5, OH, H_3CO

$\tau \approx 100$ ns　$\tau \approx 220$ ns　$\tau \approx 40$ ns　$\tau \approx 1.6$ ns　$\tau \approx 5$ ns　$\tau \approx 1.3$ ns　$\tau \approx 70$ ns

图示 8.25　三重态 1,4-双自由基骨架中氧原子的存在降低了它们的寿命，而芳香取代基可以中等程度地提高这些自由基的寿命

规则 8 的例证是二烯丙基三重态环合生成甲基环戊烷 BR，如图示 8.26 所示。

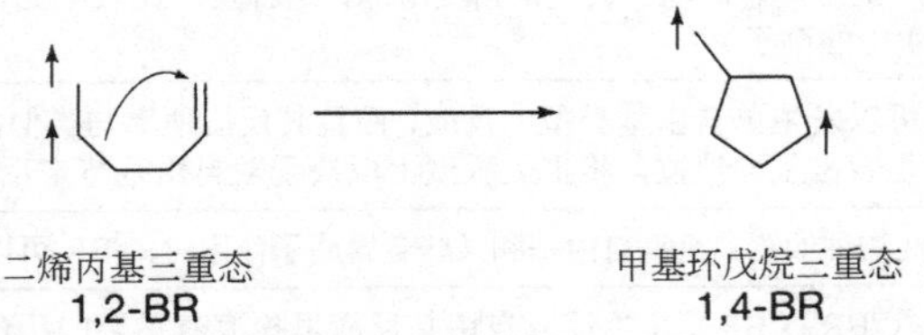

二烯丙基三重态 1,2-BR　　甲基环戊烷三重态 1,4-BR

图示 8.26　规则 8 的例证：奇数电子拥有相同自旋，未成对电子距离越远的结构越稳定

8.38 自旋化学：化学反应的自旋选择原则

基态有机化学的关键参数是获得一定的活化能（ΔG^*），要使反应发生，活化能必须进入反应物，然后进入特定键中。然而，在有机光化学中，自旋是化学体系的另一个本质特性，它在确定反应过程中起着极其重要的作用。自旋很重要是因为在任何基元化学反应步骤中必须保持角动量守恒，尤其是所有的基元化学反应步骤都应保持电子（和核）自旋守恒。化学反应的自旋选择原则可以表述如下：在基元化学反应步骤中，电子（和核）自旋以及它们在特定轴的投影的方向必须保持不变（第 3 章）。自旋守恒具有十分重要的意义，任何基元化学步骤必须是自旋选择性的，并且只有反应物

的自旋态与产物的总自旋态恰好完全相等时反应才能够发生；尤其是单重态前体在新键生成或旧键断裂的基元反应步骤中只能形成单重态产物，而三重态前体在新键生成或旧键断裂的基元反应步骤中只能形成三重态产物。这一规则对光化学中所有*R→I 和 I→P 的过程都有重要意义。

通过记住在反应物中所有指向特定方向的总自旋必须与产物中指向同一方向的总自旋相等可以将自旋守恒原则具体化。以一个双重态（D）和一个单重态（S）的反应为例。单重态总是一个自旋向上，一个自旋向下。双重态（2.36 节）可能自旋向上（D_+↑）或者自旋向下（D_-↓）。根据自旋选择原则，任意双重态和单重态（始态自旋=1/2）的反应，其末态自旋都必须是 1/2，而且末态自旋 1/2 必须与始态自旋 1/2 指向同一方向。我们可以认为下面的自旋允许的过程是双重态“自旋催化”S 转化到 T：D_+(↑)+S(↑↓)→D_-(↓)+T_+(↑↑)或者 D_-(↓)+S(↑↓)→D_+(↑)+T_-(↓↓)。或者，一个双重态可以“自旋催化”T 到 S 的转化，例如 D_+(↑)+T(↓↓)→D_-(↓)+S(↑↓)或者 D_-(↓)+T(↑↑)→D_+(↑)+S(↑↓)。很明显，自旋选择原则中的自旋可以是核自旋或电子自旋！现在我们可以更详细地理解氮氧化物怎样自旋催化 ^{3}BR 的 ISC 过程（图示 8.22）。

自旋守恒选择原则暗示了自旋对基元化学反应步骤的两个重要影响[84]：①化学性质相同而电子自旋量（例如：S 态净自旋为 0，T 态净自旋为 1）不同的物质具有完全不同的化学反应活性；②在基元化学反应步骤中，如果核自旋参与总的电子+核自旋守恒，则核自旋控制化学反应活性；③ISC 过程可以由第三个核或电子自旋催化。

这些特性是“自旋化学”的基础，自旋化学是强调电子和核自旋在化学反应速率和选择性控制方面的作用的一门学科。决定自旋化学速率的关键作用和状态的是固有磁性；此外，这些磁性相互作用和磁态有很小的能量（电子自旋大概是 10^{-3}kcal/mol，核自旋约为 10^{-6}kcal/mol）。与化学键生成和化学键断裂过程中的活化能（ΔG^*）（大于 30 kcal/mol）相比，这些小的能量完全可以忽略不计；即使与室温下的能级（约为 1kcal/mol）相比，这些小的能量也可以忽略不计。电子或磁所有在量子水平上的跃迁都必须遵循能量守恒。在电子或原子核磁的影响下两个能级态发生 ISC 过程，这两个能级态本质上是简并的，也就是说它们必须有相同的能量，这是任何两个能级态发生共振、发生耦合的必要条件。这就意味着处于这两个能级态的自由基中心有接近 0 的交换能 J，否则 S 和 T 的能级将被分开，不能有效磁耦合，进而发生共振。因此，自旋化学最好的反应物是双自由基和自由基对，而且其 J 的数值接近 0。因此，我们只考虑包括 I(RP)和 I(BR)的自旋化学。

8.39 I（RP）和 I（BR）反应的磁效应

对于包括 RP 和 BR 自由基-自由基反应在内的基元反应，^{3}I(RP)→^{1}P 和 ^{3}I(BR)→^{1}P 是自旋禁阻的，因为它们都违反了基元化学步骤中的自旋守恒规则，^{3}I 的净自旋为 1，^{1}P 的净自旋为 0。另一方面，对于基元反应 ^{1}I(RP)→^{1}P 和 ^{1}I(BR)→^{1}P，始态和末态的净自旋均为 0，所以不存在自旋禁阻。对于 $^3I(D)$要进行的自由基-自由基反应，在偶合产物和歧化产物形成之前必须经过中间步骤 ISC 过程，即 $^3I(D)\rightarrow{}^1I(D)\rightarrow{}^1P$ 是必需的。ISC 步骤 $^3I(D)\rightarrow{}^1I(D)$对于自旋化学很关键，这是由于 I(RP)或 I(BR)的 J 值为 0，ISC 步骤会受到磁效应影响（由于电子自旋、核自旋或外加磁场）。鉴于此，可以形成如下的自旋化学原理[84]：经*$R(T_1)$的基元化学反应步骤（一个初级光化学过程）最先形成的 $^3I(RP)$和 $^3I(BR)$不能发生自由基-自由基偶合和歧化反应，它们必须通过某些磁性作用转化成 $^1I(RP)$和 $^1I(BR)$，而 $^1I(RP)$和 $^1I(BR)$对于 ^1P 形成前的自由基-自由基偶合和歧化反应是高活性的。

在 3.19 节中介绍了能将 $^3I(D)$转化成 $^1I(D)$的磁性作用：①电子自旋与电子轨道运动的耦合（自旋-轨道耦合）；②电子自旋与外加实验磁场的耦合（塞曼耦合）；③电子自旋与核自旋的耦合（超精细耦合）。将 $^3I(D)$转化成 $^1I(D)$的磁性作用（自旋-轨道、塞曼、超精细）可以看作一个反应活性转换开关，使惰性的 $^3I(D)$转化成高活性的 $^1I(D)$，进一步生成 ^1P。我们必须时刻牢记，如果 J 引起 $^3I(D)$和 $^1I(D)$能量上的裂分较大，电子交换反应会阻止 $^3I(D)\rightarrow{}^1I(D)$的 ISC 过程，因为 $^3I(D)$和 $^1I(D)$的能量相同才能发生快速 ISC。塞曼耦合是磁场效应(MFE)对 RP 和 BR 化学反应的基础，而电子自旋与核自旋相互作用的超精细耦合是磁同位素效应（MIE）对 ^3RP 和 ^3BR 化学反应影响的基础。自旋-轨道耦合需要自由基中心的轨道重叠（3.25 节）。当 J 接近 0 时，轨道重叠也接近 0。因此，当 RP 和 BR 两个自由基中心距离>0.5nm 时，自旋-轨道耦合通常不那么重要，因为当自由基中心距离>0.5nm 时轨道重叠和电子交换都接近 0。另一方面，当 I(RP)和 I(BR)重叠达到一定程度时，自旋-轨道耦合变得尤其重要，通常比塞曼耦合或超精细耦合的作用强好多。

如果说电子自旋-核自旋的超精细耦合决定了 ISC 的速率，那么 $^3I(D)\rightarrow{}^1I(D)$的过程将取决于核自旋相对于外加磁场的取向。$^3I(D)$的化学反应性对核自旋方向的依赖性引起了化学诱导动态核极化（CIDNP)。成双 RP 的反应和 RP 从溶剂笼逃逸形成 FR 之间的竞争依赖于自旋取向，并由此产生了化学诱导动态核极化（CIDNP)。

8.40 磁场效应（MFE）、磁同位素效应（MIE）、化学诱导动态核极化（CIDNP)的动力学基础

光化学反应的磁场效应通常由两种动力学过程的竞争决定[84]：依赖磁性的自旋过程 $^3I(D)\rightarrow{}^1I(D)$；不依赖磁性的自旋过程 $^3I(D)\rightarrow X$。依赖磁性的自旋过程 $^3I(D)\rightarrow{}^1I(D)$的速率常数为 k_{md}，不依赖磁性的自旋过程 $^3I(D)\rightarrow X$ 的速率常数为 k_{mi}，Φ_{max} 为磁场效应的最大值（Φ_{max} 的单位和大小由特殊的测量确定）。作为一级近似，Φ_{me}（me 代表磁场效应）可按公式（8.78）构成，这已可以定性地讨论磁性的作用。

$$\Phi_{me}=\Phi_{max}k_{md}/(k_{md}+k_{mi}) \qquad (8.78)$$

从公式（8.78）可以得到，为了增大磁场效应，需要使依赖磁性的反应速率常数比不依赖磁性的反应速率常数大，也就是 $k_{md}>>k_{mi}$。对于特殊情况，还应考虑一系列其

他因素。需要注意的是，k_{md}可能不是一个基元反应的简单的速率常数，而是可能受磁场强度（由于外加磁场、自旋-轨道耦合、核自旋、电子自旋）和I(D)自由基中心的距离影响，这是因为自旋-轨道耦合、能量交换、电子交换将取决于两个中心间的轨道重叠。将在8.42节中用简单通用的概念说明MFE、MIE、CIDNP的一般本质，这将需要一个依赖磁性的$^3I(D) \rightarrow ^1I(D) \rightarrow P_1$ 过程和不依赖磁性的$^3I(D) \rightarrow ^1I(D) \rightarrow P_2$过程的竞争。我们将会明白如何通过优化磁场效应使由磁场效应催化的产物P_1相比P_2占主导地位。我们也将明白怎样控制磁场效应使$^3I(D) \rightarrow ^1I(D) \rightarrow P_1$过程减慢成为可能，使$P_2$相比$P_1$占主导地位。

式（8.79）和式（8.80）说明了引起RP磁效应的一个最普遍的竞争：①依赖磁性的路径［式（8.79）］将惰性的$^3I(RP)_{gem}$转化成活性的$^1I(RP)_{gem}$，进而形成成双的偶合或者歧化产物$^1P_{gem}$；②不依赖磁性的路径［式（8.80）］将惰性的$^3I(RP)_{gem}$转化成随机的游离自由基$^2I(FR)_{ran}$，进而形成随机单重态自由基对$^1I(FR)_{ran}$，$^1I(FR)_{ran}$进一步形成随机的偶合或者歧化产物$^1P_{FR}$。形成$^1P_{FR}$的路径包括最初形成的自由基与分子反应产生新自由基，形成的新自由基最终形成$^1P_{FR}$。可以预想BR有一个相似的流程，然而由于双自由基的中心靠共价键相连，致使双自由基在它们的整个寿命中都是成双的，因此需要一个迅速的不依赖磁性的清除过程去获得一系列依赖磁性和不依赖磁性的竞争性反应。

$$^*R(T_1) \longrightarrow {}^3I(RP)_{gem} \xrightarrow{k_{md}} {}^1I(RP)_{gem} \longrightarrow {}^1P_{gem} \quad (8.79)$$

$$^*R(T_1) \longrightarrow {}^3I(RP)_{gem} \xrightarrow{k_{mi}} {}^2I(FR)_{ran} \longrightarrow {}^1I(FR)_{ran} \longrightarrow {}^1P_{FR} \quad (8.80)$$

8.41 磁场效应对^{3}I(RP)和^{3}I(BR)的反应活性以及产物的影响

图3.13提供了$^3I(RP)_{gem}$反应受MFE磁态能量图影响的基础知识。只有当交换作用的值$J \approx 0$时，才能观察到MFE。一般来说，就I(RP)的ISC过程而言，自由基中心的距离接近或者大于0.5nm就能满足J值接近0。通常非黏性的溶剂中I(RP)很容易地在几个皮秒内达到这个距离。然而，当自由基中心的距离很小时，I(BR)的J值一般相当大；只有当I(BR)自由基中心的距离较大（约0.5nm）时才可能观测到MFE存在。

当J=0时，三重态T的3个亚态（T_0,T_{-1}和T_{+1}）彼此简并，同时也和S态同属简并态（图3.13）；对于可简并态体系，在$\boldsymbol{H}_Z$=0时，3个亚态均可发生从T到S的ISC。然而，当给予外加磁场时，只有T_0可以和S发生跃迁；T_{-1}比S和T_0态能量低，而T_{+1}比S和T_0态能量高。事实上，T_{-1}和T_{+1}与S不属于简并态，这阻止了ISC到S的速率。在极端情况下，只有$^3I(RP,T_0) \rightarrow ^1I(RP,S) \rightarrow ^1P_{gem}$可以发生；$^3I(RP,T_{-1},T_{+1})$不产生$^1P_{gem}$。然而，不依靠磁性的扩散分离过程$^3I(RP,T_{-1},T_{+1}) \rightarrow ^2I(FR)_{ran} + ^2I(FR)_{ran} \rightarrow ^1I(RP)_{ran} \rightarrow P_{FR}$可以与$^1P_{gem}$的形成过程进行竞争。当这个竞争存在时，产物$^1P_{gem}$与$P_{FR}$的相对量将取决于外加磁场的强度($\boldsymbol{H}_Z$以及由$\boldsymbol{H}_Z$引起的$T_{-1}$和$T_{+1}$与$T_0$能量值相差多大)。

假设后者成立，只有当$^3I(RP,T_0)_{gem}$经过ISC形成$^3I(RP,S)_{gem}$时，才会发生成双反应[式(8.81a)]。由$^3I(RP,T_{-1},T_{+1})_{gem}$出发，只有当两个电子自旋相反的$^2I(FR)_{ran}$（随机碰撞概率为25%）碰到一起，才能生成自由基产物$^1P_{FR}$［式（8.81b)］。因此可以看出，在极限情况下，当条件适合时，T_0态的化学（成对化学）能够与T_+和T_-的化学（FR化学）完全不同！

$$^3I(RP,T_0)_{gem} \rightarrow {}^1I(RP)_{gem} \rightarrow {}^1P_{gem} \quad (8.81a)$$

$$^3I(RP,T_{-1},T_{+1})_{gem} \rightarrow {}^2I(FR)+{}^2I(FR) \rightarrow {}^1I(RP)_{ran} \rightarrow {}^1P_{FR} \quad (8.81b)$$

室温下，非黏性溶剂中，$^3I(RP)_{gem} \rightarrow {}^2I(FR)+{}^2I(FR)$的扩散分离速率是$10^{-10}s^{-1}$,比ISC过程$^3I(RP,T_0)_{gem} \rightarrow {}^3I(RP)_{gem}$的速率$10^{-8}s^{-1}$大得多。因此，在非黏性溶剂中MFE对于RP的影响可以忽略不计，大部分$^3I(RP)_{gem}$分解成$^2I(FR)$，成双反应是极少数。通常降低$^3I(RP)_{gem}$分离成$^2I(FR)$的速率有两种简便方法：①在高黏性溶剂中产生$^3I(RP)$；②在超分子体系的“超笼”环境下产生$^3I(RP)_{gem}$（第13章），比如胶束，超笼抑制了成双自由基对分离成游离自由基[85]。当然，柔性的$^3I(BR)$自由基中心由于连接两个自由基中心的共价键的存在限制了游离自由基的形成。基于这些考虑，我们认为在黏性溶剂中或在可为RP和BR提供超笼的超分子环境中Φ_{me}值接近最大值。

胶束是表面活性剂分子的聚集体，在水溶液中可以为有机分子提供疏水“超笼”[85]。胶束和其他超分子介质将在13.6节详细讨论。通过使用胶束超笼可以控制酮的α-键裂解产生的三重态双自由基对的寿命。正是通过寿命控制，磁场和磁同位素对于自由基对的自由基-自由基反应的影响才变得合理。

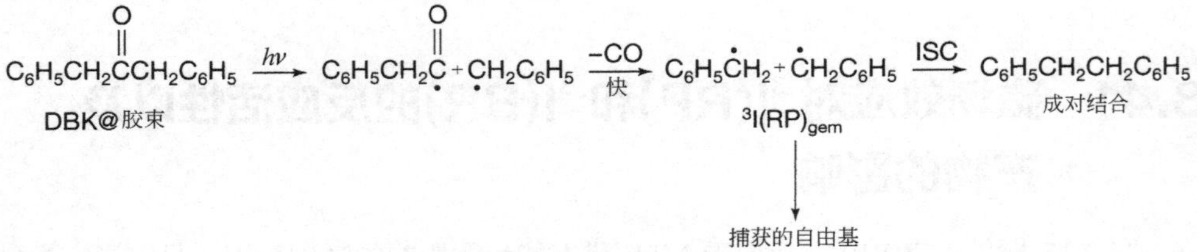

$$C_6H_5CH_2C(=O)CH_2C_6H_5 \xrightarrow{h\nu} C_6H_5CH_2\dot{C}(=O) + \dot{C}H_2C_6H_5 \xrightarrow[\text{快}]{-CO} C_6H_5\dot{C}H_2 + \dot{C}H_2C_6H_5 \xrightarrow{ISC} C_6H_5CH_2CH_2C_6H_5$$

DBK@胶束 $^3I(RP)_{gem}$ 成对结合

↓ 捕获的自由基

图示8.27 DBK在胶束中光解示意

我们用R@胶束表示吸附在胶束超笼中的底物（R），其中@意味着R溶解在胶束超笼里。二苄基酮（DBK）的光解是研究磁同位素和磁场效应对$I(RP)_{gem}$反应的影响的一个极好例子[85]。DBK@胶束光解产生$I(RP)_{gem}$@胶束；RP停留在胶束超笼的时间(约10^{-6}s）比它们在非黏性溶剂的溶剂笼中（约10^{-10}s）的时间长很多。图示8.27给出了DBK@胶束光化学的关键步骤。光解产生的初级成对自由基是苯甲酰基@胶束，它们可以重新复合生成DBK@胶束，也可以脱羰基（约100ns）生成次级苄基-苄基@胶束自由基对。后者可以进行自由基-自由基偶合反应产生1,2-二苄基乙烷，也可以发生一个（或两个）自由基离开胶束形成苄基游离自由基，一旦离开胶束，苄基游离自由基可以被定量捕获。苄基-苄基@胶束自由基对进行自由基-自由基偶合反应的百分数定义为体系的笼效应，并且可以通过选择性捕获所有离开胶束的自由基的方法很容易地测得笼效应[86]。表8.11给出了一些例子，证明了磁场对DBK@胶束光解产生的成对自由基发生偶合反应的影响。

在所有情况下，当光解作用在强磁场($\boldsymbol{H_Z}$)下进行时，DBK@胶束光解时的笼效应会有明显减少。原因如下：在磁场为0G时，3个三重态亚态都可以发生$^3I(RP)_{gem}\rightarrow{}^1I(RP)_{gem}\rightarrow{}^1P_{gem}$过程，此时笼效应达到最大。然而，在磁场为13000G时，因为磁场存在产生的塞曼分裂导致T_+和T_-不能与S共振，因此只有$^3I(RP,T_0)_{gem}\rightarrow{}^1I(RP)_{gem}\rightarrow{}^1P_{gem}$ 可以有效地进行，笼效应明显减小。换句话说，有磁场存在时自由基从胶束逃离的速率保持不变，但是系间窜越的速率降低，结果，很少三重态的成双自由基对进行ISC形成单重态的成双自由基对。一部分长寿命的三重态的成双自由基对逃离胶束超笼，在水溶液中成为游离自由基。因此，当对体系施加外加磁场时，笼效应明显降低。

苄基自由基苯环上的烷基取代基增加了自由基的疏水性（随它们的疏水性增大，自由基在类似碳氢相的胶束核心的溶解性比在水相中会更好）。随着α-裂解产生的苄基自由基中疏水部分的增加，这些自由基从疏水性胶束中逃离的速率下降。结果，三重态成对自由基@胶束有更长的时间进行 ISC；更多的成对自由基在胶束笼内发生偶合反应，因而笼效应增加。例如（表8.11），胶束中两个苄基自由基在外加磁场为0时笼效应约为30%，而胶束中4-叔丁基苄基自由基的笼效应约为95%。在后一个例子中，基本上所有形成的4-叔丁基苄基自由基对都进行了偶合反应。

表8.11 磁场效应对胶束中DBK光解笼效应的影响

酮	笼效应	
	0G时	13000G时
$C_6H_5-CH_2-C(=O)-CH_2-C_6H_5$ 二苄基酮	31	16
$H_3C-C_6H_4-{}^{13}CH_2-C(=O)-{}^{13}CH_2-C_6H_4-CH_3$ 二苄基酮-2,2′-^{13}C	46	22
$H_3C-C_6H_4-CH_2-C(=O)-CH_2-C_6H_4-CH_3$ 4,4′-二甲基二苄基酮	59	31
$(H_3C)_3C-C_6H_4-CH_2-C(=O)-CH_2-C_6H_4-C(CH_3)_3$ 4,4′-二叔丁基二苄基酮	95	76

一些存在于水相中的自由基清除剂（胶束中不存在）可以选择性地清除从胶束逃离的自由基，可以利用这种方法测定笼效应[86]。例如，当胶束表面带正电荷时，胶束外的Cu^{2+}是一个很好的苄基自由基的清除剂，通过电子转移将苄基自由基氧化成苄基阳离子，这些阳离子进一步和水反应生成苄醇，或者和卤素等阴离子反应生成捕获产物$C_6H_5CH_2X$(其中X=OH或者卤素原子)。从表8.11可看出，捕获产物的量=100−［笼效应］。

因此，对 DBK 来讲，在 0G 时，笼产物 1,2-二苯基乙烷的产率是 31%，捕获产物的产率是 69%；在 13000G 时，1,2-二苯基乙烷的产率降为 16%，捕获产物的产率增至 84%。

关于构象灵活的 ^{3}BR 的寿命决定因素，MFE 提供了一些有趣的结果。正如在 3.27 节中提到的，构象灵活的 ^{3}BR 的寿命可能由链的动力学或者 ISC 速率决定。对于一个给定的双自由基，这两种可能性哪个起主要作用取决于一些因素和变量，比如溶剂黏稠度、温度，这些因素可以改变控制 ^{3}BR 的寿命的机制。

关于 MFE 对构象灵活的双自由基的影响，可以考虑 2-苯基环酮光解生成酰基-苄基双自由基的反应（图示 8.28）。在室温下，酰基-苄基双自由基的 ISC 由在酰基自由基中心产生的自旋-轨道耦合控制。这种自由基的寿命对双自由基的大小、^{13}C 的引入、双自由基的氘化以及强磁场的施加等不是很敏感。这些结果表明电子自旋-核自旋超精细耦合对于决定酰基-苄基双自由基的寿命不是很重要。然而，酰基-苄基双自由基的寿命在黏性溶剂中或低温时增加明显。这个结果与链动力学在黏性溶剂（例如甘油）中或者低温下各种溶剂中的寿命有限是一致的。与这一结论相符的现象是磁场对甘油中的酰基-苄基双自由基的寿命没有影响。

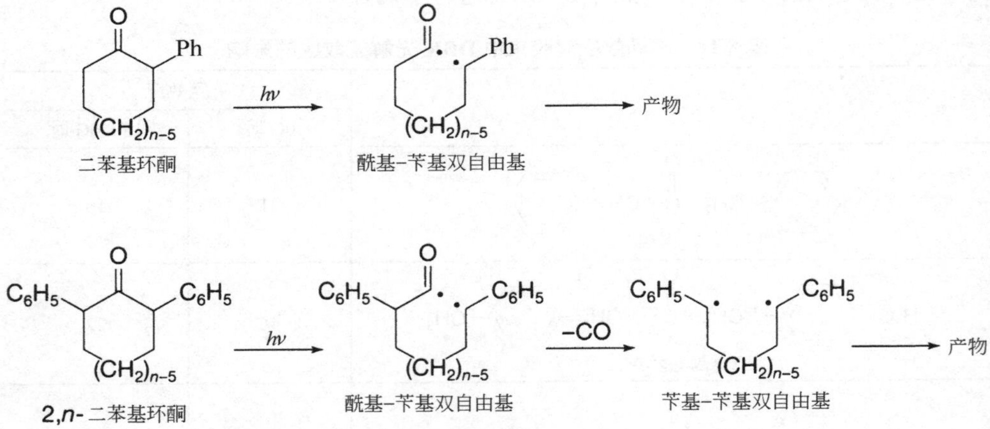

O Ph $(CH_2)_{n-5}$ 二苯基环酮 —$h\nu$→ O Ph $(CH_2)_{n-5}$ 酰基-苄基双自由基 → 产物

C_6H_5 O C_6H_5 $(CH_2)_{n-5}$ 2,*n*-二苯基环酮 —$h\nu$→ C_6H_5 O C_6H_5 $(CH_2)_{n-5}$ 酰基-苄基双自由基 —(−CO)→ C_6H_5 C_6H_5 $(CH_2)_{n-5}$ 苄基-苄基双自由基 → 产物

图示 8.28 2-苯基环酮光解生成酰基-苄基双自由基

这一情况与 2,*n*-二苯基环酮光解产生的双自由基（图示 8.28）有很大的不同。1,*n*-二苯基环酮 *α*-裂解生成的三重态酰基-苄基双自由基迅速脱羰转变成三重态苄基-苄基双自由基[87,88]。对于短链自由基，三重态苄基-苄基双自由基的寿命对施加的外磁场不敏感；而对于长链自由基，外加磁场效应十分明显（图示 8.29）。例如，当外加磁场从 0G 增加到 2000G 时，用$(CH_2)_{10}$链将自由基中心分开的双自由基的寿命增加了约 600%！双自由基的两个自由基中心用$(CH_2)_{10}$链分开时，如果双自由基全氘代，那么 ISC 的速率会减少约 2 倍。这证实了超精细耦合对于长链自由基的 ISC 机制十分重要，因为与 H 相比 D 与电子的超精细耦合能力小。与酰基-苄基双自由基情况相反，即使在非常黏稠的溶剂如甘油中，磁场效应对苄基-苄基双自由基的寿命影响也很大。因此可以得出结论：苄基-苄基双自由基的 ISC 很慢，

即使是在非常黏稠的溶剂中 ISC 仍然比链动力学慢，因此 ISC 对速率起决定性作用。

C_6H_5—$\dot{C}H_2$—$(CH_2)_{10}$—$\dot{C}H$=O（h_5）

60 ns (0 G)
84 ns (2000 G)

C_6D_5—$\dot{C}H_2$—$(CH_2)_{10}$—$\dot{C}H$=O（d_5）

83 ns (0 G)
89 ns (2000 G)

C_6H_5—$\dot{C}H_2$—$(CH_2)_9$—$\dot{C}H_2$—C_6H_5（h_5, h_5）

280 ns (0 G)
1800 ns (2000 G)

C_6D_5—$\dot{C}H_2$—$(CH_2)_9$—$\dot{C}H_2$—C_6D_5（d_5, d_5）

540 ns (0 G)
2400 ns (2000 G)

图示 8.29 结构和氘代对长的柔性 CH_2 链分隔的双自由基寿命的影响

1,*n*-二苯基环酮生成的苄基-苄基双自由基的寿命与将自由基中心分开的碳链中碳原子的个数（图 8.29）有关，这种依赖关系[88]很有意思。图 8.29 中的数据体现了双自由基三重态到单重态的 ISC 存在两种竞争机制：超精细耦合（hfc）和自旋-轨道耦合（soc）。对于长链自由基（*J* 可以减小到接近 0），hfc 起主导作用；而对于短链自由基（*J* 值很大，轨道重叠有利于 soc），soc 起主导作用[79,80]。

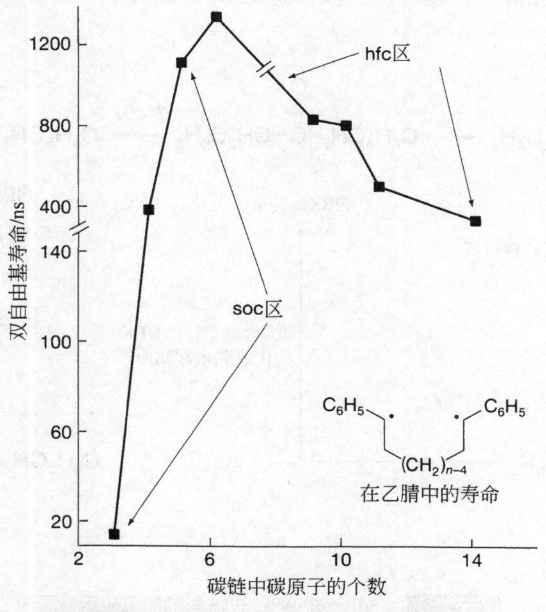

图 8.29 双自由基寿命与链长度的关系[60,61]

8.42 磁同位素效应对 ^{3}I(RP)和 ^{3}I(BR)的反应活性以及产物的影响

图 3.13（$\boldsymbol{H}_Z$=0，J=0）给出了一个能量图，通过这个能量图我们可以了解当不存在磁场和电子交换时怎样使 MIE 对 ^{3}I(D)光反应的影响达到最大化[84]。我们总结得出：MIE 最大化的主要条件是 $\boldsymbol{H}_Z \approx 0$，RP 和 PR 的自由基中心的距离＞0.5nm，以满足 $J \approx 0$。在 $J \approx 0$ 时，电子自旋-核自旋超精细耦合（超精细耦合的大小用符号 a_{hfc} 表示）产生的磁场作用的大小足以引起 ^{3}I(D)→^{1}I(D) ISC 的发生，并起主导作用。当超精细耦合常数决定 ^{3}I(D)→^{1}I(D) ISC 的速率时，会出现一种非常明显的可能性：具有磁性核［例如 ^{13}C 具有磁矩，式（8.82a）］的 I(RP)或 I(BR)与具有非磁性核［例如 ^{12}C 不具有磁矩，式（8.82b）］的 I(RP)或 I(BR)要进行的反应不同，这是由于两种同位素粒子的 ISC 速率不同。

$$^3\mathrm{I}(^{13}\mathrm{C}) \rightarrow {}^1\mathrm{I}(^{13}\mathrm{C}) \rightarrow \mathrm{P}_2 \qquad (8.82\mathrm{a})$$

$$^3\mathrm{I}(^{12}\mathrm{C}) \rightarrow {}^1\mathrm{I}(^{12}\mathrm{C}) \rightarrow \mathrm{P}_1 \qquad (8.82\mathrm{b})$$

图示 8.27 给出了 DBK@胶束的光化学关键步骤。三重态 DBK 发生 α-裂解产生三重态苄基-酰基双自由基，^{3}I(RP)。如果 ISC 足够快，并可以与去羰基化竞争，那么 ^{3}I(RP)可以进行成对自由基的偶合反应，重新生成 DBK。如果 ISC 不发生，酰基自由基去羰基（速率约 $10^7\mathrm{s}^{-1}$），同时形成次级苄基-苄基双自由基和 1 分子 CO。净产物为再生的 DBK（成对自由基的偶合）、1,2-二苯基乙烷和 CO。作为 MIE 的例子[85]，我们考虑胶束中二苄基酮的 α-裂解反应如何使 DBK@胶束的光解过程中 DBK 羰基的 ^{13}C 的量增多（图示 8.30）。

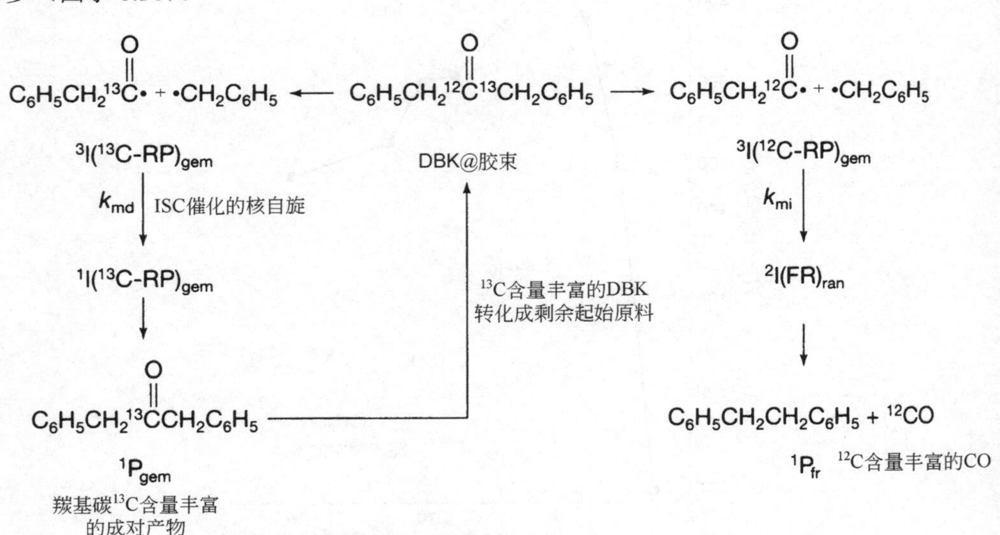

图示 8.30 MIE 对 DBK 光解影响的反应示意图

如果DBK光解部分转化，对回收的酮做^{13}C分析会发现回收的酮在羰基处^{13}C含量十分丰富。对此^{13}C的富集，我们以一个羰基碳含50% ^{13}C和50% ^{12}C的合成的DBK样品为例（图8.30）来分析。当发生α-键裂解时，产生两种同位素形式的自由基对（图示8.30）：①磁性形式的$^{3}I(^{13}C)$，即具有一个与酰基自由基的C═O基团连接的^{13}C原子；②非磁性形式的$^{3}I(^{12}C)$，即具有一个与酰基自由基的C═O基团连接的^{12}C原子。光解时，^{12}C和^{13}C以同等效率产生两组成双自由基对$^{3}I(^{13}C)_{gem}$和$^{3}I(^{12}C)_{gem}$，这里的C仅指C═O中的C。只有经ISC产生$^{1}I(RP)_{gem}$的成对自由基才可以发生成对自由基-自由基反应。自由基对$^{3}I(^{13}C)_{gem}$具有一个磁性核，可以与酰基自由基上的电子发生很强的超精细耦合，能够催化$^{3}I(^{13}C)_{gem}\rightarrow{}^{1}I(^{13}C)_{gem}$ ISC过程，因此使这个过程比$^{3}I(^{12}C)_{gem}\rightarrow{}^{1}I(^{12}C)_{gem}$ ISC过程快。值得注意的是，^{12}C核自旋为零，不具有促进ISC过程的磁矩。因此，自由基对$^{3}I(^{13}C)_{gem}$相比自由基对$^{3}I(^{12}C)_{gem}$能更快地进行成对自由基的偶合反应而再生DBK。然而，$^{3}I(^{12}C)_{gem}$可以进行不依赖磁性的去羰基过程。在极限情况下，所有磁性自由基对$^{3}I(^{13}C)_{gem}$进行偶合反应生成在羰基处只含^{13}C的DBK，所有非磁性自由基对$^{3}I(^{12}C)_{gem}$进行去羰基过程生成只含^{12}C的CO（图示8.30）。

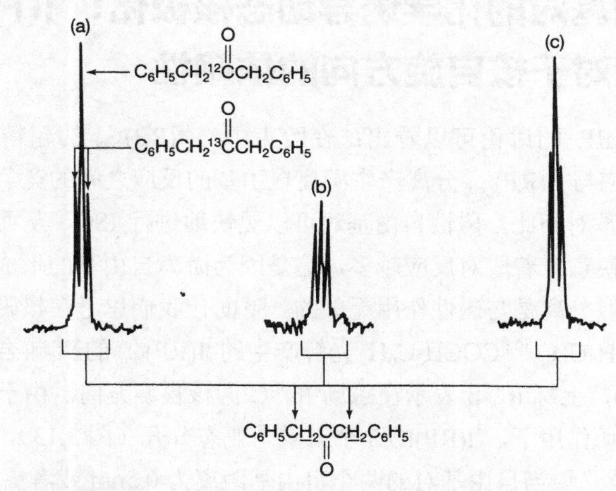

图8.30 DBK@胶束光解时^{13}C富集的NMR示例

（a）DBK@胶束的原始样品羰基碳含50%的^{13}C；（b）无外加磁场时DBK@胶束光解转化率为90%时的样品；（c）有外加磁场时DBK@胶束光解转化率为90%时的样品

图8.30给出了MIE对DBK@胶束影响的实验数据。图8.30（a）给出了在羰基处^{13}C含量高达50%的DBK的CH_2基团的^{1}H NMR光谱，其表现为三重峰。三重峰的中心信号与^{12}C-DBK的信号相对应，并且是一个单重峰，因为羰基处的^{12}C不具有核自旋，因此^{12}C不能与CH_2基团的质子进行核自旋-核自旋耦合。中心信号左右两个“卫星式”信号与^{13}C-DBK对应（这两个信号是由于羰基处的^{1}H和^{13}C的核自旋-自旋耦合产生）。图8.30（b）给出了DBK光解转化率约90%时的NMR光谱。由于光解，DBK中^{13}C含量从50%增加到65%。光解通过MIE使DBK中^{13}C含量增加，即通过

光化学作用将 ^{13}C 和 ^{12}C 分开：MIE 促使在羰基碳处为 ^{13}C 的成对自由基快速地发生偶合反应，同时促进羰基碳为 ^{12}C 的自由基去羰基产生 CO。

从上面讨论的 MIE 的例子可以得到：在强磁场存在时，由于 T_+和 T_-不能迅速进行 ISC，MIE 的效率下降，因此 T_+和 T_-会变成游离自由基，从而发生去羰基过程，而不会发生偶合反应。事实上，使用强磁场会明显降低同位素分离的有效性[图 8.30(c)]。

这个例子表明 MIE 可以提供将磁性同位素（^{13}C）与非磁性同位素（^{12}C）分开的方法。其他涉及 MIE 的例子已有报道[84b]。在这些例子中，通过几种方法将 ^{17}O（磁性同位素）与 ^{16}O 和 ^{18}O（非磁性同位素）分开效果是十分显著的。

最后，去羰基产生的成对自由基［$C_6H_5CH_2$/ •CH_2CH_6］在胶束中存在时间足够长，具有 31%的显著笼效应（表 8.11）。DBK 中 CO 基团的 ^{13}C 被取代不会引起笼效应的变化。然而，CH_2 基团的 ^{13}C 被取代会使笼效应升至 46%，表明磁场同位素效应是对去羰基产生的次级成双自由基对起作用，而不是对初级成双自由基对起作用。

8.43 自由基对的化学诱导动态核极化：$^3I(RP)_{gem}$化学反应对于核自旋方向的依赖性

从上面关于 MIE 的讨论可以看出：在胶束中，$^3I(RP)_{gem}$ 的超精细耦合可以控制 $^3I(RP)_{gem}$的偶合反应与 $^3I(RP)_{gem}$ 分离产生游离自由基的反应之间的竞争。MIE 的理念表明，与非磁性自由基对相比，磁性自由基对可以更快地进行 ISC，从而引起成对反应。$^3I(RP)_{gem}$ 的 ISC 越快意味着成对反应越多，这是因为游离自由基的形成只需要自由基对的扩散分离，而扩散分离是与磁性作用无关的。下面让我们思考在核磁光谱仪的磁场作用下核自旋对酮 $C_6H_5CH_2{}^{13\alpha,\beta}COCH_2C_6H_5$ 光解产生的 $^3I(RP)_{gem}$ 的影响(合成的 DBK 在 CO 基团 ^{13}C 含量丰富)，上标 α、β 表示在磁场中 ^{13}C 的核自旋方向。由于 $^3I(RP)_{gem}$ 是处于核磁光谱仪的强磁场作用下，$^3I(RP)$的 3 个三重态亚态分开（图 3.13），而且 J 值各有不同。当 J=0 时，也就是说当自由基对的两个自由基距离为 0.5nm 或者更大时，只有 $^3I(T_0)$ 能与 S 处于简并态。在此情况下，在核磁光谱仪上 $^3I(T_0)\rightarrow{}^1I(S)$ ISC 能有效发生。让我们重新考虑 DBK 光解产生的苄基-酰基双自由基反应的例子（图示 8.30），但是这次（图示 8.31）主要是看酰基自由基 ^{13}C 的核自旋方向（α 或 β）对 $^3I(RP)_{gem}$ 的 ISC 速率的影响。含有 α 和 β $^{13}\dot{C}$ 核自旋的三重态成对自由基对分别记为 $^3I(RP)^{\alpha}_{gem}$ 和 $^3I(RP)^{\beta}_{gem}$，并假设 β 自旋方向比 α 自旋方向更有利于 ISC。在这种情况下，相比 $^3I(RP)^{\alpha}_{gem}$，$^3I(RP)^{\beta}_{gem}$ 将进行更快的 ISC，从而产生 $^1I(RP)^{\beta}_{gem}$，进而发生更多成对偶合反应。因为 $^3I(RP)^{\alpha}{}_{gem}$ 一定程度上比 $^3I(RP)^{\beta}_{gem}$ 要慢地进行成对偶合反应，所以 $^3I(RP)^{\alpha}_{gem}$ 在更大程度上进行去羰基过程，产生 CO 和一对苄基自由基。这种状态与 MIE 类似，区别在于这种情况的自由基对处于强磁场下，$^3I(RP)^{\beta}_{gem}$ 产生的成对偶合产物沿 β 核自旋方向占优势，同时 $^3I(RP)^{\alpha}_{gem}$ 产生的非成对偶合产物沿 α 核自旋方向占优势（图示 8.31）。$^3I(RP)^{\beta}_{gem}$ 的成对偶合反应与

$^3I(RP)^{\alpha}_{gem}$ 的去羰基反应的竞争可以将 $C_6H_5CH_2{}^{13\alpha,\beta}COCH_2C_6H_5$ 的 ^{13}C 核自旋转变成 $C_6H_5CH_2{}^{13\beta}COCH_2C_6H_5$（成对产物）和 $^{13\alpha}CO$（非成对产物）。

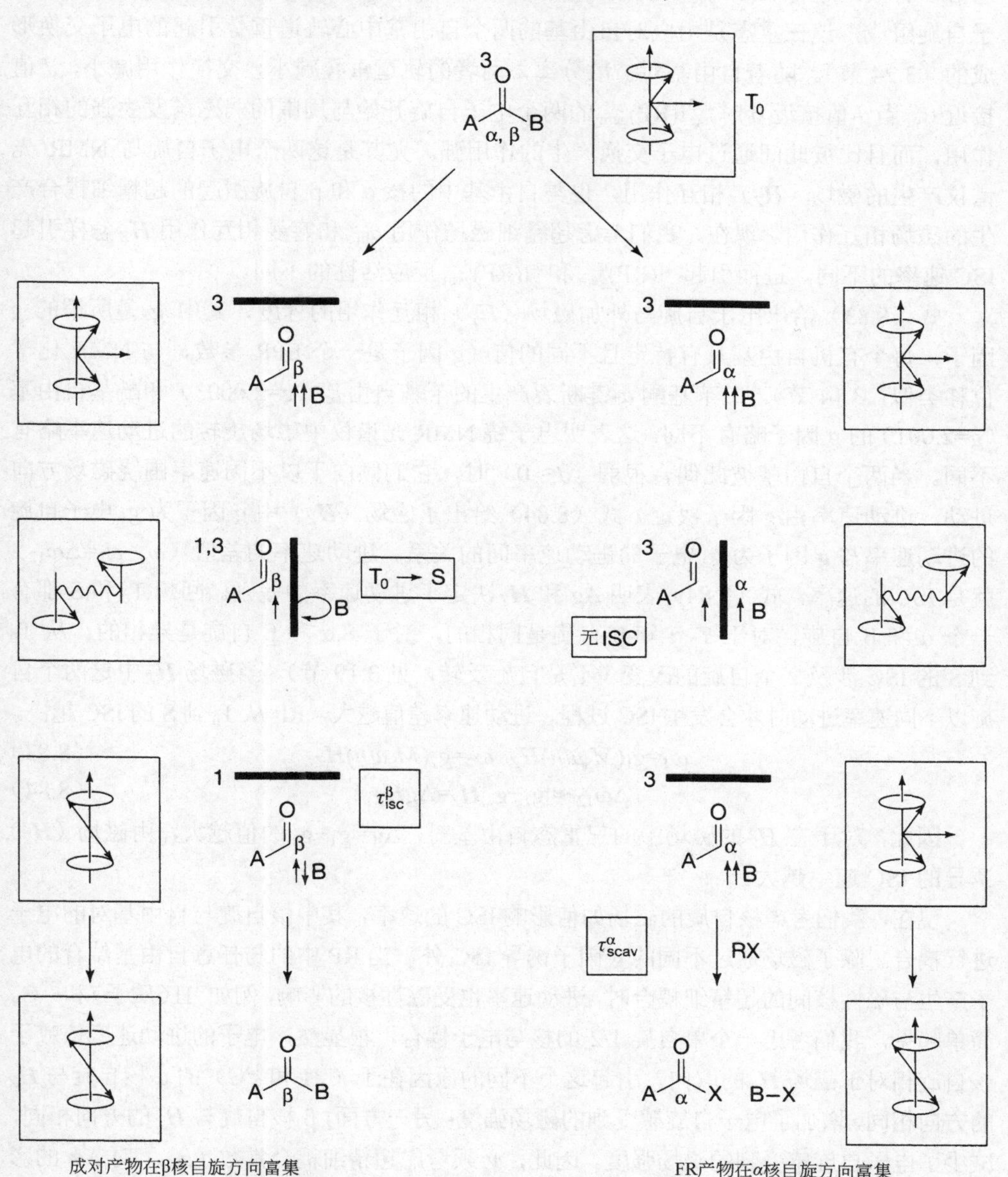

图示 8.31 成对产物在 β 核自旋方向富集和 FR 产物在 α 核自旋方向富集的模型

我们假设了有 β 核自旋的 $^3I(RP)_{gem}$ 比有 α 核自旋的 $^3I(RP)_{gem}$ 能更快地进行 ISC。对于一个给定体系，怎样确定事实上是 ^{13}C 核的 α 核自旋还是 β 核自旋加快了 $^3I(RP)$ 的 ISC 过程？为了回答这个问题，我们需要考虑实验磁场（$\boldsymbol{H}_Z$）和超精细耦合（a_{hfc}）

对于 $^3I(RP)_{gem}$ 的 ISC 速率的影响。当 $^3I(RP)_{gem}$ 处在 NMR 光谱仪的强磁场下，只有 T_0 态可以有效地进行 $^3I(RP)_{gem}\rightarrow{}^1I(RP)_{gem}$ 的 ISC。$^3I(RP)_{gem}$ 的 T_0 态由最初为三重态的电子自旋组成，该三重态是由成对自由基的两个自由基中心轨道重叠引起的电子交换形成的（3.24 节）。随着自由基对扩散分离，两者的轨道重叠减小，交换作用减小，J 值接近 0。当 J 值接近 0 时，$^3I(RP)_{gem}$ 的两个电子自旋开始与周围的弱磁场发生强的相互作用，而且比彼此间通过电子交换产生的作用强。尤其是这两个电子自旋与 NMR 光谱仪产生的磁场（$\boldsymbol{H}_Z$）相互作用，也与自由基中的核 α 和 β 自旋引起的超精细耦合产生的磁场相互作用。现在，我们考虑超精细磁场作用 a_{hfc} 和塞曼相互作用 $\boldsymbol{H}_Z$ 怎样引起 ISC 速率的不同，进而引起 $^3I(RP)^{\alpha}_{gem}$ 和 $^3I(RP)^{\beta}_{gem}$ 反应活性的不同。

式（8.83）给出电子自旋与外加磁场（$\boldsymbol{H}_Z$）相互作用的程度，其中 g 是所谓的 g 因子，每个有机自由基具有特定且不同的值（g 因子是一个 EPR 参数，与 NMR 化学位移类似，3.14 节）。二苄基酮 α-键断裂产生的苄基自由基（g=2.0003）和酰基自由基（g=2.001）的 g 因子略有不同。这表明电子绕 NMR 光谱仪中磁场旋转的进动速率略有不同。当两个自由基彼此偶合很弱（$J\approx0$）时，它们倾向于以不同速率围绕磁场方向进动，进动速率由 g 因子决定。式（8.84）给出了磁场（$\boldsymbol{H}_Z$）中 g 因子为 g_1 电子自旋的进动速率与 g 因子为 g_2 电子的进动速率间的关系。进动速率的差值（$\omega_1-\omega_2=\Delta\omega_{12}$）就是 ISC 的速率，式（8.84）表明 Δg 和 $\boldsymbol{H}_Z$ 决定了进动速率的差别。回想 T_0 和 S 都有一个 α 和 β 自旋，对于 T_0,α 和 β 自旋是同相的，对于 S,α 和 β 自旋是异相的。从 T_0 到 S 的 ISC 涉及 2 个自旋的改变（不是自旋反转，见 3.19 节），当磁场 $\boldsymbol{H}_Z$ 中这两个自旋以不同速率进动时才会发生 ISC 过程。进动速率差值越大，RP 从 T_0 到 S 的 ISC 越快。

$$\omega_1=g_1(M_S\mu/\hbar)\boldsymbol{H}_Z \quad \omega_2=g_2(M_S\mu/\hbar)\boldsymbol{H}_Z \tag{8.83}$$

$$\Delta\omega_{12}\approx|g_1-g_2|\boldsymbol{H}_Z=\Delta g\boldsymbol{H}_Z \tag{8.84}$$

因此，对于在 $\boldsymbol{H}_Z$ 的磁场中的三重态自由基对，$\Delta g=|g_1-g_2|$的值越大，由磁场（$\boldsymbol{H}_Z$）诱导的 ISC 速率越大。

现在，我们考虑核自旋的磁场如何影响 ISC 的速率，其中核自旋与自由基对的电子进行耦合。除了磁场通过不同的 g 因子诱导 ISC 外，当 RP 中的与任意自由基结合的电子产生与磁性核间的超精细耦合时，进动速率也受磁性核的影响，例如 ^{1}H（质子）和 ^{13}C。简单起见，我们考虑一个单自旋 1/2 的核与电子耦合，很显然，电子的进动速率依赖于核自旋相对于磁场 $\boldsymbol{H}_Z$ 的取向。引起这个不同的原因在于（^{1}H 和 ^{13}C）的 α 核自旋与 $\boldsymbol{H}_Z$ 的方向相同，增加了电子自旋感受到的磁场强度；另一方面，β 核自旋与 $\boldsymbol{H}_Z$ 的方向相同，减少了电子自旋感受到的磁场强度。因此，必须考虑超精细耦合常数（a_{hfc}）对 $\Delta\omega$ 的影响，对式（8.84）进行修正会得到式（8.85a）和式（8.85b）的表达形式。

$$\Delta\omega_{\alpha}\approx[(g_1-g_2)\,\boldsymbol{H}_Z+a_{hfc}]/\hbar \quad (\boldsymbol{H}_Z\text{加 α 自旋}) \tag{8.85a}$$

$$\Delta\omega_{\beta}\approx[(g_1-g_2)\,\boldsymbol{H}_Z-a_{hfc}]/\hbar \quad (\boldsymbol{H}_Z\text{减 β 自旋}) \tag{8.85b}$$

从式（8.85a）和式（8.85b）可以看出，$\Delta\omega_{\alpha}$ 和 $\Delta\omega_{\beta}$ 的绝对大小取决于下面几个因素：①g 因子的差值大小$|g_1-g_2|$；②g 因子差值的符号（g_1 与 g_2 差值的符号可以是正的

或者负的，取决于各自的大小）；③ 超精细耦合常数，a_{hfc}的大小；④ 耦合常数a_{hfc}的符号（耦合常数可以为正或者负）。从图 8.31 的具体实例中，我们也许能够很好地理解这几个因素如何共同作用决定到底是α自旋产生成对产物还是β自旋产生 FR 产物。在图 8.31（a）中，酰基-苄基双自由基中两个自由基的 EPR 光谱分别以示意图表示出来（顶部为酰基自由基，底部为苄基自由基）。酰基自由基的g值为 2.001，苄基自由基的g值为 2.003。为了使光谱与式（8.85a）和式（8.85b）的联系更明显，x轴表示的是$\boldsymbol{H}_Z$固定时的频率ω。例如，有较大g值的苄基自由基比酰基自由基有更高的频率。

假设主要的超精细耦合是由酰基自由基的 ^{13}C 引起的。酰基自由基的g值为 2.001。$C_6H_5CH_2{}^{13}CO$ 的超精细耦合常数a_{hfc}的值为 120G，所以 $C_6H_5CH_2{}^{13\alpha}CO$ 和 $COC_6H_5CH_2{}^{13\beta}CO$ 与光谱中心的距离各为 60G［图 8.31（b）］。酰基自由基的光谱中心与图 8.31（a）中的ω_1对应（^{12}C，没有超精细耦合），因此光谱中心与 $C_6H_5CH_2{}^{12}CO$ 自由基的信号位置对应。a_{hfc}的信号为正值，这意味着 α 自旋与磁场方向一致，β 自旋与磁场方向反平行。因此，$C_6H_5CH_2{}^{13\alpha}CO$ 自由基比 $C_6H_5CH_2{}^{12}CO$ 的磁场增加 60G，$C_6H_5CH_2{}^{13\beta}CO$ 自由基比 $C_6H_5CH_2{}^{12}CO$ 的磁场减小 60G。结果 $C_6H_5CH_2{}^{13\alpha}CO$ 的进动频率比ω_1高，$C_6H_5CH_2{}^{13\beta}CO$ 的进动频率比ω_1低。

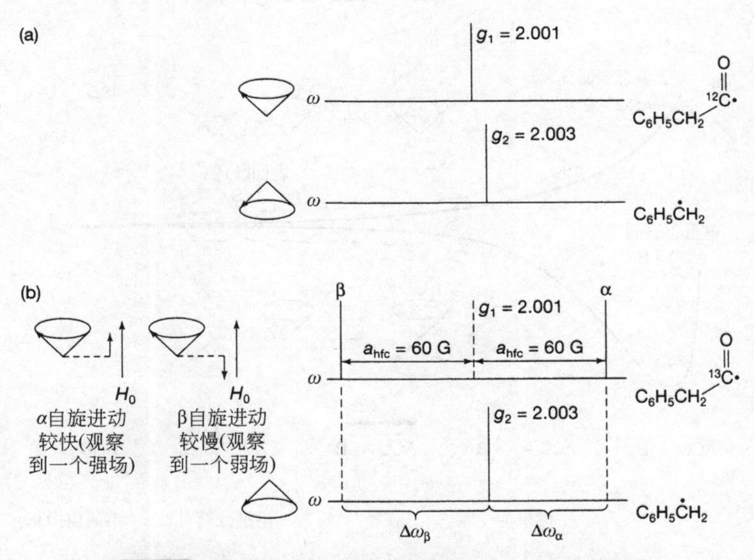

图 8.31 DBK 光解产生的自由基对的 EPR 光谱示意图

EPR 从低能级的二重态跃迁到高能级的二重态，在 EPR 电子自旋跃迁过程中核自旋不发生改变

现在来看图 8.31 的信息与光解产生的 $^3I(RP)_{gem}$ 的 ISC 速率的相互关联。$^3I(RP)_{gem}$ 不是由单一的自由基组成，而是含核自旋异构体［$C_6H_5CH_2{}^{13\alpha}\dot{C}O$，$C_6H_5\dot{C}H_2$］或者［$C_6H_5CH_2{}^{13\beta}\dot{C}O$，$C_6H_5\dot{C}H_2$］的自由基对。从图 8.31 可以看出，$\Delta\omega_\beta$的值明显比$\Delta\omega_\alpha$大。因此，$^3I(RP)^{\beta}_{gem}\rightarrow{}^1I(RP)^{\beta}_{gem}$ 的 ISC 速率比 $^3I(RP)^{\alpha}_{gem}\rightarrow{}^1I(RP)^{\alpha}_{gem}$ 的 ISC 速率大；重新结合产物中 $C_6H_5CH_2{}^{13\beta}COCH_2C_6H_5$ 的含量较高，系间窜越稍慢一些的 $C_6H_5CH_2{}^{13\alpha}\dot{C}O$ 自由基将

脱羰基生成 $^{\alpha}$CO。这一分析预示着在光解过程中对 DBK 进行 NMR 光谱测试，DBK 的羰基碳将表现为发射信号（β 核自旋富集），CO 将表现为强的吸收信号（α 核自旋富集）。实验结果（图 8.32）也证实了这一预测。图 8.32 也给出了 DBK 在暗处时的 NMR 光谱。后者核自旋处于平衡态，或者可以称为玻尔兹曼布居（Boltzmann population）。平衡态时，α 和 β 核自旋的数量差异很小，因此未被激发的 DBK 羰基的 ^{13}C 强度不能通过实验测得！

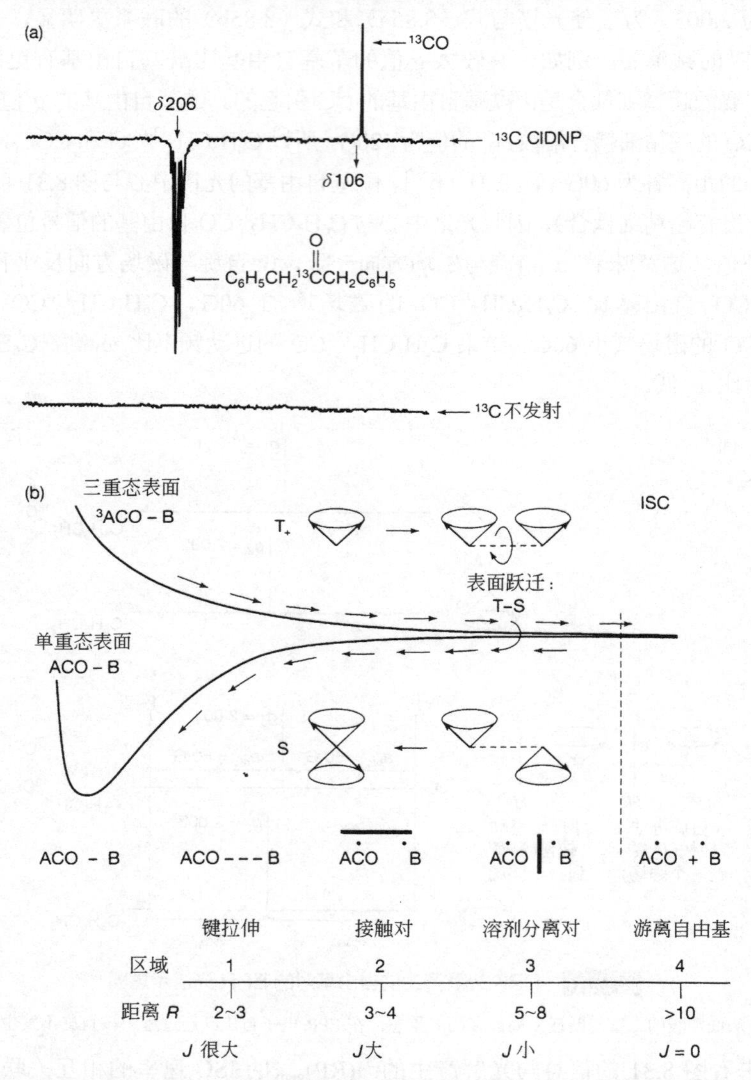

图 8.32 （a）^{13}C CIDNP 实验数据，这些数据是在二苄基酮的光解过程中通过产生极化核自旋（8.30 节）测得的，低场处（206nm）的信号峰是二苄基酮的羰基碳的峰，随着快速的自旋选择性耦合导致沿 β 核自旋富集，而高场处的信号峰是 CO 分子的信号峰，由于偶合反应慢而脱羰反应快，该信号沿 α 核自旋富集；（b）表示一个代表性的节点最初在三重态势能面运动，接着变成自由基或者经历系间窜越到达单重态势能面的示意图

从图 8.32（a）可以明显地看出：选择合适的条件，CIDNP 产生的极化核自旋能够使 NMR 信号产生较大程度的增强。原则上，成对产物中 β 自旋的数量应该与 FR 产物中 α 自旋的数量一致。然而，由于游离自由基能存活较长的时间，会发生核弛豫，并降低了核极化的数量，而通常核极化产生最终产物。在图 8.32（a）中，^{13}CO 信号很微弱，因为脱羰作用发生在游离自由基 $C_6H_5CH_2{}^{13\alpha}\dot{C}O$，其中会有一些 α 自旋弛豫变为 β 自旋，而每个 β 自旋抵消一个 α 自旋产生的极化，因此降低了 α 自旋的极化能力。

化学诱导动态核极化是一个非常有用的机制探针，可以用来证明光化学反应中有 RP 的参与[89]。式（8.85a）和式（8.85b）表明，光解一个特定分子产生的 NMR 谱是发射光谱还是增强的吸收光谱，取决于 g_1–g_2 和 a_{hfc} 的符号与大小。此外，成对的 $I(RP)_{gem}$ 自旋开始发生作用。因此，如果 g_1–g_2、a_{hfc} 这两个数值的符号与大小已知，$I(RP)_{gem}$ 自旋就可以推断出来。一系列名为 Kaptein 的规则可以提供以下两方面的信息：观测到的 CIDNP 中前体的自旋；或者用 NMR 观测成对自由基前体形成产物。在一些较理想的例子中，可以利用时间分辨 CIDNP 观察产物的 NMR 从自由基前体开始增长的过程[89b]。

图 8.32（b）系统地总结了磁同位素效应和 CIDNP 的基础知识，以能级图形式形象地展示了自旋变化和 J 对于距离的依赖关系。胶束的作用用虚线标出，它代表的是在胶束中一对自由基所能达到的最大分开距离。在非黏性溶液里，自由基对能够分开成为游离自由基。在胶束中，系间窜越之后整个体系跳跃到单重态，从而发生自由基-自由基偶合反应。

8.44 构象灵活双自由基的 CIDNP

通过上述讨论我们知道了电子交换和超精细耦合作用在决定自由基对系间窜越过程中的作用。因此可以预期小双自由基中可能观测不到 CIDNP 现象，这是因为这类自由基的 J 数值较大，故能够促进自旋-轨道耦合与系间窜越的竞争，自旋-轨道耦合又与核自旋无关。综上所述，如果自旋-轨道耦合能够控制系间窜越速率，那么就不能观察到这些双自由基的 CIDNP 或者 CIDNP 非常弱。事实上，对自由基中心间隔 5 个或者 5 个以下亚甲基的柔性双自由基来说，CIDNP 现象通常都会很弱或者根本观测不到。然而，对自由基中心间隔 6 个或者 6 个以上亚甲基的柔性双自由基来说，CIDNP 可测[90]。I(BR)和 I(RP)的 CIDNP 的机制大不相同，这是因为 I(BR)自由基中心不能通过不可逆转的扩散分离作为竞争通道去分裂开 α 核自旋和 β 核自旋。然而，对于双自由基的中心有一定程度的分离时，会发生特定的 T_{-1}→S 的磁表面的窜越［图 8.33（a）］。

在这个跃迁窜越节点处，如果原子核的自旋翻转能够补偿在 T_{-1}→S 中的电子自旋角动量的变化，那么 $^3I(BR)\rightarrow{}^1I(BR)$就会发生且角动量守恒。在 $T_{-1}\rightarrow S$ 中电子自旋（−1 到 0）增强了+1$\hbar$，因此对应的原子核的自旋翻转必定降低−1$\hbar$。这个核自旋翻转对应的是 α（+1/2$\hbar$）$\rightarrow\beta$（−1/2$\hbar$）的原子核自旋翻转。总的来说，$^3I(BR)^{\alpha}\rightarrow{}^1I(BR)^{\beta}$ 系间窜越是自旋允许的，$^3I(BR)^{\beta}\rightarrow{}^1I(BR)^{\alpha}$ 系间窜越是自旋禁阻的（电子和原子核自旋都增加 1 个单位，因此电子自旋变化不能被原子核自旋变化补偿）！逻辑上，$^3I(BR)^{\alpha}\rightarrow{}^1I(BR)^{\beta}\rightarrow P^{\beta}_{BR}$ 过程能够沿产生 β 原子核自旋增强的产物是整体自旋允许的。因此可以预测，通过照射环状酮化合物产生的构象灵活的双自由基（>5 碳原子的环状酮，保证 J 趋于 0）可以在 NMR 光谱分析仪中观测到全发射的 CIDNP 光谱，并没有伴随着增强型的吸收谱（自由基对的 CIDNP 中出现）！环庚酮的 ^{1}H CIDNP 谱就是这种情况［图 8.33（b）］，它的所有信号全部是发射型信号。

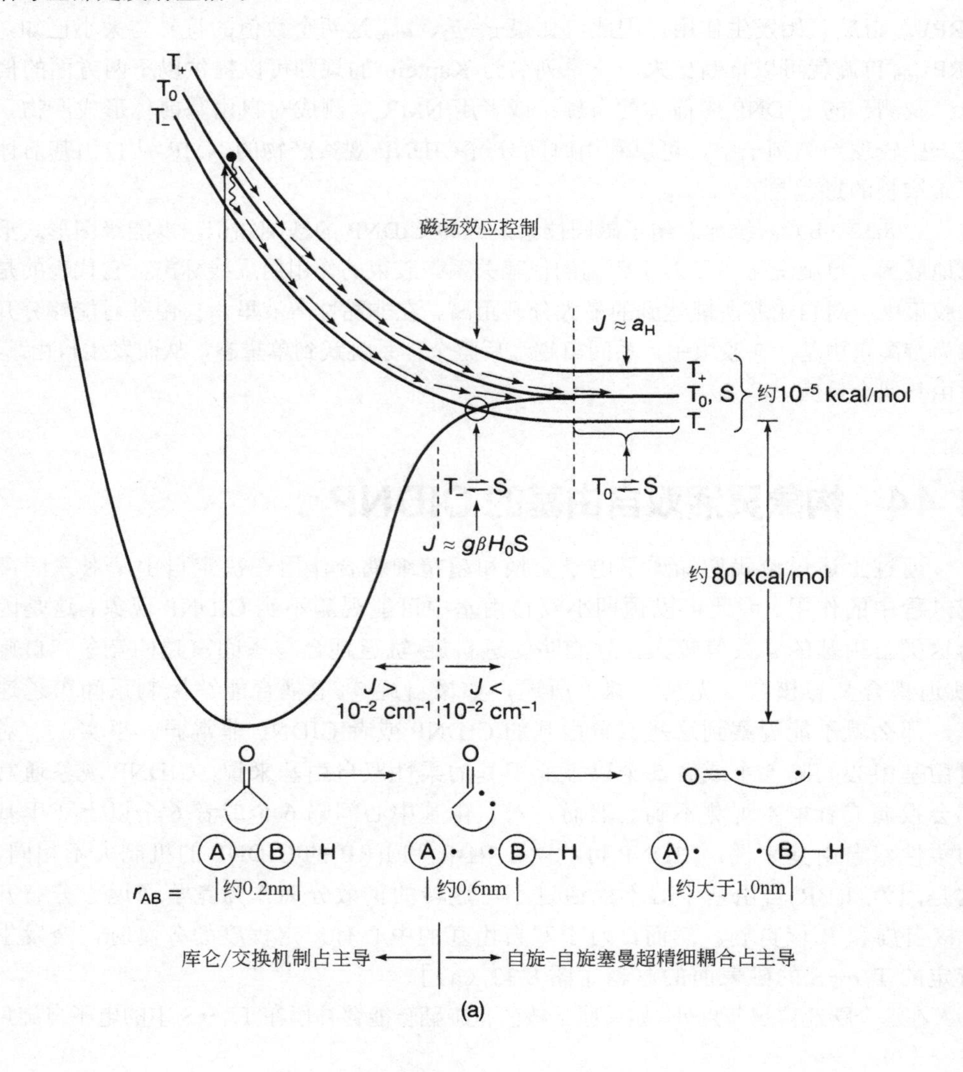

(a)

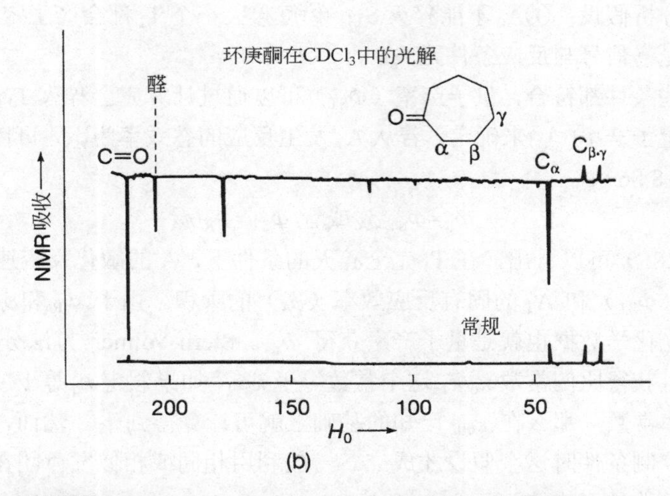

图8.33 双自由基CIDNP的$T_- \to S$系间窜越机制示意图(a)及该机制导致的双自由基全发射的实验例子(b)

8.45 化学光谱学：利用光化学反应研究激发态的能量和动力学

我们用“化学光谱学”这一术语[91]定义这样一种原则：利用光化学反应研究处于电子激发态分子的性质，而这种性质一般由光谱方法直接测定。例如，如果磷光或者单重态到三重态的吸收光谱在反应中不能直接测量时，化学光谱就可以成为普通光谱学的一种替代手段。

化学光谱[92]已经成功地应用于计算三重态能量(E_T)和系间窜越(ISC)效率(Φ_{ST})。因为化学光谱一般是基于假定一种非常简单的方案，这可能不适用于特定实验条件下的反应，因此实验体系的选择和实验结果的解释必须谨慎。

化学光谱学原则应用于三重态时的概念如图示8.32所示，可以确定系间窜越量子产率(Φ_{ST})、三重态能量(E_T)以及三重态寿命(τ_T)。

假设我们研究的反应物分子具有发生于S_1态和T_1态的标准衰变途径。选择性的三重态受体分子(A_0)的加入猝灭了反应物的T_1态，从而产生受体三重态A_T，受体三重态A_T进而会发生特征反应或者产生特征光

$$S_0 \xrightarrow{h\nu} S_1 \qquad \text{(激发作用)}$$

$$S_1 \longrightarrow T_1 \qquad \text{(系间窜越)}$$

$$T_1 + A_0 \longrightarrow S_0 + A_T \qquad \text{(能量转移)}$$

$$T_1 \xrightarrow{k_T} S_0 \qquad \text{(三重态衰变)}$$

$$T_1 \xrightarrow{k_R} \text{特征反应} \qquad \text{(受体光谱信号变化)}$$

图示8.32 化学光谱学策略中的基本过程
(A_0和A_T分别表示受体的基态和三重态)

谱信号。该分析假设：①A_0不能猝灭S_1；②每猝灭一个T_1都会产生定量的A_T；③A_T的反应或者光谱信号与反应条件无关。

如果这些条件都符合，量子产率（Φ_{ST}）可以通过计算完全猝灭T_1时A_T发生反应生成产物的量子产率(Φ_R)来确定。若从A_T发生反应的态效率为ϕ_A，可以用下列式子计算Φ_{ST}［式（8.86）］。

$$\Phi_R=\Phi_{ST}\,\phi_A \text{ 或者 } \Phi_{ST}=\Phi_R/\phi_A \tag{8.86}$$

从式（8.86）可以看出，在T_1完全猝灭的条件下，A的敏化反应速率等于形成T_1的量子产率（Φ_{ST}）和A_T的固有反应效率（ϕ_A）的乘积。由于Φ_R和ϕ_A都可测，就可以利用这些光化学数据也就是量子产率获得Φ_{ST}。Stern-Volmer方法分析三重态A的敏化反应时可获得比例常数κ_q/κ_T,这个常数等于$\kappa_q\tau_T$。如果假定κ_q等于或者接近扩散控制的猝灭速率常数，那么在κ_{diff}已知的基础上就可计算得到τ_T。然而，只有当猝灭步骤满足扩散控制条件时这个假设才成立。一般利用相同或相似发色团在相似的实验条件下的速率常数是可能的。

上述讨论的化学光谱学示意图，在许多假设的基础上适用于一些精心选择的体系。通过选择具有合适激发态能量的受体，可以使三重态-三重态能量转移是放热过程，而单重态-单重态能量转移是吸热过程（参见原理篇第7章）。

这种供体-受体体系涉及的思想与图8.22所示相同，但入射光直接激发羰基化合物形成的化学光谱除外（不是由间接的单重态能量转移形成）。这种情况下，三重态猝灭剂的浓度（1-甲基萘）相对较小（不像图8.18所示的那样用作溶剂!），并且可由酮类化合物的激发态寿命决定所用态猝灭剂的浓度：选择的猝灭剂浓度应该使99%酮类化合物的三重态的衰变是通过能量转移完成的，如图8.34所示。我们曾经用术语“识别标志”来表述*R或者I的实验特征（一般是光谱特征），这样我们能够选择性地确定光化学反应过程中出现的反应中间体。图8.34提供了一个这样的例子：三重态1-甲基萘一般呈光化学反应惰性，因此该三重态的形成并不产生特征产物。然而，激光闪光光解实验表明1-甲基萘的T_1态在约420nm处有强的长寿命吸收峰（萘的三重态“识别标志”）。

化学光谱的另一个重要应用是可以确定三重态的能量。关键点在于，如果一对分子或者构象异构体具有不同的三重态能量，那么：①只要能量转移过程放热几千卡每摩尔（也就是说向每个分子的能量转移认为接近扩散控制），三重态能量供体会有效地激发受体分子；②当能量转移是吸热时，三重态能量供体不能有效地激发受体分子。

同样的原则可以适用于确定供体的三重态能量（通过使用一系列猝灭剂）或者受体的三重态能量（通过使用一系列三重态能量已知的敏化剂）。图8.35[93]给出了一个例子，用于确定反丁烯二腈的三重态能量。在这个例子中，测定了反丁烯二腈在室温、苯溶剂中猝灭许多光敏剂的速率常数。根据降至扩散极限以下的敏化剂能量，可以估算出反丁烯二腈的三重态能量为（59±2）kcal/mol。顺式构型（顺丁烯腈）具有近似的三重态能量。

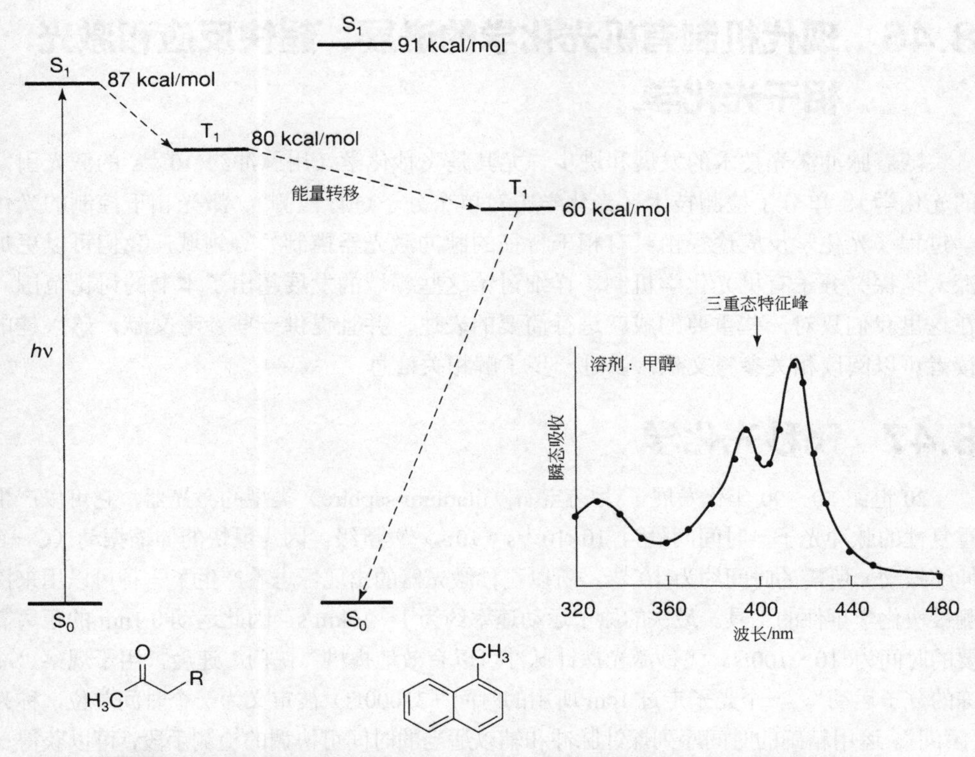

图 8.34 体系能量转移（如图示 8.21 所示）过程，受体发出一个特征峰即 $T_1 \rightarrow T_n$ 吸收峰，能很好地应用激光闪光光解方法测得

状态条旁边的数字是激发态的能量大约值

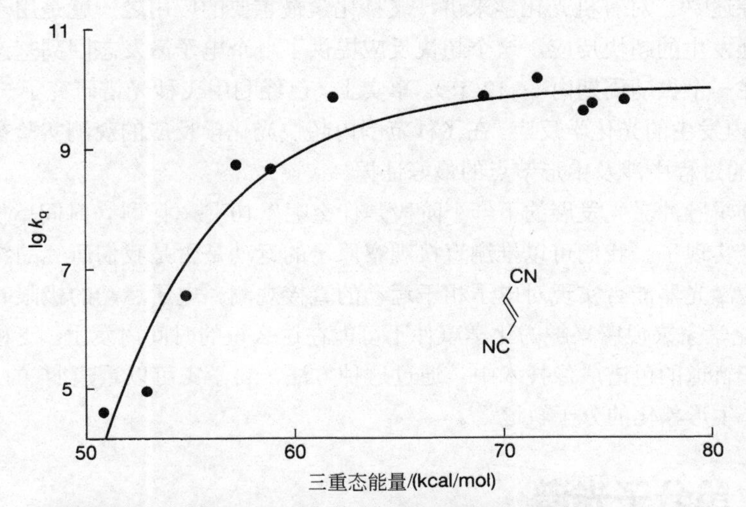

图 8.35 室温下反丁烯二腈猝灭各种光敏剂的速率常数（溶剂：苯）

从该曲线图可以推出反丁烯二腈的三重态能量为（59±2）kcal/mol

8.46 现代机制有机光化学的进展：超快反应和激光相干光化学

随着脉冲激光技术的发展和进步，尤其是飞秒化学（用脉冲约 10^{-15}s 的激光引发的光化学）、单分子检测技术（光化学中对单个分子进行检测）、激光相干控制的光化学过程（光化学反应途径由具有相干特征的脉冲激光器控制）等领域，我们可以更加深入地探究分子有机光化学机制。详细讨论这些领域的发展超出了本书的讨论范围，在这里我们只对一些重要的成就进行简要的表述，并且提供一些参考文献，感兴趣的读者可以阅读相关参考文献，以进一步了解相关信息。

8.47 飞秒光化学

20 世纪 80～90 年代发展了钛-蓝宝石（titanium-saphire）类型的激光器，它可以产生重复性的脉冲光子，时间间隔为 10×10^{-15}s（10fs）数量级。因为最快的伸缩振动（C—H 伸缩振动）所需的时间约为 10^{-14}s，所以飞秒激光器的出现标志着产生了一种可以用来探测最快化学事件的工具。最快的原子运动速率约为 1～10km/s，因此运动 0.1nm 的距离需要的时间为 10～100fs。飞秒激光探针脉冲可以有效地提供“快门”速度，用于观察“冷冻的分子运动”。一个光子走过 1cm 所用的时间（33000fs）被定义为一个时间单位，称为“瞬间”。运用精确的时间序列探针脉冲和辅以适当的时间可协调的检测手段，可以获得一个原子运动的全部序列，从而可以定义每秒发生光诱导反应的数量范围。

飞秒光谱已用于研究许多光物理和光化学过程。感兴趣的读者可以参考该领域的一些好的综述[94]。对有机光化学来讲，飞秒化学最重要的应用之一就是用于研究在圆锥交叉点处发生的超快反应。这个超快反应提供了一个电子激发态回到基态的途径，所需时间在一个振动周期内（6.12 节）。事实上，已经利用飞秒光谱研究了一些在 10～100fs 范围内发生的光化学反应。在飞秒范围内超快光化学反应的观测实验被认为是证明产生*R 的过程中涉及锥形节点的最好证据。

时间分辨脉冲激光发展的下一个阶段是什么呢？10^{-18}s（阿秒，时间单位）级的脉冲目前已经实现了。我们可以推测直接观察原子的运动是否是我们研究的终点，或者说阿秒级的激光器能否实现对电子相干运动的直接观测。电子运动的极限时间尺度为 10^{-16}s，对化学家来说感兴趣的化学事件不可能在这么短的时间内发生。飞秒激光已经应用于分子轨道的色谱成像技术中。通过这种方法，科学家可以重建 N_2 的 HOMO 图像，从而产生形象化的分子轨道[95]。

8.48 单分子光谱

有机光物理学最引人瞩目的成就之一是发展了单分子光谱[96]。有几种光谱可以用来研究单分子行为，例如荧光光谱、共振拉曼光谱等。一个成功应用单分子光谱的实验有两个最重要的标准：①只有一个单探针分子被激发；②检测单分子的方法必须能够区分来自实验背景的噪声。第一个条件比较容易实现，可以使用稀释模型，即分子很好地分散开来，然后把脉冲激光集中到一个小的区域，这样就只能激发稀基质中的一个分子。第二个条件就需要探针分子采集的谱图的大量累积和许多信号的平均化过程，也就是说探针分子必须被激发很多次(通常是数百万次)，对收集到的大量信号必须进行校正、平均和分析。

举例说明满足条件①的情况下检测一个荧光分子的情况。为了满足条件②这个分子必须具有良好的光稳定性，可以经受快速脉冲激光的多次光激发。现代的激光器能够每秒激发样品 10^6 次，因此在数秒内可以获得大量的荧光光谱数据。然而，我们经常遇到的问题是探针分子的稳定性，而不是数据的累积和分析。如果探针分子被激发数次后就被破坏，那么这个实验就结束了，因此也就得不到理想的信噪比。

8.49 相干激光光化学

对在原子水平上创造相干“波群”来说，飞秒是一种很特殊的时间尺度。分子波函数一般是空间分散的，并且由一些重叠波函数的耦合叠加组成。飞秒激光脉冲可以激发产生空间区域化和相干的波群。由于空间区域化的特性，这些波群具有典型粒子的特征，因此可以使用粒子的一些传统概念，如质点位置和动量等，去分析飞秒实验中产生的区域化波群。如能自我控制激光脉冲体系探针的序列，就可以大大提高获得相干作用控制的超速反应的可能性[97]。自我控制激光脉冲是根据闭环学习的运算法则来优化激光场。通过优化激光场，可以指引光化学反应从初态到达目标产物。

相干作用的质量为光化学家获得一个圣杯提供了保证：通过调控到特定的共振态，可以利用超快和高强度的辐射作用达到断裂分子内的特定键的目的。

8.50 多光子显微镜

超短脉冲强激光器的产生为一种新的显微镜开辟了道路，即多光子显微镜[98]，最常见的是双光子显微镜。例如，吸收 400nm 的光子产生的激发态同样可以通过同时吸收两个 800nm 的光子（2×35.7kcal/mol）到达激发态。注意，在这里能量是守恒的，因为两个 800nm 的光子的能量恰好等于一个 400nm 的光子的能量（71.4kcal/mol）。同时吸收两个光子的概率比吸收一个光子的概率低。然而，这一点可以由相应的高能量短脉冲激光（每秒产生的光子数）补偿，例如飞秒脉冲。当激发态处于荧光发射态时，发射光波长比激发波长短则成为可能！因此，400nm 处的荧光发射可以由吸收两个 800nm 的光子产生。

这些成就在生命科学中的应用显得尤为重要。原因之一是在 800nm 区域的飞秒脉冲可由商业激光产生。相对于可见光的易散射或者易被组织吸收等，800nm 区域的光能够更好地渗透人类组织，因此活体中的细胞和组织成像成为可能[98]。

8.51 某些范例的态能级参数

用标准模型的*R 校正预期的电子激发态的行为是非常有用的。就电子激发态而言，很多分子的能级图是由吸收和发射光谱数据推算得来的。在该部分以及下面的部分中将简要介绍一些典型化合物的态能级参数，如酮、烯烃、烯酮和芳香化合物，它们的光化学性质将在第 9～11 章做更为详细的表述。这些标准的能级图作为确定反应或者机制可行性的参照标准。如果 S_1 态、T_1 态的能量以及这些激发态的失活动力学等都是已知的，就可以构建这些化合物的态能级图。表 8.12～表 8.15 中的数据是从参考文献中收集得到的[1]。

（1）酮类

酮类化合物是所有有机发色团中研究得最深入的一类化合物。表 8.12 给出了一些典型的酮类化合物的态能量及光物理参数。按丙酮、苯乙酮、二苯甲酮、甲基萘基酮的次序，相关能级图给出了一些有趣的对比结果。第一个最大的对比是丙酮和二苯甲酮的系间窜越速率常数（分别为约 $10^9 s^{-1}$ 和 $10^{11} s^{-1}$）。系间窜越速率常数的差异可以用 EI-Sayed 规则（第 5 章）解释。尽管丙酮和二苯甲酮都具有最低的 n,π*单重态和三重态，二苯甲酮的 $S_1 \rightarrow T_1$ 的系间窜越经 $^1(n,\pi^*) \rightarrow {}^3(\pi,\pi^*) \rightarrow {}^3(n,\pi^*)$ 过程，丙酮则经 $^1(n,\pi^*) \rightarrow {}^3(n,\pi^*)$ 过程。根据 EI-Sayed 规则，二苯甲酮的系间窜越过程比丙酮的系间窜越过程快。烷酮类化合物一般倾向于具有相对较“纯的”n，π*，S_1，T_1 态。

表 8.12 几种酮类化合物的能量和动态参数

分　子	E_S/(kcal/mol)	E_T/(kcal/mol)	κ_S/s^{-1}	κ_{ST}/s^{-1}	κ_T/s^{-1}	Φ_{ST}
丙酮	84	78	10^9	10^9	10^6	1.0
2-戊酮	84	78	10^9	10^9	10^7	0.9
2-己酮	84	78	10^{10}	10^9	10^8	0.5
环丁酮	84	78	10^{11}	10^9		0
环戊酮	84	78	10^9	10^9	10^8	1.0
环己酮	84	78	10^9	10^9	10^7	1.0
苯乙酮	80	74	10^{10}	10^{10}	10^5	1.0
二苯甲酮	76	69	10^{11}	10^{11}	10^5	1.0
2-苯乙酮①	77	59	10^{10}	10^{10}	10^3	0.8
4-苯基二苯甲酮	75	62	10^{10}	10^{10}	10^3	1.0
芴酮	65	53	10^9	10^9	10^4	0.9
2-萘乙酮	75	58	10^9	10^{10}	10^4	0.9
丁二酮	62	55	10^8	10^8	10^4	1.0
樟脑醌	57	51	10^8	10^8	10^5	1.0

① 原文为：2-Acetophenone。——译者注

注：κ_S 为单重态衰变速率常数，κ_{ST} 为 $S_1 \rightarrow T$ 的系间窜越速率常数，κ_T 为典型三重态在惰性溶剂中的衰变速率常数（τ_P^{-1}）。Φ_{ST} 为系间窜越量子产率。

二苯酮类化合物具有混合型的 n,π*和 π,π*态，可能是 n,π*态或 π,π*态占主导作用。

萘酮类具有混合型的 n,π*→π,π*单重态，而三重态更趋于具有 π,π*特征；起主导作用的低能三重态主要在萘环上离域。

以上这些结论可以根据直接测到的三重态光谱特征以及间接的光化学证据（从反应特征得到的化学光谱）或计算方法得到。由于具有相对快速的系间窜越速率常数和相对较慢的荧光发射速率，酮类化合物一般具有低的荧光量子产率。

（2）烯烃和多烯类化合物

通过直接测量烯烃或者多烯类化合物激发态的光谱数据获得动力学信息如 κ_S、κ_{ST}、κ_T 等几乎是不可能的，这可能是因为*R 的 C═C 双键的扭转导致*R 快速失活为 R，或者会导致*R 发生化学反应。然而单重态和三重态的能量可以由吸收光谱和化学光谱获得(表 8.13)。烯烃和多烯类化合物一个重要的特征是一般不呈现荧光和磷光(或者很弱)。这主要依据化学证据（参见第 10 章），它们的 $S_1(\pi,\pi^*)$态发生 $S_1 \rightarrow T_1$ 系间窜越的效率非常低。随着化合物共轭度的增加，它们的单重态和三重态能量逐渐降低。

表 8.13 部分乙烯类烯烃和共轭多烯的单重态和三重态能量

分子	E_S/(kcal/mol)	E_T/(kcal/mol)
$CH_2═CH_2$	120	82
$CH_2═C(CH_3)_2$	95	81
反-$CH_3CH═CHCH_3$	95	81
顺-$CH_3CH═CHCH_3$	95	78
$(CH_3)_2C═C(CH_3)_2$	86	76
顺-CHCl═CHCl		76
环戊二烯		74
反-CHCl═CHCl		72
$CH_2═CHCH═CH_2$	80	60
$CH_2═C(CH_3)C(CH_3)═CH_2$	80	60
1,3-环己二烯	75	54
1,3,5-己三烯	70	48

（3）共轭烯酮和二烯酮

烯酮和二烯酮与烯烃和多烯烃的相似点在于它们只有非常微弱的发射。烯酮和二烯酮一个有趣的共同特征是它们有两个能量相近的 T 态，一个是 n,π*，另一个是 π,π*。有关它们的 S_1 态和 T_1 态的动力学信息鲜见报道，而单重态和三重态的能量是知道的。表 8.14 给出了一些烯酮和二烯酮的态能级。已探测了一些烯酮 T_1 态的电子构型，并且得到了光谱证据。

从烯酮和二烯酮的光化学角度来说，需要注意的一个重要的特征是它们的最低能态 T_1 态可能是 n,π*或 π,π*，这与取代基有关,而且这两种能态的能量大致相当。因此，在确定这两种电子构型哪个是能量最低的三重态时，溶剂是一个主要影响因素。

（4）芳香烃

表 8.15 给出了一些常见芳香烃的能量。在低温时芳香烃一般能呈现荧光和磷光，

因此能够很好地确定它们的态能级图。例如蒽类化合物有一个很有趣的特征，它的 T_2 态和 S_1 态可能会碰巧非常近。这取决于蒽的取代基的位置，T_2 态可能位于 S_1 态之上或之下。因此，两种系间窜越机制 $S_1 \rightarrow T_2 \rightarrow T_1$ 或 $S_1 \rightarrow T_1$ 都可能存在。S_1 态和 T_1 态的能量都随稠合环数的增加单调递减（苯→萘→蒽）。

表 8.14 一些共轭烯酮类和二烯酮类化合物的单重态和三重态能量及其电子构型

分 子	E_S/(kcal/mol)	E_T/(kcal/mol)
$CH_2=CHCHO$	74	70
O	83	74
O	80	75(n,π*)
O	81	75
O	约 76	76(n,π*) 68(π,π*)
C_6H_5, C_6H_5, O	约 78	69(n,π*)
O	—	70(π,π*)
$CH_3(CH=CH)_3CHO$	—	44(π,π*)
$CH_3(CH=CH)_4CHO$	—	36(π,π*)
$CH_3(CH=CH)_5CHO$	—	32(π,π*)
O, O	56	50(n,π*)

表 8.15 芳香烃化合物的能量和动力学数据[99]

化 合 物	E_S①/(kcal/mol)	E_T①/(kcal/mol)	κ_S②/s^{-1}	κ_{ST}②/s^{-1}	κ_T②/s^{-1}③	Φ_{ST}④
苯	115	85	约 10^7	约 10^7	约 10^6	约 0.2
萘	90	61	约 10^7	约 10^7	约 10^3	约 0.7
1-氟萘	89	60	约 10^7	约 10^7	约 10^3	约 0.7
1-氯萘	89	59	约 10^8	约 10^7	约 10^3	约 1.0
1-溴萘	89	59	约 10^9	约 10^7	约 10^3	约 1.0
1-碘萘	89	59	约 10^{10}	约 10^7	约 10^3	约 0.7
蒽	76	42	约 2×10^8	约 10^7	约 10^3	约 0.7
芘	83	48	约 2×10^7	约 10^6	约 10^3	约 0.3
苯并菲	81	67	约 3×10^7	约 10^7	约 10^3	约 0.9

① 能量相应于（0,0）发射带。
② 接近室温时在无氧的液体溶液中的荧光和磷光衰变速率。
③ 这个速率常数只是近似值，因为杂质和其他双分子猝灭作用通常会影响观测值（苯除外）。
④ 系间窜越量子产率。

参考文献

1. (a) For an excellent textbook on the mechanisms of organic reactions: E. V Anslyn and D. A. Dougherty, *Modern Physical Organic Chemistry*, University Science Press, Sausalito, CA, 2006. (b) For a wealth of chemical and physical data of all sorts that are relevant to photochemical mechanisms: M. Monalti, A. Credi, L. Prodi, and M. T. Gandolfi, *Handbook of Photochemistry*, 3rd ed., CRC Press, NY, 2006. (c) For a view of photochemical mechanisms from the stand point of reactions: N. J Turro, *Modern Molecular Photochemistry*, Chapter 8. University Science Books, Mill Valley, CA, 1991.
2. (a) R. G. W. Norrish, *Trans. Faraday Soc.* **33**, 1521 (1939). (b) P. Wagner and B. S. Park, *Organic Photochemistry*, Vol. 2, A. Padwa, ed., Marcel Dekker, NY, 1991, p. 227.
3. (a) P.J. Reid, M. K. Lawless, S. D. Wichham, and R. A. Mathies, *J. Phys. Chem.* **98**, 5597 (1994). (b) N. A. Anderson, C. G. Durfee, M. M. Murnane, H. C. Kapteyn, and R. J. Sension, *Chem. Phys. Lett.* **323**, 365 (2000).
4. M. V. Encina, E. A. Lissi, E. Lemp, A. Zanocco, J. C. Scaiano, *J. Am. Chem. Soc.* **105**, 1856 (1983).
5. N. C. Yang and D. D. H. Yang, *J. Am. Chem. Soc.* **80**, 2913 (1958).
6. J. Lusztyk and J M. Kanabus-Kaminska, in Vol. 2, *Handbook of Organic Photochemistry*, J C. Scaiano, ed., CRC Press, Boca Raton, FL 1989, pp. 177–210.
7. (a) K. U. Ingold and B. P Roberts, *Free-Radical Substitution Reactions*, Wiley–Interscience, NY, 1971 (b) D. C. Nonhebel and J. C. Walton, *Free Radical Chemistry*, Cambridge University Press, Cambridge, UK, 1974.
8. H. Paul, R. D. Small, Jr., and J C. Scaiano, *J. Am. Chem. Soc.* **100**, 4520 (1978).
9. B. Maillard, K. U Ingold, and J C. Scaiano, *J. Am. Chem. Soc.* **105**, 5095 (1983).
10. C. Chatgilialoglu, K. U. Ingold, and J C. Scaiano, *J. Am. Chem. Soc.* **103**, 7739 (1981).
11. J. C. Scaiano and L. C. Stewart, *J. Am. Chem. Soc.* **105**, 3609 (1983).
12. V. W. Lowry and K. U. Ingold, *J. Am. Chem. Soc.* **114**, 4992 (1992).
13. A. L. J Beckwith, V. W. Bowry, and K. U Ingold, *J. Am. Chem. Soc.* **114**, 4983 (1992).
14. (a) I. V. Khudyakov, P P Levine, and V A. Kuzmin, *Russ. Chem. Rev.* **49**, 1990 (1980). (b) M. Gomberg, *J. Am. Chem. Soc.* **22**, 757 (1900).
15. E. V. Bejan, E. Font-Sanchis, and J C. Scaiano, *Org. Lett.* **3**, 4059 (2001).
16. H. Fischer, *Chem. Rev.* **101**, 3581 (2001).
17. J. Chateauneuf, J. Lusztyk, and K. U. Ingold, *J. Am. Chem. Soc.* **110**, 2886 (1988).
18. S. J. Blanksby and G. B. Ellison, *Acc. Chem. Res.* 36, 255 (2003).
19. A. Moscatelli, M. F. Ottaviani, W. Adam, A. Buchachenko, S. Jockusch, and N. J Turro, *Helv. Chim. Acta* **89**, 2441 (2006).
20. M. V. Encinas and J. C. Scaiano, *J. Photochem.* **11**, 241 (1979).
21. J. C. Scaiano, *Tetrahedron* **38**, 819 (1982).
22. G. Porter, S. K. Dogra, R. O. Loutfy, S. E. Sugamori, and R. W Yip, *Trans. Faraday Soc.* **69**, 1462 (1973).
23. A. J Kresge, *Acc. Chem. Res.* **23**, 43 (1990).
24. P. R. Levstein and H. van Willigen, *Z. Phys. Chem.* **180**, 33 (1993).
25. K. Tominaga, S. Yamauchi, and N Hirota, *J. Phys. Chem.* **95**, 3671 (1991).
26. H. Hirota, K. Tominaga, and S. Yamauchi, *Bull. Chem. Soc. Jpn.* **68**, 2997 (1995).
27. W. M. Nau, F. L. Cozens, and J C. Scaiano, *J. Am. Chem. Soc.* **118**, 2275 (1996).
28. G. S. Hammond, *J. Am. Chem. Soc.* **77**, 334 (1955).
29. C. Walling and M. Gibian, *J. Am. Chem. Soc.* **86**, 3902 (1964).
30. J. C. Scaiano, "Early History of Laser Flash Photolysis" *Acc. Chem. Res.* **1983**, *16*, 234.
31. D. Griller and K. U Ingold, *Acc. Chem. Res.* **13**, 317 (1980).
32. L. Lindqvist, *Hebd. Seances Acad. Sci., Ser. C* **263**, 852 (1966).
33. G. Porter, *Proc. Roy. Soc., Ser. A* **200**, 284 (1950)
34. Porter, G. *Nobel Lectures 1963–1970*, Elsevier, Amsterdam, The Netherlands, 1967.
35. A. Zewail, in I. Grenthe, ed., *Nobel Lectures 1996–2000*; World Scientific, Singapore, 1999.
36. H. L. Casal, J C. Scaiano, G. M. Charette, and S. E. Sugamori, *Rev. Sci. Instr.* **56**, 23 (1985).
37. I. R. Dunkin, *Chem. Soc. Rev.* **9**, 1 (1980).

38. J. Kolc and J. Michl, *J. Am. Chem. Soc.* **92**, 4147 (1970).
39. J. Meinwald, G. E. Samuelson, and M. Ikeda, *J. Am. Chem. Soc.* **92**, 7604 (1970).
40. J. C. Scaiano, L. J Johnston, W G. McGimpsey, and D. Weir, *Acc. Chem. Res.* **21**, 22 (1988).
41. W. G. McGimpsey and J. C. Scaiano, *J. Am. Chem. Soc.* **109**, 2179 (1982).
42. L. J Johnston and J C. Scaiano, *J. Am. Chem. Soc.* **109**, 5487 (1987).
43. J. C. Scaiano, B. R. Arnold, and W G. McGimpsey, *J. Phys. Chem.* **98**, 5431 (1994).
44. R. M. Wilson, W Adam, and R. Schulte-Oestrich, *The Spectrum* **4**, 8 (1991).
45. R. M. Wilson, T. N Romanova, A. Azadnia, and J. A. Krause Bauer, *Tetrahedron Lett.* **35**, 5401 (1994).
46. J. T. Banks and J C. Scaiano, *J. Am. Chem. Soc.* **115**, 6409 (1993).
47. C. H. Evans, N Prud'homme, M. King, and J. C. Scaiano, *J. Photochem. Photobiol, A. Chem.* **121**, 105 (1999).
48. C. Coenjarts and J C. Scaiano, *J. Am. Chem. Soc.* **122**, 3635 (2000).
49. P. J. Wagner, *Acc. Chem. Res.* **4**, 168 (1971).
50. L. J. Martínez and J C. Scaiano, *Photochem. Photobiol.* **68**, 646 (1998).
51. J. C. Scaiano, in R. A. Moss, M. S. Platz, and M. J. Jones, eds., *Reactive Intermediate Chemistry*, Wiley & Sons, Inc., Hoboken, New Jersey, 2004, pp. 847–72.
52. J. C. Dalton, P A. Wriede, and J Turro, *J. Am. Chem. Soc.* **92**, 1318 (1970).
53. P. J. Wagner, in J C. Scaiano, ed., *Handbook of Organic Photochemistry*, Vol. II, CRC Press, Boca Raton, FL, 1989, pp. 251–270.
54. (a) J. C. Dalton, K. Dawes, N J Turro, D. S. Weiss, J A. Barltrop, and J. D. Coyle, *J. Am. Chem. Soc.* **93**, 7213 (1971). (b) J. C. Dalton and N. J Turro, *Ann. Rev. Phys. Chem.* **21**, 499 (1970).
55. S. E. Braslavsky and G. E. Heibel, *Chem. Rev.* **92**, 1381 (1992).
56. B. Wegewijs, M. N. Paddon-Row, and S. E. Braslavsky, *J. Phys. Chem. A* **102**, 8812 (1998).
57. (a) B. Wegewijs, J. W Verhoeven, and S. E. Braslavsky, *J. Phys. Chem.* **100**, 8890 (1996). (b) D. E. Falvey, *Photochem. Photobiol.* **65**, 4 (1997).
58. J. L. Goodman, K. S. Peters, H. Misawa, and R. A. Caldwell, *J. Am. Chem. Soc.* **108**, 6803 (1986).
59. E. N. Step, A. L. Buchachenko, and N J Turro, *J. Org. Chem.* **57**, 7018 (1992).
60. T. Tahara, H. Hamaguchi, and M. Tasumi, *J. Phys. Chem.* **91**, 5875 (1987).
61. M. George, C. Kato, and H. Hamaguchi, *Chem. Lett.*, 873 (1993).
62. J. P Toscano, *Adv. Photochem.* **26**, 41 (2001).
63. S. Srivastava, E. Yourd, and J P Toscanọ, *J. Am. Chem. Soc.* **120**, 6173 (1998).
64. C. S. Colley, D. C. Grills, N. A. Besley, S. Jockusch, P Matousek, A. W Parker, M. Towrie, N. J. Turro, P. M. W. Gill, and M. W. George, *J. Am. Chem. Soc.* **124**, 14952 (2002).
65. (a) J. K. Kochi and P J Krusic, *J. Am. Chem. Soc.* **91**, 3940 (1969). (b) H. Fischer and H. Paul, *Acc. Chem. Res.* **20**, 200 (1987).
66. N. J. Turro, M. H. Kleinman, and E. Karatekin, *Angew. Chem. Int. Ed. Engl.* **39**, 4436 (2000).
67. (a) G. L. Closs, P Gautam, D. Zhang, P J. Krusic, S. A. Hill, and E. Wasserman, *J. Phys. Chem.* **96**, 5228. (b) I. V Koptyug, A. G. Goloshevsky, I. S. Zavarine, N. J. Turro, and P J Krusic, *J. Phys. Chem. A* **104**, 5726 (2000).
68. I. V Koptyug, N. D. Ghatlia, N. J Turro and W S. Jenks, *J. Phys. Chem.* **97**, 7247 (1993).
69. P. J. Wagner, *Mol. Photochem.* **3**, 169 (1972).
70. W. M. Moore, G. S. Hammond, and R. P Foss, *J. Am. Chem. Soc.* **83**, 2789 (1961).
71. M. V. Encinas and J C. Scaiano, *J. Am. Chem. Soc.* **103**, 6393 (1981).
72. R. D. Small, Jr., and J C. Scaiano, *Chem. Phys. Lett.* **50**, 431 (1977).
73. H. Lutz, E. Brèhèret, and L. Lindqvist, *J. Phys. Chem.* **77**, 1758 (1973).
74. R. A. Caldwell and S. N. Dhawan, *J. Am. Chem. Soc.* **107**, 5163 (1985).
75. J. C. Scaiano, *Acc. Chem. Res.* **15**, 252 (1982).
76. (a) E. N. Step, A. L. Buchachenko, and N. J Turro, *J. Am. Chem. Soc* **116**, 5462 (1994). (b) J. Wang, K. Welsh, K. Watermn, P Fehlner, C. Doubleday, and N J Turro, *J. Phys. Chem.* **92**, 3730 (1988).
77. R. D. Small, Jr., and J C. Scaiano, *Chem. Phys. Lett.* **48**, 354 (1977).
78. R. D. Small, Jr., and J. C. Scaiano, *J. Am. Chem. Soc.* **100**, 4512 (1978).
79. C. Doubleday, Jr., N. J. Turro, and J.-F. Wang, *Acc. Chem. Res.* **22**, 199 (1989).
80. J. Wang, C. Doubleday, Jr., and N. J. Turro, *J. Am. Chem. Soc.* **111**, 3962 (1989).

81. R. D. Small, Jr., and J. C. Scaiano, *J. Phys. Chem.* **81**, 2126 (1977).

82. S. C. Freilich and K. S. Peters, *J. Am. Chem. Soc.* **103**, 6255 (1981).

83. R. A. Caldwell, T Majima, and C. Pac, *J. Am. Chem. Soc.* **104**, 629 (1982).

84. (a) N. J. Turro, *Proc. Natl. Acad. Sci. U.S.A.* **80**, 609 (1983). (b) A. Buchachenko, *Pure Appl. Chem.* **72**, 2243 (2000). (c) A. Buchachenko, *Russ. Chem. Rev.* **62**, 1073 (1993). (d) A. Buchachenko, *Russ. Chem. Rev.* **64**, 809 (1995).

85. N. J. Turro and B. Kraeutler, *Acc. Chem. Res.* **13**, 369 (1980).

86. N. J. Turro, M.-F. Chow, C.-J Chung, G. Weed, and B. Kraeutler, *J. Am. Chem. Soc.*, **102**, 4843 (1980).

87. X. Lei, G. E. Doubleday, Jr., and N. J. Turro, *Tetrahedron Lett.* **27**, 4675 (1986).

88. J. F. Wang, C. E. Doubleday, Jr., and N. J. Turro, *J. Phys. Chem.* **93**, 4780 (1989).

89. (a) R. Kaptein, *Adv. Free Radial Chem.* **5**, 381 (1995). (b) G. L. Closs, R. J Miller and O. D. Redwine, *Acc. Chem. Res.* **18**, 4543 (1985).

90. F. J. J. Decanter and R. Kaptein, *J. Am. Chem. Soc.* **104**, 4759 (1982).

91. A. A. Lamola and G. S. Hammond, *J. Chem. Phys.* **43**, 2129 (1965).

92. For examples of the determination of triplet energy by triplet sensitization of reactions, see N J Turro, *Modern Molecular Photochemistry*, University Science Books, Mill Valley, CA, 1991, chapter 11 (fig. 11.1) and chapter 12 (fig. 12.2).

93. P. C. Wong, *Can. J. Chem.* **60**, 339 (1982).

94. (a) A. H. Zewail, *Angew. Chem. Int. Ed. Engl.* **39**, 2586 (2000). (b) A. H. Zewail, *J. Phys. Chem. A* **104**, 5660 (2000). (c) A. H. Zewail, *Pure Appl. Chem.* **72**, 2219 (2000).

95. J. Itatani, J. Levesque, D. Zeidler, H. Pepin, J. C. Kieffer, P B. Corkum, and D. M. Villeneuve, *Nature* (London) **432**, 867 (2004).

96. (a) T. Plkhotnik, S. A. Donley, and U. P. Wild, *Annu. Rev. Phys. Chem.* **48**, 1818 (1997). (b) W E. Moerner, *J. Phys. Chem. B* **106**, 910 (2002).

97. (a) R. de Vivie-Riedle, L. Kurtz, and A. Hofmann, *Pure Appl. Chem.* **73**, 5525 (2001). (b) N E. Henriksen, *Chem. Soc. Rev.* **31**, 37 (2002). (c) Y. Ohtsuki, M. Sugawara, H. Kono, and Y. Fujimura, *Bull. Chem. Soc. Jpn.* **74**, 1167 (2001).

98. K. Konig, *J. Microscopy* **200**, 83 (2000).

99. J. B. Birk, *Photophysics of Aromatic Molecules*, John Wiley & Sons, Inc., New York, 1970.

羰基化合物的光化学

9.1 羰基化合物的光化学简介

本章以酮和醛为样本描述羰基发色团分子的光化学。酮和醛类化合物的光化学用范式总结于图示 9.1。总反应 $R+h\nu \rightarrow P$ 可以分解成两个关键阶段：①初级光化学过程$^*R=S_1(n,\pi^*)\rightarrow I$；②次级热力学过程 $I\rightarrow P$。范式的第一个重点是初级光化学过程，特别是由$^*R=S_1(n,\pi^*)$或$T_1(n,\pi^*)$引发产生中间体 I。第二个重点是热力学过程 $I\rightarrow P$，I 可以是反应条件下产生的自由基对（RP）、双自由基（BR）或自由基离子对（RIP）中的任何一个（见 8.5 节）。

从图示 9.1 可知，掌握羰基化合物需要同时理解初级光化学过程$^*R(n,\pi^*)\rightarrow I$ 和次级热力学过程 $I\rightarrow P$ 的细节。我们的做法是回顾$^*R(n,\pi^*)\rightarrow I$ 和 $I\rightarrow P$ 似可能的反应。本章将提供似可能的反应的基准组。可以分析酮和醛的光化学机理，推测所有羰基和许多其他相关官能团化合物（见第 15 章）。大量的化合物可以通过光照酮类或者醛类化合物得到，羰基化合物的光化学可以通过一套似可能的$^*R(n,\pi^*)\rightarrow I$和$I\rightarrow P$的反应进行组织和理解（见 6.25 节）。我们会提供若干范式来演示怎么利用图示 9.1，以及详细阐述（考虑轨道相互作用、轨道构象杂化、自选效应、反应能量学、取代基效应以及溶剂效应等）一个强有力的范式来理解通常含有羰基的酮类和醛类的光化学。

总反应	$R + h\nu \rightarrow P$
激发	$R + h\nu \rightarrow {}^*R$
初级光化学反应	$S_1(n,\pi^*) \rightarrow {}^1I(D)$
	$T_1(n,\pi^*) \rightarrow {}^3I(D)$
次级热反应	${}^1I(D) \rightarrow P$
	${}^3I(D) \rightarrow {}^1I(D) \rightarrow P$

图示 9.1 酮与醛类羰基化合物的光化学范式

根据不同的反应条件，I(D)可以是 RP、BR 或 RIP

9.2 $^*R(n,\pi^*)$的分子轨道描述：羰基化合物的初级过程

一个分子 R 吸收一个光子产生电子激发态，它的电子组态对于理解羰基基团的任何光化学过程的第一个重要反应步骤很关键。$^*R$ 通常用半充满的 HOMO（最高占据轨道）

和半充满的LUMO（最低空轨道）表示，根据两个半充满轨道来描述*R(HOMO,LUMO)。对于羰基化合物，最低能级轨道构型有n,π*和π,π*两种。除了电子组态，机理分析需要了解电子在HOMO和LUMO的自旋构型S_1(HOMO,LUMO)和T_1(HOMO,LUMO)。由图示9.1中的范式可知，对于羰基基团，HOMO是n轨道，LUMO就是π*轨道，因此*R(HOMO,LUMO) = *R(n,π*)。

羰基化合物尤其是酮类和醛类化合物的光化学很好理解，相对于任何其他官能团而言，对其研究得最详细[1~8]。从这些广泛研究中，以下详述C═O官能团化合物的光化学范式（如图示9.1所示）。

（1）反应性电子激发态通常是*R(n,π*)和T_1(n,π*)。

（2）*R(n,π*)可能还有一定量的π,π*，这取决于还有相同多重度的n,π*和π,π*的能量相近度。

（3）相对于能量相近的某一反应过程 *R→I，*R(π,π*)的反应活性通常低于*R(n,π*)。

（4）*R(n,π*)态可能局限在C═O基团上，或取决于取代基π*电子可能离域到共轭原子上。

（5）C═O基团上电子云密度相对较小，*R(π,π*)态可能离域于原子核或共轭烯，这取决于取代基。

简单样本认为羰基*R(n,π*)态的n轨道定域在羰基的氧原子上，而π*轨道离域在羰基的碳原子和氧原子上[9]。如果一个*R 态能够较好地符合这个近似规则，则可称为一个纯的*R(n,π*)态（如丙酮和乙醛）。在一些分子中，一个n,π*态的π*轨道没有定域在羰基上，而是一定程度地离域到与羰基共轭的一些原子上（如苯乙酮、二苯甲酮和α,β-不饱和羰基化合物）。除了离域的π*轨道，当有能量相近、自旋相同的π,π*态时，*R 态将会呈现或是混合一些π,π*特性，这些情况下*R 态则不能称作一个纯的*R(n,π*)态（图示9.2）。n,π*态中混合的π,π*特性对于*R 的光物理和光化学有着重要的影响。然而，即使对于n,π*态中混合一些π,π*特性，也可观测到表9.1中所示的同样的*R→I 过程，但这些过程的速率取决于*R(n,π*)态的“纯度”。而某些情况下不再适合运用图示9.1，如能量最低态和反应态是*R(π,π*)时，分析其光化学必须运用*R 的一系列新的可能的初级光化学过程。最后，某些情况中虽然*R 是π,π*态，这个态与低浓度的能量相近的n,π*态平衡，但是还是实际的反应态（图示9.2）。

$$k_{obs}^{H} = \chi_{n,\pi^*} k_{H}^{n,\pi^*} + \chi_{\pi,\pi^*} k_{H}^{\pi,\pi^*}$$

$$\chi_{n,\pi^*} = 1 - \chi_{\pi,\pi^*} = e^{-\Delta E/RT}/[1 + e^{-\Delta E/RT}]$$

图示9.2 n,π*态和π,π*态混合过程示意

表 9.1 以基元反应*R→I(D)和总反应过程*R→P 作为样本的*R(n,π*)→I(D)光化学初级过程

轨道相互作用	*R→I 样本	总的*R→P 样本
由 n 轨道引发		
n←σ	抽氢	频哪醇的形成
n←σ	α键均裂到 C═O	碎片化
n←π	C═C 键	环氧丁烷的形成
n←n	电子转移	频哪醇的形成
由 π*轨道引发		
π*←σ*	β 键均裂到 C═O	重排
π*→π*	加成到 C═C 键	环氧丁烷的形成

9.3 基于前线轨道相互作用的*R(n,π*)→I 初级光化学过程

依据图示 9.1 中的范式，我们提供了醛酮类化合物光化学反应的样本，阐述了范式中需要考虑的因素，如激发态能量图的作用、*R→I 过程的能量消耗、*R→I 过程的立体化学以及*R→I 过程的取代基效应和溶剂效应。因为 $S_1(n, \pi^*)\rightarrow T_1(n, \pi^*)$过程很快，特别是对于含有 $S_1(n,\pi^*)$态的芳香酮，醛酮类化合物的大部分光化学反应涉及一个 $T_1(n,\pi^*)\rightarrow {}^3I$ 过程，而不是 $S_1(n,\pi^*)\rightarrow {}^1I$ 过程。因此，*R→P 过程的总反应需要一个 ${}^3I\rightarrow {}^1I$ 的系间窜越（ISC）过程，而这个过程可能决定特定反应条件下所选择的 I→P 途径。

n,π*态与其他分子或分子内基团的 HOMO 和 LUMO 轨道的相互作用（见 6.21 节和 6.25 节），为定义所有在通常条件下发生的含有一个羰基 n,π*态似可能的*R→I 初级光化学过程提供了一个框架。简要回顾前面提过的两种主要的前线轨道相互作用（涉及一个*R(n,π*)态和充满及未充满轨道的作用）① 一个 n←HOMO 相互作用；② 一个 π*→LUMO 相互作用（图 9.1）。由于有机分子最高能量的 HOMO 可以分为 σ、π 和 n 轨道，可近似认为一个有（充满）HOMO（分子内或分子间）的 n,π*态中的 n 轨道只有 3 种可能的相互作用：① $n\leftarrow\sigma^2$；② $n\leftarrow\pi^2$；③ $n\leftarrow n^2$。类似地，由于有机分子的最低能量 LUMO 可分为 π* 和 σ*，仅有两种似可能的 π*→LUMO 相互作用：① π*→π*；② π*→σ*。

所有*R→I 过程的立体化学可以从图 9.1 所示的前线轨道的相互作用推断出来（6.18 节和 6.21 节）。一般而言，所有的 $n\leftarrow(HOMO)^2$ 的相互作用包含充满的 σ、π 和 n 轨道的“平面内”的重叠（图 9.2），所有的 π*→LUMO 的相互作用包含半充满的 π* 轨道和空的 LUMO 轨道的“垂直”和“平面外”的重叠。*R→I 过程的化学选择性和立体选择性由自由基的稳定性和电子效应决定。轨道相关系数（n,π*态原子的电子密度）和耦合轨道重叠可用来推测轨道重叠对哪些初期键的耦合最有利，从而决定起始的键合过程。

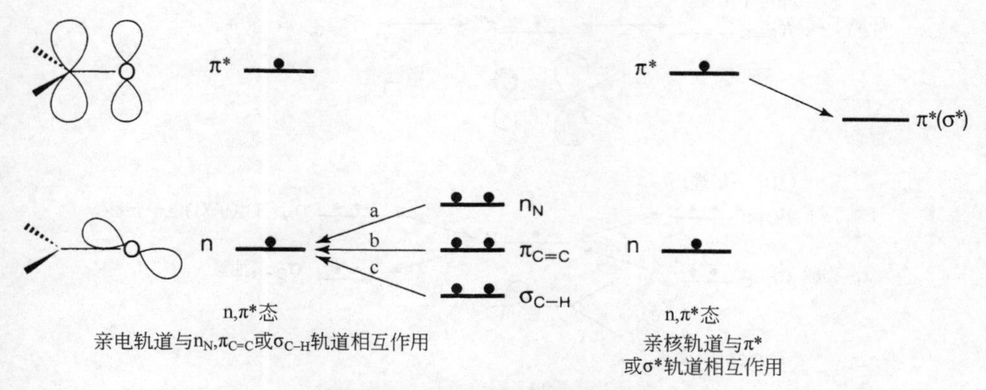

图 9.1 n,π*态的前线轨道相互作用

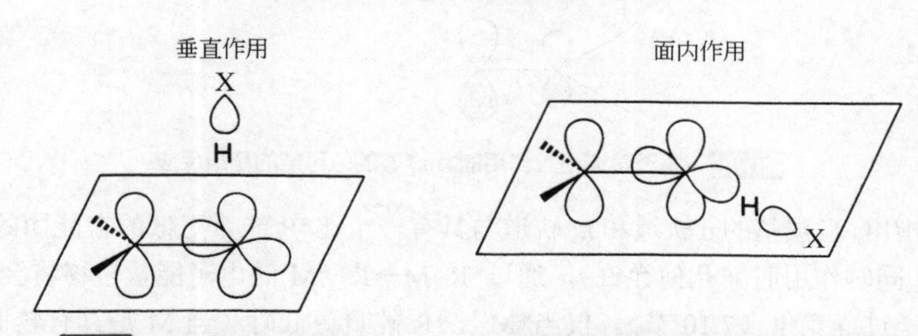

图 9.2 CO 的 n,π*激发态与 H—X 键之间相互作用的两种可能几何构型

在 6.41 节中，依据 n←HOMO 和 π*→LUMO 前线分子轨道的相互作用，确认 n,π*态似可能的初级光化学过程。这些可能的*R→I 的基本步骤和样本总结于表 9.1。

对于 n,π*态，从表 9.1 和图 9.3 的信息归纳如下：

（1）*R→I 的所有初级光化学过程可以分为*R(n,π*)→I(BP)，或*R(n,π*)→I(BR)，或*R(n,π*)→I(RIP)；

（2）仅有 3 类基本的 n 轨道相互作用（$n←\sigma^2$，$n←\pi^2$ 和 $n←n^2$），n 轨道通过这些作用引发*R(n,π*)→I 过程；

（3）仅有两类基本的 π*轨道相互作用（π*→π*和 π*→σ*），π*轨道通过这些作用引发了*R(n,π*)→I 过程。

可以很方便地将 $n←\sigma^2$ 过程进一步分为：①C—C═O 键的α-裂解形成一个羰基（称为α-裂解）；②原子抽取（最常见的主要为从一个氢原子给体的抽氢）。这种分析可以建立 6 种基本似可能的*R→I 初级光化学过程（见表 9.1）。从图 9.1 和图 9.3 可得出：n 轨道通过引起富电子官能团 HOMO 的电荷转移（charge transfer，CT）引发反应和 π*轨道通过引起缺电子官能团 LUMO 的电荷转移（CT）引发反应。表 9.1 给出的样本能够比较全面地描述醛酮类化合物的光化学反应，但不是全部，不包括一些少见的例子。本章主要强调一些常见的样本。

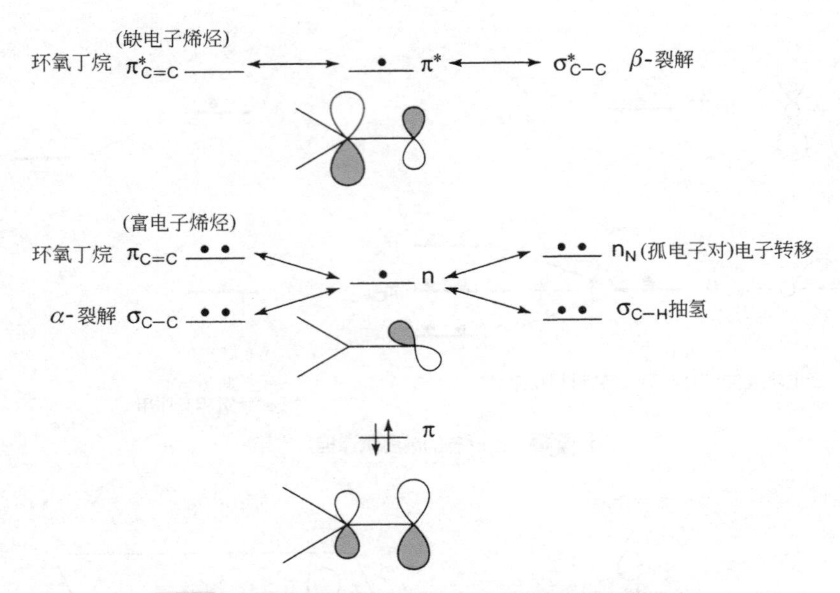

图9.3 基于轨道相互作用的n,π*态的似可能的初级反应

必须指出，当羰基的n轨道和π*轨道与具有一个比*R能量更低的官能团的HOMO和LUMO同时作用时（几何允许），通过*R+M→R+*M的电子能量转移将会与*R→I初级光化学过程竞争（7.10节）。仅当*M比*R能量更低时（当M是具有较低三重态能量的乙烯时），这个“副反应”才可能出现在表9.1所有的*R→I过程中。

9.4 基于自由基对、自由基和双自由基反应的I→P次级热力学过程

总的光化学途径*R→P涉及I→P次级热力学过程。在大多数情况下，依据已知的自由基（FR）、RP、BR和RIP的反应（8.5节），可以这样理解这个次级反应过程：①自由基-自由基偶合和歧化过程；②自由基的裂解和自由基的重组；③自由基-分子反应。当电子转移过程成为重要的初级光反应过程时，RIP的反应将会被提及。

单个*R(n,π*)→I过程［如抽氢，见后文的式（9.1）］可能产生不同的产物，这取决于在特定反应条件下I→P过程的混合。8.5节提供了自由基化学反应的一些基本介绍。表9.2总结了羰基化合物初级光化学反应后的一些过程，这些在某种程度上有利于讨论I→P过程。根据奇电子中心的单分子反应和偶电子中心的双分子反应都必须产生一个新的奇电子自由基中心以及两个奇电子中心形成分子，可以将FR、RP和BP过程方便地归纳。RP和BR都可以发生两种重要的自由基-自由基反应形成分子：①化合反应，两个奇电子中心“偶合”产生一个σ键而形成一个分子；②歧化反应，β-碳上的氢原子转移到两个奇电子中心而形成两个分子。

表 9.2 基于自由基对、自由基和双自由基的次级热化学反应过程

自由基种类	单分子反应样本	双分子反应样本
FR	FR（游离的自由基）转化为新的FR：$FR_1 \rightarrow FR'_2$	FR与分子反应形成新的FR：$FR_1+M \rightarrow FR'_2$
	碎片化，特别是自由基中心*β*-键均裂，形成一个分子和一个新的自由基	抽氢
	重排，特别是一个原子迁移或加成到C══C键，形成一新的，同分异构体自由基	与C══C键加成
RP	RP（自由基对）转化为新的RP：RP→RP	自由基对转化为分子：RP→P
	自由基中心碎片化，形成一分子和一新的自由基	自由基中心复合，形成一个σ键和一个分子
	自由基中心重排，形成一新的同分异构体自由基	歧化，原子在两个自由基中心迁移，形成两个分子
BR	（BR）双自由基转化为新的BR：BR→BR	双自由基（BR）转化为FR：BR+M→FR
	自由基中心碎片化，形成一分子和一新自由基	抽氢
	自由基中心碎片化，形成一新的同分异构体自由基	与C══C键加成
	自由基中心复合，形成一σ键和一分子	加成形成稳定的自由基（如氮氧化物）
	歧化，原子在两自由基中心迁移，形成两个分子	加成为分子氧（特例：因为$^3O_2$是三重态，所以生成了含—OO中心的新的双自由基）
	1,4-双自由基较特殊：2,3-键断裂形成两分子	

在没有所谓的自由基捕获剂或自由基清除剂的情况下，没有自由基中心的反应，自由基-自由基偶合和歧化过程决定I→P途径。RP的自由基-自由基反应在高浓度和不存在与自由基快速反应的分子时有利。然而，只有高反应活性的自由基捕获剂才能与一个BR的分子内自由基-自由基反应竞争。当初级光化学反应中涉及电子转移时，除了FR、RP和BR外，也能观测到自由基对作为反应中间体。RIP反应将会在文中适当的位置提到。

9.5 烷氧基自由基：活性n,π*羰基发色团的类似物

烷氧基自由基是羰基发色团n,π*激发态在化学性质上相近的一个类似物。图9.4比较了烷氧基自由基和n,π*态的价键结构。与n,π*激发态的羰基化合物氧原子类似，烷氧基自由基中的氧原子拥有一个活泼的半充满的n轨道。如果忽略羰基化合物n,π*激发态的π-面，烷氧基自由基与n,π*激发态的羰基化合物氧原子有明显的相似性。在这个相似性有效的范围内，可以根据已知的烷氧基自由基的性质推测出n,π*激发态的反应活性：①烷氧基自由基从碳氢化合物抽氢；②发生与烷氧基碳相连接的σ-键裂解（*β*-裂解）；③与烯烃的C══C键加成。n,π*激发态的羰基化合物也可以发生这些反应。

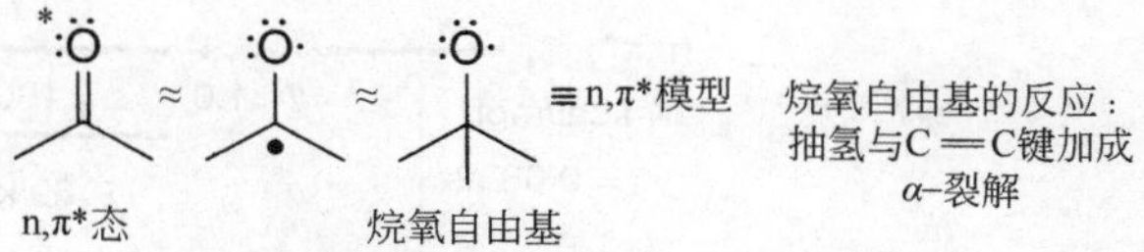

n,π*态 ≈ ≈ 烷氧基自由基 ≡n,π*模型 烷氧基自由基的反应：抽氢与C══C键加成 α-裂解

图9.4 烷氧基自由基和n,π*激发态的羰基化合物相互间的价键结构类比

9.6 酮类化合物的态能级图

分子的态能级图（后文的图示 1.4 和图 4.17）可以为一个给定分子的能级、结构和*R 的动力学提供重要信息。一张完整的能级图至少能提供除了*R 的单重态能级($*E_{S1}$)和三重态能级($*E_{T1}$)，还可以提供$*R(S_1)$态和$*R(T_1)$态的电子轨道组态，更为理想的是可以提供这些光物理过程和光化学过程的量子产率及速率常数。电子组态为*R→I 似可能的过程提供信息，而*E 值则能为一个给定的*R→I 过程的热动力学提供信息，从而推测其可能性。在有利情况下，态能级图还能为$*R(S_1)$和$*R(T_1)$的去活化的光物理和光化学动力学提供重要信息。作为动力学的基准光物理过程的速率必须通过*R→I 过程获取，如果这个过程效率较大，则必须超过后者。另外，态能级图还可能为$*R(S_n)$ 和$*R(T_n)$提供信息，其能级仅略高于$*R(S_1)$和$*R(T_1)$，从而引起态混合，进而影响反应活性。

3 种典型酮的态能级图如图 9.5 所示。

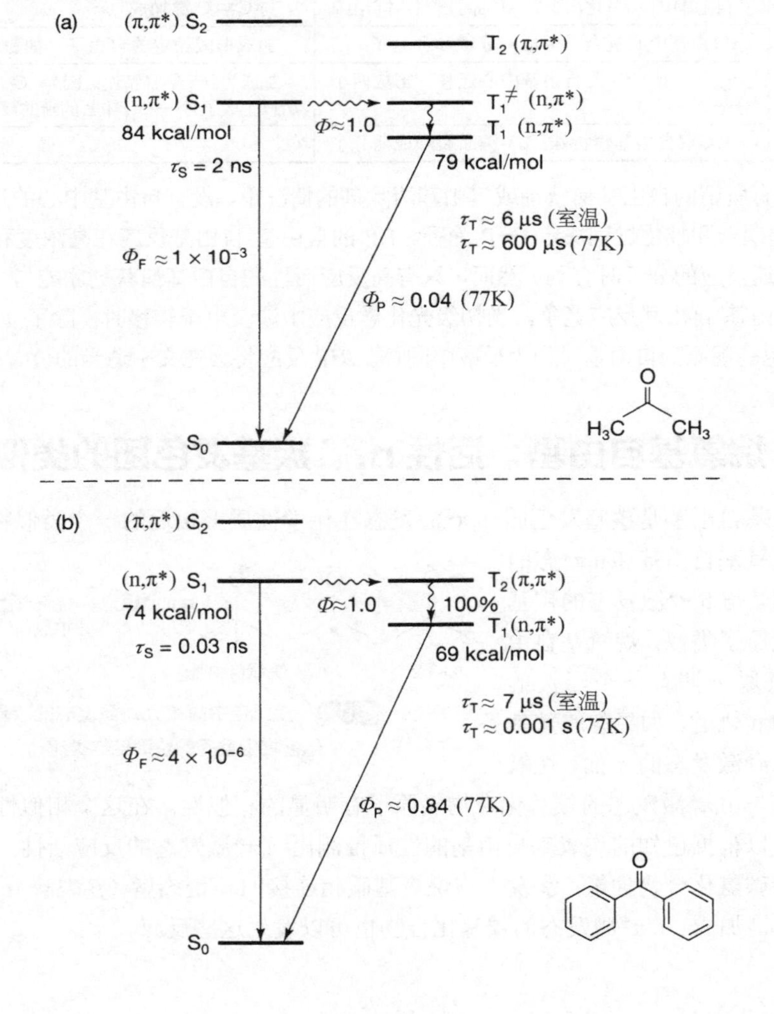

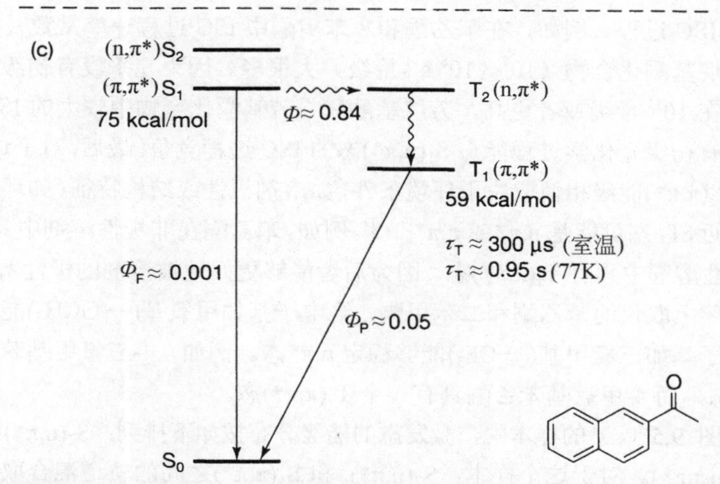

图9.5 酮样本（非极性溶剂中）的能级图：（a）双烷基酮（丙酮）；（b）双芳基酮（二苯甲酮）；（c）芳基烷基酮（萘乙酮）。$T_1^{\neq}$表示振动激发态

（1）在图 9.5（a）的样本中，因为多重度相同的 π,π*态之间能隙很大，S_1(n,π*)和 T_1(n,π*)都可以看成“纯 n,π*态”。相同轨道组的 π,π*态单重态-三重态裂分能级较大，而 n,π*态较小（见 2.14 节），因此对于这个样本 S_1(n,π*)和 T_1(n,π*)之间的能差小。丙酮是一个具体的例子。S_1(n,π*)→T_1(n,π*)的系间窜越速率决定反应态是 S_1(n,π*)还是 T_1(n,π*)。根据 El-Sayed 规则(4.31 节)，由于 S_1(n,π*)到 T_1(n,π*)之间的跃迁没有轨道的改变，所以零级状态上没有可能的自旋-轨道耦合[9]，因而 ISC 是“禁阻的”或者反应进行得很慢。一级状态中，由于混合了 π,π*态，n,π*态获得一些自旋-轨道耦合。然而对于丙酮，S_1(n,π*)和 T_2(π,π*)之间较大的能隙阻止了通过 n,π*和 π,π*自旋-轨道混合促进 ISC 过程，因此丙酮或其他二烷基酮化合物的 ISC 速率很小（约 10^7~10^8 s^{-1}）。这种相对较低的速率非常重要，因为初级光化学反应，特别是分子内过程，也有速率在这个级别上，所以使之有机会与 S_1→T_1 过程竞争,因而二烷基酮化合物中快的 S_1(n,π*)→I 过程可能能够与 ISC 竞争。可以看到，这种情况在芳烷基酮化合物（如苯乙酮）或二芳基酮化合物（如二苯甲酮）中并不是普遍的，因为这些化合物中的 S_1(n,π*)和 T_2(π,π*)能级相近，ISC 速率很快。

（2）在图 9.5（b）的样本中，激发态的能级分布按如下排列：S_2(π,π*)≫S_1(n,π*)≥T_2(π,π*)≥T_1(n,π*)。对于这个样本，由于 T_2(π,π*)与 S_1(n,π*)和 T_1(n,π*)在能量上相近，S_1(n,π*)和 T_2(π,π*)之间可能存在重要的自旋-轨道混合，从而促进了 ISC。值得指出的是，只有当其他按能级分离的激发态能量远大于振动能级时，就像丙酮中那样，*R 才能代表一个单重态“纯”构型。因此图 9.5（b）中的样本可以预计 T_2(π,π*)和 T_1(n,π*)将会产生较大的 n-π 轨道混合，从而导致 T_1(n,π*)中有一定程度的 π,π*特性。苯乙酮和二苯甲酮是图 9.5（b）中两个典型的例子。$T_2(\pi,\pi^*)$态和 $S_1(n,\pi^*)$态之间能级相近，较大地促进了 ISC 过程。例如，在苯乙酮和二苯甲酮中 ISC 过程速率常数（10^{11}~10^{12} s^{-1} 量级）比二烷基酮化合物（10^7～10^8 s^{-1} 量级）大很多。因为几乎没有初级光化学过程的速率常数在 10^{11} 量级或者更高，芳烷基酮和二芳基酮化合物中较大的 ISC 速率常数使得几乎没有初级光化学过程能与 $S_1(n,\pi^*)$态的 ISC 过程竞争。最后，对于这类化合物，$T_1(n,\pi^*)$和 $T_2(\pi,\pi^*)$能级相似取决于环境条件，如溶剂极性或结构特征（如环上的取代），由于能级接近，T_1 态可能是 n,π*或 π,π*[10,11]。例如，苯乙酮在非极性溶剂中具有 $T_1(n,\pi^*)$态，而在极性溶剂中具有 $T_1(\pi,\pi^*)$态，因为后者能够更好地被溶剂的极性所稳定。一般而言，对于环上取代的苯乙酮和二苯甲酮，给电子基如甲氧基(—OCH_3)能够稳定 π,π*态，而拉电子基如三氟甲基(—CF_3)能够稳定 n,π*态。例如，4-三氟甲基苯乙酮具有一个 $T_1(n,\pi^*)$态，而 4-甲氧基苯乙酮具有一个 $T_1(\pi,\pi^*)$态。

（3）在图 9.5（c）的样本中，激发态的能级分布按如下排列：$S_2(n,\pi^*) \geqslant S_1(\pi,\pi^*) > T_2(n,\pi^*) > T_1(\pi,\pi^*)$。对于这个样本，$S_2(n,\pi^*)$ 和 $S_1(\pi,\pi^*)$之间的轨道混合取决于结构，最低能级可能是 π,π*或 n,π*。而在任何情况下最低三重态明显是 $T_1(\pi,\pi^*)$。2-萘乙酮、芴酮、呫吨和 4-苯基二苯甲酮是这个样本中的一些例子。

9.7 醛酮类化合物的*R(n,π*)→P 过程

在以下各节中将会出现*R(n,π*)→P 总过程的所有样本，它将描述*R(n,π*)→I 以及 I→P 步骤中所有的主要特征。在每一个给定的样本中，*R(n,π*)→I 通常限定在表 9.1 所示的初级光化学过程的框架中。然而，如前面所强调的，由于 I→P 过程对反应条件（介质、温度等）很敏感，同样的*R(n,π*)→I 过程在不同条件下可能产生不同的产物。

从表 9.1 和图 9.1 可知，n,π*态的所有反应都可归属为涉及 n←HOMO 或 π*→LUMO 的相互作用，结果都生成 I。由已知的*R→I 过程可知，两种相互作用中最常见的是 n←HOMO。这意味着 n←HOMO 引发抽氢反应、电子空位、α-裂解，C═C 键加成反应的*R(n,π*)→I 过程都是醛酮较常见的初级光化学过程（表 9.2）。本章的余下部分将会给出每一个 n←HOMO 引发的*R(n,π*)→I 过程以及 I→P 过程产生的产物。随后也会描述不常见的 π*→LUMO 引发的*R(n,π*)→I 过程以及 I→P 过程产生的产物。

9.8 一个由 n←HOMO 引起的*R(n,π*)→I 过程示例：分子间抽氢反应的初级光化学过程

酮的 n,π*态从氢给体（XH）抽取氢原子的分子间抽氢反应是一个 $R(n,\pi^*) \rightarrow I(RP)_{gem}$

反应的例子，反应中产生成对的 RP，其中包含一个羰基自由基和 X 自由基。在没有与自由基反应的分子存在的情况下，I(RP)→P 过程将包含自由基-自由基偶合反应和歧化反应，因此可能会产生很多产物。如果产生了两个相同的羰基自由基，两者偶合在一起生成一个频哪醇分子。如果歧化反应不是一个复杂的副反应，则*R(n,π*)→I(RP)就具有一般的合成效用。

例如，丙酮在异丙醇中光照产生两个相同的$(CH_3)_2\dot{C}OH$自由基，偶合后高产率地生成频哪醇［式（9.1）］。同样地，光照含有二苯甲醇的二苯甲酮的苯溶液产生两个相同的$(C_6H_5)_2\dot{C}OH$自由基，发生自由基-自由基偶合反应，高产率地生成苯频哪醇［式（9.2）］[12]。两者的机制涉及一个 $T_1(n,\pi^*)\rightarrow{}^3I(RP)_{gem}$ 步骤，随后形成自由基，通过自由基-自由基偶合生成频哪醇。8.9 节给出了通过酮三重态抽氢反应的 FR 机理的证据，并详细描述了初级光化学步骤中速率常数的推导。直到发生 ${}^3I(RP)_{gem}\rightarrow{}^1I(RP)_{gem}$ 过程，${}^3I(RP)$中间体才能通过偶合或歧化反应产生（单重态）分子。以碳原子为中心的自由基的系间窜越中需要约 10^{-8}s，另一方面，一个$(RP)_{gem}$从 FR 逃逸到非黏性溶剂的溶剂笼中需要约 10^{-10}s。因此，频哪醇通过任意自由基对$(RP)_{ran}$的偶合生成(8.9 节)。有确凿的证据证明自由基的形成，例如由抽氢形成的自由基可以完全被 FR 捕获剂捕获。由抽氢形成的自由基甚至可以用于引发 FR 的聚合。

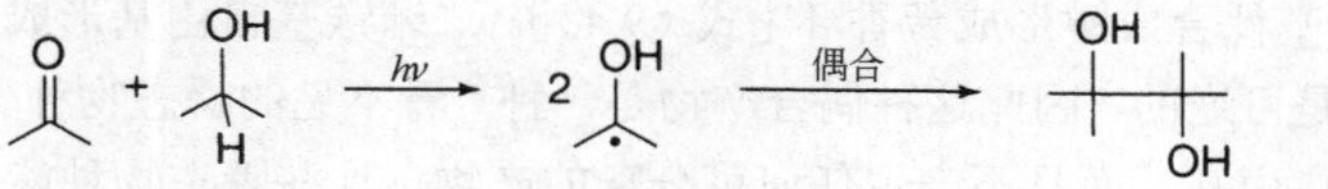

(9.1)

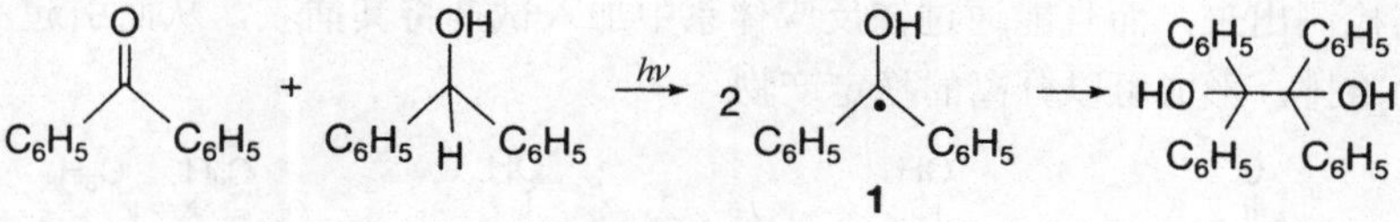

(9.2)

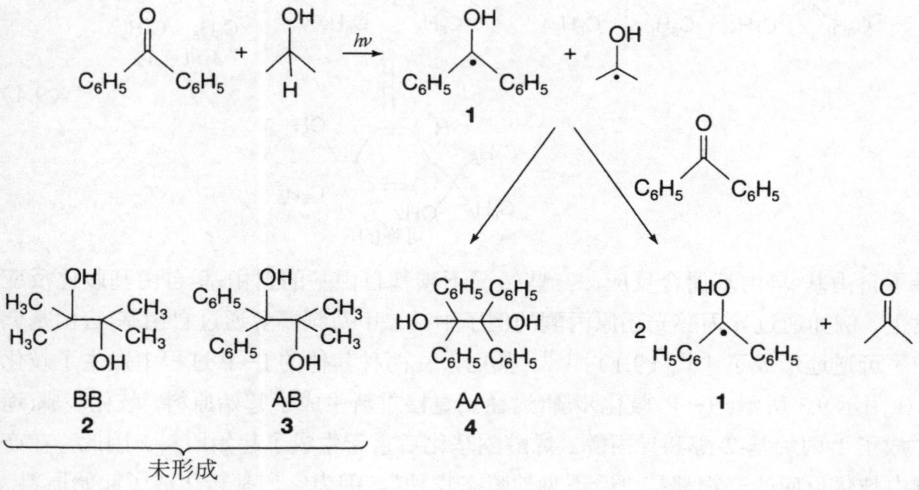

(9.3)

有趣地发现，光照二苯甲酮的异丙醇溶液也可高效地形成苯频哪醇［式（9.3）］[13]。原本预期自由基-自由基偶合反应可以形成3种不同的频哪醇**2**，**3**和**4**［式（9.3）］。而且*R→I过程是一个抽氢反应，可形成两种不同的羰基自由基$(CH_3)_2\dot{C}OH$和$(C_6H_5)_2\dot{C}OH$。单一产物苯频哪醇的生成是由于非常快的自由基-分子反应使$(CH_3)_2\dot{C}OH$转换成了更稳定的$(C_6H_5)_2\dot{C}OH$（**1**）！式（9.3）表示的自由基-分子反应涉及氢原子从$(CH_3)_2\dot{C}OH$转移到基态$(C_6H_5)_2C{=\!=}O$。从表8.6可知，羰基自由基中的OH键能较弱(约30 kcal/mol)。因为氢原子从$(CH_3)_2\dot{C}OH$转移到基态$(C_6H_5)_2C{=\!=}O$产生了一个更稳定的自由基**1**，所以这个反应是有利的，而且速率常数约为10^4L/(mol・s)。

9.9 自由基-自由基偶合反应中“看不见的瞬态物种”：通过自由基-自由基偶合反应物种回到起始原料[14]

在某些情况下，自由基-自由基偶合反应是可逆的。如果偶合反应形成的产物是不稳定的，并可逆地解离成两个“看不见的”羰基自由基，在某种意义上说，从可逆的偶合反应中分离不出任何产物。例如，除了形成二苯甲醇，两个二苯羰基自由基通过自由基-自由基偶合成键形成芳香环［式（9.4）］。二苯羰基自由基形成的偶合产物是不稳定的并且是可逆的，因此这种偶合产物是一种“看不见的瞬态物种”，因为它可解离成二苯羰基自由基，而且不产生任何可分离的产物。这些瞬态物种能从反应过程中的吸收光谱检测出来，而且能通过在反应体系中加入试剂将其捕获，从而引起不稳定偶合产物的重排，形成可以分离的稳定产物。

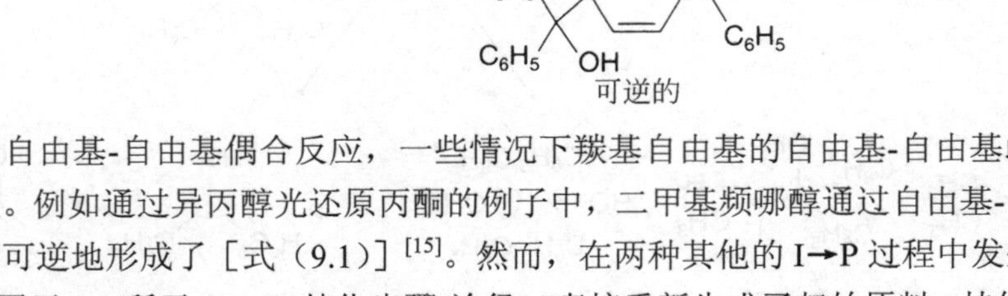

$$(C_6H_5)_2C{=}O + (C_6H_5)_2CH(OH) \xrightarrow{h\nu} 2\,(C_6H_5)_2\dot{C}OH \longrightarrow HO(C_6H_5)_2C{-}C(C_6H_5)_2OH \quad \text{(不可逆的)}$$

$$2\,(C_6H_5)_2\dot{C}OH \rightleftharpoons \text{偶合产物（环己二烯型，可逆的）} \qquad (9.4)$$

除了自由基-自由基偶合反应，一些情况下羰基自由基的自由基-自由基歧化反应也能发生。例如通过异丙醇光还原丙酮的例子中，二甲基频哪醇通过自由基-自由基偶合反应不可逆地形成了［式（9.1）］[15]。然而，在两种其他的I→P过程中发生了歧化反应，如图示9.3所示。I→P 歧化步骤(途径c)直接重新生成了起始原料，歧化步骤(途径b)生成了1-丙烯基-2-醇和异丙醇。烯醇酮基化后重新生成了起始原料。因此，在产物检测中歧化反应的产物都是“看不见的瞬态物种”，因为它们都转化成了起始原料。

实际上，烯醇化的丙酮在反应中能够通过核磁共振光谱（NMR）检测。分子间抽氢反应形成的烯醇通过核磁共振氢谱（^{1}H NMR）首次被发现，因为烯醇能够引发化学诱导动态核极化（CIDNP）实验[15]。羰基自由基对的歧化反应是通过丙酮羰基自由基中间体碳上而不是氧上的氢抽取，这可以通过光照氘代丙酮的异丙醇溶液得到了氘代异丙醇来证明。CIDNP 实验确证了烯醇产物在室温下可稳定数秒。在−70℃下光照丙酮-异丙醇溶液得到了稳定的烯醇丙酮，并通过了核磁表征。烯醇产生的技术可以用来确定许多烯醇醛酮化合物中烯醇-酮式异构化的平衡常数[16]。

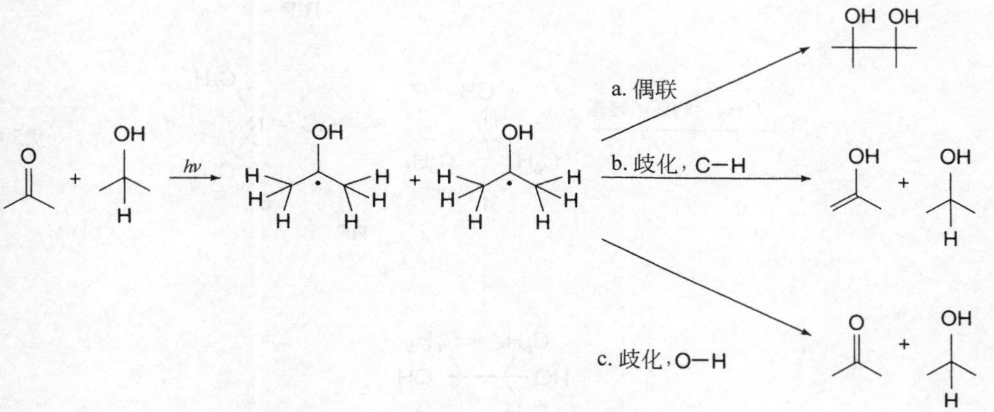

hν

a. 偶联

b. 歧化，C—H

c. 歧化，O—H

图示9.3 光激发态丙酮对异丙醇的抽氢反应机理

总之，通过酮的 $T_1(n,\pi^*)$态从氢给体(XH)的抽氢反应产生了一个三重态双自由基对。自由基又可发生许多自由基-自由基偶合或歧化反应，其中频哪醇的形成是不可逆的。发生哪个 I→P 反应取决于反应的条件。酮与它相应醇的光反应生成频哪醇一般是合成上可利用的反应，因为产生的相同的羰基自由基对发生歧化反应重新生成了起始原料。如果抽氢中产生了不对称的自由基对，就有可能生成许多偶合产物。

9.10 分子间电子转移的初级过程：n,π*态与胺的反应[17~21]

在 n,π*态与某些胺的反应中，起始的*R(n,π*)→I 步骤中也会产生羰基自由基和频哪醇，在这个过程中从键的强度和氧化还原考虑，电子转移和抽氢反应都可能发生。以 *N,N*-二甲基苯胺中二苯甲酮光反应生成苯频哪醇为例［式（9.5）］。在这个反应的 $T_1(n,\pi^*)$→I 步骤中，并不是通过二苯酮的 $T_1(n,\pi^*)$从 *N,N*-二甲基苯胺直接抽氢，而是从 *N,N*-二甲基苯胺到二苯酮的 $T_1(n,\pi^*)$的电子转移反应产生一个接近的 RIP，即 $T_1(n,\pi^*)$→I(RIP)，包含二苯甲酮阴离子自由基和 *N,N*-二甲基苯铵阳离子自由基。二苯甲酮阴离子自由基是一个强碱，而 *N,N*-二甲基苯铵阳离子自由基的氢酸性很强，从阳离子自由基到阴离子自由基发生快速的质子转移过程，即发生 I(RIP)→I(RP)反应，其中产生的 RP 与 *N,N*-二甲基苯胺中甲基基团直接的抽氢反应中产生的相同。在 I→P 过程中羰基自由基的偶合产生苯频哪醇。从时间分辨吸收光谱和电子顺磁共振光谱(EPR)可以得到 $T_1(n,\pi^*)$→I(RIP)过程的证据。

*R　　RIP

CH_3上的质子转移

1　　5

RP

P

(9.5)

比较二苯甲酮在叔丁胺和叔丁醇中的光照反应，可以了解决定分子间电子转移或分子间抽氢反应的因素。在叔丁胺中光照二苯甲酮可以较有效地生成苯频哪醇，而在叔丁醇中光照只能少量反应得到痕量苯频哪醇。在苯中，二苯甲酮三重态只能被叔丁醇以较小的速率常数猝灭 [$k_q \approx 10^3$L/(mol·s)]，而能被叔丁胺以较大的速率常数猝灭 [$k_q \approx 10^8$L/(mol·s)]。

比较一些酮的三重态被异丙醇和三乙胺猝灭的猝灭常数 k_q，数据见后文的表 9.3。注意 k_q 代表激发态酮*R 总的猝灭常数，而与猝灭机理无关。一般而言，即便生成相同的频哪醇产物，三乙胺 [$k_q \approx 10^8 \sim 10^9$L/(mol·s)] 作为猝灭剂的猝灭常数比异丙醇 [$k_q \approx 10^4 \sim 10^6$L/(mol·s)] 大。这些结果表明相似结构的胺和醇一般会有非常不同的*R→I 步骤。k_q 的不同表明由胺引起的光还原反应中涉及 $T_1(n,\pi^*)$和胺中 n 电子之间的相互作用，通过一个电子转移（或实际上是 CT）反应产生一个相近的自由基离子对，即*R(n,π*)→I(RIP)。而醇引起的光还原反应涉及直接的抽氢反应。胺猝灭 $T_1(n,\pi^*)$的猝灭常数与胺的电离势(IP)成线性关系（电离势低，猝灭常数大），这一现象进一步证明了*R(n,π*)→I(RIP)过程中涉及电子(或电荷)转移。RIP 通过质子转移形成 RP，再通过解离形成 FR。由 CT 的相互作用而不是完全的电子转移在*R→*I(EX)过程中产生一个激基复合物(exciplex，EX)，这取决于胺的电离势［式（9.6)］。如 7.26 节中讨论的，这些激基复合物是相近的离子对前体。通过质子转移，RIP 或 EX 能形成一个 RP，然后解离成 FR［式（9.7)］。

$$\underset{R^*}{Ar_2CO^* + R_2NCH_3} \longrightarrow \underset{I(EX)}{[Ar_2\overset{\delta-}{CO}\ R_2\overset{\delta+}{N}CH_3]^*} \quad (9.6)$$

$$\underset{I(EX)}{[Ar_2\overset{\delta-}{CO}\ R_2\overset{\delta+}{N}CH_3]^*} \longrightarrow \underset{RIP}{[Ar_2CO]^{\bullet-}\ [R_2NCH_3]^{\bullet+}} \longrightarrow \underset{RP}{Ar_2\dot{C}OH + R_2N\dot{C}H_2} \quad (9.7)$$

胺为氢给体，酮的三重态形成羰基自由基的量子产率可以达到接近 1。二苯甲酮羰基自由基在叔丁胺和三乙胺中都能形成，表明 NH 和α-CH 都能被抽取形成 I(RIP)。尽管在 $T_1(n,\pi^*)$与胺反应中形成二苯甲酮羰基自由基的量子产率一般很高，还原反应总的量子产率很低。产物的低产率可能是由于 RP 的歧化反应发生反向氢转移或 RIP 的反向电子转移（图示 9.4）。注意通过质子转移形成的 I(RP)能够发生自由基-自由基偶合或歧化反应。

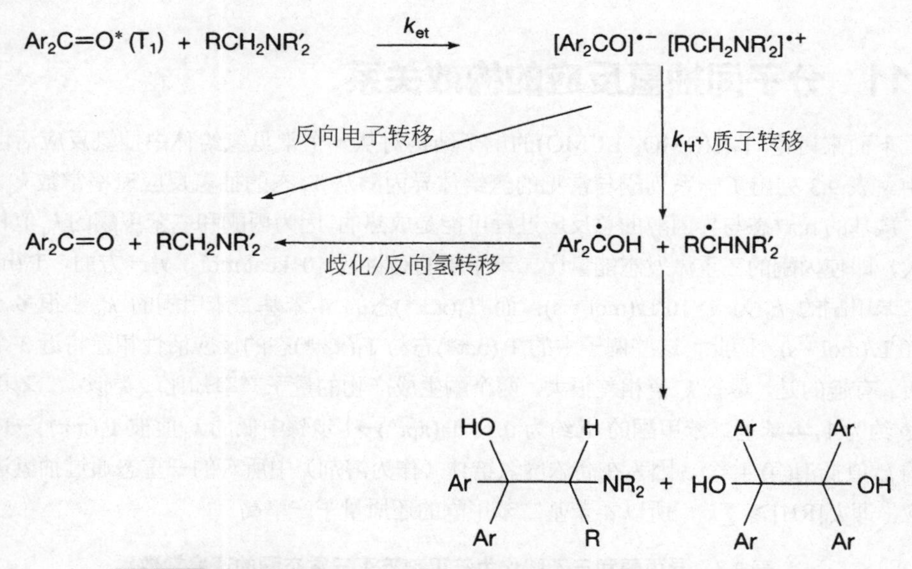

图示 9.4 反向电子转移，伴随着由质子转移形成自由基对的分配竞争

由胺引起的 $T_1(n,\pi^*)$态的光还原过程可视为羰基氧的半充满 n 轨道和氨基氮上两电子占满的 n 轨道之间的相互作用（图 9.6）。这种通过 n←n 相互作用产生源源不断的电荷，可能终止于由胺到羰基氧完全的电子转移中。通过这种电荷转移过程，氧带负电荷，胺带正电荷，形成一个 I(RIP)，后者很快通过自由基阳离子到自由基阴离子之间的质子转移形成一个 RP（图示 9.4）。n,π*从醇转移一个氢和从胺转移一个电子的光还原过程的不同点可以认为是：在抽氢过程中，一个电子和一个质子(即氢原子)同时向羰基的 n 轨道转移，其结果就是抽取一个净氢原子直接产生一个 I(RP)，然而在电子转移引发的过程中首先发生电子转移产生一个 RIP，随后是质子

转移产生一个 I(RP)。

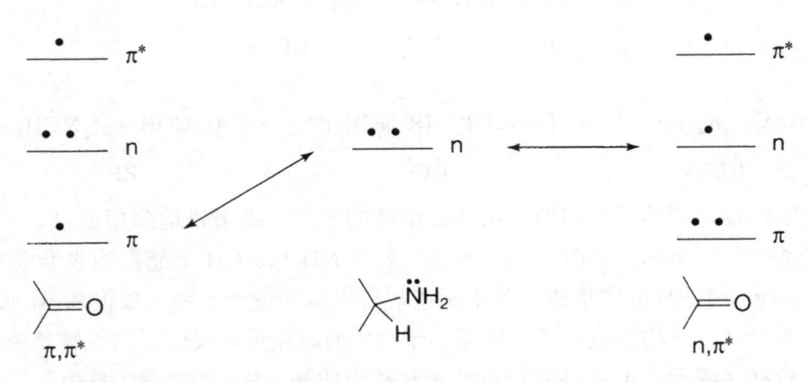

图9.6 胺的孤对电子与 n,π*和 π,π*激发态的羰基化合物相互作用的可能模式

9.11 分子间抽氢反应的构效关系

下面来讨论 T_1(HOMO, LUMO)的电子结构对从一个常见氢给体中抽氢反应活性的作用。表 9.3 列出了一系列酮与常见的氢给体异丙醇从 T_1 态的抽氢反应速率常数 k_q 值。

羰基的 n,π*态与异丙醇的总反应过程可能是放热的，因为丙酮和二苯甲酮的 k_q 值相差不大，即使丙酮的三重激发态能量比二苯甲酮的高将近 10 kcal/mol。另一方面，T_1(n,π*)态二苯甲酮的 k_q 为 1×10^6L/(mol・s)；而 T_1(π,π*)态的 4-苯基二苯甲酮的 k_q 小很多，为 5×10^3L/(mol・s)。因此，这些例子中的 T_1(n,π*)态与 T_1(π,π*)态的反应活性相差将近 3 个数量级。有趣的是，尽管 k_q 值相差很大，两个酮生成产物的量子产率却比较类似：二苯甲酮的 Φ 约为 1，4-苯基二苯甲酮的 Φ 约为 0.3。T_1(π,π*)→I 步骤中低的 k_q 值被 T_1(π,π*)→R 中低的 k_d 值抵消(第 4 章)。因为在高浓度氢给体（作为溶剂）中所有的三重态通过抽氢进行反应，即 $k_q[RH]\gg\sum k_d$，所以 4-苯基二苯甲酮的还原量子产率高。

表 9.3 异丙醇和三乙胺作为猝灭剂猝灭三重态酮的速率常数

酮	E_t[①]/(kcal/mol)	T_1 态构型[②]	K_q/[mol/(L・s)]	
			异丙醇[③]	三乙胺
$(CH_3)_2CO$	78	n,π*	1×10^6	4×10^8[①]
4-$(CF_3)C_6H_4COC_6H_5$	74	n,π*	2×10^6	
$C_6H_5COCH_3$	72	n,π*	1×10^6	7×10^7[④]
4-$(CH_3)C_6H_4COC_6H_5$	70	π,π*	1×10^5	
$C_6H_5COC_6H_5$	69	n,π*	1×10^6	2×10^9[④]
4-$(C_6H_5)C_6H_4COC_6H_5$	61	π,π*	5×10^4	
$CH_3COCOCH_3$	56	n,π*	5×10^3	5×10^7[④]

续表

酮	E_t①/(kcal/mol)	T_1态构型②	K_q/[L/(mol・s)]	
			异丙醇③	三乙胺
2-氰基萘	56	π,π*		约 $5\times10^5$④⑤
芴酮	约 50(?)	π,π*(?)		约 $10^7$⑥
4,4′-四甲基二氨基二苯甲酮（Michler 酮）	约 70	CT	$<2\times10^3$⑦	

① 三重态能量。数据来自磷光光谱。
② 三重态构型。数据来自磷光光谱。
③ 异丙醇作溶剂。
④ 乙腈作溶剂。
⑤ 苯作溶剂。
⑥ 环己烷作溶剂。
⑦ 环己烷作为氢给体。

当 n,π*与 π,π*能量相近时，T_1 可能是 n,π*或 π,π*，进而溶剂极性可能使 T_1 从一个轨道组态“转换”到另一个轨道组态。这个体系的一个优秀范式就是苯乙酮，在非极性溶剂如苯中是 T_1(n,π*)，在极性溶剂如乙腈中是 T_1(π,π*)。这种“态转换”的证据可以从分子间抽氢的 k_q 值得到：在苯中苯乙酮从异丙醇中抽氢的 k_q 约 2×10^6L/(mol・s)，而在乙腈中约 10^3L/(mol・s)。从苯到乙腈中 k_q 下降了 3 个数量级，这也表明在乙腈中 T_1 呈现更多的 π,π*特性。这个特征可以通过苯和乙腈中三重态的乙酮的三重态-三重态吸收光谱和红外(IR)光谱来证明（如第 8 章所述）[22,23]。同样的现象也可以在 4-甲氧基二苯甲酮和呫吨酮中观测到。

苯乙酮和二苯甲酮芳香环上的取代基也能引起 T_1 态的转换。一般而言，环上拉电子基团可以稳定 n,π*，给电子取代基能够稳定 π,π*。这些例子由表 9.3 可知。例如苯乙酮和 4-甲基苯乙酮的 k_q 值在可比性的条件下分别为 1×10^6L/(mol・s)和 1×10^5L/(mol・s)。k_q 的差异归因于苯乙酮是 T_1(n,π*)而 4-甲基苯乙酮是 T_1(π,π*)。

具有 $T_1(^3$π,π*)态的酮，抽氢的 k_H 值可通过使用 H—X 键较弱的氢给体提高。例如，萘酮通常具有 T_1(π,π*)态，能够被氢化锡有效地光还原，而异丙醇不能。因为 Sn—H 键很弱（65kcal/mol），所以氢化锡可以作为光还原反应甚至 π,π*三重态的反应的底物。在 2-萘乙酮中，氢化锡的 k_H 值约为 10^6L/(mol・s)，与 n,π*三重态以异丙醇为底物的数量级相同。

为什么具有 π,π*激发态的羰基化合物比具有 n,π*态的酮类化合物反应活性低（测定其 k_H）？具有 n,π*、π,π*态抽氢的反应机理有什么不同？这些问题可以依据态相关图（第 6 章）或简单轨道参数来回答。我们在这里运用后者解释，有兴趣的读者可以参考 6.23 节，那里提供了一些参考文献，可进一步阅读。

我们的抽氢样本是基于前线轨道视图，关键的初始相互作用涉及一个羰基的单电子 n 轨道与 C—H σ 轨道通过 n←σ 相互作用（图 9.7 和图 9.8）。*R 轨道与 C—H σ 轨道正重叠越大，k_H 值越大，*R 反应活性越高。n,π*和 π,π*立体化学的优先的相互作用是不同的。由于 n,π*态定域在氧原子上，n 轨道的轨道相关系数（电子密度）是 1。因此，考虑酮类 n,π*态局域的 n 轨道与 C—H σ 轨道的重叠，平面内接近 C—H σ 轨道立体化学最佳，更重要的是重叠度对平面上小的位移不敏感。

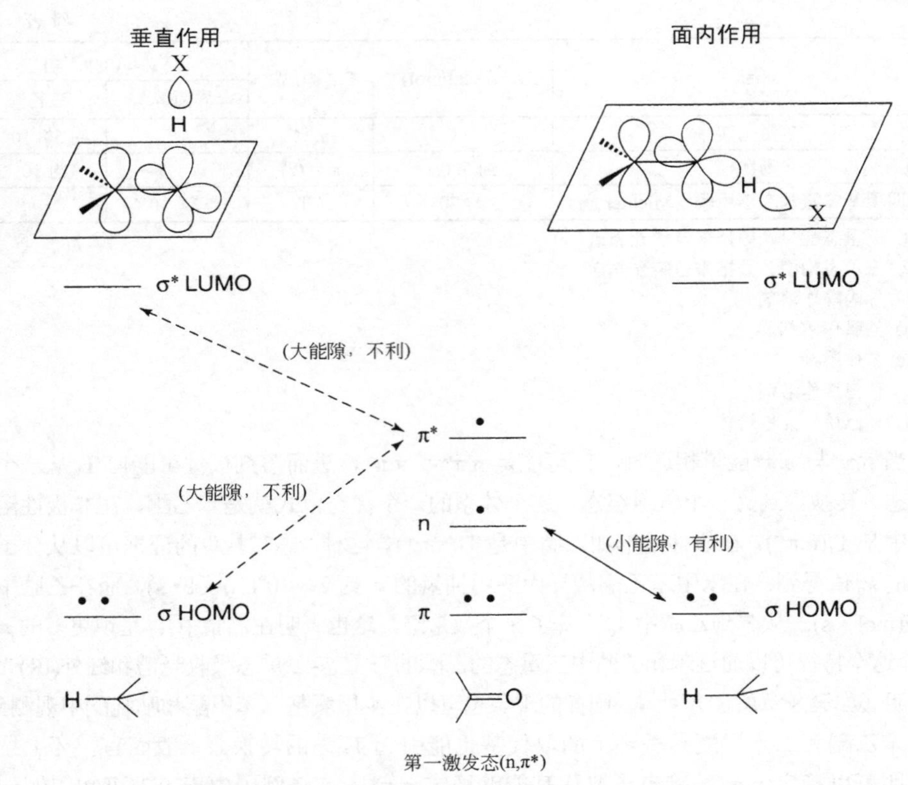

图9.7 n,π*激发态抽氢反应的两种方式，面内进攻更有利

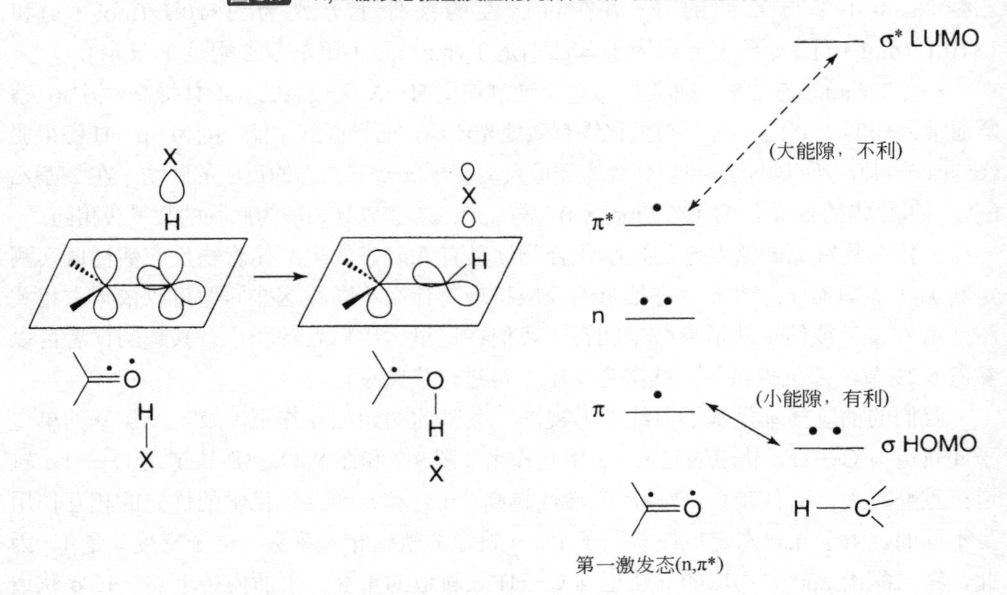

图9.8 在π,π*激发态中垂直进攻方式更有利

对 π,π*态而言，由于 π 和 π*轨道都定域在酮平面的上、下面，为了与 C—H σ 键有效地作用，后者必须从平面上方或平面下方接近，从而与其中一个轨道进行有效重叠。态相关图（6.26 节和 6.34～6.36 节）表明这样的途径是态对称性禁阻，需要一个表面交叉，这将会产生一个反应势垒。在轨道级别上，这个势垒可归因于 π 和 π*轨道离域在 C═O 键的两个原子上，因而每个原子的轨道系数都小于 1，从而也就小于 n 轨道。π,π*态反应的主要能级相互作用可能是 σ(HOMO)→π(HOMO)重叠，而不是 σ(HOMO)→π*(HOMO)，因为 σ→π 轨道相互作用的能隙远小于 σ→π*轨道相互作用。轨道的重叠取决于重叠轨道的电子密度系数。因为 π 轨道氧原子的电负性更大，氧原子的密度系数也会大于碳原子。如果轨道重叠因素起主导作用，C—H σ 轨道在氧原子上的重叠将有利，在*R(π,π*)→I 过程中将发生通过氧原子的抽氢产生一个 $R_2\dot{C}OH$ 自由基。根据产生更稳定自由基的原则也会得出相同的结论，即两种可能的自由基 $R_2\dot{C}OH$ 和 R_2CHO，前者由于奇电子在碳上更稳定。注意，最后 π,π*态（垂直进攻）和 n,π*态（面内进攻）抽氢反应的立体化学是迥然不同的。

9.12 初级过程中的电子转移反应：$T_1(\pi,\pi^*)$反应态

到目前为止，我们认为*R(n,π*)态主导羰基的*R→I 过程。在 7.13 节我们了解到，当电子转移反应是放热的，这个过程可能会很快，能够发生的范围可超过范德华接触分离距离，而且不完全依赖*R 的电子组态。因此，只要总反应是放热的，即使是*R(π,π*)→I 过程的速率常数也会很大（图 9.6）。因而，与胺相比，醇有更高的电离势（表 9.3），观测到醇与胺*R(π,π*)→I 步骤的主要差别并不奇怪。

例如，芴酮、4-苯基二苯甲酮、2-萘乙酮和 4-氨基二苯甲酮都具有 $T_1(\pi,\pi^*)$态，异丙醇中抽氢反应具有较小的 k_q 值，但仲丁胺中电子转移反应具有较大的光还原反应 k_q 值。猝灭速率与胺电离势的线性相关性表明猝灭机理中涉及电子从胺流入醛酮激发态。

9.13 抽氢和电子转移之间的竞争：轨道结构和氢（电子）给体结构的影响

抽氢和电子转移的反应速率（k_q 代表任一过程的猝灭常数）随各自对应的给体电离势的降低而增大。然而，氘同位素效应可用于抽氢对电子转移的敏感性测试：如果*R→I 过程涉及抽氢，则 D/H 同位素效应将会对 k_q 值有很大影响；如果*R→I 过程是电子转移，影响则很小。表 9.4 给出了能够表明从抽氢到电子转移的转化的具有代表性的系统——苯乙酮和三氟甲基苯乙酮在甲苯和对二甲苯中的光还原反应[24,25]。

表 9.4　抽氢和电子转移过程中氘代同位素效应导致的量子产率和猝灭常数

激发态酮	猝灭剂	Φ	k_q/[mol/(L·s)]
$C_6H_5COCH_3$	$C_6H_5CH_3$	0.13	10×10^5
$C_6H_5COCH_3$	$C_6H_5CD_3$		0.2×10^5
$C_6H_5COCH_3$	$H_3C-C_6H_4-CH_3$	0.10	7×10^5
$C_6H_5COCF_3$	$C_6H_5CH_3$	0.053	7.5×10^6
$C_6H_5COCF_3$	$C_6H_5CD_3$	0.015	7.5×10^6
$C_6H_5COCF_3$	$H_3C-C_6H_4-CH_3$	0.04	200×10^6

根据 D/H 同位素标准，表 9.4 的数据可理解为：当 R 是苯乙酮时，*R(n,π*)→I(RP)过程是抽氢反应；当 R 是三氟甲基苯乙酮时，*R(n,π*)→I(RIP)过程是电子转移反应。这个理解与以下两点一致：①苯乙酮与三氟甲基二苯甲酮被甲苯光还原反应具有较大的 D/H 同位素效应；②当溶剂从甲苯转变为对二甲苯时，三氟甲基苯乙酮反应速率常数增大很多。三氟甲基苯乙酮较低的效率可解释为 RIP 生成 R 的快速反向电子转移过程与生成 RP 的质子转移过程竞争（图示 9.5）。

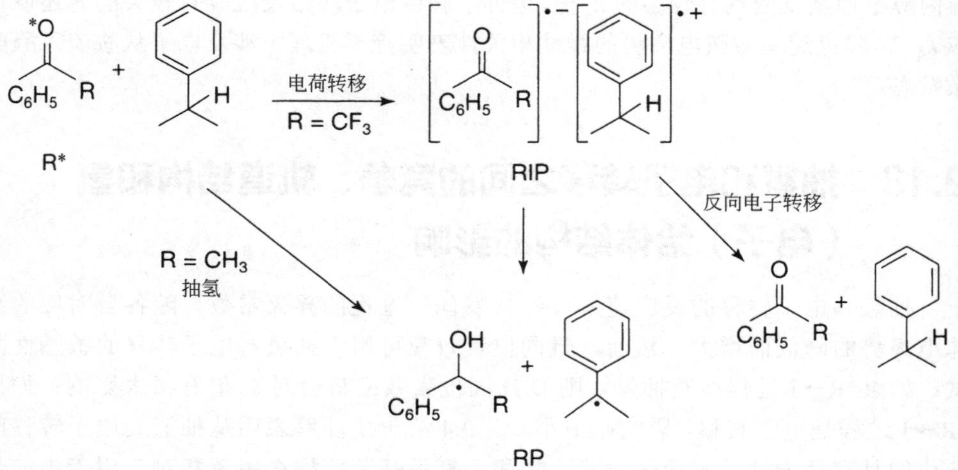

R*　电荷转移　R = CF3　RIP　反向电子转移　R = CH3　抽氢　RP

图示 9.5　酮 $T_1(n,\pi^*)$和烷基苯的光还原的电子转移机制

由 RIP 的反向电子转移生成起始原料。图中列出了光还原的两种模式——电子转移和抽氢

回顾（第 7 章）速率常数很大程度地取决于过程的放热性。从抽氢到电子转移的转换可能是由于三氟甲基苯乙酮的电子转移是放热的，而苯乙酮的电子转移是吸热的。

9.14 初级光化学过程的分子内抽氢：Norrish Ⅱ型反应[26~30]

分子内抽氢是*R→I(BR)过程的一个例子。很容易通过一个结构上易形成、未扭曲的六元环过渡态发生初级光化学过程，这允许从γ-碳到 n,π*态羰基氧的 1,5-氢转移（图示 9.6）。术语“γ-抽氢”常用来描述 1,5-氢转移。但只有当 1,5-氢转移过渡态被阻断时（如当没有γ-氢原子时），其他 1,*n*-氢转移过程也可能且确实也会发生。分子内 1,*n*-抽氢（$n \neq 5$）将在 9.19 节讨论。

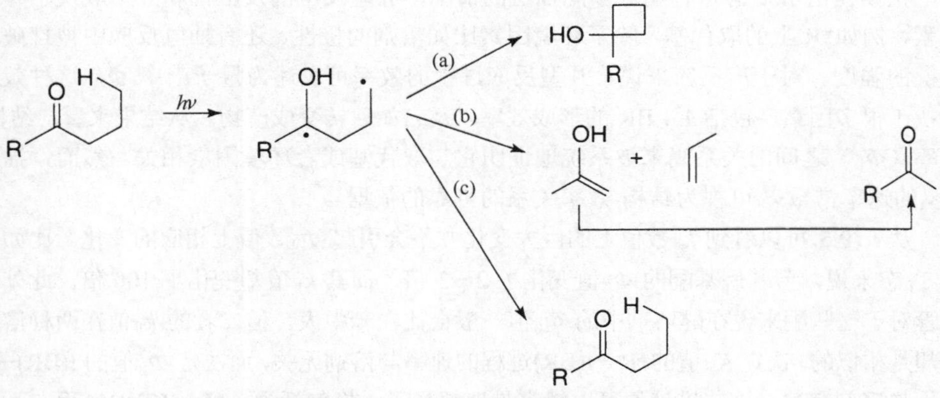

图示 9.6 酮的 Norrish Ⅱ型抽氢反应机制

图示 9.6 所示的一系列 I(BR)→P 反应过程被称为 Norrish Ⅱ型反应（Norrish Ⅰ型反应将在 9.20 节讨论）。Ⅱ型反应涉及在初级光化学*R(n,π*)→I(BR)过程中通过一个*R(n,π*) n 轨道产生一个 1,4-BR 的γ-抽氢（图示 9.6）。

通过γ-抽氢产生的 1,4-BR 能够发生以下 I(BR)→P 次级自由基-自由基过程之一（图示 9.6）：

（1）途径（a），环化形成环丁醇（称为 Yang 环化）[31]；

（2）途径（b），2,3-键裂解生成一个烯醇和一个乙烯（称为 Norrish Ⅱ型裂解）；

（3）途径（c），歧化反应重新生成起始的酮。

通过 n,π*态的γ-抽氢涉及的轨道相互作用与分子间抽氢是一样的。然而，有利的轨道重叠被侧链上能量上可达到的构型所控制。根据前线轨道相互作用原理，通过 $n \leftarrow \sigma_{C—H}$ 轨道相互作用需要允许半充满 n 轨道与 C—H 键较好重叠的立体化学。γ-抽氢较快速发生的一个特别明显的要求是酮的结构允许γ-氢以最小构型扭曲能接近 n,π*态半充满的 n 轨道。γ-抽氢的这种立体电子特征可以从观测到的刚性结构的环己酮光化学得到支持［式（9.8）］[32]。光照 2,6-二丙基环己酮生成轴向异构体（通过Ⅱ型裂解），并且在进一步光照下相对稳定。结果表明Ⅱ型反应在直立（a）侧链上比在平伏（e）侧链上更容易反应。分子样本的检验表明直立的而非平伏的侧链能够形成γ-抽氢所需要的没有分子扭曲的（相对无张力）平面过渡态。

(a键)　(e键)　$h\nu$ →　(a键)　（9.8）

9.15 在Ⅱ型反应中的反应性与效率之间的关系

正如在由 n,π*态进行的分子间抽氢的情况，Ⅱ型反应的反应性和效率取决于一些因素，例如*R 上的取代基，除了环境因素比如溶剂的极性，还有抽氢反应中被打破的氢键的强度。对于净反应来说，Ⅱ型反应过程的效率可表述为量子产率 Φ，这种效率取决于很多因素，包括 1,4-BR 的形成效率以及它如何转变成产物。从结果来看，结构-效率（Φ_{II}）之间的关系尚未被系统地证明它与取代基或者环境因素相关。然而，抽取γ-氢的速率常数 k_{II}可视为结构-效率关系的可靠的依据。

从表 9.5 可以看到 k_{II}数值上的巨大变化并不会引起 Φ_{II}数值上相应的变化。比如，对 T_1 态来说，芳基烷基酮的 Φ_{II}值变化了 2～3 倍，而其 k_{II}值却变化了 100 倍。此外，尽管对于这些酮来说在醇溶剂中的 Φ_{II}值一般会比在苯中大，但二者的 k_{II}值在两种溶剂中却是相似的。决定 K_{II}值的*R→I(BR)过程的速率与溶剂无关，而决定 Φ_{II}值的 I(BR)→P 过程与溶剂有关，这些推论便可以很容易地解释了。换句话说，*R→I(BR)过程在不同溶剂中的效率相同，而 I(BR)→P 过程的效率取决于所用溶剂。I(BR)→P 过程的其中一步涉及 1,4-BR 的歧化作用，并产生初始的酮［图示 9.6 途径（c）］。这一步降低了 Φ_{II}的值，因为吸收的光子并不能产生净产物。在醇溶剂中，1,4-BR 是由氢键相连，因此阻止了其歧化作用而产生初始酮，而且 Φ_{II}产物（裂解与环化）的值接近 1。在苯中，BR 的氢键不是影响因素，很大部分 1,4-BR 经过歧化作用产生初始酮。

表 9.5 芳烷基酮的 NorrishⅡ型抽氢反应的量子产率和速率常数

酮	激发态构型	Φ_{II}(Ⅱ型)①	k_a②/$10^{-8}s^{-1}$
$C_6H_5COCH_2CH_2C\underline{H}_3$	$T_1(n,\pi^*)$	1.0(0.36)	0.08
$C_6H_5COCH_2CH_2C\underline{H_2}CH_3$	$T_1(n,\pi^*)$	1.0(0.33)	1.0
$C_6H_5COCH_2CH_2C\underline{H}(CH_3)_2$	$T_1(n,\pi^*)$	1.0(0.25)	5
$4\text{-}ClC_6H_4COCH_2CH_2C\underline{H_2}CH_3$	$T_1(n,\pi^*)$	0.8	0.3
$4\text{-}(CH_3O)C_6H_4COCH_2CH_2C\underline{H_2}CH_3$	$T_1(\pi,\pi^*)$	0.3	0.06
$4\text{-}(CH_3O)C_6H_4COCH_2CH_2C\underline{H}(CH_3)_2$	$T_1(\pi,\pi^*)$		0.03

续表

酮	激发态构型	Φ_{II}(Ⅱ型)①	k_a②$/10^{-8}s^{-1}$
$4\text{-}(CF_3)C_6H_4COCH_2CH_2C\underline{H}_2CH_3$	$T_1(n,\pi^*)$	1.0	3
$CH_3COCH_2CH_2C\underline{H}_3$	$S_1(n,\pi^*)$	0.06(0.06)	2
	$T_1(n,\pi^*)$	0.8(0.4)	0.1
$CH_3COCH_2CH_2C\underline{H}_2CH_3$	$S_1(n,\pi^*)$	0.1(0.1)	10
	$T_1(n,\pi^*)$	0.1(0.3)	1
$CH_3COCH_2CH_2C\underline{H}(CH_3)_2$	$S_1(n,\pi^*)$	0.3(0.3)	20
	$T_1(n,\pi^*)$	0.1(0.9)	4

① 总Ⅱ型反应在乙醇溶剂中的量子产率，括号内的数值对应于苯作溶剂。

② Ⅱ型反应速率常数，数值与溶剂无关。

从表 9.5 可以看到混合有 π,π^*特性的 $T_1(n,\pi^*)$态对于 γ-氢（k_{II}）抽取的影响。比如，4-甲氧基苯戊酮显示出具有 $T_1(\pi,\pi^*)$态特征的光谱学性质（比如 77K 时其 T_1 态的寿命为 100ms）。对于γ-氢抽取，4-甲氧基苯戊酮的反应性（$k_{II}\approx6\times10^6s^{-1}$）远远低于具有 $T_1(n,\pi^*)$态的苯戊酮（$k_{II}\approx10^8s^{-1}$）。另一方面，由于吸电子的 4-CF_3 取代基的存在，具有 $T_1(n,\pi^*)$态以及一个更加亲电性的 n 轨道的 4-三氟甲基苯戊酮更加活泼($k_{I}\approx3\times10^8s^{-1}$)。

由于 ISC 过程速率很快，只有芳基烷基酮的 $T_1(n,\pi^*)$在γ-氢抽取时活泼。然而，由于二烷基酮的 ISC 速率相对较低［图 9.5（a）］，它们的 $S_1(n,\pi^*)$态可能会参与Ⅱ型反应过程[33]。因此，对于二烷基酮 $S_1(n,\pi^*)\rightarrow{}^1I(BR)$以及 $T_1(n,\pi^*)\rightarrow{}^3I(BR)$过程都有可能发生。从表 9.5 注意到，对于 $S_1(n,\pi^*)$和 $T_1(n,\pi^*)$来说，预期的γ-氢抽取的 k_{II}与键的强度的活性关系是正确的，即 k_{II}(伯 H)＜k_{II}(仲 H)＜k_{II}(叔 H)。S_1 态的 k_{II}值比 T_1 态的 k_{II}值大 1 个数量级。S_1 具有更高的反应活性，同时也有更高的激发能，这使得对于相同的酮来说其 S_1 态的$^*R\rightarrow I(BR)$这一步放出的热量比 T_1 态更多。

在苯戊酮结构中，通过改变 δ-取代基，在 Hammett 图形中可以看到基于Ⅱ型反应的速率常数 k_{II}存在一个斜率为−1.85（ρ 值）的线性关系。在 Hammett 图形中，这样一个负值表明在 δ-碳上的推电子取代基团增加了反应速率。因此这个结果与由氧原子的 n 半空轨道受到亲电攻击而引起的分子内抽氢过程相一致。

9.16 Ⅱ型反应中产物形成的 I(BR)→P 过程：一个双自由基的行为范式

γ-抽氢$^*R\rightarrow I(BR)$过程提供了一个制备各种不同的 1,4-BR 的通用方法。通过抽取γ-氢原子制备 1,4-BR 的广泛研究为生成任何一种 1,4-BR 提供了一个基本范式。本节将要讨论的是这种范式的更有趣的方面，包括 1,4-BR 的化学行为（反应见图 9.6）、溶剂对于 1,4-BR

化学的影响、^{3}BR 的 ISC 机理以及 ISC 对 $^3I(BR)\rightarrow{}^1I(BR)\rightarrow P$ 整个化学过程的影响[34,35]。

在时间分辨激光技术出现以前，第一个能证明在Ⅱ型反应中 1,4-BR 产生的证据主要是基于产物的研究。例如，在图示 9.6 中的偶合和歧化作用过程与单一的 1,4-BR 前体是一致的。进一步能证明$^*R\rightarrow I(BR)$过程是可行的证据是从立体化学研究γ-氢来源的手性中心变化的研究。一旦受到光照，纯的（＋）-4-甲基-1-苯基己酮发生部分转化（图示 9.7），回收的初始酮光学活性消失[36]。芳基烷基酮Ⅱ型反应中只有 $T_1(n,\pi^*)$发生反应，如果 $T_1(n,\pi^*)\rightarrow{}^3I(BR)$过程能够发生，由于$\gamma$-氢抽取作用，有望发生$\gamma$-碳原子的外消旋化；^{3}I(BR)不能进行自由基-自由基偶合或歧化反应，因为根据自旋选择定律 $^3I(BR)\rightarrow{}^1P$ 的初步阶段是禁阻的（产物都是单重态分子），所以在产物形成前 $^3I(BR)\rightarrow{}^1I(BR)$需要经过系间窜越过程（ISC）。对于 1,4-BR 而言，这个 ISC（更多的细节将在图示 9.17 中讨论）过程所需要的时间量级为 10~100 ns，这个时间相对于很多碳-碳键的旋转足够长（乙烷中单键的旋转速率为 $10^{13}s^{-1}$），对于γ-碳原子来讲，则会引起其初始的立体化学性质的消失。因此，若由 1,5-氢的转移引发的歧化反应再生初始酮［图示 9.6 途径（c）］，则会产生一个外消旋的手性立体中心，导致其光学活性消失。

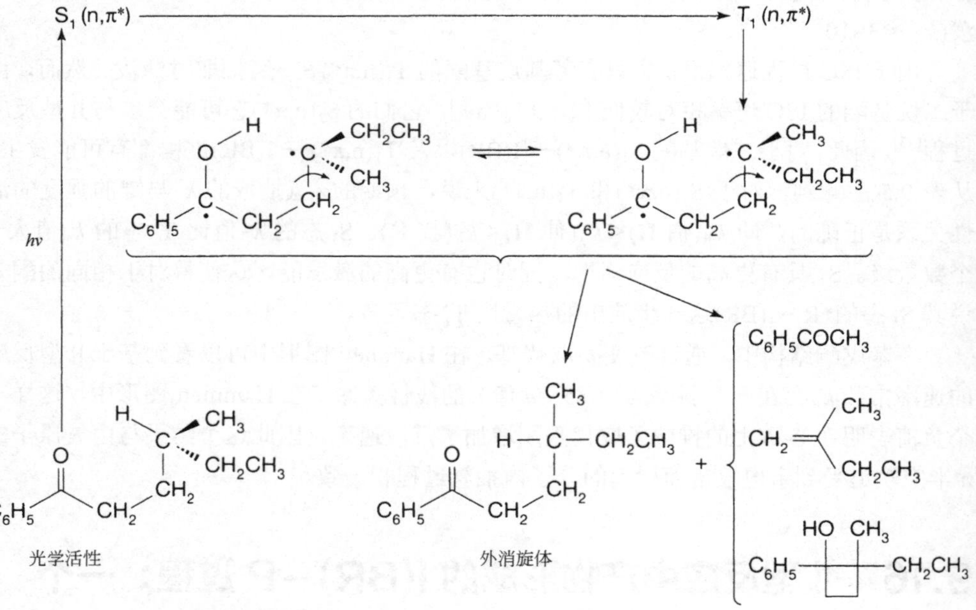

图示 9.7 Norrish Ⅱ型抽氢反应激起逆过程的立体化学

在 Norrish Ⅱ型反应过程中，溶剂效应也会对 1,4-BR 中间体的形成提供依据。在 9.15 节已提到Ⅱ型反应中芳基烷基酮的产物的量子产率 Φ 与溶剂相关，在醇中达到 1.0；BR 中的氢键可能会阻止反向的γ-氢转移而再生初始原料，这将会降低 Φ

值。如果醇能够抑制γ-氢的反向转移（见图示 9.8），那么对于一个有光学活性的酮，在氢反向转移的过程中产生的外消旋作用也将减小。实际上，其外消旋化的量子产率在苯中为 0.25，但在叔丁醇中其值为零，说明在叔丁醇中其外消旋作用被完全抑制了。图示 9.8 总结了在Ⅱ型反应中溶剂效应对芳基烷基酮的量子效率的影响。

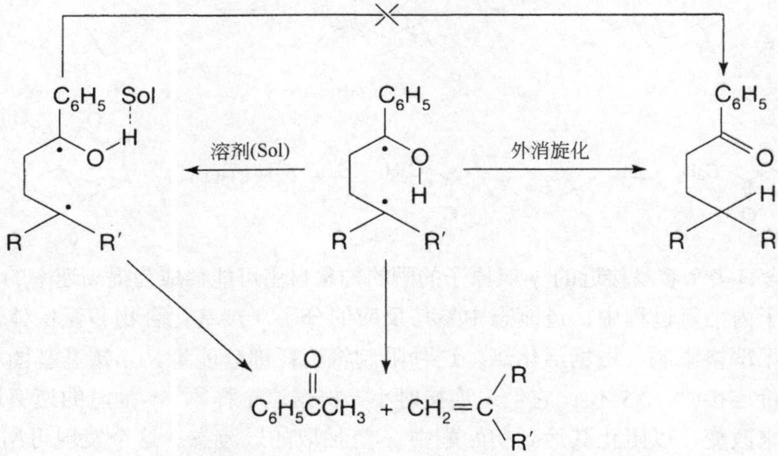

图示 9.8 Norrish Ⅱ型反应的溶剂效应图示

对 1,4-BR 进行直接的光谱学检测是可能的，测得其在很多体系中的寿命在 10～200ns 之间（第 8 章）[37]。

9.17 抽取γ-氢的几何学以及其与初级光化学过程竞争的结果

根据前线轨道相互作用原理，通过 $n \leftarrow \sigma_{CH}$ 轨道相互作用抽氢的过程需要立体化学上允许半充满的 n 轨道和 C—H 键很好地重叠。在激发态物种寿命范围内，找到与其轨道重叠很好的几何构型之前，分子间抽氢的氢原子给体会探索多种几何构型的方案，分子间相互作用的氢原子给体会形成与受到低能量亚甲基链限制的 n 轨道相接近的几何构型。因此，除非链中的 C—H 键有利于固定，否则分子间的抽氢过程将不能进行。我们已经见证了这种构型效应的一个例子。光照反-4-叔丁基-2,6-二丙基环己酮会产生相对稳定的轴向异构体。这个结果要求正丙基的平伏侧链比直立侧链更易参与到γ-氢抽取的反应。从分子样本来看，在不产生严重的分子扭曲的情况下，很明显是平伏侧链而不是直立侧链更能达到抽氢所需要的几何构型。

另一个翔实的例子是酮提供的 γ-氢的作用，如式（9.9）和式（9.10）所示[38]。酮

6 发生*R→I(BR) γ-氢抽取的初级过程，而酮 8 发生*R→I(BP)涉及α-裂解的初级过程。产生差异的原因是 6 构型上存在容易接近环己酮上 γ-氢的结构，而 8 没有。不能进行 γ-抽氢而迫使 8 发生“错误的”初级α-裂解过程，导致 RP 发生自由基-自由基歧化反应形成苯乙醛，以及自由基-自由基偶合形成 6（8 的一种差向异构体）。

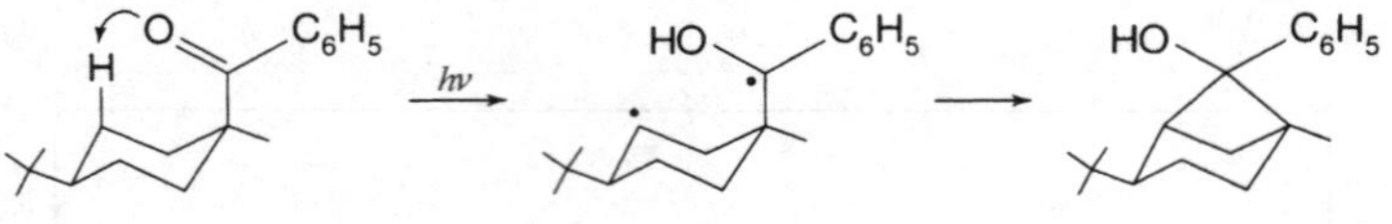

(9.9)

(9.10)

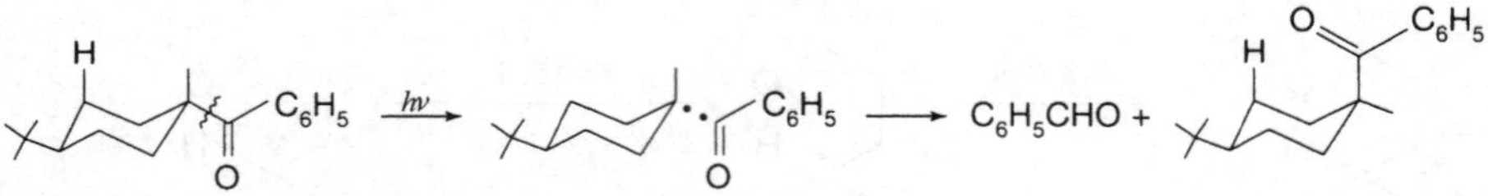

限制含有多个容易接近的 γ-氢原子的酮的构象自由可能会成为提高速率的一种手段[39]。在分子内抽氢过程中，过渡态中参与反应的分子（羰基化合物和氢供体）的可移动性受到了严格限制。根据活化熵，这种限制将消耗部分能量。当羰基基团和氢供体通过链共价连接时，$\Delta S^{\neq}$值比它们未连接时小。根据这个样本，γ-抽氢的速率通过限制键的旋转来改变，以阻止其达到初始酮中 γ-氢抽取的过渡态。这个发现可用图示 9.9（在 3 个例子中抽取的氢是二级反应，这样 ΔH 的变化量可能较小）中的例子解释。除了固定氢原子的位置外，对于 γ-氢抽取来说合适的排列也是很重要的（参考 8.4 节Ⅱ型反应中活化参数的讨论）。

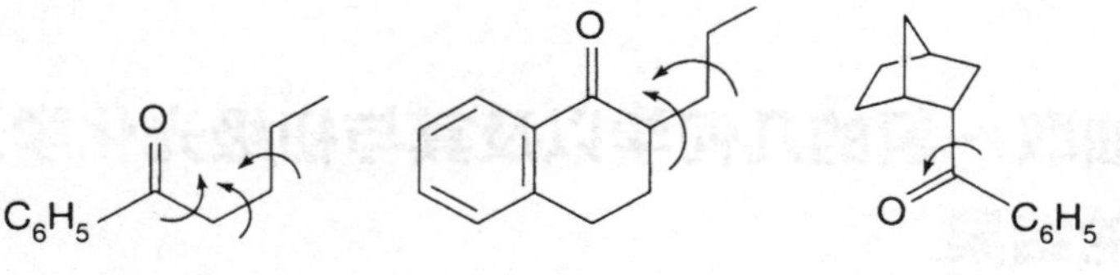

k_H/s^{-1}　1.3×10^8　6×10^8　7×10^9

图示9.9　具有不同构象张力的酮的 Norrish Ⅱ型反应速率

一个由 R 的基态构象控制的实例 1-甲基环己基苯基酮，在控制*R→I(BR)步骤中存在两种主要的基态构象，构象 9 和 10（图示 9.10）[38]。在构象 9 中，活化的苯甲酰基团位于直立键的位置，并且能够形成 γ-抽氢所需的环形过渡态。在构象 10 中，活化的苯甲酰基团位于平伏键的位置，不能经历 γ-抽氢过程，通过另一可能的*R→I 过程即α-裂解发生反应，没有严格构型要求。实际上，10 发生有效α-裂解过程，而 9 经历Ⅱ型反应［将这个结果同式（9.9）和式（9.10）中的两个同分异构体对比］。

对图示 9.10 中的例子而言，产物的形成主要取决于两个因素：①激发态中两个构象异构体间的转换速率；②两个反应的速率（γ-氢抽取和 α-裂解）。虽然在基态和激发态中这两个构象异构体之间的转换速率为 $10^5 s^{-1}$，但*R→I 过程的速率为 $10^7 \sim 10^8 s^{-1}$。由于在激发态时这些构象异构体的反应速率比其相互转化的速率快，所以其产物生成的量子产率应取决于这些构象异构体分布（基态和激发态），以及来源于每个异构体的产物生成效率，而不是取决于 γ-氢抽取和 α-裂解反应的相对速率常数，所得产率与这种分析吻合。这种分析预测了1-甲基环己基苯基酮应具有两个不同寿命的三重态，一种三重态来源于直立异构体，另一种来源于平伏异构体，这种预测也被用三重态猝灭剂萘猝灭形成的产物验证（图9.9）。这种羰基化合物构象类推到双烯和三烯中的非平衡激发旋转体（NEER）效应将在第10章讨论。然而，尽管 **9** 和 **10** 在基态时存在相互转化，但是在激发态的时间范围内构象异构体 **9** 和 **10** 之间并不存在相互转化。因此，产物分布是基态时这两种构象异构体总数的直接反映。

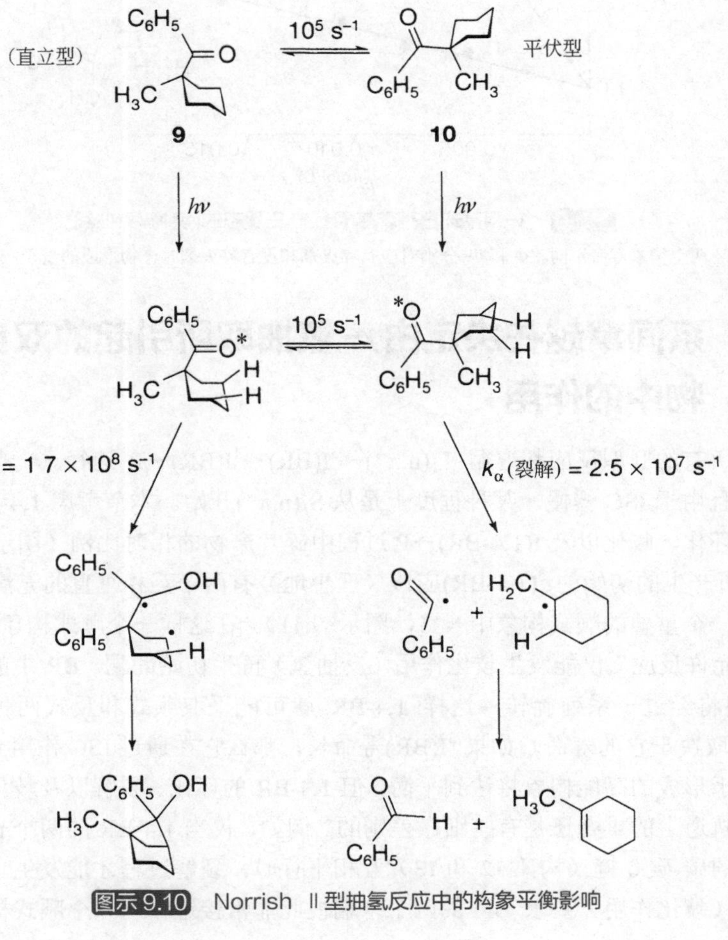

（直立型） C_6H_5 O H_3C **9** $\rightleftharpoons$ ($10^5 s^{-1}$) O C_6H_5 CH_3 **10** 平伏型

$h\nu$ ↓ ↓ $h\nu$

C_6H_5 O* H_3C H H $\rightleftharpoons$ ($10^5 s^{-1}$) *O C_6H_5 CH_3 H H

$k_H = 1.7 \times 10^8 s^{-1}$ k_α(裂解) $= 2.5 \times 10^7 s^{-1}$

C_6H_5 OH C_6H_5 H + O C_6H_5 H_2C H

↓ ↓

C_6H_5 OH H_3C + O H C_6H_5 + H_3C

图示9.10 Norrish Ⅱ型抽氢反应中的构象平衡影响

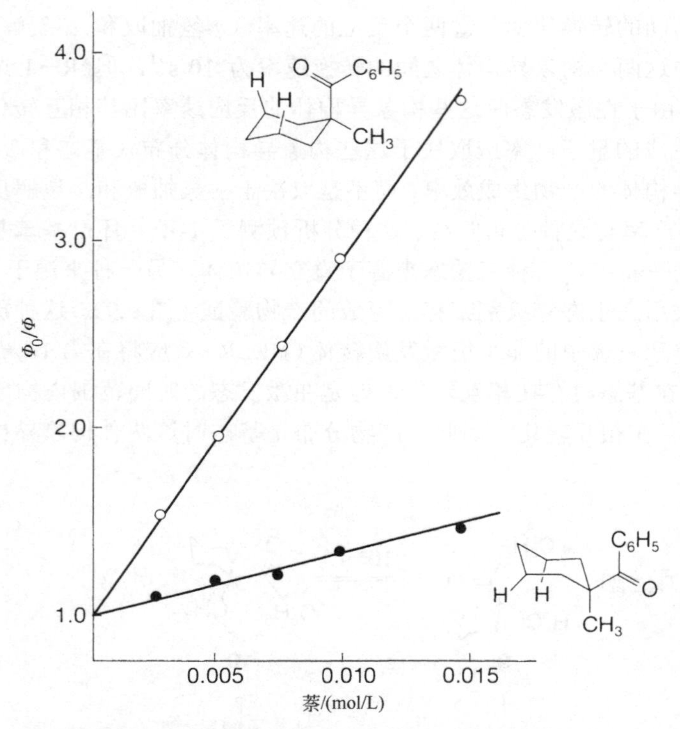

图9.9 1-甲基环己基苯基酮 n,π*三重态的两种猝灭曲线

两个构象寿命不同。Φ 和 Φ_0 分别对应有猝灭剂和没有猝灭剂时产物形成的量子产率

9.18 系间窜越在决定由γ-氢抽取所引起的双自由基产物中的作用

几乎所有的Ⅱ型反应都遵循 $T_1(n,\pi^*)\rightarrow{}^3I(BR)\rightarrow{}^1I(BR)\rightarrow P$ 途径。一些二烷基酮是例外，而且由于 ISC 缓慢，某种程度上是从 $S_1(n,\pi^*)$开始。本节考虑 1,4-BR 中的轨道重叠控制环化、歧化以及 I(1,4-BR)→P 过程中碎片产物的相对比例（图示 9.6）。通过γ-氢抽取所产生的初始的 ^{3}(1,4-BR)应该（理想地）有两个互相垂直的充满的 p 轨道，且存在于一个重叠的顺式构象中（**11**，图示 9.11）。在这样一个顺式构象中，BR 产生的“重叠允许反应”仅能发生歧化作用（反抽氢）再生初始的酮。BR 中的末端或中间的碳-碳键将经过一系列旋转，这样 1,4-BR 就可能采取顺式和反式两种构型（图示 9.11），这取决于它的寿命。如果 ^{3}I(BR)寿命长，那么它在通过 ISC 作用到达 ^{1}I(BR)前其所有易于形成的高能构象将达到平衡。但 1,4-BR 的环化、裂解以及歧化作用所需的几何以及轨道上的重叠还是有些细微差别的。例如，仅当 1,4-BR 的两个 p 轨道和中间的被打破的碳-碳 σ 键（构象 **12** 和 **13**）互相平行时，裂解过程才能发生。环化作用和逆氢转移（歧化作用）要求 BR 的两个末端彼此非常接近，即一个顺式构象。另外，

对环化作用来说两个p轨道要互相面对（构象**12**），但是对逆氢转移而言烷基末端的p轨道应该和O—H σ键互相面对（例如构象**11**中所示的两个p轨道应该互相垂直）。

图示9.11 Ⅱ型双自由基I(BR)反应的轨道定向性

没有经过ISC过程，^{1}I(BR)就能够经过偶合或歧化反应，其寿命通常较短，不能发生键的旋转。因此，尽管^{3}I(BR)通常会逐渐达到一个构象异构体的平衡，但^{1}I(BR)不会。因为^{3}I(BR)的寿命比^{1}I(BR)长得多，所以从$T_1(n,\pi^*)\rightarrow{}^3I(BR)\rightarrow{}^1I(BR)\rightarrow P$和从$S_1(n,\pi^*)\rightarrow{}^1I(BR)\rightarrow P$所得到的最终产物也将不同。光学纯的(*S*)-(+)-5-甲基-2-庚酮（图示9.12）经历其$S_1(n,\pi^*)$以及$T_1(n,\pi^*)$态的Ⅱ型反应很好地诠释了这一点。一旦被激发，当三重态猝灭剂1,3-戊二烯（2.5mol/L）存在时（$\Phi_{外消旋}\approx0.002$），(*S*)-(+)-5-甲基-2-庚酮被激发后其外消旋化（部分反应后回收的酮）量子产率比猝灭剂不存在（$\Phi_{外消旋}\approx0.08$）时低（图示9.12）[40]。1,3-戊二烯存在下的量子产率对应于从(*S*)-(+)-5-甲基-2-庚酮的单重激发态进行的^{1}I(BR)反应。当这种三重态猝灭剂不存在时，反应从S_1和T_1态同时发生。通过观察图示9.12，我们可以推断外消旋化的主要部分产生于T_1态，而^{1}I(BR)的寿命太短，不足以引发一系列外消旋反应。

图示9.12 由可逆的抽氢导致的γ-氢异构化的机制

从Ⅱ型反应过程得到的^{3}I(BR)的寿命范围在10~100ns之间。假设ISC速率对于所有的构象异构体来说都相似，那么产物的分布应该是所有构象异构体平衡分布的最直接反映。由于ISC的速率与轨道分离的相对距离有关，每一个构象异构体都有可能具有不同的 ISC 速率，正如 3.26 节和 8.39 节所讨论的那样。因此，ISC 的速率以及 ISC 过程后形成的构象异构体的总数能够说明产物的分布。

从 ^{3}I(BR)→^{1}I(BR)的 ISC 过程会受到顺磁性物种的影响（见 8.37 节），比如分子氧、双叔丁基氧化氮以及金属离子，这些物种用作 ^{3}I(BR)→^{1}I(BR)过程的“旋转催化剂”[41]。这类催化剂和 ^{3}(BR)作用并增加了 ISC 的速率，缩短了 ^{3}(BR)的寿命，这样可以阻止它建立一种平衡。例如，就 γ-甲基苯戊酮而言，双叔丁基氧化氮（一种稳定的 FR）的存在将裂解产率提高到 200%。这是一个关于氧化氮的第三个电子旋转催化的例子（见 8.37 节），氧化氮的第三个旋转的电子同 ^{3}I(BR)的两个旋转作用并引发一个“催化型”的转化 ^{3}I(BR, ↑↑)+ ↓（催化）→^{1}I(BR, ↑↓) + ↑（催化）。旋转催化剂的存在与否将影响进行系间窜越的构象异构体。因此，旋转催化剂的存在与否也会影响其产物的分布。

因此，从上述分析可知在Ⅱ型反应中有两个重要的因素会决定从 ^{3}I(BR)生成产物的分布：①^{3}I(BR)→^{1}I(BR)的 ISC 的速率；②平衡时 ^{3}I(BR)的构象异构体的总数。如果不完全理解构象异构体的总数以及在 1,4-BR 中控制 ISC 的速率的因素，那么控制产物分布的能力也将受到限制。尽管有这些缺点，还是显示出来一些趋势。在图示 9.11 中列出的所有构象异构体中，反式异构体可能具有最低的能量。尽管这一推测在环化作用和歧化作用中并不适用，但非常适合裂解过程。当中间键裂解时，这种几何学性质允许具有醇和烯性质的双键最大程度的形成。因此，对于从三重态反应的大多数体系来说，与环化作用相比我们可以推测裂解作用会占更高的比例。进一步来讲，与环化作用相比，从热动力学角度更倾向通过裂解形成两个分子（熵优势）。一般来说这些推论都是正确的。代表性的是 25%以下的柔性体系的产物对应于环化作用。然而，对于消除反应所要求的轨道排列来说这比较困难，裂解作用将有更高的活化能，并且环化反应以及逆氢转移反应更没有发生的可能。在这些例子中，由于可逆氢转移仅仅会产生初始酮，环化作用得到的产物的产率会更高。在生成环化叔丁醇具有更高产率的环化酮反应中，上述这些类型的例子很多［式（9.11）～式（9.13）］。

H H O C_6H_5 $\xrightarrow{h\nu}$ OH C_6H_5 + O H_5C_6 （9.11）

60% 40%

H H O C_6H_5 $\xrightarrow{h\nu}$ C_6H_5 OH + HO C_6H_5 （9.12）

H H O C_6H_5 $\xrightarrow{h\nu}$ HO C_6H_5 （9.13）

9.19 超越γ-抽氢反应：分子内1,n-抽氢反应[42~44]

目前尽管γ-抽氢（1,5-氢转移）是最常见的分子内抽氢反应，但1,*n*-氢转移过程中氢来源于其他位置而非γ（*n*=5）位也有很多的例子，这些过程只有当没有γ-氢可用或者空间上容易得到的非γ位可活化时才得以发生。

1,4-、1,6-、1,7-、1,8-以及1,9-抽氢的例子如式（9.14）～式（9.18）所示。注意CH_2链所有键的强度都相接近，所以反应性的差异可能归结于过渡态时n←σ相互作用产生的最佳重叠时的张力能不同，与熵的特性一样，分子内抽氢产生的构型分布似乎也是正确的。

注意式（9.14）～式（9.18）中的所有例子中，1,4-BR中的2,3-键不可能裂解，通过歧化作用再生成初始原料也不可能。因此，1,*n*-BR的环化作用是首选的纯粹反应路径。

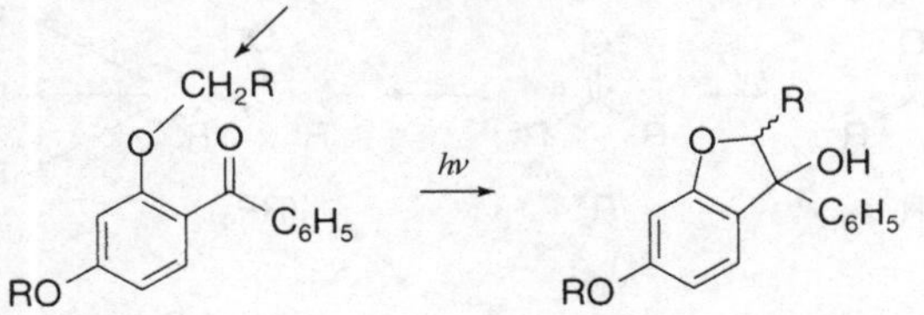

（9.14）

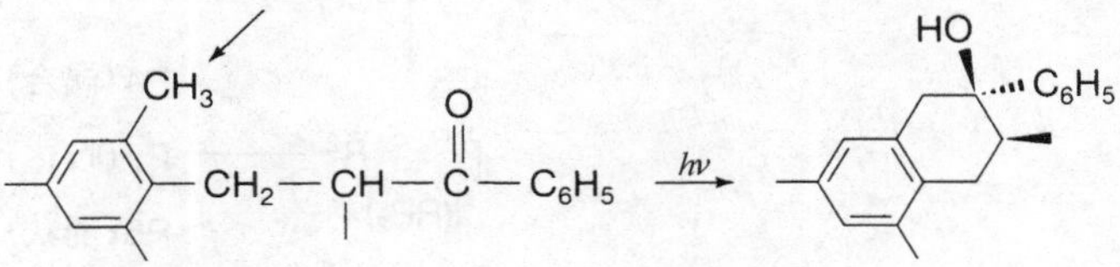

（9.15）

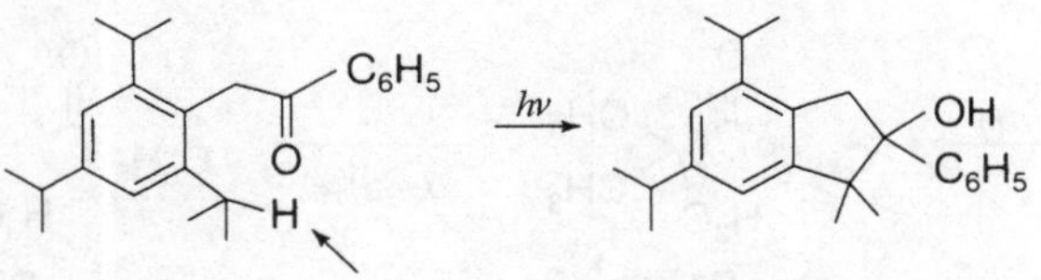

（9.16）

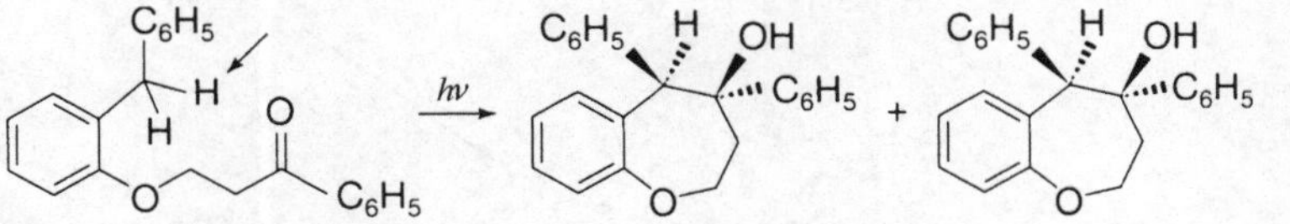

（9.17）

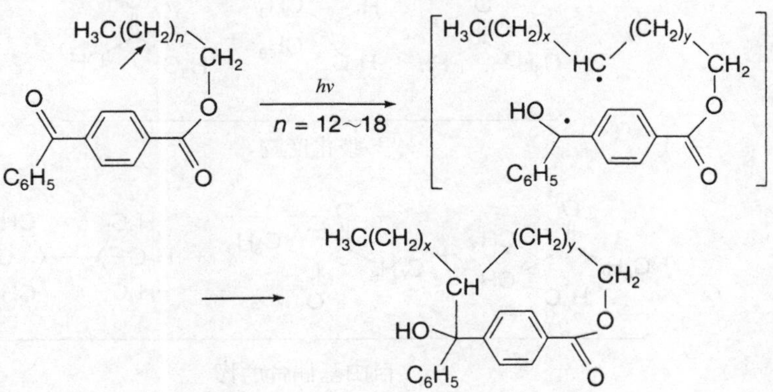

（9.18）

9.20 n,π*的α-裂解的初级过程：非环酮[45~49]

许多羰基化合物（环状、非环状以及芳烷酮）一旦被激发将经过α-裂解过程生成产物，这个α-裂解过程由I(RP)或者I(BR)引起可能的I→P过程。这个反应最初由Ciamician和Silber报道，后来由Norrish发展，称作Norrish Ⅰ型反应。对于结构上非对称的非环酮，这个反应限制了其在合成上的应用，因为$I(RP)_{gem}$很快高产率地分解形成FR。这个过程可能经历了很多偶合和/或歧化反应［如式（9.19）和式（9.20）］。但是，因为α-裂解完全产生一个成对的自由基对，这个光化学初级过程得到了广泛研究，并且现在用作理解溶液中RP和FR化学行为的一个范式（8.5节和8.6节）。此外，尺寸不一的环酮的α-裂解过程给I(1,n-BR)的形成提供了一种很好的方法，其中n由环酮的环的尺寸控制。

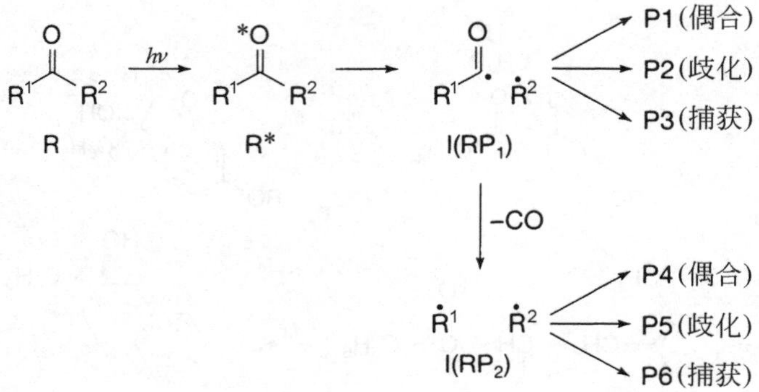

R（$R^1C(O)R^2$） —hν→ R* —→ I(RP_1)（$R^1\dot{C}=O$ $\dot{R}^2$） → P1(偶合)、P2(歧化)、P3(捕获)

I(RP_1) —(−CO)→ I(RP_2)（$\dot{R}^1$ $\dot{R}^2$） → P4(偶合)、P5(歧化)、P6(捕获)

（9.19）

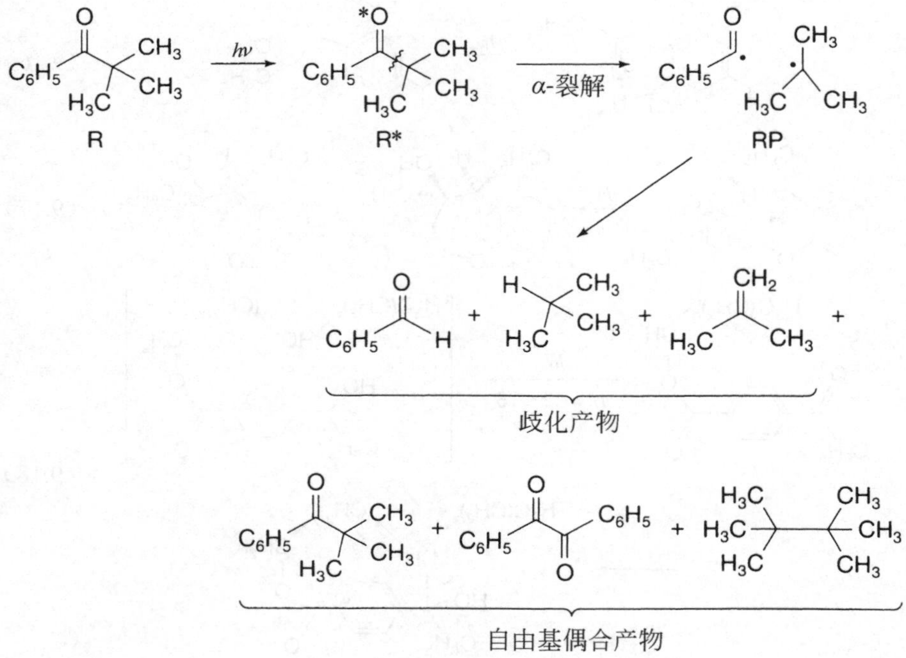

R（$C_6H_5C(O)C(CH_3)_3$） —hν→ R* —α-裂解→ RP（$C_6H_5\dot{C}=O$ + $\dot{C}(CH_3)_3$）

→ C_6H_5CHO + $HC(CH_3)_3$ + $CH_2=C(CH_3)_2$ +（歧化产物）

$C_6H_5C(O)C(CH_3)_3$ + $C_6H_5C(O)C(O)C_6H_5$ + $(CH_3)_3C-C(CH_3)_3$（自由基偶合产物）

（9.20）

基于 n,π*激发态的羰基化合物和烷氧自由基的相似性，它们有望发生具有预期特征的α-裂解过程（图 9.4）。在烷氧自由基的β-裂解反应中（注意烷氧自由基的β-裂解以及对应的羰基的α-裂解过程，β 对应于一个氧自由基中心，α 对应于羰基发色团的碳），已经证明，对应于产生的更稳定的自由基，得到了一个以碳为中心的自由基碎片的取代基。反过来，这个反应是对应于氧自由基中心最弱的β-键的裂解反应。在此基础上，利用烷氧自由基化学策略可以推测，对于一个给定多重度的 n,π*态来说，产生更稳定 RP 的α-裂解反应速度更快（图示 9.13）。例如，以苯基叔丁基酮为例，α-裂解反应产生更稳定的叔丁自由基的反应速度比产生苯基自由基的反应速度更快［式（9.20）］。

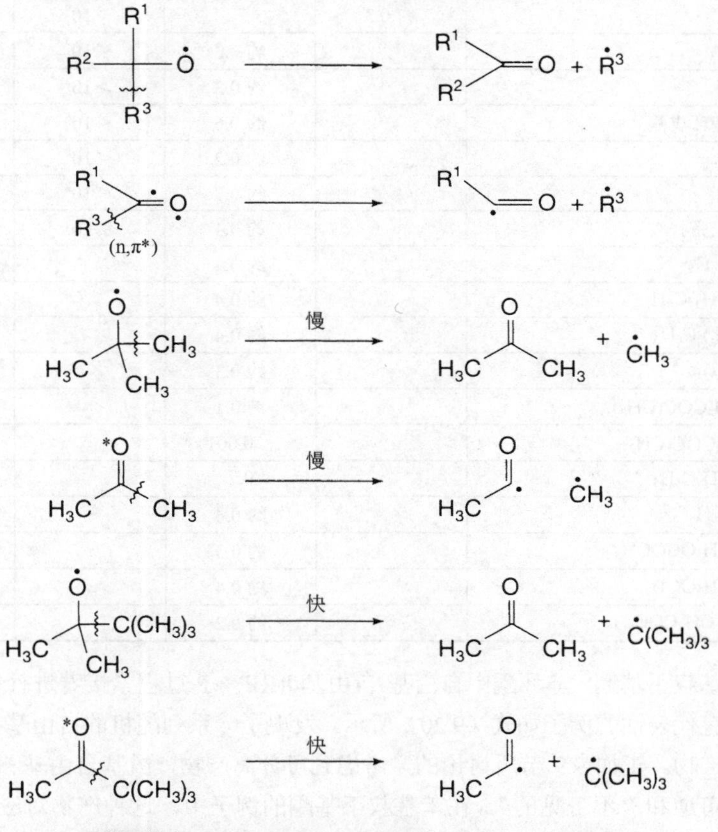

图示 9.13 烷氧自由基的β-裂解和酮 n,π*态的α-裂解比较

热动力学在决定α-裂解反应的可能性中也起重要作用，正如在抽氢和电子转移反应过程中反应能量学的作用一样。对于可能的α-裂解反应来说。*R 的能量必须接近或者高于 I(RP)。这样，具有键能大的α-C—C═O 键的酮，例如丙酮、二苯甲酮、苯丙酮，在室温下并没有以很快的速度发生α-裂解反应。酰基自由基是由所有酮的α-裂解反应所产生，所以作为抗衡自由基，它的稳定性还需要研究。甲基自由基和苯基自由基是以碳为中心的所有自由基中最不稳定的。通过非环酮的α-裂解反应速率常

数所总结的这些特征见表 9.6。作为标准，对于丙酮、二苯甲酮以及苯丙酮，在室温下其α-裂解反应的速率常数 k_{cl} 都低于约 $10^2 s^{-1}$。由于 k_{cl} 大约为 $10^2 s^{-1}$，低于 k_{ST}（$T_1 \rightarrow S_1$ ISC 过程速率常数），在惰性溶剂中这些酮被认为对于光激发是相当稳定的。但是，在苯乙酮中的甲基被叔丁基取代后，会引起 k_{cl} 值跳跃到 $10^7 s^{-1}$，其数值远大于 k_{ST}。在这种情况下，α-裂解就成为 $T_1(n,\pi^*)$失活的主要模式（见 8.4 节）。

表 9.6 酮的α-裂解的量子产率和速率常数

酮	$\phi(S_1)$	$\phi(T_1)$	$k(S_1)/s^{-1}$	$k(T_1)/s^{-1}$
$CH_3COC(CH_3)_3$	0.18	0.33	$<10^8$	$>10^9$
环丁酮	约 0.3		$>10^9$	
环戊酮		约 0.2	$<10^8$	2×10^8
2-甲基环戊酮		约 0.3	$>10^8$	2×10^9
2,2,5,5-四甲基环戊酮		约 0.6	$<10^8$	$>10^{10}$
环己酮		约 0.2	$<10^8$	2×10^7
2-甲基环己酮		约 0.3	$<10^8$	2×10^8
2,2 二甲基环己酮		约 0.4	$<10^8$	2×10^9
$C_6H_5COCH_2C_6H_5$		约 0.4		2×10^6
$C_6H_5COCH(CH_3)C_6H_5$		约 0.4		3×10^7
$C_6H_5COC(CH_3)_2C_6H_5$		约 0.4		1×10^8
$C_6H_5COC(CH_3)_3$		约 0.3		1×10^7
4-CH_3O—$C_6H_4COC(CH_3)_3$		约 0.1		7×10^5
4-C_6H_5—$C_6H_4COC(CH_3)_3$		<0.001		$<10^5$
$C_6H_5CH_2COCH_2C_6H_5$		0.7		$>10^{10}$
$C_6H_5COCH_2C_6H_5$		约 0.4		10^6
$C_6H_5COCHC_6H_5OCOCH_3$		约 0.3		5×10^7
$C_6H_5COCHC_6H_5OCH_3$		约 0.4		$>10^{10}$
4-$(CH_3O)C_6H_4CH_2COC_6H_5$		约 0.2		约 10^7

对于苯基叔丁基酮，非环酮中自由基-自由基 I(RP)→P 过程紧接着进行*R→I(RP)过程的一个具有代表性的例子如式（9.20）所示。发现了一系列随机的自由基-自由基偶合和歧化反应产物。正如 9.9 节所讨论的，考虑到可分离产物，酰基自由基和非芳香环的偶合趋向于可逆和“不可见的”。在苯基叔丁基酮的例子中，这种产物对应于初始的原料。为了测试自由基-自由基偶合反应能够再生成初始酮，必须要有一种立体化学探针。

对于含有前手性取代基与羰基碳相连的酮来说，一种双生复合的立体化学探针是有效的[50,51]。例如，如式（9.21）所示的具有光学活性的酮同时发生歧化和外消旋化作用。然而，外消旋反应的效率很低，并且会完全被加入的自由基捕获剂，如正十二硫醇和氮氧自由基抑制。由于外消旋作用被少量猝灭剂阻止，因此重组作用在随机自由基之间发生，而不是在初始双自由基对之间发生。这样的重组作用与 ISC 的预期一致，即与其在溶剂笼中的寿命（$<10^{-10}s$）相比，三重态自由基对到单重态的 ISC 需要更长时间。

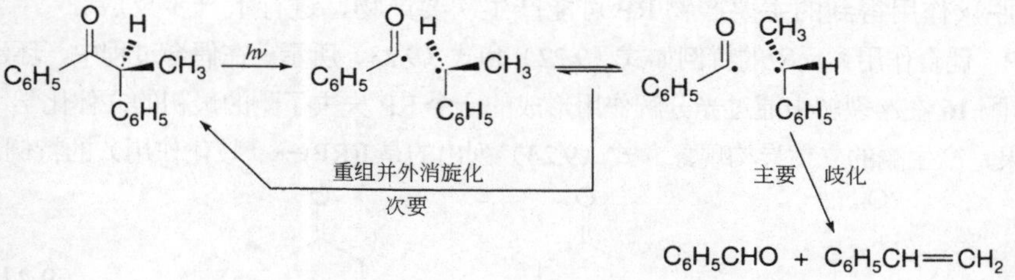

$$C_6H_5C(=O)CH(CH_3)C_6H_5 \xrightarrow{h\nu} C_6H_5\dot{C}=O + \cdot CH(CH_3)C_6H_5 \rightleftharpoons \text{(9.21)}$$

重组并外消旋化 次要

主要 歧化

$C_6H_5CHO + C_6H_5CH{=}CH_2$

9.21 n,π*态环酮的α-裂解初级过程

环酮的α-裂解和酮的分子内抽氢反应都会产生 1,*n*-双自由基，即单分子双自由基初级光化学过程*R→I(RP)。由环酮α-裂解作用产生的主要产物 RP 发生预期的自由基-自由基偶合及歧化作用（如图示 9.14 所示），此外还形成了一种环形活性中间体[52]。后一种过程生成环丁酮和环戊酮，但很少生成大环。由α-裂解过程产生的主要产物 I(RP)还发生裂解作用（例如失去 CO）或重组作用（例如 1,*n*-原子迁移、分子内成环或开环），并产生一种新的次要产物 I(RP_2)。同样，这种次要产物 I(RP_2)选择性地进行偶合和歧化反应。环丁酮是个例外（9.24 节涉及）。

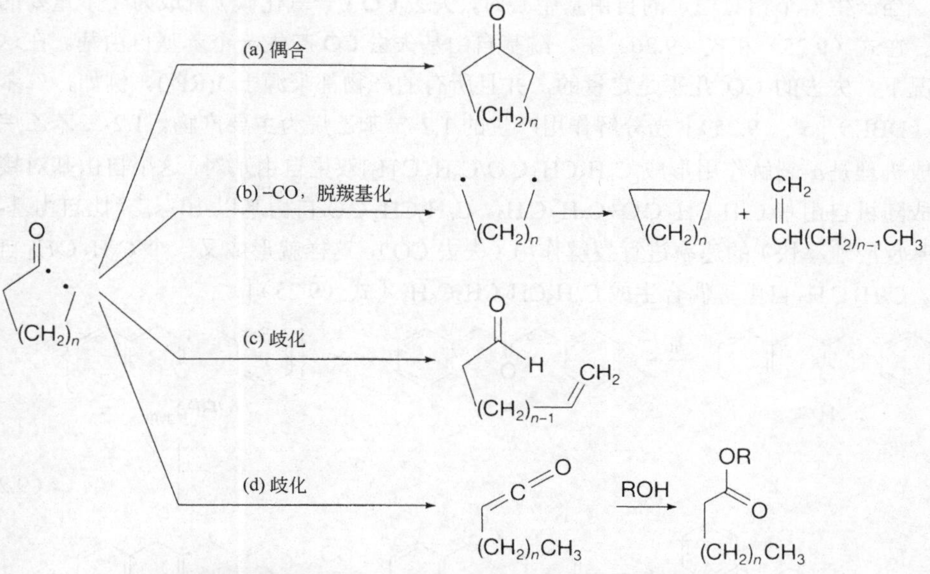

(a) 偶合 → 环酮 $(CH_2)_n$

(b) −CO，脱羰基化 → $\cdot(CH_2)_n\cdot$ → 环 $(CH_2)_n$ + $CH_2{=}CH(CH_2)_{n-1}CH_3$

(c) 歧化 → $OHC-(CH_2)_{n-1}-CH{=}CH_2$

(d) 歧化 → $O{=}C{=}CH-(CH_2)_nCH_3$ $\xrightarrow{ROH}$ $ROC(=O)CH_2(CH_2)_nCH_3$

图示 9.14 由环酮的α-裂解生成的 I(BR)可能发生的反应示例

9.22 α-裂解产生的初始自由基对反应

α-裂解产生的自由基可能发生重排或裂解，这在分离得到的产物结构中得到体现。

此外，经过脱羰作用得到的主要产物 RP 可能产生次要产物，进行下一步反应。

I(RP)→P（偶合作用）反应的特例如式（9.22）和式（9.23）所示。在偶合过程中，环己酮 **15** 和环戊酮 **16** 在α-裂解中通过光分解作用形成的一个 RP 失去了酮的最初的立体化学性质，最终结果是产生酮的立体异构现象。式（9.24）列出的是 I(RP)→（歧化作用）的特例。

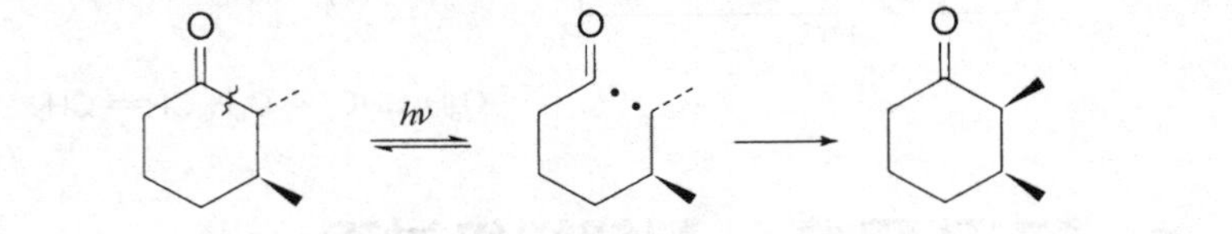

(9.22)

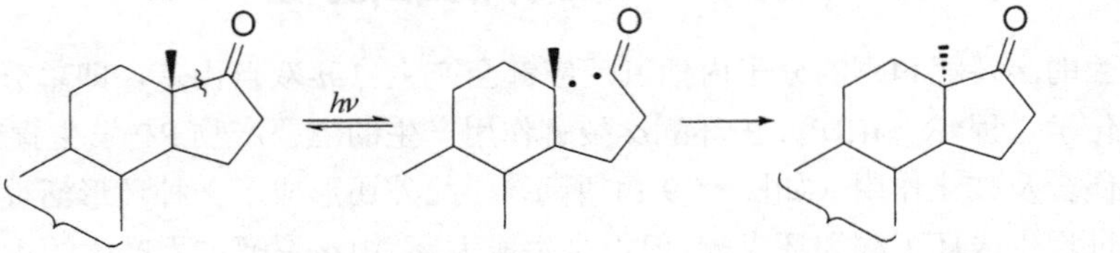

15

(9.23)

16

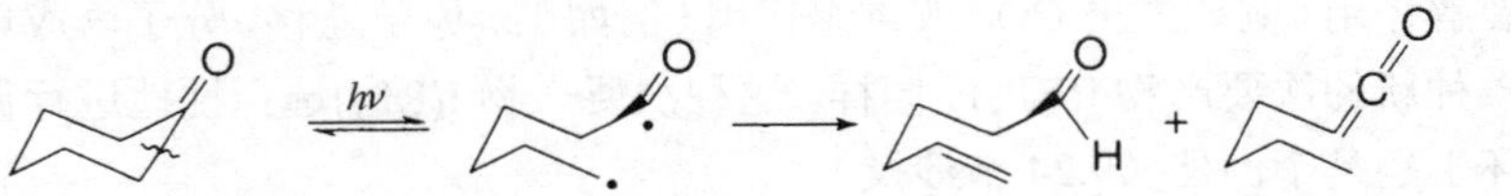

(9.24)

当产生一个相对稳定的自由基中心时，失去 CO（一氧化碳）就成为一个重要的过程。在式（9.25）和式（9.26）中，酰基自由基失去 CO 产生一个苯基自由基。在这种情况下，失去的 CO 几乎是定量的，并且所有的产物都来源于 $I(RP_2)$。例如，二苯基酮（DBK）[式（9.25）] 光分解作用产生的 1,2-二苯乙烷为主要产物。1,2-二苯乙烷的形成机理是α-裂解作用形成[$C_6H_5CH_2\dot{C}O/C_6H_5\dot{C}H_2$]双生自由基对，这个自由基对接着形成随机自由基 $C_6H_5CH_2\dot{C}O+C_6H_5\dot{C}H_2$。$C_6H_5CH_2\dot{C}O$ 自由基以 $10^{-7}s^{-1}$（比自由基-自由基反应速率快）的速率进行裂解作用（失去 CO)，这样就形成又一个 $C_6H_5\dot{C}H_2$ 自由基。$C_6H_5\dot{C}H_2$ 自由基偶合生成 $C_6H_5CH_2CH_2C_6H_5$ [式（9.25)]。

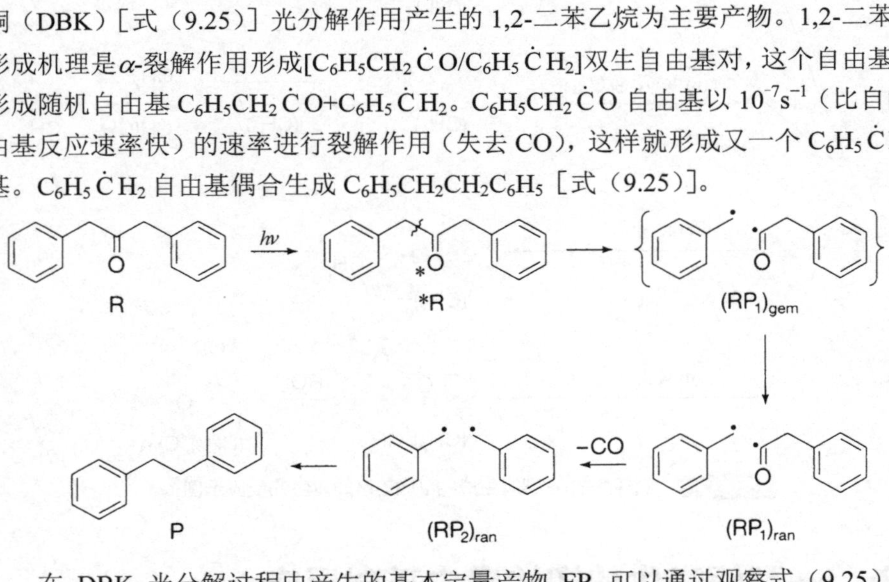

R → *R → $(RP_1)_{gem}$ → $(RP_1)_{ran}$ —(−CO)→ $(RP_2)_{ran}$ → P

(9.25)

在 DBK 光分解过程中产生的基本定量产物 FR 可以通过观察式（9.25）证明，$C_6H_5CH_2\dot{C}O$、$C_6H_5\dot{C}H_2$ 自由基可以由硝酰基定量捕获（针对捕获以碳为中心的自由基的很好的稳定的自由基）。另一个 DBK 及其衍生物的光分解作用的随机自由基的独立测试手段来源于观察非对称的 DBK 的光分解作用，例如通过中间体酰基自由基的去羰基化作用 4-CH_3DBK［ACOB，式（9.26）］产生 3 个偶合产物 AA、AB 以及 BB。在非黏性溶剂中，AA、AB 以及 BB 的比例为 25：50：25（1：2：1），这表明苯基自由基的偶合作用是受统计学控制的，即只发生随机自由偶合作用。即使在黏度范围为 0.6mPa·s（苯）和 40mPa·s（环己醇）的溶剂中，这个比例基本保持不变。这个结果与不同的非黏性溶剂介质中任何双生笼的重组作用不能发生的性质一致。因此，对 DBK 及其衍生物来说，$T_1(n,\pi^*)\rightarrow{}^3RP_{gem}\rightarrow RP(1)_{ran}\rightarrow RP(2)_{ran}+CO\rightarrow P$ 过程的一致性为 $T_1(n,\pi^*)$态的光化学反应机理提供了一个范式。

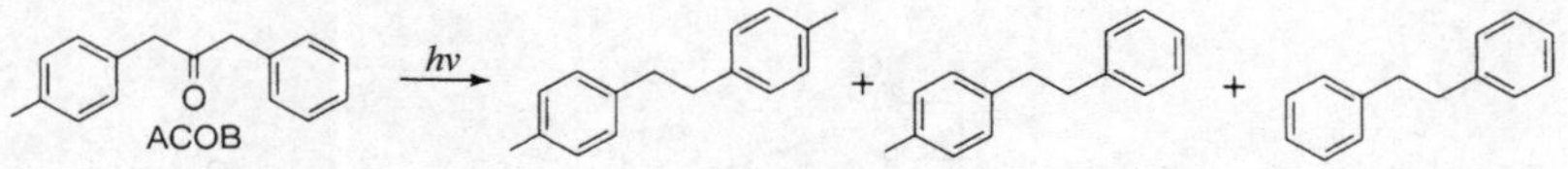

ACOB → hν → AA + AB + BB

A B 17 18 19 20

$A=CH_3C_6H_4CH_2$
$B=C_6H_5CH_2$

AA:AB:BB=1:2:1

(9.26)

如果α-裂解产生的酰基或烷基碎片能够进行重组作用（比如环丙基羰基→高烯丙基类型），这个过程也许可以与 FP 的其他反应竞争。涉及α-裂解作用、开环以及环化作用的两种过程的例子如图示 9.15 所示[53]。

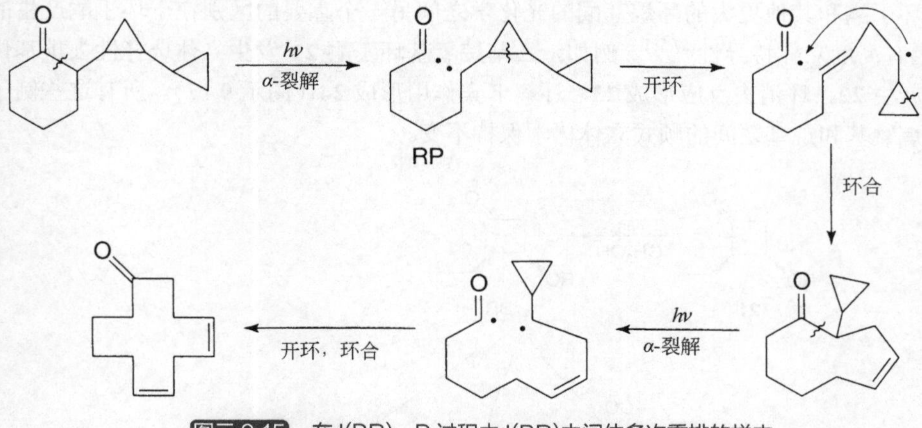

hν α-裂解 RP 开环 环合 hν α-裂解 开环，环合

图示 9.15 在 I(BR)→P 过程中 I(BR)中间体多次重排的样本

9.23 环丁酮的光化学：α-裂解的一个特例[54~56]

环丁酮及其衍生物的光化学过程完全由α-裂解的初级光化学过程控制，而且其特殊性是因为其初级过程 $S_1(n,\pi^*)\rightarrow{}^1I(RP)$比 $T_1(n,\pi^*)\rightarrow{}^3I(1,4\text{-}BR)$更加有效。图示 9.16 给出了从 $^1(1,4\text{-}BR)\rightarrow P$ 过程得到的产物：①一个 2,3-键裂解形成乙烯酮和乙烯；②去羰

基化作用生成 1,3-BR，环化形成环丙烷。以环丁酮的α-裂解作用为例（包括一些环戊酮），BR 有趣的环化作用导致环扩大反应以及一个卡宾。这样形成的卡宾可以通过亲核试剂如甲醇捕获。卡宾的形成代表一个 ^{1}I(RP)物种进行一个 I(Z)过程。

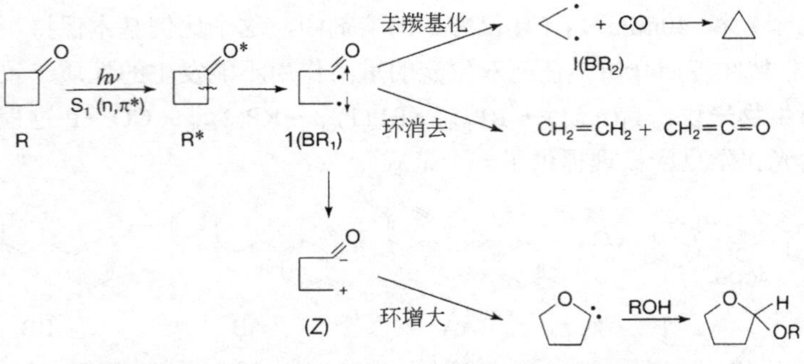

图示 9.16 光化学α-裂解及初级和次级中间体的进一步反应

环丁酮通过α-裂解作用产生的 I(1,4-BR)的 I(BR)→P 过程与环戊酮和环己酮通过光化学分解形成 1,*n*-BR 的过程不同。后者的环酮通过 $T_1(n,\pi^*)\rightarrow{}^3$I(BR)过程进行$\alpha$-裂解作用，并主要产生歧化作用的产物（如图示 9.14 所示），而直接激发环丁酮由 $S_1(n,\pi^*)$发生专一反应。只有从 $T_1(n,\pi^*)$通过能量转移进行光敏化作用才会发生反应。在这两种情况下，去羰基化作用生成环丙醇都是主要反应。

环丁酮和其他更大的环烷基酮的光化学之间另一个重要的区别在于环丁酮产生的 ^{1}I(RP)有高度立体特异性[57,58]。例如，乙基烷氧基环丁酮 **21** 发生立体选择性去羰基化反应产生 **22**，环消去反应形成 **23**，环氧卡宾作用形成 **24**（图示 9.17）。所有这些例子中，烷氧基和烷基之间的顺式立体化学保持不变。

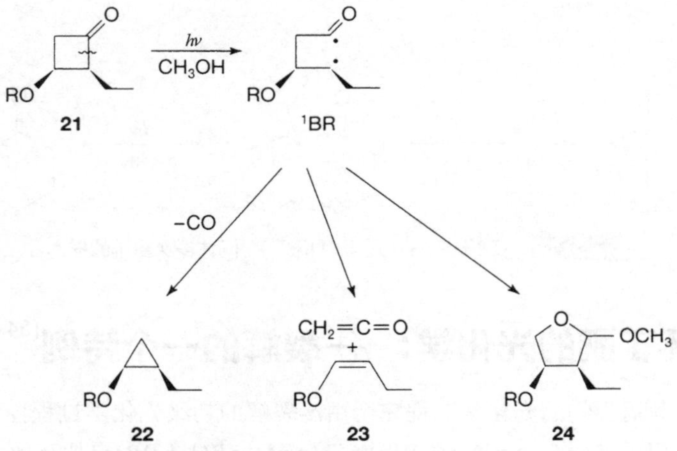

图示 9.17 环丁酮的立体专一性α-裂解

9.24 n,π*态α-裂解的初级过程：结构与反应活性之间的关系

普遍认为α-裂解的速率受多方面的因素影响。其中过程*R→I 的能量学对其影响最大。α-裂解的速率与这一步的放热效应有关。例如，当考虑到*R 的激发能时，无环酮α-裂解的速率与 I(RP)的稳定性成很好的线性关系。对于一些小环的羰基化合物，计算激发态稳定性时，额外环张力的能量也应被考虑进去。对于那些拥有相似激发能、激发态稳定性和电子效应的系统也同样发挥作用。一般来说，若一个 n←σ_{CC} 过程触发α-裂解，σ_{CC} 键含的电子越多或取代基给电子能力越强，裂解速率越大。

对于二芳基酮类化合物，当形成以伯碳或叔碳为中心的自由基时，α-裂解起到关键作用（图示 9.18）。然而，对于具有环张力的环酮类化合物而言，α-裂解变得很重要，即使当伴随着乙酰自由基形成伯碳自由基时（图示 9.19）。

$C_6H_5COCH_2C_6H_5$ $C_6H_5COCH(CH_3)C_6H_5$ $C_6H_5COC(CH_3)_2C_6H_5$

$k_\alpha(n,\pi^{*3})$ $1.6\times10^6\ s^{-1}$ $2.1\times10^7\ s^{-1}$ $1.2\times10^8\ s^{-1}$

图示 9.18 芳基烷基酮键能和反应活性的相关性

（较弱的键经历较快的α-裂解产生更加稳定的自由基对）

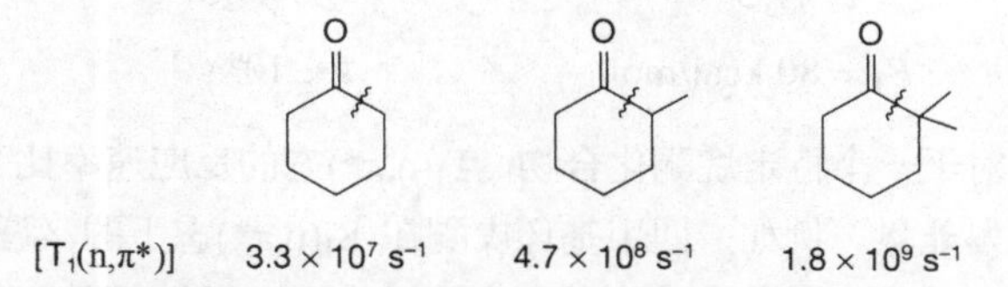

图示 9.19 环己酮键能和反应活性的相关性

由左到右键的断裂逐渐变弱，在多种可能的情况下倾向于生成更稳定的双自由基

有取代基的环戊酮和环己酮的光敏性为α-裂解的速率对自由基稳定性的依赖关系提供例证（表 9.6 和图示 9.19）。在环状体系中，烷氧自由基的开环反应模式遵循张力释放原则（图示 9.20）；n,π*态的环烷酮和环氧自由基的裂解速率极其相似。例如，在 $S_1(n,\pi^*)$态中环丁酮的α-裂解速率比环戊酮快 10 倍，在 $T_1(n,\pi^*)$态中环戊酮的α-裂解速率比环己酮快约 10 倍（表 9.6）。裂解速率对自由基的稳定性、张力释放以及激发能的依赖关系表明在激发态中有一个裂解势垒。与以上的预期相一致，在激发态下测得酮的α-裂解活化能大约为 2～7kcal/mol。尽管毫不怀疑大多数体系中裂解反应的最终产物是 RP 或者 BR，但裂解过程中过渡态的性质仍然是一个谜。

如果反应的放热行为与反应活性有关，酮α-裂解的激发能量将影响裂解速率。这一预测最终通过实验得以证实。对于相同的电子组态和自旋多重度，二烷基酮（RCOR）

具有较高的激发能量，发生α-裂解生成 $R\dot{C}O$ 和 $\dot{R}$ 自由基的速率大于激发能量较低的芳基烷基酮（ArOR）[式（9.27）和式（9.28）]。

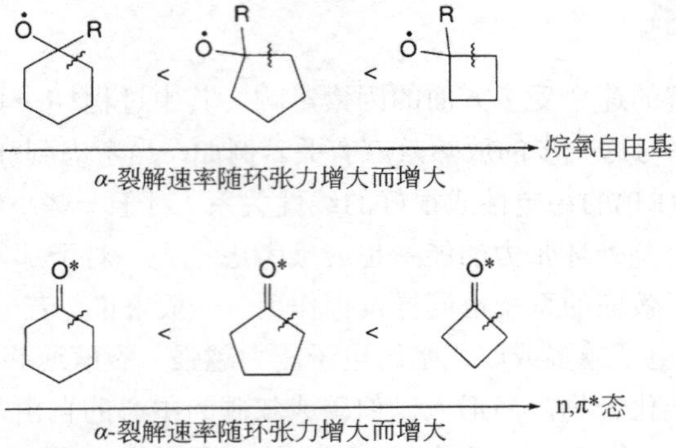

烷氧自由基

α-裂解速率随环张力增大而增大

n,π*态

α-裂解速率随环张力增大而增大

图示 9.20 环张力对烷氧自由基和 n,π*态酮的α-裂解的影响

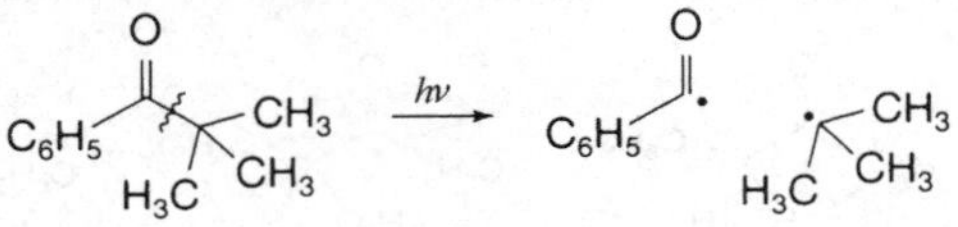

E_T = 73 kcal/mol　　$k \approx 10^7\ s^{-1}$　　（9.27）

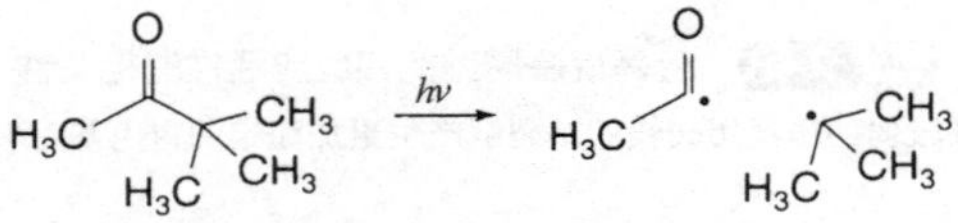

E_T = 80 kcal/mol　　$k \approx 10^9\ s^{-1}$　　（9.28）

一般情况下，对于一个特定烷酮化合物，$T_1(n,\pi^*)$态的反应速率比 $S_1(n,\pi^*)$态快，尽管后者具有较高的激发能量。例如，四甲基环戊酮在 $S_1(n,\pi^*)$态下的α-裂解速率常数至少比 $T_1(n,\pi^*)$态小 100 倍（表 9.6），而二叔丁基酮在 S_1 和 T_1 态下的α-裂解速率常数估计分别约为 $6\times10^7 s^{-1}$ 和 $8\times10^9 s^{-1}$。但这一结果不太直观，因为 $S_1(n,\pi^*)$态的能量比 $T_1(n,\pi^*)$态高，所以 $S_1(n,\pi^*)\rightarrow{}^1I$ 过程比 $T_1(n,\pi^*)\rightarrow{}^3I$ 过程放的热多，如果两个反应速率具有类似的反应坐标，$S_1(n,\pi^*)$态的反应速率更大。激发态能量更高，反应速率反而更小，这种差别在于活化能（E_a）或 A 因子（Arrhenius factor）的不同，S_1 态的 A 因子（$10^8 s^{-1}$）比 T_1 态（$10^{13} s^{-1}$）小。上述表明反应的速率差异与它们的电子构象有关，这一部分将在 9.25 节讨论。

虽然烷酮从 $S_1(n,\pi^*)$态和 $T_1(n,\pi^*)$态都发生裂解，但苯基烷酮只能从后者得到。这与苯基烷酮 $S_1\rightarrow T_1$ 的 ISC 过程很快相一致（$10^{11} s^{-1}$；图 9.5）。

研究结构与反应活性之间的关系以及 Hammett 曲线分析结果得到了 DBK 的α-裂解步骤*R→I(RP)的电子细节[59]。结果揭示了α-裂解速率与取代基的 σ 值呈线性 Hammett 关系，斜率为负值。这表明在α-裂解的过程存在着一定的电荷转移和离子性质。Hammett 曲线的负斜率表明 DBK α-裂解的过渡态能量被芳环取代基的拉电子基团降低，与图 9.10 样本相一致。α-裂解被羰基的 σ 轨道和半充满的 n 轨道的电子云重叠引发。α-键的电子越多，越容易裂解。

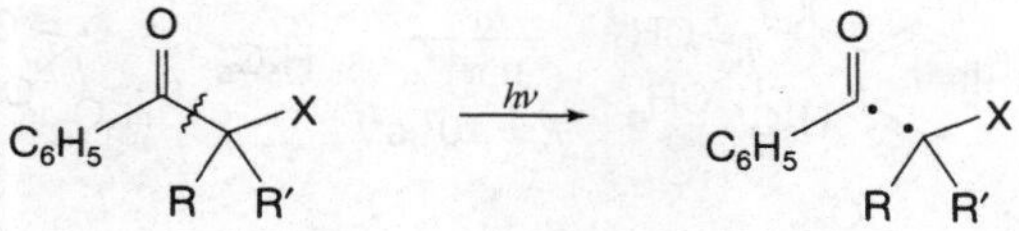

$$C_6H_5C(=O)-CRR'X \xrightarrow{h\nu} C_6H_5\dot{C}=O + \cdot CRR'X$$

$X = C_6H_5;\ R = R' = H \qquad k_\alpha = 0.16\times10^7\ s^{-1}$

$X = C_6H_5;\ R = H;\ R' = CH_3 \qquad k_\alpha = 2.1\times10^7\ s^{-1}$

$X = C_6H_5;\ R = R' = CH_3 \qquad k_\alpha = 12\times10^7\ s^{-1}$

$X = R = H;\ R' = CH_3 \qquad k_\alpha = 1.1\times10^7\ s^{-1}$

图示9.21 去氧苯甲酸酯α-裂解速率与其结构的相关性

二苯乙酮（$C_6H_5COCH_2C_6H_5$）及其衍生物发生α-裂解是一个很重要的$^*R\rightarrow I(RP)$过程[60,61]。与 DBK 的情形相比，$I\rightarrow P$ 过程没有涉及去羰基化反应，因为相对于失去CO，$C_6H_5\dot{C}O$ 自由基是稳定的。二苯乙酮作为引发剂广泛应用于自由基聚合反应[62]，这是由于它能够很快地由*R 形成自由基（能避免聚合单体猝灭），并能将自由基有效加成到单体上，例如丙烯酸甲酯的聚合反应。考虑到自由基的稳定性，二苯乙酮的α-裂解速率随甲基取代α-氢数目的增加而增大（图示 9.21）。对位的甲氧基取代会增大α-裂解速率，而对位氰基会减小α-裂解速率［式（9.29）］。二苯乙酮的取代基α-氰基的变化速率（$2.2\times10^7\ s^{-1}$）比α-甲氧基（$>10^{10}\ s^{-1}$）小 3 个数量级证实了取代基的给电子性质会增加α-裂解过渡态的形成速率这一推测［式（9.29）和式（9.30）］。这与α-裂解被羰基的 σ 轨道和半充满的 n 轨道的电子云重叠引发相吻合（图 9.10）。

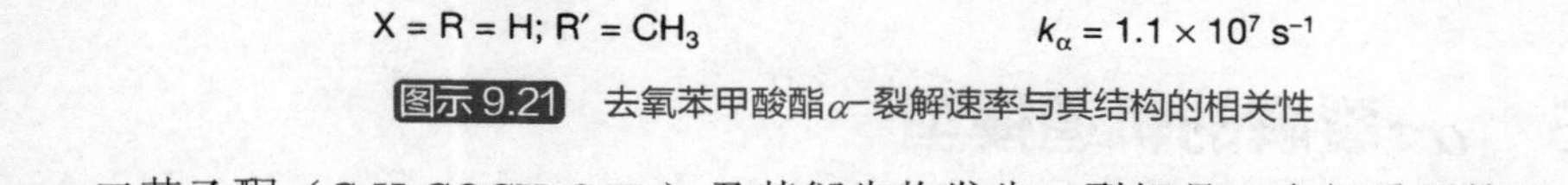

$$PhC(=O)CH_2C_6H_4X \xrightarrow{h\nu} Ph\dot{C}=O + \cdot CH_2C_6H_4X \longrightarrow XC_6H_4CH_2CH_2C_6H_4X + PhC(=O)C(=O)Ph \tag{9.29}$$

$X = p\text{-}CH_3 \qquad k\approx10^9\ s^{-1}$

$X = m\text{-}CF_3 \qquad k\approx10^7\ s^{-1}$

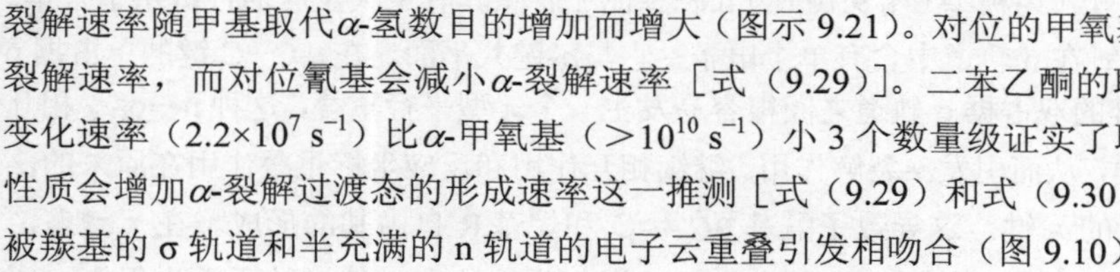

$$PhC(=O)CH(X)Ph \xrightarrow{h\nu} Ph\dot{C}=O + \cdot CH(X)Ph \longrightarrow PhCH(X)CH(X)Ph + PhC(=O)C(=O)Ph \tag{9.30}$$

$X = OCH_3 \qquad k\approx10^{10}\ s^{-1}$

$X = CN \qquad k\approx10^7\ s^{-1}$

前面所举范式告诉我们，酮类化合物的α-裂解反应一般会出现在具有 n,π*性质的能量最低的 T_1 态，酮类化合物的 $T_1(\pi,\pi^*)$态不会发生α-裂解或者裂解速率很小。例如，苯基叔丁基酮（$T_1 = n,\pi^*$；E_T=73kcal/mol）发生相当快的α-裂解（在苯中，$k_\sigma\approx10^7\ s^{-1}$；$\Phi\approx0.16$），而 4-甲氧苯基叔丁基酮（$T_1 = \pi,\pi^*$；$E_T$ = 71kcal/mol）对于α-裂解相当稳定（在苯中，$k_\sigma<10^5\ s^{-1}$；$\Phi\approx0$）［式（9.31）和式（9.32）］。对于后者，反应活性可能归因于 $T_2(n,\pi^*)$在与 $T_1(\pi,\pi^*)$的平衡中浓度低，或者由于轨道混合还有一定的 $T_2(n,\pi^*)$特征。

$$C_6H_5C(O){-}C(CH_3)_3 \xrightarrow[k \approx 10^7\ s^{-1}]{h\nu,\ n,\pi^*} H_5C_6\dot{C}{=}O + \cdot C(CH_3)_3 \qquad (9.31)$$

$$H_3CO{-}C_6H_4{-}C(O){-}C(CH_3)_3 \xrightarrow[k < 10^5\ s^{-1}]{h\nu,\ n,\pi^*} H_3CO{-}C_6H_4{-}\dot{C}{=}O + \cdot C(CH_3)_3 \qquad (9.32)$$

9.25 α-裂解的轨道模型[63,64]

以上的α-裂解反应性的描述产生很多问题：①为什么 n,π*激发态比 π,π*激发态更容易发生α-裂解？②为什么 $T_1(\pi,\pi^*)$态的反应速率比 $S_1(n,\pi^*)$态快？③为什么在激发态下的α-裂解存在能垒？每一问题都可以通过轨道的相互作用和能态相关样本得到重点强调和解答（6.33 节）。

一个轨道相互作用模型（图 9.10）为 n,π*态比 π,π*态具有更大反应活性提供了答案。在 n,π*态，羰基氧在 n 轨道中含有单个电子，它与α-键共平面。在α-C—C 键的单占据 n 轨道与α-C—C 键的双占据 σ 轨道之间很容易发生一个 π 型平行重叠，这种 $n \leftarrow \sigma_{C-C}$ 相互作用将减弱 α-键，从而引发α-裂解作用。继续相互作用和反应坐标重叠作用在原来的α-键平面形成了新的 π 键。这导致了酰基 $R\dot{C}{=}O$ 和烷基 $\dot{R}$ 自由基的形成。在 π,π*态，在轨道中的电子垂直于 σ 轨道，即使存在振动混合作用 π 和 σ 轨道的重叠也很小。所以，由于 $\pi \leftarrow \sigma_{C-C}$ 的轨道重叠很小，α-裂解在 π,π*激发态不可能发生。

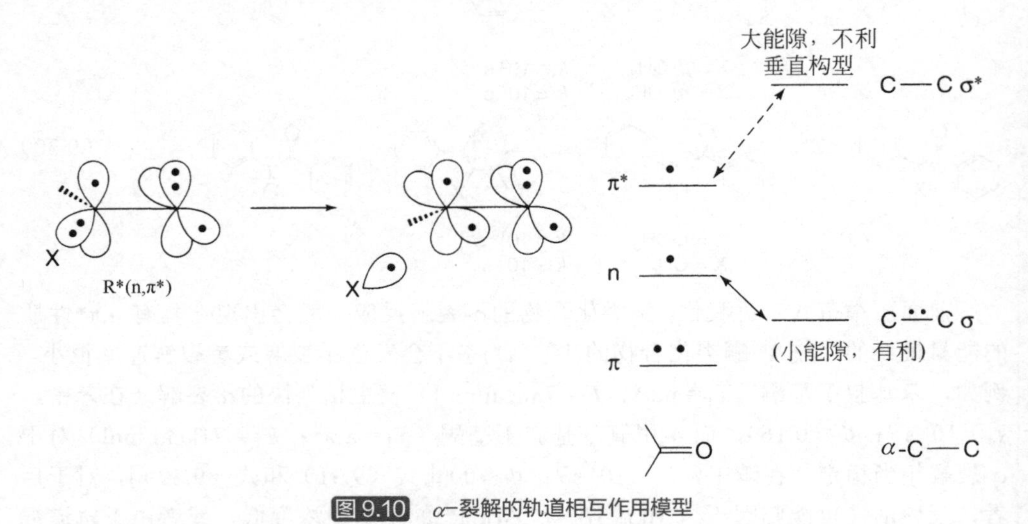

图 9.10 α-裂解的轨道相互作用模型

定性的轨道重叠样本很难解释 $S_1(n,\pi^*)$态比 $T_1(\pi,\pi^*)$态反应慢或为什么在*R 的α-

裂解过程中存在能垒。Salem 能级相关图给出了这些问题的答案（见 6.35 节）[63]。由 Salem 得出以下基本结论：①在第一级别的近似下，相关图预测从 n,π*的单重态和三重态发生裂解都存在着能垒，都与能量更高的激发态相关；②在自旋度相同的势能面偶合水平，n,π*三重态的裂解被允许，由原理篇中图 6.21 可知在垂直激发态下三重态 n,π*和 π,π*势能面轻微地交叉于一点，由于 n,π*三重态与 π,π*三重态的势能面避免了交叉，降低能垒效应使 n,π*三重态发生裂解成为可能；③裂解存在着一个能垒，而它的高度由 n,π*和三重态 π,π*势能面的交叉点控制；④ n,π*单重激发态分子只能通过 π,π*三重态势能面形成双自由基物质，即通过 n,π*三重态与 π,π*三重态的势能面交叉。如此一个自旋禁阻过程被认为发生的概率很小。换句话说，反应的 *A* 因子将会很小。这些预测与实验结果相一致，已在 9.24 节介绍。

9.26 富电子碳-碳键的 n,π*态加成反应的初级过程[65~74]

下面考虑由一个 n,π*态的 n←π 轨道引发的*R→I 过程即*R 对 π 键加成形成了一个氧杂环丁烷分子。以富电子碳-碳键的乙烯在 n,π*态下进行加成反应为例子。富电子乙烯类化合物一般指不饱和碳氢化合物或者具有给电子取代基的乙烯衍生物。由于乙烯的富电子性，在 n(HOMO)←π(HOMO)前线轨道电荷转移相互作用中将会出现一定量的电荷转移（CT）或全部电子转移现象。电荷转移相互作用将会导致以下一种的*R→I 过程（图示 9.22）：①形成激基复合物*I(EX)；②生成 RIP；③生成 1,4-BR。取决于酮的激发能量与亲电性以及烯烃的电离势能，这些过程可能存在着类似的能量和发生机理。例如，*R→*I(EX)过程或许紧接着一个*I(EX)→I(1,4-BR)或*I(EX)→I(RIP)过程。对于这一类型的反应中间体，所有可能的 I→P 过程都适用，这一节将着重讨论形成氧杂环丁烷的[2+2]环加成反应。

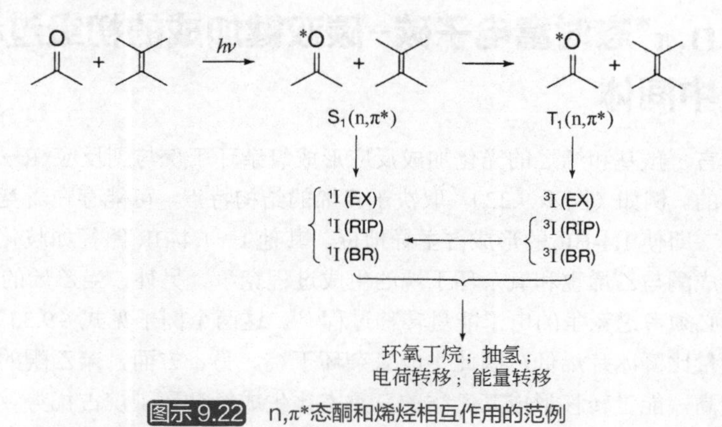

图示 9.22 n,π*态酮和烯烃相互作用的范例

烯烃和羰基化合物发生[2+2]光加成反应形成氧杂环丁烷于 20 世纪之初被发现，命名为 Paterno-Büchi 反应，公认这两位化学家在氧杂环丁烷的光诱导合成及其机理的研究中做出的重大贡献。所有酮类化合物（二烷基、烷基-芳基、二芳基 3 类），同样包括醛类，都进行 Paterno-Büchi 反应生成氧杂环丁烷类化合物。由 n 轨道与一个 π 轨道相互作用触发了*R(n,π*)对富电子的乙烯、乙炔、丙二烯进行加成（图示 9.23）。在 9.30 节中将看到由 $\pi^*_{C=O} \rightarrow \pi^*_{C=C}$ 相互作用触发*R(n,π*)向缺电子的乙烯类化合物进行加成反应形成氧杂环丁烷化合物。

n,π*态与富电子的乙烯化合物相互作用生成氧杂环丁烷化合物，这一过程的机理涉及一个 I(1,4-BR)的形成。在 γ-抽氢过程中 ^{3}I(BR)的形成类似于在一个 n,π*态进攻一个富电子乙烯过程中 ^{3}I(BR)的形成。

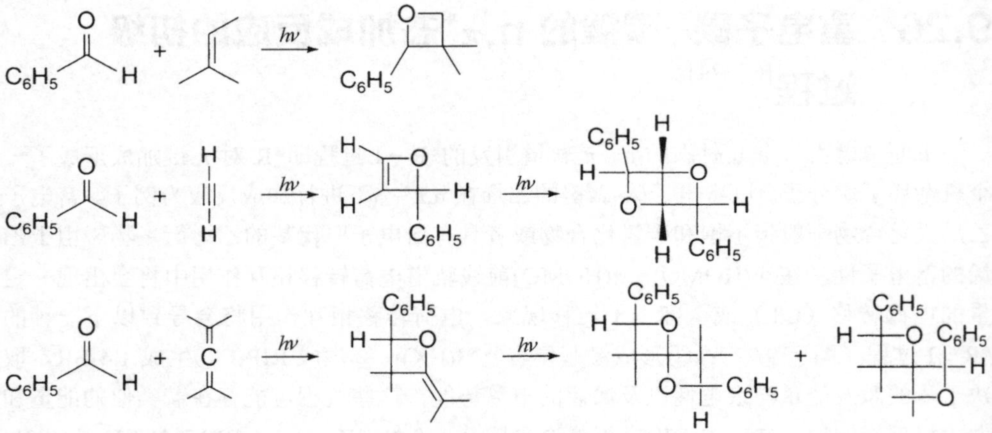

图示 9.23 形成氧杂环丁烷的样本

9.27 n,π*态对富电子碳-碳双键加成的初级过程：反应中间体

一般而言，羰基和烯烃的光化加成反应形成氧杂环丁烷与副反应*R→I 以及 I→P 过程是竞争的。例如（图示 9.22），取决于乙烯的结构特点，可能存在着竞争性的抽氢和电子转移。即使 1,4-BR 的形成占主导地位，其他 I→1,4-BR 路径如歧化反应及中心键的裂解形成酮与乙烯也和氧杂环丁烷的生成过程竞争。另外，当乙烯的能量低于*R 态能量时，必须考虑竞争的电子能量转移过程[75]。这两个例子见式（9.33）。二苯甲酮的三重态能量比降冰片烯低，因此生成氧杂环丁烷。另一方面，苯乙酮的三重态能量比降冰片烯高，能量转移形成苯乙酮的三重态比生成氧杂环丁烷占优势。降冰片烯在三重态下进行[2+2]二聚反应。

$$\text{降冰片烯} \xrightarrow{h\nu} \begin{cases} \xrightarrow[\text{能量转移}]{C_6H_5COCH_3} \text{二聚体} \\ \xrightarrow[\text{发生反应}]{(C_6H_5)_2CO} \mathbf{25} \end{cases} \tag{9.33}$$

现在让我们考虑一下从 n,π*态与某些富电子乙烯类反应生成氧杂环丁烷范式的细节：丙酮和顺（反）-1-甲氧基丁烯的光化学[2+2]闭环反应，生成氧杂环丁烷的4个同分异构体（图示9.24）。对于一个具有两个化学不等同碳原子的富电子烯烃来说，n,π*态进攻C═C键生成两个区域选择性不同的氧杂环丁烷；如果两个新形成的异构体中一个比另一个产率高，那么氧杂环丁烷的生成具有区域选择性。如果C═C键上具有两种化学上相互独立的立体化学，n,π*进攻C═C键将生成氧杂环丁烷的两个立体异构体。如果两个新形成的异构体中一个比另一个产率高，那么氧杂环丁烷的生成具有立体选择性。生成氧杂环丁烷的区域选择性和立体选择性是合成氧杂环丁烷的一种重要特征。

$(CH_3)_2CO$ + 反-1-甲氧基丁烯 $\xrightarrow{h\nu}$ **26** + **27** + **28** + **29** $\xleftarrow{h\nu}$ $(CH_3)_2CO$ + 顺-1-甲氧基丁烯

图示9.24 酮的R(n,π*)态与富电子烯烃的反应（反应的立体选择性取决于烯烃的浓度）

在环加成反应中同分异构体的比例是由烯烃的浓度决定的，因为它涉及两种*R态 $S_1(n,\pi^*)$和 $T_1(n,\pi^*)$（8.22节）。当顺-1-甲氧基丁烯的浓度为零时（外推值），氧杂环丁烷 **26** 和 **27** 的比值是1.06，而在高浓度时比值是2.5。重要的是，环加成的立体选择性会随乙烯浓度的增加而增加。在氧杂环丁烷的生成过程中，高的立体选择性是 $S_1(n,\pi^*)$态参与反应的一个信号。上面的结果可以这样解释：在高浓度乙烯条件下，$S_1(n,\pi^*) \rightarrow {}^1I(BR)$是主要过程，${}^1I(BR) \rightarrow P$ 过程生成氧杂环丁烷有立体选择性；在低浓度乙烯条件下，$S_1(n,\pi^*) \rightarrow T_1(n,\pi^*)$的 ISC 比 $S_1(n,\pi^*) \rightarrow {}^1I(BR)$快，然后氧杂环丁烷的生成通过路径 $T_1(n,\pi^*) \rightarrow {}^3I(1,4\text{-}BR) \rightarrow {}^1I(1,4\text{-}BR) \rightarrow P$。因为 ISC 过程用时较长，而且必须在 1,4-BR 能生成氧杂环丁烷之前完成，所以发生了 1,4-BR 键的旋转，最初的立体化学消失了，生成氧杂环丁烷的反应没有立体选择性。这个机理进一步的支持来源于在低浓度乙烯条件下，相对于生成的氧杂环丁烷，起始原料乙烯的顺反异构化。这个结果预计是 ${}^3I(1,4\text{-}BR) \rightarrow {}^1I(1,4\text{-}BR)$过程，众所周知，1,4-BR 在键旋转之后裂解。裂解会导致顺反异构化，这在低浓度乙烯中比在高浓度中重要得多。

9.28 双自由基中间体的证据

激基复合物（直接接触的离子对）和 BR 可能会涉及 n,π*态与富电子乙烯之间的相互作用，在 I→P 过程中除了生成氧杂环丁烷外还可能生成许多其他产物。例如，如果 1,4-BR 参与反应，且 1,4-BR 的结构允许，除了生成氧杂环丁烷之外，还可能会发生歧化反应。1,4-BR 发生偶合和歧化的竞争反应的例子如式（9.34）所示。除了氧杂环丁烷之外还生成歧化产物，支持了 1,4-BR 参与反应的事实。

(n,π*)　偶合　20%　歧化　8%　+　8%　（9.34）

式（9.35）给出了一个通过二苯甲酮和乙烯基环丙烷的光加成反应生成氧杂环丁烷的例子[76]。氧杂环丁烷的区域选择性可能来自最稳定的 BR 环化。化合物 **30** 也伴随氧杂环丁烷的生成而生成。化合物 **30** 的结构进一步证明了 BR 中间体的存在，如式（9.35）所示。正如之前我们所知道的（图示 9.15），环丙基羰基自由基的开环可以作为一种检测由环己烯酮α-裂解产生 BR 中间体的探针。最初的 1,4-BR 环化生成氧杂环丁烷，或者发生开环，然后环化生成 30，基于 1,4-BR 开环的事实，二苯甲酮和乙烯基环丙烷的光加成反应的产物很容易理解。化合物 **30** 的产率随温度的升高而增加，正如预期的环丙烷是热活化开环。

$(C_6H_5)_2C{=}O + H_2C{=}C(H)$(环丙基)

$\xrightarrow{h\nu}$ C_6H_5, C_6H_5 I(BR$_1$) $\xrightarrow{环合}$ C_6H_5, C_6H_5 65%

（9.35）

I(BR$_1$) $\xrightarrow{重排}$ C_6H_5, C_6H_5 I(BR$_2$) $\longrightarrow$ C_6H_5, C_6H_5 15% **30**

BR 参与酮类化合物（三重态）和富电子烯烃的加成反应，这一点可以从闪光光解分析研究得到证实。在二苯甲酮或酮三重态与 1,4-二噁烷、二苯甲酮和四甲基乙烯的加成反应中，可以直接探测到 1,4-BR[77]。

9.29 在激发态的羰基化合物与烯烃的光加成反应中的内型–外型选择性[73,78,79]

由于 BR 作为中间体参与反应，也可以解释不同醛和富电子烯烃 2,3-二氢呋喃的加成反应中可以观察的外型(*exo*)-内型(*endo*)选择性（图示 9.25）。基于自由基的稳定性推测，主要从 $T_1(n,\pi^*)$发生的反应生成产物（>98%）。产物可以存在两种方式排列：外型和内型。其中前者空间位阻小，在热动力学上更稳定。如图示 9.25 所描述，内型/外型的比值取决于醛的立体性质。醛的体积越大，内型选择性越高。BR 中间体怎样解释这个违反常规的结果呢？仔细观察三重态的 BR 就可以得到答案，这个 BR 是在呋喃和三重态醛（图示 9.26）开始加成之后生成的，这种三重态双自由基的两种构象如图示 9.26 所示，**32** 闭环将生成热动力学更稳定的外型异构体，而 **31** 生成内型异构体。注意一个 n 轨道和烯烃的 π 轨道加成产生一个 BR，BR 中的两个 p 轨道是相互垂直的。按照 Salem 规则，这对于 ISC 来说是一个理想的几何构型（6.35 节）。会生成热动力学更稳定外型异构体的双自由基 **32** 空间位阻更大，预计在化学平衡中量很少。^{1}I(BR)一旦形成就马上闭环成氧杂环丁烷，因此最终产物的分布是 ^{3}I(BR)中构象分布的反映，而非最终产物稳定性的反映。

+ RCHO $\xrightarrow[苯]{h\nu}$ R, H, H *endo* + H, R, H *exo*

R	*endo*:*exo*	R	*endo*:*exo*
Me	45:55	Ph	88:12
Et	58:42	*o*-Tol	93:7
i-Bu	67:33	1,3,5-三甲苯基	>98:2

图示 9.25 二氢呋喃与醛的光环加成反应的内型–外型选择性

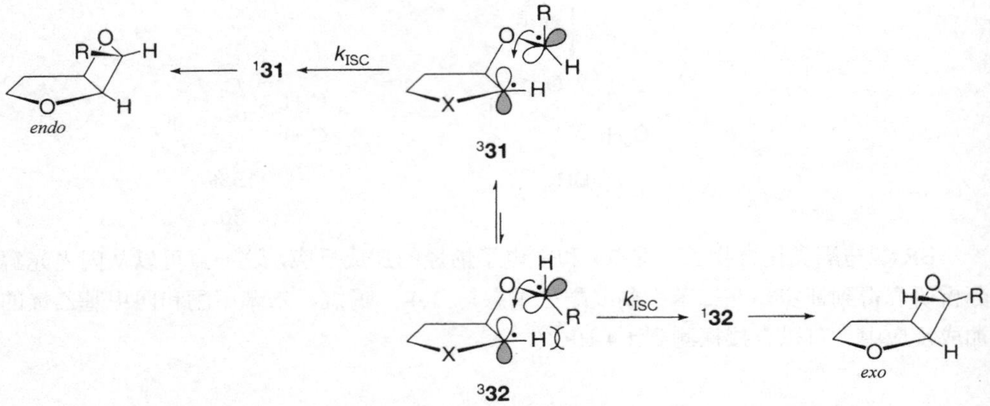

图示 9.26 在二氢呋喃与醛的光环加成过程中内型–外型选择性的机制

9.30 n,π^*态和缺电子的乙烯类化合物的[2+2]环加成：一个$\pi^*\to\pi^*$相互作用的例子

由 n,π*态一个半充满的 π*轨道引发的一类化学反应涉及 $\pi^*_{C=O}\to\pi^*_{C=C}$ 的电荷转移。当接受电子的 $\pi^*_{C=C}$ 轨道与 $\pi^*_{C=O}$ 的能量相当或者比其还要低时，这种相互作用很重要。作为一类缺电子的乙烯类化合物，它们具有强的电子亲和力，即拉电子基团和 π 键连接，符合这一标准。基于前线轨道理论，酮类的 n,π*态和富电子以及缺电子的乙烯类化合物之间的光反应在机理上是迥然不同的。酮类和缺电子乙烯类例如丙烯腈［式（9.36）～式（9.39）］的光加成反应特征与其和富电子乙烯类（9.27 节）[80,81]的反应特征形成鲜明对比：①只有 S_1(n,π*)而非 T_1(n,π*)与丙烯腈反应生成氧杂环丁烷；②通过顺式或反式丙烯腈猝灭 S_1(n,π*)不会引起丙烯腈的顺反异构或者丙烯腈类[2+2]二聚作用；③ T_1(n,π*)的猝灭敏化丙烯腈类的所有反应；④由 S_1(n,π*)生成氧杂环丁烷是立体定向的；⑤从 S_1(n,π*)形成的氧杂环丁烷是区域定向的，但是产物的结构却不符合基于攻击羰基氧预计生成更稳定的 BR 规则。酮和丙烯腈类的光反应提供了一个极佳的 n,π*态和缺电子乙烯类化合物的 $\pi^*_{C=O}\to\pi^*_{C=C}$ 电荷转移相互作用的例子。

$(CH_3)_2C{=}O$ + NC–CH=CH–CN (顺式) ⟶ H_3C, CH_3, CN, CN 取代氧杂环丁烷　立体专一性　(9.36)
$S_1(n,\pi^*)$

$(CH_3)_2C{=}O$ + $CH_2{=}C(CN)CH_3$ ⟶ H_3C, CH_3, CH_3, CN 取代氧杂环丁烷　区域专一性　(9.37)
$S_1(n,\pi^*)$

$(CH_3)_2C{=}O$ + NC–CH=CH–CN (顺式) ⟶ $(CH_3)_2C{=}O$ + NC–CH=CH–CN (反式)　顺反异构　(9.38)
$T_1(n,\pi^*)$

$(CH_3)_2C{=}O$ + $CH_2{=}C(CN)CH_3$ ⟶ $(CH_3)_2C{=}O$ + 二氰基环丁烷二聚物　二聚　(9.39)
$T_1(n,\pi^*)$

随着乙烯类化合物电子亲和力的增强，丙烯腈猝灭酮的 $S_1(n,\pi^*)$速率也会增加。猝灭速率与烯烃亲和力的这种关系表明：处于激发态的酮类作为电子供体，而烯烃作为电子受体，在*R→I 过程中发生 $\pi^*_{C=O}\rightarrow\pi^*_{C=C}$ 的电荷转移相互作用。n,π*态和富电子乙烯类（$n_O\leftarrow\pi_{C=C}$ 电荷转移）与 n,π*态和缺电子乙烯类($\pi^*_{C=O}\rightarrow\pi^*_{C=C}$)的不同轨道相互作用，对于由于轨道重叠的立体化学要求有重要的立体化学含义。n,π*态的酮和缺电子烯烃的轨道相互作用如图 9.11 所示。羰基的 n,π*态作为电子供体，烯烃必须沿酮的 π 面接近酮，羰基的 π*轨道（LUMO）和缺电子乙烯的 π*轨道（LUMO）才能很好地重叠。这种方法称为“正交”。与此相反，n,π*态作为 π 电子受体，富电子烯烃的 π 轨道必须在分子平面上靠近 n_O 轨道以接近酮（平面方法）。

以上富电子烯烃和缺电子烯烃靠近羰基不同面的样本通过研究富电子乙烯和缺电子乙烯类化合物猝灭一系列刚性二环酮类的 n,π*态的荧光得到证实（图 9.12）[82,83]。富电子乙烯类的猝灭速率对 n 轨道方法的立体位阻敏感；另一方面，缺电子乙烯类的猝灭速率对轨道方法的立体位阻是敏感的，但不是 π 轨道方法。

很多非直接的证据表明在氧杂环丁烷的生成过程中，激基缔合物可能是作为丙酮和缺电子烯烃之间的中间体：$S_1(n,\pi^*)$态可能会被缺电子的乙烯类化合物完全猝灭，但是通常会使产率远远低于 100%。此观察结果与存在一种生成产物的失活途径是一致的，它涉及中间体生成反应物而没有键的形成。例如，虽然激发单重态猝灭几乎在扩散控制速率［5×10^9mol/(L·s)］，丙酮的 $S_1(n,\pi^*)$态与 1,2-二氰基乙烯反应生成氧杂环丁烷的量子产率只有 0.1。猝灭速率常数比通过简单自由基加成所预测的大，这一点与在猝灭步骤里直接主要生成单重态 BR 中间体不一致。猝灭速率常数与烯烃的电子亲和势之间的线性关系表明烯烃和激发态酮之间存在电荷转移相互作用。以上数据与具有电荷转移性质的激基缔合物的形成或者作为生成产物前体物的直接 RIP 是一致的。

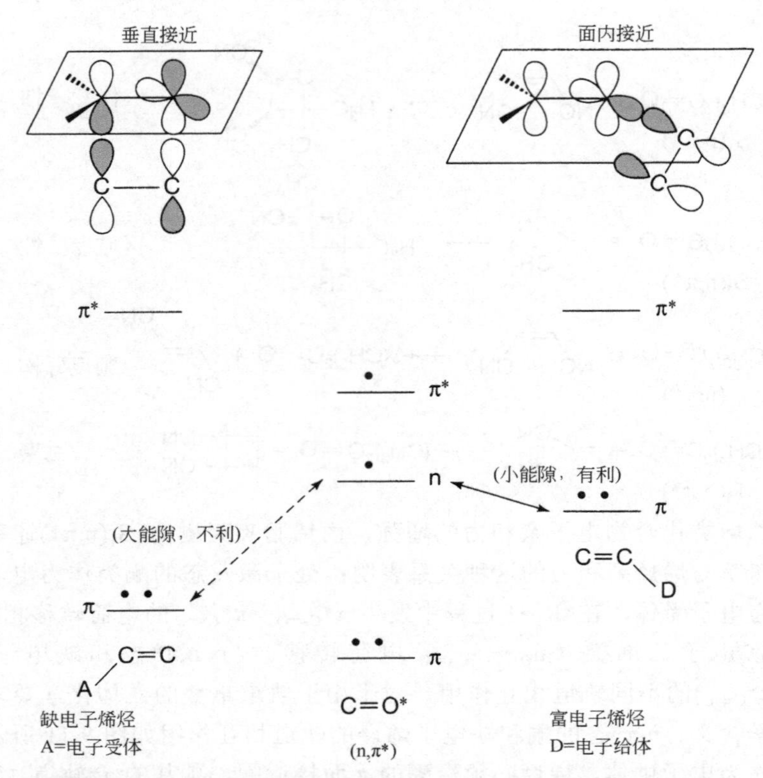

图 9.11 富电子烯烃和缺电子烯烃与激发态羰基化合物间的轨道相互作用

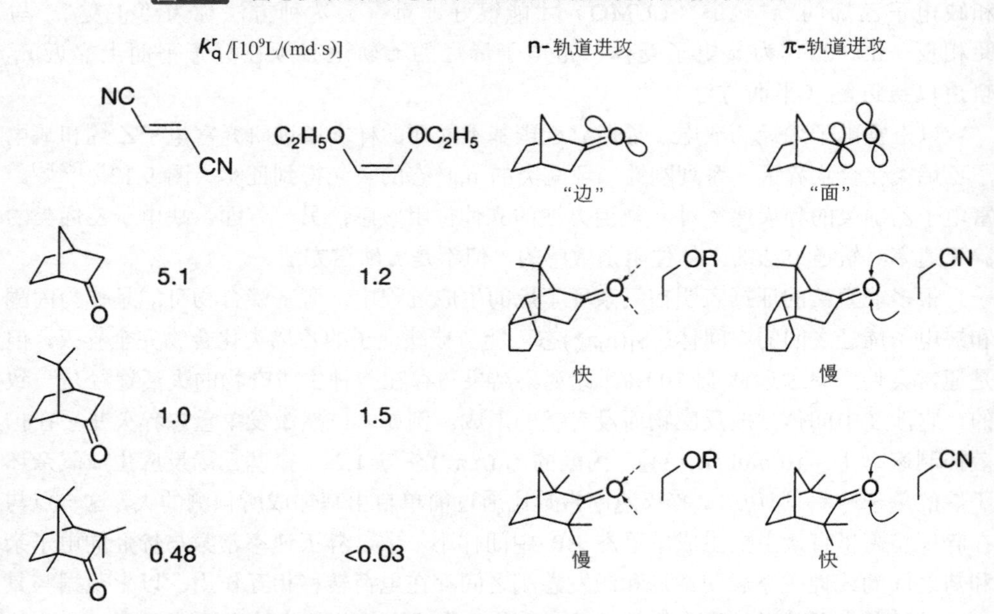

图 9.12 富电子烯烃和缺电子烯烃对降樟烷及其衍生物猝灭速率的取代基效应

丙酮和缺电子乙烯类α-甲基丙烯腈发生[2+2]光反应生成氧杂环丁烷的区域选择性与预期基于最稳定双自由基的反应完全相反（图示 9.27）。丙酮的 $S_1(n,\pi^*)$和α-甲基丙烯腈的加成反应中存在 4 种不同的 BR（图示 9.27）。如果 BR 的稳定性控制着区域选择性，那么可以预计生成 **38**，但分离出的异构体是 **37**。区域选择性似乎主要是由轨道的重叠而不是 BR 的生成决定的，结果 BR 的稳定性在决定反应的区域选择性上不起作用。

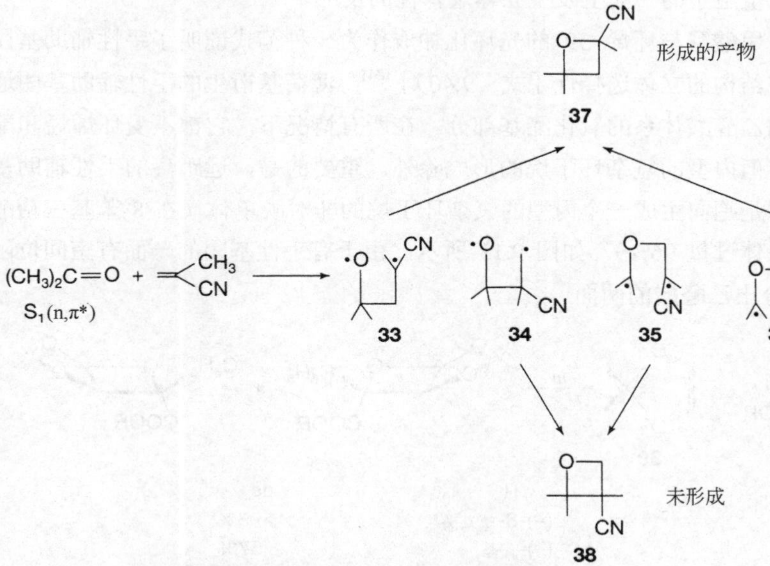

图示 9.27 缺电子烯烃与酮加成的区域选择性机制

轨道相互作用可以解释丙酮和缺电子乙烯α-甲基丙烯腈的光加成反应的区域选择性。在 $\pi^*_{C{=}O}\rightarrow\pi^*_{C{=}C}$ 电荷转移相互作用中，形成的第一个键是轨道重叠部分最大的键。碳原子的π^*轨道具有比氧原子更大的轨道系数，因此它先和缺电子的乙烯成键。乙烯的优先成键位置是在具有最大轨道系数的位置，即未取代的CH_2。因此，在图示 9.27 中优先生成 BR 中间体 **33**。这种 BR 闭环生成氧杂环丁烷 **37**。

9.31 n,π^*态和乙烯 [2+2]环加成的立体选择性

合成有机光化学家的一个重要的目标是控制立体化学，尤其是与一个分子的手性中心有关的立体化学，也就是非对映异构选择性和对映异构选择性。本节中将以醛的[2+2]光环加成生成氧杂环丁烷为例讨论在有机光合成中对立体化学的控制。一般而言，相对酮类化合物，醛类化合物生成氧杂环丁烷的非对映异构选择性和对映异构选

择性更高。

乙烯类与激发态苯甲醛的[2+2]光环加成原则上是起因于对羰基生色团前手性两面的进攻，结果就是对羰基两面的环加成将会生成相反的对映异构体。为了控制环加成的对映选择性，在键的形成过程中乙烯必须能够识别醛的前手性的两面。通常有两种方法用来获得立体选择性：①用一种手性辅助基团与烯烃共价连接产生一种非对映的关系，用于立体识别羰基的两面；②利用一种模板立体阻隔羰基发色团一面的进攻，从而导致在位阻小的一面上发生立体选择性的反应。

苯甲酰甲酸酯与环烯 **39** 的光环化加成作为一种范式证明了手性辅助基团如何影响环氧丙烷结构的立体选择性［式（9.40）］[84]。薄荷基衍生的手性辅助基团通过一个酯基连接到乙醛酸体系的氧化酯基部分。在所有情况下，它都不受环烯烃和酯取代基结构影响，但内型的氧杂环丁烷的形成除外。重要的是，远距离的手性辅助基团引导的加成主要是趋向生成一个内型的氧杂环丁烷的非对映单体（在 8-苯基三萜醇取代羰基时非对映体过量 96%）。如图 9.13 所示，由于有手性基团的一面有空间位阻，烯烃 **39** 可以区分出乙醛酸的两面。

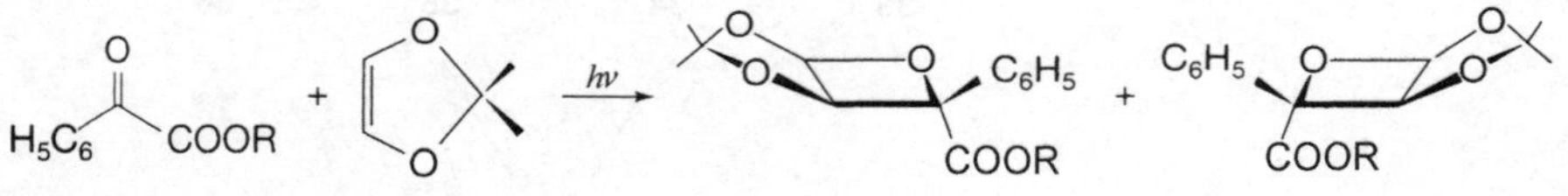

H_5C_6 COOR + **39** $\xrightarrow{h\nu}$ C_6H_5 COOR + C_6H_5 COOR （9.40）

R	de
(−)-8-苯基薹基	⩾96%
(−)-薹基	57%

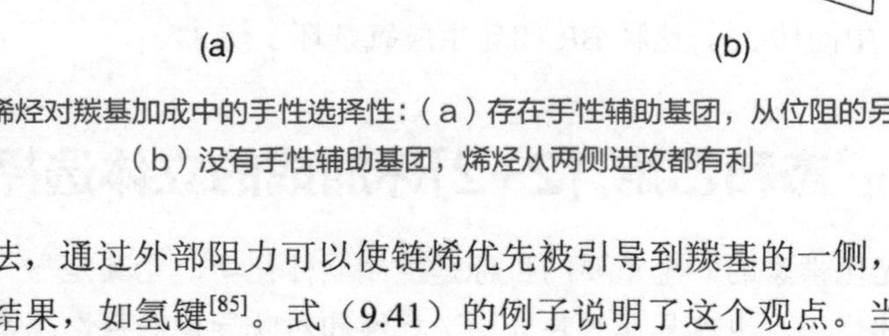

C_6H_5 O C_6H_5 O O (a)

O C_6H_5 OCH_3 O (b)

图 9.13 烯烃对羰基加成中的手性选择性：（a）存在手性辅助基团，从位阻的另一侧进攻；（b）没有手性辅助基团，烯烃从两侧进攻都有利

第二种方法，通过外部阻力可以使链烯优先被引导到羰基的一侧，这是由于超分子相互作用的结果，如氢键[85]。式（9.41）的例子说明了这个观点。当烯、二氢吡啶酮和羰基通过氢键预先复合成手性酰胺时，加成反应选择性地在一面发生（图 9.14）。在甲苯中非对映体的比例为 95:5。在一定条件下如通过分子修饰（R=CH_3），抑制手性

酰胺与二氢吡啶酮之间氢键的形成，可以使非对映体的比例为50:50，从而证明了预组织二氢吡啶酮优于激发羰基的重要性。

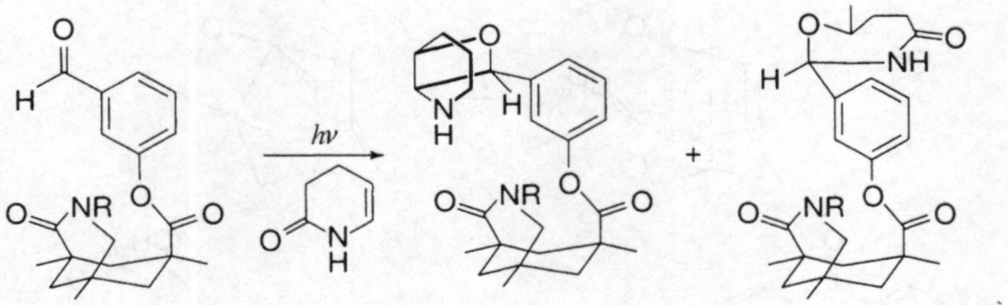

(9.41)

取代基	溶剂	产物的产率	
R = H	苯	83%	17%
	甲苯	95%	5%
$R = CH_3$	苯	50%	50%

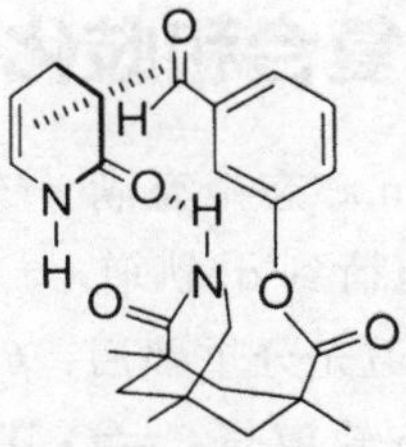

图9.14 烯烃对羰基加成中的手性选择性：烯烃被锚定在靠近羰基的一侧，分子内氢键和手性位阻有利于该过程的发生

9.32 分子内[2+2]光环化加成

在*R的寿命范围内，当*R的C═O基团能和链烯相遇并发生有效相互作用时，有望发生分子内[2+2]光环化加成形成氧杂环丁烷。这种反应的条件是C═O和C═C通过易弯曲的链连接起来，从而使得激发态时C═O和C═C能相互靠近。式（9.42）～式（9.45）给出了一些分子内形成氧杂环丁烷的范式。当C═O和C═C基团被超过两个键分隔时，分子内高产率地形成氧杂环丁烷。它甚至可以发生在链烯和羰基生色基团间被15个原子（包括芳环）的易弯曲的亚甲基分隔的体系中。

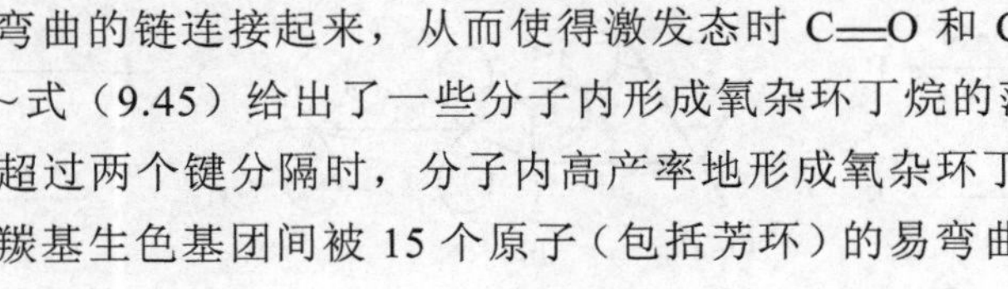

2∶5

(9.42)

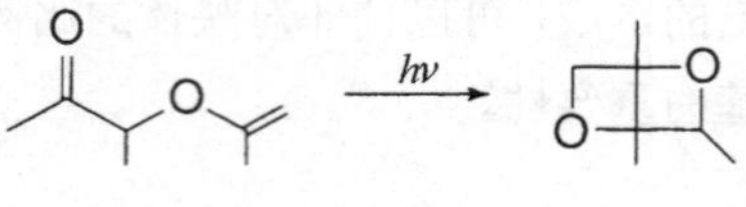

(9.43)

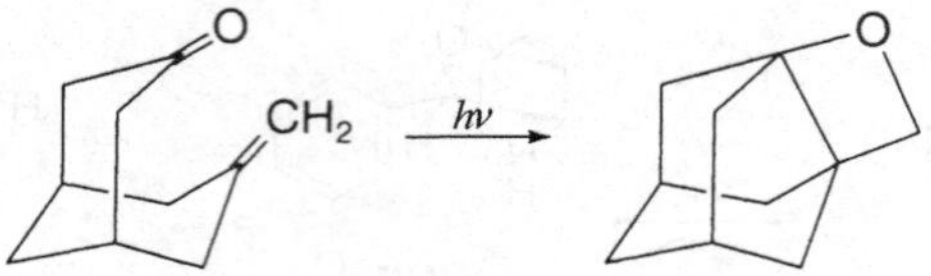

(9.44)

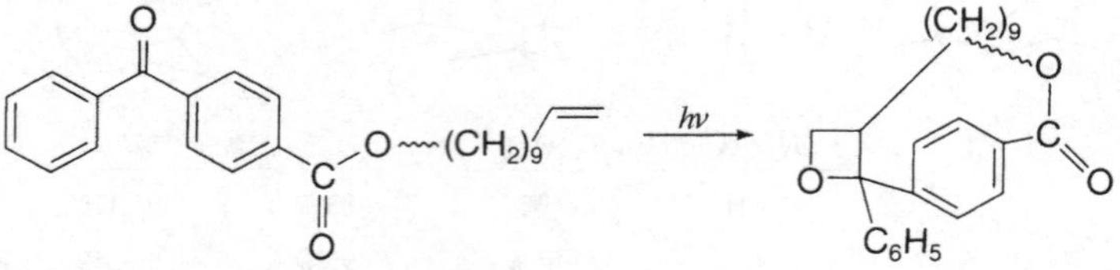

(9.45)

9.33 β-裂解再复合和歧化作用所引发的光重排实例

细想*R→I 过程是由 n,π*态半充满 π*轨道与 C═O 基团的空轨道 σ*的重叠引发的（图 9.15）。通过给电荷到 σ*轨道，一个电子占据反键轨道，这使得 C═O 基团 β 位的 σ 键变弱。在轨道充分重叠后，β-键发生均裂，生成两个自由基中心，这种裂解叫作 β-裂解。由于 n 轨道与 C═O 基团 β 位的 σ 键垂直，预计没有发生重叠。与其他*R→I 反应相互竞争发生 β-裂解的最重要的条件是要有一个弱的 σ 键能与 n,π*态的 π*轨道有一定的重叠。当 σ 键是张力环的一部分（如一个环丙烷或环氧树脂）或一个碳原子与卤素原子形成的较弱的键（如一个 C—X 键，X 是卤素），就达到了弱 σ 键的标准。这个标准虽然重要，但对 β-裂解还不充分，也需要 n,π*态的 π*轨道与弱 σ 键发生轨道重叠。

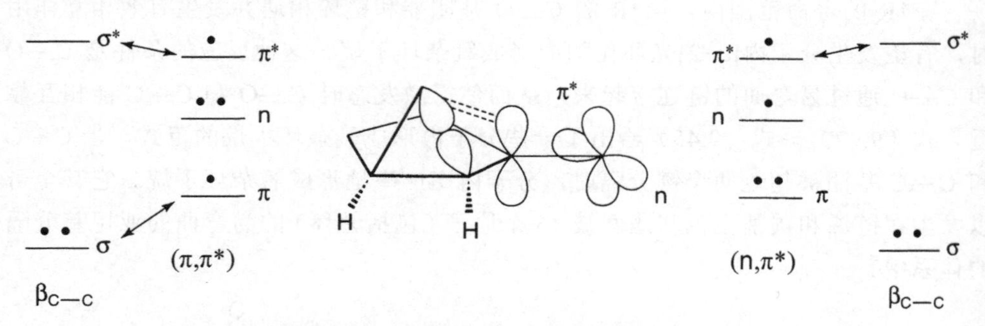

图 9.15 羰基化合物 β-裂解的轨道相互作用示意

从 n,π*激发态到 π,π*激发态发生 β-裂解的轨道相互作用如图 9.15 所示[86,87]。β-裂解是由 π*和 σ*轨道的相互作用引发的，因此反应也可以从 π,π*态发生。在后一种情况下，半充满的π轨道与C═O基团β位σ键充满的σ轨道之间的重叠有望在裂解过程中起重要作用。

光化学β-裂解产生一种BR环戊酮的范式如式(9.46)所示。*R→I(BR)产生1,3-BR，发生分子内氢原子转移，相当于分子内歧化作用，产生一种烯酮。

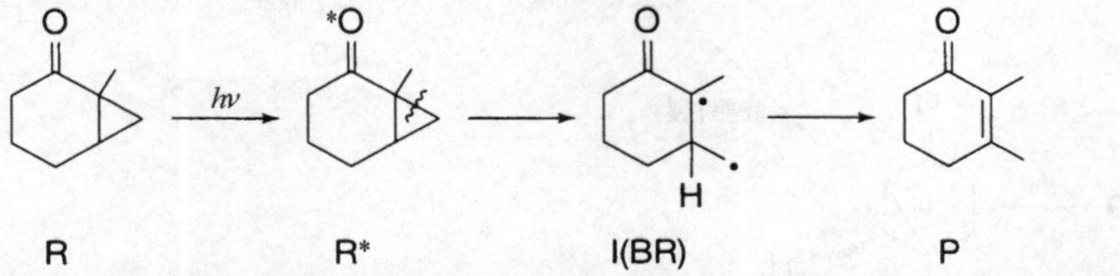

O　　hν　　*O　　O　　H　　O

R　　R*　　I(BR)　　P　　(9.46)

两种环氧树脂的β-裂解实例如式（9.47）和式（9.48）所示。两个反应涉及β-裂解，形成1,3-BR，进而转化成产物。在式（9.47）中，1,3-BR经过一个1,2-氢转移过程生成1,3-二酮。在式（9.48）中，纯环氧树脂酮对映体产生1,3-BR，经过键的旋转，随后再组合产生起始酮的外消旋对映体，是一个起始原料的外消旋化过程。

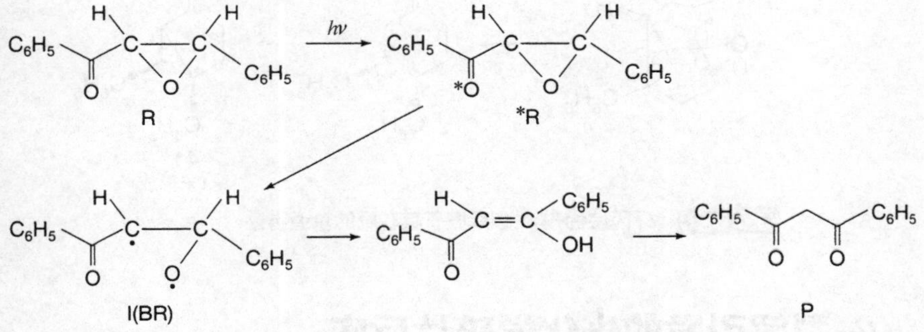

H　H　C_6H_5　C　C　C_6H_5　O　O　R　　hν　　H　H　C_6H_5　C　C　C_6H_5　*O　O　*R

H　H　C_6H_5　C　C　C_6H_5　O　O　I(BR)　　H　C_6H_5　C_6H_5　C═C　OH　O　　C_6H_5　C_6H_5　O　O　P　　(9.47)

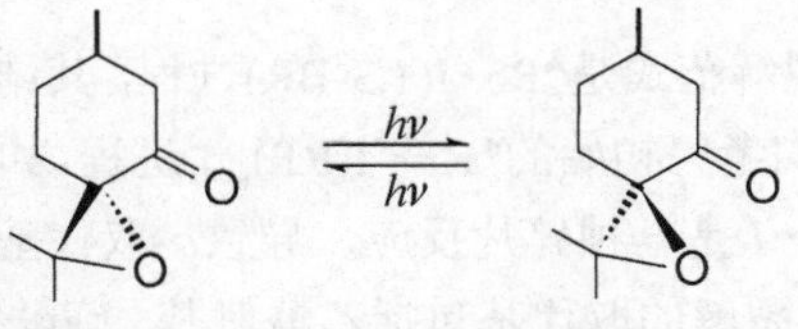

O　hν　hν　O　O　O　　(9.48)

如果有两个键能相当的键可能发生β-裂解的话，与π*轨道更好地正相关的轨道重叠的键将优先裂解[86]。例如，如图示9.28所示，5,6-二苯基二环[3.1.0]环己酮的顺反异构体的光化学相互转化可以用3个键中的任一个键的β-裂解来解释，这个键可以标记为a、b或c。c的裂解是不可能的，因为它既不是α-键又不是β-键，它不能与n,π*态的π*轨道发生重叠。然而，a、b都是β-键，所以它们都是β-裂解的候选。从光学纯的反式异构体开始，键a或键b的裂解都生成同种产物（顺式异构体），但却是不同的对映体，如**40**和**41**（图示 9.28）。实验上，光解光谱纯的酮只能得到对映体**40**。键a优先裂解是合理的，因为其轨道与π*轨道有更好的正相关重叠（图示9.28）。

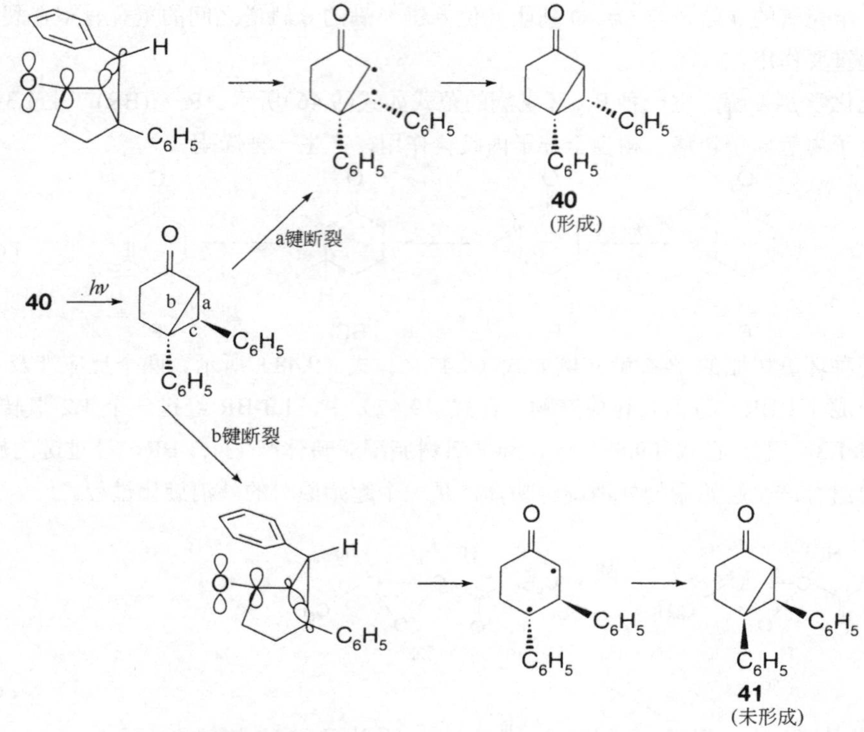

图示 9.28 环丙烷优先 β-裂解归于其较好的轨道重叠

9.34 β-裂解引发的光化学碎片反应

在 9.33 节讨论的 β-裂解范式是*R→I(1,3-BR)过程，其结果是通过歧化作用和重组产生结构异构化。这里我们考虑初始的*R→$^3I(RP)_{gem}$进程，如预期通过 $^3I(RP)_{gem}$→I (FR)生成 FR，其中总反应*R→I 是一种碎片反应，导致α-取代基的消去。

已确定能发生有效 β-裂解的取代基包括乙酰氧基、磺酰氧基、磷酸酯、卤素、*N,N*-二甲基甲酰胺、锍、烷基硫、烷基亚砜和砜基［式（9.49）］。这些基团的特点是都有一个由碳原子和杂原子形成的α-键，杂原子有一个低能级的 σ*轨道。

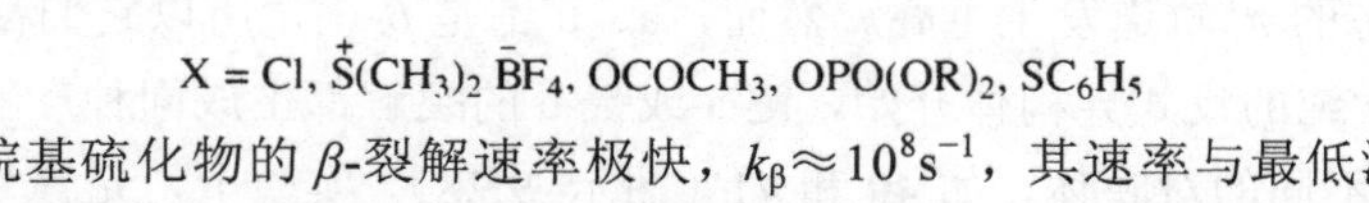

$$C_6H_5COCH_2X \xrightarrow{h\nu} C_6H_5CO\dot{C}H_2 \quad X \xrightarrow{RH} C_6H_5COCH_3 \tag{9.49}$$

$X = Cl, \overset{+}{S}(CH_3)_2\ \overset{-}{B}F_4, OCOCH_3, OPO(OR)_2, SC_6H_5$

苯甲酰烷基硫化物的 β-裂解速率极快，$k_\beta \approx 10^8 s^{-1}$，其速率与最低激发态（n,π*或 π,π*）的性质无关。例如，对氰基苯甲酰烷基硫化物、对甲氧基苯甲酰烷基硫化物及苯甲酰叔丁基硫化物的裂解速率几乎都相同，约为 $10^8 s^{-1}$。α-取代基的 β-裂解可以看成是羰基的 π*轨道和 C—X 基团的 σ*轨道的重叠引发的（与图 9.15 相似）。

脱氧安息香化合物（$C_6H_5COCHXC_6H_5$的结构，其中X是非氧原子）主要发生α-裂解反应是因为形成共振稳定的苯甲基自由基（9.25节）。也可以预计，一旦发生$^*R \rightarrow I(RP)$过程的α-裂解反应，$C_6H_5COCH(OH)C_6H_5$及其衍生物会产生稳定的苯甲基自由基，它们和安息香可能主导它们的光化学反应。相反，一些安息香的光化学反应更容易发生β-裂解而非α-裂解。事实上，有取代基的安息香容易通过阴离子β-裂解变成一个一般的反应。

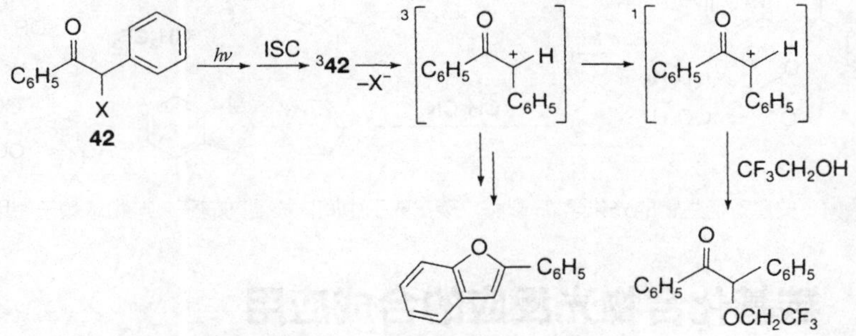

C_6H_5 X 42 $h\nu$ ISC ^{3}42 $-X^-$ C_6H_5 H C_6H_5 CF_3CH_2OH C_6H_5 OCH_2CF_3

图示9.29 由去氧苯甲酸酯到呋喃的形成机制

作为一个样本，α-取代的安息香的光分解产生一种呋喃产物，其产率取决于α-取代基［式（9.50）］[88~90]。例如，尽管氯取代基只产生1%的2-苯基苯并呋喃，N,N-二甲基氨基酰胺盐酸盐取代基取代的产生呋喃产率为54%。$^*R \rightarrow P$过程可能是一个β-裂解反应，接着的步骤如图示9.29所示。α-取代基释放后，**42**脱氧安息香环化成2-苯基苯并呋喃[3]。由于反应预料在n,π*或π,π*的三重态引发，相对应的阴离子损失后的阳离子必须是三重态。换言之，如所预料形成阳离子的反应必定是绝热的（完全发生于一个电子激发态表面）［式（9.51）］。如果这种情况发生，阳离子三重态能量必须低于反应物酮的三重态能量。理论计算揭示这种推理是基本合理的。尽管这些反应的机理尚不完全明确，但在安息香磷酸二乙酯于水中的光分解反应（图示9.30）过程中，一个三重态的酮基阳离子通过光谱分析和三氟乙醇化学诱导得到证实。在没有捕获剂的情况下，**42**环化生成苯并呋喃（香豆酮）[3]。基于这种机理的β-裂解反应只在水和强极性羟基溶剂中发生。有关生化系统中“释放”出的分子的β-裂解反应的例子将在9.38节介绍。

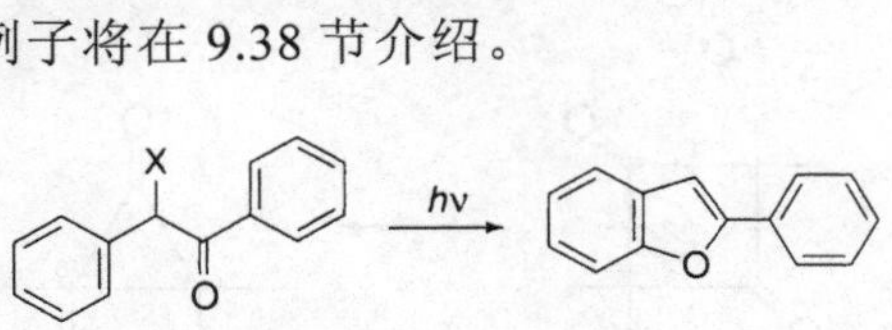

X O $h\nu$ (9.50)

X = Cl	1%
X = $OCOCH_3$	15%
X = $N(CH_3)_2 \cdot HCl$	54%

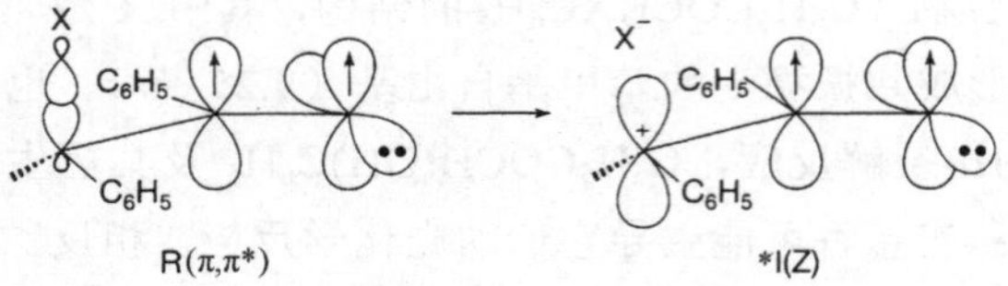

$$R(\pi,\pi^*) \longrightarrow {}^*I(Z) \qquad (9.51)$$

$$\xrightarrow{h\nu}\ \begin{cases} H_2O/CF_3CH_2OH \\ CH_3CN \end{cases}$$

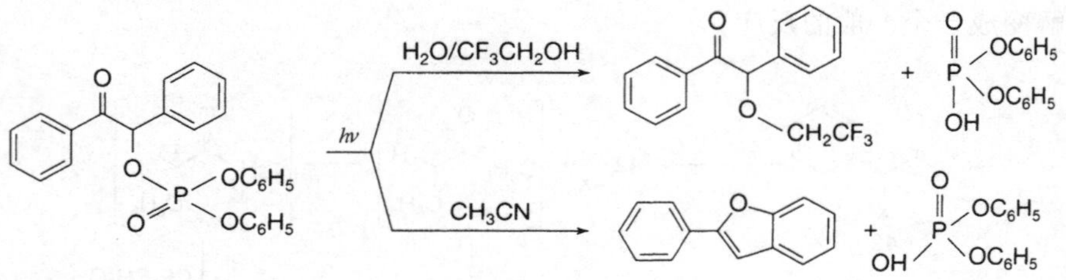

图示 9.30 安息香衍生物的光化学 β-裂解：碳正离子中间体被溶剂捕获；产物依赖于使用的溶剂

9.35 羰基化合物光反应的合成应用

本节描述羰基化合物的光反应应用来合成许多复杂有机分子包括自然产物和具有重要理论意义的新颖结构分子过程的关键步骤。

羰基化合物的光化学为制备一系列张力大的分子和具有 BR 特性的活泼中间体提供了一种方法。一些实例如式（9.52）～式（9.55）所示[54,91~96]。

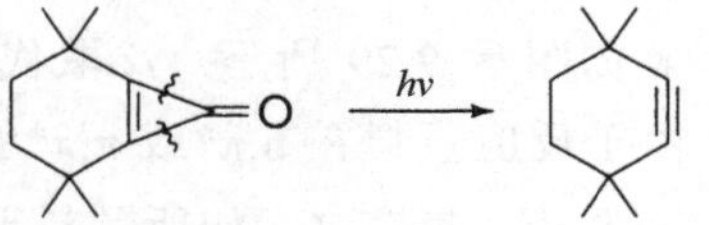

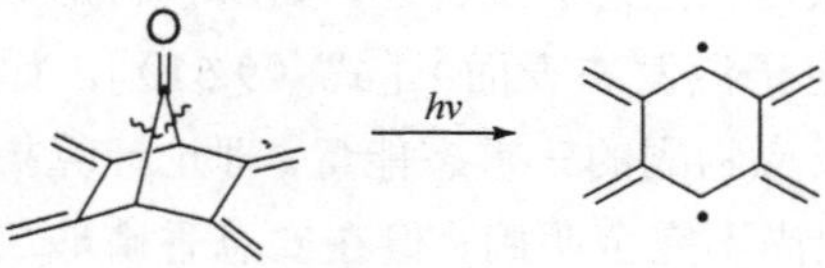

$$\xrightarrow{h\nu} \qquad (9.52)$$

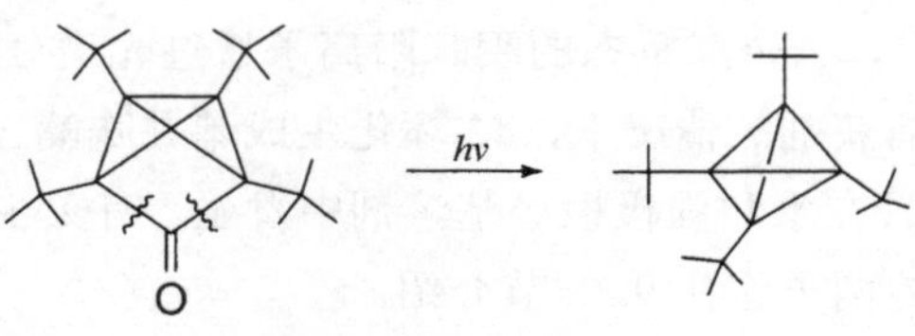

$$\xrightarrow{h\nu} \qquad (9.53)$$

$$\xrightarrow{h\nu} \qquad (9.54)$$

$$\xrightarrow{h\nu} \qquad (9.55)$$

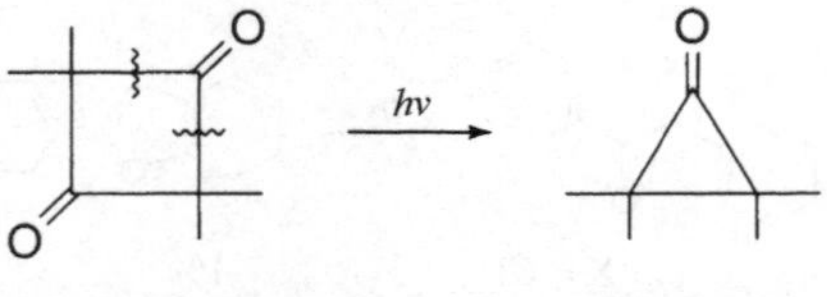

分子内γ-氢抽取反应用来作为合成正十二面体烃（图示 9.31）的关键步骤，取得了显著成功（产率大于 65%）[97]。

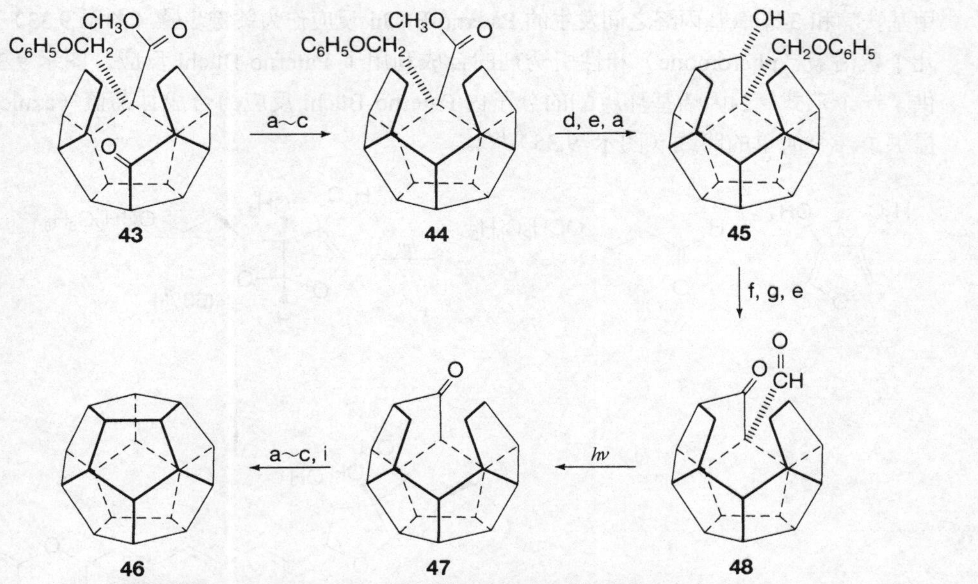

图示 9.31 分子内光化学抽氢作为合成正十二面体烃的关键步骤的例子

反应步骤：(a) $h\nu$; (b) TsOH, C_6H_6; (c) NH_2NH_2, H_2O_2; (d) $(t\text{-Bu})_3AlH$; (e) PCC（吡啶氯铬酸盐）；(f) Li, NH_3, C_6H_5OH; (g) HCl, H_2O, THF; (h) KOH, H_2O, C_2H_5OH; (i) 10% Pd-C, 250°C

通过 Norrish-Yong 反应成功合成了具有重要药物性质的酮（图示 9.32）。在这种情况下，通过γ-抽氢反应生成的光烯醇，经过分子内俘获建立甾族骨架，光化学步骤的总产率达 45%[98]。

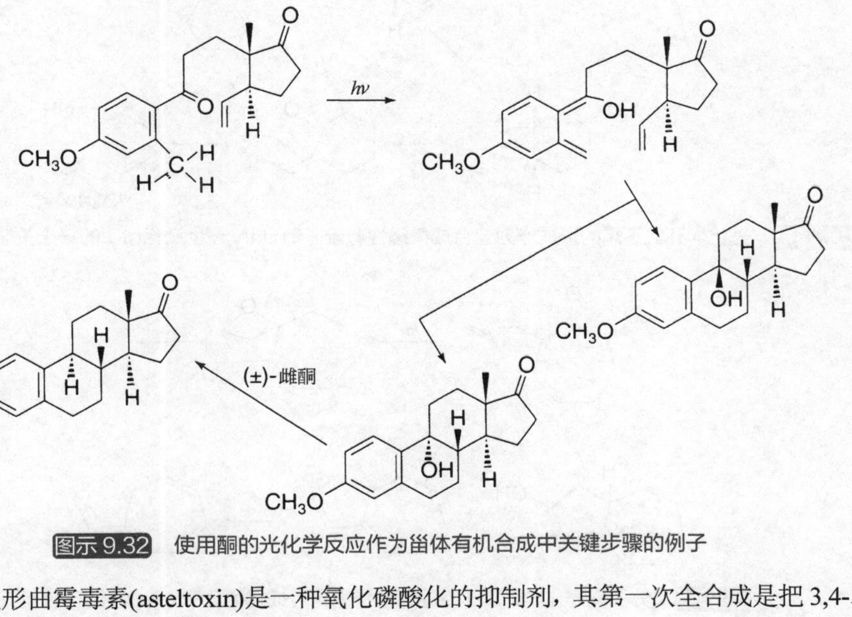

图示 9.32 使用酮的光化学反应作为甾体有机合成中关键步骤的例子

(±)-星形曲霉毒素(asteltoxin)是一种氧化磷酸化的抑制剂，其第一次全合成是把 3,4-二甲基呋喃和 3-苄氧基丙醛之间发生的 Paterno-Büchi 反应作为关键步骤（图示 9.33）[99]。几个费洛蒙（pheromone）和性引诱剂的合成利用了 Paterno-Büchi 反应。图示 9.34 提供了一个范式。2-丙烯基环庚酮的分子内 Paterno-Büchi 反应为合成甘菊蓝（azulene）提供了一个简单的路线（图示 9.35）[66]。

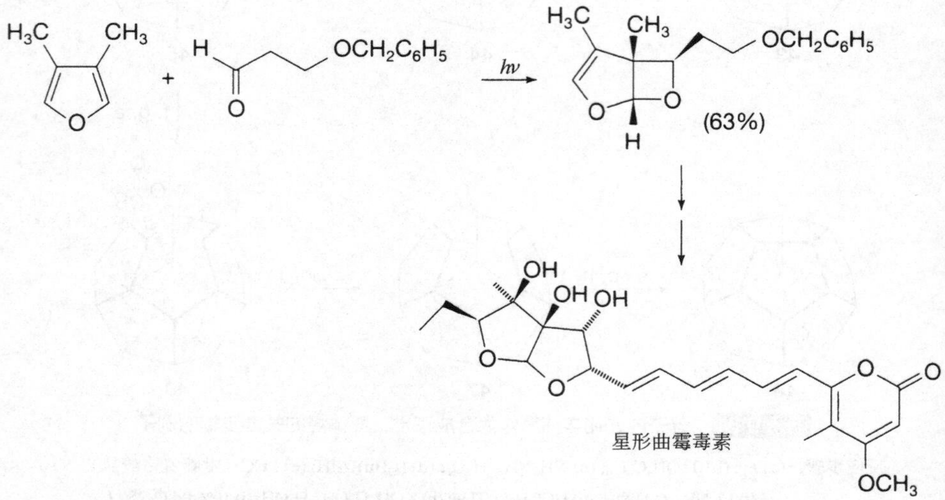

H_3C CH_3 + H OCH$_2$C$_6$H$_5$ O $h\nu$ H_3C CH_3 OCH$_2$C$_6$H$_5$ O O H (63%)

OH OH OH O O O O OCH$_3$

星形曲霉毒素

图示 9.33 光化学环氧丁烷的形成作为全合成星形曲霉毒素的一个关键步骤的例子

O + H O H + H H

H O H O OH

果蝇性激素

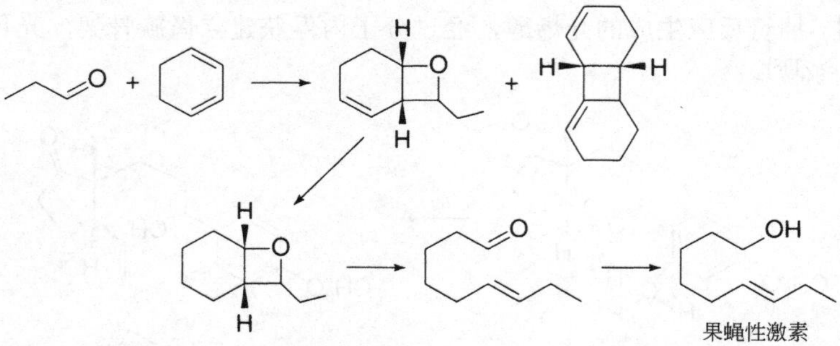

图示 9.34 光化学环氧丁烷的形成作为全合成果蝇性激素（fruit fly attractant）的一个关键步骤的例子

O $h\nu$ O △

H OH +

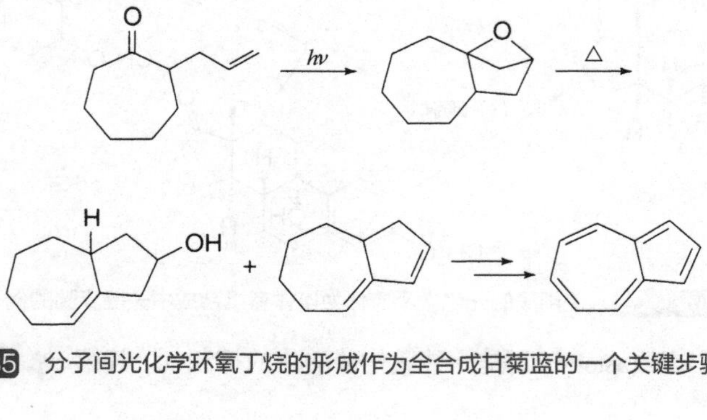

图示 9.35 分子间光化学环氧丁烷的形成作为全合成甘菊蓝的一个关键步骤的例子

9.36 羰基化合物在光化学成像中的应用

光成像是利用光子捕获和复制图像信息的一种技术，这项技术用于摄影、影印、办公复印、印刷电子电路板的生产和产生全息图像。所有的光成像过程可以简化为3个基本步骤：①图像捕获；②图像解析；③图像读出。成像系统的基本光化学存在于图像捕获步骤。只有光敏介质曝光的区域区别于没有曝光的区域，曝光区域被“固定”，信息被读出，才得到最后的图像。光影像技术中一个过程叫光聚合[100]。光聚合是通过吸收光使小分子转化为高分子的通用过程。制作图像需借助一个控制曝光区域的蔽光框（包括定义图像的透明和不透明区域的一张胶片）。一旦曝光和不曝光区域可以通过单体与高分子组成不同进行区别，那么一幅永久的图像就可以通过进一步的处理得到。其中两种成分即单体和光敏感引发剂在成像过程中发挥重要作用。光引发剂在曝光区域产生自由基，引发聚合反应，产生永久图像。

许多用于光影像的聚合反应的引发剂分子的光化学已经在这一章叙述。例如，酮曝光后经过α-裂解形成自由基，广泛用作光引发剂。通过α-裂解形成的自由基加成到烯烃单体如丙烯酸甲酯，引发单体聚合反应（图示9.36）。一些应用于摄影行业的光引发剂列于图示9.37[62]。

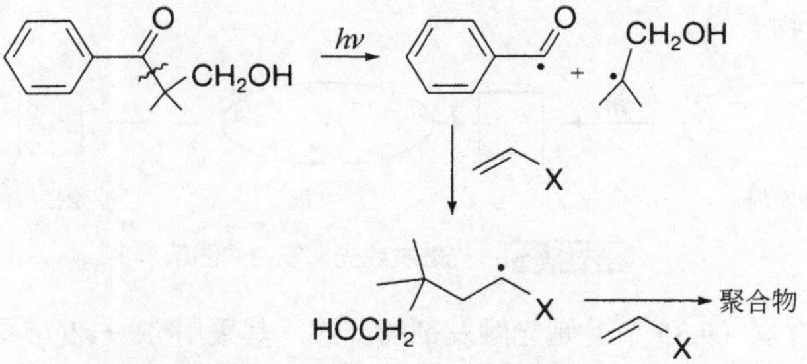

图示9.36 由酮的α-裂解过程引发的光聚合反应机制

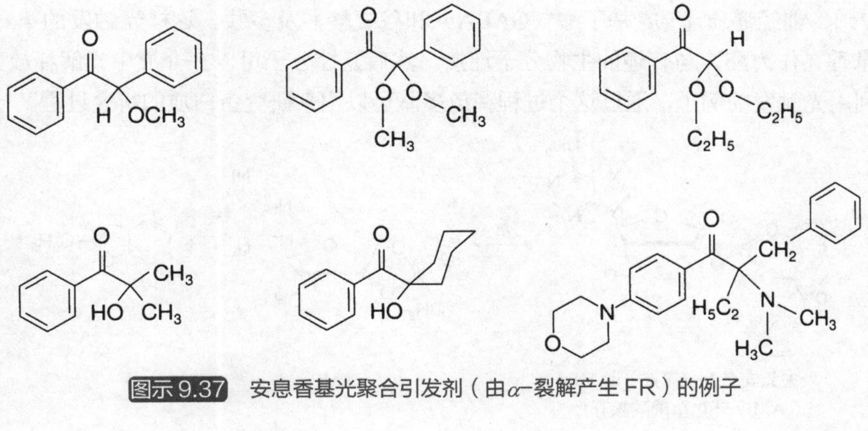

图示9.37 安息香基光聚合引发剂（由α-裂解产生FR）的例子

9.37 羰基化合物的光化学在设计“光触发剂”和“光保护基团”中的应用[101]

光化学过程的巨大优势在于及时吸收一个光子后就能快速地引发光化学或光物理事件。光子可以看作引发化学事件的无痕试剂，或者是打开光物理或光化学事件的开关。“光子学”是一个产生和利用光子在技术和生物方面应用的领域。9.36 节描述了一个利用光子制备计算机电子电路板（光刻技术）的重要例子。在这一节我们会提供几个关于光子服务于生物学的“生物光子学”例子。

神经元电路和大脑行为的生理研究经常需要快速和局部地给生物活性物质。传统地，这些是通过压力注射和电离子渗入完成的。在过去几年，“笼控”化合物的光解成为这些传统方法日益可行的替代者。笼控化合物由生物活性分子以共价连接到吸收光的基团上而获得一个光不稳定的非活性“笼控”分子。经过紫外光照射后，光不稳定的笼控化合物分裂为自由基、生物活性分子和自由的笼控基团。这个过程被命名为“光触发”（图示 9.38）。理想地，一个光触发剂（光活性化合物+生物活性化合物）应该是生物惰性和光解前化学稳定。一经光照，它应该高量子效率地迅速反应，产生一个生物惰性光裂解产物。

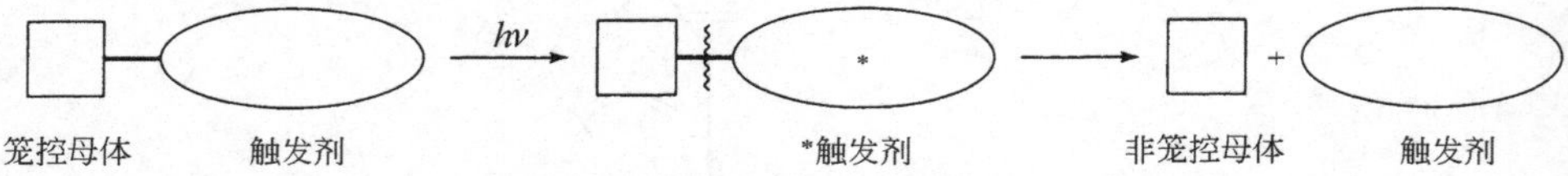

笼控母体 触发剂 $h\nu$ *触发剂 非笼控母体 + 触发剂

图示 9.38 光触发或光解笼控的图示

安息香类化合物（9.35 节）是光触发剂的范式，其采用*R→I 的β-裂解过程解释放一个生物活性化合物。一些研究把安息香类化合物作为光触发的生物相关分子，如式（9.56）～式（9.58）所示。安息香酯用作光活性化合物，释放生物分子［如单磷酸腺苷（AMP）］、神经递质［γ-氨基丁酸（GABA）和谷氨酸］及多肽。这样光触发的第一步是把安息香（作为酯）与有趣的生物分子连接，然后笼控分子可以在介质中光解释放分子。作为利用光触发的例子，通过这个过程释放多肽可以用来研究蛋白质的折叠过程。

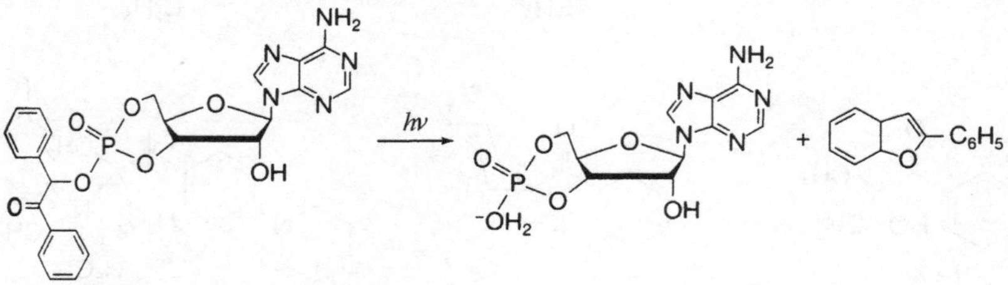

$h\nu$ （9.56）

去氧安息香“笼控”cAMP
(cAMP=环化单磷酸腺苷)

cAMP

NH_3^+ $h\nu$ $^+NH_3$ O^- GABA C_6H_5 （9.57）

Ac-Val-Gly-Glu-Arg-Gly-O C_6H_5 $h\nu$ Ac-Val-Gly-Glu-Arg-Gly-OH + C_6H_5 （9.58）

CO-Gly-Arg-Nle-Lys-Glu-NH_2 CO-Gly-Arg-Nle-Lys-Glu-NH_2

9.38 小结

羰基发色团的最常见的反应状态是 n,π*态。可以想象，它沿 n 轨道具有亲电性，沿 π 面具有亲核性。一旦激发，羰基发色团出现几种主要的反应，这取决于最低激发态［(n,π*) 或（π,π*）］的性质。无环羰基的α-裂解和β-裂解得到羰基体系的分裂。α-裂解过程称为 Norrish Ⅰ型反应。在 n,π*激发态，羰基发色团能够抽取一个氢原子或发生电子转移使其还原。当发生分子内氢转移时，尤其是γ位，裂解得到的中间体为 1,4-双自由基，这个过程称为 NorrishⅡ型反应。另外一个产物是环丁醇。后面的过程命名为 Yang 反应。通过半充满的 n 轨道或者富电子的 π*面，n,π*激发态的羰基发色团可能与 C═C 的 π 体系发生作用。由于两个面的电子特性不同，与富电子的烯烃加成沿 n 面发生，而与缺电子的烯烃加成在 π 面发生。烯烃与激发态的羰基化合物之间的加成一般称为 Paterno-Büchi 反应。基于前线轨道作用的样本和 Salem 相关图有助于理解羰基发色团的反应活性。

参 考 文 献

1. J. C. Dalton and N J Turro, *Ann. Rev. Phys. Chem.* **21**, 499 (1970).
2. A. Padwa, in O. L. Chapman, ed., *Organic Photochemistry*, Vol. 1, Marcel Dekker Inc., New York, 1967, p. 91.
3. A. Schonberg and A. Mustafa, *Chem. Rev.* **40**, 181 (1947).
4. J D. Coyle and H. A. J Carless, *Chem. Soc. Rev.* 465 (1972).
5. R. Srinivasan, in W A. J Noyes, G. S. Hammond, and J N J Pitts, eds., *Advances in Photochemistry*, Vol. 1, John Wiley & Sons, Inc., New York, 1963, p. 83.
6. A. Padwa, *Acc. Chem. Res.* **4**, 48 (1971).
7. O. L. Chapman, in W A. J Noyes, G. S. Hammond, and J N J Pitts, eds., *Advances in Photochemistry*, Vol. 1, John Wiley & Sons, Inc., New York, 1963, p. 323.
8. O. L. Chapman and D. S. Weiss, in O. L. Chapman, ed., *Organic Photochemistry*, Vol. 3, Marcel Dekker Inc., New York, 1973, p. 198.
9. M. A. El-Sayed, *Acc. Chem. Res.* **1**, 8 (1968).
10. N. C. Yang, D. S. McClure, S. L. Murov, J J. Houser, and R. Dusenbury, *J. Am. Chem. Soc.* **89**, 5466 (1967).
11. P. J. Wagner and A. E. Kemppanien, *J. Am. Chem. Soc.* **90**, 5898 (1968).
12. W. M. Moore, G. S. Hammond, and R. P Foss, *J. Am. Chem. Soc.* **83**, 2789 (1961).
13. J. N. Pitts, R. L. Letsinger, R. P Taylor, J M. Patterson, G. Recktenwald, and R. B. Martin, *J. Am. Chem. Soc.* **81**, 1068 (1959).
14. M. B. Rubin, in W M. Horspool and P.-S. Song, eds., *CRC Handbook of Organic Photochemistry and Photobiology*, CRC Press, Boca Raton, FL, 1995, p. 430.
15. G. P Laroff and H. Fischer, *Helv. Chim. Acta* **56**, 2011 (1973).

16. Y. Chiang and A. J Kresge, *Science* **253**, 395 (1991).
17. S. G. Cohen, A. Parola, and G. H. J. Parsons, *Chem. Rev.* **73**, 141 (1973).
18. R. S. Davidson, in R. Foster, ed., *Molecular Association*, Vol. 1, Academic Press, New York, 1974, p. 215.
19. M. Hoshino and H. Shizuka, in M. A. Fox and M. Chanon, eds., *Photoinduced Electron Transfer, Part C, Photoinduced Electron Transfer Reactions. Organic Substrates*, Elsevier, Amsterdam, The Netherlands, 1988, p. 313.
20. J. D. Simon and K. S. Peters, *Acc. Chem. Res.* **17**, 277 (1984).
21. K. S. Peters, in D. C. Neckers, G. v. Bunau, and W. Jenks, eds., *Advances in Photochemistry*, Vol. 27. John Wiley & Sons, Inc., New York, 2002, p. 51.
22. S. Srivatsava, E. Yourd, and P Toscano, *J. Am. Chem. Soc.* **120**, 6173 (1998).
23. T. Tahara, H.-O. Hamaguchi, and M. Tasumi, *J. Phys. Chem.* **91**, 5875 (1987).
24. P. J. Wagner and R. A. Leavitt, *J. Am. Chem. Soc.* **95**, 3669 (1973).
25. P. J. Wagner, R. J Truman, A. E. Puchalski, and R. Wake, *J. Am. Chem. Soc.* **108**, 7727 (1986).
26. P. J. Wagner, *Acc. Chem. Res.* **4**, 168 (1971).
27. P. J. Wagner, in *Topics in Current Chemistry*, Vol. 66, Springer-Verlag, New York, 1976, p. 1.
28. P. J. Wagner, in W M. Horspool and P.-S. Song, eds., *CRC Handbook of Organic Photochemistry and Photobiology*, CRC Press, Boca Raton, FL, 1995, p. 449.
29. P Wagner and B.-S. Park, in A. Padwa, ed., *Organic Photochemistry*, Vol. 11, Marcel Dekker Inc., New York, 1991, p. 227.
30. P J Wagner and P Klan, in W Horspool and F. Lenci, eds., *CRC Handbook of Organic Photochemistry and Photobiology*, 2nd ed., CRC Press, Boca Raton, FL, 2004, p. 52/1.
31. N. C. Yang and D.-D. H. Yang, *J. Am. Chem. Soc.* **80**, 2913 (1958).
32. N. J. Turro and D. S. Weiss, *J. Am. Chem. Soc.* **90**, 2185 (1968).
33. J. A. Barltrop and J. D. Coyle, *Tetrahedron Lett.* **28**, 3235 (1968).
34. J. C. Scaiano, E. A. Lissi, and M. V Encina, *Rev. Chem. Inter.* **2**, 139 (1978).
35. R. M. Wilson, in A. Padwa, ed., *Organic Photochemistry*, Vol. 7, Marcel Dekker, Inc., New York, 1985, p. 339.
36. P. J. Wagner, P A. Kelso, and R. G. Zepp, *J. Am. Chem. Soc.* **94**, 7480 (1972).
37. J. C. Scaiano, *Acc. Chem. Res.* **15**, 252 (1982).
38. F. D. Lewis, R. W Johnson, and D. E. Johnson, *J. Am. Chem. Soc.* **96**, 6090 (1974).
39. F. D. Lewis, R. W Johnson, and D. R. Kory, *J. Am. Chem. Soc.* **96**, 6100 (1974).
40. N. C. Yang and S. P Elliott, *J. Am. Chem. Soc.* **91**, 7550 (1969).
41. J. C. Scaiano, *Tetrahedron* **38**, 819 (1982).
42. R. Breslow, *Acc. Chem. Res.* **13**, 170 (1980).
43. G. L. Descotes, in W M. Horspool and P.-S. Song, eds., *CRC Handbook of Organic Photochemistry and Photobiology*, CRC Press, Boca Raton, FL, 1995, p. 501.
44. P. J. Wagner, *Acc. Chem. Res.* **22**, 83 (1989).
45. D. S. Weiss, in A. Padwa, ed., *Organic Photochemistry*, Vol. 5, Marcel Dekker, Inc., New York, 1981, p. 347.
46. R. S. Givens, in A. Padwa, ed., *Organic Photochemistry*, Vol. 5, Marcel Dekker, Inc., New York, 1981, p. 227.
47. (a) C. Bohne, in W M. Horspool and P.-S. Song, eds., *CRC Handbook of Organic Photochemistry and Photobiology*, CRC Press, Boca Raton, FL, 1995, p. 416. (b) C. Bohne, in W M. Horspool and P.-S. Song, eds., *CRC Handbook of Organic Photochemistry and Photobiology*, CRC Press, Boca Raton, FL, 1995, p. 423.
48. D. R. Morton and N. J. Turro, in J. N. J. Pitts, G. S. Hammond, and K. Gollnick, eds., *Advances in Photochemistry*, Vol. 9, John Wiley & Sons, Inc., New York, 1974, p. 197.
49. G. Ciamician and P Silber, *Ber. Dtsch. Chem. Ges.* **40**, 2415 (1907).
50. F. D. Lewis and J G. Magyar, *J. Am. Chem. Soc.* **95**, 5973 (1973).
51. E. N. Step, A. L. Buchachenko, and N J Turro, *J. Org. Chem.* **57**, 7018 (1992).
52. S. M. Roberts, in W Horspool and F. Lenci, eds., *CRC Handbook of Organic Photochemistry and Photobiology*, 2nd ed., CRC Press, Boca Raton, FL, 2004, p. 49/1.
53. A. Sonoda, I. Moritani, J Miki, T. Tsuji, and S. Nishida, *Bull. Chem. Soc. Jpn.* **45**, 1777 (1972).
54. N. J. Turro, *Acc. Chem. Res.* **2**, 25 (1969).
55. G. Quinkert, K. H. Kaiser, and W.-D. Stohrer,

Angew. Chem. Int. Ed. Engl. **13**, 198 (1974).

56. N. J. Turro, P. A. Leermakers, H. R. Wilson, D. C. Neckers, G. W Byers, and G. F. Vesley, *J. Am. Chem. Soc.* **87**, 2613 (1965).
57. N. J. Turro and D. M. McDaniel, *J. Am. Chem. Soc.* **92**, 5727 (1970).
58. G. Quinkert, P Jacobs, and W.-D. Stohrer, *Angew. Chem. Int. Ed. Engl.* **13**, 197 (1974).
59. L. J. Johnston and P. de Mayo, *J. Am. Chem. Soc.* **104**, 307 (1982).
60. H.-G. Heine, W Hartmann, D. R. Kory, J. G. Magyar, C. E. Hoyle, J. K. McVey, and F. D. Lewis, *J. Org. Chem.* **39**, 691 (1974).
61. F. D. Lewis, C. H. Hoyle, and J. G. Magyar, *J. Org. Chem.* **40**, 488 (1975).
62. B. M. Monroe and G. C. Weed, *Chem. Rev.* **93**, 435 (1993).
63. N. J. Turro, W E. Farneth, and A. Devaquet, *J. Am. Chem. Soc.* **98**, 7425 (1976).
64. G. Quinkert, *Pure & Appl. Chem.* **9**, 607 (1964).
65. D. R. Arnold, in W A. Noyes, G. S. Hammond, and J. N. Pitts, eds., *Advances in Photochemistry*, Vol. 6, John Wiley & Sons, Inc., New York, 1968, p. 301.
66. G. I. Jones, in A. Padwa, ed., *Organic Photochemistry*, Vol. 5, Marcel Dekker, Inc., New York, 1981, p. 1.
67. O. L. Chapman and G. Lenz, in O. L. Chapman, ed., *Organic Photochemistry*, Vol. 1 Marcel Dekker, Inc., New York, 1967, p. 283.
68. N. J. Turro, *Pure Appl. Chem.* **27**, 679 (1971).
69. N. C. Yang, *Pure Appl. Chem.* **9**, 591 (1964).
70. H. A. J. Carless, in W M. Horspool, ed., *Synthetic Organic Photochemistry*, Plenum Press, New York, 1984, p. 425.
71. N. J. Turro, C. Dalton, K. Dawes, G. Farrington, R. Hautala, D. Morton, M. Niemczyx, and N. Schore, *Acc. Chem. Res.* **5**, 92 (1972).
72. H. A. J Carless, in W M. Horspool and P.-S. Song, eds., *CRC Handbook of Organic Photochemistry and Photobiology*, CRC Press, Boca Raton, FL, 1995, p. 560.
73. A. G. Griesbeck, in W M. Horspool and P.-S. Song, eds., *CRC Handbook of Organic Photochemistry and Photobiology*, CRC Press, Boca Raton, FL, 1995, p. 550.
74. A. G. Griesbeck, in W M. Horspool and P.-S. Song, eds., *CRC Handbook of Organic Photochemistry and Photobiology*, CRC Press, Boca Raton, FL, 1995, p. 522.

11, 1969, p. 216.

76. N. Shimizu, M. Ishikawa, K. Ishikura, and S. Nishida, *J. Am. Chem. Soc.* **96**, 6456 (1974).
77. S. C. Freilich and K. S. Peters, *J. Am. Chem. Soc.* **107**, 3819 (1985).
78. A. G. Griesbeck, H. Mauder, and S. Stadtmuller, *Acc. Chem. Res.* **27**, 70 (1994).
79. A. G. Griesbeck, M. Abe, and S. Bondock, *Acc. Chem. Res.* **37**, 919 (2004).
80. J. C. Dalton, P A. Wriede, and N J Turro, *J. Am. Chem. Soc.* **92**, 1318 (1970).
81. J. A. Barltrop and H. A. J. Carless, *J. Am. Chem. Soc.* **94**, 1951 (1972).
82. N. J. Turro and G. L. Farrington, *J. Am. Chem. Soc.* **102**, 6056 (1980).
83. N. J. Turro and G. L. Farrington, *J. Am. Chem. Soc.* **102**, 6051 (1980).
84. A. Nehrings, H.-D. Scharf, and J Runsink, *Angew. Chem. Int. Ed.* **24**, 877 (1985).
85. T. Bach and K. Jodicke, *Chem. Ber.* **126**, 2457 (1993).
86. H. E. Zimmerman, K. G. Hancock, and G. C. Licke, *J. Am. Chem. Soc.* **90**, 4892 (1968).
87. H. E. Zimmerman, S. S. Hixson, and E. F. McBride, *J. Am. Chem. Soc.* **92**, 2000 (1970).
88. J. C. Sheehan and R. M. Wilson, *J. Am. Chem .Soc.* **86**, 5277 (1964).
89. J. C. Sheehan, R. M. Wilson, and A. W Oxford, *J. Am. Chem. Soc.* **93**, 7222 (1971).
90. C. S. Rajesh, R. S. Givens, and J. Wirz, *J. Am. Chem. Soc.* **122**, 611 (2000).
91. O. L. Chapman, J Gano, and P R. West, *J. Am. Chem. Soc.* **103**, 7033 (1981).
92. P. Dowd, *J. Am. Chem. Soc.* **92**, 1066 (1970).
93. N. M. Weinshenker and F. D. Greene, *J. Am. Chem. Soc.* **90**, 506 (1968).
94. W. R. Roth, R. Langer, M. Bartmann, B. Stevermann, G. Maier, H. P Reisenauer, R. Sustmann, and W Muller, *Angew. Chem. Int. Ed. Engl.* **26**, 256 (1987).
95. A. Krebs, W Cholcha, M. Muller, T. Eicher, H. Pielartzik, and H. Schnockel, *Tetrahedron Lett.* **25**, 5027 (1984).
96. G. Maier, S. Pfriem, U Schafer, and R. Matusch, *Angew. Chem. Int. Ed. Engl.* **17**, 520 (1978).
97. L. A. Paquette, *Proc. Natl. Acad. Sci.* **79**, 4495 (1982).
98. G. Quinkert and H. Stark, *Angew. Chem. Int. Ed. Engl.* **22**, 637 (1983).

99. S. L. Schreiber and K. Satake, *J. Am. Chem. Soc.* **106**, 4186 (1984).

100. A. Reiser, *Photoactive Polymers. The Science and Technology of Resists*, John Wiley & Sons, Inc., New York 1989.

101. M. Goeldner and R. S. Givens, *Dynamic Studies in Biology: Phototriggers, Photoswitches and Caged Molecules*, Wiley-VCH, New York, 2005.

第10章

烯烃光化学

10.1 烯烃光化学简介

本章主要介绍简单烯烃和共轭烯烃的光化学，范式如图示 10.1 所示。烯烃三重态（π,π*）的光化学与羰基 $T_1(n,\pi^*)$的光化学非常相似，其主要的初级光化学过程都是*R→I(D)。可以认为，发生在 $T_1(\pi,\pi^*)$的基本过程*R→I(D)和 I(D)→P 与源于羰基化合物 $T_1(n,\pi^*)$的过程只是具有量上的不同，并无性质上的差异。对 $T_1(n,\pi^*)$来说，有一类是源于氧中心 n 轨道的 n,π,σ→n 型反应，另一类是源于羰基反键轨道相互作用的$\pi^*_{C=O}$→π*,σ*反应。而对烯烃化合物的 $T_1(\pi,\pi^*)$来说，轨道相互作用将包括碳中心自由基。

总包反应	$R + h\nu \rightarrow P$
激发	$R + h\nu \rightarrow {}^*R$
初级光化学反应	$S_1(\pi,\pi^*) \rightarrow {}^1I(Z)$
	$S_1(\pi,\pi^*) \rightarrow F \rightarrow P$
	$T_1(\pi,\pi^*) \rightarrow {}^3I(D)$
次级热反应	${}^1I(Z) \rightarrow P$
	${}^3I(D) \rightarrow {}^1I(D) \rightarrow P$

图示 10.1 烯烃 π, π* 态的光化学反应范例
I—中间体；D—类双自由基；F—漏斗；Z—两性离子

$S_1(\pi,\pi^*)$的光化学在性质上不同于 n，π*和 $T_1(\pi,\pi^*)$态。其初级光化学过程如图示 10.1 所示，可以方便地分为：①$S_1(\pi,\pi^*)$→I(Z)→P，相应于生成两性离子中间体，随后生成产物；②$S_1(\pi,\pi^*)$→F→P，相应于一个代表点从 $S_1(\pi,\pi^*)$开始，通过一个漏斗或圆锥交叉点（CI）到达产物的过程。

羰基的 n,π*态和烯烃的π,π*态有两个重要的性质上的差别：①所有的烯烃π,π*态都有一个绕双键旋转，进行顺-反异构化的趋势；② $S_1(\pi,\pi^*)$→$T_1(\pi,\pi^*)$系间窜越（ISC）的效率非常低。但是，$T_1(\pi,\pi^*)$态的光化学却并不鲜见，这是由于经由三重态能量转移（ET）（见 7.10 节），是一种产生烯烃三重态的方便常见的方法。

所有的π,π*态，不论单重态还是三重态，进行旋转的倾向对整个烯烃的光化学具有

深远的影响。首先，顺-反异构化将成为其他所有烯烃光化学过程和光物理过程的普遍竞争者。其次（见 6.17 节），当 $S_1(\pi,\pi^*)$开始旋转，具有强的两性离子性质的 $S_2(\pi^*)^2$ 态能量将迅速下降，并与 $S_1(\pi,\pi^*)$强烈混合。这种混合可以看作烯烃单重态的两性离子性质的根源。

10.2 烯烃$^*R(\pi,\pi^*)$的初级过程的分子轨道描述

作为考虑烯烃光化学的理论起点，我们使用图 10.1 来表明乙烯的 S_0、T_1、S_1 和 S_2 态的行为，并以之作为指导和反应范例。乙烯在 S_0 态的优势平面构型被认为稳定化了 C═C 双键上两个碳原子 p 轨道的重叠。其基态的电子构型为 $S_0(\pi)^2$。当一个电子被激发到π*轨道，平面构型将不再是优势构型，这是因为在π轨道上只有一个成键电子，同时π*轨道上也有一个电子。净结果就是碳原子间的键级从 2 降到了 1。在π,π*态，两个碳原子是通过单键连接，而不再是双键；同时，两个 p 轨道互相垂直的扭曲构型将更为稳定（图 10.1）。计算表明，当处于扭曲的垂直构型时，$S_2(\pi^*)^2$ 态也具有最小能量（6.17 节）。还有重要的一点是，S_0 态的能量在垂直构型时是最大的，其与扭曲的 $T_1(\pi,\pi^*)$态的最小能量处接近。

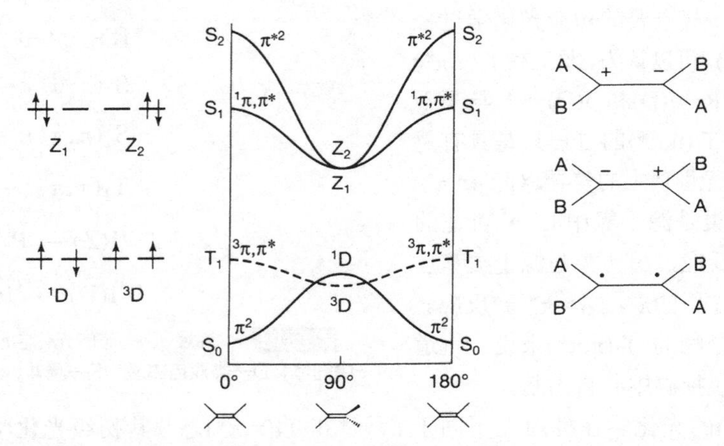

图 10.1 S_0、T_1、S_1和 S_2态的性质与 C═C 双键 π 键扭曲的角度成函数关系

从上面的讨论以及图 10.1 可以看出，S_0、T_1、S_1 和 S_2 态的关键性质特点与烯烃 C═C 双键中π键的扭曲成函数关系，这可以被推演，并用作烯烃光化学的反应范例。这些关键性质在许多烯烃的光反应*R→P 过程中仍然存在（图 10.1）。

（1）当不存在阻止扭曲的结构或环境限制时，$S_1(\pi,\pi^*)$和 $T_1(\pi,\pi^*)$将倾向于扭曲，并移动到相应于 D 结构的能量最小值处。

（2）随着 $S_1(\pi,\pi^*)$移动到 D 结构处，$S_2(\pi^*)^2$ 的能量迅速下降到相应于 D 结构的能量最小值处，此时 S_1 和 S_2 的能量相似。

（3）$S_2(\pi^*)^2$的电子结构具有明显的两性离子特点，并且随着向D结构的移动而增加。

（4）随着$S_1(\pi,\pi^*)$向D结构移动，它将与$S_2(\pi^*)^2$强烈混合，并呈现两性离子的特性。

上面的范例是将图示10.1中烯烃单重态的光反应描述为$S_1(\pi,\pi^*)\rightarrow I(Z)$的基础。这一观点承认I(Z)可能代表着呈现两性离子性质，或真正的亚稳态的、高度扭曲的相应于D结构附近能量最小值的中间体。我们可以用一个简单的Lewis结构式表示烯烃的I（Z），如图10.1所示。

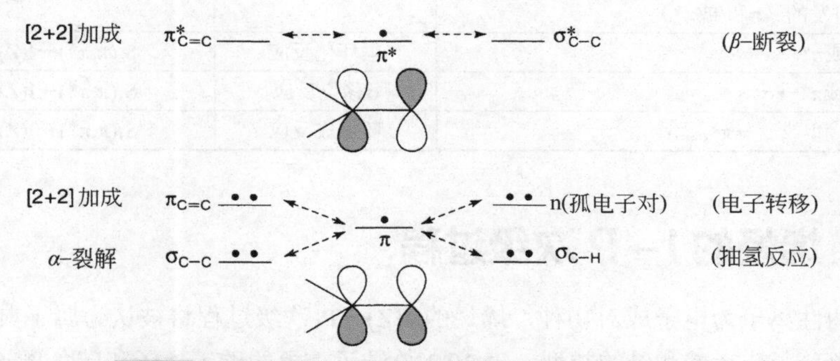

图10.2 基于轨道相互作用的可能发生的π,π*态的初级反应

上面的范例也是描述烯烃$T_1(\pi,\pi^*)$的光反应的基础。图10.1表明$T_1(\pi,\pi^*)$也会扭曲接近D结构，并成为一个双自由基型的物种。大致来说，$T_1(\pi,\pi^*)$的所有初级过程都可以视作为$T_1(\pi,\pi^*)\rightarrow I(D)$。因此，除了顺-反异构化，$T_1(\pi,\pi^*)$的初级光化学反应将全部与n,π*态的初级光化学反应相似。从轨道相互作用的观点来看（图10.2），一般不用考虑$T_1(\pi,\pi^*)$的π和π*轨道，而只考虑烯烃两个原子的p轨道就足够了。$T_1(\pi,\pi^*)$的轨道相互作用将是p←n,π*,σ和p→π*,σ*。这种轨道公式表明p原子轨道可以是亲电的电子受体（π←n,π,σ相互作用）或亲核的电子给体（π*→π*,σ*）。C═C双键上电子受体和给体的取代将相应地改变反应性能。

由此可知，除了顺-反异构化，烯烃的$T_1(\pi,\pi^*)\rightarrow I(D)$过程将与羰基化合物的$T_1(n,\pi^*)\rightarrow I(D)$完全相似（表9.1）：

（1）氢原子抽取（抽氢）（π←σ）；

（2）电子抽取（电子转移）（π←n）；

（3）π*体系的加成（π←π*，π→π*分别对应于亲电和亲核p轨道）；

（4）α-断裂（π←σ或π*→σ*）；

（5）β-断裂（π←σ或π*→σ*）。

π_C←n,π,σ过程的驱动力普遍比n_O←n,π,σ过程的驱动力小，这是由于半充满的π^*_C轨道亲电性弱于对应的半充满的n_O轨道。表10.1总结了烯烃π,π*态的初级光化学反应，本章将对此进行讨论。

表 10.1 烯烃 $S_1(\pi,\pi^*)$态和 $T_1(\pi,\pi^*)$态的初级光化学过程模式

轨道相互作用	*R→1 样本	所涉及的激发态
$\pi \leftarrow n$	电子转移	$T_1(\pi,\pi^*) \rightarrow I(D)$
$\pi \leftarrow \pi_{C=C}$	π键加成	$T_1(\pi,\pi^*) \rightarrow I(D)$
$\pi \leftarrow \sigma_{C-H}$	抽氢	$T_1(\pi,\pi^*) \rightarrow I(D)$
$\pi \leftarrow \sigma_{C-C}$	α-裂解和β-裂解	$T_1(\pi,\pi^*) \rightarrow I(D)$
单电子占据的π*轨道引发的		
$\pi^* \leftarrow \sigma_{X-H}$	质子转移	$S_1(\pi,\pi^*) \rightarrow I(Z)$
$\pi^* \leftarrow \sigma_{C-C}$	α-裂解和β-裂解	$T_1(\pi,\pi^*) \rightarrow I(D)$
前线轨道引发的（π和/或π*）		
$\pi \leftarrow \pi$和/或$\pi^* \rightarrow \pi^*$	电环化反应	$S_1(\pi,\pi^*) \rightarrow I(Z)$或 F
$\pi \leftarrow \sigma$和/或$\pi^* \rightarrow \sigma^*$	σ移位反应	$S_1(\pi,\pi^*) \rightarrow I(Z)$或 F
$\pi \leftarrow \pi_{C=C}$ 和/或$\pi^* \rightarrow \pi^*_{C=C}$	环加成反应	$S_1(\pi,\pi^*) \rightarrow I(Z)$或 F

10.3 烯烃的 I→P 次级过程

由于两性离子为电子成对物种，烯烃的 I(Z)→P 次级过程将被认为属于典型的碳正离子和碳负离子或者酸和碱的类型。表 10.2 总结了重要的碳正离子和碳负离子反应。

表 10.2 π,π*态光化学反应中重要的次级过程

中间体性质	反应类型	章节号
两性离子	构型异构化	10.5～10.9
	亲核加成	10.11
	重排	10.19～10.21
	烯烃加成	10.22 和 10.26
	质子加成	10.27
	亲核加成	10.11
双自由基	构型异构化	10.5～10.9
	重排	10.19～10.21
	烯烃加成	10.22 和 10.26
	抽氢	10.28
	断裂反应	10.29 和 10.30
自由基阳离子	构型异构化	10.38
	亲核加成	10.39
	烯烃加成	10.40

$S_1(\pi,\pi^*) \rightarrow F \rightarrow P$ 过程可看作沿着一个没有任何限定的活性中间体的反应坐标进行的单一步骤。在此过程中，$S_1(\pi,\pi^*)$态在找到一个漏斗或圆锥交叉点后将只进行振动弛豫。尽管严格来讲圆锥交叉点只能通过详细的计算来定位，但由简单轨道和态相关图（如第 6 章所述）所预测的势能面交叉仍可作为在 $S_1(\pi,\pi^*)$态的光化学过程中提示圆锥交叉点可能在何处出现的向导。尤其是周环反应（电环化开环和闭合、环加成反应和

σ 移位重排）中由态相关图所预测的势能面交叉通常通过圆锥交叉进行。因此，我们可以假定一个圆锥交叉点位于由态相关图所预测的势能面交叉的几何位置附近。

$T_1(\pi,\pi^*)$态下所预期的I(D)→P过程将会与由n, π*态（表9.2）产生的自由基对（RP）、自由基离子对（RIP）和双自由基（BR）的过程相类似。

10.4 烯烃的示例状态能级图

对于简单烯烃、共轭的1,3-二烯烃及芳香烯烃，其标准状态能级图分别如图10.3～图10.5所示。需注意，烯烃系间窜越的特点及激发态的性能将取决于出现在C═C双键上的取代基。

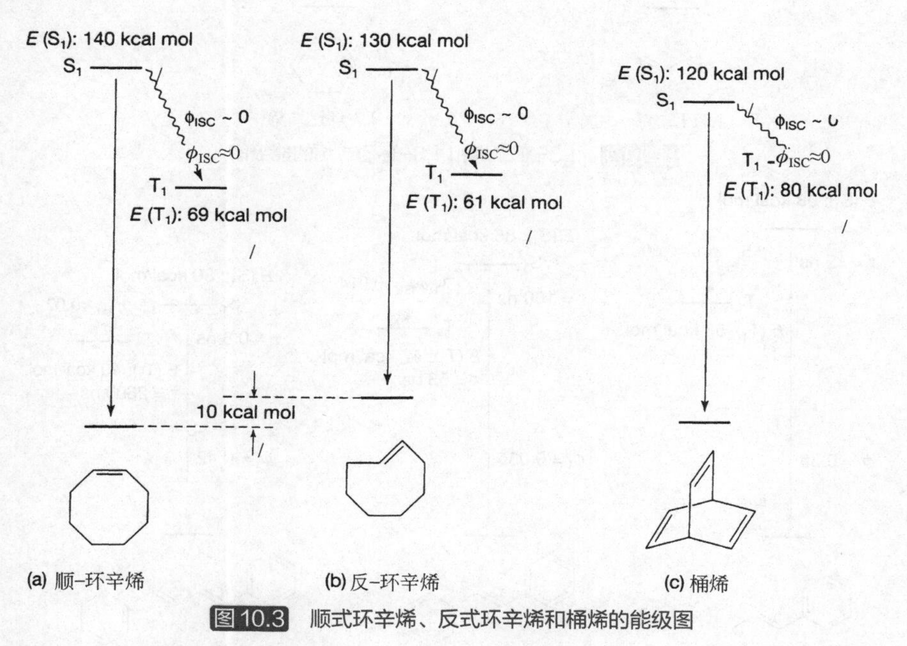

图10.3 顺式环辛烯、反式环辛烯和桶烯的能级图

未扰动烯烃的状态能级图的重要特征如下：

（1）$S_1(\pi,\pi^*)$态和$T_1(\pi,\pi^*)$态间很大的能隙（通常＞40kcal/mol）；

（2）从$S_1(\pi,\pi^*)$态到$T_1(\pi,\pi^*)$态低的系间窜越效率。

通常易于绕C═C双键旋转的烯烃在$S_1(\pi,\pi^*)$和$T_1(\pi,\pi^*)$两个状态下均会进行快速的失活。从而在刚性介质中，即使在极低温度下，这两种状态也都极少发生荧光和磷光现象。

烯烃的$S_1(\pi,\pi^*)$态和$T_1(\pi,\pi^*)$态间很大的能隙，正好成为通过能量传递进行三重态敏化的一个优势（见7.10节）。相对来说更易于找到一个能量低于烯烃$S_1(\pi,\pi^*)$态而高于$T_1(\pi,\pi^*)$态的三重态敏化剂。有了此种敏化剂，就能够在大量过剩烯烃存在的情况下选择性地将其激发到T_1态（图10.6）。例如，具有羰基的敏化剂会经历高效率的系间窜越到达T_1态，而T_1态具有高于烯烃$T_1(\pi,\pi^*)$态的能量，这样就可以激发此烯烃到达三重态。

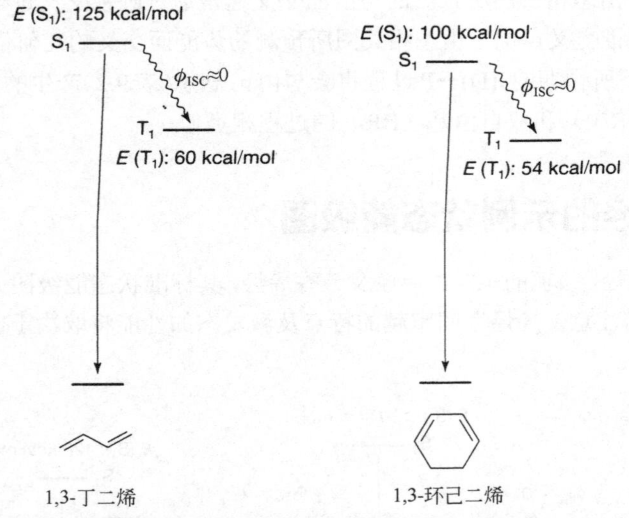

图 10.4 1,3-丁二烯和 1,3-环己二烯的能级图

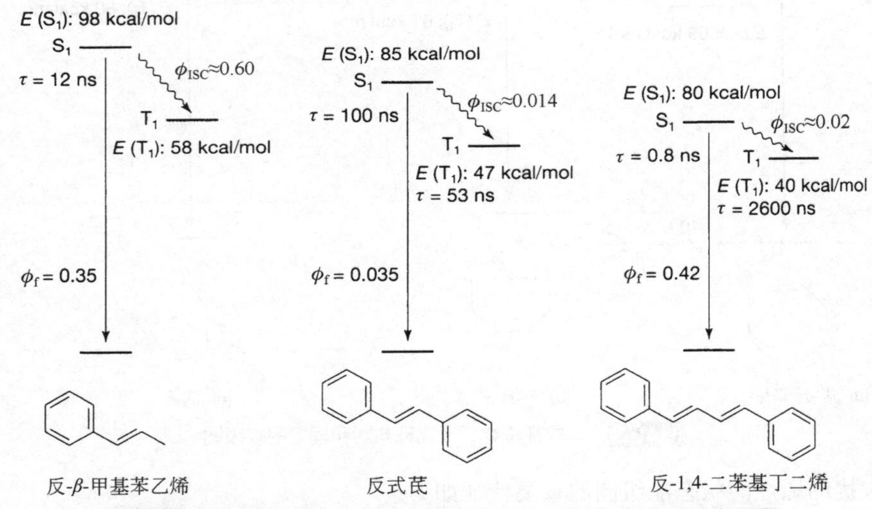

图 10.5 反-β-甲基苯乙烯、反式芪和反-1,4-二苯基丁二烯的态能级图

很多化合物都拥有低效率的系间窜越产率，所以通过直接的光照射很难到达 T_1 态。基于简单的能量考虑以及三重态光敏剂的应用，三重态-三重态能量转移为高效地产生这种三重态提供了一种间接方法。三重态光敏剂是一种能够将激发三重态转移到能量受体的分子。

“理想”的三重态光敏剂应具备如下特性：

（1）相比 S_1 的其他失活过程，应具有高的系间窜越速率（即 $k_{ST} \gg k_F$，以至于 $\Phi_{ST} \approx 1.0$）；

（2）高的三重态能量 E_T，从而使得对广泛的能量受体的能量传递为放热过程；

（3）长的三重态寿命 τ_T，以使能量传递到能量受体分子 A 的效率最大化（即在 A 的可实现的浓度范围内满足 $K_{ET}[A] \gg K_T$）；

（4）在一定的光谱区域内可被大量吸收，然而 A 在此区域内却不应有显著的吸收；

（5）低的化学活性，以避免同 A 发生光化学反应。

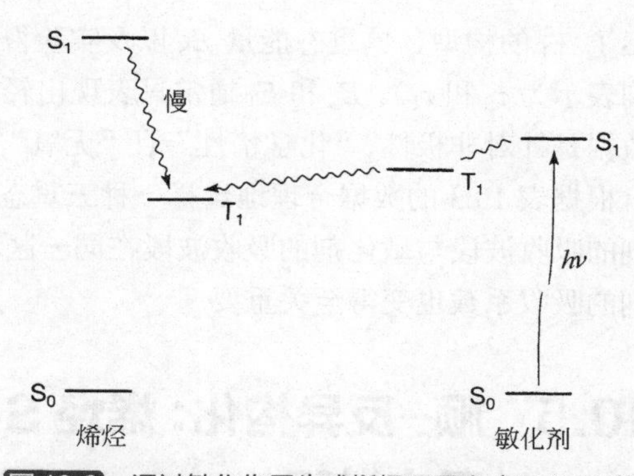

图10.6 通过敏化作用生成烯烃三重态（见 7.10 节）

通常意义来讲，不存在“理想”的光敏剂。然而，根据上述特性，我们可以对可能的三重态光敏化剂进行合理筛选，以得到最佳的光敏化剂。在选择过程中，最重要的一个参数为*D(T_1)和*A(T_1)之间的能量差，因为只有当能量传递过程为放热时它才具有最大的能量传递速率常数 K_{ET} 值。因此，对 E_T(*D)和 E_T(*A)的认识在三重态敏化剂的选择过程中是至关重要的。

表 10.3 三重态光敏剂的重要参数

化合物	E_S/(kcal/mol)	E_T/(kcal/mol)	τ_S/s	τ_T/s	T_1 构型	Φ_{ST}
苯	110	84	约 10^{-7}	10^{-6}	π,π*	0.2
丙酮	约 85	约 78	10^{-9}	10^{-5}	n,π*	1.0
咕吨酮		74			π,π*	1.0
苯乙酮	约 79	74	10^{-10}	10^{-4}	n,π*	1.0
4-三氟甲基苯乙酮		71			n,π*	1.0
二苯甲酮	约 75	69	10^{-11}	10^{-4}	n,π*	1.0
苯并菲	83	67	约 5×10^{-8}	10^{-4}	π,π*	0.9
噻吨酮	78	约 65				
蒽醌		62			n,π*	1.0
4-苯基二苯甲酮	77	61		10^{-4}	π,π*	1.0
米蚩酮		61				1.0
萘	92	61	10^{-7}	10^{-4}	π,π*	0.7
2-乙酰基萘	78	59		10^{-4}	π,π*	1.0
1-乙酰基萘	76	57		10^{-4}	π,π*	1.0
	79	57	5×10^{-8}		π,π*	0.8
2,3-丁二酮	约 60	55	10^{-8}	10^{-3}	n,π*	1.0
二苯基乙二酮	约 59	54	约 10^{-8}	10^{-4}	n,π*	1.0
樟脑醌	约 55	50	约 10^{-8}		n,π*	1.0
芘	77	49	约 10^{-6}		π,π*	0.3
蒽	76	47	约 5×10^{-9}	10^{-4}	π,π*	0.7
9,10-二氯蒽	约 74	40	约 5×10^{-9}	10^{-4}	π,π*	0.5
二萘嵌苯	约 66	约 35	5×10^{-9}		π,π*	0.005

被选化合物的三重态能量 E_T（0-0 转变的能量，T_1-S_0）列于表 10.3，表中同时包

括了 T_1 的构型、单重态能量 E_S 以及实验得到的大致的单重态寿命和三重态寿命（分别表示为 τ_S 和 τ_T）。E_S 和 E_T 通常只表现出轻微的溶剂依赖性［±(1～2)kcal/mol］。表中数据是针对非极性、“化学惰性”且“无氧”的溶液（引号是指相对的惰性和氧含量）。可根据表 10.3 的数据合理地选择一种三重态敏化剂以及恰当的猝灭剂浓度。如果猝灭剂的吸收波段与敏化剂的吸收波段在同一区域，那么此时除了表 10.3 的数据外，敏化剂的吸收系数也变得至关重要。

10.5 顺-反异构化：烯烃 $S_1(\pi,\pi^*)$和 $T_1(\pi,\pi^*)$态的常见反应过程

对于烯烃来说，C═C 双键的光致顺-反异构化是 $S_1(\pi,\pi^*)$和 $T_1(\pi,\pi^*)$态的典型的初级光化学反应（图 10.1）[1,2]。作为一个初级光化学过程，顺-反异构化的一般特性如图 10.7 所示。然而，在顺-反异构化过程中可能存在结构上的、电子的和环境的能垒。例如，对于一个小型顺式环烯烃（C_3，C_4 和 C_5）来说，反式环烯烃的环张力过大，这种结构上的能垒使其不能从*R（π,π*）态生成。芳基取代烯烃（例如苯乙烯），其 π,π*态仍残留一些 C═C 双键的性质，以至于这个键在*R(π,π*)态旋转进行顺-反异构化时需要克服这种电子能垒。在接下来的章节中会见到各种能垒的实例。在刚性介质中可能产生一种环境能垒，如晶体和有机玻璃体等，将在第 13 章对此做出讨论。

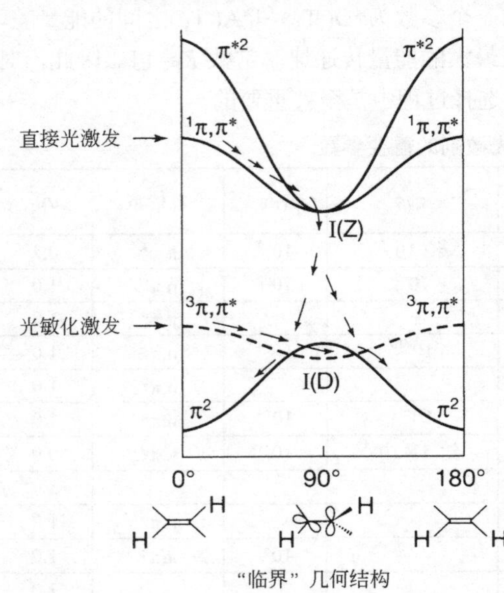

图 10.7 绕 C═C 双键旋转的标准势能面图

在此选择脂肪族烯烃、脂肪族 1,3-二烯烃、1-芳基烯烃以及 1,2-二芳基烯烃等作为烯烃光致顺-反异构化的实例。

10.6 非环烯烃和环烯烃的顺-反异构化

直接光激发到 $S_1(\pi,\pi^*)$态时，烷基取代烯烃［例如 2-丁烯，式（10.1）］和大环环烯烃［例如环辛烯，式（10.2）］将进行顺-反异构化。一些被广泛研究的共轭多烯和芳基取代烯烃在较长的和更容易达到的波长处具有明显吸收，与此不同的是简单烯烃的直接光激发波长往往在 200nm 附近，这就需要一些特殊的设备。反式环辛烯具有一个

很有趣的特点——手性，人们已在许多方面对其进行了研究。

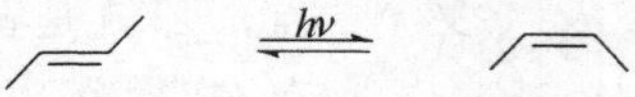

$$\xrightleftharpoons{h\nu} \tag{10.1}$$

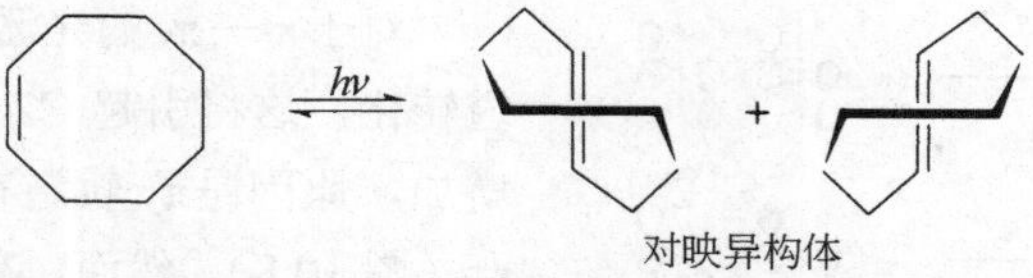

$$\xrightleftharpoons{h\nu} \quad + \tag{10.2}$$

对映异构体

由直接光激发导致的 2-丁烯和环辛烯的顺-反异构化可看作发生在单重态势能面上（图 10.7）。假如我们从 $S_1(\pi,\pi^*)$态开始，体系围绕 C═C 双键发生旋转，并在其垂直几何构型附近达到激发单重态势能面上的能量最低点。由于 S_1 态和 S_2 态的混合，这个能量最低点具有明显的两性离子特征，这是一个典型的 $S_1(\pi,\pi^*)\rightarrow I(Z)$过程。I(Z)物种可经历如表 10.2 所列的一种次级热反应，或者经历内转换到达 S_0。后一种为非辐射过程，或多或少地经过垂直跃迁发生，到达垂直几何构型最高点附近的单重态 S_0 势能面。到达 S_0 势能面的一些跃迁轨迹位于最高点的左侧，则 C═C 双键恢复为其初始几何构型；另一些跃迁轨迹位于最高点的右侧，则导致 C═C 双键的构型异构化。

前面说过，烯烃 $S_1(\pi,\pi^*)\rightarrow T_1(\pi,\pi^*)$的系间窜越是可忽略不计的（图 10.3 和图 10.4），因此经由 $T_1(\pi,\pi^*)$态的光致顺-反异构化需要通过三重态能量转移进行敏化。尽管简单烯烃的三重态能量相对较高（$E_T\approx75\sim80$kcal/mol），但是用高能量敏化剂高效地产生 $T_1(\pi,\pi^*)$态还是可能的，比如苯和烷基苯（$E_T\approx80$kcal/mol），或者丙酮（$E_T\approx78\sim80$kcal/mol）。因此，2-丁烯和环辛烯都可以通过三重态能量转移进行光敏顺-反异构化。

小环环烯烃（环丙烯、环丁烯或环戊烯）只有在顺式构型时才是稳定的，因为即使小角度的 C═C 键的扭曲也能够引起环张力的大大增加。还没有证据可以证明小环环烯烃在 $S_1(\pi,\pi^*)$态或 $T_1(\pi,\pi^*)$态时可以进行光致顺-反异构化。在此系列环烯烃中，环己烯是第一个能够进行光致顺-反异构化产生短暂的反式中间体的环烯烃。这种反式环己烯在室温下不能够被分离出来且稳定存在，因为其热异构化可以迅速生成顺式环己烯。然而，如 10.11 节提到的，它可以被化学捕获到。环庚烯与环己烯类似，可以生成短暂的反式环庚烯，并且也只能被化学捕获。另一方面，反式环辛烯和更大环的反式环烯烃都是相对稳定的，可以被分离并作为常见的原材料［式（10.2）］。如上面所提到的，反式环烯烃一个有趣的方面是这些分子是手性的，也就是说，它们没有对称面，存在两种对映异构体［如式（10.2）所示的反式环辛烯］。在环辛烯的构型异构化过程中可以使用手性敏化剂实现手性诱导。

10.7 共轭多烯的顺-反异构化：非平衡激发态旋转异构体原理

以 1,3-戊二烯和 2,4-己二烯为例来阐述共轭多烯的光致顺-反异构化[3,4]。除了构型异构化，当研究共轭多烯的光化学时，还必须考虑一个新的、重要的结构特点，那就是在基态时有许多异构体同时存在。

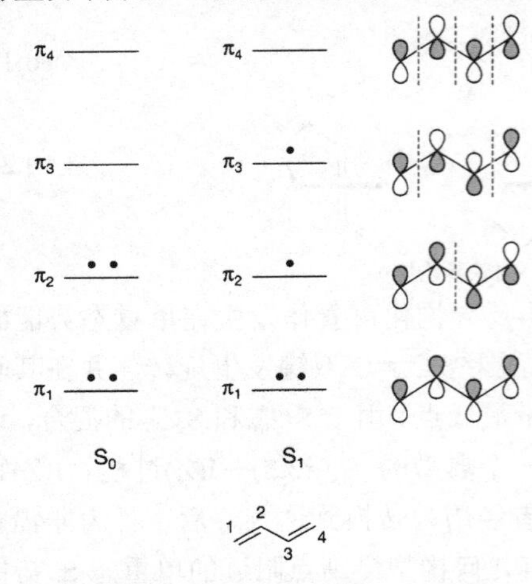

图10.8 基态和π,π*态的激发态电子组态以及这4个π*分子轨道构型
虚线表示节点的位置

对于$\pi_2 \rightarrow \pi_3$的光激发，1,3-二烯进行轨道转化，这将引起C2和C3原子间键级的增加，原因是π_3轨道在这两个原子之间键合（图10.8）。然而，在C1、C2和C3、C4原子间的键级将会下降，这是由于在它们之间π_3轨道的π键级是0。由于这些键级上的改变，在S_0时原本非常迅速的构象变化在$S_1(\pi,\pi^*)$和$T_1(\pi,\pi^*)$时将被阻止。这将导致非平衡激发态旋转异构体（NEER）。NEER原理讲的是，对于Franck-Condon激发，S_0的构型在$S_1(\pi,\pi^*)$和$T_1(\pi,\pi^*)$发生光化学反应的过程中将保持不变。因此，根据NEER原理，在S_0时处于迅速的动态平衡的多烯构型，在$S_1(\pi,\pi^*)$和$T_1(\pi,\pi^*)$时其寿命不至于产生再平衡。

以1,3-丁二烯为例解释NEER原理（图示10.2）。在S_0态，C2、C3间有一个单键，C1、C2和C3、C4间分别有一个双键。实质上，在C2、C3间分子可以自由旋转（旋转能垒约为1kcal/mol，旋转速率约为$10^{12}s^{-1}$）。在S_1态和T_1态，C2、C3间有一些双键的性质，这阻止了旋转（旋转能垒约为5kcal/mol，旋转速率约为10^9s^{-1}）。由于柔性烯烃的激发态的失活速率非常快（大于 $10^{10}s^{-1}$），顺-反异构化将倾向于与构象平衡发生竞争。从而，1,3-丁二烯的两个异构体在$S_1(\pi,\pi^*)$和$T_1(\pi,\pi^*)$时将具有不同的、不可互相转化的结构，如图示10.2所示。

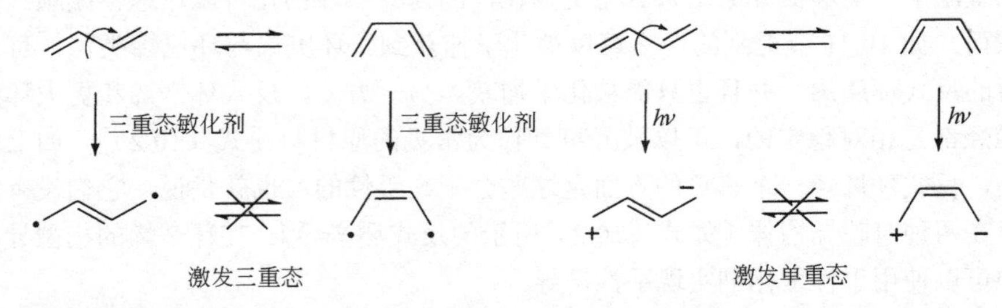

图示10.2 以1,3-丁二烯为例，对无相互转化的激发态旋转异构体的NEER原理的解释

现在，从NEER原理角度来看一下反-1,3-戊二烯的光激发。最稳定的基态构象是s-*trans*。NEER原理和$S_1(\pi,\pi^*) \rightarrow I(Z)$步骤一起暗示着激发态和I(Z)的构象将是具有两性离子特征的反式结构，如图示10.3的共振结构**1**～**4**所示。同样地，$T_1(\pi,\pi^*)$态的结构如**5**和**6**所示。

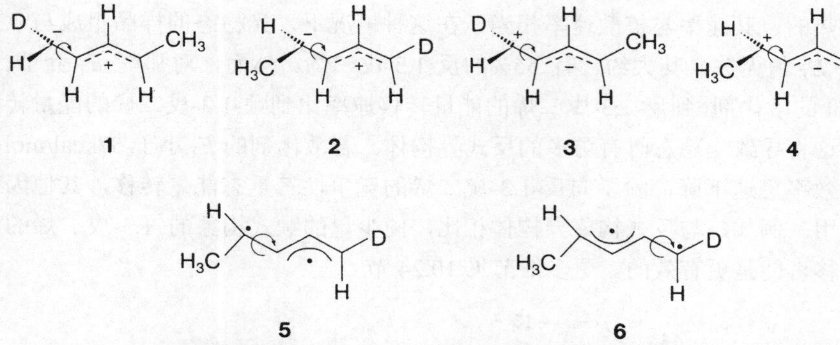

1 2 3 4

5 6

图示10.3 S_1态和T_1态时可能的两性离子和双自由基结构

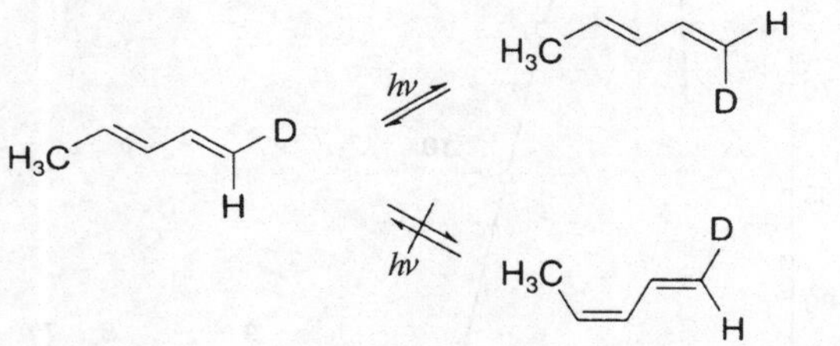

(10.3)

直接光激发 1-D-1,3-戊二烯，可以导致氘标记的 C═C 键的选择性异构化［式(10.3)］。应用 $S_1(\pi,\pi^*)\rightarrow I(Z)$范式分析，可以假定这种选择性与两性离子 I(Z)的一些特点有关。在图示 10.3 所示的 4 种可能的 I(Z)结构 **1**～**4** 中，从碳正离子-碳负离子稳定性角度来说，结构 **1** 和 **2** 的正电荷因为具有烯丙基稳定化作用，所以应该是最稳定的优势共振结构。结构 **1** 中，围绕带有标记 H(D)的末端 C—C 键的旋转相对比较自由，然而，结构 **2** 的烯丙基特点阻碍了这种旋转。基于光化学结果，可以认为结构 **1** 比结构 **2** 更有优势。虽然双自由基 **5** 和 **6** 也是可能的，但是优势结构 **5** 并不能解释所观察到的末端键的旋转专一性，因为其氘代的末端 C—C 键的旋转并不能发生。因此，1-D-1,3-戊二烯的激发态行为表明 $S_1(\pi,\pi^*)$态具有两性离子的特性。

通过三重态能量转移，很容易产生 1,3-戊二烯的 $T_1(\pi,\pi^*)$态。有关 3,4-键 $T_1(\pi,\pi^*)$态的顺-反异构化，人们进行了详细的研究[5]。顺-1,3-戊二烯到反-1,3-戊二烯的三重态光异构化，在足够长时间的光解时将产生“光稳态”，此时从顺式到反式和从反式到顺式的光敏异构化速率相等。光稳态时，顺式异构体和反式异构体的比例取决于敏化剂的三重态能量（E_T）。图 10.9 给出了光稳态时反式的比例和 E_T 之间的函数关系。更详细的有关光稳态的控制因素和敏化剂三重态能量依赖性的讨论，将在 10.9 节以芪的光异构化为例进行。

顺式异构体和反式异构体具有不同的三重态能量，因此可以对它们进行选择性的三重态能量转移，这正好解释了这种光稳态与 E_T 之间有趣的依赖关系。反-1,3-戊二烯和顺-1,3-戊二烯的 E_T 值分别约为 59kcal/mol 和 57kcal/mol。对那些 E_T>59kcal/mol 的敏化剂，向两个异构体进行三重态能量转移的速率常数是一样的，因为这一能量转移过程是放热的，其速率与扩散速率相当。在这种情况下，光稳态的样品组成与三重态敏化剂的 E_T 值无关，其大约含有 55%的反-1,3-戊二烯。然而，对那些 E_T 介于 57～59kcal/mol 的敏化剂，到反-1,3-戊二烯的能量转移速率比到顺-1,3-戊二烯的能量转移速率更慢，这将导致光稳态时有更多的反式异构体。若敏化剂的 E_T 小于 57kcal/mol，则异构化的效率迅速下降，除了向反-1,3-戊二烯的竞争性三重态能量转移，其他因素也开始起作用。例如，与反式构象异构体相比，向少量的顺式构象的 1,3-戊二烯的三重态能量转移可能是更有效的。更多细节见 10.24 节。

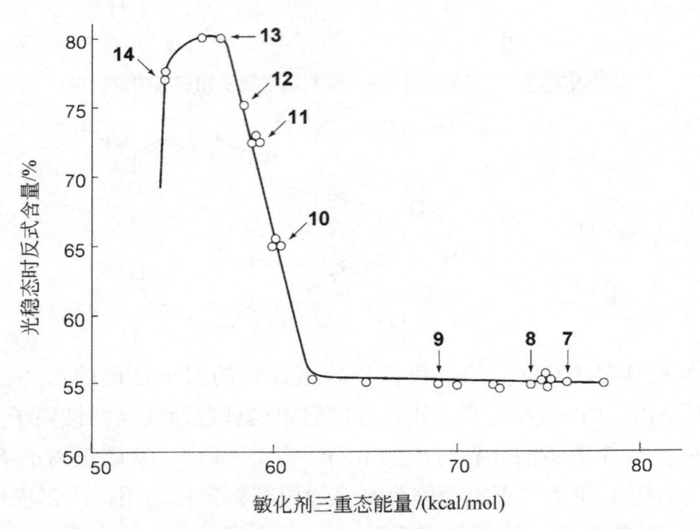

图10.9 光稳态时反-1,3-戊二烯所占比例和三重态敏化剂的三重态能量之间的函数关系

化合物 **7**=丙酮，**8**=乙酰苯，**9**=二苯甲酮，**10**=萘，**11**=2-乙酰基萘，**12**=2-苯甲酰基萘，**13**=1-苯甲酰基萘，**14**=2,3-丁二酮

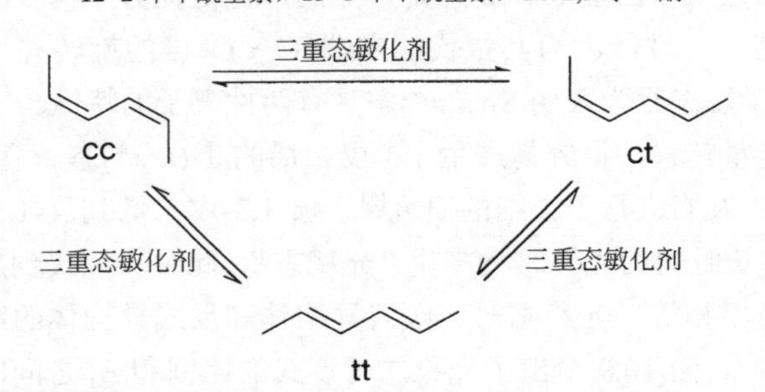

图示10.4 在2，4-己二烯构型异构体间的光化学相互转化

对 1,3-二烯这种结构，可能具有顺、反构型异构体和顺、反构象异构体，这时其光稳态就变得更加复杂。例如，2,4-己二烯存在 3 种稳定的构型异构体，如图示 10.4 所示（cc=顺，顺；tt=反，反；ct=顺，反）。

作为 NEER 原理在 2,4-己二烯光异构化中应用的例子，我们认为反，反-2,4-己二烯（**15**）可以以顺式构象异构体或反式构象异构体存在。图示 10.5 给出了二苯甲酮和芴酮作为光敏剂的三重态敏化结果。重要的一点是，当二苯甲酮可以产生顺，顺-异构体时，芴酮却不能。1,3-二烯的顺式构象异构体的三重态能量普遍低于反式构象异构体的三重态能量。二苯甲酮的 E_T 约为 69kcal/mol，高于向两个异构体传递所需的能量；芴酮的 E_T 只有 53kcal/mol 左右，因此，与具有更高能量的反式构象异构体相比，向更低能量的反，反-2,4-己二烯的顺式构象异构体的能量转移将更为有效。

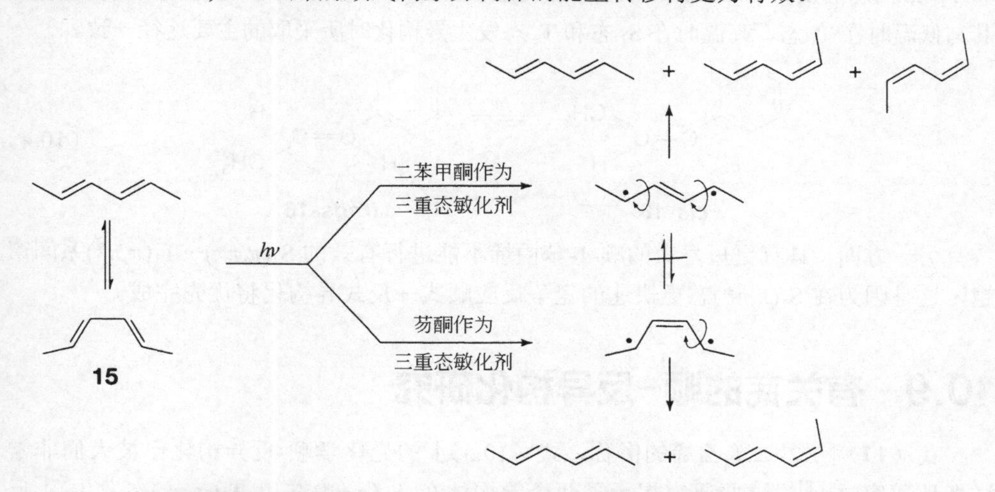

图示 10.5 反,反-2,4-己二烯的构象异构体和三重态能量依赖的光化学

在图示 10.5 中，三重态能量转移的实验结果可以这样解释：从二苯甲酮的三重态能量转移主要生成的是 s-*trans* 构象的三重态，而从芴酮的三重态能量转移主要生成的则是顺式构象的三重态。总之，顺式构象三重态仅形成反，反-2,4-己二烯和顺，反-2,4-己二烯，然而反式构象三重态则能够生成 2,4-己二烯的全部 3 种构型异构体。用芴酮敏化难以生成顺，顺-2,4-己二烯表明这种敏化剂的能量仅足以活化反，反-2,4-己二烯的顺式构象异构体。

10.8 芳基取代烯烃的顺-反异构化

芳香基团在烯烃上的取代使得电子激发可以定域在 C═C 双键上，既可以是烯烃也可以是芳环，或者两者兼而享之，这取决于很多因素。对体系最高占有轨道 HOMO 和最低非占有轨道 LUMO 的研究使我们能够更深入地了解所研究的分子。尽管详细的 MO 分析超越了本书的范畴，不过我们在此会用到一些非常有用的有关 MO 的结果。从 MO 的观点来说，对于最简单的芳基烯烃，例如 1-苯乙烯，在最低激发态 $S_1(\pi,\pi^*)$，烯烃键上还有很大程度的双键性质。因此，在这一层次的近似上，一般认为 $S_1(\pi,\pi^*)$态存在一个顺-反异构化的能垒。若将 MO 分析推及到更高级的激发态 $S_n(n>1)$，则可知烯烃键的双键性质降低，因此，对顺-反异构化来说，S_1 态的能垒比 $S_n(n>1)$态的能垒更大。

反-1-苯丙烯和顺-1-苯丙烯 **16**［式（10.4）］的单重态寿命分别约为 12ns 和 2ns，相比其他烯烃（约 10ps）来说是相当长了[6]。这与 1-苯丙烯的顺式异构体和反式异构体在 $S_1(\pi,\pi^*)$态具有较小的能垒是一致的。苯环在烯烃双键上的连接和电子激发态在苯基上的定域导致了单重态和三重态的混合以及反-1-苯丙烯相对有效的 $S_1(\pi,\pi^*)\rightarrow T_1(\pi,\pi^*)$的系间窜越（ISC）（$\Phi_{ISC}\approx0.6$），因此反-1-苯丙烯 $S_1(\pi,\pi^*)$态的直接激发将导致从 $S_1(\pi,\pi^*)$态和 $T_1(\pi,\pi^*)$态的反式→顺式的异构化。有关温度对 1-苯丙烯构型异构化的影响研究表明，其与低温时在 T_1 态、高温时在 S_1 态和 T_1 态发生异构化时所采取的主要途径一致。

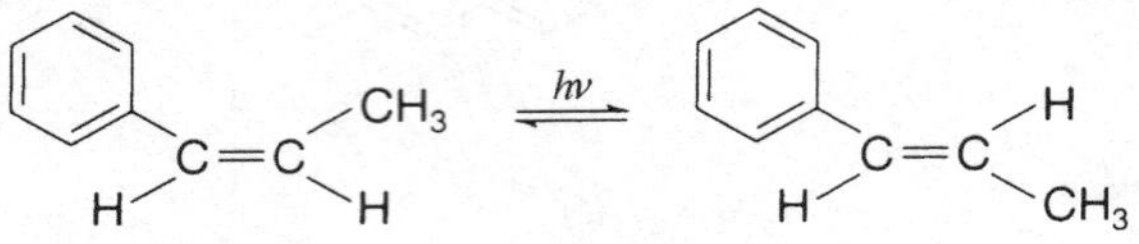

***cis*-16** $\underset{}{\overset{h\nu}{\rightleftharpoons}}$ ***trans*-16** （10.4）

另一方面，具有更短寿命的顺-1-苯丙烯不能进行有效的 $S_1(\pi,\pi^*)\rightarrow T_1(\pi,\pi^*)$系间窜越，这是因为在 $S_1(\pi,\pi^*)$态更快速的竞争反应顺式→反式异构化将优先完成。

10.9 有关芪的顺-反异构化研究

芪（**17**）［1,2-二苯乙烯的俗称，式（10.5）］的光化学顺-反异构化已被人们非常详细地研究过[7,8]。这些研究揭示了两个异构体在 $S_1(\pi,\pi^*)$态和 $T_1(\pi,\pi^*)$态发生顺-反异构化和反-顺异构化的势能面的详细信息。我们可以使用图 10.1 中的能量曲线解释这些结果。

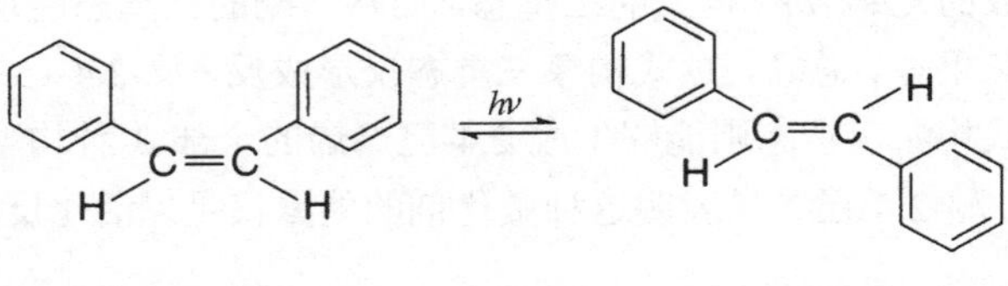

***cis*-17** $\underset{}{\overset{h\nu}{\rightleftharpoons}}$ ***trans*-17** （10.5）

随着温度的降低，反式芪的荧光量子产率增加，而相应反→顺异构化的量子产率降低[2]。这些结果与反式芪在 $S_1(\pi,\pi^*)$态的光谱极小值（Franck-Condon）一致，在扭曲态的极小值之间有一个小能垒，在此有可能返回到各自的顺式异构体或反式异构体（图 10.10）。另一方面，顺式芪非常弱的荧光对温度不敏感。这是由于对顺式芪的 $S_1(\pi,\pi^*)$态来说缺乏能量极小值，或者说不存在明显的能垒将顺式构型与扭曲态分开。

芪光谱的一个有趣的特点就是顺式芪的激发导致了反式芪的发光，这与一部分顺式芪的 $S_1(\pi,\pi^*)$态直接转化成了反式芪的 $S_1(\pi,\pi^*)$态这一绝热过程是一致的[9]。这一结果展示了一个*R→*P 初级光化学过程（一种完全发生在激发态势能面的过程）的例子。这种直接的转化意味着，对于任何一个异构体 S_1 态的扭曲结构，没有一个较深的极小值。

在上面的结果和所测芪的 S_1 态和 T_1 态的能量基础上，我们可以构建一个能量曲线示意图，如图 10.10 所示，相比图 10.1 给出了一个对构型异构化更加定量的描述。

10.8 节讨论了苯乙烯异构化的能垒，同样地，我们也可以解释反式芪→顺式芪异构化的小能垒：芳基乙烯的激发分散在乙烯和芳环的 C—C 键上。而脂肪族烯烃类似的激发却是完全定域在乙烯的 C—C 键上。所以，尽管小，但肯定存在一个芳基乙烯的旋转能垒。例如，顺式芪的 $S_1(\pi,\pi^*)$态由于两个苯环的空间位阻导致的扭矩，使得苯环毫无阻力地达到一个扭曲结构，然而，反式芪的 $S_1(\pi,\pi^*)$态并没有这种存在于苯环间的空间位阻或扭矩，所以构型异构化的势垒就比较明显了。

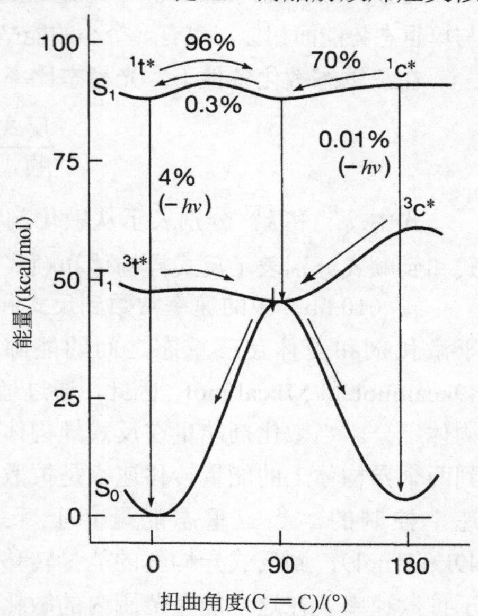

图10.10 芪在 S_0、S_1 和 T_1 态时顺-反异构体之间相互转化的能量曲线。30%的 $^1C^*$ 生成了 DHP（见 10.17 节）

由于具有不同的吸收光谱（图 10.11），顺式芪和反式芪的激发效率取决于激发波长处的吸收系数（ε）[10,11]。然而，扭曲态的衰减与吸收系数无关。由于选择性激发某一异构体的可能性有赖于给定波长处的ε，被激发的和在光稳态时的反式/顺式的比率将取决于激发波长［式（10.6a）］。例如，在 254nm 和 313nm 处激发时，顺式异构体的比例分别是 48%和 92%。因此，通过检测两个异构体的吸收光谱，可以估计特定激发波长处异构体的比例[7]。

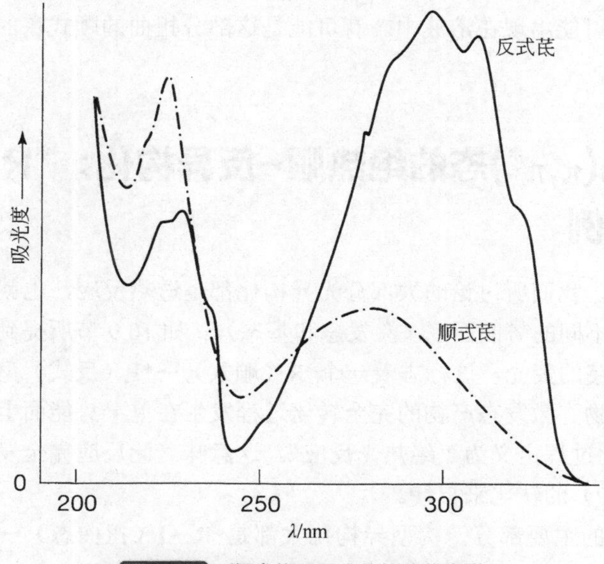

图10.11 顺式芪和反式芪的吸收光谱

$$\frac{反式}{顺式}=\frac{\varepsilon_c\phi_{顺\to反}}{\varepsilon_t\phi_{反\to顺}} \tag{10.6a}$$

对顺式芪和反式芪来说，三重态能量转移可以产生 $T_1(\pi,\pi^*)$态。三重态势能面看起来与单重态势能面相似，也有一个小的能垒将 *trans*-$T_1(\pi,\pi^*)$态与扭曲态极小值分开。

在三重态敏化条件下，光稳态比率遵从式（10.6b）[7]。

$$\frac{反式}{顺式}=\frac{k_c^{ET}k_{到反式}}{k_t^{ET}k_{到顺式}} \tag{10.6b}$$

式中，k_t^{ET} 和 k_c^{ET} 分别表示从敏化剂到反式芪和顺式芪的能量转移速率常数，到反式和到顺式分别表示反式异构体和顺式异构体异构化的速率常数。

式（10.6b）中的速率常数到反式和到顺式与敏化剂无关。然而，k_t^{ET} 和 k_c^{ET} 取决于敏化剂和受体芪三重态之间的能隙。反式芪和顺式芪的三重态能量估计分别为 49kcal/mol 和 57kcal/mol。因此，通过适当地选择敏化剂，人们可以控制光稳态时的异构体组分。当敏化剂能量在反式异构体和顺式异构体能量之上时（大于 60kcal/mol），到两个异构体上的能量转移速率是扩散控制的，光稳态时的反式/顺式比率就只是衰减速率控制的。当三重态能量介于反式芪和顺式芪之间（小于 57kcal/mol，大于 49kcal/mol），到反式异构体的能量转移是扩散控制的，而到顺式异构体的能量转移小于扩散速率。在这一能量范围内的敏化剂倾向于激活反式异构体，所以光稳态将含有更多的顺式异构体。如果敏化剂的三重态能量都低于顺式芪和反式芪，那么到两个异构体的能量转移将不会发生，因此也就不应该有顺-反异构化。然而，异构化还是会继续，光稳态时将含有更多的反式异构体，这表明转移速率对顺式异构体来说比对反式异构体更快。因为顺式异构体中苯环间的空间位阻，一小部分具有更低三重态能量的扭曲的顺式芪有可能出现在溶液中。有可能是这部分扭曲的顺式芪的消耗导致了反式异构体的增多。

10.10 $S_1(\pi,\pi^*)$态的绝热顺-反异构化：*R→*P 过程示例

到目前为止，我们所讨论的大部分光异构化都是透热反应，也就是说总的异构化过程发生在两个不同的势能面上（激发态和基态）。如 10.9 节所提到的，顺式芪的光激发产生了反式芪的荧光，这标志着一个*R（顺式）→*P（反式）型的光化学反应过程。激发态反应物到激发态产物的完全转化过程发生在单一势能面上（在这里是单重态势能面），则此过程定义为“绝热光反应”。这意味着此反应完全发生在激发态势能面，最终产物（P）的转化来自*P。

在上面讨论的主要部分，构型异构化大都是*R→I（扭曲态）→P 型反应。由于产物的转化发生在沿着反应势能面的中间体极小值处，随后再到达基态势能面，所

以这些反应定义为“透热光反应”（不是绝热）。绝热光反应（*R→*P）并不常见，因为需要满足很多条件。首先，*R 的能量必须高于*P 的能量，以便绝热反应是能量向下的、放热的反应。其次，在*R 和*P 间的势能面不能穿过另一个势能面或者具有明显的极小值。势能面交叉和激发态极小值都可能变成掉到基态的“漏斗”，从而成为透热光反应。

绝热光反应不常见，但是许多芳基烯烃的构型异构化属于此[12~14]。由于 S_1 态和 T_1 态的 *cis*-*R 和 *trans*-*R 在能量上一般是不同的，以一个高能态的异构体为原料即可以轻松满足绝热光反应的第一个条件；当 S_1（或 T_1）的极小值非常浅时，第二个条件也可以满足。这些绝热异构化反应一般认为是单向的，从较高能量的*R 异构体单向到较低能量的*R 异构体。

绝热光反应的最好证据是观察到一些光物理（特征）或光化学特征的*P。一个可信的例子是 1-苯基-2-芘基乙烯（**18**）[图 10.12，式（10.7）]，其顺式异构体的光激发导致了反式异构体很强的荧光（Φ_p=0.61）。

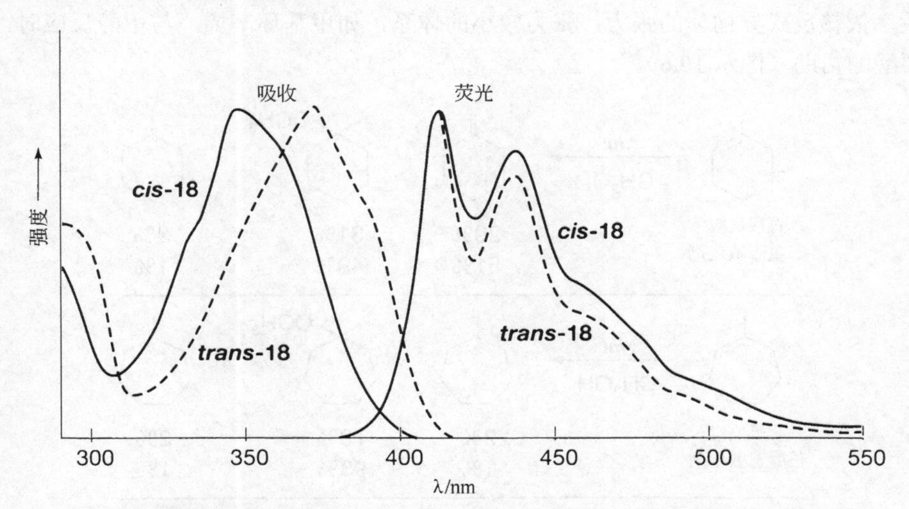

图 10.12 1-苯基-2-芘基乙烯（**18**）[式（10.7）] 的吸收和发射光谱

注意，顺式异构体和反式异构体具有不同的吸收光谱，尽管它们的发射光谱很像

cis-**18** $\xrightarrow{h\nu}$ *trans*-**18** （10.7）

10.11 来自顺式环烯烃的张力反式环烯烃的捕获

通过光谱和化学捕获这两种方式可以直接证明顺式异构体的三重敏化激发态可以

产生瞬态的张力反式环己烯和反式环庚烯[15]。与相应的顺式环烯烃相比，张力反式环烯烃能够被弱质子给体（如醇）更容易地质子化。利用这种反应性上的差异，常可在弱质子性给体溶剂中捕获反式环烯烃。

在六元至八元环烯烃中，反式双键的产生使得双键具有很高的反应活性[16,17]。这种扭曲的、具有易于接近的离子特性的双键是很好的亲二烯体和碱。因此，这种张力反式环烯烃可以被脂肪醇（如甲醇）质子化。通过光照含有三重态敏化剂（如苯、甲苯、对二甲苯等）的环烯烃的醇溶液，醇对环烯烃的加成可以很容易地实现。图示 10.6 给出了 3 个 1-甲基环烯烃的这种反应过程。

由于经由三重态的光质子化直接依赖反式环烯烃的生成与反应活性，在三重态敏化条件下这种反应只发生在这样的环体系中：①可以产生反式构型；②反式异构体一旦生成即处于介稳态。因此，六元、七元、八元环体系是很好的进行光质子化的对象。大于八元环的环体系形成的反式异构体比较稳定，与弱酸没有明显反应。若不能够生成反式异构体，例如环丙烯、环丁烯和环戊烯，则不能进行光质子化反应。由于质子化效率依赖反式异构体的张力，张力较小的体系，如甲基环辛烯，与甲醇反应时，就需要酸的帮助（图示 10.6）。

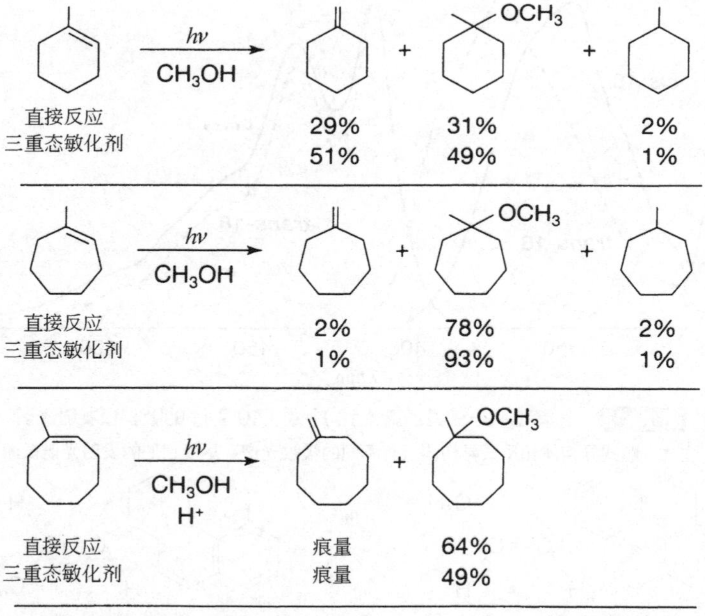

$h\nu$, CH_3OH；产物：亚甲基环己烷 + 1-甲氧基-1-甲基环己烷（OCH_3）+ 甲基环己烷

直接反应：29%　31%　2%
三重态敏化剂：51%　49%　1%

$h\nu$, CH_3OH；产物：亚甲基环庚烷 + 1-甲氧基-1-甲基环庚烷（OCH_3）+ 甲基环庚烷

直接反应：2%　78%　2%
三重态敏化剂：1%　93%　1%

$h\nu$, CH_3OH, H^+；产物：亚甲基环辛烷 + 1-甲氧基-1-甲基环辛烷（OCH_3）

直接反应：痕量　64%
三重态敏化剂：痕量　49%

图示 10.6 光解产生张力反式环烯烃，随后被甲醇捕获发生加成的例子

环烯烃光质子化的机理涉及反式环烯烃和碳正离子中间体。这两个物种通过闪光光解研究可以得到确认。光质子化含有 3 个步骤（图示 10.7）：①三重态烯烃的顺-反异构化；②质子加成到基态张力反式烯烃上，形成碳正离子；③碳正离子与亲核试剂

（如 OH^-，CH_3O^-）反应，或者失去一个质子成为碱（在某些情况下，结构允许的话，碳正离子重排可以发生在亲核加成之前）。如图示 10.8 所示，环外烯烃与醇加成产物的比例如预期一样依赖醇的性能。体积大的醇类倾向于发生质子抽提反应，而不是阳离子中心的加成反应（图示 10.8）。

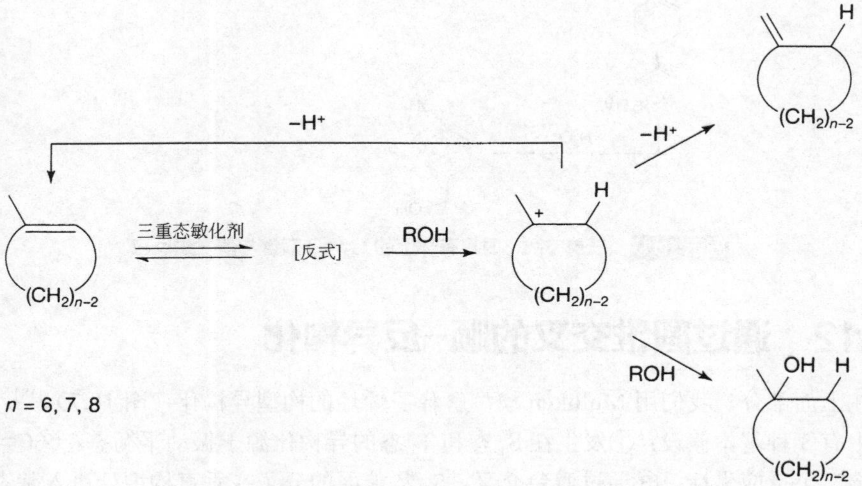

图示 10.7　环烯烃的甲醇加成机理

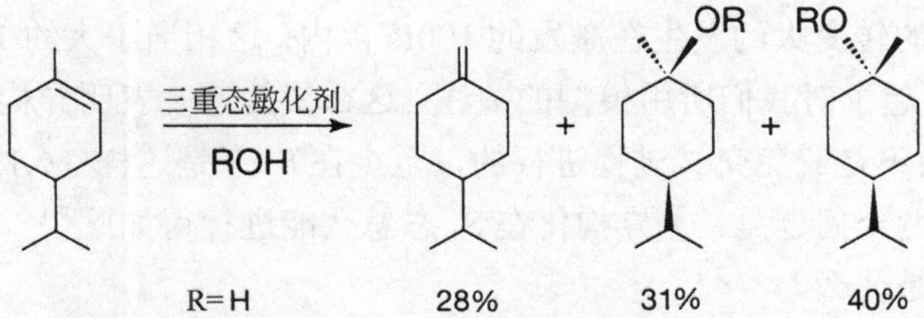

R			
R= H	28%	31%	40%
R= CH_3	36%	26%	39%
R= C_3H_5	44%	23%	31%
R= $(CH_3)_2CH$	69%	11%	19%
R= $(CH_3)_3C$	100%		

图示 10.8　在捕获反式环己烯过程中醇的空间位阻对产物分布的影响

当分子中有多于一个的双键时，可以看到光质子化的价值，如柠檬烯（**19**，图示 10.9）。在酸性条件下，基态时两个双键都被质子化，然而在三重态敏化时只有环上的双键发生质子化。尽管在激发态时两个双键都可以发生顺-反异构化，但是只有柠檬烯的环己烯单元可以产生活性的反式异构体。另一双键在质子化发生前就通过扭曲失活到了基态。

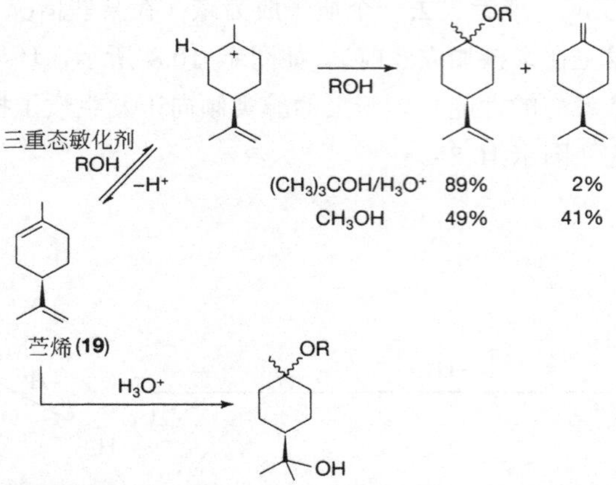

三重态敏化剂 ROH −H⁺

ROH

$(CH_3)_3COH/H_3O^+$	89%	2%
CH_3OH	49%	41%

苧烯(**19**)

H_3O^+

图示 10.9 三重态敏化时只有环上的 C═C 双键与醇发生反应

10.12 通过圆锥交叉的顺-反异构化

在上面部分，我们用 Mulliken 模型解释了烯烃的构型异构化（图 10.7）[18]。在此模型中有 3 种基本假设：①发生在 S_1 态和 T_1 态的异构化源于振动平衡态；②C═C 的旋转定义了反应坐标；③通过避免交叉，S_1 势能面的分子在垂直构型处进入基态势能面。在这个模型中，异构化由避免交叉区的 S_1（或 T_1）势能面到 S_0 势能面的跃迁速率控制。这种跃迁速率不会大于 $10^{10}s^{-1}$。在过去的 10 年里，时间分辨飞秒技术确定了，顺式芪到反式芪的转变大约发生在激发的 100fs 以内，这相当于大约 $10^{13}s^{-1}$[19,20]。这种“超快”的过程引起了对我们所用模型的关注。这么快的速度表明异构化过程是通过圆锥交叉（CI），而不是避免交叉过程进行的，至少在 S_1 态是这样（6.13 节）。现在，我们需要搞清楚的两个问题是：①异构化在 S_1 态怎么能进行得如此快？②进入圆锥交叉的分子几何模型是什么？

最新研究表明，异构化不是从振动平衡的 S_1 态引发的，而是从振动的激发态 S_1 引发的（即使是在溶液里）。人们相信导致构型异构化的振动模式与电子激发耦合，因此，当分子达到激发态势能面时，它将立即沿着这个反应坐标进行（类似于光分解过程）。这种导致 CI 的振动本质上是瞬间的，所有其他振动弛豫（内部的以及外部的）都比较慢。由于在 S_1 势能面内的振动弛豫是缓慢的（在皮秒时间尺度内），处于这种状态的分子不可能是反式异构体快速生成（150fs）的根源。

即使分子在飞秒时间内到达避免交叉区，它将无法在飞秒时间尺度内进入基态势能面［见非辐射衰变的黄金分割（Fermi golden）规则，第 6 章，式（3.8）］，因此我们认为分子进入 S_0 势能面是通过 CI，而不是通过避免交叉。通过 CI 的发生速率与分子内的振动性弛豫（IVR）相当，涉及 C—C 键的振动速率大约为 $10^{13}s^{-1}$ 数量级。来自共振拉曼散射、氩团簇内的吸收和发射光谱的分析以及时间分辨各向异性测量的证据表明，进入 CI 的分子构型比围绕 C═C 键的简单旋转更复杂。对乙烯和茋的构型异构化的高水平计算表明，导致 CI 振动的是 C═C 伸缩、C═C 旋转和两个亚甲基碳之一的锥化共同作用的结果[21]。

10.13 烯烃 $S_1(\pi,\pi^*)$态的分子内周环反应：$S_1(\pi,\pi^*)\rightarrow F\rightarrow P$ 过程示例

有机化学的许多热反应，在从反应物 R 到生成物 P 的过程中并没有任何中间产物生成的证据。这种反应被认为是只有一个过渡态（TS，图 6.1）的基元化学步骤，在此键的断裂和形成促成了 TS 的结构，尽管各自的程度不一定相同。这种 R→TS→P 的过程称为协同反应。这种基态反应的一个重要部分就是协同的周环反应[22]。一个周环反应的特点是通过环过渡态的连续、协同的电子重组实现其键合关系的变化。在这些反应中，电子重组发生在所参与原子的环状阵列中。这种情况需要 R→P 过程中轨道的连续重叠。如果电子重组的键合关系相应于一个总体的正重叠，周环反应就被认为是轨道对称性允许，反之是轨道对称性禁阻。高度的立体选择性是一个轨道允许协同基态周环反应的特征。

众所周知，光化学周环反应显示出高度的立体选择性。然而，光化学周环反应机理完全不同于基态周环反应。“协同性”概念和通过单一过渡态的描述，对*R→P 来说不再确切。最初，激发态周环反应的理论解释是从轨道对称性（和态相关图）角度出发的（第 6 章）。这种解释最初认为某些光化学周环反应的高度立体选择性暗示着不存在三重态物种，因为其不能保持立体化学，因此只有 $S_1(\pi,\pi^*)$被认为可能进行立体专一性的周环反应。基于轨道对称性可以得出，从单重态 $S_1(\pi,\pi^*)$出发，根据 Woodward-Hoffmann 规则（第 6 章）将产生一个立体专一性化学结果，这是因为 $S_1(\pi,\pi^*)$将从具有更低势垒的、允许的化学途径进行。从轨道相关图演化而来的态相关图表明，对 Woodward-Hoffmann 规则允许的途径，在激发态势能面存在一个从*R 到 P 的最小能量途径，这是激发态和基态势能面之间有个强避免势能面交叉的结果。对于 Woodward-Hoffmann 规则禁止的途径，这个最小值是不存在的。

更先进、更复杂的量子力学计算已取代了早期的概念解释（5.6 节和 6.12 节已讨论过），即 $S_1(\pi,\pi^*)$的周环反应是按照 $S_1(\pi,\pi^*)\rightarrow CI\rightarrow P$ 这一过程进行的，其中 CI 为圆锥交叉。CI 是一个在单重激发态上的漏斗，经由它，不需要中间体即可直接到达基态势能面。

周环反应一般分类为环加成、电环化以及单键迁移反应。在下面的章节中将介绍一些分子内光化学周环反应。

10.14 关于 1,3-二烯烃的电环化开环与关环反应

电环化反应是一种特殊的位置异构化，在此过程中 π 键和 σ 键的位置发生变化。

伴随着一个新的σ键的生成。当两个原子通过环化产生新的连接时，就发生了电环化关环反应；当一个σ键断裂导致开环，两个原子的连接被破坏时，即是电环化开环反应。图示 10.10 给出了 1,3-二烯和 1,3,5-三烯的电环化开环关环反应示例。在共轭π体系的两个末端之间可以很容易地观察到电环化反应的开环和关环，在此一个单键生成或断裂。另一类电环化反应描述了正式的一步周环反应涉及的电子的数量和类型（图示 10.10）。实验中，电环化反应可以简单地按照反应物和生成物的结构进行分类。但是有一点需要指出，这种分类本身并不能为 R→TS→P 基态反应或*R→CI→P 光化学反应提供有力的证据。

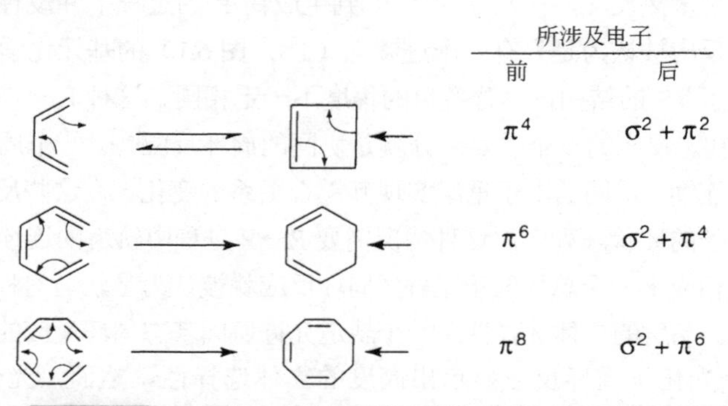

图示 10.10 与系统命名法有关的电环化开环和关环反应示例

箭头指的是环结构中形成的σ键

顺旋和对旋指的是电环化反应中发生在反应物末端的运动（6.29 节）。对于顺旋运动，在关环结构中处于顺式的末端基团朝同样的方向旋转，而对于对旋运动这些基团的运动方向正好相反，如 199 页图 10.13 所示，其中 1,3-二烯和 1,3,5-三烯的末端 p 轨道进行了电环化关环和开环。关于电环化反应的轨道相互作用和相关图的具体细节，有很多专著和发表的杂志论文可供参考[22~24]。

如上所述，周环反应的一个显著特点就是高度的立体选择性，例如电环化反应。作为初级光化学*R→CI→P 反应过程，Woodward-Hoffmann 规则（表 10.4）为电环化反应的立体选择性确定了反应范式。对于不遵循此规则或被其他反应干扰的*R→CI→P 反应，反应结果将不适用此反应范式。

表 10.4 协同电环化反应的 **Woodward-Hoffmann** 轨道对称性规则

电子数	基态	激发态
4*m*（*m*=1,2 等）	顺旋	对旋
4*m*+2	对旋	顺旋

式（10.8）～式（10.10）给出了几个 1,3-二烯烃的光化学电环化关环反应的实例[25]。对非环的 1,3-二烯烃，电环化关环的立体化学的确定当然是比较复杂的，因为还存在这种 1,3-二烯烃的顺-反异构化反应的竞争。2,4-己二烯就是一种简单的非环共轭二烯烃，其光化学关环产物的立体化学能够被检测到。在低转化率（<10%）条件下，以纯

的顺，顺-2,4-己二烯为原料时，体系中只有少量的反，顺–异构体和反，反-异构体生成，而主要产物为顺-2,4-环丁烯。反，反-2,4-己二烯→反-2,4-环丁烯的转化对应于对旋关环反应，正如表10.4对四电子的光化学过程的预测。环化反应的进行依赖顺式构象异构体的浓度。如式（10.9）和式（10.10）（**21**和**22**）所示，环化反应的量子产率随平衡中顺式构象异构体相对含量的降低而降低。

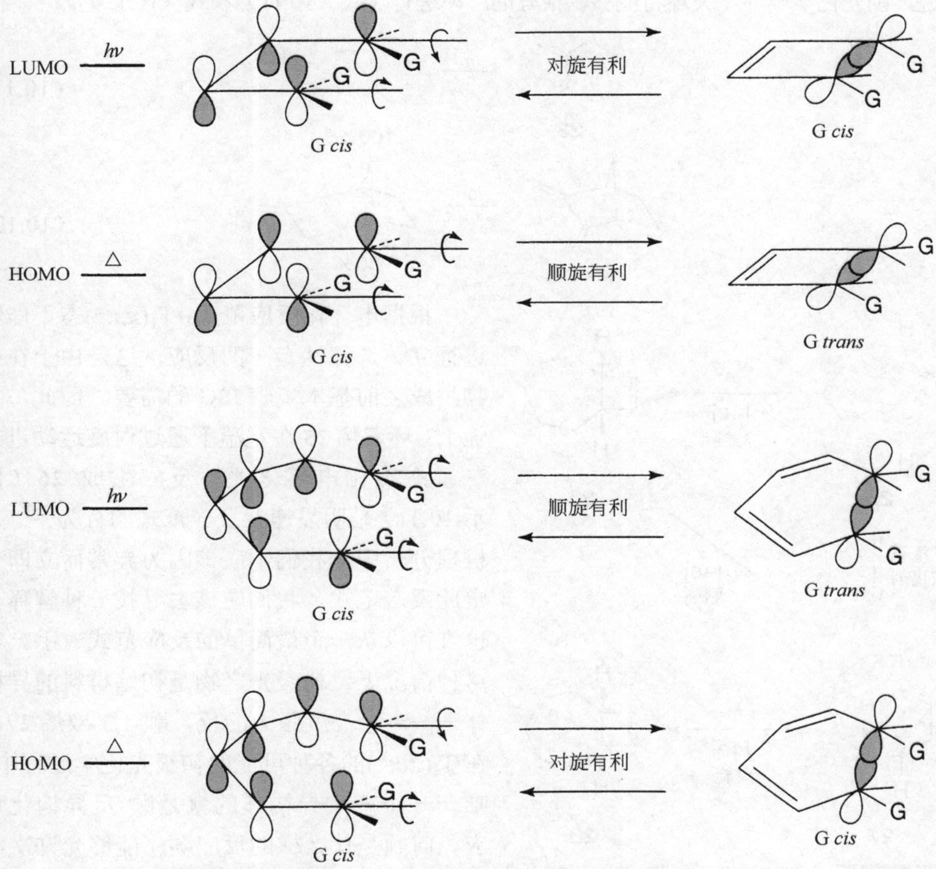

LUMO $h\nu$ G cis 对旋有利 G cis

HOMO △ G cis 顺旋有利 G trans

LUMO $h\nu$ G cis 顺旋有利 G trans

HOMO △ G cis 对旋有利 G cis

图10.13 电环化反应中顺旋和对旋的HOMO和LUMO对称性关系

G为连接到末端位置的基团

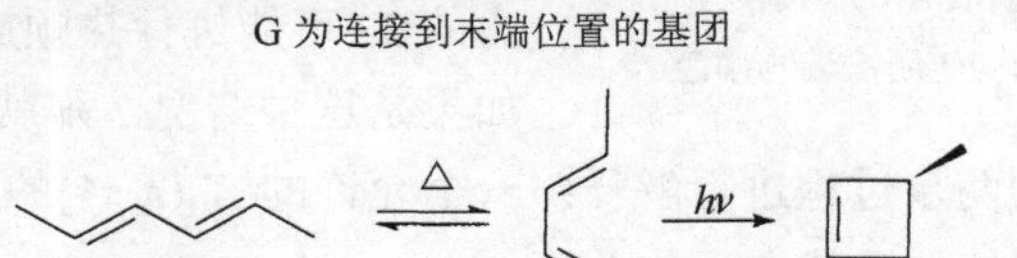

20 △ $h\nu$ Φ≈0.01 (10.8)

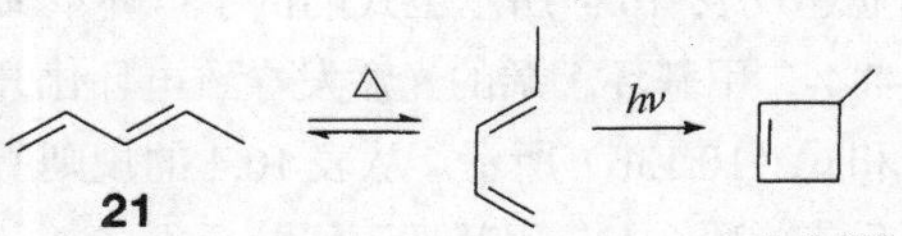

21 △ $h\nu$ Φ=0.030 (10.9)

(10.10)

22 Φ=0.003

根据 NEER 原理，反，反-2,4-己二烯的构象并不符合发生末端关环的顺式构象要求，因此它不能进行电环化反应。另一方面，如果二烯烃的结构（如 **23** 和 **24**）有利于末端基团的靠近，则光化学电环化关环将能够以很好的产率进行［式（10.11）和式（10.12）］。

(10.11)

23 100%

(10.12)

24 60%

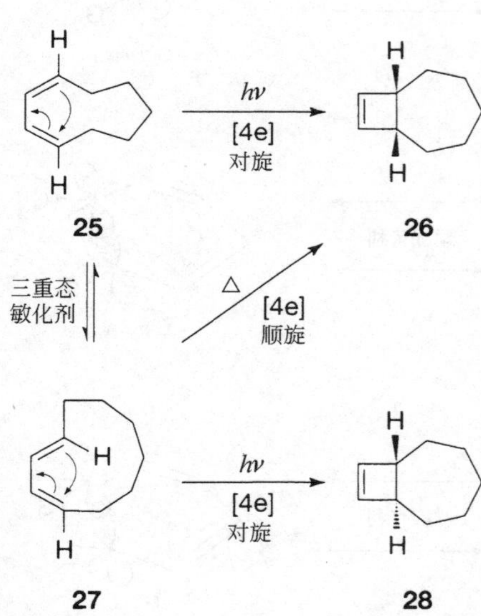

图示 10.11 在环辛二烯的三重态敏化过程中符合 Woodward-Hoffmann 规则产物的生成途径：顺-反异构化所扮演的角色

根据电环化反应范式，$T_1(\pi,\pi^*)$态不能够进行立体选择性专一的反应，这是由于在产物生成之前基本步骤 ISC 的需要。因此，共轭 1,3-环双烯 **25** 在室温下通过对旋运动进行三重态敏化电环化关环反应生成 **26**（图示 10.11）是明显违背反应范式的行为[26]。从机理分析中，我们不应该因为异常而立即否定此反应范式。我们应该去寻找一种解释，也许可以从一个最简单的反应范式着手。在这种情况下，初级光产物是初始材料的异构体——一个高度张力的反，顺-1,3-双烯 **27**。在 $T_1(\pi,\pi^*)$的各种可能的初级光化学过程中，唯一一个产生异构体的就是顺-反异构化反应。问题是什么样的反应顺序能够允许次级反应生成产物 **26**。我们可以合理地推测大张力的 **27** 可能进行热顺旋关环生成环丁烯 **26**。如果是这种情况，那就没有违反范式。此结果可以用一个假设的两步过程进行解释：一个允许的 $T_1(\pi,\pi^*)$的光化学顺-反异构化反应，紧接着一个允许的热顺旋电环化关环。

接下来考虑另一个明显违反表 10.4 所示范式的例子：环丁烯的电环化开环反应[27]。顺-3,4-二甲基环丁烯或反-3,4-二甲基环丁烯的光激发导致电环化开环（和逆向的[2+2]环加成反应），如式（10.13a）和式（10.13b）所示。从表 10.4 的规则所示，我们认为接下来将发生立体选择性对旋开环反应：顺-3,4-二甲基环丁烯→反,反-2,4-己二烯或顺，顺-2,4-己二烯，和反-3,4-二甲基环丁烯→顺，反-2,4-己二烯。然而，实验中发现两个反应都是非立体选择性的，这又违反了表10.4所示的规则。我们需要再一次寻找与结果一致的反应途径。在这个例子中，与相应的开环1,3-二烯相比，环丁烯的$S_1(\pi,\pi^*)$态具有非常高的能量。因此，就像在10.10节讨论的从顺式到反式的某些芳香烯烃的异构化一样，S_1(环丁烯)→S_1(1,3-二烯烃)的绝热光反应也是可能的。如果绝热的S_1(环丁烯)→S_1(1,3-二烯烃)过程易于与CI过程竞争，那么环打开的关键途径将是S_1(1,3-二烯烃)→顺-反异构化过程，而不是S_1(环丁烯)→CI过程。我们知道，光照2,4-己二烯将产生3个顺-反异构体（顺,顺-；顺,反-；和反,反-），这是一个特殊但似乎可能的途径，也符合表10.4的范式。

trans,trans + *trans,cis* + *cis,cis* （10.13a）

cis —$h\nu$→ 3.5 : 6.0 : 1.0 + ||| +

trans —$h\nu$→ 2.8 : 2.6 : 1.0 + ||| + （10.13b）

从式（10.14a）和式（10.14b）所示环丁烯光解的比较可以看出环丁烯开环反应的绝热性本质。例如，光照顺-4,4,6,7-四甲基双环[3.2.0]庚-1-烯，与式（10.13）所示的环丁烯类似，都给出了式（10.14）所示的开环产物的混合物。如果这个反应的进行是通过一个非绝热的对旋式过程，则仅有（*E,E*）型异构体生成。除（*E,E*）之外的（*E,Z*）和（*Z,E*）的生成表明这个反应不仅仅是一个简单的对旋开环。在环丁烯开环过程中，所获得的（*E,Z*）和（*Z,E*）异构体的比例与直接光照二烯烃的（*E,E*）异构体的结果相同［式（10.14）］。这一发现表明，与其他体系一样，环丁烯的开环也遵循Woodward-Hoffmann规则，也就是在这种激发态情况下的产物是通过一个绝热反应途径获得的。这些结果与表10.14中*R→CI→P型反应的立体化学有效性一致[28]。

cis —$h\nu$→ (*E,Z*) + (*Z,E*) + (*E,E*) （10.14a）

(*E,E*) —$h\nu$→ (*E,Z*) + (*Z,E*) + *cis* （10.14b）

在一些特殊例子中，环丁烯的绝热开环反应可以通过产物的发光得到证实［式（10.15）和式（10.16）］[29,30]。

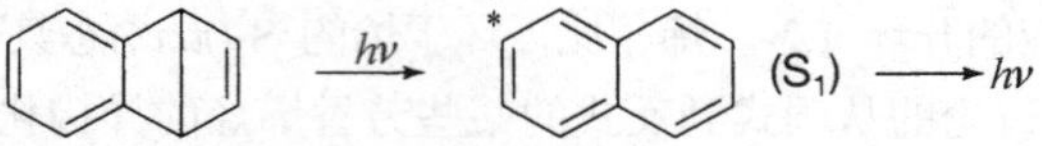

(S₁) ⟶ hν （10.15）

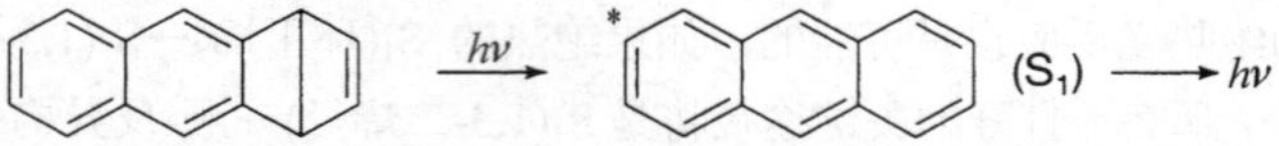

(S₁) ⟶ hν （10.16）

当由于构象或结构限制等原因 1,3-二烯处于反式构象时，将发生“交叉”环加成反应，生成二环丁烷，而不是生成环丁烯［式（10.17）～式（10.19）］。例如，主要以反式构象存在的 1,3-丁二烯，当直接光照时除环丁烯外还生成了二环丁烷［式（10.17）］。当 1,3-二烯被固定在反式结构上时，二环丁烷将成为主要产物［式（10.18）和式（10.19）］。

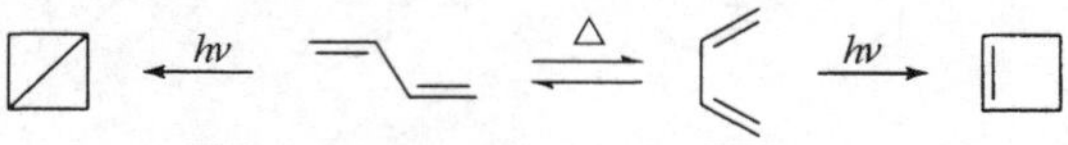

（10.17）

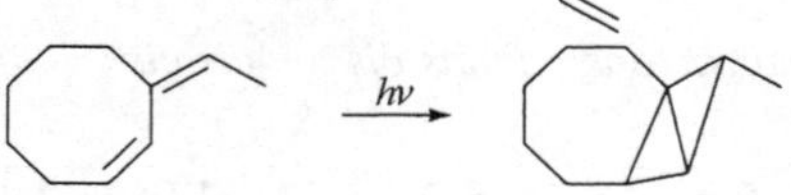

（10.18）

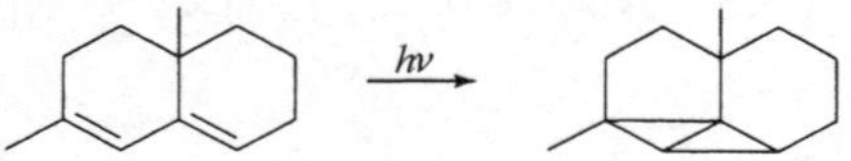

（10.19）

10.15 1,3-环己二烯的电环化开环和 1,3,5-己三烯的关环

1,3-环己二烯的电环化开环及其逆反应即 1,3,5-己三烯的关环反应已被广泛研究[31~33]。这些烯烃的光化学也展示了有大量的竞争反应与电环化反应并存，图示 10.12 中以 1,3,5-己三烯作为例子。如图示 10.12 所看到的，1,3,5-己三烯可以几种构象存在，每一个都给出了不同的光产物。按照 10.7 节讨论的 NEER 原理，在激发态寿命以内激发态势能面上不存在各种构象之间的相互转变。在 9.17 节（图示 9.17）我们讨论的三烯和羰基化合物之间的相似性是值得注意的。在这两种情况中，尽管在基态时各种构象处于一种快速的平衡，但在激发态势能面上它们之间彼此是独立的。

光照反，反-1,6-二甲基-1,3,5-己三烯导致反-5,6-二甲基环己二烯的生成，这一结果符合己三烯末端基团的顺旋模式［式（10.20）］。随着光照时间延长，将产生副产物，但是己三烯和环己二烯的结构不会明显改变。并且这一光转化是可逆的，在己三烯和环己二烯之间有一个光稳态。

（10.20）

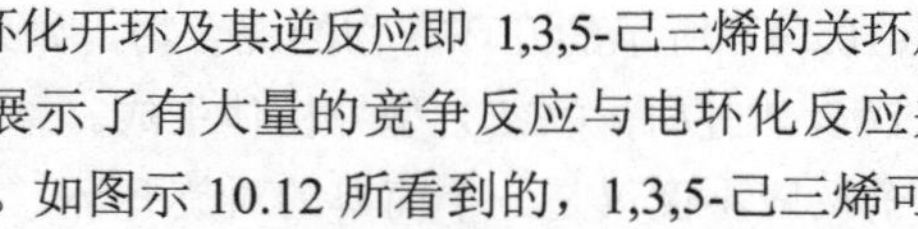

$\Phi = 0.014$ （10.21）

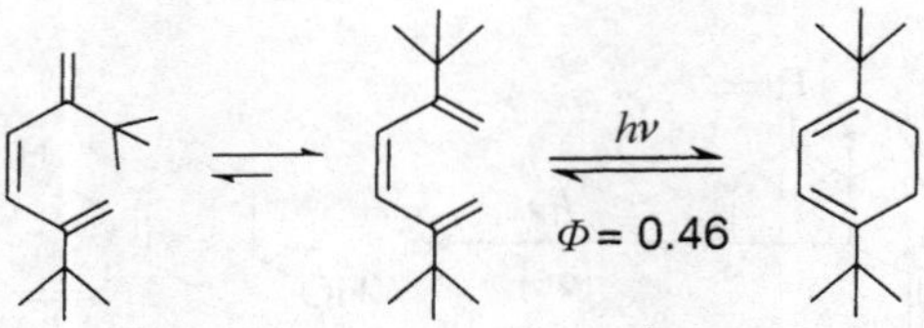

hν, Φ = 0.46 （10.22）

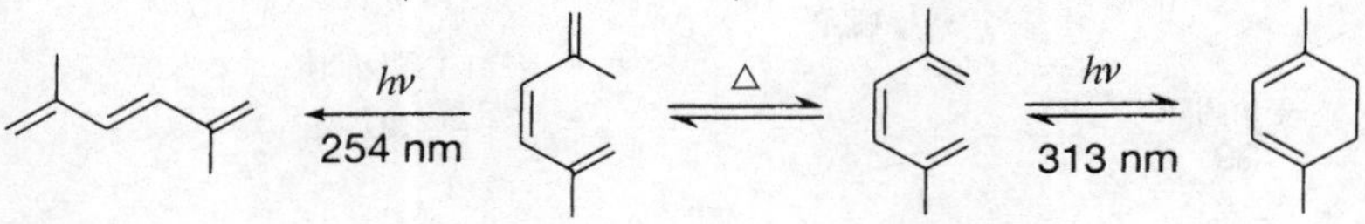

hν 254 nm, △, hν 313 nm （10.23）

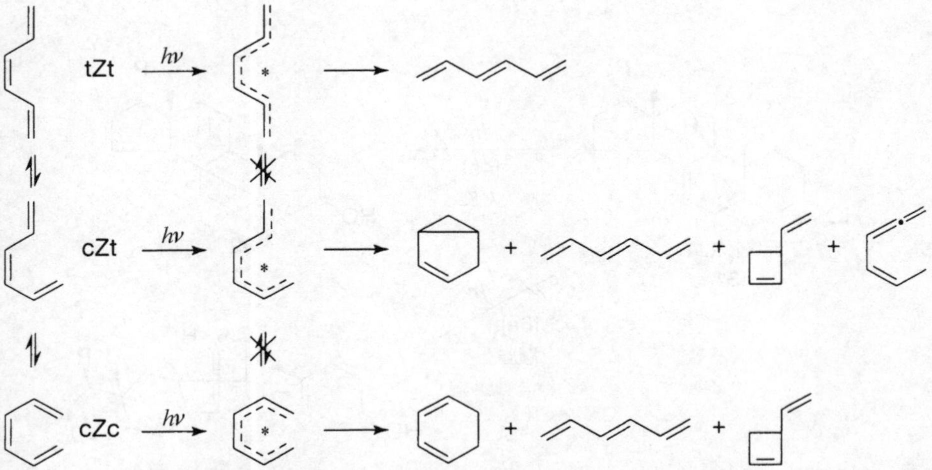

tZt hν; cZt hν; cZc hν

图示10.12 在己三烯的激发态化学过程中NEER原理所扮演的角色

每一个构象异构体都给出了不同的产物。在此，tZt=*trans-Z-trans*，cZt=*cis-Z-trans*，cZc=*cis-Z-cis*

2,5-二甲基-1,3,5-己三烯的光化学关环［式（10.21）］效率（$\Phi\approx0.014$）相比2,5-二叔丁基-1,3,5-己三烯光化学关环［式（10.22）］效率（$\Phi\approx0.46$）低得多。利用NEER原理即可理解这种效率上的差异。2,5-二甲基-1,3,5-己三烯主要构象异构体的末端基团之间的距离不能满足电环化关环的要求。而另一方面，2,5-二叔丁基-1,3,5-己三烯的主要构象异构体［式（10.22），中间结构］可以满足有效实现电环化关环反应的要求。因为顺式构象的吸收波长通常比反式构象的吸收波长更长，所以2,5-二甲基-1,3,5-己三烯的反式异构体和顺式异构体可以分别用254nn和313nm的光选择性地激发。254nm的激发将主要导致顺-反异构化，313nm的激发将主要导致环己二烯的生成［式（10.23）］。这些结果与NEER原理一致，也就是处于电子激发态的构象异构体不会相互转化。

电环化反应相互作用的一个非常突出的例子就是麦角固醇（**29**）和在维生素D合成中非常重要的相关类固醇的光解反应（图示10.13）[34~36]。在**29**和**30**间发生的开环和关环反应完全符合所预期的顺旋运动。

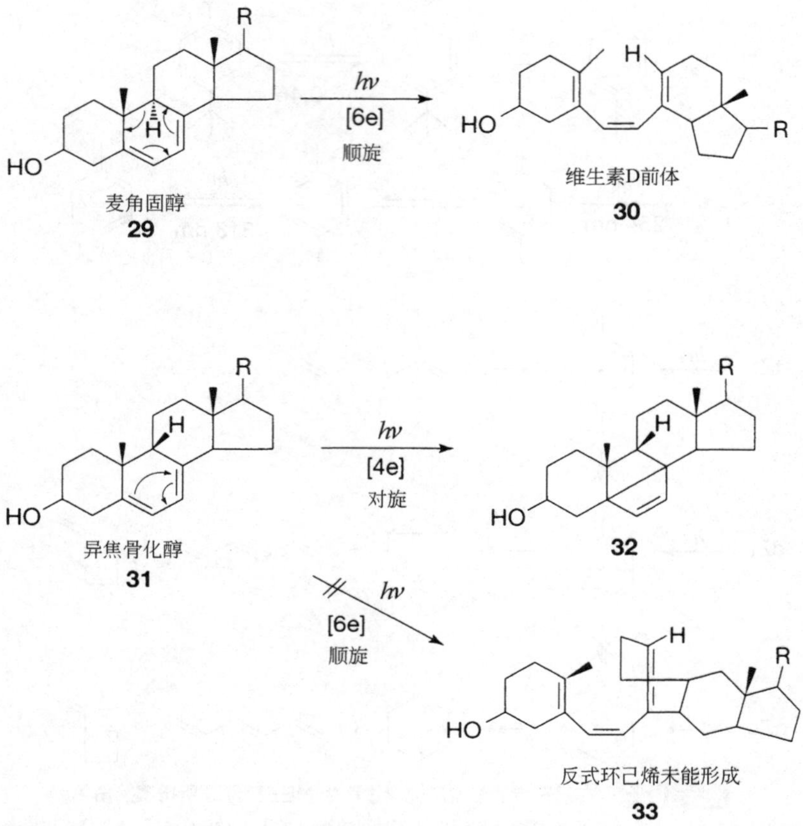

图示10.13 阐明 Woodward-Hoffmann 规则的电环化反应：来自维生素 D 衍生物的选择性产物的生成

下面考虑类固醇的两个差向异构体麦角固醇（**29**）和异焦骨化醇（**31**）的不同光化学行为，前者进行[6e]电环化开环反应生成共轭三烯（**30**），后者进行[4e]电环化关环反应生成环丁烯（**32**）。从能量的观点来说，电环化关环生成环丁烯（**32**）应该明显优于电环化开环生成三烯。不过，从表 10.4 电环化反应的立体化学范式可以知道，涉及对旋的 **31**→**32** 转化是不允许的，而产生高度张力的反式环己三烯 **33** 的开环反应是允许的，所以 **31** 只能进行允许的关环反应生成 **32**。1,3-丁二烯→环丁烯的电环化过程导致的张力能和在环己烯环中反式双键的能量分别约为 10kcal/mol 和 40kcal/mol。因此，在所允许的两种途径之间将会是具有更小张力的产物 **32** 的生成。

环己二烯生成己三烯的开环反应可以通过两种不同的时间分辨（飞秒）共振光谱，也就是拉曼共振光谱和电子吸收光谱检测[37,38]。许多有关环己二烯开环反应的研究对我们理解开环反应都是非常重要的：①$S_1(\pi^*,\pi^*)$态在气相中的完全消失只发生在 200fs 以内！②此反应在单重激发态 $S_1(\pi,\pi^*)$引发，但是反应主要发生在双重激发态π*,π*势能面，它与非常接近垂直激发态的π,π*势能面相互交叉；③在 10fs 之内分子离开垂直激发态，53fs 之内到达π*,π*和π,π*之间允许的交叉点，朝顺旋运动的方向继续行进；④在 130fs 之内，分子经由顺旋运动到达基态势能面；⑤所有进一步的变化都发生在基态势能面，最少量的产物在 185fs 内生成。很清楚，环己二烯到己三烯的顺旋开环反应发生在飞秒时间尺度以内，这一过程不可能以我们通常认为的一个平衡分子在高低两个势能面间的跃迁这种方式发生[39]。与以上结果相似的一个实验是环丁烯到丁二烯的开环反应，它明确了 CI 的重要性和超快（＜ps）的开环反应的发生。再进一步的研究希望可以确认激发态周环反应的准确反应途径。

10.16 三烯的其他电环化反应

到目前为止，我们讨论了三烯的 3 个可能构型反应中的两个，（s-*trans*，s-*trans*）异构体的主要反应是顺-反异构化，（s-*cis*，s-*cis*）异构体的主要反应是[6e]电环化。第三种是（s-*trans*，s-*cis*）异构体（图示 10.12 中的 cZt 异构体），它能够进行另外一种类型的反应，也就是分子内[4+2]加成[40]。[4+2]加成产物的生成效率依赖所用三烯以（s-*trans*，s-*cis*）构象存在的比例。在 2 位的取代基可以控制这些异构体所占的比例。图示 10.14 给出的例子阐明了这一点。随着 R 基团的空间尺寸从小到大，来自 cZt 异构体的产物的量开始减少。两个异构体 cZc 和 cZt 的比例有赖于 R 基团的大小，而这又随之影响了 **34** 和 **35** 在产物混合物中的量。

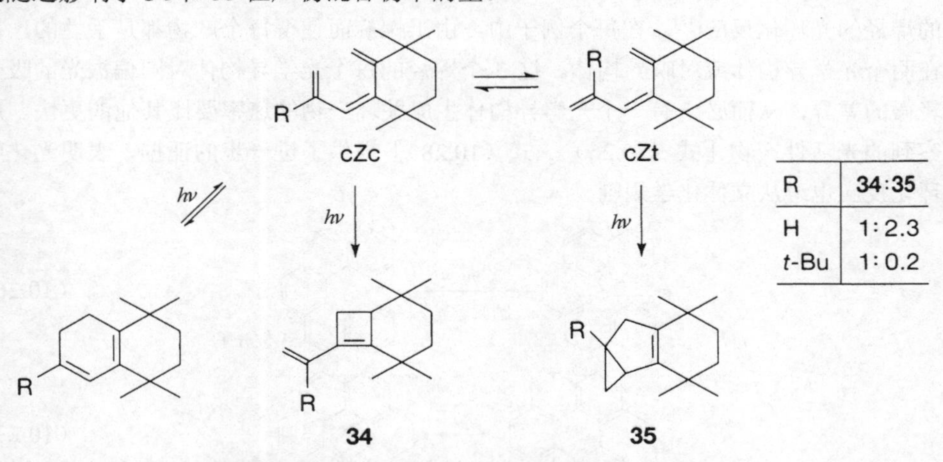

图示 10.14 通过空间位阻控制异构体的比例和产物的分布

10.17 芪及其相关体系的电环化关环反应

芳基烯烃苯环的其中一个双键可以代替电环化反应中一个 C═C 键的作用。对芪及其相关化合物，有两个分子内光化学过程是常见的：顺-反异构化和[6e]电环化关环［式（10.24）］[41]。由于结构原因，[6e]电环化反应只能发生在顺式茋上。[6e]产物是不稳定的二氢菲（DHP），它可以通过热或光化学过程返回到顺式茋。有氧化试剂存在时，DHP 被不可逆地转化为菲。形式上，[6e]顺式茋→DHP 反应是一个 1,3,5-己三烯的电环化过程，在此每个苯环都提供一个与烯键共轭的 C═C 键。

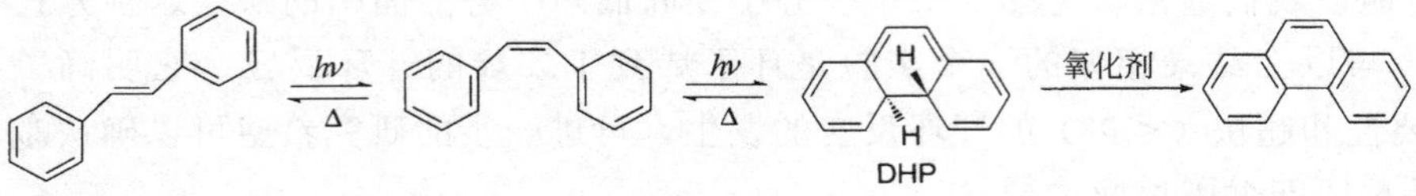

hν ⇌ Δ　hν ⇌ Δ　DHP　氧化剂　（10.24）

如果我们将表 10.4 的规则应用于预测 DHP 的立体化学，那么两个桥头氢应该是彼此反式的，生成一个有相当大张力的结构。然而，基于一个光活性的类似化合物 **36** 的立体化学过程，DHP 的反式结构是没问题的［式（10.25）］。**36** 的光化学反应产生了 *trans*-**37**，随后烯醇互变，生成一个稳定的具有手性的化合物 **38**［式（10.25）］。这是一个有关手性性质是如何足以确定产物结构的很好的例子。

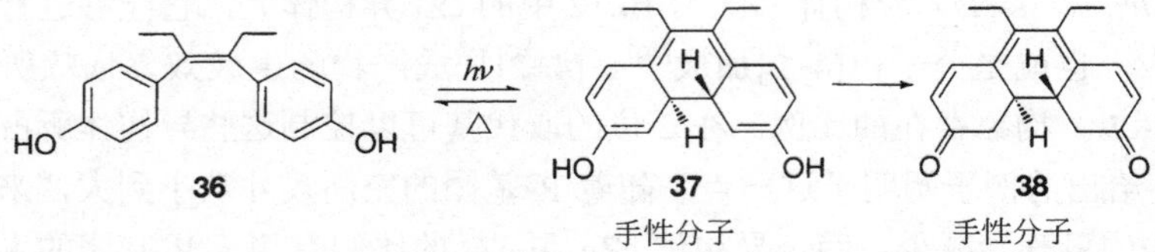

36　hν ⇌ △　**37** 手性分子　**38** 手性分子　（10.25）

一个使用圆偏振光实现对映选择性的很有趣的例子是式（10.26）～式（10.28）所示的烯烃的光环化反应[42]。在每个例子中，由于螺旋而使得每个产物都是手性的，就存在两个光学异构体或对映异构体。这 3 个烯烃的每个光学异构体对圆偏振光的吸收有轻微的差异，从而必定有一个光学异构体生成关环产物的速率要比其他的更快。所观察到的光活性产物［式（10.26）～式（10.28）］提供了进一步的证据，表明光化学电环化反应也遵从立体化学规则。

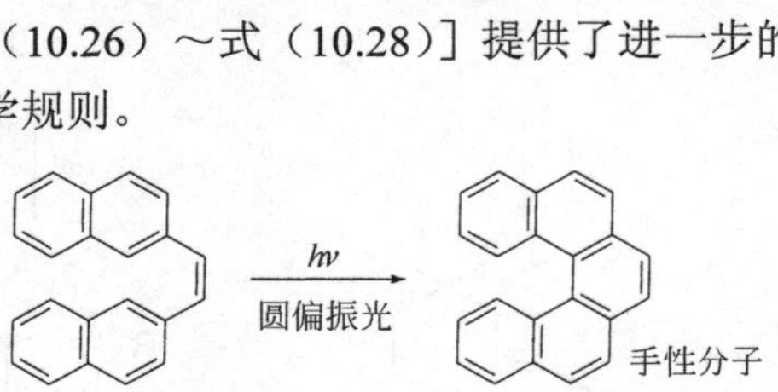

hν 圆偏振光　手性分子　（10.26）

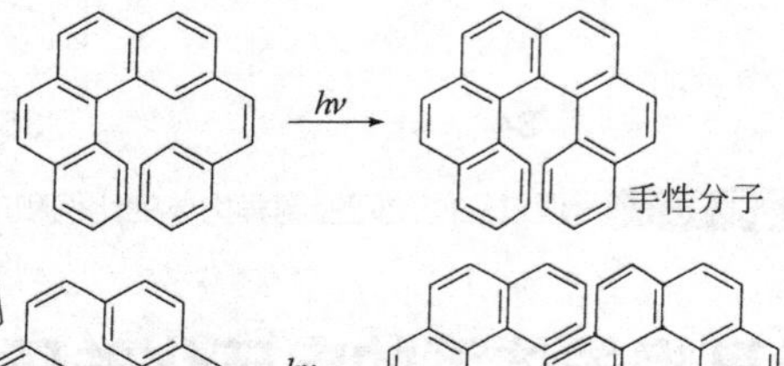

hν　手性分子　（10.27）

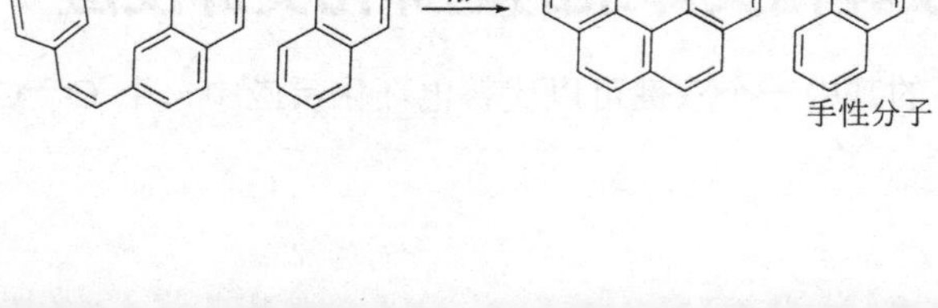

hν　手性分子　（10.28）

当芪的苯基被烷基取代时，将生成不止一种菲产物[41]。作为一个简单的三烯，NEER 原理可以应用到这些体系的环化反应中，其最终产物就是基态时各异构体分布的反映。图示 10.15 和图示 10.16 给出了两个这样的例子。在这两个例子中，可能的环化产物以不同的比率生成，这表明存在不同量的各种顺式异构体前体。

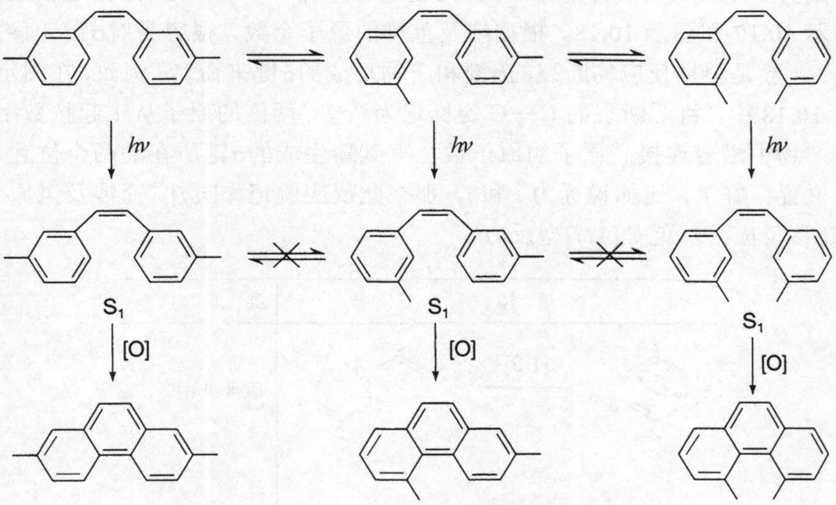

图示 10.15 在芪的光环化反应中 NEER 原理所起的作用（[O]=氧化）

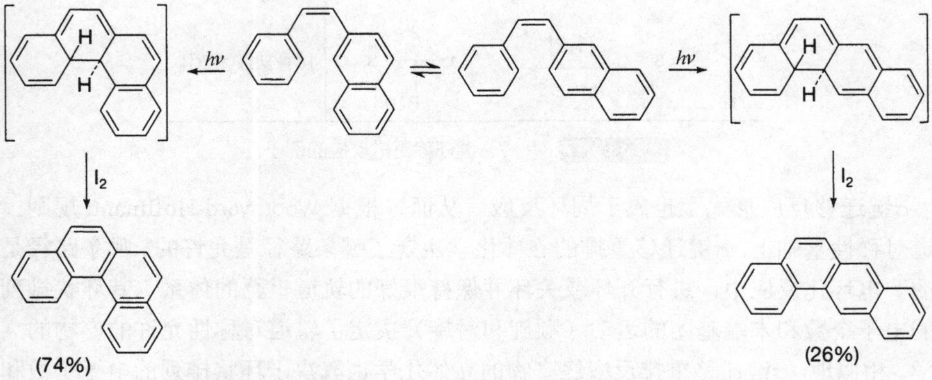

图示 10.16 在芪衍生物的光环化反应中 NEER 原理所起的作用

芪的[6e]反应只发生在 $S_1(\pi,\pi^*)$态。对于三重态敏化的 $T_1(\pi,\pi^*)$态，此反应不能发生。与此发现一致的是，带有能够增强 ISC 到 $T_1(\pi,\pi^*)$态的取代基（如溴、碘、羰基等）的芪都不能进行有效的[6e]环化反应。

10.18 烯烃 $S_1(\pi,\pi^*)$态σ键迁移重排反应

第二重要的一类烯烃光化学周环反应是分子内重排，涉及氢原子或碳原子随同其取代基沿着碳链从一个位置迁移到另一个位置。一个σ键沿着共轭π体系从一个位置移动到另一个位置，这种重排定义为σ键迁移重排[22,23]。常见的σ键迁移重排反应列于图示 10.17 和图示 10.18。根据涉及重排的原子个数，很容易对σ键迁移重排进行分类。一般是根据反应物断裂的σ键和产物形成的σ键来命名。例如，在图示 10.17 和图示 10.18 中，将要断裂的 C—C 键标记为“*”，两侧的原子从 1 起按数字标示，然后在产物中沿着连接碳原子的原子数，直到新生成的σ键所在的两个位置。一旦这两个位置标好了，比如说标为 i 和 j，那么此反应就记作$[i, j]$，而涉及氢原子位移的σ键迁移反应必然就是$[1, j]$型反应。

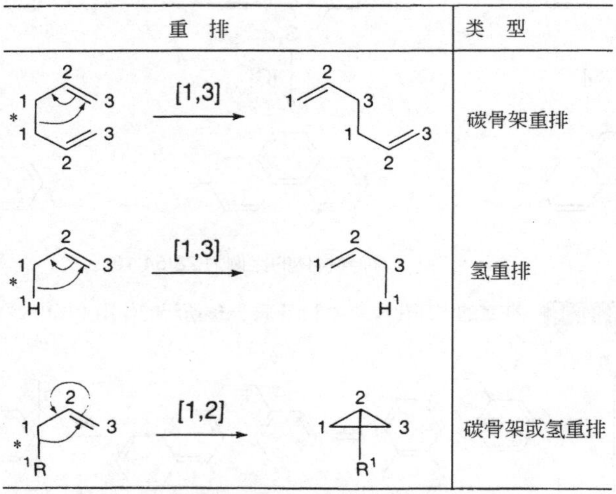

重 排	类 型
[1,3]	碳骨架重排
[1,3]	氢重排
[1,2]	碳骨架或氢重排

图示 10.17 $[1, j]$σ键迁移重排反应的例子

σ键迁移反应形式上也属于周环反应。从而，根据 Woodward-Hoffmann 规则，在轨道对称性基础上，σ键迁移重排的立体化学决定了哪条路径是允许的、哪条路径是禁阻的。电环化反应中，进行开环或关环并保持很好的轨道重叠的体系，其环状排列涉及的电子个数和末端基团的运动（顺旋和对旋）决定了轨道对称性允许的产物的立体化学。相似地，σ键迁移重排反应终产物的立体化学也取决于环状排列的电子个数和决定允许的立体化学的轨道重叠的保持。同侧和异侧成键，这两个术语表述的是σ键迁移重排反应中进行σ键的断裂和生成的原子轨道的性质（图 10.14）。在开链体系中，异侧成键一般比同侧成键更难以实现；对某些环状体系，结构上也可能是不合理的。因此，即使在轨道对称性上是允许的，根据规则应该进行异侧成键时，由于张力势垒，也不可能进行。

重排	类型
[3,3]	碳骨架重排
[1,3]	碳骨架或氢重排
[1,7]	碳骨架或氢重排

图示 10.18 更多σ键迁移重排反应的例子（注意，在每个例子中 1,1−σ键都断裂了）

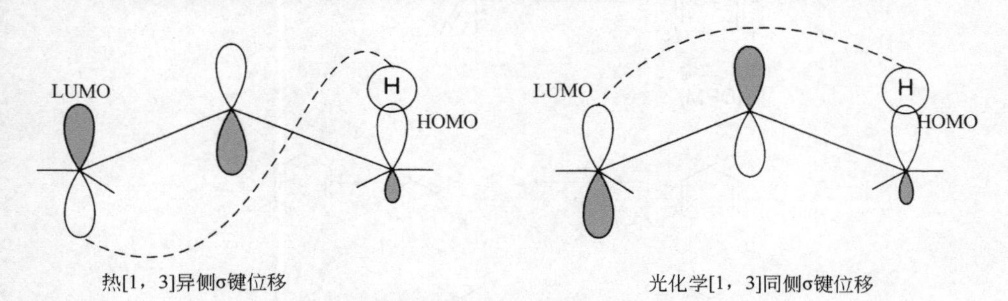

图 10.14 异侧和同侧氢迁移

从上面的定性描述中可知，烯烃的 $S_1(\pi,\pi^*)$态进行σ键迁移重排反应时涉及环状排列的 4 个或 8 个电子，因为这些重排的发生是经由相对容易实现的同侧-同侧成键相互作用。

光照 1,3,5-环庚三烯时，将发生 4 电子的[1,3]和 8 电子的[1,7]σ键迁移氢转移[式（10.29）]。

$$OC_2H_5 \quad \underset{h\nu}{\overset{h\nu}{\rightleftharpoons}} \quad OC_2H_5 \quad \underset{h\nu}{\overset{h\nu}{\rightleftharpoons}} \quad OC_2H_5 \quad \underset{h\nu}{\overset{h\nu}{\rightleftharpoons}} \quad OC_2H_5 \tag{10.29}$$

尽管 6 电子σ键迁移重排不太常见，但它们也为人所知，尤其是当异侧-同侧键合在结构上成为可能时。式（10.30）给出了一个可能的例子。甲基的结构自由度使得异侧-同侧键合可以发生。这个例子证明了，如果可以实现异侧-同侧键合，那么 6 电子σ键位移反应是允许的。在环状排列时，这种反常的键合是很难实现的，在这里并不是电子的数目阻止了 6 电子光周环反应。

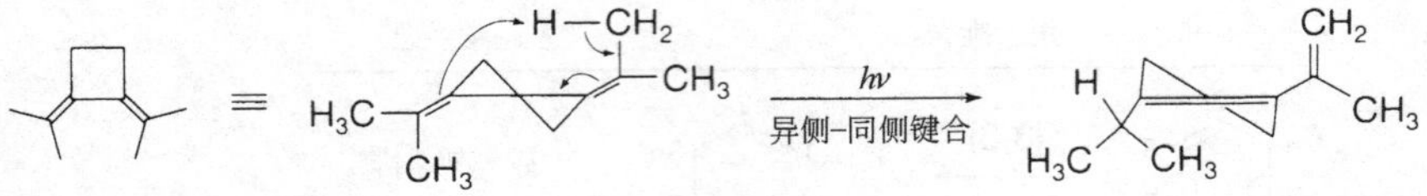

$h\nu$ 异侧-同侧键合 (10.30)

10.19 二π-甲烷反应：广泛的σ迁移反应

最重要的光化学σ迁移反应之一是[1,2]迁移，1,4-二烯类化合物转化成环丙烷化合物（图示 10.19）。这种反应定义为二π-甲烷（di-π-methane，DPM）反应，也称为Zimmerman 反应，以纪念对这一反应的发展和机理做出重要贡献的光化学家Zimmerman[43~45]。尽管在 DPM 反应中第二个 C═C 键似乎并没发生变化，但有一点是很清楚的，就是当反应物结构中 1,4-二烯的 2,4-碳原子之间可以发生电子相互作用时，这一反应是最有效的。

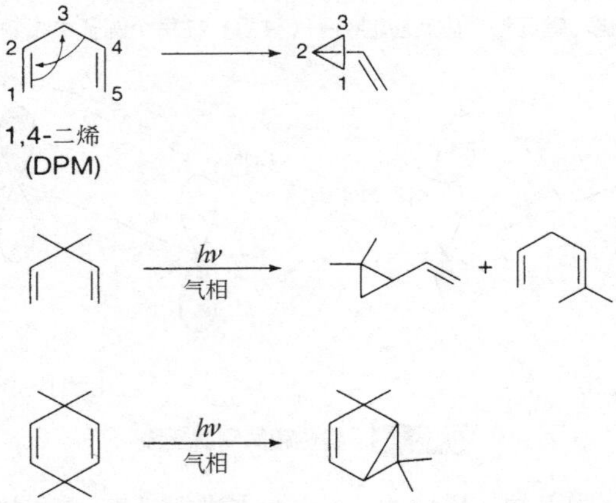

1,4-二烯 (DPM)

$h\nu$ 气相

$h\nu$ 气相

图示 10.19 DPM 重排反应的例子

有一个经验性规则，就是 DPM 反应对非环烯烃（或芳基烯烃）的 $S_1(\pi,\pi^*)$态是最有效的，而对刚性环烯烃（或芳基烯烃）的 $T_1(\pi,\pi^*)$态是最有效的。图示 10.20 给出了一个涉及 BR 中间体的 DPM 反应机理范式。这一中间体可以清楚地表明反应是源自刚性环烯烃的 $T_1(\pi,\pi^*)$态的。而两性离子中间体则可能更适用于表述源自非环烯烃 $S_1(\pi,\pi^*)$态的反应。由于 Z（两性离子）和 BR（双自由基）其实都给出了相同的结论，为简便起见，将使用后者进行论述。

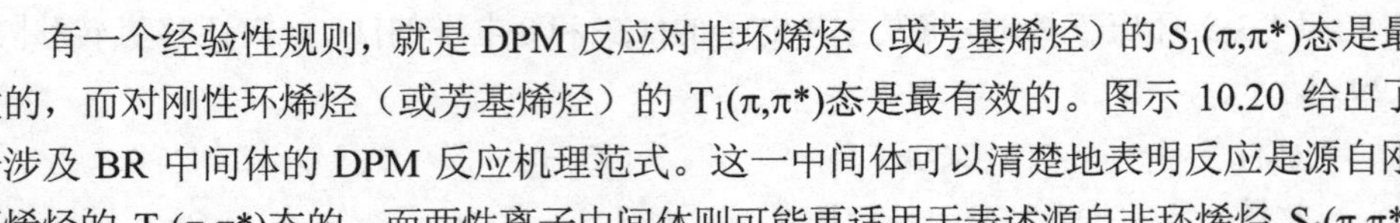

$h\nu$

R *R I(BR_1) I(BR_2) P

图示 10.20 DPM 重排反应机理

10.20 二π-甲烷反应：非环1,4-二烯

图示 10.21 给出了一个非环芳香烯烃 DPM 反应的例子。两个 1,4-二烯异构体 **39** 和 **40** 对于直接光照都发生 DPM 反应的[1,2]位移，当采用三重态敏化时则只有顺-反异构化发生。注意，从 $S_1(\pi,\pi^*)$进行的反应既具有区域选择性又具有立体选择性。

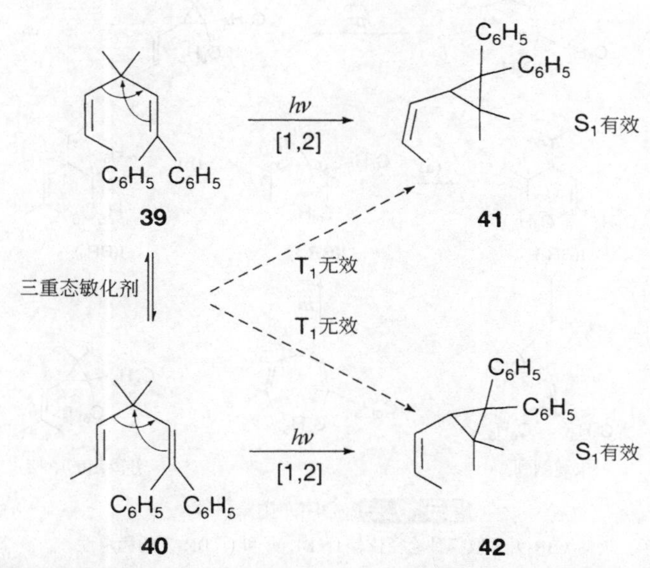

图示 10.21 非环体系中 S_1和 T_1的不同反应性：S_1倾向于 DPM，T_1倾向于顺-反异构化

与非环二烯 **39** 和 **40** 的情况不同，环己二烯 **43** 在 $S_1(\pi,\pi^*)$时进行的是[6e]开环反应生成 **44**，而在 $T_1(\pi,\pi^*)$时则进行 DPM 重排生成 **45**（图示 10.22）。

hν
$S_1(\pi,\pi^*)$
C_6H_5 C_6H_5
44
无效
C_6H_5 C_6H_5
43
三重态敏化剂
$T_1(\pi,\pi^*)$
C_6H_5
C_6H_5
45

图示 10.22 环体系中 S_1和 T_1的不同反应性：$S_1(\pi,\pi^*)$进行[6e]开环反应，$T_1(\pi,\pi^*)$进行 DPM 重排。见图示 10.26 所示机理

DPM 反应的一些区域选择性规则从图示 10.23 可以看出，主要是依据双自由基的稳定性。首先，对不对称 1,4-二烯来说，三元环通常是源自最低能量官能团的重排。其次，源于这一官能团的 2,3-成键的最稳定双自由基中间体是占优势的。例如图示 10.23 给出的 DPM 反应：由于苯基与 C═C 键的共轭，二苯乙烯基是最低能量的官能团。与最不稳定的自由基相邻的环丙烷键将断裂，如图示 10.23 所示。

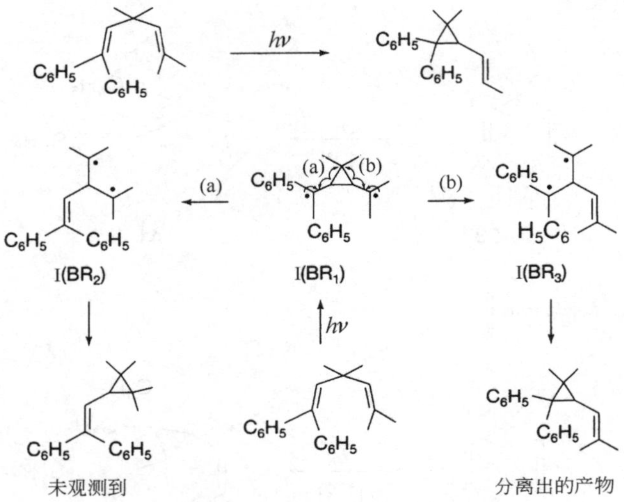

未观测到　　　　分离出的产物

图示 10.23　DPM 重排机理

I（BR_1）采取哪种途径依赖 I（BR_2）和 I（BR_3）的稳定性

10.21　二 π-甲烷（DPM）反应：刚性环 1,4-二烯及其相关化合物

与非环烯烃 T_1 态时 DPM 反应的低效率不同，这种反应对具有 1,4-二烯结构的刚性环烯烃非常普遍且高效。但也有许多这种体系，S_1 态发生的是不同轨道对称性允许的周环反应，而不是 DPM 反应。

一个有用的例子是式（10.31）所示的双环分子 **46**（俗称“桶烯”），其 S_1 和 T_1 产物有很大不同[46~48]。直接光照桶烯生成主要产物环八四烯（**48**），然而三重态敏化反应生成的主要产物为 DPM 重排的 **47**（俗称“Semibulvalene”）（图示 10.24）。桶烯含有由 2 个次甲基碳连接的 3 个π键。图示 10.24 给出了桶烯（**46**）完全转化为 Semibulvalene（**47**）的反应机理，其中涉及一个环丙基 BR（BR **5**）。从含氮前体（**49**）产生的同样的 BR 中间体（图示 10.25），以及通过敏化生成的 Semibulvalene 单一产物，都证明了 BR 的生成和这一反应机理[49]。

与电环化反应相似［式（10.24）］，芳香环的 C═C 键在 DPM 重排中可以代替两个双键中的一个。图示 10.26 给出了一个这样的例子：3-甲基-1,1,3-三苯基-1-丁烯（**50**），其反应从最低电子能级开始，有两种可能的环丙烷开环反应模式（图示 10.26）。在这里，在两个末端的电子是离域的。当通过图示 10.26 中的（a）途径进行开环反应时，产生了重新获得芳香性的更稳定的 BR **51**；而通过（b）途径的开环反应，则只能产生不稳定的 BR **52**。

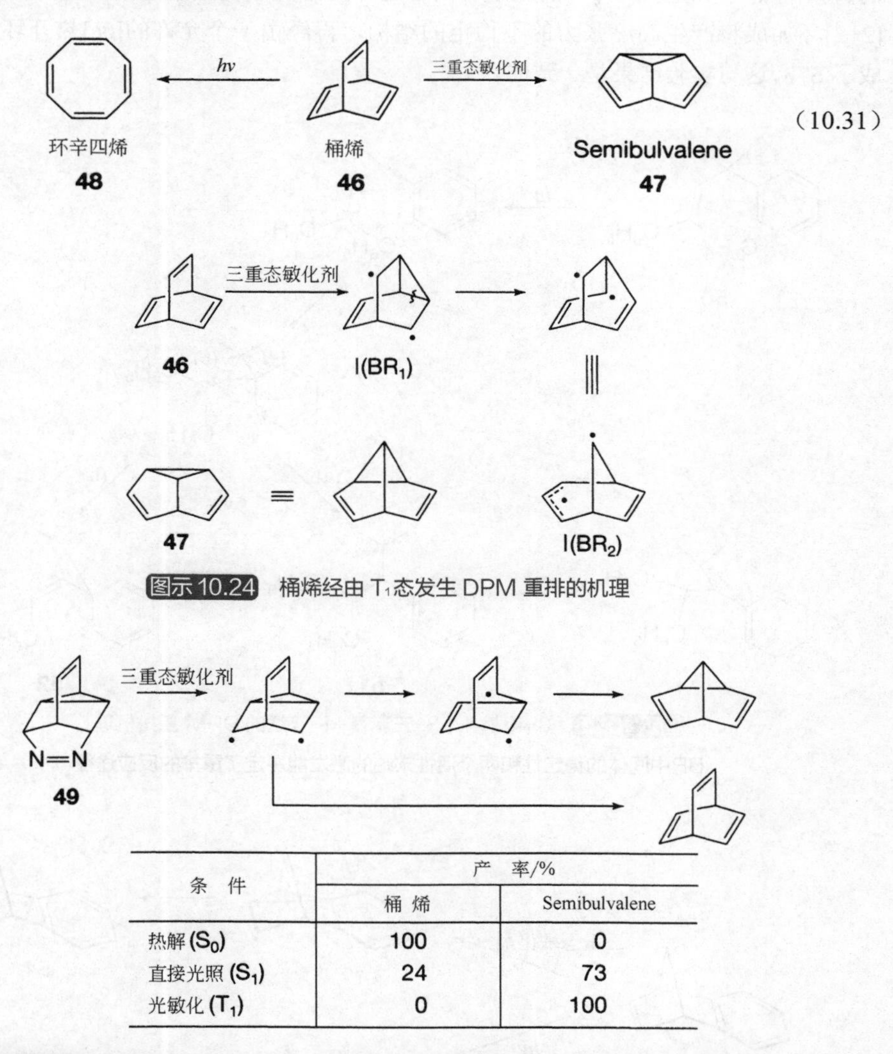

图示 10.24 桶烯经由 T_1 态发生 DPM 重排的机理

条件	产率/%	
	桶烯	Semibulvalene
热解 (S_0)	100	0
直接光照 (S_1)	24	73
光敏化 (T_1)	0	100

图示 10.25 桶烯的 DPM 重排机理：独立的 BR 中间体的生成产生了预期的重排产物

另一个这类反应的例子是 1,4-二氢-1,4-甲桥萘（**53**）（图示 10.27）。此化合物可通过三重态敏化 DPM 重排反应，进行[1,2]迁移，生成三环化合物 **54**[50]。而直接光照 **53**，即使经过很长时间也不能生成 **54**。**53** 这种对直接光照的惰性表明，S_1 很容易失活，不能生成产物。这种惰性的缘由可认为是，一个允许的[2+2]环加成生成了一个不稳定的四环庚烷衍生物 **55**，而它又可以通过热反应返回到原料 **53**。

S_1 态的[2+2]环加成的直接证据是苯并桶烯 **56** 的光解反应（图示 10.28）。对于 **56** 的直接光照可以观察到 **57** 的生成，而通过三重态光敏化则看到了 **58** 的生成。S_1 的[2+2]环加成将产生高度张力的不稳定的结构，再经由一个允许的[6e]热开环反应就生成了 **57**，这与实验结果是一致的。

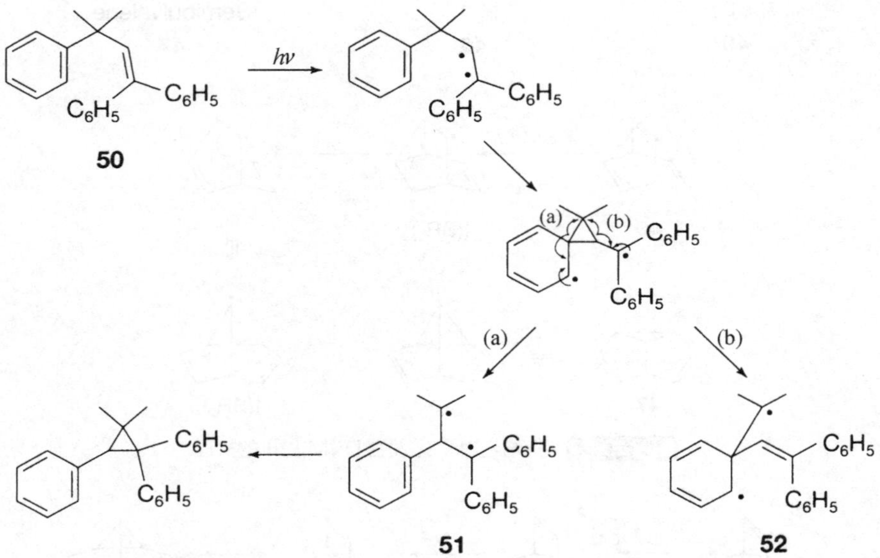

图示 10.26　3-甲基-1,1,3-三苯基-1-丁烯的 DPM 重排机理

BR中间体的稳定性和两个活性末端的激发能决定了重排的反应途径

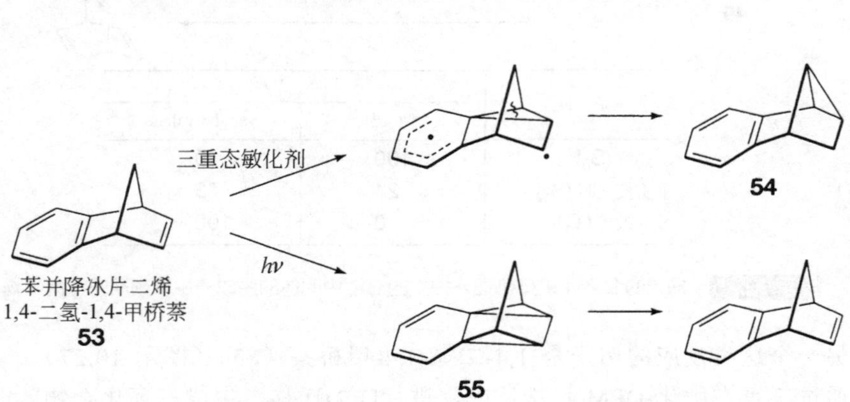

图示 10.27　苯并降冰片二烯的 DPM 重排反应机理

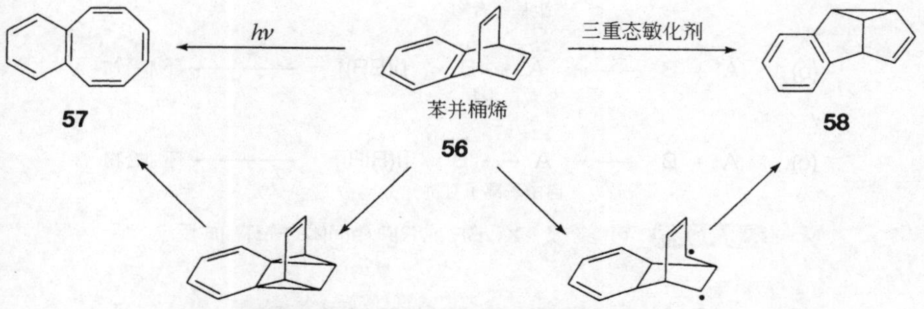

图示10.28 苯并桶烯的DPM重排反应机理

10.22 [*m*+*n*]光环加成反应

环加成反应是我们要讨论的最后一类周环反应。环加成反应是一个有 *m* 个原子的基团与另一个有 *n* 个原子的基团形成环产物的加成反应。如果两个基团是同一个分子的不同部分，那就是分子内环加成；如果两个基团分属于不同分子，那就是分子间环加成。环加成产物的组成是各组分原料的总和，也就是说在成环步骤没有其他基团被消除或增加。大部分环加成反应成环后都会有两个新生成的σ键。根据每个基团对新生成的环所贡献的原子个数，我们可以很方便地对环加成进行分类。对大部分环加成反应类型来说，涉及两个反应基团的，一个基团贡献 *m* 个原子，另一个基团贡献 *n* 个原子，这种环加成定义为[*m*+*n*]环加成［式（10.32)］。最常见的环加成反应是[2+2]［式（10.33），光化学］和[4+2]［式（10.34），热化学］。这些反应分别涉及4个电子和6个电子，因此可以认为它们也遵从周环反应的选择性规则。然而，正如我们将看到的，环加成反应可能有不同的反应机理，包括涉及EX、I(RIP)和I(BR)中间体的机理（图示10.29）。

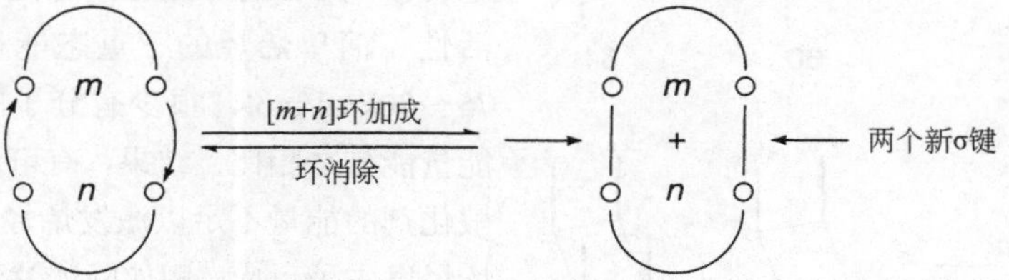

（10.32）

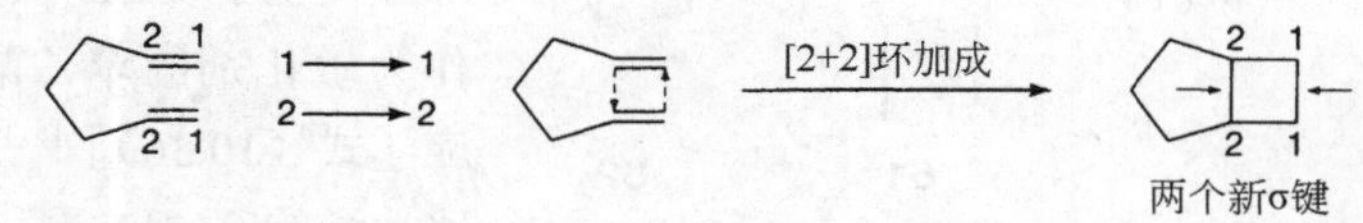

（10.33）

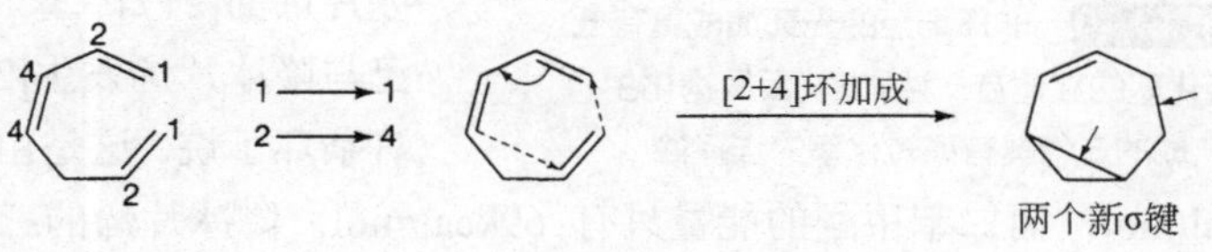

（10.34）

(a) A* + B ——→ A* ---- B [(EX)] ——→ 环加合物
激基缔合物

(b) A* + B ——→ $\dot{A}$ ---- $\dot{B}$ [I(BR)] ——→ 环加合物
双自由基

(c) A* + B ——→ $\overset{\bullet -}{A}$ ---- $\overset{\bullet +}{B}$ [I(RIP)] ——→ 环加合物
自由基离子对

图示 10.29 可能涉及 EX、BR 或 RIP 中间体的光环加成反应

10.23 [2+2]光环加成反应：烯烃

烯烃[2+2]光环加成的进行范式是：$S_1(\pi,\pi^*)\to I(Z)$，F→[2+2]环加成，$T_1(\pi,\pi^*)\to I(D)$→[2+2]环加成。对于双分子光环加成，需要记住的是：①烯烃的 $S_1(\pi,\pi^*)$一般具有寿命非常短、两性离子和低效率的 ISC 的特点；② $T_1(\pi,\pi^*)$具有相对较长的寿命和自由基型的反应活性。此外，由于 ISC 不需要成环，$S_1(\pi,\pi^*)$的环加成具有立体专一性，但是涉及 BR 中间体，所以 $T_1(\pi,\pi^*)$的环加成是非立体专一性的。

一个非环烯烃进行 $S_1(\pi,\pi^*)$态立体选择性的$\pi^*_{2S}+\pi^*_{2S}$ 光环加成的例子是液体的顺-2-丁烯和反-2-丁烯的光二聚（图示 10.30）。纯反-2-丁烯在光照时以较低的转化率生成二聚体 **60** 和 **61**。二聚体 **60** 和 **61** 相应于反-2-丁烯的立体选择性[2+2]环加成，而 **60** 和 **62** 则相应于顺-2-丁烯的立体选择性[2+2]环加成。

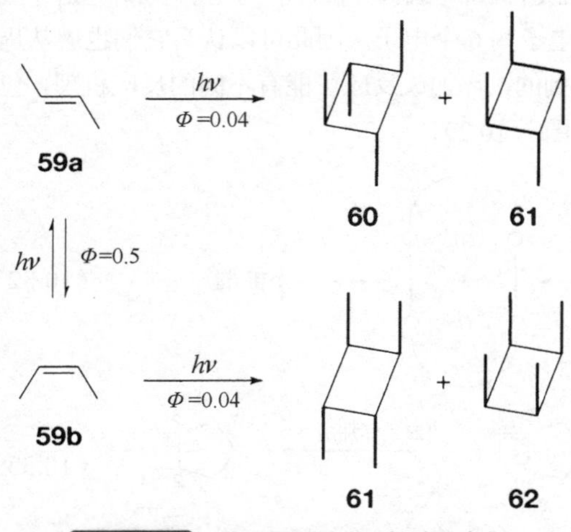

图示 10.30 非环烯烃的光环加成具有低转化率的立体专一性。顺-反异构化生成的产物具有高转化率的选择性

与非环烯烃 $S_1(\pi,\pi^*)$态光环加成的例子相对很少不同，小到中等大小的环烯烃普遍可以进行三重态光敏化[2+2]环加成［式（10.35）］[51]。这些三重态敏化反应包括从敏化剂到环烯烃的三重态能量转移，后者的三重态具有光环加成的活性。简单烯烃的三重态能量一般为75～80kcal/mol，很少有分子的三重态能量能与之相比。结果，有可能三重态敏化剂的能量不足以激发烯烃，反而与烯烃发生了反应。例如降冰片烯分别与作为敏化剂的苯乙酮和二苯甲酮的反应［式（10.36）］[51]，苯乙酮敏化了降冰片烯的[2+2]二聚，然而二苯甲酮却自己与降冰片烯发生[2+2]环加成，生成了氧杂环丁烷。这是由于苯乙酮的能量约为 74kcal/mol，而二苯甲酮的能量只有 69kcal/mol。降冰片烯的三重态能量也大约是74kcal/mol，所以从苯乙酮到降冰片烯的能量转移是热平衡的，因此似乎是可能的。而

另一方面，二苯甲酮较低的E_T使得其不能与降冰片烯发生有效的能量转移，而是与降冰片烯的π键发生加成，生成氧杂环丁烷。

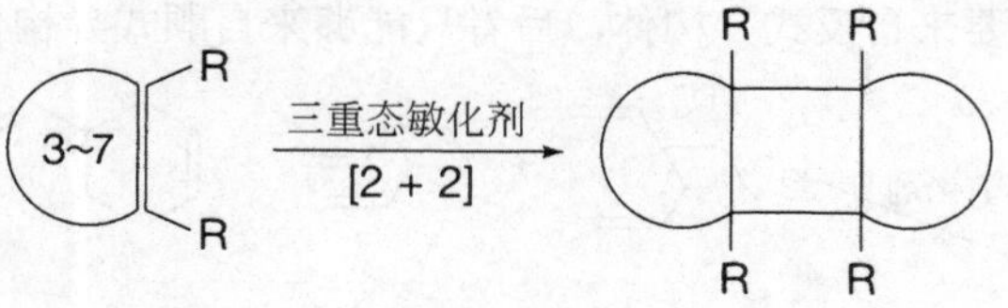

3~7 R R 三重态敏化剂 [2 + 2] R R R R

（10.35）

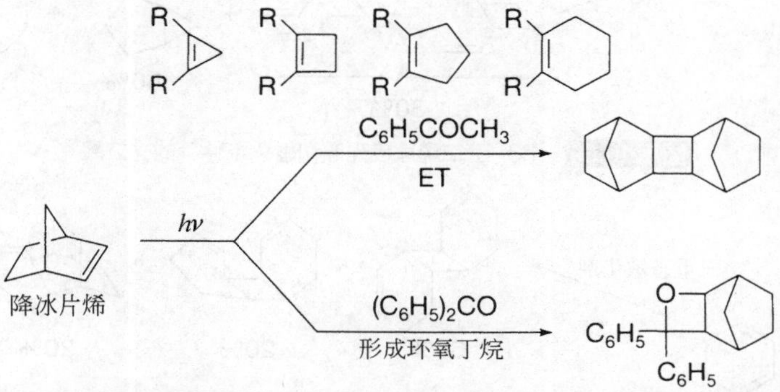

R R R R R R R R

$C_6H_5COCH_3$ ET

hν

降冰片烯

$(C_6H_5)_2CO$ 形成环氧丁烷 O C_6H_5 C_6H_5

（10.36）

降冰片烯的三重态敏化[2+2]环加成是一个不同于非环烯烃的代表性的例子，小到中等大小的环（C_3～C_7）烯烃可以进行合成上非常有用的[2+2]环加成。对顺-反异构化的阻止可以增加小到中环环烯烃的三重态寿命，这使得它们有更多机会与基态烯烃发生反应。对于环己烯和环庚烯来说，不处于 T_1 态的张力性的反式环烯烃也有可能出现在[2+2]热反应中。

10.24 1,3-二烯的[2+2]和[4+2]光环加成反应

一般来说，1,3-二烯和 1,3,5-己三烯的 $S_1(\pi,\pi^*)$态环加成效率较低，这可能是因为顺-反异构化和周环反应的竞争导致 $S_1(\pi,\pi^*)$态的寿命非常短造成的。相反，1,3-二烯的 $T_1(\pi,\pi^*)$态生成[2+2]和[4+2]环加成产物的产率很高[52,53]。

本节中，我们给出两个[*n*+*m*]环加成反应的例子：1,3-丁二烯的二聚和 1,3-环己二烯的二聚（见图示 10.31 和图示 10.32）。1,3-丁二烯在溶液中进行敏化光二聚生成 3 种主要的二聚体混合物（图示 10.31）。二聚体的组成、[2+2]和[4+2]环加成产物的混合物随敏化剂三重态能量的变化而变化。

图 10.15 给出了一个二聚体组成（反应混合物中的[2+2]产物含量）对敏化剂三重态能量的曲线图。为了更好地理解，我们首先需要了解一下二聚化的机理。三重态的二聚不可能是协同的，而更可能是通过 BR 进行的（图示 10.33）。从前面的讨论我们知道 1,3-二烯在溶液中以 s-*trans* 和 s-*cis* 两种构型存在。根据 NEER 原理（见 10.7 节），在激发态，这些二烯不能够相互转化。因此，所有的二聚体必定都是来自这些不能够

相互转化的异构体的三重态。在室温下以 s-*trans* 构象为主，所以 s-*trans* 和 s-*cis* 三重态将主要与基态的 s-*trans* 二烯进行反应。烯基环丁烷和烯基环己烯的生成机理如图示 10.33 所示，前者主要来自反式异构体，后者只能够来自顺式异构体。

三重态敏化剂

hν

30%

60%

约8%

图示 10.31　1,3-丁二烯直接光照和敏化条件下的光二聚

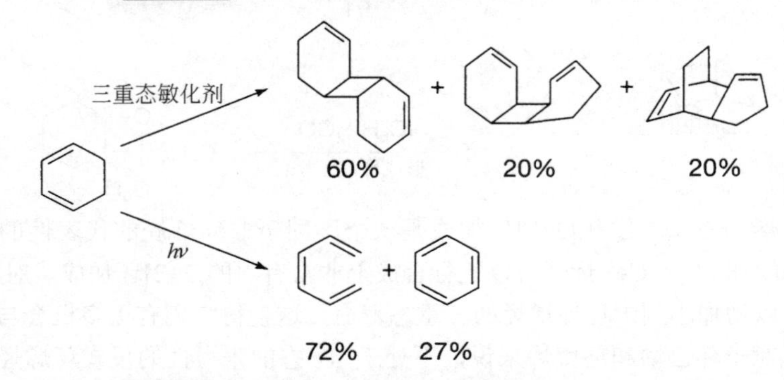

图示 10.32　1,3-环己二烯直接光照和敏化条件下的光二聚

了解了这些以及反式、顺式异构体的三重态能量以后，我们就能够解释为什么环丁烷产物的比例随敏化剂三重态能量的变化而变化（图 10.15）。s-*trans* 异构体的三重态能量是 60kcal/mol，s-*cis* 异构体的三重态能量是 53kcal/mol。当敏化剂三重态能量大于 60kcal/mol 时，到 s-*trans* 和 s-*cis*1,3-二烯的能量转移就是由扩散控制的。由于前者的比例远远高于后者（>90%），s-*trans*1,3-二烯三重态将是主要的激发态成分。这将使得烯基环丁烷成为主要产物。当敏化剂三重态能量低于 60kcal/mol 时，到反式异构体的能量转移速率将低于扩散速率，而对顺式异构体的能量转移速率将仍然是扩散速率控制的。因此，能量介于 54～60kcal/mol 之间的敏化剂将选择性地对 s-*cis*1,3-二烯进行三重态能量转移，从而导致烯基环己烯的生成。当三重态能量低于 54kcal/mol 时，向两个异构体的能量转移将慢下来，不会再有二聚体的生成。需要注意的重要一点是，当对 1,3-丁二烯采用非敏化激发时，将生成至少 10 种产物的混合物和一种聚合物，而敏化反应却是非常干净的。从而，我们可以通过选择具有合适能量的敏化剂来控制二聚产物的组成。

上面的解释也预示着，只以一种构型存在的二烯应该表现出不依赖三重态能量的行为。的确，1,3-环己二烯的敏化二聚产生 3 种二聚体，它们的组成与三重态能量无关（图示 10.32）。对于 1,3-丁二烯和 1,3-环己二烯的敏化二聚的比较揭示了另一个特点。

在无限浓度时，二烯二聚的量子产率对 1,3-丁二烯和 1,3-环己二烯来说是一样的。在低浓度时，1,3-环己二烯二聚的量子产率仍然接近 1，然而对 1,3-丁二烯来说却急剧降低到一个非常小的数值。基于我们所了解的非环二烯的激发态行为，这种差异很容易理解。非环二烯的二聚必须与很容易进行的三重态构型异构化相竞争。另一方面，环二烯却并不能发生异构化，有更长的三重态寿命，也就更易于被基态的二烯捕获。

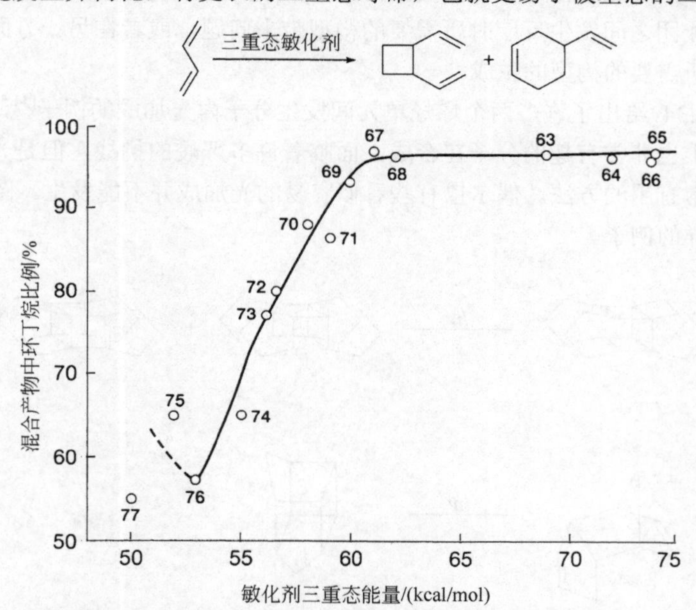

图10.15 1,3-丁二烯的敏化光二聚产物分布与三重态能量的关系

63=二苯甲酮，**64**=苯甲醛，**65**=呫吨酮，**66**=苯乙酮，**67**=米蚩酮，**68**=蒽醌，**69**=2-萘乙酮，**70**=2-萘基苯基甲酮，**71**=2-萘甲醛，**72**=1-萘乙酮，**73**=萘甲醛，**74**=2,3-丁二酮，**75**=苯并蒽酮，**76**=芴酮，**77**=3-乙酰基芘

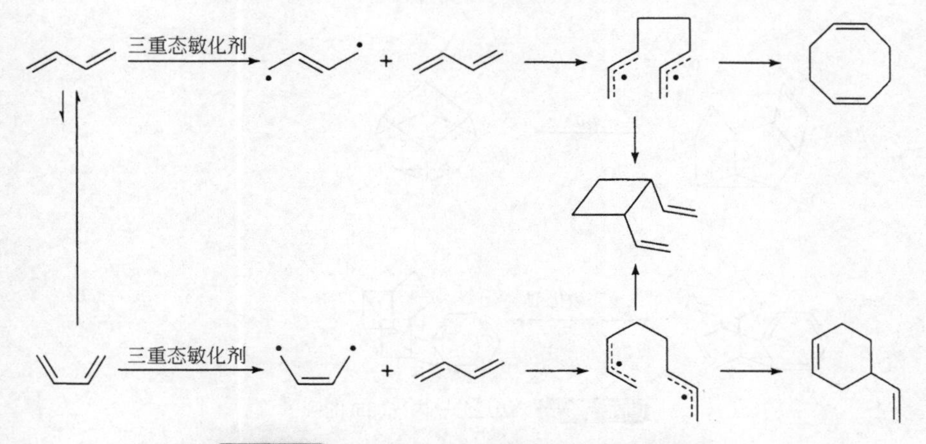

图示10.33 1,3-丁二烯的三重态敏化二聚反应机理

产物分布由三重态敏化剂的能量控制

10.25 烯烃和多烯的分子内光环加成

分子内环加成在机理上与上面讨论的分子间反应没有什么差别。然而，由于两个反应组分间被共价键连接，与分子间的情形相比，其运动受到更多的限制，这可能给两个烯烃官能团之间发生反应时所需要的构型带来问题，或者在另一方面也可能促进了这种反应所需要的构型的生成。

图示 10.34 给出了许多两个烯烃单元间发生分子内光加成的例子[54,55]。这些优美的、在理论上也非常有趣的分子在合成上面临着许多严峻的挑战，但是光化学为之提供了一个非常有用的方法。偶尔也有些看似容易的光加成并不能发生。图示 10.35 给出了两个这样的例子。

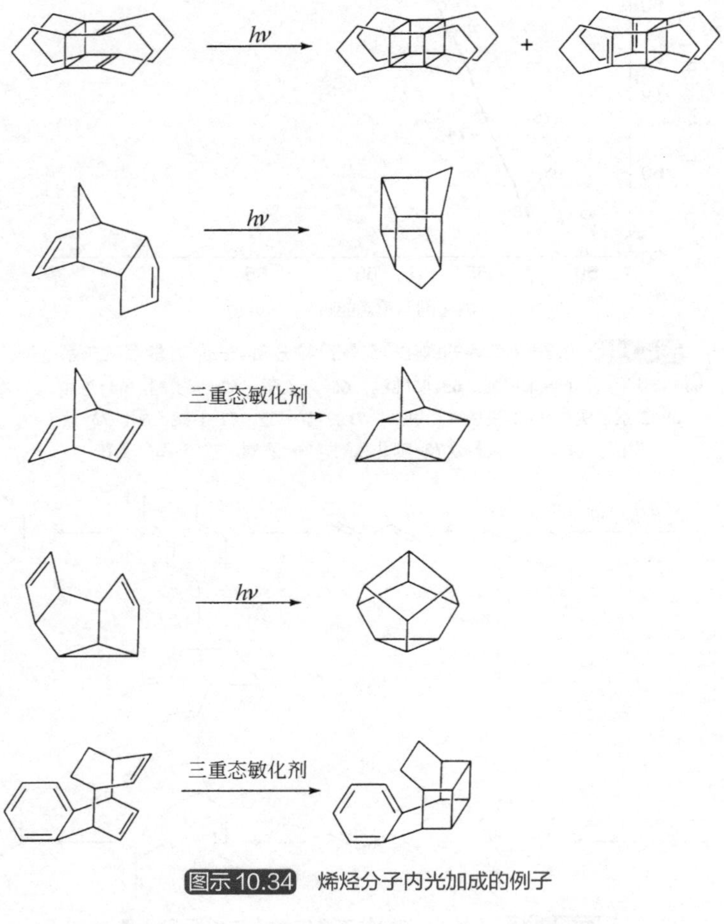

hν

hν

三重态敏化剂

hν

三重态敏化剂

图示 10.34 烯烃分子内光加成的例子

也有一些有用的规则，可以预测 T_1 态的分子内环加成的优势路径。它的双自由

基性质和 $T_1 \rightarrow I$（BR）的初级过程使我们可以用自由基和双自由基规则作为这一预测的基础。烷基自由基模型的使用提供了一种涉及三重态的分子内环加成的有趣预测。例如，五元环的生成普遍更优先于四元环和六元环，这就是我们熟悉的“五元环规则”[56,57]。另外，最稳定的双自由基规则在环加成产物结构的预测上也十分有用。

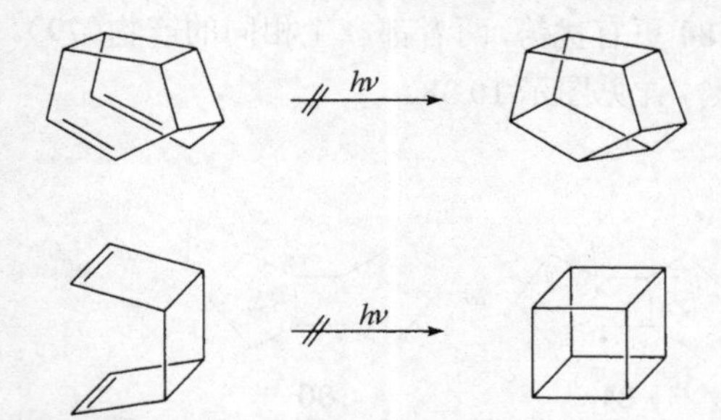

图示 10.35 不能够进行烯烃分子内光加成的例子

图示 10.36 中分子进行三重态敏化分子内加成，生成两种产物，一种是通过“交叉”加成产生，另一种是通过“直接”加成产生[58]。在这些例子中，加成的类型（交叉和直接）取决于与活性 C═C 键连接的亚甲基上碳的数目。这些反应被认为是通过自由基中间体进行的。在这些情况下，环加成是通过交叉还是直接的方式进行能够根据五元环规则进行预测。

hν
“直接”
“交叉”

CH=CHCOOCH3
CH=CHCOOCH3
三重态敏化剂
H3COOC
COOCH3
环：5/5
五元环优先于四元环
未形成
环：5/5

CH=CHCOOCH3
CH=CHCOOCH3
三重态敏化剂
COOCH3
COOCH3
环：5/4
五元环优先于六元环
未形成
环：6/6

图示 10.36 三重态敏化的烯烃分子内光加成反应，生成了直接和交叉的加成产物

二烯 **78** 的光环加成反应也适用五元环规则（图示 10.37）。如图示 10.37 所示，两

种可能的产物中更优先生成经五元环 BR 的产物。当有两个可能的五元环形成时，更稳定的一个更具有优势，正如在 **78** 中 **81** 比 **80** 更有优势，两者都产生相同的产物（**79**）。这种独特的特点在月桂烯中表现得更为明显，详见图示 10.38。

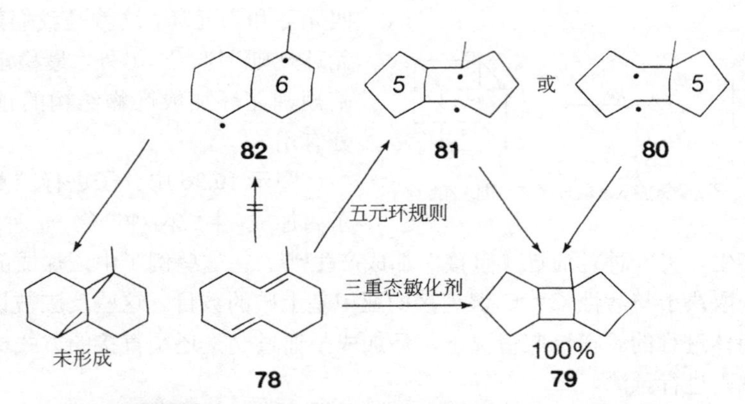

图示 10.37 五元环规则控制的分子内加成产物的生成

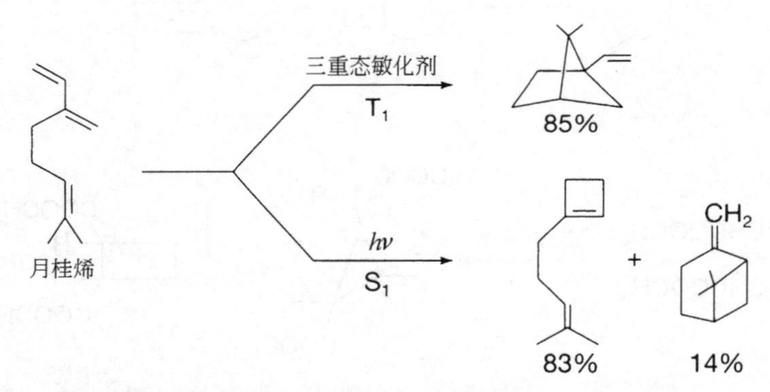

图示 10.38 直接光照和三重态敏化条件下月桂烯的分子内光加成

月桂烯的光化学行为（见图示 10.38）和许多其他相关的例子阐明了这一点：当不止一个五元环 BR 可以形成时（图示 10.38），最稳定的那个将优先生成[59]。这些例子也阐明了直接光激发所不能得到的产物通过三重态敏化即可实现。以月桂烯为例，通过三重态敏化，二烯到达三重激发态。在三重态势能面，除了进行构型异构化，二烯还可以与两个碳之外的烯烃官能团相互作用。这种相互作用可以产生 4 种 BR，如图示 10.39 所示。其中，**83** 是优势结构，这可以从单一分离产物中得到证实。根据五元环规则和 BR 六元环产物的稳定性，**85** 和 **86** 可以被排除。剩下的两个 BR 具有五元环结构，再根据自由基稳定性判断 **83** 是占优势的，从而这一中间体导致了最终的产物。

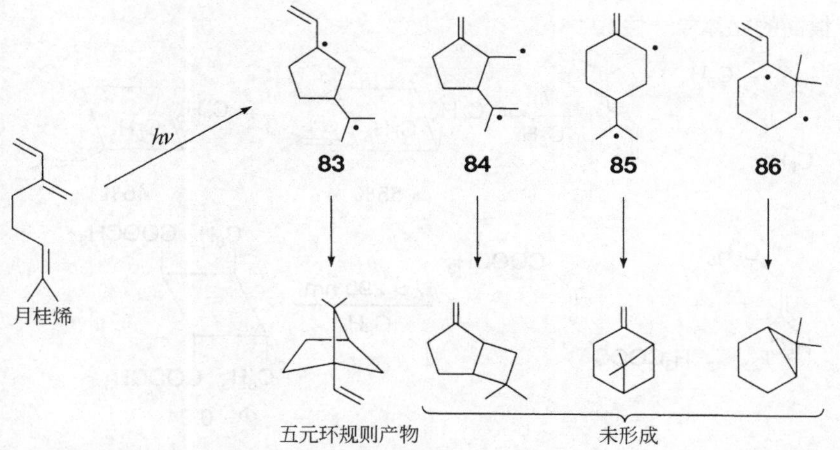

图示10.39 根据五元环规则和BR稳定性预测的三重态敏化条件下月桂烯分子内加成产物的生成

10.26 [2+2]光环化反应：芳香烯

所有非环脂肪族烯烃的反应都必须与快速、几乎无势垒的 S_1 态和 T_1 态的单分子构型顺-反异构化反应相竞争。有些芳香基团取代的烯烃的顺-反异构化反应可能在旋转时有一点势垒，这种情况下，在 S_1 和 T_1 失活的过程中环加成就有了更多的机会。一般来说，*R 在异构化旋转时的势垒越高，成功进行光环加成的可能性就越大[60,61]。

电荷转移（CT）相互作用在芳香基烯烃的 S_1 环加成反应中一般是比较重要的。CT相互作用对 EX 的形成也很重要，所以在环加成过程中有可能反应按 $S_1 \rightarrow S_1(EX) \rightarrow I(Z)$ 或 $CI \rightarrow P$ 路径进行，例如反式芪和烯烃、1,3-二烯的 S_1[2+2]环加成反应［式（10.37）和式（10.38）］。通常这些环加成反应都有很好的立体选择性。

从反式芪 $S_1(\pi,\pi^*)$态的前线轨道相互作用考虑，富电子烯烃将与半充满的π轨道通过 $\pi \leftarrow \pi$ 相互作用发生作用，缺电子烯烃将与半充满的π*轨道通过 $\pi^* \rightarrow \pi^*$ 相互作用发生作用（图 10.16）。如果 $S_1(\pi,\pi^*)$与 $S_2(\pi,\pi^*)$混合而呈现两性离子的特点，那么富电子烯烃将与两性离子结构的未占据轨道相互作用，缺电子烯烃将与两性离子结构的双占据轨道相互作用（第 6 章）。因此，根据烯烃的不同，反式芪既可用作电子给体又可用作电子受体。

式（10.37）和式（10.38）给出了一些反式芪的[2+2]环加成的例子。反式芪与富电子的 2,5-二甲基-2,4-己二烯的环加成生成了 4 种可能的[2+2]加成产物中的 2 个［式（10.37）］[60]。反式芪的反式构型在环加成产物中被清楚地保留。此反应显然是含有一个 S_1（EX）中间体，这可以通过荧光测量直接检测。1,3-二烯对芪荧光的猝灭速率依赖二烯的给电子能力（离子化电势），这与芪的 S_1 态和 1,3-二烯之间的 CT 相互作用相一致。上面这个例子中，反式芪的 S_1 态在光环加成反应中扮演着电子受体的角色。而 S_1 态扮演电子受体角色的例子如式（10.38）所示，反式芪与反丁烯二酸甲酯的光环加成具有很高的立体专一性。

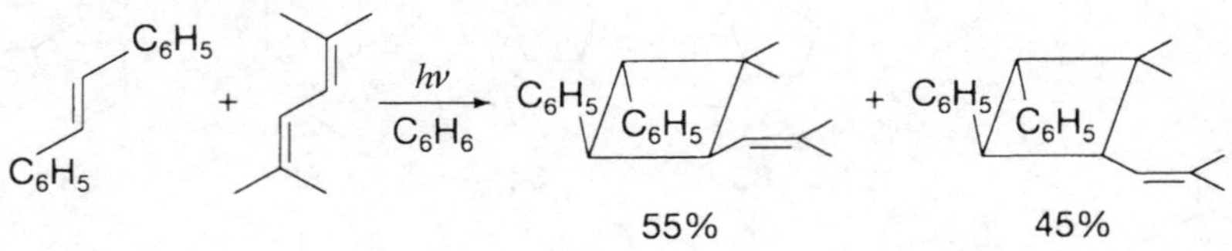

C_6H_5 C_6H_5 + [diene] $\xrightarrow[C_6H_6]{h\nu}$ C_6H_5 C_6H_5 (55%) + C_6H_5 C_6H_5 (45%) (10.37)

C_6H_5 H_5C_6 + $COOCH_3$ H_3COOC $\xrightarrow[C_6H_6]{\lambda > 290\ nm}$ C_6H_5 $COOCH_3$ C_6H_5 $COOCH_3$ $\Phi = 0.04$ (10.38)

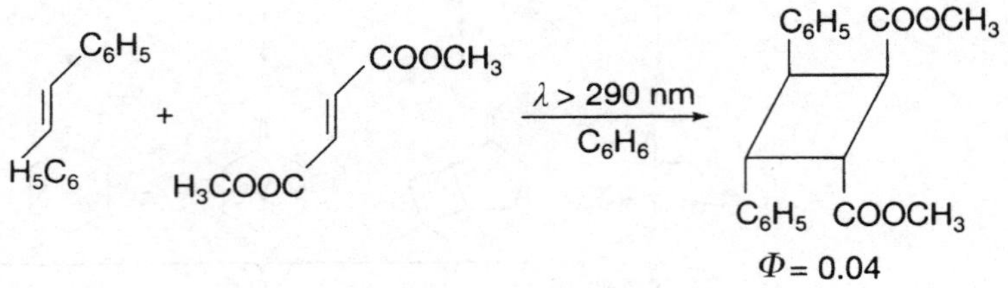

π* π* π*

同侧–同侧进攻

π ● ● π ● π (π,π*)

C═C A 缺电子烯烃 A-电子受体

C═C D 富电子烯烃 D-电子给体

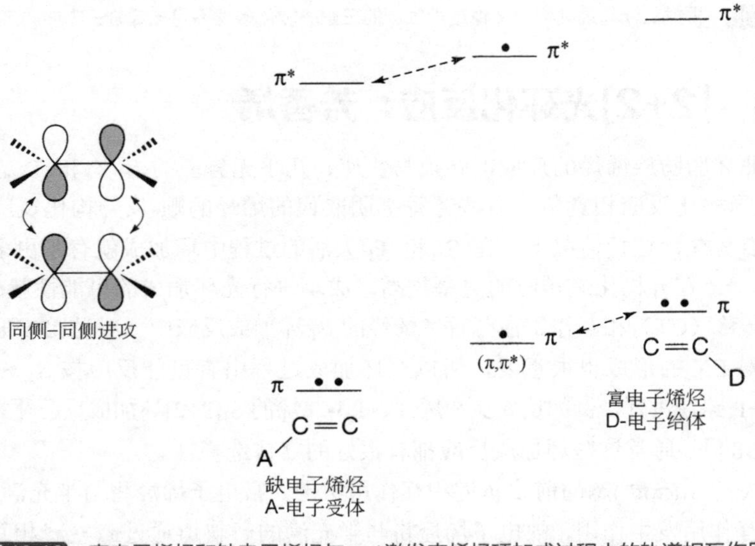

图 10.16 富电子烯烃和缺电子烯烃与π,π*激发态烯烃环加成过程中的轨道相互作用

芪与烯烃的加成为芳香基烯烃的 S_1 态与烯烃的[2+2]环加成的进行范式提供了一个非常有用的反应模式：第一步，是 EX 的形成，在理想的情况下它可以通过发射光谱或吸收光谱直接检测[62]。如果 EX 具有很强的 CT 性质，那么将可能发生完全的电子转移。例如芪的衍生物碳酸二苯基亚乙烯酯（diphenylvinylene carbonate）与 2,5-二甲基-2,4-己二烯的光激发的结果（图示 10.40 和图示 10.41）。碳酸二苯基亚乙烯酯的 S_1 态的猝灭速率与溶剂无关，但是产物的量子产率强烈地依赖溶剂：在苯中 $\Phi \approx 0.6$，但在乙腈中 $\Phi \approx 0.001$[60]。这种 EX 可以演化出两种溶剂依赖的途径：在极性溶剂中，电子转移（图示 10.40 途径 b）倾向于生成 RIP，然后通过快速、有效的电子回传返回到原料基态；在非极性溶剂中，相互作用主要是 CT，它将各组分聚到一起，倾向于进行环加成（图示 10.40 途径 a）。这些结果展示了在各反应组分间溶剂极性对涉及高度

CT 相互作用的光反应的重要性。

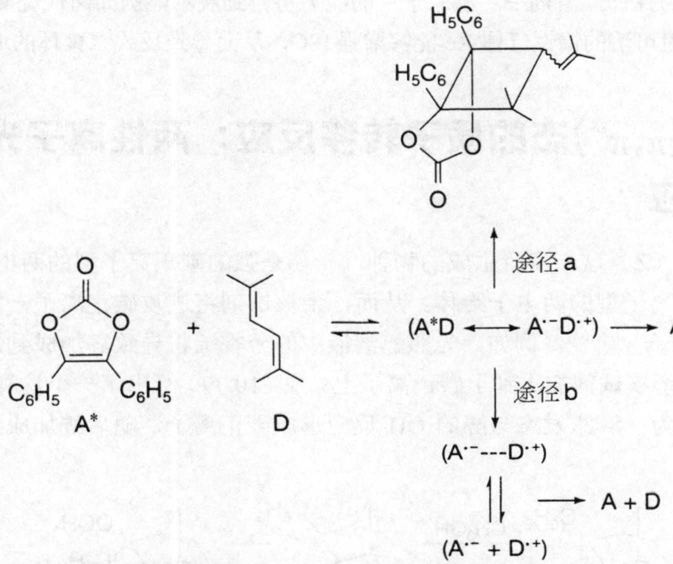

图示 10.40 环加成效率在极性溶剂中较低，而在非极性溶剂中则较高（EX 衰变为加合物还是 RIP，这有赖于溶剂的极性）

与反式芪的 S_1 态进行[6e]电环化关环和顺-反异构化的结果相反，三重态敏化形成 T_1 主要导致顺-反异构化。尽管顺式芪在 S_1 态到 T_1 态都进行着非常迅速的顺-反异构化，这阻止了二聚或加成反应的有效竞争，但是图示 10.40 给出了一个例子，由于结构影响阻止了 C═C 双键的扭曲，从而延长了 S_1 和 T_1 的寿命，使得环加成得以有效发生。的确，对于结构受限制的体系，环加成在 S_1 和 T_1 都可以发生。一个经典的例子是苊烯的光致[2+2]二聚（图示 10.41）[63,64]。从 S_1 和 T_1 形成的二聚体的立体化学是不同的，T_1 生成的是 50:50 的顺式和反式的混合物，然而 S_1 主要生成顺式二聚体。这些结果与 S_1 的反应一致，其经由一个由 CT 相互作用和π*体系最大化重叠所稳定化的激基复合物进行。关于苊烯的光二聚反应，人们详细研究了有关介质增强的 S_1→T_1 系间窜越的

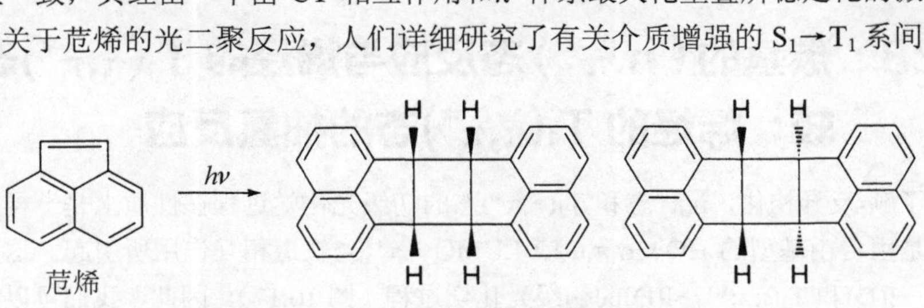

S_1	100%	0%
T_1	50%	50%

图示 10.41 苊烯的光二聚反应

影响。如果更多的 T_1 生成，那么混合产物将从顺式二聚体为主变为含有大量的反式二聚体。将产物组成作为探针，溶剂中"重原子"的能力将得到展示，例如卤代烷增强 ISC。在有机溶剂中，相对可溶的惰性气体 Xe 能够增强 ISC，从而导致反式二聚体的增加。

10.27 $S_1(\pi,\pi^*)$态的质子转移反应：两性离子光加成反应

在 $S_1(\pi,\pi^*)\rightarrow$I（Z）这一步所生成的物种，一端是强的碳正离子型的两电子受体，另一端是强的碳负离子型的两电子给体。从而，亲核试剂将进攻碳正离子一端，而质子将转移到碳负离子一端[65]。例如，光照醇溶液中的芳香烯将导致醇加成到烯烃上生成 C—O 键，表明亲核试剂加成到了碳正离子上。式（10.39）给出了一个这样的例子。这一反应可以理解为：S_1 激发态与醇的 OH 反应形成碳正离子，随后醇加成到了碳正离子上[66~68]。

$$C_6H_5\text{-norbornene} \xrightarrow{h\nu} \text{(zwitterion)} \xrightarrow{CH_3OH} \text{(cation)} \longrightarrow \text{(OCH}_3\text{, C}_6H_5\text{ product)} \quad (10.39)$$

$$C_6H_4CH{=}CHCH_3 \xrightarrow[CH_3COOH]{h\nu} C_6H_5CH(OCOCH_3)CH_2CH_3 \quad (10.40)$$

$$H_5C_6\text{-}C(=CH_2)CH_2CH_2CH(OH)C_6H_5 \xrightarrow[C_6H_{14}]{h\nu} \text{2-methyl-2,5-diphenyltetrahydrofuran} \quad (10.41)$$

S_1 的质子化比 S_0 容易得多，这是由于 S_1 更容易极化，具有两性离子的性质。例如，在式（10.40）和式（10.41）中，相比较 S_0，S_1 质子化速率的增强程度估计达到了 10^{11}！

正如所料，芳香烯的 T_1 拥有自由基的类似性质，而不是两性离子的性质，几乎没有接受质子的倾向。然而，它们倾向于抽取氢原子，这一反应将在 10.28 节讨论。

10.28 羰基的 (n,π^*) 态反应与烯烃的 $T_1(\pi,\pi^*)$态的比较：烯烃的 $T_1(\pi,\pi^*)$态的抽氢反应

除了顺-反异构化，n,π^*态和 $T_1(\pi,\pi^*)$态的初级光化学过程在性质上是一样的，因为两者都是由自由基型的 HO$\leftarrow\sigma,\pi,n$ 或 LUMO$\rightarrow\pi^*,\sigma^*$轨道相互作用所引起。这分别导致了 $n,\pi^*\rightarrow$I(D)和 $T_1(\pi,\pi^*)\rightarrow$I(D)的初级光化学过程（图 10.17）。因此，我们可以期望烯烃能够进行自由基型的抽氢反应、π^*加成、电子转移、α-裂解和β-裂解反应。

T_1 和烯烃发生加成反应的例子在 10.23 节和 10.26 节已经讨论过了。本节中，我们讨论 $T_1(\pi,\pi^*)$的抽氢反应[69]。

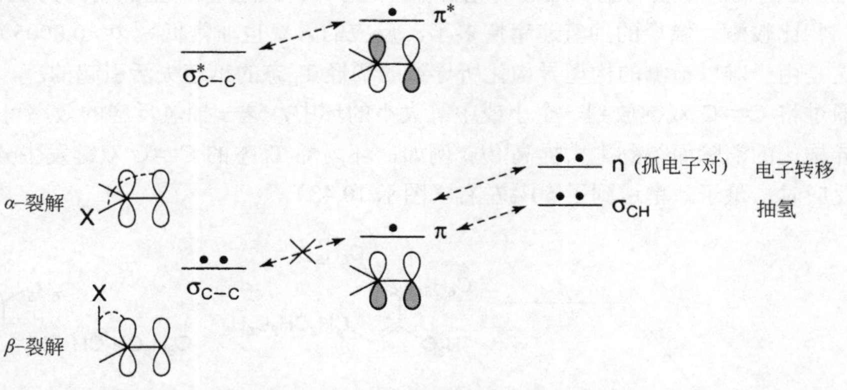

图10.17 基于轨道相互作用所可能发生的初级光反应（n表示非键轨道）

我们知道，小到中等的环烯烃具有更长的 T_1 态寿命，这使得我们可以看到 T_1 态发生分子间反应，例如式（10.42）所示降冰片烯的 T_1 态抽氢反应［来自甲醇的CH（而不是OH）的氢原子］。这一抽氢反应相应地产生亲核碳自由基。而对于苯基降冰片烯的单重激发态［式（10.39)］，更优先发生的是两性离子 S_1 态的质子化。

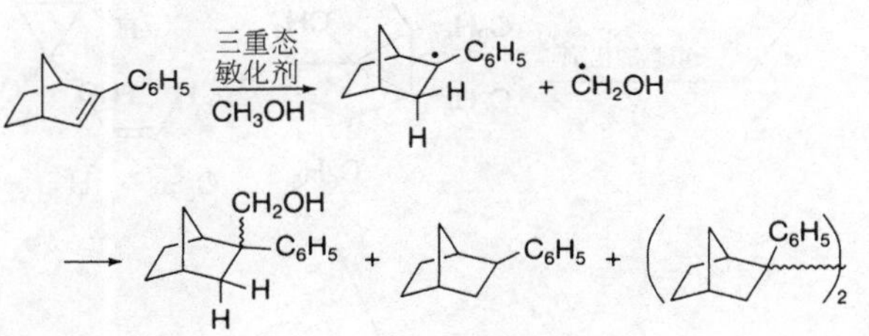

（10.42）

在几个报道的发生分子内抽氢反应的非环体系中，一个有趣的例子是对烯烃 $T_1(\pi,\pi^*)$ 态和酮 $T_1(n,\pi^*)$ 态的分子内抽氢反应，如图示10.42所示[70]。酮的反应是我们所熟悉的γ-抽氢。因此，我们假设在 $T_1(\pi,\pi^*)\rightarrow I$（BR）的过程中 $T_1(\pi,\pi^*)$ 态也发生了γ-抽

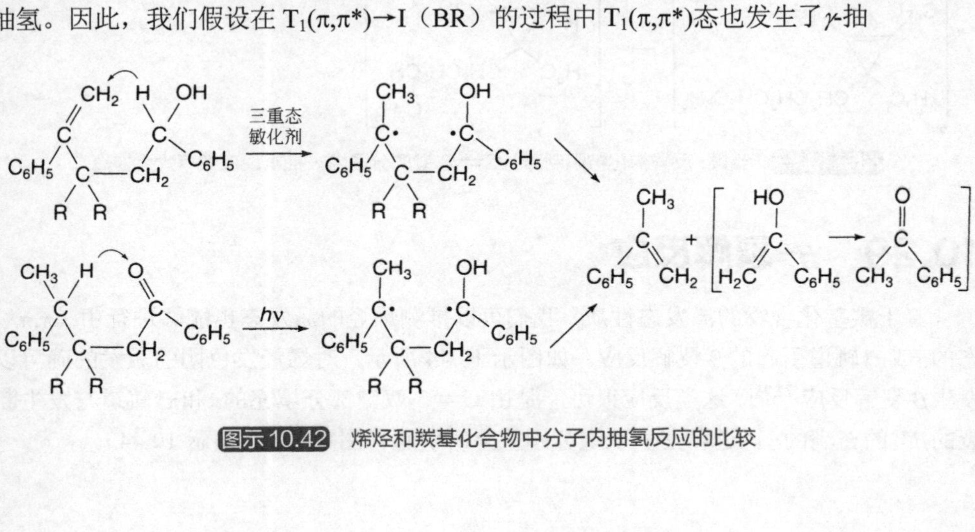

图示10.42 烯烃和羰基化合物中分子内抽氢反应的比较

氢反应。相同的产物表明酮和烯烃的光解都经过了一个由抽氢产生的相同的 1,4-BR 中间体。相比较酮，烯烃的抽氢速率慢多了，反应的效率也非常低（$\Phi \approx 0.0005$），我们假设这是由于难以检测的构型异构化所导致的烯烃 T_1 态的迅速失活引起的。

通过将 C═C 双键放到一个小或中等大小的环中，这一抽氢反应的效率可以由于构型异构化的消除而得到大大提高[71]。例如，环丙烯 T_1 态的 C═C 双键发生分子内γ-抽氢反应时，量子效率达到了 50%左右（图示 10.43）。

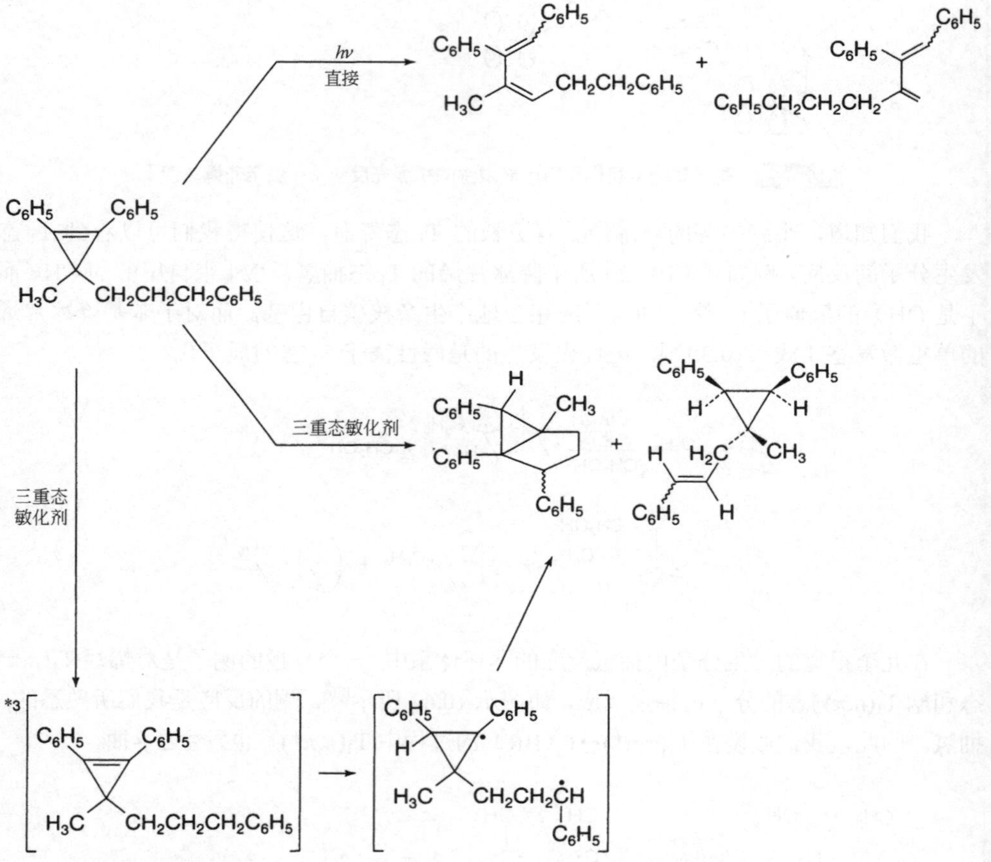

图示 10.43 当顺–反异构化被限制时，C═C 键的分子内γ–抽氢反应效率大大提高

10.29 β-裂解反应

鉴于羰基化合物的激发态性质，我们可以推测烯烃的激发态也能够进行由（π,π^*）态的π或π^*轨道引起的β-裂解反应。如图示 10.44 所示，对烯烃发色团的激发的确可以发生β-裂解反应[72,73]。这类反应很可能是由 C═C 双键部分填充的π和π^*轨道与发生断裂的β键的充满的σ轨道和空σ^*轨道分别重叠所引起（图 10.17 和图示 10.44）。

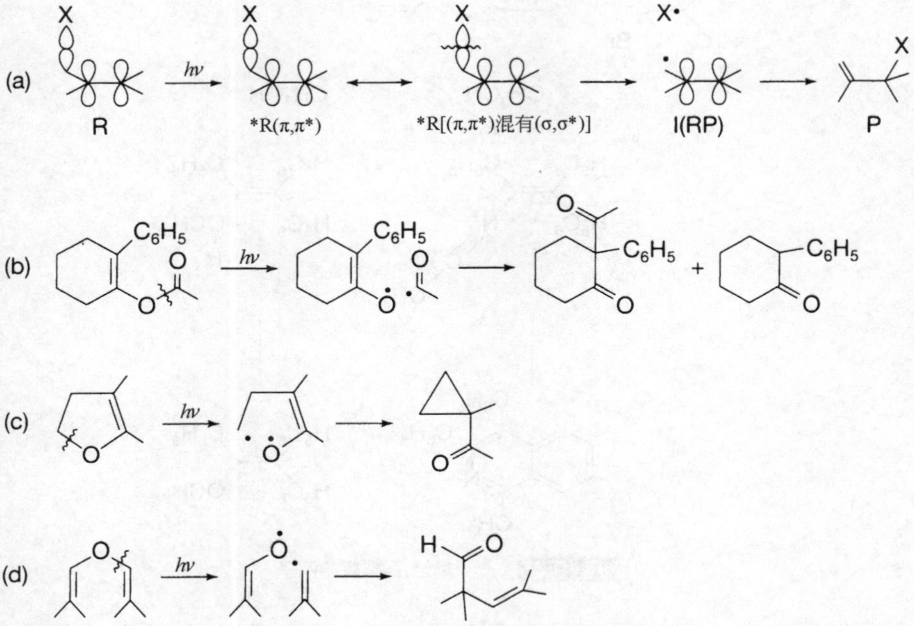

(a) X R $h\nu$ X *R(π,π*) X *R[(π,π*)混有(σ,σ*)] X· I(RP) X P

(b) C_6H_5 O O $h\nu$ C_6H_5 O O C_6H_5 O + C_6H_5 O

(c) O $h\nu$ O O

(d) O $h\nu$ O H O

图示10.44 促使β-裂解反应的轨道相互作用（a）和可发生β-裂解反应的烯烃示例[（b）～（d）]

10.30 α-裂解反应

α-裂解反应的发生，必须有α-C—C键和*R(π,π)的π键的重叠。在π,π*的垂直激发态，两个相关轨道彼此垂直，不能有效重叠。因此，α-裂解反应的发生就要求C═C双键旋转扭曲（图10.18）。图示10.45给出了一个C—X键α-裂解反应的例子[74]。根据溶剂的不同，最初的中间体可以是乙烯基自由基或阳离子，因此观察到的产物强烈地依赖溶剂的极性。α-断裂的机理包括π,π*态和σ,σ*态的混合（图10.18）。

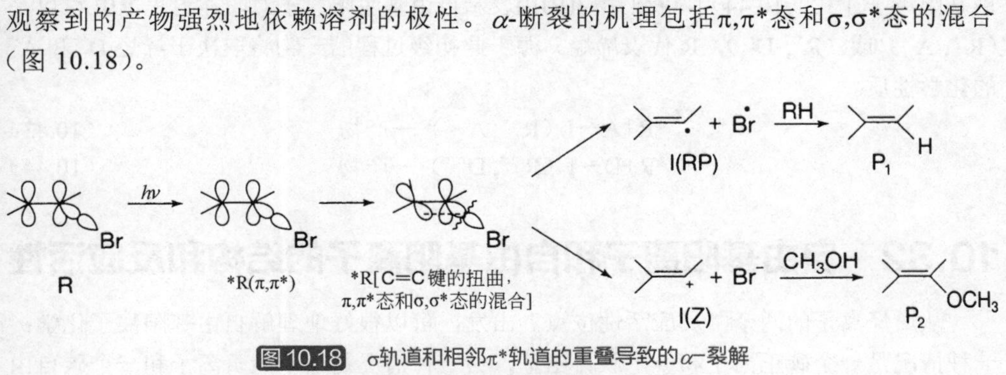

Br R $h\nu$ Br *R(π,π*) Br *R[C═C键的扭曲，π,π*态和σ,σ*态的混合] + Br· I(RP) RH H P_1 + Br^- I(Z) CH_3OH OCH_3 P_2

图10.18 σ轨道和相邻π*轨道的重叠导致的α-裂解
这种重叠要求C═C键的扭曲

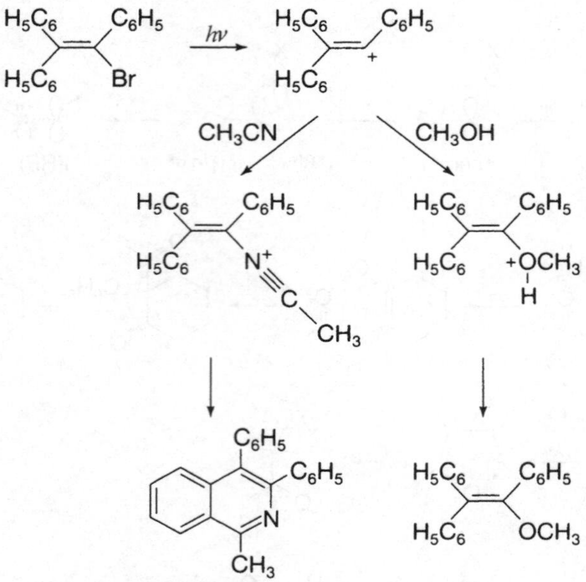

图示10.45 一个烯烃α-裂解的例子

10.31 关于烯烃的光诱导电子迁移反应：$^*R \rightarrow I(D^{\cdot+},A^{\cdot-})$过程实例

在CT过程中，我们可以看到烯烃和芳香烃的S_1态和T_1态都可以成为电子受体或给体。有一个CT复合物，就只有一个部分的电子转移。来自S_1态或T_1态的一个电子到电子受体（A）的半迁移和全迁移将产生烯烃自由基阳离子和受体自由基阴离子［式(10.43)］，电子从给体（D）到S_1态或T_1态的迁移将产生烯烃自由基阴离子和给体自由基阳离子［式（10.44)］。我们用I(RIP)表示自由基阴阳离子对，在这里RIP可以是（$R^{\cdot+}$, $A^{\cdot-}$）或（$R^{\cdot-}$, $D^{\cdot+}$），R代表烯烃。源于此初级过程的产物将取决于烯烃$D^{\cdot+}$和$A^{\cdot-}$的化学性质。

$$^*R+A \rightarrow I（R^{\cdot+}, A^{\cdot-}）\rightarrow 产物 \tag{10.43}$$

$$^*R+D \rightarrow I（R^{\cdot-}, D^{\cdot+}）\rightarrow 产物 \tag{10.44}$$

10.32 自由基阳离子和自由基阴离子的结构和反应活性

从烯烃离子的两个“反应活性位点”出发，可以很好地理解自由基阳离子化学：一种情况是一个碳正离子和一个碳自由基，另一种情况是一个碳负离子和一个碳自由基[75]。例如四甲基乙烯的自由基阳离子和自由基阴离子［式（10.45)］。自由基阳离子可以进行自由基或碳正离子的反应。自由基被认为是亲电试剂。自由基阳离子的一个重要特性是相对于碳正离子位于β位的氢具有很强的酸性。自由基阴离子被认为可以进行自由基或碳负离子的反应。

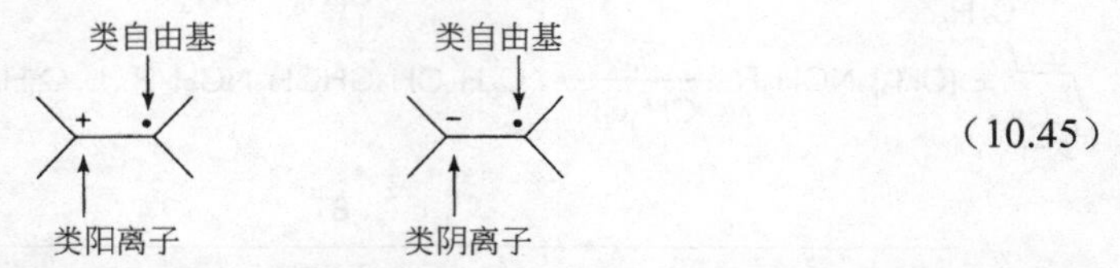

(10.45)

从对示例的自由基阳离子和自由基阴离子的定性描述中，我们可以看出下面的几个反应特性[76~79]。

（1）自由基阳离子是一种强亲电试剂，它的化学性质由两个热点结构的“更热”点碳正离子决定。可能的反应包括π键的加成、n 电子转移到碳正离子中心、碳正离子重排为更稳定的碳正离子以及β位质子转移到碳正离子中心。

（2）自由基阴离子是一个强碱、强亲核试剂。

（3）自由基阳离子中成键π电子的除去或自由基阴离子中反键π*电子的加入将原来的 C═C 双键大大地削弱到 1.5 个键级水平上。两个自由基离子（阳离子和阴离子）在进行顺-反异构化时比母体中性分子更容易。

（4）自由基可以通过加入一个电子到自由基阳离子上或去除自由基阴离子上的一个电子生成［式（10.46a）和式（10.46b）］。

$$R^{\cdot +} + e^{-} \rightarrow R^{\cdot} \quad (10.46a)$$

$$R^{\cdot -} - e^{-} \rightarrow R^{\cdot} \quad (10.46b)$$

10.33 烯烃自由基阳离子和烯烃自由基阴离子的生成途径

如式（10.47）和式（10.48）所示，自由基离子的生成可以是烯烃激发态（*R）和基态电子给体（D）或电子受体（A）直接反应的结果。

$$^{*}R + D \rightarrow R^{\cdot -} + D^{\cdot +} \quad (10.47)$$

$$^{*}R + A \rightarrow R^{\cdot +} + A^{\cdot -} \quad (10.48)$$

然而，另一种生成同样的自由基离子对的途径是通过基态烯烃（R）和激发态电子受体（D）或给体（A）的反应［式（10.49a）和式（10.49b）］。这两种途径的存在克服了一些技术问题，扩展了生成自由基离子对的范围。

$$R + {}^{*}D \rightarrow R^{\cdot -} + D^{\cdot +} \quad (10.49a)$$

$$R + {}^{*}A \rightarrow R^{\cdot +} + A^{\cdot -} \quad (10.49b)$$

10.34 烯烃自由基离子对的反应：胺的加成

在这里，我们以反式芪与电子给体胺化合物通过芳基烯的直接光照产生 RIP 的反应为例［式（10.50）］[80]。

$$\text{(E)-}C_6H_5CH{=}CHC_6H_5 + (CH_3)_2NCH_2R \xrightarrow[CH_3CN]{h\nu} \underset{\mathbf{87}}{C_6H_5CH_2CH(C_6H_5)CH_2N(CH_3)CH_2R} + \underset{\mathbf{88}}{C_6H_5CH_2CH(C_6H_5)CHRN(CH_3)_2} \quad (10.50)$$

R	产率/% (87)	产率/% (88)
二异丙基甲基	>95	<5
二异丙基乙基	92	8
二乙基甲基	63	37

注意，这里的产物看起来似乎是来自胺的脱氢反应产生的两个自由基的偶合。但是，在这里氢转移的顺序为甲基>乙基>>异丙基。因此，抽氢反应是不可能的，因为它将不会产生更稳定的自由基。图示 10.46 给出了包括电子转移在内的详细的机理。由于胺的电离势较低，初级光化学步骤不应该是氢的直接脱去，而是电子转移产生了芪的自由基阴离子和胺的自由基阳离子。对氮自由基阳离子来说，α-碳原子上的质子是酸性非常强的。由于生成的自由基阳离子就在强碱性的自由基阴离子附近，从前者到后者的质子转移就很容易生成一个自由基对，随后进行自由基-自由基反应，生成观察到的产物。净结果就是自由基阳离子的生成将基态时酸性非常弱的胺中的α-氢变成了自由基阳离子中的强酸性氢。

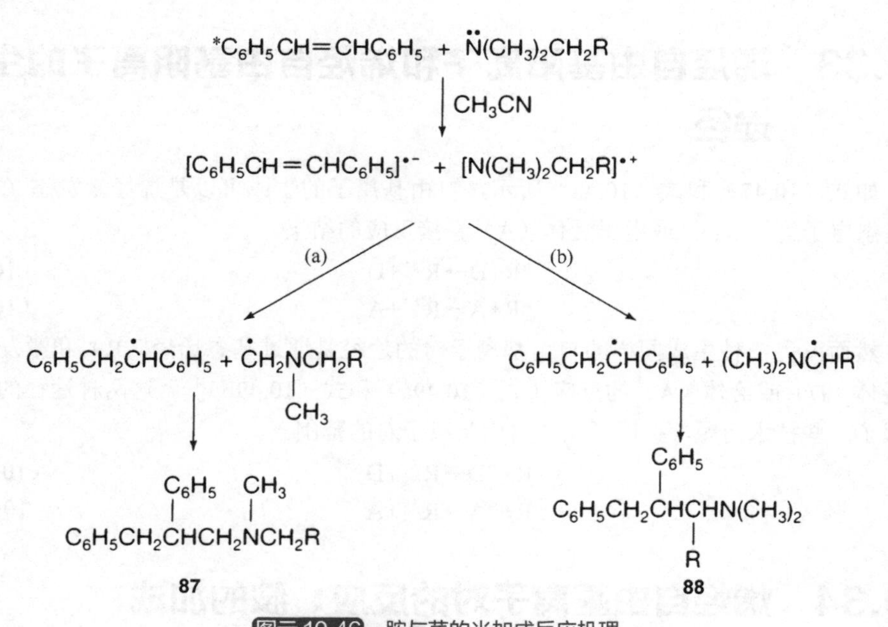

图示 10.46 胺与芪的光加成反应机理

此反应由作为电子给体的胺到作为电子受体的激发态芪的电子转移引发

有关N—H质子的酸性是如何控制整个化学和光物理行为的问题，仲胺与激发单重态芪的反应活性是一个很好的例子[81]。它们的反应产物来自N—H键对芪的π键的加成(图示10.47)。氢原子转移优先发生在较弱的α-C—H键上，更倾向于酸性的N—H键的反应表明是质子而不是氢原子发生转移。

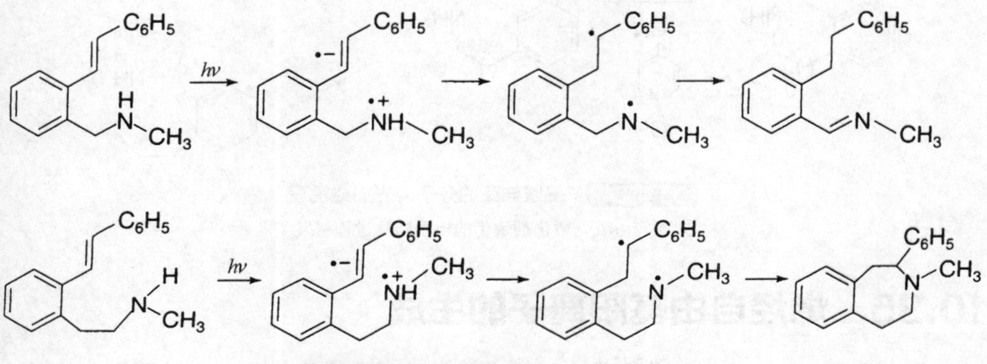

图示10.47 胺对芪的分子内光加成机理

反应由激发态的电子转移引发

在上面的例子中，反式芪的激发态从胺中夺取一个电子生成自由基阴离子。反式芪的自由基阳离子也可以在胺存在下通过一个含有电子受体的电子转移中间体生成(图示10.48)。此方法的关键是找到一个电子受体，它与反式芪的S_1态发生反应的反应速率比胺更快。反式芪的自由基阳离子随后再与胺反应，如图示10.48所示[82]。随后的反应，包括从受体的自由基阴离子中间体的电子回传，将产生所观察到的产物。图示10.49给出了一个分子内电子转移生成自由基离子的例子。

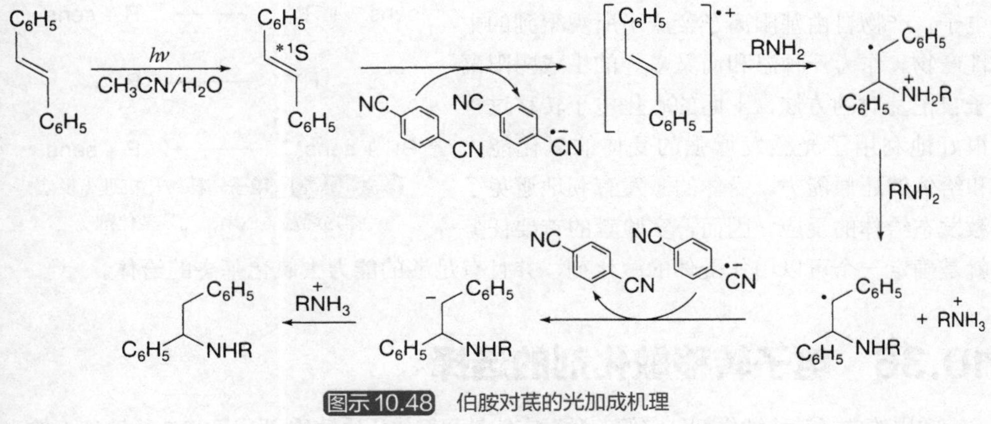

图示10.48 伯胺对芪的光加成机理

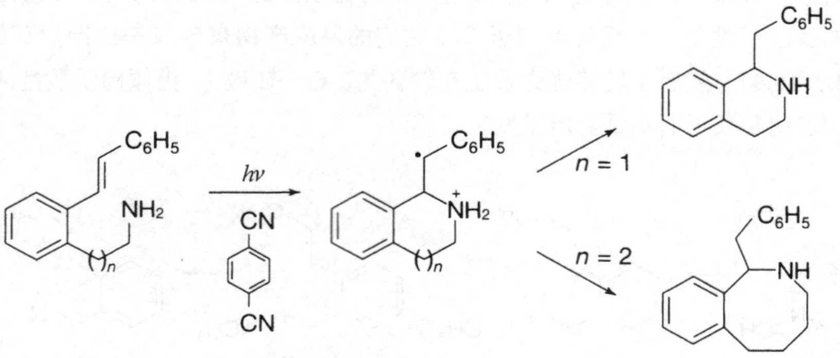

图示 10.49 伯胺与芪的分子内光加成机理

此反应由吸光敏化剂敏化的电子转移过程引发

10.35 烯烃自由基阳离子的生成

在本节中，我们将对一些通常在烯烃电子转移反应中生成的自由基阳离子的反应进行描述。上面的例子表明，自由基阳离子可以按如下方式从烯烃生成：①烯烃的*R 态和底物直接进行电子转移产生自由基阳离子（图示 10.46）；②烯烃的*R 态和一个电子转移介体（例如 1,4-二氰基苯）进行电子转移产生自由基阳离子，电子中间体最终将电子再返还给自由基阳离子（图示 10.48）。

产生自由基阳离子的第三种过程则根本不包括烯烃的*R 态（图示 10.50）。在此过程中，激发态电子受体（*A）从基态烯烃夺取一个电子，生成自由基阳离子和受体的自由基阴离子 $A^{\bullet -}$[83,84]。烯烃的自由基阳离子随后生成产物的自由基阳离子。通过从 $A^{\bullet -}$得到一个电子，产物自由基阳离子变成了所观察到的中性产物。作为一种温和而又多样的生成阴阳离子自由基对的方法，上面的敏化电子转移过程很好地利用了光激发增强的受体的氧化能力和给体的还原能力。受体的激发有利地避免了激发态给体的反应。因而，实验者的首要任务就是确定一个可以用作受体的敏化剂，并且有足够的能力去氧化基态的给体。

$$\text{sens} \xrightarrow{h\nu} {}^{*}\text{sens}$$

$${}^{*}\text{sens} + \text{R} \longrightarrow \text{sens}^{\bullet -} + \text{R}^{\bullet +}$$

$${}^{*}\text{sens}^{\bullet -} + \text{R}^{\bullet +} \longrightarrow \text{R} + \text{sens}$$

$$\text{R}^{\bullet +} \longrightarrow \text{P}^{\bullet +}$$

$$\text{P}^{\bullet +} + \text{sens}^{\bullet -} \longrightarrow \text{P} + \text{sens}$$

图示 10.50 电子转移敏化机理（反应物为烯烃，sens 代表敏化剂）

10.36 电子转移敏化剂的选择

常用的电子转移敏化剂，它们的激发态能量和氧化还原性质列于表 10.5。表 10.6 给出了几个常用底物的氧化电势。对一个敏化剂来说，它的主要标准是在激发态必须有足够的能量去氧化给体。有一点需要清楚的是给基态分子一个电子或夺一个电子都需要消耗能量（也就是说从一个中性分子上移动电子一般是吸热的）。除去一个电子（氧化过程）所需的能量可以从电化学氧化电位估计（假设是一个正值）。相似地，增加一个电子（还原过程）所需的能量可以根据还原电位估算（通常是一个负值，对氯醌除外）。像在第7章提过的，当查阅氧化还原电位表的时候必须小心，因为这些数值常常是根据不同的参比电极（甘汞电极、氢电极、汞电极、银电极等）得到的。在选择一个合适的敏化剂时，必须将氧化还原数据转换成统一标准（例如标准甘汞电极）。在本章中，我们所有的氧化还原电位将使用标准甘汞电极为参比，表达激发能时将统一使用电子伏特（eV）为单位。当使用 Rehm-Weller 方程时［式（10.51）；第7章］，必须使用氧化还原电势的适当符号。

表 10.5 激发能和电子受体敏化剂的还原电位①②

敏 化 剂	S_1的能量/eV	还原电位/eV
1,4-二氰基苯	+4.27	−1.60
1,2,4,5-四氰基苯	+4.10	−0.66
1-氰基萘	+3.88	−1.98
1,4-二氰基萘	+3.45	−1.28
9-氰基菲	+3.50	−1.92
9-氰基蒽	+3.10	−1.70
9,10-二氰基蒽（DCA）	+2.86	−0.89
2,6,9,10-四氰基蒽	+2.82	−0.45
N-甲基吖啶盐	+2.75	−0.43
2,4,6-三苯基吡啶四氟硼酸盐	+2.82	−0.29
氯醌	+2.40	+0.02

① 数据来自参考文献[76]。

② 还原电位是相对于饱和甘汞电极（SCE）。

表 10.6 所选有机化合物的氧化电位①②

化 合 物	氧化电位/eV	化 合 物	氧化电位/eV
反-1,2-二苯基环丙烷	+1.62	1,4-二甲氧基苯	+1.34
乙烯基乙醚	+1.60	1-甲氧基萘	+1.38
苯基乙烯基醚	+1.62	1,4-二甲氧基萘	+1.10
反式芪	+1.50③	1,4-二甲氧基苯	+1.34
顺式芪	+1.59	苯胺	+0.98
反-4-甲氧基芪	+1.17	*N*, *N*-二甲基苯胺	+0.53
反-1-（4-甲氧基苯基）丙烷（反式-茴香脑）	+1.11	苯甲醚	+1.78

① 数据来自参考文献[76]。

② 氧化电位是相对于标准甘汞电极（SCE）。

③原著中为+1.43，与图 10.19 和图 10.20 中不一致，疑有误。——译者注

通过一个简单例子的计算，更容易理解选择敏化剂所依据的要素（7.13 节给出了另一个例子）。这些计算并没有考虑溶剂对电荷分离的影响。我们以［反式芪+DCA］和［反式芪阳离子自由基+DCA 阴离子自由基］之间的平衡为例（图 10.19）。这一平衡肯定是偏向中性分子，因为离子对的稳定性要差 2.39eV［反式芪氧化电位的绝对值：1.50eV；DCA 的还原电位：0.89eV］。在激发单重态，DCA 的不稳定性将达到 2.86eV。那么，在激发态，［反式芪+DCA］和［反式芪阳离子自由基+DCA 阴离子自由基］之间的平衡将朝向离子自由基，这是由于它比中性分子要更稳定 0.47eV［DCA 激发能（E^*）：2.86eV；氧化反式芪和还原 DCA 的总能量：2.39eV］。基于这种算法，我们得出结论：DCA 在激发态能够产生反式芪阳离子自由基。DCA 的激发能去哪儿了呢？大约 1.88eV 的能量用于还原 DCA 本身，剩下的则用来氧化反式芪。从这一推论可知，我们可以通过估计激发态敏化剂在自身还原之后所剩的能量来选择适当的敏化剂。如果所剩余的能量足以氧化目标分子，那么此敏化剂即可满足我们的要求。我们考查以萘、蒽、菲为可能的敏化剂用于反式芪的氧化（图 10.20）。在激发态被还原之后，这些敏化剂所剩的能量分别为 1.49eV、1.32eV、1.14eV（参考表 10.5 敏化剂的激发能和还原电势）。基于这些数字，我们可以预测只有萘能够使反式芪氧化为阳离子自由基（所需能量：1.5eV）。

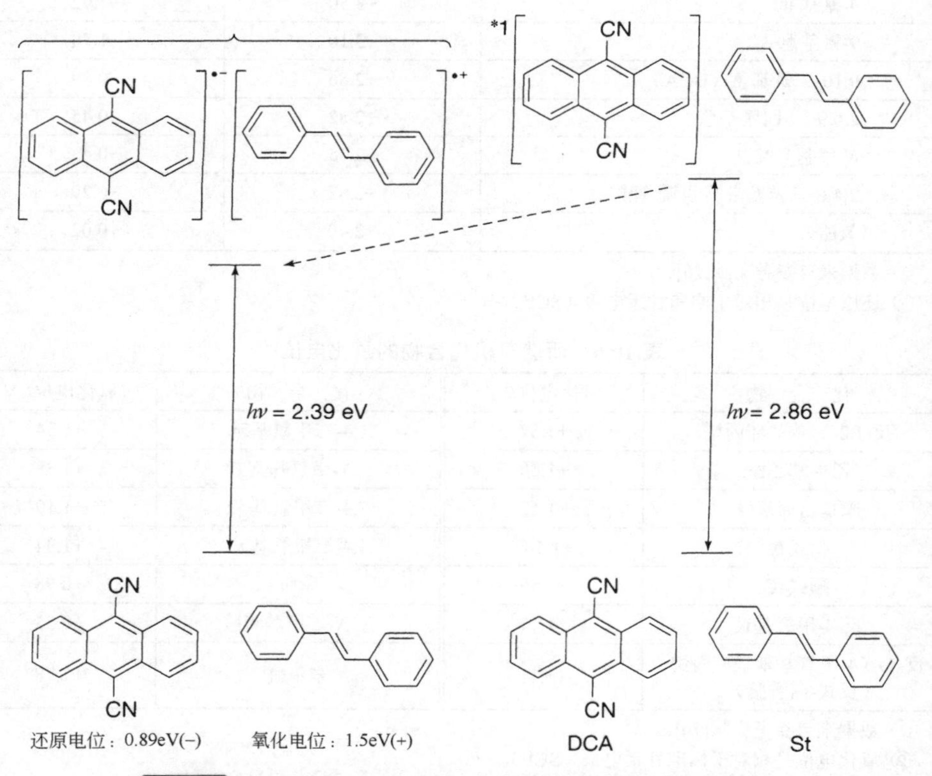

图 10.19 在 S_0 态和 S_1 态时 DCA 和反式芪之间的电子转移能量学

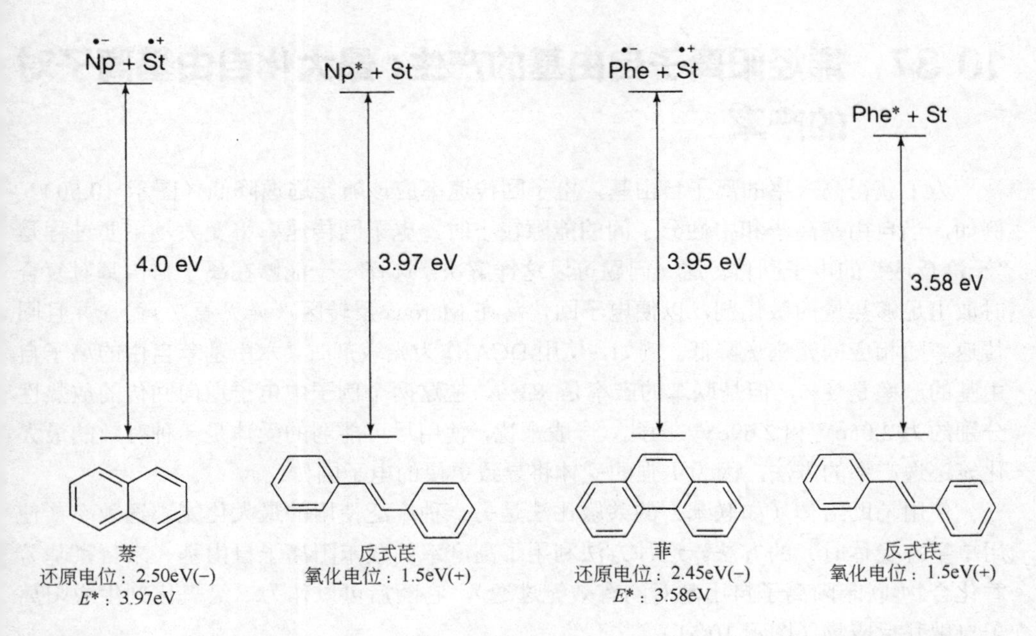

图10.20 在 S_0 态和 S_1 态时萘（Np）和反式芪（St）、菲（Phe）和反式芪之间电子转移的能量学

再以氯醌为例，它具有正的还原电位（+0.02eV）。正电位意味着氯醌的自由基阴离子比中性分子稍微更稳定（这种情况并不常见，这应该说是一个特例）。氧化反式芪需要 1.50eV 的能量，所以基态时的氯醌并不能够氧化反式芪。唯一可以发生电子转移的方式就是使氯醌达到激发态。氯醌是三重态敏化，所以我们应该估计三重态激发能，来评价其是否具有足够的能量来氧化反式芪。在氯醌三重态自身还原后，还有 2.84eV 的能量可用［激发能（E^*）：2.82eV；还原电位：+0.02eV］，这足以将反式芪氧化。

以上定性的论证在著名的 Rehm-Weller 方程式（10.51）中得以体现（7.13 节），它根据可获得的激发态能量（E^*）、给体（D）和受体（A）的氧化还原电位（E_{ox} 和 E_{red}）以及在介电常数为ε的溶剂中将两个自由基离子带到碰撞距离内的库仑吸引能（C）等物理量表述了电子转移的自由能。根据 Rehm-Weller 方程计算，在*R 寿命内，ΔG 为负值时（放热的），电子转移是可行的。作为一个普适的规则，当放热量为约 0.23eV（5kcal/mol）时，电子转移反应将以扩散速率发生。

$$\Delta G = E_{ox}(D) - E_{red}(A) - E^* + C \tag{10.51}$$

上面给出有关反式芪和激发态 DCA 之间电子转移的粗略计算中，我们没有考虑库仑力 C 的因素。但当需要考虑时，其与介质的介电常数密切相关。例如，从反式芪到 DCA 的 S_1 态的电子转移在乙腈溶液中放热 0.55eV，而在苯溶液中吸热 0.51eV。在乙腈和正己烷中，库仑因素分别为−0.06eV 和+0.54eV。

10.37 烯烃阳离子自由基的产生：最大化自由基离子对的产率

为了获得高产率的离子自由基，电子回传速率应该随笼逃逸降低（图示 10.50）。例如，当自由基离子和中性分子间的能隙较小时，电子回传速率将变大，主要过程是“无净反应”的电子回传。这一问题可以这样解决：选择一个能够在离子自由基对复合时放出足够热量的敏化剂，以便电子回传落在 Marcus 反转区（详见第 7 章），并且回传速率随相应的笼逃逸降低。例如，使用 DCA 作为光敏剂时，六甲基苯自由的离子自由基的产率是 8%，但是联苯的产率是 83%。在这两个例子中电子逆向回传的放热性分别约为 2.05eV 和 2.69eV。因此，一般来说，使用尽可能弱的受体是一种有效的最大化笼逃逸产率的方法，因为更强的受体将导致更快的电子回传。

使用辅助给体（如联苯）的共敏化法是另一种广泛使用的最大化笼逃逸效率（使用单重态受体时）的方法。这种方法利用了高产率的联苯阳离子自由基（来自氰基芳香化合物-联苯阳离子自由基对的有效笼逃逸），它随后可以作为二级氧化剂生成阳离子自由基反应物（图示 10.51）。

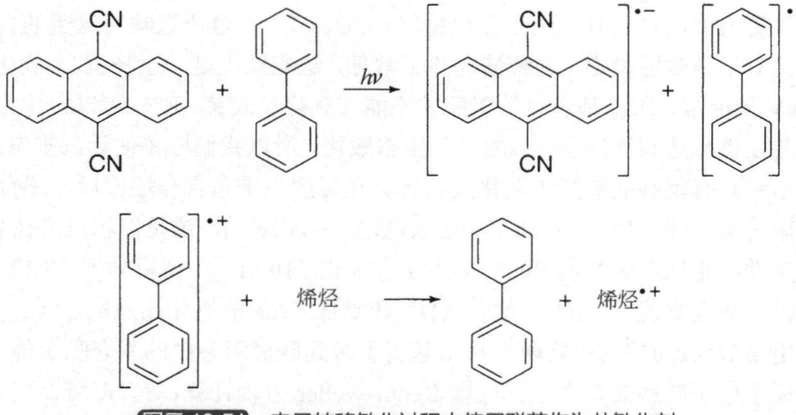

CN CN + 联苯 $\xrightarrow{h\nu}$ [DCA]$^{\bullet -}$ + [联苯]$^{\bullet +}$

[联苯]$^{\bullet +}$ + 烯烃 ⟶ 联苯 + 烯烃$^{\bullet +}$

图示 10.51 电子转移敏化过程中使用联苯作为共敏化剂

在三重态电子受体敏化剂的帮助下，单重态敏化剂与低笼逃逸产率有关的问题可以被克服。这种情况下，在三重态生成的 RIP 在电子回传发生前必须进行 ISC。结果，通过扩散的笼逃逸往往与电子回传竞争。在这种情况下使用的典型的三重态敏化剂是氯醌和 2,4,6-三苯基吡喃四氟硼酸盐，两者都是在三重态接受电子。

在非极性溶剂中，使用带电荷的敏化剂容易进行笼逃逸。这些敏化剂的电子转移产生中性自由基或没有库仑相斥能垒的阳离子-阳离子自由基对（图示 10.52）。在这种情况下所用的敏化剂有 *N*-甲基吖啶苯酚、*N*-甲基喹啉和 2,4,6-三苯基吡喃。

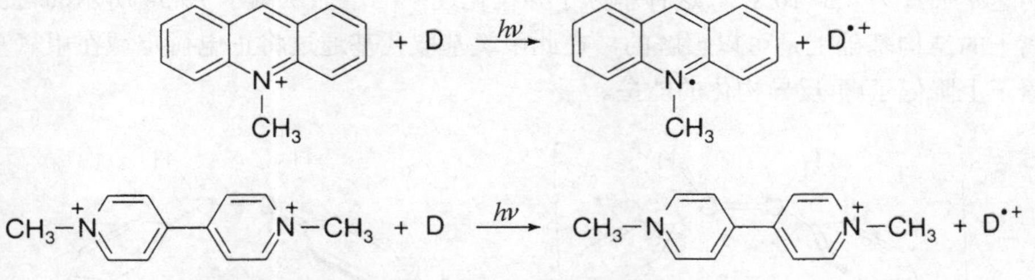

图示10.52 离子型敏化剂的使用有助于笼逃逸及产生电子回传

溶剂的选择对于高产率离子自由基的获得是十分重要的。例如，极性溶剂（如乙腈和醇类）通常用于中性敏化剂和受体。极性溶剂使得 RIP 的相斥库仑势垒最小化。在非极性溶剂中，势垒比较大，这使得促进电子回传的笼时间延长。

10.38 烯烃阳离子自由基的反应：几何构型异构化

根据取代基的不同，烯烃阳离子自由基几何构型异构化有 3 种机理[83]。

第一种机理是电子转移产生 RIP，随后电子回传产生三重态烯烃。三重态烯烃异构化遵从 10.9 节讨论的机理途径。遵从这种途径的一个例子是 4,4′-二甲氧基芪和 9-氰基菲咯啉（CP）组合。光照体系中的 CP 时，反-4,4′-二甲氧基芪将生成顺式异构体（图示 10.53）。所选烯烃的三重态是否可以生成依赖 RIP 的热力学。如果可以生成，烯烃三重态的能量必须低于 RIP 的能量。

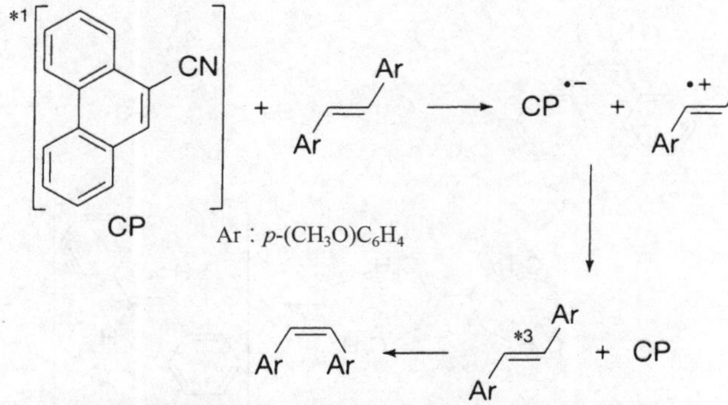

Ar：p-$(CH_3O)C_6H_4$

图示10.53 电子转移敏化过程中经由三重态的构型异构化

第二种机理，异构化假设发生在烯烃阳离子自由基上。取代的芪阳离子自由基的单分子构型异构化的速率可以通过脉冲辐射分解技术测量，在这里一个电子被加到分子上，生成自由基阴离子。在脉冲辐射分解条件下，三重态机理将不可能。因此，所测的构型异构化速率相应于芪阳离子自由基内在的旋转能力。对于母体芪，这一速率假定远远小于 $10^6 s^{-1}$。然而对于顺-4,4′-二甲氧基芪阳离子自由基，异构化为反式异构

体的速率估计为 $4.5\times10^{6}s^{-1}$。这种单分子异构化速率的增加从图示 10.54 所示的自由基阳离子的结构基础上是可以理解的，在此甲氧基取代基通过将正电荷定域在甲氧基的氧原子上降低了顺-反异构化的能垒。

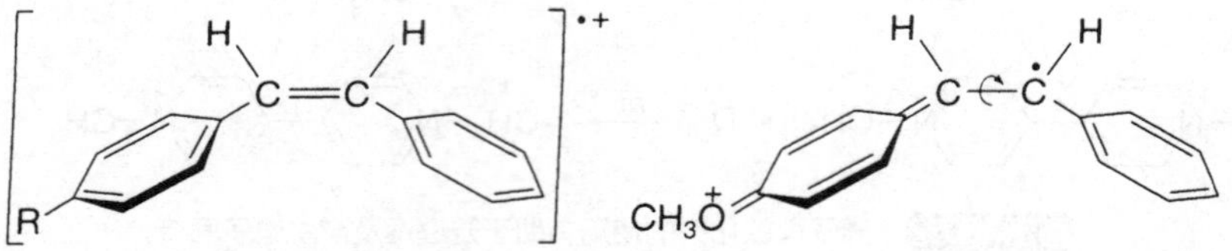

图示 10.54 芳香环取代基离域正电荷有利于构型异构化

第三种异构化的机理是经由两分子的连接-分离途径。如我们上面看到的，母体顺式芪阳离子自由基的单分子构型异构化的速率远远小于 $10^{6}s^{-1}$。9-氰基蒽或 DCA 敏化的顺式芪阳离子自由基的生成导致定量地生成反式异构体。三重态机理也是不可能的，因为用这些敏化剂，自由基离子对没有足够的能量去生成三重态顺式芪。从顺式芪到反式芪的异构化是浓度依赖的反应，在高浓度时其量子产率大于 1.0。其整体过程包括顺式芪阳离子自由基可逆地加成到基态顺式芪（或生成的反式芪）上。非环 1,4-阳离子自由基二聚体解聚生成热动力学上更稳定的反式异构体和芪阳离子自由基。图示 10.55 所示的异构化定义为"量子-链过程"，它在高浓度的顺式芪时具有大于 1 的量子产率。为什么反式芪不能按此过程异构化为顺式芪呢？即便反式芪自由基阳离子二聚为非环的 1,4-阳离子二聚体，它也只能解聚为热动力学上更稳定的反式异构体。在反式芪阳离子自由基和顺式芪阳离子自由基之间，前者是热力学上更稳定的。

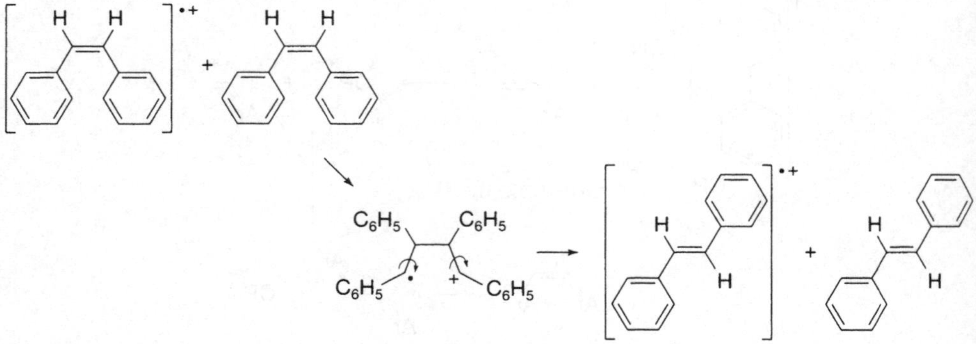

图示 10.55 电子转移过程中经由二聚途径的构型异构化

10.39 烯烃阳离子自由基的反应：亲核加成

许多亲核试剂，像乙醇、胺、氰基离子，可以加成到通过电子转移产生的烯烃阳离子自由基上（图示 10.56）[85,86]。就如在 1,1-二苯乙烯中看到的，醇以反 Markovnikov

规则加成到烯烃阳离子自由基上。加成的顺序至少包含 5 步（图示 10.57）：①通过光敏化产生烯烃阳离子自由基；②亲核加成到烯烃阳离子自由基上，生成最稳定的加合物自由基；③脱质子；④加合物自由基被敏化剂阴离子自由基还原，生成中性敏化剂和加合物阴离子；⑤加合物阴离子质子化，生成中性亲核加成产物。

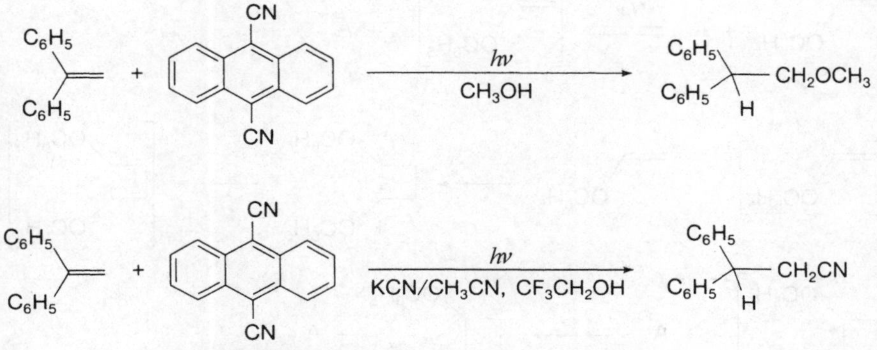

$(C_6H_5)_2C=CH_2$ + 9,10-二氰基蒽 $\xrightarrow[CH_3OH]{h\nu}$ $(C_6H_5)_2CH-CH_2OCH_3$

$(C_6H_5)_2C=CH_2$ + 9,10-二氰基蒽 $\xrightarrow[KCN/CH_3CN,\ CF_3CH_2OH]{h\nu}$ $(C_6H_5)_2CH-CH_2CN$

图示 10.56 经由电子转移敏化的烯烃亲核加成

$(C_6H_5)_2C=CH_2$ + sens $\xrightarrow{h\nu}$ $[(C_6H_5)_2C=CH_2]^{\bullet+}$ + $sens^{\bullet-}$

$[(C_6H_5)_2C=CH_2]^{\bullet+}$ $\xrightarrow{CH_3OH}$ $(C_6H_5)_2\dot{C}-CH_2-\overset{+}{O}(H)CH_3$ $\xrightarrow{CH_3OH}$ $(C_6H_5)_2\dot{C}-CH_2OCH_3$ + $CH_3OH_2^+$

$(C_6H_5)_2\dot{C}-CH_2OCH_3$ $\xrightarrow{sens^{\bullet-}}$ $(C_6H_5)_2\overset{-}{C}-CH_2OCH_3$ $\xrightarrow{CH_3OH_2^+}$ $(C_6H_5)_2CH-CH_2OCH_3$ + CH_3OH

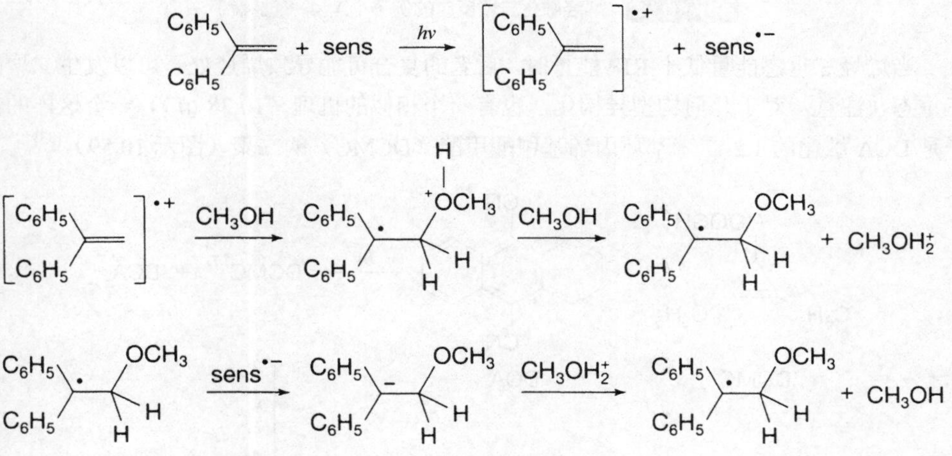

图示 10.57 经由电子转移敏化的烯烃亲核加成机理（sens 代表敏化剂）

10.40 烯烃阳离子自由基的反应：二聚

烯烃的电子转移敏化二聚是烯烃阳离子自由基的常见反应之一（图示 10.58）[83,87]。与几何构型异构化反应相似，二聚过程经由两种途径：①阳离子自由基途径；②三重态途径。大多数情况下，这种反应首先是烯烃阳离子自由基加成到基态烯烃上，随后发生从阴离子自由基敏化剂的电子回传，从而给出稳定的环丁烷。

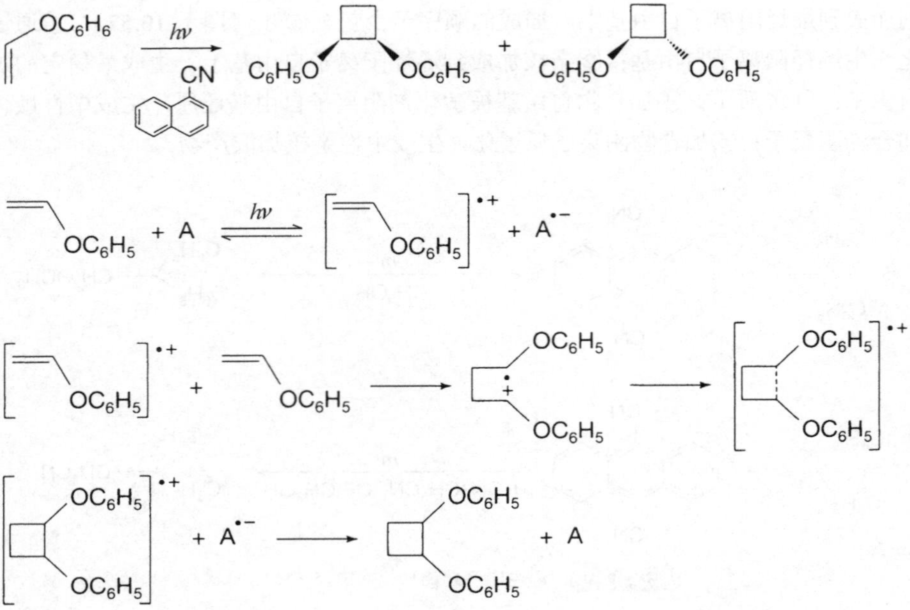

OC_6H_6 —— $h\nu$, 1-CN-萘 ——→ C_6H_5O–环丁烷–OC_6H_5 + C_6H_5O–环丁烷–OC_6H_5

$CH_2=CHOC_6H_5$ + A $\xrightleftharpoons{h\nu}$ $[CH_2=CHOC_6H_5]^{\bullet+}$ + $A^{\bullet-}$

$[CH_2=CHOC_6H_5]^{\bullet+}$ + $CH_2=CHOC_6H_5$ ——→ OC_6H_5, OC_6H_5 ——→ $[OC_6H_5, OC_6H_5]^{\bullet+}$

$[OC_6H_5, OC_6H_5]^{\bullet+}$ + $A^{\bullet-}$ ——→ OC_6H_5, OC_6H_5 + A

图示 10.58 烯烃敏化二聚反应的例子（A=1-氰基萘）

当烯烃三重态能量低于 RIP 能量时，后者的复合可能导致烯烃处于可以发生二聚的三重态（注意，对于几何构型异构化，也有一个相似的机理，10.38 节）。一个这样的例子是 DCA 敏化的 1,2-二苯基环丙烯基甲酸甲酯（DCMC）的二聚（图示 10.59）[83]。

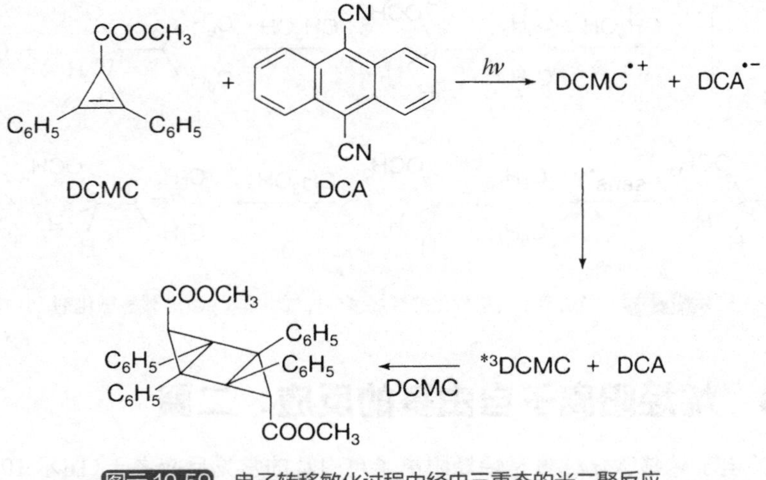

$COOCH_3$, C_6H_5, C_6H_5 (DCMC) + CN, CN (DCA) —— $h\nu$ ——→ $DCMC^{\bullet+}$ + $DCA^{\bullet-}$

↓

$COOCH_3$, C_6H_5, C_6H_5, C_6H_5, C_6H_5, $COOCH_3$ ←— DCMC —— $^{*3}DCMC$ + DCA

图示 10.59 电子转移敏化过程中经由三重态的光二聚反应

从二聚体产物的结构来说，在直接激发、三重态能量转移和电子转移敏化之间有所不同。环己二烯的光二聚，在溶液中可以产生 4 个二聚体（图示 10.60）[88]。在三重态敏化条件下，主产物是 *anti*-、*syn*-和 *exo*-二聚体 **90**～**92**。在直接光照条件下，同样的 3 个二聚体以稍微不同的比例生成。而对于在低浓度下的电子转移敏化（1,4-二氰基萘或 DCA 作为敏化剂），在直接光照或三重态敏化条件下都不能生成的 *endo*-二聚体 **89** 成为了主要产物。

	89	90	91	92
直接光照(>330 nm)	—	40	44	23
hν，三重态敏化剂	—	20	60	20
DCNA, *hν* (>330 nm)	77	23	—	—

图示 10.60 1,3-环己二烯的光二聚。

注意，产物分布随机理（直接激发、三重态敏化和电子转移敏化）而不同。DCNA=1,4-二氰基萘

10.41 烯烃阳离子自由基的反应：分子内关环

如图示 10.61 所示的不饱和硅醇醚的分子内关环，在合成上是一种非常有用的反应[89]。与自由基关环反应优先生成五元环产物（五元环规则[56]，10.25 节）不同，阳离子自由基关环反应生成六元环产物。硅醇醚的氧化电位在 1.2～1.6eV 之间，比未功能化的烯烃低 1eV 左右。由于这个原因，硅醇醚的阳离子自由基很容易被敏化剂（如 DCA）敏化生成。在乙腈溶液中，关环反应经由阳离子自由基生成六元环产物（图示 10.61）。然而，有亲核试剂存在时，关环反应经过一个自由基中间体生成五元环产物（图示 10.61）。硅醇醚较低的氧化电位、阳离子自由基的空间选择性环化、三烷基硅离子（形成羰基化合物）的易脱除，使得不饱和硅醇醚的电子转移敏化关环成为合成上很有用的一个反应。

图示 10.61 烯烃的电子转移敏化分子内关环反应的例子

如图示 10.62 所示，1-氰基萘或 1,4-二氰基苯（DCB）敏化的多烯关环反应，尽管产率不高，仍不失为一个很好的反应。区域选择性和立体选择性地结合水形成反式融合环的关环反应，使得这个过程独特而又有吸引力[90]。

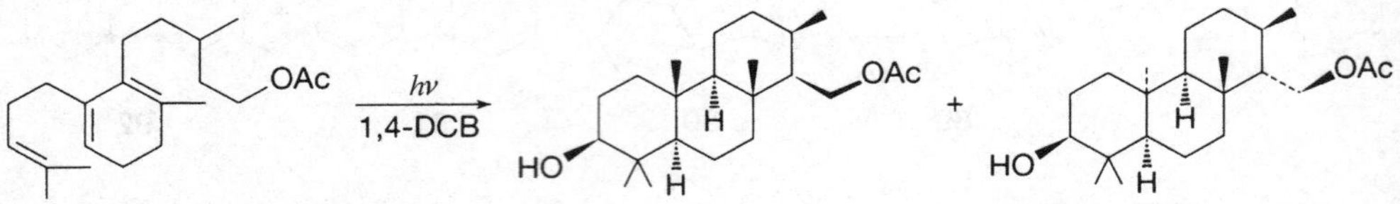

图示 10.62 多烯的电子转移敏化（DCB=1,4-二氰基苯，Ac=乙酰基）分子内串联关环反应的例子

10.42 光致顺-反异构化在生物体系中的应用

有一些重要的生物过程是通过光的吸收引发的。所有这些体系的共同特征就是发色团（光传感器或光受体）的参与，它对光的吸收触发了一系列能够被周围的生物膜或蛋白质组装体识别的化学转变。有趣的是，触发各种各样生物体系（例如细菌、软体动物、哺乳动物、植物）的光有时候利用了同样的反应，甚或是同样的发色团去光激发各种生物现象。一个这样的光反应就是 C═C 双键的顺-反（构型）异构化[91,92]。例如，视蛋白的顺-反异构化就用作哺乳动物视觉过程的初级光开关，也用作细菌的质子和氯离子泵。另一类键合在蛋白质上、能够进行光异构化的丰富的天然色素是光敏色素。光敏色素的顺-反异构化控制着植物的生长以及游动有机体（如细菌和单细胞水藻）的运动。有关这些课题的详细讨论超出了本书的范畴，所以在这里我们只给出一个简单的轮廓来说明顺-反光异构化在各种生物现象中的重要性。

视觉由眼睛中的视黄醛引发，如图示 10.63 所示，一个 11-*cis*-视黄醛席夫碱光异构化为光敏蛋白视紫质中的全反式异构体[93]。全反式视黄醛被释放出来，再通过一系

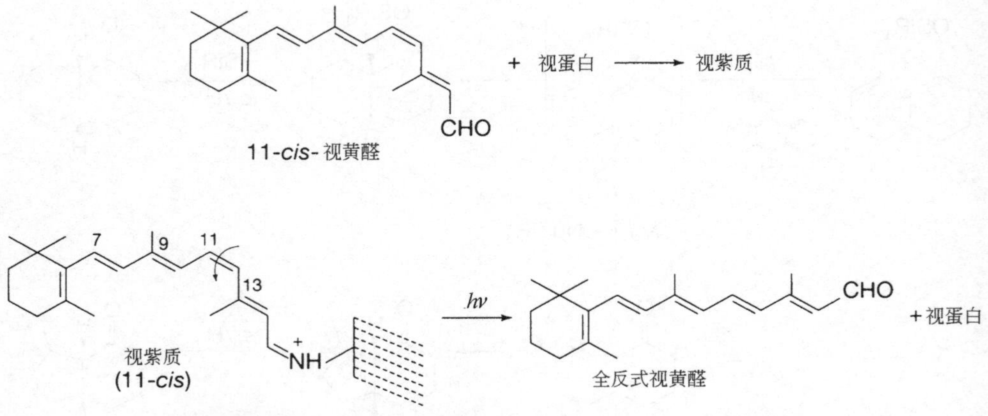

图示 10.63 视觉过程中顺-反异构化的重要性——发生在视蛋白孔腔中的围绕视黄醛席夫碱 C11-C12 双键的选择性异构化

列酶反应，11-*cis*-视黄醛又重新生成，进行下一个循环。结果就是，被吸收的光子转化为生物信号传递给大脑，大脑又将其处理成周围环境的图像。在此需要注意的一个关键点是异构化只发生在C11-C12键上。

限域在噬菌调理素孔腔中的视黄醛官能团展示了不同的异构化选择性。在这里，全反式视黄醛键合在蛋白质上，通过选择性地异构化为13-*cis*-异构体，就产生了一个光信号（图示10.64）。这种异构化导致质子被泵过蛋白膜，从而对细菌产生刺激信号。

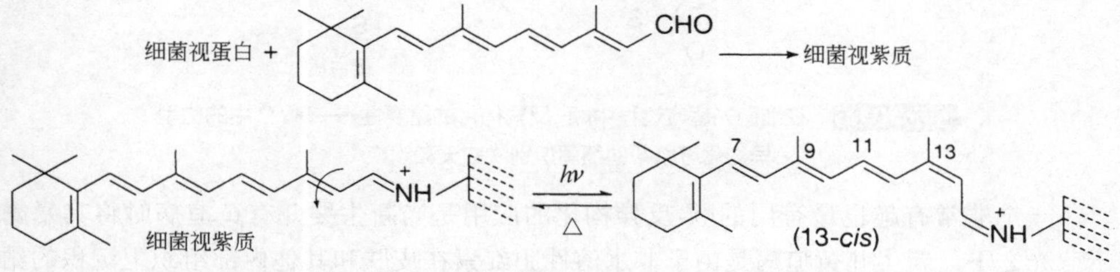

图示 10.64 在细菌能量转换过程中顺-反异构化的重要性——发生在视蛋白孔腔中的围绕视黄醛席夫碱C13-C14双键的选择性异构化

植物需要光进行光合作用。它们发展出了各种感知系统去适应它们生长环境的光条件。其中，受体的光敏色素家族负责监控光环境，控制基因表达的模式，以使植物适应周围条件，可以更好地生长发育。就像在视觉中那样，引发生物循环的关键一点就是光受体（也就是光敏色素）的顺-反异构化（C15-C16键）（图示10.65）[94~96]。

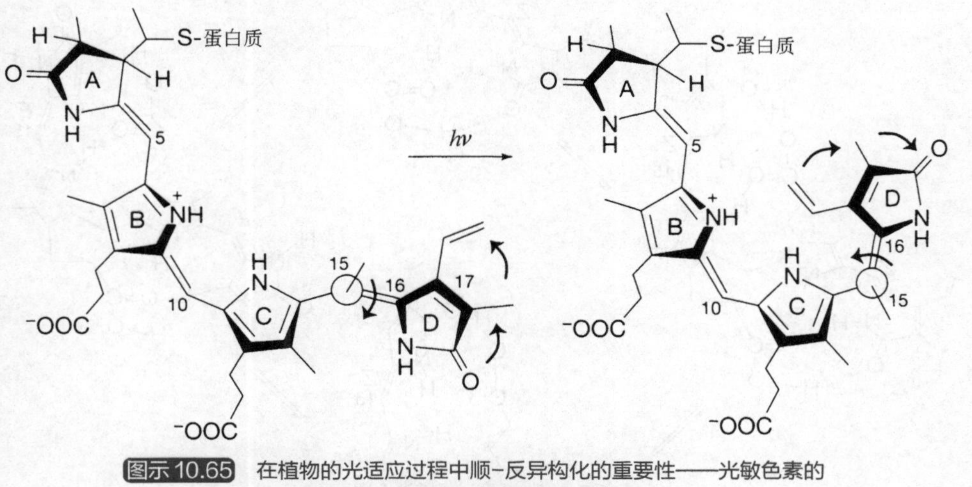

图示 10.65 在植物的光适应过程中顺-反异构化的重要性——光敏色素的选择性光异构化使得植物能够控制生长

光活性黄蛋白（PYP）是真菌蓝光受体的视黄质家族中的一员[97]。吸收光后，PYP就进入到了一个光循环，其最终结果是将含有光信号的能量转换成生物响应。PYP作为一种生物钟，可以让细菌知道什么时候该“醒了”。用作光开关的基本发色团是一个经由硫醚链接到蛋白质上的4-羟基肉桂酰基阴离子。其关键的光过程就是4-羟基肉桂酰基阴离子的顺-反异构化（图示10.66）。异构化导致蛋白质表面的形状、静电和氢键等性质的改变，从而形成能够被细菌识别的信号，让它知道是时间该“醒了”。

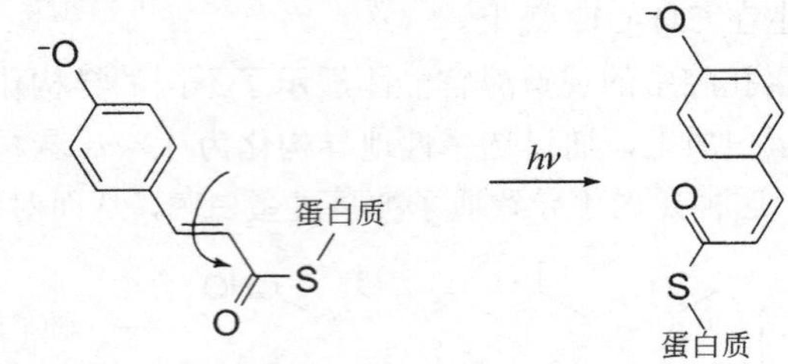

图示10.66 在细菌光适应过程中顺-反异构化的重要性——PYP中的构型异构化可以帮助细菌识别“白天和黑夜”

一个非常有趣也最有用的顺-反异构化的应用是当新生婴儿有黄疸病时将其暴露于蓝光之下。新生儿黄疸病是由于非水溶性胆红素在皮肤和其他内部组织上沉积的结果。胆红素含有两个以（*Z,Z*）构型存在的C═C键。因为内部氢键作用，这种异构体

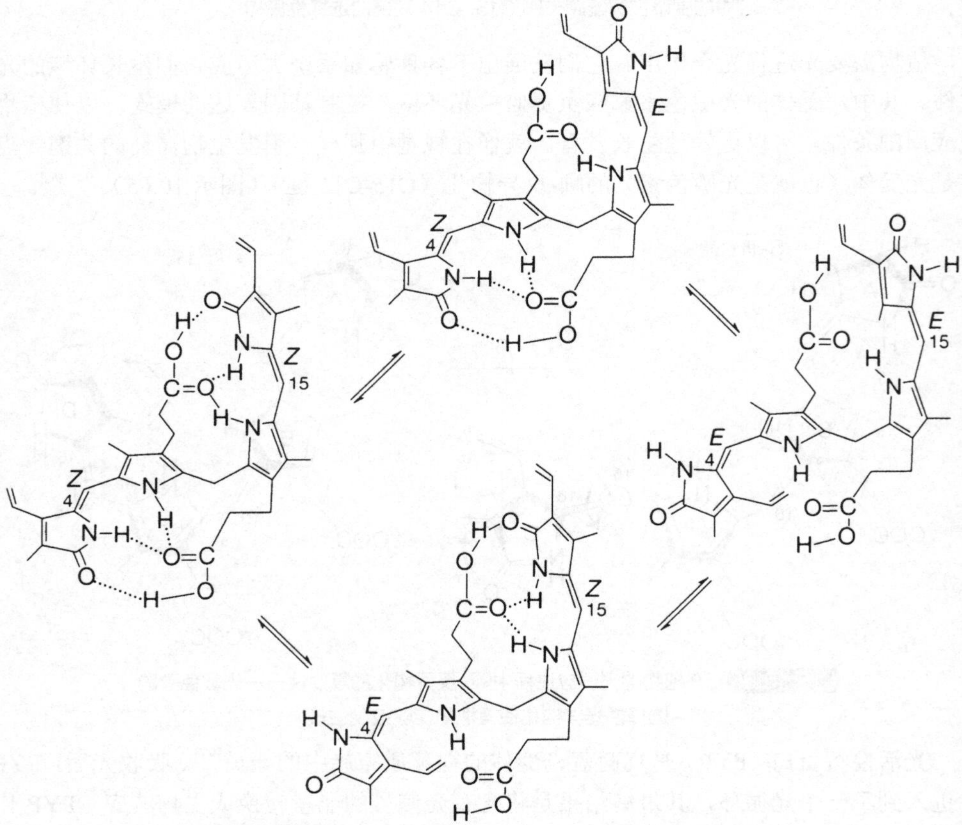

图示10.67 治疗黄疸病时顺-反异构化的重要性——光照有黄疸病的婴儿可使非水溶性的胆红素变为水溶性的

疏水性很强，不能溶于水。当被光照时，发生顺-反异构化（图示 10.67），内部氢键消失，生成具有亲水性的异构体，从而溶于水，被排出体外[98]。因此，一个简单的光异构化反应即可使孩子免受痛苦！

10.43 作为光开关的顺-反异构化

与芪相似，偶氮苯在激发态［式（10.52）］也可以进行构型异构化（第 15 章）[99]。吸收光后，能进行任何可检测的、可逆的物理性质的变化的分子都可以视为一个“光开关”，其一种状态表示“开”，另一种状态表示“关”。作为光开关时，偶氮苯比芪更有优势：它不会像芪光照生成菲那样进行不可逆的电环化反应，因此偶氮苯有可能成为高度可逆的光开关[100,101]。顺式偶氮苯吸收波长更长，因此在反式异构体存在时能够被选择性地激发。使用紫外（UV）线照射，反式偶氮苯可以转化为顺式异构体，而使用可见光照射，此过程翻转。两种状态间具有不同吸收光谱的光异构化称为光致变色反应。

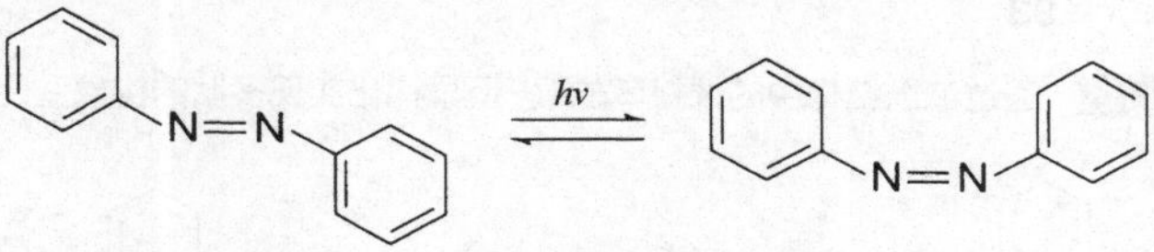

$$\text{Ph-N=N-Ph (trans)} \underset{}{\overset{h\nu}{\rightleftharpoons}} \text{Ph-N=N-Ph (cis)} \qquad (10.52)$$

在本节中，我们给出了几个偶氮苯光致变色行为的例子，它们可以用来控制连接有偶氮苯的聚合物的反应性和物理性质，如肽构型的改变、酶的活性、小分子对膜的渗透性等过程。在这些过程中，偶氮苯单元用作光（光学）开关。这些例子不像上面提到的视觉或其他自然界的光生物现象那么复杂，但它们可以帮助理解这些更复杂的体系。

多肽可以无序的盘绕或规则地折叠的α-螺旋和β-结构存在。当有表面活性剂十二烷基氯化铵存在时，包含 20%反式偶氮苯单元的聚 L-谷氨酸（**93**）具有无序的盘绕结构（图示 10.68）。这种多肽暴露在 350nm 的光照下时，由无序到螺旋转变的α-螺旋的圆二色性质可以被看到。最重要的是，通过用顺式偶氮苯吸收的长波长的光照（450nm），这一过程可以被逆转（α-螺旋到无序的盘绕的转变）。

聚异氰酸酯具有手性螺旋结构。尽管在聚异氰酸酯主链上没有手性中心，但只要侧链也没有手性中心，这些聚异氰酸酯将以 P（右手）螺旋和 M（左手）螺旋（或在一聚合物长链内的螺旋片段）的消旋混合物存在。如果侧链上存在手性中心，聚合物链的右手片段和左手片段将变成非对映异构体，并且不再是热动力学平等的。由于螺旋结构的高度协同，在左手构象和右手构象之间的微小能量差别将被放大，从而这种聚合物的其中一种构型将占主导地位。在光照下，聚异氰酸酯和手性反式偶氮苯侧基团的共聚物将表现出巨大的 CD 信号的变化（可逆的）。例如，侧链修饰有手性中心的含有偶氮苯的聚异氰酸酯具有由 P 螺旋和 M 螺旋组成的聚合物骨架（图示 10.69）。聚异氰酸酯光异构化的 CD 光谱的改变与 P 螺旋和 M 螺旋的分布向其中一个转变的情况一致。这一过程是可逆的，在光或热条件下，顺式异构体返回到反式异构体。

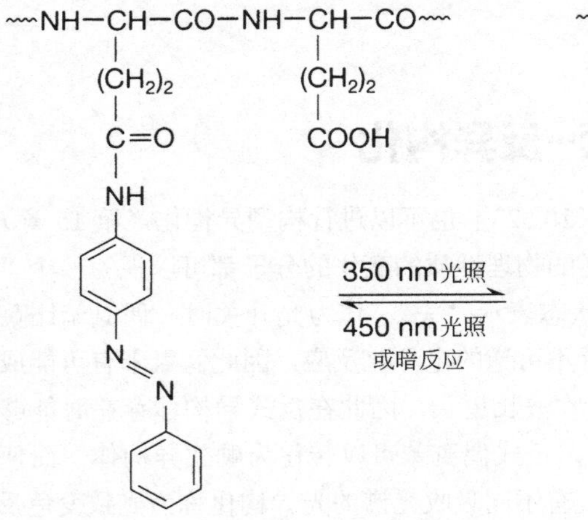

图示 10.68 通过嵌入结构中的偶氮苯的顺-反异构化实现多肽的构象变化的控制

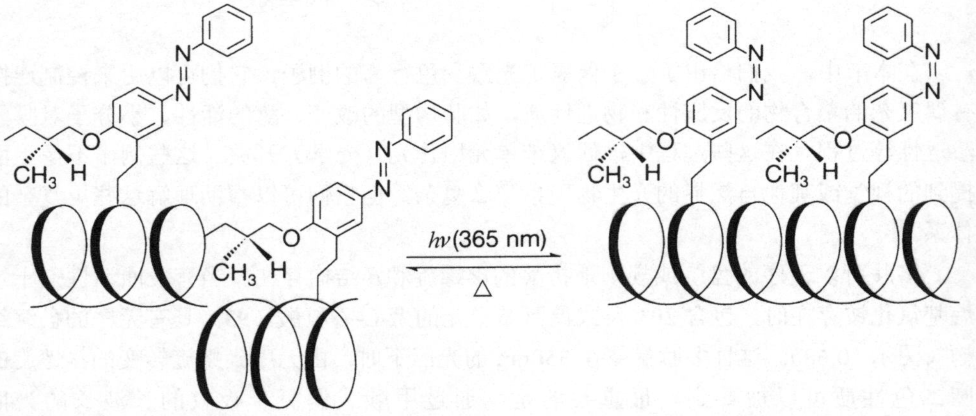

图示 10.69 通过嵌入结构中的偶氮苯的顺-反异构化实现聚异氰酸酯的手性构象变化的控制

10.44 在液晶、Langmuir-Blodgett（LB）膜和溶胶凝胶中作为相变和堆积排列光调节器的顺-反异构化

在液晶（LC）、晶体和LB膜中的分子排列，主要由方向依赖性的分子间作用力控制。在这些体系中，一些分子（微量杂质，即“司令分子”）可能是影响分子主体（“士兵分子”）排列顺序的主要因素。在这种情况下，有能够进行可逆光反应的分子的辅助，

将有可能对主体相的分子重排进行调节。通过下面的例子可以说明偶氮苯光化学在控制分子顺序上的作用[102]。

液晶环己烷羧酸酯 **95** 被夹在两层石英层的中间，被偶氮苯衍生物 **96** 和 **97**（图示 10.70）修饰的石英表面是不透光的。不可思议的是，在 365nm 波长（反式偶氮苯转化成顺式偶氮苯）的光照射下，**96** 和 **97** 的混合物在同样的条件下会变成透光性的，表明 LC 分子排列变成一种平行模式，该模式下 LC 分子的长角与石英表面平行。在更长波长（440nm）的光照射下，顺式偶氮苯能够逆向转化为反式异构体。图 10.21 阐释了这种在 LC 分子排列中的可逆变化。

R–C₆H₁₀–C(=O)–O–C₆H₄–OR′

95

$CH_3(CH_2)_5$–C₆H₄–N=N–C₆H₄–O$(CH_2)_5$–C(=O)–NH $(CH_2)_3Si(OC_2H_5)_3$

96

$CH_3(CH_2)_5$–C₆H₄–N=N–C₆H₄–O$(CH_2)_{10}$–C(=O)–OH

97

图示 10.70 图 10.18 中用于构建 LB 单层的 LC 材料的组成

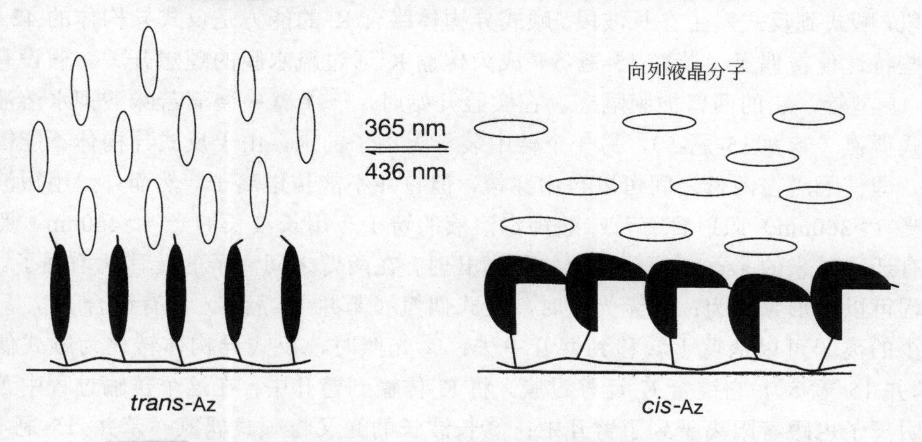

图 10.21 通过改变偶氮苯（Az）LB 单层膜的表面致使液晶重排的光调节

10.45 通过顺-反异构化控制离子渗透膜

一些自然存在的聚醚类抗生素离子载体，像拉沙洛西（lasolocid）和莫能菌素

(monensin)，被认为在膜相中具有在环（键合离子）和非环（不键合离子）形式间相互转化的功能，这使得这些抗生素可以用作转移试剂。这一相互转化的平衡成为控制金属离子选择性键合、释放、传输的重要机理。在实验室有几个光化学反应也用作相似的研究目的。要成为可以传输离子通过膜的分子需要具有这么几个条件：①可逆并可控的键合离子；②具有可以进行可逆光反应的发色团；③可以键合阳离子的受体。这种光过程的作用就是控制受体键合阳离子的能力［式（10.53)］。如果顺式异构体键合阳离子具有协同效应的话，那么顺式偶氮苯和反式偶氮苯键合阳离子的能力将不同[103]。

$$\text{N=N} + M^{n+} \underset{h\nu\text{或暗反应}}{\overset{h\nu}{\rightleftharpoons}} M^{n+}\text{(N=N)} \qquad (10.53)$$

偶氮（苯并 15-冠-5）进行光化学异构化时（图 10.22），反式到顺式发生在短波段，顺式到反式发生在长波段。顺式异构体络合 K^+的能力是反式异构体的 42 倍。这些特性使得偶氮（苯并 15-冠-5）成为传输 K^+通过疏水膜的理想开关。假设有一个 U 型管，它的两臂被膜隔离。在实验开始时，一个臂中装满苦味酸钾水溶液和反式偶氮（苯并 15-冠-5），另一个臂中装入无离子的水。由于反式异构体不能键合 K^+，即使冠醚在两臂之间可以自由穿梭，但它并不能传送离子。然而，当用短波长的光（>360nm）照射含有苦味酸钾水溶液的臂Ⅰ、用长波长的光（>460nm）照射含有迁移过来的 azo-K^+离子络合物的臂Ⅱ时，在两臂之间离子的转移就增强了。全过程可以被形象化为：①无光照时，反式偶氮（苯并 15-冠-5）没有键合 K^+，只有很少的离子可以从臂Ⅰ转移到臂Ⅱ中去；②光照时，反式异构体转化为顺式偶氮（苯并 15-冠-5），它键合 K^+迁移过膜，将 K^+传输到臂Ⅱ中；在这个传输过程中苦味酸阴离子也跟着阳离子到了臂Ⅱ中；③长波长的光又将顺式偶氮（苯并 15-冠-5）转化成反式异构体，它不再键合 K^+，因此传输的 K^+就被留在了臂Ⅱ中。不用长波长的光照时，离子将仍然以与顺式偶氮（苯并 15-冠-5）键合的形式存在于臂Ⅱ中，进一步的离子传输将中止。交替的短、长波长的光照将在两臂之间建立起一个 K^+的平衡。

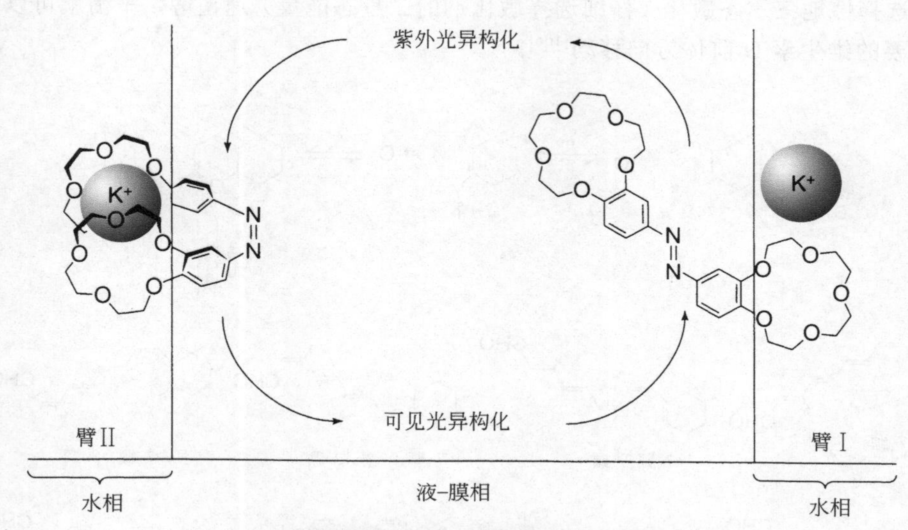

图10.22 光调节的离子传输通过膜

10.46 实验室和工业合成中顺–反异构化的应用

从方便易得的反-β-紫罗兰醇定量转化成合成上更具挑战的顺式异构体［式(10.54)］中，可以看到三重态单向敏化的应用。β-紫罗兰醇的特点是顺式异构体具有很高的空间位阻，使得两个 C═C 双键彼此偏斜。因此，顺式异构体比反式异构体具有更高的三重态能量。基于 10.7 节和 10.9 节讨论的选择性激发原理，如果有一个敏化剂只能够转移能量到反式异构体，它的三重态能量比顺式更低，那么就应该能够选择性地将反-β-紫罗兰醇全部转化为顺-β-紫罗兰醇。的确，这一过程已经实现了。对于三重态能量小于 59kcal/mol 的敏化剂，反-β-紫罗兰醇可以百分之百地转化为顺式异构体。重要的是，这种单向敏化异构化过程可以合成高位阻的视黄醛异构体（图示 10.71），它有助于更好地理解视觉的光化学过程[104,105]。

$$\text{7-反-}\beta\text{-紫罗兰醇} \xrightarrow{\text{三重态敏化剂}} \text{7-顺-}\beta\text{-紫罗兰醇} \qquad (10.54)$$

工业上从方便易得的麦角固醇（绵羊皮等）合成维生素 D 包括两步（图示 10.72)：首先 7-去氢胆固醇发生光化学开环反应生成维生素 D 前体（**30**），然后 1,7-氢热迁移生成维生素 D。在光化学步骤，不适合 1,7-氢热迁移生成维生素 D 的 **30** 的反式异构体（例如速甾醇）总是以 10%～15%的产率形成。在上面β-紫罗兰醇中讨论的三重态单向敏化技术可以用来将这一副产物重新转化为有用的 **30**。在 **30** 和速甾醇两个异构体中，前者位阻更大（共轭弱），具有相对更高的三重态能量。因此，选择性地三重态敏化（仔细选择敏化剂的三重态能量）速甾醇，平衡就可以向着想要的维生素 D 前体方向移动[106]。

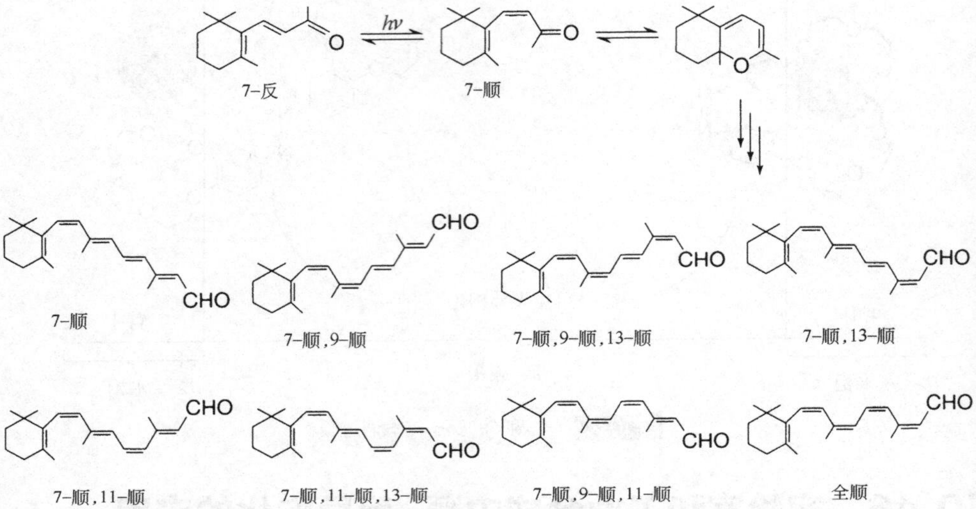

$h\nu$

7–反　7–顺

7–顺　7–顺，9–顺　7–顺，9–顺，13–顺　7–顺，13–顺

7–顺，11–顺　7–顺，11–顺，13–顺　7–顺，9–顺，11–顺　全顺

图示 10.71　通过三重态选择性敏化顺–反异构化过程合成的高位阻视黄醛异构体

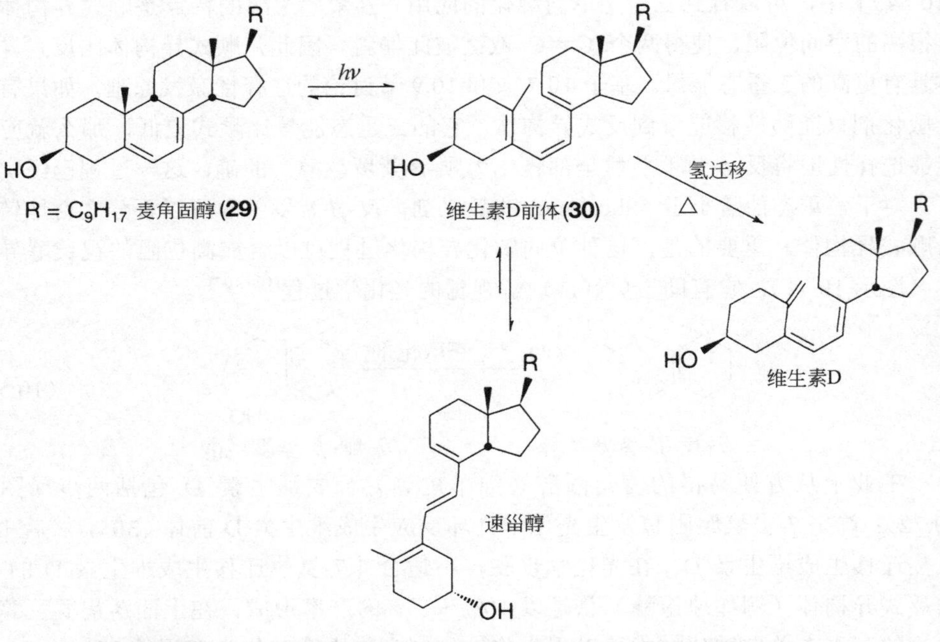

$h\nu$

R = C_9H_{17} 麦角固醇 (**29**)　维生素D前体 (**30**)　氢迁移 △　维生素D

速甾醇

图示 10.72　工业合成维生素 D 过程中三重态选择性敏化顺–反异构化的应用

10.47 光致周环反应的应用

数字光学数据存储是一种通过使用光来记录信息的方法。在这里，具有不同吸收光谱的两种结构形式 **98** 和 **99**［式（10.55）］的光致可逆异构化过程很有意义（后面的图 10.23 和图 10.24）。另外，这两种异构体 **98** 和 **99** 的折射率、介电常数、氧化还原电位、几何结构都不同。这种光照产生的即时性质的改变使得它们广泛应用在各种光电器件中，如光学存储、开关和显示。

$$\mathbf{100} \xleftarrow{h\nu} \mathbf{98} \underset{h\nu'}{\overset{h\nu}{\rightleftharpoons}} \mathbf{99} \qquad (10.55)$$

对可用于存储器件的光致变色体系的基本要求是两个异构体 **98** 和 **99** 具有热稳定性和抗疲劳性。如果光致变色行为在 100 次循环（写入-擦除-写入）后消失了，那这种器件就没什么用。当伴随着主要光致变色过程，如 **98** 到 **100** 发生副反应时，这个体系就变得不稳定。如后面的图 10.23 和图 10.24 所示[107,108]，二芳基乙烯和俘精酸酐的电环化反应以及相应的开、关环状态的吸收光谱广泛用于研究数据存储器件的可能性。

光致变色体系除了在“写入-擦除-写入”循环过程中需要稳定以外，在“读取”的过程中也应该是稳定的。光致变色过程的主要特征之一就是 **98**、**99** 两种形式吸收不同波长的光。这一特点使得信息被存储时通过检测颜色的变化而方便地读取。读取过程也应该是非损坏性的。荧光发射、红外（IR）吸收已用作读取信号的手段。因此，从概念上来说，可用作存储器件的最好体系应该是信息可以被不同波长的光子写入（**98→99**）和擦除（**99→98**）。读取可以通过非损坏性的红外光子完成。

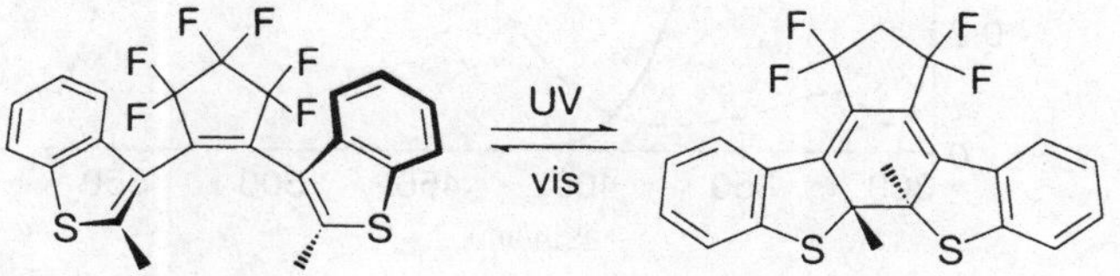

UV / vis （10.56）

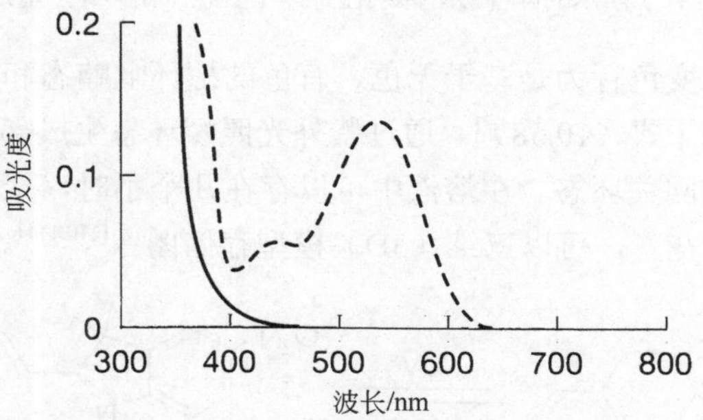

图10.23 式（10.56）所示的二芳基乙烯体系的开环（实线）和关环（虚线）状态的吸收光谱

1,2-二(2,5-二甲基-3-噻吩基)全氟环戊烯晶体已被确定是一种有用的存储介质［图 10.23 和式（10.56）］。用紫外光照时（366nm 的光），这种化合物的无色晶体（开环态）由于产生关环产物而变成红色。其反转过程（关环态到开环态）可以通过大于 450nm 的光照实现。更重要的是，有色-无色的过程可以重复许多次（$>10^4$ 次）而保持晶体形状不变。这种结实而高性能的光致变色晶体材料在未来的存储器件领域中具有很好的前景。

俘精酸酐是一种二亚甲基丁二酸酐的衍生物，有一个芳环取代基。对于光致变色，俘精酸酐至少应该有一个芳环在 *exo*-亚甲基碳原子上，以便形成可以进行[6e]环化的 1,3,5-己三烯结构［式（10.57）和图 10.24］。俘精酸酐在开环态（实线）和关环态（虚线）之间光致变色。然而，要成为一个有用的存储器件，有一个光化学（*E*,*Z*）异构化途径必须被消除。从开环到关环状态的完全转化可以通过 366nm 的光照实现。晶态时惰性的俘精酸酐只有在聚合物基质中才可能成为有用的存储器件[109]。

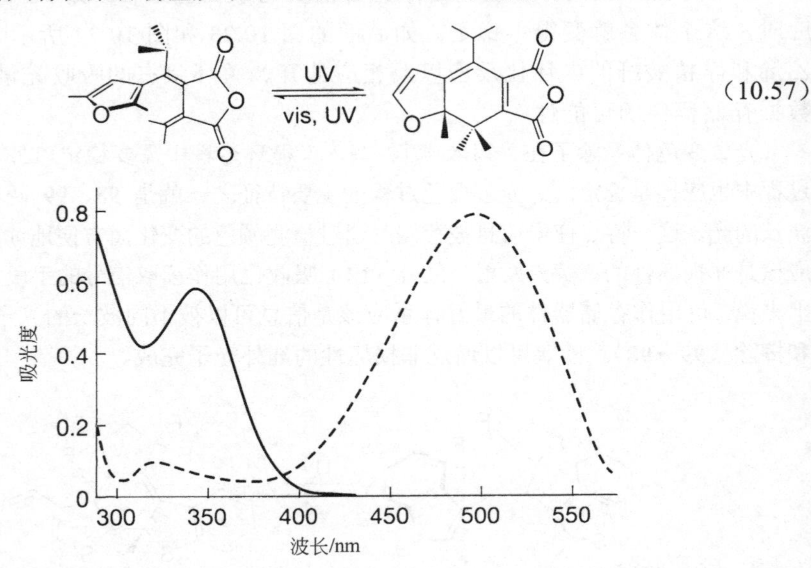

图10.24 式（10.57）所示的俘精酸酐体系在开环（实线）和关环（虚线）状态的吸收光谱

螺环吡喃的光致变色行为是基于无色、有色的螺环吡喃态和有色、开环的部花青染料之间的可逆转变［式（10.58）］。通过紫外光照螺环态生成部花青；相反，通过可见光照或加热可以返回关环态。在溶液中可以存在几个小时，聚合物基质中可以存在几天的硝基取代的部花青，可以三维（3D）模型存储图像[110,111]。

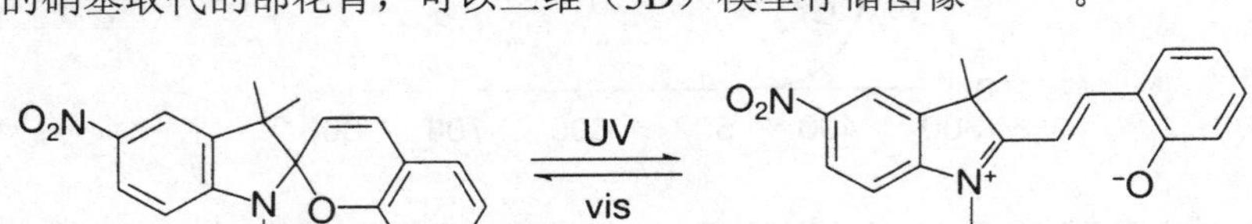

(10.58)

10.48 小结

烯烃的最低激发态为π,π*态，在此态时，由于碳-碳双键的键级降低，C═C 键的扭曲将变得容易，从而主导了激发单重态和三重态的衰减过程。当 C═C 被组装到小环体系，如环戊烯中时，这一过程可以被阻止。更大的环体系，如环己烯和环庚烯，将产生可以被醇和二烯捕捉到的活性反式环烯。由于激发能定域在芳香环上，芳香取代的烯烃对于 C═C 键的扭曲也有一个能垒。经由顺-反异构化缓慢衰减的过程将使烯烃在激发单重态和三重态有可能发生其他反应。

扭曲和垂直的激发单重态拥有两性离子的特征，然而相应的三重态却表现出双自由基性质。这种不同对烯烃的激发单重态和三重态的光反应都有影响。大部分烯烃的系间窜越效率很低，因此在直接激发过程中激发单重态的反应就成了主要过程。烯烃三重态可以通过三重态敏化产生。这种方式使得源于三重态的选择性反应成为可能。与第 9 章讨论的羰基相似，烯烃的初级光反应包括抽氢、电子转移、烯烃加成、α-裂解和β-裂解反应。除此之外，烯烃的激发单重态还可以进行周环反应，包括电环化、σ单键迁移、协同加成等。1,4-二烯的二π-甲烷重排比较独特，但这种反应对 1,4-不饱和烯酮来说比较常见（见第 11 章）。经由电子转移敏化产生的烯烃自由基阳离子可以进行各种反应。

参考文献

1. J. Saltiel and J. L. Charlton, in P. de Mayo, ed., *Rearrangements in Ground and Excited States*, Vol. 3, Academic Press, New York, 1980, p. 25.
2. J. Saltiel, J. D'Agostino, E. D. Megarity, L. Metts, K. R. Neuberger, M. Wrighton, and O. C. Zafiriou, in O. L. Chapman, ed., *Organic Photochemistry*, Vol. 3, Marcel Dekker, Inc., New York, 1973, p. 1.
3. M. T. Allen and D. G. Whitten, *Chem. Rev.* **89**, 1691 (1989).
4. R. S. H. Liu, in W M. Horspool and P.-S. Song, eds., *CRC Handbook of Organic Photochemistry and Photobiology*, CRC Press, Boca Raton, FL, 1995, p. 165.
5. G. S. Hammond, N. J Turro, and P. A. Leermakers, *J. Phys. Chem.* **66**, 1144 (1962).
6. F. D. Lewis, D. M. Bassani, R. A. Caldwell, and D. J Unett, *J. Am. Chem. Soc.* **116**, 10477 (1994).
7. G. S. Hammond, J. Saltiel, A. A. Lamola, N. J. Turro, J. S. Bradshaw, D O. Cowan, R. C. Counsell, V. Vogt, and C. Dalton, *J. Am. Chem. Soc.* **86**, 3197 (1964).
8. D. H. Waldeck, *Chem. Rev.* **91**, 415 (1991).
9. J. Saltiel, A. S. Waller, and D. F. Sears, Jr., *J. Photochem. Photobiol., A. Chem.* **65**, 29 (1992).
10. J. Saltiel, D. F. Sears, Jr., D.-H. Ko, and K.-M. Park, in W M. Horspool and P.-S. Song, eds., *CRC Handbook of Organic Photochemistry and Photobiology*, CRC Press, Boca Raton, FL, 1995, p. 3.
11. H. Gorner and H. J Kuhn, in D. C. Neckers, D. H. Volman, and G. V. Bunau, eds., *Advances in Photochemistry*, Vol. 19, John Wiley & Sons, Inc., New York, 1995, p. 1.
12. T. Arai and K. Tokumaru, *Chem. Rev.* **93**, 23 (1993).
13. T. Arai and K. Tokumaru, in D. C. Neckers, D. H. Volman, and G. V. Bunau, eds., *Advances in Photochemistry*, Vol. 20, Wiley-Interscience, New York, 1995, p. 1.
14. A. Spalletti, G. Bartocci, and U. Mazzucato, *Chem. Phys. Lett.* **186**, 297 (1991).

15. P. J. Kropp, in W. M. Horspool and P.-S. Song, eds., *CRC Handbook of Organic Photochemistry and Photobiology*, CRC Press, Boca Raton, FL, 1995, p. 105.
16. P. J. Kropp, in A. Padwa, ed., *Organic Photochemistry*, Vol. 4, Marcel Dekker, New York, 1979, p. 1.
17. J. A. Marshall, *Science* **170**, 137 (1970).
18. A. J. Merer and R. S. Mulliken, *Chem. Rev.* **69**, 639 (1969).
19. R. J. Sension, A. Z. Szarka, and R. M. Hochstrasser, *J. Chem. Phys.* **97**, 5239 (1992).
20. J. S. Baskin, L. Bañares, S. Pedersen, and A. H. Zewail, *J. Phys. Chem.* **100**, 11920 (1996).
21. J. Quenneville and T. J. Martínez, *J. Phys. Chem. A* **107**, 829 (2003).
22. R. B. Woodward and R. Hoffmann, *The Conservation of Orbital Symmetry*, Verlag Chemie, Weinheim, 1970.
23. S. Sankararaman, *Pericyclic Reactions-A Textbook*, Wiley-VCH, Weinheim, 2005.
24. I. Fleming, *Frontier Orbitals and Organic Chemical Reactions*, John Wiley & Sons, Inc., London, 1976.
25. W. J. Leigh, Diene/Cyclobutene Photochemistry, in W. M. Horspool and P.-S. Song, eds., *CRC handbook of Organic Photochemistry and Photobiology*, CRC Press, Boca Raton, Fl, 1995, p. 123.
26. R. S. H. Liu, *J. Am. Chem. Soc.* **89**, 112 (1967).
27. W J Leigh, *Chem. Rev.* **93**, 487 (1993).
28. M. K. Lawless, S. D. Wickham, and R. A. Mathies, *Acc. Chem. Res.* **28**, 493 (1995).
29. R. V. Carr, B. Kim, J K. McVey, N. C. Yang, W. Gerhartz, and J. Michl, *Chem. Phys. Lett.* **39**, 57 (1976).
30. N C. Yang, R. V. Carr, E. Li, J. K. McVey, and S. A. Rice, *J. Am. Chem. Soc.* **96**, 2297 (1974).
31. W. H. Laarhoven, Photocyclizations and Intramolecular Cycloadditions of Conjugated Olefins, in A. Padwa, ed., *Organic Photochemistry*, Vol. 9, Marcel Dekker, New York, 1987, p. 129.
32. W. H. Laarhoven, in A. Padwa, ed., *Organic Photochemistry*, Vol. 10, Marcel Dekker, New York, 1989, p. 163.
33. W. H. Laarhoven and H. J. C. Jacobs, in W M. Horspool and P.-S. Song, eds., *CRC Handbook of Organic Photochemistry and Photobiology*, CRC Press, Boca Raton, FL, 1995, p. 143.
34. H. J. C. Jacobs, *Pure Appl. Chem.* **67**, 63 (1995).
35. H. J. C. Jacobs and E. Havinga, in J. N. Pitts, G. S. Hammond, and W. A. Noyes, eds., *Advances in Photochemistry*, Vol. 11, Wiley-Interscience, New York, 1979, p. 305.
36. H. J. C. Jacobs and W. H. Laarhoven, in W. H. Horspool and P.-S. Song, eds., *CRC Handbook of Organic Photochemistry and Photobiology*, CRC Press, Boca Raton, FL, 1995, p. 155.
37. W. Fuss, T. Hofer, P Hering, K. L. Kompa, S. Lochbrunner, T. Schikarski, and W. E. Schmid, *J. Phys. Chem.* **100**, 921 (1996).
38. S. Pullen, L. A. Walker II, B. Donovan, and R. J. Sension, *Chem. Phys. Lett.* **242**, 415 (1995).
39. R. S. H. Liu and G. S. Hammond, *Photochem. Photobiol. Sci.* **2**, 835 (2003).
40. W. G. Dauben, E. L. McInnis, and D. M. Michno, in P. de Mayo, ed., *Rearrangements in Ground and Excited States*, Vol. 3, Academic Press, New York, 1980, p. 91.
41. F. B. Mallory and C. W. Mallory, in W G. Dauben, ed., *Organic Reactions*, Vol. 30, John Wiley & Sons, Inc., New York, 1984, p. 1.
42. R. H. Martin, *Angew. Chem. Int. Ed. Engl.* **13**, 649 (1974).
43. H. E. Zimmerman, in P. de Mayo, ed., *Rearrangements in Ground and Excited States*, Vol. 3, Academic Press, New York, 1980, p. 131.
44. H. E. Zimmerman, in A. Padwa, ed., *Organic Photochemistry*, Vol. 11, Marcel Dekker, New York, 1991, p. 1.
45. D. Armesto, M. J Ortiz, and A. R. Agarrabeitia, in V. Ramamurthy and K. S. Schnaze, eds., *Photochemistry of Organic Molecules in Isotropic and Aniostropic Media*, Vol. 9, Marcel Dekker, New York, 2003, p. 1.
46. H. E. Zimmerman, R. W. Binkley, R. S. Givens, G. L. Grunewald, and M. A. Sherwin, *J. Am. Chem. Soc.* **91**, 3316 (1969).
47. P. W. Rabideau, J. B. Hamilton, and L. Friedman, *J. Am. Chem. Soc.* **90**, 4465 (1968).
48. E. Ciganek, *J. Am. Chem. Soc.* **88**, 2882 (1966).
49. H. E. Zimmerman, R. J. Boettcher, N. E. Buehler, G. E. Keck, and M. G. Steinmetz, *J. Am. Chem. Soc.* **98**, 7680 (1976).
50. J. Edman, *J. Am. Chem. Soc.* **91**, 7103 (1969).
51. H.-D. Scharf, Zur Photochemie von Olefinen in flussiger Phase, in *Topics in Current Chemistry*, Vol. 11, 1969, p. 216.
52. G. S. Hammond, N. J. Turro, and A. Fischer, *J. Am. Chem. Soc.* **83**, 4674 (1961).
53. R. S. H. Liu, N. J. Turro, and G. S. Hammond, *J. Am. Chem. Soc.* **87**, 3406 (1965).
54. R. Gleiter and B. Treptow, in W. M. Horspool and P.-S. Song, eds., *CRC Handbook of Organic Photochemistry and Photobiology*, CRC Press, Boca Raton, FL, 1995, p. 64.

55. T. Shinmyozu, R. Nogita, M. Akita, and C. Lim, in W. Horspool and F. Lenci, eds., *CRC Handbook of Organic Photochemistry and Photobiology* (2nd ed.), CRC Press, Boca Raton, FL, 2004, p. 23/1.
56. M. Julia, *Pure Appl. Chem.* 167 (1967).
57. C. D. Johnson, *Acc. Chem. Res.* **26**, 476 (1993).
58. W. L. Dilling, *Chem. Rev.* **67**, 373 (1967).
59. R. S. H. Liu and G. S. Hammond, *J. Am. Chem. Soc.* **89**, 4936 (1967).
60. F. D. Lewis, in D. H. Volman, G. S. Hammond, and K. Gollnick, eds., *Advances in Photochemistry*, Vol. 13, John Wiley & Sons, Inc., New York, 1986, p. 165.
61. G. Kaupp,in W. M. Horspool and P.-S. Song, eds., *CRC Handbook of Organic Photochemistry and Photobiology*, CRC Press, Boca Raton, FL, 1995, p. 29.
62. R. A. Caldwell, *J. Am. Chem. Soc.* **102**, 4004 (1980).
63. D. O. Cowan and R. L. E. Drisko, *J. Am. Chem. Soc.* **92**, 6286 (1970).
64. N. Haga and K. Tokumaru, in W. Horspool and F. Lenci, eds., *CRC Handbook of Organic Photochemistry and Photobiology (2nd ed.)*, CRC Press, Boca Raton, FL, 2004, p. 21/1.
65. P. Wan and K. Yates, *Rev. Chem. Inter.* **5**, 157 (1984).
66. P. Wan and K. Yates, *J. Org. Chem.* **48**, 869 (1983).
67. R. A. McClelland, C. Chan, A. Cozens, A. Modro, and S. Steenken, *Angew. Chem. Int. Ed. Engl.* **30**, 1337 (1991).
68. S. S. Hixson, *Tetrahedron Lett.* **4**, 277 (1973).
69. P. J. Kropp, *J. Am. Chem. Soc.* **89**, 3650 (1967).
70. J. M. Hornback and G. S. Proehl, *J. Am. Chem. Soc.* **101**, 7367 (1979).
71. A. Padwa, C. S. Chou, R. J Rosenthal, and L. W Terry, *J. Org. Chem.* **53**, 4193 (1988).
72. A. Yogev, M. Gorodetsky, and Y. Mazur, *J. Am. Chem. Soc.* **86**, 5208 (1964).
73. A. Yogev and Y. Mazur, *J. Am. Chem. Soc.* **87**, 3520 (1965).
74. T. Kitamura, in W. Horspool and F. Lenci, eds., *CRC Handbook of Organic Photochemistry and Photobiology*, CRC Press, Boca Raton, FL, 2004, p. 117l.
75. G. J Kavarnos and N. J. Turro, *Chem. Rev.* **86**, 401 (1986).
76. M. A. Fox and M. Chanon, eds., *Photoinduced Electron Transfer*, Vols. A–D, Elsevier· Amsterdam, The Netherlands, 1988.
77. J. Mattay, ed., *Photoinduced Electron Transfer*, Vols. 1–3, Springer-Verlag, Berlin, 1990, p. 91.
78. P. S. Mariamo, ed., *Advances in Electron Transfer Chemistry*, Vols. 1–7, Greenwich, 1991–2002.
79. V. Balzani ed., *Electron Transfer Chemistry*, John Wiley & Sons, Inc., New York, 2001.
80. F. D. Lewis and E. M. Crompton, SET Addition of Amines to Alkenes, in W. Horspool and F. Lenci, eds., *CRC Handbook of Organic Photochemistry and Photobiology* (2nd ed.), CRC Press, Boca Raton, FL, 2004, p. 7/1.
81. F. D. Lewis, D. M. Bassani, E. L. Burch, B. E. Cohen, J. A. Engleman, G. Dasharatha Reddy, S. Schneider, W. Jaeger, P. Gedeck, and M. Gahr, *J. Am. Chem. Soc.* **117**, 660 (1995).
82. M. Yasuda, T. Isami, J.-i. Kubo, M. Mizutani, T. Yamashita, and K. Shima, *J. Org. Chem.* **57**, 1351 (1992).
83. S. L. Mattes and S. Farid, Photochemical electron-transfer reactions of olefins and related compounds, in A. Padwa, ed., *Organic Photochemistry*, Vol. 6, Marcel Dekker, New York, 1991; p. 233.
84. S. L. Mattes and S. Farid, *Acc. Chem. Res.* **15**, 80 (1982).
85. A. J. Maroulis, Y. Shigemitsu, and D. R. Arnold, *J. Am. Chem. Soc.* **100**, 535 (1978).
86. D. Mangion and D. R. Arnold, in W. Horspool and F. Lenci, eds., *CRC Handbook of Organic Photochemistry and Photobiology* (2nd ed.), CRC Press, Boca Raton, FL, 2004, p. 40/1.
87. F. D. Lewis and M. Kojima, *J. Am. Chem. Soc.* **110**, 8664 (1988).
88. C. R. Jones, B. J. Allman, A. Mooring, and B. Spahic, *J. Am. Chem. Soc.* **105**, 652 (1983).
89. G. Pandey, Photoinduced Redox Reactions in Organic Synthesis, in V. Ramamurthy and K. S. Schanze, eds., *Molecular and Supramolecular Photochemistry*, Vol. 1, Marcel Dekker, New York, 1997, Vol. 1, p. 245.
90. U. Hoffmann, Y. Gao, B. Pandey, S. Klinge, K. Warzecha, C. Kruger, H. D. Roth, and M. Demuth, *J. Am. Chem. Soc.* **115**, 10358 (1993).
91. C. Dugave and L. Demange, *Chem. Rev.* **103**, 2475 (2003).
92. M. A. vander Horst and K. J. Hellingwerf, *Acc. Chem. Res.* **37**, 13 (2004).
93. R. S. H. Liu and Y. Shichida, in V Ramamurthy, ed., *Photochemistry in Organized and Constrained Media*, VCH, New York, 1991, p. 817.

94. W. Rudiger and F. Thummler, *Angew. Chem. Int. Ed. Engl.* **30**, 1216 (1991).
95. E. W. Weiler, Sensory principles of higher plants, *Angew. Chem. Int. Ed. Engl.* **42**, 392 (2003).
96. K. Schaffner, S. E. Braslavsky, and H. A. R., *Adv. Photo. Chem.* **15**, 229 (1990).
97. K. J. Hellingwerf, *J. Photochem. Photobiol. B: Biology* **54**, 94 (2000).
98. D. A. Lightner and A. F. McDonagh, *Acc. Chem. Res.* **17**, 417 (1984).
99. H. Knoll, in W. Horspool and F. Lenci, eds., *CRC Handbook of Organic Photochemistry and Photobiology* (2nd ed.), CRC Press, Boca Raton, FL, 2004, p. 89/1.
100. I. Willner and S. Rubin, *Angew. Chem. Int. Ed. Engl.* **35**, 367 (1996).
101. I. Willner, *Acc. Chem. Res.* **30**, 347 (1997).
102. K. Ichimura, *Chem. Rev.* **100**, 1847 (2000).
103. S. Shinkai, Y. Honda, K. Ueda, and O. Manabe, *Bull. Chem. Soc. Jpn.* **57**, 2144 (1984).
104. V. Ramamurthy, Y. Butt, C. Yang, P Yang, and R. S. H. Liu, *J. Org. Chem.* **38**, 1247 (1973).
105. R. S. H. Liu and A. E. Asato, *Tetrahedron* **40**, 1931 (1984).
106. A. M. Braun, M. T. Maurette, and E. Oliversos, *Photochemical Technology*, John Wiley & Sons, Inc., Chichester, 1991.
107. M. Irie, *Chem. Rev.* **100**, 1685 (2000).
108. H. G. Heller, in W. Horspool and P.-S. Soon, eds., *CRC Handbook of Organic Photochemistry*, CRC Press, Boca Raton, FL, 1995, p. 173.
109. Y. Yokoyama, *Chem. Rev.* **100**, 1717 (2000).
110. S. Kawata and Y. Kawata, *Chem. Rev.* **100**, 1777 (2000).
111. G. Berkovic, V. Krongauz, and V. Weiss, *Chem. Rev.* **100**, 1741 (2000).

第11章

烯酮和二烯酮的光化学

11.1 烯酮和二烯酮的光化学简介

烯酮是一类在同一分子中同时含有羰基和烯键的化合物。羰基和烯键可以共轭，也可以被一个或多个饱和原子分隔开。像二烯酮这一大家族分子，可以在烯酮分子中插入一个或多个烯键。图示 11.1 列出的烯酮和二烯酮的光化学是本章要阐述的内容。

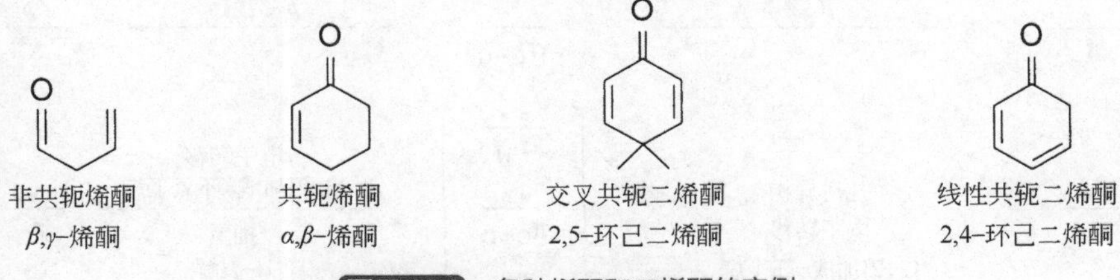

图示 11.1 各种烯酮和二烯酮的实例

烯酮和二烯酮事实上具有单独的羰基和烯键具有的所有反应。因此，第 9 章和第 10 章所描述的羰基 n,π 光化学和烯键 π,π 跃迁的内容提供了有用框架和一系列范例来合理预测和推理图示 11.1 列出的烯酮和二烯酮的光化学。此外，特别是对于共轭烯酮和共轭二烯酮类化合物，有时可以发现一些与众不同的光化学行为。

11.2 烯酮*R(n,π*)和*R(π,π*)态的分子轨道描述：烯酮和二烯酮的初级光化学过程

第 9 章讨论的 n,π*态和第 10 章讨论的 π,π*态的分子轨道（MO）相互作用是理解烯酮和二烯酮光化学非常好的前期范例。因为烯酮和二烯酮同时具有 n,π*态和 π,π*态，所以从哪个态更可能进一步发生反应取决于能量最低态的自身性质。因此，了解 n,π*

态和 π,π*态要经历的几种反应类型非常重要。同羰基和烯烃类似，反应可能从激发单重态和/或三重态开始。由于上述的各种可能性，双自由基和两性离子都可能是反应的中间体。图示 11.2 列出了通常最可能的反应机制。

总反应 $R + h\nu \rightarrow P$

激发 $R + h\nu \rightarrow {}^*R$

初级光化学反应 $S_1(\pi,\pi^*) \rightarrow {}^1I(Z)$

$S_1(\pi,\pi^*) \rightarrow F \rightarrow P$

$T_1(\pi,\pi^*) \rightarrow {}^3I(D)$

$S_1(n,\pi^*) \rightarrow {}^1I(D)$

$T_1(n,\pi^*) \rightarrow {}^3I(D)$

次级热反应 $I(Z) \rightarrow P$

${}^3I(D) \rightarrow {}^1I(D) \rightarrow P$

图示 11.2 烯酮 n,π*态和 π,π*态的光化学反应示例
取决于不同的反应，中间体[I(D)]可以是自由基对（RP）、双自由基（BR）、自由基离子对（RIP）或两性离子（Z）。F 代表反应不经过任何中间体的通道

对烯酮和二烯酮的 n,π*态来说，同羰基一样，n 轨道被认为是局域化的。n←n,σ,π 的轨道相互作用定性上来说与羰基的 n,π*态完全一样。另一方面，作为一个新的特性，n,π*态的 π*轨道是离域化的。在初级光化学过程中，当 π*轨道相互作用较明显时，这种离域化作用就需要考虑。对于 π,π*态来说，羰基的存在改变了其轨道的相互作用。可能的轨道相互作用及其导致的初级反应如图 11.1 所示。尽管这种模型应用范围很广，详细的过程取决于所用的具体的发色团，如 α,β-烯酮、β,γ-烯酮、二烯酮等。

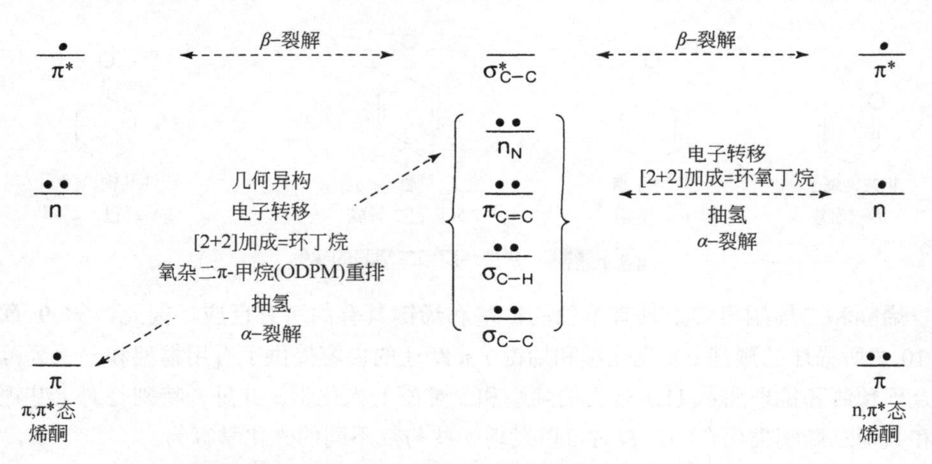

图 11.1 基于轨道相互作用的可能发生的初级光化学反应

11.3 烯酮和二烯酮的 I→P 的次级光化学过程

从定性的角度来说，由 n,π*→I(D)或 π,π*→I(Z)初级光化学过程产生的反应中间体的次级光化学过程与烯酮和二烯酮的 n,π*态和 π,π*态的反应一致。两性离子和双自由基的可能反应列于表 9.2 和表 10.2。

11.4 几种典型的烯酮轨道能量示意图及其相关分子结构

图 11.2～图 11.4 列出了本章讨论的几种典型的烯酮体系轨道能量示意图的实例。

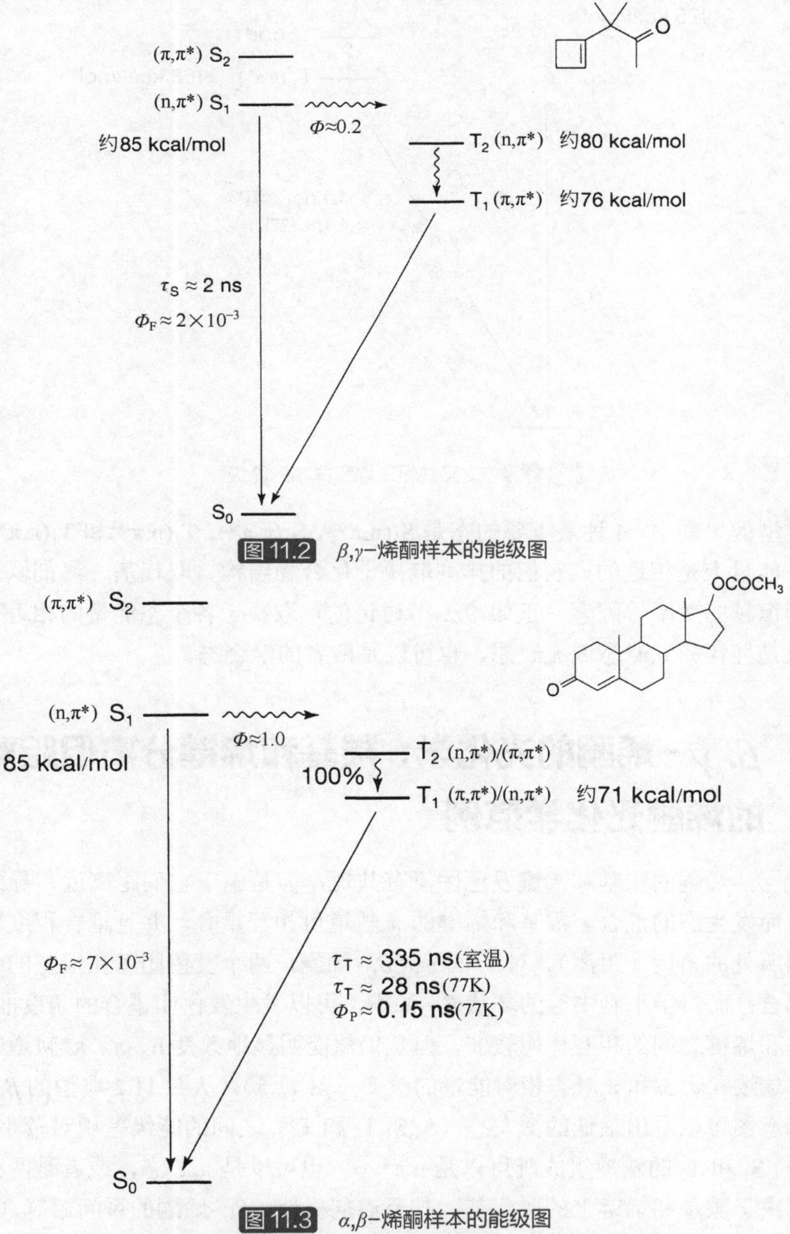

图 11.2 β,γ-烯酮样本的能级图

图 11.3 α,β-烯酮样本的能级图

T_1 和 T_2 在能量上非常相近，其电子态特征随取代基和溶剂不同而变

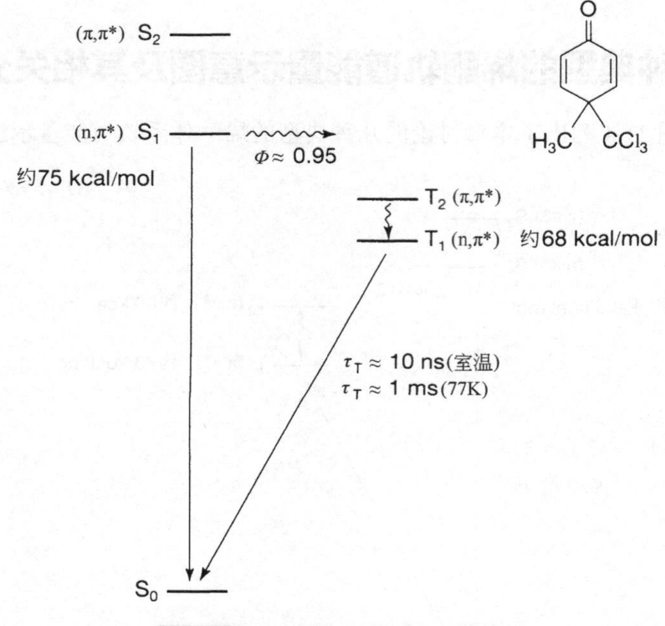

图 11.4 交叉共轭二烯酮样本的能级图

在不同类型的烯酮中，4 种最重要的态是 S_1(n,π*)、S_1(π,π*)、T_1(n,π*)和 T_1(π,π*)。总之，这些态在能量上是相近的，它们的排列取决于化合物结构、取代基、溶剂以及对反应态和系间窜越的效率等因素。正如 9.2 节讨论的，取决于各个态能量的相近程度，反应态可以是纯粹的 n,π*态或 π,π*态，也可以是两者的混合态。

11.5 β, γ-烯酮的光化学：羰基和烯键分离但距离相近的烯酮光化学范例

尽管 β,γ-烯酮的羰基和烯键发色团没有共轭，但是由于它们距离近，导致电子的相互作用而发生态的混合。羰基和烯键的 π 轨道可相互重叠，并且耦合程度取决于两个发色团所处的角度（距离）。对于非环状 β,γ-烯酮，两个发色团可在很宽的角度范围内发生耦合；而对于小到中等的环状 β,γ-烯酮，可以发生发色团耦合的角度非常受限。尽管羰基和烯键之间的相互作用较弱，但是仍然能明显地改变 n、π、π*轨道的能量水平，从而导致 n,π*态和 π,π*态相对能量的改变（图 11.5）。从图 11.2 典型的 β,γ-烯酮的态能量示意图可以看出最低的激发态（S_2,S_1,T_2 和 T_1）之间的能级差相对较小。因此，β,γ-烯酮的 S_1 和 T_1 的轨道组成既可以是 n,π*态，也可以是 π,π*态，或者是两种的混合态。这取决于羰基和烯键上的取代基，甚至溶剂极性。β,γ-烯酮的系间窜越（ISC）效率取决于最低激发态的相对能量和相互作用。从能量示意图可了解到 β,γ-烯酮的光化

学显示羰基的 n,π*态或烯键的 π,π*态的特征。因此，在缺少相关的实验预期或计算信息的情况下，基于n,π*态和π,π*态的光化学都被认为是有道理的。图示 11.3 列出 β,γ-烯酮预期可发生的光化学反应。

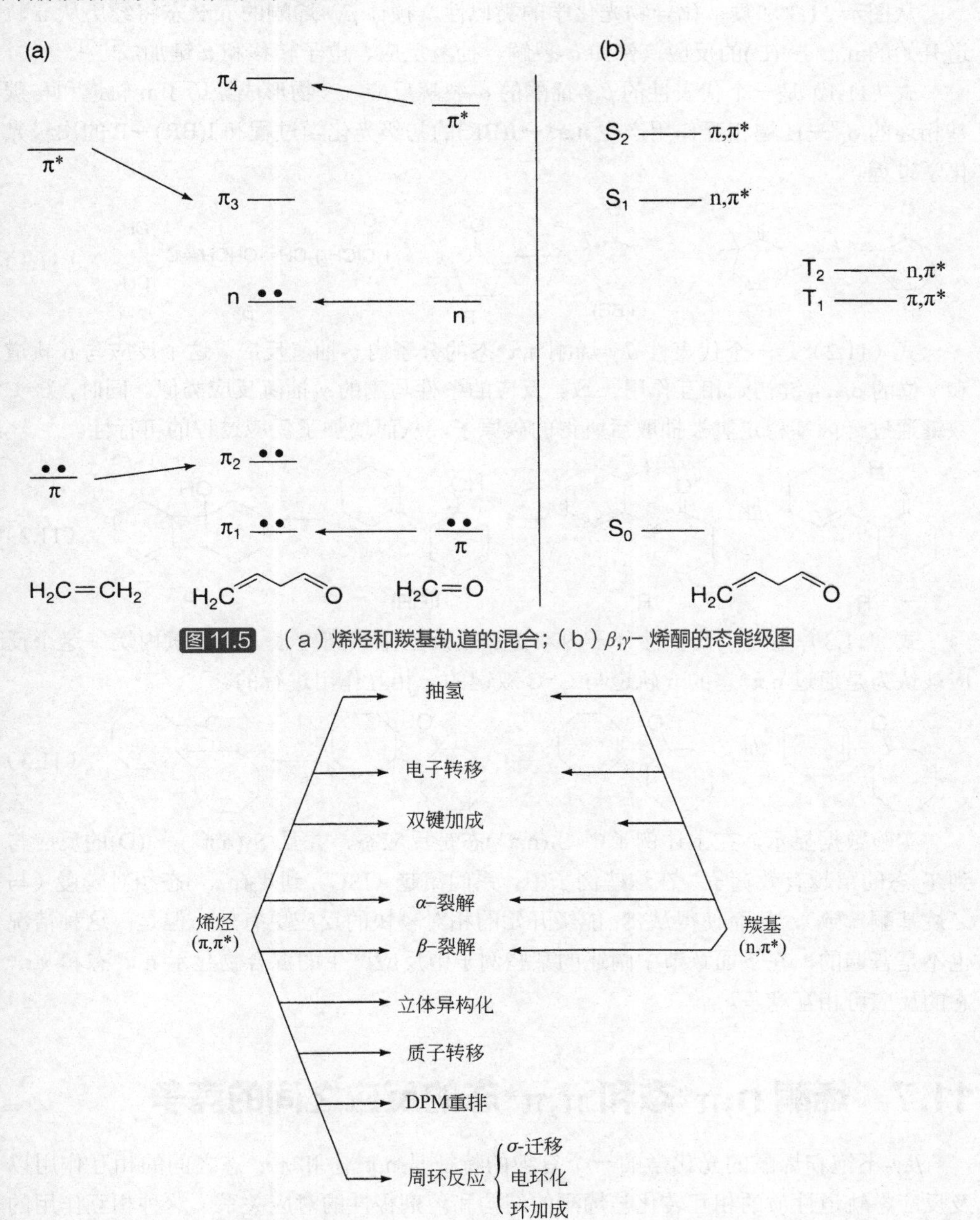

图 11.5 （a）烯烃和羰基轨道的混合；（b）β,γ- 烯酮的态能级图

图示 11.3 羰基（C═O）的 n,π*态和 C═C 的 π,π*态初级光化学反应过程（烯酮预计可能发生两种反应）

11.6 β,γ-烯酮的 n,π*态的光化学

从图示 11.3 和羰基化合物光化学的类似性，预计 β,γ-烯酮的 n,π*态将经历从 n 轨道开始的 n,π*→I(D)的反应，例如 α-裂解、抽氢反应、电子转移和 π 键加成[1~3]。

式（11.1）是一个代表性的 β,γ-烯酮的 α-裂解反应。产物形成经历了 n 轨道和与羰基相连的 σ_C—H 键相互作用产生 n,π*→I(BR)的初级光化学过程和 I(BR)→P 的次级光化学过程。

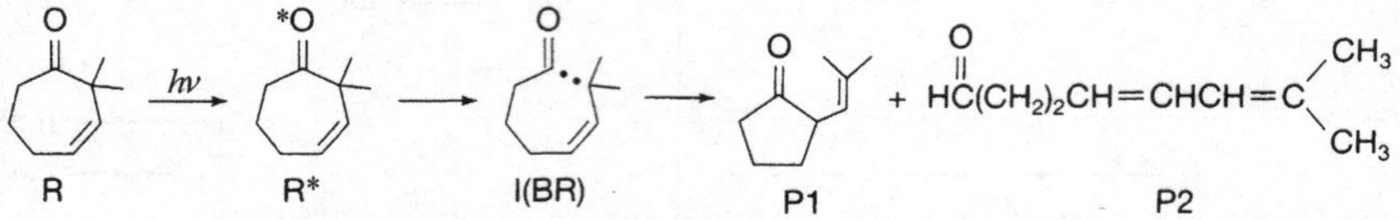

（11.1）

式（11.2）是一个代表性 β,γ-烯酮 n,π*态的分子内 γ-抽氢反应。这个反应与 n 轨道和 γ 位的 $\sigma_{C—H}$ 键初始相互作用一致。反应的条件与酮的 γ-抽氢反应类似。同时，C=C 双键通过烯丙基稳定氢被抽取后所得的碳原子，从而增加了反应过程的可行性。

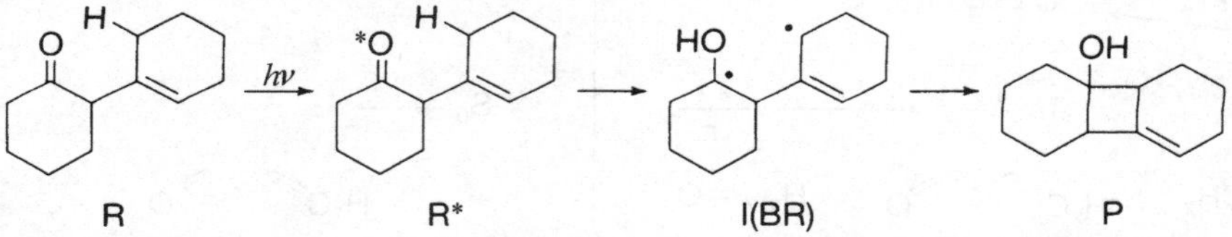

（11.2）

式（11.3）是一个代表性分子内双键加成反应生成高度张力的环氧丙烷。这个反应被认为是通过 n,π*态的 n 轨道与 C=C 双键的 π 相互作用进行的。

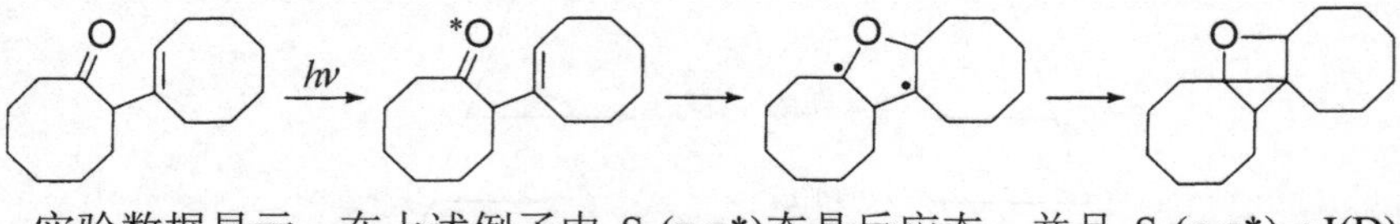

（11.3）

实验数据显示，在上述例子中 S_1(n,π*)态是反应态，并且 S_1(n,π*)→I(D)的反应与到 T_2 态的窜越有效竞争。在这些例子中，系间窜越（ISC）到 T_2(n,π*)态相对较慢（与二烷基酮一致），从而使得从 S_1 能级开始的相对较快的反应更有效。但是，这种情况也不是普遍的，在下面章节中阐述的某些例子中反应产生的混合物显示 n,π*态和 π,π*态的反应可相互竞争。

11.7 烯酮 n,π*态和 π,π*态的反应之间的竞争

β,γ-不饱和烯酮的光化学的一个有趣的特征是 n,π*态和 π,π*态之间的相互作用以及反应态轨道性质的相互转化与烯酮的结构和溶剂极性的对应关系。这种相互作用的例子在非环状 β,γ-烯酮的 σ 重排可见一斑[4]：①直接光照导致[1,3]σ 重排，生成异构化的 β,γ-烯酮；②三重态敏化的激发导致[1,2]σ 重排，生成异构化的酮［式（11.4)］，右

边的反应通常认为是[1,3]酰基迁移或[1,3] σ 重排，左边的反应是结构上类似于 DPM（二 π-甲烷）重排的[1,2]酰基重排，这种重排又定义为 ODPM（氧杂二 π-甲烷）重排。β,γ-烯酮的直接光照产生激发单重态，并进而发生[1,3]酰基重排。β,γ-烯酮三重态敏化形成三重态，进而发生[1,2]重排。从合成的角度来说，单重态和三重态的反应上的区别提供了通过适当选择反应条件可选择性地获得目标产物的可能性，如式（11.4）～式（11.6）所示[1~3]。

三重态敏化剂 [1,2]　　$h\nu$ [1,3]　　（11.4）

三重态敏化剂 [1,2]　　$h\nu$ [1,3]　　（11.5）

三重态敏化剂 [1,2]　　$h\nu$ [1,3]　　（11.6）

我们进而考虑两种重排反应活性态的电子组态的实验证据。从图 11.2 和图 11.5 的实例能量示意图来看，β,γ-不饱和烯酮的最低单重态和三重态通常是 $S_1(n,\pi^*)$态和 $T_1(\pi,\pi^*)$态。因此，$T_2(n,\pi^*)$态在能量上有可能位于 $S_1(n,\pi^*)$态和 $T_1(\pi,\pi^*)$态之间，这就使我们必须考虑其也是一个潜在的反应态。[1,3]重排反应具有从 n,π*态的 α-裂解反应特征，而 n,π*态既可能是 $S_1(n,\pi^*)$态也可能是 $T_2(n,\pi^*)$态。事实上，有证据表明 $T_2(n,\pi^*)$态有时参与了某些[1,3]迁移，但是 $S_1(n,\pi^*)$态可能是[1,3]重排反应最普遍的前体。如果 $S_1(n,\pi^*)$态是[1,3]重排反应的反应态，并且初级光化学过程涉及 α- 裂解，自由基稳定性的一般规则将决定 $S_1(n,\pi^*)\rightarrow{}^1I(RP)$ 的反应速率，并与系间窜越到 T_1 能级的过程竞争。但是，因为初级光化学过程产生 $^1I(RP)$ 中间体，而 ISC 并不一定有产物生成，因此总的[1,3]迁移仍然是立体选择性的。

图示 11.4 显示 β,γ-烯酮 **1**、**2** 和 **3** 发生[1,2]重排和[1,3]重排的产物比例取决于连接在发生 α-裂解键上的甲基数[1~3]。对于不含甲基的 β,γ-烯酮 **1**，只观察到[1,2]重排产物；而对于含有两个甲基的 β,γ-烯酮 **3**，直接光照下只观察到[1,3]重排产物。化合物 **2** 直接光照发生[1,3]和[1,2]两种重排反应，但是三重态敏化条件下只发生[1,2]重排反应。这些结果同从 $S_1(n,\pi^*)$态开始的[1,3]重排和从 $T_1(\pi,\pi^*)$态开始的[1,2]重排的 α-裂解反应一致。α-裂解反应的速率可通过最稳定自由基对规则确定。结果与 α-裂解反应速率一致，即化合物 **1** 最慢，化合物 **3** 最快。这与最稳定自由基对规则预测一致。由于化合物 **1** 从 $S_1(n,\pi^*)$态的 α-裂解速率最慢，以及比 α-裂解更有效的 $S_1(n,\pi^*)$态到 $T_1(\pi,\pi^*)$态的系间窜越，只观察到化合物 **1** 的[1,2]重排反应。从化合物 **3** 的 $S_1(n,\pi^*)$态的 α-裂解比到 $T_1(\pi,\pi^*)$态的系间窜越更有效，因此只观察到化合物 **3** 的[1,3]重排反应。化合物 **2** 是处于两者之间的例子。尽管没有特别的证据表明 $T_2(n,\pi^*)$态参与，但是 $T_2(n,\pi^*)$态仍有可能参与[1,3]迁移。$S_1(n,\pi^*)$态的参与已经足够解释上述结果。[1,3]迁移的另一个特征是立体选择性的保留［式（11.7）］，这与α-裂解产生短寿命的单重态RP中间体一致[5]。

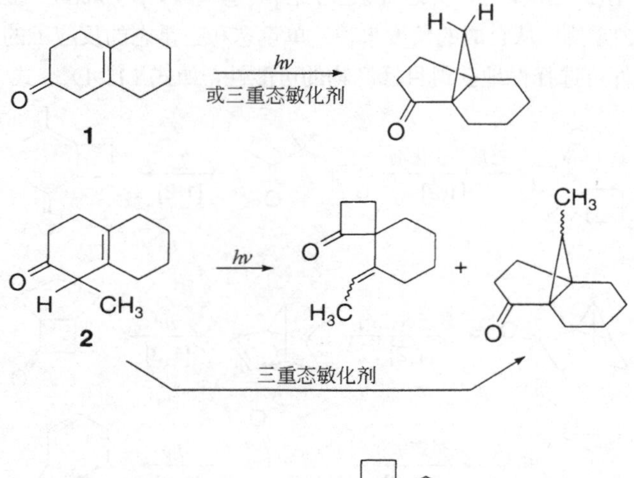

图示11.4 直接三重态敏化激发的β,γ-烯酮发生的代表性[1,2]迁移和[1,3]迁移

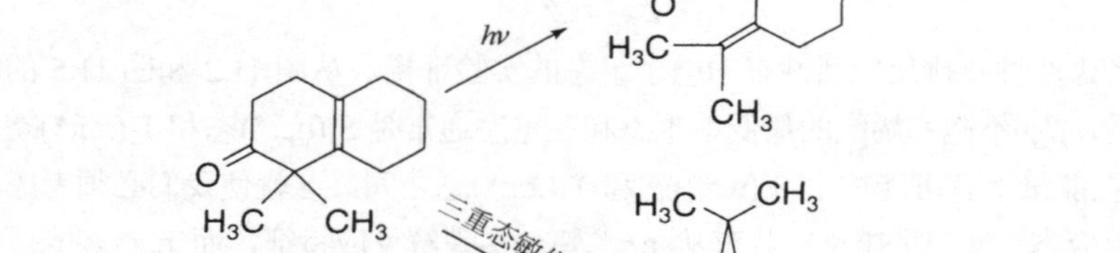

（11.7）

11.8 从β,γ-烯酮$T_1(\pi,\pi^*)$态的竞争性反应：氧杂二π-甲烷重排和顺-反异构化

从图11.2和图11.5 β,γ-烯酮的能量示意图可以看出典型的T_1能级是π,π^*态以及能量上稍高的$T_2(n,\pi^*)$态。从前文中烯烃光化学的讨论，我们预计β,γ-烯酮的$T_1(\pi,\pi^*)$态有可能同样可以发生顺-反异构化，并且与其他反应如氧杂二π-甲烷重排反应（ODPM）相

互竞争（图示 11.5）[6~8]。

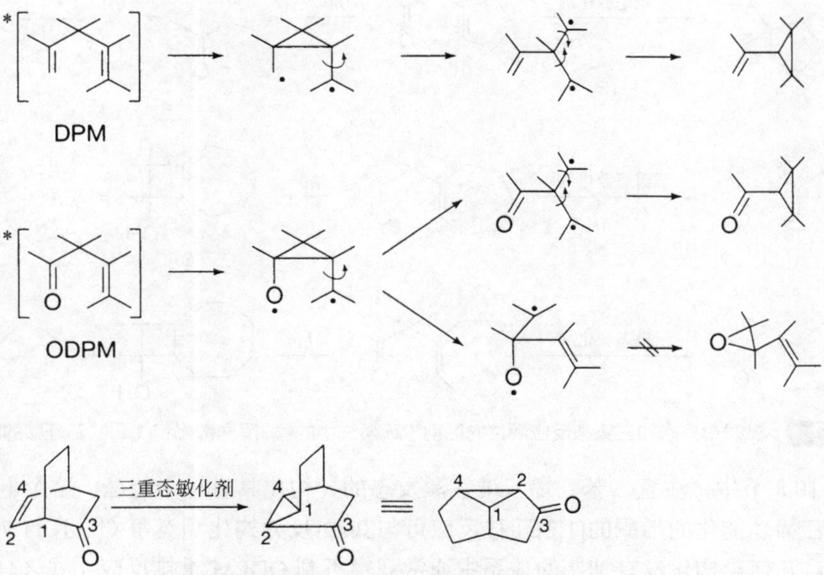

DPM

ODPM

三重态敏化剂

图示 11.5 DPM 和 ODPM 重排的比较

ODPM 反应事实上是结构式类似于 DPM 重排（10.12～10.21 节）的[1,2]σ 重排。重排反应的名称显示两种反应过程在结构上的相似性。同时，ODPM 重排和 DPM 重排在机制上也是相关的。图示 11.5 比较了 10.19～10.21 节给出的 DPM 反应机制和本节中的 ODPM 类似机制。

在三重态 DPM 重排反应例子中，初级*R→I(D)过程中的 $\pi^*_{C=C} \rightarrow \pi_{C=C}$ 的电荷转移是一种可能的轨道相互作用。这种相互作用导致 2,4-键的形成，进而形成环丙烷的 1,4-二自由基（1,4-BR），后者断裂环丙烷化学键生成更稳定的 1,3-二自由基（1,3-BR）并进而环化成产物。在 ODPM 重排反应中，断裂环丙烷化学键产生的 1,3-二自由基生成相对于 C═C 双键能量上更有利的稳定 C═O 双键。这种优势使得环丙烷中间体更有利于生成环丙烷基酮，而不是生成环氧乙烷。

因为顺-反异构化总是一种可能的烯烃 $T_1(\pi,\pi^*)$态的快速自由旋转失活过程，最好的 ODPM 反应量子效率通常是在烯酮双键的旋转被抑制的情况下获得，例如双键插在一个环中[9]。但是，后者的结构必须允许 C═C 和 C═O 双键的轨道有足够的重叠，以便反应过程中可以发生 2,4-键的形成，而不导致过度的张力能。

图示 11.6 列举了几个从 $T_1(\pi,\pi^*)$态开始的顺-反异构化和[1,2]酰基迁移可能的竞争反应的例子[4]。当 C═C 双键束缚在一个小环（环戊烷）中，[1,2]迁移过程非常顺利。相反，当 C═C 双键位于一个中等大小的环（环己烷或更大的环）中，则观察不到[1,2]重排反应。因为已知环己烷从 $T_1(\pi,\pi^*)$态可发生顺-反异构化（10.11 节），由此可得出结论：对于六元环或更大的环，双键的顺-反异构化比 2,4-键的形成更快。

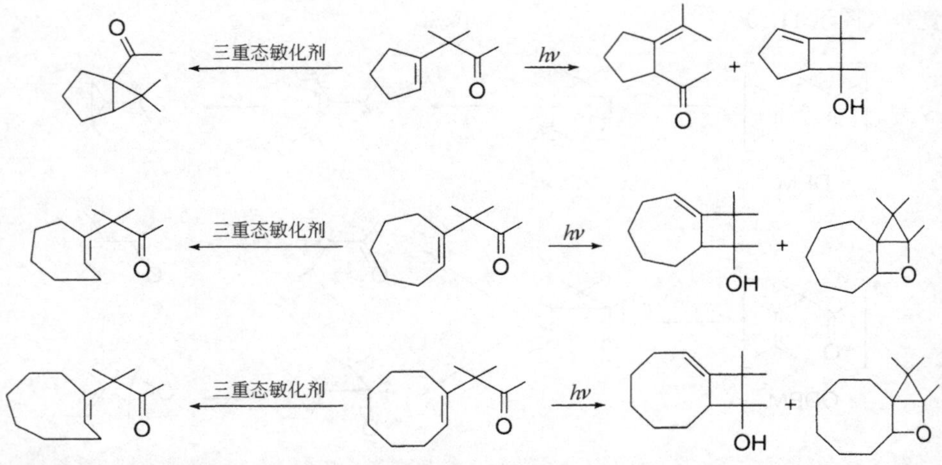

三重态敏化剂

hν

三重态敏化剂

hν

三重态敏化剂

hν

图示 11.6 激发单重态和三重态反应活性的区别（环系统中的顺-反异构化和[1,2]酰基迁移的比较）

在 10.8 节中，注意二苯乙烯双键在激发态的异构化具有一个能垒，这个电子能垒允许苯乙烯功能化的烯酮的[1,2]迁移反应可与其顺-反异构化相竞争（图示 11.7）[10,11]。但是，对几何异构化没有抑制的体系中通常观察不到 ODPM 重排反应［式（11.8)］。

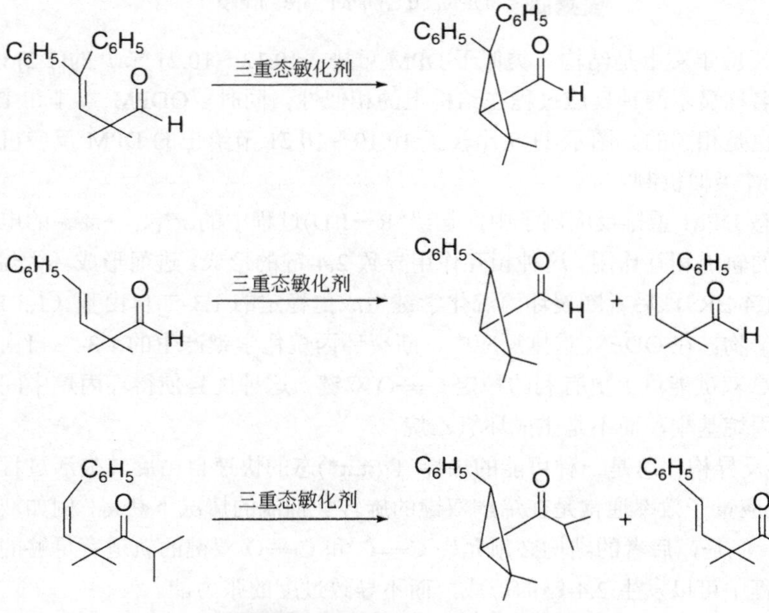

C_6H_5 C_6H_5 三重态敏化剂 C_6H_5 C_6H_5

C_6H_5 三重态敏化剂 C_6H_5 + C_6H_5

C_6H_5 三重态敏化剂 C_6H_5 + C_6H_5

图示 11.7 苯乙烯中[1,2]酰基迁移的实例

苯乙烯激发态顺-反异构化障碍的存在使得[1,2]酰基迁移可与顺-反异构化竞争

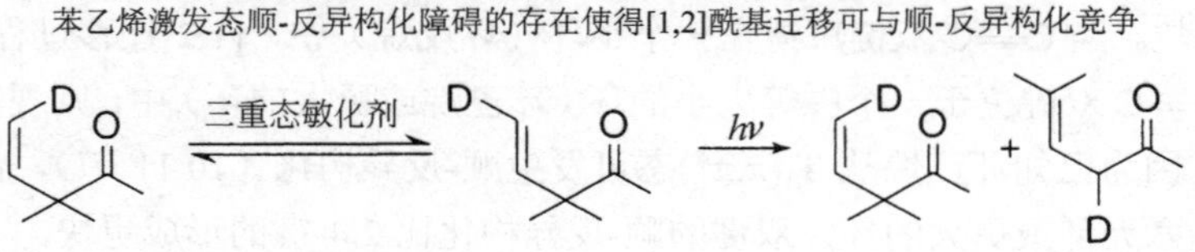

D 三重态敏化剂 D *hν* D + D (11.8)

11.9 α,β-烯酮的光化学简介

我们可以看到 β,γ-烯酮的光化学可以通过 C═C 双键的 π,π^*光化学和 C═O 双键的 n,π^*光化学来解释。图 11.2 和图 11.5 的态能量示意图提供了了解 β,γ-烯酮最低激发态间初级光化学过程的相互竞争。对于 α,β-烯酮，需要考虑 C═C 和 C═O 双键间的共轭效应。这些基团的轨道相互作用只是改变 π 和 π^*态的能量，而很少影响 n 轨道的能量（图 11.6）。定性地与孤立的 C═O 双键来比，这一相互作用导致 $n\rightarrow\pi^*$的电子跃迁的能级差减小（π^*能量由于共轭效应降低，而 n 轨道能量不受影响）。同样，$\pi\rightarrow\pi^*$的电子跃迁能级差也降低（π 和 π^*轨道间的能级差通常随共轭作用降低）。例如，α,β-烯酮的 n,π^*的电子跃迁最大能量差在 300～350nm 范围，而孤立的 C═O 电子跃迁最大能量差发生在 290～310nm 范围。

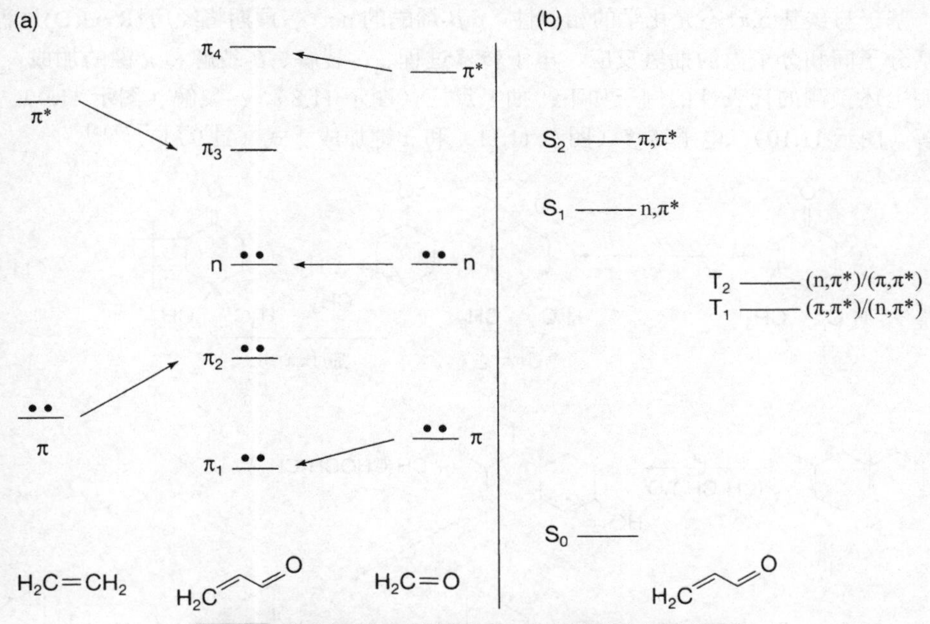

图 11.6 烯基和羰基轨道混合及 α,β-烯酮的态能量示意图

尽管 α,β-烯酮的最低激发单重态通常是 $S_1(n,\pi^*)$态，但是由于 n,π^*和 π,π^*的三重态在能量上非常接近，最低能量的三重态是 $T_1(n,\pi^*)$还是 $T_1(\pi,\pi^*)$取决于取代基和溶剂极性。两个多重态相同、能量相近的两个态可以相互混合和平衡。因此，当我们讲到 α,β-烯酮的 n,π^*三重态和 π,π^*三重态时，提到的轨道组态并不是纯粹的 n,π^*态或 π,π^*态，而仅是对一个实际三重态的近似，但却是有用的描述[12]。相比于孤立的 C═C 和 C═O 双键，α,β-烯酮的另一个重要特征是两个基团的共轭效应 π^*是离域到 4 个原子上（C—C—C—O）。在 $\pi^*_{烯酮}\rightarrow\pi^*$或 $\pi^*_{烯酮}\rightarrow\sigma^*$相互作用的初级光化学过程中，必须考虑这种离域化作用。另一方面，由于 n 轨道仍然位于 α,β-烯酮的 n,π^*态的氧原子上，这个轨道的光化学过程对于孤立和共轭的 C═O 双键发色团从定性上来说是相似的。

α,β-烯酮的光化学不同于 β,γ-烯酮的光化学的一个重要特征是从 $S_1(n,\pi^*)$态的快速系间窜越过程，这一系间窜越过程可有效地与$^*R(S_1) \rightarrow {}^1I$ 的初级光化学过程竞争。例如，α,β-烯酮的荧光通常非常弱。因此，α,β-烯酮的光化学通常发生在 n,π*和 π,π*的三重态，而 β,γ-烯酮的光化学发生在 $S_1(n,\pi^*)$态更普遍[13]。

在下面的章节中，我们将通过比较 C══O 双键 n,π*态光化学反应共性来描述 α,β-烯酮的光化学以及 C══C 双键 π,π*态的光化学。

11.10 α,β-烯酮 $T_1(n,\pi^*)$ 态的光化学：与羰基 n,π*态初级光化学过程的类比

基于与羰基 n,π*态光化学的相似性，α,β-烯酮的 n,π*态预期将经历$^*R \rightarrow I(D)$过程，包括分子间和分子内的抽氢反应、电子转移过程、α-裂解、β-裂解和 π 键的加成。可说明上述预测的代表性的例子如下：抽氢反应（图示 11.8）、α-裂解（图示 11.9）、β-裂解（图示 11.10）、电子转移（图示 11.11）和 π 键加成［式（11.9）］[2,14,15]。

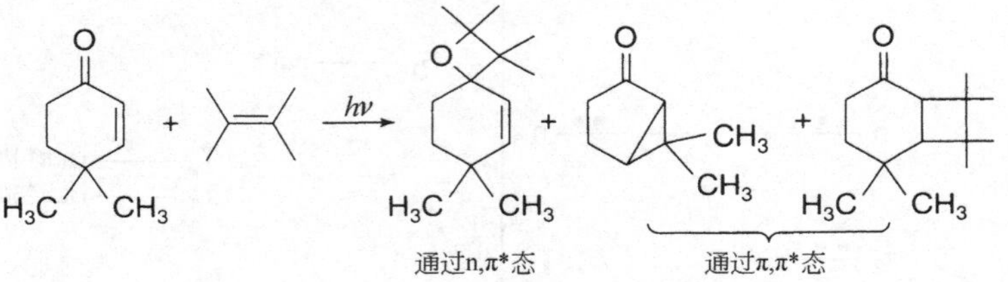

H_3C CH_3 + $\xrightarrow{h\nu}$ H_3C CH_3 + CH_3 CH_3 + H_3C CH_3 (11.9)

通过n,π*态　　通过π,π*态

$\xrightarrow[(CH_3CH_2)_2O]{h\nu}$ HO + $CH_3\dot{C}HOCH_2CH_3$

HO OH + HO $H_3CCHOCH_2CH_3$

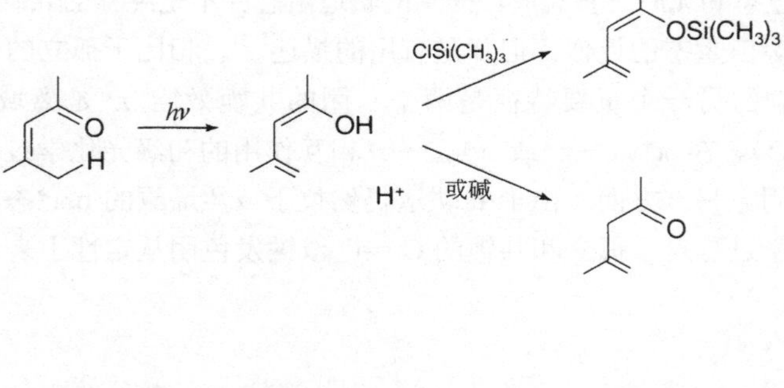

O H $\xrightarrow{h\nu}$ OH $\xrightarrow{ClSi(CH_3)_3}$ $OSi(CH_3)_3$

$\xrightarrow{H^+ \text{ 或碱}}$ O

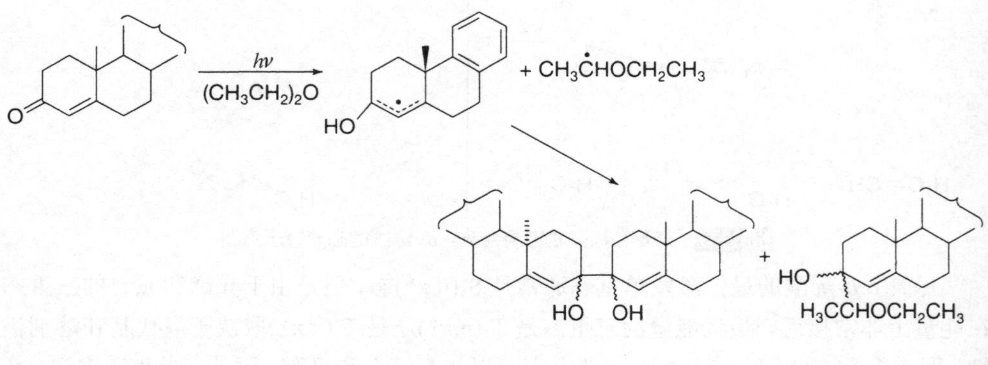

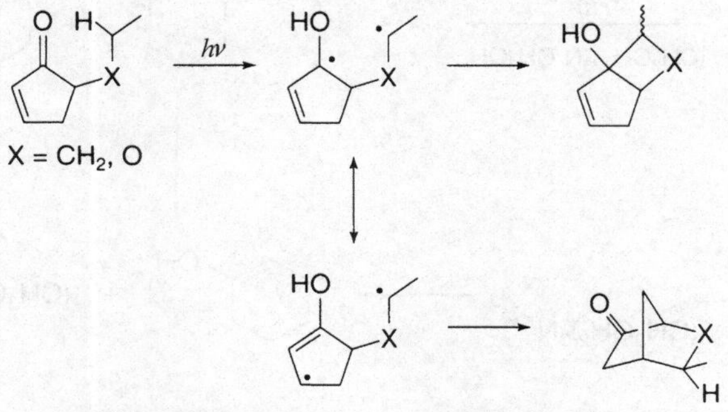

$X = CH_2, O$

图示 11.8 α,β-烯酮 n,π*态的抽氢反应实例

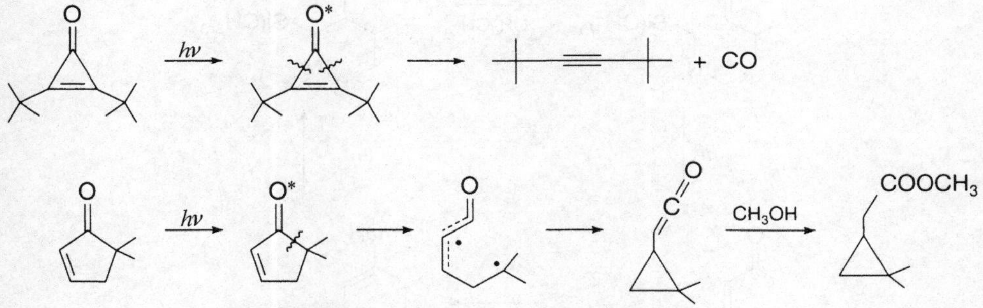

图示 11.9 α,β-烯酮 n,π*态的 α-裂解实例

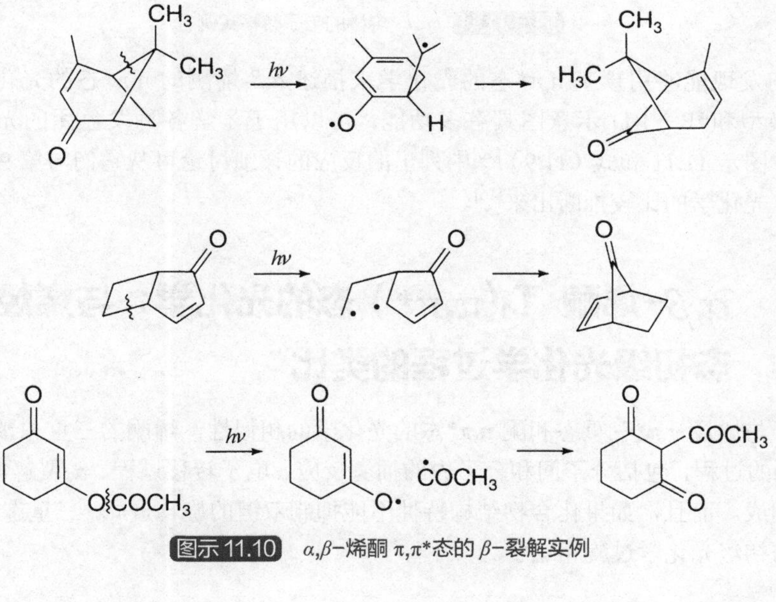

图示 11.10 α,β-烯酮 π,π*态的 β-裂解实例

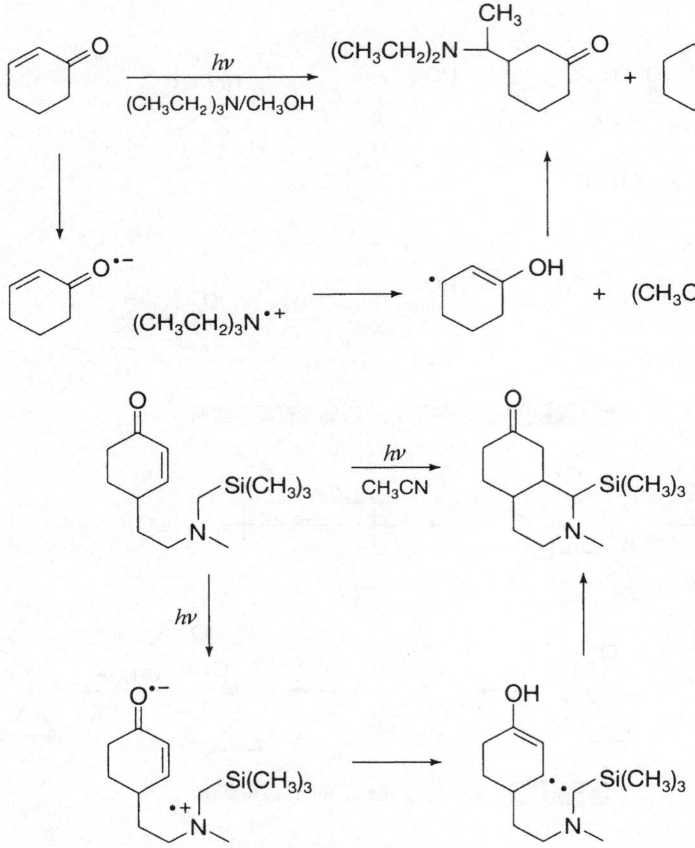

图示 11.11 α,β-烯酮的电子转移实例

我们发现能够用羰基 n,π*态的光化学来描述 α,β-烯酮的 n,π*态的光化学，这表明轨道模型和*R→I(D)示意图具有多功能，可以用于了解各种发色团的光化学。图示 11.8～图示 11.11 和式（11.9）[16]中列出的反应的详细讨论可从它们与第 9 章中讨论的 C═O 光化学的比较推断出来[16]。

11.11 α,β-烯酮 T_1(π,π*) 态的光化学：与烯烃 π,π* 态初级光化学过程的类比

基于与烯烃 π,π*三重态和酮 n,π*态的光化学的相似性，烯酮的三重态预期将经历*R→I(D)的过程，包括分子间和分子内的抽氢反应、电子转移过程、α-裂解、β-裂解和 π 键的加成。而且，如果化合物结构特性不能抑制双键的旋转，π,π*三重态的顺-反异构化可与初级光化学过程相竞争。

$T_1(\pi,\pi^*)$ 态的反应标志性特征是反应发生在 C═C 双键上，而不是发生在 C═O 双键上[17]。例如，$T_1(\pi,\pi^*)$ 态的抽氢反应发生在 α,β-烯酮的 β-碳原子上（图示 11.2），并且分子间的抽氢反应（图示 11.12）和分子内的抽氢反应（图示 11.13）都能观察到[18~20]。对于分子间的抽氢反应，初级光化学过程产生的自由基对经过一系列自由基-自由基反应（自由基偶合或歧化反应）或自由基和分子作用最终生成观察到的产物。当用酮的 β-碳原子取代 α,β-烯酮的氧原子时，α,β-烯酮分子内的抽氢与酮 n,π*态的 λ-抽氢作用方式类似。图示 11.13 的例子显示了双自由基的形成（此处是 1,6-双自由基），并进而发生双自由基的歧化反应或自由基偶合[21]。

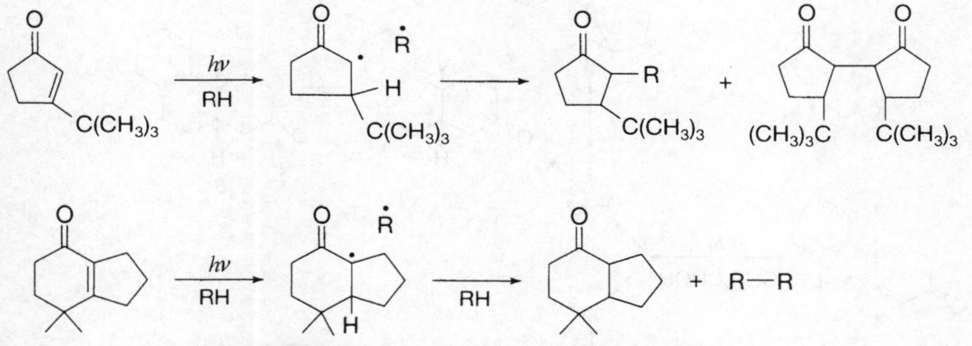

hν RH C(CH3)3 R H RH R—R (CH3)3C

图示 11.12 α,β-烯酮 π,π^*态的分子间抽氢反应的实例

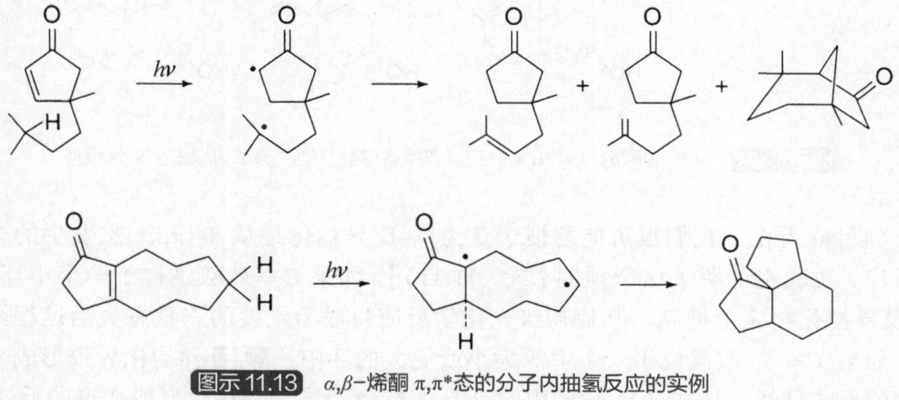

hν H

图示 11.13 α,β-烯酮 π,π^*态的分子内抽氢反应的实例

由于 α,β-烯酮的 n,π*和 π,π*三重态在能量上相近，抽氢反应可从其中一种或两种三重态同时发生[22]。从选择性三重态猝灭实验发现了一些从两种三重态发生竞争的反应实例。式（11.10）的实例显示出从 n,π*和 π,π*两种三重态发生的分子间抽氢反应的体系。前者产生一个羰基自由基，后者生成一个从羰基发色团三重态抽氢反应后形成的以碳原子为中心的 α-自由基（图示 11.14）。在后者情况下，[1.2]σ 重排反应与抽氢反应相互竞争。这种重排反应与 DPM 和 ODPM 反应相关，将在 11.13 节详细讨论。

从上述两种三重态发生的各种反应导致产物是非常复杂的混合物。

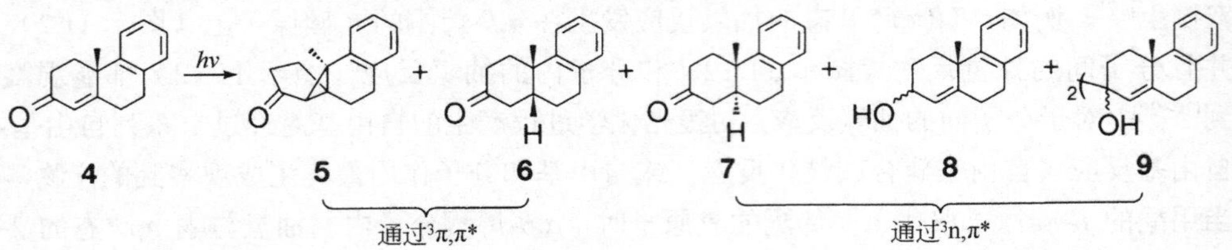

4 $\xrightarrow{h\nu}$ 5 + 6 + 7 + 8 + 9

O H H HO OH 2

5、6：通过$^3\pi,\pi^*$；7、8、9：通过$^3n,\pi^*$

(11.10)

4 $\xrightarrow[(CH_3)_2CHOH]{h\nu}$ $^3\pi,\pi^*$ → 5；$^3\pi,\pi^*$ → 6

$^3n,\pi^*$ → 7 + 8 + 频哪醇 9

O O O H H HO HO H HO

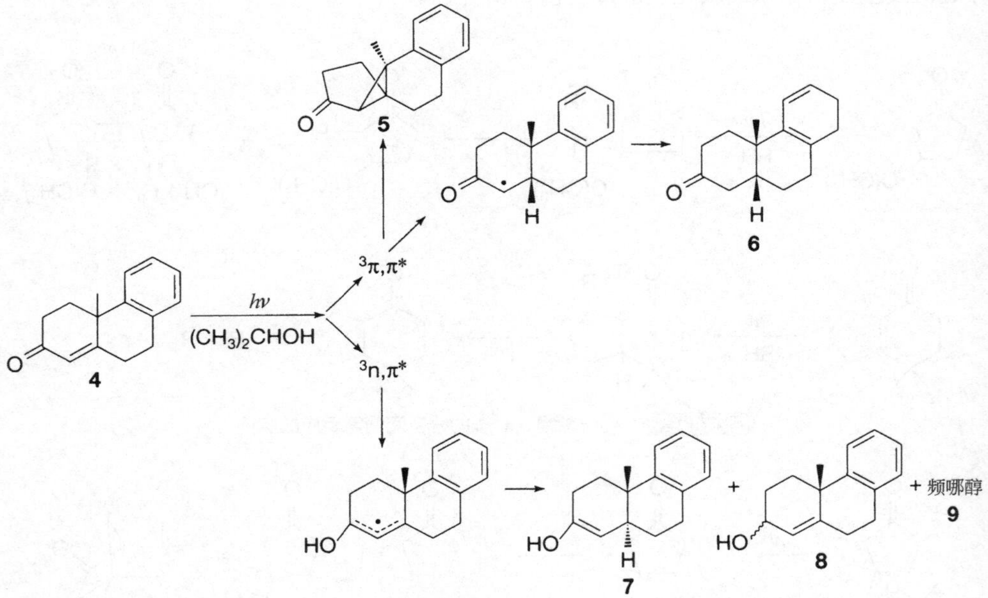

图示 11.14 α,β−烯酮的 n,π^*和 π,π^*三重态相近导致从两个态都可以发生抽氢反应

到目前为止，我们很可能习惯于认为顺-反异构化是从 $T_1(\pi,\pi^*)$态发生的竞争性反应。实验也证明了这个预期［式（11.11）］。如果 C═C 双键位于一个小环中，顺-反异构化被完全抑制，其他初级光化学反应将成为主要的三重态失活过程。相反，如果 C═C 双键位于一个中等大小或更大的环中，顺-反异构化导致形成寿命较短的反式环烯。如式（11.12）中顺-2-环庚烯酮经过光异构化形成变形的反-2-环庚烯酮[23,24]，后者可被醇或 1,3-二烯通过发生 Diels-Alder 反应捕获［式（11.12）和式（11.13）］[25,26]。

$$H_3C-CH=CH-C(=O)-CH_3 \overset{h\nu}{\rightleftharpoons} H-C(CH_3)=CH-C(=O)-CH_3 \tag{11.11}$$

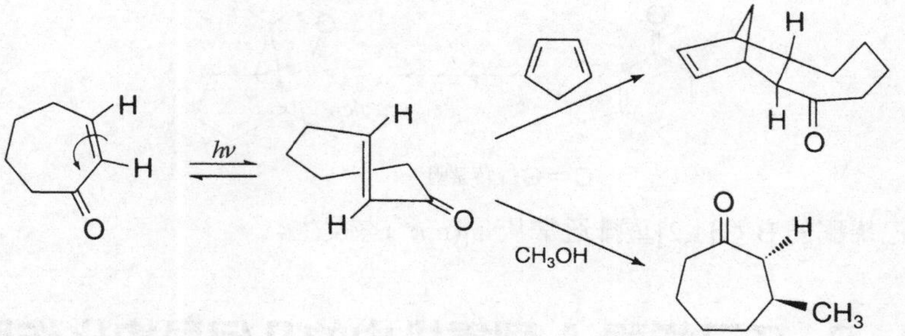

(11.12)

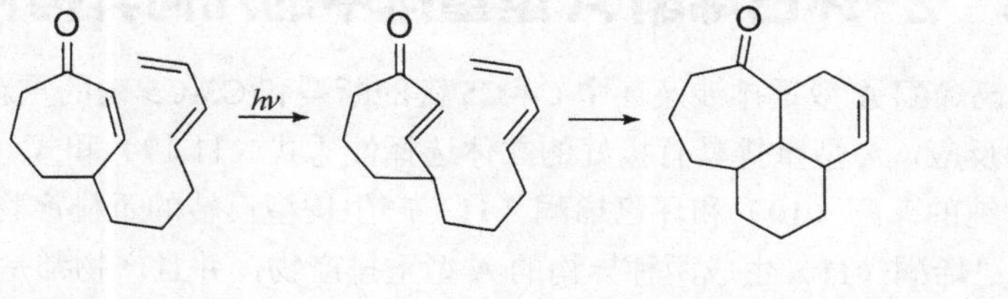

(11.13)

11.12 环己烯酮的σ重排：A型重排和B型重排

共轭的2-环己烯酮经历两种[1,2]σ迁移，并且都导致由原来的六元环缩小成五元环[2,14,15,27]。A型重排和B型重排分别涉及环内原子迁移和环外取代基迁移［式（11.14a）和式（11.14b）］。这些反应通常是从T_1态开始的。但是构建可靠的2-环己烯酮光化学范例的困难在于认定T_1态是n,π*还是π,π*。

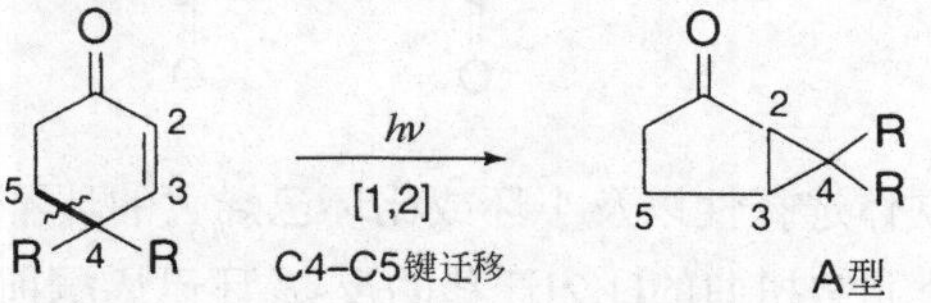

(11.14a)

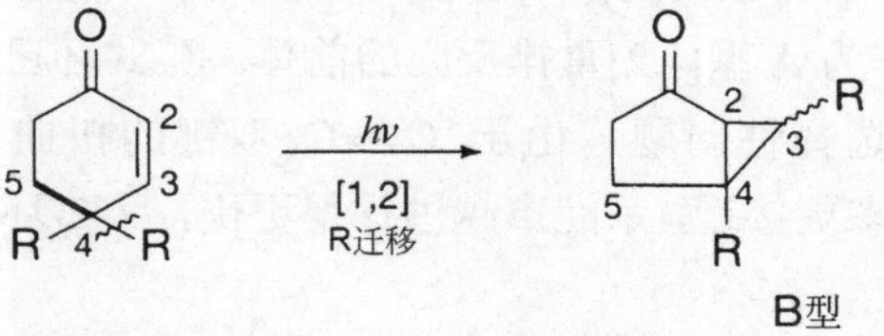

(11.14b)

A型[1,2]重排通常具有以下特征：①反应通常从T_1(π,π*)态发生；② 4位上需要两个取代基，其中至少一个取代基是烷基［式（11.15）］；③对于双键扭曲受限的环己烯酮或更小的环，反应不能进行［式（11.16）］；④环大于环己烯酮时，反应不能进行[28~31]。

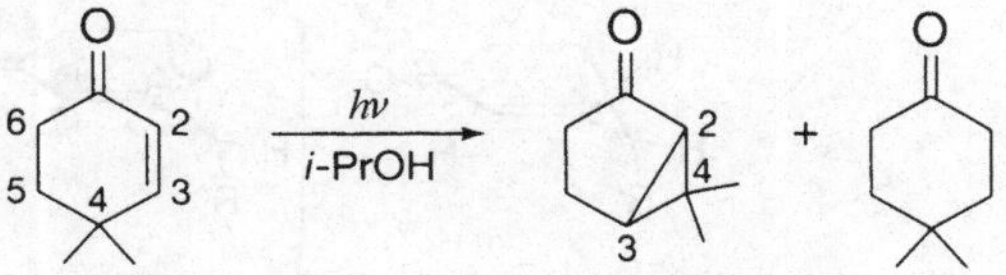

(11.15)

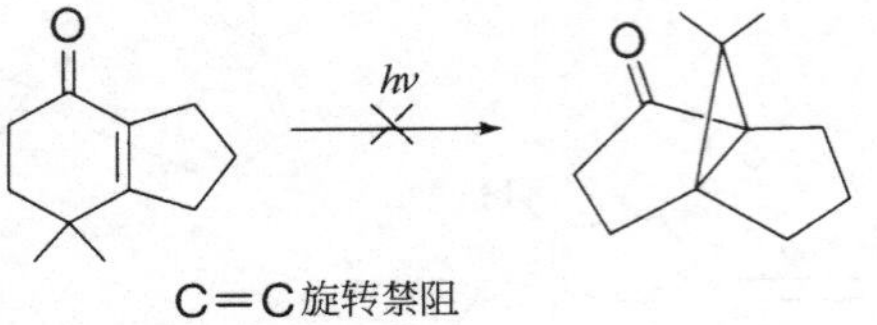

(11.16)

C=C旋转禁阻

2-环己烯酮的 B 型[1,2]重排通常从 $T_1(n,\pi^*)$态发生。

11.13 2-环己烯酮 A 型重排中的几何异构化作用

2-环己烯酮 A 型重排涉及环中 C4-C5 键的断裂和 C3-C5 键的重新连接。对于一个三重态的反应，A 型重排具有极好的立体选择性［式（11.17）和式（11.18）］。例如，光照光学纯的菲酮（**10**）和环己烯酮（**11**）产生构型反转的重排产物，但立体化学保持。2-环己烯酮（**11**）生成两种异构的 A 型重排产物，并且产物都是光学纯的[32,33]。

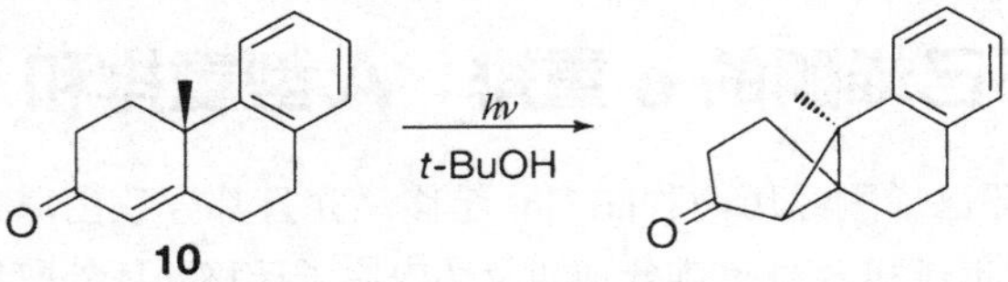

(11.17)

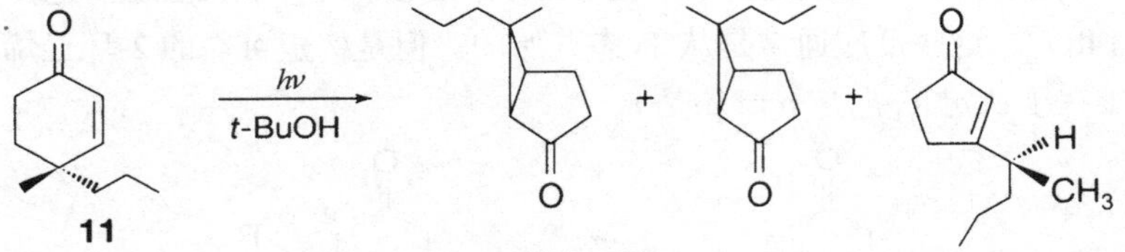

(11.18)

A 型重排的高度立体选择性以及小环或比环己烯大的环不能反应的事实，说明其反应机制可能涉及一个非常扭曲的[1,2]迁移的反-式环己烯酮前体[34]。图示 11.15 假设了一个反式的中间体作为 A 型[1,2]重排反应的前体。顺-式环己烯酮的参与消除了三重态重排过程中的立体选择性问题。由于 C═C 双键的扭曲使得 T_1 态在能量上与反-2-环己烯酮的 S_0 基态更接近，系间窜越进行得更快，反-2-环己烯酮处在单重态基态

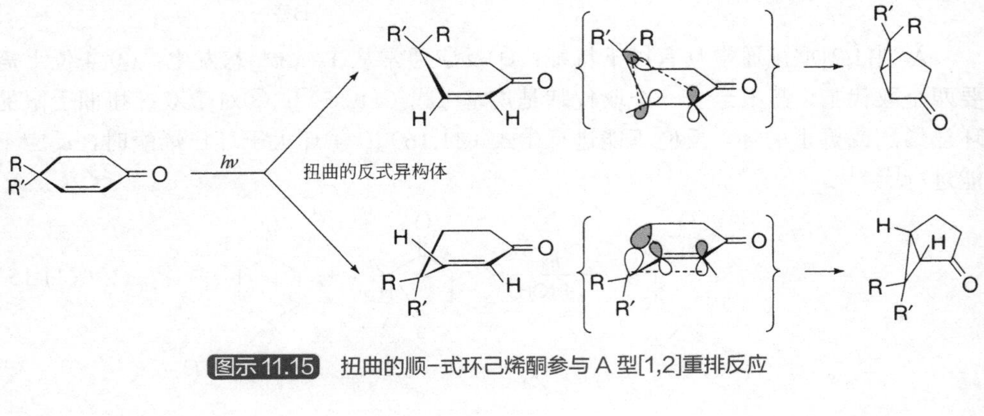

图示 11.15 扭曲的顺-式环己烯酮参与 A 型[1,2]重排反应

势能面的浅势阱。因为环中的扭曲双键具有反应活性，很可能与 C4-C5 键相互作用导致其碎裂和环丙烷的形成。在重排过程中能量相当的两种可能的结构合理地解释了两种异构化的但是光学纯的产物［式（11.18）］。

A 型重排反应的效率通常非常低，这归咎于反-2-环己烯酮的浅势阱，反-2-环己烯酮能有效地与 A 型重排反应竞争回到顺-2-环己烯酮[32]。

11.14 2-环己烯酮的 B 型重排：从 $T_1(n,\pi^*)$态的[1,2]芳香基迁移和[1,2]乙烯基迁移

如前文所示，2-环己烯酮的 A 型重排的条件是在 C4 位必须有两个取代基，并且至少有一个取代基是烷基。当 2-环己烯酮的 C4 位是芳香基或乙烯基时，B 型重排更重要，并超越 A 型重排成为主要的重排反应。图示 11.16 举出了 2-环己烯酮 B 型重排的芳香基和乙烯基迁移的例子[2,14,15,27,35~37]。

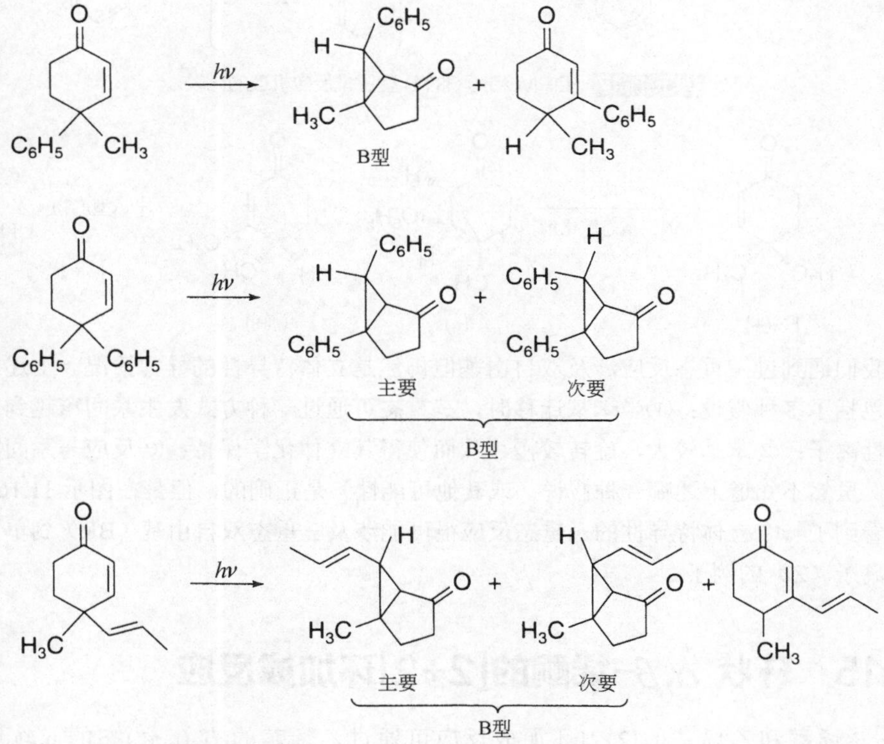

O C_6H_5 CH_3 $h\nu$ H C_6H_5 O H_3C B型 + O C_6H_5 H CH_3

O C_6H_5 C_6H_5 $h\nu$ H C_6H_5 O C_6H_5 主要 + H C_6H_5 O C_6H_5 次要 B型

O H_3C $h\nu$ H O H_3C 主要 + H O H_3C 次要 + O CH_3 B型

图示 11.16 2-环己烯酮的 B 型重排反应中苯基和乙烯基迁移的实例

注意，将乙烯基或苯基放在环己烯酮的 C4 上可构建一个以 C4 原子为“甲烷”的二 π-甲烷重排反应（DPM）系统。环己烯酮的 C═C 双键作为其中一个“π”单元，

苯基或乙烯基提供另一个“π”单元。对 2-环己烯酮反应机制的详细研究证明 B 型重排反应是通过 $T_1(n,\pi^*)$态进行的。同 DPM 重排类似，B 型重排反应经过相同的成键路径产生双自由基，并进而重排成最终产物（图示 11.17）。如果 B 型重排反应遵守上述机制，当两个芳香基团迁移发生竞争时，可以预见主要的迁移方式是最能稳定双自由基的基团迁移。这个预测被实验所证明：在 B 型重排中，对氰基苯基和对甲氧基苯基比苯基迁移得快。当甲基和苯基同时位于 C4 位时，苯基迁移是主要的［式（11.19)］。苯基迁移反应是内型和立体特异性的，并使 C4 的构型完全反转[38]。

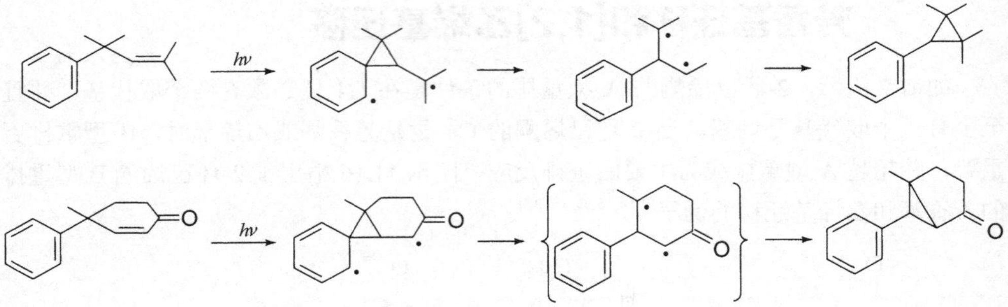

图示 11.17 DPM 和烯酮的 B 型重排反应机理的比较

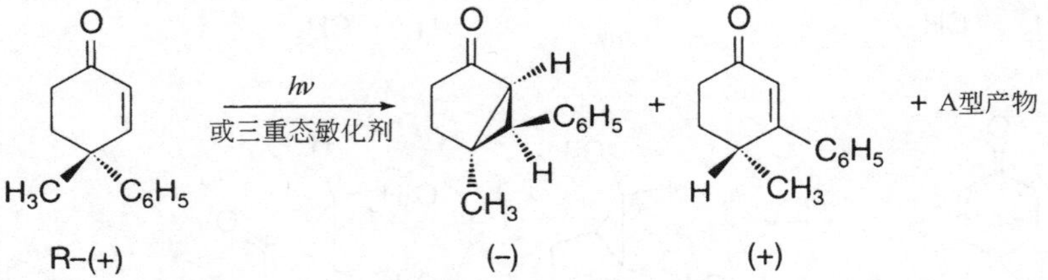

hν 或三重态敏化剂 + A型产物 （11.19）

H_3C C_6H_5 R–(+) (–) (+)

我们遇到过三重态反应涉及双自由基但仍然是立体特异性的异常情况。上述反应机制包括了多种假设：①当苯基迁移时，三重态可通过一种方式发生系间窜越到单重态两性离子；②苯基较大，旋转较慢，从而使得其立体化学保持；③反应与系间窜越相关。虽然不知道上述哪一种假说（或其他可能性）是正确的，但是在图示 11.16 中，我们看到了一个立体特异性的三重态反应很可能涉及三重态双自由基（BR）到单重态两性离子（Z）的例子。

11.15 环状 α,β-烯酮的[2+2]环加成反应

α,β-烯酮和乙烯基的[2+2]环加成反应可通过乙烯基的 $T_1(n,\pi^*)$态的 n 轨道和 $T_1(\pi,\pi^*)$态的 π 轨道的进攻发生反应，分别生成环丙烷和环丁烷。尽管生成的两种产物都是已知的，但是后者更普遍。如我们预测的，环状烯酮的[2+2]环加成反应由于顺-反异构化被抑制而进行得更有效[39~41]。事实上，乙烯基与 2-环戊烯酮和 2-环己烯酮

的[2+2]环加成反应在有机化学中是非常有用的合成反应，并用于天然产物和非寻常的扭曲多环产物的合成[42~47]。

1908 年，香芹酮的分子内[2+2]环加成生成香芹酮-樟脑反应被发现［式（11.20）］。

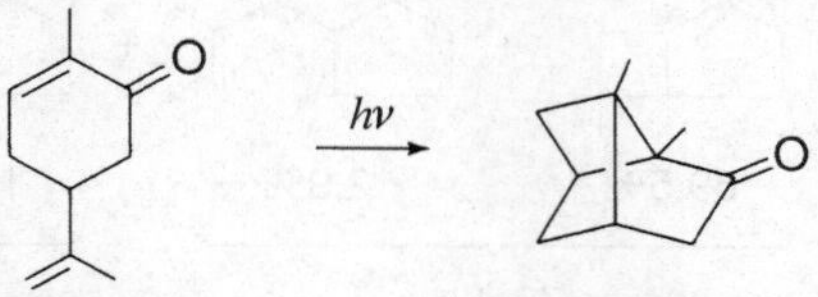

$$\xrightarrow{h\nu} \tag{11.20}$$

香芹酮 香芹酮-樟脑

图示 11.18 列出了几个环戊烯酮光化学[2+2]环加成反应的例子。如下文讨论，与正常烯烃、炔和联烯加成反应的机制都是相同的[48~53]。

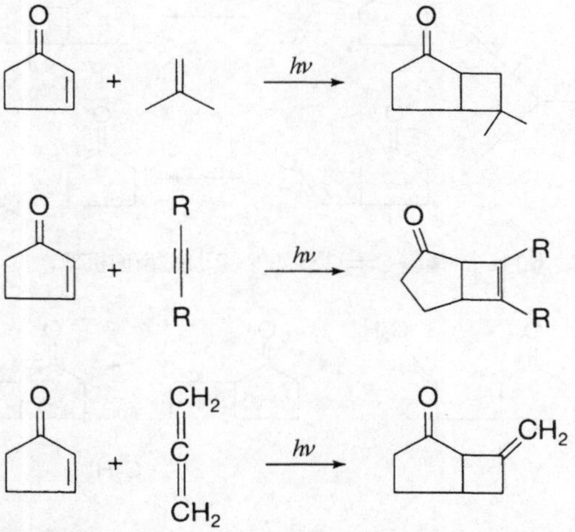

图示 11.18 激发态的 α,β-烯酮 C═C 键的[2+2]加成反应实例

2-环戊烯酮和 2-环己烯酮的[2+2]环加成反应的一些共同基本特征是：①烯酮的反应态是 T_1 态（n,π*态或 π,π*态）；②富电子的烯烃比缺电子的烯烃反应更快；③对于富电子烯烃，环加成反应是区域选择性的；④环加成反应导致烯烃部分立体选择性丢失；⑤对于 2-环己烯酮，有时可观察到相当量的反式环加成；⑥有时可观察到具有双自由基歧化反应特征的副产物。

图示 11.19 给出了 2-环戊烯酮与异丁烯反应作为一个机制讨论的例子[54]。反应现象的可能的解释包括 $T_1(\pi,\pi^*)$态与异丁烯形成 1,4-双自由基，并进一步通过湮灭（[2+2]环加成）或歧化反应（烯产物）生成最终产物。辅助证据表明乙烯基环丙烷和 2-环戊烯酮的加成反应出现重排产物的现象证明了双自由基的存在（图示 11.20）。

乙烯和 2-环戊烯酮的[2+2]环加成反应似乎不需要 EX 或 RIP 中间体。1,4-双自由基已经足够合理地解释主要的现象。这些反应的一个有趣的特征是反应效率低（即使是所有的激发态被猝灭）。反应量子效率低与双自由基回到基态原料一致。这个特征使得对[2+2]环加成反应的区域选择性的解释变得更复杂，因为主要的环加成产物可能不是来自生成速度最快的双自由基，而是来自反应生成产物速度最快的双自由基。

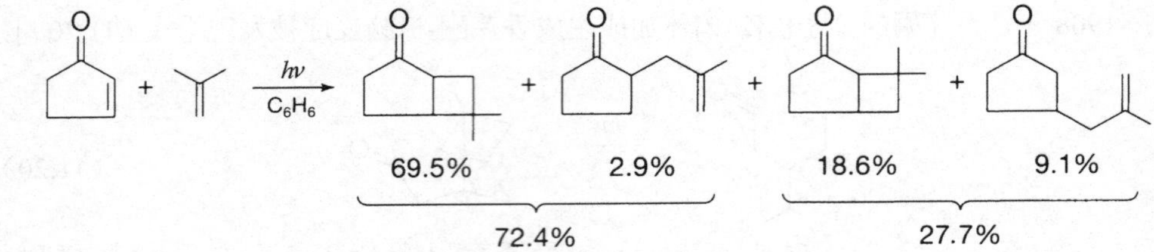

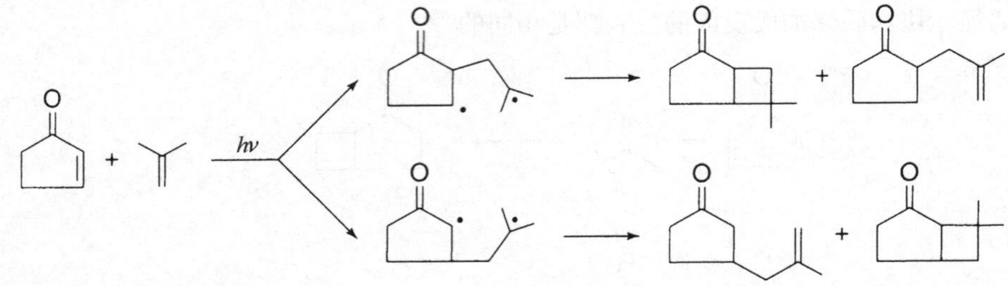

图示 11.19 激发态的 α,β-烯酮 C═C 键的[2+2]加成反应机理：1,4-双自由基的参与

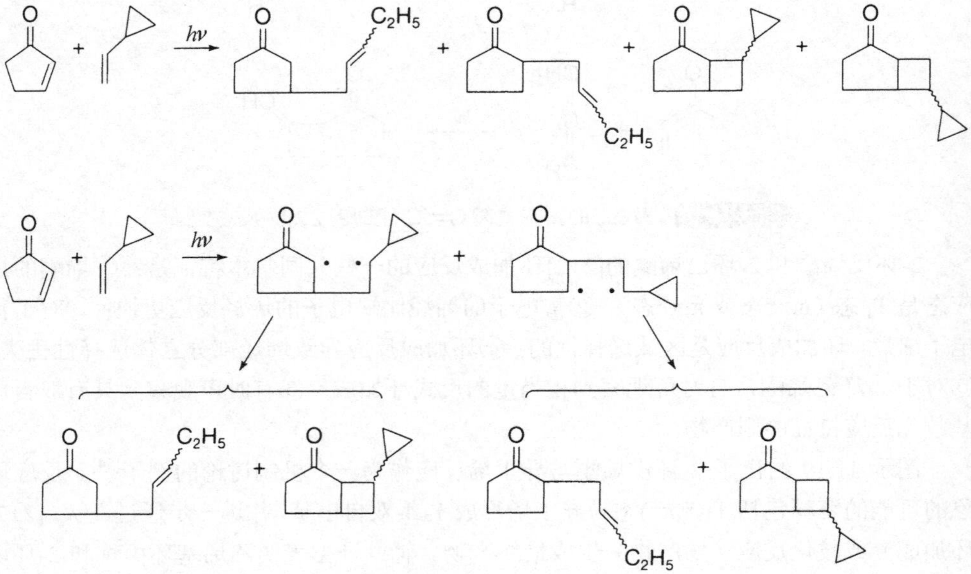

图示 11.20 激发态的 α,β-烯酮 C=C 键的[2+2]加成反应机理

（重排反应产物的形成预示着 1,4-双自由基的参与）

烯烃和 2-环己烯酮（不包括 2-环戊烯酮）的[2+2]环加成反应的一个有趣的特征是，除了顺式[2+2]环加成产物，还有相当量的扭曲的反式[2+2]环加成产物［式（11.21）

和式（11.22）]。这个结果可用环加成过程中高度扭曲的反式 2-环己烯酮的参与解释（11.13 节）。如果环加成反应比环状的反式到顺式异构化快，反应将生成反式环加成产物。

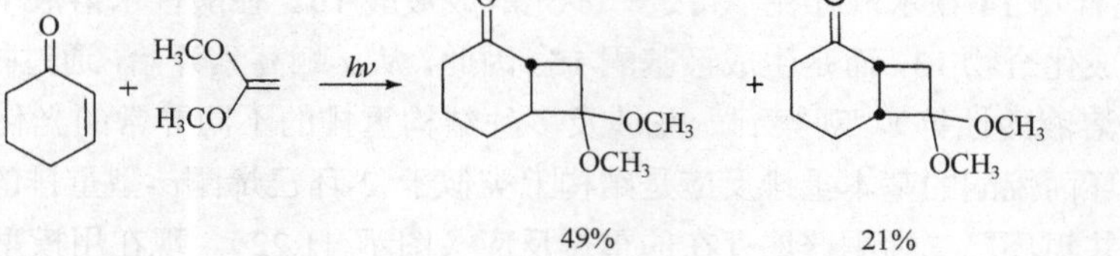

H_3CO, H_3CO, $h\nu$, OCH_3, OCH_3, 49%, 21% (11.21)

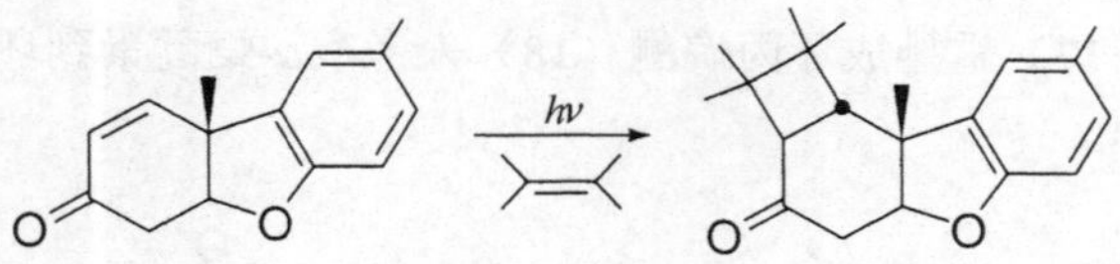

$h\nu$ (11.22)

11.16 交叉共轭的二烯酮的σ重排

交叉共轭的环己二烯酮在有机光化学中处于一个特别的位置，因为它们在合成应用发展历史上的作用及其迷人且复杂的光化学重排机制特征[55~58]。早在 1830 年，就注意到交叉共轭环己二烯酮发色团具有发生与萜烯α-蛔蒿素（santonin，山道年）相关的光诱导化学反应的倾向（图示 11.21）。因为交叉共轭二烯酮的光化学直接与光化学历史上重要的α-蛔蒿素体系的重排反应相关，我们首先来看看这个体系[59]，然后介绍几个交叉共轭二烯光重排的例子及这些重排反应的机制[56,58,60~63]。图示 11.21 列出的化合物的特殊名称具有历史背景，与 IUPAC（国际纯粹和应用化学联合会）和其他常用的命名法无关。

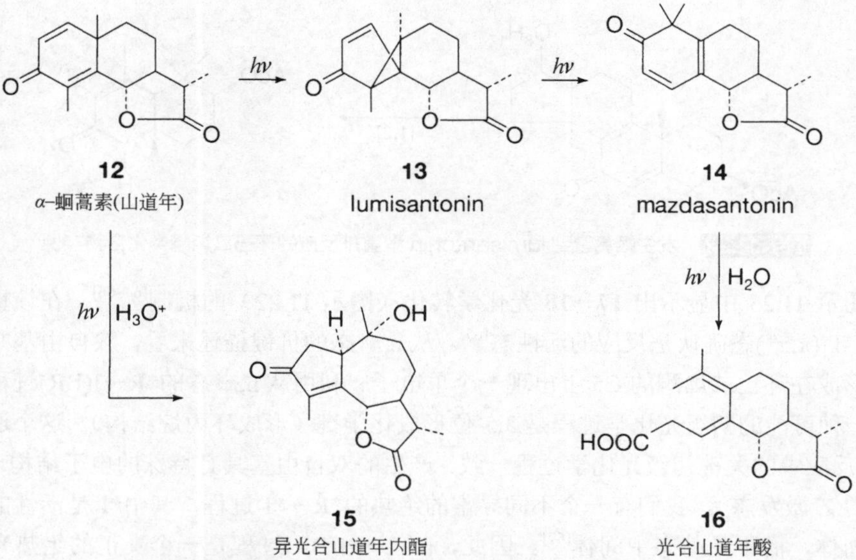

12 α-蛔蒿素(山道年) — $h\nu$ → 13 lumisantonin — $h\nu$ → 14 mazdasantonin

12 — $h\nu$ H_3O^+ → 15 异光合山道年内酯

14 — $h\nu$ H_2O → 16 光合山道年酸 (HOOC)

图示 11.21 α-蛔蒿素和相关化合物的光化学反应

光照中性介质中的α-蛔蒿素（**12**）可很容易地转化成环丙烷酮（**13**，在其结构解析之前又称为 lumisantonin）。产物 **13** 是光活性的，可进一步发生光诱导的重排反应生成 **14**。化合物 **14** 在水汽存在下可进一步光解成羧酸 **16**。在酸性水溶液中，α-蛔蒿素光解不生成化合物 **13**，而是生成羟基酮 **15**。因此，从α-蛔蒿素开始，通过控制条件（光照程度、溶液酸性等），观察到一些涉及多种结构重排的不同寻常的光化学反应。α-蛔蒿素到环丙烷酮的基本重排反应是结构上类似于 2-环己烯酮α-型重排的[1,2]重排反应，这是共轭环己二烯酮普遍存在的重排反应（图示 11.22）。现在用模型系统 4,4-二苯基环己二烯酮（**17**）重排成环丙烷酮（**18**）来考察α-蛔蒿素到环丙烷酮重排反应的机制（图示 11.22）。

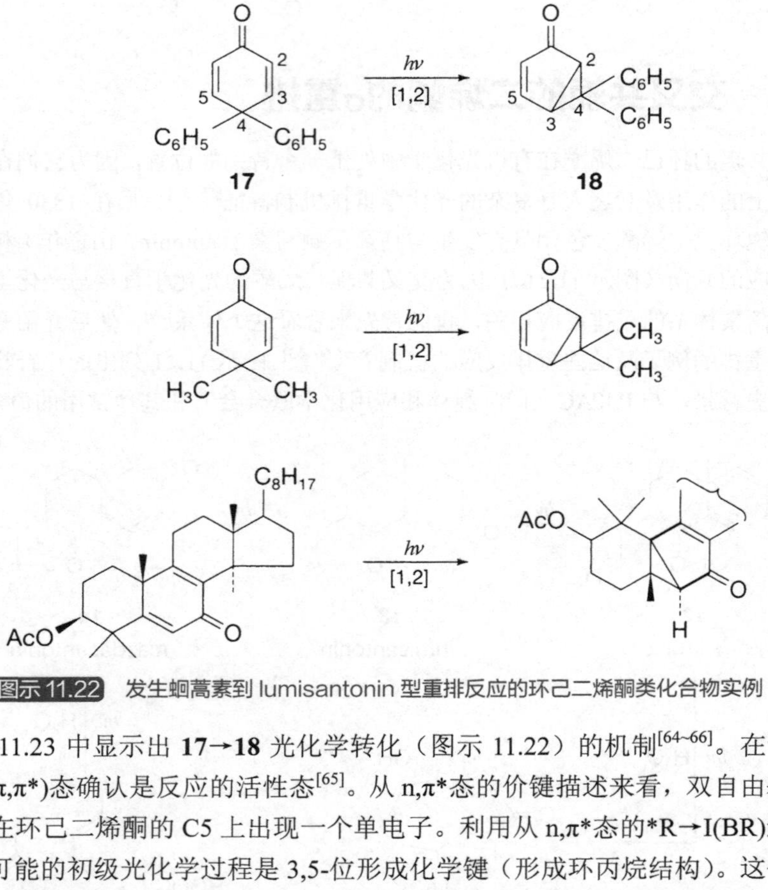

图示 11.22 发生蛔蒿素到 lumisantonin 型重排反应的环己二烯酮类化合物实例

图示 11.23 中显示出 **17→18** 光化学转化（图示 11.22）的机制[64~66]。在该重排过程中，$T_1(\pi,\pi^*)$态确认是反应的活性态[65]。从 n,π*态的价键描述来看，双自由基共振结构的形成在环己二烯酮的 C5 上出现一个单电子。利用从 n,π*态的*R→I(BR)过程的范例，一种可能的初级光化学过程是 3,5-位形成化学键（形成环丙烷结构）。这个过程与 DPM 反应中的关键初级光化学过程一致，产生的双自由基具有特殊的电子结构（能量更低的 Z 激发态）。我们有一个不同寻常的绝热的*R→*I 过程，其中*I 是活性的激发态中间体，而不是基态中间体[67]。因此，n,π*→*I(BR)过程是一个真正的绝热光化学过程（图 11.7，绝热过程的定义见 10.10 节）。在 Z（两性离子）是基态时，BR（双自由基）是 Z 态的激发态。*I(BR)→I(Z)的非辐射过程生成一个物种，其电子结构可通过两性离子的正碳离子标准的基态 Z→P 重排生成产物。*I(BR)→I(Z)过程涉及系间窜越（ISC）过程，详细的光化学路径是*R(T_1)→^{3}I(BR)→^{1}I(Z)→P。电子从 n 轨道到 π 轨道跃迁产生的自旋-轨道耦合促进了 ^{3}I(BR)→^{1}I(Z)过程中的系间窜越。

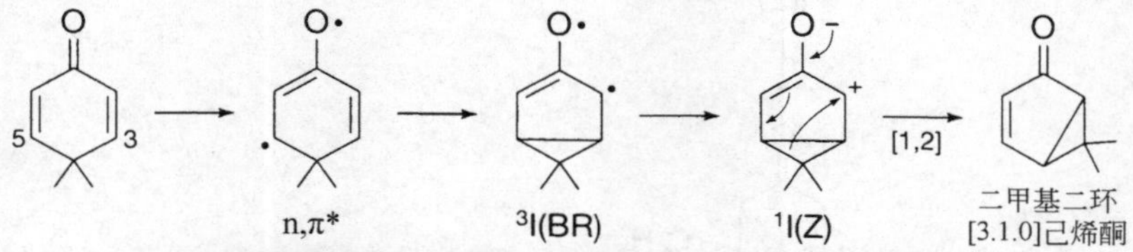

O 5 3 O· n,π* O· ^{3}I(BR) O$^-$ + ^{1}I(Z) [1,2] O 二甲基二环[3.1.0]己烯酮

图示 11.23 蛔蒿素到 lumisantonin 型重排反应的机理

在图 11.7 中 α-蛔蒿素→lumisantonin 型重排反应中的两性离子中间体的证据是充实的[68~73]。例如，在 4,4-二苯基环己二烯酮光化学反应中的 I(Z)中间体性质也可通过化学合成的中间体来说明，如图示 11.24 所示。通过这个化学反应产生的 I(Z)可生成与 4,4-二苯基环己二烯酮光解相同的产物。进一步令人信服的 I(Z)中间体性质的证据来自如图示 11.25 所示的中间体捕获实验[73]。

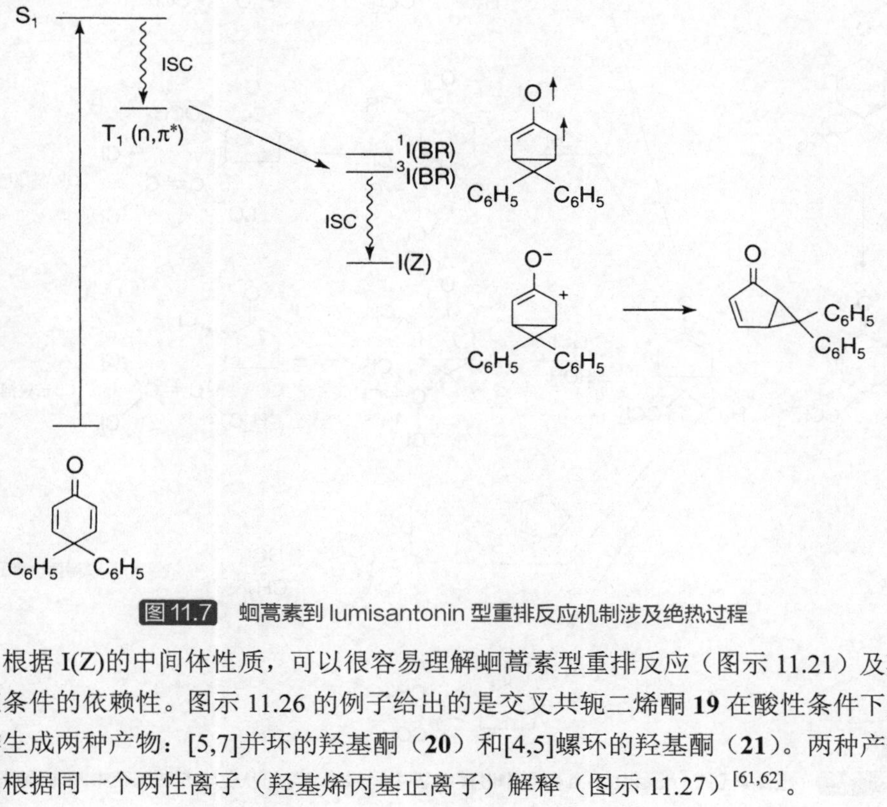

S_1 ISC T_1 (n,π*) ^{1}I(BR) ^{3}I(BR) ISC I(Z) O C_6H_5 C_6H_5 O$^-$ + C_6H_5 C_6H_5 O C_6H_5 C_6H_5 O C_6H_5 C_6H_5

图 11.7 蛔蒿素到 lumisantonin 型重排反应机制涉及绝热过程

根据 I(Z)的中间体性质，可以很容易理解蛔蒿素型重排反应（图示 11.21）及其对反应条件的依赖性。图示 11.26 的例子给出的是交叉共轭二烯酮 **19** 在酸性条件下光解重排生成两种产物：[5,7]并环的羟基酮（**20**）和[4,5]螺环的羟基酮（**21**）。两种产物也可以根据同一个两性离子（羟基烯丙基正离子）解释（图示 11.27）[61,62]。

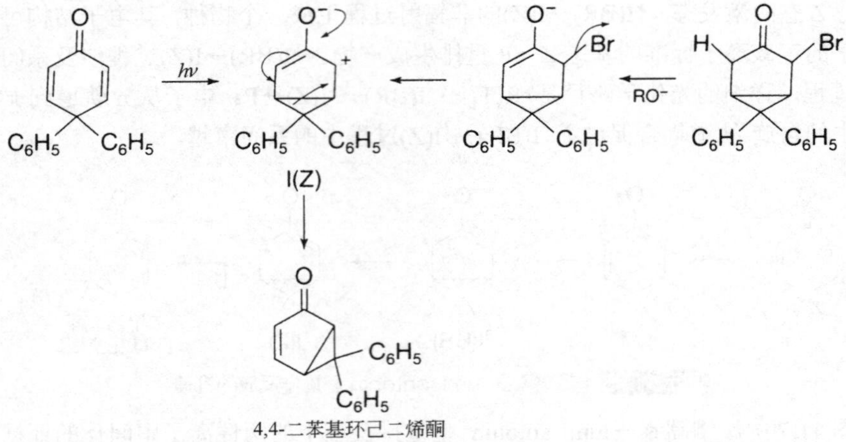

$h\nu$

RO^-

I(Z)

4,4-二苯基环己二烯酮

图示 11.24 蛔蒿素到 lumisantonin 型重排可从化学方法产生的 Z 中间体开始反应

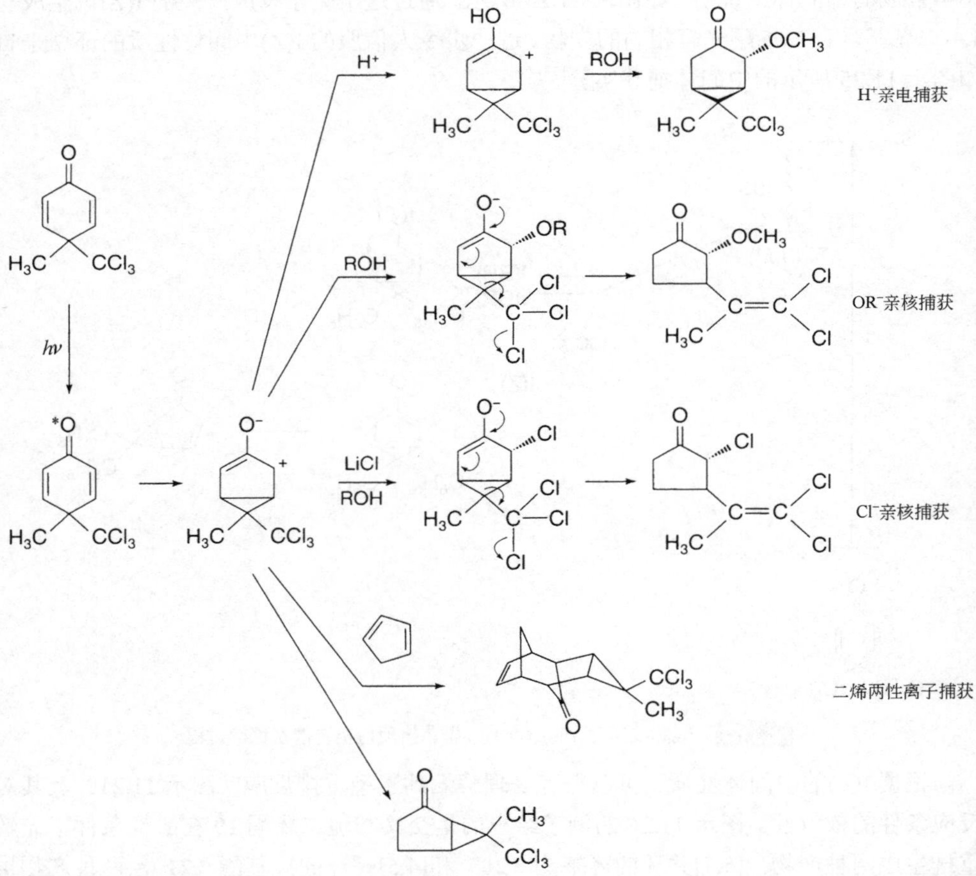

H^+ 亲电捕获

OR^- 亲核捕获

Cl^- 亲核捕获

二烯两性离子捕获

图示 11.25 蛔蒿素到 lumisantonin 型重排过程中 Z 中间体的参与可从化学方法捕获中间体得到验证

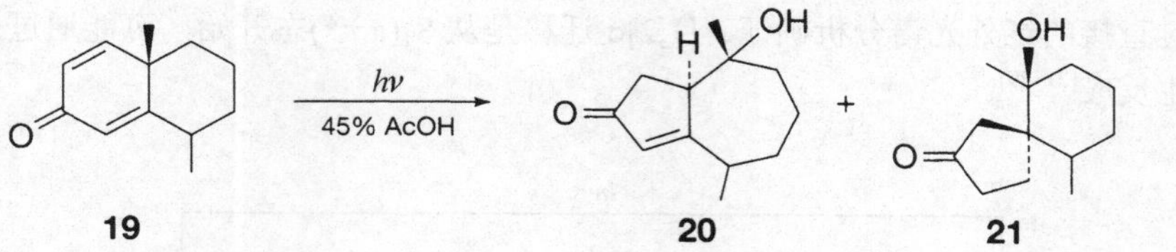

图示11.26 蛔蒿素到lumisantonin型重排反应产物的溶剂依赖性

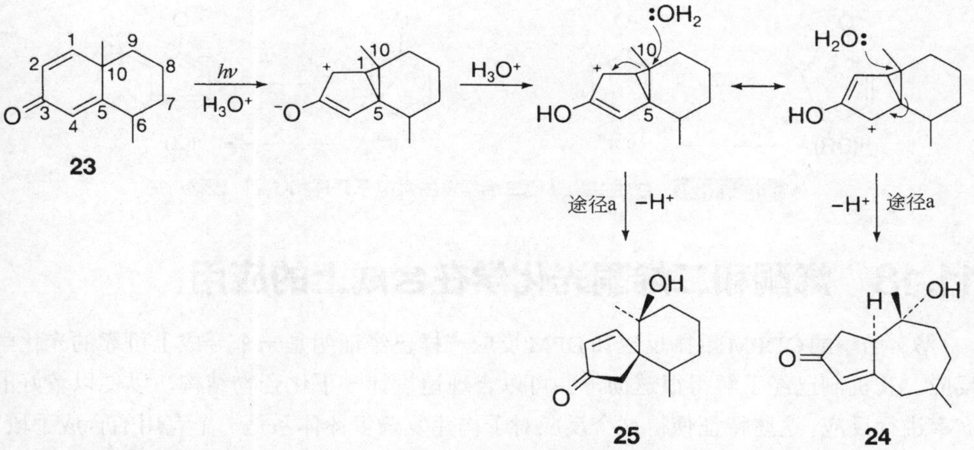

图示11.27 二烯酮的蛔蒿素到lumisantonin型重排反应中两性离子的参与导致多种产物

溶剂从前侧亲核进攻羟基烯丙基C10位和后面的C1～C10环丙烷键的断裂生成螺环产物**21**（图示11.27途径a）。在非酸性溶剂中，两性离子没有质子化，唯一的反应是重排成环丙烷酮**22**（图示11.26）。

11.17 线性共轭环己二烯酮的光化学：六电子电环化开环反应及[1,2]σ重排反应

线性共轭环己二烯酮可进行两种典型的光重排反应（图示11.28）：六电子[6e]电环化开环反应生成线性乙烯酮和[1,2]σ迁移生成二环己烯酮[74,75]。[6e]电环化开环从$S_1(n,\pi^*)$态开始反应，可认为是类似于β,γ-烯酮光化学中[1,3]酰基迁移的α-裂解[76]。α-裂解形成的乙烯酮通常分离不出来，但是可以被亲核试剂捕获。它们作为反应产物，

可通过直接的红外光谱分析确证。[1,2]σ 迁移是从 $S_1(\pi,\pi^*)$态开始，可能通过 I(Z)中间体发生反应[77~79]。

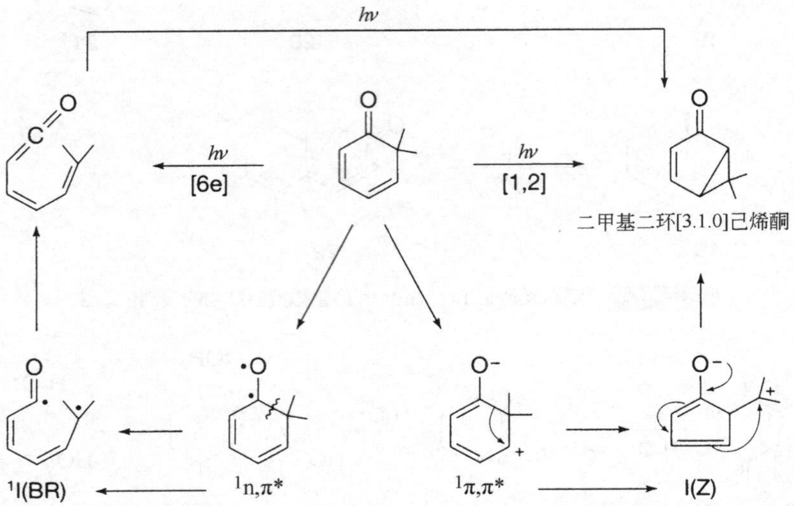

图示 11.28 线性共轭环己二烯酮发生六电子开环和[1,2]σ 迁移

11.18 烯酮和二烯酮光化学在合成上的应用

β,*γ*-烯酮的 ODPM 重排反应和 DPM 反应一样已经证明是一个合成上可靠的光化学反应，其机制已经了解得很透彻，并可以合理地设计一下化合物结构，以便以较好的产率进行反应。这些特征使得这个反应对于构建复杂多环体系是一个有用的合成手段。图示 11.29 和图示 11.30 给出了一些代表性的例子。

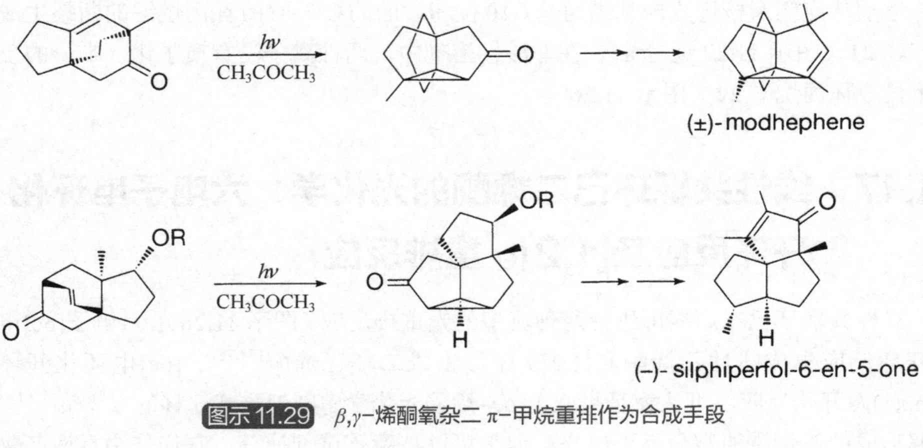

图示 11.29 *β*,*γ*–烯酮氧杂二 π–甲烷重排作为合成手段

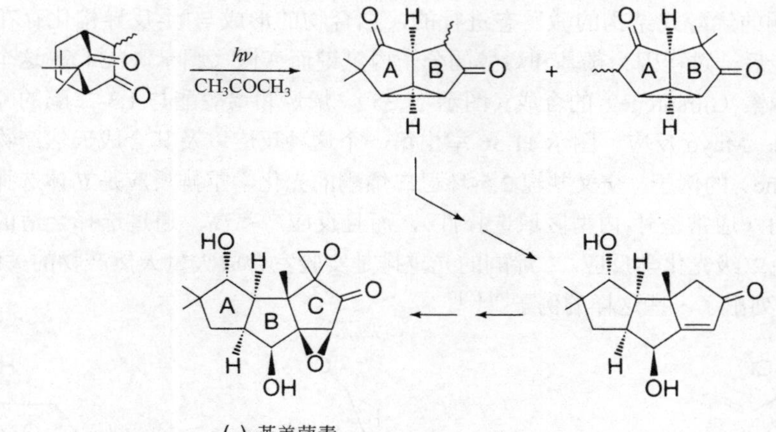

(–)-革盖菌素

图示11.30 β,γ-烯酮氧杂二π-甲烷重排作为合成手段：革盖菌素的合成

α,β-烯酮光环化反应生成烯烃已经应用于合成各种复杂的有机分子。尽管研究了大量的系统和烯烃的反应，但是准确预测它们环加成反应的区域选择性还是不可能。影响预测准确性的因素包括：① n,π*三重态在能量上接近反应活性态π,π*态；②缺乏激发态烯酮和基态烯烃之间偶极相互作用重要性的知识；③缺乏控制环合和1,4-双自由基中间体裂解的信息。尽管有这个缺点，仍然有大量很好的区域选择性控制的例子[42~47,80~83]（图示11.31～图示11.33）。

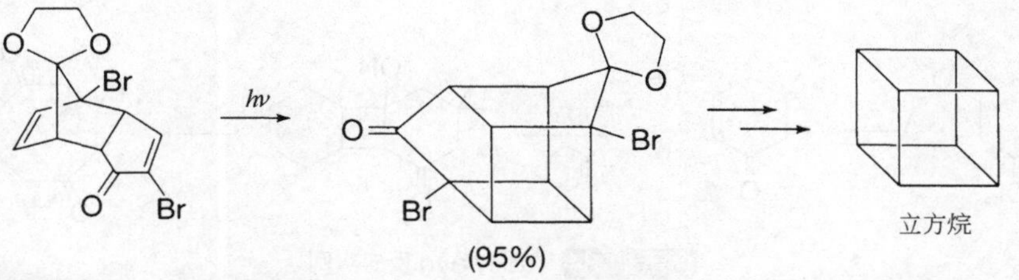

(95%) 立方烷

图示11.31 α, β-烯酮和烯键的分子内光环化反应作为合成手段：立方烷（cubane）的合成

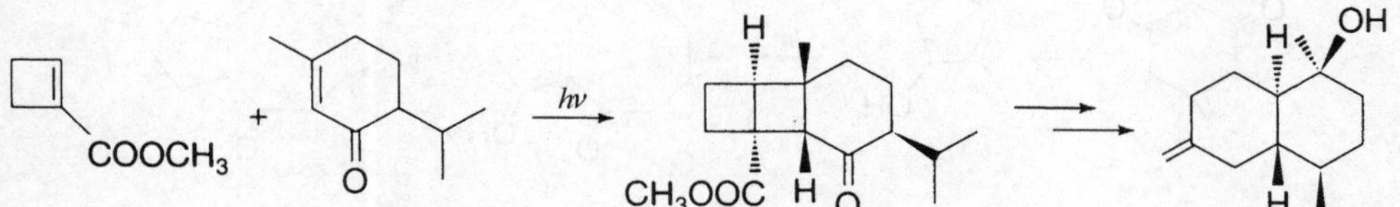

(±)- calameon

图示11.32 α, β-烯酮和烯键的分子间光环化反应作为合成手段：（+）-calameon的合成

烯烃和烯醇化的1,2-二酮或1,3-二酮及它们的衍生物的光化学加成反应称为 de Mayo反应[84]。第一个被de Mayo报道的例子是乙酰基丙酮和环己烯的反应[85]。反应

是通过二酮的烯醇式结构的激发态进行的，加合物的形成与顺-反异构化存在优势竞争，很可能后一过程因为羰基和烯醇的分子内氢键而变慢（图示 11.34）。这个反应用于三甲花翠素（hirsutene）的合成（图示 11.35）。烯烃和烯醇酯与 1,3-二酮的酯的加成反应也是 de Mayo 反应。图示 11.36 举出第一个这种反应以及其合成天然产物雪松烯（himachalene）的例子。交叉共轭 2,5-环己二烯酮的光化学重排反应是立体选择性和区域选择性的（通常是外-内型区域选择性），而且反应产率高。通过选择合适的激发波长可以避免二级光化学反应。二烯酮的光重排是实验室合成大量天然产物的关键步骤。图示 11.37 列出了一些这样的例子[61,62]。

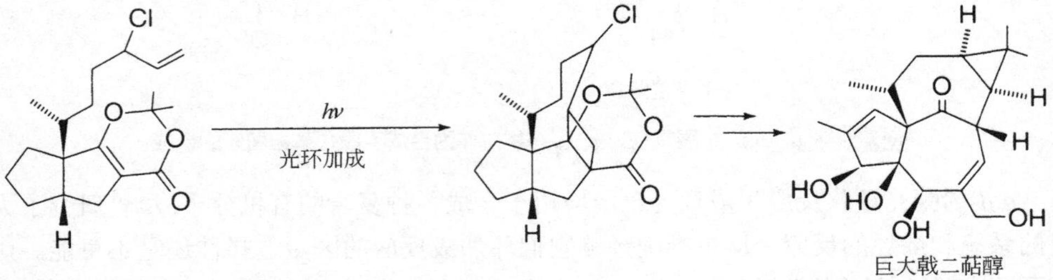

图示 11.33 α,β-烯酮和烯键的分子内光环化反应作为合成手段：巨大戟二萜醇（ingenol）的合成

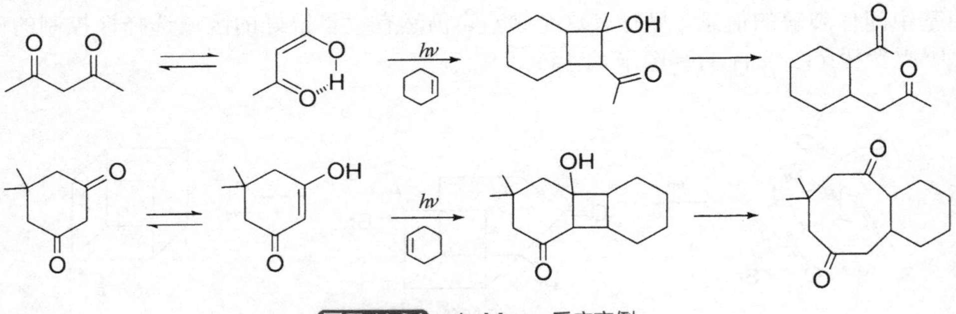

图示 11.34 de Mayo 反应实例

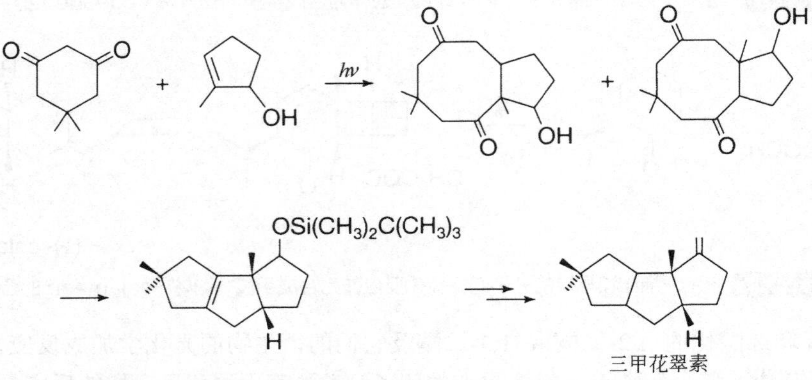

图示 11.35 de Mayo 反应作为合成手段：三甲花翠素（hirsutene）的合成

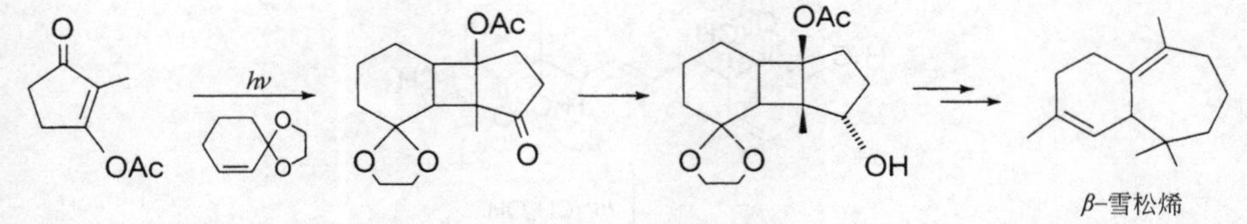

OAc
$h\nu$
OAc
O
OAc
O O
O
O O
OH
β-雪松烯

图示 11.36 de Mayo 反应作为合成手段：雪松烯（himachalene）的合成

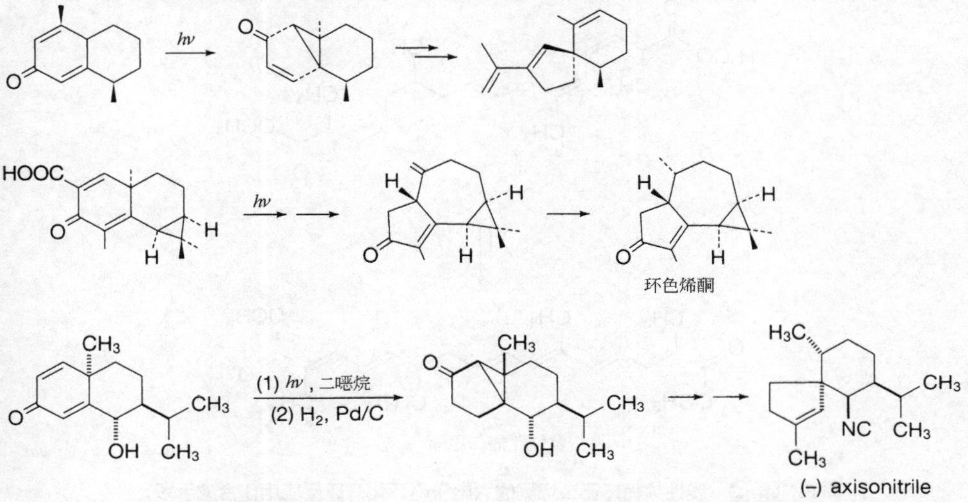

O
$h\nu$
O

HOOC
O
H
H
$h\nu$
H
H
O
H
H
H
O
H
环色烯酮

CH_3
O
OH
CH_3
CH_3
(1) $h\nu$，二噁烷
(2) H_2, Pd/C
O
CH_3
OH
CH_3
CH_3
H_3C
CH_3
NC
CH_3
CH_3
(–) axisonitrile

图示 11.37 蛔蒿素到 lumisantonin 型重排反应用作合成手段

如 11.17 节讨论的，线性共轭环己二烯酮通过α-裂解过程发生开环反应。图示 11.38 和图示 11.39 给出了这种光化学反应应用于合成天然产物的较好的例子[77,86,87]。

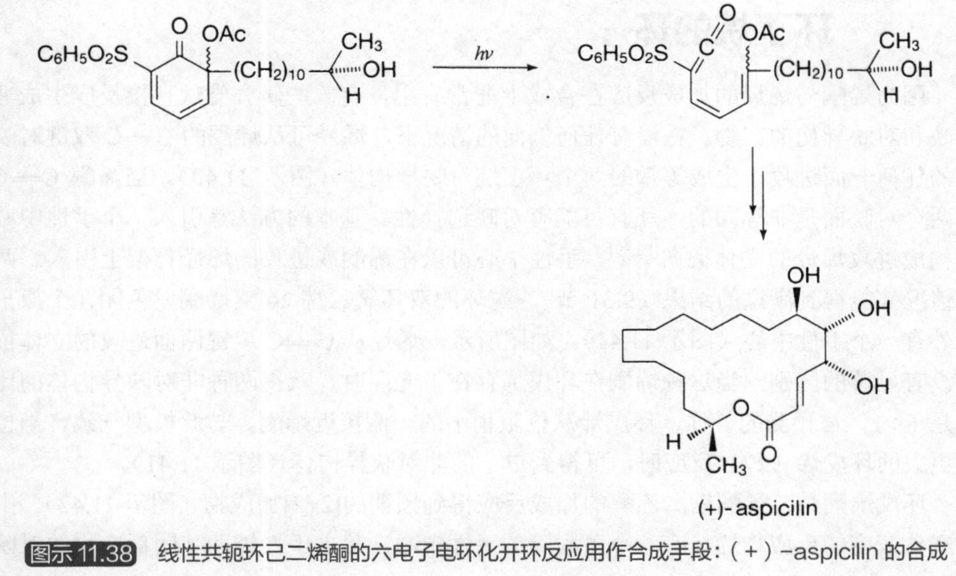

$C_6H_5O_2S$
O
OAc
$(CH_2)_{10}$
CH_3
OH
H
$h\nu$
$C_6H_5O_2S$
O
C
OAc
$(CH_2)_{10}$
CH_3
OH
H
OH
OH
OH
O
H
CH_3
O
(+)- aspicilin

图示 11.38 线性共轭环己二烯酮的六电子电环化开环反应用作合成手段：（+）–aspicilin 的合成

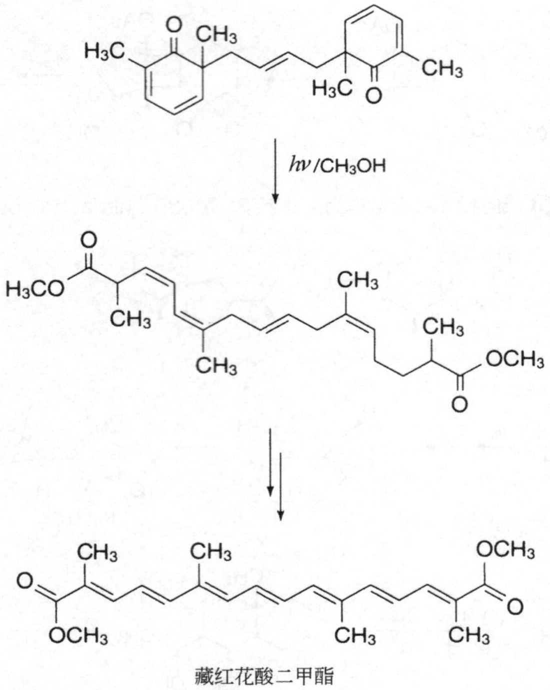

$h\nu/CH_3OH$

藏红花酸二甲酯

图示 11.39 线性共轭环己二烯酮的六电子电环化开环反应用作合成手段：藏红花酸（crocetin）二甲酯的合成

11.19 发展有用的合成方法学用于构建非对映和对映的环丁烷的环

因为烯酮与烯烃的加成反应在合成上非常有用，有一些研究尝试直接反应生成非对映和对映异构的产物。在没有任何偏向的情况下，烯烃可从烯酮的 C═C 双键对映面的任何一面进攻，生成等量的两个环丁烷对映异构体（图示 11.40）。当烯酮 C═C 的两个对映面是非等同的，就有可能有对映选择性。基本的方法是引入一个手性中心来构成进攻烯烃的立体偏向[88,89]。手性中心可以在烯酮或进攻的烯烃骨架上引入。两种情况都能得到满意的结果（9.31 节）。螺环的双环氧乙烷 **26** 离烯酮发色团几个原子以外有一个手性中心（图示 11.41）。如图所示，烯烃从 C═C 双键两面进攻的立体位阻没有显著的区别。当这种烯酮在环戊烯存在下光照时，获得两种非对映异构体的比例是 6∶1。与预测的一样，环戊烯从位阻稍小的一侧接近烯酮。与此模型一致，当位阻更大的环戊烯（**27**）反应时，可得到单个的非对映异构体（图示 11.41）。

环戊烯酮与乙烯酮缩二乙醇的加成反应得到预期的[2+2]加成物（图示 11.42）。中等立体效应的反应物烯烃有一个可脱除的手性中心。除去手性辅助基团后产物的对映体过量（ee）是有意义的。重要的是手性附属基团可以很容易地去除和循环利用。

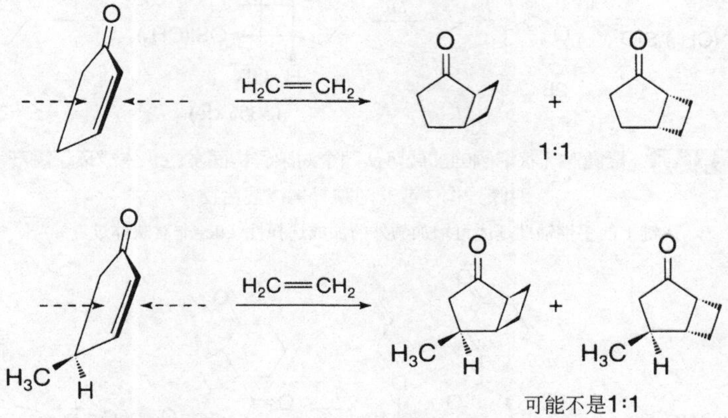

$H_2C{=}CH_2$

1:1

$H_2C{=}CH_2$

H_3C H

可能不是1:1

图示 11.40 烯键对环戊烯酮的加成从两个对映异构面发生反应，生成环丁烷产物的对映异构体或非对映异构体混合物

hν

26

6 : 1

hν

$C_6H_5CH_2O$ $OCH_2C_6H_5$

27

唯一的产物

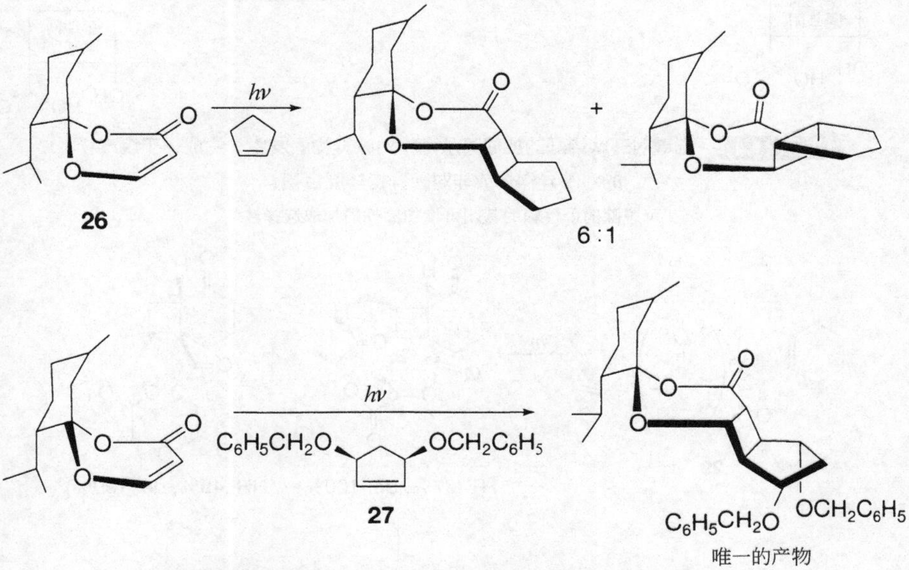

图示 11.41 烯键对环状烯酮的加成可从两个对映异构面发生，生成环丁烷产物的对映异构体或非对映异构体混合物

手性辅助基团可引导加成反应从 C-C 基团的单个平面进行

为成功地利用上述策略，手性辅助基团应该是容易附上和去除的（图示 11.43）。图示 11.44 中乳酸酯底物生成头-头（HH）和头-尾(HT)加成物的显著特点是两种产物都是单个消旋对映异构体。去除附属手性附属基团得到单个的对映异构体（图示 11.44）。这种途径非常有用，因为手性的附属基团可用作一个临时的连接基团，并且能在光环化反应后很容易脱除。

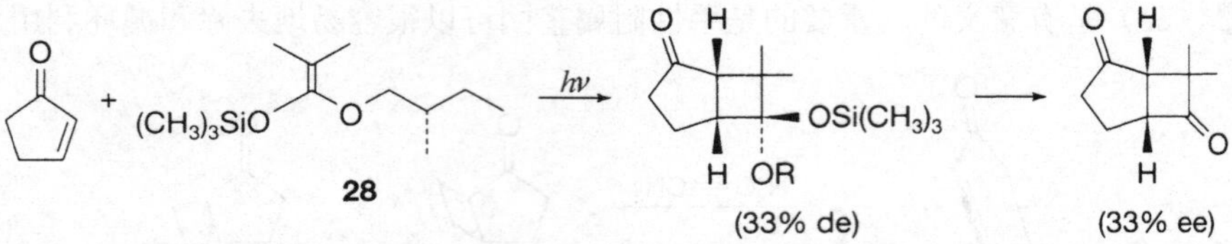

(33% de) (33% ee)

28

图示11.42 烯键对环状烯酮的加成可从两个对映异构面发生，生成环丁烷产物的对映异构体或非对映异构体混合物

烯键上的手性辅助基团可增加额外的加成选择性（de=非对映体过量）

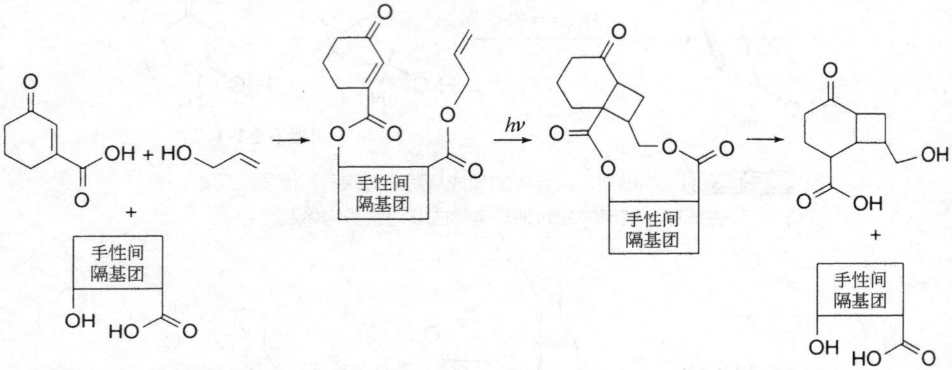

图示11.43 烯键对环状烯酮的加成可从两个对映异构面发生，生成环丁烷产物的对映异构体或非对映异构体混合物

可脱除的手性辅助基团可增加额外的加成选择性

29

HT (27%, de: 100%) HH (49%, de: 100%)

ee: 100% ee: 100%

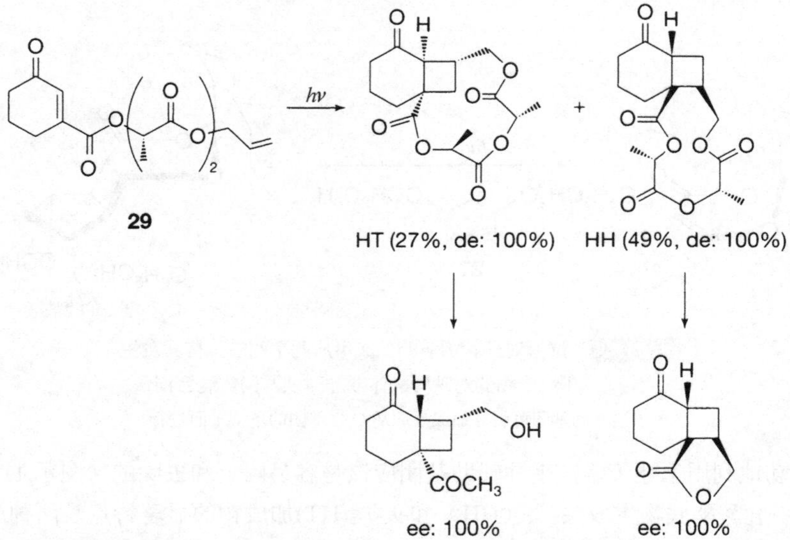

图示11.44 烯键对环状烯酮的加成可从两个对映异构面发生，生成环丁烷产物的对映异构体或非对映异构体混合物

烯键和烯酮加成反应中可脱除手性辅助基团的有效性实例

11.20 香豆素和补骨脂素的光环化反应：补骨脂素长波长紫外线A治疗

20多年来，补骨脂素和长波长紫外线A光照（UVA，320～400 nm波长的光照）一起用于临床上治疗皮肤紊乱症，又称补骨脂素紫外线A治疗（PUVA）。最近，它们应用于皮肤T-细胞淋巴瘤的淋巴细胞的光致失活。上述治疗主要基于烯酮和C═C双键间基本的光环化反应。下面集中讨论8-甲氧基补骨脂素用于PUVA治疗。

香豆素光照发生的主要光化学反应是光致二聚反应[90,91]。二聚体的结构取决于反应活性态的电子自旋。例如，从激发单重态反应生成顺式头-头环丁烷（主要产物）和顺式头-尾环丁烷，从三重态反应生成反式头-头环丁烷（主要产物）和反式头-尾环丁烷（图示11.45）。同大多数烯酮一样，香豆素的激发态化学是溶剂依赖的，在非极性溶剂（如苯）中得到三重态反式头-头产物，而在极性溶剂（如甲醇）中得到的主要是单重态顺式头-头产物。

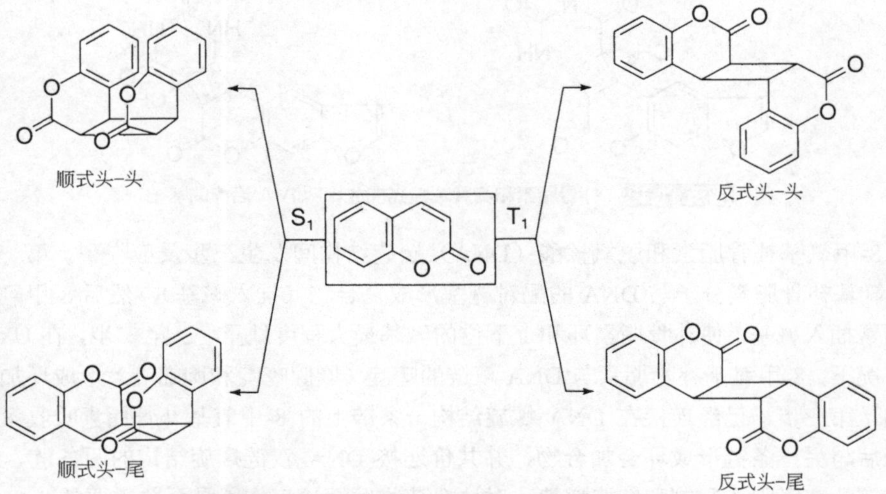

图示11.45 从激发单重态和三重态发生的香豆素的光二聚

8-甲氧基补骨脂素具有两个光活性的C═C双键：吡喃酮环上的C3-C4双键和呋喃环上的C4′-C5′双键（图示11.46）。同香豆素一样，8-甲氧基补骨脂素光照发生两个单体间C3-C4双键的二聚成环[92]。8-甲氧基补骨脂素与嘧啶碱基（胸腺嘧啶和胞嘧啶）间的加成非常有趣。例如，有胸腺嘧啶存在时，光照8-甲氧基补骨脂素产生4种加成物（图示11.46）。吡喃酮环C3-C4双键和呋喃环C4′-C5′双键对嘧啶碱基都是活性的，这个特征也是8-甲氧基补骨脂素用于治疗牛皮癣和皮肤T-细胞淋巴瘤的基础。

补骨脂素的光化学治疗可通过8-甲氧基补骨脂素的局部和口服给药以及随后用UVA（320～400nm）对病人的局部照射。这种技术对牛皮癣和不太常见的皮肤紊乱症都能有比较满意的治疗效果[93]。

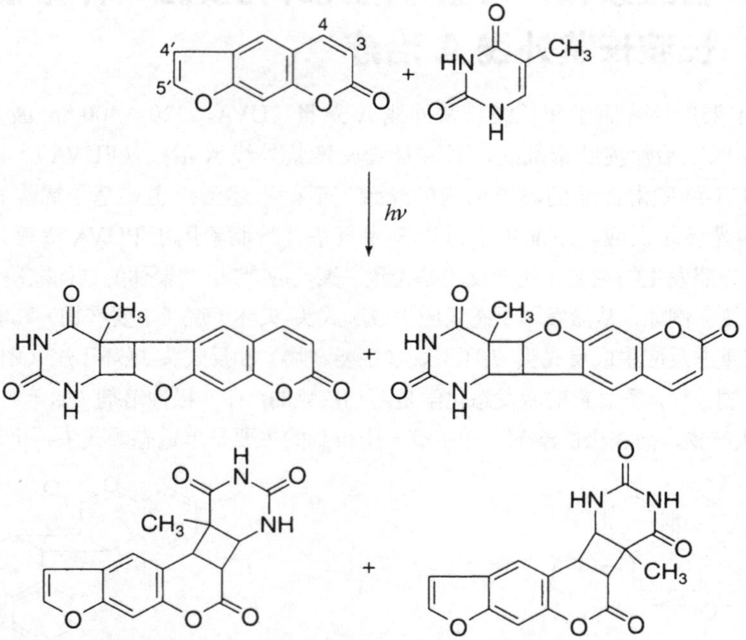

图示 11.46 补骨脂素和胸腺嘧啶光加成：PUVA 治疗的基础

8-甲氧基补骨脂素和脱氧核酸（DNA）螺旋结构间发生三步反应[94,95]。第一步，8-甲氧基补骨脂素分子与 DNA 的配对碱基形成复合物（插入碱基），然后 8-甲氧基补骨脂素插入碱基，使补骨脂素环和上下位的碱基最大程度地重叠。第二步，在 UVA 光照情况下，8-甲氧基补骨脂素与 DNA 双链的嘧啶（胸腺嘧啶和胞嘧啶）形成环加成复合物。第三步，已经连接在 DNA 螺旋结构一条链上的 8-甲氧基补骨脂素吸收第二个光子后与另一条链形成环合加合物，并共价连接 DNA 双链螺旋结构的两条链。DNA 两条链的交联阻止复制和细胞增殖，对这个药物发挥治疗作用是至关重要的。

上述光化学过程也用于治疗恶性白细胞的皮肤 T-细胞淋巴瘤（CTCL）[96]。我们知道光激活的 8-甲氧基补骨脂素可以抑制 DNA 的复制，并进而控制 CTCL。尽管全身 UVA 照射可有效地控制 CTCL，但更先进的靶向治疗方法可以通过从体内分离出恶性细胞并用 8-甲氧基补骨脂素和光处理。在这种方法中，10%的病人血液从体内分离出来，并依次经过 8-甲氧基补骨脂素处理和 UVA 光照。这个过程可使恶性白细胞失活，纯化的血液再流回到病人体内。多次重复这个过程有助于减少和消除有缺陷的白细胞。

11.21 核酸碱基对的光环化反应和皮肤癌

光照 DNA 形成几种产物是导致突变、致癌和细胞死亡等紫外光照射副作用的基本原因。UVB 光照（290～320nm）是今天大多数皮肤癌人群中有效的和普遍存在的致癌源。导致 DNA 损害的基本光化学过程是嘧啶（胸腺嘧啶和胞嘧啶）的[2+2]环加成反应。例如，UV 光照促使同一条 DNA 链中相邻胸腺嘧啶形成环丁烷的四元环，得到分子内的胸腺嘧啶二聚体（图示 11.47）[97~99]。胞嘧啶-胞嘧啶二聚体和胸腺嘧啶-胞嘧啶二聚体也可类似地形成，但是不太常见。这种胸腺嘧啶二聚体可使 DNA 碱基配对结构局部扭曲，从而干扰转录和复制。生物体能够忍受 UVB 光照的能力与其具有修复 DNA 中二聚体产生的损伤的能力有关。即使损伤的 DNA 被修正，其复原也可能是不完美的，产生变异，即遗传信息的可遗传的改变。

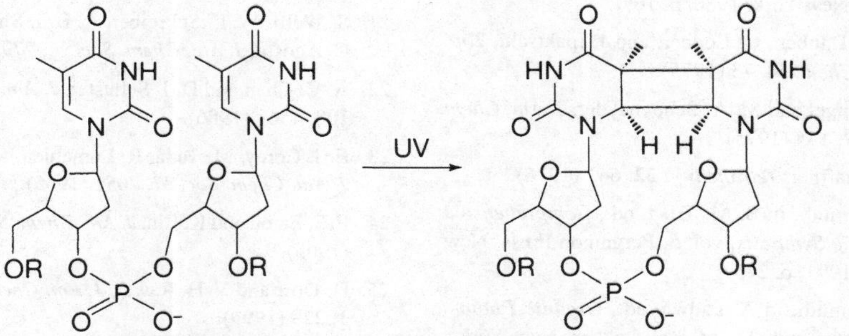

图示 11.47 嘧啶的光致环加成反应是光诱导 DNA 损伤的基础

11.22 小结

正如其名称所示，烯酮是一类含有 C═C 和 C═O 发色团的分子。在两者没有相互作用时，其光化学就是两个独立发色团的光化学。本章内容主要集中在上述两个发色团可发生作用的烯酮。相互作用的程度取决于两个发色团的距离和所处的角度。在 *α,β*-烯酮或二烯酮，C═C 双键和 C═O 双键相连并发生共轭。因此，它们不能认为是分离和孤立的。在 *β,γ*-烯酮中，两个发色团被一个饱和的碳原子分离，其相互作用决定于两个发色团所处的角度和距离。所有的烯酮都具有 n,π*和 π,π*激发态，并根据烯烃和羰基的化学来预测从这些态发生的反应。烯酮的最低反应活性态的确切本质取决于取代基、溶剂和发色团所处的分子骨架。由于缺乏对最低反应活性态的了解，预测光反应产物是很复杂的。此外，从 S_1 态到 T_1 态的系间窜越的效率取决于系间窜越的相关态的本质。系间窜越的效率乃至反应态的本质也随分子体系、溶剂和取代基的不同而变化。

总之，所有烯酮都具有烯烃和羰基的反应，其中最重要的反应包括抽氢反应（分子内或分子间）、电子转移、C═C 双键加成、*α*-裂解和 *β*-裂解。由于 *β,γ*-烯酮和二烯酮中 C═C 和 C═O 的排列方式，分子内的 C═C 双键加成引起不可思议的重排反应（*β,γ*-烯酮的氧杂二 π-甲烷重排；*α,β*-烯酮的 A 型重排和二烯酮的蛔蒿素→lumisantonin 型重排）。由于 *α,β*-烯酮和 *β,γ*-烯酮中双键的存在，几何异构化有可能发生在所有激发态的烯酮中，并且扭曲的反式环状异构体经常作为生成最终产物的中间体。已知最早的光化学反应（1930 年）之一是蛔蒿素→lumisantonin 的转化。这个反应有着非常丰富的机制研究细节，同时在复杂天然产物合成中非常有用。

参考文献

1. K. N. Houk, *Chem. Rev.* **76**, 1 (1976).
2. D. I. Schuster, in P. de Mayo, ed., *Photochemical Rearrangements of Enones. In Rearrangements in Ground and Excited States*, vol. 3, Academic Press, New York, 1980, p. 167.
3. W. G. Dauben, G. Lodder, and J. Ipaktschi, *Top. Curr. Chem.* **54**, 73 (1975).
4. P. S. Engel and M. A. Schexnayder, *J. Am. Chem. Soc.* **97**, 145 (1975).
5. K. Schaffner, *Tetrahedron* **32**, 641 (1976).
6. M. Demuth, in B. M. Trost, ed., *Comprehensive Organic Synthesis*, vol. 5, Pergamon Press, New York, 1991, p. 215.
7. M. Demuth, in A. Padwa, ed., *Organic Photochemistry*, vol. 11, Marcel Dekker, New York, 1991, p. 37.
8. S. S. Hixson, P. S. Mariano, and H. E. Zimmerman, *Chem. Rev.* **73**, 531 (1973).
9. W. G. Dauben, M. S. Kellogg, J. I. Seeman, and W. A. Spitzer, *J. Am. Chem. Soc.* **92**, 1786 (1970).
10. D. Armesto, M. J. Ortiz, A. R. Agarrabeitia, and S. Aparicio-Lara, *Synthesis* **8**, 1149 (2001).
11. D. Armesto, M. J. Ortiz, S. Romano, A. R. Agarrabeitia, M. G. Gallego, and A. Ramos, *J. Org. Chem.* **61**, 1459 (1996).
12. C. R. Jones and D. R. Kearns, *J. Am. Chem. Soc.* **99**, 344 (1977).
13. D. I. Schuster, G. E. Heibel, R. A. Caldwell, and W. Tang, *Photochem. Photobiol.* **52**, 645 (1990).
14. D. I. Schuster, in S. Patai and Z. Rappoport, eds., *The Chemistry of Enones*, John Wiley & Sons, Ltd., New York, 1989, p. 623.
15. O. L. Chapman and D. S. Weiss, in O. L. Chapman, ed., *Organic Photochemistry*, vol. 3, Marcel Dekker, New York, 1973, p. 197.
16. P. J. Nelson, D. Ostrem, J. D. Lassila, and O. L. Chapman, *J. Org. Chem.* **34**, 811 (1969).
17. K. Schaffner, *Pure Appl. Chem.* **33**, 329 (1973).
18. J. R. Scheffer, J. Trotter, and A. D. Gudmundsdottir, *CRC Handbook of Organic Photochemistry and Photobiology*, CRC Press, New York, 1995, p. 607.
19. O. Jeger and K. Schaffner, *Pure Appl. Chem.* **21**, 247 (1970).
20. K. Schaffner and O. Jeger, *Tetrahedron* **30**, 1891 (1974).
21. S. Wolff, W. L. Schreiber, A. B. I. Smith, and W. C. Agosta, *J. Am. Chem. Soc.* **94**, 7797 (1972).
22. A. C. Chan and D. I. Schuster, *J. Am. Chem. Soc.* **108**, 4561 (1986).
23. E. J. Corey, M. Tada, R. Lamahieu, and L. Libit, *J. Am. Chem. Soc.* **87**, 2051 (1965).
24. P.E. Eaton and K. Lin, *J. Am. Chem. Soc.* **87**, 2052 (1965).
25. H. Dorr and V H. Rawal, *J. Am. Chem. Soc.* **121**, 10229 (1999).
26. R. Noyori and M. Kato, *Bull. Chem. Soc. Jpn.* **47**, 1460 (1974).
27. D. I. Schuster, *CRC Handbook of Organic Photochemistry and Photobiology*, CRC Press, New York, 1995, p. 579.
28. O. L. Chapman, T A. Rettig, and A. A. Griswold, *Tetrahedron Lett.* **29**, 2049 (1963).
29. B. A. Shoulders, W W Kwie, W Klyne, and P.D. Gardner, *Tetrahedron* **21**, 2973 (1965).
30. O. L. Chapman, J. B. Sieja, and W. J. J. Welstead, *J. Am. Chem. Soc.* **88**, 161 (1966).
31. W. G. Dauben, G. W. Schaffer, and N. D. Vietmeyer, *J. Org. Chem.* **33**, 4060 (1968).
32. D. I. Schuster, R. H. Brown, and B. M. Resnick, *J. Am. Chem. Soc.* **100**, 4504 (1978).
33. D. I. Schuster, J. Woning, N. A. Kaprinidis, Y. Pan, B. Cai, M. Barra, and C. A. Rhodes, *J. Am. Chem. Soc.* **114**, 7029 (1992).
34. D. I. Schuster and S. Hussain, *J. Am. Chem. Soc.* **102**, 409 (1980).
35. W. G. Dauben, W. A. Spitzer, and M. S. Kellogg, *J. Am. Chem. Soc.* **93**, 3674 (1971).
36. H. E. Zimmerman and W. R. Elser, *J. Am. Chem. Soc.* **91**, 887 (1969).
37. H. E. Zimmerman and N Lewin, *J. Am. Chem. Soc.* **91**, 879 (1969).
38. H. E. Zimmerman, *Tetrahedron* **30**, 1617 (1974).

39. A. C. Weedon, *CRC Handbook of Organic Photochemistry and Photobiology*, CRC Press, New York, 1995, p. 634.
40. J. Mattay, *CRC Handbook of Organic Photochemistry and Photobiology*, CRC Press, New York, 1995, p. 618.
41. D. I. Schuster, *CRC Handbook of Organic Photochemistry and Photobiology*, CRC Press, New York, 1995, p. 652.
42. A. C. Weedon, in W. M. Horspool, ed., *Synthetic Organic Photochemistry*, Plenum Press, New York, 1984, p. 61.
43. P. G. Bauslaugh, *Synthesis* **6**, 287 (1970).
44. P. E. Eaton, *Acc. Chem. Res.* **1**, 50 (1968).
45. M. Demuth and G. Mikhail, *Synthesis* **3**, 145 (1989).
46. T. Bach, *Synthesis* 683 (1998).
47. W. L. Dilling, *Photochem. Photobiol.* **25**, 605 (1977).
48. G. R. Lenz, *Reviews of chemical intermediates*, vol. 4, Verlag Chemie International, 1981, p. 369.
49. A. G. Griesbeck and M. Fiege, in V. Ramamurthy and K. S. Schanze, eds., *Organic, Physical and Materials Photohemistry*, Marcel Dekker, New York, 2000, p. 33.
50. D. I. Schuster, G. Lem, and N. A. Kaprinidis, *Chem. Rev.* **93**, 3 (1993).
51. P. de Mayo, *Acc. Chem. Res.* **4**, 41 (1971).
52. J.-P Pete, in W. Horspool and F. Lenci, eds., *CRC Handbook of Organic Photochemistry and Photobiology* (2nd ed.), CRC Press, Boca Raton, FL, 2004, p. 71/1.
53. D. I. Schuster, in *CRC Handbook of Organic Photochemistry and Photobiology* (2nd ed.), W. Horspool and F. Lenci, eds. CRC Press: Boca Raton, 2004, p. 72/1.
54. D. Andrew, D. J. Hastings, D. L. Oldroyd, A. Rudolph, A. C. Weedon, D. F. Wong, and B. Zhang, *Pure Appl. Chem.* **64**, 1327 (1992).
55. H. E. Zimmerman, in W. A. J. Noyes, G. S. Hammond, and J. N. J. Pitts, eds., *Advances in Photochemistry*, vol. 1, Interscience, New York, 1963, p. 183.
56. P. J. Kropp, in O. L. Chapman, ed., *Organic Photochemistry*, vol. 1, Marcel Dekker, New York, 1967, pp 1.
57. L. Birladeanu, *Angew. Chem. Int. Ed. Engl.* **42**, 1202 (2003).
58. H. E. Zimmerman, *Angew. Chem. Int. Ed. Engl.* **8**, 1 (1969).
59. D. H. R. Barton, P. de Mayo, and M. Shafiq, *J. Chem. Soc.* 929 (1957).
60. K. Schaffner and M. Demuth, in *Rearrangements in Ground and Excited States*, vol. 3, New York, Academic Press, 1980, p. 281.
61. D. Caine, in W. M. Horspool and P.-S. Song, eds., *CRC Handbook of Organic Photochemistry and Photobiology*, CRC Press, New York, 1995, p. 701.
62. A. G. Schultz, in P.-S. Song, ed., *CRC Handbook of Organic Photochemistry and Photobiology*, CRC Press, New York, 1995, p. 685.
63. K. Schaffner, in W A. J. Noyes, G. S. Hammond, and J. N. J Pitts, eds., *Advances in Photochemistry*, vol. 4, Interscience, New York, 1966, p. 81.
64. H. E. Zimmerman and D. I. Schuster, *J. Am. Chem. Soc.* **84**, 4527 (1962).
65. H. E. Zimmerman and J S. Swenton, *J. Am. Chem. Soc.*, **89**, 906 (1967).
66. H. E. Zimmerman and D. I. Schuster, *J. Am. Chem. Soc.* **83**, 4486 (1961).
67. H. E. Zimmerman, *Tetrahedron* **19**, 393 (1963).
68. D. J. Patel and D. I. Schuster, *J. Am. Chem. Soc.* **90**, 5137 (1968).
69. D. I. Schuster and D. J. Patel, *J. Am. Chem. Soc.* **90**, 5145 (1968).
70. H. E. Zimmerman, D. Dopp, and P. S. Huyffer, *J. Am. Chem. Soc.* **88**, 5352 (1966).
71. D. I. Schuster and K. Liu, *Tetrahedron* **37**, 3329 (1981).
72. H. E. Zimmerman, D. S. Crumrine, D. Dopp, and P. S. Huyffer, *J. Am. Chem. Soc.* **91**, 434 (1969).
73. D. I. Schuster, *Acc. Chem. Res.* **11**, 65 (1978).
74. G. Quinkert, *Angew. Chem. Int. Ed. Engl.* **11**, 1072 (1972).
75. G. Quinkert, *Pure Appl. Chem* **33**, 285 (1973).
76. G. Quinkert, B. Bronstert, and K. R. Schmieder, *Angew. Chem. Int. Ed. Engl.* 627 (1972).
77. A. G. Schultz, in W. M. Horspool and P.-S. Song, eds., *CRC Handbook of Organic Photochemistry and Photobiology*, CRC Press, Boca Raton, FL, 1995, p. 728.
78. G. Quinkert, S. Scherer, D. Reichert, H.-P Nestler, H. Wenemers, A. Ebel, K. Urbahns, K. Wagner, K.-P Michaelis, G. Wiech, G. Prescher, B. Bronstert, B.-J. Freitag, I. Wicke, D. Lisch, P Belik, T. Crecelius, D. Horstermann, G. Zimmermann, J. W Bats, G. Durner, and D. Rehm, *Helv. Chim. Acta* **80**, 1683 (1997).

79. O. L. Chapman and J D. Lassila, *J. Am. Chem. Soc.* **90**, 2449 (1968).

80. J. D. Winkler, C. M. Bowen, and F. Liotta, *Chem. Rev.* **95**, 2003 (1995).

81. M. T. Crimmins, *Chem. Rev.* **88**, 1453 (1988).

82. S. W. Baldwin, in A. Padwa, ed., *Organic Photochemistry*, vol. 5, Marcel Dekker, New York, 1981, p. 123.

83. W. Oppolzer, *Acc. Chem. Res.* **15**, 135 (1982).

84. A. C. Weedon, *CRC Handbook of Organic Photochemistry and Photobiology*, CRC Press, New York, 1995, p. 670.

85. P. de Mayo and H. Takeshita, *Can. J. Chem.* **41**, 440 (1963).

86. G. Quinkert, N. Heim, J. Glenneberg, U.-M. Billhardt, V. Autze, J. W. Bats, and G. Durner, *Angew. Chem. Int. Ed. Engl.* **26**, 362 (1987).

87. G. Quinkert, K. R. Schmieder, G. Durner, K. Hache, A. Stegk, *Chem. Ber.* **110**, 3582 (1977).

88. N. Hoffmann and J.-P Pete, in Y. Inoue and V. Ramamurthy, eds., *Chiral Photochemistry*, vol. 11, Marcel Dekker, Inc., New York, 2004, p. 179.

89. B. Grosch and T. Bach, in Y. Inoue and V Ramamurthy, eds., *Chiral Photochemistry*, vol. 11, Marcel Dekker, Inc., New York, 2004, p. 315.

90. C. H. Krauch, S. Farid, and G. O. Schenck, *Chem. Ber.* **99**, 625 (1966).

91. G. O. Schenck, I. V. Wilucki, and C. H. Krauch, *Chem. Ber.* **95**, 1409 (1962).

92. F. P. Gasparro, in W. Horspool and P.-S. Song, eds., *CRC Handbook of Photochemistry and Photobiology*, CRC Press, Boca Raton, FL, 1995, p. 1367.

93. S. C. Shim, in W. Horspool and P.-S. Song, eds., *CRC Handbook of Photochemistry and Photobiology*, CRC Press, Boca Raton, FL, 1995, p. 1347.

94. F. Dall'Acqua and D. Vedaldi, in W. Horspool and P.-S. Song, eds., *CRC Handbook of Photochemistry and Photobiology*, CRC Press, Boca Raton, FL, 1995, p. 1357.

95. P.-S. Song and K. J. J. Tapley, *Photochem. Photobiol.* **29**, 1177 (1979).

96. R. L. Edelson, *Sci. Am.* 68 (Aug. 1988).

97. J. Cadet and P. Vigny, in H. Morrison, ed., *Bioorganic Photochemistry*, vol. 1, John Wiley & Sons Inc., New York, 1990, p. 1.

98. J.-S. Taylor, *Pure Appl. Chem.* **67**, 183 (1995).

99. B. P. Ruzsicska and D. G. E. Lemaire, in W. Horspool and P.-S. Song, eds., *CRC Handbook of Photochemistry and Photobiology*, CRC Press, Boca Raton, FL, 1995, p. 1289.

第12章

芳香化合物的光化学

12.1 芳香化合物的光化学简介

在上一章，讨论羰基、烯烃和烯酮的 n,π*或 π,π*激发态时芳香基团被作为取代基看待。本章将探讨芳香烃自身的 π,π*态的光化学。我们将看到芳香烃有着同烯烃以及取代烯烃相似的光化学过程。芳香化合物的 $S_1(\pi,\pi^*)$态和 $T_1(\pi,\pi^*)$态的基本过程，多数情况下可以在以 $S_1(\pi,\pi^*)$和 $T_1(\pi,\pi^*)$为反应激发态的烯烃对应的光化学过程中发现。但是，由于扭曲的双键会产生张力，在烯烃 π,π*激发态中常见的顺-反异构化反应在芳香环中不会发生。

芳香烃的 π,π*的光化学过程可以方便地进行分类，如图示 12.1 所示：

（1）$S_1(\pi,\pi^*)\rightarrow{}^1I(Z)\rightarrow P$ 过程，形成双离子中间体，然后生成产物；

（2）$S_1(\pi,\pi^*)\rightarrow F\rightarrow P$ 过程，对应于源自 $S_1(\pi,\pi^*)$态通过漏斗（F）或势能面交叉点（CI）的代表点的通道生成产物；

（3）$T_1(\pi,\pi^*)\rightarrow{}^3I(D)\rightarrow{}^1I(D)\rightarrow P$ 过程。

总反应	$R + h\nu \rightarrow P$
激发	$R + h\nu \rightarrow {}^*R$
初级光化学反应	$S_1(\pi,\pi^*) \rightarrow {}^1I(Z)$
	$S_1(\pi,\pi^*) \rightarrow F \rightarrow P$
	$T_1(\pi,\pi^*) \rightarrow {}^3I(D)$
次级热反应	${}^1I(Z) \rightarrow P$
	${}^3I(D) \rightarrow {}^1I(D) \rightarrow P$

图示12.1 芳香化合物的 π,π*态的光化学过程

根据反应和反应激发态，反应中间体（I）可以是两性离子（Z）、自由基离子对（RIP）、双自由基（BR）或自由基对（RP）。反应也可以通过漏斗（F），不经历个别的反应中间体

如图示 12.1 所示，双自由基（BR）和自由基离子对（RIP）将会成为 T_1 态的反应中间体。与烯烃相似，芳香烃从 $S_1(\pi,\pi^*)$态到 $T_1(\pi,\pi^*)$态的系间窜越（ISC）速率也非常慢。但与烯烃不同的是，芳香环由于不存在顺-反异构化反应，会有较长的单重态寿命，从而使系间窜越可以与失活进行竞争。

在芳香化合物的基态反应如亲电和亲核取代反应中，芳香环结构不发生变化。芳

香化合物的大部分光化学过程同烯烃的光化学过程类似，但是光化学取代反应是烯烃π,π^*态所不具有的特殊反应类型。

12.2 芳香化合物的初级光化学过程的分子轨道描述

虽然可以使用前线轨道理论预测芳香烃的光化学过程，但是不通过量化计算（如芳香环上碳原子的电荷密度常数的计算）很难直观地定性其分子轨道[1]。最简单的芳香化合物苯，其分子轨道（MO）表现出了其复杂性（图 12.1）。根据简单的分子轨道理论（休克尔近似），环状 π 体系化合物的所有轨道是在整个碳原子骨架上离域的。苯的这些 π 轨道的明显特征是它的最高能量轨道和最低能量轨道是独特的，但是中间轨道包括两对简并轨道[2]。例如，苯的最低 π_1 轨道是独特的，并且键合了所有环上的碳原子。上面的两个轨道π_{2a}和 π_{2b} 有一个节点，但仍是成键轨道，并且能量相同。这两个轨道是苯基态的最高占据轨道（HOMO）。再上面的两个轨道 π_{3a} 和 π_{3b} 有两个节点，是反键轨道，具有相同的能量。这两个轨道是苯的最低空轨道（LUMO）。我们看到，苯在这种级别轨道近似有可能有 4 种能量相同的从不同 HOMO 到 LUMO 的跃迁，即：$\pi_{2a}\rightarrow\pi_{3a}^*,\pi_{2a}\rightarrow\pi_{3b}^*,\pi_{2b}\rightarrow\pi_{3a}^*,\pi_{2b}\rightarrow\pi_{3b}^*$。尽管这些简并在高级别的近似中或环取代条件下将会去除，但是可以预期苯的最低激发态的描述将不会服从对羰基化合物的 n,π^*态和烯烃的 π,π^*态的简单轨道描述。

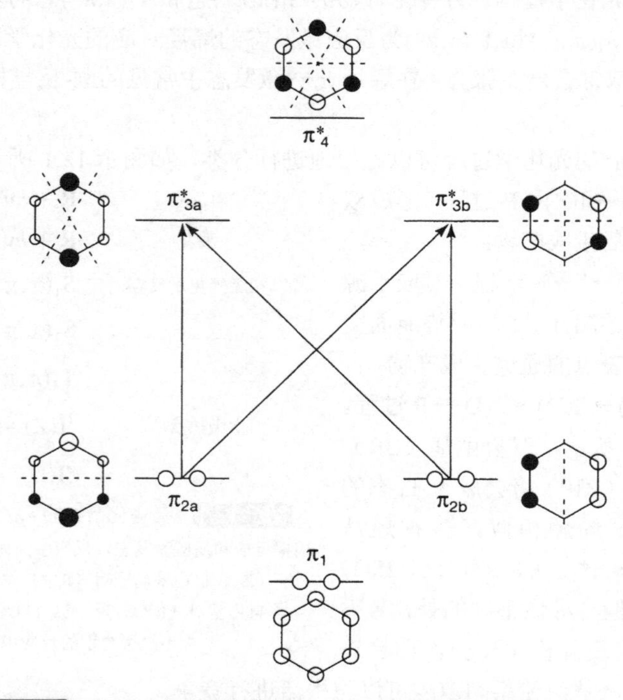

图 12.1 苯的 6 个分子轨道（MO）与最高占据轨道（HOMO）和最低空轨道（LUMO）之间可能的跃迁

考虑到芳香化合物π分子轨道的这些复杂性，不求助量化计算很难准确地对其进行预测，这些已经超出了本文讨论的范围。幸运的是我们可以使用简单的共价键表示芳香分子的π,π*态，去合理地理解芳香烃的光化学，该方法已经成功用于烯烃的光化学。例如，假设芳香烃的S_1(π,π*)态和烯烃的S_1(π,π*)态一样倾向于两性离子态（Z），而芳香烃的T_1(π,π*)态和烯烃的T_1(π,π*)态一样倾向于形成双自由基态(BR)(图12.2)。当苯环上带有拉电子取代基或给电子取代基时，两个异构体中的一个会被稳定。如图12.2所示，这就会使苯环的邻位或间位得到选择性的活化。然而，在基态我们习惯于邻、对位影响的观点，根据这里提出的模型，可以看到间位-邻位效应将主导激发态化学。这些特点将在12.21节和12.22节进行讨论。

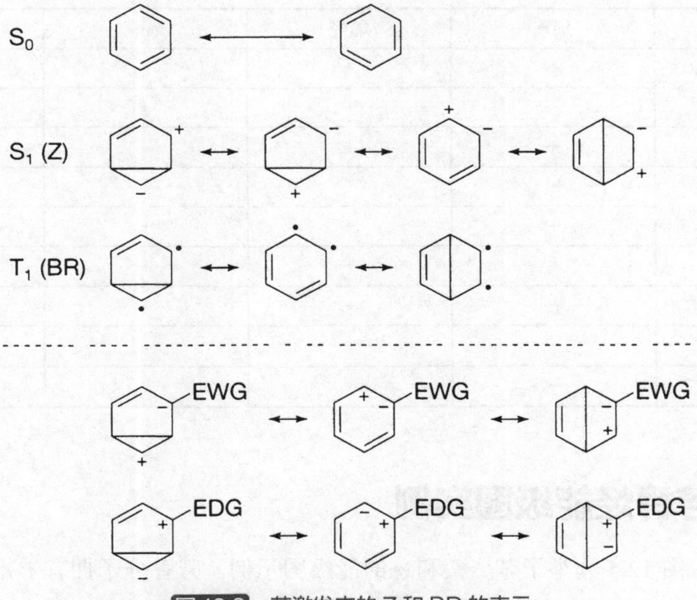

图12.2 苯激发态的Z和BR的表示

12.3 芳香分子的初级光化学过程

作为最初的近似，我们假定芳香烃及其衍生物的大部分光化学过程和烯烃的π,π*态类似（碳碳双键的顺-反异构化反应除外）。因此，表12.1所列的基本光化学过程可以作为范例用于描述芳香分子的基本光化学过程。就烯烃而言，S_1(π,π*)→I(Z)和T_1(π,π*)→I(BR)的预期过程也将是合理理解芳香烃光化学过程的起点。5类基本反应，即抽氢反应（氢原子转移）、电子转移、π键的加成、α-裂解和β-裂解反应，是羰基n,π*态和烯烃π,π*态均比较常见的反应类型。同样的反应在芳香烃的π,π*态也可以发生。周环反应（电环化、环加成和σ-迁移）、二π-甲烷重排反应和几何异构化反应是烯烃 π,π*态的特有反应。芳香分子的 π,π*态也可以与烯烃发生电环化反应、环加成反应和二 π-甲烷重排反应。然而，由于扭曲的双键会产生张力，芳香环上不会发生顺-反异构化反应。在羰基化合物、烯烃和烯酮化合物中不会发生的亲电取代和亲核取代反应是芳香烃特有的反应。表 12.1 比较了羰基化合物、烯烃和芳香化合物基本的光化学反应。一系列芳香化合物的光化学反应产物来自次级过程 I(Z)→P 或 I(BR)→P，而不是源于芳香基团激发态的初级光化学过程。除了顺-反异构化反应（烯烃）和取代反应（芳香烃）外，烯烃和芳香烃的 π,π*态初级光化学反应是相同的。表 9.2 和表 10.2 总结的 Z、RIP 和 RP 的反应同样适用于芳香烃。

表 12.1 各类发色团的初级光化学过程比较

反　应	羰基	烯烃	烯酮	芳香烃
氢原子转移	+	+	+	无例子
电子转移	+	+	+	+
α-裂解	+	+	+	+
β-裂解	+	+	+	+
加成到烯烃	+	+	+	+
周环反应	−	+	+	+
二 π-甲烷重排	−	+	+	+
几何异构化	−	+	+	−
取代反应	−	−	−	+

12.4 芳香烃能级图实例

图 12.3～图 12.5 列举了苯、萘和蒽的能级图示例。芳香分子拥有丰富的光物理性能，其中大部分已在第 4 章进行了讨论。有几个特点作为亮点在下面进行讨论。除了自旋允许的 $S_0 \rightarrow S_1$、$S_2 \rightarrow S_3$ 的跃迁，在一些特殊情况下芳香化合物也会表现出自旋禁阻的 $S_0 \rightarrow T_1$ 的跃迁。在重原子溶剂或重原子如溴和碘取代的芳香化合物中自旋禁阻的跃迁会变得明显。与烯烃相似，芳香烃的 $S_1 \rightarrow T_1$ 的系间窜越（ISC）效率也较低。由于环芳烃的刚性环状结构不利于非辐射跃迁失活，多数芳香烃有强的荧光，相反烯烃在任何条件下的荧光都比较少见。长的单重态寿命使得 $S_1 \rightarrow T_1$ 的系间窜越可以发生。系间窜越的效率也可以通过分子内或外界重原子效应提高，例如芳香环的溴代或使用重原子溶剂如碘代乙烷是众所周知的提高芳香烃 $S_1 \rightarrow T_1$ 系间窜越效率的方法。在低温条件下，在有机溶剂的玻璃态介质中，也可以观察到芳香烃的磷光发射。除了荧光，芳香烃如芘在较高浓度下常常会表现出激基缔合物（excimer）的发光。在罕见情况下，芳香烃也会表现出 S_2 激发态的发光。首次报道的从高激发态发光的分子

是蒽（见 4.42 节）。

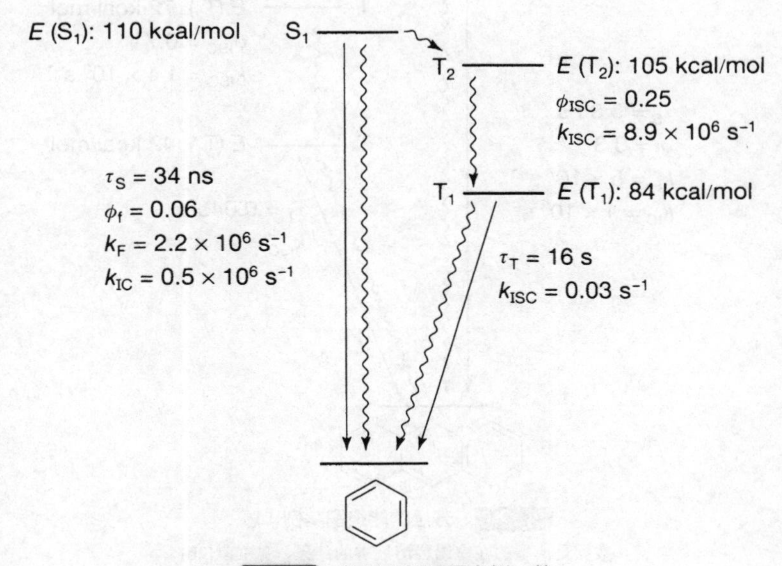

图 12.3 芳烃的能级图实例：苯

数据是典型的在室温稀溶液中的结果，见文献[2b]

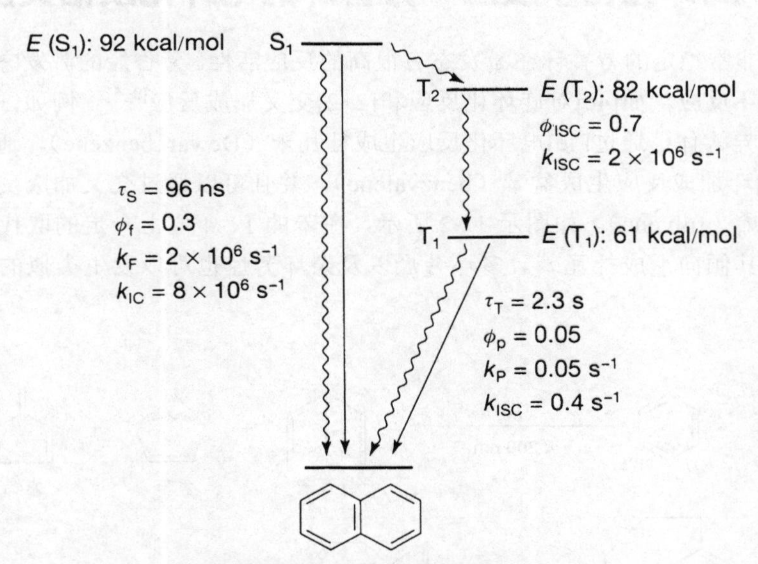

图 12.4 芳烃的能级图实例：萘

数据是典型的在室温稀溶液中的结果，见文献[2b]

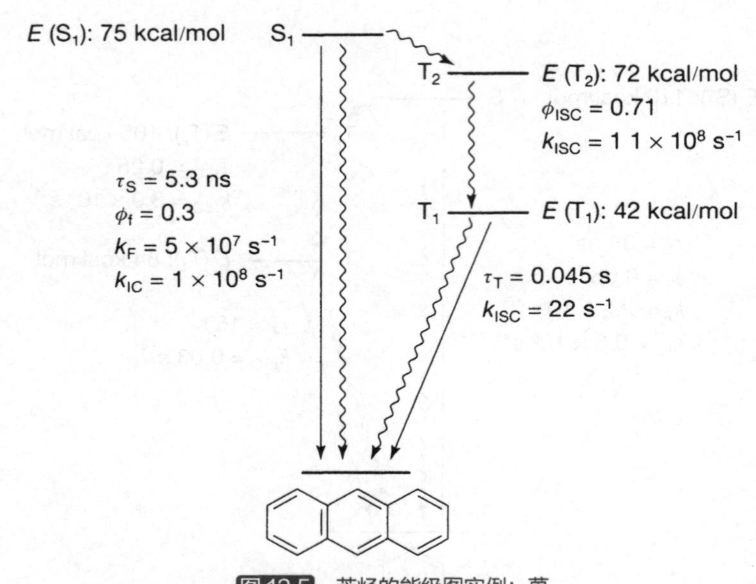

图 12.5 芳烃的能级图实例：蒽

数据是典型的在室温稀溶液中的结果，见文献[2b]

12.5 周环光化学反应：芳香环的电环化及相关反应

基态非常稳定的芳香环在激发态有很高的反应活性。芳香烃的激发态可以发生允许的周环反应，如[4e]对旋环化反应和[2+2]交叉加成反应[3~5]。例如，光照苯会生成 3 个异构体：通过[4e]电环化反应生成杜瓦苯（Dewar benzene），通过分子内交叉[2+2]环加成反应生成盆苯（benzvalene），并且可以通过交叉加成反应然后重排生成富烯（fulvene）。如图示 12.2 所示，在苯的 1、4 位上一定的取代基如氟取代基会使其倾向形成杜瓦苯。多环芳烃以及杂环芳烃也可以发生类似的反应（图示 12.3）。

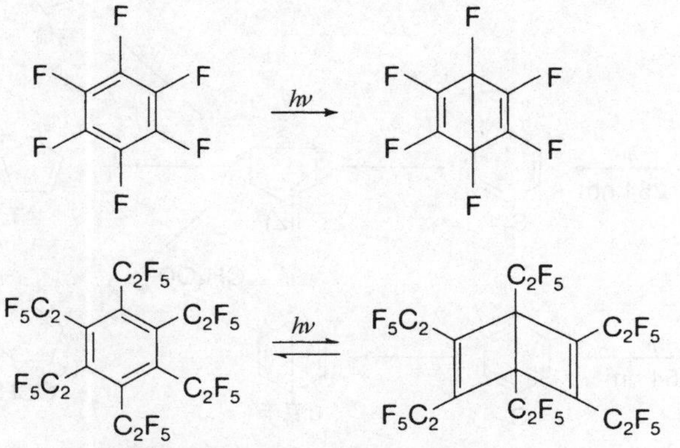

图示 12.2 苯和其衍生物的[4e]电环化反应

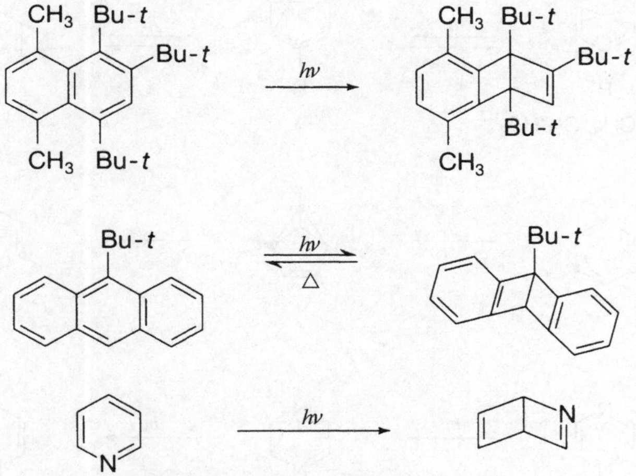

图示 12.3 芳香化合物的[4e]电环化反应

苯的光解是有趣而不寻常的反应。在 0℃用苯的最长吸收波长对苯进行光照，它是稳定的。然而，在接近室温条件下用相同波长进行光照可以生成盆苯和富烯（图示 12.4)。这些结果表明，苯在 $S_1(\pi,\pi^*)$态的最低振动能级是光化学稳定的，而形成盆苯和富烯需要越过能垒。从 $S_1(\pi,\pi^*)$态形成盆苯可能通过双自由基或双离子结构［图示 12.4 中的 I(Z)］。用甲醇作为亲核试剂捕捉双离子中间体，这为双离子反应中间体提供了证据。苯的光化学反应的另外一个有趣的特征是苯激发至 $S_2(\pi,\pi^*)$激发态可以形成杜瓦苯，而激发至 $S_1(\pi,\pi^*)$激发态则不能形成杜瓦苯[6]。

盆苯或富烯的前体结构，如图示 12.4 所示的双离子 I(Z)，被认为是烷基和氘代原子光化学转换的中间体（图示 12.5 和图示 12.6）。

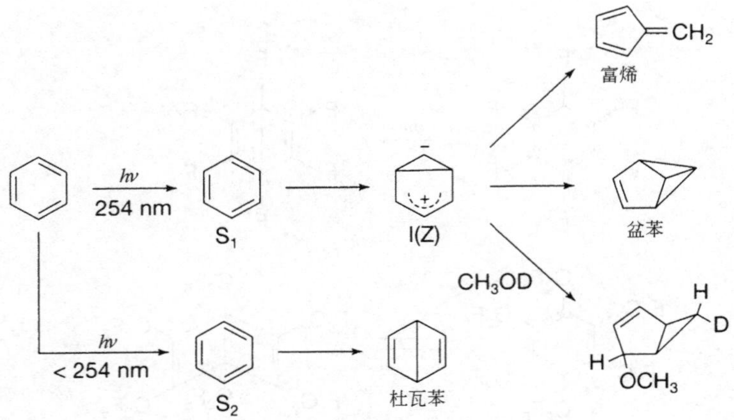

图示 12.4 苯的 S_1 激发态形成盆苯和 S_2 激发态形成杜瓦苯的机制

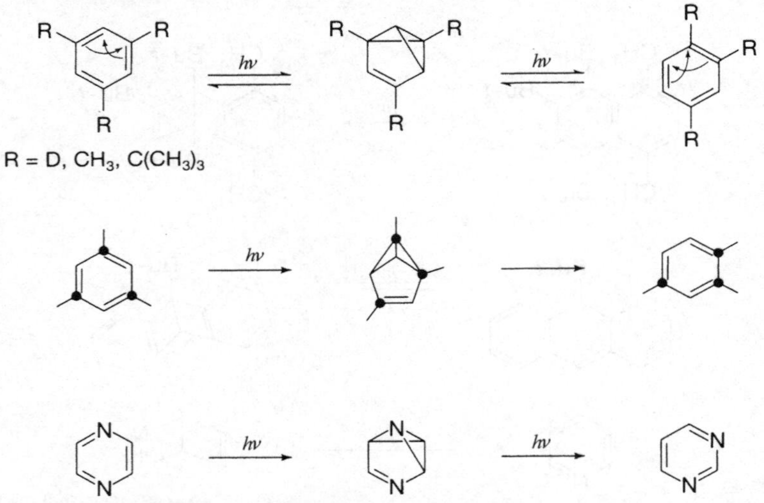

图示 12.5 芳香环的光换位反应可能有盆苯中间体参与

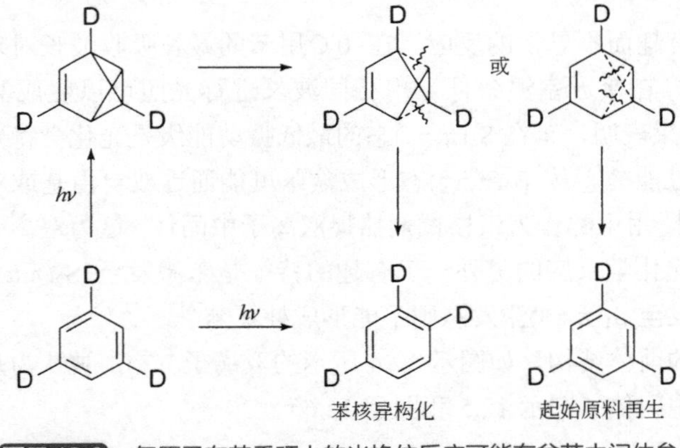

图示 12.6 氘原子在芳香环上的光换位反应可能有盆苯中间体参与

12.6 周环光化学反应：[6e]电环化反应

周环反应是烯烃 $S_1(\pi,\pi^*)$态的特征反应。例如，在第 10 章学过顺式二苯乙烯的$S_1(\pi,\pi^*)$态可以发生[6e]电环化成环反应生成二氢菲。在环状 6π 电子体系和合适的对称性存在条件下，[6e]电环化成环反应是芳香化合物的常见光化学反应。顺式二苯乙烯的中间双键的 π 电子被杂原子的两个电子取代后，电环化反应仍然可以很好地发生，这些杂原子可以是二芳基胺中的氮原子、二芳基醚中的氧原子以及二芳基硫醚中的硫原子（图示 12.7）[7~9]。这些反应有如下两个共同点：①实现环状[6e]的结构；②两个 C═C 基团分别来自两个苯环，并且激发能定域在苯环上。

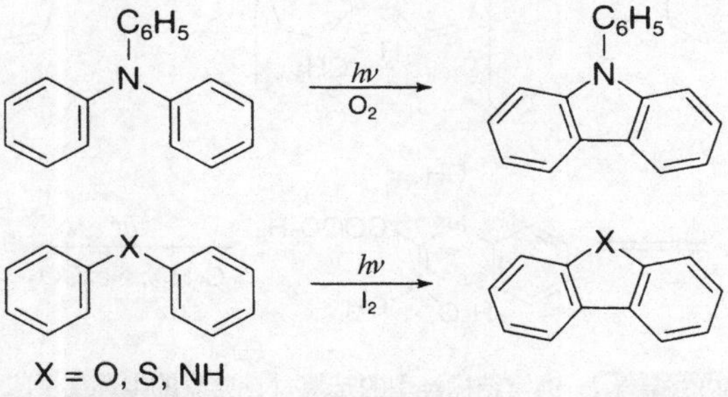

C_6H_5　hν, O_2　C_6H_5

X　hν, I_2　X

X = O, S, NH

图示 12.7 杂原子取代的芳香化合物的[6e]光环化反应

二苯胺的[6e]电环化反应一个有趣的特点是反应是在 $T_1(\pi,\pi^*)$激发态发生。提出的机理涉及由 $T_1(\pi,\pi^*)$态产生 $^{3*}I(BR)$关环中间体的一个绝热光化学反应（图示 12.8）。该反应机制与环己二酮的光诱导[1,2]交叉共轭迁移反应机制类似（参见 11.6 节）。

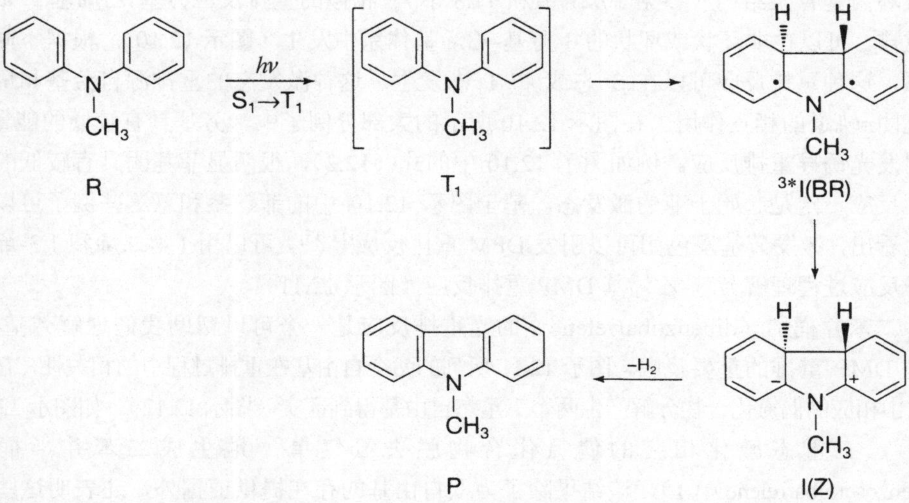

N–CH_3 R　hν, $S_1\to T_1$　[N–CH_3 T_1]　→　H H N CH_3 $^{3*}I(BR)$

↓

N CH_3 P　$-H_2$　H H N CH_3 I(Z)

图示 12.8 杂原子取代的芳香化合物的光环化反应可能经过 T_1，然后经过不常见的绝热过程注意 Z 中间体的参与图示 12.9 给出了一些例子，展现出电环化反应的范围可以从芳基-N-芳基结构到其他类型[10~12]。

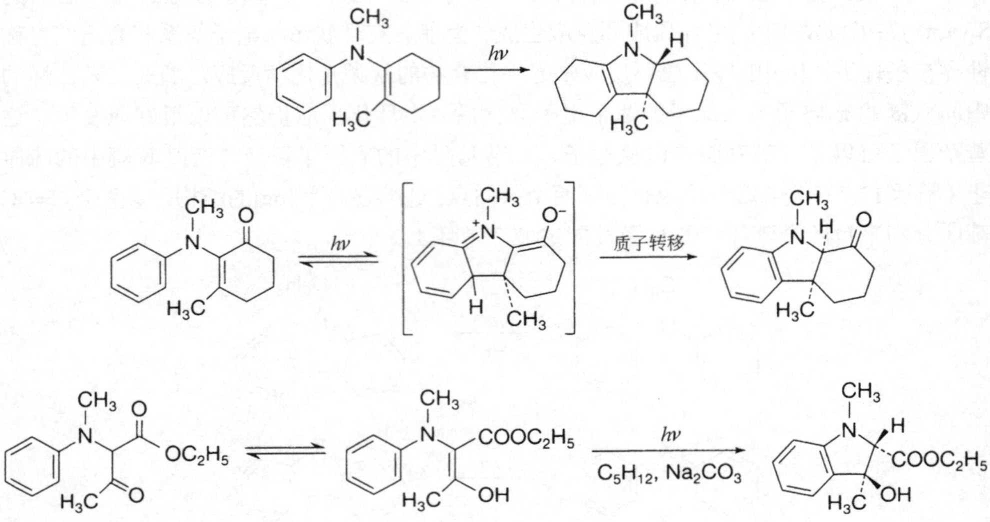

图示 12.9 通常结构类型的芳基−N−芳基的电环化反应

12.7 芳基−乙烯基二 π−甲烷重排

前面我们讲到 1,4-二烯和 1,3-烯酮在光照条件下会发生 DPM 和 ODPM 重排反应形成环丙基骨架结构（参见 10.21 节和 11.8 节）。相似的重排反应芳基-乙烯基二 π-甲烷重排，可以在非环状或环状的 3-芳基-乙烯基体系中发生（图示 12.10）。根据不同的体系，这种重排反应可以在 S_1 态或/和 T_1 态发生。这种激发态的重排源自芳基和烯烃发色团π轨道的相互作用。在图示 12.10 所示的大部分例子中，芳基具有较低的能量，并引发光诱导重排反应。例如图示 12.10 中的式（12.2），很明显菲基团具有较低的能量，反应一定是起始于菲的激发态。基于图示 12.10 中的菲、萘和蒽这些例子可以清楚地看出，激发芳基发色团可以引发 DPM 重排反应[13~15]。可以用 1,4-二烯和 1,3-烯酮重排反应过程理解芳基-乙烯基 DMP 重排反应（图示 12.11）。

二苯并桶烯（dibenzobarrelene）的光重排反应是一个可以帮助我们理解芳基-乙烯基 DMP 重排的重要反应。图示 12.11 所列的两个自由基在重排过程中的相关性，已经通过由相应的偶氮化合物分解产生两个三重态自由基得到证实（图示 12.12）。如图示 12.12 所示，三重态敏化相应的偶氮化合物脱去氮气单一地生成二苯并半桶烯（dibenzosemibarrelene）（**1**），该结果除了为双自由基的存在提供证据外，还表明这些自由基不会可逆地生成二苯并桶烯。

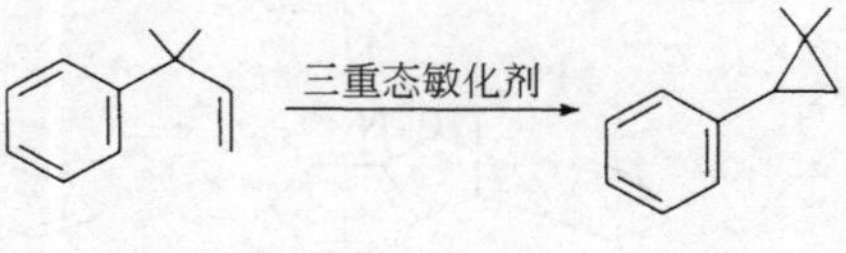

三重态敏化剂 (12.1)

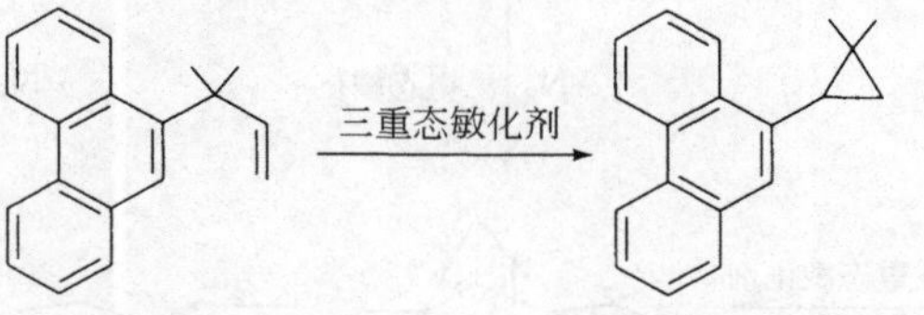

三重态敏化剂 (12.2)

三重态敏化剂 (12.3)

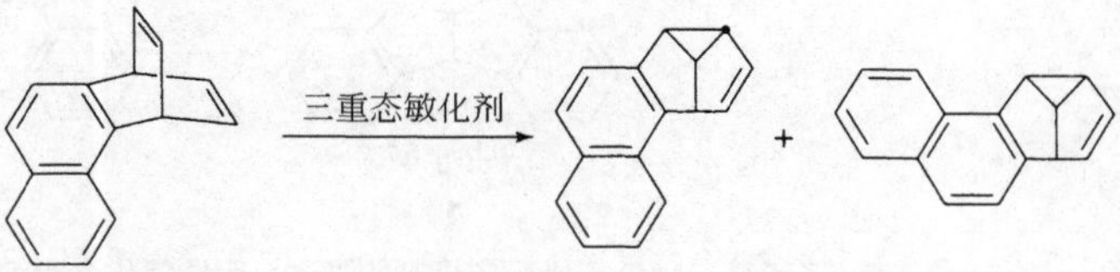

三重态敏化剂 + (12.4)

三重态敏化剂 (12.5)

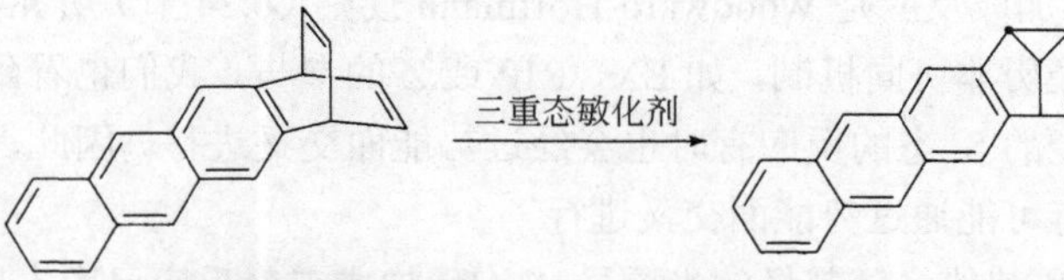

三重态敏化剂 (12.6)

图示 12.10 芳香环参与的芳基-乙烯基 DMP 重排反应

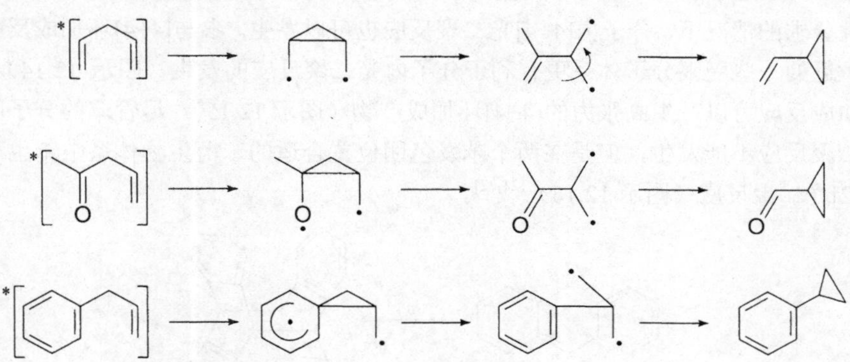

图示 12.11 烯烃、羰基和芳环参与的 DPM 重排反应的比较

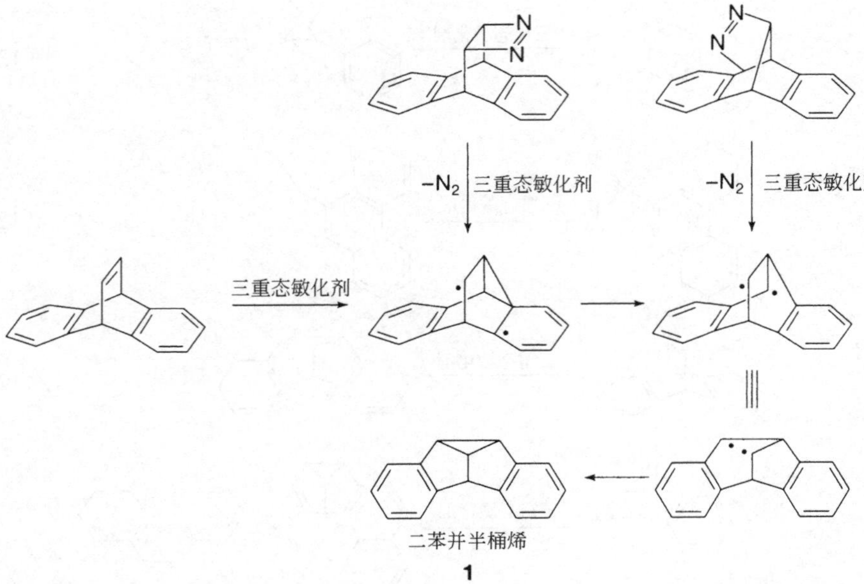

图示 12.12 一个证实芳基-乙烯基 DMP 重排反应机制的尝试：用偶氮化合物前体生成 ^{3}I(BR)中间体

12.8 芳香化合物的光致环加成：光环二聚反应

光环加成反应是芳香化合物 $S_1(\pi,\pi^*)$态和 $T_1(\pi,\pi^*)$态均常见的反应。Supraficial-Supraficial [2+2][4e]和[4+4][8e]环加成反应是 Woodward-Hoffmann 规则（6.24 节）所允许的反应。尽管这些反应也可能经历非协同机制，如 EX、RIP 或 Z 的参与。我们也看到，光化学周环反应所允许的烯烃的 S_1 态的反应有时也会经过势能面交叉进行。因此，芳香化合物的光环加成反应也有可能通过势能面交叉进行。

早在 1867 年，蒽和其他多环芳烃的光诱导[4+4]环加成二聚反应已为人所知[16~18]。图示 12.13 是几个示例[19,20]。苯和萘的光二聚反应比较少见。在分子内芳香环可以满足对称性要求的情况下，分子内[4+4]光二聚反应也可以发生。参与[4+4]环加成反应的原子被拉近的一些受限分子体系更有利于分子内光二聚反应的发生（图示 12.14）。这种光环加成反应可以产生高张力的[4+4]环加成产物（图示 12.15）。尽管苯的分子间光环加成二聚反应不能发生，但是在两个苯发色团位置合适的苯衍生物体系中苯也可以发生[2+2]光二聚反应（图示 12.16）[21,22]。

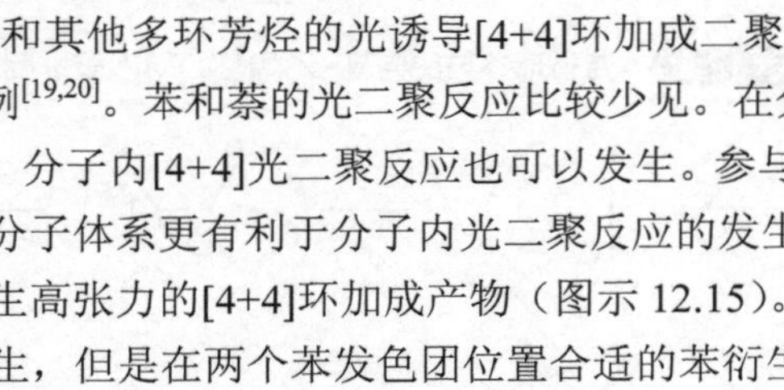

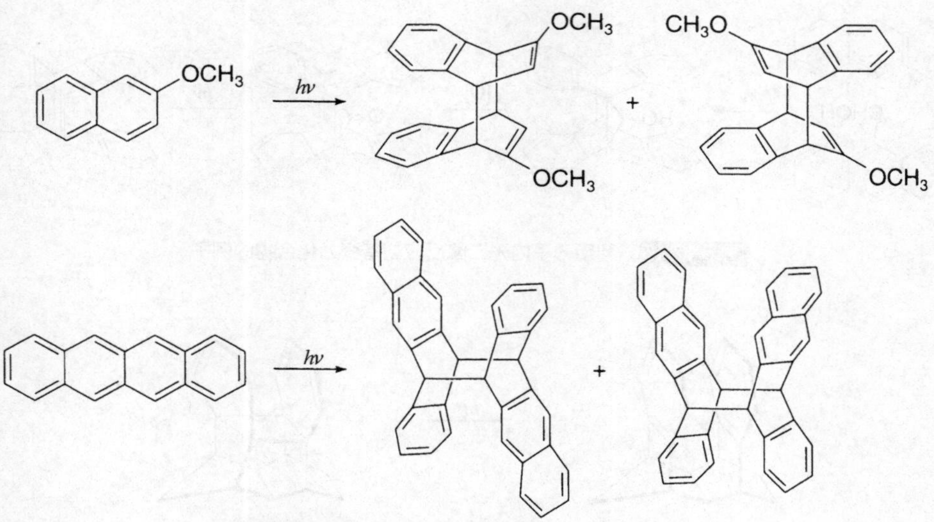

图示 12.13 芳烃的分子间光二聚反应的例子

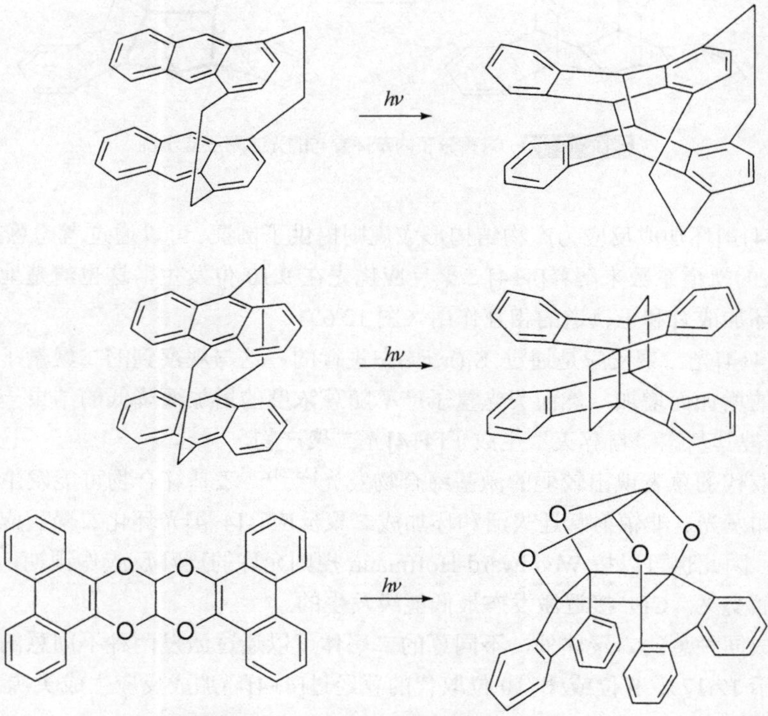

图示 12.14 芳烃的分子内光二聚反应的例子

图示 12.15 利用分子内光二聚反应制备张力化合物的例子

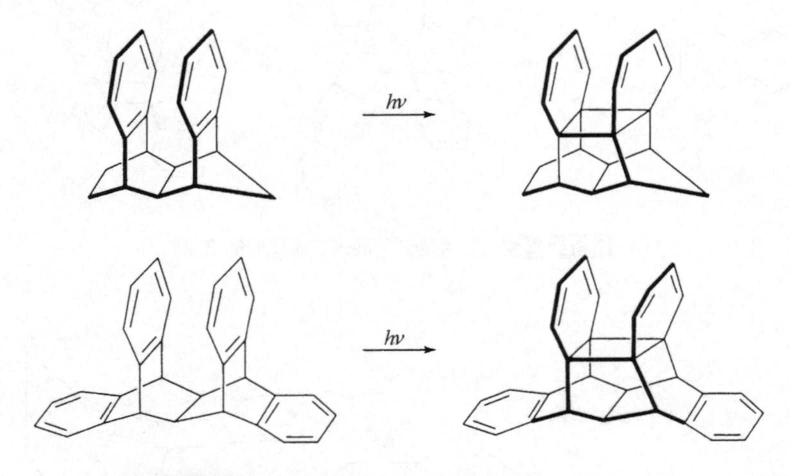

图示 12.16 芳香分子内苯环参与的光二聚反应示例

蒽的[4+4]环加成反应为产物结构形成规则提供了例证。可以通过考虑蒽的 HOMO 或 LUMO 的轨道系数来解释[4+4]二聚反应优先在 9,10 位发生，这也清楚地表明通过 9,10 位的环加成有利于轨道的相互作用（图 12.6）。

蒽的[4+4]光二聚反应是通过 $S_1(\pi,\pi^*)$态进行的，这与观察到的二聚量子产率随蒽溶液浓度的增加而增加，然而荧光量子产率随蒽浓度的增加而降低的结果一致。这种 $S_1(\pi,\pi^*)$态被其基态“自猝灭”生成了[4+4]光二聚产物。

蒽和取代的蒽表现出较弱的激基缔合物发光[23,24]。激基缔合物可能发生几个不同的过程，如发光、非辐射跃迁失活和环加成二聚反应。[4+4]光环化二聚反应是允许的周环反应，因此也可以按 Woodward-Hoffmann 规则允许的周环反应作预期，即反应是通过势能面交叉（CI）接近激发态最低能级发生的。

除生成同种蒽的二聚体外，不同蒽的二聚体可以通过激发两种不同蒽的混合溶液得到（图示 12.17）。9 位或/和 10 位取代的蒽经过[4+4]环加成反应生成头-尾结构的二聚体（图示 12.17）。

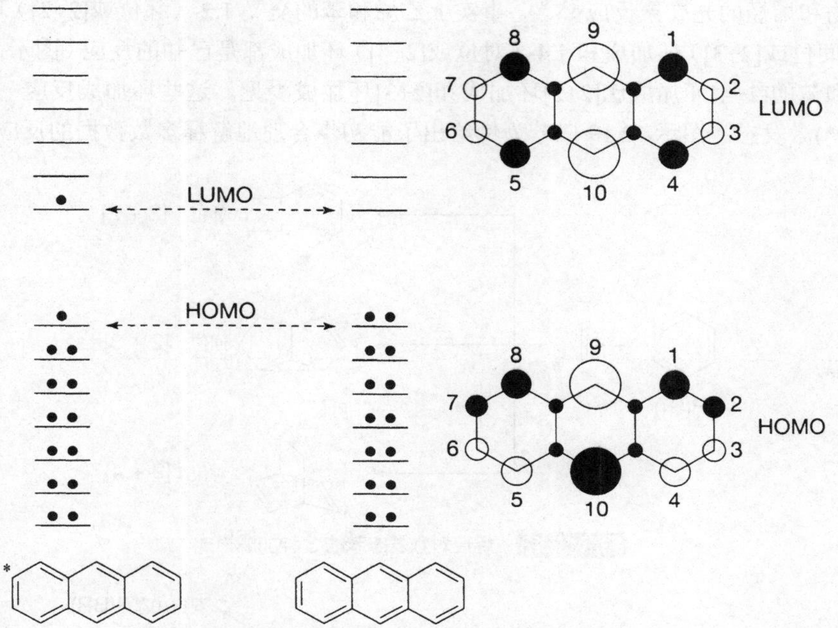

LUMO

HOMO

LUMO

HOMO

图12.6 激发态和基态蒽之间的相互作用

如图所示，左边为分子轨道能级，右边为HOMO的MO系数。由于相同种类的MO是重叠的，9,10位碳原子大的系数将是最重要的正的轨道重叠

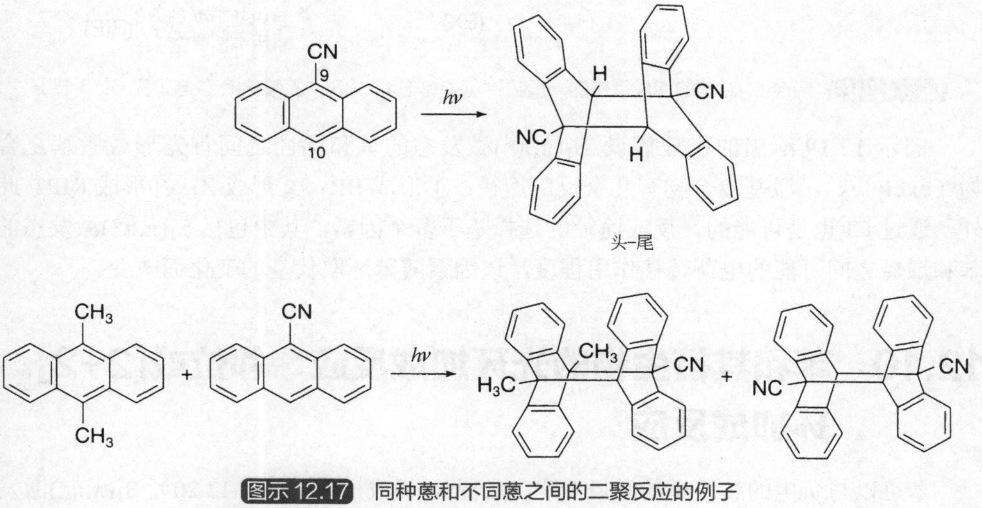

CN 9 10 $h\nu$ H CN NC H

头-尾

CH_3 CH_3 CN $h\nu$ CH_3 H_3C CN + NC CN

图示12.17 同种蒽和不同蒽之间的二聚反应的例子

12.9 苯和其衍生物的光环加成反应

尽管苯自身不发生分子间光环加成二聚反应，但有许多已知的 S_1 激发态的苯或其

衍生物和烯烃的光二聚反应[25~30]。事实上乙烯和苯的交叉1,2-（邻位或[2+2]）环加成、1,3-（间位或[2+3]）环加成和1,4-（对位或[2+4]）环加成都是已知的反应（图示12.18）。乙烯和苯的[2+4]环加成比[2+2]环加成和[2+3]环加成少见。这些环加成反应一般源于$S_1(\pi,\pi^*)$激发态。图示12.19以苯为例给出了能初步合理地解释多数数据的反应机理。

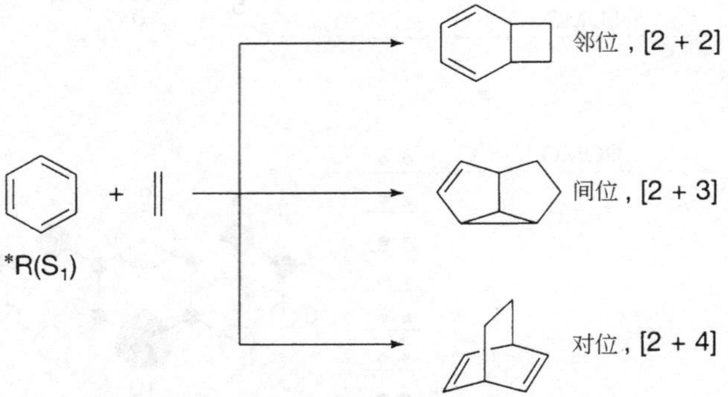

图示12.18 烯烃对激发态苯的3种加成模式

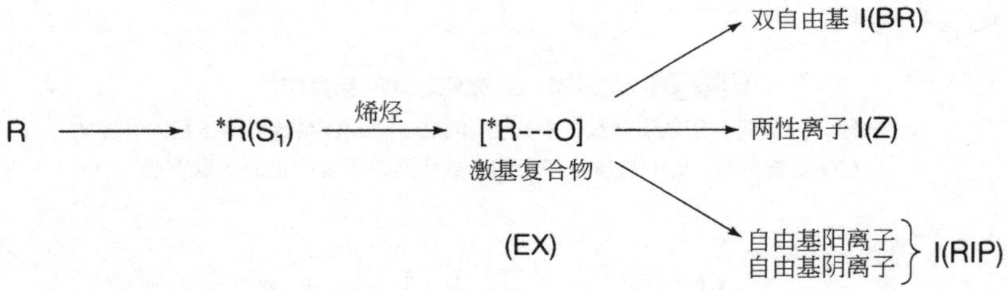

图示12.19 烯烃[O]对苯的加成反应的一般机制可能有EX、BR、Z和RIP参与（见6.14节）

图示12.19给出的机理假设 $S_1(\pi,\pi^*)$激发态的苯和烯烃之间首先形成激基复合物（exciplex）。激基复合物有几个反应途径：①形成BR；②形成Z；③形成RIP。此外，通过CI也是可能的。反应途径的选择基于多个因素，其中包括$S_1(\pi,\pi^*)$激发态的苯和烯烃之间可能的电荷转移作用程度，该因素随苯环取代基的变化而改变。

12.10 苯和其衍生物的光环加成反应：邻位或[2+2]环加成反应

苯可以与负电的和缺电的烯烃发生[2+2]光环加成反应（图示12.20）。$S_1(\pi,\pi^*)$激发态的苯和烯烃之间的相互作用有较强的电荷转移（CT）特性，有利于苯或烷基苯的[2+2]光环加成反应，这可以作为一条规则。因此，这类苯的光环加成反应可以与带有给电子基团和拉电子基团的烯烃进行（图示12.21）。苯与弱富电的顺式2-丁烯和反式2-丁烯的[2+2]光环加成反应是有立体选择性的（图示12.22）。

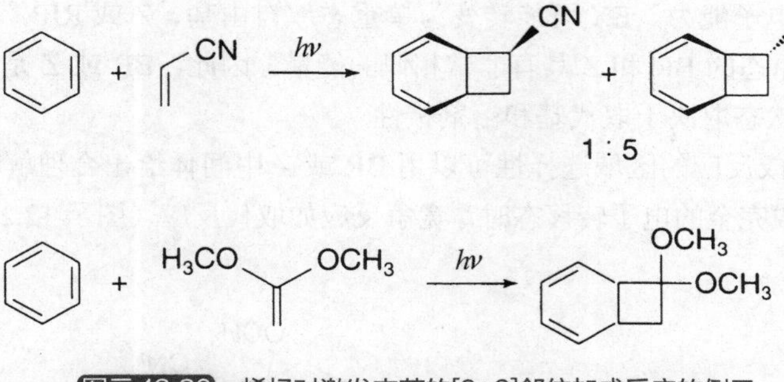

1 : 5

图示 12.20 烯烃对激发态苯的[2+2]邻位加成反应的例子

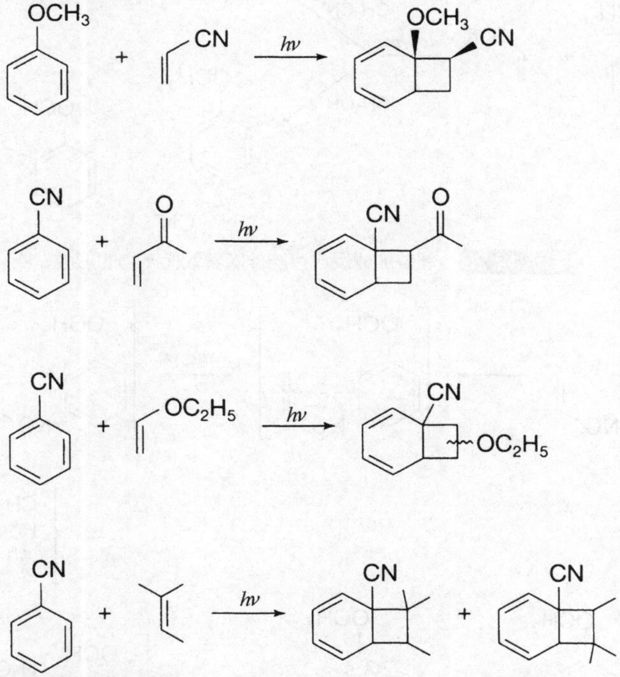

图示 12.21 烯烃对激发态取代的苯的[2+2]邻位加成反应的例子

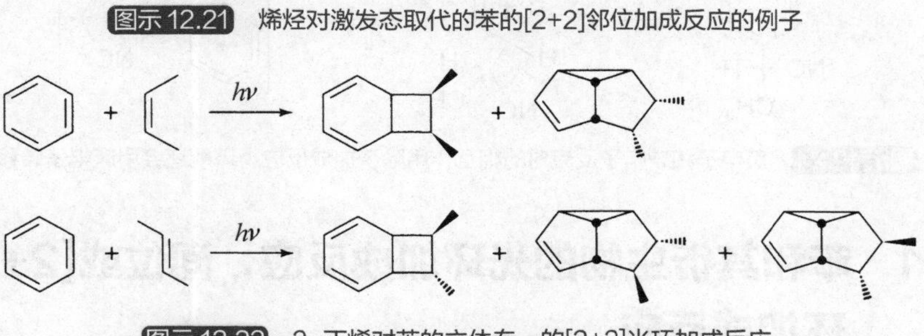

图示 12.22 2-丁烯对苯的立体专一的[2+2]光环加成反应

当用图示 12.19 作为指导解释上述反应，所有的结果都与苯或其衍生物的 $S_1(\pi,\pi^*)$ 激发态参与反应一致。根据溶剂的极性，其可以决定在 EX 中的电荷转移程度和取代基的给电子或拉电子能力，EX 可能转变为单重态双自由基、Z 或 RIP。代表 EX 不同的电子构型的单重态的 BR 和 Z 具有非常相似的能量。因此，BR 或 Z 是否能更好地代表中间体的电子状态取决于取代基和溶剂极性。

[2+2]光环加成反应的区域选择性可以用 BR 或 Z 中间体给出合理解释。当取代基或溶剂有利于形成完全的电子转移态时，竞争反应如取代反应（图示 12.23）就会发生，如图示 12.24 所示。

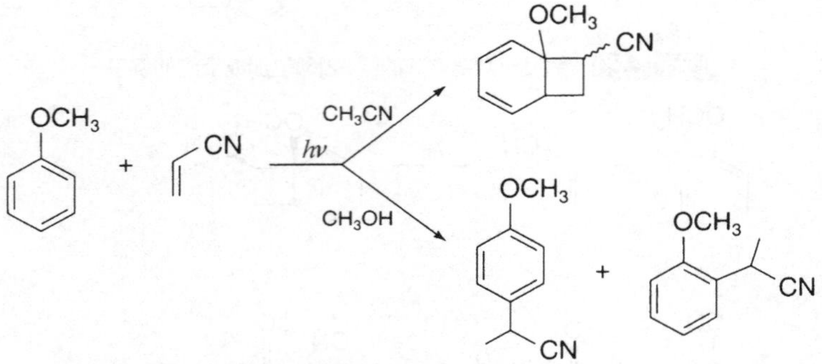

OCH_3 + CN $\xrightarrow{h\nu}$ CH_3CN: OCH_3, CN; CH_3OH: OCH_3, CN + OCH_3, CN

图示 12.23 邻位加成反应可能伴随着取代产物的形成

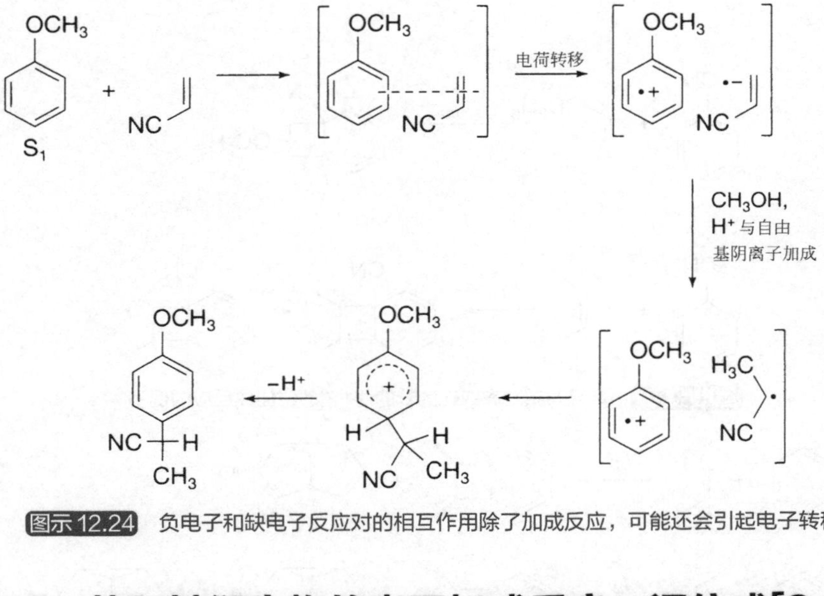

OCH_3 (S_1) + NC → [OCH_3, NC] $\xrightarrow{电荷转移}$ [OCH_3, $\cdot+$, $\cdot-$, NC] $\xrightarrow{CH_3OH, H^+ 与自由基阴离子加成}$ [OCH_3, $\cdot+$, H_3C, NC] → OCH_3, +, H, H, NC, CH_3 $\xrightarrow{-H^+}$ OCH_3, NC, H, CH_3

图示 12.24 负电子和缺电子反应对的相互作用除了加成反应，可能还会引起电子转移

12.11 苯和其衍生物的光环加成反应：间位或[2+3]环加成反应

在未活化的非环状或环状烯烃存在下光照苯，有利于烯烃与苯环的 1、3 位发生加成反应（图示 12.22 和图示 12.25），尽管有可能伴随着与苯环 1、2 位的加成反应。这

种加成反应称为间位或[2+3]环加成反应。该类环加成反应发生在苯的 $S_1(\pi,\pi^*)$激发态，并涉及激基复合物历程。由于非极性的苯和未取代烯烃作用的电荷转移程度较低，激基复合物容易分解为 BR 中间体。与我们预期的一致，1,3-二甲基苯的[2+3]光环化反应和能与其光环化反应产生同样 BR 结构的偶氮化合物的分解反应的产物相同（图示 12.26）[31~33]。但是，如果在烯烃存在下光照带有给电子取代基（甲氧基苯）或拉电子取代基（苯腈）的苯，将有利于形成两性离子结构或增加两性离子结构的贡献（图示 12.27）。例如，甲氧基苯和苯腈的[2+3]光环化反应生成环戊烷衍生物的区域选择性与形成 Z 中间体一致（图示 12.28）。

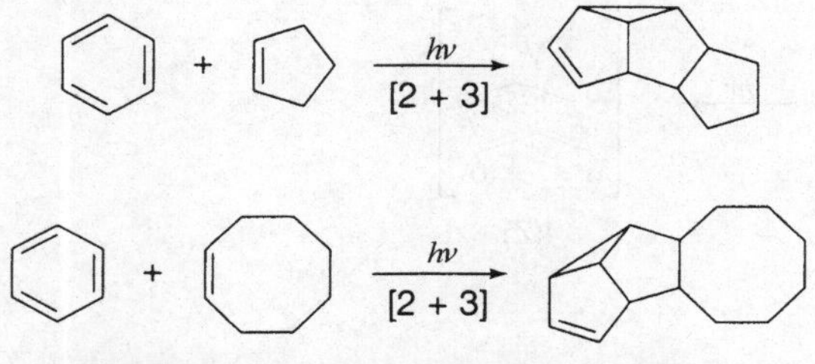

hν
[2 + 3]

hν
[2 + 3]

图示 12.25 烯烃对激发态苯的间位加成反应例子

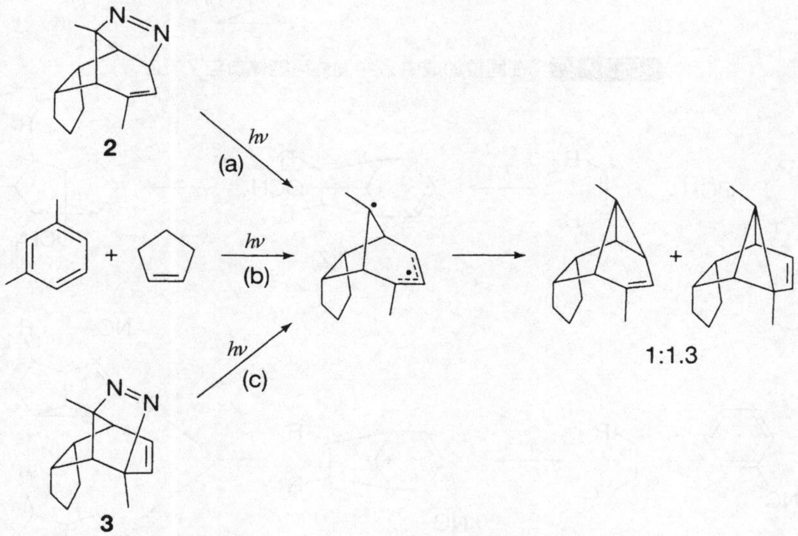

2
hν
(a)
hν
(b)
hν
(c)
3
1:1.3

图示 12.26 在间位加成中 BR 中间体参与同 BR 的偶氮化合物前体形成的相同产物一致

苯和顺式 2-丁烯或反式 2-丁烯的[2+3]环加成反应与[2+2]环加成反应一样有立体选择性，这与反应源自 $S_1(\pi,\pi^*)$激发态一致。对[2+3]光环加成反应而言，一个有趣的结果是环戊烯或其他环状烯烃有利于形成拥挤的内型产物而非外型产物。该特点使我们想到 Diels-Alder 热反应的内型选择性[34]。内型选择性可以通过分子轨道进行合理分析，该方法考虑的相互作用不局限于只决定最低能量的反应途径的前线轨道相互作用。定量的分子轨道计算表明，在[2+3]光环加成反应中 HOMO-HOMO 和 LUMO-LUMO 的相互作用是很重要的。这几对轨道的成键作用可以通过外型结构或内型结构实现。就两种可能性而言，二级分子轨道相互作用可以更好地稳定内型结构。

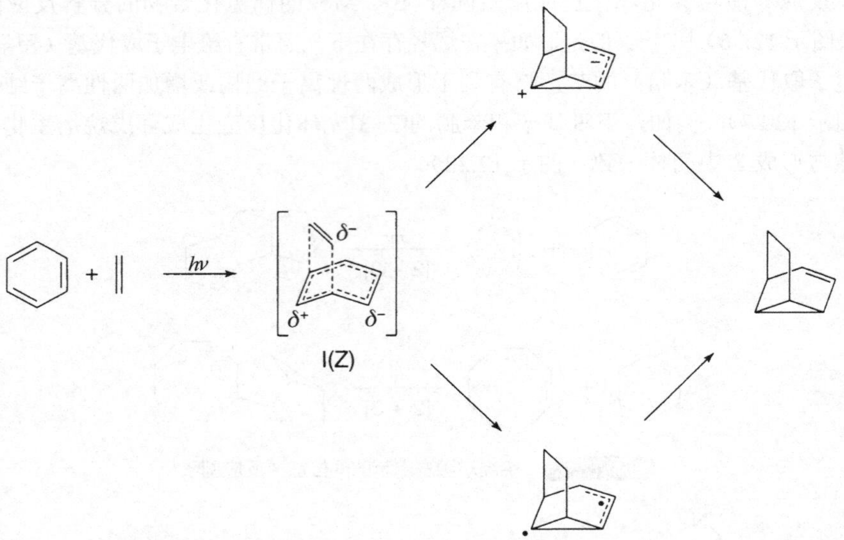

$h\nu$

δ^- δ^+ δ^-

I(Z)

图示 12.27 在间位加成中 Z 中间体可能体参与了反应

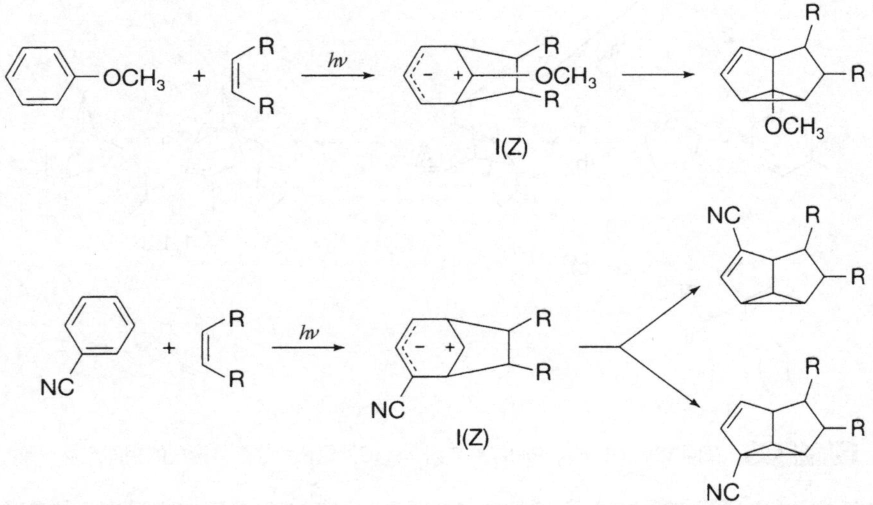

OCH_3 R R $h\nu$ OCH_3 I(Z) OCH_3

NC R R $h\nu$ NC I(Z) NC R NC

图示 12.28 在间位加成中 Z 中间体的参与可能决定了加成的区域选择性

二级分子轨道作用可以认为是烯烃的 CH_2 基团和芳香环之间的特殊分子间相互作用，即 C—H---π 相互作用（图 12.7）。用氧代替 CH_2 后，由于失去了稳定内型产物的二级相互作用，反应有利于生成外型产物（图示 12.29）。量化计算表明，由于氧原子

上的孤对电子和 π 电子间的电荷-电荷排斥作用，实际上内型结构会变得更不稳定。

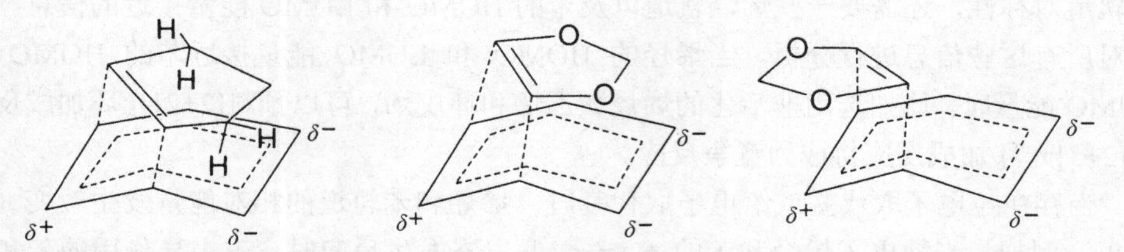

图 12.7 在间位加成中的二级 MO 相互作用。在环戊烷中的 C—H --- π 相互作用有利于内型产物的形成，1,3-二氧杂环戊烯的电荷-电荷排斥作用有利于生成外型产物

hν

8:1

hν

1:4.5

图示 12.29 在间位加成中的二级 MO 相互作用（注意两个例子产物分布的不同）

12.12 苯和其衍生物的光环加成反应：[2+2]光环加成反应和[2+3]光环加成反应的竞争

从前面几节我们看到，在不同条件下苯可以发生[2+2]光环加成反应或[2+3]光环加成反应。尽管图示 12.19 列出了合理理解各种类型光环化反应的特点的示例，但是这些还不能决定是否有利于[2+2]光环加成反应或[2+3]光环加成反应的发生。基于前线分子轨道（frontier MO）理论和电子转移理论提出的两个模型有望用于解决这方面的问题[1,35~39]。前线分子轨道理论通过较早的苯的 $S_1(\pi,\pi^*)$激发态和基态烯烃的轨道相互作用决定有利于发生[2+2]光环加成反应还是[2+3]光环加成反应。电子转移理论主要研究苯的 $S_1(\pi,\pi^*)$激发态和基态烯烃电荷转移（CT）相互作用以及它们对 EX 结构的影响。对于具有结构相对稳固和短寿命的 EX，两种方法均可得到相同的结论。然而，对于只是松散地结合在一起并且可以足够灵活地改变其结构的 EX，两种方法对反应的预测可能会有所不同。

正如我们在休克尔轨道近似理论中看到的，苯有两个简并 HOMO 和 LUMO（图 12.1）。因此，在预测苯和烯烃的光环加成反应过程时，要考虑 4 个不同的 HOMO-LUMO 的相互作用，而不是通常的单个 HOMO-LUMO 的相互作用。根据 HOMO 和

LUMO 的轨道对称性，可能有利于发生[2+2]光环加成反应或[2+3]光环加成反应。除了轨道对称性，还需要一些烯烃轨道以及苯的 HOMO 和 LUMO 能量接近的信息。通过对所有这些信息进行分析，当烯烃的 HOMO 和 LUMO 能量接近苯的 HOMO 和 LUMO 能量时，比如选用非活化的烯烃如乙烯和环戊烯，可以预料[2+2]光环加成反应和[2+3]光环加成反应将成为竞争反应。

当存在拉电子取代基或给电子取代基时，烯烃和苯轨道的相对能量发生改变（图12.8）。例如，当缺电子烯烃和苯的 $S_1(\pi,\pi^*)$激发态发生反应时，占主导作用的苯和烯烃分子轨道之间的相互作用有利于[2+2]反应的发生。当富电子烯烃和苯的 $S_1(\pi,\pi^*)$激发态发生反应时，占主导作用的苯和烯烃分子轨道之间的相互作用也有利于[2+2]反应的发生。因此，当缺电子烯烃或富电子烯烃和苯的 $S_1(\pi,\pi^*)$激发态发生光环反应时，前线分子轨道理论认为有利于[2+2]反应的发生。简而言之，强的电荷转移作用有利于[2+2]反应的发生，而弱的电荷转移作用有利于[2+3]反应的发生。

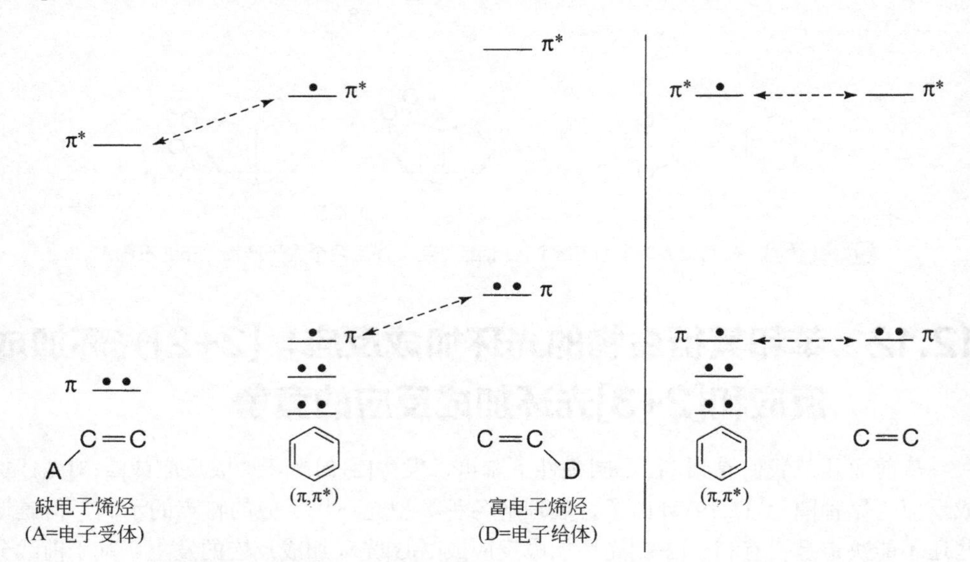

图12.8 前线分子轨道相互作用决定了邻位和间位加成的竞争
注意参与相互作用的轨道是根据烯烃取代基而定的

用电子转移理论预测[2+2]光环加成反应和[2+3]光环加成反应的竞争，主要考虑在 EX 中的电子转移的程度，并且假设电子转移程度越大越有利于[2+2]光环加成反应的发生。电子转移程度的贡献可以利用 Rehm-Weller 方程计算（见 7.13 节和 10.35 节）。利用该方程可以建立一个苯和带有给电子取代基或拉电子取代基的烯烃的[2+2]和[2+3]光环加成竞争反应的经验（定性的）关系。对于电子转移（在激基复合物中的 RIP）自由能（ΔG^0）小于−1.5eV 的底物，易于发生[2+2]光环加成反应，即相对极性的激发复合物有利于发生[2+2]加成。烯烃自由能大于−1.5eV 则主要发生[2+3]光环加成反应，即相对非极性的激基复合物有利于[2+3]加成。在上述两个加成反应中，由于激基复合物中的电子转移过程的吸热特征，不会发生完全的电子转移过程。只有不完全的电子转移发生时，转移程度决定加成反应的性质。第三类为自由能小于 0eV（即放热反应过程）的烯烃，可以将电子传递到芳香分子上（在激基复合物内），该体系将发生取代反应，而非发生加成反应（图示 12.30）。因此，[2+3]、[2+2]和取代反应代表着烯烃-芳香烃体系电荷转移（RIP 形成）能力的变化[38]。对于具有足够电荷转移特征的激基复合物形成完全的电子转移，可能会形成 RIP，其可能不会发生环加成反应，而倾向于发生取代反应（图示 12.24 和图示 12.30）。

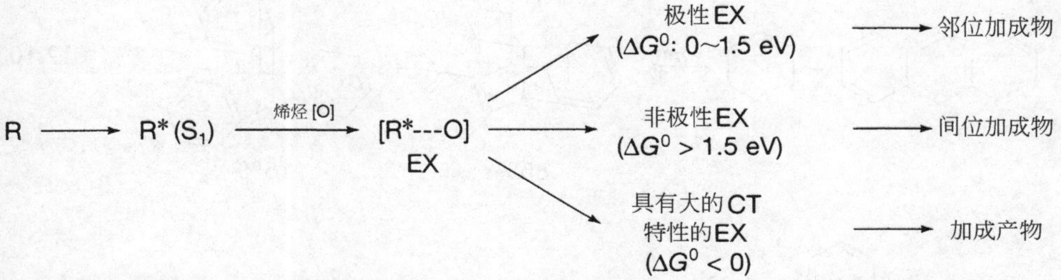

R ⟶ R* (S$_1$) $\xrightarrow{\text{烯烃 [O]}}$ [R*---O] EX

→ 极性 EX (ΔG^0: 0~1.5 eV) ⟶ 邻位加成物

→ 非极性 EX (ΔG^0 > 1.5 eV) ⟶ 间位加成物

→ 具有大的 CT 特性的 EX (ΔG^0 < 0) ⟶ 加成产物

图示 12.30 CT 作用参与的邻位和间位选择性的合理理解（此处，EX 表示激基复合物）

12.13 多环芳烃的光环加成反应：对烯烃的加成

多环芳香分子如萘和蒽可以和烯烃发生光化学诱导的[2+2]和[2+4]环加成反应。一般来讲，这些反应发生在 $S_1(\pi,\pi^*)$激发态。[2+2]和[2+4]环加成反应是 Woodward-Hoffmann 规则所允许的，但是也可以通过 $S_1(\pi,\pi^*)\rightarrow I(Z)$或 $S_1(\pi,\pi^*)\rightarrow CI$ 过程进行[40,41]。

图示 12.31 为萘、蒽和一些相关化合物对烯烃加成反应的一些例子。这些反应包括以下几个特点：①当有[2+2]和[4+2]两种环加成反应选择时，后者更为有利；②与不对称的烯烃反应有区域选择性；③生成内型环加成产物比生成外型环加成产物有利。

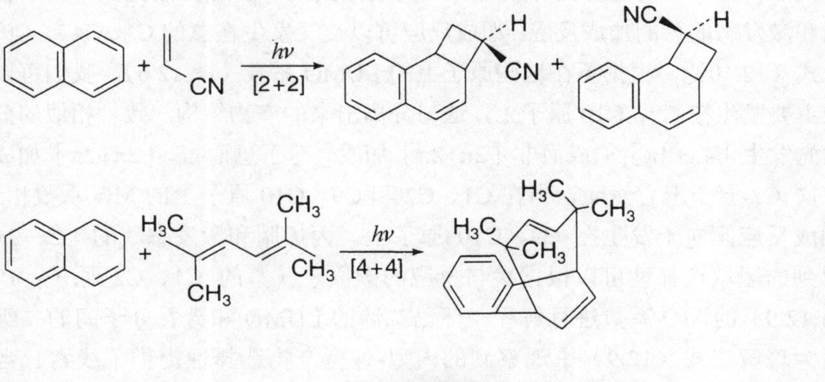

萘 + CN $\xrightarrow[\text{[2+2]}]{h\nu}$ (H, CN 产物) + (NC, H 产物) (12.7)

萘 + H_3C, CH_3, CH_3, CH_3 二烯 $\xrightarrow[\text{[4+4]}]{h\nu}$ (H_3C, CH_3, H_3C, CH_3 产物) (12.8)

图示 12.31

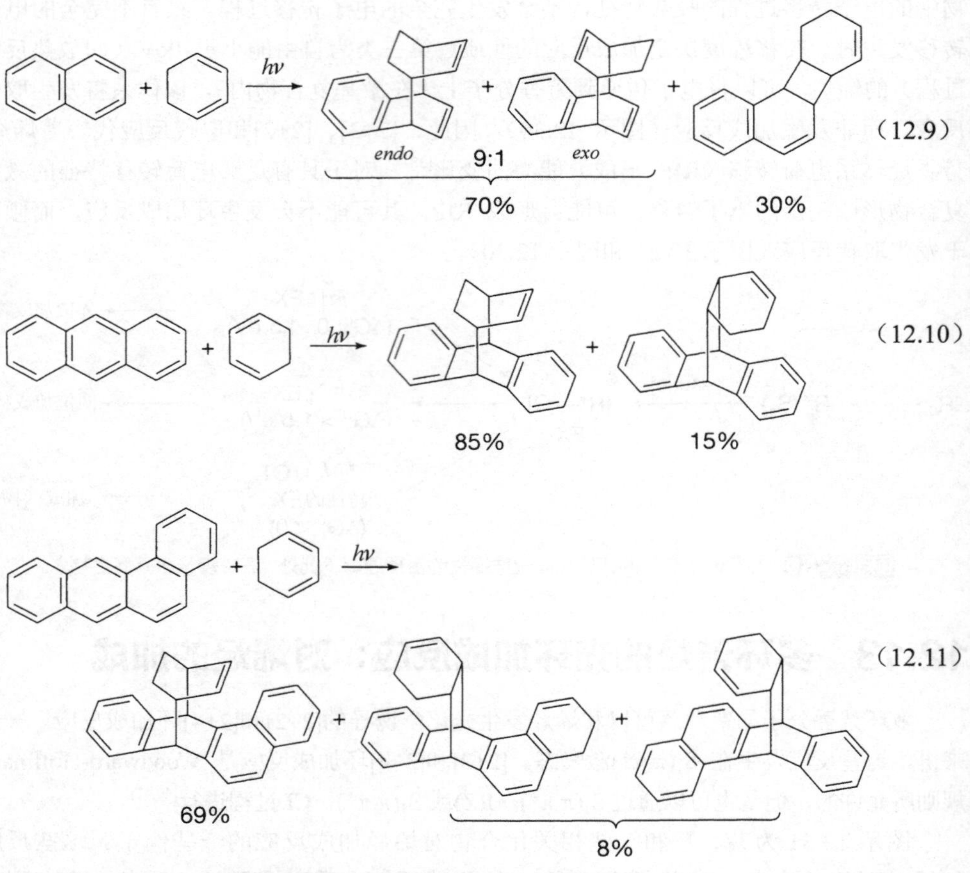

endo 9:1 exo

70% 30%

(12.9)

85% 15%

(12.10)

(12.11)

69% 8%

图示12.31 烯烃对激发态的较大芳香体系的加成例子

上述加成反应受激发态芳香烃和基态烯烃间的 HOMO-HOMO 及 LUMO-LUMO 相互作用控制。任何一对这样的作用都可以为观察到的一些选择性提供一种解释。例如环己烯和激发态的蒽的加成反应：加成反应可以交叉发生在蒽的 C1、C4 或 C9、C10 原子上［式（12.10）］。根据蒽在这些原子上的 LUMO 系数（图 12.6），我们可以预料加成反应主要发生在 C9、C10 原子上，这与分离出来的产物结构一致。相似的分析可以解释优先发生［4π+4π］加成而非［2π+2π］加成。对于蒽而言，［2π+2π］加成只能发生在 C1、C2 原子上。然而，当在 C1、C2 和 C9、C10 原子上的 MO 系数相近时，很明显加成反应倾向于发生在 C9、C10 原子上。丙烯腈和激发态萘的［2π+2π］加成反应得到的区域选择性可以根据参与反应的碳原子（萘的 C1、C2 原子；LUMO 系数见图 12.9）的 MO 系数进行解释。环己二烯的 LUMO 和芳香分子间的二级轨道相互作用为理解在式（12.9）中观察到的内型-外型产物选择性提供了线索。当环己二烯从 C2、C3 方向接近激发态萘的 C1、C4 原子时，萘的 C2、C3 和环己二烯的 C2、

C3 将会产生二级轨道相互作用（图 12.9）。另一方面，当环己二烯从 C5、C8 方向接近萘时，则没有合适的二级轨道相互作用存在。

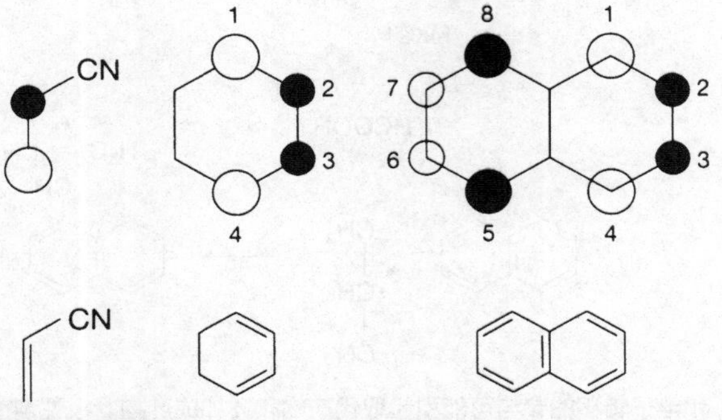

图 12.9 加成反应的区域选择性由 LUMO–LUMO 和 HOMO–HOMO 相互作用决定。芳香分子和烯烃的 LUMO 系数如图所示

尽管［4π+4π］和［2π+2π］环加成反应是 Woodward-Hoffmann 规则所允许的过程，但是它们通常经历激基复合物中间体[42~45]。该类反应与 10.22 节讨论的激发态的烯烃和基态的烯烃发生的环加成反应类似，尤其是在极性溶剂中时。由于 EX 的可极化性，我们可以预料极性溶剂会对其有稳定化作用，因此从 EX 到周环反应的最低能垒将会增大，从而使其有机会发生除环加成外的其他反应。这个结论与一系列实验结果一致。例如，1-萘甲腈和 2,3-二甲基-2-丁烯在非极性的苯和极性的 1,2-二甲氧基苯中的环加成产物的量子产率分别为 0.22 和 0.025。当能垒增大时，极性的激基复合物可以用化学方法进行捕获，如我们在萘和丙烯腈的加成中实现了对其的捕获。在环己烷中光照萘和丙烯腈只生成［2π+2π］加成产物，然而在酸性溶剂如甲酸中对其光照，生成取代产物而非加成产物（图示 12.32）。取代产物的形成应该源自溶剂对极性的 EX 的捕获。受溶剂极性影响是多数有极性的激基复合物参与的芳香烃-烯烃加成反应的普遍特点。

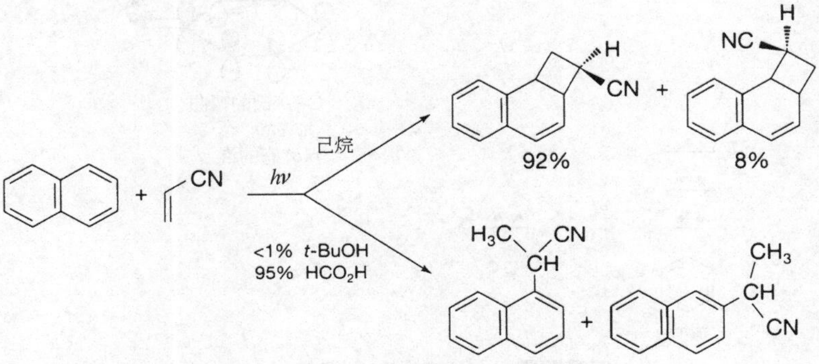

图示 12.32

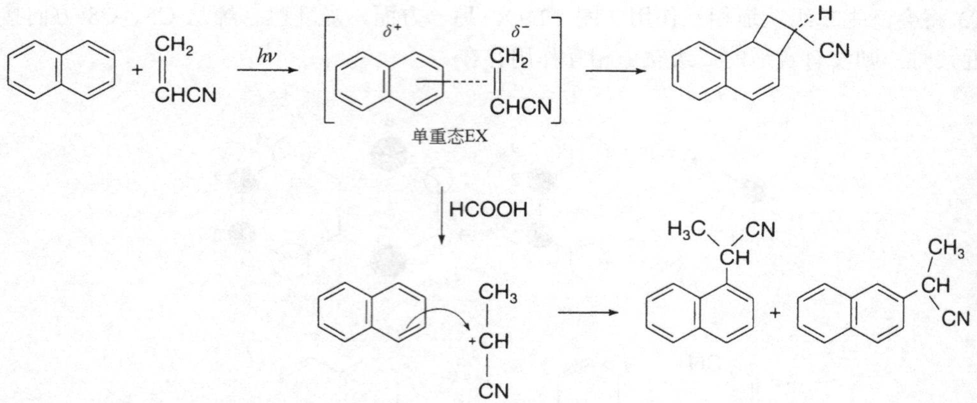

图示 12.32 EX 和电子转移的参与可能引起取代产物和环加成产物。极性溶剂有利于形成前者

12.14 芳基酯及其相关化合物的 C—O 键的β-均裂：光 Fries 重排反应和相关重排反应

β-均裂是已知的 π,π^*（和 n,π^*）激发态的原初过程。对于β-均裂的主要 MO 相互作用通常是 $\pi^*\rightarrow\sigma^*$。就激发态之间的相互关系而言，后者轨道的相互作用是伴随着π,π^*态与离解的σ,σ^*态的耦合作用。这种耦合作用可能需要激发态芳香环一定程度的扭曲（如面外弯曲），这将会产生反应的活化能垒。例如，这种耦合要求芳环β位的σ键发生断裂，以便能与其相互作用的 π^*轨道通过一定的结构扭曲实现充分的重叠（图 12.10）。如果存在多个可以和 π^*轨道重叠的β键，有最大重叠的β键优先断裂。

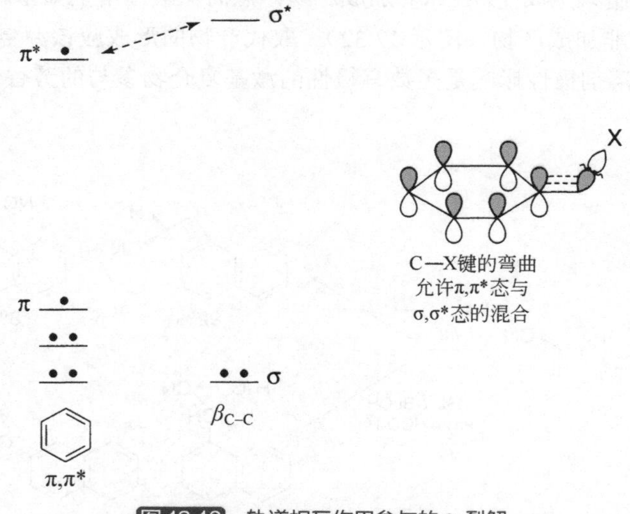

图 12.10 轨道相互作用参与的β-裂解

注意这个和在 9.33 节和 10.29 节所讨论的相似性

以苯酯的重排反应为例讨论π,π*激发态的β-均裂（图示 12.33）。该光化学反应由苯酯反应生成邻位苯酚和对位苯酚，称为光 Fries 重排反应。原初光化学过程是β-均裂产生酰基和酚氧基自由基（图示 12.34）。萘酯的 $S_1(\pi,\pi^*)$激发态的激发能是 90kcal/mol，光 Fries 重排反应发生在该激发态。因此，反应能量分布在萘环上，而不是分布在酯基上。在 $S_1(\pi,\pi^*)\rightarrow{}^1I(RP)$过程中第一步形成 RP 重要的证据包括酚氧自由基的直接光谱检测（紫外-可见和拉曼）和酰基自由基的化学捕获。因此，反应机制明确的光 Fries 重排反应有如下特征：单重态的 RP 在 $S_1(\pi,\pi^*)\rightarrow{}^1I(RP)$这一步形成，接下来 $^1I(RP)\rightarrow P$ 过程为自由基-自由基在酚氧自由基的邻位或对位偶联形成环己二烯酮，然后通过相对较慢的 1,3-或 1,5-氢迁移转化为酰基苯酚。在酸存在条件下，环己二烯酮转化为苯酚的反应显著加速。酚氧自由基的邻位和对位具有比间位高的电子云密度，因此不会生成间位偶联产物。

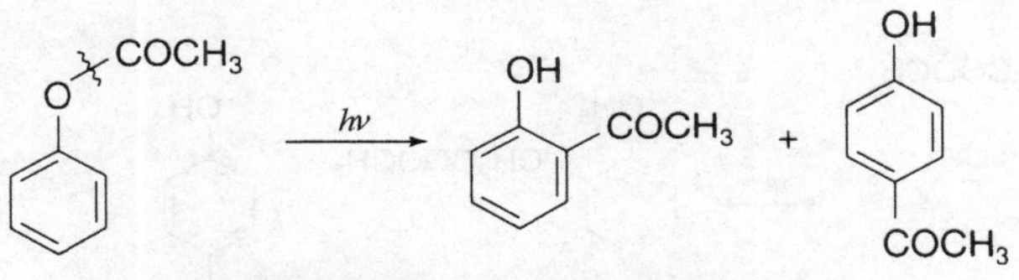

图示 12.33 光 Fries 重排的例子

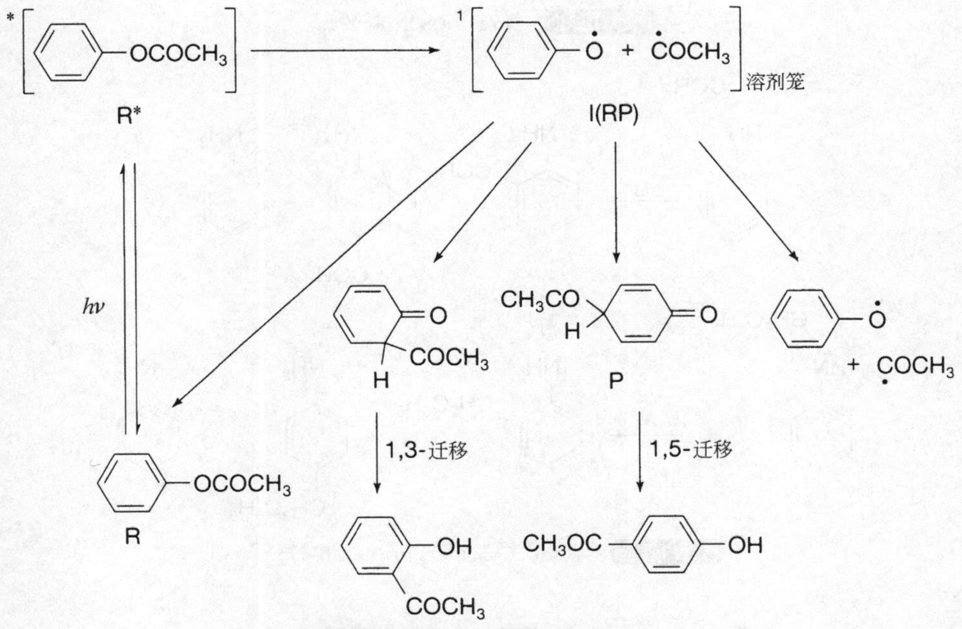

图示 12.34 光 Fries 重排的机制

很多其他羧酸衍生物可以发生与光 Fries 反应结构相关的光重排反应（图示 12.35 和图示 12.36）[46~48]。烯丙基苯和苯醚（光 Claisen 重排）的光重排反应，在机理上是和光 Fries 重排相关的，它们均经过从 S_1 态发生的β-均裂（图示 12.37）。

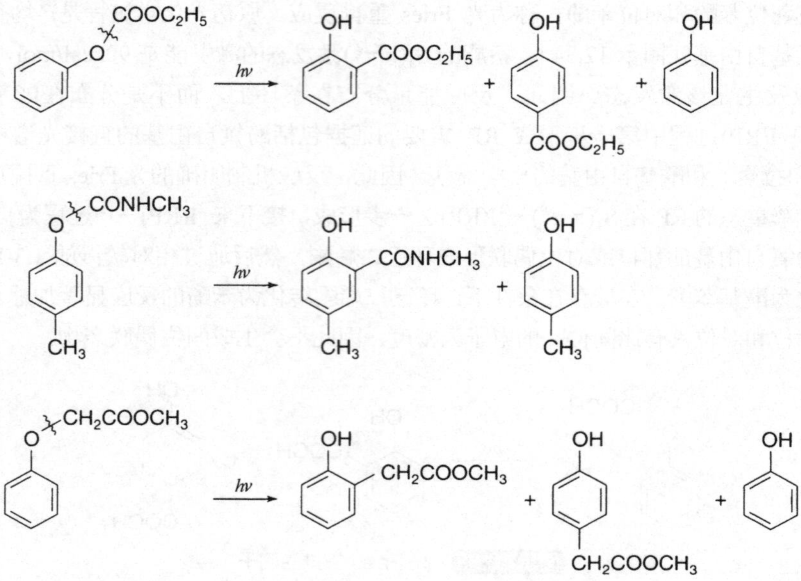

$C_6H_5O-COOC_2H_5 \xrightarrow{h\nu}$ o-$HOC_6H_4COOC_2H_5$ + p-$HOC_6H_4COOC_2H_5$ + C_6H_5OH

p-$CH_3C_6H_4O-CONHCH_3 \xrightarrow{h\nu}$ 2-OH-5-CH_3-$C_6H_3CONHCH_3$ + p-$CH_3C_6H_4OH$

$C_6H_5O-CH_2COOCH_3 \xrightarrow{h\nu}$ o-$HOC_6H_4CH_2COOCH_3$ + p-$HOC_6H_4CH_2COOCH_3$ + C_6H_5OH

图示 12.35 类光 Fries 重排的例子

$C_6H_5NH-COR \xrightarrow{h\nu}$ o-$H_2NC_6H_4COR$ + p-$H_2NC_6H_4COR$ + $C_6H_5NH_2$

$C_6H_5NH-CH_2C_6H_5 \xrightarrow{h\nu}$ o-$H_2NC_6H_4CH_2C_6H_5$ + p-$H_2NC_6H_4CH_2C_6H_5$ + $C_6H_5NH_2$

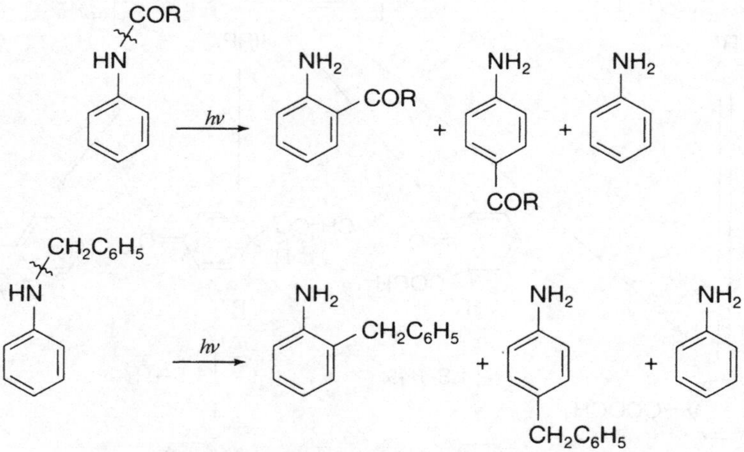

图示 12.36 苯胺衍生物的类光 Fries 重排的例子

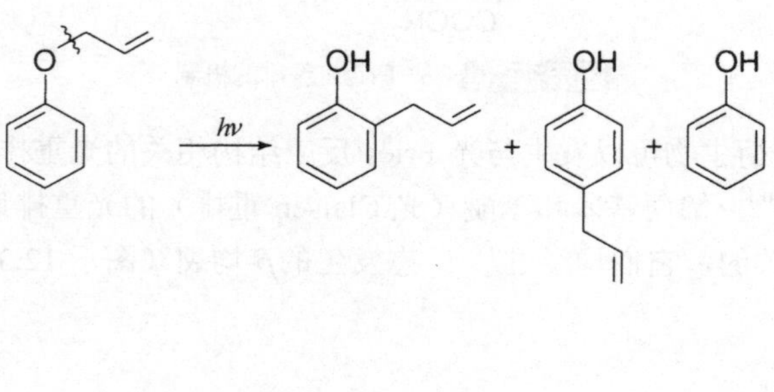

$C_6H_5O-CH_2CH=CH_2 \xrightarrow{h\nu}$ o-$HOC_6H_4CH_2CH=CH_2$ + p-$HOC_6H_4CH_2CH=CH_2$ + C_6H_5OH

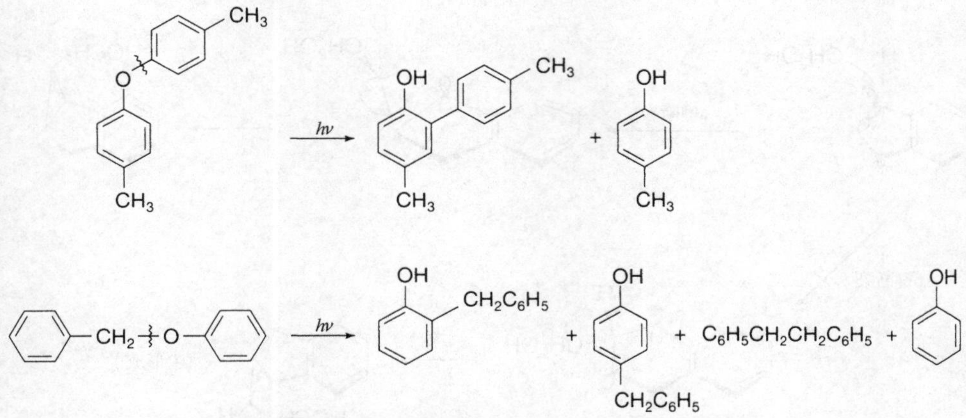

$h\nu$

$CH_2C_6H_5$ + $C_6H_5CH_2CH_2C_6H_5$ +

图示12.37 芳香醚衍生物的光 Claisen 重排反应的例子

12.15 小环化合物碳–碳键的β–均裂

当芳环的β-碳-碳键的断裂可以释放环张力时，与芳香环相连的β-碳-碳键则可以发生断裂[49]。在直接激发或三重态敏化条件下，芳香取代的环丙烷的顺-反异构化反应均可发生（图示 12.38）。三重态反应可能经历了由β-裂解形成的 1,3-双自由基过程。化合物 **4** 的立体异构化（外型-内型转化）表明了为最大程度地和芳香 π*轨道重叠需要β-键发生断裂（图示 12.39）。化合物 **4** 中的两个β-键中，只有 a 键能够很好地和 π*轨道重叠，它的断裂生成了所观察到的产物。

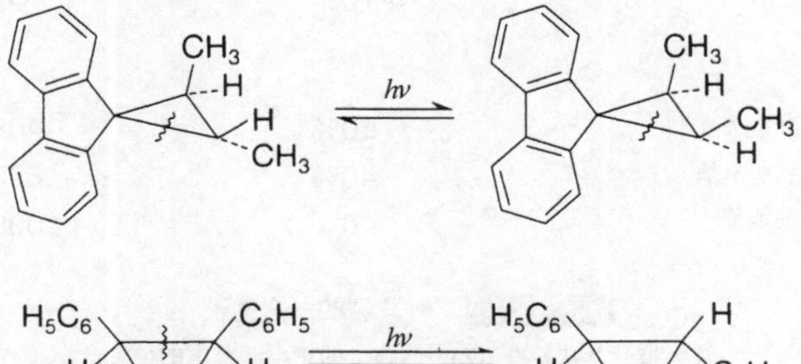

$h\nu$

$h\nu$
三重态敏化剂

图示12.38 芳香环β–碳–碳键的断裂例子

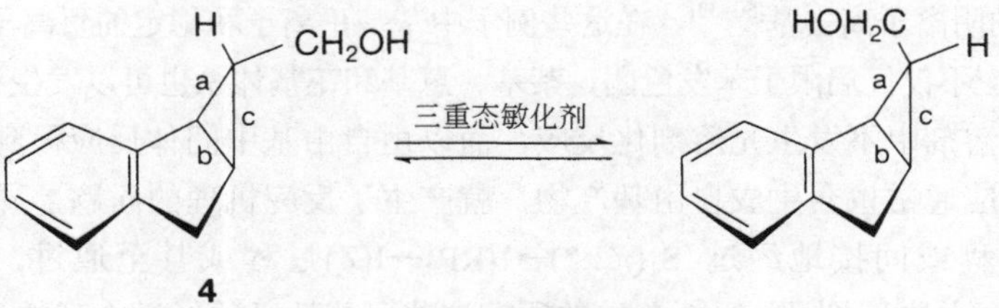

三重态敏化剂

4

图示12.39

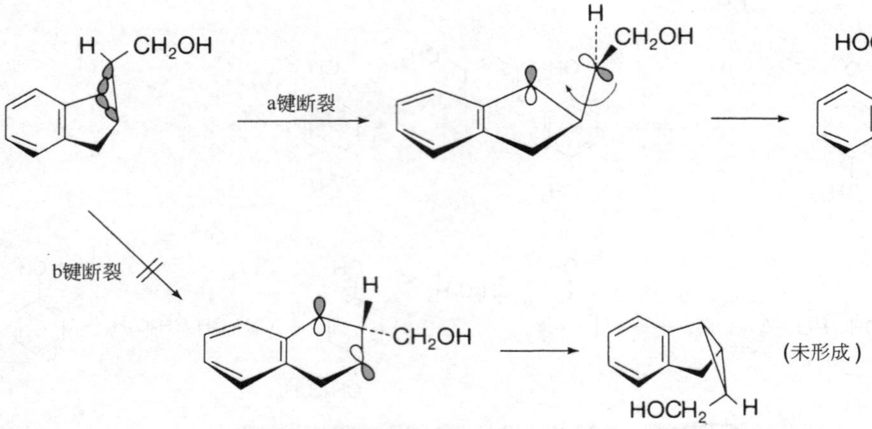

图示 12.39 轨道重叠控制哪一个β-键发生断裂

12.16 β-异裂：光溶剂化和相关反应

环丙烷的单重 π,π^*态反应可能经历了由β-异裂产生的 1,3-双离子中间体[49]。产生双离子中间体的证据是，在极性亲核性溶剂如甲醇中直接光解 1,2-二苯基环丙烷，结果捕获到了碳正离子类中间体（图示 12.40）。

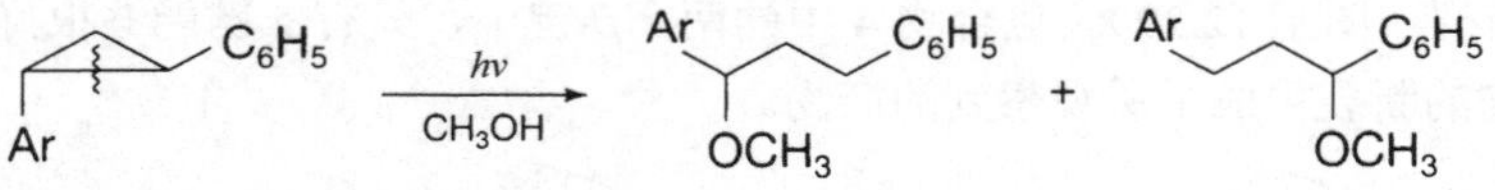

Ar	产物1	产物2
Ar=对甲氧基苯基	60%	40%
Ar=间甲氧基苯基	40%	60%
Ar=对氰基苯基	0	100%

图示 12.40 β-异裂的一个例子

注意取代基决定在 I(Z)中间体上的正电和负电的位置

如图示 12.40 所示，如果断裂产生的正离子和负离子能被稳定，则β-断裂可以是异裂生成双离子中间体。图示 12.41 列出了光诱导β-异裂的例子，其通用结构可表示为 $ArCH_2L$，其中 L 是很好的阴离子离去基[50~52]。在这些例子中苄基正离子和稳定的负离子由光解产生。光溶剂化反应不仅仅局限于苯发色团，萘基、蒽基和芘基体系也可以发生该类反应。

在非亲核性溶剂中不发生光溶剂化反应，而以由自由基中间体反应得到的产物为主。由于这些反应通常也会生成自由基产物，就产生了反应机理的问题，异裂是通过 $S_1(\pi,\pi^*)\rightarrow I(Z)$过程或间接地经过 $S_1(\pi,\pi^*)\rightarrow I(RP)\rightarrow I(Z)$过程或甚至通过 $T_1(\pi,\pi^*)\rightarrow I(RP)\rightarrow I(Z)$过程。总之，图示 12.42 总结的所有这些可能性必须经过合理的考虑。

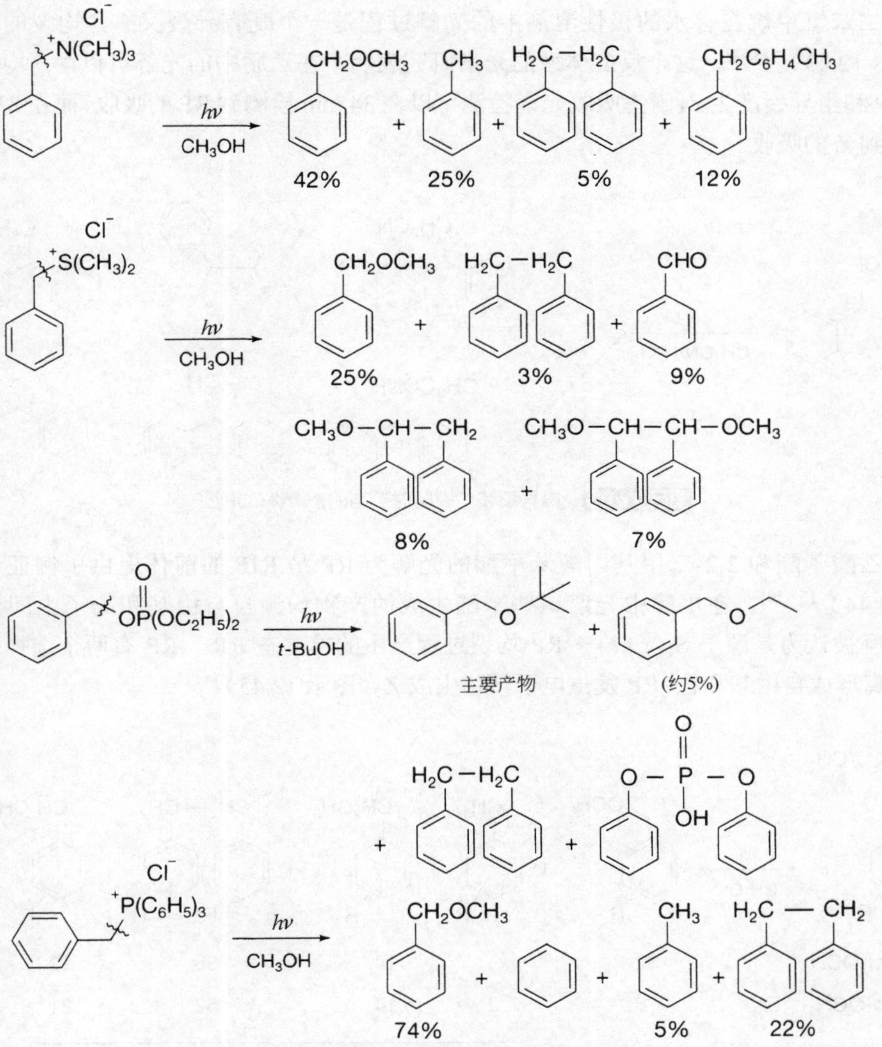

Cl^- $^+N(CH_3)_3$ $\xrightarrow[CH_3OH]{h\nu}$ CH_2OCH_3 42% + CH_3 25% + H_2C-H_2C 5% + $CH_2C_6H_4CH_3$ 12%

Cl^- $^+S(CH_3)_2$ $\xrightarrow[CH_3OH]{h\nu}$ CH_2OCH_3 25% + H_2C-H_2C 3% + CHO 9%

$CH_3O-CH-CH_2$ 8% + $CH_3O-CH-CH-OCH_3$ 7%

$OP(O)(OC_2H_5)_2$ $\xrightarrow[t\text{-BuOH}]{h\nu}$ 主要产物 + (约5%)

Cl^- $^+P(C_6H_5)_3$ $\xrightarrow[CH_3OH]{h\nu}$ CH_2OCH_3 74% + + CH_3 5% + H_2C-CH_2 22% + H_2C-H_2C + $O-P(=O)(OH)-O$

图示12.41 光诱导β-异裂的例子

Ar—C—LG $\xrightarrow[ROH]{h\nu}$ *[Ar—C—LG] → Ar—C$^+$ LG$^-$ → 离子衍生化产物 I(Z)
⇅
→ Ar—C$^\bullet$ LG$^\bullet$ → 自由基衍生化产物 I(RP)

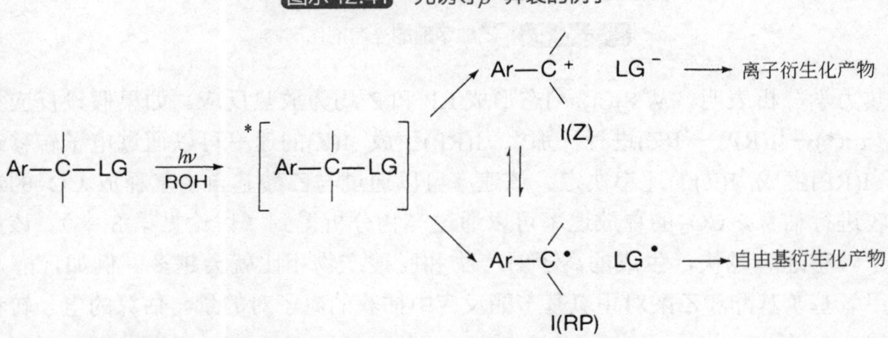

图示12.42 β-裂解可能由异裂、均裂或这两种过程同时参与（LG为好的离去基团）

二苯氯甲烷在含水的极性溶剂中的光解过程是一个既有异裂又有β-均裂的例子（图示 12.43）[53,54]。这个反应体系的光谱研究表明，在乙腈中的光解可以由β-均裂产生 RP 和由异裂产生 Z，瞬态吸收光谱检测可以在 345nm 检测到 RP 的吸收，而在 833nm 检测到 Z 的吸收。

Cl

$h\nu$

CH_3CN/H_2O

CH_2CN + + C_8H_{17}

CH_3CONH + OH +

图示 12.43 由异裂和均裂同时参与的β-裂解的例子

乙酸苄酯和 2,2-二甲基丙酸苯甲酯的光解为 RP 是 RIP 的前体提供了例证（图示 12.44）[55,56]。在甲醇中光照这些苄酯生成的产物均源自自由基和离子中间体。光裂解被认为是源于 $S_1(\pi,\pi^*)\rightarrow{}^1RP$ 均裂过程产生的单重态 RP。^1RP 有两个选择：扩散分离形成自由基和在 ^1RP 发生电子转移生成 Z（图示 12.45）。

O CH_3 O R

$h\nu$

CH_3OH

OCH_3 R + CH_3 R + CH_2CH_3 R + $CH_2—CH_2$ R R + CH_2CH_2OH R

	$ArCH_2OCH_3$	$ArCH_3$	$ArCH_2CH_3$	$ArCH_2CH_2Ar$	$ArCH_2CH_2OH$
R = *m*-OCH_3	32		14	38	12
R = *p*-OCH_3	8	2	14	52	21

离子衍生化产物　　自由基衍生化产物

图示 12.44 乙酸苯酯的光溶剂化产物

热力学分析表明，从 $S_1(\pi,\pi^*)$态形成 RP 和 Z 均为放热反应。如果假设反应按过程 $S_1(\pi,\pi^*)\rightarrow{}^1I(RP)\rightarrow{}^1I(Z)$进行，那么 $^1I(RP)$生成 $^1I(Z)$的速率可以通过电子转移速率或从 $^1I(RP)$生成 $^1I(Z)$的速率决定。该速率可以通过与乙酸基自由基释放 CO_2 的速率的比较进行估算，CO_2 的释放速率可以通过产物分析得到（讨论见第 8 章）。该反应中电子转移速率越快，生成的离子对产物和脱羧产物相比就会越多。例如，醇从乙酸间甲氧基苄基酯和乙酸对甲氧基苄酯反应中捕获的离子对的量与估算的电子转移速率一致。

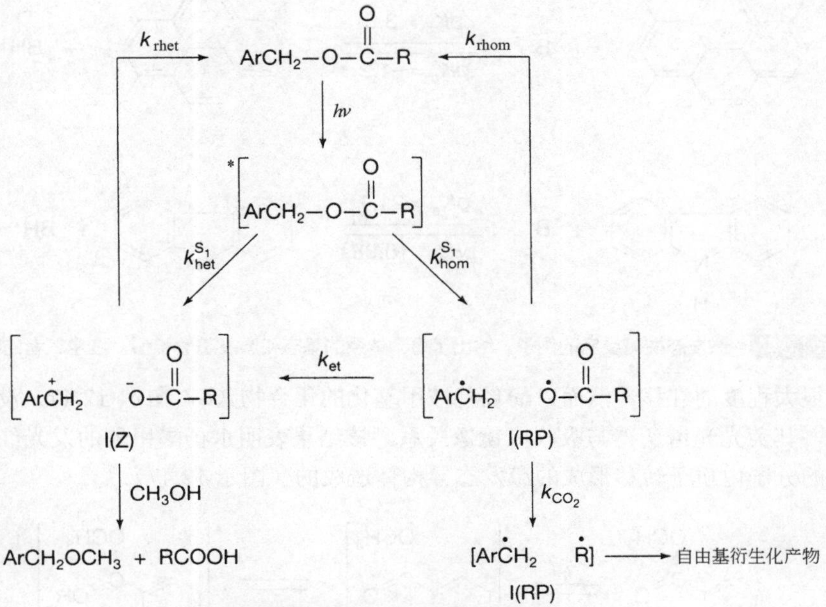

图示12.45 苯酯的光溶剂化机制。

提出均裂（hom）、异裂（het）和电子转移（et）步骤参与了反应

12.17 激发态酸碱性：碱协助的β-裂解（Ar—O—H）

我们可以把芳基醇（ArOH）看作是碱协助的β-异裂过程。这种广义的分类可以把激发态的酸碱化学作为β-异裂过程进行讨论。术语“光酸”和“光碱”就是指在激发态表现出增强的酸性或碱性的化合物[57~59]。1-萘酚以及其他芳基醇和胺是几个经典的激发态时酸性增强的例子（图示12.46）[60]。分子内激发态的酸碱反应也是已知的反应。例如，激发水杨酸甲酯（**5**，图示12.47）会使其发射强的荧光，荧光光谱和吸收光谱

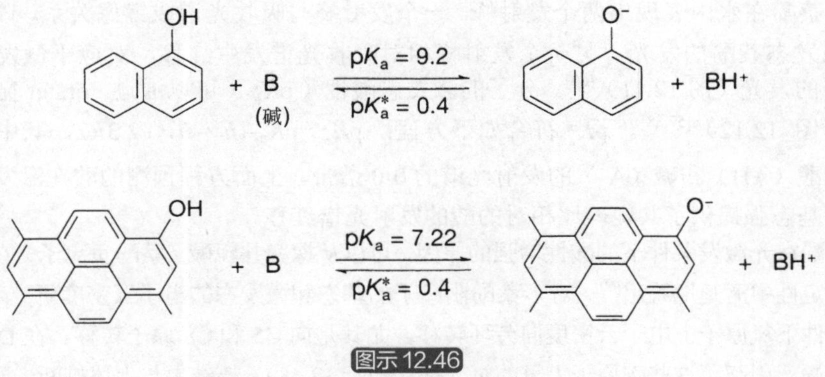

图示12.46

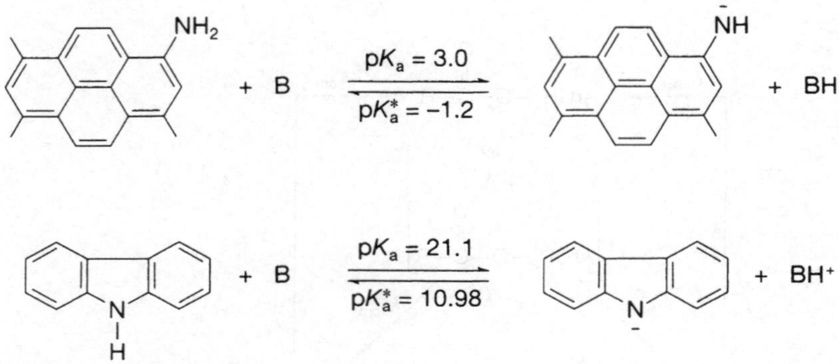

图示 12.46 激发态酸碱反应的例子。给出了每个体系的基态和激发态 pK_a值。注意二者的不同

相比有很大程度的红移。然而，酚羟基被甲基化的化合物（**6**，图示 12.47）没有发光的红移，其荧光光谱变得与吸收成镜像关系。该结果表明水杨酸甲酯的发光红移是由于绝热的分子内质子转移形成的激发态异构体造成的（图示 12.47）。

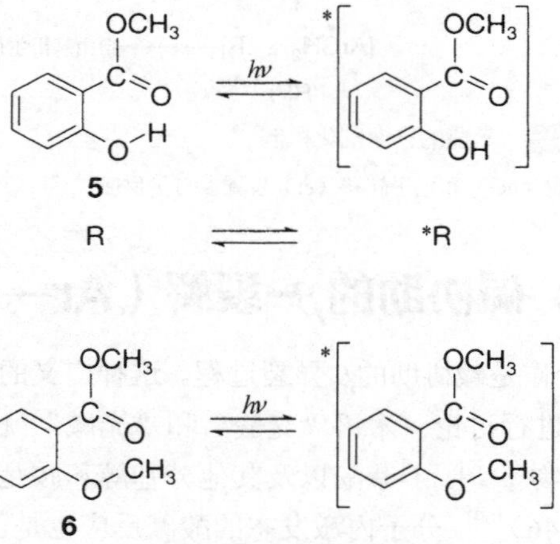

图示 12.47 分子内激发态酸碱反应的一个例子

2-萘酚在水中表现出两个发射峰。一个发射峰与吸收光谱成镜像关系，该发射峰来自激发态萘酚的发光。另一个发射峰相对吸收光谱发生红移，对应于激发态萘酚阴离子的发光（图 12.11）[60]。分子的激发态酸性（pK_a^*）可以通过 Förster 循环过程确定（图 12.12）[57,58]。pK_a^* 符合如下方程：$pK_a^* = pK_a - (h\nu_1 - h\nu_2)/2.3RT$，其中 ν_1 和 ν_2 分别指酸（AH）和碱（A^-）的发射光谱的 0-0 谱带。上面方程预测的酸在激发态的酸性比在基态强提供了共轭碱比相对的酸的发射光谱红移。

萘酚在光激发条件下的酸性增强的原因，可以从探究共轭碱（萘酚负离子）在激发态下的稳定性中清楚地看出[60]。对 1-萘酚阴离子的基态和激发态的电子云密度研究表明，激发态条件下氧原子上电子云密度向芳环转移，尤其是向 C5 和 C8 原子转移。在 D_2O 中激发 1-萘酚，引起了这些碳原子上氢的氘交换（图示 12.48），该结果与上述推断一致。

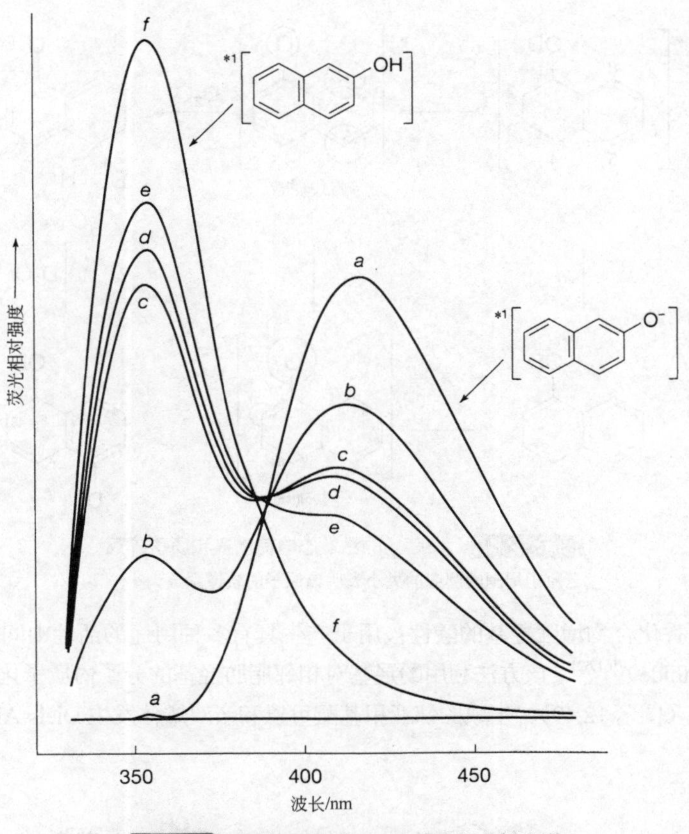

图 12.11 2-萘酚在不同 pH 值下的发射光谱

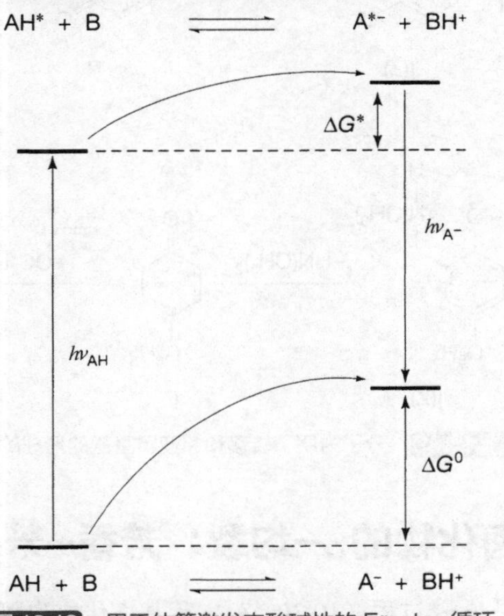

图 12.12 用于估算激发态酸碱性的 Förster 循环

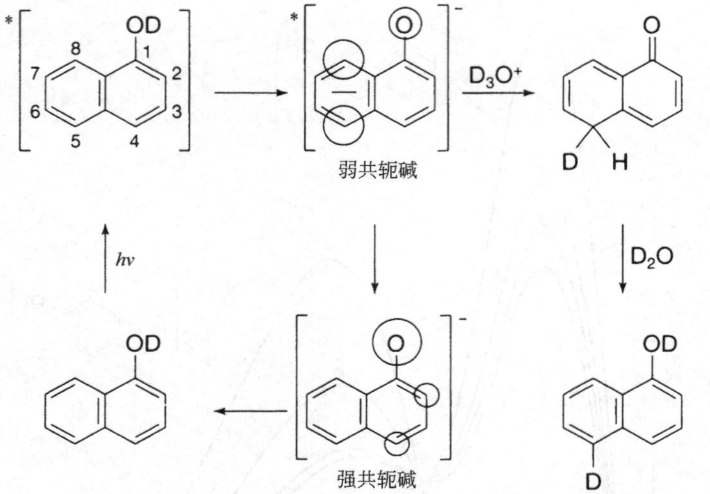

图示 12.48 1-萘酚的激发态电荷密度和质子猝灭

原子周围的圆圈的大小表明该原子的轨道系数大小

光激发芳香化合物增强羟基的酸性被用于产生具有多种用途的活性中间体邻亚甲基醌（*o*-quinone methide）[61,62]。该方法利用酚羟基对相邻脂肪羟基的分子内质子化，然后脱水生成邻亚甲基醌（图示 12.49）。生成的邻亚甲基醌可以和亲双烯体发生 Diels-Alder 反应。

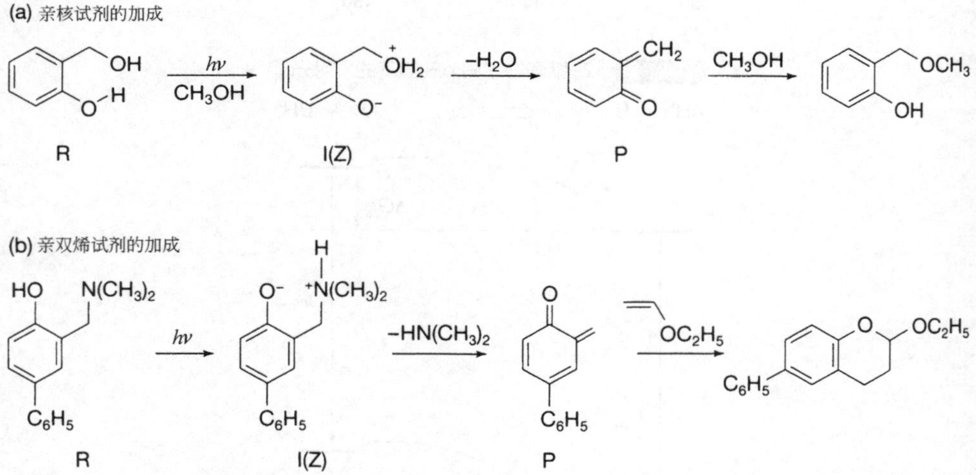

图示 12.49 分子内质子转移和邻亚甲基醌的形成的例子

12.18 芳基卤化物的α-均裂：芳香-芳香偶联反应

卤乙烯的α-均裂是 π,π^*过程（10.30 节）。芳基卤化物也可以发生α-均裂，生成芳基自由基和卤素原子[63,64]。图示12.50所示的为以碘苯为例的卤化物的光解反应。产物源自芳基自由基与溶剂苯的反应。就苯基卤化物而言，卤素原子可以引起ISC效率的提高，因而反应可能是发生在$T_1(\pi,\pi^*)$激发态。断裂机制涉及T_1激发态的π^*轨道和C—X 键的σ^*轨道之间的相互作用。因为这两个轨道在平面苯中是相互垂直的，在$T_1(\pi,\pi^*)$激发态，C—X键为了和π,π^*态产生有效的偶联需要C—X键进行面外弯曲。尽管芳香分子的顺-反异构化反应是不允许发生的，但是为了便于 π^*轨道和σ^*轨道的耦合，一些原子会发生扭曲和弯曲（图12.13）。

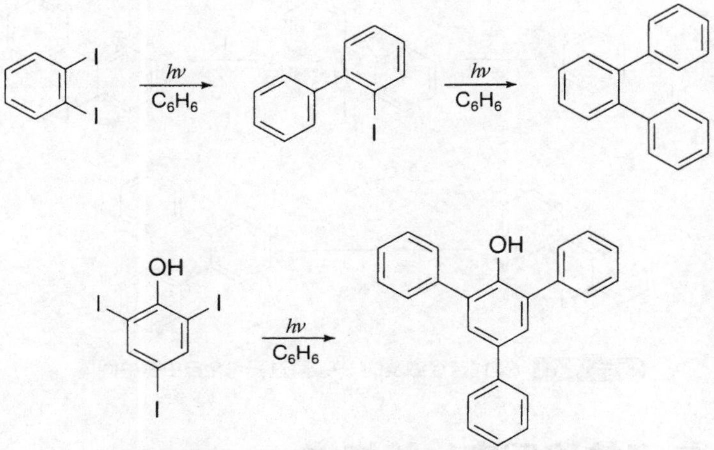

hν, C_6H_6

OH

图示12.50 碘代芳烃经过α-裂解过程的光解形成产物

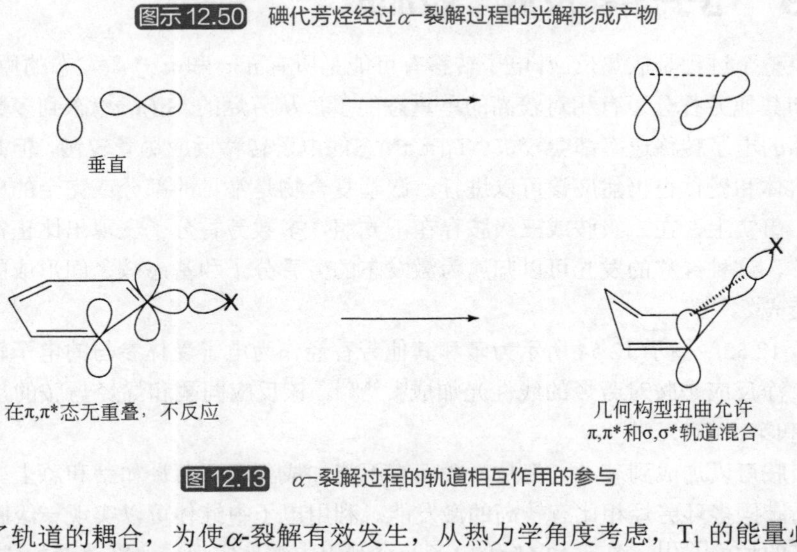

垂直

在π,π*态无重叠，不反应

几何构型扭曲允许
π,π*和σ,σ*轨道混合

图12.13 α-裂解过程的轨道相互作用的参与

除了轨道的耦合，为使α-裂解有效发生，从热力学角度考虑，T_1的能量必须同要断裂的C—X键能量相近或更高。苯基卤代烃三重态能量一般约为75kcal/mol，其能量可以足够断裂C—Br键（约72kcal/mol）或C—I键（约65kcal/mol），但是在没有热活化情况下不能断裂C—Cl键。因此，溴苯或碘苯的偶联反应可以顺利发生。对于萘（<60kcal/mol>）和蒽（65kcal/mol），由于三重态能量太低，不能发生α-裂解。

图示 12.51 所示为邻二碘苯光解形成邻三联苯的可能的自由基机理。

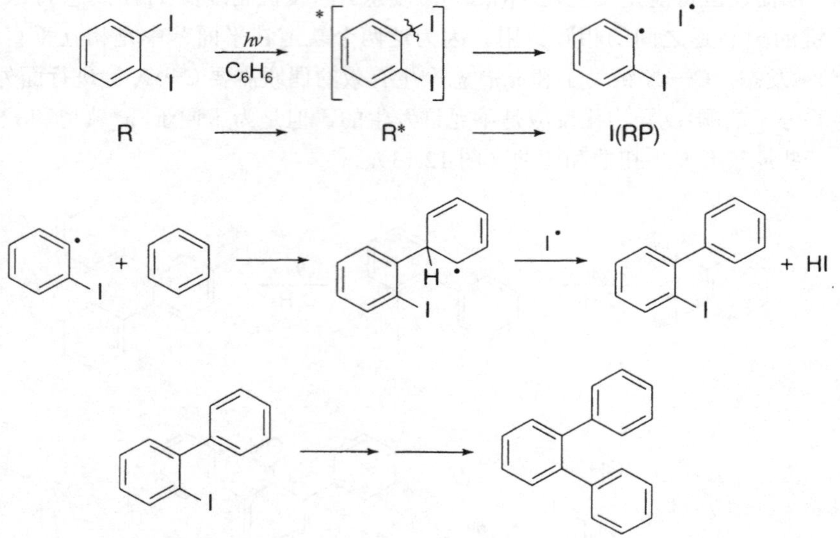

图示12.51 碘代芳烃激发的 α−裂解过程包含自由基中间体

12.19 电子转移反应：胺加成

如果整个过程是放热反应，电子转移有可能是所有 n,π*和 π,π*激发态的原初过程。由于苯和其他芳香分子有相对较高的单重态能量，从芳烃的 S_1(π,π*)态到多数能量给体和受体的电子转移速率都会较快。T_1(π,π*)态的电子转移反应尽管较慢，但是对于同种能量给体和受体也仍然应该可以进行。激基复合物是常见的部分或完全的电子转移的前体。事实上，在二级胺或三级胺存在下光照，多数芳香分子表现出比正常荧光的发光红移，这种红移的发光可以归属为激发态的芳香分子和基态胺之间形成的激基复合物的荧光[65~67]。

图示 12.52～图示 12.54 所示为苯和其他芳香烃作为电子受体参与的电子转移过程的例子。净反应是胺对芳烃的线性光加成[41,68,69]。该反应同酮和烯烃与胺的反应类似（第 9 章和第 10 章）。

一级胺可以加成到苯上，但是一般而言不能加成到多环芳烃如萘和蒽上。这种不同是因为苯同多环芳烃相比有较高的激发能。利用电子中继体可以实现一级胺对多环芳烃芳环的加成[70,71]。图示 12.55 给出了一个利用中继体实现一级胺对萘加成的例子。在一级胺存在条件下，直接激发萘不会发生胺的光加成反应。然而，当在一级胺和对苯二腈存在条件下进行光照，反应可以高产率地顺利进行。对苯二腈的高产率回收表明了其作为电子中继体的角色（图示 12.55）。

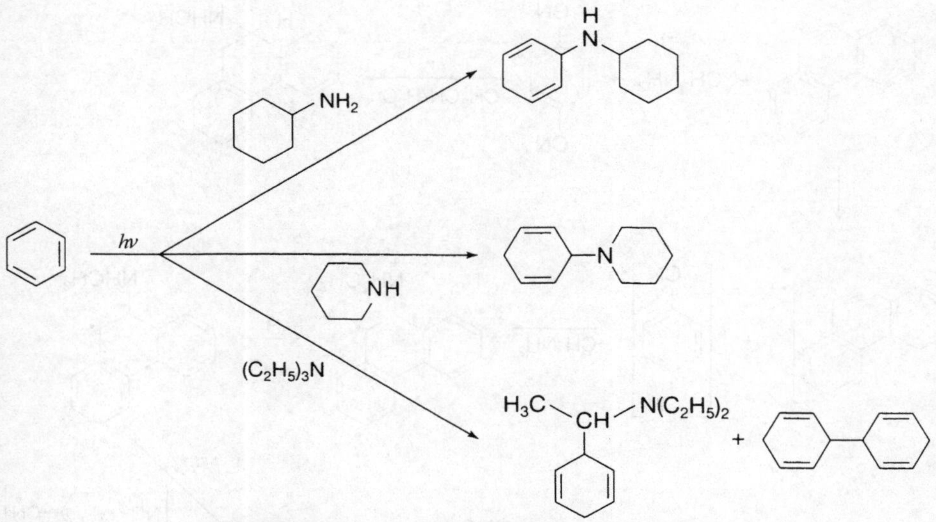

NH_2 $h\nu$ NH $(C_2H_5)_3N$ H_3C CH $N(C_2H_5)_2$ +

图示12.52 伯胺、仲胺和叔胺对苯的加成反应例子

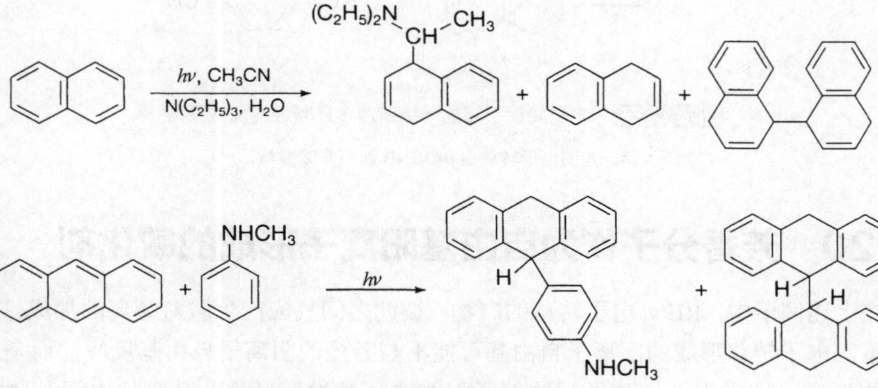

$h\nu$, CH_3CN / $N(C_2H_5)_3$, H_2O → $(C_2H_5)_2N$ CH CH_3 + +

$NHCH_3$ + $h\nu$ → H $NHCH_3$ + H H

图示12.53 胺对多环芳烃的加成反应例子

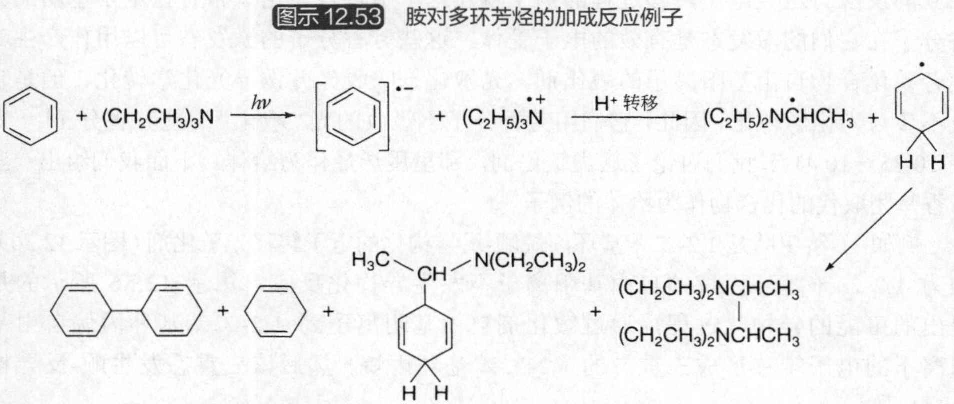

+ $(CH_2CH_3)_3N$ $\xrightarrow{h\nu}$ $[\ ]^{\bullet -}$ + $(C_2H_5)_3\dot{N}^{+}$ $\xrightarrow{H^+ 转移}$ $(C_2H_5)_2N\dot{C}HCH_3$ + H H

+ + H_3C CH $N(CH_2CH_3)_2$ H H + $(CH_2CH_3)_2NCHCH_3$ | $(CH_2CH_3)_2NCHCH_3$

图示12.54 电子转移参与的三级胺对苯的加成反应机制

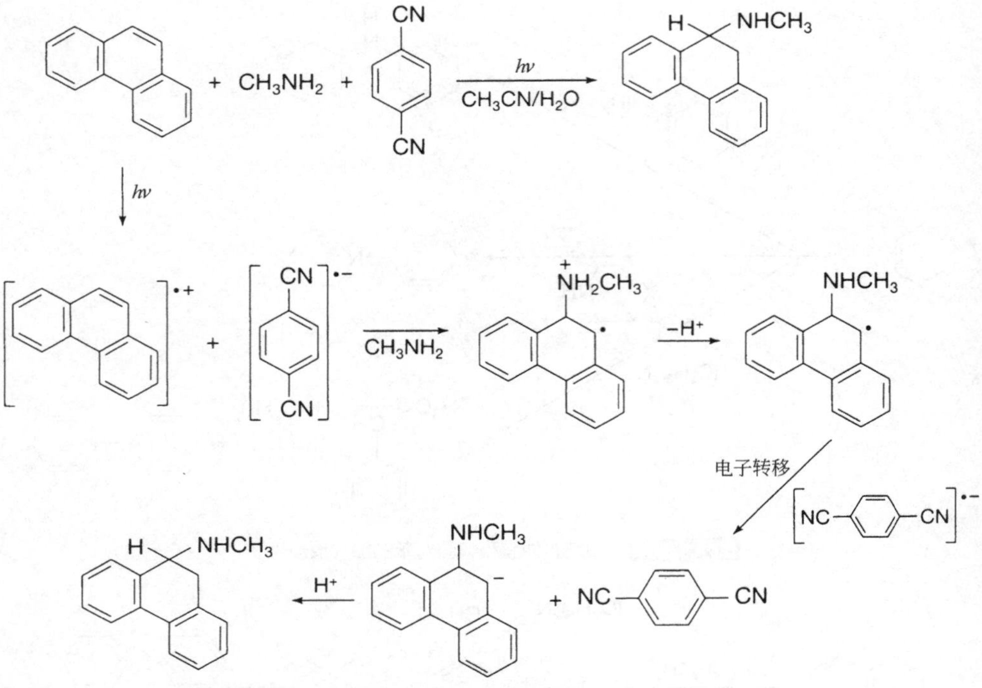

图示12.55 电子转移引起的一级胺对多环芳烃的加成反应

（第一步的电子转移由 *p*-DCNB 而不是胺参与）

12.20 芳香分子作为自由基阳离子形成的敏化剂

在上述例子中，RIP，电子转移的产物，彼此之间反应产生胺对芳环的加成。有些情况下，电子转移形成的阳离子自由基可能不与芳烃的阴离子自由基反应，而是发生独立的反应。这类电子转移过程的例子将在这一节进行讨论。带有拉电子基团的芳香分子在它们的激发态是有效的电子受体。这些芳香分子的激发态可以用作产生其他芳香化合物自由基阳离子的敏化剂。光敏化剂吸收光并诱导光化学转化，但是自身不参与光化学转化。因此，它们用芳香分子不吸收的光“敏化”这些芳香分子[72,73]。在 10.35～10.41 节我们讨论了这类敏化剂，那里用烯烃作为给体。下面我们给出一些芳香基团取代的化合物作为给体的例子。

例如，1-萘甲腈是1,2-二苯基环丙烷顺-反异构化的电子转移光敏化剂（图示 12.56）。因为 1,2-二苯基环丙烷的自由基阳离子不发生异构化反应，图示 12.56 所示的是提出的可能的异构化过程，通过敏化剂自由基阴离子到 1,2-二苯基环丙烷自由基阳离子的电子转移形成三重态的 1,2-二苯基环丙烷，然后该三重态发生顺-反异构化反应[74]。

通过光敏化生成的自由基离子可以发生亲核加成反应。例如，在 1,1,2-三苯基环丙烷和亲核试剂如甲醇存在条件下光照 1-萘甲腈，生成了甲醇对自由基阳离子的阳离子部位的加成反应产物（图示 12.57）[75]。

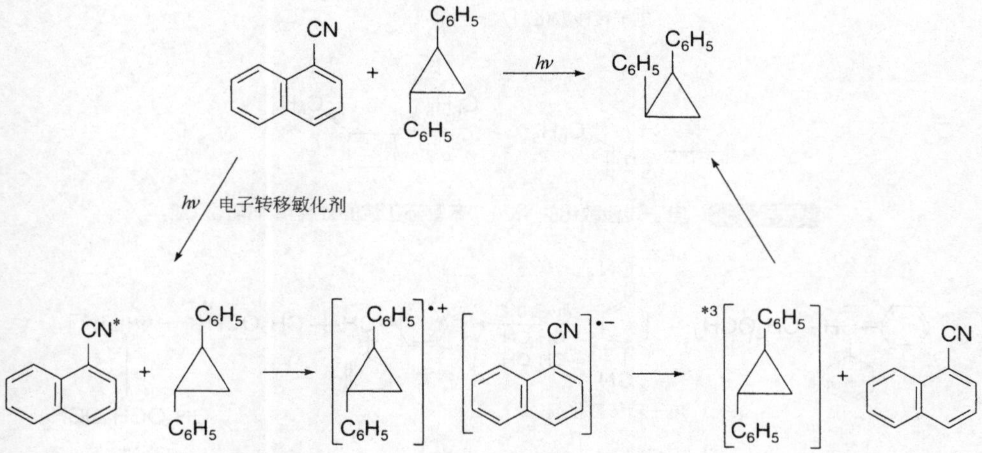

图示 12.56 电子转移敏化的 1,2-二苯基环丙烷的顺反异构化反应

三重态的 1,2-二苯基环丙烷作为中间体参与反应。电子转移敏化意思是应用了电子转移敏化剂的反应

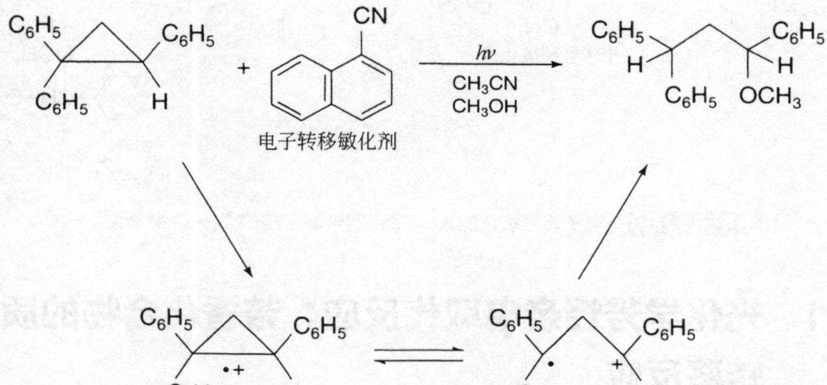

图示 12.57 电子转移敏化的甲醇对 1,2-二苯基环丙烷的加成反应

与环丙烷类似，一些芳基取代的环丁烷也可以通过光敏化转化成自由基离子。环丁烷的自由基阳离子经过 C—C 键的断裂形成苯乙烯，并且也可以发生顺-反异构化反应（图示 12.58）[76]。

通过电子转移，1,4-苯二腈可以用于非环烷基苯形成阳离子自由基。烷基阳离子自由基随后发生 C—C 键的断裂反应（图示 12.59）[77~79]。

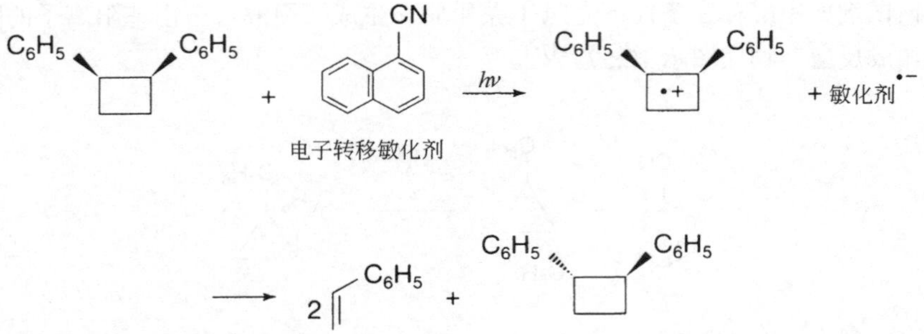

图示 12.58 电子转移敏化的1,2-二苯基环丁烷的分裂和异构化反应

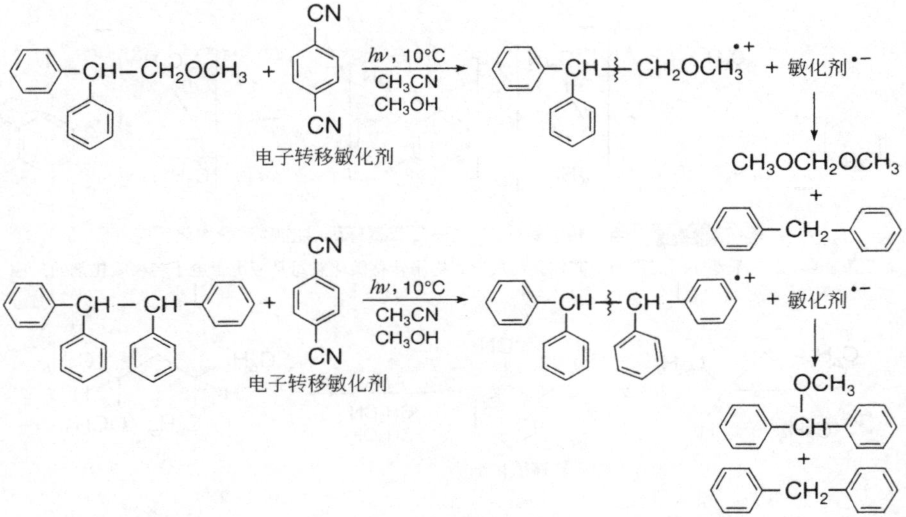

图示 12.59 电子转移敏化的β-苯醚和四芳基乙烷的 C—C 键断裂

12.21 光化学芳烃亲电取代反应：芳香化合物的质子转移反应

尽管芳烃的亲电取代反应是基态苯的典型反应，但是激发态的芳烃亲电取代反应比较少见。光诱导亲电质子交换反应是一个例外[80,81]。同位素标记和示踪质子的氘代原子交换是跟踪亲电质子交换反应的方便方法[82]。烯烃和芳烃分子的 $S_1(\pi,\pi^*)$激发态的双离子特征使得这些激发态立刻成为强 Lewis 酸（Z 的空轨道）和强 Lewis 碱（Z 的半满轨道），例如 1,3-二甲氧基苯的共轭酸在激发态时的酸性约是在 $S_0(\pi)^2$ 态时的 10^5 倍。除了 $S_0(\pi)^2$ 态和 $S_1(\pi,\pi^*)$态存在的酸碱性的极大差别外，两种状态下的亲电进攻位置也不相同。图示 12.60 所示为亲电进攻位置不同的例子。$S_0(\pi)^2$ 态为邻对位定位基团的 CH_3，在 $S_1(\pi,\pi^*)$态的亲电质子取代反应中表现为间位定位基团。基态强的间位定位

基团硝基，在 $S_1(\pi,\pi^*)$态中为对位定位基团。在 $S_0(\pi)^2$ 态和 $S_1(\pi,\pi^*)$态中的这些取代反应定位能力的不同是因为在两种状态下的 π 电子云密度的不同。在 $S_0(\pi)^2$ 态的亲电进攻由电子云密度决定，这是由于最低的 3 个 MO 已充满电子。然而，在激发态的定位性能的改变是因为参与反应的电子位于填充了一个电子的 LUMO，并且 HOMO 缺少一个电子。还需要指出的是，芳香分子的最低单重激发态具有 Z 特征，如图 12.2 和图示 12.61 所示。甲基和甲氧基使得邻位和间位电子云密度升高，增加了亲电质子对这些位置的进攻。另一方面，硝基拉电子使邻位和间位电子云密度降低，而对位保留富电子的性能。

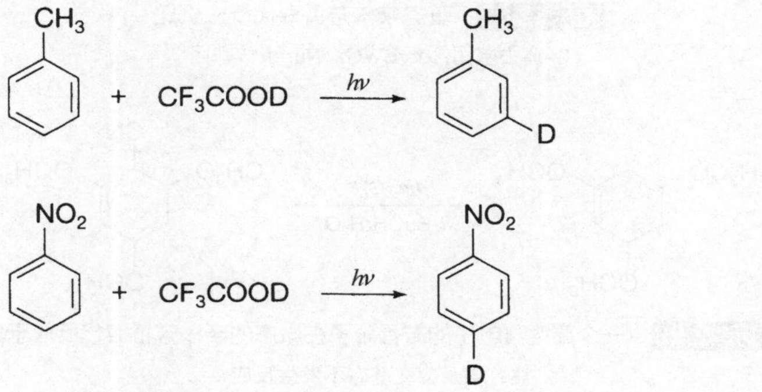

图示 12.60 取代基决定的芳香化合物的光诱导质子化反应

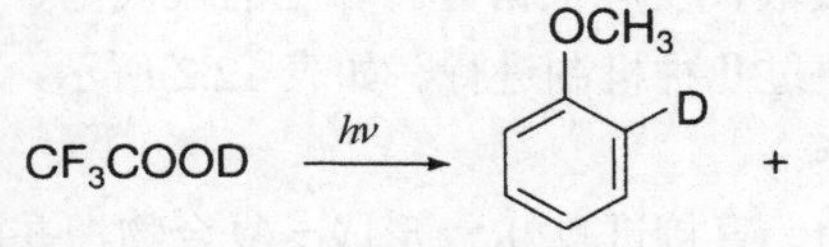

图示 12.61 质子化位置由取代基在激发态时对 Z 共振结构的稳定化作用决定

12.22 通过光诱导电子转移过程的芳烃亲核取代反应

基态（R）芳香亲核取代反应只有在离去基（L）的邻对位有强拉电子取代基如硝基的非常缺电的芳香环上才能发生。多数基态的芳香亲核取代经过两步反应：首先是亲核试剂（Nu）进攻和L相连的碳原子形成σ-复合物，然后脱去L形成净的取代基（图示12.62）。然而，在激发态（*R）时，即使是负电性非常强的芳香环也可以发生亲核取代反应（图示12.63）。

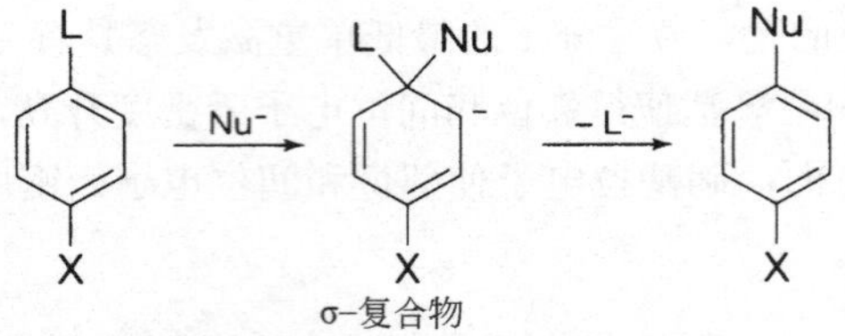

σ−复合物

图示12.62 基态亲核芳香取代反应机理

L=离去基团；X=EWG；Nu=亲核基团

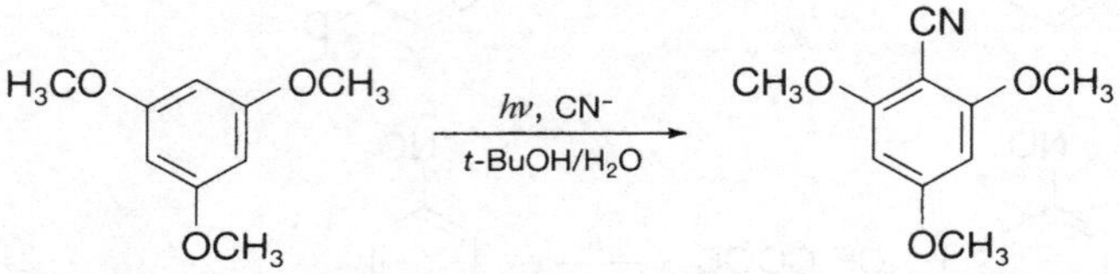

图示12.63 一个高度富电子的芳香分子在激态的亲核芳香取代反应示例

注：该反应在基态不发生反应

在激发态，芳香亲核取代反应根据芳香环上的取代基、亲核试剂的性质以及溶剂的极性等的不同，可以通过几种机制进行。如表12.2所示，反应机制可以根据原初光化学步骤的不同进行分类：

（1）亲核试剂（NuH）直接进攻*R，形成σ-复合物，并脱去L；

（2）负离子亲核试剂（Nu^-）或中性亲核试剂（NuH）到*R的电子转移形成芳香阴离子自由基（$R^{\cdot-}$）和$Nu^{\cdot}$（或$NuH^{\cdot+}$），然后分解成σ-复合物，并脱去L；

（3）*R的光致离子化产生芳香分子的阳离子自由基（$R^{\cdot+}$），亲核试剂对其进攻，然后脱去L；

（4）机理（2）的一个变化，形成（$R^{\cdot-}$）和$NuH^{\cdot+}$，然后自由基离子脱去L形成自由基，NuH在第二步进攻该自由基。

每个反应机制的例子将在接下来的几节进行讨论[83~88]。

表12.2 芳烃亲核取代反应的分类

命　名	光化学第一步	第一步中间体的性质	第　二　步
S_NAr^*	亲核试剂进攻芳环（Ar）	激发态σ-复合物	衰减到基态σ-复合物，失去离去基团形成产物
$S_N(et)Ar^*$	电子转移从Nu到Ar	RIP	芳香阴离子和亲核阳离子自由基偶合
S_{NR}−Ar^*	电子转移从Nu到Ar	RIP	失去离去基团，生成芳香自由基
$S_{NR}^+Ar^*$	光离子化（失去一个电子）	阳离子自由基	亲核试剂与芳香阳离子自由基加成

12.23 由亲核试剂直接进攻*R 参与的光致芳环亲核取代：S_NAr*机理（取代，亲核，激发态）

图示 12.64 给出了一个由亲核试剂 NuH 直接进攻激发态*R，形成σ-复合物，离去基团从其中脱去的机理。通过这种机理发生的反应称为 S_NAr*（取代，亲核，激发态）。在氢氧化钠水溶液中光照间硝基苯甲醚会发生甲氧基以较高效率（$\phi = 0.2$）被 OH 基团取代的反应。与此不同的是，光照对硝基苯甲醚会生成两种产物，其中甲氧基被取代的产物只占少部分。这个例子说明间位的硝基有利于光致芳环亲核取代反应的发生，而对位的硝基则不行。图示 12.65 的两个例子能够很好地支持这个结论，当芳环上存在两个甲氧基时，处于硝基间位的甲氧基选择性地发生了亲核取代反应。这些结果与相同分子处于基态时的反应选择性不同。

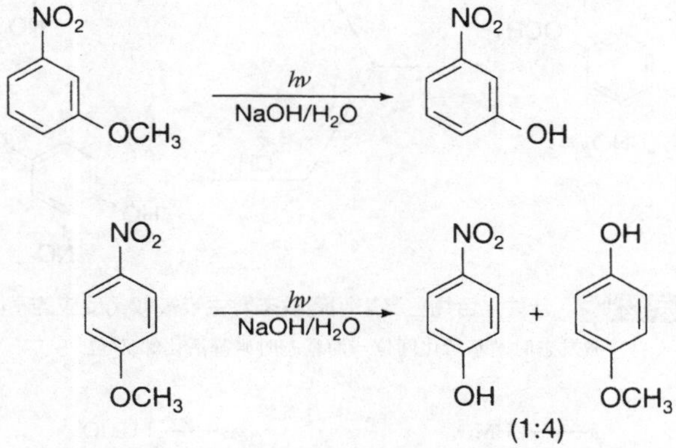

图示 12.64 硝基芳香化合物光羟基化反应的例子

在这些例子中基态和激发态时表现出选择性的不同可以用 S_NAr*机理，即*R 直接与一个中性的或负电性的亲核试剂（NuH 或 Nu^-）反应的分子轨道理论来解释。考察*R 和 Nu^-的前线轨道之间的作用，可以为解释这一不同提供线索（图 12.14）。在基态发生的 R+Nu^-反应是芳香分子的 π*最低空轨道与亲核试剂的最高占据轨道作用；反应的选择性由芳香分子的最低空轨道上不同碳原子的轨道系数决定。这个作用的结果就是众所周知的硝基对邻位和对位基团的活化效应。在激发态发生的*R+Nu^-反应是芳香分子的半充满的 π 最高占据轨道和亲核试剂的最高占据轨道作用。激发态时最高占据轨道的缺电性促使了亲核试剂对芳香环的进攻。在这一条件下，反应的选择性是由芳香分子的最高占据轨道的各轨道系数决定的。所以，S_NAr*取代反应是由芳环的最高占据轨道控制的过程，亲核试剂的进攻会发生在具有最高前线轨道系数的碳原子 C_{iHOMO} 上，这里 i 为碳原子序号。

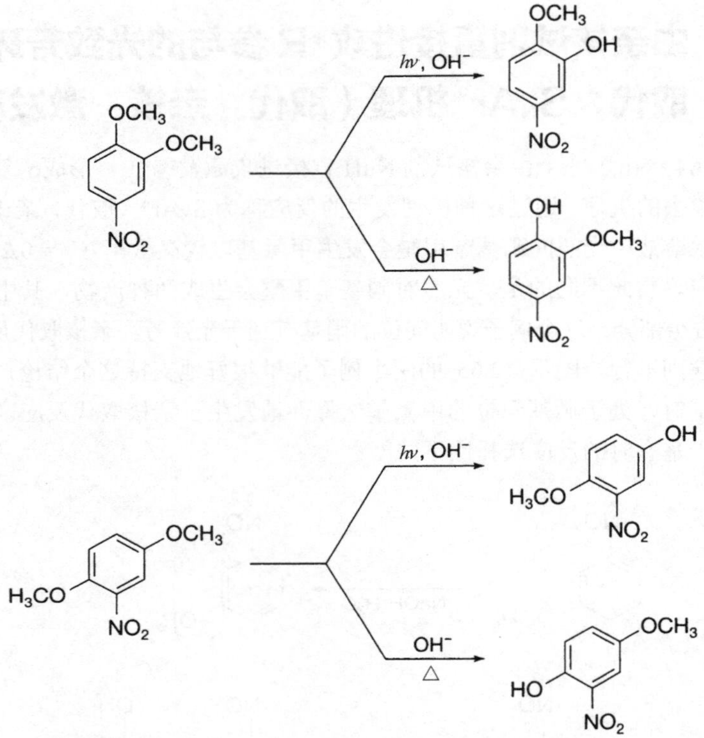

图示 12.65 芳香化合物在基态和激发态发生亲核取代反应的不同

激发态时硝基活化间位，而基态时硝基活化邻/对位

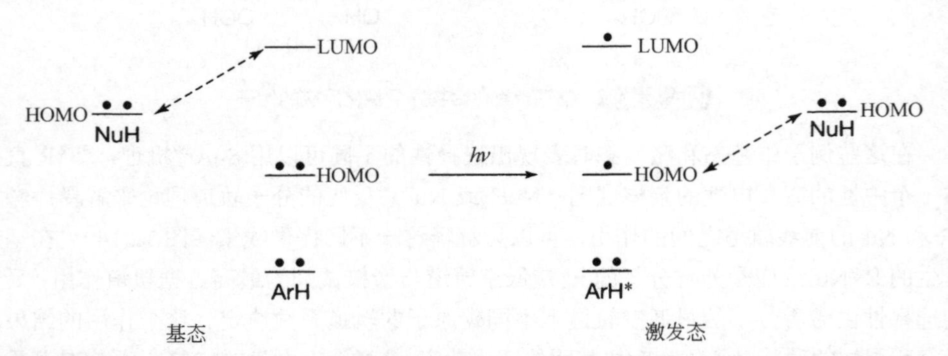

图 12.14 芳香化合物和亲核试剂在基态和激发态时最高占据轨道和最低空轨道之间作用的不同

图 12.15 列出了 3-硝基苯甲醚最高占据轨道的电子密度（即轨道系数反映的意义）。基于 3-硝基苯甲醚最高占据轨道的轨道系数，可见除 C5 位外的其他位置都提高了反应活性，然而只有 3-硝基苯甲醚的 C1 位存在一个好的离去基团，这正是取代反应发生的位置。

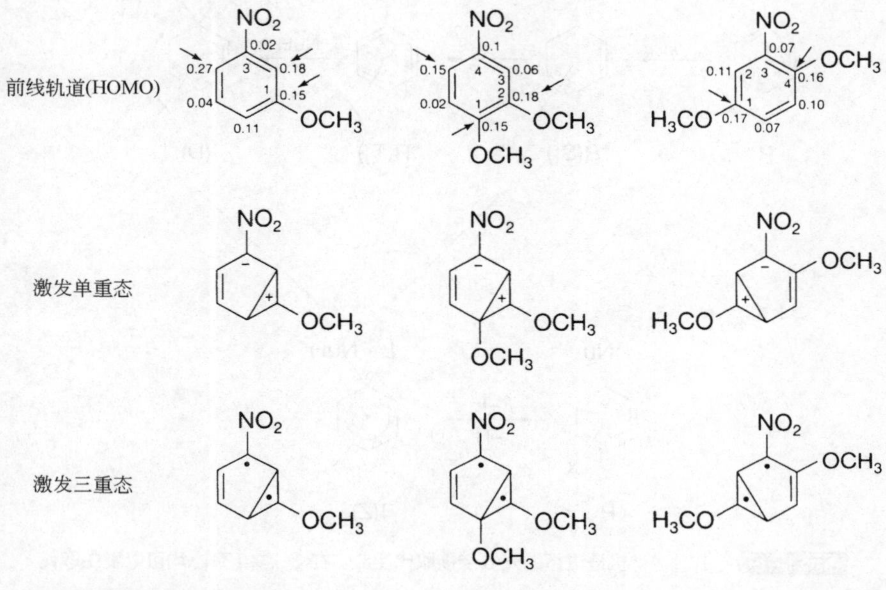

图 12.15 3-硝基苯甲醚、1,2-二甲氧基-4-硝基苯和 1,4-二甲氧基-3-硝基苯的最高占据轨道上的各个碳原子的轨道系数，以及这些分子在单重激发态和三重激发态时典型的两性离子和双自由基结构

对于 1,2-二甲氧基-4-硝基苯，C1 和 C2 位具有最高的轨道系数，并存在好的离去基团，所以在光激发时其中的一个或两个位置可以发生取代反应。实验结果是 C2 位上的甲氧基可以被亲核试剂如 OH^-和 CN^-取代（图示 12.65）。这一结果可以通过考虑硝基的间位效应的两性离子或双自由基的结构进行合理解释（图 12.15）。图示 12.65 列出的处于硝基间位的甲氧基的选择性取代，与芳香化合物在 π,π^*单重态（两性离子）和三重态（双自由基）时的价键表示（图 12.2 和图 12.15）是一致的。

与 T_1 态一样，由 S_1 态进行的经由 S_NAr^*机理的光取代反应的例子也是已知的。当单重激发态为反应态时，共价键表示很可能充当一个好的起点。另一方面，如果三重态为反应的物种，前线轨道方法可能更加有效。在生成最终产物前，需要一个由三重态到单重态的系间窜越σ-复合物（类似的过程参见 12.6 节；11.16 节和 9.34 节的例子）。图示 12.66 列举了一个包含 S_1 态和 T_1 态的 S_NAr^*反应的典型范例。激发态的*R 与亲核试剂 Nu^-或 NuH 直接作用会生成一个σ-复合物，即反应中间体。芳香化合物最高占据轨道上具有最高的轨道系数的碳原子会优先与 NuH 结合。如果这个碳原子上存在一个好的离去基团，就会发生芳环亲核取代反应。这个σ-复合物也可能发生分解，重新生成起始原料。

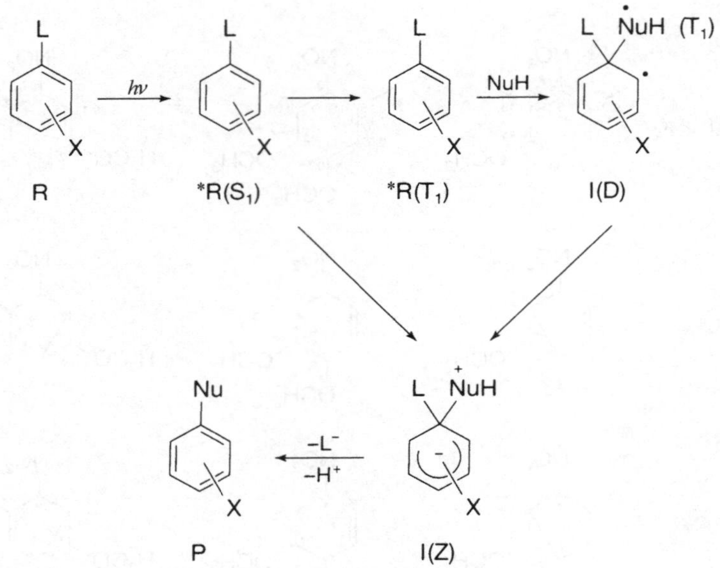

图示 12.66 由 S_NAr^*机理进行的光致亲核取代反应。在 S_1态和 T_1态均可以发生取代

12.24 由亲核试剂向*R 电子转移参与的光致芳环亲核取代反应：$S_N(ET)Ar^*$机理（取代，亲核，电子转移，激发态）

光致芳香亲核取代反应可以通过*R 与 Nu^-或 NuH 之间的放热电子转移机制过程发生。图示 12.67 列出了一个光致芳环亲核取代反应的例子。在图示 12.64 中我们看到了一个处于硝基间位的甲氧基选择性地被 HO^-取代的例子，而在图示 12.67 中一个二级胺取代了处于硝基对位的甲氧基。选择性截然不同的原因在于它们的光化学原初过程不同。这个二级胺具有较低的离子化电位，并且转移了一个电子给*R，使其生成了一个阴离子自由基 $R^{\cdot -}$，而不是直接与*R 加成，阴离子自由基 $R^{\cdot -}$再与亲核试剂阳离子自由基反应生成产物。这一机制称作 $S_N(ET)Ar^*$机理（取代，亲核，电子

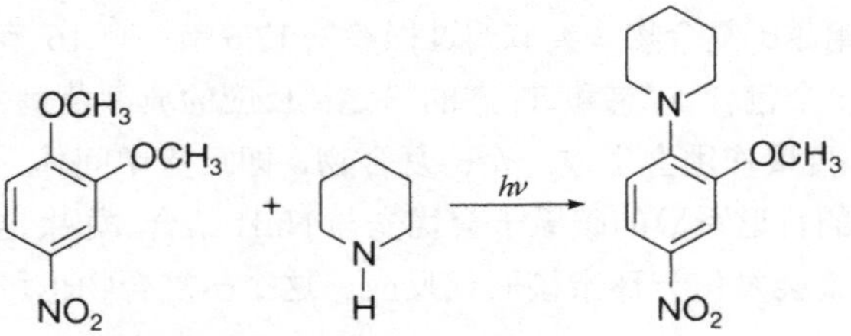

图示 12.67 一个二级胺作为亲核试剂的例子

转移，激发态），并且经常在芳环化合物的三重激发态发生。在这种情况下原初光化学过程是电子转移，第二热过程是离子对猝灭，在生成一个中间体后最终生成取代产物。

按照 $S_N(ET)Ar^*$机理所提供的范例（图示 12.68），亲核试剂在经历了向*R 的电子转移过程后形成了一个包含阴离子自由基 $R^{\cdot-}$和阳离子自由基 $NuH^{\cdot+}$的离子对。这一加成反应的选择性取决于 $R^{\cdot-}$的半充满最低空轨道与 $NuH^{\cdot+}$的半充满最高占据轨道之间的轨道作用（图示 12.69）。这种作用与 S_NAr^*机理中的*R 的半充满最高占据轨道与 NuH 的全充满最高占据轨道之间的作用不同。

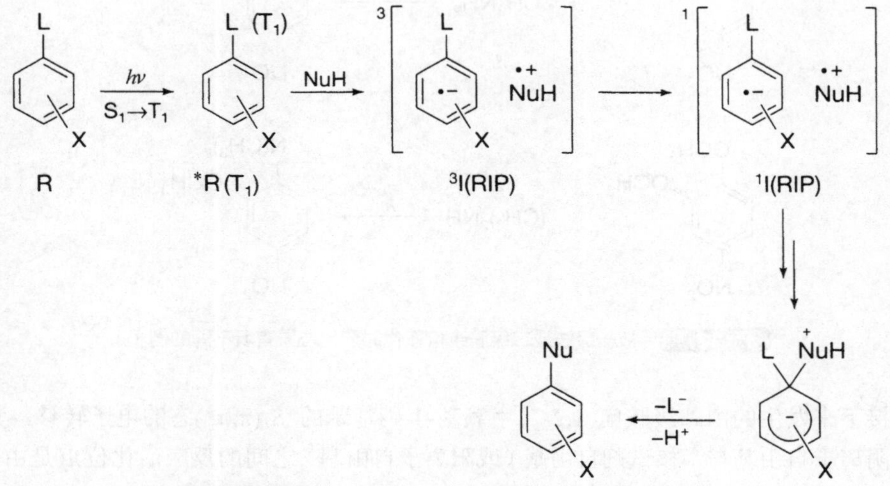

L, X, R, hν, $S_1 \rightarrow T_1$, L (T_1), *R (T_1), NuH, ^{3}I(RIP), ^{1}I(RIP), $NuH^{\cdot+}$, Nu, $-L^-$, $-H^+$, L $\overset{+}{N}uH$

图示 12.68 经由 $S_N(ET)Ar^*$机理的光致亲核取代反应

这个反应实质上是在三重激发态发生，并且电子转移作为第一步参与了反应

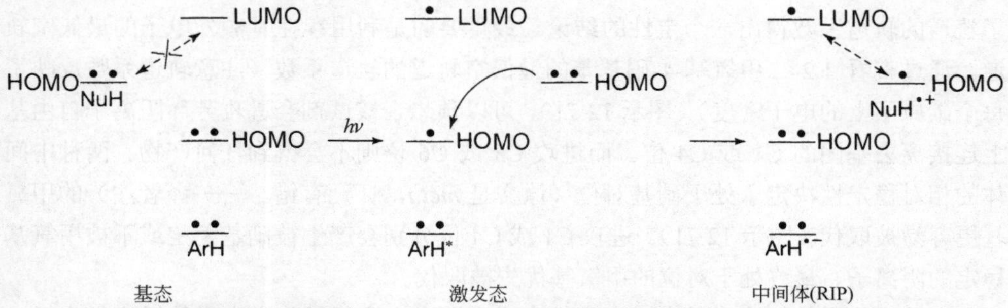

LUMO, HOMO, NuH, hν, ArH, ArH^*, $NuH^{\cdot+}$, $ArH^{\cdot-}$

基态 激发态 中间体(RIP)

图示 12.69 当亲核试剂由 $S_N(ET)Ar^*$机理发生光取代反应时的轨道作用的范例

在这个例子中完全的电子转移是有利的

在什么情况下反应会经由 S_NAr^*或 $S_N(ET)Ar^*$机理进行呢？当芳香分子被很强的拉电子取代基（如硝基）钝化，同时 NuH 可以经由一个放热过程提供一个电子给*R

时（如一个具有较低离子化电位的亲核试剂），通过 S_N(ET)Ar*机理进行反应是有利的。例如，一级胺具有比二级胺更高的离子化电位，在适当的条件下，一级胺会经由 S_NAr*机理发生芳环亲核取代反应，而二级胺则会经由 S_N(ET)Ar*机理发生芳环亲核取代反应（图示 12.70）。比如在一级胺存在下光照 1,2-二甲氧基-4-硝基苯，处于硝基间位的甲氧基会经过 S_NAr*机理被取代，而在二级胺存在下处于硝基对位的甲氧基会经过 S_N(ET)Ar*机理被取代。

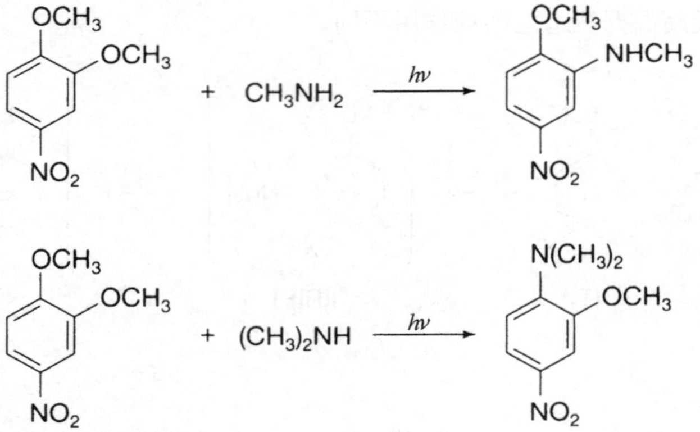

图示 12.70 被一级胺或二级胺亲核取代时取代位置有所不同的例子

接下来发生的由二级胺向 1,2-二甲氧基-4-硝基苯的 $S_1(\pi,\pi^*)$态的电子转移，其中芳环阴离子自由基与亲核试剂自由基（或阳离子自由基）之间的反应活化位点是由 $R^{\cdot-}$ 的 π*电子与 $Nu^{\cdot}$（或 $NuH^{\cdot+}$）的半充满轨道之间的 LUMO-HOMO 轨道作用决定的。亲核试剂的阳离子自由基（原文是 anion，怀疑有错。——译者注）进攻的位点不再是由中性芳环分子的分子轨道的轨道系数决定。然而，我们可以通过中性芳香分子的分子轨道的轨道系数得出一个定性的结论。最重要的是利用存在有额外电子的最低空轨道。通过查看 1,2-二甲氧基-4-硝基苯的最低空轨道的轨道系数（注意轨道系数反映了每个碳原子上的电子密度）（图示 12.71），可以预想亲核试剂会进攻芳环阴离子自由基上连接离去基团的 C1 或 C4 位。而进攻 C3 或 C6 位则不会得到任何产物。两种中间体的相对稳定性决定了处于硝基对位（原文是 *meta*，怀疑有错。——译者注）的甲氧基更容易被取代（图示 12.71）。进攻 C1 或 C4 位分别会产生被硝基稳定或不被甲氧基稳定的阴离子。最终处于对位的甲氧基优先被取代。

当芳香化合物缺电子并存在有好的离去基团时，它可以与富电子的烯烃发生经由 S_N(ET)Ar*机理的亲核取代反应[89,90]。例如，在 2,3-二甲基丁烯存在时光照 1,4-二氰基苯会生成一个氰基被烯烃基团取代的产物（图示 12.72）。生成的产物符合 S_N(ET)Ar*机制（图示 12.73）。

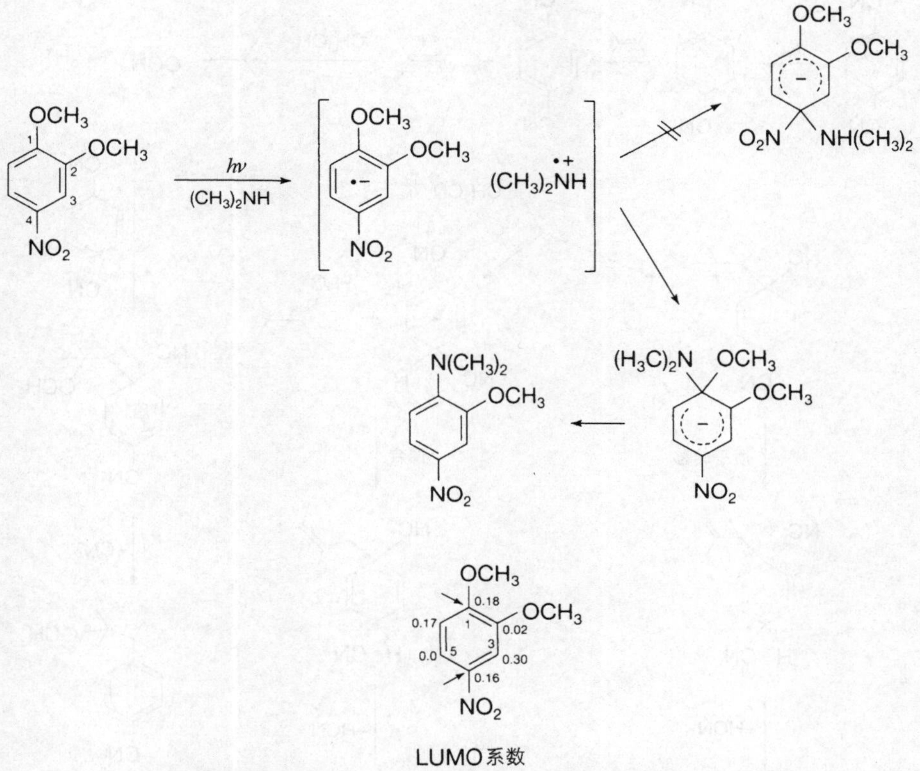

OCH_3 OCH_3 1 2 3 4 NO_2 $h\nu$ $(CH_3)_2NH$ $(CH_3)_2\dot{N}H^{+}$ O_2N $NH(CH_3)_2$ $N(CH_3)_2$ $(H_3C)_2N$

0.18 0.17 0.02 0.0 0.30 0.16 1 3 5

LUMO系数

图示12.71 经由 $S_N(ET)Ar^*$机理的取代反应中控制进攻位点的因素

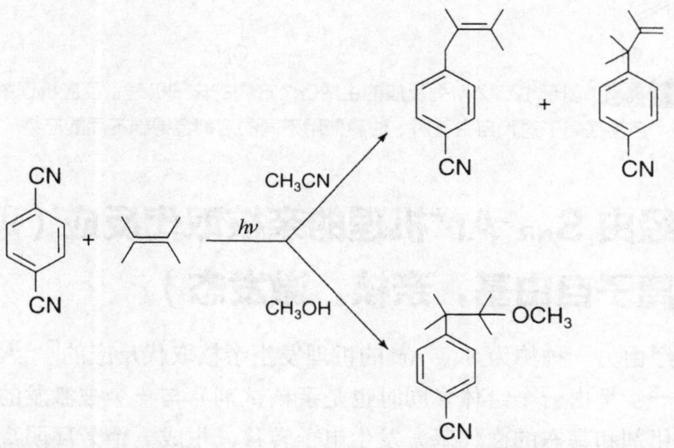

CN + $h\nu$ CH_3CN CH_3OH OCH_3

图示12.72 一个经由 $S_N(ET)Ar^*$机理的生成多种产物的亲核取代反应的例子

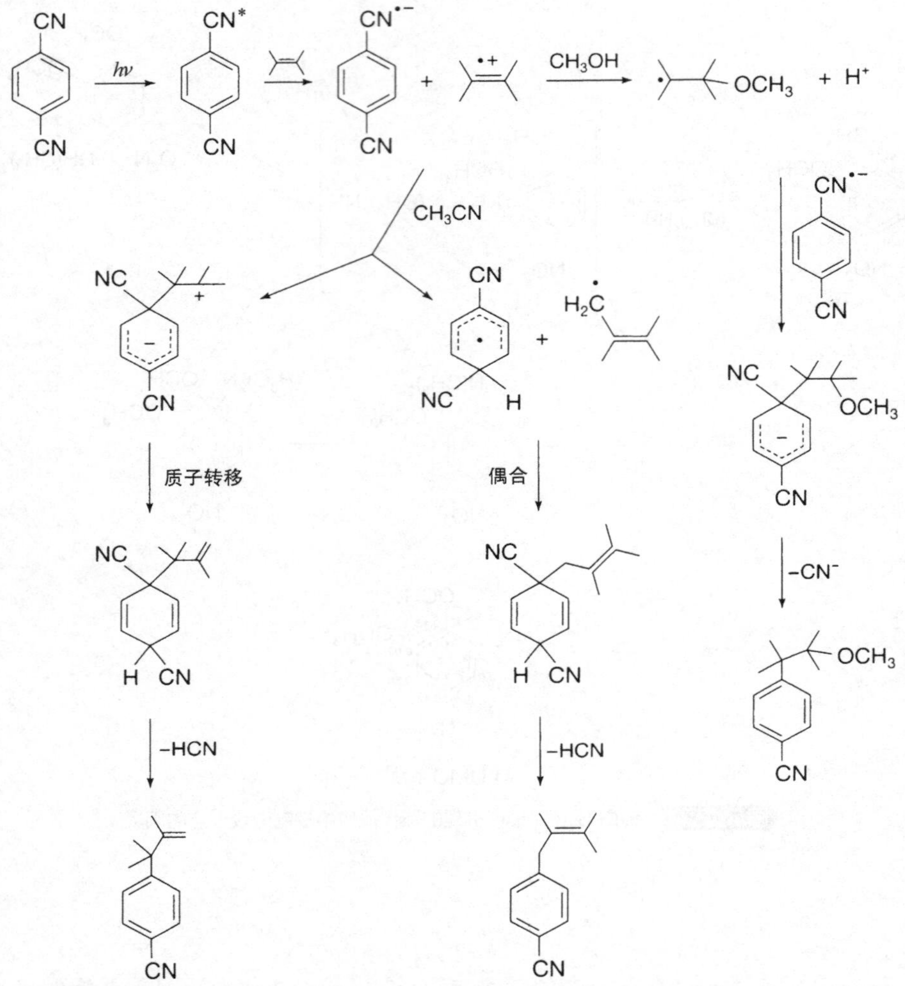

图示 12.73 图示 12.72 所列反应的生成各个产物的详细机理，反应机理中包含自由基离子对和自由基对。注意使用不同的溶剂会得到不同的产物

12.25 经由 S_{NR}-Ar*机理的亲核取代反应（取代，阴离子自由基，亲核，激发态）

卤代苯是经由另一种称为 S_{NR}-Ar*的机理发生亲核取代反应的[91,92]。图示 12.74 表示了反应的第一步是由一个给体（同时也是亲核试剂）与一个被激发的卤代苯（或一个被激发的敏化剂和基态的卤代苯）发生电子转移，生成一个芳环阴离子自由基。芳环阴离子自由基上的卤离子离去，引发下一步反应。总的结果是卤离子被亲核试剂取代。S_{NR}-Ar*机理区别于 S_N(ET)Ar*机理的特征是离去基团（卤离子）的离去发生在亲

核试剂的进攻之前。由于最后一步包含了电子转移，这个反应是一个链式过程，并且该过程的量子产率通常在20%～50%的范围内。这种 S_{NR}-Ar*反应已成功用于由氰基、羰基、酯基、二酮和酰胺化合物生成的碳负离子以及硫负离子、磷负离子和硒负离子取代芳环上的卤素（图示12.75）。

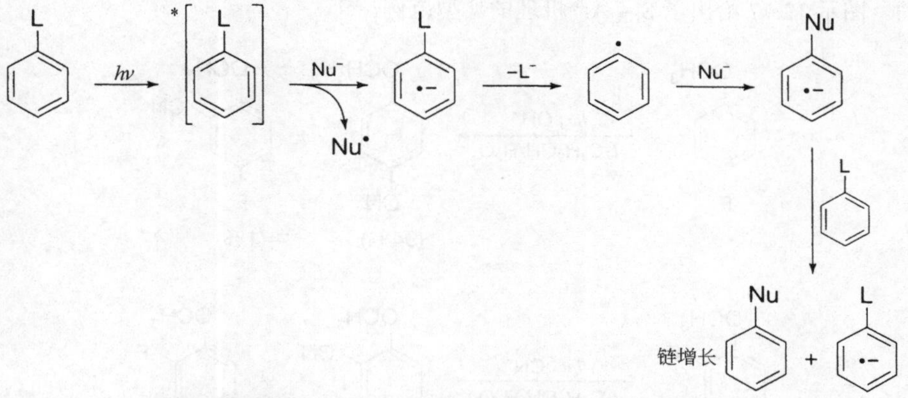

图示12.74 经由 S_{NR}-Ar*机理的亲核取代反应的详细过程。

注意 S_{NR}-Ar*过程和 S_N(ET)Ar*过程在步骤上的区别（L=离去基团；Nu=亲核试剂）

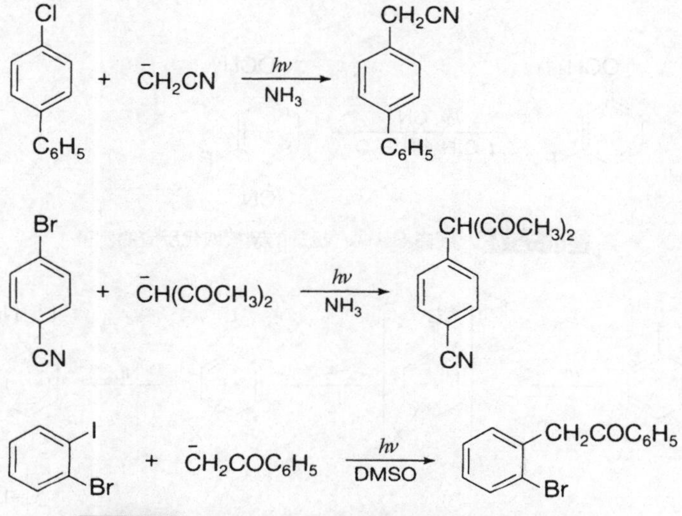

图示12.75 经由 S_{NR}-Ar*机理的亲核取代反应的例子

12.26 由光致电离引发的光致亲核取代反应：S_{NR^+}Ar*机理（取代，亲核，阳离子自由基，激发态）

有一些光诱导芳香亲核取代反应的例子，没有*R 与亲核试剂作用的原初光化学过程。在这些例子中*R（激发三重态）经过光致电离过程去掉一个电子后生成了一个阳离子自由基 $R^{\cdot+}$。这种反应称作 $S_{NR^+}Ar^*$机理（取代，亲核，阳离子自由基，激发态），容易发生在高度富电子并且具有较低离子化电位的芳香化合物上。图示 12.76 列出了一些经由这种机理进行反应的例子。大多数反应被认为是从芳香化合物的三重激发态发生的。图示 12.77 给出了 $S_{NR^+}Ar^*$机理的典型范例。

OCH_3
F
$h\nu$, OH^-
$t\text{-}C_4H_9OH/H_2O$
OCH_3
CN
(94%)
+
OCH_3
CN
F
(1%)

OCH_3
F
$h\nu$, CN^-
$t\text{-}C_4H_9OH/H_2O$
OCH_3
CN
(30%)
+
OCH_3
F
CN
(15%)

OCH_3
F
$h\nu$, CN^-
$t\text{-}C_4H_9OH/H_2O$
OCH_3
F
CN

图示 12.76 经由 $S_{NR^+}Ar^*$机理的亲核取代反应的例子

L
X
$h\nu$
^{*3}[L X]
$-e^-$
L
$\cdot+$
X
Nu^-
L NuH
X
$-L^-$
Nu
$\cdot+$
X
L
X
L
$\cdot+$
X
+
Nu
X

链过程

图示 12.77 经由 $S_{NR^+}Ar^*$机理的亲核取代反应的详细过程（L=离去基团；X=EDG；Nu=亲核试剂）

亲核试剂进攻阳离子自由基的位点是由阳离子自由基上特定位点的正电荷密度决定的（图 12.9）。亲核试剂进攻芳环阳离子自由基形成了一个σ-复合物（图示 12.77）。在接下来的步骤中其中的一个离去基团被亲核试剂取代。在图示 12.76 列出的取代模式与图 12.16 所表示的正电荷分布是吻合的。

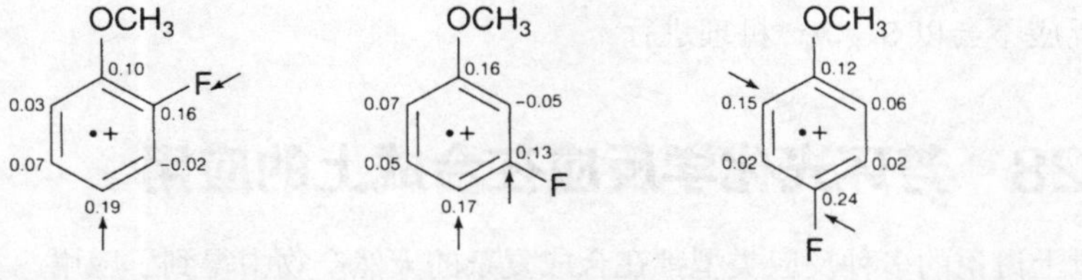

图 12.16 图示 12.76 所列反应中 3 个芳环阳离子自由基上各个碳原子的正电荷密度[93]

未被活化的芳香烃也可以通过 $S_{NR^+}Ar^*$机理生成三重态，并经历光致电离过程发生芳环亲核取代反应（图示 12.78）。

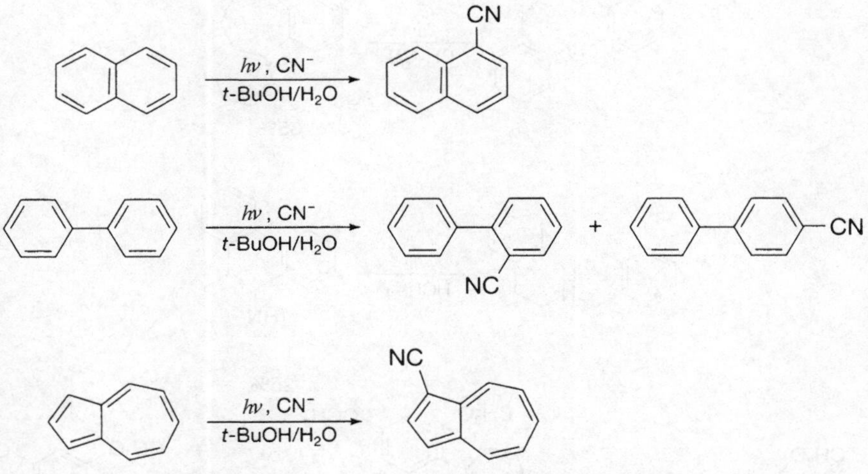

图示 12.78 多环芳烃经由 $S_{NR^+}Ar^*$机理发生亲核取代反应的例子

12.27 光致亲核取代反应的总结

以下的概括对于判断在给定条件下会以何种机理进行反应会有所帮助（表 12.2）。

（1）如果亲核试剂是一个好的电子给体，并且芳环化合物有好的离去基团（自由基形式），取代反应有可能以 S_{NR}–Ar*机理进行。

（2）如果亲核试剂是一个好的电子给体，而芳香化合物没有好的离去基团，取代反应可能以 S_N(ET)Ar*机理进行。

（3）如果亲核试剂不是一个好的电子给体，并且芳香分子带有容易离去的基团（阴离子形式），取代反应可能以 S_NAr^*机理进行。

（4）如果芳香分子容易被电离（形成一个阳离子自由基），取代反应可能以 $S_{NR}{}^+Ar^*$机理进行。

（5）如果芳香分子上有拉电子基团，一般具有较高的离子化电位，在这种情况下取代反应不会以 $S_{NR^+}Ar^*$机理进行。

12.28 芳环光化学反应在合成上的应用

以上讨论的多种反应类型都在合成复杂的天然产物中得到了应用。本节列举了其中的一些例子。例如我们在第 12 章 12.18 节提到的卤代苯的α-裂解反应。芳-卤键的均裂引发的分子内芳环-芳环偶联反应已经在构建复杂分子中得到了广泛应用（图示 12.79）[94~96]。产物都具有较好的分离产率。

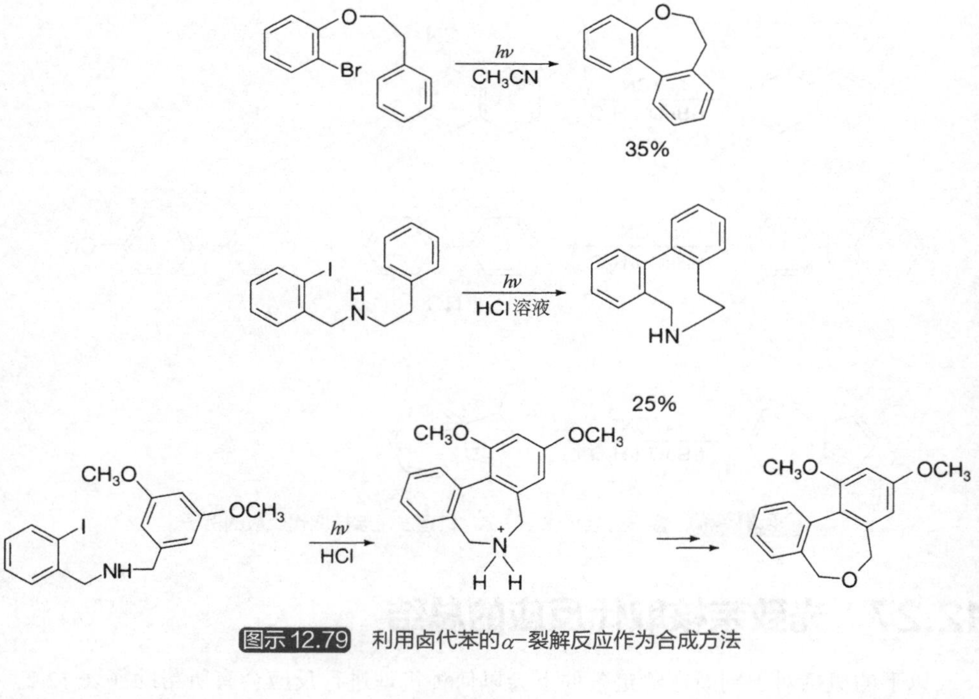

图示 12.79 利用卤代苯的α-裂解反应作为合成方法

在 12.14 节讨论的光致 Fries 反应经常用作往芳环骨架上引入取代基的合成策略。图示 12.80 和图示 12.81 列举了两个光 Fries 反应应用在合成上的例子[48]。

12.6 节提到的 *N*-芳基烯胺、*N*-芳基烯胺酮和β-羰基-*N*-芳基胺的光环化反应已经成为一种构建一些天然产物，尤其是生物碱的十分有力的合成策略（图示 12.82）[7,10~12,97,98]。

图示 12.80 利用光 Fries 反应作为合成方法

图示 12.81 利用光 Fries 反应作为合成方法

石蒜胺
(lycoramine)

两面针碱
(nitidine)

图示 12.82 使用取代芳烃的[6e]光环化反应作为合成方法

最早报道的分子内间位加成的例子发生在6-苯基-2-己烯分子上（图示 12.83）[99]。顺式异构体在光解后主要得到两种分子内加成产物，而反式异构体在相同条件下只会得到一种加成产物。在以上两种情况下烯烃构型的异构化都只会在很小的程度上发生。在这些例子中分子内间位加成反应都具有立体专一性，即使是图示 12.83 列举的结构上刚性更强的顺式十氢萘在经历分子内间位加成反应时也是如此。以上例证加深了人们对分子内间位加成反应的机理的理解，并使得这一反应成为一种有力的合成工具。

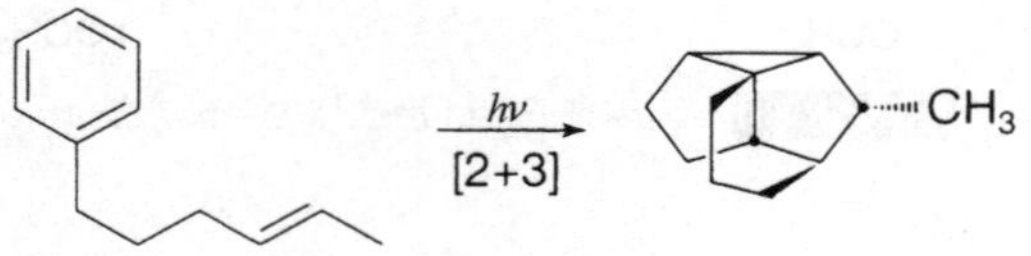

（12.12）

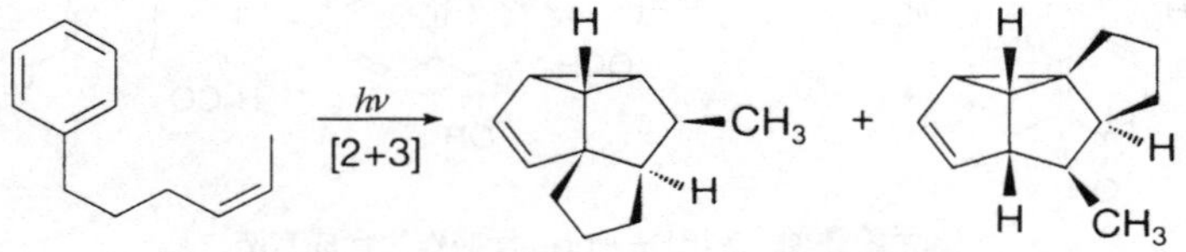

（12.13）

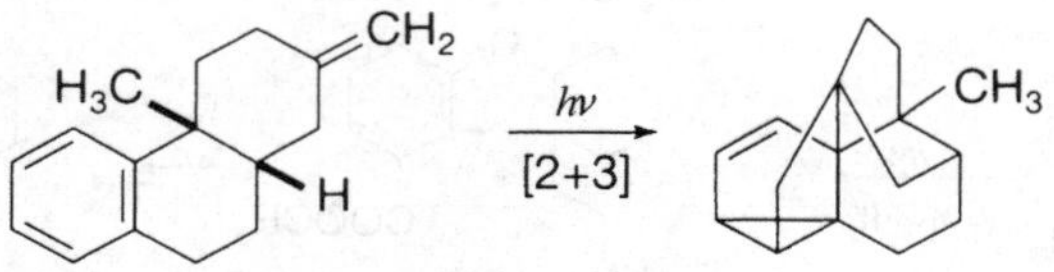

（12.14）

图示 12.83 烯烃对激发态的芳香环的分子内间位加成反应的例子

当人们了解到利用传统方法合成(±)-silphinene 需要经历 10～20 步反应，而利用光致间位加成反应作为关键步骤则整个路线被缩短到只有 3 步时，就明显意识到了这一反应策略的威力（图示 12.84）。利用光致间位环加成反应还完成了若干个含有数个手性中心的天然产物的不对称合成（图示 12.84 和图示 12.85）[100~102]。

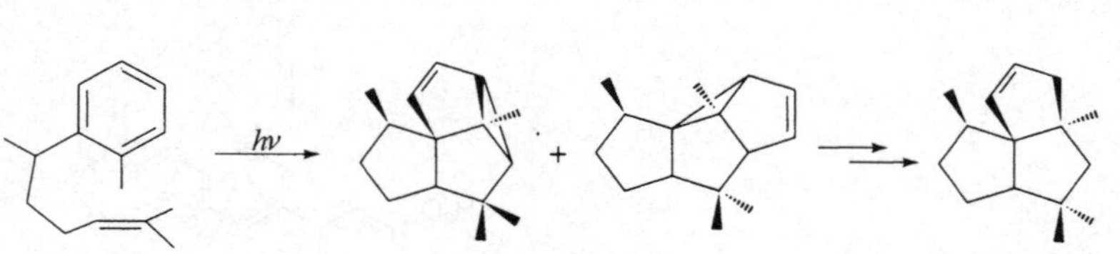

(±)-silphinene

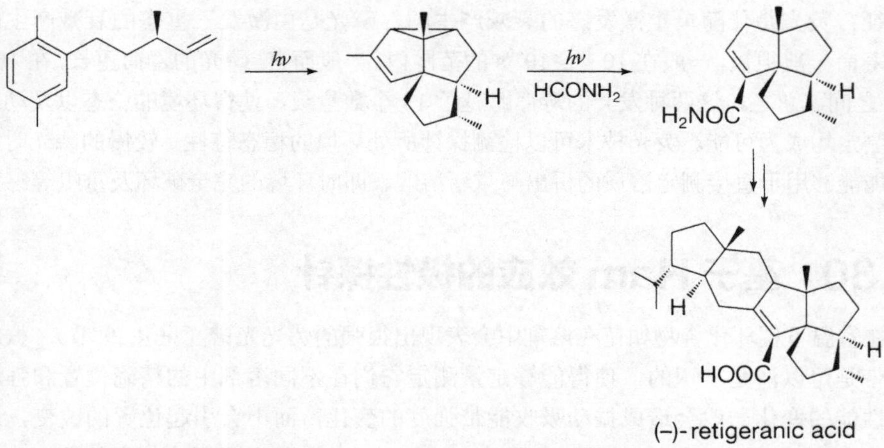

hν
hν HCONH2
H2NOC
HOOC
(−)- retigeranic acid

图示 12.84 用烯烃对激发态的芳香环的分子内间位加成反应作为合成方法的例子

OAc CH3O TBSO hν SBTO HO OH OH OH OH
(±)-木藜芦毒素 (grayanotoxin) Ⅱ

hν OAc OAc
(±)- modhephene

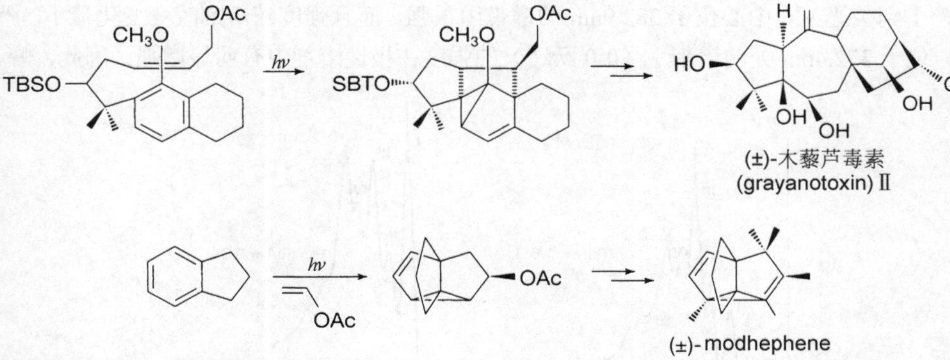

图示 12.85 用烯烃对激发态的芳香环的分子内间位加成和分子间加成反应作为合成方法的例子

12.29 芳烃发光性能的潜在应用：分子发光探针

分子探针可以定义为能够提供其所处环境信息的分子。发光探针应用的基本理念是将探针所处环境的结构以及热力学特性能够通过其发光性能反映出来[103,104]。本文中用到的各种发光参数包括最大发射峰的位置（λ_{max}）、发光强度（I）、发光寿命（τ）以及发光极化程度（P）。发光分子探针的成功与否在很大程度上依赖下列两个因素：对影响上述激发态参数的激发态机制的理解以及对探针位置和可能的对任何探针激发态性能的环境干扰的了解。

发光探针方法的两个非常优异的性能是该技术的极高的灵敏度以及可以用于宽的时间响应范围。借助现代发光光谱技术可以对 nmol/L 量级浓度物质的微弱的荧光进行检查，使该技术具有了超高的灵敏度。该方法所需浓度比其他物理方法如磁共振（例如自旋标记）低几个数量级。发光主要分为两类，它们具有不同的起源、光谱以及衰减特征：荧光是伴随单重激发态的衰减产生的，磷光是由激发三重态的衰减产生的。荧光寿命一般很短，一般在 10^{-12}～10^{-6}s 的范围内。一般而言，磷光的寿命更长，在 10^{-6}～10^{-1}s 之间。总之，这两种发光的寿命跨越了 13 个数量级，使得环境的稳态以及动态性能的测定均成为可能。荧光技术可以检测探针所处环境的稳态特性。较慢的磷光时间尺度可能能够用于直接测定溶质的析出与重新溶解、即时环境的完全破坏及重组等。

12.30 基于 Ham 效应的极性探针

在室温下稠环化合物如芘在溶剂中会表现出很强的荧光光谱（见 4.39 节）。振动吸收能带是可以清楚辨识的，使得能够定量测定它们在不同溶剂中的精确位置和强度。溶剂性能的变化一般会造成振动吸收能带强度的变化，而不会引起位置的改变，这种现象称为 Ham 效应。如图 12.17 所示，由于 Ham 效应，芘在不同溶剂中的荧光的振动谱带发生了明显的变化。如果我们将室温时观察到的芘的主要的振动谱带分别命名为荧光Ⅰ到荧光Ⅴ，中心位于 382.9nm 的谱带Ⅲ很强，而且强度随溶剂改变变化最小。然而，位于 372.4nm 处的谱带Ⅰ（0-0 跃迁）的强度在极性溶剂中有明显增强。因此，峰

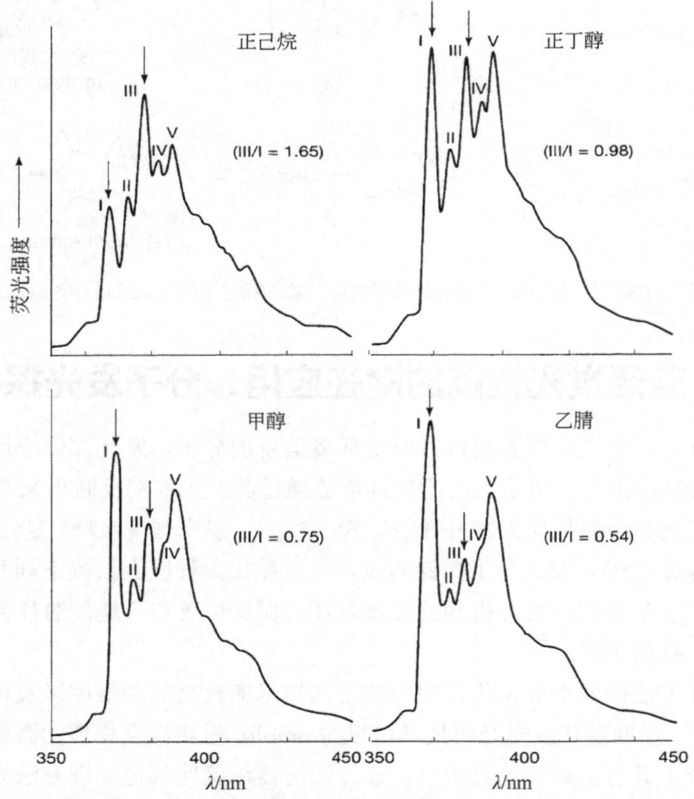

图 12.17 芘在不同溶剂中的荧光光谱（振动谱带Ⅰ和Ⅲ的相对强度可以用来测定溶剂的极性）

的强度比（III/ I ）能够作为环境微极性变化的非常灵敏的标准[105]。这种现象已经广泛应用于各种荧光探针分子实验。例子包括临界胶束浓度和水渗透进入胶束内部的测定，沸石、二氧化硅和氧化铝表面，全氟磺酸膜等的表观极性的测定。该探针的一个重要特点是芳香烃芘没有任何官能团，所以诸如氢键等特殊溶剂效应不会影响测量的结果。

12.31 基于扭曲分子内电荷转移现象的极性探针

如下所述，存在扭曲分子内电荷转移（TICT；详见 4.41 节）的荧光分子的发光量子产率和/或最大发射依赖介质的性质，也可以用于溶剂极性探针。有一类 $D(CH_2)_nA$ 结构的分子，在分子内部同时存在给体基团（D）和受体基团（A），光激发会发生分子内电荷转移。如果 n=0，也就是 DA 分子，会形成一种特殊的 TICT 激发态，其中给体和受体的 π 电子体系互相垂直（图 12.18）。对于基态为平面构型的 DA 分子，在形成 TICT 状态时要求一个单键的扭曲。这些 TICT 分子表现出短波和长波的发光分别对应于平面和扭曲的激发态（图 12.18）。

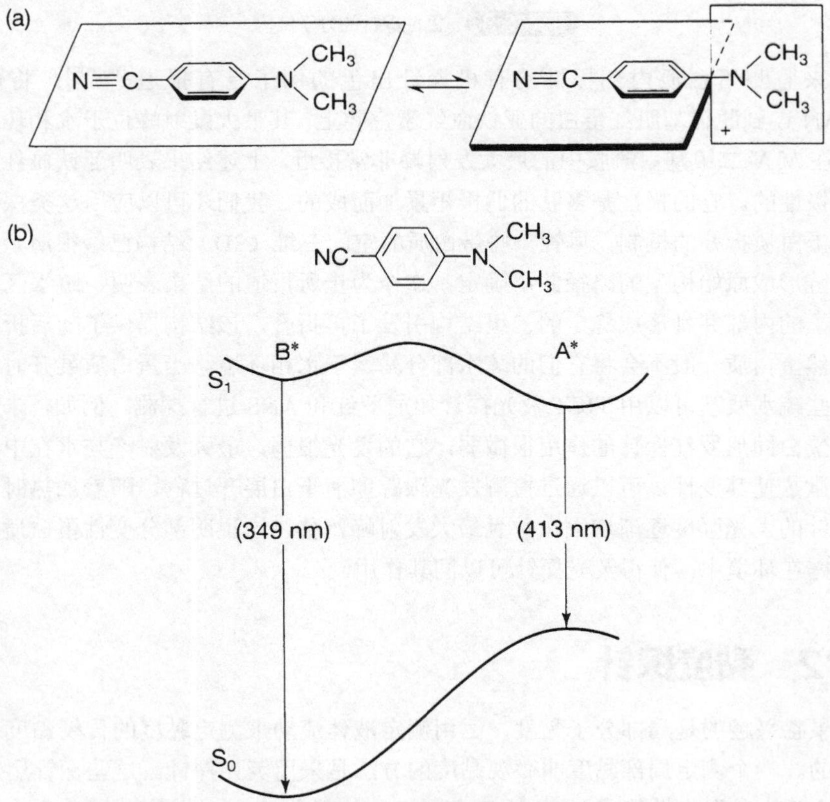

(a)

N≡C–C₆H₄–N(CH₃)₂ ⇌ N≡C–C₆H₄–N(CH₃)₂ (−, +)

(b)

NC–C₆H₄–N(CH₃)₂

图12.18 （a）带有给体基团和受体基团的分子在激发态的分子内转动；（b）平面结构和扭曲结构激发态表现出不同波长的发光

化合物 1-苯氨基-8-萘磺酸盐（ANS）、6-丙酰-2-二甲基氨基萘（PRODAN）和尼罗红（图示 12.86）的 TICT 荧光最大发射峰和量子产率都随介质变化。

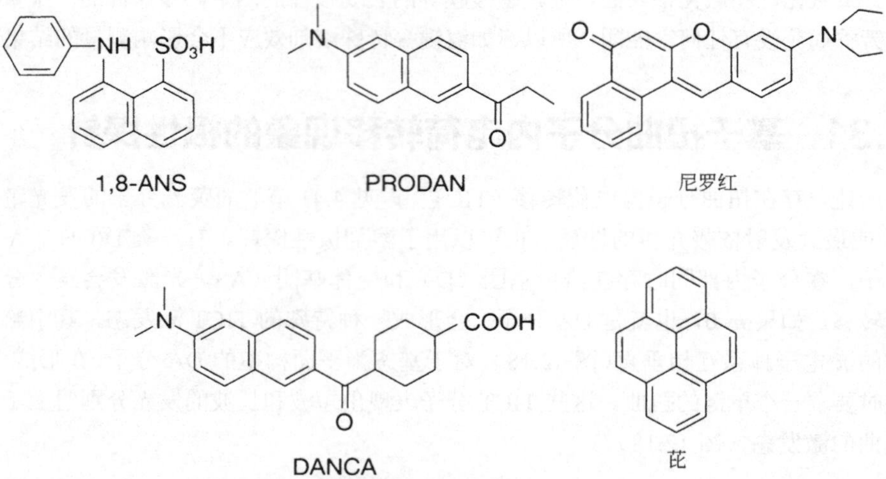

1,8-ANS　　PRODAN　　尼罗红

DANCA　　芘

图示 12.86 极性探针的分子结构

用来监测蛋白质内部极性的有机探针出色的例子已有报道[106,107]。将修饰的 PRODAN 连到脱辅基肌红蛋白的亚铁血红素空腔上，其最大发射峰位于水和环己烷之间，与在 *N*, *N*-二甲基甲酰胺中的最大发射峰非常接近，上述结果表明亚铁血红素空腔是中等极性的。它的极性是多肽的偶极矩累加而成的。我们还可以应用这类探针定性地推测蛋白质折叠的机制。尽管一些蛋白质的空间三维（3D）结构已经很清楚了，但是多肽链形成原始构型的路径并不确定。迄今为止所报道的结果表明，疏水区域塌陷进入分子的内部并且形成稳定的二级结构引发了再折叠，该结构提供了随后折叠的骨架。天然蛋白质一般不会将它们的疏水部分暴露于水相环境。当蛋白质展开时可能暴露的这些疏水残基可以用 TICT 荧光探针如尼罗红和 ANS 进行探测。例如，未处理过的卵清蛋白同尼罗红探针的作用很微弱，它的发光很弱，最大发射峰与水在中相同。通过加微热使其变性，可以通过检测发光跟踪卵清蛋白展开过程。随着加热时间的延长，探针的发光强度逐渐增大，并且最大发射峰蓝移，这说明部分变性蛋白质的疏水部分暴露在环境中，使得荧光探针可以同其作用。

12.32 黏度探针

如果感兴趣的是局部分子黏度，运用测定液体流动来测定黏度的传统黏度计是不能使用的。一个测定局部黏度即微观黏度的方法是采用荧光探针。这些探针用于检测在给定介质中其发光性能（λ_{max}，强度和寿命）的改变。

12.33 基于 TICT 现象的黏度探针

我们可以通过高分子领域的例子来解释具有 TICT 性能的 DA 型分子作为微观黏度探针的应用。在本体聚合中，反应体系从低分子量的单体转变为高分子量的高聚物。这个过程会伴随明显的物理和化学性能如介质微观黏度的变化[108]。

分子内 DA 型分子如 **7**、**8**、**9**（图示 12.87）对于监测高分子的聚合过程是非常有用的。这些分子的 S_1 激发态偶极矩从约 9D 逐渐增加到约 24D。它们在非黏度溶剂中荧光很弱（$\phi < 0.001$），而在黏度和刚性介质中会有很强的荧光（量子产率在 0.1～1 之间）。双键与相应的芳香环间的扭曲是这些分子在激发态的一个主要的衰减失活方式，并且任何扭曲的限制都会导致强的荧光发射。探针的荧光强度首先保持不变，直到一个特定的时刻会出现突然的荧光增强。当高聚物转变为玻璃态时，它的自由体积会急剧减小，介质的黏度迅速增大，从而限制了探针的自由转动，正是这一过程导致了荧光强度的变化。

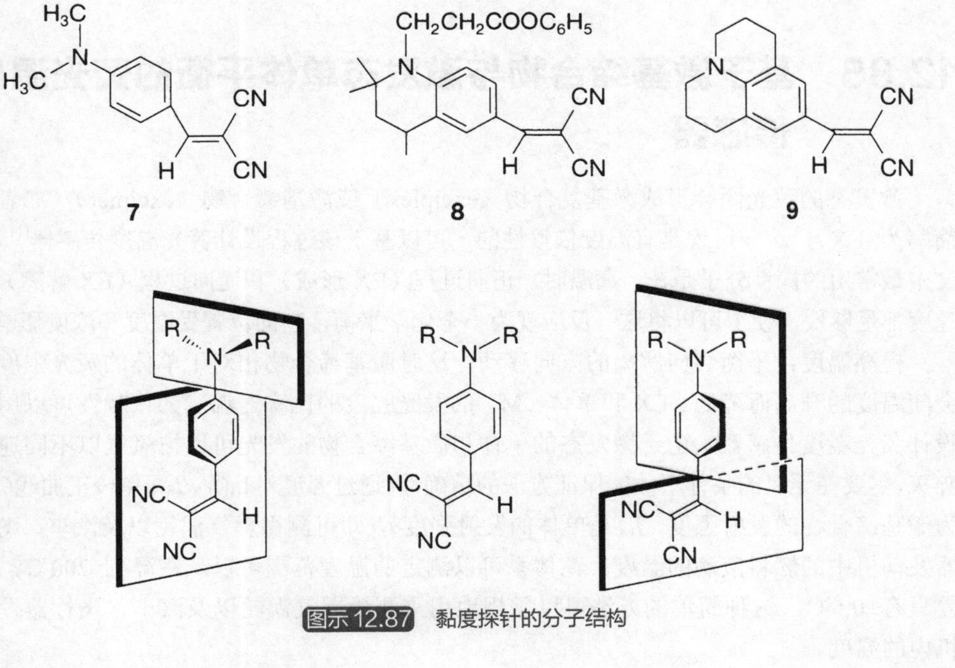

图示 12.87 黏度探针的分子结构

12.34 荧光温度传感器

在监测有限空间（如动植物细胞）或恶劣环境（如燃料喷雾）的温度时，基于荧光的温度传感已经受到了越来越多的关注[109]。与物理探针（如温度计和热电偶）相比，这类探针在探测流动系统和组织的活体细胞方面有着自己的优势，这些场方向和环境不受这些分子探针存在影响。寻找合适探针的基本方法在于找到可重复使用并且发光性能有温度依赖性的分子。

12.35 基于有温度依赖性的非辐射跃迁的荧光温度传感器

萘在气相中的单重激发态（S_1）寿命对温度有依赖性，这很可能是由于萘激发态的非辐射衰减过程（$S_1 \rightarrow S_0$ 和 $S_1 \rightarrow T_1$）的温度依赖性造成的。这一依赖性使得将气态的萘作为光学温度传感器成为可能[110]。科学家发展了基于快速寿命测定的荧光寿命成像技术，其中萘为荧光分子。这种方法对于监测气流和流动液体中的温度非常有用，在这些体系中探针分子的激发态寿命只受温度影响。在这些实验中，在气流中掺入萘蒸气作为荧光掺杂剂。根据有温度依赖性的寿命的测试所做出的校正曲线，就可以采集到气流的二维（2D）温度图像。萘在 25～450℃的范围内都是很好的光学探针。但是绝对误差很大，可能达到±15℃。

12.36 基于激基缔合物与激发态单体平衡的荧光温度传感器

激发态的荧光团会形成激基复合物（exciplex）或激基缔合物（excimer）（二者均简写为 EX），这一过程是有温度依赖性的，可以基于该过程设计荧光温度传感器[111]。文中最常用的探针分子是芘。高温时，正向过程（EX 形成）和逆向过程（EX 解离）的速度都足够快，使得可以将这一反应视为一个化学平衡，它的位置受温度和浓度影响。

提高温度，平衡会向解离的方向移动，这时激基缔合物相对于单体的荧光强度就会随温度的升高而降低。EX 和单体（M）的发光强度的比率对温度的依赖性可以用来设计荧光温度传感器。由于激发态的单体和激基缔合物的发光可以被氧气以不同速率猝灭，需要在无氧的条件下才能保证方法的精确性。通过温度对 $\ln(I_{EX}/I_M)$ 作校正曲线（I_{EX} 为激基缔合物的发射强度，I_M 是单体的发射强度），即可测得燃气涡轮以及汽车、飞行器发动机中的燃料液滴的温度。芘体系可以测定的温度范围可以从室温到 200℃，误差只有±0.5℃。这种简单的方法可以常规地用来测量燃气涡轮以及汽车、飞行器发动机内的温度。

12.37 基于 TICT 现象的荧光温度传感器

荧光薄膜探针 7-硝基-2-氧杂-1,3-苯并噁二唑-4-基（7-nitrobenz-2-oxa-1,3-diazol-4-yl）（**10**）的给体氨基和受体硝基通过苯环相连，这种结构特性使其具有 TICT 行为。有趣的是，**10** 在活细胞中时可用作温度传感器。**10** 在平面激发态时发光强，而在扭曲激发态时发光较弱。在活细胞中形成 TICT 态所需的 C—C 键的旋转受到限制，探针分子（处于平面构型）在室温下表现出很强的发光。然而，随着温度的升高，C—C 键可以旋转，发光强度降低。例如，在脂质体中，**10** 的发射强度随温度改变，而发光位置没有明显移动。在 10～70℃范围内发光强度的积分与温度呈线性关系。通过建立已知系统的校准曲线，将修饰有不同的脂肪链的分子 **10** 固定到细胞的不同位置，使在细胞器的空间分辨的温度检测成为可能。

脂肪链修饰的 7-硝基-2-氧杂-1,3-苯并噁二唑-4-基

10

12.38 荧光化学传感器

若一个化合物包含有结合位点、荧光团以及将这两部分连接起来的装置，则可称作荧光化学传感器[112]。它们由选择性结合“物种”的接受体、可在结合“物种”前后光物理性质发生改变的报告体（发光团）以及连接接受体和报告体的连接体组成（图 12.19）。接受体需要根据“被检物种”的特性进行选择和设计。报告体需要在

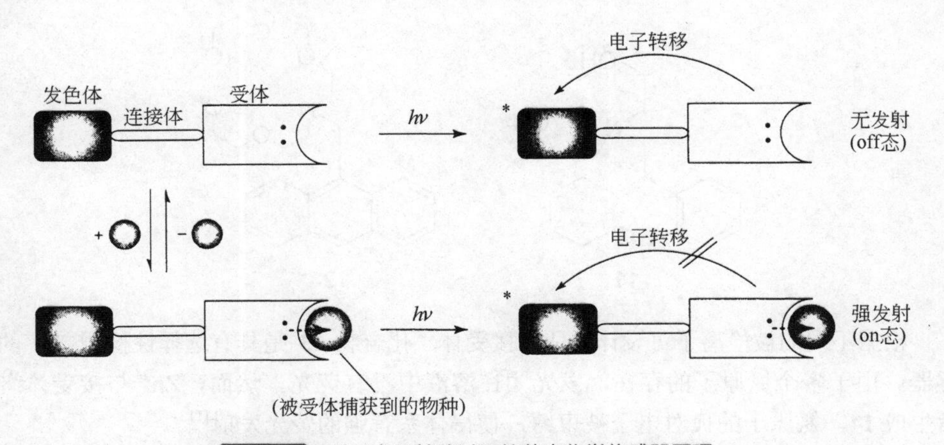

图 12.19 基于电子转移过程的荧光化学传感器原理

接受体中的两点代表参与的电子，结合阳离子后这些电子不能发生电子转移

加入“物种”前后呈现出不同的发光性质，最好是在结合“被检物种”之后荧光增强或被触发。通常情况下，接受体参与的电子转移或能量传递使报告体的荧光处于“关”的状态。“被检物种”的结合使得这种荧光猝灭过程受阻，荧光打“开”。另一个方法是利用加入“被检物种”后报告体会出现新的发射峰。这就要求报告体能够产生两种不同的发射。例如，芳香族化合物可以有单体和激基缔合物的发光。而“被检物种”的存在可以改变这种发光态。这样的体系也为大家熟知。

12.39 基于电子转移机理的荧光化学传感器

光诱导电子转移是一类经典荧光化学传感器的重要机理。该体系最基本的特征是：发光体通常为不发光或发弱光的芳香发色团，金属离子或质子与传感器的接收体络合后发色团变得可以发强的荧光。图 12.19 为这类传感器的原理示意图。在光激发下，荧光团的激发态能量通过接受体到荧光团的分子内电子转移过程损失，因此光激发观察不到明显的荧光发射。一旦接受体与阳离子或质子结合，便阻断了从受体到激发态荧光团的电子转移过程，从而使发色团主要通过发光过程回到基态。化合物 *N*-(9-蒽甲基)二乙醇胺（**11**）结构式如下所示，蒽为荧光团，氨基部分为接受体。由于在单重激发态下发生了由氨基向荧光团的电子转移，蒽的发光很弱（在甲醇中 $\Phi_F \approx 0.002$）。用 0.01mol/L HCl 酸化后，量子产率提高了至少 2 个数量级（$\Phi_F \approx 0.41$）。氨基的质子消除了激发态发色团的快速失活过程，即从氨基到芳香基团的电子转移过程。因此 **11** 可作为介质中质子的传感器。化合物 *N*-(9-萘甲基)单氮杂-18-冠-6（**12**）中带有氮杂冠醚，在介质中可络合，并通过强的发光检出金属离子如 Na^+和 K^+。在 K^+（0.1mol/L）存在下，**12** 的荧光强度显著增强（甲醇中 $\Phi_F \approx 0.002$ 增加至 $\Phi_F \approx 0.14$）。该化合物的基本性质与 **11** 很相似。

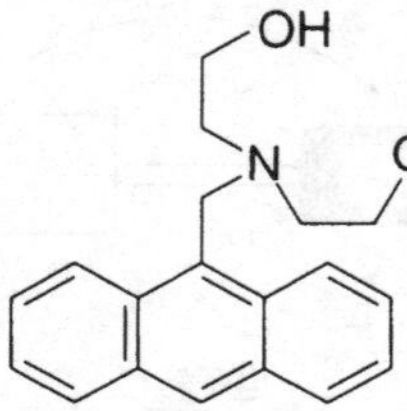

11 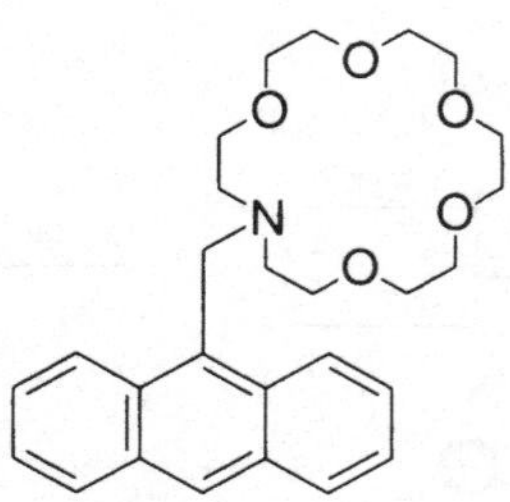 **12**

根据不同的被检离子可设计合适的接受体。化合物 **13** 是具有选择性检测 Zn^{2+}的传感器。由于多个氮原子的存在，发光团在溶液中没有荧光。然而，Zn^{2+}与接受体络合后生成 **14**，氮原子的孤对电子被束缚，使得体系有强的荧光发射[113]。

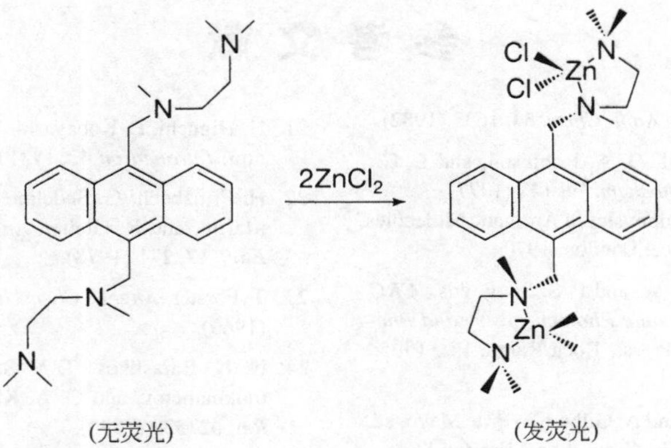

$2ZnCl_2$

(无荧光) **13**

(发荧光) **14**

12.40 小结

芳香烃由于只有σ键和π键，它们的最低激发态只有σ,π*、π,σ*或π,π*电子构型。由于π轨道和π*轨道很大程度地离域，并且具有很高的对称性，基于简单MO得到的激发态轨道通常是简并的。这使得难以用MO直观定性地描述其最低激发态。这与羰基化合物和烯烃的情况不同，它们的电子激发态n,π*和π,π*的简单的概念性描述是可行的。尽管有这样的复杂性，但是如前面几章所讨论的，芳烃的光化学行为和其他三类发色团（包括羰基化合物、烯烃和烯酮）有着相似之处。芳香化合物受光激发可以发生多种基态所不能发生的反应。已知的芳香化合物的光化学反应包括电子转移、α-裂解、β-裂解、C═C加成、周环反应、二π-甲烷重排反应和取代反应。

芳香化合物相对较长的 S_1态使得从 S_1到 T_1的系间窜越可能发生，因此化学反应可以从 S_1态和 T_1态发生。基态的芳香性并不能阻止这些分子在激发态发生电环化反应生成高能的分子如杜瓦苯和盆苯衍生物。在芳香化合物的裂解反应中，光Fries反应和光Claisen反应是众所周知的。这些反应以及相关反应根据芳香环上取代基的不同，可以经过均裂和/或异裂过程进行。芳香化合物参与电子转移过程，它们根据芳香环上取代基情况可以作为给体或受体。与基态相似，取代反应也可以在激发态发生。与在基态不同，亲核取代在激发态更为常见。取代反应的机制随亲核试剂、芳香化合物和溶剂的改变而不同。

大量的芳香化合物的光化学反应在合成中得到了应用。此外，由于许多芳香化合物表现出环境依赖的发光，它们被用作探针，检测介质的极性、黏性和温度。芳香化合物在激发态的电子转移性能已经广泛应用于发展基于其的离子和中性分子的传感器。

参考文献

1. K. N. Houk, *Pure Appl. Chem.* **54**, 1633 (1982).
2. (a) R. B. Cundall, D. A. Robinson, and L. C. Pereira, *Adv. Photochem.* **10**, 147 (1977).
   (b) B. Birks, Photophysics of Aromatic Molecules, Wiley–Interscience, London, 1970.
3. A. Gilbert, in H. W and P S. Song, eds., *CRC Handbook of Organic Photochemistry and Photobiology*, CRC Press., Boca Raton, FL, 1995, p. 229.
4. D. Bryce-Smith and A. Gilbert, in P de Mayo, ed., *Rearrangements in Ground and Excited States*, Vol. 3, Academic Press, New York, 1980, p. 349.
5. J A. Pincock, in H. W and F. Lenci, eds., *CRC Handbook of Organic Photochemistry and Photobiology*, 2 ed., CRC Press, Boca Raton, FL, 2004, p. 1.
6. D. Bryce-Smith, A. Gilbert, and D. A. Robinson, *Angew. Chem. Int. Ed. Engl.* **10**, 745 (1971).
7. R. Pollard and P Wan, *Org. Prep. and Proc. Int.* **25**, 1 (1993).
8. A. A. Leone and P S. Mariano, *Rev. Chem. Inter.* **4**, 81 (1981).
9. A. G. Schultz and L. Motyka, in A. Padwa, ed., *Organic Photochemistry*, Vol. 6, Marcel Dekker, New York, 1983, p. 1.
10. I. Ninomiya, *Heterocycles* **2**, 105 (1974).
11. T. Kametani and K. Fukumoto, *Acc. Chem. Res.* **5**, 212 (1972).
12. G. R. Lenz, *Synthesis* **7**, 489 (1978).
13. H. E. Zimmerman and G.-S. Wu, *Can. J. Chem.* **61**, 866 (1983).
14. H. E. Zimmerman and R. L. Swafford, *J. Org. Chem.* **49**, 3069 (1984).
15. J.-P Fasel and H.-J. Hansen, *Chimia* **35**, 9 (1981).
16. H.-D. Becker, *Chem. Rev.* **93**, 145 (1993).
17. H.-D. Becker, in D. H. Volman, G. S. Hammond, and K. Gollnick, eds., *Advances in Photochemistry*, Vol. 15, Wiley–Interscience, New York, 1990, p. 139.
18. J Ferguson, *Chem. Rev.* **86**, 957 (1986).
19. H. Bouas-Laurent, A. Castellan, J.-P Desvergne, and R. Lapouyade, *Chem. Soc. Rev.* **29**, 43 (2000).
20. H. Bouas-Laurent, A. Castellan, J.-P Desvergne, and R. Lapouyade, *Chem. Soc. Rev.* **30**, 248 (2001).
21. H. Higuchi, E. Kobayashi, Y. Sakata, and S. Misumi, *Tetrahedron* **42**, 1731 (1986).
22. H. Prinzbach, G. Sedelmeier, C. Kruger, H. D. Martin, and R. Gleiter, *Angew. Chem., Int. Ed. Engl.* **17**, 271 (1978).
23. T Forster, *Angew. Chem. Inter. Ed. Engl.* **8**, 333 (1969).
24. N. N. Barashkov, T. V Sakhno, R. N Nurmukhametov, and O. A. Khakhel, *Russ. Chem. Rev.* **62**, 539 (1993).
25. J Cornelisse, *Chem. Rev.* **93**, 615 (1993).
26. H. Hoffmann, in A. G. Griesbek and J Mattay, eds., *Synthetic Organic Photochemistry*, Marcel Dekker, New York, 2005, p. 2.
27. J Cornelisse and R. D. Hann, in V Ramamurthy and K. S. Schanze, eds., *Molecular and Supramolecular Photochemistry*, Vol. 8, Marcell Dekker, New York, 2001, p. 1.
28. D. Bryce-Smith and A. Gilbert, *Tetrahedron* **32**, 1309 (1976).
29. D. Bryce-Smith and A. Gilbert, *Tetrahedron* **33**, 2459 (1977).
30. H. D. Scharf, H. Leismann, W Erb, H. W Gaidetzka, and J Aretz, *Pure Appl. Chem.* **41**, 581 (1975).
31. D. E. Reedich and R. S. Sheridan, *J. Am. Chem. Soc.* **107**, 3360 (1985).
32. D. E. Reedich and R. S. Sheridan, *J. Am. Chem. Soc.* **110**, 3697 (1988).
33. R. S. Sheridan, *J. Am. Chem. Soc.* **105**, 5140 (1983).
34. R. B. Woodward and R. Hoffmann, *The Conservation of Orbital Symmetry*, Verlag Chemie, Weinheim, 1970.
35. J Mattay, *Tetrahedron* **41**, 2405 (1985).
36. J Mattay, *Tetrahedron* **41**, 2393 (1985).
37. J. Mattay, *J. Photochem.* **37**, 167 (1987).
38. J Mattay, *Angew. Chem., Int. Ed. Engl.* **26**, 825 (1987).
39. D. Bryce-Smith and A. Gilbert, *Tetrahedron Lett.* **42**, 6011 (1986).
40. J J. McCullough, *Chem. Rev.* **87**, 811 (1987).
41. K. Mizuno, H. Maeda, A. Sugimoto, and K. Chiyonobu, in V Ramamurthy and K. S. Schanze, eds., *Molecular and Supramolecular Photochemistry*, Vol. 8, Marcell Dekker, New York, 2001, p. 127.

42. N C. Yang, R. L. Yates, J. Masnovi, D. Shold, and W Chiang, *Pure Appl. Chem.* **51**, 173 (1979).
43. L. M. Stephenson and G. S. Hammond, *Pure Appl. Chem.* **16**, 125 (1968).
44. S. L. Mattes and S. Farid, *Acc. Chem. Res.* **15**, 80 (1982).
45. R. A. Caldwell and D. Creed, *Acc. Chem. Res.* **13**, 45 (1980).
46. V I. Stenberg, in O. Chapman, ed., *Organic Photochemistry*, Vol. 1, Marcel Dekker, New York, 1967, p. 127.
47. D. Bellus, *Adv. Photochem.* **8**, 109 (1973).
48. M. A. Miranda, in W Horspool and P S. Song, eds., *CRC Handbook of Organic Photochemistry and Photobiology*, CRC Press, Boca Raton, FL, 1995, p. 570.
49. S. S. Hixson, in A. Padwa, ed., *Organic Photochemistry*, Vol. 4, Marcel Dekker, New York, 1978, p. 191.
50. S. A. Fleming and J A. Pincock, in V Ramamurthy and K. Schanze, eds., *Molecular and Supramolecular Photochemistry*, Vol. 3, Marcel Dekker, New York, 1999, p. 211.
51. R. S. Givens and L. W Kueper III, *Chem. Rev.* **93**, 55 (1993).
52. S. J. Cristol and T. H. Bindel, in A. Padwa, ed., *Organic Photochemistry*, Marcell Dekker, New York, 1983, p. 327.
53. M. Lipson, A. A. Deniz, and K. S. Peters, *J. Am. Chem. Soc.* **118**, 2992 (1996).
54. M. Lipson, A. A. Deniz, and K. S. Peters, *Chem. Phys. Lett.* **288**, 781 (1998).
55. J. A. Pincock, in W M. Horspool and P S. Song, eds., *CRC Handbook of Organic Photochemistry and Photobiology*, CRC Press, Boca Raton, FL, 1995, p. 393.
56. J. A. Pincock, *Acc. Chem. Res.* **30**, 43 (1997).
57. A. Weller, in *Progress in Reaction Kinetics*, Vol. 1, Pergamon: London, 1961, p. 188.
58. J F. Ireland and P A. H. Wyatt, Acid–Base Peoperties of Electronically Excited States of Organic Molecules, in V Gold, ed., *Advanced Physical Organic Chemistry*, Vol. 12, 1976, p. 131.
59. P Wan and D. Shukla, *Chem. Rev.* **93**, 571 (1993).
60. L. M. Tolbert and K. M. Solntsev, *Acc. Chem. Res.* **35**, 19 (2002).
61. P Wan, D. W Brousmiche, C. Z. Chen, J Cole, M. Lukeman, and M. Xu, *Pure Appl. Chem.* **73**, 529 (2001).
62. D. W Brousmiche, A. G. Briggs, and P Wan, in V Ramamurthy and K. Schanze, eds., *Molecular and Supramolecular Photochemistry*, Vol. 6, Marcel Dekker, New York, 2000, p. 1.
63. R. S. Davidson, J. W Goodin, and G. Kemp, in V Gold, ed., *Advanced Physical Organic Chemistry*, Vol. 20, Academic Press, London, 1984, p. 191.
64. N J. Bunce, in W Horspool and P S. Song, eds., *CRC Handbook of Organic Photochemistry and Photobiology*, CRC Press, Boca Raton, FL, 1995, p. 1181.
65. R. S. Davidson, in R. Foster, ed., *Molecular Association*, Vol. 1, Academic Press, New York, 1974, p. 215.
66. N Mataga and M. Ottolenghi, in R. Foster, ed., *Molecular Association*, Vol. 2, Academic Press, New York, 1979, p. 1.
67. A. Weller, *Pure Appl. Chem.* **16**, 115 (1968).
68. N. J. Bunce, in W Horspool and P S. Song, eds., *CRC Handbook of Photochemistry and Photobiology*, CRC Press, Boca Raton, FL, 1995, p. 266.
69. F. D. Lewis, in P S. Mariano, ed., *Advances in Electron Transfer Chemistry*, Vol. 5, JAI Press Inc., Greenwich, 1996, p. 1.
70. M. Yasuda and K. Shima, in S. Oae, ed., *Reviews on Heteroatom Chemistry*, Vol. 4, MYU K K, Tokyo, 1991.
71. M. Yasuda, T. Shiragami, J. Matsumoto, T. Yamashita, and K. Shima, in V Ramamurthy and K. S. Schanze, eds., *Molecular and Supramolecular Photochemistry*, Vol. 14, Taylor & Francis, Boca Raton, FL, 2006, p. 207.
72. G. J Kavarnos and N. J Turro, *Chem. Rev.* **86**, 401 (1986).
73. S. L. Mattes and S. Farid, in A. Padwa, ed., *Organic Photochemistry*, Vol. 6, Marcel Dekker, New York, 1983, p. 233.
74. S. B. Karki, J P Dinnocenzo, S. Farid, J L. Goodman, I. R. Gould, and T. A. Zona, *J. Am. Chem. Soc.* **119**, 431 (1997).
75. V Ramachandra Rao and S. S. Hixson, *J. Am. Chem. Soc.* **101**, 6458 (1979).
76. C. Pac, *Pure Appl. Chem.* **58**, 1249 (1986).
77. E. R. Gaillard and D. G. Whitten, *Acc. Chem. Res.* **29**, 292 (1996).
78. D. R. Arnold and L. J Lamont, *Can. J. Chem.* **67**, 2119 (1989).
79. A. Okamoto, M. S. Snow, and D. R. Arnold, *Tetrahedron* **42**, 6175 (1986).
80. H. Shizuka, *Acc. Chem. Res.* **18**, 141 (1985).

81. P Wan and G. Zhang, *Res. Chem. Inter.* **19**, 119 (1993).

82. M. Fagnoni and A. Albini, in V Ramamurthy and K. S. Schanze, eds., *Molecular and Supramolecular Photochemistry*, Vol. 14, Taylor & Francis, Boca Raton, FL, 2006, p. 131.

83. J. Cornelisse and H. E., *Chem. Rev.* **75**, 353 (1975).

84. J. Cornelisse, G. P De Gunst, and E. Havinga, in V Gould, ed., *Advances in Physical Organic Chemistry*, Vol. 11, Academic Press, London, 1975, p. 225.

85. F. Terrier, in F. Terrier, ed., *Nucleophilic Aromatic Displacement*, VCH, New York, 1991, p. 321.

86. J Cornelisse, in W Horspool and P S. Song, eds., *CRC Handbook of Photochemistry and Photobiology*, CRC Press, Boca Raton, FL, 1995, p. 250.

87. A. Albini and A. Sulpizio, Aromatics, in M. A. Fox and M. Chanon, eds., *Photoinduced Electron Transfer*, Vol. C, Elsevier, New York, 1988, p. 88.

88. A. Albini, E. Fasani, and M. Mella, *Topics Curr. Chem.*, **168**, 143 (1993).

89. D. R. Arnold, P C. Wong, A. J. Maroulis, and T. S. Cameron, *Pure Appl. Chem.* **52**, 2609 (1980).

90. D. Mangion and D. R. Arnold, in W Horspool and F. Lenci, eds., *CRC Handbook of Organic Photochemistry and Photobiology* (2nd ed.), CRC Press, Boca Raton, FL, 2004, p. 40/1.

91. J F. Bunnett, *Acc. Chem. Res.* **11**, 413 (1978).

92. R. Beugelmans, in W Horspool and P.-S. Song, eds., *CRC Handbook of Photochemistry and Photobiology*, CRC Press, Boca Raton, 1995, p. 1200.

93. J. Cornelisse, G. Lodder, and E. Havinga, *Rev. Chem. Intermed.* **2**, 231 (1979).

94. S. V Kessar and A. K. S. Mankotia, in W Horspool and P S. Song, eds., *CRC Handbook of Organic Photochemistry and Photobiology*, CRC Press, Boca Raton, FL, 1995, p. 1218.

95. S. M. Kupchan, J. L. Moniot, R. M. Kanojia, and J B. O'Brien, *J. Org. Chem.* **36**, 2413 (1971).

96. J L. Neumeyer, K. H. Oh, K. K. Weinhardt, and B. R. Neustadt, *J. Org. Chem.* **34**, 3786 (1969).

97. A. G. Schultz, *Acc. Chem. Res.* **16**, 210 (1983).

98. A. G. Schultz and I.-C. Chiu, Heteroatom Directed Photoarylation; *J. Chem. Soc., Chem. Commun.* 29 (1978).

99. H. Morrison, in A. Padwa, ed., *Organic Photochemistry*, Vol. 4, Marcel Dekker, New York, 1979, p. 143.

100. P A. Wender and T. M. Dore, in W Harspool and P S. Song, eds., *Handbook of Photochemistry and Photobiology*, CRC Press, Boca Raton, FL, 1995, p. 280.

101. P A. Wender, L. Siggel, and J. M. Nuss, Arene-Alkene Photocycloaddition Reactions, in . A. Padwa, ed., *Organic Photochemistry*, Vol. 10, Marcel Dekker, New York, 1989, p. 357.

102. D. De Keukeleire and S.-L. He, *Chem. Rev.* **93**, 359 (1993).

103. K. Kalyanasundaram, in V Ramamurthy, ed., *Photochemistry in Organized and Constrained Media*, VCH Publishers, New York, 1991, p. 39.

104. C. Bohne, R. W Redmond, and J. C. Scaiano, in V Ramamurthy, ed., *Photochemistry in Organized and Constrained Media*, VCH Publishers, New York, 1991, p. 79.

105. K. Kalyanasundaram and J K. Thomas, *J. Am. Chem. Soc*, **99**, 2039 (1977).

106. J. F. Deye and T. A. Berger, *Anal. Chem*, **62**, 615 (1990).

107. G. Weber and F. J Farris, *J. Am. Chem. Soc.*, **18**, 3075 (1979).

108. J Paczkowski and D. C. Neckers, *Fluoresc. Probe Technol.*, 75 (1992).

109. J. Lou, T. M. Finegan, P Mohsen, T. A. Hatton, and P E. Laibinis, *Rev. Anal. Chem.* **18**, 235 (1999).

110. T. Ni and L. A. Melton, *Appl. Spectrosc.* **50**, 1112 (1996).

111. H. E. Gossage and L. A. Melton, *Appl. Opt.* **26**, 2256 (1987).

112. A. Prasanna de Silva, D. B. Fox, T. S. Moody, and S. M. Weir, in V Ramamurthy and S. K. Schanze, eds., *Molecular and Supramolecular Photochemistry*, Vol. 7, Marcel Dekker, New York, 2001, p. 93.

113. A. W Czarnik, *Acc. Chem. Res.* **27**, 302 (1994).

第13章

超分子有机光化学：通过分子间相互作用控制有机光化学和光物理

13.1 超分子有机化学现有的及新展现的范式

在过去半个世纪以来，超分子化学作为“超出分子的化学”从分子化学衍生而来。超分子有机化学可以有多种描述方式，例如：①分子配合物化学；②非共价键化学；③分子间键的化学；④分子识别化学。这些描述都很符合“超出分子的化学”这一概念，但并不十分清晰[1~3]。然而，它们有助于化学家在一个比较宽泛的概念尺度上决定什么是超分子以及什么不是。超分子有机化学的精髓在于：超分子有机化学是基于有机化学通常按照单个分子结构和/或动力学这一概念，其中共价键是决定分子结构的主要特征；然而实际中需要引入多于一种相互作用的分子结构来理解其中的化学。对于光化学家来说，分子结构与超分子结构的相对概念是与基态和激发态势能面曲线的概念相对照的。在这一对照中，有机光化学是超出基态势能曲面的化学：基态势能曲面决定了基态的化学以及基态有机分子（R）的性质，但是电子激发态势能曲面决定了电子激发态（*R）的光化学性质和光物理性质。对于基态势能曲面的了解不足以理解有机分子的光化学。当单个的分子结构不足以描述所研究分子的基态化学或激发态化学时，这标志着从分子有机光化学开始向超分子有机光化学过渡了。第 4 章 4.38 节描述了超分子体系、激基缔合物以及激基复合物的一些例子。这些是简单而明确的电子激发“超分子”的例子，其中涉及需要用两个分子的络合来理解一个体系的光化学与光物理。

现代分子有机光化学的所有特征可能需要转至和并入发展超分子有机光化学的范式中[4,5]。人们必须将有机光化学范式中的“分子”范畴与超分子有机化学合并。

首先，我们来考虑一下超分子有机化学体系中的基本特征和关键特征。可以先将超分子体系看作按照结构和动力学定义的分子体系的“自相像”体系，然后加入需要用来发展超分子有机光化学范式的特征。分子体系的关键智力单元是其强而有方向性的共价化学键可以将分子中的原子组合在一起。共价键的范式将有机分子的结构和反应活性的关键特征结合在一起。在这一范式中，分子间相互作用和非共价键相互作用通常被认为是弱的、无方向性和非特异性的，在决定所研究的体系的结构和活性中仅起到二级作用。随着分子之间的相互作用或非共价键相互作用的选择性逐渐增强，体系开始从可以很好地描述为“分子的”到必须描述为“超分子的”。在一个真正的超分子体系中，仅仅基于分子化学来理解基本特征已经变得很困难。单体（分子）和激基缔合物（超分子）发射之间的对照（第 4 章 4.38 节)就是这样的例子。实际上，从分子化学衍生的基本直觉甚至都不能从定性水平上来解释超分子体系。

总而言之，“超分子化学”的概念引发了一类超出分子的化学，它强调两个或更多分子间的非共价的分子间键，而不是单个分子以及将它们连接在一起的共价键。同样地，一个分子可以定义为通过强的分子共价键连接起来的原子的组装体，而“超分子”或“超分子组装体”则可以定义为通过弱的分子间非共价键将两个或更多的分子结合在一起的复合体[6,7]。我们首先遇到的概念是“弱”键。一个键“相对弱度”的有用基准是将键的强度与分子间碰撞作用的平均能量相比较。在室温左右（约 300K, 27℃），这一能量是在 1kcal/mol（≈κT）数量级上。热能 κT（κ 是 Boltzmann 常数；T 是热力学温度，单位 K）是指在特定温度下碰撞颗粒间的热运动所产生的能量。以此为基准，当以 κT 的数量级进行分子碰撞时，具有 5kcal/mol 能量的键将迅速断裂。例如（8.4 节），如果一个双分子的反应活化能是 5kcal/mol（通常在 Arrhenius 方程中的典型因子为 $10^8 s^{-1}$），键断裂的速率将为 $10^5 \sim 10^6 s^{-1}$。换句话说，以 κT 为标准，“弱”键仅能维持在 $10^{-6} \sim 10^{-5}$s 或更少。单独的非共价键通常很弱，一般强度为 5kcal/mol 以下。常见的非共价键有阳离子---π 键，氢键，CH---π 键，π---π 键，范德华相互作用（也称为色散相互作用），电荷转移（CT）相互作用如图 13.1 所示[8~12]。我们可以将非共价键动力学与需要打断一个 30kcal/mol 的“非常弱”的共价键的时间对照，通常其速率约为 $10^8 s^{-1}$（寿命约为 50000h，或约 6 年）！然而，正如我们在本章贯穿始终强调的，尽管大多数单个的非共价键键能与 κT 相比较弱，但当一个超分子中具有一定数量的非共价键共同作用时，整体的净成键及超分子配合物中的寿命都是相当长的。

现在，我们来考虑一个通用方案，将非常成功的分子的结构和动力学范式转化为成功的超分子结构和动力学范式。在描述分子结构时，化学家从分子组成（原子的数量和种类）开始描述，然后到分子构造（原子是如何被共价键连接的），进而到分子构型（原子是如何在给定原子周围进行空间排列的），最后到分子构象（一个分子由组成原子定向排列而成的可能形状）。分子动力学则是研究一个或多个这些结构特征随时间的变化。同样地，在描述超分子体系的结构时，化学家将考虑超分子组成（组成超分子的分子的数量和种类）、超分子构造（超分子中的分子是如何被非共价键连接的）、超分子构型（组成超分子中的分子是如何在给定分子周围进行空间相互排列的），最后到超分子构象（对于超分子中的所有分子来说在空间上的一系列适当的排布）。超分子动力学则是研究一个或多个这些超分子结构特征随时间的变化。

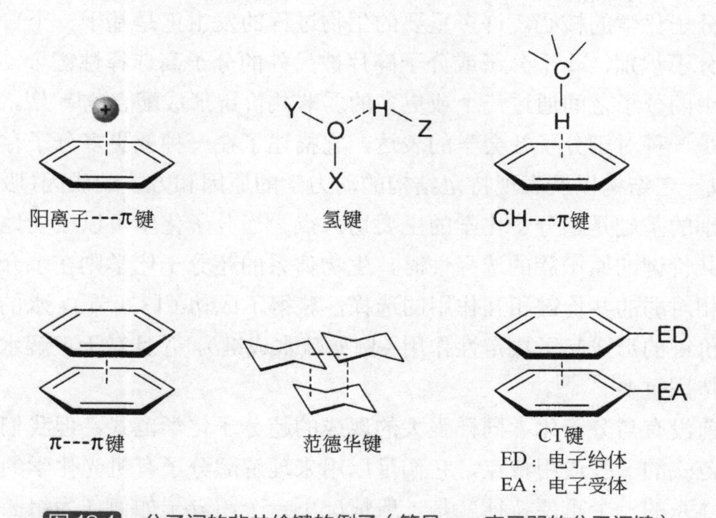

图13.1 分子间的非共价键的例子（符号---表示弱的分子间键）

图13.1中的大多数分子间非共价键可以方便地按照经典的极化力或量子力学诱导的分散力产生的一般定义进行划分。极化力是由分子周围的永久电子电荷极（图13.1中的阳离子---π相互作用）或周围永久的偶极（例如图13.1中的分子氢键）诱导的偶极矩产生的[9,10]。色散力是普遍存在的，是由于电子云（量子力学的概念）瞬间的变化导致分子的偶极变化而产生的，这些变化的偶极反过来诱导周围分子的偶极（例如图13.1中的阳离子---π键、π---π键、范德华相互作用）。极化力和色散力均对弱的非共价分子间键有加合性贡献。极性分子和非极性分子共用的色散力是普遍存在的，而且是形成非共价键最重要的力之一。最后，只有当HOMO是很好的电子给体、LUMO是很好的电子受体时，电荷从HOMO转移到LUMO的量子力相互作用才非常显著（6.21节）。这种相互作用对于非共价键相互作用既可以是吸引的（成键），也可以是排斥的（反键），正如对于共价键和离子键相互作用一样。

本章主要讲述超分子有机光化学这门科学，它正是由于两个或多个分子间非共价键的存在，使得单分子结构不能用来理解从电子激发态*R到活性中间体I、最后到分离产物P的光化学过程的实验特征。我们特别关注一类特殊的超分子——客体@主体配合物的超分子有机光化学，在这里符号@表示主客体之间的非共价络合。因此，首先要考虑客体@主体的范式，然后发展这些超分子的光化学范式。

13.2 超分子有机化学的范式：客体@主体配合物

分子生物学是20世纪和21世纪一些伟大智力革命的核心。化学对这场革命做出了重要的贡献，超分子有机化学则为降低生物体系的巨大复杂性到可控的级别提供了潜在的可能性，它掌握了个体分子结构以及这些分子结构之间的相互作用，而对后者的掌握是超分子化学的核心。许多重要的生物过程的发生正是基于一个普遍存在的化学事件，即分子识别，一个分子或分子碎片被另外的分子高选择性键合，然后客体@主体配合物中的分子之间通过一个或更多的弱非共价键形成配合物[13~16]。人们可能会说分子识别是一种对于分子社会学的表达，它描述了在一种或更多分子存在下分子的行为、组装成一定结构以及表现特定结构的动力学的原因和方式的成因（吸引和排斥）。理解分子识别的基础是超分子化学的主要切入点。当分子化学可以成功地获取具有相对少量的强共价键的原子簇的选择性时，生物体系的超分子化学则在水介质中对有机分子间大量相对弱的共价键相互作用的选择性获得了成功（13.6 节）。水的非比寻常的性质对非共价键的形成起了决定性作用（例如疏水成键），并且对于理解水相中的超分子有机化学特别重要[17~20]。

尽管目前没有与分子化学同样强大的现成的超分子化学范式，但我们将阐述发展超分子化学范式的一些通用特点，它们足以用来理解超分子有机光化学的本质。同样地，超分子体系的一个重要特征就是一般情况下一个超分子如何作为组装体被大量的弱非共价分子间键连接在一起，对这一点的强调是非常重要的。尽管单个的非共价键很弱，但是在客体@主体中大量的弱键的加合可以得到一个总体的超分子构成的强键。强键的成因是在任意时刻一定量的弱键都处于合适的位置，从而提高了超分子的整体稳定性。然而，因为这些弱键的本质，超分子可能持续处于成键和断键过程，使得超分子体系具有丰富的多样性和复杂性，特别是在生物体系中。

客体@主体这个用来定义超分子的符号具有怎样的意义？客体和主体之间的区别是最为清晰的，客体是相对小的分子，它部分或完全被相对大的分子主体包围。然而，在本章中我们将看到客体分子和主体分子也可以是类似的尺寸。客体@主体超分子的形成称为“络合”。这一定义保留了如下的概念：①相对易断裂，弱的非共价键；②超分子中的单个分子组成很大程度上保留了它们个体的分子性质。每一个通过主体对客体形成的非共价键可以看作一个“成键价”。从这个意义上讲，一个主体是多价的，能够与客体在任意时刻形解成多个弱键（例如图 13.2）。络合是主客体之间非共价分子间键的一种形式（例如主体对非共价原子价的客体的反复的、互补的分子识别，反之亦然）。因此，一个客体@主体

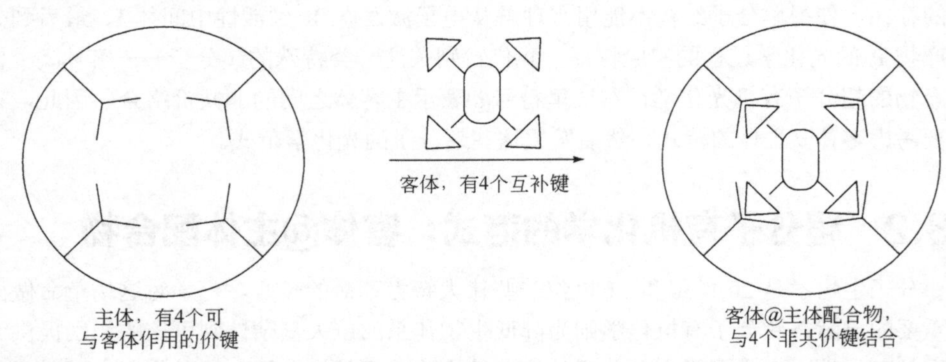

图13.2 一个客体对主体的多价非共价键合示意图（Y 形代表主体的一价，三角形代表客体的互补价）

配合物的“键强度”指的是客体和主体之间所有的瞬时的弱非共价键的平均总和。与共价键分子的形式相反，客体@主体配合物的瞬时键的强度和非共价键的数量可能随时间有很大的变动。后面这个特征决定了对于许多客体@主体配合物的灵活性以及化学反应的选择性。

13.3 超分子有机光化学的范式

分子有机光化学和超分子有机光化学的对照如图示13.1所示。通过文字可以看出，结构次序［例如图示13.1（a）所示］可以有效地作为分析分子有机光化学反应机制的起点，此时的反应是遵循 R+$h\nu$→*R→I→P 路径进行的。对应的超分子有机光化学的基本范式如图示13.1（b）所示。图示13.1（a）和图示13.1（b）之间的本质化学区别在于图示13.1（b）中每个结构都包含一个示意圆圈，圆圈代表对于每一个物种R、*R、I和P形成了客体@主体配合物的任意假想主体。因此，整体的超分子光化学反应可以如次序R@主体代表，此处图示13.1（b）中的圆圈代表主体。图示13.1（a）的分子光化学可以理解为“溶剂笼”的扩展（7.37节）[21,22]；图示13.1（b）中的圆圈表明超分子光化学的理解需要客体@主体络合模型，此处圆圈代表通过非共价键络合客体的一个特定主体，而这些弱键控制了超分子光化学反应的途径。注意，按照Franck-Conton原则，*R的超分子结构一般来说与R相同，这就要求R@主体和*R@主体的结构在*R@主体产生的瞬间是完全一样的。

(a) R $\xrightarrow{h\nu}$ *R ⟶ I ⟶ P

(b) (R) $\xrightarrow{h\nu}$ (*R) ⟶ (I) ⟶ (P)

图示13.1 （a）普通有机溶剂中分子有机光化学的范式；（b）客体@主体配合物的超分子有机光化学的范式。R、*R、I和P四周的圆圈代表主体的超笼，导致整体光化学的发生不同于普通溶剂笼中

本章描述了客体@主体络合既影响初级超分子光化学过程*R@主体→I@主体，又影响次级热过程I@主体→P@主体的实例。同时本章也描述了超分子光物理过程*R@主体→R@主体（+热或光）。我们看到能够通过光解R@主体配合物而不是通过在溶剂笼中的R来调控光化学反应的过程，可以极大地扩展有机分子光化学产物选择性控制的可能性，并且可以选择性地控制可用来研究的机制。

在图示13.1（a）中，于整个光化学反应途径中，由小分子组成的溶剂笼存在于R、*R、I和P周围。实际上，这一溶剂笼可能被看成最简单的超分子主体。在一定溶剂笼（例如客体@[溶剂笼]）中，R、*R、I和P的化学行为是对照超分子客体@主体配合物化学行为的一个有用的标尺。在这里，[溶剂笼]代表溶液中的主体。值得注意的很重要的一点是客体和溶剂分子之间的作用是非常弱的，随机而无取向性。当一个络合了主体的客体的化学与“溶剂笼”中预期显著不同时，我们认为主体作为“超级笼”

是导致超分子行为的原因。

通常来说，在光化学反应中，由于初级过程（$*R \to I_1+I_2+\cdots$）和次级过程（$I \to P_1+P_2+\cdots$）的竞争，会产生多于一种的产物（P）。为简单起见，假设对于同一种*R 只有两种产物（P_1 和 P_2），而我们期望选择性地生成一种产物 P_1 或 P_2。我们的目标是通过在图示 13.1 中的*R 周围放置一个圆圈来施加超分子效应，诱导*R 生成 P_1 或 P_2，而不是两种产物。现在，按照如下方式发展通过超分子控制来选择性地产生 P_1 或 P_2 的方法。图示 13.2（a）举例示意了超分子作用对分化两种光物理过程的可能影响。图示 13.2（b）举例示意了超分子作用对分化光物理过程和光化学过程的可能影响。从概念上来说，我们可以方便地将两种光化学反应的竞争划分为 3 个类型（图示 13.2）：①*R 通过独立的中间体［I_1 和 I_2，图示 13.2（c）］产生 P_1 和 P_2；②*R 通过漏斗 F_1 和 F_2 给出 P_1 和 P_2［图示 13.2（d）］；③*R 通过一个单个的主中间体［I，图示 13.2（e）］产生 P_1 和 P_2。此外，在 I→P 的次级热过程中［I 是自由基对（RP）］，值得考虑的一点是超笼如何影响 $I_{gem} \to P_{gem}$ 与 $I_{gem} \to I_{FR} \to P_{FR}$（FR 是自由基）过程之间的竞争［图示 13.2（f）］，因为协同产物（P_{gem}）与自由基产物（P_{FR}）通常不同。其后图示 13.2 中每个常见的例子都是一个特定的化学反应的例子。

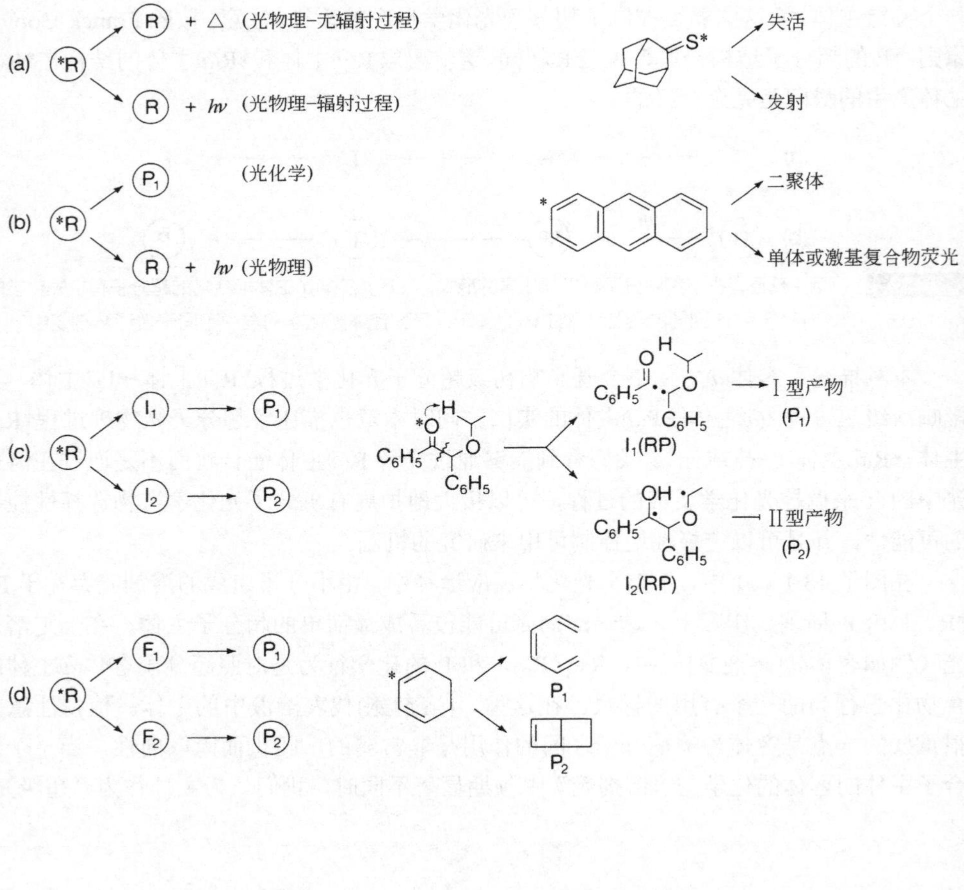

(a) *R → R + △（光物理-无辐射过程）；*R → R + $h\nu$（光物理-辐射过程）
S* → 失活；→ 发射

(b) *R → P_1（光化学）；*R → R + $h\nu$（光物理）
* → 二聚体；→ 单体或激基复合物荧光

(c) *R → I_1 → P_1；*R → I_2 → P_2
C_6H_5 … I_1(RP) → Ⅰ型产物 (P_1)
I_2(RP) → Ⅱ型产物 (P_2)

(d) *R → F_1 → P_1；*R → F_2 → P_2

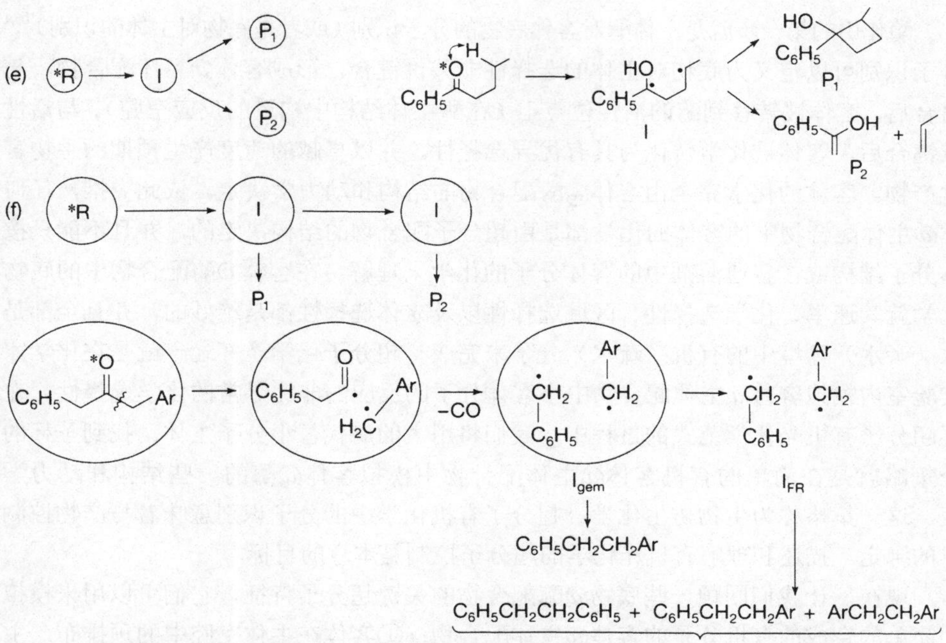

图示 13.2 通过*R 和 I 常见的主要竞争的光物理过程和光化学过程及其特定的例子

每个从*R 或 I 分支的箭头有一个相关初级或次级速率常数。超分子作用可以控制分速率的相对大小

在下面的部分中，我们将演示上几节涉及的客体@[溶剂笼]体系中的分子光化学和光物理是如何转变的，以描述客体@主体体系中的超分子光化学和光物理。下面的部分中我们将讨论一些例子。为了概念简单化，超分子作用对光反应的影响将按照 4 部分进行讨论：主体络合分别对 R、*R、I 和 P 的影响。作为广义的客体@主体体系的一个具体的例子，我们将讨论客体@酶，这一体系激发了合成超分子客体@主体配合物的产生。由于酶是在水环境中进行反应的，我们首先描述在水介质中客体@主体配合物的光化学，此外也将考虑在晶体和多孔固体中的例子，在其内部观察到了主体的显著影响。这些精选的体系将作为大量超分子配合物的示例。

13.4 客体@主体配合物中酶作为示例性的超分子主体。通过超分子作用控制活化参数和竞争反应速率

图示 13.1（b）示意的主体圆圈中最精髓的示例可能就是酶的反应位点。我们来分析一下一种主体酶将小的客体分子（生物学家称为底物）选择性地转化为目标产物分子的常见和熟悉的机制。然后我们可以用这些从酶模型得到的直觉性的机制特征产生一个通用的范式，以适用于所有合成的超分子客体@主体配合物。

酶作用的第一步就是主体酶对客体底物的分子识别（或者是底物对主体的识别）[6,13]。分子识别可以定义为底物对主体的选择性非共价键合，形成客体@主体配合物。与酶络合后，客体被转移到酶的活性位点上（在酶主体结构中构造的反应空腔）。与活性位点键合后，客体被化学转化为具有优异选择性，并以卓越的速度产生预期的生物官能化产物。客体的化学完全由客体@酶配合物的结构和动力学决定。依此类推，任何客体@主体配合物中的客体的化学都是由超分子配合物的结构决定的，并且不能只按客体分子结构或在普通溶剂中的客体分子的化学来理解。在客体@酶配合物中的底物的化学就其速率、化学选择性、区域选择性以及立体选择性都是绝妙的，并且全部是由水（亲水）环境中的有机（疏水）分子来完成！超分子化学圣杯之一就是在化学家的实验室内模拟客体@主体配合物中小客体分子的反应的非比寻常的化学选择性。在发展超分子有机光化学范式的过程中，我们将用大的酶代替小分子主体。找到圣杯的一个策略就是在简单的有机客体@主体配合物中模拟客体@酶的一些结构和动力学特征。这一策略称为生物仿生化学。超分子有机化学中的分子识别意味着与产物控制的目的绑定。描述和理解有机光化学的超分子控制是本章的目标。

现在，让我们回顾一些底物@酶配合物的关键超分子特征，它们可以用来模拟更加简单的合成的有机分子的客体@主体配合物：①客体在主体空腔中的预排布，主体空腔的尺寸与有机小分子处于同一尺度（约 0.5～2.0nm 直径）；②限制和控制客体分子的平移和转动运动；③控制客体具有的“自由空间”的程度、形状和位置；④对主体的化学官能团进行预排布，从而使其可以施加在客体上，并且使客体的反应能够获得预期的化学选择性。由客体与主体的络合导致的预排布限制了客体分子的自由转动，相应地也降低了客体的熵（ΔS）。通过$\Delta G=\Delta H-T\Delta S$ 的定义，ΔS 的负值将增加自由能（例如使得热力学上不倾向于络合，13.8 节）。因此，如果要使客体@主体配合物总体为负的自由能且能够稳定存在，伴随预排布（络合）导致ΔS 的降低必须通过ΔH 的提高得以补偿。熵和焓之间的相反作用称为熵-焓互补，是通过客体和主体间大量的弱相互作用获得的。自然界通过生物体系的上亿年的超分子进化，已经非常善于掌握ΔH 和ΔS 之间相反趋势的平衡。在水溶液中研究客体@主体配合物，除了单独的主体和客体分子需要考虑外，还有重要的一点是在水溶液中的熵变化。实际上，所谓的疏水效应看起来就是由水溶液中形成的一定客体@主体配合物在水结构中的熵变主导的。

现在让我们回到利用超分子效应选择性地控制生成 P_1 或 P_2 的问题（图示 13.2；图 13.3）[23~25]。用一种完全常规的方式，P_1 或 P_2 的高化学选择性可以按照一个简单的自由能图来解释，我们假设一个反应物（R）对预期产物（假设为 P_1）比对次级非预期产物（假设为 P_2）具有较低的自由活化能（$\Delta G^{\neq}$）。为简单起见，我们考虑让图 13.3 中的能量图表达 3 个不同的方案：（a）对 P_1 和 P_2 的自由能垒相当的分子体系（$\Delta G_1^{\neq}=\Delta G_2^{\neq}$），结果是导致从 R 到 P_1 和 P_2 的反应速率相当，从 R 生成 P_1 和 P_2 无选择性；（b）超分子体系中产生 P_1 的能垒与分子体系中相差无几，但产生 P_2（$\Delta G_1^{\neq}>\Delta G_2^{\neq}$）的能垒明显减少，使得 P_2 的生成具有较快的相对速率和高的选择性；（c）超分子体系中产生 P_1 的能垒与分子体系相差无几，但是产生P_2的能垒急剧增加（$\Delta G_1^{\neq}<\Delta G_2^{\neq}$），这一增加使得$P_1$的生成具有较快的相对速率和高的选择性。方案（b）代表选择性生成P_1的基于超分子催化（选择性的反应加速）的例子，方案（c）代表选择性生成P_2的基于超分子抑制（选择性的反应减速）的例子。图 13.3（a）所示的能垒可以通过具有速率控制特征的超分子控制来调控，例如预络合、碰撞频率、取向性、分离距离以及构象倾向性。在每个事例中，无论是被催化［图 13.3（b）］，还是被抑制［图 13.3（c）］，形成预期产物的相对活化自由能相对于形成非预期产物的相对活化自由能都要低一些[23]。

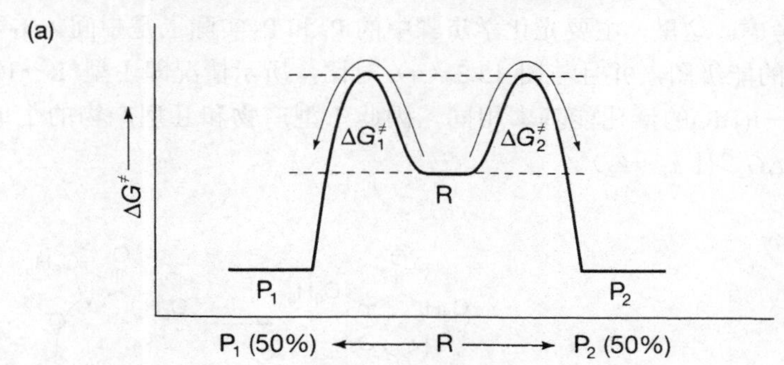

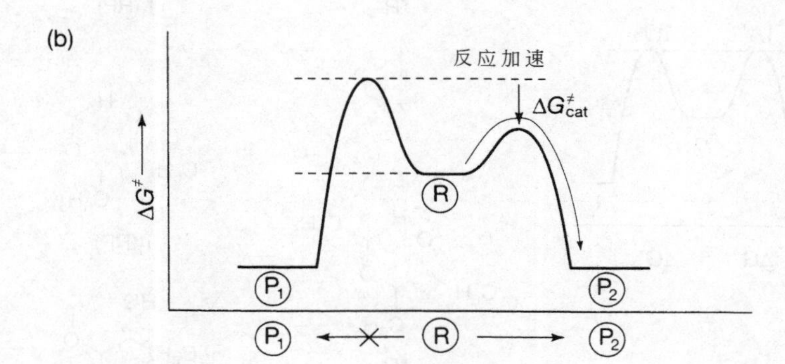

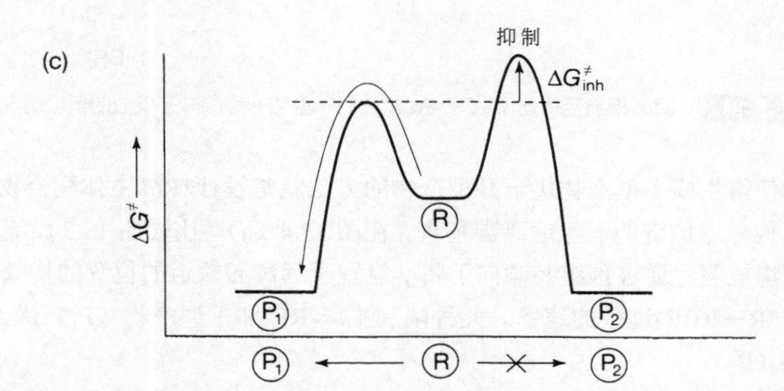

图13.3 （a）当$\Delta G_1^{\neq}=\Delta G_2^{\neq}$时 $R\rightarrow P_1+P_2$的无选择性的化学反应；（b）通过催化使$\Delta G_1^{\neq}>\Delta G_2^{\neq}$；（c）$\Delta G_1^{\neq}<\Delta G_2^{\neq}$时 $R\rightarrow P_1$的选择性反应（cat 代表催化剂，int 代表抑制剂）

作为图 13.3 中特定光化学情况下的示例，我们考虑激发态（*R）的Ⅰ型α-裂解和Ⅱ型分子内抽氢之间的竞争（图示 13.3）。两者都是单分子过程，然而Ⅱ型反应生成 I(BR)，而且需要一个严格的条件，即可被抽取的γ-氢需处于合适的构象，其 C—H 键需置于相对*R 的 n,π*态半充满 n 轨道的适当位置。同时，Ⅰ型反应生成 I(RP)，仅需要与羰基相连的键与具有*R 的 n,π*态的半充满 n 轨道的α-碳重叠。后面的主要光化学过程并不强烈取决于*R 侧链的构象。既然在溶液中的构象平衡是非常迅速的，就可以假设两个过程发生的效率相当。图示 13.3 所示的情况可以根据图 13.4 中修改的能级图来考虑。这里，主要光化学步骤中的 P_1 和 P_2 实际上是中间体 I_1 和 I_2。考虑图示 13.3 中的能级图，并且与图 13.3（a）对比，所示情况即Ⅰ型*R→I(RP)的活化能与Ⅱ型*R→I(BR)的活化能基本相同，因此Ⅰ型产物和Ⅱ型产物的生成速率相当（例如$\Delta G_1^{\neq}=\Delta G_2^{\neq}$且 $k_1\approx k_2$）。

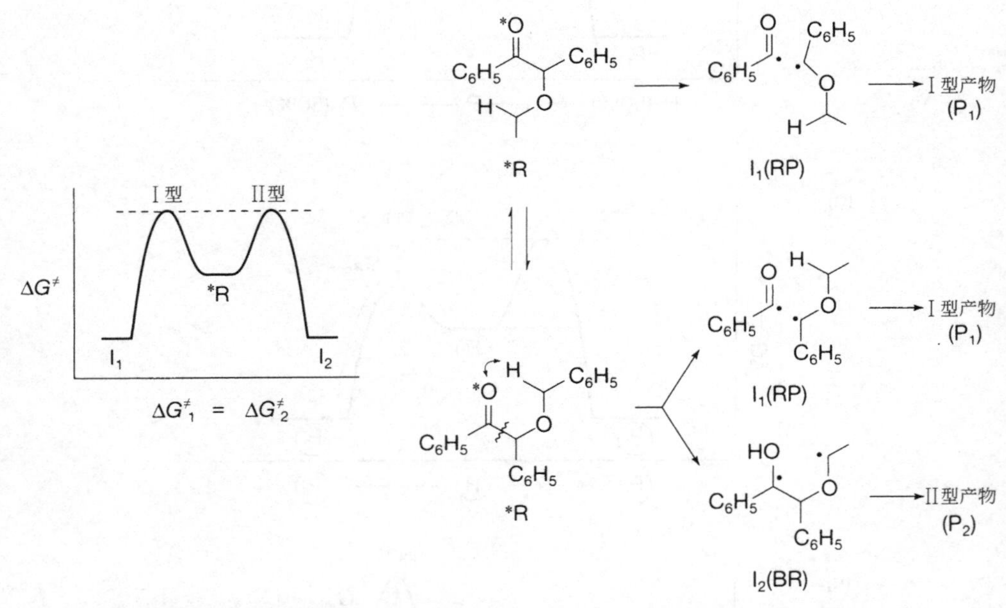

图示13.3 具有相当活化能（$\Delta G_1^{\neq}=\Delta G_2^{\neq}$）时Ⅰ型和Ⅱ型的分子反应的假设情况

因此，使得生成Ⅰ型产物优于Ⅱ型产物的方法就是设计*R@主体配合物，使其*R 的 n,π*态的构象中侧链的γ-氢远离羰基氧。在图 13.4（a）（比较图 13.3），超分子客体@主体配合物被假定通过预组装倾向于将γ-氢置于远离 n 轨道的位置的构象，“超分子地限制了”*R→I(BR)过程的速率。此种限制生成 RP 和Ⅰ型产物（P_1）优于生成 BR 和Ⅱ型产物（P_2）。

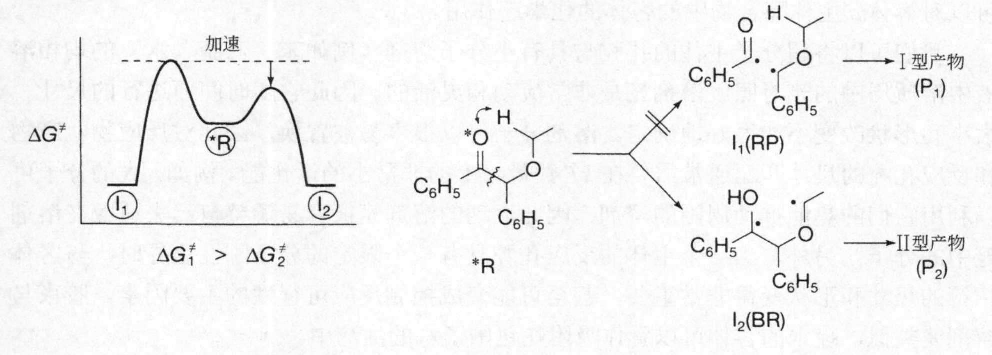

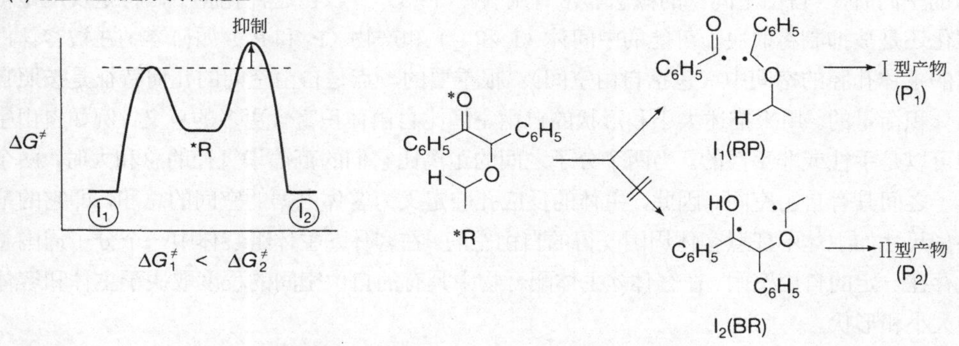

图 13.4 Ⅰ型和Ⅱ型反应的超分子构象效应

（a）Ⅱ型反应被催化，因此$\Delta G_1^{\neq}>\Delta G_2^{\neq}$；（b）Ⅱ型反应被抑制，因此$\Delta G_1^{\neq}<\Delta G_2^{\neq}$

13.5 将客体@酶配合物的一些关键结构和动力学特征扩展到有机客体@主体配合物——主体反应孔腔概念

客体@主体化学反应被认为与客体在普通分子溶剂中的反应具有同样的机制。然而，在客体@主体反应的机制中，客体的反应可以通过主体进行一定程度的控制，如我们在前面小节中的例子。客体化学的主体控制主要取决于络合客体的主体孔腔的化学结构、客体在孔腔中的动力学以及客体络合的动力学（客体从客体@主体配合物中进出的速率）。图示 13.1 中主体孔腔的结构被泛指为客体周围的圆圈。孔腔的关键特征与它通过预组装客体催化或抑制一定化学反应途径的能力相关（图 13.3 和图 13.4）。这些结构特征可以是几何的、化学的或物理的。例如形状和尺寸是孔腔的几何特征。另外一个同样重要的几何特征是允许进入主体孔腔入口的大小和尺寸。客体在孔腔中经受的流动性和灵活性是孔腔的物理特征。孔腔的关键化学特征是存在化学活性基团，可以对客体@主体配合物中的客体的化学起作用。

我们可以将超分子主体的孔腔与具有小分子溶剂（例如苯、乙腈、水）的均相溶液中溶质周围的笼对照。溶剂笼是非常流动和灵活的，因此它随时间而进行的尺寸、大小和形状改变不能很好地确定。溶剂分子可以很容易被置换，因此对反应物、产物和反应孔腔的尺寸匹配通常需要在 kT 数量级上的非常小的活化能。例如，大的分子可以利用它们的热能推动周围的溶剂，因此流动的溶剂笼很容易调整自己去适应在溶剂笼中的分子。另外，当一个主体的反应孔腔具有一个限定的分子刚性边界时，与客体相符的尺寸和形状变得非常重要，甚至可能变成控制反应可行性的主要因素。胶束与溶剂笼类似，疏水的客体可以看作吸附在包围了水的油滴中。

例如，考虑分子刚性的主体孔腔对产物形成的大小和尺寸效应。在考虑主体孔腔中具有的空间时，“自由空间”的概念非常有用（图 13.5）[26]。在这种孔腔中，特定反应是被催化还是被抑制将取决于可能的中间体（I_1 和 I_2）和产物（P_1 和 P_2）如何容纳在被客体占据的主体孔腔的空间中（包括自由空间）。很重要的一点是自由空间的几何特征是按照自由体积衡量的。用来描述大小和形状的自由空间比自由体积富含更多的意义，例如自由空间可以是手性或非手性的。当两个分子之间的距离比它们的范德华直径的总和大时，两个分子之间具有自由空间。因此，主体的反应孔腔定义为客体占据的空间的总和，即它的范德华尺寸加主体中任意客体周围既得的自由空间。在客体@主体组装体中一个分子周围总是存在一定的自由空间。在客体@主体配合物中具有的自由空间的程度取决于主体和客体的大小和形状。

主体反应孔腔的概念强调当反应物的客体转变成产物时大小和形状发生改变，以及这一现象如何与反应孔腔中的可得空间相匹配或不匹配[27~31]。例如，反应孔腔，特别是应用于水中的客体@主体配合物时，具有如下特征。

（1）反应孔腔是主体中的空间，它具有能与客体络合的非共价位（图 13.2）。

（2）客体对反应孔腔的络合降低了客体的扩散和转动运动，为客体分子（R、*R、I 和 P）提供了一个不克服能垒就可能无法跨越的边界（例如水溶剂中的亲水-疏水边界）。

（3）一个反应孔腔的自由空间相对于客体的大小和形状非常重要：互补的客体和主体形状、大小、位置、方向性和动力学控制很大地取决于主体影响光反应的程度（图 13.5）。

（4）各种超分子组装体反应孔腔的大小、形状、流动度，灵活性以及刚性程度不同（图 13.6）。

（5）当组成反应孔腔壁的原子-分子是固定的，而且是相对刚性的（在客体反应的时间尺度上具有与时间无关的位置，例如固体或晶体），允许客体分子转化成光化学产物需要的空间必须是在反应孔腔中固有的（例如沸石）。另一方面，在主体孔腔壁相对灵活的体系（例如胶束），空间在反应过程中可以调节。在这样的介质中，反应孔腔的空间通过介质的结构变化而改变，不能由静态分子模型代表（图 13.6）。

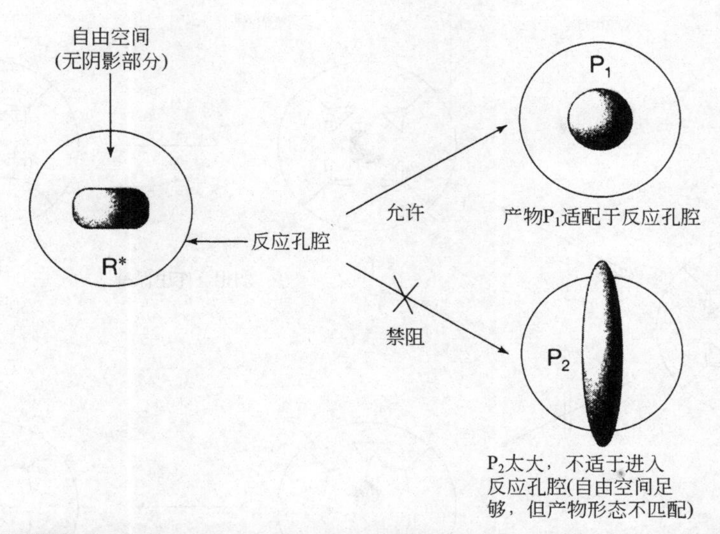

图 13.5 在客体@主体配合物中可得到的自由空间及其对产物形成的影响示意

P_1 的形状“允许”反应在没有超分子空间位阻的作用下进行；

P_2 的形状由于位阻效应“禁止”反应的进行

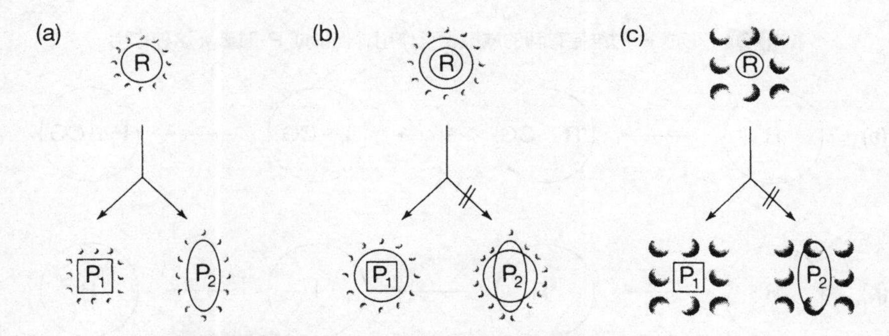

图 13.6 客体@主体配合物中反应孔腔影响产物形成的例子

（a）流动的主体反应孔腔可以容易地调整以包围客体（例如溶剂笼，胶束）；（b）在溶液中被溶剂包围的客体@主体配合物中相对刚性的孔腔（如环糊精、沸石）；（c）晶体中客体@主体孔腔中的刚性孔腔。在（b）和（c）中，由于强的超分子位阻作用，P_2 是不利生成的

（6）反应孔腔可能包含或者连接了特定官能团或原子，当客体向产物转化时可以与客体分子、过渡态或中间体发生强烈作用（吸引或者排斥）（图 13.2）。这样特定的相互作用可能产生独特的产物选择性，提高或降低初级和次级过程的相对速率以及反应的量子产率（图 13.7）。

（7）官能团可能在反应孔腔中作为辅助客体（CG）存在，或在孔腔的外部边界里，但通过非共价键与边界络合。在图 13.8 中，CG 可能代表一个分子或一个离子。CG 和客体（R，R*和 I）间的弱的方向键可以显著地影响光反应的过程（图 13.8）。

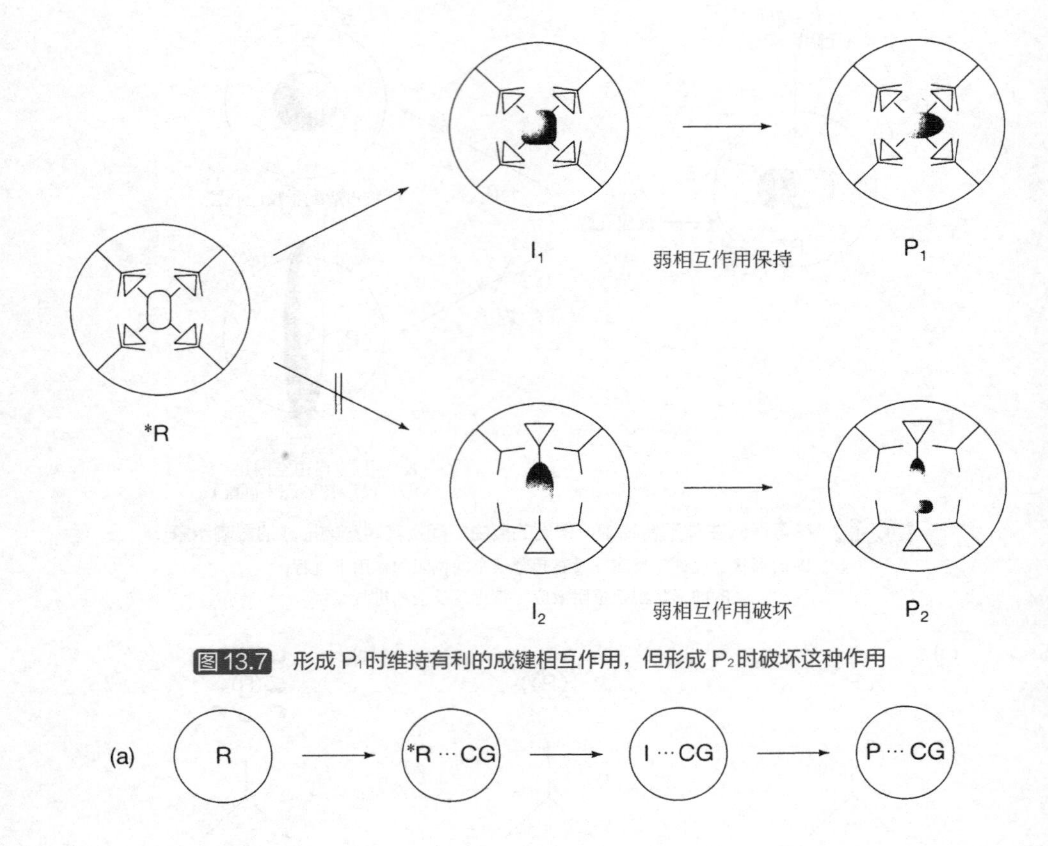

图 13.7 形成 P_1 时维持有利的成键相互作用，但形成 P_2 时破坏这种作用

图 13.8 控制光反应过程的超分子预排布示意：（a）辅助客体（CG）与*R 在同一孔腔中；（b）辅助客体在孔腔外部，但是通过非共价键吸引与其连接

13.6 水溶液超分子光化学中的一些示例性的有机客体：超笼、穴状体和胶囊

从 13.4 节和 13.5 节对超分子化学的描述可以看出，光化学反应的选择性可以在一个类似酶的实验室可合成的主体的反应孔腔中获得。尽管酶提供的反应孔腔在实验室中不能复制，但通过模拟酶的热反应，有序排列的反应孔腔比在小分子溶剂组成的均相溶液中更具有限制性，已经获得了光化学反应的选择性[32~45]。表 13.1 和表 13.2 总结了本章讨论的水溶液中的主体和客体@主体配合物。表中的名字是随意的，仅限于用

于表明主体或客体@主体配合物中的一定的超分子特征，并不涉及真正的命名。人们已经利用了大量的主体，这里涉及的例子放大说明了这一现象。为了简便起见，客体@主体配合物可以分为两类：①在均相溶剂中作为稳定物种存在的配合物，这里水是最重要的；②在固态中作为稳定物种存在的配合物。本节将考虑在水溶液中的客体@主体配合物，并集中于几种特定的体系。首先，将描述几种广泛应用并且在超分子光化学中具有相当应用范围的几种示例性主体的性质。然后，会演示有机分子的分子光化学和分子光物理是如何受客体@主体配合物的结构和动力学控制的。

表13.1 溶液中各种主体的命名、特征与卡通结构图示

主体名称	描述（指主体）	结构图示（大球体表示溶剂）
胶束（micelle）	通过非共价键聚集在一起的小分子组装体，能够完全被小的客体分子包围。例如十二烷基磺酸钠(SDS)、十六烷基三甲基氯化铵(HDTCl)（见13.16节和13.21节）	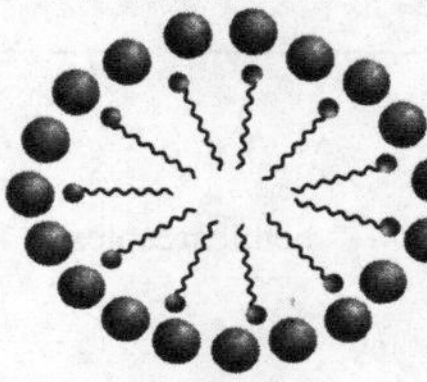
穴状体（cavitand）	一个分子自身结构存在永久孔腔的分子，能够通过部分围绕它而容纳一小的客体分子。例如环糊精和CB（见13.10节和13.16节）	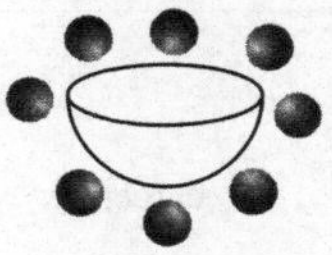
胶囊（capsule）	由两个穴状体组成的组装体，能够完全被小分子通过非共价键作用包围。例如环糊精和OA（见13.10节、13.11节、13.14节和13.16节）	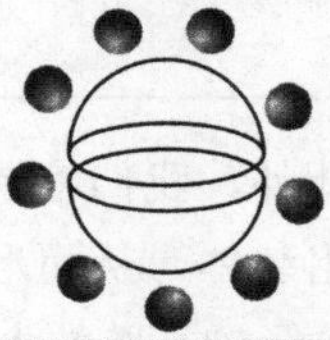
囚笼分子（carcerand）和活门囚笼分子（hemicarcerand）	一个分子自身有永久孔腔的分子，能完全包围因而钳闭小的客体分子。孔腔拥有开口，客体分子可以通过该开口进出孔腔。如果在相关光反应过程中客体分子不能够通过开口进出，则该主体称为囚笼分子；如果在光反应过程中客体分子能够通过开口进出，则该主体称为活门囚笼分子。例如Cram囚笼分子、FAU和MFI沸石内的超笼（见13.10～13.12节、13.14节、13.20节和13.22节）	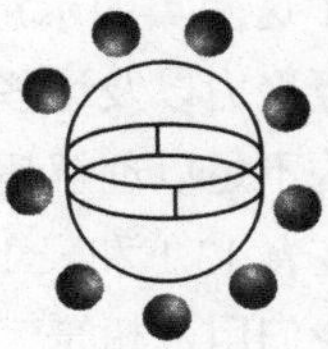

表13.2 溶液中各种主体@客体复合物的命名、特征与卡通结构图示

主体@客体复合物的名称	描述（指溶液）	结构图示（大球体表示溶剂）
micelleplex	客体@胶束复合物。例如DBK@SDS、环戊酮@deconate	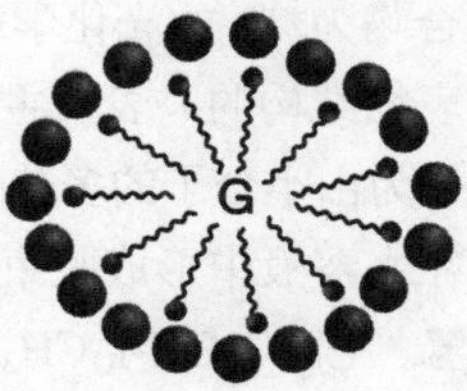 G

续表

主体@客体复合物的名称	描述（指溶液）	结构图示（大球体表示溶剂）
cavitandplex	客体@穴状体复合物。例如肉桂酸@CB	 G
capsuleplex(hemicapsulplex)	客体@胶囊复合物。例如 DBK@$(OA)_2$、蒽$_2$@$(OA)_2$	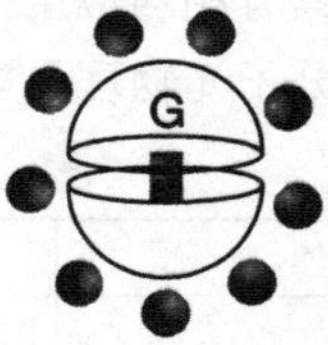 G
hemicarceplex	客体@囚笼分子复合物（开口大，足以使客体分子进入或步出主体孔腔），$k_{ex}>k_{photo}$。例如丁二酮@Cram 囚笼分子	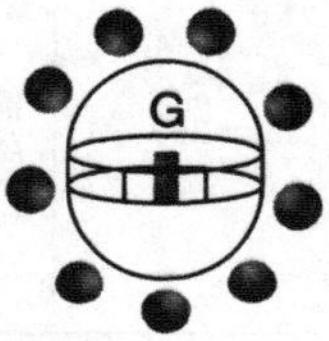 G
carceplex	客体@囚笼分子复合物（开口太小，不足以使客体分子进入或步出主体孔腔），$k_{ex}<k_{photo}$。例如环丁二烯@Cram 囚笼分子	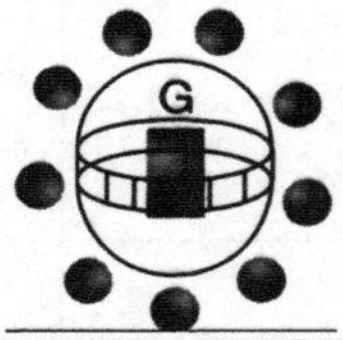 G

此外，我们将考虑在溶液中的两类超分子主体超笼：①在溶液中小分子聚集成超分子组装体，从而形成具有一个或多个客体分子的主体；②具有能够络合一个或多个客体分子的孔腔的大的单个分子（或者两个或几个大分子的组装体）。表 13.1 和表 13.2 列出了这两类的示意图。在水溶剂中，需记住的很重要一点是，水作为溶剂，由于氢键的凝聚力以及这些氢键的强度和构成，具有一些非常特别的性质。同样地，仅仅看分子结构不足以理解超分子效应，仅仅考虑超分子客体@主体结构也不足以理解水中的化学。在表 13.1 和表 13.2 中，圆球代表溶剂分子，G 代表在客体@主体配合物中的客体分子。我们用“超笼”的概念区分相对于小分子溶剂客体@主体配合物中围绕客体分子的空间特征。在有机溶剂中围绕客体的空间是流动的（溶剂笼）。胶束尽管很灵活，但其超笼比有机溶剂更具有限制性。在固体（例如晶体和沸石）中，超笼是刚性的，比胶束更有限制性。表 13.2 示意性地列出了可以进行多种光化学反应的客体@主体配合物，这些配合物为*R 的光化学和光物理提供了具有不同程度选择性的潜在性。所用的名称是用来表征结构的，表明主体作为分子容器以及形成的客体@主体配合物的主要特征。

作为由小分子的多分子组装形成超分子主体的例证，我们考虑图 13.9 所示的将 SDS 分子在水溶液中形成胶束作为示例（表 13.1）。SDS 的分子结构（图 13.9）包含一个疏水碳氢“尾巴”$(CH_2)_{11}CH_3$和亲水性带负电的“头”(SO_4^-)，是一种典型的表面活性剂[46,47]。

在水溶液中，接近临界浓度时［8mmol/L，临界胶束浓度（CMC）］，SDS 分子自发地急剧聚集，形成胶束。胶束近球形的结构是由大约 60 个 SDS 分子组成，直径约为 2～3nm。胶束的“中心”是可以吸附在大量水溶液中不溶的疏水有机分子的疏水超笼。

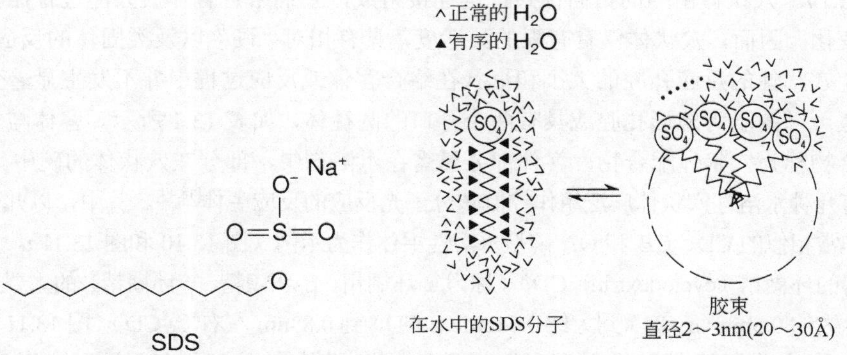

图 13.9 被水包围的 SDS 分子（左）和被水包围的 SDS 胶束（中间）以及 SDS 分子形成球形胶束示意

胶束可以定义为一种特殊类型的溶剂超笼，是具有流动“超笼”性质的分子自组装体，可作为疏水有机分子的主体。这种情况下，主体“孔腔”被看作在水中由胶束产生的液体疏水空间，并且由一个圆圈代表（图示 13.1），其中包含几个表面活性剂结构来强调圆圈代表胶束的超笼（图 13.9）。SDS 胶束的一个重要特点是它是类流体的。作为流体，它的形状和尺寸并不固定，但是当超笼吸附和溶解疏水有机分子时，它可以通过增加更多的 SDS 进行扩大。在一个实际的超分子模式中，在客体@SDS 胶束配合物中的疏水有机客体分子可以通过与胶束的表面活性剂分子的非共价相互作用稳定 SDS 胶束的疏水笼。客体@SDS 配合物作为独立的超分子单元，其客体的性质和主体的性质相互协同作用。如上所述，胶束的结构（图 13.9）是由大量表面活性剂（十六烷基三甲基氯化铵、十二酸钠、胆酸钠等）分子组成的。

在客体@SDS 胶束配合物中包含的疏水有机分子，即使在大量的水介质中，也可以作为客体溶解在胶束的疏水孔腔中。然而，在无黏性的溶剂笼和 SDS 胶束的超笼中仍然存在显著的质和量的差异。例如，在无黏性的溶剂笼中客体可以在几皮秒内扩散出去；在主体溶剂中，客体的平移运动是无限制的，它的转动是相对不受阻的。在客体@SDS 配合物中，有机分子在 SDS 胶束中的停留时间取决于客体的疏水性，客体越疏水，它在胶束孔腔中停留的时间越长。换一种方式说，疏水有机分子倾向于停留在胶束的疏水中心，进入水相的过程缓慢。相比于几皮秒的停留时间，有机分子（取决于其疏水程度）可以在胶束超笼中停留数以千计万计皮秒！如 13.21 节所示，在 SDS 和其他类似胶束结构中，驻留时间越长，对 I 型光化学反应产生的自由基对的光反应影响越大［图示 13.2（f）］。

接下来考虑另一类主体——穴状体（表 13.1）。“穴状体”指的是在溶液中维持自身具有凹形孔腔的单分子。穴状体的凹形孔腔具有多价位，适用于一个或多个客体的非共价络合。因此，穴状体可以被看作一种分子容器，具有预组织性、结构强制性以及永久不变的内表面，可以作为分子的自由空间来络合一个或多个与穴状体凹形大小和尺寸互补的凸形客体分子。我们用“穴状体”这个定义来泛指具有碗形的凹形孔腔的分子（一个或两个开口），它们的大小和尺寸使得其可以作为小的有机分子的配体（表 13.1）。穴状体由强的指向性共价键连接组成，它们络合客体后只能进行比较小的构象变化。因而，穴状体仅有有限的灵活度，具有相对“硬”以及类固体的反应孔腔。所以，穴状体的反应孔腔的大小和形状在络合客体或反应过程中并不发生显著变化。穴状体可以图示为碗形孔腔或具有两个开口的圆柱体，如表 13.1 所示。客体与穴状体的络合物称为穴状体配合物，客体部分暴露在水溶剂中，部分在穴状体的碗中。

有几种水溶性穴状体广泛用作控制超分子光反应的反应主体[48,49]。其中，以几何结构特征非常相似的 CD、CB 和 OA 碗型水溶性主体作为示例（图 13.10 和图 13.11）。几种常见易得的环糊精（cyclodextrin，CD）（称为 α-环糊精、β-环糊精、γ-环糊精）的主要开口直径为从大约 0.5nm（α-CD）到大约 0.64nm（β-CD）到 0.83nm 左右（γ-CD）（图 13.11）[50,51]。开口的大小决定了可以进入和吸附进孔腔的分子的大小。具有不同尺寸的葫芦脲（cucurbituril，CB）非常容易合成[52,53]。CB 的开口处（图 13.10）由极性羰基基团顺着边缘排列，而 CD 的开口处则由极性羟基基团排列组成。与 CD 类似，CB 同样存在不同尺寸的孔腔，如 CB[6]、CB[7]、CB[8]。八酸（OA）结构与 CD、CB 类似，在每个开口的顶部和底部具有 4 个 COOH 基团，两个开口的直径分别约为 1nm 和 0.55nm[54]。所有的主体都是水溶性的，它们的疏水孔腔能够溶解在水中不溶的疏水有机分子。因为水仅能“看到”这些穴状体的亲水外表面，疏水分子可以在水溶液中溶解到客体@穴状体配合物中。

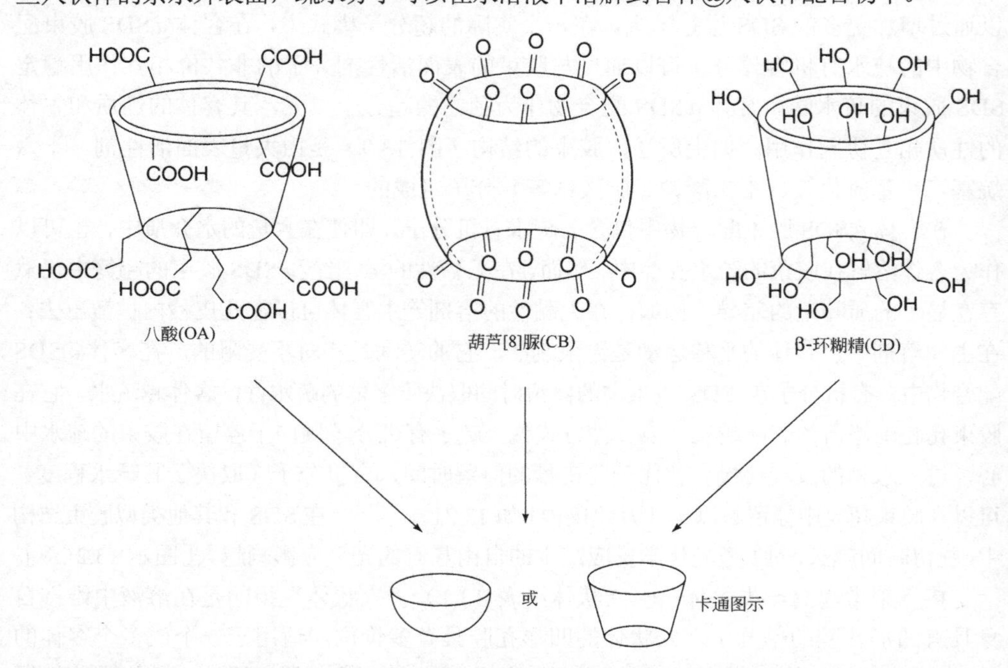

图 13.10 CD、CB 和 OA 的碗形结构示意（注意极性基团位于穴状配体的疏水孔腔的开口处）

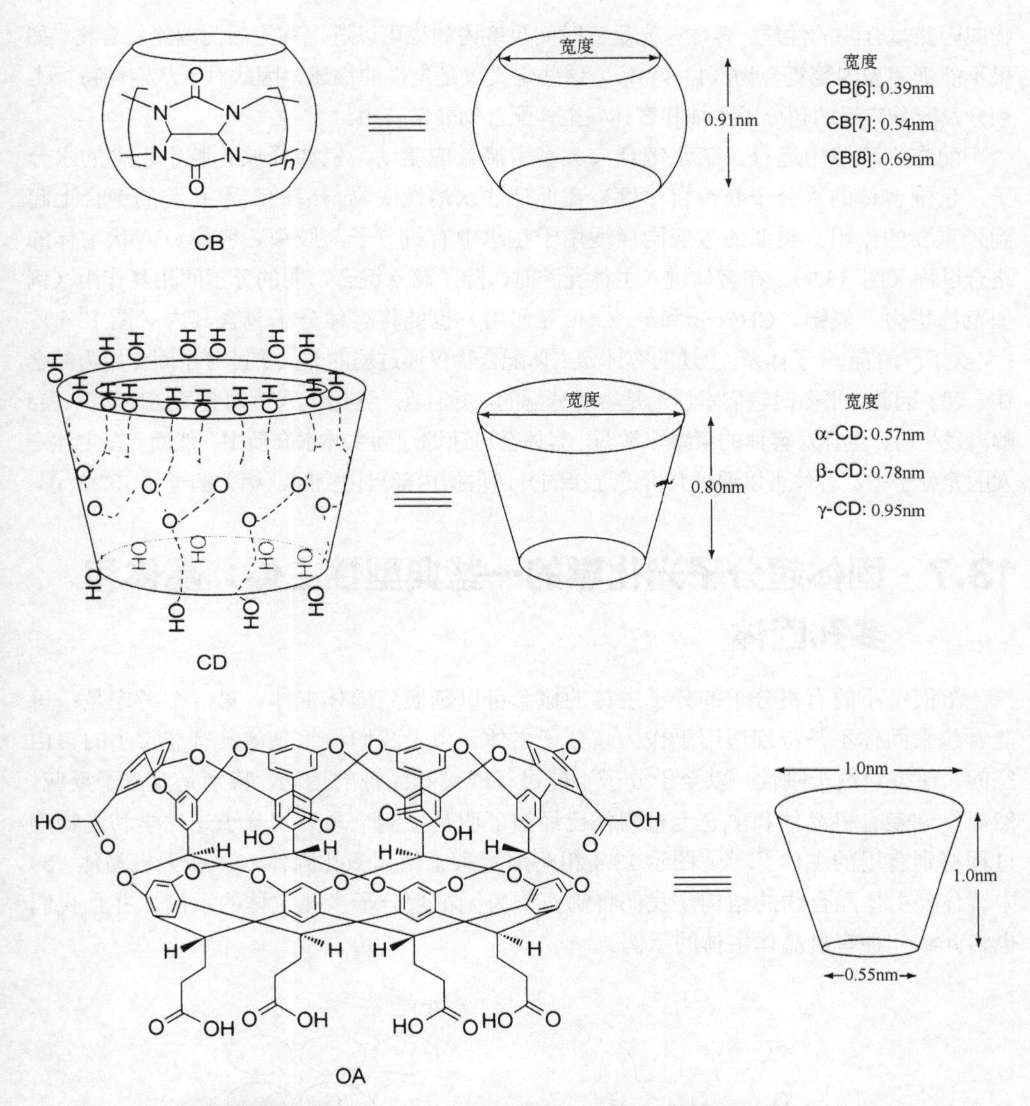

图13.11 CB、CD和OA的结构与尺寸（尺寸包括了范德华半径）

在水溶液中，在1∶1的客体@CD、客体@CB或客体@OA配合物中的客体，部分被主体的孔腔包围，部分被水溶剂包围。这些配合物称为穴状体配合物（表13.2）。在有些情况下，可能形成1∶2的客体@$(CD)_2$或2∶2的[客体]$_2$@$(CD)_2$配合物，客体分子被两个CD的碗型分子包含其中。CD分子一个位于另外一个较宽开口之上，配合物本身完全被水包围。在这种情况下，两个穴状配体形成围绕客体的"胶囊"。整个1∶2的客体@$(CD)_2$或2∶2的[客体]$_2$@$(CD)_2$配合物称为capsuleplex。一般来说，在开口处具有COOH的OA倾向于形成闭合的capsuleplex，而不是cavitandplex。在开口处的羰基之间的偶极排斥强烈抑制了CB中胶囊的形成。取决于胶囊的动力学，capsuleplex可以具有活门囚笼复合物或囚笼复合物的性质。客体在光反应时间尺度内如果可以逃逸称为活门囚笼复合物，如果不能则称为囚笼复合物（13.8 节）。这些定义仅是定性的描述，因此对于从定性特征上划分及区分广泛的超分子主体和客体@主体配合物非常有用。

酶在水环境中运行，疏水键合（大多由熵效应驱动，例如释放孔腔中包含的水分子，包围客体的水分子获得自由度）在促使非水溶性底物与酶的疏水孔腔的键合上起到了重要的作用。类似的效应同样适用于在水中有机分子与胶束、胶囊、穴状主体的络合过程（图 13.9）。在客体进入主体孔腔时，除了疏水键合，弱的分子间相互作用（例如范德华力、氢键、CH---π和π---π相互作用）也能将客体分子包含其内（图 13.1）。

对所有的超分子体系，上述的客体@主体配合物仅通过弱的非共价键分子间作用力结合在一起。因此，平衡时它们本质上是容易分解的，并且在一定时间尺度内会可逆地解离。当解离发生时，主体对客体的束缚非常弱，客休会迅速逃逸到主体水介质中。然而，在主体空穴囚笼分子中，客体可以通过共价键连接的开口占据内部自由空间。相关例子见 13.22 节。

13.7 固体超分子光化学的一些典型性主体：晶体和多孔固体

溶液中小的有机分子的分子主体的概念可以延展到固体主体。第一个考虑是：可能看起来固体不是特别适用于作为超分子主体。由于我们设想晶体具有非常小的自由空间，使得它过于刚性，以至于分子不能进行成键和断键的运动，特别是双分子反应。然而，许多有机晶体和多空无机固体已经被证明是控制一系列超分子光化学和光物理过程特别有用的主体[55~59]。图示 13.4 粗略地示意了结晶多孔固体（a）和无机晶体（b）中客体@主体配合物的结构。我们将沸石作为无机超分子多孔主体的示例。并且我们也将介绍几种有机晶体主体的示例。

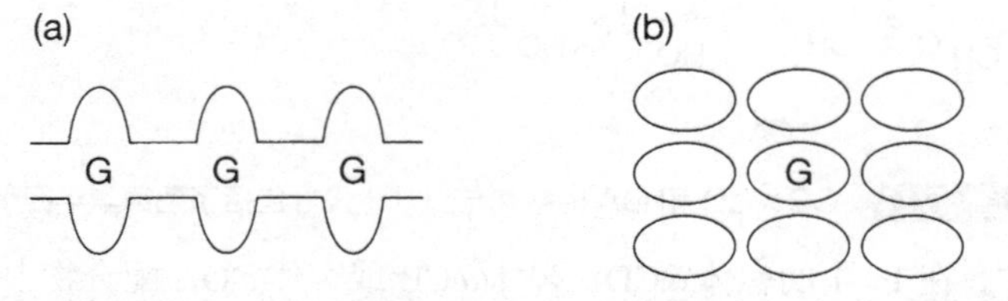

图示 13.4 固体中客体@主体配合物示意：（a）客体@沸石；（b）客体@晶体。后者中，每个分子可以看作一个客体，完全被同样结构的作为刚性“超笼”的其他分子包围

硅（SiO_2）是一种典型的可以吸附并利用非共价键合有机分子的多孔无机固体（例如在色谱中）。尽管硅胶是一种宏观固体，但是它具有一个能够吸附有机分子的大的内部多孔空间。孔腔壁是由非常强的刚性的 O—Si—O 键组成，氧原子以四面体结构排列在每个硅原子周围。沸石是结晶型材料，它与硅相连，在纯硅中的四面体位置由铝原子代替[55]。如此获得的这些多孔固体的骨架包含着有序的统一的孔腔、通道以及笼，可

以作为合适大小和形状的有机分子的孔腔或超笼。点阵中4价硅离子部分被3价铝离子取代，每个铝原子具有一个净的负电荷，最终形成自由空间的网格。反过来，每个负电荷必须由正的平衡离子（Li^+，Na^+，K^+等）来抵消电荷。抗衡离子是可以自由运动的，由于它们的半径、电荷和水合程度不同可能占据不同的交换位置。它们可以不同程度地被其他阳离子置换。有很多尺寸在0.5～1.0nm数量级的有机分子可以容纳在沸石晶格间的孔腔内。

下面介绍两类结晶型沸石FAU和MFI（图13.12）对有机分子光化学超分子效应的例子。FAU族沸石的拓扑结构包含相互交错的三维空间网状结构，具有相对大的圆形孔腔，称为超笼［直径约为1.3nm；图13.12（a)］。每个超笼与其他4个超笼以四面体构型，通过0.8nm的通道排列在超笼中心。MFI族沸石同样具有3D多孔结构［图13.12（b)］。FAU的超笼基本上与其他超笼直接连接，就MFI而言，超笼间存在大约0.55nm长的通道。这些通道的交叉点形成了直径约为0.9nm的超笼。总的来说，FAU沸石和MFI沸石均具有通向超笼的开口，FAU的开口和超笼比MFI的要大一些。沸石作为主体，一个重要的特征就是客体分子可以通过挤入通向超笼的开口进入自由空间的超笼。因此，尽管FAU沸石的超笼具有的直径约为1.3nm，但是通向超笼的开口直径仅为约0.8nm。MFI沸石的情况类似，笼的直径以及开口分别为0.9nm和0.55nm。

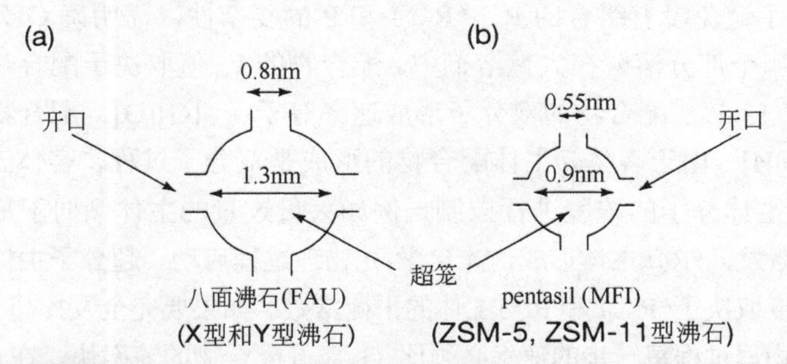

图13.12 FAU沸石（a）和MFI沸石（b）中内部开口的示意结构

由于沸石是结晶型材料，超笼的排列模式是在宏观的固体材料中规则地重复（图示13.4)。两族沸石重要的不同点是与FAU族相比MFI族的骨架的含铝量较少，因此在自由空间内具有非常少的平衡阳离子。因而，FAU可以看作是充满了阳离子、具有极性和亲水的超笼；而pentasil则有很少的阳离子，为非极性、疏水的超笼（pentasil为具有五元环结构单元的分子筛类型。——译者注)。

占据FAU沸石内部超笼的阳离子占去了超笼的一些自由体积，因此为在超笼中进行反应的客体提供了空间位阻。我们将看到FAU沸石中阳离子的静电效应对客体@八面沸石（faujasite）配合物的光化学反应过程影响的一些突出的例子。

沸石、内部有空超笼的多孔固体可以与客体分子络合形成客体@沸石配合物［图示13.4（a)］，这点很容易理解，但并不是所有的固体都是多孔的。例如，大多数有机晶体是无孔固体，是由互相临近的有序重复的分子组成，通过非共价键相互作用键合。然而，在有机晶体中，分子的集合称为晶胞，在整个晶体中周期性地完全相同地重复排列。在有机晶体中，分子按照次序、几何和3D结构排列［图示13.4（b）］。不像上述讨论的其他客体@主体体系，客体和主体分子在纯晶体中是完全相同的分子。晶体的最重要的特征是它们的分子周期性和刚性。在有机晶体中，每个分子可以看作被主体包围的客体（由相同的分子组成），而主体是由规则空间的分子围绕的笼组成。这一刚性的固体客体@晶体配合物结构上是类似的，但却是灵活的液体溶剂笼相反的极端。

13.8 超分子有机光化学的时间尺度以及动力学的作用，瞬时和持续的超分子配合物的概念，活门囚笼复合物和囚笼复合物

超分子配合物是主体（图示13.5中由圆圈代表）和客体（图示13.5中由G代表）分子通过弱的分子间力结合形成。在整个光化学反应中，G可以是反应物（R）、电子激发态（*R）、中间体（I）或产物（P）。这些客体@主体配合物的强度由图示13.5中定义的平衡常数衡量[60]。R、*R、I和P的结构不同时，它们与主体的络合平衡常数预期会不同。为了避免没有络合的R、*R、I和P的复杂性，需明确G分子的哪个部分与主体络合、哪个部分溶解在大量溶剂中。配合物的k_{eq}值取决于配合物形成和解离的动力学（图示13.5）。配合物的双分子形成速率等于$k_{进}$[G][O]，配合物的单分子解离速率是$k_{出}$[G@H]。由于客体@主体配合物的形成是双分子过程，客体@主体配合物的组成可以通过主体分子的浓度进行控制，例如大量过量的主体倾向于形成配合物。一旦R@主体被激发，*R@主体形成，光化学-光物理过程启动。超分子主体影响光化学-光物理过程的程度取决于*R、I和P与主体的平衡常数。如果要完全发挥超分子的效应，光化学反应和光物理过程每一步的速率必须比G离开配合物的速率快。在本节中将讨论光化学-光物理过程的时间尺度这一现象，并与客体步出主体的速率对比[61]。

$$\bigcirc + \mathrm{G} \underset{k_{出}}{\overset{k_{进}}{\rightleftharpoons}} (\mathrm{G}) \qquad k_{eq} = \frac{k_{进}[\mathrm{G}][\bigcirc]}{k_{出}[(\mathrm{G})]}$$

$$\mathrm{H} + \mathrm{G} \underset{k_{出}}{\overset{k_{进}}{\rightleftharpoons}} \mathrm{G@H} \qquad k_{eq} = \frac{k_{进}[\mathrm{G}][\mathrm{H}]}{k_{出}[\mathrm{G@H}]}$$

图示13.5 客体@主体配合物中的络合和解络合（圆圈代表主体）

普通光化学过程与光物理过程的时间尺度跨度达到12个数量级，也就是从大约10^{-12}s（振动，电子弛豫，超快光反应）到约10s（长寿命磷光）。客体@主体配合物的组装和解组装的动力学也可以具有许多数量级的时间跨度，甚至主体结构的动力学可以跨很多个数量级。例如，由于破坏超笼需要打断强的共价键，沸石的超笼基本上是在任意时间尺度上具有无限长的寿命。另外一个极端就是单个胶束的寿命可能为几毫秒甚至更短。我们说沸石的超

笼是持续的，胶束的超笼按照实验室测量的常规时间尺度（分钟或更长）则是瞬时的。持续的概念和瞬时的概念是相对的，我们需要参考在特定实验中感兴趣的时间尺度的基准。

在光化学中，时间尺度的基准是*R 和 I 的寿命，它们的固有动力学将通过化学反应和光物理过程被从体系中除掉。因此，*R@主体配合物或 I@主体配合物的持续基准的寿命是主体或客体的寿命（当客体是*R 或 I 时）。为了简单地表达超分子配合物中的光化学，我们假设主体的结构在整个光化学步骤中不变，也就是说主体的结构并不在反应的寿命内变化。然而，我们通常不能认为*R@主体配合物或 I@主体配合物解离的时间尺度相对于研究的光化学事件长；*R@主体配合物或 I@主体配合物的结构在反应寿命内可能不能维持不变。例如，*R（或 I）从*R@胶束（或 I@胶束）配合物中逃逸的速率可能快于或慢于配合物中*R（I）的光化学或光物理过程。因此，*R@胶束（或 I@胶束）相对于光化学或光物理过程的速率可能是持续的或瞬时的。

从上述讨论中，我们看到*R@主体配合物在一定时间尺度内作为超分子光化学的对象，即*R@主体配合物寿命本身相对于配合物中的*R 的光化学或光物理过程的时间尺度。*R@主体（或 I@主体）配合物中客体为持续的，我们应用“囚笼复合物”的概念，即在研究的光化学或光物理过程的寿命内客体完全被主体监禁（表 13.2）；而当客体是瞬时的，我们应用“活门囚笼复合物”这个概念，即*R 在被研究的光化学或光物理过程的寿命内从笼中逃逸（表 13.2）。

对囚笼复合物来说，*R@主体配合物和 I@主体配合物在光化学事件中具有一个单一的主体环境。在活门囚笼复合物中，*R@主体配合物和 I@主体配合物经历了光化学事件的一系列环境的变化。囚笼复合物和活门囚笼复合物的主体环境差异如下所示。

由于光化学过程和光物理过程的寿命在数量级上有很大不同，持续的囚笼复合物和瞬时的活门囚笼复合物（部分在笼内）的概念是相对的，而不是绝对的。相应地，我们修改了以圆圈为主体代表（图示 13.1）来涵括依赖时间的囚笼复合物和活门囚笼复合物的情况：实线圆圈代表持续的囚笼复合物，虚线圆圈代表活门囚笼复合物（图示 13.6）。而无圆圈则代表在大量溶剂中。例如，$*R(S_1)$@胶束可能是持续的（荧光的速率比逃逸出胶束快），而$*R(T_1)$@胶束可能是瞬时的［$*R(T_1)$可能逃逸出胶束，基本上仅当在溶液中时反应］。

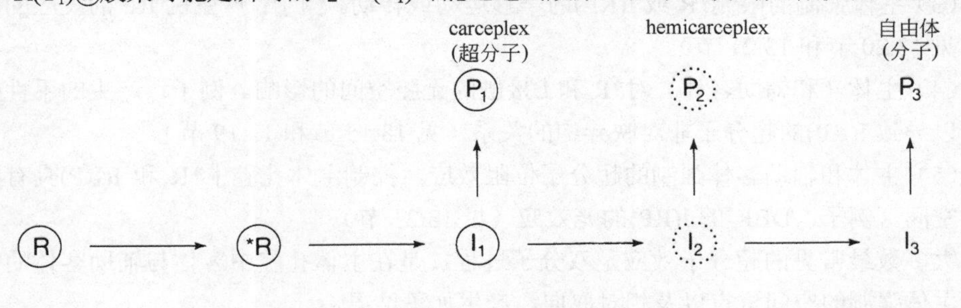

图示 13.6 超分子囚笼复合物（实线圆圈）到超分子活门囚笼复合物（虚线圆圈）再到分子体系（无圆圈）随时间转变示意

作为囚笼复合物和活门囚笼复合物范式的示例，图示 13.6 列出了一种假设的情况，一个体系由持续的*R@主体囚笼复合物到产生持续的 I_1@主体配合物，最终产生两个产物：P_1 和一个次级瞬时 I_2@主体配合物。后面的瞬时活门囚笼复合物被假设可以产生产物 P_2 或逃到溶剂中，最终在溶剂中产生第三个产物，$I_3 \rightarrow P_3$。这种可能性的化学示例将在 13.21 节讨论。

因此，我们看到客体从客体@主体配合物中步出的速率是决定光化学或光物理过程可以被描述成分子的、超分子的或两者相结合的一个重要参数。一个极致的看超分子的定义如何取决于*R 的寿命的例子就是将光化学反应看作在皮秒或更短时间内发生。对于这样的反应，由于*R 在其寿命内并不离开主体，普通的溶剂笼起的作用相当于空囚笼分子。

13.9 光化学过程和光物理过程的超分子控制：一般原则

光化学反应的“超分子控制”指的是什么？要回答这个问题，我们将基本的、熟悉的分子有机光化学（例如：$R+h\nu \rightarrow {}^*R \rightarrow I \rightarrow P$）的范式与超分子有机光化学的范式结合（客体@主体化学）。

分别考虑单分子反应和双分子反应的超分子控制更为方便。在两种情况下，客体被主体预排列的概念将成为关键因素。

对于单分子反应，有如下结果。

（1）主体（和辅助客体）强制了官能团的接近，这些官能团可抑制或加速*R 或 I 的光物理过程。例子：胶束中的重原子效应、环糊精和沸石（见 13.10 节和 13.13 节）。

（2）通过主体强制客体的构象来对客体@主体配合物中的客体分子结构进行预排布，这一客体的构象可以抑制或加速*R 或 I（或两者）的其中之一的竞争反应路径。例子：*R 的 I 型对 II 型，I(BR)的断裂对环化（见 13.14 节）。

（3）主体强制的限制*R 或 I(RP)的平移运动或转动。例子：产生的 RP 的反应的控制（见 13.20 节和 13.21 节）。

（4）主体（和辅助客体）对*R 和 I 接触的无腔空间的影响。例子：产生的手性空间可以导致 I(RP)的超分子非对映异构的关系（见 13.15 节和 13.19 节）。

（5）主体和辅助客体强制的超分子位阻效应，控制主体孔腔中*R 和 I(RP)具有的自由空间。例子：DBK 的 I(RP)的笼效应（见 13.21 节）。

大多数最常见的超分子效应是双分子过程，是在主体孔腔中客体与辅助客体的空间内主体强制的空间位点以及相对取向，产生如下结果。

（1）客体和辅助客体强制空间接近，辅助客体产生一个高的“有效的”局部浓度，有利于*R 或 I 的接近。例子：激基缔合物的形成（见 13.11 节）。

（2）客体和辅助客体的强制空间分离，*R 或 I 免于与主体孔腔外部试剂进行反应。例子：通过主体孔腔壁抑制了 I(RP)的自由基-自由基反应，保护*R，使其免于被 O_2、其他猝灭剂、能量转移（ET）和电子转移（et）猝灭，并使得瞬态物种持久例子：自由基，环丁二烯（见 13.10 节和 13.12 节）。

（3）强制的空间接近以及对辅助客体的选择性取向。例子：［2+2］环加成（见 13.16～13.18 节）。

13.10 通过客体@主体配合物的预组装进行的单分子光物理过程的超分子控制：室温磷光的提高

在流动的溶液中观察不到芳香烃（AH）的磷光（例如萘、菲），原因如下：①芳香烃*R(T_1)的磷光速率常数极小，通常数量级在 $1s^{-1}$ 或更小；②芳香烃的*R(T_1)态以接近扩散的速率被杂质（Q）猝灭；③一些芳香烃（AH）从*R(S_1)到*R(T_1)形成的量子产率低。杂质（Q）代表与磷光竞争的、任意在体系中存在的猝灭剂，空气中的分子氧是最为常见和普遍存在的猝灭剂（14.1 节）。现在，我们采用超分子预排列的策略合理地设计客体@主体配合物，它比室温下溶液中的 AH 客体具有更强的磷光。

图示 13.7 列出了从*R(T_1)发出磷光各步中的常见情况。为了能看到 AH 显著的磷光量子产率，必须具有以下条件：$k_{ST}>k_1$ 和 $k_P>k_2[Q]$。利用超分子方法观察到室温磷光将涉及设计 AH@主体体系，使 $k_{ST}>k_1$ 和 $k_P>k_2[Q]$（图示 13.8）。

$$
\begin{array}{ccccc}
{}^*R(S_1) & \xrightarrow{k_{ST}} & {}^*R(T_1) & \xrightarrow{k_P} & S_0 + h\nu_P \\
\downarrow \!\!\!\!\times\, k_1 & & \downarrow \!\!\!\!\times\, k_2[Q] & & \\
{}^*R(T_1) & & h\nu_P & &
\end{array}
$$

图示 13.7 磷光产生的竞争路径的动力学示意

在第 4 章，我们看到在分子体系中重原子可以提高 k_{ST} 和 k_p 的速率。此外，在*R(T_1)@主体中对*R(T_1)的监禁将阻止在大量溶剂中物种间的双分子自猝灭。因此，能够使重原子接近*R(S_1)和*R(T_1)的*R(T_1)@主体配合物是提高室温 AH 磷光的候选者。环糊精、胶束和沸石是能够使重原子接近 AH 中的*R(S_1)和*R(T_1)的潜在主体的例子。就胶束而言，SDS 中的 Na^+可以容易地被重原子例如 Tl^+交换。因此，AH@TlDS（十二烷基磺酸铊）胶束使 AH 中的*R(S_1)和*R(T_1)接近重离子 Tl^+（原子序数 Z=81）。这种超分子特征将增加。此外，胶束超笼中对*R(S_1)和*R(T_1)的监禁将抑制水相中潜在猝灭剂对*R(T_1)的双分子猝灭，特别是氧。在 CD 中，将具有重原子的分子作为辅助客体预排列 AH 客体相同的孔腔。

(a)

$^*R(S_1) \xrightarrow{k_{ST}} {}^*R(T_1)$ 重原子效应主要表现在 k_{ST}，所以 $k_{ST} > k_1$

$^*R(S_1) \xrightarrow{k_1} R(S_0)$

(b)

$^*R(T_1) \xrightarrow{k_P} R(S_0) + h\nu_P$ 重原子效应主要表现在 k_P，所以 $k_P > k_2[Q]$

$^*R(T_1) \xrightarrow{k_2[Q]} R(S_0)$

图示13.8 室温磷光的超分子控制策略

预组装方法在大量事例中都很成功。在胶束中吸附了萘的例子如图 13.13 所示[62,63]。尽管在水溶液中观察不到萘的磷光，当它被包含在 TIDS 胶束中时则发出强烈的磷光。

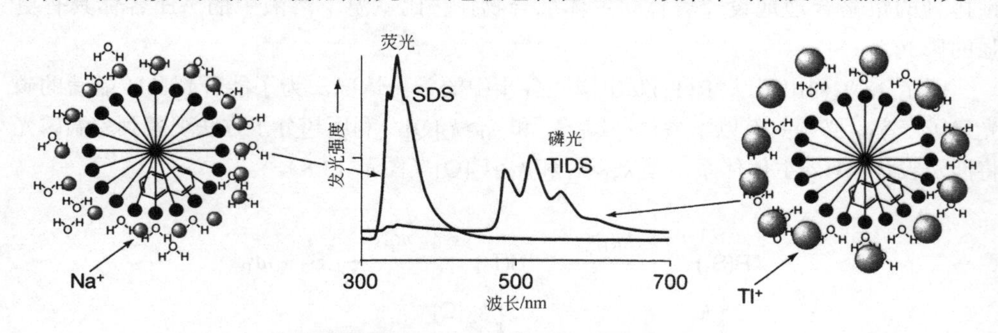

图 13.13 萘@SDS 和萘@TIDS 的发光

当包含重原子的辅助客体与 AH 被同时吸附时，环糊精也被证明是观察室温磷光的很好的主体。例如，当 CD 被用作主体，溴代辅助客体（例如二溴甲烷、2-溴乙醇）存在时，可以很容易地在室温水溶液中观察到芳香分子（例如菲）的磷光（图 13.14）[64]。

如上所述 AH 的胶束和 CD 主体的方法可以用于多孔固体的 FAU 沸石。FAU 沸石的超笼包含大量的可交换阳离子，这些阳离子可以被看作能够在超笼中与监禁客体相互作用的辅助客体。在仔细对阳离子进行选择后，人们可以控制发生在超笼中的客体（*R 和 I）的光化学。例如，在一系列重原子交换的 AH@沸石中可以观察到大量 AH 分子的室温磷光[65]。最重要的 FAU 之一是 MX 沸石，此处 M 指的是沸石中可交换的阳离子，X 代表在沸石骨架中的高 Al 含量。例如，M=Na^+的 FAU 比较常见。Na^+可以被一价重原子交换，例如 Rb^+、Cs^+或 Tl^+，从而产生 RbX、CsX 或 TlX。在流动溶液中的萘是发强荧光的，但不发磷光。当萘分子被监禁在 LiX 的超笼中时，在萘@LiX 中能观察到强的荧光和微弱的磷光。然而，萘@CsX 和萘@TlX 表现出强的磷光和非常弱的荧光（图 13.15）。磷光强度与阳离子质量（更准确地说是与原子序数 Z）之间的关系明确表明，当外来引入的重原子从 Li（$Z=3$）、Cs（$Z=55$）到 Tl（$Z=81$）时，微扰将急剧增加。

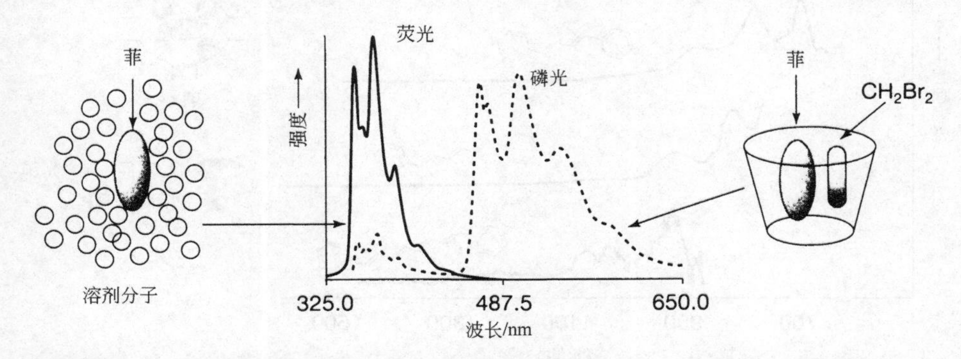

图 13.14 菲@CD 在溶液中的发光情况。实线表示不存在 CH_2Br_2，虚线表示在 CH_2Br_2 存在下，后者形成菲/CH_2Br_2@CD 配合物。图左、图右分别为菲在溶液中和作为 CD 配合物的卡通图示

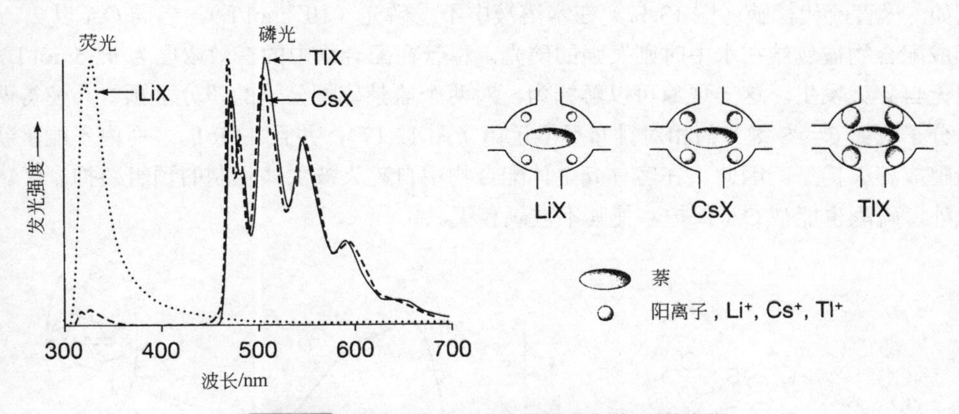

图 13.15 FAU 沸石 MX 中萘的发光随 M 的变化

多聚烯在刚性介质中低温下并不明显发磷光，因为即使产生了*R(T_1)，它也将经历 C═C 键的迅速扭曲运动（10.5 节）。然而，当多聚烯（例如反式芪和 1,6-全反式二苯基己三烯）被监禁在 Tl^+交换的沸石中时，发出的磷光非常显著（图 13.16）。观察到的磷光是由于在沸石中重原子阳离子和烯烃之间的强制接近。这种情况下，综合 k_{ST} 和 k_P 的重原子效应，限制的扭曲运动（例如顺-反异构化）将导致*R(T_1)的迅速失活。系间窜越和磷光的速率要与其他过程竞争，例如消耗 S_1 态和 T_1 态的顺-反异构化。沸石降低了从 S_1 和 T_1 到通常高效的顺-反异构化过程，通过超分子空间位阻和重原子阳离子提高了 k_{ST} 和 k_P（图示 13.8）。

这类超分子提高磷光的最后一个例子涉及的是硫酮的磷光，硫酮是与酮类似的分子，只是硫取代了氧（第 15 章）。尽管这些分子具有高的 k_{ST} 和 k_P，但是它们在室温下并不发磷光，这主要是由于在扩散控制的速率下被氧和基态硫酮分子猝灭（自猝灭）。即使在浓度 >10^{-6}mol/L 时，也基本观测不到磷光。同样地，超分子方法帮助解决了这一问题[66]。

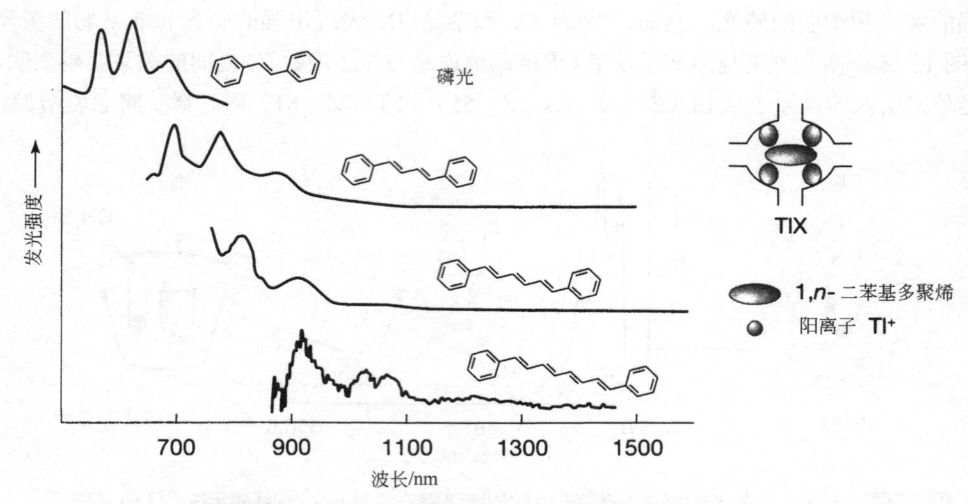

图 13.16 1,*n*−二苯基多聚烯@TIX 沸石中的磷光（*n*=数量）

例如，尽管硫代樟脑（图 13.17）在水溶液中不发磷光（10^{-4}mol/L），当同 OA 以 2∶2 形成配合物被包结在水中时则发强的磷光。尽管在配合物中的有效浓度为 0.35mol/L，但无自猝灭发生。这一现象可以解释为，对两个监禁硫酮分子的超分子预组装使得两个分子（如 C═S 键）的相对排布尽量远离（图 13.17），并且在*R 的寿命内不能重新调整成猝灭构型。因此，在客体@主体配合物中自猝灭被主体强制的预组装抑制了。此外，硫酮也能被 OA 保护，使其不被氧猝灭。

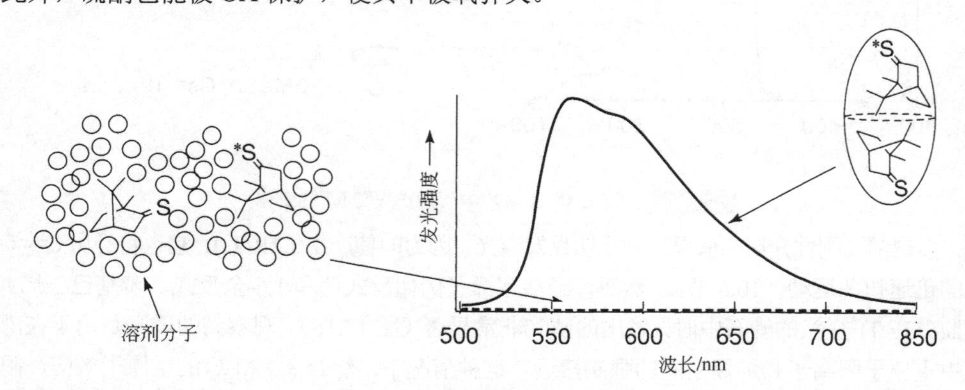

图 13.17 2−硫代莰酮@OA 在水中（实线）和在全氟二甲基环己烷溶剂中（虚线）的室温磷光

图左、图右分别为 2-硫代莰酮在溶液中和在 OA 胶囊中的卡通图示

13.11 通过客体@主体配合物的预组装对双分子光物理过程进行超分子控制：提高*R 激基缔合物的生成

在第 4 章 4.38 节，我们知道了对于一定的 AH，例如芘，可以生成激基缔合物（excimer）

并发光。然而，在均相溶液中，其他 AH 如蒽，即使在非常高的浓度下也没有显著的激基缔合物发光；就蒽而言，原因是蒽经历了有效的［4+4］光环加成，与激基缔合物发光有很好的竞争（12.8 节）。然而，利用超分子预组装辅助客体的方法为设计能观察到激基缔合物发光的分子体系提供了一种方法，例如蒽，在均相溶剂中并不发激基缔合物光而利用该方法则可观察到。蒽和穴状体 OA 形成 2∶2 的胶囊蒽 $_2$@$(OA)_2$，可以溶解在水溶液中[67]。图 13.18 示出了这种配合物的结构。在蒽 $_2$@$(OA)_2$ 中，两个蒽的超分子预组装将蒽分子组装，形成激基缔合物的极好构型。实际上，激发蒽 $_2$@$(OA)_2$ 时能够观察到非常强的激基缔合物荧光（图 13.18）。但我们可能会问：为什么在这一配合物中没有发生［4+4］光环加成反应？有两个可能的超分子答案：①配合物中的取向排布可以将两个蒽分子放置到 9、10 位，能够足够接近，从而生成激基缔合物，但对于成键距离尚远；②终产物的生成被抑制，因为其结构很可能比主体孔腔（图 13.6）具有的空间大得多，使得［4+4］反应的能垒很高。后者是产物形成的超分子空间位阻的一个例子。因此，超分子预控制方法的应用可以为观察到蒽的激基缔合物提供方法，在蒽能够充分溶解的溶液中观察不到，而在水溶液中则可以很容易地观察到！

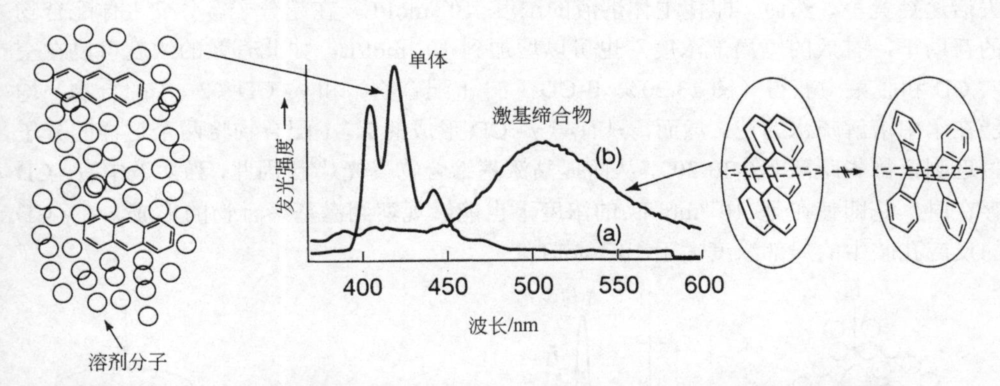

图 13.18 （a）在水溶液中蒽的单体发射；（b）蒽 $_2$@$(OA)_2$ 配合物中蒽激基缔合物的发光。在发射谱两边的卡通图示代表两个蒽分子在溶液中（左）和在 2∶2 胶囊配合物中的可能排布

上述预组装的方法同样可以延伸到固态主体。例如，当蒽吸附于干燥的 NaY 沸石（FAU 型沸石）时可以表现为激基缔合物的发光，但是当沸石共吸附水时则表现为单体发光（图 13.19）[68]。上述结果的解释是与溶液中报道的结果相对照的。在蒽@（干燥）NaY 组装体中，阳离子---π 相互作用（图 13.19）倾向于两个（或更多）蒽分子在基态的聚集产生激基缔合物。当沸石被水化并且蒽@（湿）NaY 配合物形成后，这种阳离子---π 相互作用的重要性变得更为明显。当钠离子被水化时，即沸石中被水占据，只能观察到单体发光。如图 13.19 所示，在干燥 NaY 中，阳离子---π 相互作用将两个蒽分子吸引靠近（倾向于形成激基缔合物）。当阳离子被水化后，阳离子---π 相互作用被更强的 H_2O---Na^+非共价键替代，两个蒽分子被分离，抑制了激基缔合物的形成，倾向于单体的发光。

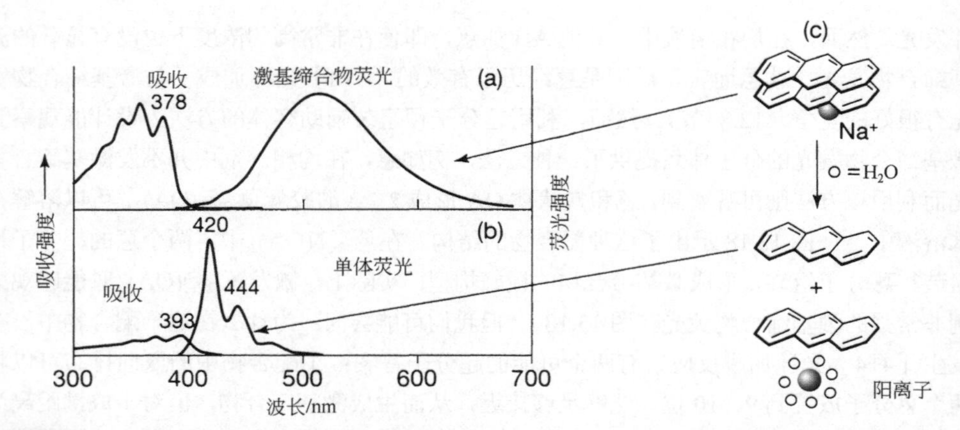

图 13.19 （a）蒽@NaY 在干态下的吸收和发射光谱；（b）蒽@NaY 在加入水的样品中的吸收和发射光谱；（c）两个蒽分子在干态和水合态下的 NaY 沸石内的排布

这类的最后一个例子是关于芘激基缔合物的发光。尽管芘倾向于生成激基缔合物，但是在非常低的浓度（$<10^{-6}$mol/L）下，激基缔合物的形成速率不能与其他 S_1 失活途径竞争。然而，即使主体溶液的浓度$<10^{-6}$mol/L，在超分子客体@主体配合物的帮助下，有效的"局部浓度"也可以增加到 10^{-1}mol/L。如此有效的浓度可以在空穴 CD 和胶束中获得（图 13.20）。β-CD（1∶1 配合物）和 γ-CD（2∶1 配合物）均能在水中溶解疏水的芘。然而，只有与 γ-CD 形成的 2∶1 配合物将两个这样的分子拉近到范德华距离（图 13.20），从而提高激基缔合物发光[69]。因此，当溶液中有γ-CD存在时，芘即使在是 10^{-6}mol/L 的浓度下也能够观察到激基缔合物的形成。在γ-CD的反应孔腔中的局部浓度大于 10^{-1}mol/L。

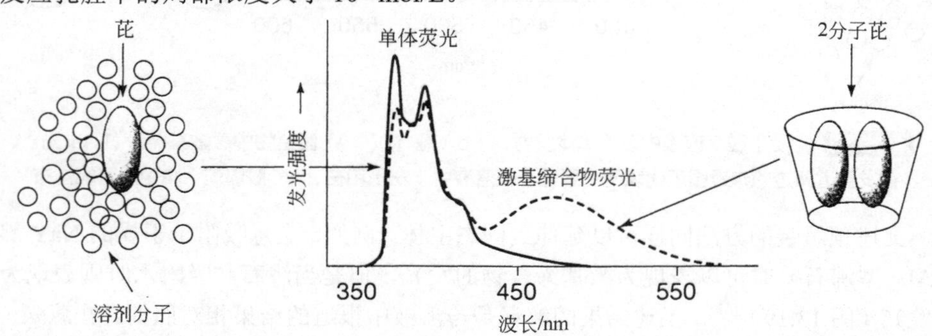

图 13.20 芘在γ-CD 存在（虚线）和不存在（实线）情况下在水溶液中的发射光谱

图左、图右分别为在溶液中和在 CD 孔腔中的芘的卡通图示

13.12 通过囚笼主体壁进行的三重态-三重态能量转移的超分子控制

在 7.4～7.10 节，我们知道分子间的能量转移和电子转移可以在 1nm 或更大的距离

通过溶剂分子或通过分离给体和受体分子的分子中继体发生。我们将空囚笼分子（carcerand）定义为可以完全围绕客体的主体（表 13.1）。双羰基化合物（**1**）作为客体“监禁”在 Cram 囚笼分子（**2**）中，形成了 **1@2** 配合物（图 13.21）。我们研究了从电子激发的 **1**(T_1)@**2** 到溶液中围绕配合物的能量受体和电子给体的电子转移和能量转移[70~72]。囚笼作为“分子主体中继体”阻止了 **1** 的 HOMO 和 LUMO 轨道直接与能量转移或电子转移的对应体的轨道接触。然而，在二氯甲烷中均可以观察到从 **1**(T_1)@**2** 到能量和电子对应体的能量转移和电子转移。但后一过程的发生相对于无黏性溶剂中 **1**(T_1)和能量转移或电子转移的对应体之间通过碰撞发生的能量转移或电子转移，是以相对较小的速率进行。例如（表 13.3），从 **1**(T_1)到芘的能量转移以及从二苯基苯胺到 **1**(T_1)的电子转移在二氯甲烷中以近扩散的速率发生［约 5×10^9 L/ (mol・s)］。然而，对于 **1**(T_1)@**2** 配合物，能量转移的速率常数下降了不止 3 个数量级［到约 1×10^6 L/ (mol・s)］，而电子转移的速率常数则下降了不止 5 个数量级［到约 3×10^4 L/ (mol・s)］。

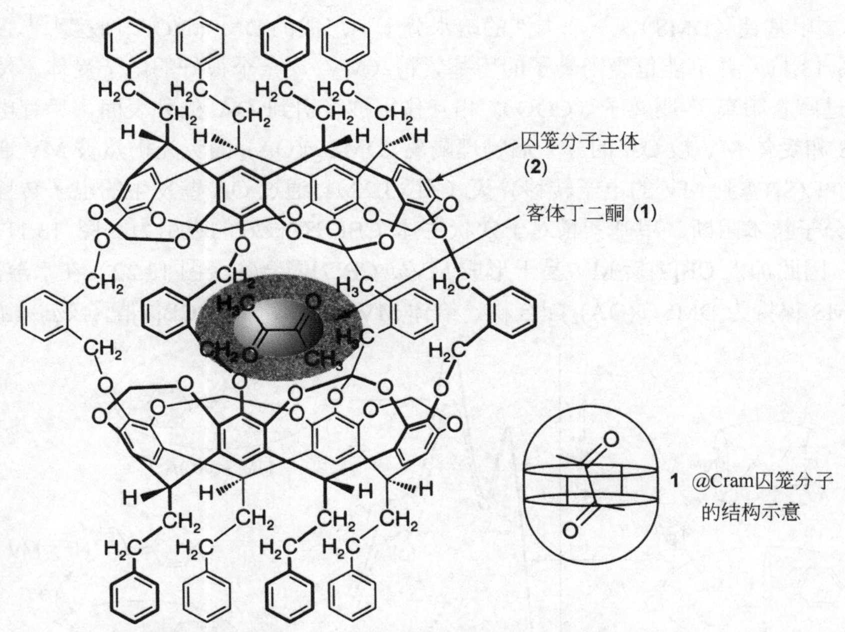

图 13.21 二羰基化合物（1）被“监禁”在 Cram 囚笼分子（2）中。右面的插图是 1@Cram 囚笼分子示意

表 13.3 在溶液中作为自由分子的 1 (T_1) 和在溶液中作为 1(T_1)@2 的能量转移和电子转移反应速率常数的对比

能量给体或电子受体	能量受体或电子给体	**1** 的产物①	芘和胺的产物①	速率常数 / [L/（mol・s）]
1(T_1)(ET)	芘（S_0）	**1**(S_0)	芘（T_1）	约 5×10^9
1(T_1)@**2**(ET)	芘（S_0）	**1**(S_0)@**2**	芘（T_1）	约 1×10^6

续表

能量给体或电子受体	能量受体或电子给体	1 的产物①	芘和胺的产物①	速率常数 / [L/（mol•s）]
1(T_1)(et)	$(C_6H_5)_2NH(S_0)$	(**1**$^{\bullet-}$)	$[(C_6H_5)_2NH]^{\bullet+}(S_0)$	约 5×10^9
1(T_1)@**2**(et)	$(C_6H_5)_2NH(S_0)$	(**1**$^{\bullet-}$)@**2**	$[(C_6H_5)_2NH]^{\bullet+}(S_0)$	约 3×10^4

① 发生能量转移或电子转移后的产物。

这些数字表明，尽管主体分子笼阻止了**1**(T_1)的电子云与芘或二苯基苯胺的电子云的范德华重叠，但仍有足够的轨道重叠发生。这一结果可能是由于超交换重叠机制或通过超出客体和能量及电子给受体的范德华尺寸，在空间中延伸的非常微小部分的波函数重叠。尽管能量转移和电子转移可以通过主体空囚笼分子壁猝灭**1**(T_1)，但化学反应，（例如抽氢反应）不能以可测量的速率猝灭 **1**(T_1)。例如，酚类如间苯二酚可以以近扩散速率通过抽氢猝灭**1**(T_1)，但却不能以能够测到的速率猝灭**1**(T_1)@**2**。

通过超分子壁进行的电子转移并不是仅仅适用于上述的客体-主体复合物。例如反-4,4′-二甲基芪（DMS），一个中性的疏水分子，形成的DMS@$(OA)_2$胶囊[73]。另外，OA（图 13.11）并不能包裹阳离子的甲基紫精（MV），一个很好的电子受体。然而，后者通过库仑阳离子-阴离子（COO^-）相互作用被吸引到 OA 的外表面。尽管电子给体 DMS 和受体 MV 被 OA 的分子墙物理隔离，DMS@$(OA)_2$的荧光仍然被 MV 通过从 DMS 的*R(S_1)态到 MV 的电子转移猝灭（图 13.22）。通过 OA 壁发生的电子转移可以通过超分子技术阻断。甲基紫精对于穴状主体 CB[7]有极好的吸引力（图 13.11 和图 13.22），因此加入 CB[7]后 MV 易于形成 MV@ CB[7]配合物（图 13.22）在水溶液中，给体 DMS 保持为 DMS@$(OA)_2$ 配合物，给体 MV 保持为 MV@CB[7]配合物。由于分

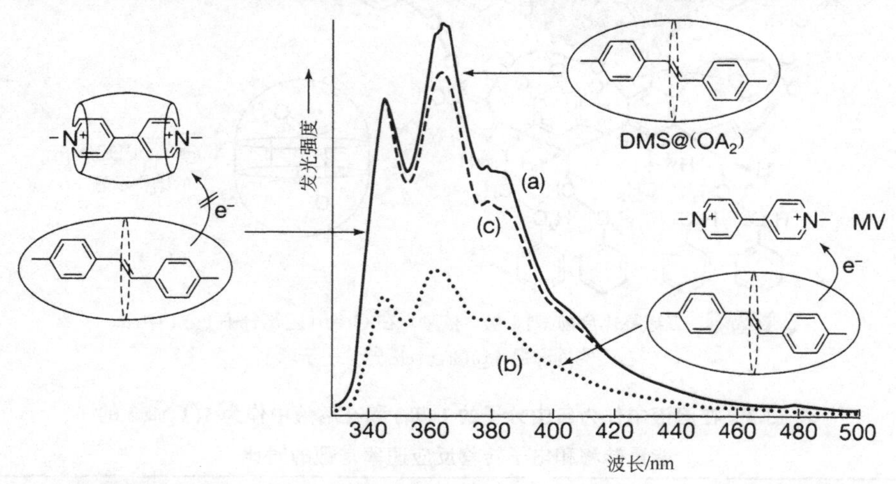

图13.22 MV(6nmol/L)猝灭的 DMS@$(OA)_2$的荧光以及加入 CB[7]的荧光恢复（[DMS]=0.6nmol/L，[OA]=1.2nmol/L，λ_{ex} =320nm）

（a）DMS@$(OA)_2$ 的发光；（b）DMS@$(OA)_2$ 在 MV 存在下的发光；

（c）在 MV@CB[7]存在下的 DMS@$(OA)_2$ 的发光

别的监禁效应，给体分子和受体分子被两个胶囊的双壁隔开。有趣的是，一旦 MV 通过与 CB[7]的超分子络合与 OA 壁分开，DMS 的荧光就恢复了。这一例子表明了超分子组装体可能操控的程度。

13.13 客体@主体配合物预组装的单分子光化学过程的超分子控制：反应状态的超分子选择性

在有些情况下，不同的产物 P_1 和 P_2 分别源于*R（S_1）和*R（T_1）（图示 13.9）。图示 13.10 给出了这样的例子，二苯基桶烯 **3** 直接激发将产生产物 **4**，而通过三重态敏化（丙酮）则产生产物 **5**。产物 **4** 源于*R(S_1)，产物 **5** 则源于*R(T_1)。现在我们来考虑一下如何利用超分子预组装来控制两个初级光化学过程的发生。在 13.10 节，我们看到重原子作为辅助客体在客体@主体配合物中的预组装将会加速*R 的自旋禁阻跃迁。因此，重原子效应可以用来提高*R(S_1)→*R(T_1)的系间窜越（ISC），当一个反应源于*R(S_1)、另一个反应源于*R(T_1)时可以控制光化学反应中的产物分布。没有重原子效应存在下，*R(S_1)产生 P_1；在重原子存在下*R(S_1)产生 P_2。

通过图示 13.9 的方法，利用超分子控制来选择性地生成光解 **3** 的产物 P_1 和 P_2，辅助客体的重阳离子效应可以用来微调沸石中 **4** 和 **5** 的产物分布[74]。例如，二苯基桶烯包含在沸石 KY(Z_K = 19)中的光照反应得到主产物 **4**，而在 TlY(Z_{Tl}=81)中的光解则几乎只生成产物 **5**（图示 13.10）。辅助客体阳离子 Tl^+加速了 S_1→T_1 的系间窜越速率，使其快于 S_1 的反应。一旦 T_1 形成，则选择性地产生 **5**。轻阳离子 K^+对 ISC 的影响较小，产物分布则与乙腈中类似，从而证明了重原子效应的作用。

$$R \xrightarrow{h\nu} {}^*R(S_1) \xrightarrow{k_{ST}} {}^*R(T_1)$$

$${}^*R(S_1) \xrightarrow{k_{rxn}(S_1)} P_1 \qquad {}^*R(T_1) \xrightarrow{k_{rxn}(T_1)} P_2$$

$$(R) \xrightarrow{h\nu} ({}^*R(S_1)) \xrightarrow{k_{ST}} ({}^*R(T_1))$$

$$({}^*R(S_1)) \xrightarrow{k_{rxn}(S_1)} P_1 \qquad ({}^*R(T_1)) \xrightarrow{k_{rxn}(T_1)} P_2$$

图示 13.9 从*R 到产物 P_1和 P_2的路径示意：分子（顶端）和超分子（底端）体系

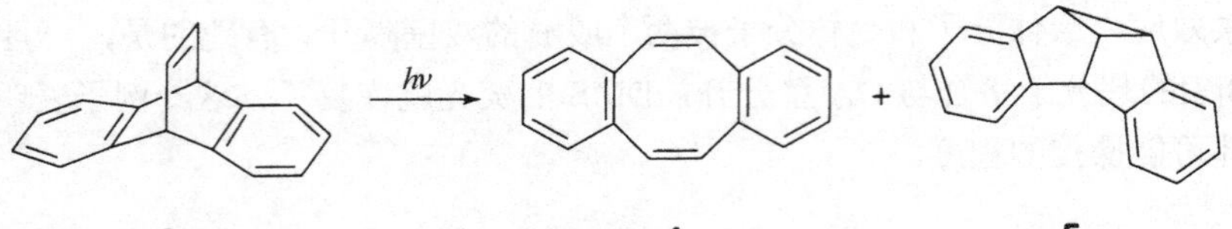

	4	5
乙腈	77%	23%
丙酮	—	100%
KY	75%	25%
TlY	1%	99%

图示 13.10 光解二苯基桶烯 3 产生 4 和 5 的超分子重原子控制

13.14 客体@主体配合物预组装的单分子光化学过程的超分子控制：*R→I 过程的超分子选择性

有时，从一个*R 可能有两个（或更多）竞争的初级光化学反应。图示 13.2（c）示意了不同的情况：第一种初级光化学反应产生中间体 I_1，生成产物 P_1；第二种初级光化学反应产生第二种中间体（I_2），生成不同的第二种产物（P_2）。作为上述可能性的样本，我们将呈现能够进行竞争性的Ⅰ型和Ⅱ型初级过程的安息香烷醚的光化学（图示 13.11）。预计*R 的Ⅰ型反应基本与酮的构象无关。同时，Ⅱ型反应则强烈依赖构象，这主要是由于被抽取的烷链上的 γ-H 在*R 的寿命内必须与羰基接近。

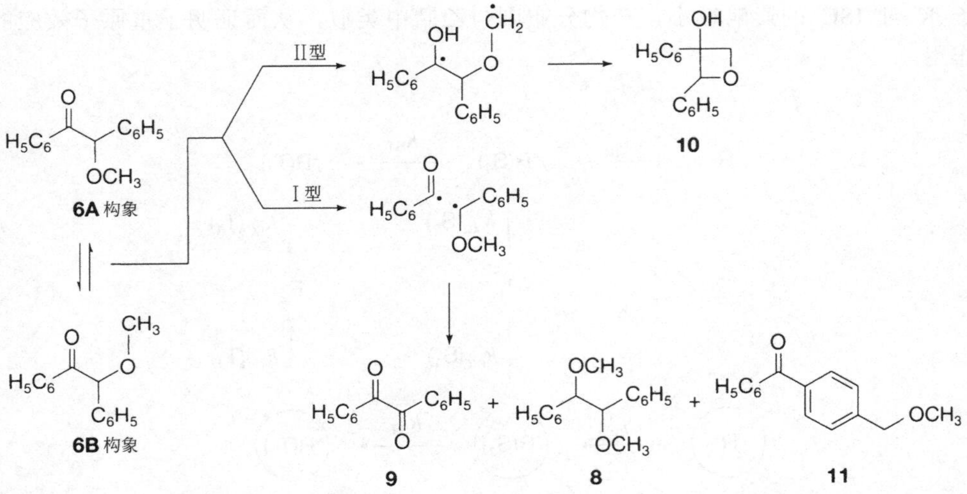

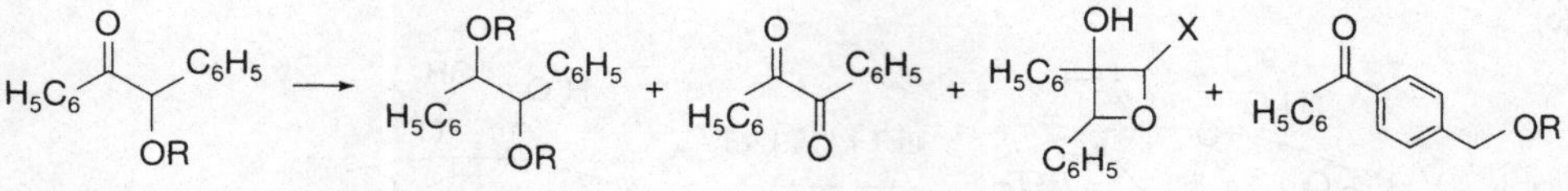

	6, 7 → 8	9	10	11
R = CH_3 (**6**)			X = H	
苯	39%	23%	—	—
十六烷基三甲基氯化铵胶束	8%	7%	52%	—
R = $CH_2(CH_2)_6CH_3$ (**7**)			X = $CH_2(CH_2)_5CH_3$	
苯	49%	—	—	—
十六烷基三甲基氯化铵胶束	36%	—	—	45%

图示 13.11 安息香烷醚在均相溶液中和胶束溶液中Ⅰ型和Ⅱ型反应的产物对照

在均相溶液中，Norrish Ⅰ型反应是安息香烷醚唯一的光化学反应（图示 13.11）。Norrish Ⅱ型反应，尽管可能，但由于在溶液中*R 的构象不利于这一反应的发生，所以并没有观察到。将安息香烷醚包裹到胶束介质中将通过笼效应抑制Ⅰ型路径（详见 13.21 节和 8.42 节）[75]。在上述环境中，对一定的安息香烷醚来说，通常不太竞争的Ⅱ型反应变得更加具有竞争性，并且在十六烷基三甲基溴化铵和十六烷基三甲基氯化铵胶束中成为安息香甲醚 **6** 的主要反应途径（图示 13.11）。这一结果解释为主体胶束界面对客体构象控制的结果（图 13.23）。如图 13.23（b）和图示 13.11 所示，**6A** 和 **6B** 的两种构象，胶束界面的构象 **6B**（可能是由于在水相中亲极性羰基和甲氧基团）产生 Norrish Ⅱ型产物。安息香辛醚（**7**）则没有得到 Norrish Ⅱ型产物，仅经由 Norrish Ⅰ型反应，然后在同一胶束介质中自由基-自由基偶合生成产物 **8** 和顺位取代的二苯甲酮（重排产物 **11**）。对 **7**，长烷基链倾向于留在烃内部，主要在胶束界面中生成构象 **7A**［图 13.23（c）］。在这种情况下，对于激发的酮抽取 γ-氢来说，长链被放置在相对氧原子（n,π*）态的不利位置。

(a)

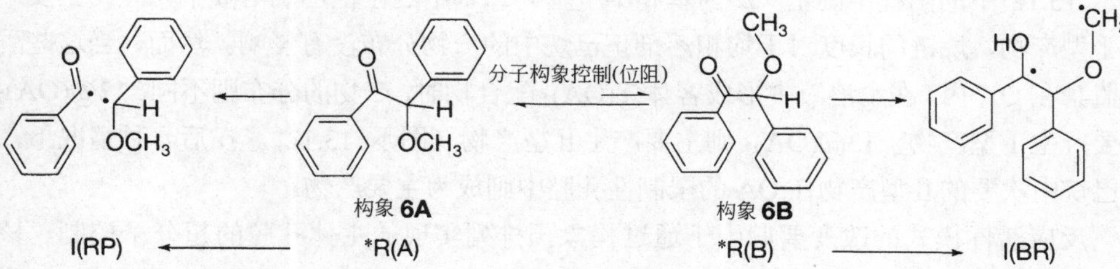

分子构象控制(位阻)

构象 **6A** 构象 **6B**

I(RP) ← *R(A) *R(B) → I(BR)

图 13.23

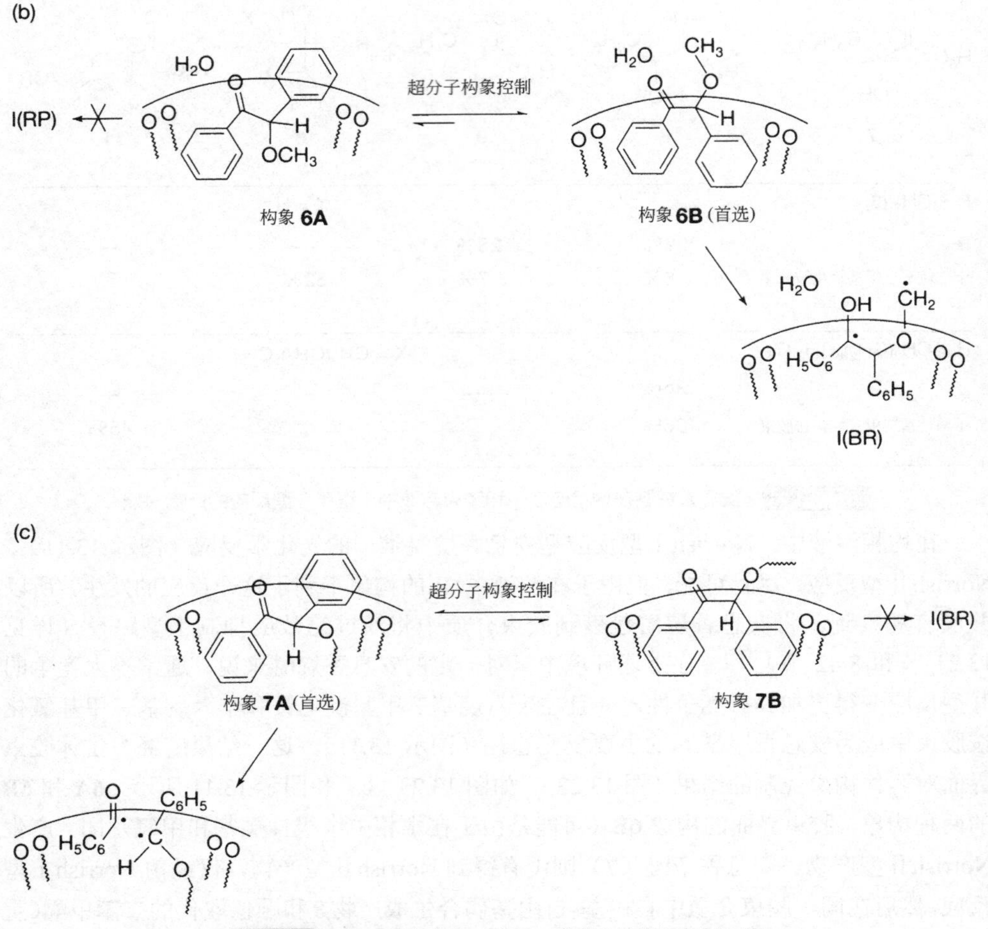

(b)

(c)

图 13.23 安息香烷醚的Ⅰ型对Ⅱ型反应的构象控制示意

（a）在溶液中，构象平衡控制产物分布；（b）在胶束中，安息香甲醚倾向于发生Ⅱ型反应；（c）在胶束中，安息香辛醚的Ⅱ型反应被禁止

Ⅰ型和Ⅱ型反应竞争的构象控制也可以通过将*R 监禁在 OA 中取得（图示 13.24）[76]。α-烷基二苯甲酮，与上述 α-烷基安息香醚类似，可以进行Ⅰ型和Ⅱ型初级光化学反应。图示 13.12 中的两种α-烷基（α-丙基和α-辛基）二苯甲酮在正己烷溶液中光照均主要产生Ⅰ型产物，烷链的长度对于均相溶剂正己烷中的产物分布没有影响。然而，当这些酮被监禁在 OA 内，在水溶液中形成客体@$(OA)_2$配合物时，产物的分布则不同。**12**@$(OA)_2$主要产生Ⅰ型产物，**13**@$(OA)_2$则主要产生Ⅱ型产物（图示 13.12）。在后一种情况下，正己烷中次要的Ⅱ型产物在 OA 的限制性孔腔中则成为主要产物。

反应活性模式的改变要归因于通过构象预排列实现的主体孔腔的超分子控制。核磁共振谱（NMR）分析表明，对于 **13** 烷链被预先排列成利于 γ-氢抽取，而对于 **12** 来说烷链上可抽取的 γ-氢与羰基发色团空间距离较远。

R
O
$h\nu$
Ⅰ型
R
O
→ Ⅰ型产物
（与构象无关）
Ⅱ型
$h\nu$
R′
OH
→ Ⅱ型产物
（由一个特定的构象生成）

12 R = n-C_3H_7
13 R = n-C_8H_{17}

底物	介质	Ⅰ型/Ⅱ型产物比率
12	己烷	80：20
	OA/H_2O	89：11
13	己烷	85：15
	OA/H_2O	10：90

图示 13.12 在α-烷基二苯甲酮中烷链长度决定的构象控制

很有趣的是，α-烷基安息香醚@胶束（图示 13.11）的活性模式与在α-烷基二苯甲酮@$(OA)_2$配合物中观察的恰恰相反。在胶束中，疏水中心与水相的界面在客体@胶束配合物控制客体构象中起到非常重要的作用。例如酮，如α-辛基安息香醚，在胶束介质中采取的构象是极性羰基基团放置在界面上，非极性辛链插入到疏水中心的深处［图 13.23（c）］。此外，α-辛基二苯甲酮@$(OA)_2$的优先构象是辛基链与羰基接近，倾向于Ⅱ型反应（图 13.24）。不通过主体对客体构象预排列的超分子控制是不可能实现如此巧妙的产物选择性控制的。

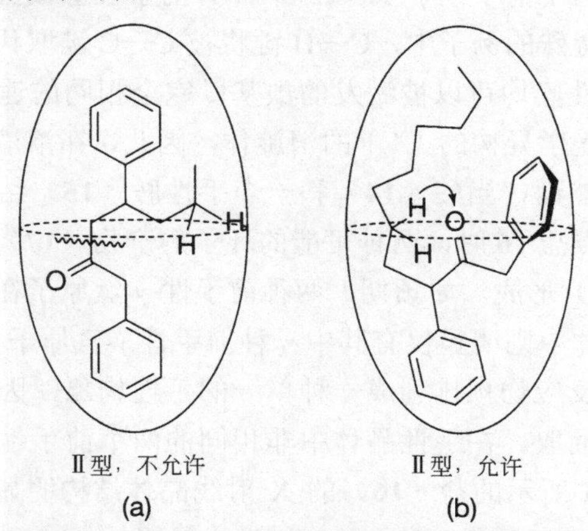

图 13.24 从*R 的Ⅰ型对Ⅱ型反应的超分子构象控制示意。如果主体预排布了构象（a），Ⅰ型反应优先发生。如果主体预排布了构象（b），Ⅱ型反应优先发生

13.15 涉及双自由基中间体的*R 的两个竞争的初级过程的超分子手性效应：在客体@主体组装体中的预控制

到目前为止，我们研究的例子是一个单个的*R 通过两个不同的初级光反应过程或两个*R(S_1 和 T_1)经历不同的初级光化学过程给出两种不同的中间体。现在，我们考虑的例子是*R 的反应产物（P_1 和 P_2）是对映异构体（图示 13.13）。因此，最终产物既可以是对映异构体（当反应物是非手性的）也可以是非对映异构体（当反应物包含一个手性辅助体；此时的产物不是镜像）。在均相溶液中很难获得的光化学反应的立体控制可以通过超分子效应完成。

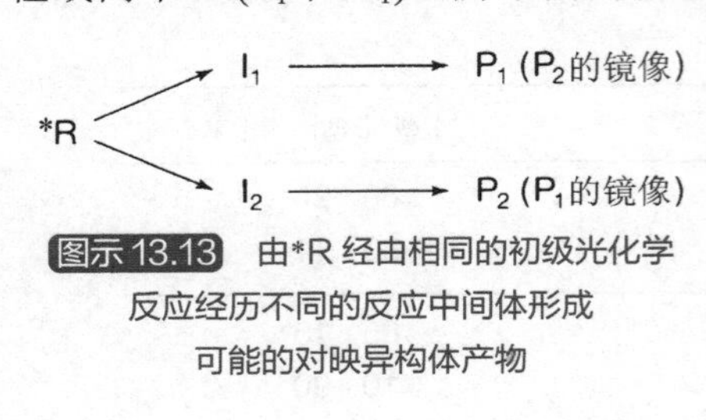

图示 13.13 由*R 经由相同的初级光化学反应经历不同的反应中间体形成可能的对映异构体产物

例如，在晶体中的酮光解的显著特征是非手性分子选择性生成一种对映体的可能性。这一对映体选择性的基础需要晶体整体的手性。因此，晶体结构的手性作为手性“主体”在光化学过程中传递到分子的“客体”上。作为一个特别的例子，我们考虑的是两种对映的双自由基的生成，它们来自一个非手性分子客体在手性晶体主体中的 γ-氢抽取反应。

一个这种非对映选择性的分子内 γ-氢抽取的例子是图示 13.14 所示的酮 **14**[77,78]。这种非手性分子具有两个前手性 γ-氢（A 和 B）。前手性氢被置换后将产生为对映体的手性产物。在这个特殊的例子中，C—H 键将被 C—C 键取代。在均相溶液的非手性环境中，每个前手性氢均可以被激发的羰基以完全相同的速率抽取，最终产生手性环丁醇产物的两个光学异构的 1∶1 的消旋体。因此，在溶液中，两个途径具有相同的活化自由能垒。然而，当酸（**14**）和一个手性胺（**15**）结晶化时，结晶的手性盐（**16**）形成。当光照盐 **16** 时，两种可能的环丁醇产物（**17**）以高的对映体过量值（ee 值；见图示 13.14）形成。如预期，两种前手性 γ-氢原子在溶液中以相同的效率被抽取。然而，在晶体中则明显仅有其中一种前手性 γ-氢原子优先。围绕*R 的主体分子的主要效应是将反应物预排列成一种单一的手性构象，因此提高了两种可能前手性氢之中的一种的抽取。在手性晶体中非相同的两个前手性氢抽取具有不同的能垒。实际上，图 13.25 所示的盐（**16**）的 X 射线晶体结构明显表明其中一个前手性氢离羰基更近一些。

γ-氢 前手性B

γ-氢 前手性A

14 —A 抽提→ 17A | 镜像 | 17B ←B 抽提— 14

14 + 15 → 盐 16 —晶体 hν, CH_2N_2→ 17 ee 80%

$$对映体过量(ee)=\frac{对映体\mathbf{17A}的比率 - 对映体\mathbf{17B}的比率}{对映体\mathbf{17A}的比率 + 对映体\mathbf{17B}的比率}$$

图示 13.14 晶态手性诱导的一个例子

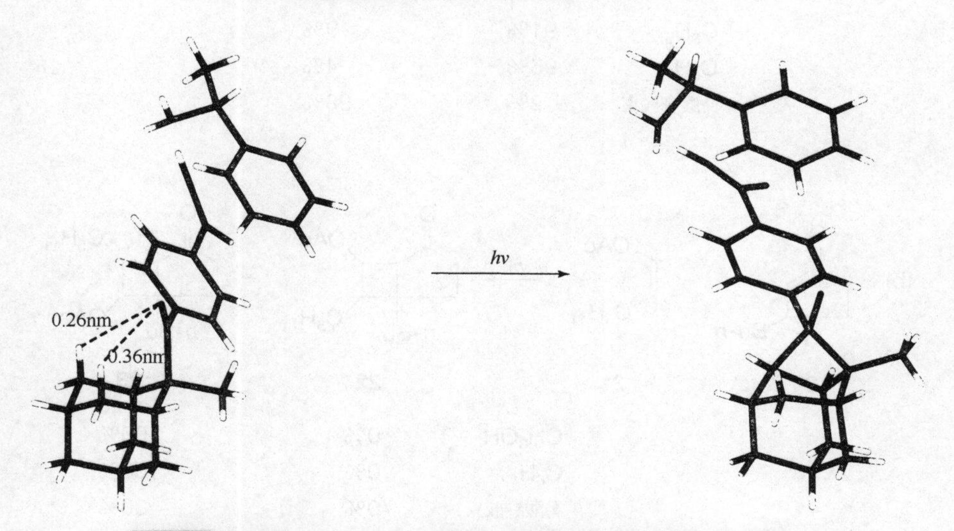

图 13.25 盐 16 的 X 射线晶体结构。注意两个前手性氢与羰基距离不同。激发的羰基将倾向于抽取更近的氢（0.26nm vs 0.36nm）

13.16 双分子初级过程的超分子效应：通过客体/辅助客体@主体超分子组装体的定向效应进行的预排列

在 13.11 节我们看到在主体孔腔中的客体和辅助客体超分子预排列能够提高激基缔合物的形成。超分子预排布也可以应用于控制*R 的双分子初级光化学反应的产物。作为例子，我们将讨论［2+2］光环加成的区域选择性的反应控制。

3-正丁基环戊酮（**18**）在均相溶液中光照主要生成“头-尾”［2+2］光环二聚体（**19**）［图示 13.15（a）］。然而，这种酮监禁在胶束中后光照则主要生成“头-头”［2+2］环加成产物（**20**）[79]。产物选择性的差异是由于在胶束中酮以头-头形式的预定位（图 13.26）。吸收光子后，3-正丁基环戊酮分子在相对构型没有发生变化时加成到邻近的 3-正丁基环戊酮分子上。在均相溶液中，优先的两个分子偶极间的头-尾相互作用倾向于头-尾取向。在胶束超笼中，这一优先的相互作用被胶束-水边界强的介电常数弱化了。由于水边界部分对分子偶极负电端的吸引以及胶束超笼疏水部分对烷基链的吸引使得头-头取向更为有利。

(a) **18** $\xrightarrow{h\nu}$ **19** + **20**

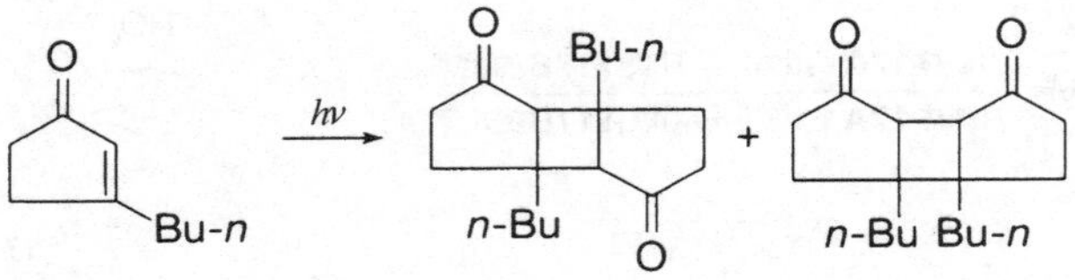

	19	20
C_6H_6	91%	9%
C_6H_{12}	96%	4%
癸酸钾胶束	2%	98%

(b) **18** + **21** $\xrightarrow{h\nu}$ **22** + **23**

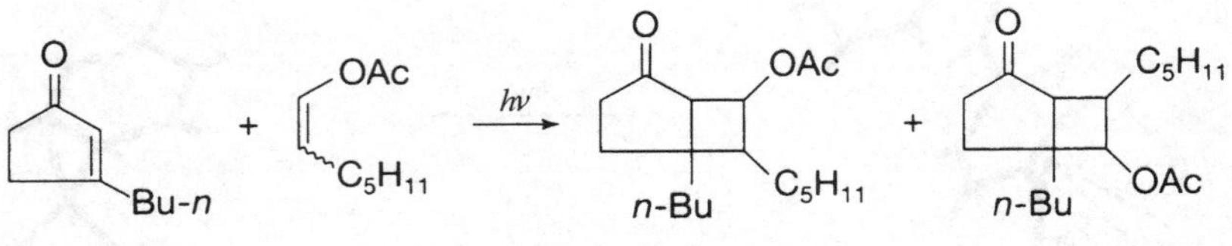

	22	23
CH_3OH	0%	100%
C_6H_{12}	0%	100%
癸酸钾胶束	70%	30%

图示 13.15 在有机溶剂和胶束中光二聚（a）和交叉环加成（b）产物。在胶束中的产物分布由胶束–水界面的分子预排布控制（见图 13.26）

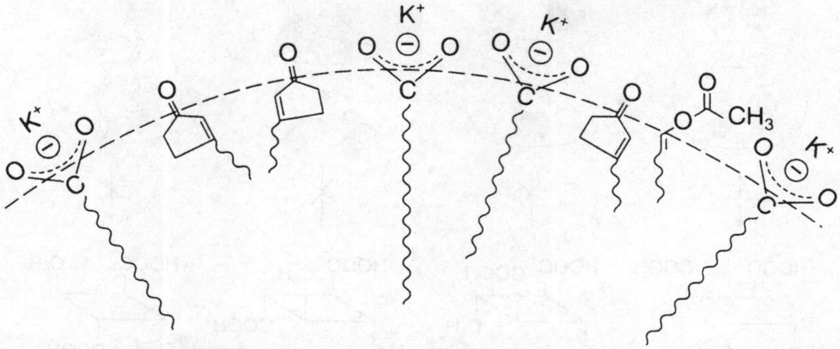

图 13.26 环戊酮和乙酸丙烯酯在胶束-水界面的预排布

在有机溶剂中光照 **18**，通过 1,4-BR 中间体（见 11.15 节）加成到乙酸庚烯酯（**21**）上，得到单一的加成产物 **23**［图示 13.15（b)］。然而，当这两个分子监禁在癸酸胶束中进行光照时，则得到两种加成产物（**22** 和 **23**）的混合物，以 **22** 为主要产物。这一发现与胶束界面帮助反应分子取向的概念一致（图 13.26）[80]。加入 30mol 过量的乙酸丙烯酯，则可以获得比二聚体更高产率的交叉加成产物。图示 13.11 和图 13.23 的例子类似，烯烃的长烷基链有助于以图 13.26 所示的构型将烯烃定位在胶束-水界面上。

上述的两个例子表明胶束的界面能够预排布分子，因此可以逆转均相溶剂中观察到的分子光行为。

客体分子取向预排列的光选择性也可以通过由 CB 和 OA 组成的水溶性的囚笼分子复合物实现（图 13.11)。图示 13.16 和图示 13.17 给出了两个［2+2］环二聚的例子。反式肉桂酸（**24**）的［2+2］光二聚可以生成 4 个不同立体异构的二聚体（**26～29**)，其构象的区别在于羧基和苯基的取向。然而，在水中光照 **24** 则只生成顺式肉桂酸。光照葫芦脲 **24**@CB[8]的超分子配合物产生如图示 13.16 所示的镜像对称的二聚体（**26**）[81]。这一产物排除了几种其他可能的立体异构的［2+2］二聚体的生成。这一结果表明主体 CB [8]能够将两个肉桂酸分子以镜像对称的形式进行预排列（图示 13.16)。弱作用力，如疏水效应（驱使两个反式肉桂酸分子在主体孔腔中被包裹）和苯基基团间的 π---π 相互作用，促进了这一选择性的预排列，使得两个监禁客体的镜像对称更加容易。在有机主体内的紧密切合导致能垒提高，抑制了构型异构化，并且活性分子的预排列更倾向于单一的二聚体。

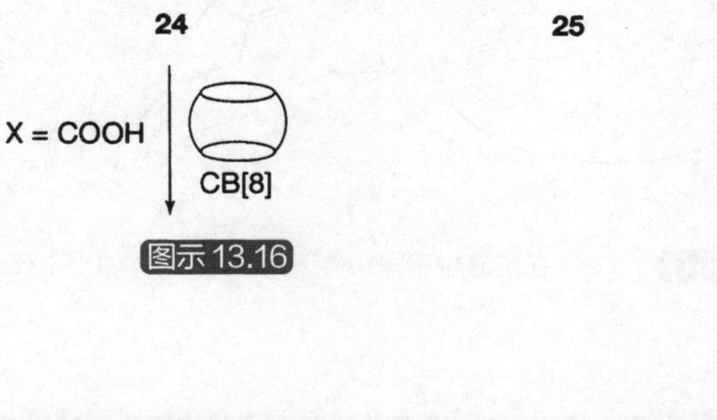

COOH $\xrightarrow[H_2O]{h\nu}$ COOH

24 **25**

X = COOH CB[8]

图示 13.16

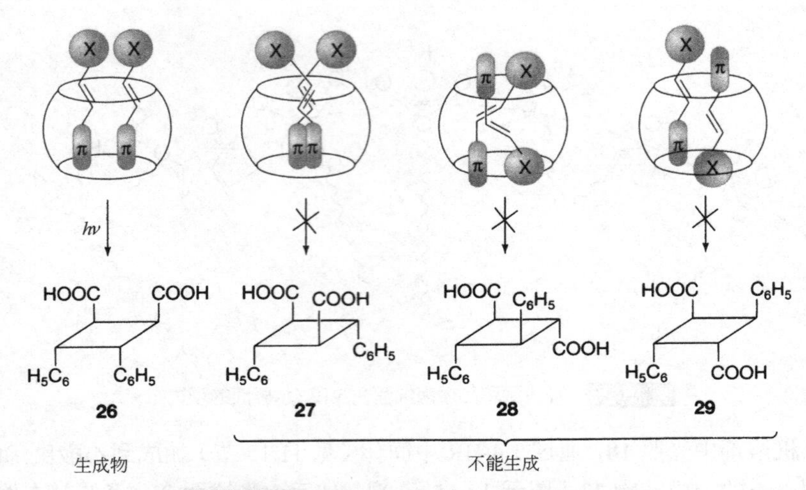

图示 13.16 包结在 CB[8]中的肉桂酸的光二聚

上述例子中烯烃的极性头部和非极性尾部促进了疏水-亲水界面的取向排列。缺少这些特征的烯烃光二聚的控制则在 OA 胶囊中是不能获得的[82]。如图示 13.17 所示，直接激发以及三重态敏化和电子转移敏化茚（**30**），反式头-尾二聚体（*anti* HT；**34**）将以<10%的产率形成。但当茚 **2@(OA)$_2$** 在水溶液中光照时，则仅生成唯一的产物 **34**。缺少自由空间阻止了茚重新排列成溶液中光解生成二聚体的结构。

(a)

hν 乙腈

30 **31** **32** **33** **34**

	syn-HH	*syn*-HT	*anti*-HH	*anti*-HT
直接激发	74	5	12	6
三重态敏化	3	5	84	8
电子转移敏化	—	—	96	4

(b)

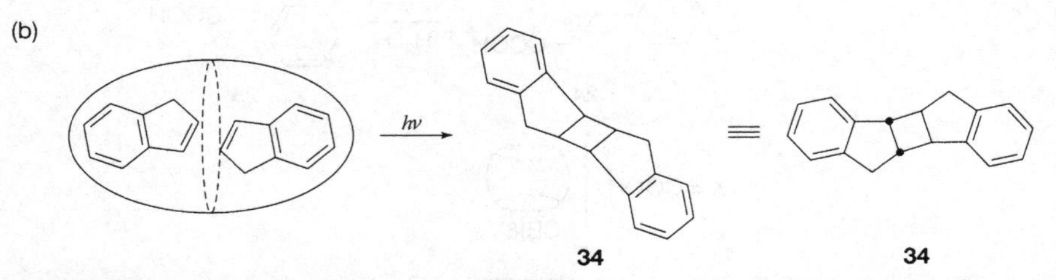

图示 13.17 （a）在溶液中不同条件下茚的光二聚；（b）在 OA 胶囊中茚分子的推测构型

13.17 固态对*R 的超分子效应：在固态下通过构象和构型控制进行的预排布

在结晶性固体中通过超分子预排布控制［2+2］光二聚的例子有很多[58,83,84]。如 13.16 节所述，在溶液中光照反式肉桂酸（**24**）将生成顺式肉桂酸（**25**），［2+2］光二聚不能发生。同时，光照结晶体 **24** 则唯一地生成［2+2］光二聚产物（图示 13.18）。结晶态可以看作所有组成分子的一个硬的、刚性的“主体”。因此，它“遏制”了大量的分子运动，例如顺-反异构化，通过增加激发态*R 这一过程的能垒实现。更重要的是，在晶体中的预排布更倾向于光二聚反应生成单一的［2+2］光二聚体。我们看一下这些结晶态是如何促使单一二聚体的生成的。肉桂酸可以结晶成 3 种多形晶体，称为α、β和 γ 形式，每一种均表现截然不同的光化学行为；这些形式通过邻近肉桂酸分子在多种形式下的结构关系进行测定。在α型结晶中，层中的分子双键与在约 0.42nm 距离内（在固态下形成键的可能距离）的中心对称的关联分子以邻接重叠的方式堆积（图 13.27）。光照这一类型的结晶将产生中心对称的二聚体（**29**）。在β型结晶中，分子间被一个短的重复距离（约 0.4nm）分隔（图 13.27）。在这种类型中，层上邻近的分子是平面等同的，表现为与［2+2］光二聚相当的 C═C 键的面-面重叠。在这一结构中结晶的所有肉桂酸都可以进行光化学反应，得到具有同样立体化学的产物，称为镜像对称二聚体 **26**。在 γ 型结构中，邻近的分子相互补充，潜在反应活性的双键不能互相重叠，因而它们之间的距离大（约 0.5nm）。这一类型的结晶对［2+2］二聚反应是光稳定的。

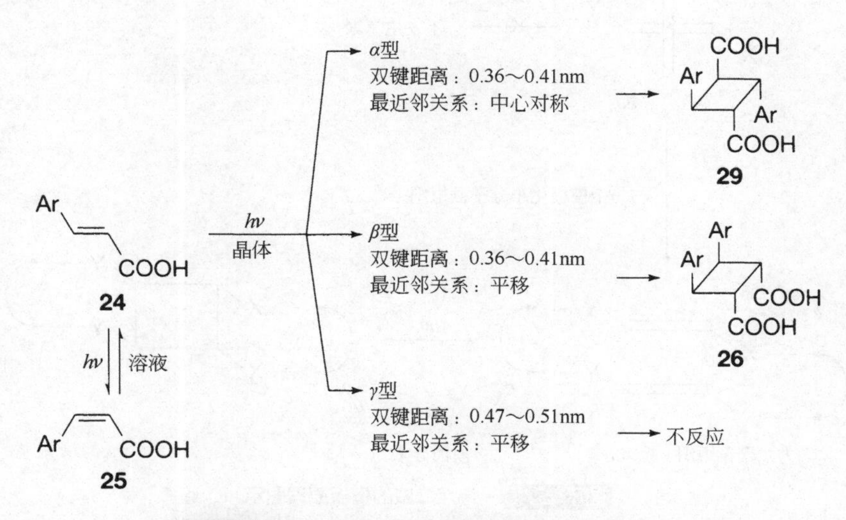

图示 13.18 结晶型肉桂酸在 3 种多晶型下的光活性

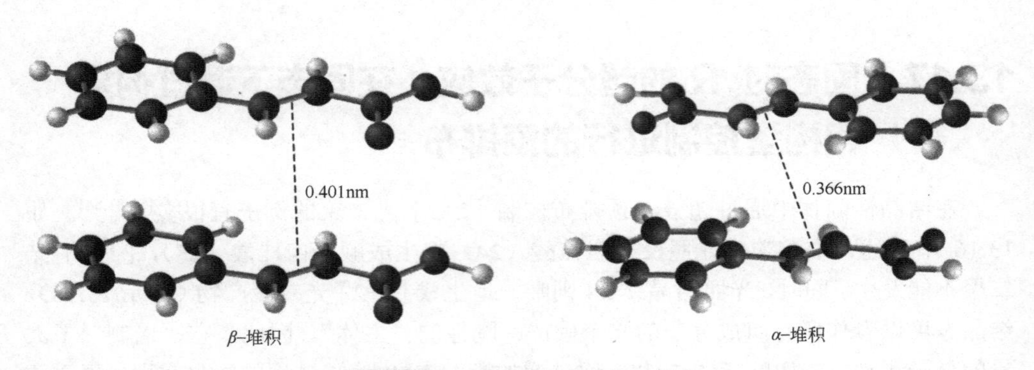

图 13.27 α、β型肉桂酸的排列方式

在两种晶型中烯烃均位于活性距离内（约 0.4nm），每一种将得到不同的异构体

13.18 对*R 的超分子效应：固态下模板化的光二聚

对于两组分的晶体（也称为混合晶体），即在晶体层中一个分子作为第二个光活性分子的取向或模板主体，超分子配合物在溶液和结晶态中的相似性更为接近。模板这一定义指的是行为的模具化，即主体分子迫使混合客体@主体晶体中光活性客体的取向（图示 13.19）[85]。混合晶体中光化学模板的方法尽管适用范围并不普遍，但对特定的例子效果非常好。在这一方法中，模板分子的选择是基于在结晶态下预期模板-主体分子的堆积将能够使潜在活性的客体分子排列，其方式促使选择性［2+2］光二聚化发生。

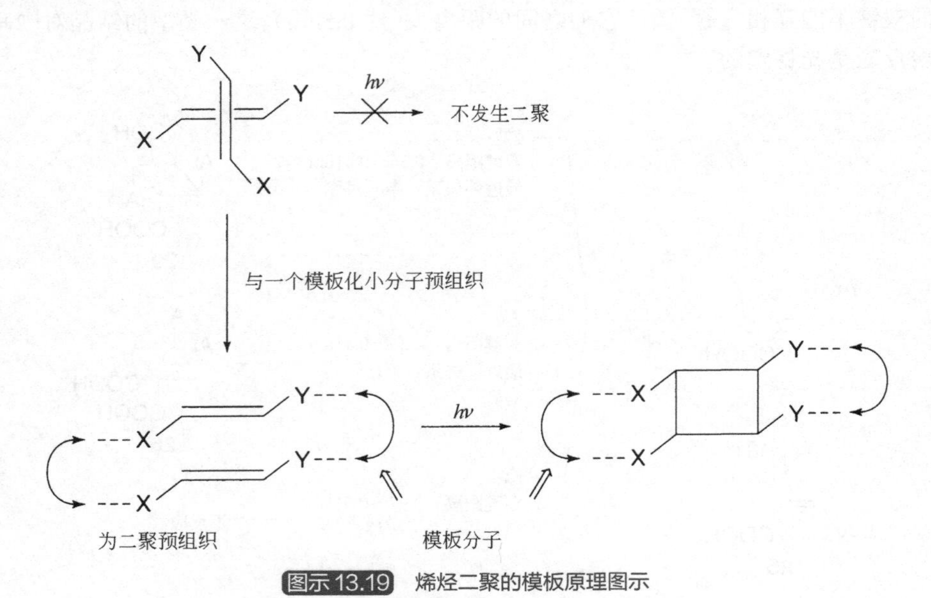

图示 13.19 烯烃二聚的模板原理图示

模板有利于光激发后烯烃预组织形成单一二聚体

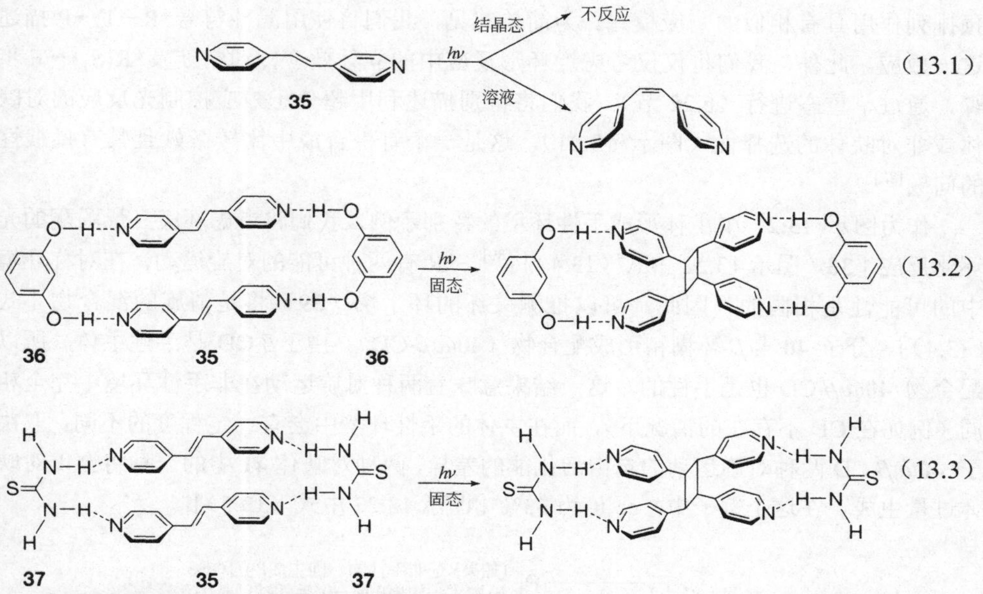

结晶态 不反应 hν 溶液 35 (13.1)

36 35 36 hν 固态 (13.2)

37 35 37 hν 固态 (13.3)

图示13.20 在结晶态中的烯烃的模板光二聚（模板和烯烃之间的氢键诱导了二聚的过程）

作为模板效应的例子，我们将考虑反-1,2-二(4-吡啶)乙烯（**35**）在溶液中和模板混合晶体中光照的光化学［图示 13.20 中式（13.1）］[86]。烯烃 **35**，与肉桂酸（**24**）类似，在溶液中只能进行顺-反异构化［式（13.1）］。而且，光照 **35** 的晶体并不生成任何二聚产物或顺-反异构化。基于 **35** 的晶体结构，光照晶体不能进行二聚化并不奇怪。烯烃 **35** 以层状结构结晶，其中烯烃的相邻分子距离大于 0.65nm。然而，**35** 的两个相邻的 C═C 基团可以在模板的帮助下排列相隔在 0.42nm 内，例如 1,3-二羟基苯（**36**）[86]和硫脲（**37**）[87]。光照 **36** 和 **35** 或者 **37** 和 **35** 的混合晶体［式（13.2）］导致生成等量单一的光二聚体！在这些例子中，模板主体（**36** 或 **37**）与客体（**35**）之间的氢键将反应烯烃的 C═C 双键排列为互相平行且相距约 0.42nm，因此促进了结晶态二聚化过程，生成单一的［2+2］光二聚体［式（13.2）和式（13.3）］。在固态中这些模板作用的关键特征是它们具有的氢键中心相隔约 0.4nm，可以将烯烃（**35**）置于分子的任意一端。如预期，同样的模板对于没有氢键的烯烃是无用的。同时，这些模板仅在固态下起作用，并不能使 **35** 在溶液中排布以发生二聚化。

13.19 协同反应以及涉及漏斗效应的反应中*R 的超分子手性效应：客体@主体组装体中的预排布

注意，在 6.9 节和 6.12 节我们推测近环形的光反应和顺-反异构化反应是协同或者通过漏斗效应进行的，两种机制的区别通过实验一般难以判别。因此，我们将不试图比较超分子效应对协同反应和漏斗效应之间的区别，而是将两者视为对超分子预排列作用具有相似的响应模式。为简单起见，我们将使用漏斗符号*R→F→P 描述这一效应。此外，我们将仅仅考虑近环形反应中的立体效应，通常涉及*R(S_1)→F 步骤，通过单重态进行（6.22 节）。我们将特别描述利用超分子效应控制光反应的对映体或非对映体的选择性（图示 13.21），这是一个有机合成中比较微妙且具有挑战性的问题[88]。

作为图示 13.21 中主体形成手性环境的特别示例，我们将考虑环庚三烯酚酮的光环化反应［**38**，图示 13.22 中式（13.4）］[89]。*R 有两种可能的对旋运动，在对称环境中的可能性是相同的。因此，可以推测关环的环丁烯（**39**）将是消旋的混合物［式（13.4）］。分子 **40** 与β-环糊精形成配合物（**40**@β-CD）。由于β-CD 是手性主体，所以配合物 **40**@β-CD 也是手性的。这一结果意味着两种对旋运动在非手性环境中完全相同（例如在 CD 不存在的情况下），而在主体的手性环境中会有一定程度的不同。取决于*$\mathbf{40}$@β-CD 两种对旋运动的自由活化能的差异，两种对映体 **41** 中的一种将会以对映体过量生成。在这个例子中，ee 值为 33%［图示 13.22 中式（13.5）］。

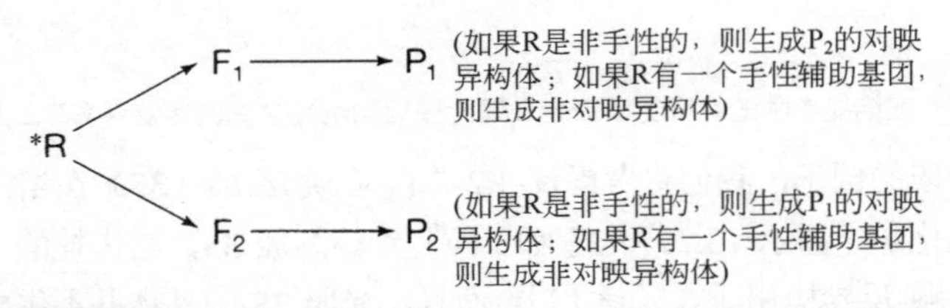
*R
F_1 → P_1
(如果R是非手性的，则生成P_2的对映异构体；如果R有一个手性辅助基团，则生成非对映异构体)
F_2 → P_2
(如果R是非手性的，则生成P_1的对映异构体；如果R有一个手性辅助基团，则生成非对映异构体)

图示 13.21 通过两个漏斗进行光化学反应，进而形成不同产物的两种途径示意

hν　hν　O　OR　出　入
38
39A 对映体A　**39B** 对映体B　（13.4）

40 —hν, β-CD→ **41A** + **41B**　（13.5）
$OCH_2C_6H_5$
ee = 33%

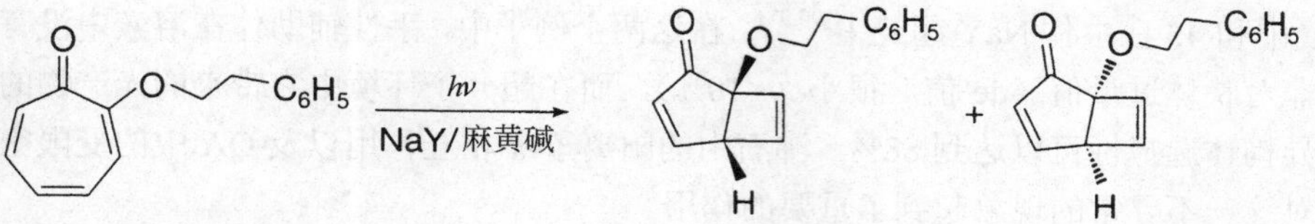

42 —— $h\nu$, NaY/麻黄碱 → 43A + 43B (13.6)

ee = 78%

图示 13.22 非手性环庚三烯酚酮的光环化得到手性产物

超分子组装体中能够观察到手性诱导作用，而溶液中则不能

作为图示 13.21 中手性辅助客体在主体孔腔中形成手性环境的特别示例，我们将考虑式（13.6）沸石 NaY 中环庚三烯酚酮（**42**）光环化的例子。在非手性 FAU 沸石 NaY 中，手性辅助配体麻黄碱被包裹在 **42** 的同一超笼中形成 **42**/麻黄碱@NaY，光照环庚三烯酚酮醚（**42**）生成的产物 **43** 具有 78%的 ee 值。在这种情况下，超笼中包裹麻黄碱导致超笼中的自由空间变为手性空间。因此，**42**/麻黄碱@NaY 配合物中的光化学反应能够产生相当程度的一种对映体产物 **43** 的过量。如预期，手性诱导剂在二氯甲烷溶液中不存在通过客体@主体配合物的超分子预排布作用，因此不能得到有 ee 值的光产物[42]。

在上述例子中，手性诱导剂或手性主体被用来对光产物进行手性诱导。常见用来获得基态有机化学的对映体选择性或非对映体选择性的技术是利用手性辅助剂，这是一种共价连接的手性诱导剂，在产物中诱导手性。一般来说，这种方法对于溶液中的光化学反应并不奏效。然而，通过主体迫使的预排布技术使反应中心和手性辅助体较近地接触，则对光产物具有手性诱导作用[42]。图示 13.23 给出了两个例子，**44** 在主体

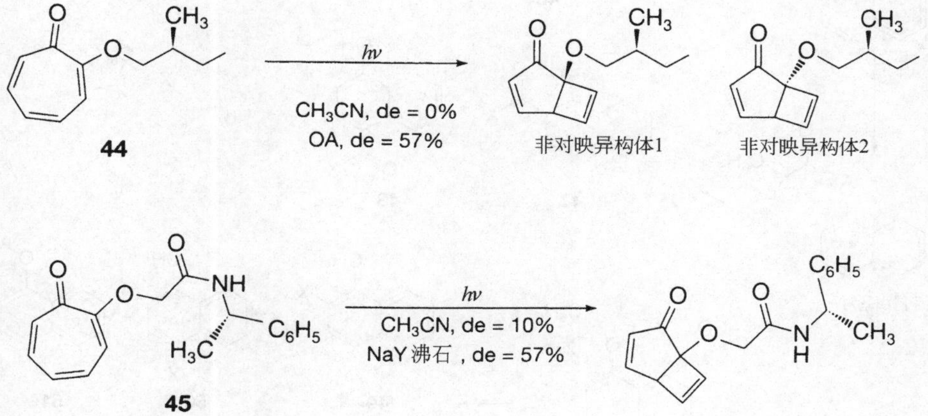

44 —— $h\nu$; CH_3CN, de = 0%; OA, de = 57% → 非对映异构体1 + 非对映异构体2

45 —— $h\nu$; CH_3CN, de = 10%; NaY 沸石 , de = 57% →

$$\text{非对映异构体过量 (de)} = \frac{\text{非对映异构体1的比率} - \text{非对映异构体2的比率}}{\text{非对映异构体1的比率} + \text{非对映异构体2的比率}}$$

图示 13.23 悬挂有手性辅助基团的环庚三烯酚酮的光环合反应

手性辅助基团在超分子结构中比在溶液中的诱导效应好

OA 胶囊中和 **45** 在主体 NaY 超笼中[90,91]。在这两个例子中，手性辅助体在溶液中没有作用，非对映体过量值（de 值）很小（<10%），而在超分子环境中它带来的光产物的非对映异构体选择性可以达到 88%。沸石中的阳离子-π 相互作用以及 OA 中的受限空间可能对这一不寻常的现象起到了重要的作用。

13.20 反应中间体（I）的超分子效应：I@主体组装体中的运动控制

这一节研究的例子是超分子效应用来控制反应，这些反应具有单一的初级光化学过程，产生单一的中间体（I），最终生成多种产物（图示 13.2e）。例如，萘基酯（**46**）的光解可以通过β-裂解产生单重态自由基对 A（图示 13.24）[92]。这一自由基对如图示 13.24 所示，可以产生至少 7 种产物（**47**～**53**）。这一反应能否从起初的初级单重态自由基对有选择性地只生成 **47** 和 **48** 两种产物？为了实现这一点，我们首先需要限制自由基对配对体的平面移动。我们也需要使自由基对互相靠近，从而使得自由基-自由基偶合的速率快于去羰基化（生成 **47**～**53**），优先生成 **47** 和 **48**。因此，需要一个超笼而不是溶剂笼使自由基对可以更长时间地保持在一起，以满足选择性的要求。

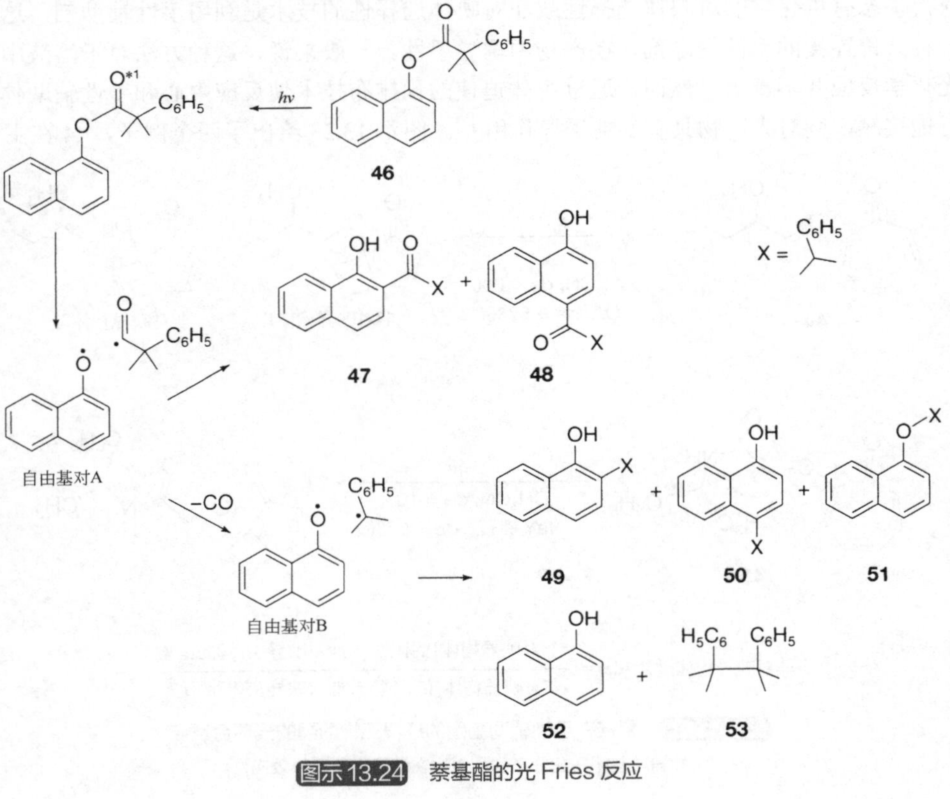

图示 13.24 萘基酯的光 Fries 反应

因此，原则上来说，胶束、穴状体（CD）和半囚笼分子（OA）或固态主体（例如沸石），应该能够将观察到的产物从9种降到2种。光照客体**46**与上述任意一种主体形成的超分子配合物都证明这种推理是正确的，仅产生**47**和**48**[92~97]。因此，监禁有效地限制了平面运动，从而倾向于生成**47**和**48**。为了进一步提高反应的选择性，体系必须降低自由基对A的转动。酰基自由基迁移到萘氧基自由基的2位需要的转动运动比迁移到4位小（图示13.25）。因此，如果酰基自由基对的转动运动被严格限制，单一的产物（**47**）则成为可能，并且在**46**@NaY超笼中和**46**@$(OA)_2$配合物中可以实现。转动运动在NaY中由于阳离子Na^+---自由基相互作用被降低，在OA胶囊中由于缺少自由空间，酰基自由基迁移到萘氧基自由基的4位被禁阻。

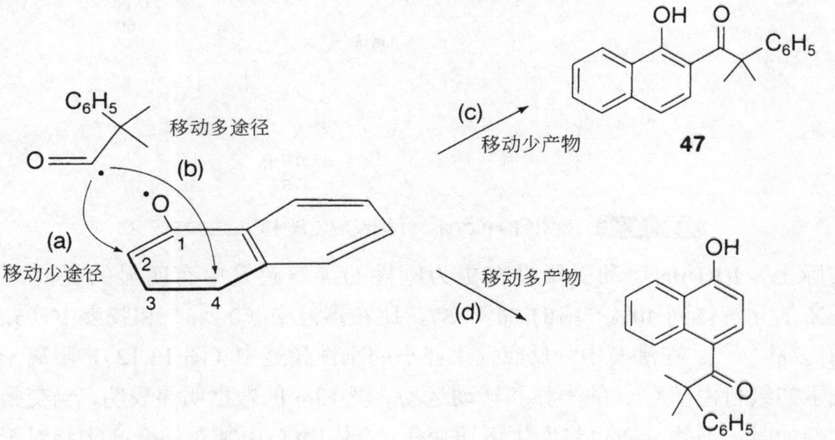

图示13.25 萘基酯的光Fries反应过程中需要不同移动程度的两种途径，产生不同的产物

光Fries反应中超分子控制优先生成产物**47**和**48**，是通过一系列涉及单重态的步骤组成：$^*R(S_1) \rightarrow {}^1I(RP) \rightarrow {}^1P$。$^1I(RP) \rightarrow {}^1P$这一步是自旋允许的，当自由基对被限制扩散分离时能够高效地发生。而当涉及$^3I(RP)$时，情况则非常不同。作为后者的示例（图示13.26），我们考虑DBK（**54**）在溶液中光照后经由上面类似的α-裂解，只生成一种产物二苯基乙烷（DPE，**55**）。这种情况下，将发生与萘基酯（**46**）类似的重排反应，生成*o*-RP（**56**）和*p*-RP（**57**），这一过程可以与去羰基化过程竞争；然而，在均相溶液中基本上完全去羰基化。这些变化是源于活性中间体（I）不同的自旋特征：**54**的光反应发生始于激发三重态，而**46**的发生始于激发单重态。在**54**中，自由基对$^*I(RP)$由$^*R(T_1)$在断裂过程中产生，因此其ISC到单重态自由基对$^1I(RP)$必须优先于偶合。在溶液中，ISC$^3I(RP) \rightarrow {}^1I(RP)$的速率比$^3I(RP)$逃逸出溶剂笼的扩散速率大很多，因此重排产物**56**和**57**作为非常次要的产物形成（约0.2%）。因此，如果要控制反应形成重排产物，首先我们必须为初级自由基对提供超笼。这一推理实际上即使在相对流动的胶束超笼中也有一定程度的作用：**54**@SDS胶束中的光照形成*p*-RP（**57**）的产率

是 5.5%[98]。由于胶束是流动且自由的结构，相比空囚笼分子和沸石提供的限制性小很多，我们预计重排产物的产率将随空囚笼分子和沸石主体刚性提高而增加。

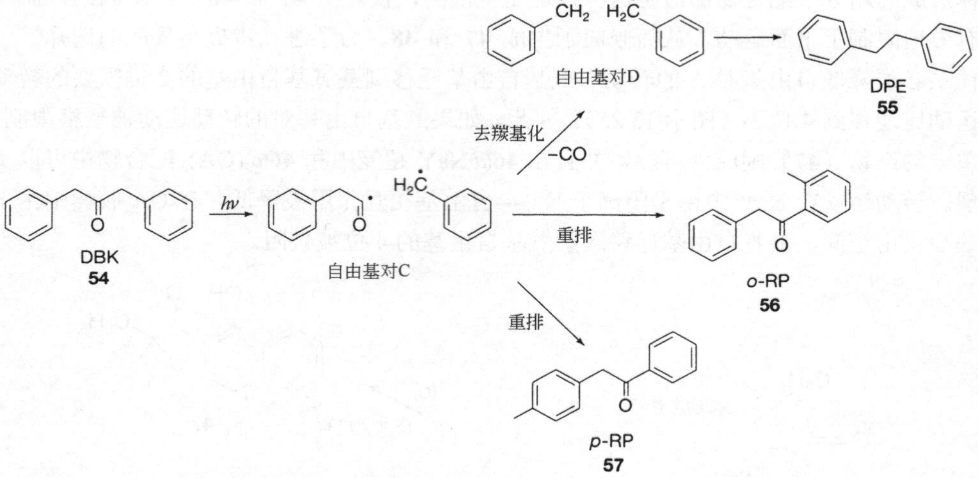

图示 13.26 DBK 的 Norrish Ⅰ 型反应过程中可能生成的产物

实际上，I(RP)的运动受限性在更为刚性的沸石超笼中有明显的提高。例如，**54**@NaX 的光解得到 40%产率的 **56** 和 **57**，比在溶液中（0.2%）和胶束中（5.5%）有显著的提高[99~101]。在沸石中，反应发生在小的刚性超笼中（图 13.12），阳离子的络合则降低了初级自由基对 C 的平移和转动运动。表 13.4 的数据明显表明，当交换阳离子的尺寸增加时，产物分布也将发生下述变化：①初级自由基对偶合产物相对于去羰基化产物增加；②邻位产物比对位产物的比率增加。这些结果与简单的超分子位阻效应，即光解 **54** 的初级自由基对（$C_6H_5CH_2CO\cdots CH_2C_6H_5$）和次级（去羰基化）自由基对（$C_6H_5CH_2\cdots CH_2C_6H_5$）的自由空间的减少，是相符的（图示 13.26）。观察到的邻位偶合产物 **56** 优于对位偶合产物 **57** 的选择性与萘基酯（**46**）的现象类似（图示 13.24 和图示 13.25），这一现象又一次与具有非常小自由空间的超笼内的受限转动有关。在 **54**/C_6H_6@NaX 配合物（图 13.28）中吸附苯作为辅助配体，再一次减少超笼的自由空间，重排产物 **56** 和 **57** 可以以 95%的产率生成[100~103]！

表 13.4 光解 54@MX、54@(OA)$_2$ 和 54@胶束中的产物分布

介　质	DPE（55）/%	*o*-RP（56）/%	*p*-RP（57）/%	［56+57］/55
Lix 沸石	80	5	15	20/80
Nax 沸石	60	15	25	40/60
Kx 沸石	40	40	20	60/40
Nax/C_6H_6 沸石	5	60	35	95/5
OA 胶囊	51		49	49/51
SDS 胶束	95		5.5	5.5/94.5
水	100		0.2	0.2/99.8

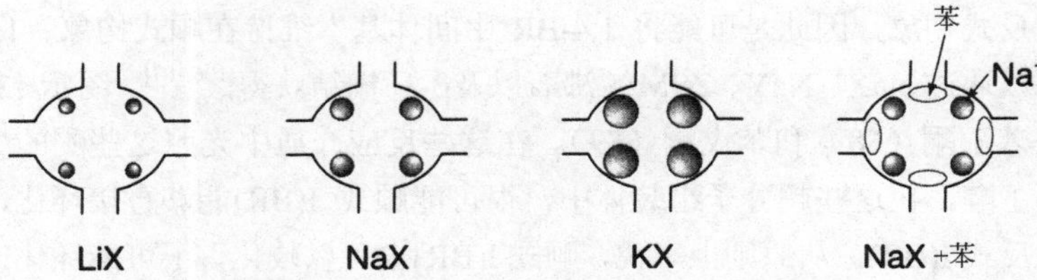
苯
Na+
LiX
NaX
KX
NaX +苯

图 13.28 超笼内自由空间随阳离子大小变化图示

自由空间也可以受有机分子（如苯）吸附的影响

上述在多孔固态沸石中的例子表明，超分子配合物中反应孔腔的自由空间的降低I(RP)优先生成重排产物。这一趋势也可以在水溶液中获得。例如，胶囊 **54**@$(OA)_2$ 在水中光照时得到 49%的 *p*-RP（**57**），比 **54** 单独在水中（0.2%）具有明显的提高[104,105]。

现在，我们考虑 1,4-BR 中间体 I(BR)，通过两个过程生成产物（P_1 和 P_2）。作为I(BR)的示例，我们将考虑源于羰基化合物的Ⅱ型反应的 1,4-BR（图示 13.27）。如图示 13.27 所示，源于 γ-氢抽取的 1,4-BR 可以经历两种过程（P_1=偶合反应，P_2=歧化反应）产生不同的产物。中间体 I(BR)尽管最初以顺向构型形成，但是通过构象重排可以形成反向构型。这些构象不同的旋转体的活性不同（9.18 节）。顺式旋转体很可能通过环化反应和歧化反应产生环丁醇和烯烃，而反式旋转体则仅通过裂解形成烯烃。这种情况与安息香醚的光化学类似，R 和*R 的两种构象经历不同的初级光反应（Ⅰ型和Ⅱ型）（13.14 节和图 13.4）。在目前的例子中，I(1,4-BR)的两种构象经历不同的反应。图 13.4 用到的理论在这里可以用来控制 I(BR)的化学吗？

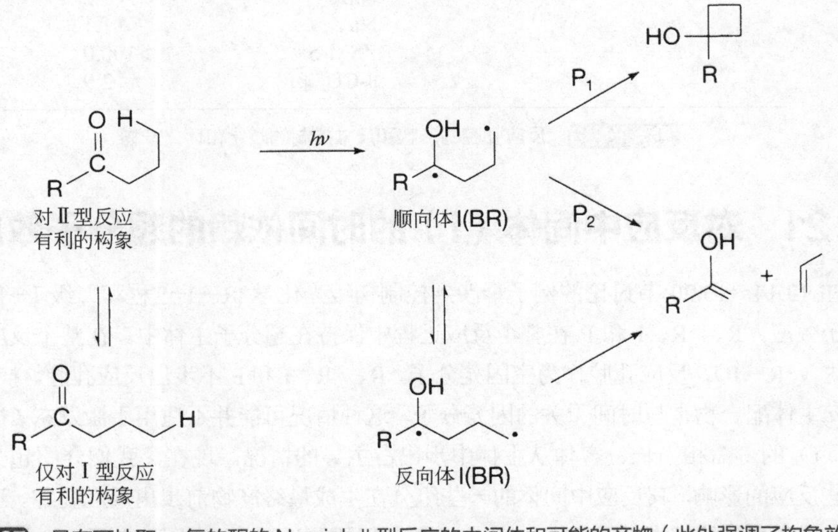
HO
R
P1
O H
C
R
hν
OH
R
对Ⅱ型反应
有利的构象
顺向体 I(BR)
P2
OH
R
+
O
C
R
H
仅对Ⅰ型反应
有利的构象
OH
R
反向体 I(BR)

图示 13.27 具有可抽取 γ-氢的酮的 Norrish Ⅱ型反应的中间体和可能的产物（此处强调了构象效应）

在溶液中通常倾向于反式 BR 构象，歧化产物（P_2）以较大量生成。我们如何利用超分子技术增加环丁醇（环化产物）的量？在刚性反应孔腔中，BR 自由空间非常有限，不能旋转成反式构象，因此是可能将 1,4-BR 中间体基本维持在顺式构象。1,4-BR 中间体的维持可以通过 NaX、NaY、ZSM-5 沸石以及β-环糊精获得[106,107]。图示 13.28 给出两个例子——苯丁酮（**58**）和苯戊酮（**59**）。在这些反应介质中光照这些酮的配合物将得到大量的环丁醇。在这些超分子组装体中，很可能顺式 I(BR)能够直接环化，不弛豫到更为稳定的反式 I(BR)。从原则上来说，顺式 I(BR)也可以歧化，很可能环化产物并不能容纳在反应孔腔中。例如，光照 **58**@ZSM-5 和 **59**@ZSM-5 仅得到裂解产物。很可能是在 ZSM 的小孔腔中，由于环丁醇（环化产物）不能容纳在 ZSM-5 的通道内，顺式 I(BR)被迫仅进行裂解反应（图 13.12）。这个例子将代表环丁醇形成的超分子位阻效应。

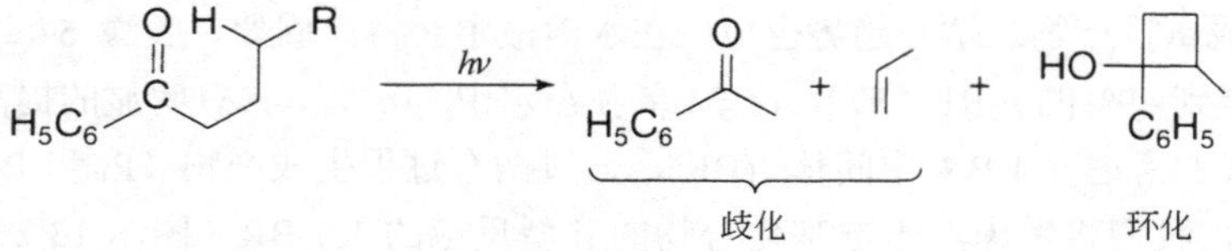

	酮	介质	歧化/环化产物比率
R = H	苯丁酮(**58**)	甲醇	13.6
		NaX	2.7
		NaY	3.2
		ZSM-5	73.0
		β-CD/水	3.8
$R = CH_3$	苯戊酮(**59**)	甲醇	3.5
		NaX	1.2
		NaY	1.1
		ZSM-5	>100.0
		β-CD/水	2.9

图示 13.28 反应孔腔的形状和尺寸控制的歧化和环化产物

13.21 对反应中间体（I）的时间依赖的超分子效应

在 13.14～13.20 节讨论的例子牵涉到控制初级光化学*R→I 过程和二级 I→P 过程的超分子效应，R、*R、I 和 P 在整个反应过程中保持在超分子主体中。在整个反应的时间尺度内（*R→P），反应孔腔作为空囚笼分子，R、*R、I 和 P 不步出反应孔腔。换句话说，客体@主体配合物是与时间无关的囚笼分子。这种情况可能并不适用于激发态（*R）或中间体（I）的寿命相当长、客体从主体中步出占主导的情况。现在，我们介绍超分子效应对一些反应的影响，其反应中间体的一些组分在生成最终产物前步出反应孔腔。这种情况下，预测观察到的产物必须考虑反应中间体在不同环境（即在空囚笼分子、活门囚笼分子和溶剂笼）中所用的时间（13.8 节）。例如，考虑到对*R@胶束中囚笼复合物-活门囚笼复合物的指定，此时胶束为 SDS，R=萘，$*R(S_1)$、$*R(T_1)$和 SDS 胶束的寿命分别是$\tau_s \approx 0.1\mu s$、

τ_T≈1000μs 和 $\tau_{胶束}$≈10μs。因此，由于 τ_s<$\tau_{胶束}$，*R(S_1)@SDS 胶束可以看作囚笼复合物；然而，由于 τ_T>$\tau_{胶束}$，*R(T_1)@SDS 胶束可看作活门囚笼复合物。这一区别的影响是相当的。例如，对囚笼复合物*R(S_1)@SDS 胶束，*R(S_1)被极度保护，在其整个寿命内免于被氧气双分子猝灭；而对活门囚笼复合物*R(T_1)@SDS 胶束，*R(T_1)只有在主体中被监禁时才能被保护，当*R(T_1)步出主体时，被在主体水相中的氧气强烈猝灭。当氧猝灭比*R(T_1)返回胶束快时，从胶束中步出的速率决定了*R(T_1)的寿命。

在这部分中，我们将利用一种非对称 DBK **60**（用 ACOB 代表）的光化学作为示例来阐述这一特征（图示 13.29）[108,109]。

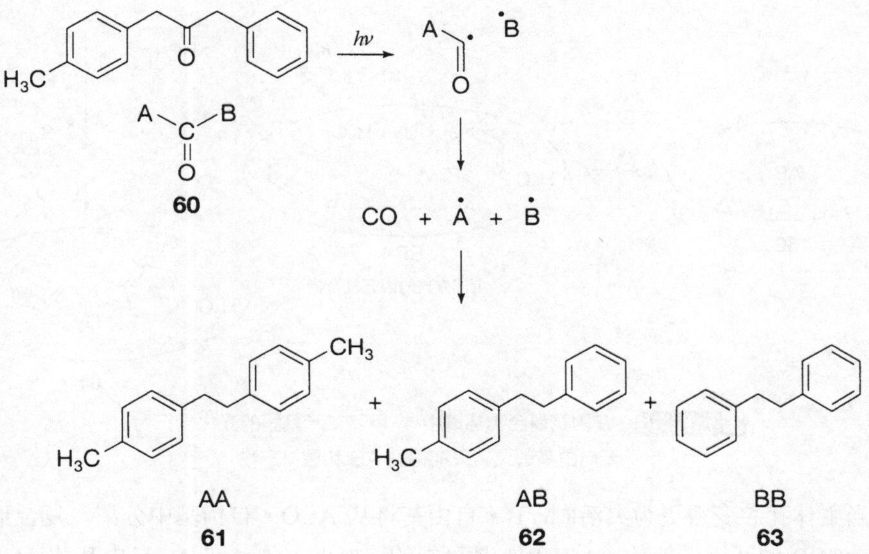

H_3C A C B O **60** hν A B O CO + A + B

H_3C CH_3 H_3C AA **61** + AB **62** + BB **63**

$$笼效应 = \frac{[AB]-([AA]+[BB])}{[AB]+[AB]+[BB]} \times 100\%$$

图示 13.29 不对称 4-甲基 DBK 在 Norrish Ⅰ型反应中的可能产物

在均相溶液中，不对称 DBK（ACOB, A 和 B 代表不同基团）经历光解产生初级的 ACO…B 三重态双自由基对 $^3I(RP)_{gem}$，去羰基化生成 A·+B·。后者通过自由基-自由基偶合，按照统计学的 1∶2∶1 的摩尔比率产生 AA+AB+BB 偶合产物（图示 13.29）。换句话说，这些在非黏性均相溶液中的自由基-自由基反应的笼效应为零。我们可以先验地想象取决于 α-裂解的初级产物 $^3I(RP)_{gem}$ 产生时所在的超笼的类型，成对的自由基-自由基偶合产物 ACOB、ACOB′［B′是 B 的异构基团；ACOB 和 ACOB′是具有相同分子式但结构不同的两个分子，（见图示 13.30 中的 **60** 和 **64**）］或 AB 可以在适当选择的主体中选择性地生成。例如，在一个非常刚性和紧密的反应孔腔中，如果平移和转动运动被强烈禁止，那么重新形成被打断的初始的 ACO—B 键则可能成为唯一允许的途径。这种过程可能是类似紧密排列的晶体这种事例。

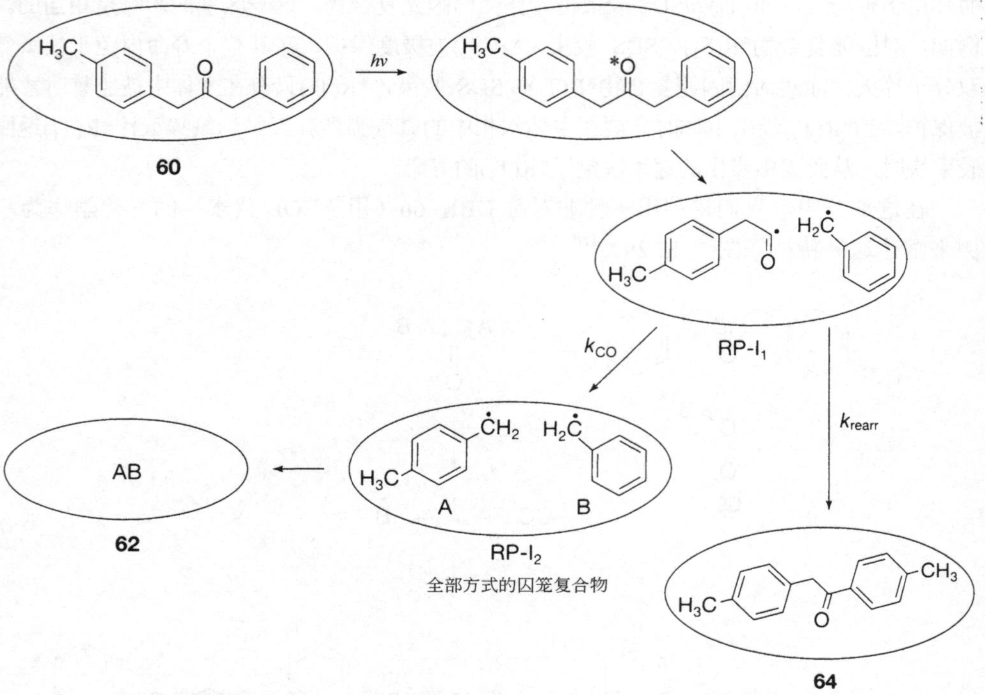

图示 13.30 在囚笼复合物环境中 4-甲基二苯基酮的光化学行为。无自由基逃逸，只能得到 AB 和重排产物

当主体孔腔变得更为灵活时，B·自由基将从 ACO·自由基中分离，复合形成初始的 ACOB 的区域异构体（ACOB′）是可能的。如果主体允许 B·自由基从 ACO·自由基相当程度地分离，但提供了强的边界阻止它们变为自由基，则将发生去羰基化，产生二级 A·和 B·双自由基对。如在 13.20 节讨论的，这一过程在沸石和 OA 胶囊中发生，重排产物以相当的量生成（约 50%），去羰基化后只得到 AB。在这些事例中，初级和二级自由基对在它们的整个寿命内都是被监禁的。如图示 13.30 所示，在这些主体中，R、*R、I 和 P 直至反应结束都在同一反应孔腔中。换句话说，假定客体@主体配合物在整个反应过程（*R→P）中是囚笼复合物，反应的产物是可以预测的。

然而，如果主体结构是流动的，监禁客体时有弱的边界，自由基 A·和 B·的组分步出 A/B@主体配合物，成为自由的自由基。这些自由的自由基经历随机的自由基-自由基反应，生成 AA+AB+BB。这种情况的事例由 **60**@SDS 胶束提供，如图示 13.31 所示。

在 8.41 节和 8.42 节以及 13.20 节，讨论了 **60**@胶束的光化学的一些细节。超分子效应对 I(RP)@胶束→P@胶束的影响与磁效应对涉及*R(T_1)@胶束→^{3}I(RP)@胶束过程的光反应产物的影响关联起来讨论，并特别描述了磁效应对在胶束体系中自由基-自由基反应的笼效应的影响。因此，这里我们将仅强调从 I→P 的超分子控制的可能产物。

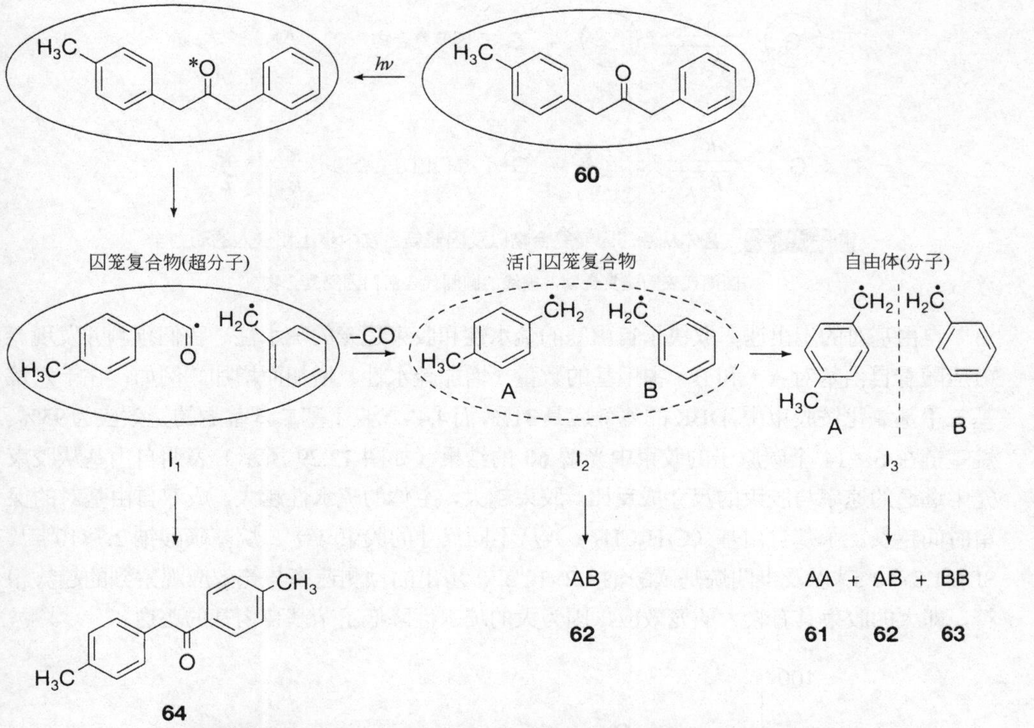

图示 13.31 在活门囚笼复合物环境中 4–甲基二苯基酮的光化学行为

一些自由基逃逸，得到 AA、AB 和 BB 以及重排产物的混合物

在非黏性溶剂中光解 **60** 生成 1∶2∶1 的 AA、BB 和 AB 的混合物（图示 13.29）。然而，光解 **60**@胶束（例如 HDTCl）生成 AB 产物的产率高于预期自由基的 A·+B·随机的 1∶2∶1 偶合[110~113]。倾向于形成 AB 这一产物分布的显著变化是由于主体胶束结构对成双自由基对运动的限制。这一改变仅仅发生在临界胶束浓度（胶束形成的最小浓度）以上。在胶束中主导性地生成 AB 是与在小疏水反应孔腔中对成双自由基对的包裹和平移运动的限制相一致的。如果 A·和 B·自由基之间的偶合均发生在胶束中，笼效应应该可以达到 100%，仅产生 AB。事实表明并非如此，自由基 A·和 B·的一些组分可以逃出胶束超笼。如图示 13.31 所示，偶合反应可能既在胶束发生也在水外层发生。所以，考虑到逃逸的 A·和 B·自由基的组分，超分子配合物被看作活门囚笼复合物。因此，尽管反应起始于*R@囚笼分子→I@囚笼分子，随着时间推移，一些中间体组分 I@囚笼分子变为 I@活门囚笼分子。配合物称为活门囚笼复合物的程度取决于自由基对从胶束中步入外界水溶液中的相对速率与 A·和 B·自由基的偶合速率之间的对照。例如，对囚笼复合物来说步出速率预计比进入速率低很多，而活门囚笼复合物两者的速率几乎相同或步出速率更快一些（图示 13.32；13.8 节）。如上所示，正是由于 R 形成活门囚笼复合物，不能保证*R、I 和 P 将在给定主体中形成囚笼复合物。

$$\text{(G)} \underset{k_{进入}}{\overset{k_{步出}}{\rightleftharpoons}} \bigcirc + \text{G} \qquad \text{囚笼复合物} \qquad k_{进入} >> k_{步出}$$

$$\text{(G)} \underset{k_{进入}}{\overset{k_{步出}}{\rightleftharpoons}} \bigcirc + \text{G} \qquad \text{活门囚笼复合物} \qquad k_{进入} \approx k_{步出};\ k_{进入} < k_{步出}$$

图示 13.32 客体从活门囚笼复合物以及囚笼复合物中步出和进入的动力学

圆圈代表囚笼复合物，虚线的圆圈代表活门囚笼复合物

自由基对的步出速率取决于自由基的疏水性和胶束超笼的疏水性。我们预测并发现笼效应随着自由基对 A·和 B·中甲基的数量（增加疏水性）增加而增加。例如，在十六烷基三甲基氯化铵胶束中，DBK 的笼效应是31%，而4,4′-二叔丁基二苯基酮的笼效应为95%。烷基链在 6～14 个碳原子的胶束中光解 **60** 的结果（如图 13.29 所示）表明自由基从胶束笼中逃逸的速率与胶束的尺寸成反比。胶束越大，主体的疏水性越大，成双自由基对的保留时间越长。苄基自由基（$C_6H_5CH_2$·）从不同尺寸的胶束（十二烷基磺酸钠 $2.7\times10^6 s^{-1}$、SDS $1.8\times10^6 s^{-1}$ 以及十四烷基磺酸钠 $1.2\times10^6 s^{-1}$）步出的预测速率与笼效应观察到的趋势相符，即大的胶束具有较大的笼效应，因为大的疏水性降低了苄基自由基的逃逸。

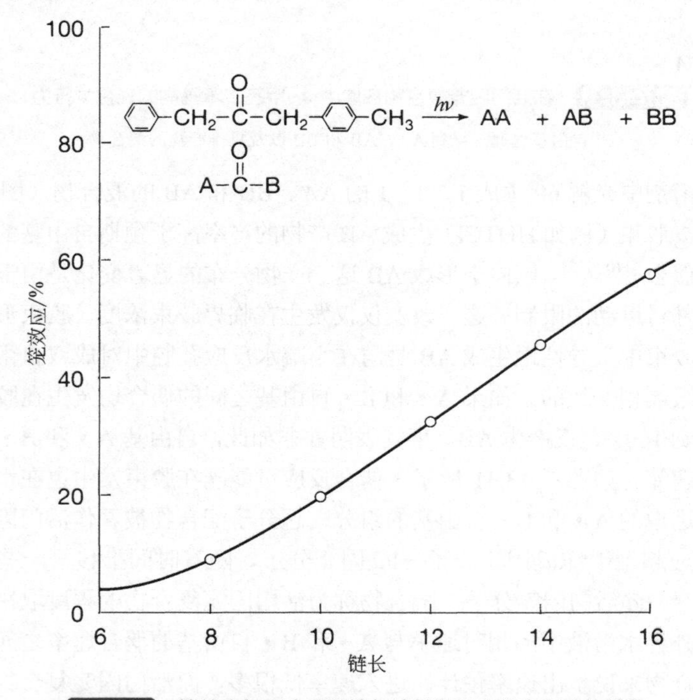

图 13.29 笼效应与取决于活性剂烷基链长的胶束尺寸的关系

总的来说，成双自由基对（A·和 B·）能够逃逸出胶束反应孔腔的程度取决于反

应孔腔的尺寸（胶束的尺寸）和 RP 的疏水性。自由基越疏水，它步出胶束反应孔腔的能力越弱。胶束越大，自由基对逃逸出反应孔腔的越少[114,115]。

从上面的陈述中我们明确地看出，考虑客体@主体配合物是囚笼复合物还是活门囚笼复合物取决于客体和主体以及*R→P 途径所经历步骤的时间尺度。例如，十六烷基三甲基氯化铵胶束在光解 4,4′-二叔丁基二苯基酮时是囚笼复合物（笼效应约为 100%），但对 DBK 来说是活门囚笼复合物（笼效应约为 30%）。因此，当在超分子组装体中分析光反应时，反应孔腔的性质因客体、反应、中间体和孔腔的寿命而不同。

13.22 对产物的超分子效应（P@囚笼分子）：活性产物分子（P）的稳定化

活性分子的预排布以及主体对 R、*R、I 和 P 的持续影响对于获得超分子光化学过程的选择性是必需的。在均相溶剂中，初级光产物（P）有时可以具有足够的活性来将自身转变成不同的产物。类似地，活性的中间体（I），如其名，将进一步反应产生稳定的产物P。超分子主体被用来“驯服”不稳定分子和活性中间体的活性（图示 13.33）。因此，超分子主体能够延长极度活泼的初级光产物（P）（例如环丁二烯）和初级活性物种（I）（例如自由基、卡宾、碳阳离子和离子自由基）的寿命。我们在这部分以及下面的小节中将重点强调这种稳定化的例子。如图示 13.33 和图示 13.34 所示，R、*R、I 和 P 的延长囚禁对于延长活性分子和中间体的寿命至关重要。

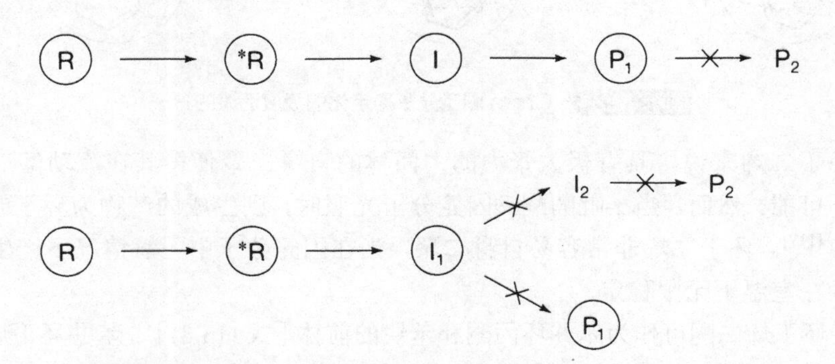

图示 13.33 活性中间体和极度活泼的产物通过超分子构型稳定化示意

光化学反应通常能够产生高度富能量和瞬时的中间体（I）以及活性的产物（P）。例如环丁二烯、苯炔、苯并环丙酮和 1,2,4,6-环庚三烯（图示 13.34），通常在溶液室温下瞬间存在，因为它们通常二聚化和/或与氧反应。与此相反，当它们在超分子组装体的溶液中产生时，这些分子在室温下可以稳定数小时甚至数天。最初由 Cram 合成的一类超分子空囚笼分子主体对达到此目的非常有用（此种例子见图 13.21）[116]，同时还使用了一些初始 Cram 主体的变更体。但为简单起见，我们均用通用的笼代表所有的类型（见图示 13.34）。

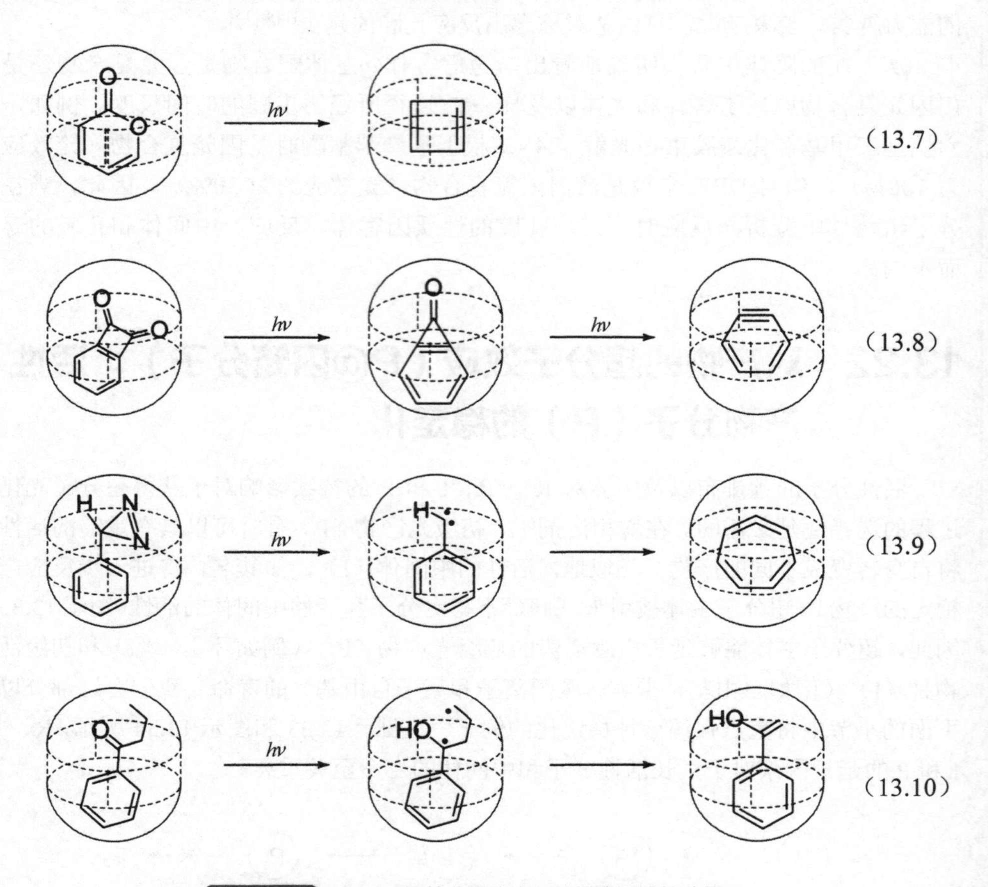

图示 13.34 Cram 囚笼分子稳定化的极度活泼的分子

对环丁二烯来说，具有极大张力的中间体的自身二聚使得其在流动溶液中的表征几乎不可能。然而，当α-吡喃酮@囚笼分子光照时，则生成的产物为环丁二烯［式(13.7)］[117]。环丁二烯非常容易自身二聚，当在囚笼分子中无氧情况下产生并被捕捉时可以在室温下无限稳定。

苯并环丁烯二酮可作为苯并环丙酮和苯炔的前体［式 (13.8)］。苯并环丁烯二酮@囚笼分子的光解（> 400nm）产生张力极大的苯并环丙酮［式 (13.8)］。这个分子通常在室温下不稳定，一旦被监禁，甚至可以经受 X 射线衍射晶体研究[118,119]。苯炔只有在惰性矩阵中低温下稳定（<10K），光照（>300nm）苯并环丙酮@囚笼分子通过消除一氧化碳产生苯炔，在囚笼分子的受限空间内−78℃下稳定几个小时。

通常来说，张力很大的 1,2,4,6-环庚四烯［式 (13.9)］可以通过偶氮前体在 15K（−285℃）氩气矩阵中光解产生来表征。研究发现在较高的温度下矩阵溶解时发生二聚。如式(13.9)所示，三重态敏化苯基偶氮@囚笼分子通过苯基卡宾重排产生 1,2,4,6-

环庚四烯，1,2,4,6-环庚四烯@囚笼分子在监禁时室温下稳定存在。

这种类型的最后的例子是由苯丁酮的II型反应产生的苯乙酮烯醇的稳定化［式（13.10）］。苯乙酮烯醇，即使在不存在酸或碱的情况下，自由分散在溶液中时很容易异构化为酮的形式。然而，当在丁酰酮@囚笼分子中光解生成时，发现即使在三氟乙酸存在下也可以稳定至少 3 天[120]。

13.23 活性中间体的超分子效应（I@囚笼分子）：通过分子监禁使瞬时中间体（I）持续

活性中间体 I 通常是活性的以碳为中心的自由基。由于扩散控制的自由基-自由基反应，在均相溶液中这些自由基的寿命在微秒数量级或更短。例如苄基自由基，当在均相溶液中通过光解 DBK 产生时，以几微秒的数量级经历自由基-自由基偶合反应。因此，这些活性碳中心的自由基在溶液中是瞬时活性中间体。二苄酮与固体环糊精和沸石形成复合物，光解 DBK@环糊精或 DBK@沸石产生的碳中心的自由基的寿命可以达到数天[121~124]。例如，光照β-环糊精包结的α,α'-二甲基二苄基酮产生苯基乙基自由基，当包裹在固体环糊精中时可以稳定存在 3 天或更长［图示 13.35 中式（13.11）］。类似地，通过光照四苯基丙酮，在 ZSM-5 沸石的通道内产生的二苯基甲基自由基可以持续数周［式（13.12）］。这些例子表明，超分子限制扩散来捕捉自由基-自由基反应，乃至于在溶液中瞬时存在的自由基，在自由基@囚笼配合物中都能持续存在。

这种情况下，我们注意到光解产生的芪的自由基阳离子和其他多烯可以在 ZSM-5 沸石的通道内稳定数个月。1,*n*-二苯基烯烃阳离子自由基在溶液中的寿命为纳秒级，在 ZSM-5 沸石的通道内稳定数个月［式（13.13）］[125,126]。类似地，有机碳阳离子在沸石中能稳定数日而不发生反应。一个这样的例子是在光解包裹了二苯基甲基自由基的 ZSM-5 沸石时产生的二苯基甲基碳阳离子［式（13.14）］[124,127]。这种类型的最后的例子是氟苯氧基卡宾@囚笼分子的稳定化。这种卡宾中间体通常为瞬时物种，当光解 3-氟-3-苯氧基偶氮@Cram 主体时产生，能够稳定数日。监禁阻止了卡宾-卡宾的二聚化以及与水和氧的反应［式（13.15）］[128]。

上述例子（图示 13.34 和图示 13.35）清晰地表明，在超分子组装体中时间尺度的概念和活性中间体的瞬时性与在均相溶液中不同。中间体这些通常被看作瞬时的短寿命物种在上述组装体中可以持续存在。在溶液中自由基、卡宾和其他瞬时物种的表征需要时间分辨的激光技术，被主体监禁时它们的活性被限制，表征则可以通过更简单的方法进行。基于溶液行为的中间体和产物被界定为具有高度活性，但在超分子组装体中变得“驯服”，寿命比溶液中长几个数量级。超分子组装体通过限制它们的运动以及与其他反应物的接近来稳定产物。

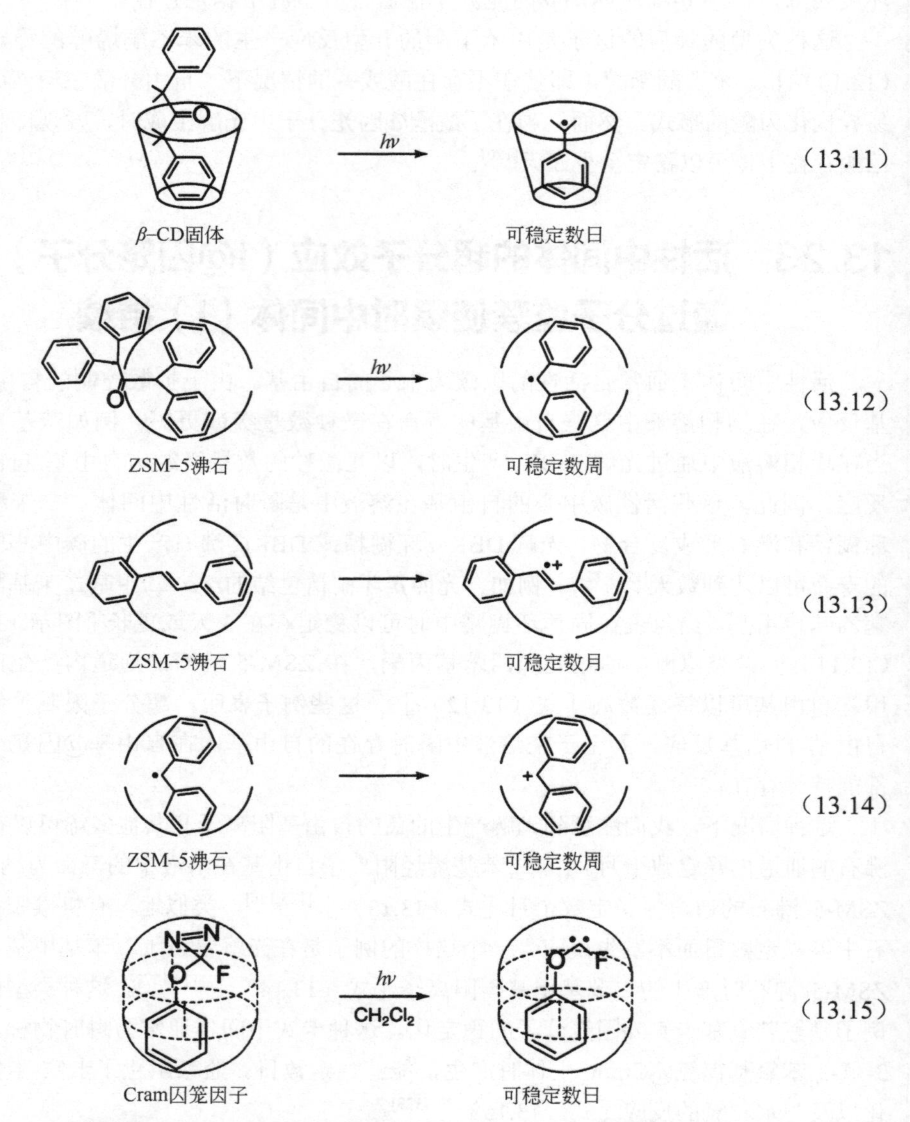

图示 13.35 在沸石、环糊精和 Cram 囚笼分子中监禁活性中间体的例子

13.24 小结

化学涉及掌控越来越多的宇宙的复杂性。化学家们已经掌控了原子——通过静电作用的单个核与轨道电子结合的组装体，以及预排列决定结构和控制原子活性的电子组态。对分子——两个或更多原子的组装体的研究，化学家们已经通过理解共价键掌握了分子结构。分子结构的自然扩张是“超分子”，即两个或更多分子的组装体，掌

握它们的结构和控制需要理解分子间的非共价键。超分子是超分子化学的基石。尽管超分子体系的复杂程度比分子体系大很多，本章中描述的原理为指导超分子化学和光化学相结合后的预测和分类提供方法。

利用客体@主体配合物为范式，本章为描述从溶剂笼到超分子孔腔之旅提供了系统有用的方式，来理解和控制*R@主体和 I@主体配合物的化学，它们是有机光化学基本范式的关键活性中间体。在下一个 10 年，化学家们将寻求发展非共价键和分子间键的强大范式，将这一知识应用到材料科学乃至化学生物学中越来越复杂的结构。这样的知识将为化学家们继续利用和开发*R@主体和 I@主体配合物的超分子特征开辟新的起点。

参考文献

1. J.-M. Lehn, *Supramolecular Chemistry*, VCH, Weinheim, 1995.
2. L. F. Lindoy and I. M. Atkinson, *Self-Assembly in Supramolecular Systems*, The Royal Society of Chemistry, Cambridge, UK, 2000.
3. J L. Atwood and J. W Steed, eds., *Encyclopedia of Supramolecular Chemistry*, Vols. 1 and 2, Marcel Dekker, New York, 2004.
4. V. Balzani and F. Scandola, *Supramolecular Photochemistry*, Ellis Horwood Limited, Chichester, 1991.
5. H.-J. Schneider and H. Durr, eds., *Frontiers in Supramolecular Organic Chemistry and Photochemistry*, VCH Publishers, New York, 1991.
6. D. H. Williams, E. Stephens, D. P O'Brien, and M. Zhou, *Angew. Chem. Int. Ed. Engl.* **43**, 6596 (2004).
7. E. A. Meyer, R. K. Castellano, and F. Diederich, *Angew. Chem. Int. Ed. Engl.* **42**, 1210 (2003).
8. M. Nishio, M. Hirota, and Y Umezawa, *The CH/π Interaction*, Wiley-VCH, New York, 1998.
9. G. R. Desiraju and T. Steiner, *The Weak Hydrogen Bond*, Oxford University Press, Oxford, 1999.
10. J C. Ma and D. A. Dougherty, *Chem. Rev.* **97**, 1303 (1997).
11. T. Kawase and H. Kurata, *Chem. Rev.* **106**, 5250 (2006).
12. G. Desiraju, *Nature (Londo)*, **412**, 397 (2001).
13. H.-J Schneider, *Angew. Chem. Int. Ed. Engl.* **30**, 1417 (1991).
14. D. E. Koshland, Jr., *Angew. Chem. Int. Ed. Engl.* **33**, 2375 (1994).
15. X. Zhang and K. N. Houk, *Acc. Chem. Res.* **38**, 379 (2005).
16. F. W. Lichtenthaler, *Angew. Chem. Int. Ed. Engl.* **33**, 2364 (1994).
17. C. Tanford, *The Hydrophobic Effect: Formation of Micelles and Biological Membranes*, John Wiley & Sons, Inc., New York, 1980.
18. P Ball, *Chem. Rev.* **108**, 74 (2008).
19. S. Hofinger and F. Zerbetto, *Chem. Soc. Rev.* **34**, 1012 (2005).
20. R. Breslow, *Acc. Chem. Res.* **37**, 471 (2004).
21. R. M. Noyes, *Prog. React. Kinet.* **1**, 131 (1961).
22. E. Rabinowitch and W. C. Wood, *Trans. Faraday Soc.*, **32**, 1381 (1936).
23. M. A. Garcia-Garibay, *Curr. Opin. Solid State Mater. Sci.* **3**, 399 (1998).
24. J. Retey, *Angew. Chem. Int. Ed. Engl.* **29**, 355 (1990).
25. R. Pascal, *Eur. J. Org. Chem.* 1813 (2003).
26. M. D. Cohen, *Angew. Chem. Int. Edit. Engl.* **14**, 386 (1975).
27. V. Ramamurthy, R. G. Weiss, and G. S. Hammond, *Adv. Photochem.* **18**, 67 (1993).
28. S. Ariel, S. Askari, S. V Evans, C. Hwang, J. Jay, J. R. Scheffer, J. Trotter, L. Walsh, and Y.-F. Wong, *Tetrahedron* **43**, 1253 (1987).
29. R. G. Weiss, V Ramamurthy, and G. S. Hammond, *Acc. Chem. Res.* **26**, 530 (1993).
30. N. J. Turro and M. Garcia-Garibay, in V Ramamurthy, ed., *Photochemistry in Organized and Constrained Media*, VCH Publishers, Inc., New York, 1991, p. 1.
31. N. J. Turro, *Proc. Natl. Acad. Sci. USA* **102**, 10766 (2005).
32. V. Ramamurthy, ed., *Photochemistry in Organized*

and Constrained Media, VCH Publishers, Inc., New York, 1991.

33. K. Kalyanasundaram, *Photochemistry in Microheterogeneous Systems*, Academic Press, Inc., New York, 1987.
34. R. G. Weiss, *Tetrahedron* **44**, 3413 (1988).
35. S. Devanathan, M. S. Syamala, and V. Ramamurthy, *Proc. Ind. Acad. Sci.* **98**, 391 (1987).
36. V. Ramamurthy, *J. Photochem. Photobiol., C* **1**, 145 (2000).
37. D. G. Whitten, J. C. Russell, and R. H. Schmell, *Tetrahedron* **18**, 2455 (1982).
38. D. G. Whitten, *Acc. Chem. Res.* **26**, 502 (1993).
39. D. G. Whitten, *Angew. Chem. Int. Ed. Engl.* **18**, 440 (1979).
40. P. de Mayo, *Pure Appl. Chem.* **54**, 1623 (1982).
41. J. Sivaguru, J. Shailaja, and V. Ramamurthy, in S. M. Auerbach, K. A. Carrado, and P. K. Dutta, eds., *Handbook of Zeolite Science and Technology*, Marcel Dekker, New York, 2003, p. 515.
42. J. Sivaguru, A. Natarajan, L. S. Kaanumalle, J. Shailaja, S. Uppili, A. Joy, and V. Ramamurthy, *Acc. Chem. Res.* **36**, 509 (2003).
43. C.-H. Tung, L.-Z. Wu, L.-P. Zhang, and B. Chen, *Acc. Chem. Res.* **36**, 39 (2003).
44. J. C. Scaiano and H. Garcia, *Acc. Chem. Res.* **32**, 783 (1999).
45. L. S. Kaanumalle, A. Natarajan, and V. Ramamurthy, in Y. Inoue and V. Ramamurthy, eds., *Chiral Photochemistry, Molecular and Supramolecular Photochemistry*, Vol. 12 , Marcel Dekker, New York, 2005, p. 553.
46. J. H. Fendler, *Membrane Mimetic Chemistry*, John Wiley & Sons, Inc., New York, 1982.
47. J. H. Fendler and E. J. Fendler, *Catalysis in Micellar and Macromolecular Systems*, Academic Press, Inc., New York, 1975.
48. C. D. Gutsche, *Calixarenes*, Royal Society of Chemistry, Cambridge, UK, 1989.
49. C. D. Gutsche, *Calixarenes Revisited*, Royal Society of Chemistry, Cambridge, UK, 1998.
50. H. Dodziuk, ed., *Cyclodextrins and Their Complexes*, Wiley-VCH, Weinheim, 2006.
51. J. Szejtli and T. Osa, eds., *Cyclodextrins, Comprehensive Supramolecular Chemistry*, Vol. 3, Elsevier Science Ltd., Exeter, 1996.
52. J. W. Lee, S. Samal, N. Selvapalam, H.-J. Kim, and K. Kim, *Acc. Chem. Res.* **36**, 621 (2003).
53. J. Lagona, P Mukhopadhyay, S. Chakrabarti, and L. Isaacs, *Angew. Chem. Int. Ed. Engl.* **44**, 4844 (2005).
54. C. L. D. Gibb and B. C. Gibb, *J. Am. Chem. Soc.* **126**, 11408 (2004).
55. D. W. Breck, *Zeolite Molecular Sieves*, Robert E. Krieger Publishing Co., Malabar, 1973.
56. F. Toda, ed., *Organic Solid-State Reactions*, Kluwer Academic Publishers, Dordrecht, The Netherlands, 2002.
57. M. Anpo and T. Matsuura, eds., *Photochemistry on Solid Surfaces*, Elsevier, Amsterdam, The Netherlands, 1989.
58. D. Ginsburg, et al., *Solid State Photochemistry*, Verlag Chemie, GmbH, Weinheim, 1976.
59. V. Ramamurthy and K. S. Schanze, eds., *Solid State and Surface Photochemistry, Molecular and Supramolecular Photochemistry,* Vol. 5, Marcel Dekker, New York, 2000.
60. K. A. Connors, *Binding Constants*, John Wiley & Sons, Inc., New York, 1987.
61. T. C. S. Pace and C. Bohne, *Adv. Phys. Org. Chem.* **42**, 167 (2008).
62. L. J. C. Love and R. Weinberger, *Spectrochim. Acta, Part B* **38B**, 1421 (1983).
63. K. Kalyanasundaram, F. Grieser, and J. K. Thomas, *Chem. Phys. Lett.* **51**, 501 (1977).
64. S. Scypinski and C. L. J. Love, *Anal. Chem.* **56**, 322 (1984).
65. V. Ramamurthy, J. V. Caspar, D. F. Eaton, E. W Kuo, and D. R. Corbin, *J. Am. Chem. Soc.* **114**, 3882 (1992).
66. J. Nithyanandhan, S. Jockusch, N. J. Turro, and V. Ramamurthy, unpublished work.
67. L. S. Kaanumalle, C. L. D. Gibb, B. C. Gibb, and V. Ramamurthy, *J. Am. Chem. Soc.* **127**, 3674 (2005).
68. S. Hashimoto, S. Ikuta, T. Asahi, and H. Masuhara, *Langmuir* **14**, 4284 (1998).
69. T. Yorozu, M. Hoshino, and M. Imamura, *J. Phys. Chem.* **86**, 4426 (1982).
70. Z. S. Romanova, K. Deshayes, and P Piotrowiak, *J. Am. Chem. Soc.* **123**, 11029 (2001).
71. A. J. Parola, F. Pina, E. Ferreira, M. Maestri, and V. Balzani, *J. Am. Chem. Soc.* **118**, 11610 (1996).
72. I. Place, A. Farran, K. Deshayes, and P Piotrowiak, *J. Am. Chem. Soc.* **120**, 12626 (1998).
73. A. Parthasarathy and V. Ramamurthy, unpublished work.

74. K. Pitchumani, M. Warrier, V. Ramamurthy, and J. R. Scheffer, *Chem. Commun.* 1197 (1998).

75. S. Devanathan and V. Ramamurthy, *J. Phys. Org. Chem.* **1**, 91 (1988).

76. C. L. D. Gibb, A. K. Sundaresan, V. Ramamurthy, and B. C. Gibb, *J. Am. Chem. Soc.* **130**, 4069 (2008).

77. J. R. Scheffer, *Chiral Photochemistry, Molecular and Supramolecular Photochemistry*, Vol. 12, Marcel Dekker, New York, 2005, p. 463.

78. J. R. Scheffer and W Xia, *Top. Curr. Chem.* **254**, 233 (2005).

79. K.-H. Lee and P de Mayo, *J. Chem. Soc., Chem. Commun.* 494 (1979).

80. P. de Mayo and L. K. Sydnes, *J. Chem. Soc., Chem. Commun.* 994 (1980).

81. M. Pattabiraman, A. Natarajan, L. S. Kaanumalle, and V. Ramamurthy, *Org. Lett.* **4** (2005).

82. A. Parthasarathy, S. Annalakshmi, and V. Ramamurthy, unpublished work.

83. V. Ramamurthy and K. Venkatesan, *Chem. Rev.* **87**, 433 (1987).

84. A. Natarajan and V. Ramamurthy, in Z. Rappoport and J. F. Liebman, eds., *The Chemistry of Cyclobutanes Part 2*, John Wiley & Sons Ltd, Chichester, UK, 2005, p. 807.

85. M. D. Bassani, in W. Horspool and F. Lenci, eds., *CRC Handbook of Organic Photochemistry and Photobiology*, 2nd ed, CRC Press, Boca Raton, New York, 2003, p. 20.

86. L. R. MacGillivray, G. S. Papaefstathiou, T. Friscic, T. D. Hamilton, D.-K. Bucar, Q. Chu, D. B. Varshney, and I. G. Georgiev, *Acc. Chem. Res.* **41**, 280 (2008).

87. B. K. R. Bhogala, B. Captain, A. Parthasarathy, and V. Ramamurthy, unpublished results.

88. Y. Inoue and V. Ramamurthy, *Chiral Photochemistry*, Molecular and Supramolecular Photochemistry, Vol. 12, Marcel Dekker, New York, 2004.

89. S. Koodanjeri, A. Joy, and V. Ramamurthy, *Tetrahedron* **56**, 7003 (2000).

90. A. K. Sundaresan and V. Ramamurthy, unpublished work.

91. A. Joy and V Ramamurthy, *Chem. Eur. J.* **6**, 1287 (2000).

92. W. Gu and R. G. Weiss, *J. Photchem. Photobiol C: Photochem. Rev.* **2**, 117 (2001).

93. M. Warrier, N. J. Turro, and V. Ramamurthy, *Tetrahedron Lett.* **41**, 7163 (2000).

94. W. Gu, M. Warrier, V. Ramamurthy, and R. G. Weiss, *J. Am. Chem. Soc.* **121**, 9467 (1999).

95. S. Koodanjeri, A. R. Pradhan, L. S. Kaanumalle, and V. Ramamurthy, *Tetrahedron Lett.* **44**, 3207 (2003).

96. L. S. Kaanumalle, J. Nithyanandhan, M. Pattabiraman, N. Jayaraman, and V. Ramamurthy, *J. Am. Chem. Soc.* **126**, 8999 (2004).

97. L. S. Kaanumalle, C. L. D. Gibb, B. C. Gibb, and V. Ramamurthy, *Org. Biomol. Chem.* **5**, 236 (2007).

98. B. Kraeutler and N. J. Turro, *Chem. Phys. Lett.* **70**, 270 (1980).

99. V. Ramamurthy and D. R. Corbin, *J. Org. Chem.* **56**, 255 (1991).

100. N. J. Turro, C.-C. Cheng, and X.-G. Lei, *J. Am. Chem. Soc.* **107**, 3739 (1985).

101. N. J. Turro and Z. Zhang, *Tetrahedron Lett.* **28**, 5637 (1987).

102. N. J. Turro, *Acc. Chem. Res.* **33**, 637 (2000).

103. N. J. Turro, *Chem. Commun.* 2279 (2002).

104. L. S. Kaanumalle, C. L. D. Gibb, B. C. Gibb, and V. Ramamurthy, *J. Am. Chem. Soc.* **126**, 14366 (2004).

105. A. K. Sundaresan and V. Ramamurthy, *Org. Lett.* **9**, 3575 (2007).

106. V. Ramamurthy, D. R. Corbin, and L. J. Johnston, *J. Am. Chem. Soc.* **114**, 3870 (1992).

107. S. Singh, G. Usha, C. H. Tung, N. J Turro, and V Ramamurthy, *J. Org. Chem.* **51**, 941 (1986).

108. I. R. Gould, N. J. Turro, and M. B. Zimmt, *Adv. Phys. Org. Chem.* **20**, 1 (1984).

109. I. R. Gould, M. B. Zimmt, N. J. Turro, B. H. Baretz, and G. F. Lehr, *J. Am. Chem. Soc.* **107**, 4607 (1985).

110. N. J. Turro, D. R. Anderson, M.-F. Chow, C.-J. Chung, and B. Kraeutler, *J. Am. Chem. Soc.* **103**, 3892 (1981).

111. N. J. Turro and W R. Cherry, *J. Am. Chem. Soc.* **100**, 7431 (1978).

112. N. J. Turro, M.-F. Chow, C.-J. Chung, and B. Kraeutler, *J. Am. Chem. Soc.* **103**, 3886 (1981).

113. N. J. Turro, *Proc. Natl. Acad. Sci. USA* **80**, 609 (1983).

114. N. J. Turro and G. C. Weed, *J. Am. Chem. Soc.* **105**, 1861 (1983).

115. G. F. Lehr and N. J. Turro, *Tetrahedron* **37**, 3411 (1981).

116. D. J. Cram and J. M. Cram, *Container Molecules and Their Guests*, Royal Society of Chemistry, Cambridge, UK, 1993.

117. D. J. Cram, M. E. Tanner, and R. Thomas, *Angew. Chem. Int. Ed. Engl.* **30**, 1024 (1991).

118. R. Warmuth, *Eur. J. Org. Chem.* 423 (2001).

119. R. Warmuth and J. Yoon, *Acc. Chem. Res.* **34**, 95 (2001).

120. D. A. Makeiff, K. Vishnumurthy, and J. C. Sherman, *J. Am. Chem. Soc.* **125**, 9558 (2003).

121. V. P. Rao, M. B. Zimmt, and N. J. Turro, *J. Photochem. Photobiol., A* **60**, 355 (1991).

122. T. Hirano, W Li, L. Abrams, P. J. Krusic, M. F. Ottaviani, and N. J. Turro, *J. Am. Chem. Soc.* **121**, 7170 (1999).

123. T. Hirano, W Li, L. Abrams, P. J. Krusic, M. F. Ottaviani, and N. J. Turro, *J. Org. Chem.* **65**, 1319 (2000).

Ottaviani, and N. J. Turro, *J. Org. Chem.* **65**, 1319 (2000).

124. S. Jockusch, T. Hirano, Z. Liu, and N. J. Turro, *J. Phys. Chem. B* **104**, 1212 (2000).

125. J. V. Caspar, V. Ramamurthy, and D. R. Corbin, *J. Am. Chem. Soc.* **113**, 600 (1991).

126. V. Ramamurthy, J. V. Caspar, and D. R. Corbin, *J. Am. Chem. Soc.* **113**, 594 (1991).

127. V. Ramamurthy, P. Lakshminarasimhan, C. P. Grey, and L. J. Johnston, *Chem. Commun.* 2411 (1998).

128. X. Liu, G. Chu, R. A. Moss, R. Sauers, and R. Warmuth, *Angew. Chem. In. Ed. Engl.* **44**, 1994 (2005).

第14章

分子氧和有机光化学

14.1 分子氧在有机光化学中的角色

分子氧（O_2）普遍存在并偶尔参与有机光化学反应。一方面，说它普遍存在，是因为光解时样品通常是空气饱和的，也就是说，除非经过严格操作去除溶解氧，否则占到空气约 20%摩尔分数的分子氧就会以一定浓度存在于样品中；另一方面，说它偶尔参与有机光化学反应，是因为任何除氧操作都不可能绝对严格，而且在光照或测试时，体系稍有漏气，空气中的氧就会随之进入样品。

基态的分子氧呈现低能量的三重态（$^3O_2$），而激发态的氧呈现单重态（$^1O_2$）。图示 14.1 说明 $^3O_2$ 如何参与有机光化学反应，这里以标准范式的方式进行说明：① $^3O_2$ 与激发态*R 反应（速率常数为 $*k_{O2}$）发生猝灭性能量转移（ET）或反应（也就是说生成新的中间体或产物，例如过氧化物）；② $^3O_2$ 与活性中间体 I(D)反应（速率常数为 Ik_{o2}）产生新的化学物种（如过氧化物、超氧化物等），这里后者通常是典型的自由基对（RP）或双自由基（BR）；③ $^3O_2$ 能够催化活性中间体 I(D)的系间窜越（ISC），这个过程可以是从三重态 ^{3}I(D)到单重态 ^{1}I(D)，也可以是从单重态 ^{1}I(D)到三重态 ^{3}I(D)。沿着光化学反应轴，激发态*R 和活性中间体 I(D)是能够与体系中少量氧发生快速反应的两类关键物种，它们分别表现为反应速率常数 $*k_{O2}$ 和 Ik_{o2}，其数值与扩散系数 k_{dif}［约 10^9 L/(mol・s)］相当，而且与反应速率 k_{*R} 和 k_I（见第 8 章 8.17 节有关 Stern-Volmer 活性中间体双分子猝灭的讨论）竞争。

在这一点上，需要提醒读者注意的是 diradical（第 6 章 6.14 节）和 biradical 在描述活性中间体（I）时通常可以互换使用。在本章提及的有机光化学物种，如未特殊说明，将使用以下定义：D（diradical）表示双自由基，如活性中间体 I(D)就表示它具有两个独立的自由基中心（即两个半充满的分子轨道）；RP（radical pair）表示自由基对，位于两个不同的分子片段上；BR（biradical）表示双自由基，位于同一分子片段上。

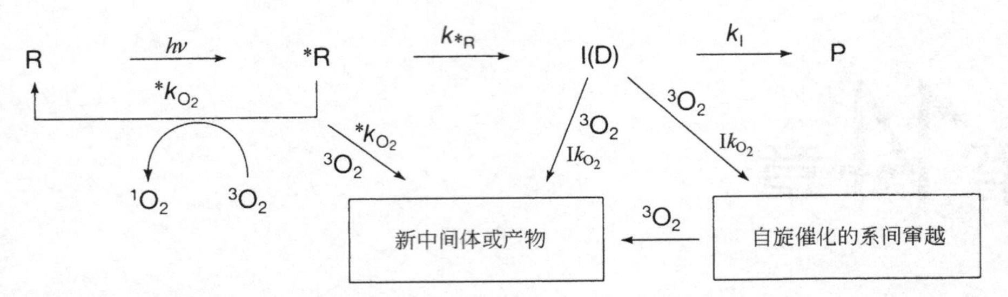

图示 14.1 有机光化学反应中三重态分子氧 $^3O_2$ 参与激发态*R 和活性中间体 I(D)反应的可能途径

由于 O_2 在有机光化学中是如此重要，我们在本章会从多方面介绍 O_2 的分子结构、光物理、光化学及其与各种活性中间体的反应，当然包括激发态 *R 以及反应中间体 I(D)，如自由基、卡宾、双自由基等。这些知识可以帮助我们更好地理解氧的光谱性质及其在光化学反应体系中所扮演的角色。在图示 14.1 这个常见光化学反应范式中，氧对于每一步反应都有参与的可能。三重态分子氧（$^3O_2$）既可以与反应物 R 生成基态缔合物 R…$^3O_2$，也可以与产物 P 生成基态缔合物 P…$^3O_2$。对于前者，光化学辐射关系到缔合物本身的性质；而对于后者，产物 P 会与 O_2 反应，从而引起产物物理或化学性质的改变。有关基态和激发态 O_2 的电子结构，将在 14.2 节详细介绍。

不论从环境还是生物学的观点来看，氧是非常特殊的分子。就如同水是地球上万物生存的根本一样。一方面，氧在环境中或直接或间接地与光发生作用，深入理解这一过程非常必要；另一方面，有氧条件下的光化学研究还存在诸多盲区，尤其是在材料及生命体系的降解等方面。三重态分子氧 $^3O_2$ 与激发态*R 以及反应中间体 I(D)作用会产生多种活性氧物种（ROS），如 $^1O_2$、$HO^•$、$HO_2^•$、H_2O_2、$O_2^{•-}$等。这些活性氧物种在聚合物类材料的降解过程中至关重要，在生命体系中产生“氧化应激”（oxidative stress）反应，导致疾病甚至死亡。基态氧及活性氧物种的产生在光化学体系中是如此普遍，因此本章将专注于介绍分子氧及其相关活性物种在有机光化学中所扮演的角色。

14.2 基态及激发态氧分子的电子结构[1]

相对于常见的普通分子而言，分子氧绝对是一个独一无二的“异类”，它拥有三重态基态（$T^0 = {}^3O_2$）和单重态最低激发态（$S_1 = {}^1O_2$），与有机分子单重态基态和三重态最低激发态的情形正好相反。同学们可能会回想起 Lewis 八电子规则，氧分子 O_2 的 Lewis 结构应该是结构 **1** 式的单重态基态，闭壳层结构中的 8 个价电子围绕在每一个氧原子的周围；然而，实验结果表明氧分子 O_2 是如同结构 **2** 式的开壳层结构，每个氧原子周围只有 7 个价电子，两个氧原子之间并非双键，而是单键，上面各存在一个自由基。尽管双自由基式的结构 **2a** 每个氧原子上只有 7 个价电子，而结构 **2b** 每个氧原子上有 9 个价电子，并不遵从八电子规则，但却很好地解释了分子氧的双自由基特性。

$$\ddot{O}= \ddot{O} \quad \ddot{O} \quad \ddot{O} \leftrightarrow :O \equiv O:$$

1 **2a** **2b**

Lewis 八电子规则是密切联系价键的经典理论，它预测的基态分子氧应该具有结构 **1** 式的电子结构，却无法对双自由基式的基态分子氧 O_2 给出合理的解释。但是，基本的分子轨道（MO）理论对于绝大多数双原子分子能够给出直接而满意的解释，这里以常规分子轨道予以说明。

根据简单分子轨道理论，氧分子应具有如下分子轨道能级排序：

$$(\sigma_{1s}) < (\ ) < (\sigma_{2s}) < (\ ) < (\sigma_{2pz}) < (\pi_{2px}) = (\pi_{2py}) < (\ ) = (\ )$$

这里 σ_{2pz} 分子轨道由沿着 O══O 键两个末端叠加的 $2p_z$ 轨道产生，并在氧分子（O_2）中构成 σ 键；而每个氧原子侧位的 $2p_x$ 和 $2p_y$ 轨道也相互叠加，分别生成两个等能的成键轨道$(\pi_{2px}) = (\pi_{2py})$和两个等能的反键轨道$(\ ) = (\ )$；依照 Aufbau-Hund 规则（第 2 章 2.7 节），O_2 中的每个氧原子上都分布有 8 个电子。σ_{1s} 分子轨道及其反键轨道具有非常低的能级，因此它们作为内核轨道并不参与分子成键。由此，依照 Aufbau-Hund 规则，具有 16 个电子的基态氧分子按可用轨道分布应具有如下电子组态：

$$(\sigma_{1s})^2(\ )^2(\sigma_{2s})^2(\ )^2(\sigma_{2pz})^2(\pi_{2px})^2(\pi_{2py})^2(\ )^1(\ )^1$$

从基态氧分子的电子组态，我们终于可以理解氧分子具有这种非常规电子特性的原因，那就是分子氧的 HOMO 和 LUMO 均表现为相同能级的轨道。需要重点指出的是分子氧的 HOMO 和 LUMO 均为反键轨道，因此，在氧分子处于 HOMO 的反键轨道放置一个电子将表现为能量升高的特性。简而言之，两个反键轨道均对应于氧分子的 HOMO。

三重态的基态氧可简记作下式，仅包含()()分子轨道即可，诚然它的分子轨道是如此与众不同：

$$O_2(\text{基态}) = K^{14}(\ )^1(\ )^1$$

这里 K 表示除 HOMO 轨道外排布的所有电子。

由于两个未成对电子仅占据 π*轨道，对基态三重态氧分子及激发态单重态氧分子化学性质的描述只需考虑这两个 HOMO 的电子组态即可，这就与我们在 6.14 节有关双自由基的讨论完全类似。基态的分子氧表现为双自由基式的$(\ )^1(\ )^1$电子组态，而激发态的分子氧表现为两性离子式的$(\ )^2(\ )^0$或$(\ )^0(\ )^2$电子组态，两个价电子均位于同一个 π*轨道中。

如果进一步考虑自旋（图 14.1），那么分子氧将具有 4 种不同的电子组态方式，根据 Hund 规则，氧分子的基态 T_0 具有三重态的电子组态$(\uparrow)^1(\uparrow)^1$，通常在文献中记作双原子分子光谱符 $^3\Sigma$，其中上标表示三重电子自旋态，Σ 表示分子间沿着 O══O 轴的电子角动量，这里 Σ 对双原子分子 0 级角动量的定义与 s 对单个原子 0 级角动量的定义是类似的。氧分子的第一激发态(S_1)具有$(\uparrow\downarrow)^2(\ )^0$或$(\ )^0(\uparrow\downarrow)^2$的电子组态，可用光谱符 $^1\Delta$ 表示，其中上标表示单重电子自旋态，Δ 表示分子间沿着分子轴向的角动量，这里 Δ

对双原子分子角动量的定义与 d 对单个原子角动量的定义是类似的。氧分子的第二激发态(S_2)具有$(\uparrow)^1(\downarrow)^1$的电子组态，可用光谱符 $^1\Sigma$ 表示，表示分子间沿着分子轴向的 0 级角动量。图 14.1 给出了相对分子能级。

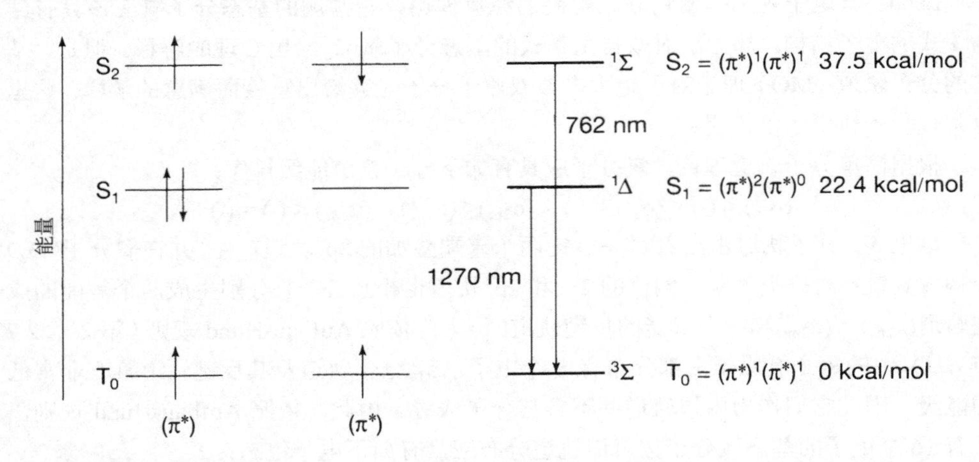

图 14.1 分子氧的 3 种最低能态的电子组态、能量和简记符号。其中，基态 T_0记作光谱符 $^3\Sigma$，第一激发态记作光谱符 $^1\Delta$，第二激发态记作光谱符 $^1\Sigma$；更高能态限于篇幅未给出

基态的分子氧呈三重态，其第一自旋允许的三重态跃迁能高达约 140kcal/mol（约 200nm）。因此，氧的光谱吸收始于远紫外区，而并不吸收可见光，于是地球上的大气呈现透明状态。

基于简单轨道占据法则，$^1\Delta$ 的能量大致应该是 $^3\Sigma$ 和 $^1\Sigma$ 的中值，即

$$E(^1\Delta)\approx E(^1\Sigma)+E(^3\Sigma) \tag{14.1}$$

$^1\Sigma$ 的能级约为 38kcal/mol，由此简单推测 $^1\Delta$ 的能级约为 24kcal/mol，此预测数值与 S_1 ($^1\Delta$)态高出基态约 22kcal/mol 符合得很好。根据这些能量差值，我们可以预期氧的磷光应该是在 1270nm ($^1\Delta\rightarrow{}^3\Sigma+h\nu$)和 762nm($^1\Sigma\rightarrow{}^3\Sigma+h\nu$)处，而且这两处发射谱的确在实验中观察到了[1]。需要注意的是，我们通常将单重态的发光叫做荧光，而并非叫做磷光。但是在氧这个特殊的例子中我们却使用了“磷光”一词，这是因为它的发光涉及由单重态到三重态的转变。正因如此，无论它是否源于单重态，氧的发光应该称作磷光。而且它们的发光寿命非常长，对于 $^1\Delta\rightarrow{}^3\Sigma+h\nu$(1270nm)和 $^1\Sigma\rightarrow{}^3\Sigma+h\nu$(762nm)跃迁分别为大约 2700s 和 7s[1]。由于这种辐射寿命是如此之长，同时激发态氧活性很强，易于去活化，可以预期得到它由 $^1\Delta$ 态或 $^1\Sigma$ 态到 $^3\Sigma$ 态的磷光量子效率（Φ_P）在室温溶液条件下会很低。即便如此，现代化的近红外（IR）发光检测系统早已足够灵敏，能够轻松检测绝大多数有机溶剂中 $^1\Delta\rightarrow{}^3\Sigma+h\nu$ 氧的磷光，如图 14.2 所示。而更高激发态 $^1\Sigma\rightarrow{}^3\Sigma+h\nu$ 氧的磷光也能够被检测到，尽管这并不符合 Kasha 规则。在 14.10 节我们会知道氧的 $^1\Delta$ 态主要以非辐射方式失活，也就是 $^1\Delta\rightarrow{}^3\Sigma+$“热”的方式。

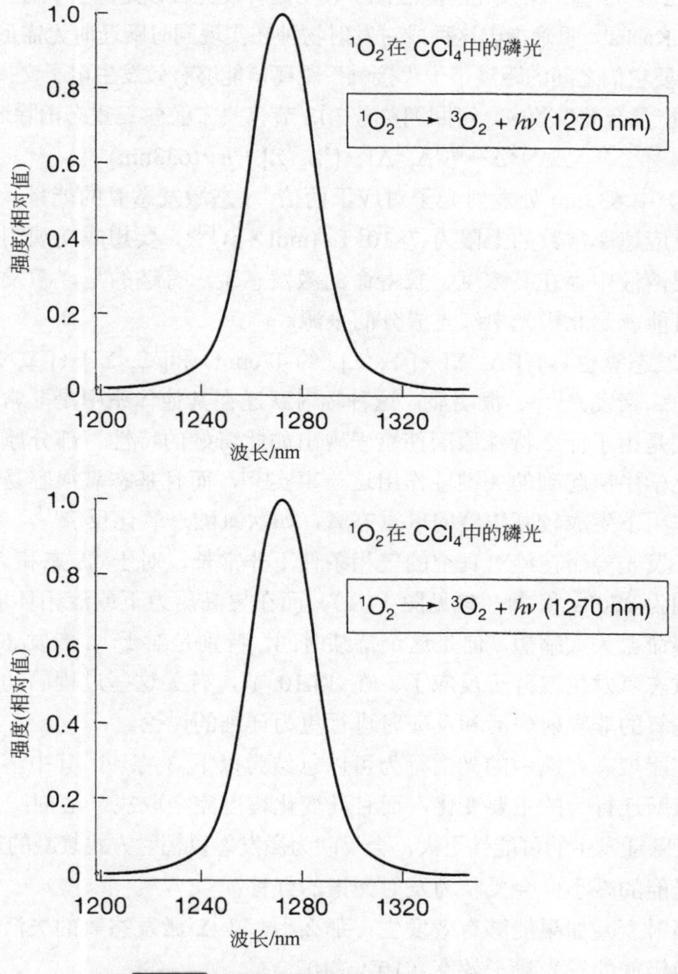

图14.2 四氯化碳中氧的磷光 $^1\Delta \rightarrow {^3\Sigma} + h\nu$

到现在为止，读者们可能发现分子氧并未遵从有机分子中许多我们了解的光谱法则。另外，分子氧的光谱还表现出其他非常规特性，例如除了在1270nm ($^1\Delta \rightarrow {^3\Sigma} + h\nu$)和762nm ($^1\Sigma \rightarrow {^3\Sigma} + h\nu$) 两处明显的磷光发射谱带外，它还在1910nm处表现出弱的荧光跃迁，此处的荧光发射源于氧的两个单重激发态之间，即$^1\Sigma \rightarrow {^1\Delta} + h\nu$，这同样不符合Kasha规则。

以上讨论的发光波数只是对应于振动能级$\nu = 0$时始态和终态之间发生（0,0）态辐射跃迁的情形。当基态氧的振动能级ν=1时，同样能够观测到氧的发光，其位置红移了1585cm^{-1}，对应于O—O键的伸缩振动频率。而当氧从$^1\Delta$激发态回到振动能级$\nu = 1$的基态时，其发射带位于1588nm处，并伴随着以上提到的（0,0）态1270nm处的磷光。

除了以上提到的几种发光形式，单重态氧在高浓度时还能够以几种二聚体的形式发光。最为大家熟知的就是在约635nm处的二聚发光，它是两个$^1\Delta$态激发态氧同时发光的结果，对应于式（14.2）。尽管二聚发光的提法似乎表明这种发光应该是源于氧分子的二聚体或激基缔合物，但 Kasha[2a]明确指出这种成对发射物种在实现同时跃迁时无需形成实际存在的缔合物，只需要它们之间的距离小于“接触”距离，能够有效发生电子交换即可。这一过程也可称为“能量合并”效应，可回溯参考 7.12 节有关三重态-三重态消除过程的讨论。

$$^1\Delta + ^1\Delta \rightarrow *[^1\Delta, ^1\Delta] \rightarrow [^3\Sigma, ^3\Sigma] + h\nu(633\text{nm}) \tag{14.2}$$

式（14.2）中 633nm 处发射光子对应于两倍 $^1\Delta$ 态激发态氧的能量，该反应在二硫化碳溶液中反应速率常数的上限为 7×10^5 L/ (mol・s) [2b]。要想成功观测到氧分子的二聚发光，需要溶液中存在高浓度、长寿命的激发态氧。有趣的是，激发态氧的这种二聚发光很有可能就是北极光中红光成分的来源。

当然，激发态氧也具有$[^1\Delta, ^1\Sigma]\rightarrow[^3\Sigma, ^3\Sigma]$（约 476nm）和$[^1\Sigma, ^1\Sigma^+]\rightarrow[^3\Sigma, ^3\Sigma]$（约 381nm）等其他形式的二聚发光[1,2]。很明显，这种辐射跃迁在其他体系中是非常少见的，我们不禁要问到底是由于什么特殊原因使氧表现出如此奇妙的特性。部分原因可能要归结于氧在大气化学中所起到的关键性作用这一事实[1c]，而且基态氧很容易在热反应或光化学反应的作用下生成较高浓度的单重态氧，如次氯酸过氧化反应[1]。更为重要的是，这种（辐射）发光寿命在绝对真空的气相条件下非常长，对于 $^1\Delta$ 态和 $^1\Sigma$ 态的激发态氧，寿命分别为 2700s 和 7s（参见图 14.1）。而在更高压力下或液相环境中，$^1\Delta$ 和 $^1\Sigma$ 激发态氧的寿命会大大缩短，但是这个持续时间，特别是对于 $^1\Delta$ 激发态氧来说，已经足够使得单重态氧发生双分子反应了。在 14.10 节，有关这些过程的动力学，我们会在分析单重态氧的非辐射失活和反应时进行更为详细的讨论。

有关氧在凝聚态介质中的光谱行为可以总结为以下 3 条[3]，其中溶液相的扰动将导致激发态氧跃迁行为的主要变化，而且其变化程度完全取决于溶剂：

（1）辐射跃迁发生的可能性更大，会反映为激发态以辐射方式衰减的速率常数增加；

（2）跃迁能的减小，会反映为发射光谱的红移；

（3）非辐射衰减如果能够有效发生，那么 $^1\Delta$ 和 $^1\Sigma$ 激发态氧的失活将由此过程主导，并表现为极低的发光量子效率（10^{-7}～10^{-3}）。

早些时候，我们在讨论激发态性质时往往会遇到这样的情形，那就是有机分子的激发能通常和键离解能（bond dissociation energy，BDE；一般为 40～100kcal/mol）比较接近。因此，我们不难发现激发态反应过程中发生价键断裂是比较常见的现象。相比之下，$^1\Delta$ 激发态 O_2 的能量仅约为 22.4kcal/mol，比任何室温条件下能够存在的化学键能都低。因此，除非在价键断裂时伴随发生相关能量补偿机制（也就是说形成新的价键），否则发生单重态氧的化学反应几乎没有可能。当然，激发态 $O_2(^1\Delta)$还能与有机分子发生化学反应或通过非辐射失活方式回到基态（$^3\Sigma$）。

14.3 氧及相关物种的热力学和电化学性质

在解释氧对溶液中反应的影响时，一个重要的参数就是溶液平衡浓度，也就是在

公式中出现的 $k[O_2]$一项，通常与激发态*R 的失活或活性中间体 I(D)的反应相关（参见 8.17 节）。一般来说，氧气在各种溶液中的溶解度具有如下趋势（见表 14.1）：

卤代烃溶剂>烃类溶剂>极性有机溶剂>水

表 14.1 给出了总压 101.3kPa（1atm）时，近室温（20～25°C）条件下，氧在各种溶剂的溶液中的饱和平衡浓度。而在空气条件下，氧的饱和平衡浓度约为表 14.1 中所列数值的 1/5。表 14.1 表明，在给定温度和压力条件下，氧的饱和平衡浓度随着溶剂极性的减小，在水（1mmol/L）到全氟烷烃（1mmol/L）中依次增大。

表 14.1 总压 101.3kPa（1atm）时室温条件下氧在各种溶剂中的平衡浓度[4~6]①

溶 剂	$[O_2]$/(mmol/L)
水	1.0
二甲基亚砜	2.0
吡啶	5.0
乙腈	8.0
丙酮	9.0
环己烷	11
四氯化碳	12
己烷	15
十六烷	17
六氟苯	21
全氟庚烷	25

① 氧的分压为 101.3kPa（1atm）减去溶剂的蒸气压。

表 14.2 部分含氧物种的键裂解能[7,8]

物 种	键	BED/ (kcal/mol)
酮	C═O	173
H_2O	H—O	119
O_2	O═O	119
ROH	H—O	105
$HO^•$	H—O	102
ROOH	H—O	88
H_2O_2	H—O	88
C_6H_5OH	H—O	87
H_2O_2	O—O	51
$HO_2^•$	H—O	47
R_2O_2	O—O	37

在处理氧及相关物种时，我们经常需要知道键离解能（BDE）去计算反应可行性（速率常数）等热力学参数。表 14.2 总结了一些常用的键离解能数值，从表中我们可以发现不同分子 OH 键的离解能差异明显，计算时不可简单近似为定值。例如，H—OH 中 OH 键的离解能大于 100kcal/mol，而过氧羟基 H—O—O 中 OH 键的离解能小于 50kcal/mol，其数值完全取决于不同的分子结构。这一点在评价自由基稳定性时非常重要，而且与前体的键强呈负相关关系（见 8.5 节）。因此，对于给定类型的基元反应，如酚羟基 ArO—H 的键离解

能只有约 87kcal/mol，其自由基的生成速率将大大快于烷羟基 RO—H (> 100kcal/mol)。

表 14.3 $^1\Delta$ 激发态 O_2 与不同类型 X—Y 键在有机溶液中发生失活反应时的近似速率常数[9]①

键	k_d/[L/(mol·s)]	振动能/cm^{-1}
O—H	2900	约 3600
C—H（芳烃）	1500	约 3000
C—H（烷烃）	300	约 2900
O—D	100	约 2600
C—D（芳烃）	20	约 2200
C—D（烷烃）	10	约 2100
C—F（芳烃）	0.6	约 1200
C—F（烷烃）	0.05	约 1200

① X—D 的振动能通常为 X—H 的振动能的 0.73 倍。

因为氧具有非常高的电负性（亲电性），所以它可以作为一个很好的电子受体，而非电子给体。在得到一个电子后，O_2 能够形成多种活性氧物种（ROS），如：$O_2^{\bullet-}$、$HO_2^{\bullet-}$、HO_2^-、H_2O_2、$HO^\bullet$ 等，它们是非常强的氧化剂。尽管相关过程的第一步就涉及 O_2 的电子转移 (et)$e^{\bullet-}+O_2 \rightarrow O_2^{\bullet-}$，但这一步是产生活性氧物种的决速步骤，因此 O_2 / $O_2^{\bullet-}$ 的氧化还原过程在自然界中极其重要。它的势电位 E^0 (*vs* SCE) 在水中为−0.15V，DMF 中为−0.60V（数值越负说明热力学上发生还原的驱动力越强），而在其他极性有机溶剂中还原电位的数值与 DMF 中相差不到±0.1V。在许多情况下，$O_2^{\bullet-}$ 自身是一个很好的还原剂。从另一方面说，超氧负离子并非一个好的氧化剂，由于其还原电位 E^0 ($O_2^{\bullet-}$/ O_2^{2-}) <−1.7V，它在获得第二个电子时会非常困难，而且不考虑过强的电负性，就是在三重态基态氧 $^3O_2$ 上额外放置两个电子，那么它们都会处于反键轨道上，也就是说 O_2^{2-} 会具有 4 个反键轨道电子。

7.13 节中，我们已经了解到所有的电子激发态物种与基态相比都会是更好的氧化剂或还原剂。因此，激发态单重态氧会是比基态氧更好的氧化剂。如果考虑单重态氧的激发能，那么其电位 E^0 ($^1O_2$/ $O_2^{\bullet-}$) 在 DMF 中为 0.34V，而在 H_2O 中为 0.79V。绝大多数单重态氧反应包含部分电荷转移（CT），而通过完全电子转移发生的单重态氧反应是比较少的。其中一个典型的例子就是单重态氧氧化水溶液中的 *N,N,N',N'*-四甲基对苯二胺成为阳离子自由基，而生成的超氧负离子（O_2^-）吸收在深紫外区，最大波长为 245nm[9]。

激发态氧 O_2 ($^1\Delta$)基于溶剂发生非辐射失活过程也非常值得关注。例如，O_2 ($^1\Delta$)发生非辐射失活的速率常数（k_d）在水中为约 10^6s^{-1}，而在 C_6F_6 中却小于 10^3s^{-1}。另一个特别有趣的特性就是 O_2 ($^1\Delta$)发生非辐射失活的同位素效应，表 14.3 给出了一些基于 OH(OD) 和 OH(OD)键的平均速率常数 k_d，我们可以发现其同位素效应比值高达 20～30！最慢速的失活发生在既没有 OH 键又没有 CH 键即氘代或完全卤代的溶剂中。对于芳烃类溶剂，k_d 的数值主要取决于 CH 或 CD 的振动，而受取代基类型影响不大，除非其中所有的 CH 键均被取代。例如，k_d 在 C_6HF_5 中的数值为约 3×10^3L/ (mol·s)，而在 C_6F_6 中的数值为约 2×10^2L/ (mol·s)。似乎决定 O_2 ($^1\Delta$)失活快慢的因素仅取决于有机溶剂中某些 OH 或 CH 键的特殊性质，而在溶剂的非活性位点上是否存在氘代几乎没有影响。

有关 OH 和 CH 键对 k_d 数值发生如此重大影响的定量解释往往是基于这样的假设，那就是失活速率常数完全取决于激发态氧 O_2 ($^1\Delta$)与溶剂耦合的振动频率。可以想象，当激发态氧 O_2 ($^1\Delta$)与溶剂分子发生碰撞时，氧的激发态波函会与溶剂的振动波函耦合，不管是与一个还是多个溶剂分子的振动波函耦合，最终将导致激发态氧 O_2 ($^1\Delta$)的失活。这种分子间的振动耦合程度越强，失活速率常数 k_d 的数值就越大。为了有效发生失活反应，激发态氧 O_2 ($^1\Delta$)必须能够将能量注入溶剂的振动能级。对于 O_2 这种双原子分子，只能通过唯一的振动自由度，经由电子转移过程从溶剂得到能量或是把能量释放给溶剂。而有机溶剂含有多个原子，具有众多的振动能级能够接受电子激发能，尽管其中只有少数振动方式可以有效发生。

图 14.3 给出了激发态氧 O_2 ($^1\Delta$) 失活方式与振动频率（能量）之间的位置关系，并系统标度出了激发态氧 O_2 ($^1\Delta$) 和基态氧 O_2 ($^3\Sigma$) 各振动能级的确切数值。

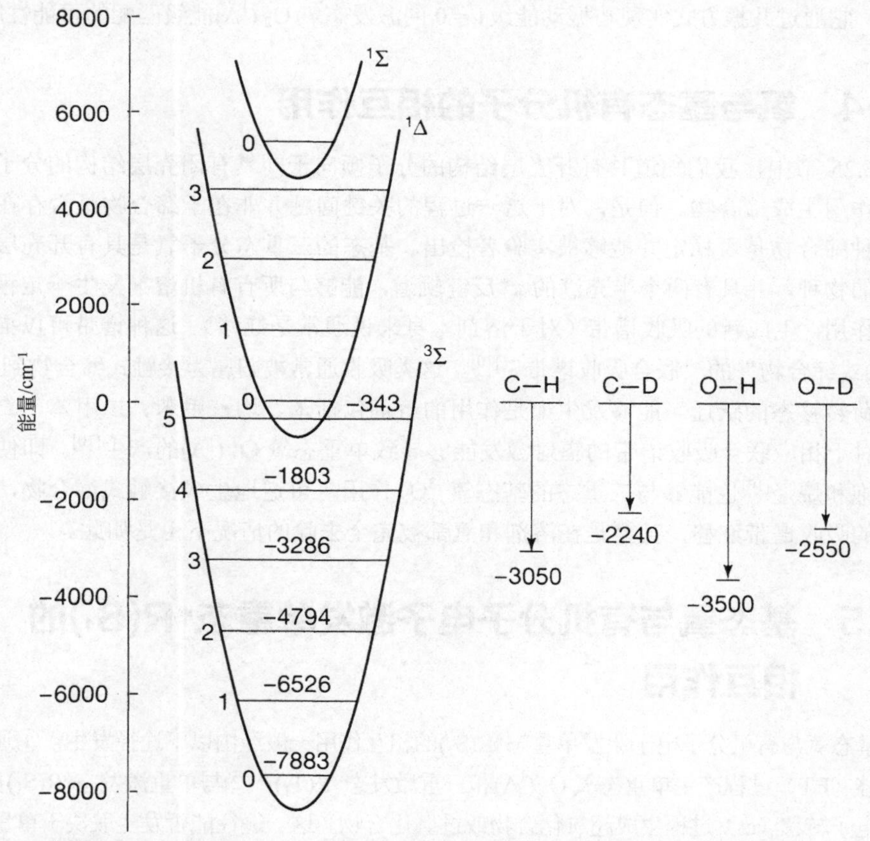

图 14.3 $^1\Delta$ 激发态 O_2 振动能级和溶剂中 X—H 和 X—D 键高频振动能级的比较

激发态氧 O_2 ($^1\Delta$)与溶剂之间的振动耦合程度决定了其失活的速率常数。回想一下 3.8 节我们学过的 Franck-Condon 因子（与电子转移中振动波函的始态与终态类似），它在决定电子激发态非辐射失活的可能性和速率常数时扮演着非常关键的作用。图 14.3 中，以振动能级 $\nu=0$ 的激发态氧 O_2 ($^1\Delta$)为起始，所有相关的高能振动态都对应于 XH

或 XD 键的伸缩振动，即振动能级 $\nu=3$ 的基态氧 O_2 ($^3\Sigma$) 与常见溶剂中 OH 键（能量约 3500cm^{-1}）或 CH 键（能量约 3050cm^{-1}）的伸缩振动能级能够很好地共振匹配，而与 OD 键（能量约 2550cm^{-1}）或 CD 键（能量约 2240cm^{-1}）的伸缩振动不能匹配；延伸一下，我们会发现只含有 CF 键（能量约 1000cm^{-1}）的溶剂与振动能级 $\nu=3$ 的基态氧更是相去甚远。根据 Franck-Condon 原理，振动量子数（ν）越小，振动能级 $\nu=0$ 的激发态氧 O_2 ($^1\Delta$)与溶剂分子同能振动波函之间的叠加就越好，就更容易发生振动能量的转移和激发态氧的失活。对于这种激发态氧 O_2 ($^1\Delta$)与溶剂之间的振动耦合，我们也可以从另一个角度去理解，如溶剂分子的振动量子数越小，溶剂分子由基态经由振荡方式匹配振动能级 $\nu=0$ 激发态氧 O_2 ($^1\Delta$)的可能性就越高。也就是说，振动能量越高，到达特定能级所需的量子数就越少。综上所述，依据 Franck-Condon 原理，溶剂的振动频率和振动能越高，它通过共振方式实现与振动能级 $\nu=0$ 的激发态氧 O_2 ($^1\Delta$)能级匹配的可能性越大。

14.4 氧与基态有机分子的相互作用

6.25 节中，我们知道具有开壳层结构的分子倾向于同具有闭壳层结构的分子发生相互作用生成缔合物。但是，对于这一过程的关键问题并非在于缔合物是否存在，而是这种缔合物是否稳定并能够被实验者检出。基态的三重态分子氧是具有开壳层电子结构的物种，并具有两个半充满的 π*反键轨道，能够与所有有机溶剂发生一定程度的相互作用，生成新的吸收谱带（对于溶剂本身来说通常是红移）。这种谱带可以描述为“接触式缔合物”的“联合吸收谱带”[10]。这类吸收通常被归属为接触式缔合物到溶剂-氧电荷转移态的跃迁。能够发生如是作用的溶剂包括苯、均三甲苯、二甲苯、二噁烷等，对于相应联合吸收谱带的辐射激发能够导致单重态氧 O_2 ($^1\Delta$)的产生[10]。即便是基态的饱和烷烃[10]也能够与三重态的基态氧 $^3O_2$ 作用，可逆地生成接触式缔合物，并使溶剂的吸收谱带红移，甚至是在溶剂和氧都被完全去除的情况下也是如此。

14.5 基态氧与有机分子电子激发单重态*R(S$_1$)的相互作用

基态氧与有机分子电子激发单重态*R(S$_1$)的相互作用一般经由以下途径发生：①通过能量转移（ET）过程产生单重态氧 O_2 ($^1\Delta$)和三重激发态*R(T$_1$)；②与单重激发态*R(S$_1$)反应，经由电子转移（et）过程生成超氧化合物或过氧化合物。这一途径能否发生取决于单重激发态*R(S$_1$)和三重激发态*R(T$_1$)之间的能隙（ΔE_{ST}）大小。经历如式（14.3）所示的能量转移过程，三重态的基态氧（$^3O_2$）变为单重态的电子激发态氧（$^1\Delta$），同时激发态的有机分子由单重态*R(S$_1$)转变为三重态*R(T$_1$)。这是一个放热的反应，因此有机分子单重态和三重态之间的能隙必须大于单重态激发态氧和三重态基态氧之间的能差（22.4kcal/mol）。

$$*R(S_1) + {}^3O_2 \longrightarrow *R(T_1) + {}^1O_2 \tag{14.3}$$

式（14.3）中能量转移过程的焓变 $\Delta H=-\Delta E_{ST}+22.4$kcal/mol，这里 ΔE_{ST} 是单重激发态$*R(S_1)$和三重激发态$*R(T_1)$之间的能差，而 22.4kcal/mol 是生成激发态氧（$^1\Delta$）所需要的能量。需要注意的是 ΔE_{ST} 前的负号表明该能量表现为反应的放热。

当光敏剂 ΔE_{ST} 的能隙小于分子氧三重态（$^3\Sigma$）和单重态（$^1\Delta$）之间的能差时，式（14.3）所示的能量转移过程从能量角度来看将无法发生。单重态氧 O_2 ($^1\Delta$)的激发能为 22.4kcal/mol，相比 n,π*的单重态-三重态能隙（通常<10kcal/mol）可能太大，但是对于光敏剂 π,π*单重激发态$*R(S_1)$和三重激发态$*R(T_1)$之间的能差 ΔE_{ST} 实属普通（参见 8.50 节和下文的相关讨论）。对于式（14.3）中能量上不允许的反应体系，单重激发态的光敏剂可由氧分子自旋催化并系间窜越生成三重激发态［式（14.4)]，或是直接回到基态［式（14.5)]，这两个过程都需要经由激基缔合物。

$$*R(S_1) + {}^3O_2 \longrightarrow *R(T_1) + {}^3O_2 \tag{14.4}$$

$$*R(T_1) + {}^3O_2 \longrightarrow *R(S_0) + {}^3O_2 \tag{14.5}$$

许多多核芳烃发生式（14.4）和式（14.5）的反应经历，而不发生式（14.3）的能量转移过程。表 14.4 给出了一些具有代表性的单重态氧猝灭速率常数，特别是当敏化剂、溶剂的氧化电势其中之一或都对氧的电荷转移（CT）有利时，该过程是扩散控制的。表 14.4 还给出了单重态敏化剂猝灭产生单重态氧 O_2 ($^1\Delta$)的效率（S_Δ^S）。对于萘和蒽，它们 S_1-T_1 态之间的能隙通常为约 30kcal/mol，完全能够发生式（14.3）所示的放热反应。表 14.4 中的敏化剂只有菲和苯并菲激发单重态和三重态之间的能差不足以产生单重态氧 O_2 ($^1\Delta$)，而有关三重态敏化剂敏化效率 S_Δ 的测定方法将在 14.7 节进行详细介绍。

表 14.4 氧猝灭单重激发态敏化剂生成单重态氧的表观速率常数和效率①

底　物	溶　剂	(S_Δ^S)[11,12]②	k_q^S /［10^9 L/(mol・s)］
菲	乙腈	约 0	33
蒽	环己烷	约 0	25
苯并菲	乙腈	≤0.02	37
蒽	乙腈	≤0.02	30
萘	乙腈	≤0.09	31
9-甲基蒽	环己烷	0.1	30
并四苯	乙腈	0.25	42
芘	乙腈	0.27	38
芘	乙腈	0.3	29
荧蒽	乙腈	0.3	6.6
9-甲氧基蒽	环己烷	0.3	27
9-氰基蒽	环己烷	0.5	6.7
9,10-二氰基蒽	环己烷	1.0	4.7

① 室温下。

② 是氧猝灭单重激发态敏化剂生成单重态氧 O_2 ($^1\Delta$)的效率。

值得一提的是表 14.4 中两个有趣的现象。一是 9,10-二氰基蒽依照式（14.3）敏化生成单重态氧的效率为 100%，而蒽却完全无法敏化产生单重态氧。对于后者我们在第 4 章已经进行了解释，这是因为蒽 T_2 激发态的能级正好位于 S_1 态的下方，S-T 态的能差非常小，特别有利于式（14.4）中三重态氧（$^3O_2$）自旋催化的系间窜越过程生成 T_2 态，T_2 激发态可以快速通过无辐射内转换为 T_1 态。这一过程与 5.23 节二苯甲酮的快速系间窜越过程如出一辙，S_1 态到 T_2 态的系间窜越过程起到了关键作用。另一个有趣的现象与速率常数有关，那就是氧会对缺电子敏化剂的单重激发态猝灭得更慢，这表明氧与缺电子分子的相互作用速率很低。

为了从实验上测定表 14.4 中的数值，定量检测单重态氧的生成很有必要。近几十年，直接基于时间分辨的近红外发光检测方法得到了长足的发展，能够轻松检测单重态氧 $O_2(^1\Delta)$ 在 1270nm 处的发光[9]。例如在进行单重态氧 $O_2(^1\Delta)$的检测时会用到脉冲激光激发，样品的发光通过硅片或滤光片滤除波长小于 900nm 的光，然后由一个快速响应的锗光电二极管检出，即使是很弱的信号也可以放大后由示波器或瞬态数字转换器检测。通过这种技术，我们可以很容易地达到约 1μs 的响应，这对于绝大多数溶剂中单重态氧 $O_2(^1\Delta)$的检测已经足够灵敏了。配备具有低温冷却系统和优良屏蔽封装的检测器以及新型红外光电倍增管，还能进一步提高仪器的时间分辨率和灵敏度，甚至能用于水中单重态氧 $O_2(^1\Delta)$超短寿命和超低发光的检测。这类技术的长足进步开启了将单重态氧应用于生物体系的大门[13]，而且就是采用这类高灵敏度检测器，研究者们成功实现了单个细胞中单重态氧 $O_2(^1\Delta)$发光的检出[14]。

如果能量允许，步骤$^*R(S_1) + {}^3O_2 \longrightarrow {}^*R(T_1) + {}^1O_2$和$^*R(T_1) + {}^3O_2 \longrightarrow {}^*R(S_0) + {}^1O_2$都能产生单重态氧，也就是说式（14.4）和式（14.5）所示的自旋催化的系间窜越最终能够导致单重态氧的产率大于 1.0。当然吸收一个光子也不可能突破产生两个单重态氧 $^1O_2$ 分子的限制。诚然，这类例子中生成单重态氧的量子效率介于 1 和 2 之间，但它还是由于敏化剂的单重激发态和随后生成的三重激发态均具有很高的单重态氧敏化效率共同作用的结果[15]。

绝大多数情况下，敏化剂单重态猝灭效率低下主要是因为其寿命太短的缘故。如二苯甲酮发生系间窜越的量子效率为 1，而其单重激发态的寿命却仅为 15ps[16]。在 101.3kPa（1atm）分压下，氧在常见溶剂中的浓度通常为 10^{-3}～10^{-2}mol/L（见表 14.1），这时敏化剂不大可能主要发生单重态猝灭生成单重态氧。例如，对于一个寿命为 50ps（即 $k_{ISC}=2\times10^{10}s^{-1}$）的敏化剂，如果其单重激发态猝灭生成单重态氧的速率常数为 4×10^{10}L / (mol・s)（见表 14.4），当氧的浓度为 0.01mol/L 时，敏化剂发生单重激发态猝灭与 $^3O_2$ 作用生成单重态氧的效率大概只有 2%。要是光敏剂分子的寿命能够延长至 1ns 以上，它发生单重激发态猝灭与 $^3O_2$ 作用生成单重态氧的效率将大大提高。如表 14.4 中列举的许多多核芳烃，具有 π,π*激发态以及较大的单重态-三重态能隙就能够符合这一要求。

实验中，我们经常可以通过监测氧对敏化剂分子荧光寿命和强度的影响来判断其单重激发态是否能为氧猝灭。当然，并非所有分子都能表现出荧光发射，但是具有非常大荧光产率的光敏剂通常也能够发生高效的单重激发态猝灭，具有较长的单重激发态寿命，与 $^3O_2$ 作用生成单重态氧。

14.6 氧对三重激发态（T_1）的猝灭：能量转移过程

在这一节中，我们会详细分析敏化剂的三重激发态产生单重态氧 $O_2(^1\Delta)$的量子产率和效率，显然这仍是目前在实验室中制备单重态氧最为重要的方法。为了方便大家更好地理解以下章节，我们将把单重态氧的生成效率作为一个非常重要的敏化剂参数进行说明。与单重激发态的敏化过程类似，用来表示敏化剂发生单重激发态猝灭生成单重态氧的效率，那么对于敏化剂发生三重激发态猝灭生成单重态氧的过程就应该用来进行标识。为了保持与绝大多数文献标识的一致性，我们用上标 T 及符号 S_Δ 标明这是一个经由敏化剂三重激发态产生单重态氧的过程。那么，对于给定敏化剂敏化产生单重态氧的量子效率 Φ_Δ 可以表示为式（14.6），即产生单重态氧的摩尔数与吸收的光子的摩尔数（即 Einstein）的比值。

$$\Phi_\Delta=\frac{\text{产生单重态氧的摩尔数}}{\text{吸收的光子的摩尔数}} \tag{14.6}$$

对于三重态敏化剂而言，Φ_Δ 的数值受到许多实验参数影响，如基态氧的浓度[$^3O_2$]、三重态敏化剂系间窜越的效率（Φ_{ST}）以及敏化剂与 $^3O_2$ 的相互作用等。另一方面，敏化剂发生三重激发态猝灭生成单重态氧的分效率 S_Δ 在给定光敏剂-溶剂体系中可用式（14.7）表示。

$$S_\Delta=\frac{\text{产生单重态氧的摩尔数}}{\text{被氧猝灭的三重激发态的摩尔数}} \tag{14.7}$$

参照前些章节的命名法，参数 S_Δ 亦可称为“态量子效率”(ϕ_Δ)（参见第 4 章和第 8 章）。

参数 S_Δ 和 Φ_Δ 通过系间窜越量子效率（Φ_{ISC}）和氧猝灭敏化剂三重激发态效率相关联，可用式（14.8）表示，式中 k_q 是氧猝灭敏化剂三重激发态的速率常数。

$$\Phi_\Delta=\Phi_{ISC}S_\Delta\frac{k_q[O_2]}{\tau_T^{-1}+k_q[O_2]} \tag{14.8}$$

式（14.8）中最右边那一项计算式对应于敏化剂分子三重激发态被氧猝灭的分数。敏化剂三重态寿命（τ_T）应是除氧条件下的测定值，如果体系中还存在能够缩短敏化剂三重态寿命的其他（非氧）底物，在处理时应当予以考虑。类似地，当体系中存在氧或其他底物能够引起敏化剂分子单重激发态猝灭时，在处理 Φ_{ISC} 时也应当予以考虑。

因此，S_Δ 的数值是衡量一个三重态敏化剂敏化产生单重态氧效率高低的重要指标。已经有许多将 S_Δ 的数值与敏化剂分子及光谱性质联系起来的尝试，其中的一些代表性结果我们将在 14.8 节介绍电荷转移（CT）在三重态猝灭中所发挥的相关作用时予以讨论。

表 14.5 列举了一些常见三重态敏化剂的 S_Δ 数值，同时我们也总结了以下几条有用的判断准则。

（1）具有 π,π*三重激发态的多核芳烃通常具有很高的单重态氧生成效率，其 $S_\Delta \geq 0.8$。

（2）具有 n,π*三重激发态的酮类敏化剂的 S_Δ 数值通常较低，如二苯甲酮的 S_Δ 数值范围约为 0.3～0.4。

（3）如果单重态氧的生成反应是热力学上允许的，即表现为放热的能量转移（ET）过程，那么降低敏化剂的三重态能量可以适当增加 S_Δ 的数值。

（4）随着溶剂极性的增加，S_Δ 的数值通常会减小。

（5）随着敏化剂氧化电位的降低，参数 S_Δ 的数值通常会减小[17]。

表 14.5 室温条件下部分常见三重态敏化剂在各种溶剂中敏化产生单重态氧的 S_Δ 数值[18~21]

敏 化 剂	溶 剂	S_Δ	k_q / [L / (mol · s)]
萘	环己烷	约 1.0	约 2×10^9
C_{60}	苯	约 1.0	约 9×10^8
芴酮①	乙腈	约 1.0	约 2×10^{10}
蒽	苯	约 0.8	约 4×10^9
芴酮	苯	约 0.8	约 5×10^9
吖啶	乙腈	约 0.8	约 2×10^9
四苯基卟啉	苯	约 0.6	
吲哚	苯	约 0.4	约 2×10^{10}
二苯甲酮	苯	约 0.3	约 2×10^9

① 推荐作为标样，在其他溶剂中的相关数值参见原始文献[21]。

许多有关 S_Δ 数值的参考体系已经建立起来[20]。表 14.5 选择性列出了一些常见三重态敏化剂的 S_Δ 数值。其中值得一提的是富勒烯 C_{60}，它是一个非常优秀的单重态氧敏化剂。

氧可以通过形成激基缔合物、发生整体化学反应或能量转移猝灭敏化剂的三重激发态，因此 $^3O_2$ 是非常高效的三重态猝灭剂。而且，氧猝灭测试也经常作为判断敏化剂相关过程是否经由三重态的重要标准。尽管氧并非一个特殊的三重态猝灭剂，但是它如果进入反应体系，的确能够与激发态*R(S_1)以及反应中间体 I(RP)或 I(BR)作用导致猝灭反应或生成新的物种（参见图示 14.1）。本节我们将只限于氧三重态猝灭特性的描述，而在 14.22 节我们会进一步讨论这些特征是如何能够帮助确认氧气是否会对一个包含激发三重态猝灭的光化学反应产生干扰。

通常，基态氧分子猝灭敏化剂的三重激发态是一个物理过程，而非化学过程[11]，尽管它作为猝灭剂能够引发一系列过程并产生新的物种。分子氧与敏化剂三重态发生碰撞形成缔合物［R···O_2］并相互作用一般有两个主要的结果，即非辐射失活和生成单重态氧。而其中自旋统计（7.12 节）和能量在决定反应途径时将起到关键性作用。图示 14.2 简单地展示了几种主要的可行路径。其中，单重态途径和三重态途径的逆反应过程（即分子氧与其碰撞对象*R 的分离）以虚线标出，因为逆反应无论是否发生都将参与相关动力学竞争过程并导致对象缔合物的失活。而五重态途径的逆反应过程将导致缔合物的离解[17]，就如同 8.5 节双自由基的例子一样。

需要注意的是自旋催化的系间窜越（ISC）路径*R(T_1) + $^3O_2 \longrightarrow$ *R(S_1) + $^3O_2$ 在某些情况下也应该考虑，尽管这一过程在能量上不允许，而且*R(S_1)的能量通常高于*R(T_1)。另一个需要考虑的也是自旋催化的*R(T_1) + $^3O_2 \longrightarrow$ *R(S_1) + $^1O_2$ 过程，尽管它在能量上不允许，而且所需能量与单重态氧的激发能完全相同。

游离过渡态（五重态）和其他逆反应途径的存在往往使得猝灭过程中生成单重态氧的动力学效率很低，因此猝灭速率常数的上限数值不应再使用扩散速率常数（参见第 7 章），而应以 14.2 节中扩散速率常数乘以成功发生猝灭反应的效率分数进行估算。例如，如果体系中只存在单重态的猝灭，那么猝灭速率常数的限值将为扩散速率常数的 1/9；如果单重态和三重态均参与，那么猝灭速率常数的限值将为扩散速率常数的 4/9。实际上，已有明确的证据表明反应物三重激发态与基态的分子氧的系间窜越（ISC）过程存在多重机制，而且在低温下这些现象愈发明显[22]。尽管氧不能被太阳光激发，但是它却具有丰富的激发态化学特性，图示 14.2 排除了不同重态之间的系间窜越过程的确是显得有些过于简化了。

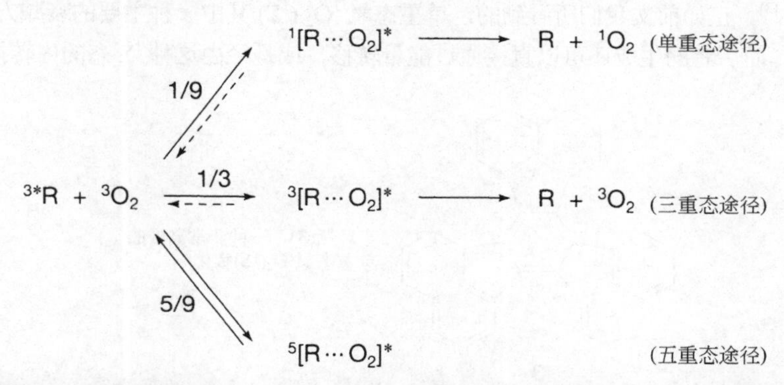

图示 14.2 自旋统计在决定分子氧（O_2）与反应物三重激发态的反应可能性时将起到关键性作用。需要注意的是不同自旋位形之间的系间窜越（ISC）过程在本例中已经排除在外，而弛豫现象在这种简单自旋统计处理方法中将会导致一些偏差

14.7 单重态氧在三重态光敏作用下的生成机制

$^1\Delta$ 激发态氧在 1270nm (22.4kcal/mol 或 7900cm^{-1})处的发光为研究 $^1\Delta$ 单重态氧的化学反应提供了便利。而激发态氧另一个更高的激发能态是 $^1\Sigma$，其发光为 762nm，高出基态 37.5kcal/mol (13000cm^{-1})。$^1\Sigma$ 激发态氧既可以通过内转换到达 $^1\Delta$ 态，也可以通过系间窜越（ISC）回到 $^3\Sigma$ 基态。相对于普通有机分子高电子能态 ps 级的寿命（参见 4.24 节中的 Kasha 规则），$^1\Sigma$ 激发态氧在 CCl_4 中的寿命长达 135ps [23]，而在 H_2O 中为 8.2ps，在 D_2O 中为 42ps，在环己烷中为 83ps，在乙腈中为 134ps，在 CS_2 中为 18.8ps [24]。

三重态敏化剂到 O_2 的电子能量转移可以总结为以下几点（参见图示 14.1 和图示 14.2）。

（1）如果能量给体（敏化剂）的三重态能量（E_T）低于 22kcal/mol（即分子氧由 $^3\Sigma$ 基态到 $^1\Delta$ 激发态的跃迁能）那么能量转移过程将不能发生。

（2）如果能量给体的三重态能量（E_T）介于 22～37kcal/mol 之间，那么将选择性生成 $^1\Delta$ 激发态氧，因为生成 $^1\Sigma$ 激发态氧在能级上并不允许。

（3）如果能量给体的 E_T 高于 38kcal/mol，那么激发生成 $^1\Delta$ 或 $^1\Sigma$ 态氧将都是能量允许的。

（4）如果能量给体的 E_T 介于 21～25kcal/mol 之间，那么单重态氧 $^1O_2$ ($^1\Delta$)与敏化剂三重态之间的能量转移将能够可逆地发生[25]。

（5）如果能量给体的 E_T 为 37～40kcal/mol，尽管与单重态氧 $^1O_2$ ($^1\Sigma$)的能级匹配得

很好，但是可逆的能量转移也不会发生［试比较第（4）条］。这是因为在光化学反应中 $^1\Sigma$ 激发态氧在有机溶剂的常规浓度下寿命太短，以至于来不及发生能量回传过程。换句话说，这一回传过程在能量上虽然是允许的，但在实现上却不可能。

单重态氧 $^1O_2\,(^1\Sigma)$和 $^1O_2\,(^1\Delta)$的相对产率取决于敏化剂和溶剂的不同，但在一些特殊例子中前者的产率往往可以达到很高。例如，十环烯（**3**）敏化生成单重态氧 $^1O_2\,(^1\Sigma)$的效率能够达到约 90%[3]。正如前文我们所看到的，单重态氧 $^1O_2\,(^1\Sigma)$ 其中一种主要的衰减方式就是生成 $^1O_2\,(^1\Delta)$。而后者的生成还可以直接通过能量转移，或是经由这种 $^1\Sigma$ 态的内转换过程。

3

十环烯(**3**)，一种非常高效的单重态氧$^1O_2(^1\Sigma)$敏化剂

单重态氧 $^1O_2\,(^1\Sigma)$与有机分子的反应可以经由图示 14.3 所示的 3 种机理。其中直接化学反应速率常数（k_{rxn}）在能量上虽然允许，在实现上却不可能[3,26]，这是因为单重态氧 $^1O_2\,(^1\Sigma)$寿命太短，在动力学上无法与发生猝灭回到基态（速率常数为 k_{bypass}）或生成 $^1\Delta$ 态 $^1O_2$（速率常数为 $k_{\Sigma\Delta}$）这两种物理衰减方式竞争。显然，$k_{\Sigma\Delta}$ 过程自旋允许，而且能隙相对 k_{bypass} 过程更低，是最为主要的方式。

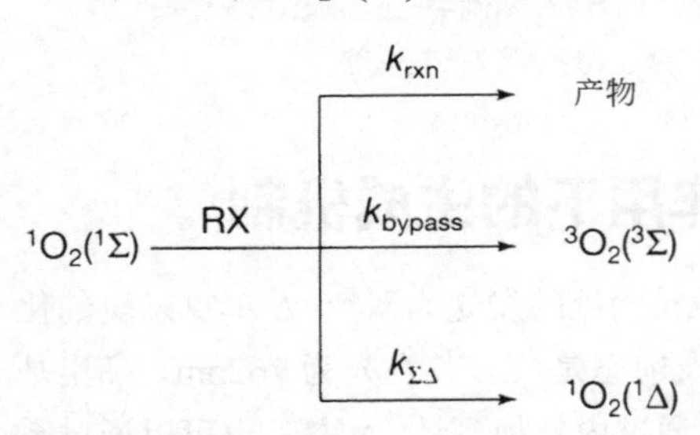

图示 14.3 单重态氧 $^1O_2\,(^1\Sigma)$与底物分子 RX 发生反应的 3 种途径

毫无疑问，在光化学反应中检测到单重态氧 $O_2\,(^1\Delta)$在 1270nm 处（参见图 14.2）的发光能够为体系中存在敏化剂的激发三重态提供有力证据，但这也并非总是确凿无疑。为什么这类过程非要关乎三重态呢？回顾以上几个章节，我们不难发现敏化剂生成三重激发态还可以辅以系间窜越过程［式（14.4）］ $^*R(S_1) + {}^3O_2 \longrightarrow {}^*R(T_1) + {}^3O_2$。因此，光敏剂在没有猝灭剂氧存在的条件下依然可以形成三重激发态$^*R(T_1)$。

14.8 三重态猝灭过程中的电荷转移作用

如果三重态敏化剂敏化氧生成三重态氧的能量转移是体系中唯一有效的猝灭过程，那么会有：

（1）猝灭速率常数的上限为扩散速率常数的 1/9，这可以由 7.34 节的式（7.96）估算得出；

（2）单重态氧的生成效率可以达到100%（即 S_{Δ} 可以达到1.0）。

另一方面，如果光敏剂的所有三重态都能够导致猝灭，那么会有：

（1）猝灭速率常数的上限为扩散速率常数的4/9，这可以由7.34节的式（7.96）估算得出；

（2）当光敏剂单重激发态和三重激发态与氧的能量转移过程都能够可逆发生时，单重态氧的生成效率通常为25%。

但是上述两种情形还是不能完全反映绝大多数实验结果，这说明实际情况往往会更加复杂。尤其是在电荷转移作用扮演主要角色的体系中，不同体系之间差异巨大[17,27~29]。正如前文提到的那样，氧是一个好的电子受体，而非一个好的电子给体。与之对应的是胺，它是一个好的电子给体，能够相当高效地猝灭单重态氧 $O_2\,(^1\Delta)$，参见式（14.9）[30]。如果 S_{Δ} 的数值已知或可以估算，那么能量转移和电子转移对于全部三重态猝灭的贡献能够由下式给出。

$$k_q^{CT} = (1-S_{\Delta})\,k_q \tag{14.9}$$

图14.4说明了物理猝灭常数（表示为 $\lg k_q^{CT}$）是如何依赖电子转移过程中的 ΔG^0 数值变化。图中左区高效的猝灭剂全是胺，其猝灭速率常数在约 10^{10} L/(mol·s)量级。当猝灭剂上吸电子基团增强时，猝灭速率常数减小[30]。

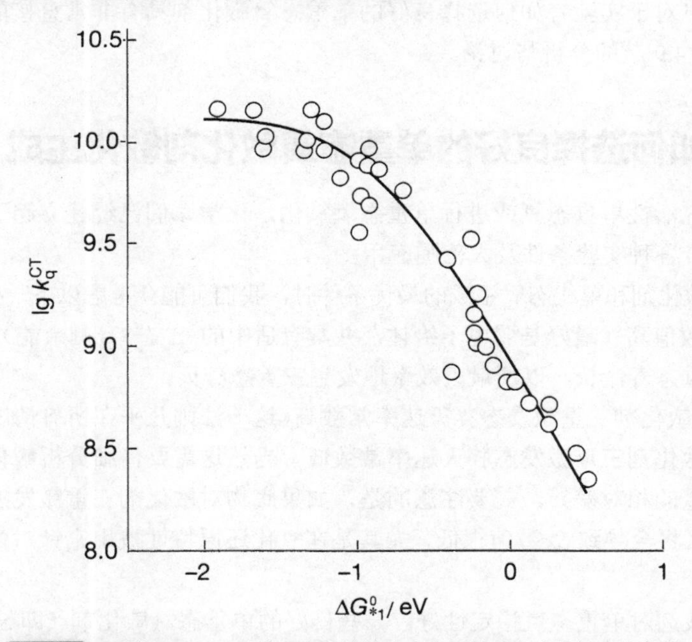

图14.4 电荷转移作用中猝灭常数依赖完全电子转移自由能的变化曲线

图14.4中的数据能够很好地符合Rehm-Weller方程（实线，可参见7.13节的相关讨论），并明确表明猝灭过程中发生的部分电荷转移过程。一些研究表明，对于完全电子转移过程中激发态敏化剂与分子氧形成的激基缔合物而言，其典型的电荷转移分

数在非极性溶剂中一般为10%～20%[11,30~32]，偶尔超过25%[33]。

进一步，我们将电荷转移过程的猝灭效率也纳入讨论范围。考虑到电荷转移在很大程度上取决于物理猝灭中的整体低效过程，这类模型中 S_Δ 的数值降为 0.25～1.0 之间。但是，引入这些概念还是不足以解释所有报道的三重态猝灭速率常数和 S_Δ 数值，例如当整体猝灭速率常数超过扩散速率常数 k_{diff} 的 4/9 时就与本模型不符。为了协调这一矛盾，好几个研究组提出单重态、三重态、五重态途径（图示 14.2）之间应该存在某种程度的联系，而并非是独立存在的，而且这种联系以激基缔合物不同组态之间系间窜越（ISC）的形式表现出来。在这一层面上，进一步研究更主要的是为了阐明猝灭过程发生的详细机理[33~37]。

在 CCl_4 中，对于激发态为 π,π*的敏化剂与氧的猝灭反应机理已见报道[38,39]。根据这一解释，每个猝灭速率常数均得益于 3 部分贡献的加成：①敏化生成单重态氧 $O_2\,(^1\Delta)$；②敏化生成单重态氧 $O_2\,(^1\Sigma)$；③猝灭生成基态的三重态氧 $O_2\,(^3\Sigma)$。

根据这一解释[38]，光敏产生的 $O_2\,(^1\Sigma)$、$^1O_2\,(^1\Delta)$和 $O_2\,(^3\Sigma)$通常依赖敏化剂氧化电位 E_{ox} 及三重态能量 E_T。在给定氧化还原特性和 ΔE 的条件下，猝灭速率常数并不依赖氧产生的电子组态。但 ΔE 的数值表现为自身电子组态的函数，而且剩余能（ΔE）与形成不同电子能态氧的储能分数负相关［对于储存能的大小 $O_2(^1\Sigma) > {}^1O_2\,(^1\Delta) > O_2\,(^3\Sigma)$］。

以上信息对于实验者如何选择良好的单重态氧敏化剂具有非常直接的指导意义，相关缘由见 14.9 节的分析与讨论。

14.9 如何选择良好的单重态氧敏化剂敏化生成 $^1O_2\,(^1\Delta)$

为了研究活性单重态氧或进行单重态氧氧化，化学家们已经建立起了一系列光敏剂库，可适合各种实验条件及大范围应用。

在选择敏化剂和单线态氧生成的最优条件时，我们可能会考虑以下一些具体参数。

（1）S_Δ 数值高（最好是弱电子给体，并具有适中的 $^1\Delta$ 态 O_2 剩余能）。

（2）三重态寿命长，以便最大效率地发生三重态猝灭。

（3）氧对敏化剂三重激发态猝灭速率常数高（这一法则几乎在所有情况下均适用），同时底物对敏化剂三重激发态猝灭速率常数低。当然这需要仔细分析敏化剂与底物之间三重态能量的相对差异。需要注意的是，如果底物对敏化剂三重激发态猝灭速率常数很高，那么将会导致 S_Δ 数值很低，尤其是在氧化还原特性被用来针对性调节猝灭速率常数时。

（4）光敏剂对单重态氧稳定性好。一些良好的单重态氧敏化剂（即 S_Δ 数值高）还能够通过化学方式高效地捕获单重态氧，这样就会减弱它自身产生单重态氧的能力。

（5）敏化剂光谱性质良好，即（与底物正好相反）易于被光源选择性激发。

（6）在实验条件下，敏化剂系间窜越（ISC）效率高（包括氧辅助的单重激发态系间窜越）。

（7）溶剂对氧溶解性好，而且其中单重态氧寿命长（如卤代溶剂）。

（8）敏化剂易去除。对于合成应用而言，最好是实验结束后敏化剂就能够被去除。一些非均相（如与聚合物颗粒相连的）光敏剂在氧化反应后即可容易地滤除。

（9）敏化剂不易聚集。通常来说，溶液中敏化剂聚集会导致 S_Δ 和 Φ_Δ 的数值降低[40]。

在学习单重态氧如何与其他分子相互作用之前，我们先介绍一下它的光谱和动力学性质。

14.10 单重态分子氧的光谱和动力学：单重态氧辐射过程和非辐射过程的动力学

在前面我们已经了解到各种电子能态 O_2 的相关能量和寿命（参见图示 14.1）。现在我们要学习这些能态间相互转化的动力学。

如 14.3 节所讨论的那样，单重态氧能够通过与 C—H 和 O—H 这种高频伸缩振动键强烈作用而失活。因此，我们选择 CCl_4 这种只含有低频伸缩振动键的“惰性”溶剂为示例以便简化分析，同时 $^1\Delta$ 态 O_2 的寿命在 CCl_4 中也相当长。其实，CCl_4 体系中的已知参数已有很多，但最为完整的数据报道是在 1995 年[23]。图 14.5 给出了 O_2 在 CCl_4 中的 Jablonski 图解，其中三重态基态在右边，激发态在左边。

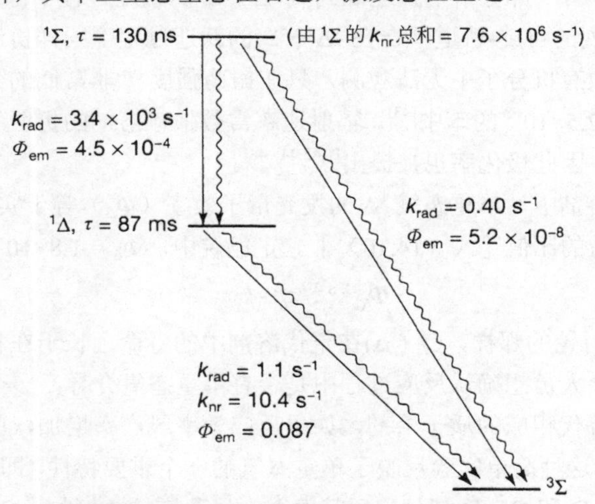

图 14.5 O_2 在 CCl_4 中的 Jablonski 图解[23]

下标 em 表示激发，nr 表示非辐射过程，rad 表示辐射过程

值得注意的是这两个与单重态激发氧相关的发光量子效率都很低下，因此 $^1\Delta$ 态 O_2 的寿命表现出强烈的溶剂依赖性，如表 14.6 所示。

表 14.6 所列举的一些长寿命态在实验条件下很难实现，特别是当其数值超过 1ms 时，这可能是由于 $^1\Delta$ 态 O_2 被杂质或敏化剂猝灭的缘故。通常的规则是，所报道的寿命越长，结果数值就越分散；同时，所报道的寿命越长，结果也越精确，当然这也从

侧面简单反映出实验的难度相当大。许多实验因素都会导致寿命减短，但却很难发现什么因素能够使寿命延长。

表 14.6 $^1\Delta$ 单重态氧在各种溶剂中的寿命[18,20,41]①

溶 剂	$\tau^\Delta/\mu s$	溶 剂	$\tau^\Delta/\mu s$
水	约 5	氯苯	45
甲醇	10	乙腈	75
甲苯	30	氯仿	207
苯	30	六氟苯	3900
己烷	30	二硫化碳	34000
二噁烷	27	四氯化碳	87000
乙醚	34	氟里昂-113	99000
丙酮	51		

① 室温。

O_2 ($^1\Delta$)的辐射寿命随溶剂变化显著[42]。例如，详细研究表明单重态氧在 1-甲基萘（长寿命）和水（短寿命）中的寿命差了 16 倍之多[43]。读者可能会认为这种情况比较少见，因为辐射寿命的长短与吸收光谱和振荡强度直接相关（参见 4.26 节），但是这样大幅度的变化也的确不太寻常。有人提出，这种变化源于氧-溶剂相互作用时产生的缔合物，以至于有一部分溶剂跃迁混到氧 $^1\Delta\rightarrow{}^3\Sigma$ 的跃迁过程中；另外，也有人相信 $^1\Sigma\rightarrow{}^1\Delta$ 跃迁中强烈的自旋-轨道耦合在 $^1\Delta\rightarrow{}^3\Sigma$ 的跃迁过程中同样扮演了重要角色。这种效应在绝大多数有机分子中无法观测，只在振荡强度 f 非常低的分子中才能检测得到，例如氧在 $f=2.5\times10^{-8}$ 的苯中[43]。辐射速率常数依赖溶剂的折射率[44]。有几个表达式与折射率相关，因此极化率也被提出[1,42,44~46]。

在任意给定溶剂中，单重态氧 $^1\Delta$ 的发光量子效率（Φ_Δ）等于实际寿命（τ^Δ，k_r 的倒数）与辐射寿命的比值［式（14.10）］。正己烷中，$\Phi_\Delta=1.8\times10^{-6}$。

$$\Phi_\Delta=\tau^\Delta/\tau_0^\Delta=k_r\tau^\Delta \tag{14.10}$$

如同 14.3 节讨论的那样，O_2 ($^1\Delta$)在氘代溶剂中的寿命远长于在相应的质子溶剂中的寿命。如果实验人员想确认反应过程中是否有单重态氧介导，一个非常通用的方法就是用氘代试剂替代相应的质子溶剂，如果反应效率或产率增加，就表明这一过程有单重态氧的参与。这种简单实验反映了单重态氧的一个重要特性，即当溶剂中的 C—H 和 O—H 键被 C—D 和 O—D 键替代后其寿命会显著增加。例如，O_2 ($^1\Delta$)在 CH_3OH、CH_3OD、CD_3OD 中的寿命分别为 10μs、37μs、227μs，即完全氘代后单重态氧的寿命整体提高了 22 倍。对于底物 M 来说，反应概率(P_r)按单重态氧寿命的不同依式(14.11)变化。式（14.11）中 k_M 是底物 M 与单重态氧之间的反应速率常数，τ 表示没有底物 M 存在时单重态氧的寿命。

$$P_r=\frac{k_M[M]}{\tau^{-1}+k_M[M]} \tag{14.11}$$

有趣的是，如果反应中没有单重态氧的参与或单重态氧的反应非常迅速，存在这两种极端情况时，几乎在任何条件下均有：

$$k_{\mathrm{M}}[\mathrm{M}]\cdot\tau^{-1} \tag{14.12}$$

在后一种情况下，如果 M 的浓度减小到 $k_{\mathrm{M}}[\mathrm{M}]$与 τ^{-1} 可比，那么产物的产率就能够反映溶剂的同位素效应。

以下一些简单法则有助于我们判断不同溶剂中 $O_2\,(^1\Delta)$ 的寿命变化[47]。

（1）$O_2\,(^1\Delta)$ 的寿命在全卤代溶剂中的寿命最长。

（2）溶剂分子中 H 原子数增加时，参数减小。

（3）溶剂中含有 O—H 键时的数值最小，尤其是水中。

（4）重原子效应将使之减小。

（5）溶剂氘代将使之增大。

如同 14.3 节讨论的那样，溶剂中（通常是猝灭剂中）的 H 原子效应会使单重态氧的寿命减短，这主要是源于电子共振能量转移，即通过与溶剂振动模式耦合引起单重态氧 $O_2\,(^1\Delta)\rightarrow O_2(^3\Sigma)$ 的跃迁失活。

14.11 单重态氧的物理猝灭和化学猝灭

为了研究单重态氧的反应和机理，保证可靠的活性及瞬态中间体来源非常有必要。幸运的是许多特性良好的敏化剂很容易得到（参见 14.6 节）。例如，苏酮和吩嗪就经常作为标准物使用。另一些染料，如玫瑰红、卟啉、酞菁，都是使用非常方便的长波敏化剂。所有这些分子都易于同氧发生高效的能量转移，其中的一些已用于医药领域中的光动力学疗法（PDT）。

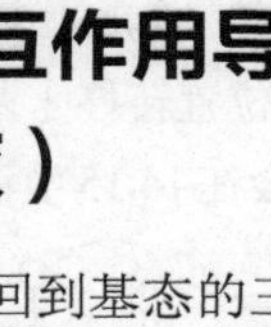

苏酮　　吩嗪

14.12 分子间相互作用导致的单重态氧非辐射失活（物理猝灭）

单重态氧通过物理失活回到基态的三重态氧通常有 3 种作用类型，如果能量上允许，这些过程的速率排列顺序如下（由高到低）：①能量转移，②电荷转移作用；③电子振动能量转化。

14.3 节中，我们已经概述了电子振动能量转化如何通过与溶剂分子 C—H 或 O—H 键振动态的相互作用导致 $O_2\,(^1\Delta)$ 的失活[48]。但是，这一过程在有机分子中并不常见，因为它们（通常）较高的激发能使得能量在匹配上不大可能。

另一种是通过向合适电子给体的能量转移实现 $O_2\,(^1\Delta) \rightarrow O_2\,(^3\Sigma)$过程，这种转换遵守前几章所提及的能量和动量守恒定律。对于绝大多数有机分子而言，其最低三重态激发能远大于 22kcal/mol，因此发生从单重态氧到有机分子的能量转移在热力学上是禁阻的。但是其中也有一些例外，大家最为熟悉的就是 β-胡萝卜素(β-C) [49]，它的三重态只比基态高出约 20kcal/mol。于是，式（14.13）所示的能量转移过程就可以发生。

$$^1O_2\,(^1\Delta) + \beta\text{-C} \rightarrow {}^3O_2\,(^3\Sigma) + {}^3\beta\text{-C}^* \qquad (14.13)$$

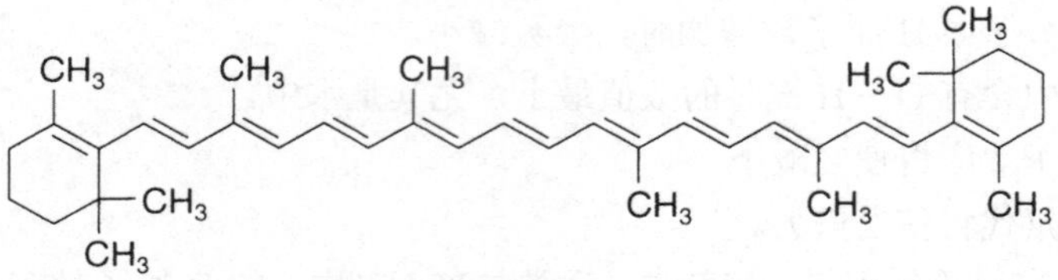

β-胡萝卜素 (β-C)

$E_T \approx 20$ kcal/mol

如式（14.14）所示，另一种单重态氧的物理猝灭机理包含可逆的电荷转移，这里氧通常作为电子受体。这让我们回想起 14.6 节氧对三重激发态的猝灭中已经讨论过的电荷转移作用。

$$^1O_2\,(^1\Delta) + Q \rightarrow [O_2^{\bullet -} + Q^{\bullet +}] \rightarrow {}^3O_2\,(^3\Sigma) + Q \qquad (14.14)$$

式（14.14）的整体反应过程有 8/9 的可能性是自旋禁阻的，因此，我们期望自由基离子对或基激缔合物能够介导［式（14.14）方括号中的］电子转移反应，延长反应历程，使得自旋翻转成为可能。

14.13 分子间相互作用导致的化学转化（单重态氧的化学猝灭）

单重态氧的一个非常重要的反应就是它与双键生成过氧化物，有 3 类反应，如图示 14.4 所示。

图示 14.4 中反应（A）被称为 ene 反应[50]。它是合成上非常有用的反应，能够立体定向氧化，导致 C═C 双键的迁移，并伴随氢原子的位置转移［见式（14.15）］。反应（A）可以经由激基缔合物或过氧化物中间体。稍后我们会在 14.15 节详细讨论这一非常重要的反应。

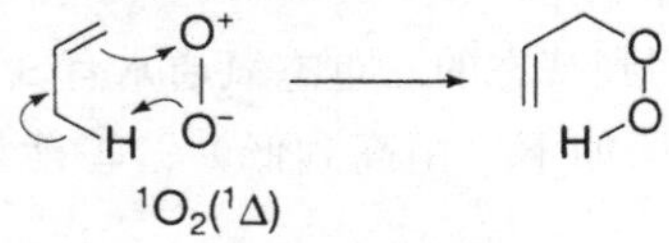

$$\text{(14.15)}$$

$^1O_2(^1\Delta)$

反应（B）常见于 1,3-二烯、烷基萘以及多核芳烃[51]。在形式上，它是一个以 $O_2\,(^1\Delta)$ 为亲双烯体的[4+2] Diels-Alder 反应。在某些情况下，与共轭体系的加成可以是热力学上的可逆过程，并重新生成单重态氧，例如 1,4-二烷基萘与单重态氧发生［4+2］环加成反应生成 1,4-过氧化物［式（14.16）］。这种可逆的［4+2］环加成反应或过氧化物会在 14.14 节进一步讨论，并作为一种制备 O_2 ($^1\Delta$)的热化学方法。

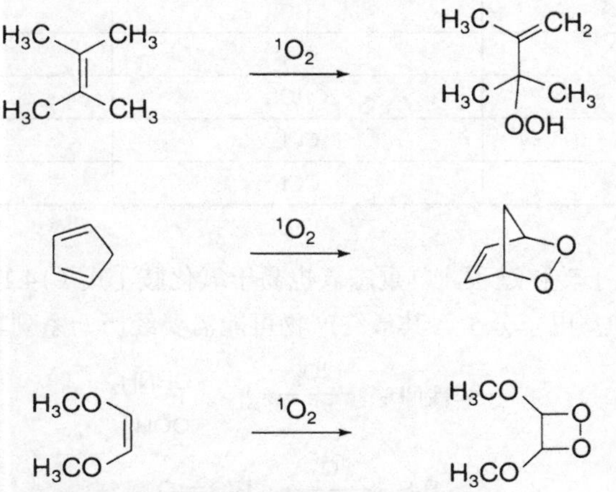

$$(CH_3)_2C{=}C(CH_3)_2 \xrightarrow{^1O_2} CH_2{=}C(CH_3){-}C(CH_3)_2{-}OOH \quad (A)$$

$$\text{环戊二烯} \xrightarrow{^1O_2} \text{内过氧化物} \quad (B)$$

$$H_3CO{-}CH{=}CH{-}OCH_3 \xrightarrow{^1O_2} \text{3,4-二甲氧基-1,2-二噁丁环} \quad (C)$$

图示 14.4 化学捕获单重态氧的 3 种常见反应

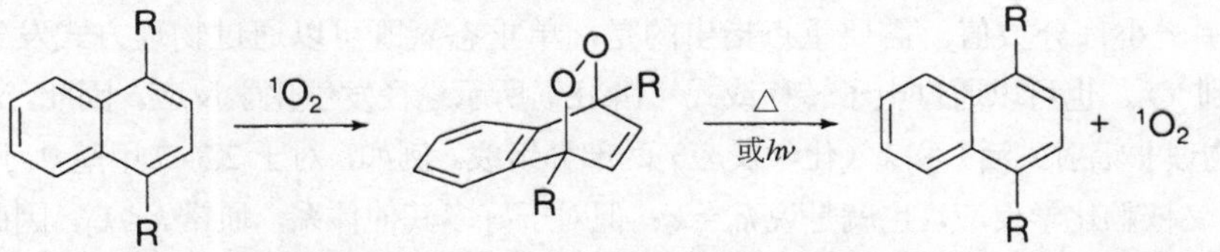

$$\text{1,4-二R基萘} \xrightarrow{^1O_2} \text{1,4-过氧化物} \xrightarrow[\text{或}h\nu]{\triangle} \text{1,4-二R基萘} + {^1O_2} \quad (14.16)$$

反应（C）是［2+2］环加成反应生成二噁丁环的过氧化物四元环。与内环过氧化物不同，富电子的乙烯最容易反应生成二噁丁环，之后热分解为激发态的羰基化合物，而不是单重态氧[52]。式（14.17）以四甲基二噁丁环的热分解反应为例，其反应活化能约 27kcal/mol，相信是通过 1,4-双自由基（•O—C—C—O•）进行。该［2+2］环加成反应表现出一个有趣的特性，那就是生成产物中三重激发态丙酮的量远多于单重基态，这一奇特的结果可以解释为体系中存在双自由基中间体的强烈的自旋-轨道耦合的缘故，而且其两个氧原子上各具有一个孤对电子[53]。

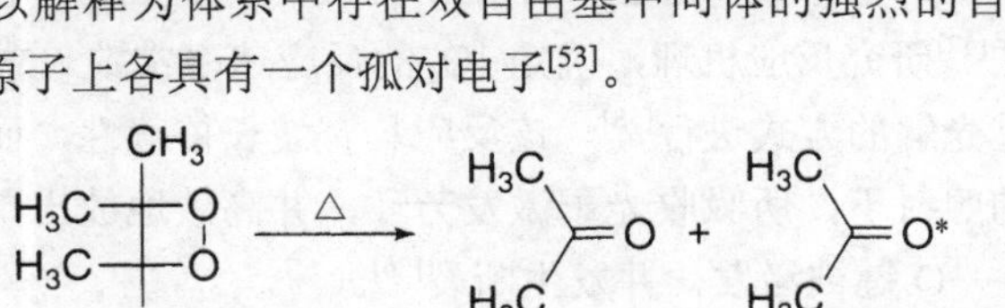

$$\text{四甲基二噁丁环} \xrightarrow{\triangle} (H_3C)_2C{=}O + (H_3C)_2C{=}O^* \quad (14.17)$$

$$\Phi_S \approx 0.2\%$$
$$\Phi_T \approx 40\%$$

表 14.7 溶液中部分有机分子对单重态氧的猝灭常数[18,20,54]①

分　子	溶　剂	k_q / [L / (mol • s)]
β-胡萝卜素	CH_2Cl_2	4.6×10^9
α-生育酚	甲苯	2.2×10^8

续表

分 子	溶 剂	k_q / [L / (mol・s)]
2,3-二甲基-2-丁烯	CH_2Cl_2	5.2×10^7
1,3-环己二烯	$CHCl_3$	约 7×10^6
吲哚	甲苯	7.7×10^5
环己烯	$CHCl_3$	9×10^3
环己烷	CCl_4	6.4×10^3
乙酸	CCl_4	2.3×10^3

① 室温。

通过典型的电子转移过程，单重态氧也易于氧化胺［式（14.18a）］和硫化物［式（14.18b）］等各种富电子分子。其最终产物可能需要经历一系列转换过程。

$$RCH_2NH_2 \xrightarrow{^1O_2} R-CH(NH_2)-OOH \tag{14.18a}$$

$$R_2S \xrightarrow{^1O_2} R_2S{=}O \tag{14.18b}$$

数以千计的单重态氧与有机分子或无机分子的反应速率常数已经测得[20,54]，表 14.7 给出了其中一小部分数值。需要重点指出的是，单重态氧既可以通过物理方式发生非辐射失活回到 $^3O_2$，也可以通过电子转移或式（14.18）所示途径发生化学反应。因此，k_q 将总是由 k_d（物理非辐射失活）和 k_r（化学反应）两部分组成。例如，对于 2,3-二甲基-2-丁烯而言，k_q 将 100%依赖化学反应，也就是说 $k_q = k_r$；但对于好多其他体系，通常 $k_r < k_d$，因此 $k_q \approx k_r$。比如环己烯发生 ene 反应就非常慢，而是主要经由 C—H 键的伸缩振动使 $^1O_2$ 失活。

14.14 $^1O_2$ 与 1,4-二烯及芳烃的可逆[4+2]环加成反应

芳烃的内环过氧化物[56]可以看作是单重态氧化学方式的存储库［式（14.16）］。热解内环过氧化物产生单重态氧，会在 1270nm 处发光，而且这种化学发光反应可以作为一种便捷的方法[57]研究反应机理，确定 $^1O_2$ 的反应速率常数。式（14.16）中内环过氧化物也可以通过光解的方式进行[58]。该反应具有波长依赖性，而且不符合 Kasha 规则。在短波长光的照射下，所吸收光子激发芳环，并高效地放出单重态氧；而在长波长光的照射下，O—O 键被激发，并发生断裂[56]。

热解蒽的内环过氧化物既可以通过协同机制 100%地生成 $^1O_2$，也可以通过双自由基机制使其中一个 C—O 键断裂生成双自由基。对于后者，双自由基会发生单重态-三重态混杂，当第二个 C—O 键断裂时同时产生 $^1O_2$ 和 $^3O_2$[59]。到底是经由协同机制还是双自由基机制取决于 C—O 键的强度。经由双自由基中间体 I(BR)，利用可逆[4+2]环加成内环过氧化物的分解反应是从非磁性原子核 $^{16,18}O$ 分离磁性原子核 ^{17}O 的绝好方法[59]。它的原理就是利用 $^1I(BR)$到 $^3I(BR)$系间窜越的磁性同位素效应，含有 ^{17}O 的 $^1I(BR)$中间

体发生系间窜越的速率更快。^{1}I(BR)中间体在分解时产生 $^1O_2$，而 ^{3}I(BR)中间体在分解时产生 $^3O_2$。这样，通过化学方法捕获 $^1O_2$ 就能使再生的 $^3O_2$ 中富集 $^{17}O_2$。

14.15 ene 反应：有机合成的重要手段

有机光化学家痴迷于 ene 反应，即 Schenck 反应［图示 14.4（A）］已有四十多年[60]。这种持续的兴趣也反映出它在有机合成中的用处，即通常先生成过氧化氢化合物，再转化为醇。另外，ene 反应备受关注的原因还在于其可能相关的生物化学过程以及它在聚合物类材料的光降解过程所起到的作用。

虽然 ene 反应的速率常数与烯烃的结构密切相关，但是其活化焓（$\Delta H^{\neq}$）完全可以忽略[61]，反应动力学实际上是由其活化熵（$\Delta S^{\neq}$）控制（表 14.8）。如果首先可逆地形成激基缔合物，再转化为过氧化物，那么这一结论就可以得到合理的解释[62]。值得注意的是顺式烯烃的反应活性比反式烯烃更高。类似地，对于 2-丁烯而言，顺式异构体的反应活性是反式异构体的 18 倍（表 14.8）[63,64]。

表 14.8 二硫化碳中烯烃猝灭单重态氧的动力学对活化熵的依赖性[62]

变 量	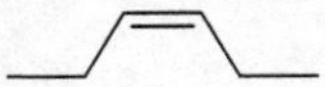	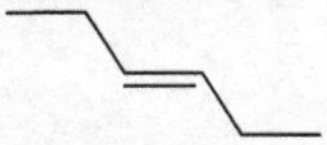	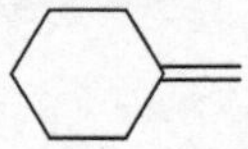
$\Delta H^{\neq}$ / (kcal/mol)	2.0	0.4	−0.1
$\Delta S^{\neq}$ / (e.u.)	−31	−39	−42
k_q / [L / (mol • s)]	39000	7700	5200

有假设提出[64]，富电子烯烃及缺电子烯烃的 ene 反应受不同过渡态控制。

通常，这种取代基效应将直接反映对新加入氧分子的影响。例如，图 14.6（a）中极化的氧分子更倾向于形成含有分子内氢键的结构[64]。

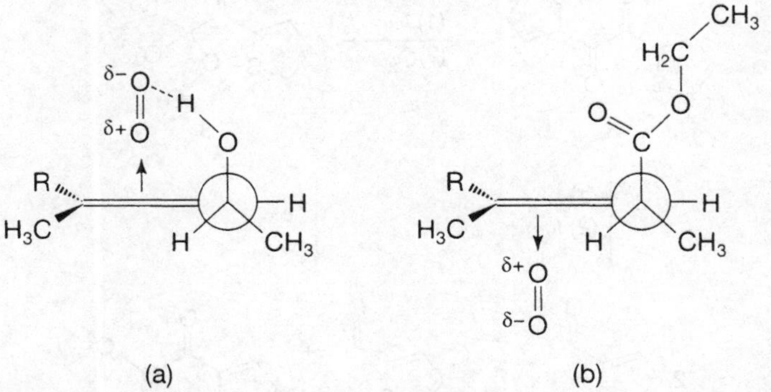

图 14.6 ene 反应的立体化学可由乙烯结构上羟基取代基的氢键控制（a）或由缺电子取代基的位阻效应控制（b）

而质子溶剂中，与溶剂分子间氢键的竞争会导致反应的立体选择性降低。吸电子取代基（如 $COOC_2H_5$）由于带有部分负电荷，并不倾向与外来的氧分子发生作用［图 14.6（b）］。

14.16 氧对三重激发态的化学猝灭

正如 14.6 节讨论的那样，在绝大多数情况下，氧与三重激发态的作用通常包含能量转移过程。在一些例子中，特别是对于二酮来说，其化学反应是发生在其三重激发态和分子氧之间。先前已有氧分子光氧化苯偶酰的报道[65]。这一过程可能是经由双自由基中间体，由 α-二酮与氧的加成反应形成[65]。在有苯偶酰或二乙酰存在的条件下，分子氧光敏氧化烯烃也是经由这种双自由基中间体[66]，通过氧迁移机制发生[67,68]。该机理包含羰基碳的加成反应（又称双自由基 Schenck 机理）和后续的 C—C 键断裂，分解为一个过氧酰基自由基和一个酰基自由基，酰基自由基进一步与 O_2 反应生成第二个过氧酰基自由基［图示 14.5（a）］。以苯作为溶剂时，二乙酰发生该反应的量子产率相当大，为 23%，但是樟脑醌和苯偶酰发生该反应的量子产率不大于 2%。

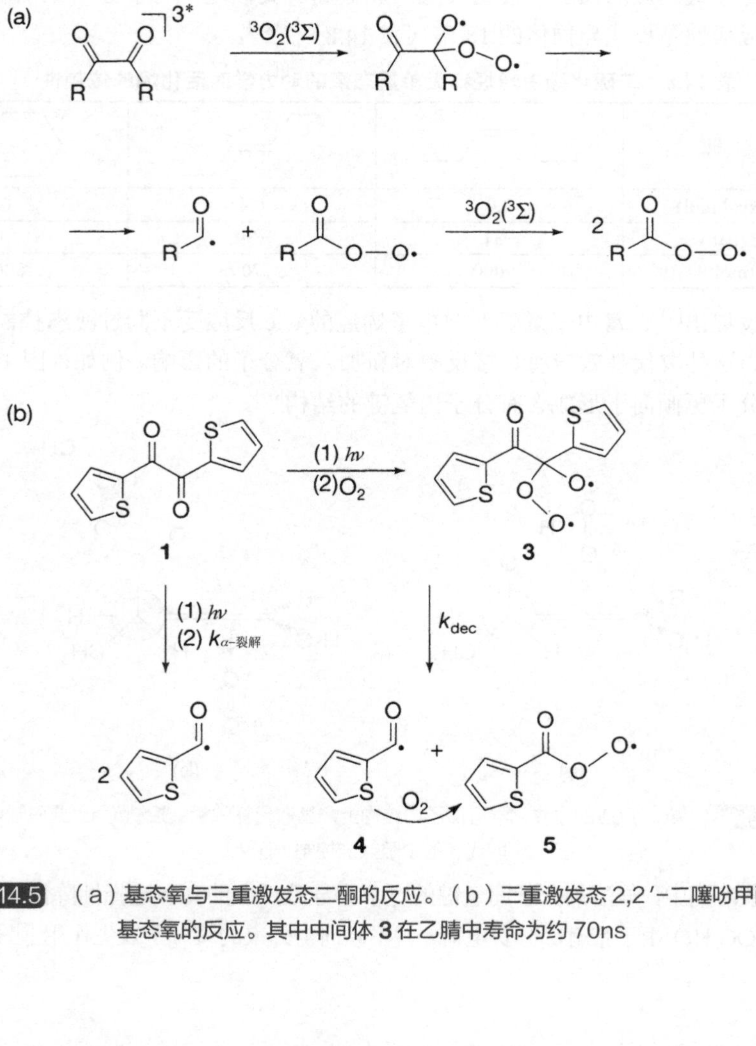

(a)

$^3O_2(^3\Sigma)$

$^3O_2(^3\Sigma)$

(b)

(1) $h\nu$ (2)O_2

1 3

(1) $h\nu$ (2) $k_{\alpha\text{-裂解}}$

k_{dec}

O_2

4 5

图示 14.5 （a）基态氧与三重激发态二酮的反应。（b）三重激发态 2,2′-二噻吩甲酰与基态氧的反应。其中中间体 3 在乙腈中寿命为约 70ns

图示 14.5（a）中反应过程的中间体最近在分子氧与 2,2′-二噻吩甲酰的反应中已经被检测出来。详细反应机理如图示 14.5（b）所示[69]。

14.17 I(D)+O_2氧与反应中间体反应的机理和动力学

自然界中，大多数能够发生的氧化反应是高度放热的过程，但即使是持续暴露在富氧环境下，这些氧化反应也不能自发或立即进行。原因在于这些过程是受动力学控制，而非受热力学控制。通常我们需要先将氧活化。一个活化分子的简单方法就是利用光达到活化的目的。但是，如本章前面所讨论的那样，氧对于照到地球表面的太阳光和实验室大多数光源的发光来说基本上是透明的。多数情况下，活化过程要求发色团吸收光，再将能量或电子转移给分子氧。而在其他情况下，氧会与基态的反应中间体（如自由基）发生反应，并在发生光化学反应后再生成反应中间体。为了全面理解氧如何影响光化学反应，我们还需要了解相关作用的一些模型。

有机光化学中，我们常见的*R→I(D)是很普通的基本光化学反应过程。分子氧（$^3O_2$）对 I(D)物种的反应活性很高，中间体 I(D)具有开壳层的自由基中心，能够与具有开壳层轨道的 3O2 发生反应，或者通过自旋翻转过程生成热力学上允许的产物。接下来的这一节中，我们会简要概述一些更为常见的 I(D) + O2 过程。这些过程可以通过上述光谱和热力学性质加以解释。在研究有关氧的光反应时，实验者可能希望通过一些实验验证下文将要描述的一些过程。如何选择“正确”（即能够给出明确答案）的实验，不但直接关乎范例的质量与完整性，而且还有助于我们对物理和化学原理的理解。

14.18 游离自由基被氧清除生成过氧化物

碳原子中心游离自由基（FR）与氧在流体溶液中发生反应生成过氧自由基的速率常数超过 10^9 L/(mol・s)量级［式（14.19）］[6]。

$$R\cdot + {}^3O_2 \rightarrow ROO\cdot \qquad (14.19)$$

如果自由基 R・的前体分子 RH 具有较弱的键离解能，那么式（14.19）就能与式（14.20）协同发生，并导致烃类及其他有机分子引发著名的自动氧化链反应。

$$ROO\cdot + RH \rightarrow R\cdot + ROOH \qquad (14.20)$$

烃类的自动氧化作为一类重要的反应在许多章节均有提及。例如，频繁出现的警戒标识提醒我们有机化合物尤其是醚类绝不应被蒸干，这反映出过氧化氢类化合物的积聚会带来相当的危险。工业上用异丙基苯经由过氧化氢中间体生产丙酮和苯酚，就是采用上述过程。而自动氧化还会造成脂肪酸生物体外香味的消退及其生物体内的老化。

自动氧化链反应可以通过向体系中加入给氢分子阻断，这样给氢分子在抽氢反应后将产生一种稳定的自由基，而且不会和氧再发生反应，也不易从其他分子再抽氢。许多酚类化合物符合这一准则，如BHT（丁基羟基化甲苯）就经常作为商用给氢分子，而维生素E作为一种重要的天然抗氧化剂也能猝灭单重态氧[70]。下式中BHT和维生素E结构中的活性氢已用粗体圈出。

O—H t-Bu Bu-t CH3

BHT

H—O CH3 H3C CH3 CH3 CH3 CH3 CH3 CH3

维生素E

O· t-Bu Bu-t CH3

·O CH3 H3C CH3 CH3 CH3 CH3 CH3 CH3

由BHT生成的酚氧自由基

由维生素E生成的酚氧自由基

BHT和维生素E都展现了碳原子中心自由基的另一个重要性质：尽管酚氧自由基和过氧自由基均以氧原子为中心，它们与分子氧的反应活性通常仍然很低。

表14.9代表性地列举了一些碳原子中心游离自由基与氧反应的速率常数。

表14.9 自由基与氧的反应速率常数[6]①

自由基	溶剂	k_q [L/(mol·s)]
$C_6H_5CH_2$·	环已烷	2.4×10^9
$C_6H_5CH_2$·	乙腈	3.4×10^9
$(C_6H_5)_2CH$·	环已烷	6.3×10^8
$(CH_3)_3C$·	环已烷	4.9×10^9
环已二烯自由基	苯	1.6×10^9
$CH_3\dot{C}(OH)CH_3$	2-丙醇	3.9×10^9

① 室温。

14.19 双自由基被氧清除生成产物

本节中，我们的讨论将只限于三重态双自由基 $^3I(BR)$，尽管偶有单重态双自由基 $^1I(BR)$的检出[71]，但这也表明我们现有的认知水平主要局限在三重态双自由基上。三重态双自由基在许多方面表现出与三重激发态类似的性质。当氧与三重态双自由基作用时，主要经历3种常见的反应途径：①催化系间窜越 $^3I(BR) + {}^3O_2 \rightarrow {}^3I(BR) \rightarrow$ 产物；

②反应生成过氧化氢 ^{3}I(BR) + $^3O_2$→过氧化氢；③反应生成过氧化物 ^{3}I(BR) + $^3O_2$→过氧化物（图示 14.6）。有关双自由基与顺磁物种相互作用的更多细节参见 8.37 节。

(1) 催化系间窜越

^{3}[双自由基] $\xrightarrow{^3O_2}$ ^{1}[双自由基] → 产物

例如：$\xrightarrow{^3O_2}$ OH + $C_6H_5COCH_3$

(2) 生成过氧化氢

^{3}[双自由基] $\xrightarrow{^3O_2}$ OO· → OOH

例如：$\xrightarrow{^3O_2}$ OOH

(3) 生成过氧化物

^{3}[双自由基] $\xrightarrow{^3O_2}$ 过氧化物

例如：$\xrightarrow{^3O_2}$

图示 14.6 双自由基与氧的反应机理[72,73]

需要注意的是，图示 14.6 中可行的反应途径同样必须遵守如 3.17 节所提及的自旋角动量守恒定律。这对于所有反应都适用，尤其是当所涉物种具有三重态的基态时。

图示 14.6 中的反应途径（2）和（3）结合了前面我们所见到的自由基捕获特性，如途径（2）的非均衡反应特性和途径（3）的组合反应特性，这对于自由基-自由基反应来说相当常见。

途径（1）的情形尤为有趣。单重态双自由基遭遇基态氧并不能成功地发生反应，因为依照自旋选择法则，此时氧将不得不自旋翻转至单重态才能使产物具有单重态的自旋位形。通常，双自由基单重态-三重态的能隙太小，以至于该途径不大可能是一个放热的过程。因此，催化系间窜越往往是三重态双自由基遭遇仍然处于三重态的基态氧，这样在自旋上才能允许生成基态为单重态的产物。有意思的是，对于途径（1）中γ-甲基苯戊酮的反应，氧气将导致其产率增高，因为氧的主要作用在于辅助双自由基的系间窜越过程以形成产物，而非猝灭三重激发态。整个过程相当于自旋催化的弛豫现象。其他一些顺磁底物（例如硝基氧和一些具有顺磁性的过渡金属离子）也表现出类似的性质。它们通过与双自由基催化耦合改变自身的自旋角动量，适应角动量守恒定律，使得一个貌似违背自旋守恒定律的过程转变为自旋允许的过程。

酮类化合物，如邻甲基苯乙酮，发生光致烯醇化过程生成双自由基，并通过猝灭反应生成单重态氧，是一个相当有趣的例子（图示 14.7）。这个例子因为其双自由基与对应烯醇式异构体的三重激发态完全相同而显得尤为特殊。该双自由基与基态烯醇式异构体的能隙足够大，使得生成单重态氧在能量上可行[74]。在这个放热过程中，其三重态具有充足的能量引发能量转移过程并产生单重态氧。

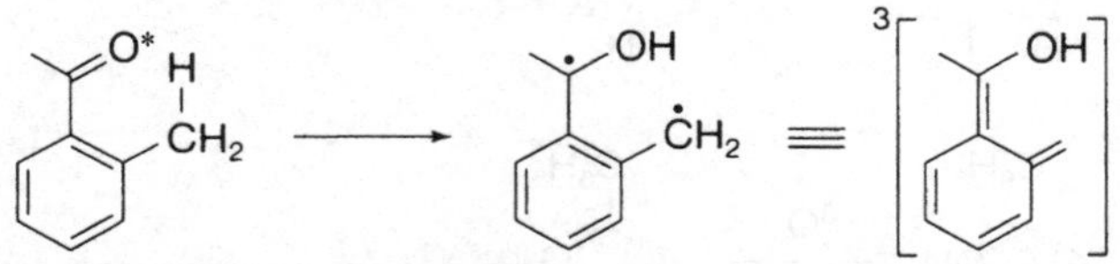

图示 14.7 邻甲基苯乙酮生成的双自由基与对应烯醇式异构体的三重激发态完全相同

14.20 卡宾与氧的反应

卡宾是 2 价碳物种[75]，最简单的卡宾是亚甲基（：CH_2）。卡宾有许多现成的制备方法，但其中比较通用的是采用热化学或光化学方法，利用重氮或双吖丙啶的分子氮消除反应制备（参见图示 14.8 和第 15 章）。亚甲基（：CH_2）的基态是三重态（T_0），第一激发态是单重态（S_1），高出其三重态基态约 9kcal/mol。而取代的卡宾可以是单重态（如 C1ÖC_6C_5），也可以是三重态［如$(C_6H_5)_2C$：］。在一些卡宾中，这两种电子组态的能量非常接近（如亚芴基），在室温下就能够相互平衡，并各自在相关反应中扮演重要角色[76,77]。

卡宾的重氮前体为三重态基态：

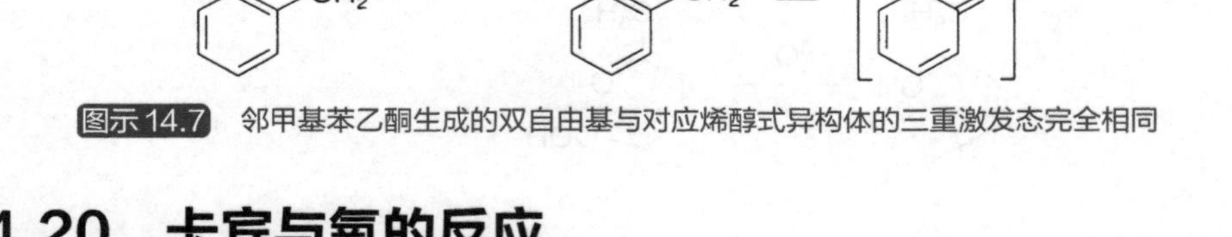

卡宾的双吖丙啶前体为单重态基态：

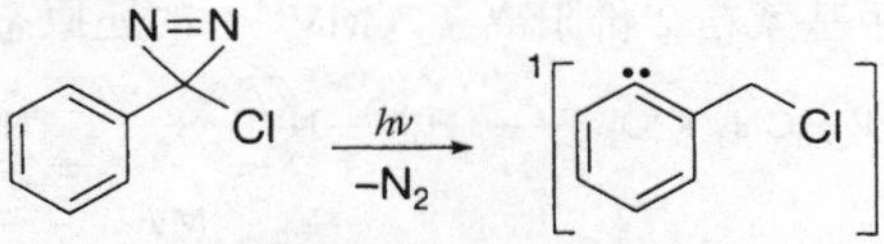

图示 14.8 光化学法制备卡宾

单重态卡宾不易与三重态的基态氧 $^3O_2$ 发生反应，因为没有合适的反应途径能够满足自旋和能量守恒的要求。也许有人记得某些所谓的“自旋禁阻”反应也能够发生，但是进一步的机理研究发现这是由于其自旋体系整体上仍遵守自旋守恒的缘故。当然，弄清这些机理的确花费了不少时日，但是发生这种自旋禁阻基元步骤的速率比自旋允许的过程慢得多。在前面的章节中，我们知道“禁阻”和“允许”分别是对“不太可能”和“非常有可能”最好的诠释。当然，我们的初衷也不是说就完全排除这种可能性的提法，只是预计一个禁阻过程相对一个允许过程来说其发生速率会慢很多。

相反，三重态卡宾与双自由基的反应同样遵守这样的自旋选择法则（参见图示 14.6）。在这种情况下，羰基氧化物的形成是一个自旋允许的过程，典型的例子如二苯亚甲基［式（14.21）］[78]。

$$^3[(C_6H_5)_2C:] + {}^3O_2 \longrightarrow (C_6H_5)_2COO^{\bullet-} \qquad (14.21)$$

羰基氧化物

羰基氧化物易于利用光谱检测，是高度极化的物种。在$(C_6H_5)_2COO$这个例子中，其偶极矩为 4.0D[79]。羰基氧化物具有单重基态，同样的中间体也可以利用烯烃的臭氧分解反应得到。

14.21 分子氧及其他反应中间体

诚然涵盖所有含氧反应的中间体不太现实，但是其中的一部分的确值得提及。例如，阳离子自由基（$R^{\bullet+}$）一般由稳定前体的氧化反应得到，它通常不与氧反应，即使能够反应也非常慢。这可以反映出这样的事实，即氧非常缺电子，无法作为还原剂。与此类似，碳正离子（R^+）通常也无法与氧反应。

阴离子自由基易于通过其前体的光化学或电化学还原反应制得。例如，二苯甲酮的阴离子自由基［式（14.22）］可以通过电子给体到其三重态的电子转移获得（参见第 9 章）。阴离子自由基与氧的反应速率通常很迅速［$>10^9$ L/(mol·s)］，并导致超氧自由基阴离子 $O_2^{\bullet-}$的形成。

$$(C_6H_5)_2CO^{\bullet-} + {}^3O_2 \longrightarrow (C_6H_5)_2CO + O_2^{\bullet-} \qquad (14.22)$$

检查反应物种的关键不在于整体性评估它们到底是电正性还是电负性，而在于确认其氧化还原特性，基于此才能够确定它们与氧的反应是否是可以发生的过程。我们知道氧是一个良好的电子受体，而非电子给体（参见 14.2 节）。一个比较恰当的例子就是甲基紫精阳离子自由基，它与氧的反应接近扩散控制的极限。也就是说甲基紫精阳离子自由基事实上是甲基紫精 2 价阳离子（MV^{2+}）的还原态[80]。

$$H_3C-N^{\bullet}\text{(bipyridyl)}N^+-CH_3 + {}^3O_2 \longrightarrow H_3C-N^+\text{(bipyridyl)}N^+-CH_3 + O_2^{\bullet-} \quad (14.23)$$

$MV^{\bullet+}$ $\qquad$ MV^{2+}

依赖不同溶剂和 pH 值，$O_2^{\bullet-}$可以被质子化，产生 $HO_2^{\bullet}$。相应的酸碱平衡（pK=4.88）将最终决定这些物种所起的作用。

另一些不稳定的反应中间体，如邻二亚甲基苯类化合物，尽管它们易于与单重态氧反应，但是其与基态分子氧反应活性很小或不反应[81]。

14.22 生物学中的分子氧

生物学中的氧化过程已经超出了本书的涵盖范围[82]。但是，对于读者来说，能够在光生物学的相关术语中辨识与本章描述相同类型的反应过程十分重要。本节中，我们将尝试在光化学和光生物学的常用术语之间建立联系。

正如 14.1 节所讨论的那样，活性氧物种（ROS）这一称呼是对相当一大类含有“活化”氧活性中间体的统称。活性氧物种包含单重态氧及其他物种，如 $O_2^{\bullet-}$、$HOO^{\bullet}$、HO_2^-、H_2O_2、$HO^{\bullet}$等。而且所有这些物种都能够由*R 或 I(D)与 $^3O_2$ 的作用产生。

光敏氧化习惯上划分为类型 I 和类型 II 两种过程（请勿与酮类化合物光化学反应中的类型 I 和类型 II 相混淆）。类型 I 过程由游离自由基（FR）或电子转移过程介导产生，涉及除单重态氧之外的活性氧物种（ROS）。而类型 II 所涉过程均包含单重态氧的参与。

14.23 氧对反应明显的猝灭现象能够作为包含三重态相关过程的判据吗?

以下表述常见于光化学和光生物过程：

“一个反应能够为氧所猝灭，那么，它必定是三重态反应。”

我们问一个简单的问题：该表述是对还是错？本章中，前面介绍的有机光化学常识并没有明确提及以上表述能够提供充足信息并最终解决这一问题。我们的建议是对于这类表述往往需要补充相关信息，才能决定它们到底是对还是错。

有一点可以明确的是：上述观点只描述了一种可能的情况。对于有机光化学而言，阐释一个反应从有可能到似乎可能再到很有可能，通常需要了解相关活性物种的许多光反应行为信息，并开展一系列实验来验证提出的反应机理。

另外，这一表述的先导条件还有些含糊。“一个反应能够为氧所猝灭”到底具有什么特别意义？让我们假设一下在有氧存在时某个实验没有光产物产生或光产物产率较低的情形。很明显，其中一种可能性就是三重态中间体的确存在，而且其寿命很长，能够为氧所有效猝灭。

自然地，不同的可能性和不同的实验也可以用来验证不同的假设。我们将描述以下 3 种场景，最终提出相关分析，并利用本书内容进行解释。这里，我们将从三重态介导的反应开始。

（1）反应由三重态介导时，可进行的测试有：测定单重态氧的发光（参见图 14.2）。通常，三重态的猝灭将产生 $^1O_2$。该测试能够确认三重态中间体的寿命是否足够长，但是无法确信生成的产物是否与之有关。

（2）反应由游离自由基介导时，不管是否具有三重态前体，可进行的测试有：检测是否有过氧化合物或过氧化氢化合物生成。使用电子自旋共振（ESR）技术直接或自旋捕获后检测相关自由基。采用特别的自由基清除剂（当然这就需要对参与的自由基的结构有一定的了解）。

（3）反应由单重激发态介导时，可进行的测试有：检测分子的荧光猝灭。因为在这种情况下，通常要求被检测分子具有相当长的单重态寿命（尤其是当空气在溶剂中的饱和度足够猝灭反应时），能够发出荧光。

以上测试也应当与中间体直接检测的动力学分析相结合，考察其浓度依赖性，可以参照 8.17 节中 Stern-Volmer 曲线的相关讨论进行处理。氧是具有高度反应活性的物种，能够与包括三重态在内的众多反应中间体发生作用，因此，不应作为一种特殊的猝灭剂用来诊断一个反应是否包含三重态相关过程。

14.24 小结

本章中，我们将分子氧（O_2）在有机光化学中所扮演的重要角色进行了简要介绍，并结合图示 14.1 逐一举例说明。普遍存在的三重态分子氧（$^3O_2$）能够与激发态*R 和活性中间体 I(D)发生作用，这些特性使它成为许多光化学反应中的关键性物种。经由*R 相关能量转移过程生成单重态氧（$^1O_2$），而且三重态的基态氧 $^3O_2$ 又能够催化*R 和 I(D)的系间窜越过程，这些都为产物的生成提供了丰富的可行路径。

参 考 文 献

1. For discussions of the electronic structure and spectroscopy of molecular oxygen, see the following: (a) M. Kasha and D. E. Brabham, in H. H. Wasserman and R. W. and Murray, eds., *Singlet Oxygen* Academic Press, NY, 1979, pp. 1–33. (b) M. Kasha, in A. A. Frimer, ed., *Singlet Oxygen*, CRC Press, Boca Raton, FL, 1985, pp. 1–11 (c) G. Herzberg, *Spectra of Diatomic Molecules*, 2nd ed., Van Nostrand-Reinhold, NY, 1950. (d) D. R. Kearns, *Chem. Rev.*, **71**, 395 (1971).
2. (a) A. U Khan and M. Kasha, *J. Am. Chem. Soc.* **92**, 3293 (1970). (b) R. D. Scurlock and P R. Ogilby, *J. Phys. Chem.* **100**, 17226 (1996).
3. P. R. Ogilby, *Acc. Chem. Res.* **32**, 512 (1999).
4. R. Battino, *Solubility Data Series*: *Oxygen and Ozone*, Pergamon Press, Oxford, 1981.
5. J. F. Coetzee and I. M. Kolthoff, *J. Am. Chem. Soc.* **79**, 6110 (1957).
6. B. Maillard, K. U. Ingold, and J. C. Scaiano, *J. Am. Chem. Soc.* **105**, 5095 (1983).
7. S. W. Benson, *Thermochemical Kinetics*, John Wiley & Sons, Inc., New York, 1976.

8. D. Griller and J. M. Kanabus-Kaminska, in J. C. Scaiano, ed., *Handbook of Organic Photochemistry*, Vol. II, CRC Press, Boca Raton, FL, 1989, p. 359.

9. (a) J. T Hurst and G. B Schuster, *J. Am. Chem. Soc.* **105**, 5756 (1983). (b) P R. Ogilby and C. S. Foote, *J. Am. Chem. Soc.* **105**, 3423 (1983). (c) M. A. J. Rodgers, *J. Am. Chem. Soc.* **105**, 6201 (1983).

10. (a) H. Tsubomura and R. S. Mulliken, *J. Am. Chem. Soc.* **82**, 5966 (1960). (b) R. Schmidt, F. Shafi, C. Schweitzer, A. A. Abdel-Shafi, and F. Wilkinson, *J. Phys. Chem. A* 1811 (2001). (c) A. L. Buchachenko, *Russ. Chem. Rev.* **54**, 195 (1985).

11. A. A. Abdel-Shafi and F. Wilkinson, *J. Phys. Chem. A* **104**, 5747 (2000).

12. F. Wilkinson, D. J McGarvey, and A. F. Olea, *J. Am. Chem. Soc.* **115**, 12144 (1993).

13. M. Niedre, M. S. Patterson, and B. C. Wilson, *Photochem. Photobiol.* **75**, 382 (2002).

14. O. Zebger., K. W Synder, L. K. Andersen, L. Poulsen, Z. Gao, J. D. C. Lambert, U. Kristiansen, and P R. Ogilby, *Photochem. Photobiol.* **79**, 319 (2004).

15. (a) H.-D. Brauer and H. Wagener, *Ber. Bunsenges. Phys. Chem.* **79**, 597 (1975). (b) D. C. Dobrowolski, P R. Ogliby, and C. S. Foote, *J. Phys. Chem.* **87**, 2261 (1983). Y. Usui, N Shimizu, and S. Mori, *Bull. Chem. Soc. Jpn.* **65**, 897 (1992).

16. P. McGarry, C. Doubleday, C.-H. Wu, H. Staab, and N. Turro, *J. Photochem. Photobiol. A. Chem.* **77**, 109 (1994).

17. D. J McGarvey, P.G. Szekeres, and F. Wilkinson, *Chem. Phys. Lett.* **199**, 314 (1992).

18. R. Boch, B. Mehta, T. Connolly, T Durst, J. T Arnason, R. W. Redmond, and J. C. Scaiano, *J. Photochem. Photobiol. A: Chem.* **93**, 39 (1996).

19. (a) A. A. Gorman and M. A. J. Rodgers, in J. C. Scaiano, ed., *Handbook of Organic Photochemistry*, Vol. II, CRC Press, Boca Raton, FL, 1989, p. 229. (b) A. A. Gordon, in D. H. Volman, G. S. Hammond, and D. C. Neckers, eds., *Advances in Photochemistry*, John Wiley & Sons, Inc., NY, 1992, pp. 217–274.

20. F. Wilkinson, W. P Helman, and A. B. Ross, *J. Phys. Chem. Ref. Data* **24**, 663 (1995).

21. R. Schmidt, C. Tanielian, R. Dunsbach, and C. Wolff, *J. Photochem. Photobiol. A. Chem.* **79**, 11 (1994).

22. A. J. McLean and M. A. J. Rodgers, *J. Am. Chem. Soc.* **115**, 9874 (1993).

23. R. Schmidt and M. Bodesheim, *J. Phys. Chem.* **99**, 15919 (1995).

24. D. Weldon, T D. Poulsen, K. V Mikkelsen, and P. R. Ogilby, *Photochem. Photobiol.* **70**, 369 (1999).

25. W. E. Ford, B. D. Rihter, M. A. J. Rodgers, and M. A. J. Kenney, *Am. Chem. Soc.* **111**, 2362 (1989).

26. M. Bodesheim and R. Schmidt, *J. Phys. Chem. A* **101**, 5672 (1997).

27. A. Garner and F. Wilkinson, *Chem. Phys. Lett.* **45**, 432 (1977).

28. C. Grewer and H.-D. Brauer, *J. Phys. Chem.* **98**, 4230 (1994).

29. G. J. Smith, *J. Chem. Soc., Faraday Trans. 2* **78**, 769 (1982).

30. A. P. Darmanyan, W. Lee, and W. S. Jenks, *J. Phys. Chem. A* **103**, 2705 (1999).

31. F. Wilkinson and A. A. Abdel-Shafi, *J. Phys. Chem.* **101**, 5509 (1997).

32. F. Wilkinson and A. A. Abdel-Shafi, *J. Phys. Chem. A* **103**, 5425 (1999).

33. C. Schweitzer, Z. Mehrdad, F. Shafii, and R. Schmidt, *J. Phys. Chem. A* **105**, 5309 (2001).

34. Z. Mehrdad, A. Noll, E.-W. Grabner, and R. Schmidt, *Photochem. Photobiol. Sci.* **1**, 263 (2002).

35. Z. Mehrdad, C. Schweitzer, and R. Schmidt, *J. Phys. Chem. A* **106**, 228 (2002).

36. A. A. Abdel-Shafi and F. Wilkinson, *Phys. Chem. Chem. Phys.* **4**, 248 (2002).

37. A. A. Abdel-Shafi, P.D. Beer, R. J. Mortimer, and F. Wilkinson, *J. Phys. Chem. A* **104**, 192 (2000).

38. C. Schweitzer, Z. Mehrdad, A. Noll, E.-W. Grabner, and R. Schmidt, *J. Phys. Chem. A*, **107**, 2192 (2003).

39. C. Schweitzer and R. Schmidt, *Phys. Chem. Rev.* **103**, 1685 (2003).

40. C. Tanielian and G. Heinrich, *Photochem. Photobiol.* **61**, 131 (1995).

41. R. Schmidt, *J. Am. Chem. Soc.* **111**, 6983 (1989).

42. R. D. Scurlock, S. Nonell, S. E. Braslavsky, and P. R. Ogilby, *J. Phys. Chem.* **99**, 3521 (1995).

43. R. Schmidt and E. Afshari, *J. Phys. Chem.* **94**, 4377 (1990).

44. M. Hild and R. Schmidt, *J. Phys. Chem. A* **103**, 6091 (1999).

45. T. D. Poulsen, P. R. Ogilby and K. V. Mikkelsen, *J. Phys. Chem. A* **102**, 9829 (1998).

46. R. Schmidt , *J. Phys. Chem.* **100**, 8049 (1996).

47. S. Nonell, in G. Jori et al., eds., *Photobiology in Medicine*, Plenum Press, New York, 1994, p. 29.
48. R. Schmidt and H.-D. Brauer, *J. Am. Chem. Soc.* **109**, 6976 (1987).
49. (a) C. S. Foote and R. W Denny, *J. Am. Chem. Soc.* **90**, 6233 (1968). (b) R. Schmidt, *J. Phys. Chem. A* **108**, 5509 (2004).
50. K. Gollnick and H. J Kuhn, in H. H. Wasserman and R. W. Murray, eds., *Singlet Oxygen*, Academic Press, NY, 1979, pp. 287–427.
51. E. L. Clennan and C. S. Foote, in W Ando, ed., *Organic Peroxides*, John Wiley & Sons, Inc., 1992, pp. 256–318.
52. A. P. Schaap and K. A. Zaklika, in H. H. Wasserman and R. W. Murray, eds., Academic Press, NY, 1979, pp. 287–427.
53. N J Turro, P Lechtken, N E. Schore, G. Schuster, H. C. Steinmetzer, and A. Yekta, *Acc. Chem. Res.* **7**, 97 (1974).
54. A wide range of rate constants are freely available on the Internet; see http://allen.rad.nd.edu/browse_compil.html.
55. K. Tanaka, T. Miura, N. Umezawa, Y. Urano, K. Kikuchi, T. Higuchi, and T. Nagano, *J. Am. Chem. Soc.* **123**, 2530 (2001).
56. J. M. Aubry, C. Pierlot, J. Rigaudy, and R. Schmidt, *Acc. Chem. Res.* **36**, 668 (2003).
57. T. A. Jenny and N. J. Turro, *Tetrahedron Lett.* 2923 (1982).
58. K. B. Eisenthal, N. J. Turro, C. G. Dupuy, D. A. Hrovat, J. Langan, T. A. Jenny, and E. V Sitzmann, *J. Phys. Chem.* **90**, 5168 (1986).
59. (a) N. J. Turro, M.-F. Chow, and J Rigaudy, *J. Am. Chem. Soc.* **101**, 1300 (1979). (b) N. J. Turro and M.-F. Chow, *J. Am. Chem. Soc.* **102**, 1190 (1980).
60. K. Gollnick and H. J. Kuhn, in H. H. Wasserman and R. W. Murray, eds., *Singlet Oxygen*, Academic Press, NY, 1979, pp. 287–427.
61. A. A. Gorman, I. Hamblet, C. Lambert, B. Spencer, and M. C. Standen, *J. Am. Chem. Soc.* **110**, 8053 (1988).
62. J. R. Hurst, S. L. Wilson, and G. B. Schuster, *Tetrahedron* **41**, 2191 (1985).
63. M. Orfanopoulos, I. Smonou, and C. S. Foote, *J. Am. Chem. Soc.* **112**, 3607 (1990).
64. W. Adam, C. R. Saha-Mvller, S. B. Schambony, K. S. Schmid, and T. Wirth, *Photochem. Photobiol.* **70**, 476 (1999).
65. J. Saltiel and H. C. Curtis, *Mol. Photochem.* **1**, 239 (1969).
66. N. Shimizu and P. D. Bartlett, *J. Am. Chem. Soc.* **98**, 4193 (1976).
67. K. Gollnick, *Adv. Photochem.* **6**, 1 (1968).
68. K. Gollnick and G. O. Schenck, *Pure Appl. Chem.* **9**, 507 (1964).
69. G. Cosa and J. C. Scaiano, *J. Am. Chem. Soc.* **126**, 8638 (2004).
70. A. A. Gorman, I. R. Gould, I. Hamblett, and M. C. Standen, *J. Am. Chem. Soc.* **106**, 6956 (1984).
71. R. B. Heath, L. C. Bush, X. W Feng, J. A. Berson, J. C. Scaiano, and A. B. Berinstain, *J. Phys. Chem.* **97**, 13355 (1993).
72. R. D. Small, Jr., and J. C. Scaiano, *J. Am. Chem. Soc.* **100**, 4512 (1978).
73. W. Adam, U. Kliem, and V. Lucchini, *Liebigs Ann. Chem.* 869 (1988).
74. R. W. Redmond and J. C. Scaiano, *J. Phys. Chem.* **93**, 5347 (1989).
75. N. J. Turro, *Modern Molecular Photochemistry*, University Science Books, Mill Valley, CA, 1991, pp. 550–557.
76. M. S. Platz, *Acc. Chem. Res.*, **28**, 487 (1995).
77. D. Griller, A. S. Nazran, and J C. Scaiano, *Acc. Chem. Res.* **17**, 283 (1984).
78. N. H. Werstiuk, H. L. Casal, and J. C. Scaiano, *Can. J. Chem.* **62**, 2391 (1984).
79. R. W. Fessenden and J. C. Scaiano, *Chem. Phys. Lett.* **117**, 103 (1985).
80. L. K. Patterson, R. D. Small, Jr., and J. C. Scaiano, *Radiat. Res.* **72**, 218 (1977).
81. R. W. Redmond, C. W. Harwig, and J. C. Scaiano, *J. Photochem. Photobiol. A. Chem.* **68**, 255 (1992).
82. K. C. Smith, *The Science of Photobiology*, 2nd ed., Plenum, New York, 1989.

第15章

有机光化学反应归纳

15.1 有机官能团光化学反应的范式和策略

我们已经在第1～8章介绍了有机光化学的基本概念，在第9～12章给出了一些常见有机官能团（羰基、烯烃、烯酮、芳烃）光化学反应的范式。这些范式主要涉及如何理解由H、C、O、N等“轻”元素组成的官能团的有机光化学反应，分析这些官能团的光化学反应的主要策略是基于图示1.1中最基本的“零级”范式引申出的图示15.1。

(1) 零级：$R + h\nu \rightarrow {}^*R \rightarrow I, F \rightarrow P$

(2) 一级：$R + h\nu \rightarrow {}^*R(S_1, n, \pi^*), {}^*R(T_1, n, \pi^*), R(T_1, \pi, \pi^*) \rightarrow I(D) \rightarrow P$

(3) 一级：$R + h\nu \rightarrow {}^*R(S_1, \pi, \pi^*) \rightarrow I(Z), F \rightarrow P$

图示15.1 零级和一级有机光化学反应范式

（1）适用于有机光化学反应的通用范式；（2）n, π*和T_1态光化学反应范式；（3）*R(S_1, π,π*)态光化学反应范式

在本章，我们将会展示如何通过图示15.1中的零级范式（1）扩展到所有的有机分子，得到一个有助于理解除H、C、O原子外“其他官能团”的光化学反应的普适一级范式，包括N原子（硝基R—NO_2、偶氮R—N═N—R、重氮R_2CN_2），以及一些“重原子”，比如S原子（硫酮R_2C═S）。参照Kasha规则，我们假设：①图示15.1中的电子激发态*R为*R(S_1)或*R(T_1)；②反应中间体I可以是I(D)或I(Z)。进一步可以认为*R的电子组态可以是n,π*或π,π*。运用一级范式分析其他官能团也是十分有效的，可以获得如下信息：① *R(S_1)、*R(T_1)、I(D)和I(Z)的电子构型；② *R的初级光化学过程；③ I(D)和I(Z)的次级热反应；④ *R→F的可能性。通过第9～12章的例子以及进一步分析所获得的信息，我们就可以系统分析其他没有涵盖在这几章中的官能团的光化学行为。在分子有机光化学反应中，有机官能团和有机光反应的机理（第8章）的一般性规律都可以适用于其他官能团（例如R—N═N—R，R—NO_2，R_2CN_2等），以及元素周期表第二列的“重原子”，比如S（硫酮R_2C═S等）。

激发态*R 的电子组态和自旋位形是进行有效分析的最基本信息，因为激发态*R的电子和自旋的本质决定了初级光化学过程的数量及可能性（第 6 章 6.39～6.41 节）。表 15.1 给出了一些最为常见的电子组态以及可能的*R→I 初级光化学过程。

表 15.1 激发态*R 的电子和自旋与源于 n,π*和 π,π*的初级光化学过程的关系

电子组态	源于*R(S_1)的初级过程	源于*R(T_1)的初级过程
n,π*	^{1}I(D)	^{3}I(D)
π,π*	^{1}I(Z), F	^{3}I(D)

表 15.1 简要总结了理解所有有机官能团（也就是吸收光的发色团）的光化学反应的策略。根据前几章的描述，通过电子吸收和发射光谱（第 4 章）、计算或与文献中的模型相比较，可以获得激发态*R 的电子和自旋的信息，从而预测可能的初级光化学过程。表 15.1 的理论基础主要是源于激发态*R 的电子组态影响的 HOMO-LUMO 轨道相互作用（第 6 章 6.18 节）以及自旋选择法则（spin-selection rules）决定的化学过程中的基本步骤。

例如，在第 9 章 9.3 节的表 9.1 列出了*R(n,π*)→I(D)初级光化学反应的例子以及C═O 官能团的轨道相互作用，对于同样具有*R(n,π*)激发态的其他官能团分子，只需按照第 8 章的定律结合特定的结构对这些范式稍作修改，即可运用表 9.1 的相同模式来分析其光反应机制。

再如，在第 10 章 10.2 节的表 10.1 给出了链烯或相关官能团分子的“*R(π,π*)→I(D)或 I(Z), F”的初级光化学过程和轨道相互作用的例子，同理可以利用这些模式来分析具有*R(π,π*)激发态的其他官能团分子的光化学机制。

在图示 15.1 中一个重要且方便的简化是：*R(S_1, n,π*)、*R(T_1, n,π*)和*R(T_1, π,π*)激发态的初级光化学过程都导致生成 I(D)，因此在光化学概念上貌似可以看成同一组。而*R(S_1, π,π*)则经历 I(Z)或 F 等不同光化学途径。表 15.2 列出了一些基本的“*R→I(D)”或“*R→I(Z), F”的光化学途径。

表 15.2 S_1(n,π*), T_1(n,π*), S_1(π,π*)或 T_1(π,π*)的初级光化学过程汇总①

S_1(n,π*), T_1(n,π*), T_1(π,π*)②	S_1(π,π*)②
抽氢反应	电环化重排
双键加成	环加成
电子转移	单键转移重排
α-裂解	电子转移
β-裂解	离子加成
顺-反异构化②	离子消除
	顺-反异构化②

① 除了表中列出的初级过程外，如果*R 的能量高于体系中的任一能量受体，还有可能发生能量传递。
② 适用于 X═X 或 X═Y 双键。

总之，在最后一章中，图示 15.1（*R→I，F→P）给出了有机光反应的通用范式，运用这些范式可以理解由 H、C、O、N、S 等原子组成的有机官能团（发色团）的光反应机制。激发态*R 的变量可以按照电子组态分为 4 个态：$S_1(n,\pi^*)$、$T_1(n,\pi^*)$、$S_1(\pi,\pi^*)$或 $T_1(\pi,\pi^*)$。表 15.2 列出了最为常见的“$^*R \to I, F$”初级光化学过程。对于有机发色团而言，光反应的初级步骤产生的中间体 I 总是遵循自旋选择法则，即$^*R(S_1)\to {}^1I$(Z, RP、BR 或 RIP)，而$^*R(T_1)\to {}^3I$(RP、BR 或 RIP)。进而，次级 $I\to P$ 的反应也是遵循自旋选择法则和碳、氧中心的自由基反应模式进行。第 8 章 8.5 节描述了这些次级热反应过程。

15.2 图示 15.1 的扩充

我们在本章总结了一些第 9～12 章没有涉及的官能团的电子激发态和光化学反应，表 15.3 列出了这些官能团的结构（$R-NO_2$，$R-N=N-R$，R_2CN_2，$R_2C=S$），运用表 15.1 和表 15.2 的信息可以预测这些官能团可能的初级光化学反应。

表 15.3 本章讨论的“其他”官能团

编 号	官 能 团	初级光化学反应过程	激发态*R
（1）	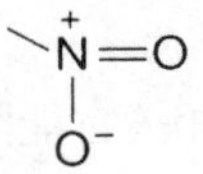 $-\overset{+}{N}(=O)-O^{-}$	分子间抽氢	$S_1(n,\pi^*)$
		分子内抽氢	$T_1(n,\pi^*)$
		α-裂解	
		双键加成	
		电子转移	
（2）	$-N=N-$	分子间抽氢	$S_1(n,\pi^*)$
		分子内抽氢	$T_1(n,\pi^*)$
		α-裂解	$S_1(\pi,\pi^*)$
		双键加成	$T_1(\pi,\pi^*)$
		电子转移	
		顺-反异构化	
（3）	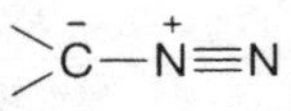 $>\overset{-}{C}-\overset{+}{N}\equiv N$	分子间抽氢	$S_1(n,\pi^*)$
		分子内抽氢	$T_1(n,\pi^*)$
		α-裂解	
		双键加成	
		电子转移	
		与 O_2 反应	
（4）	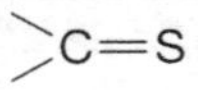 $>C=S$	分子间抽氢	$S_1(n,\pi^*)$
		分子内抽氢	$T_1(n,\pi^*)$
		α-裂解	$S_2(\pi,\pi^*)$
		双键加成	$T_2(\pi,\pi^*)$
		电子转移	

我们可以参照表 15.3 列出的例子，运用相应的策略，对于一些感兴趣的简单有机发色团的光反应进行分析。我们主要关注*R→I 这一初级光化学过程。表 9.2 和表 10.2 分别列出了*R(n,π*)和*R(π,π*)的典型次级热反应过程，这些反应都是标准的基态反应，是由初级光化学反应生成的中间体 I 的结构导致的。虽然某些有机官能团分子的光反应是很独特的，但此处，我们主要是基于第 9～12 章的讨论，突出 R—NO_2、R—N═N—R、R_2CN_2、R_2C═S 的光反应中与第 9～12 章类似的反应，一些特殊的反应并不在此之列。

15.3 硝基（R—NO_2）

硝基（R—NO_2）的能量最低态为 $S_1(n,\pi^*)$和 $T_1(n,\pi^*)$[1]，根据表 15.3 给出的一级范式和样本，参照羰基（第 9 章）的 $S_1(n,\pi^*)$和 $T_1(n,\pi^*)$的光反应样本可以对硝基进行分析。例如，我们可以观察到*R→I(D)的初级光化学反应过程以及后续的 I(D)→P 的次级反应。在硝基的光反应中我们可以看到分子间抽氢、分子内抽氢、α-裂解、链烯环加成。式（15.1）～式（15.3）给出了一些初级光化学反应的例子。当然，文献中还有报道硝基作为电子受体参与电子转移，初级光化学反应生成 I(RIP)[2]。

式（15.1a）实例中[3,4]，首先发生分子间抽氢初级光化学反应生成 I(RP)，然后发生次级反应得到最终产物。与羰基化合物不同，硝基化合物光解生成的次级产物比起始物的吸光性能更强，可以进一步发生次级反应，进而得到大量的次级光解产物，因而在合成上价值不大。

式（15.1b）[5,6]是硝基化合物的分子内抽氢反应的例子 $R(T_1, n,\pi^*)\rightarrow {}^3I(BR)$，初级光化学反应的产物 $^3I(BR)$通过系间窜越（ISC）生成具有烯醇共振结构的 $^1I(BR)$。此类反应可以应用于光化学触发释放酸、醇或胺［式（15.1c）］[7]。

$$PhN^+(=O)O^- \xrightarrow[(CH_3)_2CHOH]{h\nu} PhN(OH)OH + (CH_3)_2CO \longrightarrow 产物 \quad (15.1a)$$

(15.1b)

(15.1c)

(X基团连接) (X基团释放)

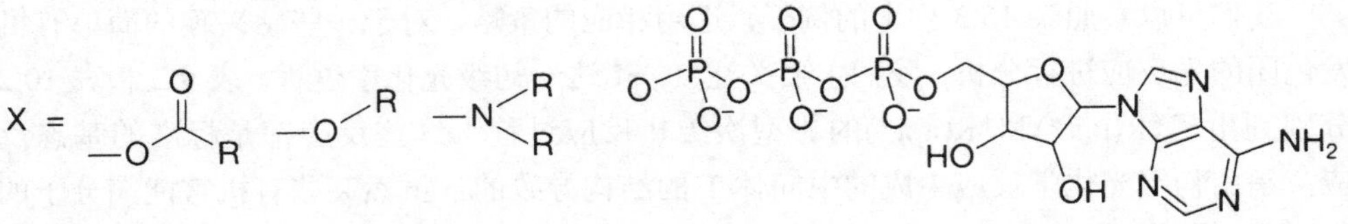

X =

R=烷基或芳基 三磷酸腺苷(ATP)

式（15.2）是硝基化合物发生初级α-裂解的实例，产物I(RP)可以进一步发生一系列自由基-自由基次级反应，自由基偶合生成亚硝酸酯。亚硝酸酯的光反应已经被深入研究，其中尤以名为巴顿反应（Barton reaction）的α-裂解光反应最为有用[8]，常用于甾族化合物的选择性官能团化反应。通常在这类反应中常用硝基化合物作为起始原料。

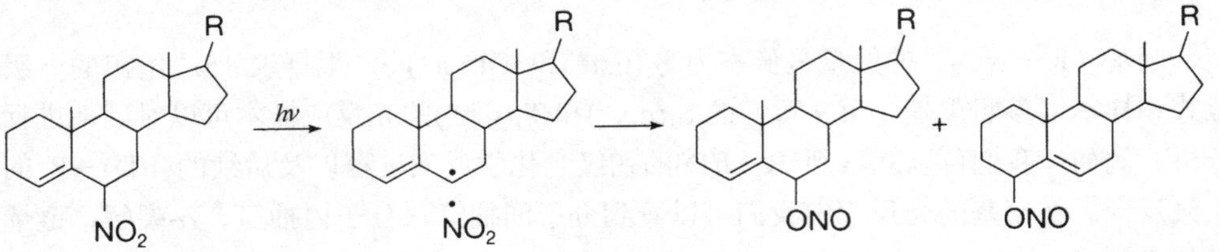

（15.2）

硝基与C═C双键的[2+3]环加成反应的初级光化学反应实例见式（15.3）[9,10]。

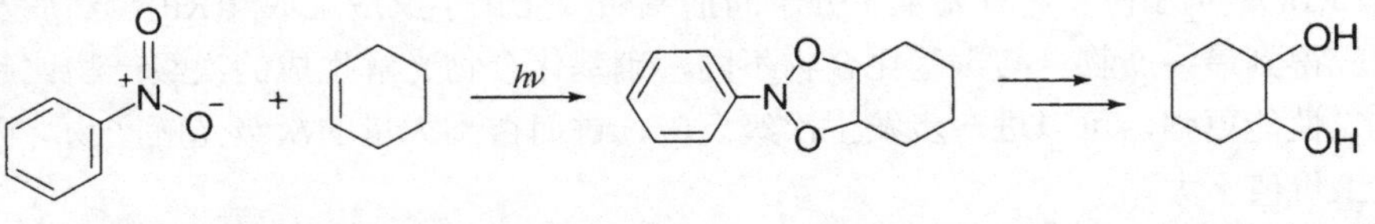

（15.3）

对于一些特定结构的硝基化合物，表15.3列出了所有过程，希望通过一些规律（自由基稳定性、极性效应、立体效应、S_1和T_1的能量、还原电势等）定性推断其中何者是最为重要的。

总之，硝基化合物的初级光化学反应主要是遵循n,π*范式R(n,π*)→I(D)→P，由于产物P具有很强的吸光性能，总反应并不具有合成价值。但是对于一些如式（15.1c）的经典反应而言，这类光反应还是具有合成价值的[7]。

15.4 偶氮（—N═N—）

烷基或芳香偶氮发色团的典型最低能级为S_1(n,π*)态或T_1(n,π*)态[11,12]。偶氮化合物吸收一个光子产生n,π*激发态，然后发生*R→I(D)初级光化学反应生成I(RP)或I(BR)。参照表15.3列出的S_1(n,π*)态或T_1(n,π*)态可能的光化学反应，如同硝基化合物一样，偶氮化合物也具有如下光反应：①抽氢反应；② C—N═N键的α-裂解；③双键加成；④电子转移。此外，由于偶氮官能团R—N═N—R键具有立体化学几何构型，增加一个π*电子或丢失一个π电子均会减弱N═N键，单重态或三重态的*R(n,π*)态可以发生旋转或倒置，从而发生顺-反异构化反应。因此，在表15.3中我们增加了第 5 个初级光化学反应：（5）R—N═N—R 键的顺-反异构化。

已有大量有关偶氮化合物的抽氢反应[13,14]、C═C 双键的环加成[15]、电子转移[16]等初级光化学反应的实例报道，由于篇幅有限，此处我们只介绍偶氮发色团的两种重要的初级光化学反应：C—N═N 键的α-裂解[17,18]和 N═N 键的顺-反异构化[19]。这两种反应是相互竞争的，主要取决于*R(n,π*)态发生α-裂解和顺-反异构化反应的速率。对于 C═C 键*R 态而言，具有与 π*相关的固有扭曲态。当然，一般而言，除非考虑结构上的限制，不管是 S_1(n,π*)态还是 T_1(n,π*)态，表 15.3 中的光化学过程（2）和（5）都是相互竞争的。

第 10 章 10.43～10.45 节已经列出了一些—N═N—官能团顺-反异构化实例，式（15.4a）和式（15.4b）也是顺-反异构化反应的实例。

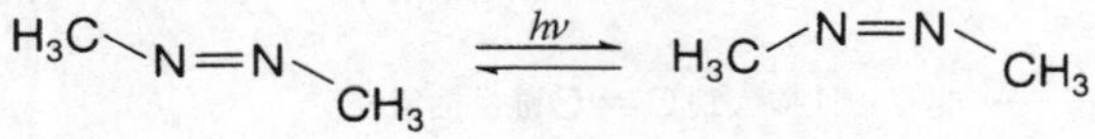

$$H_3C-N=N-CH_3 \underset{}{\overset{h\nu}{\rightleftharpoons}} H_3C-N=N-CH_3 \qquad (15.4a)$$

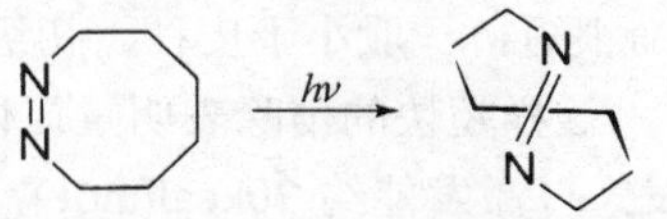

$$\xrightarrow{h\nu} \qquad (15.4b)$$

式（15.5a）和式（15.5b）列出的是—N═N—官能团的另一重要初级光化学反应α-裂解的实例[17,18]。根据自由基稳定性规律，C—N═N 越弱，α-裂解速率越快。对于二烷基偶氮化合物α-裂解和顺-反异构化是相互竞争的，而对于二芳基偶氮化合物（可以产生更高能量的苯基自由基）顺-反异构化更具优势。这个结果与弱的烷基 C—N═N 键与强的芳基 C—N═N 键相一致。C—N═N 发生α-裂解可以生成一些刚性产物，这在合成上具有应用价值，式（15.5a）[20]和式（15.5b）[21]给出了两个实例。

$$\xrightarrow{h\nu} \qquad (15.5a)$$

$$\xrightarrow{h\nu} \; + \; + \; + \qquad (15.5b)$$

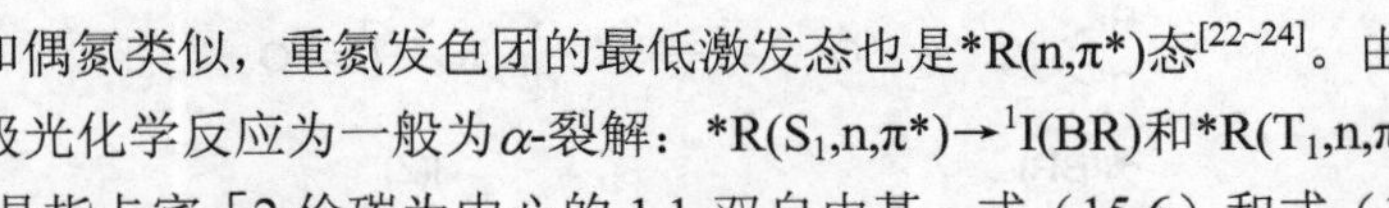

15.5 重氮（R_2CN_2）

与硝基和偶氮类似，重氮发色团的最低激发态也是*R(n,π*)态[22~24]。由于 C—N_2 键较弱，其初级光化学反应为一般为α-裂解：*R(S_1,n,π*)→^{1}I(BR)和*R(T_1,n,π*)→^{3}I(BR)。其中，I(BR)是指卡宾［2 价碳为中心的 1,1-双自由基，式（15.6）和式（15.7）］。重氮化合物的光解反应一般是源于 n,π*激发态，首先α-裂解生成卡宾，根据取代基 A、B 的不同生成的卡宾既可以是单重态基态也可以是三重态基态，有时这两者存在平衡[25]。烃类卡宾（A 和 B 为 H 原子或简单的烷基或芳基）一般为三重态基态，例如 H_2C：和$(C_6H_5)_2C$：卡宾都是三重态基态。这类卡宾单重态和三重态的能量相差一般小于 10kcal/mol，根据 Boltzmann 分布，室温下如此小的差别通常导致两种形式平衡存在。杂原子取代的卡宾则主要是单重态基态（如 Cl_2C：）。

$$\underset{B}{\overset{A}{>}}C{=}N{=}N \xrightarrow{h\nu} \underset{*R(S_1,\ n,\pi^*)}{\underset{B}{\overset{A}{>}}C{=}N{=}N^*} \longrightarrow \underset{^1I(BR)}{\underset{B}{\overset{A}{>}}\dot{C}\cdot} \longrightarrow \underset{^3I(BR)}{\underset{B}{\overset{A}{>}}\dot{C}\cdot} \rightleftharpoons \underset{^1I(Z)}{\underset{B}{\overset{A}{>}}C\colon}$$

$\longrightarrow$ 立体专一性插入到 C—H, C—C 和 C═C 键，碳正离子重排

(15.6)

$$\underset{B}{\overset{A}{>}}C{=}N{=}N \xrightarrow{\text{三重态敏化剂}} \underset{*R(T_1,\ n,\pi^*)}{\underset{B}{\overset{A}{>}}C{=}N{=}N^*} \longrightarrow \underset{^3I(BR)}{\underset{B}{\overset{A}{>}}\dot{C}\cdot}$$

(15.7)

$\longrightarrow$ 非专一性插入到C═C键，抽氢反应

重氮化合物的激发态寿命很短，一般小于皮秒。初级光化学反应生成基态卡宾和激发态卡宾共存的混合物[25,26]，这样超快的消除表明重氮化合物存在弱的 C—N_2 键（键能约 30kcal/mol）和高能激发态（激发能约 70kcal/mol），从而导致放热的初级光化学反应过程。值得注意的是，由于两个分子碎片都是由一个前体分子生成的，α-裂解反应也是熵控的反应。

单重态卡宾的 $^1I(BR) \rightarrow I(Z) \rightarrow P$ 反应途径［式（15.6）］包括双键的立体专一性环加成形成环丙烷和插入 C—C、C—H 和 O—H 键［此处与式（15.6）中的标注不同，式（15.6）中为 C═C 键。——译者注］的反应。

三重态卡宾的反应途径包括非立体专一性插入 C—C [$^3I(BR) \rightarrow {}^1I(BR) \rightarrow P$]和抽氢反应 [$^3I(BR_1$,卡宾$) \rightarrow {}^3I(BR) \rightarrow {}^1I(RP) \rightarrow P$]。

三重态卡宾还能与 O_2 反应生成羰基氧化物［式（15.8b）］，而单重态卡宾却不能与 O_2 发生此类反应［式（15.8a）］[27]。这个反应的自旋发生了变化，显得有点不寻常，但实际上很好地符合了自旋的范式，是一个三重态-三重态湮灭产生单重态的实例（第 7 章 7.12 节）。

$$\underset{^1I(BR)}{\underset{R'}{\overset{R}{>}}C\colon} + {}^3O_2 \not\longrightarrow \text{不反应} \qquad (15.8a)$$

$$\underset{^3I(BR)}{\underset{R'}{\overset{R}{>}}C\colon} + {}^3O_2 \longrightarrow \underset{I(Z)}{\underset{R'}{\overset{R}{>}}\overset{-}{C}{-}\overset{+}{O}{=}O} \qquad (15.8b)$$

15.6 硫酮（$R_2C{=}S$）

在本章的最后我们简要介绍一些硫酮的光化学反应[28~30]。硫酮不同于前面介绍的含有第二周期元素的官能团，那些分子都是从最低或高级的激发态开始反应。硫酮类似化合物薁（第 4 章 4.42 节和第 5 章 5.21 节），n,π*（S_1）态和 π,π*（S_2）态之间存在

较大能隙，因此高级单重激发态有足够长的寿命，可以发生单分子反应和双分子反应[31]。但是，与薁不同，从 S_1 态到 T_1 态的系间窜越效率很高，因此光反应基本源于 $S_2(\pi,\pi^*)$ 和 $T_1(n,\pi^*)$。低能和高级激发态不同的电子组态（n,π*和 π,π*）导致两个激发态不同的反应活性。虽然可以根据酮类化合物的反应推断硫酮的光反应，一些修改和变化还是应该考虑在内，比如更低的三重态能量（40～50kcal/mol）、S_1 态到 T_1 态高效系间窜越、S_2 态到 T_n 态低效系间窜越、S_2 态到 S_1 态极慢的内转换速率。在式（15.9）～式（15.12）的实例中列出了相应激发态*R 的电子组态。

如同式（15.9）～式（15.12）所示，硫酮的初级光化学反应过程忠实地折射出 n,π*态和 π,π*态的初级光化学反应规律。$S_2(\pi,\pi^*)$态和 $T_1(n,\pi^*)$态都可以发生分子间抽氢[式(15.9a)和式(15.9b)，相对于第 9 章 9.8 节和第 10 章 10.28 节]和分子内抽氢[式(15.9c)和式（15.9d），相对于第 9 章 9.14 节和第 10 章 10.28 节］[32]。n,π*态和 π,π*态具有不同的轨道空间分布，因此分子内抽氢反应可以发生在烷基链的任一位置［式（15.9c）和式（15.9d）]。

C_6H_5, C_6H_5 —C=S —[$h\nu$, n,π*; EtOH]→ $(C_6H_5)_2CH$—SH (15.9a)

—[$h\nu$, π,π*; cyclohexane]→ + (15.9b)

—[$h\nu$, n,π*]→ HS— + (15.9c)

—[$h\nu$, π,π*]→ HS (15.9d)

硫酮具有极低的三重态能量，如同式（15.10）所示，α-裂解只能发生在刚性环体系[33]。目前没有看见报道来自 $S_2(\pi,\pi^*)$态的α-裂解。

$S_2(\pi,\pi^*)$态和 $T_1(n,\pi^*)$态都可发生链烯的加成反应。正如所预期的那样，$T_1(n,\pi^*)$态的加成非立体专一性[式（15.11)]，而 $S_2(\pi,\pi^*)$态的加成是立体专一性的[式（15.12)]。基于前面讨论 S_1 态与 T_1 态羰基与链烯的加成反应中提到的概念，我们很容易理解这种差异。

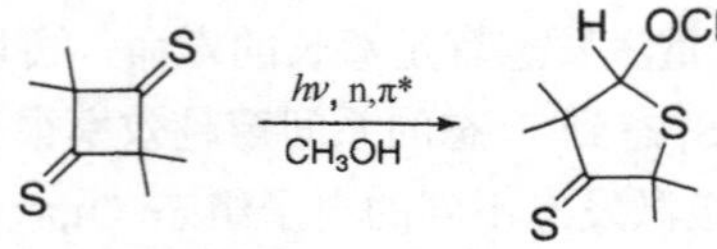

$h\nu$, n,π^* / CH_3OH (15.10)

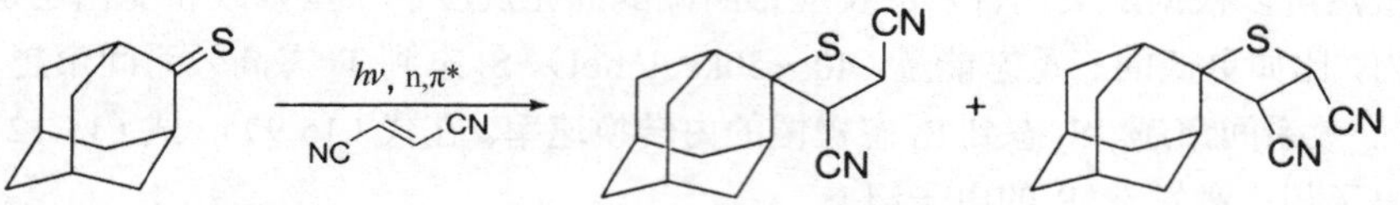

$h\nu$, n,π^* / NC–CH=CH–CN (15.11)

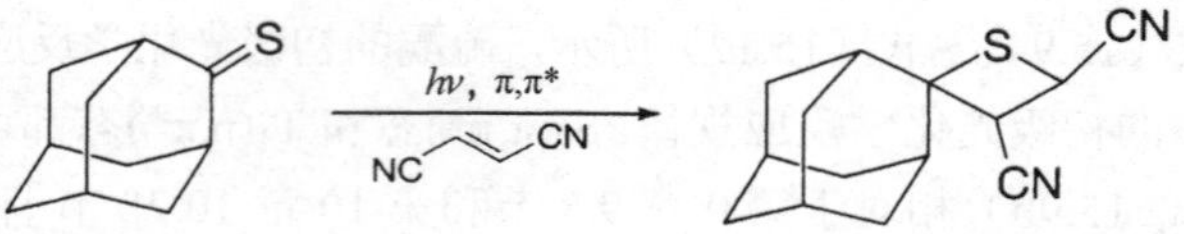

$h\nu$, π,π^* / NC–CH=CH–CN (15.12)

15.7 小结

在本章中，我们叙述了如何扩展第 9～12 章提及的有机光化学反应范式到“其他官能团（发色团）”。图示 15.1 呈现的总括范式是非常强大和全面的。我们详细阐述了包括 4 种基本的电子激发态 $S_1(n,\pi^*)$、$T_1(n,\pi^*)$、$S_1(\pi,\pi^*)$和 $T_1(\pi,\pi^*)$在内的总括范式。在预测和分析光化学反应的通常步骤中，主要集中于*R 的初级光化学反应和 I 的次级反应[对于 $S_1(\pi,\pi^*)$通常也会考虑*R 和 F 过程]。表 15.3 所列的初级光化学反应在第 9～12 章也有相似的描述。

这种鲁棒性（robustness）分类源自轨道相互作用的基本原理，最初的轨道相互作用为预测和理解*R 的初级光化学过程提供了坚实的理论基础。除了轨道作用，自旋选择法则、热力学和其他物理有机化学的范式均可应用于全面理解有机光化学反应机制。

参考文献

1. H. Morrison, in *The Chemistry of the Nitro and Nitroso Groups, Part 1*, H. Feuer, ed., Interscience Publishers, New York, 1969, p. 165.
2. D. Dopp, in *CRC Handbook of Organic Photochemistry and Photobiology*, W M. Horspool and P.-S. Song, eds., CRC Press, Boca Raton, FL, 1995, p. 1019.
3. D. O. Dopp, in *Topics in Current Chemistry*, Vol. 55, Springer-Verlag, New York, 1975, pp. 49–85.
4. A. N. Frolov, N. A. Kuznetsova, and A. V. El'sstsov, *Russ. Chem. Rev.* **45**, 1024 (1976).
5. Y. V Il'ichev and J. Wirz, *J. Phys. Chem. A* **104**, 7856 (2000).
6. M. Scworer and J Wirz, *Helv. Chim. Acta* **84**, 1441 (2001).
7. J. E. T. Corrie, in *Dynamic Studies in Biology*, M. Goeldner and R. Givens, eds., Wiley-VCH, Weinheim, 2005.
8. H. Suginome, in *CRC Handbook of Organic Photochemistry and Photobiology*, W M. Horspool and P.-S. Song, eds., CRC Press, Boca Raton, FL, 1995, p. 1007.
9. G. Buchi and D. E. Ayer, *J. Am. Chem. Soc.* **78**, 1689 (1956).
10. J. L. Charlton, C. C. Liao, and P de Mayo, *J. Am. Chem. Soc.* **93**, 2463 (1971).
11. H. Durr and B. Ruge, in *Topics in Current Chem-*

istry, Vol. 66, Springer-Verlag, New York, 1976, p. 53.

12. P. S. Engel, *Chem Rev.* **80**, 99 (1980).
13. W. Nau and U. Pischel, in *Molecular and Supramolecular Photochemistry*, Vol. 14, V Ramamurthy and K. S. Schanze, eds., Taylor & Francis, Boca Raton, FL, 2006, p. 75.
14. W. Adam, J. N. Moorthy, W. M. Nau, and J. C. Scaiano, *J. Org. Chem.* **61**, 8722 (1996).
15. B. Albert, W. Berning, C. Burschka, S. Huning, and F. Prokschy, *Chem. Ber.* **117**, 1465 (1984).
16. W. Adam and A. V Trofimov, in *CRC Handbook of Organic Photochemistry and Photobiology*, 2nd ed., W. M. Horspool and F. Lenci, eds., CRC Press, Boca Raton, FL, 2004, p. 93/1.
17. P. S. Engel, *Chem Rev.* **80**, 99 (1980).
18. W. Adam and C. Sahin, in *CRC Handbook of Organic Photochemistry and Photobiology*, W. M. Horspool and P.-S. Song, eds., CRC Press, Boca Raton, FL, 1995, p. 937.
19. H. Knoll, in *CRC Handbook of Organic Photochemistry and Photobiology*, 2nd ed., W. M. Horspool and F. Lenci, eds., CRC Press, Boca Raton, FL, 2004, p. 89/1.
20. P. S. Engel and C. Steel, *Acc. Chem. Res.* **6**, 275 (1973).
21. N. J. Turro, C. A. Renner, W. H. Waddell, and T. J. Katz, *J. Am. Chem. Soc.* **98**, 4320 (1976).
22. H. Durr, in *Topics in Current Chemistry*, Vol. 55, Springer-Verlag, New York, 1975, p. 87.
23. H. Durr and A. M. A. Abdel-Wahab, in *CRC Handbook of Organic Photochemistry and Photobiology*, W. M. Horspool and P.-S. Song, eds., CRC Press, Boca Raton, FL, 1995, p. 954.
24. S. Ahmed, A. M. A. Abdel-Wahab, and H. Durr, in *CRC Handbook of Organic Photochemistry and Photobiology*, 2nd ed., W. M. Horspool and F. Lenci, eds., CRC Press, Boca Raton, FL, 2004, p. 96/1.
25. (a) R. A. Moss and M. J. Jones Jr., *Carbenes*, John Wiley & Sons, New York, 1973; (b) M. J. Jones and R. A. Moss, *Carbene Chemistry*, John Wiley & Sons, New York, 1975.
26. (a) J. C. Scaiano, in *Handbook of Organic Photochemistry*, J. C. Scaiano, ed., CRC Press, Boca Raton, FL, 1989, Vol. II, pp. 211–27; (b) M. S. Platz and V. M. Maloney, in *Kinetics and Spectroscopy of Carbenes and Biradicals*, M. S. Platz ed., Plenum Press, New York, 1990, pp. 239–352.
27. N. H. Werstiuk, H. L. Casal, and J. C. Scaiano, *Can. J. Chem.* **1984**, 62, 2391.
28. P. de Mayo, *Acc. Chem. Res.* **9**, 52 (1976).
29. V. Ramamurthy, in *Organic Photochemistry*, Vol. 7, A. Padwa, ed., Marcel Dekker Inc., New York, 1985, p. 231.
30. V. Pushkara Rao, *Sulfur Rep.* **12**, 369 (1992).
31. N. J. Turro, V. Ramamurthy, W. Cherry, and W. Farneth, *Chem. Rev.* **78**, 127 (1978).
32. P. de Mayo, *Acc. Chem. Res.* **9**, 52 (1976).
33. K. Muthuramu and V Ramamurthy, *J. Org. Chem.*, **45**, 4532 (1980).